AF393812

Der
Kontaktumformer

Von

Dr.-Ing. Erich Rolf

Oberingenieur und Wissenschaftlicher Mitarbeiter,
Zentral-Werksverwaltung der Siemens-Schuckertwerke A G

Mit 448 Abbildungen

Springer-Verlag

Berlin / Göttingen / Heidelberg

1957

ISBN-13: 978-3-642-92713-3   e-ISBN-13: 978-3-642-92712-6
DOI: 10.1007/978-3-642-92712-6

Vorwort.

Mit dem Kontaktumformer wurde vor etwa 17 Jahren eine neue Stromrichterart in die Praxis eingeführt. Im Schrifttum sind bisher nur verstreute Einzelveröffentlichungen darüber erschienen. Es ist daher in dem vorliegenden Buche der Versuch gemacht worden, nach dem gegenwärtigen Stande eine zusammenhängende Darstellung dieses in vielerlei Hinsicht außerordentlich interessanten Gebietes der Stromrichtertechnik zu geben.

Das Gebiet ist interessant nicht nur wegen der neuen Wege, die hier für die Wechselstrom-Gleichstrom-Umformung beschritten worden sind, sondern auch über diese begrenzte Zielsetzung hinaus ganz allgemein wegen des dabei benutzten Prinzips des leistungslosen Schaltens mit Hilfe von Schaltdrosseln, das auch für die Lösung mancher anderer Aufgaben herangezogen werden kann, wegen der bei den Schaltdrosseln verwendeten magnetischen Sonderwerkstoffe mit nahezu rechteckförmiger Hystereseschleife und auch wegen der Methoden der rechnerischen Behandlung. In bezug auf die beiden letztgenannten Punkte verbindet sich mit dem Gebiete des Kontaktumformers immer enger dasjenige des magnetischen Verstärkers oder, allgemeiner gesagt, des Transduktors, auf dem z. B. die Einführung der neuen Eisensorten eine beträchtliche Steigerung der Leistungsfähigkeit gebracht und die Anwendung gleichartiger Berechnungsmethoden ermöglicht hat.

Bei dem begrenzten Umfang des Buches war es allerdings nur möglich, aus der Fülle der auf diesem Gebiet geleisteten Arbeiten die elektrische und magnetische Arbeitsweise und Berechnung ausführlicher zu behandeln. Der mechanische Aufbau konnte nur in großen Zügen betrachtet werden, ohne sehr auf Einzelheiten einzugehen. Die mechanische Berechnung des Getriebes wurde, von der Berechnung der Kurvenscheibe für die Überlappungsanpassung abgesehen, überhaupt nicht behandelt, da sie gegenüber dem im allgemeinen Maschinenbau Bekannten nichts Besonderes bietet.

Auch auf dem Gebiete der allgemeinen Schaltungsberechnung wurde auf die Wiederholung mancher Teilgebiete und Einzelheiten verzichtet, da hier weitgehend auf das Schrifttum über Quecksilberdampfstromrichter und Sperrschichtgleichrichter verwiesen werden kann. Dieses betrifft beispielsweise die Oberwellen in den Spannungen und Strömen, auf die wegen der bei Verwendung guten Schaltdrosseleisens fast völligen Gleichheit der Vorgänge hier überhaupt nicht eingegangen wurde. Die Spannungs- und Stromwerte der verschiedenen Stromrichterschaltungen wurden ohne Ableitung nur in Tabellenform aufgeführt, da der Weg für ihre Berechnung im Stromrichterschrifttum ausführlich beschrieben ist. Auch wurden die Berechnungsformeln nicht durch die Berücksichtigung von Feinheiten, wie z. B. von Korrekturen wegen der Überlappung der Ströme, überladen, da im Bedarfsfalle derartige Verfeinerungen durch sinngemäße Übertragung der im Stromrichterschrifttum zu findenden Verfahren unschwer vorgenommen werden können.

Das vorliegende Buch darf somit als eine Übersicht über die wirkungsmäßige und konstruktive Entwicklung des Kontaktumformers und als eine Auswahl aus dem speziellen Wissens- und Erfahrungsgut und den elektrischen und magnetischen Berechnungs- und Meßmethoden angesehen werden, wie sie heute dem auf diesem Gebiete tätigen Ingenieur zur Verfügung stehen. Möge das Buch dem Kontaktumformer zu seinen bisherigen Freunden viele weitere gewinnen und damit auf seine Weise auch zur Förderung der weiteren Entwicklung dieser Umformerart beitragen.

Der Verfasser dankt vor allem den Siemens-Schuckertwerken, insbesondere Herrn Direktor Dr.-Ing. A. SIEMENS, dafür, daß sie ihm Zeit und Gelegenheit zur Ausarbeitung des Buches gaben und dazu das umfangreiche Firmenmaterial zur Verfügung stellten. Sein Dank gilt weiterhin den Firmen Allgemeine Elektricitäts-Gesellschaft, Brown Boveri & Cie, ITE Circuit Breaker Co und Vacuumschmelze AG für die Überlassung von Informationen und Bildunterlagen. Zahlreichen freundlichen Helfern ist der Verfasser für die Durchsicht des Manuskripts oder von Teilen desselben und für Diskussionen und Verbesserungsvorschläge zu großem Dank verpflichtet. Es sind dieses die Herren Dr.-Ing. F. KOPPELMANN von der Allgemeinen Elektricitäts-Gesellschaft, Berlin, Prof. Dr. TH. WASSERRAB von Brown Boveri & Cie, Baden (Schweiz), Dir. O. JENSEN und E. J. DIEBOLD von der ITE Circuit Breaker Co, Philadelphia, Pa. (USA), Dr. A. KEIL von der Dr. E. Dürrwächter-Doduco-KG, Pforzheim, Prof. Dr. M. KERSTEN von der Technischen Hochschule Aachen, Dr. F. ASSMUS von der Vacuumschmelze AG, Hanau a. Main, Dir. Dr. F. KESSELRING und S. HÄMMERLI vom Siemens-Schuckert-Laboratorium Zürich (Schweiz) und K. BAUDISCH, M. BELAMIN, H.-J. KLEINVOGEL, F. POKORNY, Dr. R. SCHADE und Dr. P. SCHNECKE von den Siemens-Schuckertwerken. Die Korrekturlesung besorgten die Herren Dr. CHR. TIBBE, H.-J. KLEINVOGEL und E. REINHARD, wofür ihnen an dieser Stelle ebenfalls noch einmal bestens gedankt sei. Dem Springer-Verlag gebührt Dank vor allem für das große Entgegenkommen hinsichtlich des Umfanges und der Ausstattung des Buches. Seiner lieben Frau aber dankt der Verfasser neben ihrer Hilfe bei der Korrekturlesung ganz besonders für alle Geduld und allen Verzicht zugunsten des Buches während der Jahre seiner Entstehung.

Isenbüttel und Nürnberg, im Januar 1957.

E. Rolf.

Inhaltsverzeichnis.

I. Einleitung.

1. Allgemeines über den Kontaktumformer.

In dem Bestreben, auf dem Gebiete der Drehstrom-Gleichstrom-Umformung die früher gebräuchlichen umlaufenden Maschinenumformer (Motorgeneratoren, Einankerumformer) durch nach Möglichkeit ruhende Apparate mit höherem Wirkungsgrade zu ersetzen, war es durch die Einführung des Quecksilberdampfstromrichters gelungen, im Bereich der Spannungen von etwa 400 V aufwärts die Gleichstromenergie wirtschaftlich und betriebssicher, mit guter Regelbarkeit und geringen Verlusten herzustellen. Auch für kleine Spannungen bis zu einigen Zehn Volt war bereits damals ein für die in Frage kommenden Aufgaben befriedigender Umformer in Gestalt des Trockengleichrichters verfügbar, dessen Aussichten und Einsatzmöglichkeiten infolge der neueren Fortschritte inzwischen noch ganz beträchtlich gestiegen sind. Verhältnismäßig unberührt von der Entwicklung blieb dagegen lange Zeit das Zwischengebiet der mittleren Spannungen, was sogar zu einer teilweisen Abwanderung der besonders wirkungsgradempfindlichen Großelektrolysebetriebe zu den höheren Spannungen führte. Für diesen mittleren Spannungsbereich steht nun seit dem Jahre 1939 eine neue, bei den Siemens-Schuckertwerken erfundene und entwickelte Umformerart, der *Kontaktumformer*, zur Verfügung. Dieser Umformer hat sich mit ausgezeichnetem Erfolg in die Praxis eingeführt und läßt auf Grund seines hervorragenden Wirkungsgrades und seines geringen Werkstoff- und Raumbedarfs die früheren Mitbewerber in seinem Anwendungsbereich — Einankerumformer, Motorgeneratoren und in Sonderfällen Stromrichter — weit hinter sich zurück.

Der Kontaktumformer ist ein mechanischer Schaltstromrichter zur Umformung von Wechselstrom oder Drehstrom in Gleichstrom oder auch, mit gewissen Einschränkungen, von Gleichstrom in Wechsel- oder Drehstrom. Seiner Wirkungsweise nach nimmt er eine Mittelstellung zwischen den umlaufenden Maschinenumformern und den Stromrichtern mit ruhenden Ventilen ein. Er arbeitet als Synchronschalter unter Verwendung metallischer Kontakte, und zwar in Schaltungen, wie sie auch für Ventilstromrichter verwendet werden. Er benötigt daher wie diese zur Herstellung einer der gewünschten Gleichspannung entsprechenden Wechselspannung und zur Umformung der Phasenzahl einen ruhenden Transformator. Mittels mechanisch bewegter Schaltkontakte verbindet er die Sekundärklemmen dieses Transformators periodisch nacheinander in solcher Reihenfolge und während solcher Zeitabschnitte mit dem Gleichstromkreise, daß die auf diesen einwirkende Spannung aus einer Aneinanderreihung von gleichgerichteten Ausschnitten aus den Sinuskurven der Transformatorspannungen besteht. Das Schaltgerät beim Kontaktumformer hat also die gleiche Aufgabe zu erfüllen wie beispielsweise bei einem Quecksilberdampfgleichrichter der synchron von Anode zu Anode wandernde Lichtbogen.

In Abb. 1,1 sind die Grundschaltbilder eines 3phasigen Gleichrichters mit natürlichen Ventilen und eines 3phasigen Kontaktumformers einander gegenüber-

gestellt. Beide enthalten einen Transformator T, der primärseitig an das speisende
Netz angeschlossen ist und dessen Sekundärwicklung die um je 120° in der Phase
gegeneinander verschobenen Wechselspannungen e_1, e_2 und e_3 liefert. Bei dem Ventilgleichrichter ist jede Klemme der Sekundärwicklung mit einem Ventil V bzw. mit
der entsprechenden Anode eines 3anodigen Gleichrichtergefäßes mit gemeinsamer
Kathode verbunden. Der Gleichstromkreis besteht aus der Belastung B und einer
Glättungsdrossel Gd und ist einerseits an die Kathodenseite der Ventile und andererseits an den Sternpunkt der Transformatorwicklung angeschlossen. Beim Kontaktumformer sind an die Stelle der Ventile V Schaltkontakte K getreten, die mittels
eines mechanischen Getriebes durch einen Elektromotor betätigt werden, und zwar
periodisch im Takte der speisenden Wechselspannung und synchron zu dieser. Wird
die Dauer und die zeitliche Lage der Abschnitte, in denen die Kontakte geschlossen
sind, durch entsprechende Ausgestaltung des Antriebes so eingerichtet, daß diese Ab-

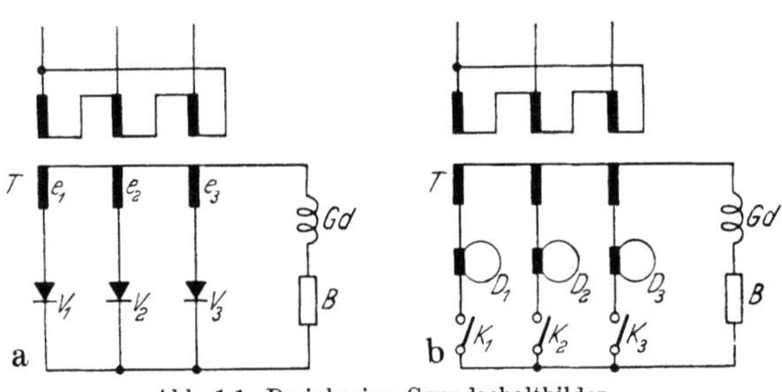

schnitte mit den Stromfüh-
rungsdauern der natürlichen
Ventile der Gleichrichterschaltung übereinstimmen, so
ist das Bild der Spannungen
und der Ströme der Kontaktumformerschaltung das gleiche
wie das der Ventilschaltung,
d. h., beide Schaltungen
haben nach außen die gleiche
Wirkung.

Abb. 1,1. Dreiphasige Grundschaltbilder.
a Ventilgleichrichter; — b Kontaktumformer.

Damit die Kontakte eine befriedigende Lebensdauer aufweisen, muß das Schalten
lichtbogenfrei ohne nennenswerte Stoffwanderung vor sich gehen. Eine solche Arbeitsweise wird erreicht durch Verwendung sogenannter Schaltdrosseln D, die in
Reihe mit den Kontakten K in den Hauptstromkreis eingefügt sind (Abb. 1,1 b).
Die Kombination „Schaltdrossel—Kontakt" beim Kontaktumformer ersetzt also das
natürliche Ventil der Ventilstromrichterschaltung. Wenn beim Kontaktumformer
auch nur einige wenige Stromrichterschaltungen als für diesen Umformer besonders günstige Schaltungen praktisch Eingang gefunden haben, so läßt sich
doch grundsätzlich jede der bekannten Ventilstromrichterschaltungen durch Vor-
nahme eines derartigen Austausches in eine Kontaktumformerschaltung verwandeln.
Durch die Anwendung von Schaltdrosseln ist es möglich geworden, Kontaktumformer
mit Leistungen von 5000 kW je Einheit und mehr mit wirtschaftlicher Lebensdauer
der Kontakte selbst im chemischen Dauerbetrieb zu betreiben. Die größte bis zum
Jahre 1945 in Betrieb genommene Kontaktumformeranlage (s. Abb. 52,7), die von
den SSW erbaut worden war, enthielt 4 parallel arbeitende Einheiten mit zusammen
32 000 A Gleichstrom bei 400 V Gleichspannung, während die gegenwärtig größte
in Betrieb befindliche Anlage aus 19 Einheiten je 10 000 A Gleichstrom mit teils
400 V, teils 450 V Gleichspannung besteht, von denen 10 von den SSW und 9 von
der AEG geliefert wurden (s. Abb. 52,17). Die Anlage dient zur Speisung von 2 getrennten Aluminiumöfensystemen. Ihre Gesamtleistung beträgt 81,5 MW.

Infolge der Verwendung metallischer Schaltkontakte ist der Spannungsverlust
im Schaltgerät äußerst gering. Er beträgt nur Bruchteile eines Volts. Hauptsächlich hierin ist die hinsichtlich des Wirkungsgrades große Überlegenheit des Kontaktumformers gegenüber anderen Stromrichterarten und Maschinenumformern begründet, die den eigentlichen Anreiz zu seiner Entwicklung gegeben hat. Diese Über-

legenheit drückt sich darin aus, daß die Verluste der Kontaktumformeranlage praktisch auf diejenigen des Stromrichtertransformators allein zuzüglich eines etwa gleich großen Betrages zusammengeschrumpft sind, der zum größten Teile auf die Schaltdrosselspulen entfällt. Bei ausgeführten Anlagen sind mit Groß-Kontaktumformern Wirkungsgrade bis zu 97% für die Gesamtanlage einschließlich des Transformators und sämtlichen Zubehörs erreicht worden, und zwar bei verhältnismäßig niedrigen Gleichspannungen von nur einigen Hundert Volt. Damit schloß der Kontaktumformer die Lücke, die bis dahin zwischen den Trockengleichrichtern und den Quecksilberdampfstromrichtern noch bestand.

Gegenüber den Maschinenumformern vermeidet der Kontaktumformer elektrodynamisch induzierte Wicklungen und damit größere bewegte Massen. Das hat hinsichtlich des Aufwandes die Ersparnis von Fundamenten und Hebezeugen und hinsichtlich des Wirkungsgrades den Fortfall von nahezu den gesamten Luft-, Lager- und Bürstenreibungsverlusten zur Folge, zumal als Kontakte nicht Schleifkontakte, sondern Abhebekontakte verwendet werden. Der Fortfall großer bewegter Massen ermöglicht ferner ein leichtes und schnelles Anlassen selbst der größten Einheiten. Da der Kontaktumformer genau wie ein Ventilstromrichter nur als Schalter wirkt, an der Energieumsetzung aber, vom Transformator abgesehen, nicht teilnimmt, so ist auch der Werkstoffaufwand und damit neben den Leistungsverlusten das Gewicht und der Raumbedarf bedeutend geringer als bei den Maschinenumformern. Dieser Umstand hat dem Kontaktumformer sogar auf dem Gebiete kleiner Leistungen Eingang verschafft, wo der Wirkungsgrad oft nur von untergeordneter Bedeutung ist.

Als bisheriges Anwendungsgebiet des Kontaktumformers ist neben der Speisung von Gleichstromnetzen aller Art (Werksnetze, Prüffelder, Land- und Bordnetze) vor allem die Stromversorgung von Elektrolysen zu nennen. Wäßrige Elektrolysen für Chlor, Wasserstoff, Wasserstoffsuperoxyd u. dgl. sind ideale Belastungen für Kontaktumformer, ebenso Metallelektrolysen und galvanische Bäder. Gerade bei den wäßrigen Elektrolysen wird es als ein besonderer Vorzug des Kontaktumformers empfunden, daß er in außerordentlich wirtschaftlicher Weise die Herstellung von großen Strömen bei verhältnismäßig niedrigen und daher weniger gefährlichen Spannungen ermöglicht. Wegen ihrer großen wirtschaftlichen Bedeutung und auch wegen ihrer z. T. schwierigen technischen Bedingungen hervorzuheben sind die Schmelzflußelektrolysen, zu denen z. B. die Aluminium-, Natrium- und Magnesiumelektrolysen gehören. Aber auch auf vielen anderen Gebieten hat der Kontaktumformer bereits praktische Verwendung gefunden, z. B. für die Stromversorgung von Gleichstrom-Bogenlampen (Scheinwerfern), für die Ladung von Sammlerbatterien (Elektrokarren), für die Formierung von Akkumulatorenplatten und für die Speisung von Graphitöfen. Einer der ersten überhaupt gebauten Großumformer war in Parallelarbeit mit anderen Umformern zur Speisung eines Straßenbahnnetzes mit 600 V Gleichspannung eingesetzt. Selbst eine Spannung von 60 kV ist bereits im Jahre 1939 versuchsweise im Laboratorium mit einem Kontaktumformer mit Abhebekontakten erzeugt worden. Grundsätzlich ist der Kontaktumformer für die Versorgung aller Arten von Gleichstromverbrauchern geeignet, die keinen Betrieb mit wechselnder Energierichtung verlangen. Belastungsschwankungen, auch sehr schnelle, innerhalb vorgegebener, bei der Auslegung des Kontaktumformers zugrunde gelegter Grenzen spielen keine Rolle. Der Kontaktumformer kann als Gleichrichter oder auch von vornherein als netzgeführter Wechselrichter betrieben werden. Ein zwangloser Übergang vom Gleichrichter- zum Wechselrichterbetrieb aber, wie er dem Energierichtungswechsel bei einem Motorgenerator entsprechen würde, ist bei einem Kontaktumformer der im folgenden behandelten Bauart mit motorischem Antriebe grundsätzlich nicht möglich. Die Speisung von Gleichstrommotoren z. B. kommt daher nur in solchen Fällen in Frage, wo keine Nutzbremsung verlangt wird bzw. wo das betriebsmäßige Auftreten von Rückströmen ausgeschlossen ist.

Interessant ist die Entstehungsgeschichte des Kontaktumformers, der im Rahmen einer ganz anderen Entwicklung im Jahre 1935 von F. KOPPELMANN bei den Siemens-Schuckertwerken in der noch heute verwendeten Grundform mit motorisch angetriebenen Abhebekontakten, vormagnetisierten Schaltdrosseln und Nebenwegen zu den Kontakten erfunden wurde. Diese Entstehungsgeschichte ist am Schluß des ersten öffentlichen Vortrages über den Kontaktumformer, der am 17. 9. 40 vor dem VDE in Berlin von KOPPELMANN gehalten wurde, und in dem sich anschließenden Diskussionsbeitrag von F. KESSELRING veröffentlicht worden[1]. Aus ihr seien die Namen einiger Mitarbeiter KOPPELMANNS aus der ersten Zeit, die neben anderen unter der Förderung von F. KESSELRING zur Durchentwicklung des Kontaktumformers beitrugen und denen nach dem Ausscheiden KOPPELMANNS im Herbst 1940 die weitere Entwicklung bei den Siemens-Schuckertwerken oblag, nachstehend wiederholt: G. LETSCH, M. ZÜHLKE, E. ROLF, J. WEGENER, H. J. KLEINVOGEL, P. STEFFEN, A. UNTE. Für die spätere Zeit bis 1945 ist auf dem konstruktiven Gebiet noch W. HERGERT zu nennen, während M. BELAMIN wertvolle Beiträge zur rechnerischen Durchdringung lieferte, E. KITTL vor allem auf den Gebieten der Vormagnetisierung und des Schutzes wichtige Erfindungen machte und zusammen mit F. DITTES und W. TRÜBENBACH die Inbetriebsetzung der ersten größeren Anlagen mit Kontaktumformern durchführte. Sehr erschwerend für die Durchentwicklung des Kontaktumformers war es, daß sein Einsatz in größerem Umfange bereits in die Zeit des zweiten Weltkrieges fiel, wo Personaleinschränkungen und Werkstoffverknappung die schnelle Auswertung der gewonnenen Erfahrungen behinderten und wo auch die durch Luftangriffe häufig gestörten Stromversorgungsnetze für den Erprobungsbetrieb der Kontaktumformer ausgesprochen ungünstig waren. Trotz aller Schwierigkeiten aber war der Kontaktumformer bei Kriegsende im Jahre 1945 bereits auf einen hohen Stand der Betriebssicherheit gebracht worden; Umformer mit insgesamt 132000 A waren geliefert und weitere 156000 A befanden sich im Bau.

Um bereits hier eine Vorstellung von dem Aussehen und den verschiedenen Formen und Baugrößen von Kontaktumformern zu vermitteln, sei im folgenden eine kurze Übersicht über die von den SSW bis 1945 hergestellten Kontaktumformertypen gegeben. Man unterschied *Kleinumformer* für Gleichstromstärken bis etwa 250 A, *Mittelumformer* für das sich anschließende Stromstärkengebiet bis herauf zu etwa 1500 A und *Großumformer* für noch höhere Ströme bis zu der damaligen Grenze von 10000 A je Einheit. Bei fast allen Umformern wurde die 3phasige Brückenschaltung (*Graetz*-Schaltung) mit 6 Kontakten als Grundsystem benutzt, und zwar überwiegend in der Ausführung mit 3 Schaltdrosseln (s. Tab. 26,1 Schaltung 8). Diese Schaltung wurde damals trotz gewisser mit ihr verbundenen Nachteile gewählt, weil es während des Krieges notwendig war, mit dem für die Schaltdrosseln verwendeten Nickeleisen sparsam umzugehen. Die heute bevorzugte entsprechende Schaltung mit 6 Schaltdrosseln (Tab. 26,1 Schaltung 7), die frei von solchen Nachteilen ist, dafür aber einen größeren Aufwand an Schaltdrosseleisen er-

---

[1] KOPPELMANN: [*1.1*] S. 16 und 19.

fordert, wurde nur bei den Versuchsumformern der allerersten Zeit und später bei einigen Kleinumformern ausgeführt. Der *Kleinumformer* für max. 300 V und 250 A Gleichstrom wurde als fertig geschalteter Schrank geliefert, in dem der Gleichrichtertransformator, das Kontaktgerät, die Schaltdrosseln und alles übrige Zubehör untergebracht waren und der nur noch den Anschluß der Drehstrom- und der Gleichstromleitungen erforderlich machte (Abb. 1,2). Dieser Umformer enthielt eine einzige Drehstrom-Brückenschaltung mit 6 Kontakten. Die Entwicklung eines *Mittelumformers* kam während des Krieges nicht mehr zum Abschluß. Die *Großumformer* wurden als am Aufstellungsort zu montierende Anlagen ausgeführt. Hier gab es für Leistungen bis max. 400 V und 5000 A Gleichstrom eine kleinere Einheit (Abb. 1,3) mit ebenfalls einem einzigen System mit 6 Kontakten in Drehstrom-Brückenschaltung. Eine größere Einheit (Abb. 1,4) bewältigte das Doppelte dieser Leistung. Sie bestand aus einer Zwillingsanordnung von 2 Drehstrom-Brückenschaltungen mit Systemen der gleichen Grundbauform wie bei der kleineren Einheit und enthielt daher

Abb. 1,2. Kleinkontaktumformer für 200 A, 230 V (SSW 1941).
a Transformator; — *b* Schaltdrosseln; — *c* Kontaktgerät.

12 Kontakte. Die beiden Brückenschaltungen konnten entweder in Parallelschaltung betrieben werden mit max. 400 V, 10000 A Gleichstrom oder in Reihenschaltung mit max. 800 V, 5000 A. Außer den vorgenannten 3 ortsfesten Typen wurde noch eine fahrbare Kleinumformertype mit dem gleichen Kontaktgerät und der gleichen Grundschaltung wie beim Kleinumformer der Schrankbauart hergestellt.

Nach dem Zusammenbruch Deutschlands im Jahre 1945 gingen bei den SSW sämtliche in der Fertigung befindlichen Umformer, alle Versuchs- und Prüffeldeinrichtungen und Meßinstrumente sowie fast alle Entwicklungs-, Berechnungs- und Konstruktionsunterlagen verloren. Hierdurch wurde zwar einerseits die Weiterentwicklung des Kontaktumfor-

Abb. 1,3. Großkontaktumformer für 4000 A, 50 V (SSW 1943).
a Schaltdrosseln; — *b* Kontaktgerät; — *c* Zubehörschrank.

mers um Jahre verzögert. Andererseits aber bot dieser Einschnitt die willkommene Gelegenheit, die Summe aller bisher bei dem vielseitigen Einsatz der Kontaktumformer gewonnenen Erfahrungen und Erkenntnisse bei einer von Grund auf vorgenommenen Neukonstruktion des Großumformers zu verwerten. So entstand ein neuer Großumformer für max. 800 V und 12 500 A, der auf Grund des bei ihm verwendeten Baukastensystems eine weitgehende Anpassungsfähigkeit an die jeweiligen Verhältnisse besitzt und für verschiedene Stromrichterschaltungen mit oder ohne selbsttätige elektrische Überlappungsregelung eingerichtet werden kann. Vorzugsweise wird für höhere Gleichspannungen bis 800 V die 3phasige Brückenschaltung mit 6 Schaltdrosseln und für kleinere Gleichspannungen bis etwa 300 V die 2 × Dreiphasen-Saugdrosselschaltung (Tab. 26,1 Schaltung 6) benutzt. In der einfachen Brückenschaltung wird der Umformer gegenwärtig für max. 7500 A, in doppelter Brückenschaltung (z.B. Tab. 26,1 Schaltung 11) für die obengenannte Stromstärke von 12 500 A, in Saugdrosselschaltung für die doppelten Werte 15 000 A bzw. 25 000 A geliefert.

Abb. 1,4. Großkontaktumformer für 6000 A, 240 V (SSW 1944).
a Schaltdrosseln; — b Kontaktgerät (Zubehörschrank nicht mit abgebildet).

Während des Krieges traten auch Brown, Boveri & Cie (Baden/Schweiz) mit einem Großumformer für 400 V, 8000 A an die Öffentlichkeit, dem inzwischen weitere, noch leistungsfähigere Typen gefolgt sind. Als Schaltungen werden auch hier die 3phasige Brückenschaltung mit 6 Schaltdrosseln oder Saugdrosselschaltungen verwendet. Die Stromstärke beträgt bei Brückenschaltung für Spannungen bis 600 V max. 10 000 A je Einheit, bei 2 × Dreiphasen-Saugdrosselschaltung für Spannungen bis 300 V wiederum das Doppelte, also 20 000 A, und für Spannungen bis 200 V in 3 × Zweiphasen-Saugdrosselschaltung (Tab. 26,1 Schaltung 5) max. 25 000 A.

Die Allgemeine Elektricitäts-Gesellschaft begann während des Krieges mit dem Versuchseinsatz von Kleinumformern und hat sich inzwischen ebenfalls dem Bau von Großumformern zugewandt. Sie benutzt bei ihren Umformern für höhere Gleichspannungen bis max. 1200 V die 6phasige Brückenschaltung, die 12 Kontakte für das Grundsystem benötigt (*Latour*-Schaltung Tab. 26,1 Schaltung 10 und neuerdings die Durchmesserschaltung Tab. 26,1 Schaltung 9 in der Abwandlung mit nur 3 Schaltdrosseln). Die Verwendung der 6phasigen Brückenschaltung scheiterte neben der Abneigung gegen den erhöhten Kontaktaufwand lange Zeit daran, daß das so einfache, bewährte Exzentergetriebe mit einem Stromführungswinkel von 120°, wie er für die 3phasige Brückenschaltung und die 2 × Dreiphasen-Saugdrosselschaltung benötigt wird, aus prinzipiellen Gründen nicht ohne unzulässige Einbuße an Kontaktzeitgenauigkeit für den bei der 6phasigen Brückenschaltung erforderlichen Stromführungswinkel von nur 60° eingerichtet werden konnte. Nach dem Kriege hat nun die AEG die Herstellung eines geeigneten Getriebes aufgenommen und bisher ihre Umformer entweder in dieser Schaltung mit 12 Kontakten für eine Stromstärke von max. 16000 A oder bei kleineren Gleichspannungen in $2 \times$ Dreiphasen-Saugdrosselschaltung mit nur 6 Kontakten für eine Stromstärke von max. 25000 A geliefert. Mit 12 Kontakten in doppelter $2 \times$ Dreiphasen-Saugdrosselschaltung würde das Kontaktgerät 50000 A abgeben können.

Auch der erwähnte neue SSW-Umformer gestattet die Verwendung der 6phasigen Brückenschaltung. Es stehen somit neben der 3phasigen Dreidrossel-Brückenschaltung, die im allgemeinen nur für Betriebe mit nicht sehr hohen Überlastspitzen in Frage kommt und heute bei Neuanlagen nur noch selten verwendet wird, und neben den Saugdrosselschaltungen, die besonders für sehr hohe Ströme bei kleineren Spannungen geeignet sind, gegenwärtig für höhere Spannungen bei hoher Überlastbarkeit die 3phasige Sechsdrossel-Brückenschaltung und die 6phasige Brückenschaltung miteinander im Wettbewerb. Ob sich eine dieser beiden auf Kosten der anderen endgültig durchsetzen wird oder ob beide nebeneinander bestehen bleiben, ist eine Frage, deren Beantwortung der Zukunft überlassen werden muß. Alle genannten Schaltungen liefern in der Grundschaltung eine 6phasig gewellte Gleichspannung.

In den Ver. St. v. Amerika begann im Jahre 1947 die ITE Circuit Breaker Co, Philadelphia/Pa., mit dem Bau von Kontaktumformern. Sie verwendet bei den dort gebräuchlichen Netzfrequenzen von 25 Hz und 60 Hz für höhere Gleichspannungen ebenfalls die 3phasige Brückenschaltung mit 3 oder mit 6 Schaltdrosseln und für kleinere Gleichspannungen die $2 \times$ Dreiphasen-Saugdrosselschaltung. Neben kleineren Umformern mit Stromstärken bis zu 800 A entstand zunächst eine Groß-umformertype mit 6 Kontakten für 5000 A in Brückenschaltung, der sich später noch eine Zwillingstype mit 12 Kontakten für 10000 A anschloß. Die gegenwärtigen Stromwerte für Einheiten mit 12 Kontakten sind 12000 A bei doppelter Brückenschaltung und 24000 A bei doppelter $2 \times$ Dreiphasen-Saugdrosselschaltung.

In den letzten Jahren ist auch aus England der Bau von Kontaktumformern bei der British Thomson-Houston Co. bekannt geworden[1]. In Japan hat die Fuji Denki Seizo KK, Tokio, die Herstellung von Kontaktumformern aufgenommen und bereits eine ganze Reihe von Anlagen in Betrieb gesetzt[2]. In den Ver. St. v. Amerika hat sich neuerdings auch die General Electric Co. mit dem Bau von Kontaktumformern befaßt[3]. Außer in den genannten Herstellerländern sind Kontaktumformeranlagen heute bereits in zahlreichen anderen europäischen und Überseeländern in Betrieb, u. a. in Finnland, Südafrika, Brasilien, Australien und auf den Philippinen. Bei diesem Stande ist es nicht zuviel gesagt, wenn man behauptet, daß der Kontaktumformer seinen Platz auf dem Gebiete der Drehstrom-Gleichstrom-Umformung eingenommen hat. Dabei ist manches Einsatzgebiet, auf dem er vielleicht noch eine nützliche Verwendung finden könnte, bis heute für ihn noch gar nicht erschlossen worden.

Wenn im vorstehenden einige Gleichspannungs- und Gleichstromwerte angegeben wurden, dann lediglich zu dem Zwecke, um damit einen ungefähren Begriff von den maximalen Leistungswerten der gegenwärtig erhältlichen Kontaktumformer zu geben. Mit den genannten Zahlen sind aber keineswegs schon bei allen Typen die durch die Grundkonstruktion bedingten Endwerte erreicht. Die Grenzwerte befinden sich vielmehr z. Z. noch in einer durch die jeweiligen Anforderungen be-

---

[1] SMITH: [*1.39*]. — READ u. GIMSON: [*1.46*].   [2] [*1.22*].   [3] [*1.47*].

stimmten Aufwärtsentwicklung. Bei den Stromstärken war in den letzten Jahren eine ständige Steigerung festzustellen, die im wesentlichen durch eine verbesserte Kühlung der Kontakte und Stromschienen, z. T. aber auch durch eine Vergrößerung der Kontaktabmessungen ermöglicht wurde. Die obere Grenze der Gleichspannung ist mit der Zeit ebenfalls angestiegen und heute bereits erheblich über den ursprünglich für den Kontaktumformer gedachten Bereich hinausgewachsen. Umformer mit Spannungen von 650 V und 700 V befinden sich im Betrieb, 800 V sind erprobt und werden bei Projekten ernsthaft in Betracht gezogen. Aus diesen Tatsachen darf man allerdings nicht unbedingt schließen, daß die Steigerung der Grenzwerte auch in Zukunft in der gleichen Weise ihren Fortgang nehmen wird. Eine Leistung von etwa 5 MW für die Umformereinheit stellt nämlich eine für die heutigen Anwendungen betrieblich zweckmäßige und angenehme Größe dar, die wesentlich zu überschreiten gegenwärtig kaum ein Anlaß besteht. Außerdem ist hinsichtlich der Gleichstromstärke zu berücksichtigen, daß für die von der einzelnen Umformergrundschaltung abzugebende Stromstärke auch ein passender Gleichstromschnellschalter vorhanden sein muß, und z. T. liegt heute hier die Grenze.

II. Aufbau, Schaltung und Wirkungsweise des Kontaktumformers.

2. Das Kontaktgerät.

Einer der Hauptbestandteile des Kontaktumformers ist das Kontaktgerät, mit Hilfe dessen die Schalthandlungen in den einzelnen Zweigen der Stromrichterschaltung periodisch und synchron vorgenommen werden. Es enthält eine der Phasenzahl der Umformung entsprechende Anzahl von Schaltkontakten oder Schaltkontaktgruppen. Als Kontakte werden bei den bisher bekannt gewordenen Konstruktionen mit einer einzigen Ausnahme[1] durch Stößel bewegte Abhebekontakte mit Druckfedern verwendet. Gegenüber Schleifkontakten bieten Abhebekontakte verschiedene entscheidende Vorteile, auf die im folgenden kurz eingegangen werden soll. Hier ist in erster Linie die gegenüber Kohlebürsten bedeutend größere Leitfähigkeit der metallischen Kontakte zu nennen, die sowohl in elektrischer als auch in thermischer Beziehung zur Geltung kommt, wie Tab. 2,1 erkennen läßt.

Tabelle 2,1. *Leitfähigkeiten bei 20 °C.*

Werkstoff		Elektrisch 10^4 S/cm	Thermisch W/cm °C
Silber		61	4,2
Kupfer		57	3,9
Silber-Wolfram[2] . . .	30% W	43,5 bis 50	3,1 bis 3,27
Silber-Nickel	10% Ni	48	
	20% Ni	42 bis 45	3 bis 3,1
Silber-Kupfer . . .	2% Cu	55	
	5% Cu	52,5	3,36
Kupfergraphit . . .	M 510	12,5	1,0
Bronze		etwa 6,3	etwa 0,5
Graphit		etwa 0,05	etwa 0,5

Als Kontaktwerkstoff dient entweder reines Silber oder Silber mit bestimmten Zusätzen wie Wolfram, Nickel oder Kupfer. Die Zusätze verbessern die Wider-

---

[1] Rollstromrichter von E. MARX, s. MARX: [*1.35*]; — ERK: [*1.41*], [*1.44*]; — SCHMITZ: [*1.42*]; — ERK u. SCHMITZ: [*1.53*]. Dieser Stromrichter wird im vorliegenden Buch nicht behandelt.

[2] Hinsichtlich der Verwendung von Silber-Wolfram scheint eine gewisse Vorsicht geboten zu sein, da sich u. U. oxydische Deckschichten auf der Kontaktoberfläche bilden können, die zu Erhöhungen und Schwankungen des Übergangswiderstandes Veranlassung geben. Siehe z. B. KEIL u. MEYER: [*2.32*].

standsfähigkeit gegen elektrische und mechanische Abnutzung, vermindern aber die Leitfähigkeit. Zur Erhöhung der mechanischen Festigkeit werden die Kontaktwerkstoffe noch auf mechanischem Wege durch Hämmern, Walzen oder Stauchen verdichtet. Kleinere Kontakte werden üblicherweise massiv hergestellt, größere entweder ebenfalls massiv oder aus Kupfer mit einer an der Arbeitsfläche aufplattierten Schicht aus einem der genannten Kontaktwerkstoffe.

Da die Kontakte infolge der Verwendung von Schaltdrosseln nicht als Leistungsschalter, sondern als reine Trennschalter arbeiten, so kann ihre Bemessung allein mit Rücksicht auf die Stromwärme vorgenommen werden. Bei der großen Leitfähigkeit der genannten Kontaktmetalle können die Kontakte daher auch bei großen Stromstärken ganz erstaunlich kleine Abmessungen erhalten, zumal der Hauptteil der in den Kontakten entstehenden Stromwärme durch die die Kontakte tragenden Stromschienen abgeleitet wird. So hat beispielsweise die bewegliche Kontaktbrücke des später in Abb. 2,2b gezeigten Abhebekontaktes eines Großumformers der SSW für 5000 A in 3phasiger Brückenschaltung nur eine Größe von 28×28 mm und ein Gewicht von 45 g.

Ein derart geringes Gewicht wiederum ermöglichte es, ein noch prellfreies Schalten ohne übermäßig große Kontaktfedern zu erreichen. Erst das Zusammentreffen dieser Umstände ließ überhaupt den Übergang von Schleifkontakten zu Abhebekontakten zu.

Weiterhin fallen bei Verwendung von Abhebekontakten die Bürstenreibungsverluste und die Bürstenübergangsverluste fort, was ebenfalls dem Wirkungsgrad zu-

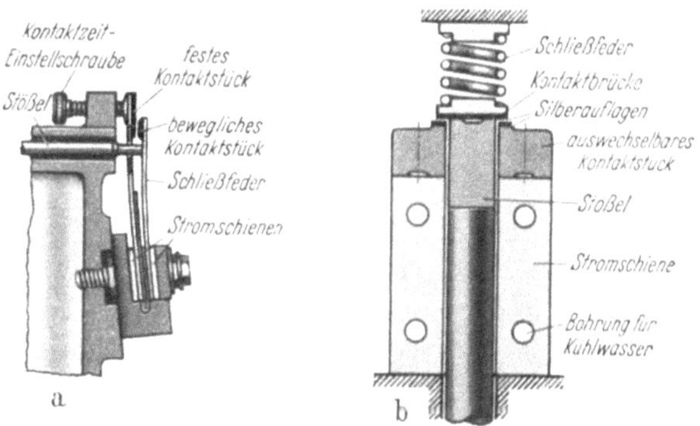

Abb. 2,1. Bauformen von Abhebekontakten.
a Blattfederkontakt für Kleinumformer; — b Brückenkontakt mit Schraubenfeder für Großumformer.

gute kommt. Die Übergangsverluste von Silberkontakten sind sehr klein. Hervorzuheben ist ferner, daß Abhebekontakte nicht wie Schleifkontakte einem mechanischen Verschleiß unterliegen. Bei etwaigen Beschädigungen lassen sich Abhebekontakte einfach und schnell auswechseln, während die Wiederinstandsetzung verbrannter Schleifkontakte zeitraubend und kostspielig ist. Schließlich ist noch als ein sehr wichtiges Argument zugunsten der Abhebekontakte zu erwähnen, daß die Anpassung der Kontaktschließungsdauer an die jeweiligen Betriebsbedingungen, wie sie z. B. bei der Spannungsregelung erforderlich ist oder wie sie bei gewissen Ausführungsformen des Kontaktumformers in Abhängigkeit von der Belastung laufend selbsttätig erfolgt, mit Abhebekontakten konstruktiv leichter durchgeführt werden kann als mit Schleifkontakten.

In Abb. 2,1 sind zwei bewährte Bauformen für Umformerkontakte im Schnitt dargestellt. Die linke Seite zeigt einen Kontakt mit Einfachunterbrechung, wie er in Kleinumformern für Stromstärken bis zu 250 A verwendet wird. Das bewegliche Kontaktstück ist auf einer trapezförmigen Blattfeder befestigt (s. Abb. 2,2a). Durch einen Stößel, der gegen die Blattfeder drückt, wird es von dem festen Kontaktstück periodisch abgehoben. Das feste Kontaktstück wird von einer stärkeren Feder getragen. Seine Lage kann zwecks Einstellung der erforderlichen Kontaktschließungsdauer durch eine Einstellschraube in Richtung der Stößelachse verändert werden. Auf der rechten Seite von Abb. 2,1 ist ein Schnitt durch einen Kontakt mit Doppelunterbrechung gezeigt, wie er in verschiedenen Spielarten ganz allgemein

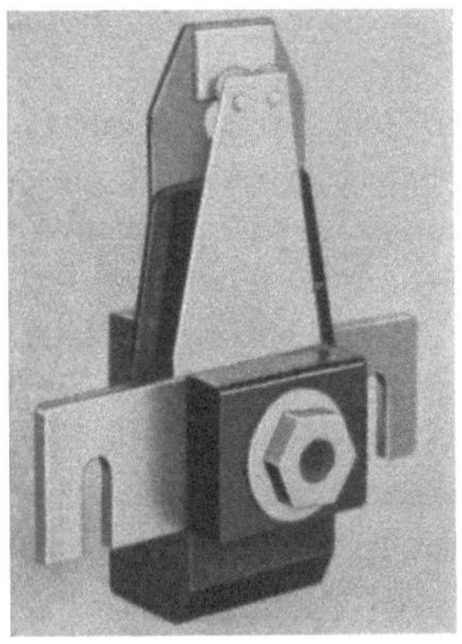

a   b
Abb. 2,2. Abhebekontakte.
a Kontaktblock der Blattfederbauart für Kleinumformer; — b auswechselbare Teile eines Brückenkontaktes für Großumformer.

für Großumformer und in vereinfachter Form vereinzelt auch für Kleinumformer im Gebrauch ist. Der Kontakt enthält 2 feste Kontaktstücke, die auswechselbar auf den durch den Kontakt zu verbindenden Stromschienen angebracht sind, und eine bewegliche Kontaktbrücke. Die Kontaktbrücke wird durch einen Stößel entgegen dem Druck einer Schraubenfeder periodisch von den festen Kontaktstücken abgehoben. Die Einstellung der Kontaktschließungsdauer wird bei dieser Bauform gewöhnlich durch eine Verstellung der Stößellänge vorgenommen. Abb. 2,2 zeigt links einen fertig zusammengebauten Kontaktblock der Blattfederbauart, der in dieser Form als Ganzes auswechselbar ist, und rechts die auswechselbaren Teile eines Brückenkontaktes mit Schraubenfeder.

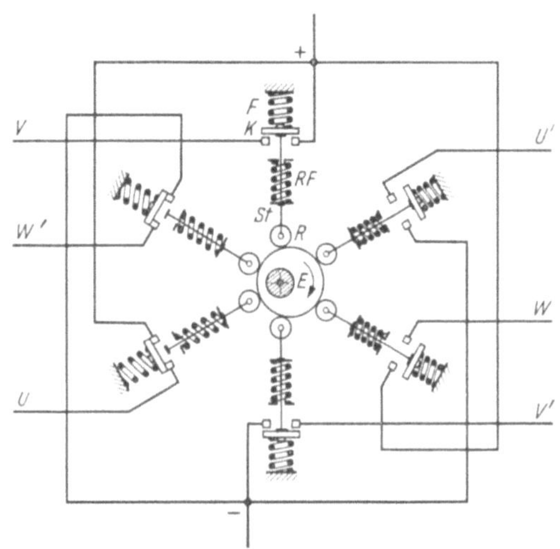

Abb. 2,3. Kontaktantrieb in Sternform mit 1 Exzenter, für 3phasige Sechsdrossel-Brückenschaltung.
U, V, W und U', V', W' Wechselstromzuleitungen; — + und — Gleichstromanschlüsse; — E Exzenter; — R Rolle; — St Stößel; — K Kontakt; — F Schließfeder; — RF Rückholfeder.

Der Antrieb der Kontakte geschieht, wie bereits erwähnt wurde, durch Stößel. Die Stößel werden durch Exzenter in hin- und hergehende Bewegung versetzt; der zeitliche Verlauf der Stößelbewegung folgt daher dem Sinusgesetz. Für die räumliche Anordnung der Kontakte haben sich zwei verschiedene grundsätzliche Bauformen herausgebildet: die Sternbauart und die Reihen- oder Blockbauart. Die *Sternbauart* ist die ältere von ihnen. Sie ist als Ansicht von oben für ein Kontaktgerät mit 6 Kontakten in Abb. 2,3 schematisch dargestellt. Die Kontakte sind mit radial gerichteten Stößeln auf einem Kreise angeordnet. Sie werden durch einen im Bilde nicht dargestellten Motor mit senkrechter Welle von der Mitte aus mit Hilfe einer einzigen Exzenterscheibe nacheinander in zyklischer Reihenfolge betätigt. Die Stößel öffnen die Kontakte entgegen dem Druck der Blatt- oder der Schraubenfedern in radialer Richtung nach außen und werden beim Rückgang nach dem Schließen der Kontakte durch Rückholfedern im Kraftschlusse mit der Exzenterscheibe gehalten. Abb. 2,4 zeigt eine Ausführungsform als Kleinumformer für 300 V, 250 A Gleichstrom; sie läßt die Anordnung deutlich erkennen. In Abb. 2,5 ist die Ansicht des Kontaktgerätes des ersten überhaupt gebauten Großumformers in sternförmiger Anordnung für 300 V,

Abb. 2,4. Kontaktgerät in Sternbauart nach Abb. 2,3 für Kleinumformer bis 250 A.

5000 A Gleichstrom wiedergegeben. Die Sternbauart zeichnet sich in bezug auf das mechanische Triebwerk durch besondere Einfachheit aus und hat sich auch als sehr dauerfest erwiesen. Der in Abb. 2,5 gezeigte Umformer zum Beispiel, der im Jahre 1939 geliefert wurde, befindet sich

Abb. 2,5. Kontaktgerät in Sternbauart mit 6 Kontakten für Großumformer 5000 A, 300 V (SSW 1939).

noch heute in einer Chlorelektrolyseanlage in Betrieb. Trotzdem wurde die Sternbauart zugunsten der Blockbauart bei Großumformern verlassen. Die Gründe hierfür sind, daß die kupfernen Stromschienen und Sammelringe, die auf dem linken Bilde unterhalb des Kontaktsternes zu erkennen sind, eine komplizierte und daher schwer herstellbare Form haben, den Zugang zu dem von ihnen umgebenen Antriebsmotor behindern und eine unerwünscht hohe Reaktanz aufweisen, und daß ferner eine Einheit in Zwillingsanordnung mit doppelter Kontaktzahl für die doppelte Stromstärke in dieser Bauart nur schlecht ausführbar ist. Auch Kleinumformer wurden nach 1945 in Anlehnung an die bewährte Bauform der Großumformer in Blockbauart gebaut.

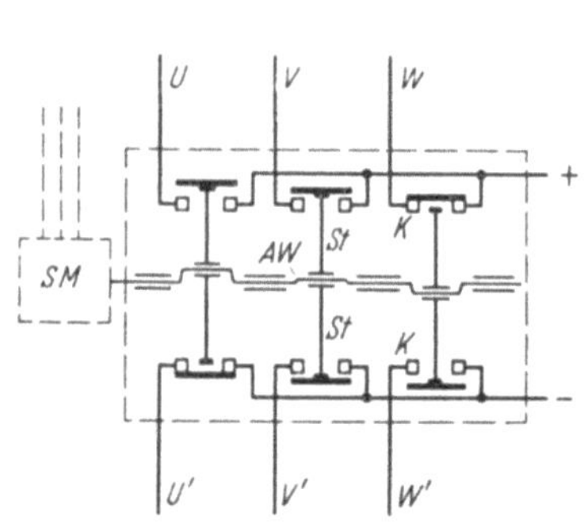

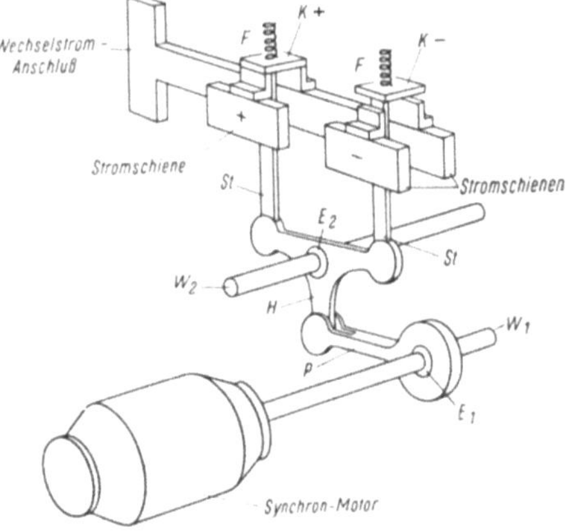

Abb. 2,6. Kontaktantrieb in Blockform für 3phasige Sechsdrossel-Brückenschaltung.

U, *V*, *W* und *U'*, *V'*, *W'* Wechselstromzuleitungen; — + und − Gleichstromanschlüsse; — *SM* Antriebs-Synchronmotor; — *AW* Antriebswelle; — *St* Stößel; — *K* Kontakt.

Abb. 2,7. Getriebeschema für 1 Kontaktpaar eines Großumformers in Blockbauart für 3phasige Dreidrossel-Brückenschaltung.

W_1 Antriebswelle; — E_1 Exzenter der Antriebswelle; — *P* Pleuel; — *H* Schwinghebel; — W_2 Überlappungssteuerwelle; — E_2 Exzenter der Überlappungssteuerwelle; — *St* Stößel; — *K*+ und *K*− Kontakte; — *F* Schließfedern.

Bei der *Reihenbauart* sind die Kontakte parallel zur Antriebswelle in einer Reihe nebeneinander angeordnet, und jeder Kontakt wird durch ein getrenntes Exzenter betätigt. Die am meisten verwendeten, 6phasigen Gleichrichterschaltungen erfordern nun 6 Kontakte, von denen stets je zwei mit 180° Phasenverschiebung,

Abb. 2,8. Schaltblock eines Kontaktgerätes für 10 000 A, 400 V mit aufgesetzten Kontakten.

also im Gegentakt, zu arbeiten haben. Man gelangt dann zu der sogenannten *Blockbauart*, die in Abb. 2,6 schematisch dargestellt ist. Sie enthält 2 Reihen zu je 3 Kontakten. Für jedes Paar im Gegentakt arbeitender Kontakte besitzt die Welle ein getrenntes Exzenter oder eine entsprechende Kröpfung. Die Stößel des Kontaktpaares sind dabei häufig nicht wie in dieser Abbildung gleichachsig angeordnet,

sondern mit parallelen Achsen. Der Antrieb geschieht dann mit Hilfe eines drei-
armigen Schwinghebels, der auf einer besonderen Welle gelagert ist und mittels
einer Pleuelstange von der Exzenterwelle bewegt wird. In Abb. 2,7 ist eine solche
Anordnung für 1 Kontaktpaar einschließlich der zugehörigen Stromschienen schematisch in perspektivischer Ansicht dargestellt. Abb. 2,8 zeigt die Ansicht eines ganzen
in dieser Art ausgeführten Schaltblockes mit 12 Kontakten, die in einer Zwillingsanordnung von zwei 3phasigen Brückenschaltungen mit je 6phasiger Gleichstromwelligkeit betrieben werden. Das zugehörige, in Abb. 2,9 gezeigte Getriebe
enthält 6 Stößelpaare mit 6 Schwinghebeln und 6 Exzentern. Die Exzenterwelle (Abb. 2,9 unten) ist 3fach gelagert und mit Ausgleichgewichten versehen. Das Getriebe ist mit einer Öldruckschmierung ausgestattet, bei der das Öl
aus dem Ölsumpf durch eine Ölpumpe nach Passieren eines Ölkühlers und eines Öl-

Abb. 2,9. Getriebe zum Schaltblock von Abb. 2,8 in der Bauart von Abb. 2,7.
W_1 Antriebswelle mit 6 Exzentern; — A Ausgleichgewicht; — P Pleuel; — H Schwinghebel; — R Rolle; —
W_2 Überlappungssteuerwelle; — St Stößel; — RF Rückholfeder; — V Ölverteiler.

filters durch Verteilerleitungen den einzelnen Stößeln zugeführt wird und über die
bewegten Teile wieder in den Ölsumpf hinabrieselt. Auch die Reihen- bzw. Blockbauart hat den Beweis sehr großer Zuverlässigkeit und Dauerfestigkeit in viel-
jährigem Dauerbetrieb erbracht und ist mit verschiedenen Abwandlungen bei fast
allen heute in Betrieb befindlichen Großumformern im Gebrauch. Über die Besonderheiten der gegenwärtigen Bauformen der verschiedenen Herstellerfirmen s. Abschnitt 23.

3. Die Grundschaltung.

Die Aufgabe der Kontakte ist es nun, zu etwa den gleichen Zeitabschnitten der
Wechselstromperiode, zu denen das bei echten Ventilen auf natürlichem Wege
infolge der unipolaren Leitfähigkeit geschehen würde, abwechselnd eine leitende
Verbindung zwischen der Wicklung des Stromrichtertransformators und dem Gleichstromkreise herzustellen und wieder aufzuheben. Zu diesem Zwecke sind die Kontakte in der in Abb. 3,1 noch einmal dargestellten Weise an Stelle der natürlichen
Ventile in die Stromrichterschaltung eingefügt. Es ist hier wiederum eine 3phasige
Sternpunktschaltung zur Erläuterung der Wirkungsweise gewählt worden. Die
3phasige Sternpunktschaltung wird auch späterhin bei grundsätzlichen Betrach-

tungen stets beibehalten werden, denn sie bildet das Bauelement für die Mehrzahl der praktisch angewendeten Drehstromschaltungen. Saugdrosselschaltungen und Brückenschaltungen mit 6- und höherphasiger Gleichstromwelligkeit bestehen meistens lediglich aus einer Zusammenfügung mehrerer solcher Bauelemente. Die 3phasige Grundschaltung arbeitet dabei als ein in sich geschlossenes System, in dem sich beispielsweise die Bildung der Gleichspannung und die Stromwendung im wesentlichen unabhängig von den übrigen Grundsystemen vollzieht. Das Schema der 3phasigen Sternpunktschaltung gibt somit die Grundlage ab auch für die Erläuterung und das Studium der meisten der in höherphasigen Schaltungen ablaufenden Vorgänge. In Abb. 3,1 ist, abweichend von der sonst benutzten Darstellung, die räumliche Anordnung der Kontakte noch in Sternform gezeichnet, weil diese Anordnung in besonders sinnfälliger Weise auch die zeitliche Aufeinanderfolge der Schalthandlungen der Kontakte veranschaulicht. Man braucht sich vergleichsweise nur noch den von der gemeinsamen Kathode zu den einzelnen Anoden eines Quecksilberdampfgleichrichters umlaufenden Lichtbogen oder als nächste Stufe einen mit dem Gleichstrompol verbundenen, an 3 festen Schleifkontakten vorbeilaufenden, rotierenden Schaltarm vorzustellen, um die vollkommene Analogie der Vorgänge sofort zu erkennen.

In Abb. 3,1 ist an den Sternpunkt der Sekundärwicklung des Gleichrichtertransformators T in üblicher Weise wiederum die gleichstromseitige Belastung B angeschlossen, während die Phasenklemmen der Wicklung unter Zwischenschaltung von Schaltdrosseln D mit dem einen Pol der Kontakte K verbunden sind. Mit dem anderen Pol bilden die Kontakte ebenfalls einen Sternpunkt, von dem die Verbindung über eine Glättungsdrossel Gd zum anderen Pol der Belastung B führt. Die

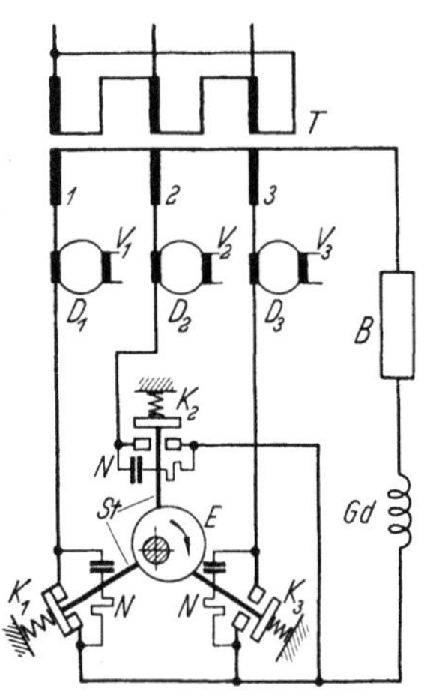

Abb. 3,1. Dreiphasige Grundschaltung eines Kontaktumformers mit Schaltdrosseln und Nebenwegen zu den Kontakten.

Kontakte werden mit Hilfe von Stößeln St durch die Exzenterscheibe E angetrieben. Parallel zu den einzelnen Kontakten sind im allgemeinen noch Nebenwege N angeordnet, die meistens aus der Reihenschaltung eines Kondensators mit einem ohmschen Widerstande oder aus Trockengleichrichterventilen bestehen und deren Bedeutung in Abschn. 9 noch erklärt wird.

Die Schaltdrosseln D besitzen außer der im Hauptstromkreise liegenden Hauptwicklung noch besondere Vormagnetisierungswicklungen V, mittels derer das magnetische Verhalten der Drosseln beeinflußt werden kann. Diese Schaltdrosseln nun sind das Hilfsmittel, durch das das Problem des funken- und stoffwanderungsfreien Schaltens der Kontakte gelöst worden ist. Mit ihrer Hilfe wird, wie im Abschnitt 6 noch näher beschrieben ist, beim Nulldurchgang des Kontaktstromes eine längere, praktisch stromlose Pause geschaffen, innerhalb deren der Kontakt ohne zu große Anforderungen an die Genauigkeit der Einhaltung einer bestimmten zeitlichen Lage der Schaltzeitpunkte in bezug auf die Wechselstromperiode geschlossen oder geöffnet werden kann. Es wird dann kein Strom geschaltet, sondern es findet nur eine Schließung bzw. eine Trennung nicht stromführender Metallteile statt. Der Kontakt braucht infolgedessen, wie bereits hervorgehoben wurde, nicht als Leistungsschalter zu arbeiten, sondern er wirkt lediglich als Trennschalter. Die stromlose Pause beim Einschalten und beim Ausschalten wird *Stromstufe* genannt. Man spricht demgemäß von einer Einschaltstufe bzw. von einer Ausschaltstufe des Stromes. Von den Schaltdrosseln wird beim Ausschalten auch die nach der Kontaktöffnung wiederkehrende Spannung während der restlichen Dauer der stromlosen Pause noch aufgenommen und damit von dem sich öffnenden Kontakt ferngehalten. Die Kontakte öffnen sich daher nicht nur stromlos, sondern auch praktisch spannungslos, so daß die Spannungsfestigkeit der Trennstrecke der Kontakte ungestört auf eine zum Ertragen der Sperrspannung ausreichende Höhe anwachsen kann und somit Rückzündungen vermieden werden. Bevor auf den Aufbau und die Wirkungsweise der Schaltdrosseln näher eingegangen wird, sollen zunächst noch die Bedingungen zur Vermeidung von Stoffwanderung und mechanischer Abnutzung an den Kontakten sowie die Grundschaltprobleme bei Kontaktumformern betrachtet werden.

4. Die Bedingungen zur Vermeidung von Stoffwanderung und mechanischer Abnutzung an den Kontakten.

Unter *Stoffwanderung* versteht man die Erscheinung, daß beim Schließen oder beim Öffnen eines Kontaktes Kontaktwerkstoff entweder in metallischer Form (bei Lichtbogenentladungen meist mit Dampfform als Zwischenphase) von einer Kontaktfläche zur anderen übertragen wird oder in metallischer oder Dampfform in den umgebenden Raum übergeht.

Je nach der Richtung der Wanderung verursacht die Stoffwanderung entweder Vertiefungen (Krater) oder Erhöhungen (Buckel oder stiftförmige Spitzen) auf den Berührungsflächen der Kontakte. Auch die Form einer allgemeinen Aufrauhung oder Aufwellung der Berührungsflächen kommt vor. Durch Stoffwanderung wird der Kontakt früher oder später selbst dann unbrauchbar, wenn kein Übergang in den umgebenden Raum stattfindet, d. h. kein Verlust am Gesamtvolumen des Kontaktes eintritt.

Nach der Erscheinungsform lassen sich hauptsächlich zwei Arten der Stoffwanderung unterscheiden: die Brückenwanderung und die Bogenwanderung[1]. Die *Brückenwanderung* findet man beim Ausschaltvorgang. Sie wird dadurch verursacht, daß Schmelzbrücken zwischen den sich trennenden Kontaktflächen infolge einer unsymmetrischen Temperaturverteilung unsymmetrisch zerreißen, und zwar in der Regel so, daß nach jeder Schaltung etwas Werkstoff des positiven Kontaktstückes auf dem negativen Kontaktstück haftenbleibt. Die Richtung der Brückenwanderung ist daher die gleiche wie diejenige des unterbrochenen Stromes. Daß Brückenwanderung auch beim Einschaltvorgang eine Rolle spielt, ist unwahrscheinlich, sofern das Einschalten prellfrei verläuft[2]. Höchstens wäre es denkbar, daß bei der in Abschn. 4.23 beschriebenen Verdampfung der ersten Berührungsspitzen der Kontaktflächen ebenfalls eine Temperaturunsymmetrie und damit eine Art von Brückenwanderung auftritt, doch liegen genauere Untersuchungen hierüber bisher nicht vor. *Bogenwanderung* entsteht, wie ihr Name schon sagt, wenn der Schaltvorgang mit Lichtbogenbildung verbunden ist. Man unterscheidet dabei sogenannte „Plasmabögen" mit Kathodenfall und positiver Säule (Plasma) und „kurze Bögen" mit im wesentlichen nur Kathodenfall (,,plasmafreie" oder zumindest plasmaarme Bögen)[3]. *Kurze Bögen* können sich sowohl beim Einschaltvorgang als auch beim Ausschaltvorgang bilden, ausgesprochene *Plasmabögen* im allgemeinen nur beim Ausschaltvorgang. Plasmabögen, die außer Kathodenfall und positiver Säule auch noch einen

---

[1] HOLM: [*2.2*] S. 278ff. bzw. [*2.3*] S. 305ff.
[2] EKKERS: [*2.36*].   [3] E. u. R. HOLM: [*2.40*] S. 353.

Anodenfall aufweisen, sind bei Kontaktumformern nur in Störungsfällen zu erwarten, denn die Umformer müssen so eingestellt sein, daß stärkere Plasmabögen selbst *ohne* Anodenfall im normalen Betriebe nicht vorkommen. Bei den *plasmafreien Bögen* kommt die Stoffwanderung dadurch zustande, daß thermisch oder durch Feldemission vom negativen Kontaktstück emittierte und in dem zwischen den Kontaktflächen bestehenden Felde auf hohe Geschwindigkeit beschleunigte Elektronen auf das positive Kontaktstück treffen. Infolge der dadurch verursachten Aufheizung wird Werkstoff dieses Kontaktstückes geschmolzen bzw. verdampft („anodische Verdampfung"), von dem ein Teil zum negativen Kontaktstück gelangt. Die Richtung der Stoffwanderung ist hier also ebenfalls die gleiche wie die des Stromes. Bei den *Plasmabögen* dagegen beruht die Stoffwanderung überwiegend auf einem Angriff des *negativen* Kontaktstückes durch Kathodenzerstäubung und thermische Verdampfung („kathodische Verdampfung") infolge des Auftreffens von im Kathodenfall beschleunigten positiven Ionen. Von dem auf diese Weise losgelösten Kathodenwerkstoff wird ein Teil auf dem positiven Kontaktstück niedergeschlagen. Die Richtung dieser Wanderung ist daher in der Regel entgegengesetzt der Richtung des unterbrochenen Stromes.

Nach der Stärke der Wanderung unterscheidet man zwischen der Grobwanderung und der Feinwanderung[1]. Zur *Grobwanderung* rechnet man die stärkeren Formen der Bogenwanderung, also in erster Linie die durch Plasmabögen verursachte Wanderung, während unter *Feinwanderung* gewöhnlich die Brückenwanderung verstanden wird. Auch die schwächeren Formen der durch kurze Bögen erzeugten Wanderung können zur Feinwanderung gezählt werden. Das Ausmaß der Grobwanderung kann dasjenige der Feinwanderung um Zehnerpotenzen übertreffen. Vielfach findet auch eine Überlagerung von Wanderungsarten mit verschiedener Richtung statt, die zu einer Verminderung der resultierenden Stoffwanderung führen kann.

Um bei der ungeheuren Schalthäufigkeit der Kontakte in einem Kontaktumformer, die bei einer Betriebsfrequenz von 50 Hz und ununterbrochenem Dauerbetrieb jährlich $1,58 \cdot 10^9$ Einschaltungen und ebensoviel Ausschaltungen beträgt, eine ausreichende Lebensdauer der Kontakte zu erhalten, muß nicht nur die Grobwanderung vermieden werden, sondern es muß auch die Feinwanderung auf ein geringes Ausmaß begrenzt werden. Schwache, unregelmäßige Fünkchen sind meist bei neuen Kontakten in der ersten Zeit nach der Inbetriebnahme zu beobachten, verschwinden aber nach einigen Tagen von selbst. Auch ein ganz schwaches, gleichmäßiges Schaltfeuer (vergleichbar mit sehr schwachem Perlfeuer bei Kommutatoren) ist im allgemeinen nicht sehr schädlich und hat sogar den Vorteil, daß es eine Selbstreinigung der Kontaktflächen bewirkt. Lichtstärkere Entladungen dagegen, auch in der Form von unregelmäßigen, hellen Einzelfunken, führen erfahrungsgemäß in kurzer Zeit zu einer unerträglichen Stoffwanderung und damit zum Unbrauchbarwerden der Kontakte. Aber auch ohne sichtbares Schaltfeuer können bei ungenügender Begrenzung der Feinwanderung Veränderungen der Kontaktflächen in einem solchen Umfange eintreten, daß eine Auswechselung der Kontakte nach unwirtschaftlich kurzer Zeit erforderlich wird.

4.1 Das Öffnen eines Kontaktes („Ausschalten").

Beim Öffnen eines stromführenden Kontaktes ist nicht nur der Betrag des unterbrochenen Stromes von Bedeutung, sondern daneben sind auch die Höhe und der zeitliche Verlauf der zwischen den sich trennenden Kontaktflächen wiederkehrenden

---

[1] HOLM u. GÜLDENPFENNIG: [*2.13*].

Spannung von entscheidender Wichtigkeit. Je nach den in dieser Hinsicht vorliegenden Bedingungen lassen sich, geordnet nach der zeitlichen Reihenfolge ihrer Entstehungsmöglichkeit vom Beginn der Trennbewegung ab, folgende Erscheinungen unterscheiden, die, wenn sie nicht durch geeignete Bemessung des Kontaktumformers vermieden werden, Stoffwanderung zur Folge haben:

1. die Bildung von unsymmetrisch zerreißenden Schmelzbrücken *ohne Lichtbogen*;
2. die Bildung solcher Schmelzbrücken mit im Anschluß an das Zerreißen *gezogenem Lichtbogen*, wobei

a) es entweder lediglich zu einem kurzen, im wesentlichen *plasmafreien Bogen* kommt, oder — b) der nur kurzzeitig bestehende plasmafreie Bogen in einen längeren *Bogen mit Plasma* übergeht;

3. der *nachträgliche Durchschlag* der anwachsenden Trennstrecke mit Lichtbogenbildung.

4.11 Der gezogene Lichtbogen.

Das Ziehen eines Lichtbogens beruht auf dem Vorhandensein von Metalldampf zwischen den sich voneinander entfernenden Kontaktflächen. Der Metalldampf entsteht dadurch, daß die letzten einander noch berührenden Metallspitzen, auf die sich der zu unterbrechende Strom konzentriert, infolge der Stromwärme zu einer glühendflüssigen Metallbrücke zwischen den Kontaktflächen zerschmelzen, die anschließend meist explosionsartig unter Bildung von heißem Metalldampf zerreißt. In dem thermisch ionisierten Metalldampf setzt sich der Strom dann in Form eines Lichtbogens fort. Der Bogen ist zu Beginn einen Augenblick plasmafrei, baut sich bei genügender Spannung dann aber eine positive Säule auf und besteht als Plasmabogen so lange, bis die verfügbare Spannung nicht mehr ausreicht, den Bogen über die sich ständig vergrößernde Trennstrecke noch aufrechtzuerhalten.

Nach den heutigen Anschauungen[1] überlagern sich bei einem derartigen Öffnungsvorgang drei verschiedene Stoffwanderungsarten: zunächst eine Wanderung in Richtung des Stromes infolge unsymmetrischen Abreißens der Schmelzbrücke (Brückenwanderung, s. Abschn. 4.12), und anschließend kurzzeitig eine Wanderung ebenfalls in Richtung des Stromes während des ersten, plasmafreien Zustandes des Bogens, die schließlich in zunehmendem Umfange überflügelt und abgelöst wird durch die entgegengesetzt der Stromrichtung verlaufende Stoffwanderung des Plasmabogens. Die resultierende Stoffwanderung des Schaltvorganges ergibt sich also als die Summe der Wanderungen aller drei Erscheinungsphasen, und im wesentlichen von der Größe des Beitrages des Plasmabogens hängt es ab, welche Richtung die Wanderung im Endergebnis hat. Bei stärkeren Plasmabögen überwiegt die von ihnen verursachte Wanderung weitaus die anderen beiden Beiträge, und die als Gesamtergebnis feststellbare Wanderung ist der Stromrichtung entgegengesetzt.

Reicht die Spannung zwar zur Zündung eines Bogens aus, hat aber für einen Plasmabogen nicht die genügende Höhe oder Dauer, so ist der gezogene Bogen nur ein kurzlebiger, im wesentlichen plasmafreier Bogen. In diesem Falle ist eine resultierende Wanderung in Richtung des Stromes zu beobachten, die nur aus den ersten beiden der genannten drei Wanderungsarten besteht.

Bereits KRAUS[2] und BURSTYN[3] fanden nun, daß das Ziehen eines Lichtbogens vermieden wird, wenn gewisse einander zugeordnete Werte des unterbrochenen Stromes und der im ersten Augenblick der Trennung zwischen den Kontaktflächen

---

[1] WARHAM: [2.33]. — JONES: [2.34]. — E. u. R. HOLM: [2.40]. — MERL: [2.49]. — KEIL u. MERL: [2.54]. [2] [2.5]. [3] [2.6].

anspringenden Spannung („Öffnungsspannung") nicht überschritten werden. Entsprechende Grenzkurven wurden für verschiedene Kontaktwerkstoffe u. a. von Burstyn[1] veröffentlicht, die hier als Beispiel in Abb. 4,1 wiedergegeben sind. Aus diesen Kurven ist ersichtlich, daß der Strom, der noch ohne Lichtbogenbildung unterbrochen werden kann, im allgemeinen um so höher liegt, je geringer die Öffnungsspannung ist. Eingehendere Erkenntnisse verdanken wir vor allem den systematischen Untersuchungen, die von Holm und seinen Mitarbeitern, insbesondere von Fink, durchgeführt wurden[2].

Die Lage der Grenzkurven hängt zwar weitgehend von der Beschaffenheit der Kontaktflächen (Bearbeitungszustand, Sauberkeit) und von den Eigenschaften des umgebenden Mediums (z. B. von der Feuchtigkeit) ab. Immerhin aber läßt sich als ungefährer Anhaltspunkt aus den gemessenen Kurven für den Fall von *Silber*kontakten in atmosphärischer Luft die folgende orientierende Regel ableiten:

a) Bei hohen Strömen muß die zwischen den Kontaktflächen anspringende Spannung unterhalb der Lichtbogenmindestspannung von ungefähr 12 V bleiben.

b) Bei Strömen unter etwa 0,4 A ist eine Spannung bis herauf zur Glimmspannung zulässig, die in atmosphärischer Luft gegen 300 V beträgt.

Diese Grenzen beziehen sich auf das Ziehen eines stabilen Lichtbogens. Durch Nichtüberschreitung der durch die Grenzkurve gegebenen Werte wird also zunächst einmal die Grobwanderung vermieden. Bei Kontaktumformern wird zu diesem

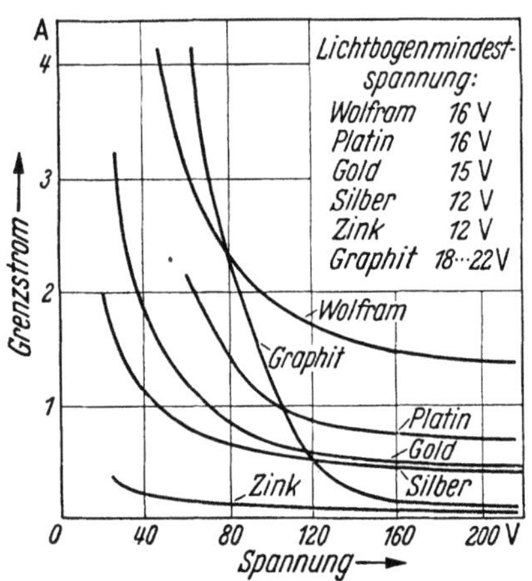

Abb. 4,1. Lichtbogenmindestspannungen und Grenzkurven für lichtbogenfreies Ausschalten (nach Burstyn).

Zwecke angestrebt, die Öffnungsspannung *grundsätzlich* unter der Lichtbogenmindestspannung zu halten, d. h. sie auf höchstens 10 bis 12 V zu begrenzen. Man muß dabei jedoch unterscheiden zwischen einem gewissermaßen als Grundvorgang anzusehenden Verlauf der vom Trennungsaugenblick ab zwischen den Kontaktflächen anstehenden Spannung, der aus später noch erläuterten Gründen bei Kontaktumformern über einen längeren Zeitabschnitt in der Größe von $1/2$ ms und mehr von Interesse ist, und einer in manchen Fällen diesem Grundverlauf im allerersten Augenblick noch überlagerten, kurzen induktiven Spannungsspitze oder einem überlagerten, schnell abklingenden Zug einer hochfrequenten Spannungsschwingung. Für den Grundvorgang läßt sich die Vorschrift, die Öffnungsspannung auf einen Wert unterhalb der Lichtbogenmindestspannung zu begrenzen, durch geeignete Auslegung und Einstellung der in Abschn. 3 bereits erwähnten Schaltdrosselvormagnetisierung und der Nebenwege zu den Kontakten verhältnismäßig leicht einhalten, so daß eine Grobwanderung unterbunden werden kann.

Die oft dem Grundverlauf noch kurzzeitig überlagerte Spannung ist dadurch bedingt, daß die Nebenwege trotz der an sich schon üblichen induktionsarmen Aus-

---

[1] [*2.1*] S. 18.

[2] Holm: [*2.2*] S. 227 bzw. [*2.3*] S. 262. — Holm, Güldenpfennig u. Störmer: [*2.9*]. — Holm u. Güldenpfennig: [*2.10*], [*2.13*]. — Fink: [*2.14*]. — Holm, Fink u. Güldenpfennig: [*2.16*].

führung immer noch eine kleine Restinduktivität besitzen. An dieser entsteht beim Übergang des zu unterbrechenden Stromes vom Kontakt auf den Nebenweg die genannte Spannungsspitze oder u. U. im Zusammenwirken mit der Eigenkapazität des Kontaktes und der ihn tragenden Stromschienen und mit einem etwaigen Nebenwegkondensator der Schwingungszug. Die überlagerte Spannung bewirkt, daß selbst dann, wenn im Grundverlauf der Kontaktspannung der Anfangswert unterhalb der Lichtbogenmindestspannung liegt, diese während der aufgesetzten Spitze bzw. der positiven Schwingungshalbwellen doch kurzzeitig erreicht wird. Das aber kann Veranlassung zu kurzen, plasmafreien Bögen mit entsprechender Stoffwanderung in Richtung des unterbrochenen Stromes geben, die ihrem Betrage nach in der Regel zur Feinwanderung zu rechnen ist und sich zu der ohnehin schon vorhandenen Brückenwanderung addiert. Die Stärke der durch die kurzen Bögen verursachten Wanderung hängt naturgemäß von der Größe der Induktivität des Nebenweges und von der Höhe des durch die Kontakttrennung in den Nebenweg zu zwingenden Stromes ab. Bei Silberkontakten und Strömen in der Größenordnung von 1 A kann eine Nebenweginduktivität in der Größe von 1 μH bereits zu derartigen kurzen Bögen führen. Hieraus ergeben sich für die Geringhaltung der Stoffwanderung die weiteren Forderungen, daß der Nebenweg mit der kleinsten überhaupt erreichbaren Induktivität ausgeführt werden muß und daß trotz der Begrenzung des Anfangswertes des Grundverlaufes der Kontaktspannung auf einen Wert unterhalb der Lichtbogenmindestspannung auch der zu unterbrechende Strom noch radikal zu begrenzen ist. Das ist, wie im nächsten Abschnitt gezeigt wird, auch noch aus einem anderen Grunde nötig, nämlich um die außerdem noch auftretende Brückenwanderung klein zu halten.

4.12 Die Brückenwanderung.

Ist die Öffnungsspannung kleiner als die Lichtbogenmindestspannung, so kommt eine Stoffwanderung nur noch dadurch zustande, daß die flüssige Schmelzbrücke, die sich unter formbestimmender Mitwirkung der Oberflächenspannung unsymmetrisch nach der Seite der positiven Kontaktfläche zu eingeschnürt hatte, nach dem Abreißen als kugelfömiges Tröpfchen an der negativen Kontaktfläche hängenbleibt. Das hat insbesondere PAETOW[1] in sehr anschaulicher Weise gezeigt. Für die unsymmetrische Lage der Einschnürung werden elektrothermische Effekte in der Schmelzbrücke (Thomsoneffekt mit bei Schmelztemperatur negativem Koeffizienten[2]) und an den Grenzen zwischen geschmolzenem und festem Metall (Peltiereffekt) sowie ferner eine ungleiche Erwärmung der beiden Kontaktflächen infolge des wellenmechanischen Tunneleffektes in adsorbierten Gashäuten (KOHLER[3]) oder infolge der Stromwärme des Laststromes bei ungleichen Formen und Abkühlverhältnissen der Kontaktstücke verantwortlich gemacht[4]. Ganz unabhängig aber davon, welche dieser Ursachen im Einzelfalle wirksam sind, ist es hinsichtlich der Größe der Brückenwanderung allein von Wichtigkeit, daß ihnen lediglich eine auslösende und die Richtung der Wanderung steuernde Wirkung zukommt, aber keine quantitativ bestimmende[5]. PAETOW[6] sowie LANDER und GERMER[7] fanden auch, daß die Trenngeschwindigkeit des Kontaktes bis herauf zu einigen m/s ohne Einfluß

---

[1] [2.24].   [2] PAETOW: [2.17]. — EKKERS, FARNER u. KLÄUI: [2.23].
[3] JUSTI u. SCHULTZ: [2.26] S. 95, 96.
[4] BETTERIDGE u. LAIRD: [2.15]. — PAETOW: [2.17]. — DAVIDSON: [2.25]. — DIETRICH u. RÜCHARDT: [2.20]. — JUSTI u. SCHULTZ: [2.26]. — LANDER u. GERMER: [2.21]. — KEIL u. MEYER: [2.35].
[5] PAETOW: [2.24] S. 230/32.   [6] [2.24] S. 227, 232.   [7] [2.21] S. 920.

auf die Größe der Schmelzbrücke und damit der Wanderung ist. Die Abmessungen der Brücke liegen in der Größenordnung von 10^{-5} bis 10^{-4} cm und werden im wesentlichen durch die Stromstärke in der Schmelzbrücke bestimmt. Nach HOLM[1] und PAETOW[2] wächst der Betrag der Brückenwanderung, d. h. die je Ausschaltvorgang gewanderte Stoffmenge, mit dem Quadrat der Stromstärke, nach LANDER, GERMER und PFANN[3] sogar mit der 3. Potenz. Neuere Messungen von E. u. R. HOLM[4], die von ITTNER[5] sehr schön bestätigt wurden, haben diesen scheinbaren Widerspruch dahingehend geklärt, daß die Zunahme mit der 3. Potenz sich nur auf den Bereich kleiner Ströme bis zu etwa 2 A erstreckt, während bei höheren Strömen das Quadrat des Stromes für die Größe der Brückenwanderung maßgebend ist.

Es ist hiernach klar, daß eine wirksame Begrenzung der Brückenwanderung durch eine Begrenzung der Stärke des zu unterbrechenden Stromes erreichbar ist. Beim Kontaktumformer ist das praktisch meist auch die einzige Möglichkeit. Theoretisch läßt sich zwar selbst bei größeren Strömen die Brückenwanderung sogar gänzlich vermeiden, wenn dafür gesorgt wird, daß die Öffnungsspannung unterhalb der Schmelzspannung des Kontaktmetalles bleibt (bei Silber 0,35 V), denn dann können sich überhaupt keine Schmelzbrücken mehr bilden. Obwohl ein solcher Zustand bei Kontaktumformern in Einzelfällen auch schon tatsächlich erreicht wurde[6], so ist es doch selbst mit den gegenwärtig besten Nebenwegen schwierig, unter *allen* Betriebsbedingungen bei Kontaktumformern größerer Leistung derart geringe Öffnungsspannungen einzuhalten. Es ist sogar anzunehmen, daß die meisten der heute in Betrieb befindlichen Kontaktumformer nicht nur Brückenwanderung, sondern in gewissem Umfange auch noch Ausschaltwanderung durch kurze Bögen aufweisen. Wenn aber diese beiden Wanderungsarten schon nicht ganz vermieden werden können, dann ist der Gedanke naheliegend, sie dadurch zu kompensieren, daß man auch noch eine Stoffwanderung in entgegengesetzter Richtung durch schwache Plasmabögen zuläßt[7]. Sicher wird auch gelegentlich ein solcher Ausgleich bei manchen Kontaktumformern durch Zufall von selbst eintreten, so daß dann zwar eine gewisse Mattierung oder Aufrauhung der Kontaktflächen stattfindet, aber kein resultierender Stofftransport von der einen Fläche zur anderen. Es dürfte aber kaum möglich sein, einen solchen Ausgleich bewußt unter allen Betriebsbedingungen als Dauerzustand herzustellen. Daher ist es von vornherein besser, den Plasmabogen ganz zu vermeiden und die restlichen Wanderungsarten soweit wie nur irgend möglich herabzudrücken.

Die praktische Erfahrung hat bei den Kontaktumformern ergeben, daß auch dann, wenn die Öffnungsspannung unterhalb der Lichtbogenmindestspannung gehalten wird, der unterbrochene Strom nicht über einige Ampere hinausgehen oder besser noch unterhalb von 1 A bleiben sollte. Unter 0,2 A ist die Brückenwanderung selbst über sehr lange Betriebszeiten (z. B. 10^9 Schaltungen) vernachlässigbar klein. Derart geringe Ausschaltströme lassen sich bei Kontaktumformern durch Anwendung vormagnetisierter Schaltdrosseln tatsächlich verwirklichen. Bei ausgeführten Großumformern der SSW beispielsweise betrugen im Falle der Verwendung der elastischen Vormagnetisierung der Ausschaltdrosseln (s. Abschn. 40.2) die unterbrochenen Ströme nur höchstens einige Zehntel Ampere (vgl. auch das Berechnungsbeispiel Abschn. 54, S. 520/21); aber auch mit anderen Vormagnetisierungsarten lassen sich ähnlich kleine Werte erreichen[8].

---

[1] [2.3] S. 325.   [2] [2.24] S. 229.   [3] [2.21] S. 920, 921.   [4] [2.40] S. 358.   [5] [2.51] S. 386.
[6] Siehe Abschn. 43.5 S. 390; ferner KESSELRING: [1.54] S. 143, 150 u. HÄMMERLI: [2.53] S. 1217/18 Fig. 10.   [7] Vgl. z. B. BURSTYN: [2.1] S. 94.   [8] Siehe z. B. Abschn. 43.5 S. 390/92; ferner KESSELRING: [1.54] S. 157 Tab. 2 u. BAER: [1.61].

4.13 Der nachträgliche Durchschlag.

Anstatt eines im Trennungsaugenblick zwischen den Kontaktflächen gezogenen Lichtbogens kann es auch nach zunächst lichtbogenfrei verlaufener Unterbrechung infolge eines nachträglichen Durchschlages der anwachsenden Trennstrecke noch zu einem Lichtbogen kommen, wenn die anfänglich genügend kleine wiederkehrende Spannung später auf zu hohe Werte ansteigt. Für mit Trenngeschwindigkeiten von 0,5 bis 0,8 m/s betriebene Kontaktumformer stellte KOPPELMANN[1] daher die Regel auf, daß zur Vermeidung solcher „Rückzündungen"

1. zunächst einmal die Geschwindigkeit des Anstieges der Spannung zwischen den Kontaktflächen im Augenblick der Kontakttrennung (von der geringen, sprung-haft zwischen den Flächen er-scheinenden Öffnungsspannung nach Abschn. 4.11 abgesehen) auf 10^5 V/s zu begrenzen sei, und daß

2. ferner dafür gesorgt werden müsse, daß anschließend die wiederkehrende Spannung (Sperr-spannung) während ihres weiteren Verlaufes in jedem Augenblick mit Sicherheit unterhalb der jeweiligen Durchschlagspannung der Trenn-strecke bleibt.

Bei Kontaktumformern wird daher die mit Hilfe der Schalt-drosseln, meist in Verbindung mit Nebenwegen zu den Kontakten, bewirkte Begrenzung der Span-nungsanstiegsgeschwindigkeit auf höchstens 10^5 V/s so lange aus-gedehnt, bis die Trennstrecke eine Länge erreicht hat, die der vollen Sperrspannung standhalten kann.

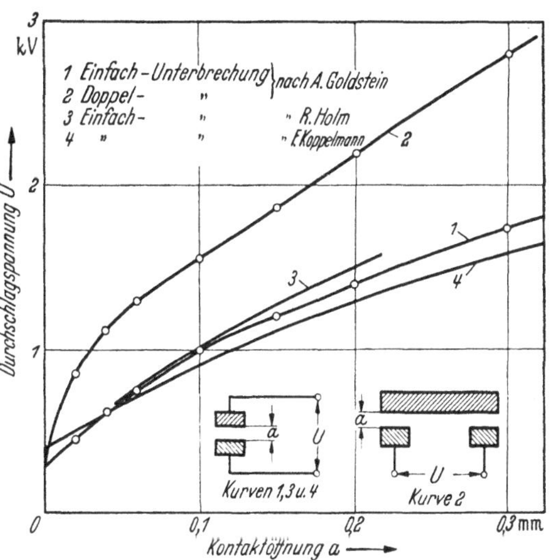

Abb. 4,2. Durchschlagspannung in Abhängigkeit von der Kontaktöffnung (nach GOLDSTEIN).
1 und 2: Messungen mit 50 Hz, Scheitelwerte.

Über den Durchschlag einer bereits bestehenden Trennstrecke weiß man, daß in atmosphärischer Luft hierzu eine Spannung von wenigstens der Mindestdurch-bruchspannung (Glimmspannung) von etwa 300 V erforderlich ist. Dieser Spannungs-wert entspricht dem Fall der günstigsten Durchbruchbedingungen bei der sehr ge-ringen Elektrodenentfernung von 15 bis 20 freien Elektronenweglängen (etwa 10^{-3} cm). Mit wachsender Elektrodenentfernung nimmt die Durchschlagspannung zunächst ungefähr linear zu[2]. Der Durchbruch setzt in bekannter Weise mit einer Glimmentladung ein, die bei genügender Ergiebigkeit der Stromquelle in sehr kurzer Zeit in einen Lichtbogen übergeht, wobei die Spannung zwischen den Elek-troden dann auf die geringe Brennspannung des Bogens zusammenbricht.

Für ebene Kontakte mit scharfen Kanten, wie sie in Kontaktumformern ver-wendet werden, wurden gemessene Kurven der Durchschlagspannung in Abhängig-keit von der Kontaktöffnung von KOPPELMANN[3] und von GOLDSTEIN[4] veröffent-licht. Die Kurvenzusammenstellung des letztgenannten Verfassers ist in Abb. 4,2 wiedergegeben. Sie zeigt, daß eine Durchschlagspannung von 1000 V selbst bei Kon-

---

[1] [1.3] (1941) S. 257, 258.   [2] HOLM: [2.2] S. 232 bzw. [2.3] S. 256.
[3] [1.3] (1941) S. 258.   [4] [1.6] S. 21.

takten mit nur Einfachunterbrechung bereits bei einer Trennstrecke von nur wenig mehr als 0,1 mm erreicht wird. Dieser Strecke entspricht bei den genannten Trenngeschwindigkeiten der Kontaktumformer eine Zeitdauer von 0,2 bis 0,125 ms. Um die zweite in der Koppelmannschen Regel gestellte Forderung zu erfüllen, würde es danach bei Umformern mit Sperrspannungen von nicht über 1000 V genügen, wenn die Begrenzung der Spannungsanstiegsgeschwindigkeit anschließend an den Trennungsaugenblick noch für etwa 0,2 ms fortgesetzt wird. In der Praxis geht man aber sicherheitshalber meist erheblich darüber hinaus und wählt einen Zeitraum von mindestens 0,35 bis 0,5 ms, bei Umformern für Gleichspannungen über 400 V auch noch mehr.

4.2 Das Schließen eines Kontaktes („Einschalten").

Auch beim Schließen eines Kontaktes lassen sich je nach den vorliegenden Spannungs- und Stromverhältnissen hinsichtlich des Schaltfeuers und der Stoffwanderung wieder mehrere Gebiete unterscheiden, nämlich:

1. der vorzeitige Durchschlag der abnehmenden Trennstrecke,
2. eine Vorentladung infolge von Feldemission,
3. Funkenbildung bei metallischer Kontaktberührung.

4.21 Der vorzeitige Durchschlag.

Wenn im Verlaufe der Schließbewegung die Kontaktflächen sich einander nähern, so ist bereits vor der metallischen Berührung ein Durchschlag der abnehmenden Trennstrecke zu erwarten, sofern die einzuschaltende Spannung den Betrag der Mindestdurchbruchspannung überschreitet. Diese hat, wie bereits in Abschn. 4.13 angegeben wurde, in atmosphärischer Luft eine Höhe von etwa 300 V. Die Entladung besteht aus einer Glimmentladung, die bei ausreichendem Nachschub von Ladungsträgern, d. h. bei einer genügenden Größe des aus der Stromquelle erhältlichen Stromes, in eine Bogenentladung übergeht. Die Dauer dieser Entladung ist wegen der bald darauf folgenden metallischen Berührung nur kurz.

Praktisch wurde gefunden, daß bei Kontaktumformern mit Einfachunterbrechung der Kontakte Glimmentladungen einsetzten bei einer Einschaltspannung von ungefähr 275 V. Brückenkontakte mit doppelter Trennstrecke bringen gegenüber Einfachkontakten keine wesentliche Erhöhung der beim Einschalten zulässigen Kontaktspannung, weil die beiden Hälften der Brücke niemals mit mathematischer Genauigkeit gleichzeitig aufsetzen. Bei Umformern mit höheren Einschaltspannungen müssen daher besondere Maßnahmen getroffen werden, um die Spannung zwischen den Kontaktflächen unterhalb dieses Wertes zu halten (s. Abschn. 41.4 und 41.5).

4.22 Vorentladung infolge von Feldemission.

Eine zweite Vorentladungsform beim Schließen von Kontakten, über die zwar bereits im Jahre 1935 von HOLM, GÜLDENPFENNIG u. STÖRMER[1] berichtet wurde, die aber erst vor einigen Jahren durch GERMER, HAWORTH, SMITH, KISLIUK[2] und andere genauer erforscht worden ist, sind durch Feldemission verursachte kurze Einschaltbögen. Diese Entladung tritt bereits unterhalb der Glimmspannung von 300 V auf, und zwar bei Einschaltspannungen bis herunter zu etwa 15 V. Sie beruht darauf, daß, wenn die mittlere örtliche Feldstärke zwischen den sich nähernden Kontaktflächen einen Wert von größenordnungsmäßig 10^6 V/cm erreicht hat (die höchste örtliche Feldstärke kann dabei wegen der Rauhigkeit der Kontaktflächen

---

[1] [2.9] S. 32/34.
[2] [2.27], [2.28], [2.29], [2.31], [2.41], [2.42]; ferner auch ATALLA: [2.39]; — MERL: [2.52].

noch beträchtlich größer sein), durch Kaltemission von Elektronen aus der negativen Kontaktfläche (Autoelektronenemission) eine Bogenentladung ohne positive Säule ausgelöst wird (kurzer Bogen mit nur Kathodenfall). Eine derart hohe Feldstärke entsteht je nach der Oberflächenbeschaffenheit und der einzuschaltenden Spannung bei einem Elektrodenabstand von 10^{-4} bis 10^{-5} cm, also bei nur etwa $^1/_{10}$ der Entfernung, bei der im Falle einer Einschaltspannung von 300 V oder darüber die Glimmentladung einsetzen würde. Neben einigen der vorgenannten Verfasser hat insbesondere auch JONES[1] nachgewiesen, daß eine Aufrauhung der negativen Kontaktfläche und vor allem Fremdschichten auf dieser Oberfläche die für die Kaltemission von Elektronen erforderliche Feldstärke gegenüber dem theoretisch für vollkommen glatte und saubere Oberflächen zu erwartenden Wert von etwa $5 \cdot 10^7$ V/cm beträchtlich herabsetzen können.

Die Energie für die Bogenentladung bildet die in den einander gegenüberstehenden Kontaktflächen, in den die Kontakte tragenden Stromschienen und in den Zuleitungen zu denselben aufgespeicherte kapazitive Energie. Ist dieser Kapazitätskomplex nicht unmittelbar, sondern über einen Widerstand oder eine Induktivität mit der Stromquelle verbunden, z. B. über eine Einschaltdrossel, so ist die für die Entladung momentan zur Verfügung stehende Energie auf den genannten Umfang der kapazitiven Energie beschränkt. Der Entladestrom durch den Funken besteht dann aus einer zwar hohen, aber nur sehr kurzen Stromspitze von einigen 10^{-9} bis 10^{-8} s Dauer. Die entladene Energie wird fast vollständig auf der positiven Kontaktfläche in Wärme umgesetzt. Infolge des Elektronenbombardements beginnt dort Metall in einem örtlich scharf begrenzten Bezirk zu schmelzen. Es bildet sich ein kleiner, von einem Wall aus Metall der positiven Kontaktfläche umgebener Krater, aus dem ein geringer Teil des geschmolzenen Metalls auf die negative Kontaktfläche hinüberspritzt, so daß dort bei wiederholtem Schalten eine Spitze entsteht. Der Betrag dieser durch Feldemission eingeleiteten Stoffwanderung ist verhältnisgleich der durch den Funken entladenen kapazitiven Energie, also verhältnisgleich der Kapazität und dem Quadrat der Spannung. Unter bestimmten Bedingungen kann die Entladung auch einen oszillierenden Verlauf mit wechselnden Stromrichtungen haben, wobei dann auch die Richtung des Stofftransportes eine wechselnde ist.

Die Feldemissionswanderung ist besonders gefährlich, wenn ein Kondensator dem Kontakt als Nebenweg unmittelbar parallel geschaltet ist. Sie kann aber auch ohne einen solchen wegen des Anstieges der Kapazität der Kontaktflächen mit zunehmender Annäherung derselben unangenehm werden, wenn die Größe dieser Kapazität beträchtlich und die Ladespannung derselben, d. h. die Einschaltspannung, hoch ist. In solchen Fällen bleibt als Abhilfe nur die Möglichkeit, durch eine schärfere Anwendung der bereits im vorigen Unterabschnitt erwähnten besonderen Maßnahmen nach Abschn. 41.4 und 41.5 die Spannung zwischen den Kontaktflächen auf einen erträglichen Wert abzusenken, d. h. nötigenfalls praktisch spannungslos einzuschalten.

4.23 Funkenbildung bei metallischer Kontaktberührung.

Kontakte haben im Betrieb stets etwas rauhe Oberflächen. Die metallische Berührung beginnt daher bereits, bevor der Kontakt zur Ruhe gekommen ist, mit zunächst nur wenigen hervortretenden Spitzen. Erhalten diese schwachen Berührungsstellen genügend Energie durch die Stromwärme des ansteigenden Kontakt-

---

[1] [*2.34*] S. 171, 172.

stromes zugeführt, so schmilzt und verdampft Kontaktwerkstoff. Bei sehr schnell auf hohe Werte ansteigenden Strömen kann sogar eine explosionsartige Verdampfung der Berührungsspitzen zustande kommen. In dem Metalldampf entzündet sich ein Lichtbogen in der gleichen Weise wie bei einem beim Ausschalten gezogenen Lichtbogen. Beim Einschalten handelt es sich aber immer nur um sowohl räumlich als auch zeitlich kurze Bögen mit Stoffwanderung vom positiven Kontaktstück zum negativen, denn spätestens im Augenblick der endgültigen, großflächigen Berührung der Kontaktstücke erlischt der Bogen bereits wieder.

Um eine Stoffwanderung dieser Art zu vermeiden, muß man den Anstieg des Stromes über den Kontakt so lange verzögern, bis der Kontaktdruck seinen Endwert erreicht hat und der Kontakt damit zur Führung hoher Ströme befähigt ist. Bei Kontaktumformern geschieht das in der Weise, daß der Strom nach der Kontaktberührung mit Hilfe der Schaltdrosseln zunächst noch auf einem sehr geringen Betrage gehalten wird, und zwar für die Dauer der sogenannten Einschaltstufe von ungefähr $1/_{10}$ ms und mehr. Über die Höhe des während der Einschaltstufe noch zulässigen Stromes wurden von J. VITINS an einem Großkontaktumformer der SSW Versuche durchgeführt, die die folgenden Ergebnisse hatten:

Tabelle 4,1. *Einschaltwanderung nach einem Dauerlauf von 170 Stunden bei 50 Hz ($\approx 30 \cdot 10^6$ Einschaltungen)*

Einschaltstufen-strom A	Anfangs-stroman-stieg bis zum Einsetzen der Stufe A/s	Ergebnis
0,9	$0,03 \cdot 10^6$	Stoffwanderung noch nicht deutlich erkennbar.
1,5	$0,05 \cdot 10^6$	Einige Spuren von Stoffwanderung.
2,3	$0,07 \cdot 10^6$	Stoffwanderung gut erkennbar.
3,0	$19 \cdot 10^6$	Stoffwanderung vollständig entwickelt.

Bei den Versuchen stieg der Kontaktstrom von Null aus mit der jeweils angegebenen Anfangsgeschwindigkeit auf den anschließend ungefähr gleichbleibenden Betrag des Stufenstromes an. Die Tabelle läßt erkennen, daß man bei den bei Großumformern vorkommenden Anstiegsgeschwindigkeiten mit dem Stufenstrom keinesfalls über 1 A gehen darf. In mechanisch stark herabgesteuertem Zustand, wo der Anfangs-Stromanstieg der maximalen Steilheit der Kurve des Wendestromes entspricht (vgl. Abschn. 5) und bei großen Umformerleistungen Werte in der Größe von $10 \cdot 10^6$ A/s haben kann, ist selbst ein Stufenstrom von 1 A schon reichlich hoch.

Die Angaben der Tabelle gelten für nicht prellende Kontakte. Wenn der Kontakt beim Einschalten prellt, so ist eine erhöhte Stoffwanderung die Folge, weil der Schließvorgang sich dann u. U. mehrfach wiederholt und zwischen den einzelnen Einschaltungen eine zusätzliche Stoffwanderung durch die dazwischenliegenden Unterbrechungen verursacht wird. In solchen Fällen sollte ein Stufenstrom von 0,2 A nicht überschritten werden, weil unterhalb dieses Wertes nicht nur keine Bogenwanderung stattfindet, sondern auch die Brückenwanderung belanglos bleibt.

Bei den Versuchen wurde außer der Stromstärke auch die Höhe der Einschaltspannung variiert, und zwar zwischen den Grenzen von 200 und 500 V. Eine nennenswerte Änderung im Betrage der Stoffwanderung als Folge der Änderung der Einschaltspannung konnte dabei nicht festgestellt werden. Dagegen wiesen die Kontaktflächen bei Einschaltspannungen oberhalb der Glimmspannung schwarze Flecke auf, die offensichtlich auf die Glimmentladungen zurückzuführen waren.

4.3 Zusammenfassung der elektrischen Bedingungen.

Zusammenfassend lassen sich als *elektrische Bedingungen für praktisch stoffwanderungsfreies Arbeiten* von Kontaktumformern mit Sperrspannungen bis zu 1000 V und Schaltgeschwindigkeiten von 0,5 bis 0,8 m/s die folgenden Forderungen aufstellen:

Einschalten.

1. Einsschaltspannung höchstens 275 V. Bei Gefahr von Feldemissionswanderung infolge zu hoher Kontakt- und Schienenkapazität Begrenzung der Einschaltspannung auf noch geringere Werte; am günstigsten praktisch spannungsloses Einschalten.

2. Nach der Kontaktberührung im Strom eine Einschaltstufe von mindestens 0,1 ms Dauer, auf jeden Fall aber so lang, daß sie bei etwaigen Prellungen den ganzen möglichen Prellbereich überdeckt.

3. Höhe des Einschaltstufenstromes unter 1 A, und zwar um so geringer, je schneller der Anfangs-Stromanstieg beim Einschalten ist. Bei Prellmöglichkeit Stufenstrom nicht über 0,2 A.

Ausschalten.

4. Im Strom eine Ausschaltstufe, die nach dem Öffnungsaugenblick noch *mindestens* 0,2 ms, sicherheitshalber aber 0,35 ms oder noch länger fortdauern sollte.

5. Höhe des Ausschaltstufenstromes unter 1 A, möglichst aber nur 0,2 bis 0,3 A.

6. Im Öffnungsaugenblick zwischen den Kontaktflächen anspringende Spannung höchstens 10 bis 12 V.

7. Spannungsanstiegsgeschwindigkeit im Öffnungsaugenblick höchstens 10^5 V/s für die Dauer der restlichen Ausschaltstufe.

Wie man mit Hilfe eines Kathodenstrahloszillographen am fertigen Kontaktumformer nachprüfen kann, ob diese Bedingungen eingehalten sind, ist in den späteren Abschnitten 9, 11, 12, 50 und 51 eingehend beschrieben.

4.4 Mechanische Abnutzung.

Außer der durch elektrische Beanspruchungen verursachten Stoffwanderung kann auch eine *mechanische Abnutzung* der Kontakte eintreten. Selbst bei einwandfrei arbeitenden Kontakten findet bei rein mechanischem Lauf des Umformers eine solche in geringem, unschädlichen Maße dadurch statt, daß sich infolge der Hämmerbewegung der Kontakte ein schwärzlicher Überzug aus festgehämmerten, feinsten Metallteilchen auf den Berührungsflächen der Kontakte bildet. Dieser Überzug verschwindet oft durch Selbstreinigung wieder, sobald die Kontakte elektrisch beansprucht werden. Führen die beweglichen Kontaktstücke außer der gewollten translatorischen Abhebebewegung in bezug auf die festen Kontaktstücke auch noch tangentiale Schub- oder Drehbewegungen (Reibebewegungen) aus, wie es bei ungenügender Führung der Stößel oder bei ungeeigneten Kontaktfedern vorkommen kann, so entsteht der sogenannte *Silberstaub*. Dieser lagert sich auf den Kontakten und auf den Isolierflächen zwischen ihnen ab und verschlechtert dadurch den Isolationszustand des Kontaktgerätes. Außerdem kann zwischen den Kontaktflächen befindlicher Silberstaub Anlaß zu gelegentlicher Funkenbildung selbst bei hinsichtlich der elektrischen Beanspruchungen gut eingestellten Umformern geben. Die Bildung von Silberstaub muß daher durch zweckentsprechende Ausbildung der Kontaktfedern und der Stößelführung oder durch eine unmittelbare Führung des beweglichen Kontaktstückes[1] gering gehalten werden. Schließlich kann unter gewis-

---

[1] Siehe z. B. Abb. 23,28; ferner STULZ: [*1.62*] S. 1146/47.

sen Bedingungen auch noch eine verhältnismäßig starke Abnutzung der Kontakte durch Ablösung von *Blättchen* oder *Schuppen* beobachtet werden. Eine solche tritt beispielsweise dann ein, wenn durch eine zu hohe strommäßige Beanspruchung der Kontakte die Oberflächentemperatur derselben eine bestimmte Grenze überschreitet, bei der eine mechanische Wiederentfestigung des verdichteten Silbers einsetzt, so daß die Kontakte infolgedessen den mechanischen Beanspruchungen nicht mehr ausreichend gewachsen sind. Die genannte Grenze liegt bereits nur wenig über 100° C. Diese Abnutzungsform führt zu einer schnellen Zerstörung der Kontakte und muß daher durch ausreichende Bemessung und Kühlung der Kontakte vermieden werden.

Über elektrische und mechanische Schaltprobleme bei schnellen Hochstromschaltgeräten unterrichtet auch ausführlich unter Berücksichtigung der neuesten Erkenntnisse und Erfahrungen ein während der Drucklegung des Buches erschienener Aufsatz von HÄMMERLI[1].

5. Die Spannungs- und Stromverhältnisse bei Kontaktumformern und die Schaltprobleme.

Der grundsätzliche Verlauf der Spannungs- und Stromkurven ist bei Kontaktumformern der gleiche wie bei gesteuerten Quecksilberdampfstromrichtern. Ferner sind auch die Mittel, die Höhe der gleichstromseitigen Welligkeit und der wechselstromseitigen Oberwellen durch Erhöhung der resultierenden Phasenzahl der gesamten Kontaktumformeranlage herabzusetzen, die gleichen. Jedoch werden in Kontaktumformern an Stelle von Sternpunktschaltungen überwiegend Brückenschaltungen verwendet, weil die nicht durch eine gemeinsame Kathode verbundenen Einzelkontakte und der geringe Spannungsabfall der metallischen Kontakte dieses selbst bei verhältnismäßig niedrigen Gleichspannungen gestatten. Die Vorteile, die die Brückenschaltungen bieten, sind in Abschn. 26 aufgeführt.

Wie gesteuerte Quecksilberdampfstromrichter können Kontaktumformer sowohl als Gleichrichter wie auch als Wechselrichter verwendet werden. Die Anwendung als Wechselrichter unterliegt aber auch hier gewissen Einschränkungen, da sie in gleicher Weise das Vorhandensein eines Wechselstromnetzes von für die Stromwendung und die Deckung des Blindleistungsbedarfs des Wechselrichters ausreichender Stärke oder einer synchronen Taktmaschine oder anderer Hilfsmittel zur Bewirkung der Stromwendung zur Voraussetzung hat. Eine Gleichspannungsregelung durch Verzögerung des Einsatzes der Stromwendung, wie sie bei Quecksilberdampfgleichrichtern beispielsweise durch Verhinderung des Stromflusses von den Anoden zur Kathode mittels negativer Gitterspannungen üblich ist, wird beim Kontaktumformer entweder mechanisch durch eine *nacheilende* Verschiebung der Ein- und Ausschaltzeitpunkte in bezug auf die Wechselspannungskurven oder magnetisch durch eine Einschaltstufe von regelbarer Länge erreicht. Eine *voreilende* Verschiebung der Schaltzeitpunkte über den Punkt der vollen Aussteuerung hinaus hat dagegen eine Verfrühung des Einsatzes der Stromwendung zur Folge, wie sie für die Wechselrichtung erforderlich ist. Im Vergleich zum gesteuerten Quecksilberdampfstromrichter geben diese Eingriffsmöglichkeiten dem Kontaktumformer also ganz gleichartige Möglichkeiten der Gleichspannungsregelung und der Wechselrichtung.

Im folgenden soll nun die Grundform der Spannungs- und Stromkurven bei den verschiedenen Betriebsarten, soweit sie für das Schaltproblem von Wichtigkeit

---

[1] [2.53].

ist, an dem Beispiel der 3phasigen Sternpunktschaltung (Abb. 3,1) erläutert werden. Die Schaltdrosseln D und die Nebenwege N werden dabei als noch nicht vorhanden angenommen. Das Schaltbild vereinfacht sich dann zu demjenigen von Abb. 5,1. Die Pfeile in diesem Schaltbild kennzeichnen die positive Richtung der Ströme. Die 3 Kontakte des Schaltgerätes werden periodisch mit einer gegenseitigen Phasenverschiebung von je 120° geschaltet. Die *Kontaktzeit*, d. h. die Zeit, während welcher jeder Kontakt geschlossen ist, muß um einen Überlappungsbetrag u der Kontaktzeiten größer sein als 120°, der für die Stromwendung nötig ist. Unter Stromwendung (auch Stromübergabe oder Kommutierung genannt) versteht man dabei den Vorgang des Stromüberganges von einer Phase auf die Folgephase bei der in zyklischer Reihenfolge stattfindenden Ablösung der Phasen in der Führung des Belastungsstromes. Der 120°-Abschnitt wird künf-

tig *Hauptstromführungswinkel* oder kurz *Hauptwinkel* genannt werden, und u wird *Überlappung der Kontaktzeiten* oder *mechanischer Überlappungswinkel* genannt. Grundsätzlich ist, wenn das einzelne Stromrichtergrundsystem p Phasen besitzt, der

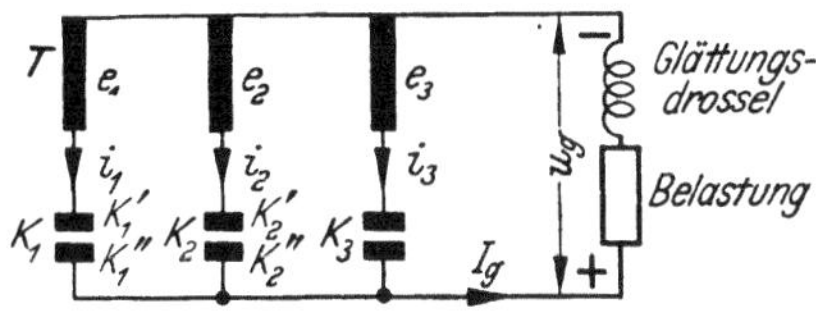

Abb. 5,1. Schaltbild eines Schaltgleichrichters in 3phasiger Sternpunktschaltung.

Hauptwinkel $\dfrac{2\pi}{p}$, der Winkel der gesamten

Kontaktzeit $\dfrac{2\pi}{p} + u$, und die *bezogene Kontaktzeit* ist gegeben durch

$$x = \frac{\dfrac{2\pi}{p} + u}{\dfrac{2\pi}{p}} = 1 + \frac{u}{\dfrac{2\pi}{p}}, \tag{5,1}$$

wobei der Hauptwinkel der Einheit entspricht.

5.1 Vollausgesteuerter Gleichrichter.

In Abb. 5,2 sind die Kurven bei voller Gleichspannung dargestellt. Bild a zeigt die 3 Wechselspannungskurven e_1, e_2 und e_3, die vom Transformator T mit je 120° Phasenverschiebung geliefert werden. Die oberen, nach der Sinuslinie verlaufenden und stellenweise nur dünn gezeichneten Kurvenstücke von je 120° Länge bilden in ihrer Aneinanderreihung die Gleich-EMK e_{g0} bei voller Aussteuerung. Die stark ausgezogene Kurve ist die ungeglättete Gleichspannung u_g. Bild b zeigt die Ströme i_1 und i_2 durch die beiden aufeinander folgenden Kontakte K_1 und K_2 und durch die entsprechenden Transformatorwicklungen. I_g ist der durch die als sehr groß angenommene Glättungsinduktivität vollständig geglättete Gleichstrom.

Solange der Schnittpunkt a der Spannungskurven e_1 und e_2 noch nicht erreicht ist, hat Wicklung *1* den höheren Augenblickswert der EMK, der Kontakt *1* ist geschlossen, und nur Phase *1* führt Strom. Bei Punkt a wird der Kontakt *2* ebenfalls geschlossen, der Überlappungsabschnitt beginnt. Unter der Einwirkung der Spannungsdifferenz $e_{21} = e_2 - e_1$, die mit *Wendespannung* e_W bezeichnet wird, geht nunmehr der Strom von Phase *1* auf Phase *2* über. In Phase *2* steigt der Strom i_2 nach einer Cosinuskurve an, wie in Bild b dargestellt ist, und in Phase *1* verschwindet der Strom i_1 nach einer spiegelbildlichen Kurve. Die Cosinuskurve stellt die Kurve des Wendestromes i_W, d. h. des Kurzschlußstromes dar, den die Wendespannung e_W durch die Reaktanz des aus den Phasen *1* und *2* bestehenden Stromwendekreises treibt. Bezeichnet man diese Reaktanz mit $2\,X_W$, so ist der Wendestrom, wie aus

Abb. 5,2 unmittelbar hervorgeht, gegeben durch die folgende Gleichung:

$$i_W = \sqrt{2} \cdot \frac{E_W}{2\,X_W}\,(1 - \cos \omega t)\,. \qquad (5,2)$$

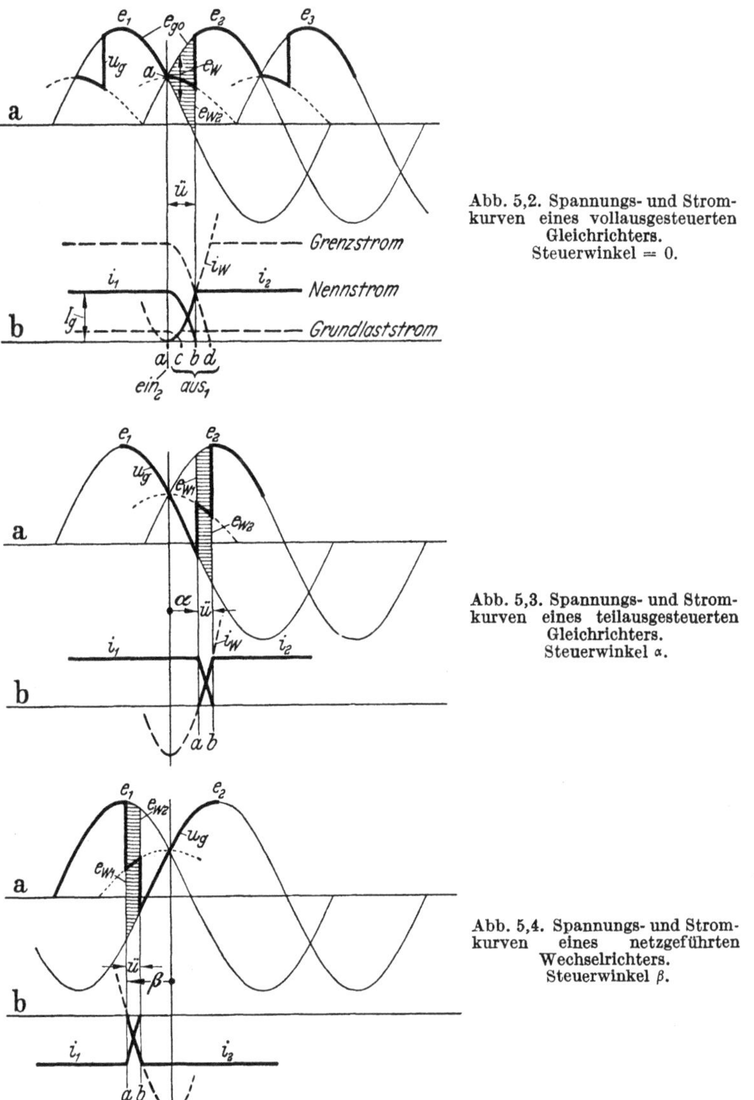

Abb. 5,2. Spannungs- und Stromkurven eines vollausgesteuerten Gleichrichters. Steuerwinkel = 0.

Abb. 5,3. Spannungs- und Stromkurven eines teilausgesteuerten Gleichrichters. Steuerwinkel α.

Abb. 5,4. Spannungs- und Stromkurven eines netzgeführten Wechselrichters. Steuerwinkel β.

Der Scheitelwert des symmetrischen Wechselstromanteiles I_{Wm} des Kurzschlußstromes berechnet sich zu

$$I_{Wm} = \sqrt{2} \cdot \frac{E_W}{2\,X_W}\,. \qquad (5,3)$$

In der 3phasigen Sternpunktschaltung ist in dem in Frage kommenden Falle eines 2poligen Kurzschlusses die Wendespannung E_W identisch mit der verketteten Spannung $E\,\sqrt{3}$, und die Gesamtreaktanz des Kurzschlußkreises ist das Doppelte der für die Stromwendung maßgebenden Reaktanz X_W *einer* Phase. Der Scheitelwert des symmetrischen Wechselstromanteiles des Wendestromes beträgt bei dieser Schaltung somit

$$I_{Wm} = \sqrt{2} \cdot \frac{E\sqrt{3}}{2\,X_W} = \sqrt{\frac{3}{2}} \cdot \frac{E}{X_W}. \qquad (5,4)$$

Wir betrachten nun die Verhältnisse beim *Einschalten* des jeweiligen Folgekontaktes, im Beispiel also des Kontaktes K_2. Bei voller Aussteuerung bestehen theoretisch keinerlei Schwierigkeiten, denn, wenn der mechanische Steuerwinkel α genau Null ist, so ist die Einschaltspannung Null, und der Strom i_W steigt nach dem Einschalten mit waagerechter Anfangstangente zunächst nur verhältnismäßig langsam an. Praktisch läßt sich aber der Schaltzeitpunkt $\alpha = 0$ kaum mit mathematischer Genauigkeit einhalten. Bei Abweichungen werden dann doch Spannungen und schnell ansteigende Ströme eingeschaltet. Deswegen ist es üblich, selbst dann, wenn eine Spannungsregelung durch Schaltzeitpunktverschiebung nicht vorgesehen ist und der Umformer mechanisch voll ausgesteuert arbeitet, durch Schaltdrosseln wenigstens eine kurze Einschaltstufe im Verlauf des Stromes zu erzeugen, um den Anstieg des Wendestromes etwas zu verzögern.

Was das *Ausschalten* des abgebenden Kontaktes, im Beispiel also des Kontaktes K_1, anbelangt, so ist in dem Augenblick, wo der Strom in Phase *2* den Gleichstromwert I_g erreicht hat, der Strom in Phase *1* auf Null abgefallen. Wenn der Kontakt K_1 genau in diesem Augenblick geöffnet werden könnte, so wäre die Bedingung 5 von Abschn. 4, daß der zu unterbrechende Strom kleiner als etwa 1 A sein soll, erfüllt. Der Kontakt müßte dann im Falle eines Gleichstromes mittlerer Größe, wie er in Abb. 5,2b durch die ausgezogene Linie dargestellt ist, im Zeitpunkte b geöffnet werden. Wird der Kontakt aber schon früher geöffnet, so wird ein abnehmender positiver Strom aufgerissen. Wird dagegen der Kontakt zu spät geöffnet, so muß ein in der Phase *1* ansteigender Rückstrom unterbrochen werden. In beiden Fällen würde Lichtbogenbildung am Kontakt eintreten. Dabei ist die Unterbrechung des Rückstromes der gefährlichere Fall, weil dieser Strom nicht wie der positive Strom ohnehin abfällt und schließlich zu Null wird, sondern im Gegenteil die Tendenz hat, unter dem Einfluß der ansteigenden Augenblickswerte der Wendespannung auf den hohen Betrag des Kurzschlußstromes anzuwachsen. Somit müßte, wenn keine besonderen Hilfsmittel vorgesehen sind, das Ausschalten mit einer sehr hohen Genauigkeit immer gerade in demjenigen Augenblick erfolgen, wo der Strom den Nullwert durchläuft. Das ist jedoch sehr schwer zu erreichen, insbesondere dann, wenn die Höhe des abgegebenen Gleichstromes Schwankungen unterworfen ist. Wie in dem genannten Bilde gezeigt ist, steigt der Strom i_2 gemäß der erwähnten Cosinuskurve i_W an. Daher müßte der Ausschaltzeitpunkt in Abhängigkeit von der jeweiligen Höhe des Gleichstromes verändert werden. Wenn z. B. der Gleichstrom nur einen geringen Wert hat (untere gestrichelte Linie, beispielsweise Grundlaststrom, siehe S. 53), so würde der richtige Ausschaltzeitpunkt bei Punkt c liegen: Er würde dagegen nach Punkt d wandern, wenn der Gleichstrom sehr hoch ist (obere gestrichelte Linie, z. B. Grenzstrom, siehe S. 53). Es ist nun aber ein sehr schwieriges mechanisches Problem, den Ausschaltzeitpunkt ohne jede Verzögerung in Abhängigkeit von der Stromstärke zu verändern. Aber selbst wenn dieses Problem als gelöst angenommen werden könnte, so würde das Ausschalten immer noch nicht ohne Stoffwanderung vor sich gehen, weil die Bedingungen 6 und 7 von Abschn. 4, nach denen das Anwachsen der Sperrspannung begrenzt werden muß, noch nicht erfüllt sind. Aus Abb. 5,2a ist ersichtlich, daß die wiederkehrende Spannung, die im Öffnungsaugenblick zwischen den Kontaktflächen K_1' und K_1'' (Abb. 5,1) erscheint, identisch ist mit dem

Augenblickswert e_{W2} der Wendespannung im Unterbrechungsaugenblick. Diese Spannung springt sehr steil auf einen Betrag an, der um so höher liegt, je größer der *elektrische Überlappungswinkel* $\ddot{u}$ der Ströme ist. Es muß also beim Ausschalten aus beiden Gründen durch besondere Maßnahmen in Form von durch Schaltdrosseln erzeugten Ausschaltstufen für die Einhaltung der Bedingungen von Abschn. 4 gesorgt werden.

Im ganzen gesehen bestehen die Schwierigkeiten beim Betrieb mit voller Gleichspannung im wesentlichen aus Ausschaltschwierigkeiten, die in *jedem* Falle durch besondere Mittel überwunden werden müssen. Mit Bezug auf Abb. 5,2a sei der Vollständigkeit wegen noch darauf hingewiesen, daß die stark ausgezogene Linie der ungeglätteten Gleichspannung u_g während des elektrischen Überlappungsabschnittes der Ströme anstatt der Kurve e_2 der Sinuskurve des Mittelwertes zwischen e_2 und e_1 folgt. Hierdurch wird wie bei natürlichen Ventilen der bekannte *induktive Gleichspannungsabfall* verursacht, der in dem Verlust der oberen Hälfte der schraffierten Fläche bei der Bildung des Gleichspannungsmittelwertes U_g besteht.

5.2 Teilausgesteuerter Gleichrichter.

In Abb. 5,3 sind die Spannungs- und Stromkurven gezeigt, wie sie eintreten würden, wenn die Gleichspannung auf einen niedrigeren Wert heruntergesteuert ist durch eine nacheilende Verschiebung des Einschaltzeitpunktes um den mechanischen Steuerwinkel α und durch eine entsprechende Mitverschiebung des Ausschaltzeitpunktes. Bezüglich des *Ausschaltens* ist ersichtlich, daß mit zunehmendem Steuerwinkel, d. h. mit abnehmender Gleichspannung, die bei der Kontaktöffnung wiederkehrende Spannung anwächst. Auch die Änderungsgeschwindigkeit des Stromes beim Nulldurchgang wird mit wachsendem Steuerwinkel größer, weil der Ausschaltzeitpunkt auf einen steileren Teil der Kurve des Wendestromes i_W rückt. Aus diesen beiden Gründen wird das Ausschalten mit zunehmender Teilaussteuerung, also abnehmender Gleichspannung, schwieriger. Die größte wiederkehrende Spannung und die steilste Änderung des Stromes beim Nulldurchgang ist dann vorhanden, wenn der Ausschaltzeitpunkt um $90°$ gegen den Punkt $\alpha = 0$ verschoben ist. Die Spannung ist dann gleich dem Scheitelwert $E_W \sqrt{2}$ der Wendespannung, und die Stromänderungsgeschwindigkeit ist

$$\left(\frac{di_W}{dt}\right)_{\max} = I_{Wm}\,\omega \tag{5,5}$$

mit I_{Wm} nach Gl. (5,3).

Neben dem Ausschaltproblem besteht bei mechanischer Teilaussteuerung aber auch noch ein ausgesprochenes *Einschaltproblem*, weil die Einschaltspannung u_e nicht mehr Null ist, sondern den Betrag e_{W1} hat. Dieser Wert steigt an, wenn der Steuerwinkel vergrößert wird:

$$u_e = e_{W1} = E_W \sqrt{2}\,\sin\alpha. \tag{5,6}$$

Gleichzeitig steigt auch der Strom i_W in Phase *2* nach dem Schließen des Kontaktes K_2 viel schneller an, weil die Stromwendung nicht mehr am negativen Scheitel der Cosinuskurve einsetzt mit seinem flachen Verlauf, sondern an einer steileren Stelle. Daher würde der Strom nach dem Einschalten während der ersten 10^{-5} s, die der Kontakt braucht, um zu einem festen Sitz zu kommen, bereits auf einen viel höheren Betrag anwachsen, als nach Abschn. 4 zulässig ist, wenn sein Anstieg nicht durch eine Einschaltstufe verzögert wird. Bei mechanischer Teilaussteuerung über einen größeren Bereich ist selbst bei Kleinumformern eine Einschaltstufe meist nicht zu entbehren, und bei Großumformern bedarf es einer sehr sorgfältigen Bemessung der Schaltdrossel und der Auswahl einer besonders gearteten Vormagnetisierung derselben, um den Strom während der Einschaltstufe auf eine ausreichend geringe Höhe zu begrenzen. Die größten Beanspruchungen beim Einschalten treten bei dem Steuerwinkel von 90° auf. Die Einschaltspannung ist dort gleich dem Scheitelwert der Wendespannung, und die Stromänderungsgeschwindigkeit ist wiederum gegeben durch Gl. (5,5).

Auch bei vorhandener Einschaltstufe sind nach Abschn. 4, wenn die Einschaltspannung u_e einen Betrag von ungefähr 275 V übersteigt, zumindest Glimmentladungen vor der Kontaktberührung während des Schließungsvorganges zu erwarten. Um diese zu vermeiden, muß der mechanische Steuerwinkel und damit also der Spannungsregelbereich beschränkt werden, wenn beim Steuerwinkel von 90° der Scheitelwert von e_W höher ist als 275 V. Das bedeutet, daß grundsätzlich, wenn die vollausgesteuerte Gleichspannung einen gewissen Wert überschreitet, der von der Art der gewählten Gleichrichterschaltung abhängt, nicht der volle Regelbereich herunter bis zur theoretisch möglichen Gleichspannung Null erhalten werden kann, sondern daß die Verschiebung des Einschaltzeitpunktes begrenzt werden muß auf einen Bereich der Einschaltspannung bis maximal 275 V, es sei denn, daß durch besondere Maßnahmen bei der Vormagnetisierung der Schaltdrossel (s. Abschn. 41.4 und 41.5) dafür gesorgt wird, daß die tatsächliche Einschaltspannung trotz eines größeren Steuerwinkels noch unterhalb dieses Betrages bleibt.

5.3 Auf ein starres Wechselstromnetz arbeitender Wechselrichter.

Es ist bekannt, daß beim Übergang vom Gleichrichterbetrieb auf Wechselrichterbetrieb bei einem Stromrichter mit natürlicher Ventilwirkung, z. B. einem gesteuerten Quecksilberdampfstromrichter, die Richtung des Stromflusses durch das Gefäß ungeändert bleiben muß wegen der unipolaren Leitfähigkeit des Ventils, daß dagegen die Richtung der gesteuerten Gleich-EMK umgekehrt werden muß durch Verlegung der Zündzeitpunkte auf die negativen Hälften der Wechselspannungskurven bei gleichzeitiger Vertauschung der Gleichstromanschlüsse. Bei einem Kontaktumformer besteht keine Notwendigkeit für das gleiche Verfahren, da durch einen metallischen Kontakt der Strom in beliebiger Richtung fließen kann. So kann die Gleichspannung in derselben Richtung bestehen bleiben, kein Vertauschen der Gleichstromanschlüsse ist notwendig, und sowohl der Gleichstrom als auch der Strom durch die Kontakte würde seine Richtung umkehren, sobald die Gleichspannung höher als die gesteuerte EMK des Kontaktumformers wird. Trotzdem aber würde der Umformer als Wechselrichter noch nicht arbeitsfähig sein, weil die Bedingungen für eine einwandfreie Stromwendung nicht ohne weiteres gegeben sind. Da nämlich ein Strom umgekehrter Richtung auch eine Wendespannung umgekehrter Richtung benötigt, so müssen gleichzeitig auch die Schaltzeitpunkte auf die linke Seite des Schnittpunktes a der Wechselspannungskurven verlegt werden, wo die Wendespannung $e_W = e_2 - e_1$ einen negativen Betrag hat. Das ist in Abb. 5,4 veranschaulicht. Hinsichtlich der Lage der Schaltzeitpunkte, d. h. der Wendezone, verhält sich der Kontaktumformer ähnlich wie eine wendepollose Gleichstrommaschine. Bei dieser ist die Stellung der Bürsten in gleicher Weise und aus dem gleichen Grunde von der Richtung des Gleichstromes abhängig.

Was nun die Schaltprobleme anbetrifft, so ist ersichtlich, daß bei Wechselrichterbetrieb die Einschaltspannung höher ist als die Ausschaltspannung. Das ist ganz anders als im Gleichrichterbetrieb. Daher ist auch die Geschwindigkeit des Stromanstieges unmittelbar nach dem Einschalten höher als beim Gleichrichter. Somit ist bei einem Wechselrichter neben dem Ausschaltproblem besonders das Einschaltproblem von großer Bedeutung selbst im höchstmöglichen Steuerzustande.

Laboratoriumsversuche, den Kontaktumformer als Wechselrichter zu betreiben, sind erfolgreich durchgeführt worden. Zu einem praktischen Einsatz von Kontaktwechselrichtern ist es jedoch bisher noch nicht gekommen. Erfahrungen über längere Betriebszeiten liegen daher nicht vor. Aus diesem Grunde soll der Kontaktwechselrichter im folgenden nicht weiter behandelt werden.

6. Die Schaltdrossel.

Die Schaltdrossel ist eine nichtlineare oder Sättigungsdrossel mit besonders stark ausgeprägter Nichtlinearität. Sie besteht aus einem geschlossenen, luftspaltlosen Eisenkern, der gewöhnlich als Ringbandkern ausgeführt ist, und aus den auf diesem Kern angeordneten Wicklungen entsprechend der schematischen Darstellung von Abb. 6,1. Die Hauptwicklung H ist üblicherweise auf den Umfang verteilt. Die Hilfswicklungen, z. B. eine oder mehrere Vormagnetisierungswicklungen V, befinden sich entweder als ebenfalls verteilte Wicklungen innerhalb der Hauptwicklung unmittelbar auf dem Eisenkern oder zwischen den einzelnen

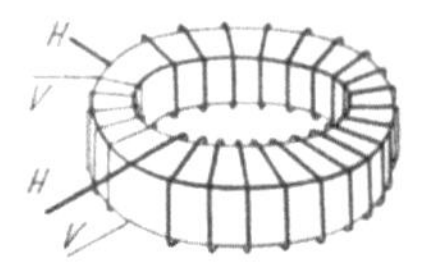

Abb. 6,1. Schaltdrossel in schematischer Darstellung.

Windungen bzw. Scheibenspulen der Hauptwicklung, oder sie sind als konzentrierte Wicklungen in einem von der Hauptwicklung freigelassenen Sektor untergebracht. Abb. 6,2 zeigt die Ansicht einer luftgekühlten Schaltdrossel eines Großumformers für 5000 A, die in der erstgenannten Art aufgebaut ist. Die Haupt-

Abb. 6,2. Schaltdrossel eines Großumformers für 5000 A (SSW 1943).

wicklung besteht hier aus Scheibenspulen, die durch Sammelringe sämtlich parallel geschaltet sind. In der Mitte des Wicklungstoroides ist ein zylindrischer Dämmkörper aus Isolierstoff zu erkennen. Dieser ist unten geschlossen und hat die Aufgabe, die Kühlluft in die Zwischenräume zwischen den einzelnen Wicklungsscheiben zu zwingen. Im Vordergrund rechts sind noch einige kleine Blockkondensatoren und Widerstände an der Schaltdrossel befestigt; das sind die Bauteile eines zur

Verbesserung der Eigenschaften der Schaltdrossel angebrachten Hilfsstromkreises, des sogenannten Streckkreises (s. Abschn. 38).

Der Eisenkern der Schaltdrossel ist aus einem besonderen Magnetwerkstoff hergestellt, der eine nahezu rechteckförmige Hystereseschleife von etwa der Form der Abb. 6,3 aufweist. Im Vergleich zu den Feldstärken, die von den die Hauptwicklung durchfließenden Lastströmen erzeugt werden und bei Großumformern eine Höhe von mehr als 500 A/cm erreichen können, ist die Breite der Hystereseschleife außerordentlich gering. Die Koerzitivkraft H_c liegt bei den für Schaltdrosseln in Betracht kommenden Eisensorten etwa zwischen 0,25 und 1,0 A/cm, und das Sättigungsknie wird bei nur wenig höher liegenden Feldstärken erreicht, wenn die Rechteckform der Hystereseschleife gut ausgebildet ist. In Abb. 6,4 ist die mit einem Kathodenstrahloszillographen aufgezeichnete Hystereseschleife (s. Abschnitt 49.5) eines wirklichen Ringbandkernes aus 50proz. Nickeleisen wiedergegeben. Die Umkehrpunkte der waagerechten Äste der Schleife entsprechen einer Feldstärke von 5 A/cm, womit sich eine Koerzitivkraft von 0,29 A/cm für diesen Kern ergibt. Die Sättigungsinduktion B_s betrug hier 15600 G. Eine

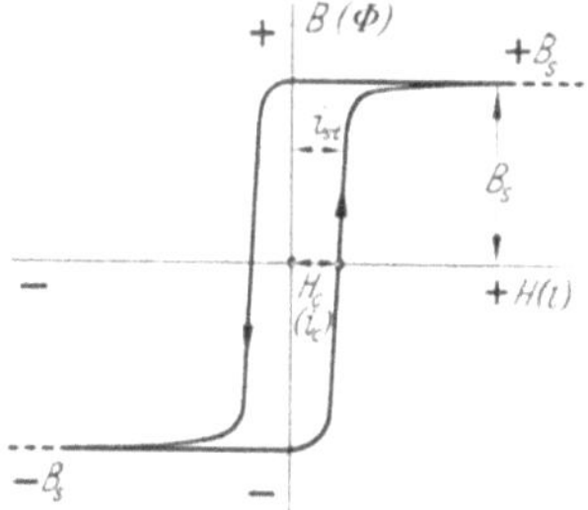

Abb. 6,3. Hystereseschleife eines Schaltdrosselkernes in schematischer Darstellung.

Drosselspule mit einem Kern aus derartigem Magnetwerkstoff hat einen sehr hohen Scheinwiderstand, wenn eine Kraftflußänderung in ihrem Kern stattfindet, d. h. wenn die steilen Flanken der Hystereseschleife durchlaufen werden, und einen geringen, bei vielen Betrachtungen zu vernachlässigenden Scheinwiderstand, wenn der Kern gesättigt ist und daher keine weitere Flußänderung mehr eintreten kann, d. h. wenn die flachen, nahezu waagerechten Teile der Hystereseschleife durchlaufen werden.

Um die Wirkung einer derartigen Schaltdrossel in einem elektrischen Stromkreise kennenzulernen, sollen im folgenden einige kennzeichnende Fälle von Wechselstromkreisen betrachtet werden, auf die sich, wie in Abschn. 16 noch gezeigt wird, auch die Verhältnisse bei der Stromwendung eines Kontaktumformers zurückführen lassen. Wir verfolgen die Vorgänge an Hand der schematisierten Hystereseschleife von Abb. 6,3. An Stelle des H-Maßstabes der magnetischen Feldstärke kann man sich dabei auf der Abszissenachse auch den entsprechenden i-Maßstab des die Schaltdrossel-

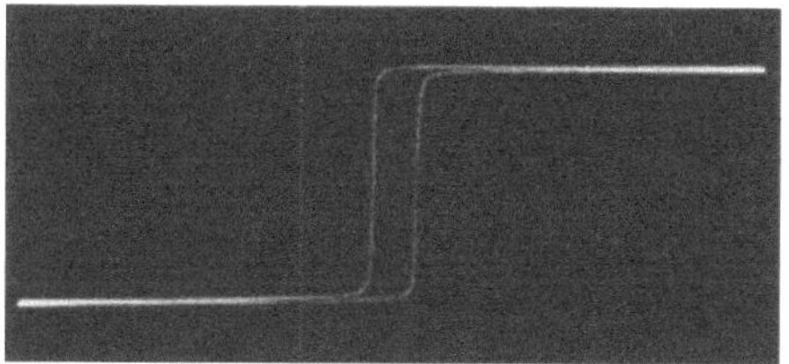

Abb. 6,4. Wirkliche Hystereseschleife eines Ringbandkernes aus 50proz. Nickeleisen bei Wechselstrommagnetisierung.

wicklung durchfließenden Stromes aufgetragen denken, da die Feldstärke bei gegebener Kern- und Wicklungsanordnung stets diesem Strome verhältnisgleich ist, und auf der Ordinatenachse den Maßstab des Kernkraftflusses Φ, da dieser der Induktion B verhältnisgleich ist. Betrachtet man nun, ausgehend von einem Strome negativer Richtung, den Magnetisierungsvorgang beim Durchlaufen der rechten Flanke der Hystereseschleife, so ist zunächst der Eisenkern bei allen negativen Werten des Stromes mit dem gleichbleibenden Wert $-B_s$ der Induktion voll gesättigt. Der Sättigungszustand bleibt auch bei positiven Werten des Stromes noch erhalten, solange der Strom noch nicht den Wert erreicht hat, der der Einmündung in die steile

Flanke entspricht. Bei diesem Stromwert aber, der sich nicht viel von i_c unterscheidet, tritt die Schaltdrossel in den entsättigten Zustand ein. Sie ist dann fähig, unter der Einwirkung der magnetisierenden Spannung ihren Magnetisierungszustand, d. h. den Wert ihrer magnetischen Induktion B, zu ändern und durch diese Änderung eine der angelegten Spannung entsprechende induktive Gegenspannung zu erzeugen. In anderer Ausdrucksweise sagt man, die Drossel sei dann fähig, die angelegte Spannung „aufzunehmen". Während der Dauer der Ummagnetisierung von $-B_s$ nach $+B_s$ folgt der Strom der rechten Flanke der Hystereseschleife und kann seinen Betrag nicht wesentlich über den Wert i_c hinaus steigern. Wir nennen den Strom während der steilen Flanke aus später noch ersichtlichen Gründen den *natürlichen Stufenstrom i_{st}*. Erst wenn nach Erreichen von $+B_s$ der Kern sich im Sättigungszustand entgegengesetzter Richtung befindet und die Drossel infolgedessen ihre Fähigkeit zur Aufnahme einer Spannung wieder verloren hat, wächst der Strom entsprechend dem waagerechten Aste der Hystereseschleife über i_{st} hinaus auf seinen durch den übrigen Teil des Stromkreises bestimmten Endwert an. Anschließend spielen sich in der nächsten Halbwelle die gleichen Vorgänge mit umgekehrtem Vorzeichen ab, wobei dann die linke Flanke der Hystereseschleife durchlaufen wird, bis der Ausgangszustand wieder erreicht ist.

6.1 Ohmscher Wechselstromkreis.

Als ersten Kreis betrachten wir einen solchen mit rein ohmschem Widerstand, wie er in Abb. 6,5 dargestellt ist. Eine sinusförmige Wechselspannung vom Effektivwert E speist über eine Schaltdrossel D den Widerstand R. Es ergibt sich dann ein zeitlicher Verlauf des Stromes i im betrachteten Stromkreise und ein zeitlicher Verlauf der magnetischen Induktion B im Eisenkern der Schaltdrossel, wie er in dem Oszillogramm der Abb. 6,5 wiedergegeben ist. Solange der Strom noch nicht den ungefähr der Koerzitivkraft H_c des Eisens entsprechenden Wert i_{st} erreicht hat, findet im Eisen keine Flußänderung statt, und die gesamte zugeführte Spannung e tritt als Spannungsabfall am ohmschen Widerstand R auf, sofern die Reaktanz der Schaltdrosselspule D bei gesättigtem Eisenkern gegenüber dem Widerstand R zu vernachlässigen ist. Der Strom hat dann die Größe $i = e/R$ und steigt verhältnisgleich der Spannung an (Abschn. *0—1*). Ist der Strom

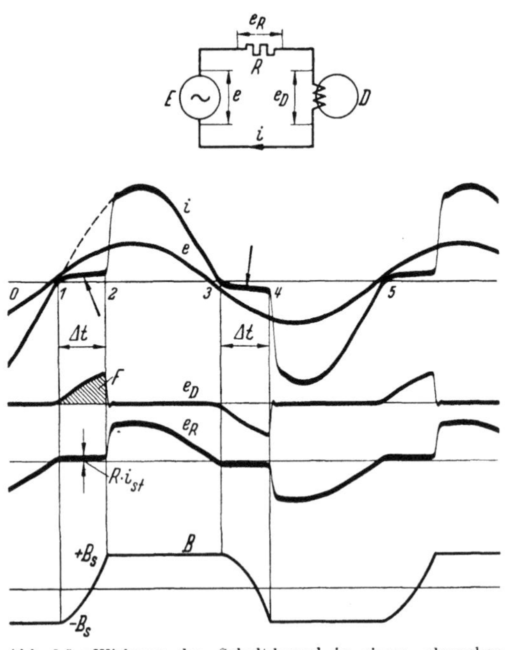

Abb. 6,5. Wirkung der Schaltdrossel in einem ohmschen Wechselstromkreise.

auf den Anfangswert von i_{st} angewachsen, so kann er gemäß der Hystereseschleife Abb. 6,3 erst dann nennenswert weiter ansteigen, wenn der Eisenkern der Schaltdrossel von $-B_s$ nach $+B_s$ ummagnetisiert worden ist. Hierzu wird der Zeitabschnitt Δt benötigt (Abschn. *1—2*). Während dieses Abschnittes durchläuft der

Strom eine sogenannte *Stufe*. Die zugeführte Spannung e teilt sich dabei in den kleinen, ungefähr gleichbleibenden Betrag $R \cdot i_{st}$ des ohmschen Spannungsabfalls am Widerstand R und in den Betrag

$$e_D = - w\, q_{\mathrm{Fe}} \frac{dB}{dt} \qquad (6,1)$$

des induktiven Spannungsabfalls an der Schaltdrossel D als Gegenspannungen auf, wobei w die Windungszahl der Schaltdrosselwicklung und q_{Fe} den reinen Eisenquerschnitt des Schaltdrosselkernes bedeutet. Die Spannungsfläche

$$F = \int_{t_1}^{t_2} e_D\, dt \qquad (6,2)$$

in Abb. 6,5, d. h. das über die Ummagnetisierungsdauer $\varDelta t$ genommene Spannungs-Zeit-Integral der Spannung an der Schaltdrossel, entspricht dabei ihrem Betrage nach (vom Vorzeichen können wir bei dieser Betrachtung absehen) der Änderung des Spulenflusses $\varPsi$ der Schaltdrossel von der negativen bis zur positiven Sättigung:

$$F = \varDelta \varPsi = w\, q_{\mathrm{Fe}} \int_{-B_s}^{+\varGamma_s} dB = w\, q_{\mathrm{Fe}}\, 2 B_s = 2\, \varPsi_s \,. \qquad (6,3)$$

Diese Spannungsfläche hat für eine bestimmte Schaltdrossel eine unveränderliche, durch die Abmessungen der Schaltdrossel und den verwendeten Magnetwerkstoff gegebene Größe. Die Gl. (6,3) bildet daher die Grundlage für die Berechnung einer Schaltdrossel mit einer durch die übrigen Umstände festgelegten, vorgegebenen Spannungsfläche F nach Gl. (6,2).

Nach vollendeter Ummagnetisierung (Punkt *2*) hat die Schaltdrossel ihre Fähigkeit, eine induktive Gegenspannung zu erzeugen, wieder eingebüßt. Die gesamte Spannung e legt sich dann sofort wieder allein an den Widerstand R, und der Strom springt infolgedessen auf den entsprechenden Wert e/R an und folgt im weiteren Verlauf der betrachteten Spannungshalbwelle einer der Spannung e entsprechenden Sinuskurve (Abschn. *2—3*).

Zu den Kurven des Oszillogramms von Abb. 6,5 ist zu bemerken, daß dort der Ansprung des Stromes nicht genau senkrecht vor sich gegangen ist und zwischen den Sinuskurven der Spannung e und des Stromes i eine geringe Phasenverschiebung besteht, weil die Reaktanz der gesättigten Schaltdrossel und der Stromquelle gegenüber R nicht vernachlässigbar klein war.

Während der sich anschließenden negativen Spannungshalbwelle (Abschn. *3—5*) wiederholen sich die Vorgänge mit negativem Vorzeichen. *Es zeigt sich somit, daß durch die Einfügung der Schaltdrossel in den Stromkreis in jeder Halbwelle im Verlauf des Stromes ein Abschnitt sehr geringer Stromstärke, eine stromschwache Pause, hervorgebracht wird, die die Dauer der für die Ummagnetisierung des Eisenkernes benötigten Zeit $\varDelta t$ hat* (im Oszillogramm Abb. 6,5 durch Pfeile gekennzeichnet). Die stromschwache Pause wird „Stromstufe" genannt, die Dauer $\varDelta t$ der stromschwachen Pause dementsprechend „Stufenlänge". Die Stufenlänge hängt, wie aus den Gln. (6,2) und (6,3) hervorgeht, für eine gegebene Drossel mit festliegenden Werten $2 B_s$, w und q_{Fe} nur noch von der Höhe der Augenblickswerte der ummagnetisierenden Spannung ab; die Frequenz des Wechselstromes ist an sich auf die Dauer der Stufe ohne Einfluß. Während der Stromstufe ist die Schaltdrossel entsättigt; ihr Scheinwiderstand ist infolgedessen sehr hoch, und die Höhe des Stromes während der Stufe wird im wesentlichen durch diesen Scheinwiderstand bestimmt. Der natürliche Stufenstrom i_{st} ist der Magnetisierungsstrom der entsättigten Schaltdrossel. Während der übrigen Abschnitte der Periode, wo die Schaltdrossel gesättigt ist, tritt der Scheinwiderstand der Drossel gegenüber den übrigen Widerständen des Stromkreises im allgemeinen fast völlig zurück, und die Höhe des Stromes hängt dann im wesentlichen von der Größe der letzteren ab. *Die Kenntnis der vorbeschriebenen und in den nächsten beiden Unterabschnitten noch weiterhin erläuterten Wirkungsweise der Schaltdrossel ist der Schlüssel für das Verständnis aller weiteren Betrachtungen über die Vorgänge bei der Stromwendung des Kontaktumformers und insbesondere beim Einschalten und beim Ausschalten der Kontakte.*

6.2 Induktiver Wechselstromkreis.

Als zweiter Fall werde der Stromkreis von Abb. 6,6 betrachtet. Dieser Stromkreis unterscheidet sich von demjenigen der Abb. 6,5 dadurch, daß nicht ein ohmscher Widerstand R, sondern eine Induktivität L über die Schaltdrossel D gespeist wird. Hier ergeben sich die in den Kurven des Oszillogramms der Abb. 6,6 dargestellten Verhältnisse. Bei Nichtvorhandensein der Schaltdrossel würde der Strom den sinusförmigen Verlauf i_0 haben und der Spannung e um 90° in der Phase nacheilen. Bei Anwesenheit der Schaltdrossel aber treten im Strom wiederum Stufen von der Höhe i_{st} auf. Wegen der Phasenverschiebung des Stromes gegenüber der Spannung beginnen die Stufen jetzt nicht mehr schon nahezu am Anfang der Spannungshalbwelle, sondern sie liegen unter der Mitte derselben, symmetrisch zum Scheitelwert der Spannung. Während derjenigen Abschnitte der Periode, in denen die Schalt-

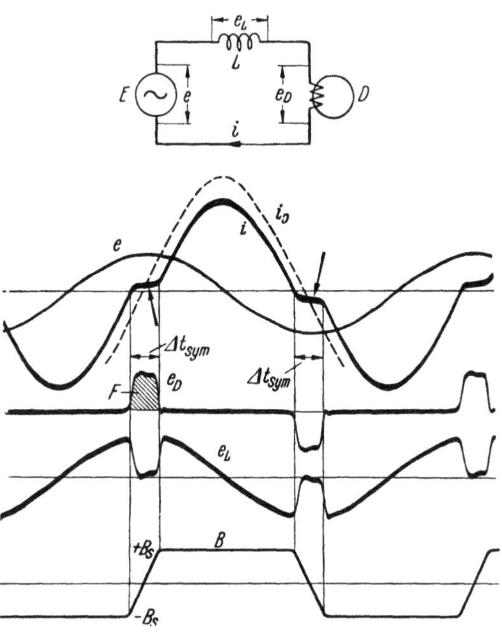

Abb. 6,6. Wirkung der Schaltdrossel in einem induktiven Wechselstromkreise.

drossel gesättigt ist, folgt der Strom daher der Kurve i anstatt der Kurve i_0. Da es sich um die gleiche Schaltdrossel handelt, so ist zwar die Größe der Spannungsfläche F unverändert geblieben. Infolge der höheren Augenblickswerte der Spannung e aber ist die Stufenlänge als Basis der Fläche F jetzt kürzer geworden; sie ist zum Unterschied von Δt der Abb. 6,5 hier mit Δt_{sym} bezeichnet. Während der Stufe liegt nahezu die ganze Spannung e als Spannung e_D an der Schaltdrossel, während der übrigen Zeit als Spannung e_L an der Induktivität L.

Die Verkürzung der Ummagnetisierungsdauer kommt auch in der Kurve des zeitlichen Verlaufs der Induktion B zum Ausdruck. Vergleichen wir diese Kurve mit derjenigen von Abb. 6,5, so finden wir, daß die Änderung von B jetzt viel steiler vor sich geht, d. h., daß die mittlere Ummagnetisierungsgeschwindigkeit dB/dt größer geworden ist. Die Änderung erfolgt hier nahezu geradlinig, während sie in Abb. 6,5 fast am unteren Scheitelwert einer Cosinuskurve begann. Das wird verständlich, wenn man bedenkt, daß nach Gl. (6,1) der Wert dB/dt verhältnisgleich der an der Drossel liegenden Spannung e_D ist und diese daher ein anschauliches Maß für die Größe der Ummagnetisierungsgeschwindigkeit darstellt. In Abb. 6,5 wächst die Spannung e_D und damit auch dB/dt im Verlaufe der Ummagnetisierung ständig an. In Abb. 6,6 dagegen ist die Spannung e_D nur wenig veränderlich und daher auch dB/dt nahezu gleichbleibend. Wegen dieser praktisch gleichbleibenden, definierten Ummagnetisierungsgeschwindigkeit, die gleichzeitig die höchste ist, die bei einer dem Effektivwert nach gegebenen, sinusförmigen Wechselspannung in einer Drossel mit gegebenem Eisenquerschnitt und gegebener Windungszahl auftreten kann, wird ein induktiver Stromkreis nach Abb. 6,6 gewöhnlich auch als Magnetisierungskreis bei der magnetischen Prüfung von Eisenkernen für Schaltdrosseln verwendet (s. Abschn. 49.1).

Zusammenfassend ist als wichtigstes Ergebnis der bisherigen Betrachtungen festzustellen, daß sich wegen der erforderlichen Ummagnetisierung der Schaltdrossel an den Nulldurchgang des Stromes stets eine stromschwache Pause anschließt, und zwar unabhängig davon, in welchem Augenblick der Periode der Nulldurchgang stattfindet. Wir haben zwar nur zwei spezielle Fälle untersucht, doch trifft dieses auch für beliebige andere Phasenlagen des Nulldurchganges zu, wie man sie z. B. in der Schaltung von Abb. 6,6 experimentell verwirklichen kann, wenn man die Induktivität L durch eine gemischte Impedanz aus R und L ersetzt. Die Höhe des Stufenstromes i_{st} entspricht dabei immer der Feldstärke der Flanke der Hystereseschleife.

6.3 Stromrichter-Stromkreis.

Gleichartige Stufen treten nun beim Nulldurchgang des Stromes auch dann auf, wenn es sich nicht um einfache Stromkreise wie diejenigen der Abb. 6,5 oder 6,6 handelt, sondern um Stromrichterschaltungen mit eingefügten Schaltdrosseln. Der Stromkreis, in dem die Schaltdrossel wirksam wird, ist bei diesen der jeweilige Stromwendekreis, der immer dann besteht, wenn für die Dauer der mechanischen Überlappung zwei in der Stromführung aufeinander folgende Kontakte gleichzeitig geschlossen sind. Wenn z. B. in der 3phasigen Schaltung Abb. 3,1 (Kurven s. Abb. 5,2 und 5,3) nach dem Schließen des Kontaktes K_2 im Verlaufe des dann erfolgenden Stromüberganges von Phase *1* auf Phase *2*, der sogenannten Stromwendung, der Strom der Phase *2* auf den vollen Betrag des Belastungsstromes angewachsen und der Strom in der Phase *1* infolgedessen auf Null abgesunken ist und als Rückstrom in entgegengesetzter Richtung ansteigen will, so bildet sich infolge der Anwesenheit der Schaltdrossel D_1 jetzt ebenfalls eine Stromstufe der beschriebenen Art aus. Während dieser Stufe kann der Kontakt K_1 geöffnet werden, ohne daß ein größerer Strom als der geringe Stufenstrom unterbrochen wird. Hierdurch ist eine der wichtigsten Grundlagen der mechanischen Stromrichtung gegeben.

Von größter Bedeutung ist es ferner, daß die Länge der Stufe und die Höhe des Stufenstromes dabei im wesentlichen unabhängig von der Höhe des jeweiligen Belastungsstromes des Stromrichters ist. Um dieses zu verstehen, betrachten wir noch einmal den Stromkreis von Abb. 6,6. Der Scheitelwert des Stromes i hängt dort bei gegebener Spannung E und gegebener Drossel D weitgehend von der Größe der Induktivität L ab, da während der Dauer der Sättigung der Drossel D allein die Induktivität den Strom begrenzt. Macht man nun diese Induktivität veränderbar, wie das in Abb. 6,7 angedeutet ist, so ergeben sich für verschieden groß eingestellte Werte von L beispielsweise die im Oszillogramm von Abb. 6,7 gezeigten Kurven des Verlaufes der Ströme. Wir erkennen aus diesen Kurven, daß trotz der verschieden hohen Scheitelwerte des während des Sättigungsabschnittes fließenden Stromes die Länge der Stufe und die Höhe des Stufenstromes fast unverändert geblieben sind. Für die Gestalt der Stufe ist nach den früheren Betrachtungen eben nur die angelegte Spannung und die Form der Hystereseschleife bestimmend, nicht aber der vorangehende Verlauf des Stromes bei gesättigtem Eisenkern. Das trifft ebenso für die Stromrichterschaltungen zu, wenn dort auch der die Schaltdrossel

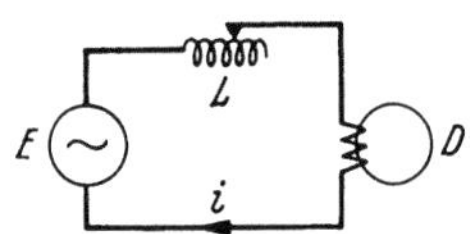

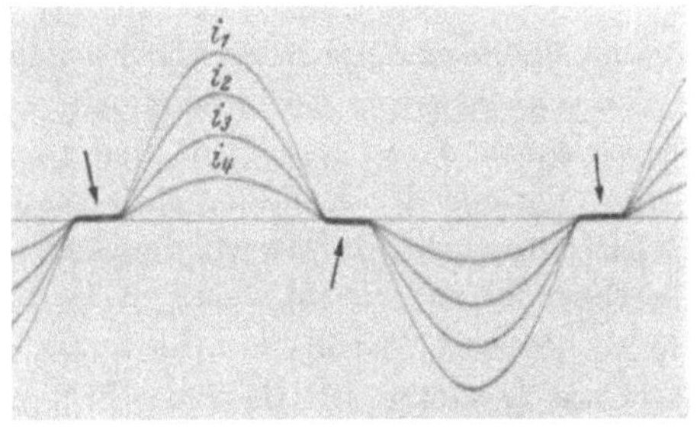

Abb. 6,7. Wirkung der Schaltdrossel bei Veränderung der Größe der Induktivität.

während des Sättigungsabschnittes durchfließende Strom in seiner Höhe nicht durch eine Induktivität bestimmt wird, sondern als Ausschnitt aus dem abgegebenen Gleichstrom von der Größe und Art der Belastung des Umformers abhängt. Jedenfalls hat der sich öffnende Kontakt, sofern nur dafür gesorgt wird, daß die Öffnung innerhalb der stromschwachen Pause stattfindet, immer nur den geringen Stufenstrom zu unterbrechen. *Die Tatsache, daß der von der Schaltdrossel während der Stufe durchgelassene Strom im wesentlichen von der Größe des jeweiligen Belastungsstromes unbeeinflußt bleibt, ist von grundlegender Wichtigkeit, denn auf ihr beruht die Möglichkeit, Kontaktumformer mit Strömen zu betreiben, deren Höhe sich zwischen wenigen Ampere und vielen Tausend Ampere ändern kann, ohne daß dadurch die Verhältnisse bei der Kontaktöffnung in unzulässiger Weise beeinträchtigt werden.*

7. Die Vormagnetisierung der Schaltdrossel.

Die Höhe des natürlichen Stufenstromes i_{st}, wie sie sich nach den bisherigen Betrachtungen entsprechend der Hystereseschleife einstellt, ist in vielen Fällen trotz

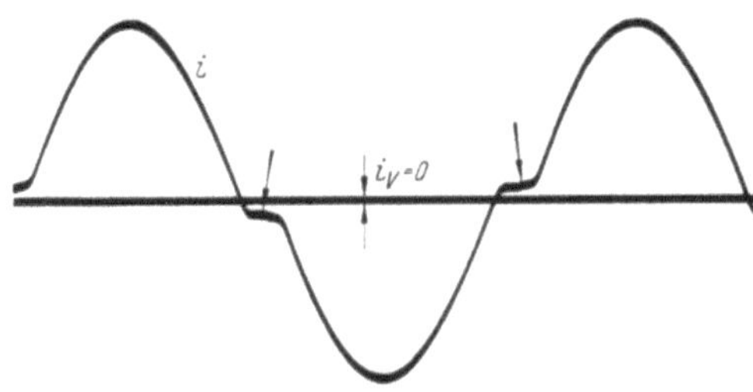

Abb. 7,1. Natürliche Lage der Stromstufen bei einer Schaltdrossel ohne Vormagnetisierung.

ihrer Kleinheit für ein stoffwanderungsfreies Schalten des Kontaktes immer noch zu groß, und vor allem ist es, wie sich später noch zeigen wird, auch störend, daß der Stufenstrom in der dem vorhergehenden Laststrom entgegengesetzten Richtung verläuft. Im Oszillogramm Abb. 7,1 ist dieser Verlauf für den induktiven Stromkreis von Abb. 6,6 noch einmal gezeigt. Die Stufen liegen abwechselnd etwas oberhalb und etwas unterhalb der Nullinie, und zwar immer entgegengesetzt der Richtung des vorhergehenden Stromes. Es ist also noch notwendig, den Stufenstrom genau in die Nullinie oder in gewissen Fällen sogar auf geringe positive Werte zu bringen. Das wird durch eine *Vormagnetisierung* der Schaltdrossel erreicht.

Abb. 7,2 zeigt beispielsweise wiederum den Stromkreis nach Abb. 6,6, jedoch mit dem Unterschied, daß jetzt noch eine Hilfs- oder Vormagnetisierungswicklung w_V auf dem Kern der Schaltdrossel angebracht ist. Die Wicklung wird über eine Stabilisierungsinduktivität L_V und einen Einstellwiderstand R_V aus der Gleichstromquelle E_V gespeist. Die Stabilisierungsinduktivität hat dabei die Aufgabe, eine

Rückwirkung des Hauptstromkreises auf die Höhe des Vormagnetisierungsstromes zu verhindern, wie das später noch ausführlich in Abschn. 39.1 beschrieben ist. Die Richtung des Vormagnetisierungs-Gleichstromes wird so gewählt, daß, wenn die an den positiven Laststrom sich anschließende Stufe in die Stromnullinie angehoben werden soll, die Vormagnetisierungsdurchflutung diejenige Richtung hat, die die vom natürlichen Stufenstrom i_{st} hervorgebrachte Durchflutung haben würde, also eine negative. Dementsprechend müssen die Leitungen in der im Schaltbild von Abb. 7,2 dargestellten Weise an die Wicklungen angeschlossen sein. In diesem wie auch in den später folgenden Schaltbildern bezeichnen die Punkte an den Wicklungen jeweils die Wicklungsanfänge für gleichen Wickelsinn. Mittels des Widerstandes R_V wird ein Strom i_V von solcher Größe eingestellt, daß die Bedingung

$$i_V\,w_V = i_{st}\,w \qquad (7,1)$$

erfüllt ist. Das Ergebnis kann an Hand der in Abb. 7,2 idealisiert dargestellten Hystereseschleife überblickt werden. Durch die Vormagnetisierung wird die senkrechte Nullachse für den Strom i des Hauptkreises nach links in die gestrichelte Lage verschoben, so daß sie mit der linken Flanke der Hystereseschleife zusammenfällt. Mit anderen Worten, die negative Magnetisierungsdurchflutung, die für die Ummagnetisierung des Kernes von a nach b erforderlich ist, wird jetzt durch den

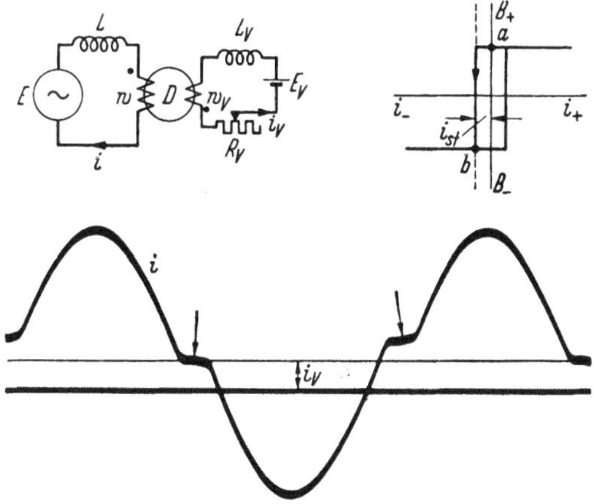

Abb. 7,2. Vormagnetisierung der Schaltdrossel mit Gleichstrom

Vormagnetisierungskreis geliefert. Die Ummagnetisierung des Kernes dauert dabei genau so lange wie ohne Vormagnetisierung, aber der Hauptkreis ist nun von der Lieferung der dazu erforderlichen Durchflutung entlastet, und der Strom im Hauptkreise geht für die Dauer derjenigen der beiden Stufen der Periode, in der sich der Fluß vom positiven zum negativen Sättigungswert ändert, auf ungefähr den Wert Null zurück. Das ist für den praktischen Fall der bereits früher untersuchten Schaltdrossel auf der linken Hälfte des Oszillogramms von Abb. 7,2 zu sehen.

Ein anderes Bild dagegen bietet sich, wenn man die sich an die *negative* Laststromhalbwelle anschließende Stromstufe betrachtet, während welcher der Fluß vom negativen zum positiven Sättigungswert wechselt. Jetzt muß der Strom im Hauptkreise zunächst die Durchflutung des Vormagnetisierungsstromes aufheben und außerdem noch die natürliche Ummagnetisierungsdurchflutung liefern. Der resultierende positive Stufenstrom ist daher jetzt ungefähr gleich dem Doppelten des natürlichen Stufenstromes, wie die rechte Hälfte des genannten Oszillogramms erkennen läßt. Will man, daß auch an dieser Stelle der resultierende Stufenstrom in der Nullinie verläuft, so muß man an Stelle des Vormagnetisierungs-*Gleich*stromes einen *Wechsel*strom geeigneter Phasenlage und Größe verwenden, beispielsweise in der Schaltung von Abb. 7,3. Hier dient die Induktivität L_V gleichzeitig sowohl als Stabilisierungsinduktivität als auch als Einstellglied für die Höhe des Vormagnetisierungs-Wechselstromes. Ihre Größe und die Größe der Vormagnetisierungs-Wechselspannung E_V sind so gewählt, daß während der Stufe die Durchflutung des Vormagnetisierungsstromes i_V derjenigen des natürlichen Stufenstromes i_{st} ungefähr gleich ist. Man erhält dann den im Oszillogramm von Abb. 7,3 gezeigten Verlauf des Stromes i im Hauptkreise. Sämtliche Stufen liegen dort, wie angestrebt, in der Nullinie.

In grundsätzlich gleicher Weise kann man nun auch in einer Stromrichterschaltung die Höhenlage der Stromstufe durch eine Vormagnetisierung der Schaltdrossel beeinflussen. Wir denken dabei zunächst an die *Ausschalt*stufe, d. h. die am Ende der Stromführungsdauer einer Phase entstehende Stromstufe, die das stoffwanderungsfreie *Öffnen* des Kontaktes ermöglichen soll. Diese kann durch eine geeignete Vormagnetisierung *immer* mit ausreichender Genauigkeit in die Nullinie oder auf eine etwas darüber liegende Höhe angehoben werden. Die Anordnung der dazu verwendeten Stromkreise ist mannigfaltig (s. Abschn. 40) und hängt von der jeweils benutzten Kontaktumformerschaltung und von den Betriebsbedingungen des Kontaktumformers ab. Aber auch beim *Schließen* des Kontaktes wird im allgemeinen aus Gründen, die in Abschnitt 4 und 5 dargelegt wurden, eine Stromstufe benötigt, die sogenannte *Einschalt*stufe. Diese leitet den Beginn der Stromführung ein. Sie bedeutet aber eine Verzögerung des Beginns der Stromübergabe in bezug auf den Schließzeitpunkt des Kontaktes, d. h. eine Herabsetzung der gesteuerten Gleichspannung. Damit der Umformer spannungsmäßig möglichst hoch ausgesteuert werden kann, muß die Länge der Einschaltstufe folglich so gering gehalten werden,

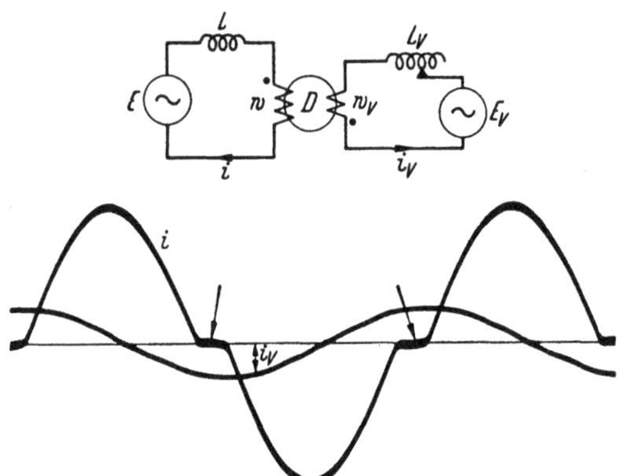

Abb. 7,3. Vormagnetisierung der Schaltdrossel mit Wechselstrom.

wie es ohne Gefährdung des stoffwanderungsfreien Einschaltens nur zulässig ist. Sie ist daher in der Regel bedeutend kürzer als die Ausschaltstufe. Zu ihrer Erzeugung kann bei manchen Kontaktumformerschaltungen die gleiche Schaltdrossel verwendet werden, die bereits für die Bildung der Ausschaltstufe vorhanden ist. Es muß dann aber durch eine besondere Hilfsmagnetisierung für die erforderliche Verkürzung der Stufe beim Einschalten gesorgt werden. In anderen Kontaktumformerschaltungen ist die Verwendung einer getrennten Einschaltdrossel oder wenigstens die Benutzung getrennter Kerne der Schaltdrossel für das Einschalten und das Ausschalten erforderlich. Im letztgenannten Falle hat der Einschaltkern zwar mit dem Ausschaltkern die Hauptwicklung gemeinsam, doch werden beide Kerne durch getrennte Vormagnetisierungskreise entsprechend der beabsichtigten, verschiedenartigen Wirkung in verschiedener Weise vormagnetisiert (s. Abschn. 11). Im allgemeinen ist die Absenkung der Einschaltstufe durch eine Vormagnetisierung von ihrer natürlichen, zu hohen Lage in die Nullinie oder zumindest auf einen ausreichend geringen positiven Wert wesentlich schwieriger als die Anhebung der Ausschaltstufe, da die Magnetisierungsvorgänge beim Einschalten etwas anders und auch verwickelter sind als beim Ausschalten. Hierauf soll jedoch erst später genauer eingegangen werden. *Zusammenfassend kann aber bereits an dieser Stelle gesagt werden, daß es durch Anwendung von Schaltdrosseln mit Vormagnetisierung möglich geworden ist, beim Schließen und beim Öffnen der Kontakte eines Kontaktumformers Stufen im Verlauf des Kontaktstromes herzustellen, durch die sich eine ausreichende Entlastung der Kontakte beim Schalten ergibt.*

8. Die Wirkungsweise der 3phasigen Sternpunktschaltung.

Setzen wir also voraus, daß durch das Hilfsmittel der Vormagnetisierung die Stufen im Verlauf des Stromes beim Einschalten und beim Ausschalten in die Null-linie oder auf einen geringen positiven Betrag des Stromes verlegt werden, so ergibt sich für die 3phasige Sternpunktschaltung nach Abb. 3,1 ein zeitlicher Verlauf der Spannungen und der Ströme, wie er schematisch in Abb. 8,1 dargestellt ist. In dieser Abbildung zeigt Bild a die Spannungen. Mit e_1, e_2 und e_3 sind wiederum die sinus-förmigen Kurven der Sternspannungen des Gleichrichtertransformators bezeichnet. Der stark ausgezogene Kurvenzug u_g mit schraffiertem Saum stellt die ungeglättete Gleichspannung dar, d. h. den zeitlichen Verlauf der Spannung u_g am Ausgang des eigentlichen Gleichrichters, *vor* der Glättungsdrossel (vgl. Abb. 5,1). In Bild b sind die Schließungszeiten der Kontakte K_1, K_2 und K_3 veranschaulicht. Da bei der

Stromwendung für den Übergang des Stromes von einer Phase auf die nächste wegen der in den Stromkreisen vorhandenen Induk-tivitäten eine gewisse Zeit er-forderlich ist, so wird der Kon-takt der abgebenden Phase erst um den Abschnitt u nach dem Schließen des Kontaktes der Folge-phase geöffnet. Der Abschnitt u wird, wie bereits in Abschn. 5 er-wähnt wurde, als mechanischer Überlappungswinkel der Kontakt-zeiten bezeichnet. In Bild c von Abb. 8,1 ist der Verlauf der Ströme i_1, i_2 und i_3 in den 3 Phasen der

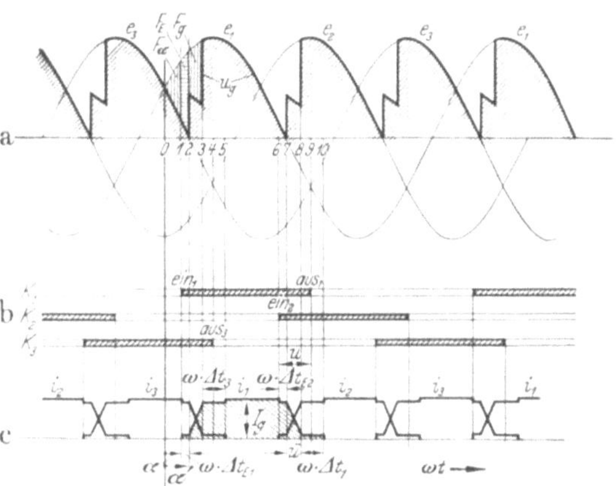

Abb. 8,1. Spannungen, Kontaktzeiten und Ströme in der 3phasigen Sternpunktschaltung.

Gleichrichterschaltung dargestellt. Es ist ersichtlich, wie die Ströme während der Stromwendung einander überlappen. Außerhalb der Überlappungsabschnitte, während der sogenannten Alleinzeit der betreffenden Phase, haben sie die Höhe des als vollkommen geglättet angenommenen Gleichstromes I_g.

Wir betrachten nun die Vorgänge in der Phase *1* der Schaltung genauer. Vor dem Schließen des Kontaktes K_1 ist der Kontakt K_3 geschlossen und führt einen Strom i_3 von der Höhe I_g. Der Kontakt K_1 werde nun um den Winkel α der mechani-schen Teilaussteuerung gegenüber dem Punkte *0* der Gleichheit der Phasenspan-nungen e_3 und e_1 verzögert geschlossen (Punkt *1*). Während der Zeitspanne *0—1* verläuft die Gleichspannung u_g unverändert nach der Kurve e_3, und gegenüber der vollen Aussteuerung ist die Gleichspannung im Mittelwert nach Maßgabe der Span-nungsfläche F_α herabgesteuert („Spannungsfläche der mechanischen Teilaussteue-rung"). Mit dem Schließen des Kontaktes K_1 setzt im Punkte *1* der Strom i_1 ein. Er kann aber zunächst noch nicht nennenswert ansteigen, sondern er wird durch die Schaltdrossel auf den geringen Wert des nicht durch die Vormagnetisierung aus-geglichenen Restbetrages des Magnetisierungsstromes der Schaltdrossel begrenzt, und zwar bis zum Eintritt der Sättigung des Eisenkerns in Richtung des dann folgen-den Laststromes. Diese *Einschaltstufe* des Stromes hat die Dauer $\varDelta t_{E1}$ (Abschn. *1* bis *2*). Für die Ummagnetisierung der Schaltdrossel wird dabei die Spannungsfläche F_E verbraucht („Spannungsfläche der Einschaltstufe"). Diese Spannungsfläche scheidet für die Bildung der Gleichspannung ebenfalls noch aus, und die Kurve der

Gleichspannung u_g verläuft weiterhin nach der Kurve e_3 bis zum Punkte *2* des Endes der Einschaltstufe. Erst im Punkte *2* setzt nunmehr die eigentliche Stromwendung der Lastströme ein. Die Einschaltstufe wirkt in bezug auf die Gleichspannung also genau so wie eine zusätzliche mechanische Teilaussteuerung, und der *elektrische* Steuerwinkel α' bis zum Beginn der Stromwendung der Lastströme ist stets um die Länge der Einschaltstufe größer als der *mechanische* Steuerwinkel α. Aus diesem Grunde soll, wie bereits in Abschn. 7 erwähnt wurde, bei der mechanischen Teilaussteuerungsregelung die Einschaltstufe nur kurz sein, da man anderenfalls bei der höchstmöglichen Aussteuerung, d. h. bei dem mechanischen Steuerwinkel Null, zu weit von der vollen elektrischen Aussteuerung entfernt bleiben würde. Umgekehrt aber kann die mechanische Teilaussteuerung durch eine magnetische Teilaussteuerung mit Hilfe einer entsprechend verlängerten Einschaltstufe von regelbarer Dauer vollkommen ersetzt werden. Schaltet man z. B. den Kontakt schon bei $\alpha = 0$ im Punkte *0* ein und gibt der Einschaltstufe die Länge *0—2*, so ist der elektrische Steuerwinkel α' der gleiche wie vorher bei der mechanischen Teilaussteuerung. Dieses ist das Prinzip der *magnetischen Teilaussteuerungsregelung*. Beide Regelverfahren sind in bezug auf die Bildung der Gleichspannung gleichwertig, und beide Verfahren sind praktisch in Gebrauch. Sie können auch miteinander kombiniert werden.

Verfolgen wir noch den Verlauf des Stromes i_3 während des Abschnitts *1—2*, so finden wir, daß sich die Einschaltstufe des Stromes i_1 spiegelbildlich im Strome i_3 abbildet. Das hat seinen Grund darin, daß nach dem 1. Kirchhoffschen Gesetz während derjenigen Abschnitte, in denen Ströme in mehreren Phasen gleichzeitig fließen, die Summe aller dieser Ströme den konstanten Betrag I_g ergeben muß. Im vorliegenden Falle ist also

$$i_3 + i_1 = I_g = \text{const}. \tag{8,1}$$

Dieses gilt nicht nur für die Dauer der Einschaltstufe, sondern in gleicher Weise auch für den Überlappungsabschnitt der Lastströme und für die Ausschaltstufe.

Die Stromwendung der Lastströme vollzieht sich während des Abschnitts *2—3*. Der Strom i_1 steigt nach Beendigung der Einschaltstufe genau wie in Abb. 5,3 jetzt schnell an, während der Strom i_3 spiegelbildlich abfällt. Die Stromwendung ist beendet, wenn i_3 in die Ausschaltstufe eintritt (Punkt *3*). Der Strom i_1 ist dann auf einen Betrag angewachsen, der sich nur noch um den gespiegelten Wert der Ausschaltstufe des Stromes i_3 vom Gleichstromwert I_g unterscheidet. Der Abschn. *2* bis *3* wird der *elektrische Überlappungswinkel* $ü$ der Ströme genannt. Es ist ersichtlich, daß der mechanische Überlappungswinkel u der Kontaktzeiten größer sein muß als der elektrische Überlappungswinkel $ü$ der Ströme. Während des Stromwendeabschnittes *2—3* sind die Eisenkerne der Schaltdrosseln der Phasen *3* und *1* gesättigt. Für den zeitlichen Verlauf des Stromes i_1, d. h. des Wendestromes i_W nach Gl. (5,2), ist eine Reaktanz X_W maßgebend, die sich im wesentlichen aus der Restreaktanz (Luftreaktanz) der gesättigten Schaltdrossel, der Streureaktanz des Gleichrichtertransformators und der auf den Stromwendekreis reduzierten Netzreaktanz zusammensetzt. Bei vollständig gesättigten Schaltdrosseln ist X_W also konstant. Die gesamte Wendespannung $E_{13} = E\sqrt{3}$ legt sich an die Reihenschaltung $2X_W$ der Reaktanzen der beiden einander ablösenden Phasen, deren durch die geschlossenen Kontakte gebildeter Mittelpunkt den einen der Gleichstrompole bildet. Die ungeglättete Gleichspannung u_g folgt daher während dieses Abschnittes in bekannter Weise der Kurve des mittleren Wertes der Spannungen e_1 und e_3. Die schraffierte Fläche F_g geht daher als sogenannter *induktiver Gleichspannungsabfall* des Laststromes i_1 ebenfalls noch für die Bildung der Gleichspannung verloren, da diese ja gleich dem Mittelwert aller Augenblickswerte u_g ist. Man bezeichnet diesen Gleichspannungsabfall als *induktiv*, weil er nicht durch einen ohmschen Widerstand verursacht wird, sondern infolge des Anstieges des Wendestromes als induktive Spannung an der Reaktanz X_W des betreffenden Stromwendekreiszweiges entsteht. Ihrer Natur nach ist übrigens auch die Spannungsfläche F_E der Einschaltstufe, obwohl diese wie eine zusätzliche mechanische Teilaussteuerung wirkt, ein induktiver Gleichspannungsabfall.

Im Punkte *3* tritt die Schaltdrossel der Phase *3* in den entsättigten Zustand ein; die Ausschaltstufe dieser Phase beginnt. Die gesamte Wendespannung hat sich nun an die Schaltdrossel der Phase *3* gelegt, und die ungeglättete Gleichspannung u_g verläuft von jetzt ab nach der Sinuskurve e_1, d. h. erst jetzt kommt die Spannung der Phase *1* voll auf den Gleichstromkreis zur Einwirkung. Im Stromkreise der Phase *3* fließt lediglich noch der geringe Strom der Ausschaltstufe, dessen Höhe nur der nicht ausgeglichenen Differenz zwischen der Vormagnetisierungsdurchflutung und der Durchflutung des natürlichen Magnetisierungsstromes der Schaltdrossel entspricht. Die Ausschaltstufe hat die Dauer Δt_3 (Abschn. *3—5*). Im Verlauf dieser Stufe kann der Kontakt K_3 praktisch stromlos geöffnet werden, z. B. im Zeitpunkt *4*. In der Phase *1* dagegen fließt jetzt ein Strom von fast der Höhe des vollen Gleichstromes, der nur noch um das Spiegelbild der Ausschaltstufe der Phase *3* geringer ist als I_g. Im Punkte *5* schließlich wird der Wert I_g vollständig erreicht. Damit ist der Stromübergang von der Phase *3* auf die Phase *1* beendet, und die Phase *1* befindet sich nun in ihrer Alleinzeit (Abschn. *5—6*).

Mit dem Schließen des Kontaktes K_2 im Punkte *6*, um 120° nach dem Schließen des Kontaktes K_1, wiederholen sich dann alle Vorgänge in zyklischer Vertauschung. Zunächst bildet sich die Einschaltstufe Δt_{E2} des Stromes i_2 aus (Abschn. *6—7*). Sodann folgt der Abschn. *7—8* der Stromwendung mit der elektrischen Überlappung $\ddot{u}$ der Lastströme i_1 und i_2, und zum Schluß die Ausschaltstufe Δt_1 des Stromes i_1 (Abschn. *8—10*), innerhalb deren der Kontakt K_1 im Punkte *9* geöffnet wird.

Damit ist die Stromführung der Phase *1* für die betrachtete Periode abgeschlossen, und wir haben in großen Zügen ein Bild von dem Verlauf der Phasenströme und der ungeglätteten Gleichspannung erhalten. In Wirklichkeit, d.h. bei einem praktisch ausgeführten Umformer, treten nun aber noch gewisse Abweichungen von dem dargestellten Verlauf ein. Zunächst einmal sind die scharfen Ecken der Stromkurven zu Beginn und am Ende der Stromstufen etwas abgerundet, weil die Hystereseschleife des Schaltdrosselkernes nicht die idealisierte Form von Abb. 7,2 hat, sondern ungefähr diejenige von Abb. 6,3. Dementsprechend sind auch die Ecken der Gleichspannungskurve um so mehr verschliffen, je mehr die wirkliche Hystereseschleife von der Rechteckform abweicht. Weiterhin treten die Stufenströme im Vergleich zu der Höhe des Laststromes keinesfalls so stark in Erscheinung, wie sie in Abb. 8,1 der Deutlichkeit wegen gezeichnet sind und wie sie auch in den späteren Abbildungen aus dem gleichen Grunde dargestellt werden. Bei genau abgeglichener Vormagnetisierung verläuft die Stufe in der Nullinie und hebt sich daher überhaupt nicht mehr ab. Aber auch selbst dann, wenn die Stufe innerhalb der noch zulässigen Grenze in das positive Stromgebiet angehoben ist, so ist sie im Oszillogramm doch nur bei ganz geringen Belastungsströmen zu erkennen. Bei voller Belastung verschwindet sie vollkommen in der Nullinie, und die Stromkurve ist dann von der eines Quecksilberdampfgleichrichters nicht mehr zu unterscheiden. Als ein Beispiel für den wirklichen Verlauf solcher Kurven sind in Abb. 8,2 einige Strom- und Spannungsoszillogramme eines *ausgeführten* Kontaktumformers in 3phasiger Sternpunktschaltung wiedergegeben, wobei das Bild d der Abb. 8,1 entspricht. Der Gleichstrom war dabei sehr gut geglättet. Im allgemeinen ist aber in praktischen Fällen die Glättung fast nie so gut, daß der Strom vollkommen ohne überlagerte Wellen genau parallel zur Abszissenachse verläuft. Der obere Teil des Phasenstromes zeigt daher ebenfalls meist einen mehr oder weniger geschwungenen Verlauf. Trotzdem aber bilden sich in ihm die Stufen der Nachbarphasen, sofern sie überhaupt im Oszillogramm zu erkennen sind, in ganz analoger Weise ab.

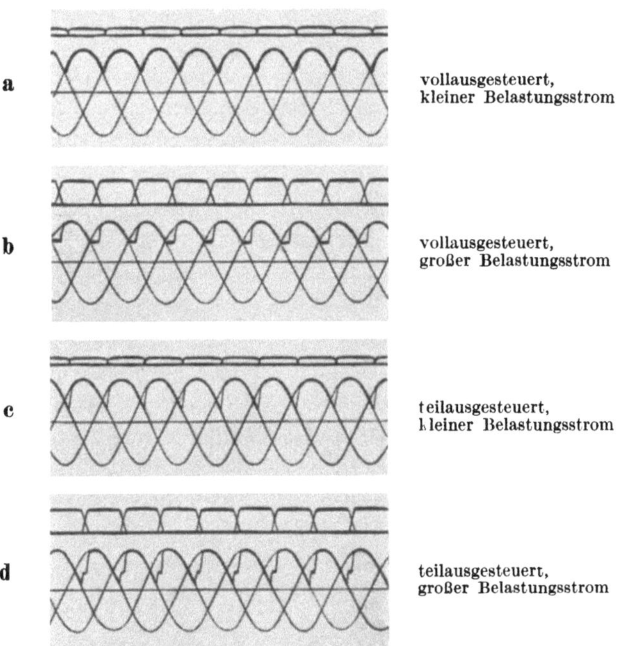

Abb. 8,2. Kontaktumformer in 3phasiger Sternpunktschaltung nach Abb. 3,1. Oszillogramme der Kontakt- bzw. Schaltdrosselströme und der ungeglätteten Gleichspannung.

Eine eingehendere Behandlung verlangen noch die Vorgänge beim Einschalten und beim Ausschalten der Kontakte. Wir wollen uns das einmal an dem Beispiel der Kontaktöffnung vergegenwärtigen. Ist die Ausschaltstufe durch eine hochwertige Vormagnetisierung genau in die Nullinie verlegt, so kann zwar der Kontakt geöffnet werden, ohne daß ein Strom unterbrochen und an dem Spannungsgleichgewicht der Schaltung etwas geändert wird. Dennoch aber erhebt sich noch die Frage, wie lang denn eigentlich die Ausschaltstufe sein muß, damit bei allen Belastungen eine Kontaktöffnung innerhalb der Stufe mit der nötigen Sicherheit gewährleistet ist. Ist aber die Ausschaltstufe etwas in das positive Gebiet angehoben, wie das gewöhnlich bei weniger vollkommenen Vormagnetisierungsschaltungen geschieht, um unter allen Umständen eine Unterbrechung bereits negativ gewordener Stufenströme zu vermeiden (vgl. Abschn. 9, S. 49), so muß der Kontakt diesen positiven Stufenstrom beim Öffnen unterbrechen. Da der Strom die hochinduktive, ungesättigte Schaltdrossel durchfließt, so würde bei der Unterbrechung eine hohe Öffnungsspannung entstehen, die Lichtbogenbildung und Stoffwanderung zur Folge haben würde. Diese Schwierigkeit wird durch die bereits erwähnten *Nebenwege* parallel zu den Kontakten umgangen, die dem Stufenstrom Gelegenheit geben, auch nach der Kontaktöffnung noch bis zum Ablauf der Stufe ohne Unterbrechung weiter zu fließen. Derartige Nebenwege waren beispielsweise in der Schaltung Abb. 3,1 bereits dargestellt. Auch der in Abb. 8,1 gezeichnete Verlauf der Ausschaltstufen als positiver Strom über den Öffnungszeitpunkt hinaus hat das Vorhandensein von Nebenwegen zur Voraussetzung.

Mit den vorstehend angedeuteten Vorgängen, mit der Frage der Ausschaltsicherheit und mit der Beeinflussung des Einschaltvorganges durch die Nebenwege werden sich mehrere der folgenden Abschnitte beschäftigen. Wir werden dort ferner in dem im Oszillographen sichtbar gemachten zeitlichen Verlauf der Spannung zwischen den beiden Polen des Kontaktes, der sogenannten *Kontaktspannung,* das wichtigste Hilfsmittel für die Nachprüfung und Beurteilung der Ein- und Ausschaltverhältnisse bei in Betrieb befindlichen Kontaktumformern kennenlernen.

9. Ausschaltsicherheit, Kontaktspannung und Nebenwege.

Dadurch, daß der zu unterbrechende Strom mit Hilfe der vormagnetisierten Schaltdrossel klein gehalten wird, ist zunächst nur die Forderung 5 der in Abschn. 4 aufgestellten Bedingungen für die Geringhaltung der Stoffwanderung erfüllt. Daneben bestehen für das Ausschalten aber noch die Forderungen 4, 6 und 7, die zum Ziel haben, die wiederkehrende Spannung so lange auf einen geringen Betrag zu begrenzen, bis die Trennstrecke des sich öffnenden Kontaktes groß genug geworden ist, der vollen Sperrspannung standzuhalten. Es wurde bereits gesagt, daß man zu diesem Zwecke einen Teil der Ausschaltstufe erst nach dem Öffnungszeitpunkt ablaufen läßt. Hierdurch bekommt

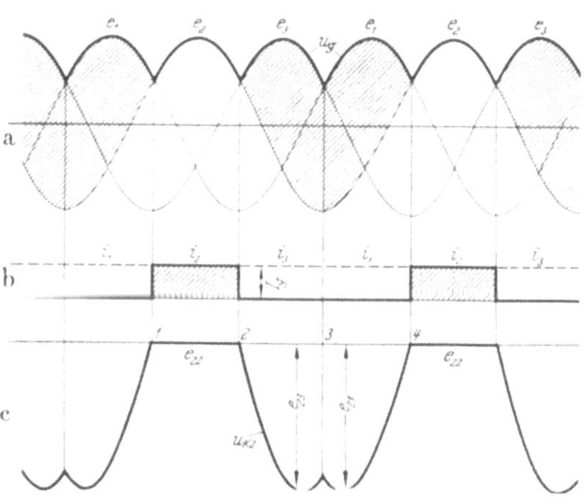

Abb. 9,1. Kontaktspannung bei voller Aussteuerung.

der Kontakt eine ausreichende *Ausschaltsicherheit,* ein Ausdruck, mit dem üblicherweise auch dieser nach der Kontaktöffnung ablaufende Stufenanteil selbst bezeichnet wird. Zur Erläuterung werde jetzt für die 3phasige Sternpunktschaltung die Kurve der *Kontaktspannung* u_K, d. h. der zeitliche Verlauf der Spannung zwischen den beiden Polen des Kontaktes, betrachtet. Die Sperrspannung, die der Kontakt aushalten muß, ist ein bestimmter Ausschnitt aus dieser Kurve.

Wir gehen aus von dem einfachen Grundschaltbild Abb. 5,1 und nehmen dabei vorerst an, daß das Einschalten und das Ausschalten der Kontakte ohne besondere Hilfsmittel ausgeführt werden könnte und daß ferner die Reaktanz des Stromwendekreises gleich Null sei. Der Strom steigt dann senkrecht an und verschwindet ebenso augenblicklich ohne jede Überlappung. Unter diesen Voraussetzungen würde ein Kurvenverlauf nach Abb. 9,1 eintreten. Im oberen Teil a dieser Abbildung finden sich wieder die Sinuskurven der 3 Sternspannungen e_1, e_2 und e_3 der Sekundärwicklung des Transformators. Die Kuppen dieser Kurven bilden die zusammenhängende Kurve der Gleichspannung u_g (stark ausgezogen) für den Fall der vollen Aussteuerung. Der mittlere Teil b zeigt die Ströme i_1, i_2 und i_3, die durch die Transformatorwicklungen und über die Kontakte fließen (Strom i_2 stark ausgezogen und schraffiert). Als zu betrachtende Kontaktspannung wollen wir die Spannung u_{K2} zwischen den Schaltstücken K_2' und K_2'' des Kontaktes K_2 der Phase 2 herausgreifen.

Der Kontakt K_2 ist geschlossen von Punkt *1* bis Punkt *2*. Während dieser Zeit fließt der Strom i_2, und die Spannung zwischen den Kontaktflächen ist gleich Null. Zu der übrigen Zeit der Periode, wo der Kontakt geöffnet ist, befindet sich das Kontaktstück K_2' weiterhin stets auf dem Potential der Klemme der Transformator

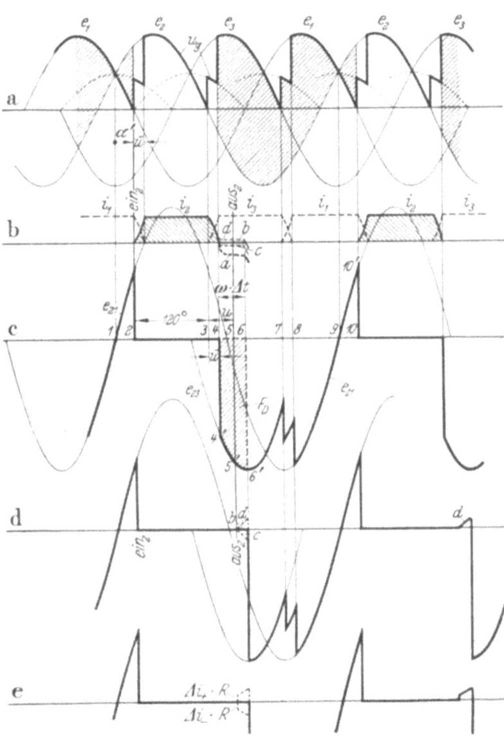

Abb. 9,2. Kontaktspannung bei Teilaussteuerung und Verwendung von Schaltdrosseln.

wicklung 2, während das Kontaktstück K_2'' mit dem positiven Pol des Gleichstromkreises verbunden bleibt. Für die Dauer der Kontaktöffnung, des sogenannten Sperrabschnittes (Punkt *2* bis Punkt *4*), besteht daher zwischen den Kontaktflächen eine Spannung. Sie ist gleich der Differenz zwischen der Sternspannung e_2 der Phase *2* und der ungeglätteten Gleichspannung u_g. Für die Kontaktspannung gilt daher während der ganzen Periode die Beziehung

$$u_{K2} = e_2 - u_g . \qquad (9,1)$$

Für die Dauer der Kontaktschließung ist u_g gleich e_2 und u_{K2} somit gleich Null. Der Betrag und der zeitliche Verlauf der *Sperrspannung* während des Öffnungsabschnittes kann aus den Spannungskurven Abb. 9,1 a sofort als Differenz zwischen der Sinuskurve e_2 und der gewellten Gleichspannungskurve u_g ersehen werden (schraffierte Fläche). Der Sperrabschnitt zerfällt in 2 Teile.

Von Punkt *2* bis Punkt *3* wird die Gleichspannung von der Phase *3* geliefert; die Sperrspannung ist daher $e_2 - e_3 = e_{23}$. Von Punkt *3* bis Punkt *4* dagegen bildet die Sternspannung e_1 die Gleichspannung, und die Sperrspannung ist dann $e_2 - e_1 = e_{21}$. Bei Punkt *4* ist die Periode beendet, und der Kontakt K_2 wird wieder geschlossen. Der gesamte Verlauf der Kontaktspannung u_{K2} ist im unteren Teil c der Abb. 9,1 dargestellt.

Eine Veränderung im Bilde der Kontaktspannungskurve tritt ein, sobald infolge einer im Wendekreise wirksamen Reaktanz eine Überlappung der Ströme stattfindet. Eine weitere Veränderung macht sich bemerkbar, wenn eine Gleichspannungsregelung durch Teilaussteuerung vorgenommen wird. Hat der elektrische Überlappungswinkel der Ströme den Betrag $\ddot{u}$ und der elektrische Steuerwinkel die Größe α', so ergeben sich die Kurven von Abb. 9,2a bis c. In Teil a sind wiederum die 3 Sternspannungen e_1, e_2 und e_3 und die Gleichspannung u_g gezeigt. Die Kurve der Gleichspannung hat für Teilaussteuerung das bereits aus Abb. 5,3 und 8,1 be kannte Aussehen. In Teil b sind die Kontaktströme i_1, i_2 und i_3 dargestellt, die einander jetzt um den Abschnitt $\ddot{u}$ überlappen. Die in Teil c aufgezeichnete Kontaktspannung ergibt sich, da sich an dem Grundschema von Abb. 5,1 nichts geändert hat, wieder aus der gleichen Beziehung $u_{K2} = e_2 - u_g$, d. h. als Differenz zwischen der Sinuskurve e_2 und der Gleichspannungskurve u_g (schraffierte Fläche in Teil a). Ansteigend von einem negativen Betrage der Sperrspannung geht sie bei Punkt *1* zu positiven Werten über, die sich über den Abschnitt *1—2* des Steuerwinkels α' erstrecken. Bei Punkt *2* wird der Kontakt K_2 geschlossen und bleibt geschlossen bis zu Punkt *4*, d. h. während des Abschnittes $120° + \ddot{u}$. Während dieser Zeitdauer *2—4* ist die Kontaktspannung gleich Null. Bei Punkt *3* wird der Kontakt der Phase *3* geschlossen, bei Punkt *4* der Kontakt der Phase *2* geöffnet. Jetzt springt die Kontaktspannung auf die negativen Werte der Sperrspannung an, wobei *4—4'* die momentan zwischen den Kontaktflächen wiederkehrende, sogenannte Sprungspannung ist. Bis zum Punkt *7* ist $e_2 - u_g$ die Differenz zwischen e_2 und e_3, von *7*

bis *8* die Differenz zwischen e_2 und dem Absatz in der Gleichspannung, und von *8* bis *10* die Differenz zwischen e_2 und e_1. Bei Punkt *9*, der dem Punkt *1* der folgenden Periode entspricht, geht die Spannungsdifferenz von negativen zu positiven Werten über. Bei Punkt *10*, der dem Punkt *2* der folgenden Periode entspricht, stellt sie die Einschaltspannung *10—10'* dar. Der be-

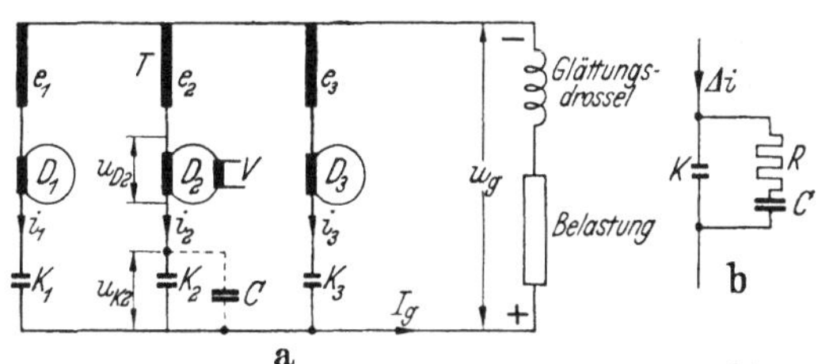

Abb. 9,3. Dreiphasige Sternpunktschaltung mit Schaltdrosseln und Nebenweg zum Kontakt.

a Grundschaltung mit Kondensator als Nebenweg; — b kapazitiver Nebenweg mit Dämpfungswiderstand.

schriebene Spannungsverlauf ist wohlbekannt bei Quecksilberdampfgleichrichtern; er würde sich in gleicher Weise bei Kontaktumformern wiederholen, wenn dort nicht noch besondere Maßnahmen zur Lösung der Schaltprobleme getroffen werden müßten.

Im folgenden wollen wir nun sehen, wie sich der Verlauf der Kontaktspannungskurve weiterhin noch verändert, wenn gemäß Abb. 9,3a Schaltdrosseln verwendet werden, um eine Ausschaltstufe zu erzeugen. Für das Einschalten seien dabei wie bisher noch keine besonderen Hilfsmittel vorgesehen; auch den parallel zum Kontakt K_2 gezeichneten Kondensator C denken wir uns zunächst noch fort. Die Spannungskurven von Abb. 9,2a bleiben dann unverändert. In den Stromkurven Abb. 9,2b jedoch schließt sich an die während des Abschnittes $120° + \ddot{u}$ blockartig geformte Kurve des Phasenstromes nun die Stufe sehr niedrigen Stromes an. Infolgedessen kann die Öffnung des Kontaktes anstatt bei Punkt *4* jetzt, wie in Abb. 9,2b eingezeichnet ist, bei Punkt *5* mit ausreichendem Spielraum nach beiden Seiten vorgenommen werden. Der mechanische Überlappungswinkel u der Kontaktzeiten ist dabei größer als der elektrische Überlappungswinkel $\ddot{u}$ der Stromblöcke. Bis zur Öffnung des Kontaktes ist der Phasenstrom identisch mit dem Kontaktstrom. Die Höhe des während der Stufe über den Kontakt fließenden Stromes Δi, der der verbleibende Rest des natürlichen Stufenstromes i_{st} ist, hängt von der Art der verwendeten Vormagnetisierung und von der Höhe des Vormagnetisierungsstromes ab.

Wenn überhaupt keine Vormagnetisierung benutzt wird, so hat der Stufenstrom seinen natürlichen Verlauf i_{st}, wie er in Abb. 9,2b durch die unterste Kurve a dargestellt ist. Solange nun diesem Strom Gelegenheit gegeben ist zu fließen (z. B. über den geschlossenen Kontakt), liegt nahezu die ganze Wendespannung $e_3 - e_2 = e_{32}$ an der Schaltdrossel. Sie verursacht dort nämlich als Magnetisierungsstrom eben jenen Stufenstrom i_{st} und ändert dadurch den Kraftfluß im Eisenkern vom positiven Höchstwert nach geringeren Werten bis zum negativen Höchstwert am Ende der Stufe, wodurch in der Drossel die Gegenspannung $-e_{32} = e_{23}$ erzeugt wird. Während der Dauer der Stufe ist der Spannungsverlust durch den geringen und sich nur wenig ändernden Stufenstrom an den anderen Reaktanzen und Widerständen des Wendekreises zu vernachlässigen. Wenn nun aber der Kontakt K_2 bei Punkt 5 geöffnet werden würde, so wäre in der Folge der Magnetisierungsstrom am Fließen verhindert und es würde daher keine Spannung mehr an der Schaltdrossel gehalten werden. Es würde dann die volle Spannung e_{23}, wie sie in Abb. 9,2c durch die Strecke 5—5' veranschaulicht ist, unverzüglich zwischen den Kontaktstücken K_2' und K_2'' erscheinen, und außerdem würde sich noch eine Öffnungsspannungsspitze in der gleichen Richtung überlagern als Folge der Unterbrechung des Stromes i_{st} in dem induktiven Stromwendekreise. Da beides zu Lichtbogenbildung und damit zu einer Rückzündung führen würde, so sind derartige Verhältnisse für einen Kontaktumformerbetrieb noch nicht brauchbar. Wir erkennen aus diesen Ausführungen, daß ein Schaltumformer mit *un*vormagnetisierten Schaltdrosseln, wie er beispielsweise im Jahre 1920 in den Ver. St. v. Amerika von MILLS (DRP 344726) unter Verwendung von Schleifkontakten vorgeschlagen wurde, nicht funkenfrei arbeiten kann. Das ist auch wohl der Grund dafür, daß sich dieser Schaltumformer nicht eingeführt hat.

Wenn nun aber eine Vormagnetisierung V vorhanden ist, und zwar von solcher Größe, daß sie jederzeit während der ganzen Dauer der Stufe gerade den Betrag i_{st} hat, so würde überhaupt kein Strom mehr über den Kontakt fließen und die Stufe würde gerade in der Nullinie verlaufen, wie es in Abb. 9,2b durch die Linie b angedeutet ist. In diesem Falle würde die gesamte Magnetisierung durch den Vormagnetisierungskreis bewirkt werden, und die volle Spannung e_{32} würde jederzeit während der Dauer der Stufe als Spannung u_{D2} an der Schaltdrossel auftreten, ganz gleich, ob der Kontakt geschlossen ist oder nicht (schraffierte Spannungsfläche F_D in Bild c). In diesem Zustande könnte also der Kontakt K_2 bei Punkt 5 geöffnet werden ohne irgendeine Stromunterbrechung und ohne irgendeine Änderung des Spannungsgleichgewichts der Schaltung. Während des Abschnitts 5—6 würde unverändert die Spannung e_{32} an der Schaltdrossel gehalten werden, und die Spannung zwischen den Schaltstücken des Kontaktes würde daher auch während des restlichen Teiles der Stufe noch gleich Null sein, wie es durch die Linie b in Abb. 9,2d dargestellt ist. Schließlich, nachdem das Stufenende erreicht und Zeit genug verstrichen ist, um den Kontakt bis zu einer genügenden Trennstrecke zu öffnen, würde erst bei Punkt 6 die Kontaktspannung auf den hohen Wert 6—6' (Abb. 9,2c) anspringen. Das würde der ideale Vorgang der Kontaktunterbrechung ohne irgendwelche Stoffwanderung sein. Er kann mit weitgehender Annäherung durch verschiedene Vormagnetisierungsschaltungen der sogenannten *elastischen* Art verwirklicht werden, wie sie später in Abschn. 40 noch beschrieben werden. Der nach der Kontaktöffnung ablaufende Restabschnitt 5—6 der Stufe ist die früher schon erwähnte *Ausschaltsicherheit*. Für die Spannung am geöffneten Kontakt gilt jetzt die Beziehung

$$u_{K2} = e_2 - u_g + u_{D2}. \tag{9,2}$$

Die vollständige Kurve des zeitlichen Verlaufes ist in der linken Hälfte von Abb. 9,2d als stark ausgezogene Kurve gezeigt.

Hat jedoch die Vormagnetisierung nicht genau den Betrag i_{st}, so verbleibt eine Differenz Δi als über den Kontakt fließender Reststrom. Das ist z. B. bei den Vormagnetisierungsschaltungen der sogenannten *starren* Art der Fall, bei denen die Stufe absichtlich etwas in das positive Gebiet angehoben wird, weil eine vollkommene Abgleichung über die ganze Länge der Stufe bei ihnen meist nicht möglich ist, man aber einen auch nur stellenweise im negativen Gebiet verlaufenden Strom vermeiden will. Ist der Vormagnetisierungsstrom zu niedrig, so bleibt der über den Kontakt fließende Reststrom Δi negativ, wie es durch die gestrichelte Linie c in Abb. 9,2 b angedeutet ist. Bei einer Kontaktöffnung im Punkte *5* würde in diesem Falle ungefähr das gleiche eintreten wie beim Verlauf nach der Linie a, wenn auch in geringerem Ausmaße; eine zufriedenstellende Unterbrechung könnte nicht erreicht werden. Schaltet man dabei jedoch, wie es bei Verwendung einer starren Vormagnetisierung üblich ist, einen Nebenweg parallel zum Kontakt, der in der einfachsten Form aus einem Kondensator C bestehen kann (Abb. 9,3 a), so ergibt sich bereits eine bedeutende Verbesserung der Verhältnisse. Der plötzliche Ansprung der wiederkehrenden Spannung bei Punkt *5* ist verschwunden. Da der Kondensator im Öffnungsaugenblick noch ungeladen ist und der Reststrom Δi daher jetzt unverändert seinen Weg über ihn nehmen kann wie vor der Kontaktöffnung über den Kontakt, so wird die Schaltdrossel auch weiterhin magnetisiert. Die wiederkehrende Spannung besteht infolgedessen im wesentlichen nur aus der mit zunehmender Aufladung langsam in negativer Richtung ansteigenden Spannung des Kondensators (gestrichelte Linie c in Abb. 9,2 d). Wenn die Geschwindigkeit des negativen Spannungsanstieges mit Bezug auf die sich öffnende Trennstrecke des Kontaktes nicht zu groß ist, z. B. gemäß Abschn. 4.13 weniger als 10^5 V/s, so mag die Unterbrechung einwandfrei verlaufen. Dennoch aber zeigt die Kontaktspannungskurve das Bild eines nicht ungefährlichen Betriebszustandes. Sobald sich nämlich im Verlauf der Reststufe zufällig einmal ein kleiner Lichtbogen ereignen sollte, z. B. durch ein verdampfendes Körnchen Silberstaub von den Kontaktflächen, so würde dieser Lichtbogen zu einer Rückzündung führen, weil die wiederkehrende Spannung in Richtung der negativen Sperrspannung ansteigt. Aus diesem Grunde sollten negative Werte des Kontaktreststromes Δi besser vermieden werden.

Wenn dagegen die Vormagnetisierungsdurchflutung die Durchflutung des natürlichen Stufenstromes i_{st} überwiegt, so ist der verbleibende Strom Δi über den Kontakt positiv (gestrichelte Linie d in Abb. 9,2 b). Wird dieser Strom nun im Punkte *5* ohne Benutzung eines Nebenweges unterbrochen, so ist das Ergebnis wieder unbefriedigend. Es erfolgt zwar keine Rückzündung, aber doch Lichtbogenbildung und Stoffwanderung. Ist jedoch jetzt wieder ein Kondensator C parallel zum Kontakt geschaltet, so steigt die wiederkehrende Spannung entsprechend der zunehmenden Ladung des Kondensators nur langsam vom Wert Null in der positiven Richtung an, wie es durch die gestrichelte Linie d in Abb. 9,2 d angegeben ist. Bei genügend kleiner Geschwindigkeit des Spannungsanstiegs ist das ein sehr sicherer Weg für eine einwandfreie Unterbrechung, denn jetzt richtet ein zufällig sich zwischen Punkt *5* und *6* ereignender Lichtbogen nicht viel Schaden an, sondern erlischt wieder, sobald die wiederkehrende Spannung bei ihrem Übergang von positiven zu negativen Werten im Punkte *6* durch Null geht. Aus diesem Grunde wird ein solcher Verlauf der Kontaktspannungskurve normalerweise bei allen denjenigen Kontaktumformern angestrebt, die mit einer starren Vormagnetisierung und mit kapazitiven Nebenwegen ausgerüstet sind. Der Verlauf der Kontaktspannung während der Stufe ergibt sich bei Verwendung eines Kondensators als Nebenweg aus der Beziehung

$$u_{K2} = \frac{1}{C} \int\limits_{t_5}^{t} \Delta i\, dt\,,\qquad\qquad (9,3)$$

wenn C die Kapazität des Nebenwegkondensators, t_5 der Zeitpunkt der Kontaktöffnung und t der betrachtete Zeitpunkt ist. Der gesamte Verlauf der Kontaktspannung bei einem positiven Wert Δi ist in der rechten Hälfte von Abb. 9,2d als
stark ausgezogene Linie noch einmal dargestellt. Das Ende des positiven Kurvenstückes ist dabei etwas abgerundet gezeichnet, wie es wegen des gerundeten Aus-
gangsknies der Hystereseschleife dem im Oszillographen zu beobachtenden tatsächlichen Verlaufe entspricht. In Abb. 9,4 ist vergleichend noch einmal der Einfluß
der Vormagnetisierung auf den Verlauf der Kontaktspannung während der restlichen Ausschaltstufe gezeigt. Es wurden 4 Oszillogramme mit jeweils gesteigertem

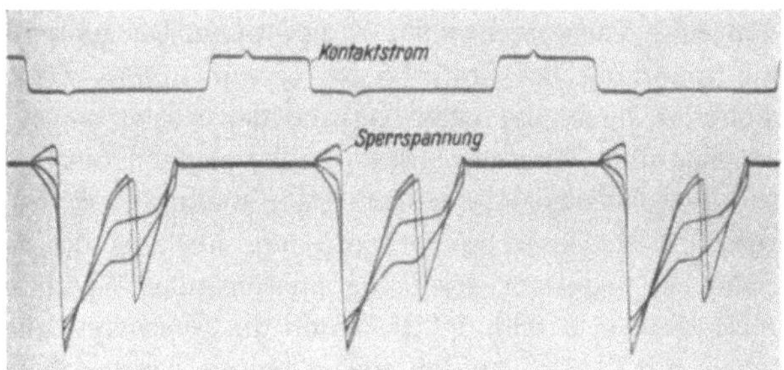

Abb. 9,4. Einfluß der Vormagnetisierung auf den Verlauf der Kontaktspannung.

Vormagnetisierungsstrom übereinander geschrieben. Bei genügend großer Vormagnetisierung steigt die Sperrspannung nach der Kontaktöffnung in erwünschter
Weise zunächst ins Positive an, was der Unterbrechung die erhöhte Sicherheit gibt.

 Praktisch muß in Reihe mit dem Kondensator in der Regel noch ein ohmscher
Widerstand R in den Nebenweg eingefügt werden (s. Abschn. 43.1). Dadurch erhält
der Nebenweg das Aussehen von Abb. 9,3b. Durch den Spannungsabfall, der vom
Strome Δi im Anschluß an die Kontaktöffnung am Widerstand R verursacht wird,
tritt dann allerdings doch ein kleiner Ansprung der wiederkehrenden Spannung im
Öffnungsaugenblick ein, wie er in Abb. 9,2e sowohl für einen positiven Reststrom Δi_+
als auch für einen negativen Reststrom Δi_- gezeigt ist. Auf der rechten Seite der
Abbildung ist die endgültige, bei einem positiven Reststrom sich ergebende Kurvenform zu sehen, wie sie normalerweise bei Umformern mit starrer Vormagnetisierung
und kapazitiven Nebenwegen eingestellt wird (siehe z. B. Abb. 9,4 mit nur andeu-
tungsweise erkennbarem Sprung, Abb. 42,4c dagegen mit stark ausgeprägtem).
Der zulässige Spannungssprung $R \cdot \Delta i_+$ ist dabei gemäß der Bedingung 6 von Abschnitt 4 auf höchstens 10 bis 12 V begrenzt. Die Kontaktspannung während des
nach der Kontaktöffnung ablaufenden Stufenanteils ergibt sich jetzt zu

$$u_{K2} = R \cdot \Delta i + \frac{1}{C} \int\limits_{t_5}^{t} \Delta i\, dt\,.\qquad\qquad (9,4)$$

 Die Fortsetzung der Kontaktspannungskurve von Punkt *6* bis zu Punkt *10*
bzw. *2* hat, verglichen mit Abb. 9,2c, den gleichen grundsätzlichen Verlauf. Wenn
jedoch Nebenwege verwendet werden, so ergeben sich noch gewisse zusätzliche Ver-

änderungen, auf die erst später eingegangen werden soll. Eine vollständige Gleichrichtergrundschaltung, bei der Schaltdrosselspulen D mit Vormagnetisierungswicklungen V sowie aus Kondensatoren C und Widerständen R bestehende Nebenwege verwendet sind, wurde bereits in Abb. 3,1 gezeigt. Durch eine solche Schaltungsanordnung wurde das Ausschaltproblem im allgemeinen zufriedenstellend gelöst. Nur bei einer gewissen Gruppe von Gleichrichterschaltungen überlagert sich dabei dem Ausschaltstufenstrom noch ein Schwingungszug, der den Ausschaltvorgang entscheidend stören kann. Hierauf wird in Abschn. 43.2 noch näher eingegangen werden.

Die Kurve der Kontaktspannung u_K kann leicht auf dem Schirm eines Kathodenstrahloszillographen sichtbar gemacht werden. Sie ist die wichtigste Kurve für die Einstellung und Überwachung eines Kontaktumformers, da sie fast alle für die Beurteilung der Arbeitsweise notwendigen Merkmale enthält. Die in Abb. 9,2 konstruierte Kontaktspannungskurve allerdings ist in zweifacher Hinsicht noch nicht vollständig durchgebildet. Erstens haben wir zwar von der Ausschaltstufe gesprochen, die die Folge der Ummagnetisierung der Schaltdrossel von der Sättigung in positiver Richtung bis zur Sättigung in negativer Richtung ist. Wir haben uns aber noch keine Gedanken darüber gemacht, auf welche Weise denn die Drossel wieder von der negativen Sättigung in die positive zurückgebracht wird, damit sich in der nächsten Periode erneut eine Ausschaltstufe entwickeln kann, und wie sich dieser Vorgang der *Rückmagnetisierung* in der Kontaktspannungskurve bemerkbar macht. Zweitens haben wir gesehen, daß, wenn Kondensatoren als Nebenwege zu den Kontakten verwendet werden, diese Kondensatoren durch den Stufenstrom auf eine während der Stufe zunehmende, positive Spannung aufgeladen werden. Es wurde aber noch nicht erörtert, wie der weitere Verlauf des Ladezustandes der Kondensatoren ist und was sich daraus für den Verlauf der Kontaktspannungskurve ergibt.

Für die Rückmagnetisierung der Schaltdrossel würde in Abb. 9,2c an sich der Abschn. *6—10* vom Ende der Ausschaltstufe bis zum Wiedereinschalten des Kontaktes zur Verfügung stehen. Praktisch kommt, wie in Abschn. 42 des näheren ausgeführt ist, wegen des Hin- und Hergleitens der Ausschaltstufe bei Belastungsänderungen (s. Abschn. 10) und bei Änderungen der Aussteuerung nur ein Teil dieses Abschnittes in Frage. Spätestens im Einschaltzeitpunkt *10* muß die Drossel wieder in der positiven Richtung des kommenden Laststromes gesättigt sein. Wäre die Drossel zu diesem Zeitpunkte noch gar nicht oder nur erst teilweise zurückmagnetisiert, so würde die restliche Ummagnetisierung erst nach dem Einschalten vor sich gehen, d. h. es würde sich eine mehr oder weniger lange Einschaltstufe ausbilden, die nichts anderes darstellen würde als die bereits erwähnte Teilaussteuerung auf magnetischem Wege und die daher die Gleichspannung in unerwünschter Weise herabsetzen würde. Die Rückmagnetisierung wird bewirkt durch besonders ausgestaltete Hilfsmagnetisierungskreise, auf die an dieser Stelle noch nicht näher eingegangen werden soll (s. Abschn. 42). Wenn kapazitive Nebenwege parallel zu den Kontakten angeordnet sind, so tragen auch etwaige während des Abschnittes *6—10* in diesen fließende Umladeströme zur Beeinflussung des magnetischen Zustandes der Drosseln im Einschaltzeitpunkte bei, da sie ja ihren Weg durch die Hauptwicklungen der Drosseln nehmen. Hilfsmagnetisierung und Nebenwege müssen dann in richtiger Weise aufeinander abgestimmt sein. Aus diesen kurzen Hinweisen kann bereits ersehen werden, daß der zeitliche Verlauf der Rückmagnetisierung je nach der getroffenen Schaltungsanordnung in verschiedenartiger Weise vor sich gehen kann. Auf jeden Fall aber muß für eine vollständige Rückmagnetisierung der Drossel auch die volle Spannungsfläche derselben mit umgekehrtem Vorzeichen wieder aufgewandt werden. Diese Spannungsfläche findet ihr Äquivalent dann in einer Gegenspannung, die vom Eisenkern während der Rückmagnetisierung in der Hilfsmagnetisierungswicklung induziert wird (Rückwirkung auf den Hilfsmagnetisierungskreis) und die sich auch formgetreu an der Hauptwicklung abbildet. Daher setzt sich entsprechend Gl. (9,2) in gleichartiger Weise, wie sich während der Ausschaltstufe die in Abb. 9,2c schraffierte Spannungsfläche F_D der Schaltdrossel zu der ohne Schaltdrossel gültigen Kontaktspannungskurve dieser Abbildung in positiver Richtung addierte und dadurch den Verlauf der Kurve von Abb. 9,2d ergab, bei der Rückmagnetisierung eine gleich große Spannungsfläche im Verlauf des Rückmagnetisierungsabschnittes in negativer Richtung zu der Kontaktspannungskurve von Abb. 9,2d noch hinzu. Da über den zeitlichen Verlauf dieser zusätzlichen Sperrspannung nicht allgemeingültig, sondern nur im Zusammenhang mit der jeweiligen Schaltungsanordnung Genaueres ausgesagt werden kann, so ist die entsprechende Auswirkung auf die Form der Kontaktspannungskurve in Abb. 9,2d noch nicht berücksichtigt worden. Das wird erst in den späteren Abschnitten geschehen.

Der Kondensator des Nebenweges ist am Ende der Ausschaltstufe auf den Endwert der gestrichelten Linie d in Abb. 9,2d bzw. bei Verwendung eines mit dem Kondensator in Reihe geschalteten Widerstandes auf den entsprechenden Wert der Abb. 9,2e aufgeladen. Nach Ablauf der Stufe verschwindet die Spannung an der Schaltdrossel, da die gesättigte Drossel keine Spannung mehr aufnehmen kann, und legt sich als Sperrspannung $6-6'$ (Abb. 9,2c) an den Kontakt und den dazu parallel geschalteten Nebenweg. Der Kondensator wird dann fast schlagartig umgeladen, was eine kurzzeitige, negativ gerichtete Umladestromspitze im Nebenweg und in den mit ihm zu einem geschlossenen Stromkreise verbundenen Teilen der übrigen Schaltung zur Folge hat. Infolge der in diesem Stromkreise vorhandenen Induktivitäten hört der Umladestrom aber nicht zu fließen auf, wenn die Kondensatorspannung den Wert e_{23} der Sprungspannung (Strecke $6-6'$) erreicht hat, sondern er lädt den Kondensator auf eine noch höhere negative Spannung auf und erhöht dadurch auch den Gesamtbetrag des plötzlichen Ansprunges der Sperrspannung. Es hängt nun ganz von der Art der Schaltung und von der Größe des Kondensators, der Induktivitäten und des mit dem Kondensator in Reihe geschalteten Widerstandes ab, ob nur eine einzige Umladung stattfindet oder mehrere. In jedem Falle aber wird der Betrag des plötzlichen Ansprunges der negativen Sperrspannung und u. U. auch der ganze Verlauf des weiteren Sperrspannungsabschnittes und der Betrag der Einschaltspannung durch die Umladung des Kondensators beeinflußt. Ein typisches Beispiel einer Kontaktspannungskurve bei mehrmaliger Umladung des Kondensators ist in der späteren Abb. 12,4, einem Oszillogramm der 3phasigen Brückenschaltung mit 6 Schaltdrosseln, zu finden. In Abb. 9,2d ist die Veränderung, die die Kontaktspannungskurve durch die Umladung des Nebenwegkondensators erfährt, ebenfalls noch nicht berücksichtigt, da auch sie nur im Zusammenhang mit der speziellen Anordnung und Bemessung der Schaltung angebbar ist. Damit sollen die Betrachtungen über die Kontaktspannungskurve vorläufig abgeschlossen und erst später mit Berücksichtigung der Einschaltstufe wieder aufgenommen werden.

10. Belastungsspiel und Stufenlänge, Überlappungsregelung.

Bisher war vornehmlich von der *Höhe* des Stufenstromes die Rede. Bezüglich der Länge der Stufe wurde nur festgestellt, daß ein gewisser Teil der Stufe (nach

Abschn. 4 mindestens 0,2 ms) noch *nach* dem Öffnungszeitpunkt des Kontaktes ablaufen muß, um die erforderliche Ausschaltsicherheit zu schaffen. Wir wollen uns nunmehr der Frage der notwendigen Dauer der gesamten Stufe zuwenden. Diese Dauer hängt ganz wesentlich davon ab, in welcher Weise der Umformer ausgestaltet wird, um ein einwandfreies Arbeiten im ganzen Belastungsbereich vom Leerlauf bis zum höchsten vorkommenden Belastungsstrom zu ermöglichen.

Im allgemeinen wird von einem Umformer verlangt, daß er *in thermischer Hinsicht* mit Strömen bis zur Höhe des Nennstromes I_g dauernd belastet werden kann und daß er für eine begrenzte Zeitdauer auch Überlastungen vorgeschriebener Größe aushält. Bei den Überlastungen handelt es sich häufig nur um kurzzeitig auftretende Stromspitzen, die thermisch kaum ins Gewicht fallen. Für die *Stromwendung* bei einem Kontaktumformer aber hat dieser Zeitfaktor keine erleichternde Bedeutung. Die höchste vorkommende Stromspitze muß stets geringer bleiben als der *Grenzstrom* I_{gm}, für den der Umformer hinsichtlich der Stromwendung ausgelegt ist. Auch nur kurzzeitige Überschreitungen des Grenzstromes sind mit Lichtbogenbildung und infolgedessen mit Stoffwanderung verbunden, die akkumulativ zum Unbrauchbarwerden der Kontakte führt, und eine *starke* Überschreitung mit heftiger Lichtbogenentwicklung kann sogar augenblicklich einen Ausfall des Umformers zur Folge haben. Der Grenzstrom ist eine feste Größe und bildet einen der Ausgangspunkte bei der Berechnung des Umformers. Man muß also bei einem Kontaktumformer genau unterscheiden zwischen der thermischen Überlastbarkeit und dem Grenzstrom der Stromwendung. Die thermische Überlastbarkeit würde an sich bei kurzer Zeitdauer wesentlich höher sein als der Stromwende-Grenzstrom, kann aber mit Rücksicht auf diesen nicht ausgenutzt werden. Bei großer Zeitdauer dagegen kann sie bedeutend unterhalb des Stromwende-Grenzstromes liegen, je nach der Dauer der Überlastung. Für den Stromwende-Grenzstrom als solchen besteht eine zeitliche Grenze nicht.

Die untere Belastungsgrenze ist in der Regel der Leerlauf, d. h., es muß die äußere Belastung bei laufendem Umformer vollkommen abgeschaltet werden können. Es ist nun eine Eigenart des Kontaktumformers, die durch die Verwendung vormagnetisierter Schaltdrosseln bedingt ist, daß ein vollkommener Leerlauf des Umformers nicht möglich ist. Bei einem solchen Leerlauf würde nämlich die Durchflutung des positiv gerichteten Laststromes in der Hauptwicklung der Schaltdrossel zu Null werden. Die negativ gerichtete Durchflutung des Stromes der Ausschaltvormagnetisierung dagegen, der bei den üblichen Vormagnetisierungsschaltungen nicht erst genau zu Beginn der Ausschaltstufe einsetzt, sondern auch vorher schon fließt, würde unverändert bestehen bleiben. Unter dem alleinigen Einfluß dieses Vormagnetisierungsstromes würde daher der Schaltdrosselkern bereits vorzeitig ummagnetisiert werden, d. h., die Ausschaltstufe würde sich zu einem unerwünscht frühen Zeitpunkt ausbilden und im Zeitpunkt der Kontaktöffnung nicht mehr zur Verfügung stehen. Um das zu vermeiden, muß man einen kleinen Belastungsstrom bestehen lassen. Die Höhe desselben muß mindestens so groß sein, daß er die Durchflutung der Vormagnetisierung aufhebt und dadurch den Kern während des ganzen Arbeitsabschnittes $120° + \ddot{u}$ mit Sicherheit gesättigt hält, so daß die Stufe erst in gewünschter Weise im Anschluß an die Stromwendung entstehen kann. Dieser Mindeststrom wird *Grundlaststrom* genannt und mit I_{g0} bezeichnet. Die Größe des Grundlaststromes liegt für Umformer größerer Leistung bei Verwendung von gutem Nickeleisen für die Schaltdrosseln in der Gegend von $1/2\%$ des Umformernennstromes. Damit der Grundlaststrom auch bei völlig abgeschalteter

äußerer Last zustande kommen kann, wird in der Regel zum äußeren Belastungskreis ein innerer Hilfsbelastungskreis parallel geschaltet, der gewöhnlich aus einem
Grundlastwiderstand und einer Glättungsdrossel besteht. Um dabei unnötige Verluste im Grundlastwiderstand zu vermeiden, wird der Grundlastkreis üblicherweise
selbsttätig abgeschaltet, wenn der äußere Belastungsstrom eine genügende Höhe
erreicht hat.

Mit Rücksicht auf den einwandfreien Ablauf der Stromwendung ist also die zulässige Änderung des gesamten Belastungsstromes auf den Bereich zwischen Grundlaststrom und Grenzstrom beschränkt. Wir nennen diesen Bereich das zulässige
Belastungsspiel. Was nun die erforderliche Länge der Ausschaltstufe anbelangt, so
gibt es zwei verschiedene Wege, die Betriebsfähigkeit des Umformers innerhalb
dieses ganzen Belastungsbereiches zu ermöglichen. Beim ersten wird eine verhältnismäßig lange Stufe verwendet, die ausreicht, das gesamte Belastungsspiel zu bewältigen ohne eine Änderung des Ausschaltzeitpunktes. Das ist natürlich so zu verstehen,
daß, wenn eine Spannungsregelung durch mechanische Teilaussteuerung vorgenommen wird, selbstverständlich eine Verschiebung der Schaltzeitpunkte erfolgt,
wobei gleichzeitig auch die Größe des mechanischen Überlappungswinkels u eine
Änderung erfährt, und daß bei einer Gleichspannungsregelung durch Regelung der
dem Umformer zugeführten Wechselspannung eine Anpassung des mechanischen
Überlappungswinkels an die jeweilige Höhe der Wechselspannung vorgenommen
wird. Diese Änderungen der Schaltzeitpunkte aber, die gewöhnlich auf mechanischem Wege herbeigeführt werden, erfolgen wohlgemerkt nur in Abhängigkeit von
der Spannungsregelung, also willkürlich. Durch eine Änderung des Belastungsstromes dagegen werden die Schaltzeitpunkte nicht beeinflußt. Eine solche Ausführungsart wird als *starrer Kontaktumformer* oder als *Kontaktumformer mit mechanischer Überlappungsanpassung* bezeichnet.

Um die Arbeitsweise des starren Kontaktumformers bei Änderungen des Belastungsstromes kennenzulernen, betrachten wir zunächst noch einmal den Verlauf
des Laststromes während der Stromwendung bei verschieden großen Belastungen,
wie er für den Fall der vollen Aussteuerung in Abb. 5,2 dargestellt war. Die Abbildung zeigt, daß wegen des Anstieges des Wendestromes i_W nach einer Cosinuskurve die Größe der elektrischen Überlappung $ü$ der Ströme mit wachsender Belastung zunimmt. Das bedeutet, daß bei ungeändertem Steuerwinkel $\alpha = 0$ die Annäherung des Stromes an den Nulldurchgang und damit der Beginn der Ausschaltstufe von der Größe des Belastungsstromes abhängt und um so später eintritt, je
höher dieser ist. Die Ausschaltstufe gleitet also bei Belastungsänderungen hin und
her. Ein gleichartiges Bild, wenn auch mit etwas geringeren Beträgen der Verschiebung, würde sich im Falle der Teilaussteuerung für einen gleichbleibenden
Steuerwinkel α ergeben. Daß die Größe der Verschiebung hier nicht ganz so groß ist,
rührt von der Abnahme des Überlappungswinkels infolge des steileren Anstieges des
Wendestromes her (vgl. Abb. 5,3). In Abb. 10,1 ist nun das Bild der Ströme noch
einmal wiederholt. Der Kontakt wird geschlossen bei Punkt *ein*. Bei Punkt *a*
wird der nachfolgende Kontakt ebenfalls geschlossen, und bei Punkt *aus* wird
der erste Kontakt wieder geöffnet. Der Abschnitt von *a* bis *aus* ist der durch
Stromänderungen nicht beeinflußte mechanische Überlappungswinkel u der Kontaktzeiten. Einerseits muß nun dieser Überlappungswinkel so groß sein, daß der
Kontakt sich nicht öffnet, bevor die Übergabe des höchsten gewünschten Laststromes (Grenzstrom I_{gm}) vollständig beendet ist (Punkt *d*). Andererseits muß die
Ausschaltstufe $\varDelta t$ so lang sein, daß beim kleinsten zulässigen Strom (Grundlast

strom I_{g0}), wo die Stromwendung die kürzeste Zeit erfordert und im Punkte c endet, die Stufe nicht abläuft, bevor der Öffnungszeitpunkt *aus* erreicht ist. Praktisch muß, wie wir bereits wissen, die Stufe wegen der erforderlichen Ausschaltsicherheit, deren Notwendigkeit im Abschn. 9 erläutert wurde, sogar noch etwas länger sein. Die kleinste Ausschaltsicherheit tritt, wie aus Abb. 10,1 zu ersehen ist, bei einem starren Kontaktumformer im Grundlastbetrieb ein und wird *Leerlaufsicherheit* τ_0 genannt. Somit muß die Stufenlänge Δt im ganzen sowohl den größten vorkommenden Stromübergabeabschnitt $c-d$, der dem Grenzstrom entspricht, als auch die Leerlaufsicherheit τ_0 umfassen. Wenn die Auslegung der Schaltdrossel dementsprechend vorgenommen ist, so hat der sich öffnende Kontakt bei allen Belastungen nur den geringen Stufenstrom zu unterbrechen, und selbst plötzliche Belastungsänderungen beliebiger Größe zwischen Grundlaststrom und Grenzstrom sind, soweit es sich um die Höhe des unterbrochenen Stromes handelt, ohne Versagen der Stromwendung und ohne Lichtbogenbildung möglich. Diese Ausführung ist daher besonders bei schnellen Lastschwankungen sehr vorteilhaft und ist auch von Anfang

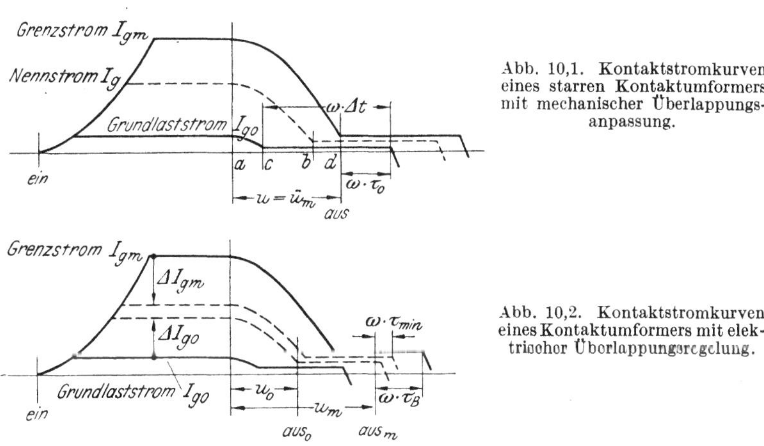

Abb. 10,1. Kontaktstromkurven eines starren Kontaktumformers mit mechanischer Überlappungsanpassung.

Abb. 10,2. Kontaktstromkurven eines Kontaktumformers mit elektrischer Überlappungsregelung.

an mit großem Erfolg verwendet worden. Sie wurde für Kleinumformer ganz allgemein benutzt. Auch bei Großumformern wurde und wird sie angewendet, jedoch macht die große Länge der Stufe die Schaltdrosseln verhältnismäßig teuer. Ein Umstand ist bei dieser Betriebsart noch besonders bemerkenswert: Wenn, ausgehend vom Grundlaststrom, der Belastungsstrom ansteigt, so wird die Stufenlänge zwar etwas kleiner, da infolge der Vergrößerung der Stromwendedauer die Stufe nach rechts unter höhere Werte der Wendespannung verschoben wird; die Ausschaltsicherheit τ aber, d. h. der erst nach dem Öffnungszeitpunkt ablaufende Stufenanteil, vergrößert sich dabei. Beim Grenzstrom ist, wie Abb. 10,1 zeigt, die Ausschaltsicherheit am größten, nämlich gleich der vollen Stufenlänge. Dieses Verhalten ist gerade umgekehrt wie bei allen anderen Umformungsarten und bedeutet, daß innerhalb des zulässigen Belastungsbereiches die Betriebssicherheit um so größer wird, je höher man den Umformer belastet. Nur über den stromwendungsmäßig zulässigen Grenzwert hinaus darf der Strom natürlich nicht gesteigert werden, denn sonst öffnet sich der Kontakt bereits, bevor die Ausschaltstufe begonnen hat, und Lichtbogenbildung mit den bereits geschilderten Auswirkungen ist die Folge.

Die Veränderlichkeit der Höhe des Belastungsstromes ist nun aber nicht die einzige Ursache für eine Verschiebung der Ausschaltstufe bei gegebenem Steuerwinkel. Auch die Höhe der speisenden Wechselspannung und die Größe der Reaktanz des Wendekreises sind von Einfluß. Bei Abb. 5,2 bzw. 10,1 ist vorausgesetzt, daß die Wechselspannung konstant und auch die Reaktanz unverändert bleibt. Wird die Wechselspannung erniedrigt, z. B. zum Zwecke der Spannungsregelung oder durch eine Netzspannungsabsenkung, so steigt der Wendestrom gemäß Gl. (5,2) entsprechend langsamer an, und es dauert daher länger, bis er den Wert des Belastungsgleichstromes erreicht hat. Für einen gegebenen Belastungsgleichstrom wird der Überlappungswinkel $\ddot{u}$ daher größer, d. h. die Ausschaltstufe beginnt später, bzw. wenn der ursprüngliche Überlappungswinkel nicht überschritten werden soll, so ist nur ein geringerer Belastungsstrom zulässig. Das gleiche gilt nach Gl. (5,2) für den Fall, daß die Reaktanz X_W des Wendekreises zunimmt. Eine Erhöhung dieser Reaktanz kann beispielsweise dann eintreten, wenn die Netzreaktanz sich vergrößert, weil Teile des speisenden Netzes abgeschaltet werden. Eine übermäßige Verschiebung des Beginns der Ausschaltstufe durch einen oder mehrere der geschilderten Einflüsse kann nun zu Schwierigkeiten führen, wenn für die Stromwendung und die sich anschließende Ausschaltstufe nur ein eng begrenzter Abschnitt der Periode zur Verfügung steht, wie das z. B. bei der 3phasigen Brückenschaltung mit nur 3 Schaltdrosseln der Fall ist (s. Abschn. 12). Bei einer Netzfrequenz von 25 Hz ist davon wegen der langen Dauer der Periode zwar noch wenig zu spüren. Soll aber ein Großumformer in dieser Schaltung bei einer Netzfrequenz von 50 Hz oder gar von 60 Hz an einem Netz von verhältnismäßig geringer Kurzschlußleistung, also hoher Reaktanz, betrieben werden, so ist es mitunter schwer oder gar unmöglich, die erforderliche Überlastbarkeit zu erreichen. Es ist daher noch eine zweite Ausführungsart des Kontaktumformers entwickelt worden, die mit einer kleineren Stufenlänge auskommt, nämlich der *Kontaktumformer mit elektrischer Überlappungsregelung*. Die Anwendung der elektrischen Überlappungsregelung ist aber naturgemäß keineswegs nur auf die 3phasige Dreidrossel-Brückenschaltung beschränkt, sondern sie bringt auch bei anderen Schaltungen Vorteile, sobald die Verminderung des Schaltdrosselaufwandes und die Vereinfachung des mechanischen Teiles, die durch den Fortfall der mechanischen Überlappungsanpassung eintritt, den Mehraufwand für die selbsttätige elektrische Regelung der Überlappung überwiegen. Außer diesen mehr technischen Vorteilen ergeben sich auch wirtschaftliche Ersparnisse beim Betrieb des Umformers, weil wegen der geringeren Größe der Schaltdrosseln die in ihnen entstehenden Leistungsverluste kleiner sind.

Bei der elektrischen Überlappungsregelung wird die Überlappung der Kontaktzeiten im einfachsten Falle in Abhängigkeit von der jeweiligen Größe des Belastungsstromes selbsttätig verändert. Die Stufenlänge braucht daher neben der Ausschaltsicherheit nicht mehr den ganzen Bereich der Laständerung zu umfassen, sondern sie kann auf etwa $^3/_4$ derjenigen Stufenlänge vermindert werden, die bei starrer Ausführung erforderlich sein würde. Die Arbeitsweise der elektrischen Überlappungsregelung bei veränderlicher Belastung geht aus Abb. 10,2 hervor. Im Beharrungszustande der Last wird der Ausschaltzeitpunkt auf einem gewissen, gleichbleibenden Wert gehalten, der der Höhe des betreffenden Stromes angepaßt ist. Er liegt z. B. bei Punkt aus_0 im Betrieb mit dem Grundlaststrom I_{g0} und bei aus_m im Betrieb mit dem Grenzstrom I_{gm}. Sobald die Größe des Belastungsstromes sich ändert, wird der Ausschaltzeitpunkt auf eine andere Stelle verlegt, die für den neuen Betrag des Belastungsstromes am vorteilhaftesten ist. Auf diese Weise kommt man im Beharrungszustande für den gleichen Grenzstrom mit einer kürzeren Stufenlänge aus als beim starren Kontaktumformer. Aber die Stufenlänge darf wiederum auch nicht zu kurz sein. Erstens wird nämlich im Beharrungszustande eine Ausschaltsicherheit τ_B benötigt, deren Höhe mindestens gleich der Leerlaufsicherheit τ_0 des starren Kontaktumformers sein muß. Zweitens ist zu berücksichtigen, daß die selbsttätige Änderung der·Kontaktzeit nur mit einer gewissen Trägheit den Änderungen des Belastungsstromes folgen kann. Infolge dieser Trägheit hat sich bei plötzlichen Belastungsänderungen im ersten Augenblick die Kontaktzeit noch nicht verändert, so daß für plötzliche Stromänderungen die Überlappung zunächst noch als unveränderlich angesehen werden muß. Aus diesem Grunde sind plötzliche Stromänderungen nur in einem solchen Ausmaß zulässig, wie es durch die noch verfügbare Stufenlänge gegeben ist. Man muß somit bei einem Kontaktumformer mit elektrischer Überlappungsregelung zwischen der *statischen* Überlastbarkeit und der *dynamischen* unterscheiden. Der Zahlenwert der statischen Überlastbarkeit besagt, wie hoch der Belastungsstrom im *Beharrungszustand* über den Nennstrom hinaus noch gesteigert werden kann (hinsichtlich der Stromwendung, ohne Rücksicht auf die thermischen Verhältnisse), die dynamische Überlastbarkeit dagegen gibt an, um wieviel der Strom des vorher mit Nennstrom arbeitenden Umformers durch einen *plötzlichen* Belastungsstoß noch erhöht werden darf. Auch bei jeder anderen Belastung ist die Größe der zulässigen plötzlichen Stromänderung durch die Stufenlänge bestimmt. Wenn z. B. der Strom vom Beharrungszustand mit dem Grundlaststrom I_{g0} aus plötzlich ansteigt, so ist die höchstzulässige Änderung gegeben durch den Betrag ΔI_{g0}, bei dem der Anfang der Stufe sich gerade bis zum Ausschaltzeitpunkt aus_0 verschoben hat, wie in Abb. 10,2 dargestellt ist. Oder, wenn sich der Umformer im Beharrungszustand mit dem Grenzstrom I_{gm} befindet und daher der Ausschaltzeitpunkt aus_m eingeregelt ist, so darf eine plötzliche Abnahme des Stromes den Betrag ΔI_{gm} nicht überschreiten, bei dem die vorübergehend kleinstzulässige Ausschaltsicherheit τ_{min} erreicht ist. Bei einer weiteren Abnahme der Ausschaltsicherheit würde die Gefahr einer Rückzündung entstehen. Im praktischen Betriebe machen sich diese Grenzen allerdings nicht so kraß bemerkbar und es ist bei plötzlichen Belastungsänderungen eine noch größere Bewegungsfreiheit vorhanden, weil eine wirklich momentane Änderung des Belastungsstromes wegen der immer im Stromkreise vorhandenen Induktivitäten nicht vorkommt. Dennoch muß die gesamte Stufenlänge nicht nur entsprechend der erforderlichen Ausschaltsicherheit gewählt werden, sondern darüber hinaus auch noch nach Maßgabe der gewünschten oder erwarteten plötzlichen Stromänderungen. Trotzdem fällt sie im allgemeinen kleiner aus als bei der ersten Ausführung mit starrer Kontaktzeit. Dank der kleineren Stufenlänge aber lassen sich dann größere statische Überlastbarkeiten auch mit der 3phasigen Dreidrossel-Brückenschaltung erzielen, und außerdem sind die Kosten der Schaltdrosseln geringer. Verwendet man als Meßgröße für die elektrische Überlappungsregelung nicht den Belastungsstrom, sondern die *bis* zum Schaltzeitpunkt abgelaufene oder die *nach* dem Schaltzeitpunkte noch ablaufende Spannungsfläche der Schaltdrossel (s. Abschn. 23.5), so arbeitet der Umformer mit elektrischer Überlappungsregelung im stationären Betriebe bei allen Belastungs- und Regelzuständen mit annähernd der gleichen bezogenen Ausschaltsicherheit $\tau_{Bs}/\Delta t_s$.

11. Die Einschaltdrossel.

In den letzten Abschnitten hatten wir vorübergehend angenommen, daß wir den Kontakt schließen, d. h. die Verbindung zwischen der Wechselstromfolgephase und dem Gleichstromkreise herstellen könnten ohne besondere Vorsichtsmaßnahmen. Das ist aber, wie wir aus Abschn. 4 und 5 wissen, höchstens dann zulässig, wenn das Einschalten bei $\alpha = 0$, im Punkte der Gleichheit der beiden einander ablösenden Phasenspannungen, stattfindet. Ist der Umformer jedoch durch mechanische Teilaussteuerung herabgeregelt, so besteht im Schließungsaugenblick eine u. U. beträchtliche Spannung zwischen den Kontaktflächen, die Einschaltspannung u_e (s. z. B. Abb. 11,2 c). Die Einschaltspannung steigt nach Gl. (5,6) mit dem Sinus des Steuerwinkels α an; sie kann sogar noch höhere Werte erreichen, wenn eine Umladespannung des Nebenwegkondensators dem sinusförmigen Grundverlauf der Wendespannung überlagert ist.

Unter der Wirkung der Einschaltspannung baut sich nach der Kontaktberührung ein Strom über den Kontakt auf, der um so schneller ansteigt, je größer der mechanische Verzögerungswinkel α ist. Der Strom kann in zwei verschiedenen Quellen seinen Ursprung haben:

1. In jedem Falle entwickelt sich der Strom i_2 der übernehmenden Phase, und zwar nach Maßgabe der Cosinuskurve des Wendestromes i_W, wie in Abschn. 5 erläutert wurde.

2. Wenn ein kapazitiver Nebenweg dem Kontakt parallel geschaltet ist, so ist im Einschaltaugenblick der Kondensator durch die Einschaltspannung u_e auf den Betrag dieser Spannung aufgeladen. Im Augenblick der Kontaktschließung oder sogar schon kurz vorher infolge von Feldemission entlädt sich der Kondensator dann mittels eines zusätzlichen Stromstoßes über den Kontakt.

Ohne besondere Hilfsmittel würde der zweite Stromanteil lediglich durch den Nebenwegwiderstand R begrenzt werden, und zwar auf den Anfangswert $i_{C0} = \dfrac{u_e}{R}$ bzw. bei etwaiger Lichtbogenbildung auf $i_{C0} = \dfrac{u_e - u_L}{R}$, worin u_L die Brennspannung des Lichtbogens bedeutet. Der Strom hat seinen Höchstwert unglücklicherweise gerade im Augenblick der Kontaktschließung und fällt dann gemäß der Zeitkonstante des Nebenweges ab. Nun ist aber der für einen gegebenen Betrag Δi des Ausschaltstufen-Reststromes höchstzulässige Wert von R durch die Ausschaltbedingung 6 von Abschn. 4 auf $\Delta i \cdot R = 10$ bis 12 V begrenzt. Daher kann bei hohen Werten der Einschaltspannung der Anfangswert des Entladestromes ziemlich hoch ausfallen, jedenfalls viel höher, als es für die ersten 10^{-5} s nach Abschn. 4 zulässig ist. Infolgedessen wirkt sich der Entladestrom des Nebenwegkondensators oft viel schlimmer aus als das schnelle Anwachsen des Wendestromes. Aus diesem Grunde sind Umformer, die an Stelle von RC-Nebenwegen solche mit Ventilen verwenden oder die mit einer gut abgeglichenen elastischen Vormagnetisierung ausgerüstet sind und daher überhaupt keine Nebenwege benötigen, hinsichtlich des Einschaltens im voraus besser gestellt als solche mit kapazitiven Nebenwegen.

Wie wir bereits gesehen haben, läßt sich ein sofortiges Anwachsen des Stromes dadurch verhindern, daß man den Strom zwingt, erst als Magnetisierungsstrom einer Schaltdrossel eine kurze Einschaltstufe zu durchlaufen. Benutzt man zur Erzeugung der Einschaltstufe die gleiche Drossel, die auch die Ausschaltstufe liefert, indem man vor dem Wiedereinschalten des Kontaktes nur eine teilweise Rückmagnetisierung vornimmt — eine Möglichkeit, die bereits in Abschn. 7 angedeutet wurde —, so kann durch diese Einschaltstufe nur der Anstieg des Wendestromes verzögert werden. Auf die Kondensatorentladung jedoch hat eine derart erzeugte Stufe keinen Einfluß, weil der Nebenweg dem Kontakt unmittelbar parallel geschaltet ist. Eine gleichzeitige Begrenzung beider Stromanteile dagegen erhält man durch die Anwendung einer besonderen *Einschaltdrossel*. Abb. 11,1 a zeigt den Grundgedanken in Form einer Ausschaltdrossel und einer völlig getrennten Einschaltdrossel, Abb. 11,1 b die übliche praktische Ausführung mit gemeinsamer Hauptwicklung für beide Drosseln. In Abb. 11,1 a wird die Ausschaltdrossel mit der Hauptwicklung W mittels der Hilfswicklung V so vormagnetisiert, daß der Eisenkern beim Ausschalten entsättigt ist und die Ausschaltstufe erzeugt, beim Einschalten dagegen in Richtung des kommenden Laststromes gesättigt ist und somit den Anstieg dieses Stromes nicht hemmt. Die Einschaltdrossel mit der Hauptwicklung W_E ist zwischen Ausschaltdrossel und Kontakt eingefügt. Sie muß sich beim Einschalten zufolge einer vorhergehenden Rückmagnetisierung in einem solchen Magnetisierungszustand befinden, daß sie in negativer Richtung ungefähr gesättigt ist. Dann wird unter der Einwirkung der Wendespannung erst die ganze Stufe bis zur positiven Sättigung durchlaufen, bevor der die Hauptwicklung der Einschaltdrossel durchfließende Strom auf höhere Werte ansteigen kann. Dieser Strom ist bei der dargestellten Anschlußart des Nebenweges die Summe aus dem Wendestrom i_2 und dem Kondensatorentladestrom i_C. Die Höhe des positiv gerichteten Einschaltstufenstromes kann dabei von ihrem natür-

lichen Wert durch eine positive Vormagnetisierung mittels der Hilfswicklung V_E noch gesenkt werden in ähnlicher Weise, wie die Ausschaltstufe durch eine negative Vormagnetisierung angehoben wurde. Beim Einschalten ist das jedoch nur bis zu einer bestimmten Grenze möglich, wie wir in Abschn. 41.4 noch sehen werden. Im Augenblick der Kontaktöffnung muß der Kern der Einschaltdrossel völlig gesättigt sein, damit nicht durch die hohe Induktivität der ungesättigten Einschaltdrossel der Übergang des Kontaktreststromes auf den Nebenweg verzögert wird und ein Öffnungsfunke entsteht.

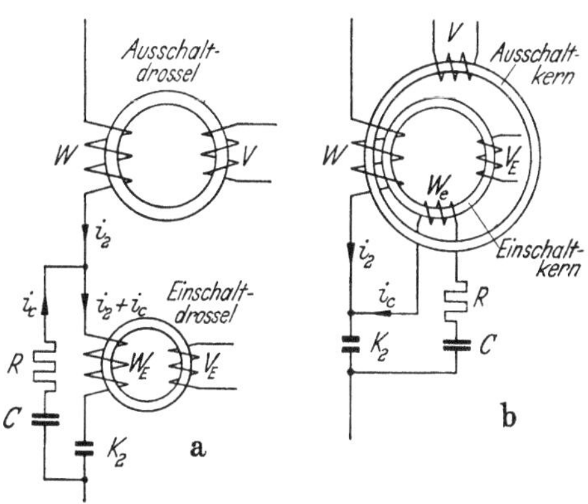

Abb. 11,1. Anordnungsmöglichkeiten der Einschaltdrossel.

a getrennte Drosseln; — b gemeinsame Hauptwicklung.

Der Vorteil der baulichen Vereinigung beider Drosseln nach Abb. 11,1 b ist die Ersparnis von Wicklungswerkstoff und die Herabsetzung der Reaktanz der gesättigten Drossel und damit der Gesamtreaktanz des Wendekreises. Wegen der gemeinsamen Hauptwicklung W spricht man jetzt nur noch von der Schaltdrossel schlechthin sowie von dem Ausschalt- oder Hauptkern und dem Einschaltkern. Die Vormagnetisierungswicklungen V und V_E haben die gleichen Aufgaben zu erfüllen wie bei der getrennten Ausführung. Infolge der Verkettung des Einschaltkernes mit der Hauptwicklung wird der Anstieg des Wendestromes i_2 ohne weiteres begrenzt. Damit auch die Entladung des Kondensators verzögert wird, muß der Nebenweg über eine besondere, auf dem Einschaltkern befindliche sogenannte Einschaltwicklung geführt werden, die die gleiche Windungszahl hat wie die Hauptwicklung W. Die Wirkung ist dann die gleiche wie bei getrennter Ausführung der Drosseln. Es sei noch darauf hingewiesen, daß die Hauptwicklung W und die Einschaltwicklung W_e für in positiver Richtung über den Kontakt fließende Ströme i_2 und i_C den gleichen Wickelsinn haben müssen, wie das in Abb. 11,1 b durch die Strompfeile und die Wicklungsdarstellung angedeutet ist. Es addieren sich dann im Einschaltaugenblick die Durchflutungen beider Wicklungen, und durch den Einschaltkern wird die *Summe* der beiden Ströme begrenzt.

Um nun die Grundschaltung Abb. 9,3 in bezug auf das Einschalten zu vervollständigen, wären in dieser Abbildung die Ausschaltdrosseln D_1, D_2 und D_3 zu ersetzen durch Drosselanordnungen nach Abb. 11,1. In Abb. 11,2 ist gezeigt, wie sich dann der Verlauf der Spannungen und der Ströme gegenüber demjenigen von Abb. 9,2 ändert. Die Formen der Gleichspannung u_g und der Phasenströme i_1, i_2 und i_3 sind uns bereits aus Abb. 8,1 bekannt. Wir brauchen uns daher nur noch mit der Kurve der Kontaktspannung u_{K2} zu beschäftigen. Diese zeigt gegenüber derjenigen von Abb. 9,2 kaum eine Veränderung. Zu beachten ist nur, daß die Einschaltspannung u_{e2} im Augenblick der Kontaktschließung jetzt nicht mehr wie in Abb. 9,2 mit der Wendespannung zu Beginn der Stromwendung der Lastströme übereinstimmt, da nun zwischen beiden Zeitpunkten die Einschaltstufe Δt_{E2} eingeschoben ist. Für die Rückmagnetisierung der Schaltdrosselkerne und die Umladung

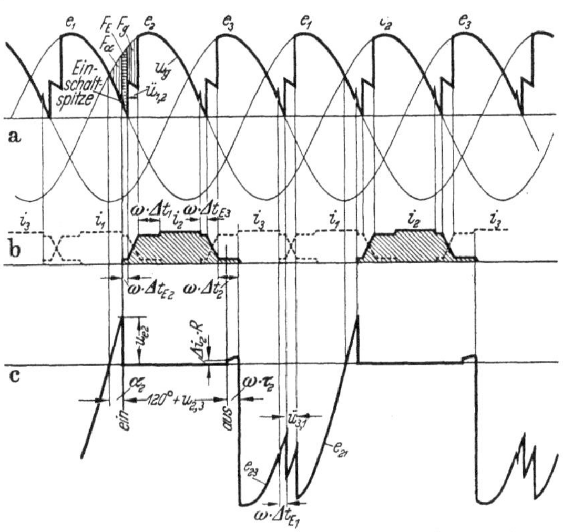

Abb. 11,2. Spannungs- und Stromkurven der 3phasigen Sternpunktschaltung mit Einschalt- und Ausschaltdrosseln.

der Nebenwegkondensatoren gelten gleichartige Überlegungen wie in Abschn. 9. Die Veränderung der Kontaktspannungskurve durch die bei diesen Vorgängen auftretenden Spannungen ist auch in Abb. 11,2 aus den gleichen Gründen noch nicht mit dargestellt.

Von besonderem Interesse sind noch bestimmte, kleine Spannungsspitzen, die sich in vielen Fällen, insbesondere bei Betrieb mit Grundlast oder geringer Belastung, im Verlauf der Gleichspannungskurve und der Kontaktspannungskurve beobachten lassen. Sie werden dadurch verursacht, daß im ersten Augenblick der Kontaktschließung der Phasenstrom, z. B. der Strom i_2, sehr schnell auf den Betrag des Einschaltstufenstromes ansteigt und dadurch eine induktive Spannung hervorbringt, deren Richtung entgegengesetzt der Einschaltspannung ist. Diese Spannung hat die Form einer kleinen, kurzen Spannungsspitze an der Grenze zwischen den Flächen F_α und F_E (vgl. Abb. 11,2a). Sie erscheint entsprechend in der Kontaktspannungskurve (Abb. 11,2c) und gestattet daher eine leichte Überwachung des richtigen Arbeitens der Einschaltdrossel. Wenn beispielsweise die Kurve der Spannung am Kontakt K_2 im Oszillographen sichtbar gemacht wird, wie sie in Abb. 11,2c konstruiert ist, so wird die Stromübergabe von Phase *3* an Phase *1* als ein Teil des Sperrspannungsabschnittes dieser Kurve wiedergegeben. Somit kann dort die Spannungsspitze und damit die Stufenlänge Δt_{E1} der Einschaltdrossel der Phase *1* beobachtet werden.

Insgesamt lassen sich damit aus dem Oszillogramm der Kontaktspannung der Phase *2* (Abb. 11,2c) bereits die folgenden Größen ablesen:

der mechanische Steuerwinkel α_2,
die Einschaltspannung u_{e2},
die gesamte Kontaktzeit $120° + u_{2,3}$,
der Ansprung $R \cdot \Delta i_2$ der wiederkehrenden Spannung im Ausschaltaugenblick des Kontaktes K_2,
die Ausschaltsicherheit τ_2 (Reststufe nach dem Ausschalten),
die Geschwindigkeit des Anstieges der wiederkehrenden Spannung während dieser Reststufe,

der Betrag des steilen Anstieges der negativen Sperrspannung nach Ablauf der Stufe,
die Länge Δt_{E1} der Einschaltstufe der Phase *1*,
der elektrische Überlappungswinkel $\ddot{u}_{3,1}$ der Ströme i_3 und i_1.

Darüber hinaus gibt, wie bereits gesagt, das vollständige Oszillogramm auch noch Aufschluß über den Verlauf der Rückmagnetisierung und etwaiger Kondensatorumladungen.

Von der speziellen Ausgestaltung der Vormagnetisierungskreise abgesehen, die später in Kap. VIII ausführlich behandelt wird, sind nunmehr die Hilfsmittel, durch die die Ein- und Ausschaltbedingungen von Abschn. 4 erfüllt werden können, in ihren Grundzügen erläutert. Bevor aber in den nächsten Kapiteln mit der eingehenden Behandlung der einzelnen Teilgebiete begonnen wird, soll zunächst noch zur Abrundung des einführenden Kapitels die 3phasige Brückenschaltung als meistverbreitete Schaltung in ihren beiden Anwendungsformen erläutert und einiges Grundsätzliche über das Anlassen, den Schutz, die Gesamtschaltung und die Betriebsweise des Kontaktumformers gesagt werden.

12. Die 3phasige Brückenschaltung.

Bis jetzt haben wir als einfachste Schaltung die 3phasige Sternpunktschaltung betrachtet. Diese wird jedoch wegen ihres hohen Gehaltes an Oberwellen in der

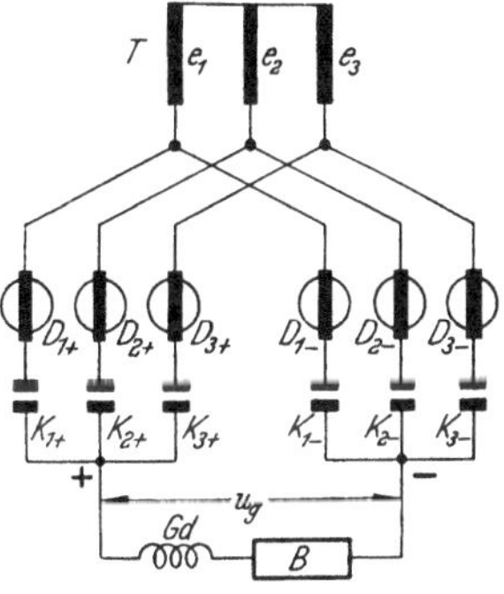

Abb. 12,1. Dreiphasige Sechsdrossel-Brückenschaltung („Sechsdrosselschaltung").

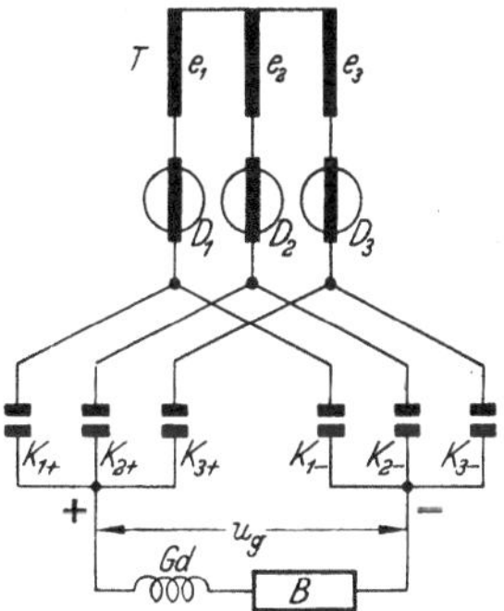

Abb. 12,2. Dreiphasige Dreidrossel-Brückenschaltung („Dreidrosselschaltung").

Gleichspannung, wegen der schlechten Ausnutzung des Transformators und wegen ihres schlechten Leistungsfaktors als Einzelschaltung praktisch kaum verwendet. Sie bildet aber, wie gesagt, das Bauelement für die Mehrzahl der wirklich im Gebrauch befindlichen Schaltungen. Bei den bisher gebauten Kontaktumformern wurde überwiegend die *3phasige Brückenschaltung* benutzt. Obwohl die ausführliche Behandlung der Schaltungen für Kontaktumformer dem Kap. VI vorbehalten ist, soll diese Schaltung wegen ihrer Wichtigkeit und, um überhaupt die besonderen Eigenschaften von Brückenschaltungen an ihrem Beispiel zu zeigen, schon vorab in ihren Grundzügen und ihrer Wirkungsweise jetzt erläutert werden[1].

Bezüglich der Anzahl der Schaltdrosseln gibt es bei der 3phasigen Brückenschaltung 2 Spielarten. Bei der ersten, die in Abb. 12,1 dargestellt ist, werden 6 Schaltdrosseln benutzt, also eine für jeden Kontakt. Diese Schaltung wird kurz als *Sechsdrosselschaltung* bezeichnet. Die zweite, in Abb. 12,2 wiedergegebene Art enthält nur 3 Schaltdrosseln und heißt daher *Dreidrosselschaltung*. Bei ihr erzeugt jede Drossel die Stromstufen für 2 Kontakte, nämlich für den positiven und für den

---

[1] Allgemeine Behandlung als Stromrichterschaltung s. z. B. WASSERRAB: [*4.28*].

negativen Kontakt der betreffenden Phase. Unseren weiteren Betrachtungen wollen wir vorläufig die Sechsdrosselschaltung zugrunde legen.

Im Grunde besteht die 3phasige Brückenschaltung aus 2 dreiphasigen Sternpunktschaltungen, die mit 180° gegenseitiger Phasenversetzung arbeiten und eine gemeinsame Transformatorwicklung haben. Die Schaltung enthält dementsprechend 2 Gruppen von je 3 Kontakten. Die eine Gruppe richtet als 3phasiges System die positiven Spannungshalbwellen gleich, die andere die negativen. Jede Gruppe bildet daher hinsichtlich der Stromwendung ein in sich geschlossenes System mit 120° Hauptstromführungswinkel je Kontakt. Durch die gemeinsame Transformatorwicklung sind die beiden Dreiphasenschaltungen galvanisch in Reihe geschaltet. Die von der Brückenschaltung gelieferte Gleichspannung ist daher doppelt so hoch wie die Gleichspannung des einzelnen Dreiphasensystems. Umgekehrt ist aus diesem Grunde der Scheitelwert der negativen Sperrspannung bei einer Brückenschaltung nur halb so groß wie bei einer Sternpunktschaltung für eine Gleichspannung gleicher Größe. Das ist einer der Vorzüge der Brückenschaltung gegenüber anderen, sonst gleichwertigen Schaltungen, z. B. der $2 \times$ Dreiphasen-Saugdrosselschaltung (Tab. 26,1 Schaltung 6).

Die eine Kontaktgruppe ist an den positiven Gleichstromleiter angeschlossen, die andere an den negativen. Der Sternpunkt der Wicklung wird daher für die Abnahme der Gleichspannung gar nicht benutzt, es sei denn, daß ein Dreileiter-Gleichstromsystem gespeist werden soll. Die Wicklung kann daher normalerweise anstatt in Stern auch ebensogut in Dreieck geschaltet sein. Sofern das Gleichstromnetz nicht geerdet ist und die Spannung des speisenden Drehstromnetzes bereits diejenige Größe hat, die zur Erzeugung der gewünschten Gleichspannung erforderlich ist (z. B. 220 V Drehstrom für etwa 250 V Gleichstrom), kann ein Transformator auch entbehrt werden. Die Aufgabe des Transformators besteht nämlich bei der 3phasigen Brückenschaltung im allgemeinen nur darin, die Spannung des speisenden Netzes auf denjenigen Wert umzuspannen, der nach der Gleichrichtung die gewünschte Höhe der Gleichspannung ergibt.

12.1 Die Sechsdrosselschaltung.

In Abb. 12,3 sind die Spannungs- und Stromkurven einer Sechsdrosselschaltung aufgetragen, und zwar beispielsweise für eine Schaltung ohne Einschaltdrosseln, jedoch mit von den Ausschaltkernen gebildeten Einschaltstufen, wie sie bei der magnetischen Spannungsregelung verwendet werden. Die Entstehung der Gleichspannung ist aus Abb. 12,3a ersichtlich. Hier sind wiederum die Sinuskurven e_1, e_2 und e_3 der 3 Sternspannungen der Transformatorwicklung aufgetragen. Aus diesen sind in der früher schon besprochenen Weise die stark ausgezogenen Kurven der ungeglätteten Gleichspannungen gebildet, und zwar mit Bezug auf die Nullinie die obere (u_{g+}) für die positive Kontaktgruppe K_{1+}, K_{2+} und K_{3+}, die untere (u_{g-}) für die negative Kontaktgruppe K_{1-}, K_{2-} und K_{3-}. Die gesamte Gleichspannung u_g ergibt sich aus dem senkrechten Abstand der beiden Kurven als die 6phasig gewellte Kurve der Abb. 12,3b. Infolge der Versetzung der positiven Gleichspannungskurve um 60° gegenüber der negativen Gleichspannungskurve liefert die 3phasige Brückenschaltung also eine 6phasige Gleichspannungswelligkeit, obwohl die Transformatorwicklung nur 3phasig ist. Das ist ein weiterer Vorzug der 3phasigen Brückenschaltung gegenüber anderen Schaltungen für die gleiche Welligkeit, denn hierdurch ergibt sich ein einfacherer Transformator.

Abb. 12,3c zeigt das Schema der Schließungszeiten der 6 Kontakte. Es folgen in Abb. 12,3d und e die Ströme in den Schaltdrosseln der beiden Gruppen. In Abb. 12,3f ist der Strom in der Leitung zur Transformatorwicklung dargestellt. Er ist bei der in Abb. 12,1 als Beispiel gewählten Sternschaltung der Transformatorsekundärwicklung mit dem Wicklungsstrom identisch. Aus dem Diagramm der Kontaktzeiten geht hervor, daß die positiven und die negativen Kontakte der gleichen Phase sich mit genau 180° Phasenverschiebung schließen bzw. öffnen. Es sind nie weniger als 2, während der Stromübergabe aber mindestens 3 Kontakte zu gleicher Zeit geschlossen. Die dargestellte Anordnung gestattet beispielsweise dem Laststrom der Phase e_1, über den Kontakt K_{1+} zur Last und von dort zurück über den Kontakt K_{3-} zur Phase e_3 zu fließen. Während der Stromwendung der positiven Gruppe zwischen den Phasen e_1 und e_2 sind die beiden Kontakte K_{1+} und K_{2+} geschlossen, und der Laststrom verteilt sich auf diese beiden Phasen in der bereits bei der Sternpunktschaltung erläuterten Weise. Der Kontakt K_{3-} ist während dieser Zeit unverändert geschlossen und führt den vollen Laststrom. Nach 60° vollzieht sich in gleichartiger Weise die Stromwendung der negativen Gruppe zwischen den Phasen e_3 und e_1, während welcher sich der Strom auf die Kontakte K_{3-} und K_{1-} verteilt und voll durch den Kontakt K_{2+} fließt. Jeder Strom, der vom Transformator über einen oder mehrere Kontakte der positiven Gruppe zur

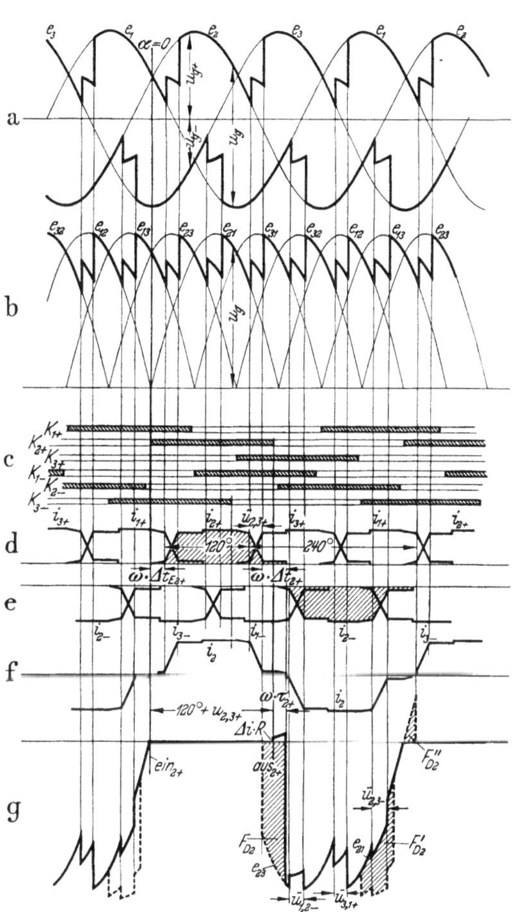

Abb. 12,3. Dreiphasige Sechsdrossel-Brückenschaltung. a u. b Gleichspannung; — c Diagramm der Kontaktzeiten; — d u. e Schaltdrosselströme; — f Leitungsstrom zum Transformator; — g Kontaktspannung.

Last fließt, muß über einen oder mehrere Kontakte der negativen Gruppe zum Transformator zurückfließen. Es sind also stets 2 Schaltstrecken in Reihe in dem geschlossenen Stromkreise enthalten. Dieser Umstand hat, mit Ausnahme des Gebietes der Hochspannungsgleichrichter, die wirtschaftliche Anwendung der Brückenschaltung bei Quecksilberdampfgleichrichtern wegen des beträchtlichen Spannungsabfalles des Lichtbogens verhindert und die Benutzung der in anderer Hinsicht weniger vorteilhaften Sternpunktschaltungen erforderlich gemacht, da diese nur *eine* Lichtbogenstrecke im Laststromkreise haben. Bei Kontaktumformern dagegen bedeutet die Reihenschaltung von 2 Kontakten keine merkbare Einbuße an Wirkungsgrad, denn der Spannungsabfall am Kontakt ist außerordentlich gering. Bei ihnen kann man daher die Vorteile der Brückenschaltung voll ausnutzen.

Die bisher erörterten Merkmale sind beiden Arten der 3phasigen Brückenschaltung gemeinsam. Im Bild der Schaltdrosselströme jedoch zeigt sich ein Unterschied. Bei der *Sechsdrosselschaltung*, mit der wir uns zunächst noch weiterhin beschäftigen wollen, werden die Schaltdrosseln genau wie bei der 3phasigen Sternpunktschaltung von nur einseitig gerichteten Laststromimpulsen durchflossen. Jede Drossel führt einmal in jeder Periode den Laststrom, und zwar während eines Abschnittes, der sich aus dem Hauptstromführungswinkel von 120° und dem sich anschließenden Stromwendeabschnitt zusammensetzt. Nach Ablauf der dann folgenden Ausschaltstufe müssen die Drosseln durch besondere Hilfskreise in der bereits früher angedeuteten Weise zurückmagnetisiert werden, wenn sie in der nächsten Periode wieder in positiver Richtung gesättigt für den ungehemmten Durchfluß des nächsten Laststromimpulses bereit sein sollen. Für die Überlappung der Lastströme bei der Stromwendung, die sich anschließende Ausschaltstufe, die Rückmagnetisierung und die Einschaltstufe des nächsten Impulses steht bei dieser Schaltung ein Abschnitt von 240° zur Verfügung. Das ist sehr wichtig, denn, wie wir später noch sehen werden, ist bei der Dreidrosselschaltung ein so großer Spielraum nicht vorhanden, wodurch eine gewisse Einengung in der Anwendung der Dreidrosselschaltung bedingt ist.

Der Strom in der Transformatorzuleitung ist bei beiden Arten der 3phasigen Brückenschaltung ein symmetrischer Wechselstrom, der sich aus den Impulsen des positiven Kontaktes und den mit 180° Phasenverschiebung in entgegengesetzter Richtung verlaufenden Impulsen des negativen Kontaktes der betreffenden Phase zusammensetzt. Die Transformator-Sekundärwicklung wird also im Gegensatz zu derjenigen einer Sternpunktschaltung hier in beiden Richtungen ausgenutzt. Dadurch ergibt sich als dritter Vorzug der Brückenschaltung eine geringere Bauleistung des Gleichrichtertransformators.

Die Kurve der *Kontaktspannung* unterscheidet sich nicht wesentlich von der in Abb. 11,2 für die 3phasige Sternpunktschaltung in den Grundzügen angegebenen. Sie ist dargestellt in Abb. 12,3 g, und zwar für den Kontakt K_{2+}. Von der negativen Sperrspannung ansteigend geht die Kurve, da keine mechanische Teilaussteuerung vorausgesetzt ist, im Augenblick ein_{2+} des Kontaktschlusses bei $\alpha = 0$ in die Nulllinie über. Würde der Kontakt verzögert geschlossen werden, so würde sich in gleicher Form wie in Abb. 11,2c zuerst noch ein Anstieg in das positive Gebiet zeigen. Der Kontakt ist während des Abschnittes 120° $+ u_{2,3+}$ geschlossen. Im Öffnungsaugenblick aus_{2+} springt die wiederkehrende Spannung zunächst in bekannter Weise um den Betrag $R \cdot \varDelta i$ in das positive Gebiet an und steigt während der Ausschaltsicherheit τ_{2+} entsprechend der Aufladung des Nebenwegkondensators weiter an. Nach Ablauf der Ausschaltstufe folgt wieder wie früher der steile Anstieg der negativen Sperrspannung bis zur Sinuskurve e_{23} (u. U. auf eine noch größere negative Spannung infolge der Kondensatorumladung). Im weiteren Verlauf zeigt die Kurve während der Überlappung $\ddot{u}_{1,2-}$ der Lastströme i_{1-} und i_{2-} des negativen Kontaktsystems eine Einbuchtung. Diese ist gegenüber dem Bild der 3phasigen Sternpunktschaltung (Abb. 11,2c) neu. Sie rührt von dem Spannungsabfall her, den der ansteigende Wendestrom $i_W = i_{2-}$ an dem Netz- und Transformatoranteil der Reaktanz der Phase *2* des Wendekreises hervorbringt. Dieser Spannungsabfall erscheint auch im Stromkreise des positiven Kontaktes K_{2+}, denn den genannten Netz- und Transformator-Reaktanzanteil hat das positive System mit dem negativen gemeinsam. Anschließend ist der Verlauf wieder der gleiche wie in Abb. 11,2c, wobei auch der Überlappungsabschnitt $\ddot{u}_{31+}$ unverändert eingeschlossen ist. Während der darauffolgenden Überlappung der Ströme i_{2-} und i_{3-} des negativen Systemes findet sich dann wiederum eine Beeinflussung der Kontaktspannungskurve, aber dieses Mal eine Ausbuchtung, denn der Spannungsabfall an dem genannten Reaktanzanteil der Phase 2 hat jetzt die umgekehrte Richtung. Sodann verläuft die Kurve weiter nach der Sinuskurve e_{21} bis zur Nullinie, wo der Kontakt wieder geschlossen wird. Bei der Sechsdrossel-Brückenschaltung gibt also, wenn die Netz- und Transformatorreaktanz im Vergleich zur Drosselreaktanz merkbar ist, die Kontaktspannungskurve des Kontaktes K_{2+} nicht nur über die Dauer der Überlappung $\ddot{u}_{3,1+}$ des positiven Systems, sondern auch noch über die Dauer der Überlappungsabschnitte $\ddot{u}_{1,2-}$ und $\ddot{u}_{2,3-}$ des negativen Systems Auskunft. Dem vorbeschriebenen Verlauf der Kontaktspannungskurve überlagert sich noch, wie es bereits bei der 3phasigen Sternpunktschaltung erläutert wurde, die Spannung, die bei der Rückmagnetisierung der Schaltdrossel an der Hauptwicklung derselben auftritt. In Abb. 12,3 g ist die Spannungsfläche dieser Rückmagnetisierung rein schematisch durch die schraffierte Fläche F'_{D2} angedeutet. Die Fläche kann aber je nachdem, wie die Rückmagnetisie-

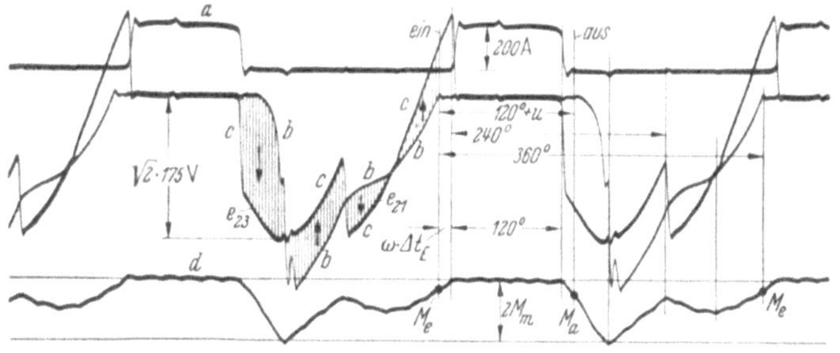

Abb. 12,4. Dreiphasige Sechsdrossel-Brückenschaltung, $U_g = 190$ V, $I_g = 200$ A.
a Kontaktstrom; — *b* Kontaktspannung; — *c* Summenspannung an Kontakt und Schaltdrossel; — *d* Schaltdrosselkraftfluß.

rung bewirkt wird, eine ganz andersartige Gestalt und Lage haben, z. B. auch in mehrere Teilabschnitte zerfallen. Auf jeden Fall aber hat die von der Rückmagnetisierungsspannung umschriebene Fläche F'_{D2} eine solche Größe, daß sie zusammen mit der auf die Einschaltstufe entfallenden Fläche F''_{D2} die gesamte Spannungsfläche F_{D2} der Schaltdrossel ergibt. Das ist natürlich genauso auch bei der 3phasigen Sternpunktschaltung der Fall, wurde jedoch dort der Übersichtlichkeit wegen noch nicht mit dargestellt. Als ein interessantes Beispiel ist in Abb. 12,4 die Kontaktspannungskurve einer Sechsdrosselschaltung wiedergegeben, bei der die Rückmagnetisierung in mehreren Stufen in einer Art von Schwingung vor sich geht. In diesem Oszillogramm ist die Kurve *a* der Strom i_{2+}, *b* die Kontaktspannung u_{K2+}, *c* die Summe aus der Kontaktspannung u_{K2+} und der Schaltdrosselspannung u_{D2+}. Diese Summe ist gleich der Spannung e_{23} bzw. e_{21}, d. h. gleich der in Abb. 9,2c gezeichneten Kurve der Sperrspannung (Einschaltkerne wurden nicht benutzt). Anders ausgedrückt: die Differenz zwischen der Kontaktspannung *b* und der Kurve *c* ist die Spannung u_{D2+} an der Schaltdrossel D_{2+}. Kurve *d* schließlich zeigt noch den Verlauf des Kraftflusses in der Schaltdrossel D_{2+}. Es ist deutlich erkennbar, daß die Kontaktspannung im Anschluß an die Ausschaltstufe auf einen Wert anspringt, der weit über die Kurve e_{23} hinausgeht. Das bedeutet, daß infolge der in den Induktivitäten des Stromkreises aufgespeicherten Energie der Kondensator des Nebenweges gegenüber der Spannung e_{23} auf eine ziemlich hohe Zusatzspannung in solcher Richtung aufgeladen wird, daß anschließend der Strom der Rückentladung des Kondensators die Schaltdrossel wieder in Richtung auf die positive Sättigung ummagnetisiert (s. Kurve *d*).

Dieser Vorgang wird jedoch unterbrochen durch die Stromwendung zwischen den Strömen i_{3+} und i_{1+} (Abb. 9,2 b und c; infolge der Verwendung von nicht sehr hochwertigem Siliziumeisen für den Kern der Schaltdrossel erscheint allerdings der Stromwendeabschnitt im Oszillogramm völlig verwischt). Im Anschluß an diese Stromwendung springt die Kurve c nämlich in bekannter Weise auf die Spannung e_{21} über. Von dann ab wird der Kondensator wieder in der ursprünglichen Richtung aufgeladen und auch der Kraftfluß wieder etwas in umgekehrter Richtung geändert, bis die Kontaktspannung der Spannung e_{21} gleich geworden ist. Dann wird der Kondensator wieder entladen und der Kraftfluß dadurch schließlich endgültig in die positive Sättigung gebracht. Im Kraftflußoszillogramm Abb. 12,4, Kurve d, wird die positive Sättigung erst etwas nach dem Einschaltzeitpunkt erreicht; das besagt, daß gleichzeitig in gewissem Umfange eine magnetische Spannungsregelung durch Teilaussteuerung mittels einer Einschaltstufe, die durch den Ausschaltkern erzeugt wurde, vorgelegen hat. Auch eine geringe mechanische Schaltverzögerung ist vorhanden, da das Einschalten nicht im Nulldurchgang der Kurve c stattgefunden hat, sondern etwas später. Die während der genannten Umladevorgänge fließenden Ströme sind nur Magnetisierungsströme, da die Schaltdrossel sich stets im ungesättigten Zustande befindet; der Arbeitspunkt wandert abwechselnd von der einen Flanke der Hystereseschleife zur anderen.

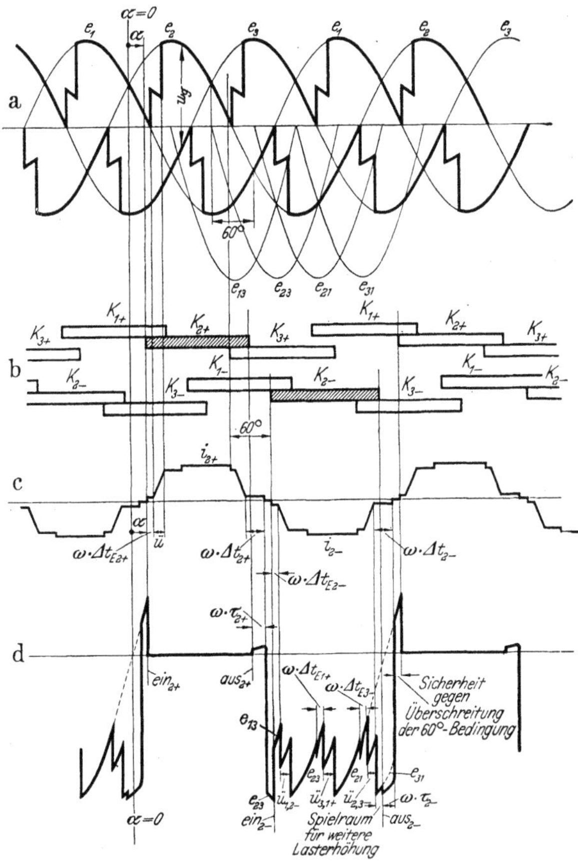

Abb. 12,5. Dreiphasige Dreidrossel-Brückenschaltung.
a Gleichspannung; — b Diagramm der Kontaktzeiten; — c Schaltdrosselstrom; — d Kontaktspannung.

12.2 Die Dreidrosselschaltung.

Nunmehr wollen wir uns der *Dreidrosselschaltung* nach Abb. 12,2 zuwenden. Die Spannungs- und Stromkurven dieser Schaltung sind in Abb. 12,5 aufgezeichnet, und zwar dieses Mal unter der Annahme des Vorhandenseins von Einschaltdrosseln. Abb. 12,5a zeigt wiederum die Entstehung der Gleichspannung, b das Diagramm der Kontaktzeiten. Beide Bilder bieten gegenüber Abb. 12,3 nichts Neues. In Abb. 12,5c ist der Verlauf des Stromes in der Schaltdrossel der Phase *2* wiedergegeben. Da bei der Dreidrosselschaltung jede Schaltdrossel unmittelbar in Reihe mit der zugehörigen Transformatorphase geschaltet ist und die Verzweigung zu den beiden Kontakten sich auf der dem Transformator abgekehrten Seite der Schaltdrossel befindet, so führt die Schaltdrossel die Stromimpulse wechselnder Richtung der *beiden* im Gegentakt arbeitenden Kontakte der Phase. Ihr Strom ist also ein symmetrischer Wechselstrom. Er ist identisch mit dem Leitungsstrom der Transformatorwicklung. Das bedeutet gegenüber der Sechsdrosselschaltung eine bessere Ausnutzung der Schaltdrosselwicklung. Es bedeutet ferner, daß die Rückmagnetisierung der Schaltdrosselkerne hier ganz von selbst immer durch die Halbwelle entgegengesetzter Richtung des Schaltdrosselstromes geschieht und keine besonderen Hilfskreise mehr dafür benötigt werden. Betrachten wir z. B. den Strom i_2 in Abb. 12,5c. Während der Alleinzeit in positiver Richtung (i_{2+}) sind Ein- und Ausschaltkern in positiver Richtung gesättigt. Nach Ablauf der Ausschaltstufe $\varDelta t_{2+}$ ist der Ausschaltkern gesättigt in negativer Richtung, also bereit zum Durchlassen des Stromes i_{2-}. Der Einschaltkern dagegen ist zufolge seiner anders ausgelegten Vormagnetisierung beim Schließen des Kontaktes K_{2-} noch in positiver Richtung gesättigt. Somit muß in erwünschter Weise erst die ganze Einschaltstufe $\varDelta t_{E2-}$ durchlaufen werden, bevor der Strom i_{2-} auf höhere Werte ansteigen kann. Sodann, während der Alleinzeit von i_{2-}, befinden sich beide Kerne im Zustand der negativen Sättigung. Anschließend wiederholen sich alle Vorgänge mit umgekehrtem Vorzeichen. Nach Ablauf der Ausschaltstufe von i_{2-} ist der Ausschaltkern wieder bereit zum Durchlassen eines positiven Stromes, und der Einschaltkern hat die richtige Sättigungsrichtung für die Erzeugung einer Einschaltstufe beim Schließen des positiven Kontaktes. Auch bei der Dreidrosselschaltung setzt sich während der Rückmagnetisierung eine entsprechende Spannung zu dem Grundverlauf der Spannung des betreffenden Kontaktes noch hinzu, wie wir später bei der Betrachtung der Kontaktspannungskurve noch sehen werden.

Der Phasenunterschied zwischen dem positiven Schnittpunkt der Spannungskurven e_2 und e_3 einerseits und dem negativen Schnittpunkt der Kurven e_2 und e_1 andererseits beträgt nur 60 elektrische Grade. Das ist für die Dreidrosselschaltung von einschneidender Wichtigkeit. Es bedeutet nämlich, daß bereits 60° nach Beginn der positiven Stromwendung zwischen den Strömen i_{2+} und i_{3+} beim Schließen des Kontaktes K_{2-} die Schaltdrossel D_2 in negativer Richtung gesättigt sein muß, da anderenfalls ihr Kern den Aufbau des Stromes i_{2-} in negativer Richtung verhindern würde. Das ist eine Begrenzung, die beim Entwurf einer Kontaktumformeranlage in Brückenschaltung mit 3 Schaltdrosseln sorgfältig beachtet werden muß, weil innerhalb des Abschnittes von nur 60° die Einschaltstufe der Folgephase durchlaufen, die Stromübergabe vollzogen und das Ende der sich anschließenden Ausschaltstufe erreicht sein muß. Diese Forderung heißt die *60°-Bedingung*. Ist z. B. bei einer Überlastung, die den bei der Auslegung des Umformers zugrunde gelegten Grenzstrom überschreitet, die Ausschaltstufe beim Einschalten des Kontaktes entgegengesetzter Polarität der gleichen Phase noch nicht abgelaufen, so tritt eine sukzessive von Periode zu Periode zunehmende magnetische Herabsteuerung der Gleichspannung ein, d. h. ein Zusammenbruch derselben. Durch die Herabsteuerung verspätet sich der Beginn der Ausschaltstufe, so daß der zu unverändertem Zeitpunkt sich öffnende Kontakt bereits vor dem Eintritt der Stufe schaltet und den Laststrom aufreißt, wodurch der Kontakt bei anhaltendem Überstrom verbrennt. Es ist hiernach klar, daß es eine bestimmte Grenze gibt für die Größe der Gesamtreaktanz des Wendekreises, von der die Dauer der Stromwendung abhängt, und der Stufenlänge, die für die Größe des zulässigen Belastungsspieles maßgebend ist. Wenn für einen Grenzstrom gewünschter Höhe die Reaktanz des Wendekreises und damit auch der Überlappungswinkel $ü$ der Lastströme zu groß ist, was gleichbedeutend damit ist, daß das Belastungsspiel noch obendrein eine zu große Stufenlänge verlangt, so ist die Verwendung von 6 Schaltdrosseln oder die Wahl einer anderen Schaltung, z. B. der 6phasigen Brückenschaltung, erforderlich. Bei diesen beiden Schaltungen gibt es, von wirtschaftlichen Gesichtspunkten abgesehen, praktisch keine Begrenzung der zulässigen Stufenlänge. Trotz der durch die 60°-Bedingung gegebenen Einengung aber ist die Dreidrosselschaltung sehr viel verwendet worden und wird in Einzelfällen auch heute noch verlangt, da sie mit nur 6 Kontakten und 3 Schaltdrosseln den kleinsten Gesamtaufwand für Schaltdrosseln und Kontaktgerät zusammengenommen ergibt.

Eine Möglichkeit, die Stromwendedauer bei einer gegebenen Stromstärke und einer gegebenen Reaktanz des Wendekreises zu verkürzen und damit die Überlastbarkeit zu erhöhen, besteht darin, den Steuerwinkel α zu vergrößern. Hierdurch wird die Stromwendung in ein Gebiet höherer Augenblickswerte der Wendespannung verlegt, wie aus Abb. 5,2 und 5,3 hervorgeht. Hiervon macht man bei der Dreidrosselschaltung insofern Gebrauch, als man das Gebiet sehr kleiner Steuerwinkel, bei denen die Dauer der Stromwendung am größten ist, vermeidet. Man wählt die Transformatorspannung etwas höher, als es bei voller Aussteuerung zur Erreichung des geforderten Höchstwertes der Gleichspannung nötig sein würde, und sperrt dann den oberen Steuerbereich von $\alpha = 0$ bis zu einem Steuerwinkel α_0, dem sogenannten *Sicherheitswinkel*. Man erkauft also die geforderte Überlastbarkeit mit einem (allerdings nur geringfügig) vergrößerten Aufwand für den Transformator und die Schaltdrosseln und mit einer Verschlechterung des Leistungsfaktors. Aus diesem Grunde kommen für die praktische Verwendung nur Sicherheitswinkel von höchstens 10 bis 15° in Frage. Im übrigen muß man natürlich bei der Dreidrosselschaltung im voraus die Reaktanz des Wendekreises durch streuungsarme Ausführung des Gleichrichtertransformators, Geringhaltung der Luftinduktivität der gesättigten Schaltdrosseln und Anschluß der Kontaktumformeranlage an ein Netz mit möglichst hoher Kurzschlußleistung gering halten, wenn Schwierigkeiten bestehen, die geforderte Überlastbarkeit zu erreichen. Die Verwendung der magnetischen Teilaussteuerungsregelung wie bei der Sechsdrosselschaltung ist bei der Dreidrosselschaltung wegen der 60°-Bedingung nicht möglich.

Zum Abschluß der Betrachtungen über die Dreidrosselschaltung wollen wir nun noch die *Kontaktspannungskurve* analysieren. Sie ist in Abb. 12,5d wiedergegeben für den Kontakt K_{2+}. Gegenüber derjenigen der 3phasigen Sternpunktschaltung (Abb. 11,2c) und der Sechsdrosselschaltung (Abb. 12,3 g) weist sie noch einige Unterschiede auf. Diese sind darin begründet, daß, wie schon betont wurde, die Schaltdrossel D_2 jetzt nicht nur wie in den beiden genannten Schaltungen allein durch den Strom i_{2+} magnetisiert wird, sondern auch noch durch den Strom i_{2-}. Die Spannungen, die an der Schaltdrosselwicklung infolge der durch den Strom i_{2-} verursachten Kraftflußänderungen auftreten, erscheinen jetzt noch zusätzlich in der Kurve der Kontaktspannung von Abb. 11,2c und verändern sie zu Abb. 12,5d.

Beginnt man den Vergleich mit dem Einschaltzeitpunkt ein_{2+} des Kontaktes K_{2+}, so ist zunächst kein Unterschied festzustellen. Der Kontakt öffnet sich wieder im Zeitpunkt aus_{2+}. Sodann steigt die Kontaktspannung während der Ausschaltsicherheit τ_{2+} auf geringe positive Werte an, und nach Ablauf der Stufe springt sie wie in Abb. 11,2c auf den negativen Wert der Sperrspannung. Im Einschaltzeitpunkt ein_{2-} des Kontaktes K_{2-} aber beginnt die Einschaltstufe Δt_{E2-} des Stromes i_{2-} und hält die Spannung e_{21} an der Schaltdrossel D_2. Daher ist die Spannung am Kontakt jetzt nicht mehr e_{23}, sondern $e_{23} - e_{21} = e_{13}$. Dieser Abschnitt ist in bezug auf den positiven Stromimpuls die Rückmagnetisierung des Einschaltkernes. Die von der Kurve e_{23} abgesetzte Spannungsfläche ist die Spannungsfläche des Einschaltkernes. Nach Ablauf von $\varDelta t_{E2-}$ zeigt sich die Stromwendung zwischen den Strömen i_{1-} und i_{2-} in der Kontaktspannung mit dem Spannungsabfall des Wendestromes $i_W = i_{2-}$ an der Gesamtreaktanz der Phase 2 des Wendekreises. Anschließend tritt eine Spannung an der in negativer Richtung gesättigten Schaltdrossel D_2 nicht mehr auf, und die Kontaktspannung springt zurück auf die Kurve e_{23}. Es können somit mittels der Spannung am Kontakt K_{2+} die Einschaltstufe $\varDelta t_{E2-}$ und die elektrische Überlappung der Ströme i_{1-} und i_{2-} nachgeprüft werden.

Der sich anschließende Abschnitt von Abb. 12,5d ist wiederum identisch mit demjenigen von Abb. 11,2c, und die Einschaltstufe $\varDelta t_{E1+}$ sowie die elektrische Überlappung der Ströme i_{3+} und i_{1+} sind aus der Kurve zu ersehen. Dann springt die Kontaktspannung wie in Abb. 11,2c auf die Spannungskurve e_{21}. Sie verläuft nach dieser Kurve aber nicht bis zum nächsten Einschaltzeitpunkt ein_{2+}, da schon vorher die Stromwendung zwischen den Strömen i_{2-} und i_{3-} stattfindet und im Anschluß daran die Ausschaltstufe $\varDelta t_{2-}$ abläuft. Während der Stromwendung setzt sich zu der Sinuskurve e_{21} noch der Spannungsabfall des Wendestromes an der Gesamtreaktanz der Phase 2, der jetzt die umgekehrte Richtung hat, hinzu. Nach Beendigung der Stromwendung, während des Ablaufes der Ausschaltstufe, liegt an der Schaltdrossel die Spannung e_{23}. Die Spannung am Kontakt ist somit $e_{21} - e_{23} = e_{31}$. Der Abschnitt $\varDelta t_{2-}$ ist in bezug auf den positiven Stromimpuls i_{2+} die Rückmagnetisierung des Ausschaltkernes; die zu der Kurve e_{21} hinzugesetzte Spannungsfläche ist die volle Spannungsfläche des Ausschaltkernes. Genaugenommen zeigt sich zusätzlich zu dieser Spannung e_{31} nach der Öffnung des Kontaktes K_{2-} noch die geringe Spannung an diesem Kontakt während der Ausschaltsicherheit τ_{2-}, wie in Abb. 12,5d dargestellt ist. Nach Beendigung der Ausschaltstufe $\varDelta t_{2-}$ springt dann die Kontaktspannung wieder auf die Kurve e_{21} zurück und folgt dieser Kurve, bis der nächste Einschaltzeitpunkt erreicht ist. Daher können mit Hilfe dieses letzten Teiles der Kontaktspannung u_{K2+} die Einschaltstufe $\varDelta t_{E3-}$, die elektrische Überlappung der Ströme i_{2-} und i_{3-}, die Ausschaltstufe $\varDelta t_{2-}$ und die Ausschaltsicherheit τ_{2-} nachgeprüft werden. Darüber hinaus aber kann aus dem ersten Teil von $\varDelta t_{2-}$, der links durch das Ende des Stromwendeabschnittes und rechts durch den Ausschaltzeitpunkt des Kontaktes K_{2-} begrenzt wird, noch ersehen werden, wieviel von der Ausschaltstufe noch *vor* dem Ausschalten abläuft, d. h. wieviel Spielraum noch für eine weitere Erhöhung des Belastungsstromes zur Verfügung steht. Schließlich zeigt die Lücke zwischen dem Ende der Ausschaltstufe $\varDelta t_{2-}$ und dem Einschaltzeitpunkt des Kontaktes K_{2+} noch die Sicherheit gegen eine Überschreitung der 60°-Bedingung an. Wenn das Ende der Stufe $\varDelta t_{2-}$ mit dem Einschaltzeitpunkt des Kontaktes K_{2+} gerade zusammenfällt, so ist der höchste zulässige Belastungsstrom erreicht.

Der beschriebene Abschnitt der Kontaktspannungskurve vom Punkte ein_{2-} bis zum Punkte aus_{2-}, also während der Schließungszeit des Kontaktes K_{2-}, ist übrigens nichts anderes als ein Ausschnitt aus der Kurve der ungeglätteten Gleichspannung u_g, wie sie zwischen den Polen $+$ und $-$ des Belastungskreises wirksam ist (vgl. Schaltbild Abb. 12,2). Wie aus dem Schaltbild sofort ersichtlich ist, liegt nämlich diese Spannung bei geschlossenem Kontakt K_{2-} ohne Zwischenschaltung weiterer Schaltungsbestandteile unmittelbar am geöffneten Gegenkontakt K_{2+}.

Wenn nun eine elastische Vormagnetisierung verwendet wird und daher keine Nebenwege vorhanden sind, so stimmt die wirklich im Oszillographen erhaltene

Kurve der Kontaktspannung sehr gut mit der schematischen Kurve der Abb. 12,5 d überein bis auf den Abschnitt der Ausschaltsicherheit. Bei dieser Art der Vormagnetisierung ist es nämlich möglich, die Höhe des Vormagnetisierungsstromes mittels des im Vormagnetisierungskreise liegenden Widerstandes R (vgl. Abb. 40,9) so genau auf den erforderlichen Wert i_{st} abzugleichen, daß der Betrag $R \cdot \varDelta i$ der Kontaktspannung während der Ausschaltsicherheit praktisch auf Null zurückgeht. Dann verschwinden natürlich auch die entsprechenden Spannungsanteile in Abb. 12,5 d, d. h., die Kontaktspannung bleibt während des Abschnittes τ_{2+} weiterhin gleich Null, und während des Abschnittes τ_{2-} folgt sie der gestrichelten Kurve e_{31}.

Wenn dagegen, z. B. bei der Verwendung einer starren Vormagnetisierung, auf Nebenwege nicht verzichtet werden kann, so hat die Kontaktspannung während dieser Abschnitte tatsächlich den in Abb. 12,5 d gezeigten grundsätzlichen Verlauf. Der Nebenwegkondensator kann sogar auf eine noch bedeutend höhere Spannung aufgeladen werden. Wenn dann aber die Ausschaltstufe zu Ende ist, so springt die Spannung nicht sofort genau auf die Sinuskurve e_{23}, sondern es entsteht meistens eine gedämpfte Schwingung, die dem in Abb. 12,5 d gezeichneten Kurvenverlauf während des Abschnittes vom Ende der Ausschaltsicherheit τ_{2+} bis zum Einschaltzeitpunkt ein_{2-} überlagert ist. Durch diese Schwingung kann die Form der Kontaktspannungskurve während dieses Abschnittes und entsprechend auch während des Abschnittes vom Ende der Ausschaltsicherheit τ_{2-} bis zum Einschaltzeitpunkt ein_{2+} beträchtlich verändert werden, und damit auch die Höhe der Einschaltspannung am Ende dieser Abschnitte. Weiterhin können Schwingungen des Ausschaltstufenstromes (s. Abschn. 43.2) sowie die im Einschaltaugenblick entstehenden Entladeströme der Nebenwegkondensatoren zu überlagerten Spannungsspitzen in der Kontaktspannungskurve führen.

Wie aus dem Vorhergehenden ersichtlich ist, liefert die Kurve der Kontaktspannung wichtige Aufschlüsse über die jeweilige Arbeitsweise des Kontaktumformers, und zwar insbesondere über die Lage der Stromstufen in bezug auf die Kurven der zugeführten Wechselspannungen, über die Schaltzeitpunkte und über die Höhe der Einschaltspannung und der Ausschaltspannung. Daher wird die richtige Einstellung eines Kontaktumformers gewöhnlich nach der Kurve der Kontaktspannung auf dem Leuchtschirm eines Kathodenstrahloszillographen vorgenommen. Die Größe des Spielraumes für weitere Lasterhöhung (vgl. Abb. 12,5 d) kann allerdings nur bei der Dreidrosselschaltung aus der Kontaktspannungskurve ersehen werden. Bei der Sechsdrosselschaltung muß man zur Überprüfung der Lage der Ausschaltzeitpunkte in bezug auf die Ausschaltstufen die Kurve der Spannung an der Schaltdrossel heranziehen (vgl. Abschn. 51, S. 473).

Bezüglich der 60°-Bedingung bei der Dreidrosselschaltung sei noch die 6phasige Brückenschaltung (Tab. 26,1 Schaltungen 9 und 10 nebst Abwandlungen) kurz gestreift, die in den letzten Jahren durch den Kontaktumformer der AEG zu praktischer Bedeutung gekommen ist. Diese Schaltung liefert ebenfalls eine 6phasig gewellte Gleichspannung, benötigt dazu aber 12 Kontakte. Sie arbeitet mit einem Hauptstromführungswinkel von nur 60° anstatt von 120° bei den 3phasigen Brückenschaltungen. Gegenüber der 3phasigen Dreidrossel-Brückenschaltung bietet sie daher den Vorteil, daß an die Stelle der 60°-Bedingung eine 120°-Bedingung getreten ist, d. h., daß bei ihr für die Einschaltstufe, die Stromwendung der Lastströme und die Ausschaltstufe ein Abschnitt von 120° zur Verfügung steht. Infolgedessen lassen sich hohe Grenzströme ohne Schwierigkeiten erzielen, besonders bei einer Beschränkung auf die mechanische Teilaussteuerungsregelung. Eine magnetische Teilaussteuerungsregelung durch Einschaltstufen veränderbarer Länge ist nur in begrenztem Umfange möglich, weil sie den durch den Übergang auf einen Hauptstromführungswinkel von 60° gewonnenen Spielraum wieder vermindert. Nähere Angaben über diese Schaltung finden sich in Abschn. 26 und hinsichtlich der Rückmagnetisierung in Abschn. 42 auf S. 355. Die Kurve der Kontaktspannung läßt sich in einer den bisher gegebenen Beispielen entsprechenden Weise aufzeichnen[1]. Das Oszillogramm einer solchen Kurve ist wiedergegeben in Abb. 51,1[2].

13. Anlassen, Schutz, Gesamtschaltung und Betriebsweise.

13.1 Das Anlassen.

Beim Anlassen eines Kontaktumformers muß zuerst der Antriebsmotor des Exzentergetriebes eingeschaltet werden, damit die Kontakte sich bereits synchron schließen und öffnen, wenn die Spannung an das Kontaktsystem gelegt wird. Aber selbst bei synchronem Lauf des Motors ist es nicht zulässig, den Umformer elek-

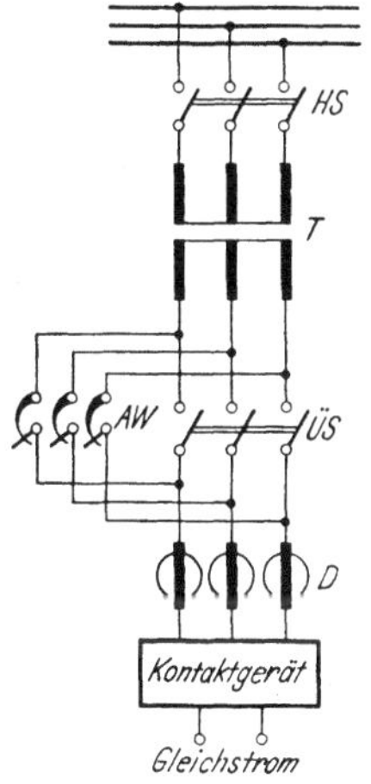

Abb. 13,1. Schaltbild für das Anlassen mit Widerständen und Überbrückungsschalter auf der Sekundärseite des Transformators.

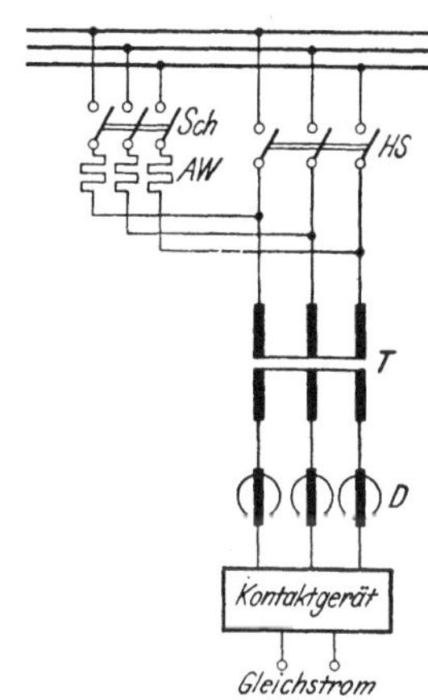

Abb. 13,2. Schaltbild für das Anlassen mit Widerständen auf der Primärseite des Transformators.

trisch nur durch einfaches Schließen des Hauptschalters in Betrieb zu setzen. Wenn man dieses versuchen wollte, so würde nämlich keinerlei Gewähr dafür bestehen, daß die Ausschaltstufe im richtigen Augenblick abläuft. Nur rein durch Zufall könnte es eintreten, daß das Schließen des Hauptschalters in der richtigen zeitlichen Beziehung zu dem magnetischen Zustande erfolgt, in dem sich die Schaltdrosseln von der letzten Abschaltung her befinden. Ferner könnten Ausgleichvorgänge im Gleichrichtertransformator, in den Vormagnetisierungskreisen und gegebenenfalls in den Nebenwegen die ordnungsgemäße Stromwendung im ersten Augenblick stören.

Das älteste Anlaßverfahren besteht darin, einen Satz in ihrer Größe veränderbarer Anlaßwiderstände AW zwischen die Sekundärklemmen des Gleichrichtertransformators und die Schaltdrosselspulen zu legen (Abb. 13,1). Diese Anlaßwiderstände brauchen nur für den Grundlaststrom bemessen zu sein. Nach dem Schließen des Hauptschalters HS, der auch das Einschalten der Vormagnetisierungskreise

---

[1] Siehe z. B. KOPPELMANN: [1.20] S. 198 Bild 6 und [1.34] S. 341 Bild 2.
[2] Weitere Oszillogramme s. KOPPELMANN: [1.20] S 206 Bild 22 und [1.34] S. 342 Bild 3.

besorgt, und nach dem anschließend im Grundlastbetrieb vollzogenen Anlaßvorgang werden sie durch einen Niederspannungs-Hochstromschalter $\ddot{U}S$ überbrückt, bevor die äußere Belastung eingeschaltet wird. Das ist ein sicheres, aber wegen der Notwendigkeit des Hochstromschalters $\ddot{U}S$ teures Verfahren. Kleinumformer werden gewöhnlich an ein Niederspannungsnetz angeschlossen. In solchen Fällen kann der Überbrückungsschalter dadurch eingespart werden, daß die Anlaßwiderstände auf die Primärseite des Gleichrichtertransformators verlegt werden (Abb. 13,2). Bevor der Hauptschalter HS geschlossen wird, werden die Widerstände mit dem Netz mittels eines kleinen Schützes Sch verbunden, das gleichzeitig die Vormagnetisierung einschaltet, und anschließend werden dann die Anlaßwiderstände und das Schütz durch den Hauptschalter überbrückt. Bei kleinen Leistungen erwies sich an Stelle eines verstellbaren Anlaßwiderstandes vielfach bereits ein fester Widerstand als ausreichend. In dieser Form wird das Anlassen bei Kleinumformern noch heute durchgeführt. Aber auch bei Großumformern hat man die Lösung, die Anlaßwiderstände auf die Primärseite des Gleichrichtertransformators zu verlegen, benutzt, wie Abb. 52,2 zeigt.

Wenn das Kontaktgerät eine Steuerwelle zur Veränderung der Kontaktzeitüberlappung („Überlappungssteuerwelle", s. Abschn. 23.1, 23.4 und 23.5) oder eine gleichwertige andere Möglichkeit zur Veränderung der Kontaktzeiten besitzt, wie das bei einem Großumformer in der Regel der Fall ist, so ist auch noch ein einfacheres und billigeres Anlaßverfahren möglich. Dieses Verfahren besteht darin, die Kontaktzeiten zum Zwecke des Anlassens mittels der Überlappungssteuerwelle auf einen so geringen Wert zu verstellen, daß in der Anlaßstellung der Steuerwelle kein Strom über die Kontakte mehr zustande kommen kann. Diese Bedingung ist bei der 3phasigen Brückenschaltung erfüllt, sobald die Kontaktzeiten kleiner als 60° sind, wie aus Abb. 13,3 ersichtlich ist. Praktisch begnügt man sich allerdings meist damit, die Kontaktzeiten nur so weit zu vermindern, daß mit Sicherheit keine Kontaktzeitüberlappung zwischen den Kontakten der einzelnen, unter sich stromwendenden Kontaktgruppen mehr vorhanden ist. Die Kontakte sind dann zwar nicht stromlos, schalten aber nur vorübergehend den geringen Strom durch die Grundlast.

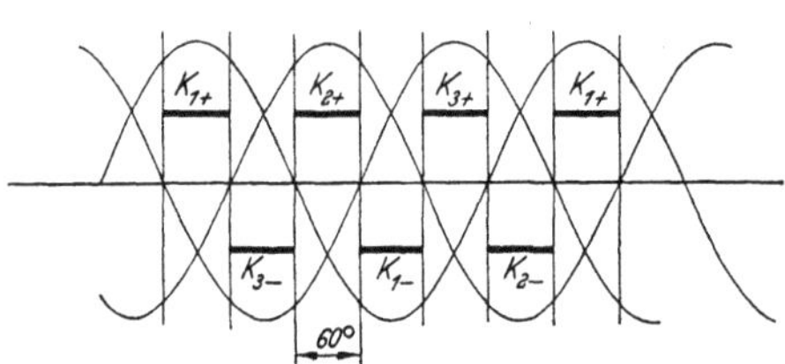

Abb. 13,3. Höchstwert der Kontaktzeiten für Stromlosigkeit beim Anlassen durch Herabsetzung der Kontaktzeiten.

Die Herabsetzung der Kontaktzeiten kann bei der *mechanischen Überlappungsanpassung* in sehr einfacher Weise mit Hilfe einer Anlaßkurbel durchgeführt werden, wie sie in Abb. 23,32 auf Seite 154 gezeigt ist. Wenn das Anlassen von der Bedienungstafel aus vorgenommen werden soll, so kann die Handkurbel durch eine mittels Druckluft betätigte Verstelleinrichtung ersetzt werden. Bei der *elektrischen Überlappungsregelung* wird anstatt dessen die Welle des selbsttätigen Überlappungsreglers in eine entsprechende Anlaßstellung gebracht. Das kann dadurch geschehen, daß der Strom in der Reglerspule zum Zwecke des Anlassens künstlich durch Speisung der Spule mittels eines Hilfsstromkreises auf einen erhöhten Wert gebracht und so dem Regler das Bestehen einer zu großen Überlappung vorgetäuscht wird.

Wenn nun die Kontaktzeit den zum Anlassen erforderlichen kleinen Wert hat, wird die Vormagnetisierung eingeschaltet. Dann wird der Hauptschalter geschlossen. Darauf wird durch Umlegen der Anlaßkurbel bzw. durch Unterbrechung des Hilfsstromes des Überlappungsreglers die Steuerwelle schnell in die Betriebsstellung zurückgebracht; der Umformer arbeitet dann mit Grundlast und ist für die Einschaltung der äußeren Belastung bereit. Um eine etwaige Funkenbildung während des Anlassens möglichst gering zu halten, ist es bei Umformern mit Spannungsregelung durch mechanische Teilaussteuerung vorteilhaft, den Umformer vor dem Anlassen auf die höchste Aussteuerung, d. h. auf den oberen Endwert des Spannungsregelbereiches einzustellen.

13.2 Der Schutz.

Wie jeder andere Umformer, so erhält auch der Kontaktumformer auf der Gleichstromseite und auf der Wechselstromseite einen Überstromschutz, der bei Gefahr einer thermischen Überlastung oder im Falle eines Kurzschlusses zur Auslösung der zugehörigen Schalter führt. Dieser Schutz ist von der gewöhnlichen Art und arbeitet daher, bedingt durch die Eigenzeit der Schalter, auch bei der Kurzschluß-Schnellauslösung noch verhältnismäßig langsam. Wenn die Möglichkeit besteht, daß im Störungsfalle durch parallel arbeitende andere Umformer, durch rückspeisende Gleichstrommotoren oder durch die Entladung von Akkumulatoren oder chemischen Bädern ein Rückstrom in dem Kontaktumformer zustande kommen kann, so muß der gleichstromseitige Selbstschalter als schnell wirkender Rückstromschalter ausgebildet sein. Bei Großumformern wird hierfür in der Regel ein sogenannter Rückstromschnellschalter benutzt. Alle diese Schutzeinrichtungen aber können im Falle einer Rückzündung die Kontakte nicht vor dem Verbrennen schützen. Da die Kontakte, wie bereits in Abschn. 2 ausgeführt wurde, als reine Trennschalter bemessen werden, so sind sie nicht in der Lage, im Störungsfalle stärkere Ströme auch nur kurze Zeit zu schalten, ohne unbrauchbar zu werden. Sie bedürfen daher eines besonderen Schutzes, der innerhalb eines Bruchteiles einer Periode, also außerordentlich schnell, wirksam wird und eine Leistungsschaltung der Kontakte verhindert.

Dieses Problem wurde auf eine etwas ungewöhnliche Weise gelöst, nämlich mittels eines meist mehrpoligen Kurzschließers, der die Kontakte im Störungsfalle überbrückt. Der Kurzschließer, der in Abschn. 25 noch genauer beschrieben wird, ist ein sehr schnell schaltendes Relais, das kurzzeitig für sehr hohe Ströme von mehr als 100 000 A geeignet ist. Seine Eigenzeit beträgt bei den bisherigen Konstruktionen ungefähr 1 ms. Er wird ausgelöst durch eine Schutzschaltung, die ihrem Prinzip nach bereits bei beginnendem Rückstrom wirksam wird (s. Abschn. 46), also bevor dieser Strom auf einen hohen Wert angestiegen ist. Sie bringt daher nur noch eine geringe zusätzliche Zeitverzögerung von 0,1 bis 0,2 ms. Es lassen sich damit Gesamtzeiten vom Beginn der Störung bis zum Schließen der Kontakte des Kurzschließers von nur 0,9 bis 1,3 ms erreichen. Der Kurzschließer wird normalerweise so angeschlossen, daß er die Wechselstromschienen unmittelbar vor den Kontakten miteinander verbindet. Hierzu genügt beispielsweise bei der 3phasigen Dreidrossel-Brückenschaltung ein einziger dreipoliger Kurzschließer (s. Abb. 13,5), während bei der 3phasigen Sechsdrosselbrückenschaltung 2 dreipolige Kurzschließer erforderlich sind. Da infolge der Überlappung der Kontaktzeiten kein Kontakt sich öffnet, bevor ein anderer sich geschlossen hat, so hat nach dem Einfallen des Kurzschließers zunächst einmal der von der Rückzündung betroffene Kontakt seinen über den Kurzschließer und den geschlossenen Folgekontakt abklingenden Rückstrom zu unterbrechen. Anschließend lösen die Kontakte dann einander nur noch in der Führung des abklingenden Gleichstromes ab. Sie haben dabei als Spannung den Spannungsabfall dieses Stromes am Nachbarkontakt zu schalten und ferner wegen der Induktivität der Kontaktschienen auch noch eine gewisse induktive Öffnungsspannung. Bei Umformern großer Leistung ist es daher notwendig und üblich, durch den Kurzschließer auch noch eine Verbindung zum gemeinsamen Gleichstrompol der betreffenden Kontaktgruppe herzustellen, d. h. die Kontakte unmittelbar zu überbrücken (s. Abb. 46,10) oder bei der 3phasigen Dreidrossel-Brückenschaltung die beiden Gleichstrompole noch unmittelbar miteinander zu verbinden. Nach dem Ansprechen des Kurzschließers wird der wechselstromseitige Kurzschlußstrom auf dem Wege der Schnellauslösung durch den Hauptschalter abgeschaltet, wobei über das normale Maß hinausgehende Anforderungen an die Geschwindigkeit nicht gestellt werden. Auf der Gleichstromseite wird schon vorher ein etwa entstehender Rückstrom durch den Rückstromschnellschalter unterbrochen. Der Kurzschließer braucht also in thermischer Hinsicht nur so bemessen zu sein, daß er den Kurzschlußstrom für die Dauer des kurzen Zeitabschnittes von größenordnungsmäßig etwa 100 ms aushält, der bis zum Öffnen des Hauptschalters vergeht.

Die Art, die Kontakte durch Herstellung eines wechselstromseitigen Kurzschlusses zu schützen, mag auf den ersten Blick gewagt erscheinen. Es ist aber zu beachten, daß, vom speisenden Netz aus gesehen, der Kurzschluß erst hinter dem Transformator und den Schaltdrosseln stattfindet.

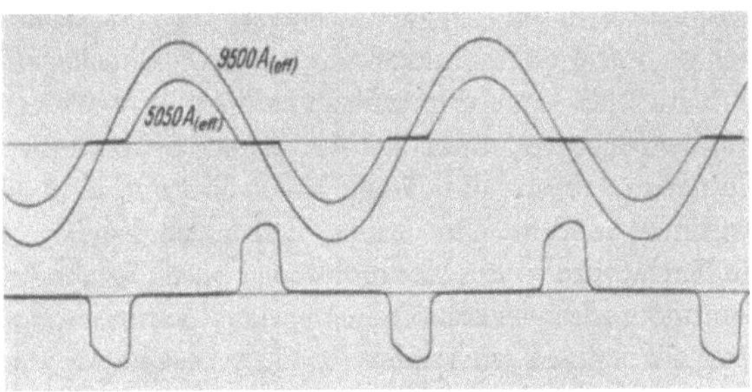

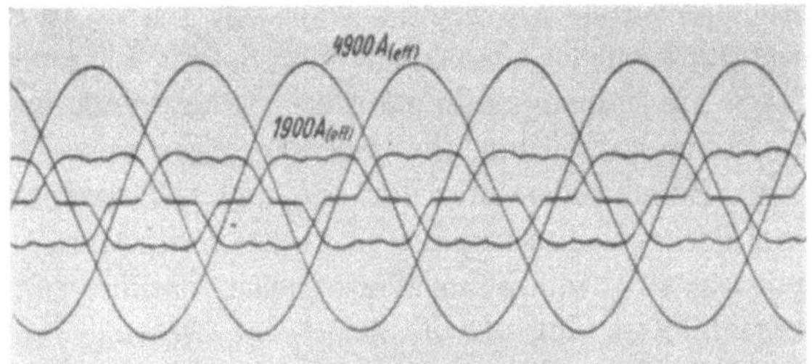

Abb. 13,4. Herabsetzung des Kurzschlußstromes durch die Schaltdrosselstufen.
Oben: 1phasiger Stromkreis. Ströme bei Drosseln ohne und mit Eisenkern, Spannung an der Drossel.
Unten: 3phasiger Stromkreis. Ströme bei Drosseln ohne und mit Eisenkern.

Die Schaltdrosseln aber haben die sehr willkommene Eigenschaft, durch ihre Stromstufe den Kurzschlußstrom sowohl im Effektivwert als auch im Scheitelwert herabzusetzen, und zwar um so mehr, je größer die Stufenlänge ist, für die sie gebaut sind. Wie dieses zustande kommt, geht aus Abb. 13,4 hervor. Dort ist im oberen Teil ein 1phasiger Kurzschluß und unten ein 3phasiger Kurzschluß im Oszillogramm wiedergegeben, und zwar jedesmal mit und ohne Eisenkern in den Schaltdrosselspulen. Die Spule ohne Eisenkern ist gleichwertig einer Spule mit gesättigtem Eisenkern. Bei gesättigten Eisenkernen haben also die Kurzschlußstromkreise praktisch die gleiche Reaktanz wie ohne Eisenkern. Der Eisenkern der Schaltdrosselspule nimmt nun, wie wir bereits aus Abschn. 6 wissen, im Gebiet der Nulldurchgänge des Stromes einen Teil der den Kurzschlußstrom treibenden Spannungsfläche der betreffenden Halbwelle für seine Ummagnetisierung in Anspruch. Das zeigt im oberen Oszillogramm die untere Kurve der Spannung an der Schaltdrossel. Der Eisenkern verzögert dadurch in jeder Halbwelle das Einsetzen des Kurzschlußstromes. In dem sich anschließenden

Teil der Halbwelle steigt der Kurzschlußstrom gemäß dem Induktionsgesetz $e = -L\,di/dt$ für denselben Augenblickswert e der Spannung bei gleichem L in beiden Fällen mit derselben Geschwindigkeit an und kann daher, wenn sein Einsatz durch den Eisenkern verzögert ist, nicht auf so hohe Werte kommen wie ohne Eisenkern. Im unteren Oszillogramm des 3phasigen Kurzschlusses ist der Strom dadurch fast auf ein Drittel seiner ursprünglichen Höhe verringert worden. Durch die Anwesenheit der Schaltdrosseln wird also der Kurzschlußstrom auf einen Betrag vermindert, der wesentlich unterhalb desjenigen bei einem unmittelbaren sekundären Kurzschluß des Transformators liegt. Damit ist eine entsprechende Verringerung der elektrodynamischen Kurzschlußkräfte, der Rückwirkung des Kurzschlusses auf das speisende Netz und der vom Hauptschalter abzuschaltenden Leistung verbunden. Näheres über die Größe und Form der Kurzschlußströme findet sich in Abschn. 45.

Der beschriebene Schutz der Kontakte mittels eines Überbrückungs-Kurzschließers kann zwar nicht verhindern, daß der erste, von der Rückzündung unmittelbar betroffene Kontakt einen mehr oder weniger großen Abbrand erleidet, da der Kontakt erst vom Augenblick der Berührung der Kurzschließerkontakte ab geschützt ist. Aber bereits bei dem folgenden Kontakt ist der Schutz wirksam, und in manchen Fällen braucht auch der erstbetroffene Kontakt erst nach mehreren Rückzündungen ausgewechselt zu werden. Die Weiterentwicklung des Kurzschließers, die gegenwärtig noch nicht zum Abschluß gekommen ist, erstrebt das Ziel, die Gesamtzeit bis zur Berührung der Kurzschließerkontakte so weit herabzusetzen, daß eine Auswechselung von Kontakten selbst bei Umformern größter Leistung erst nach 3 bis 5 Rückzündungen erforderlich ist.

Im Zusammenhang hiermit haben sich hinsichtlich der Vervollkommnung des Schutzes in letzter Zeit verschiedene neue Entwicklungslinien abgezeichnet, auf die noch kurz einzugehen nicht unterlassen werden kann. Hier sind erstens mehrere Ausführungen sogenannter *extrem schneller Kurzschließer* zu nennen, die z. T. mit Sprengauslösung arbeiten und mit denen Gesamtzeiten vom Beginn der Störung bis zur Berührung der Kontakte von nur 0,1 ms und weniger erreicht wurden[1]. Zweitens ist das Bestreben erkennbar, durch eine sehr schnelle Unterbrechung der Wechselstromleitungen in Störungsfällen den entstehenden Kurzschlußstrom gar nicht erst auf hohe Werte ansteigen zu lassen. Diesem Zwecke dienen der *Sicherungs-Reduktor*[2] oder schnelle *Schalter mit Sprengauslösung* bzw. *Sprengtrenner*[3]. Eine dritte Neuerung ist die *Rückstromsperre*. Diese wird in die Gleichstromleitung eingebaut. Sie besteht aus einer Sättigungsdrossel mit schaltdrosselähnlichen Eigenschaften, die, wenn der Gleichstrom in Rückstrom übergehen will, zunächst eine stromschwache Stufe gewisser Länge erzeugt, und aus einem sehr schnellen Schalter oder Trenner, der den Gleichstromkreis innerhalb dieser Stufe öffnet. Im Gegensatz zu den sonst gebräuchlichen Rückstromschnellschaltern, die meist erst den bereits ansteigenden Rückstrom unterbrechen, läßt die Rückstromsperre einen Rückstrom also gar nicht erst aufkommen.

Eine Anzahl von Schutzeinrichtungen aller 3 genannten Kategorien befindet sich — z. T. bereits seit längerer Zeit — in Kontaktumformeranlagen im Betrieb. Die bisher sehr günstigen Ergebnisse berechtigen zu der Erwartung, daß nach voll-

---

[1] Siehe Abschn. 25, S. 188 u. Abb. 25,12; ferner KESSELRING: [*1.54*] S. 155, 156. — SCHWETZKE: [*1.40*].

[2] KESSELRING: [*1.54*] S. 155, 156.

[3] SCHWETZKE: [*1.40*]. — MARX u. SCHMITZ: [*1.43*]. — BRÜCKNER u. SCHMITZ: [*1.56*].

ständiger Durchentwicklung dieser Einrichtungen eine Zerstörung von Kontakten durch Rückzündungen, wie sie bisher bei Netzausfällen und ähnlichen Störungen der ordnungsgemäßen Stromwendung der Kontaktumformer gelegentlich vorkam, zu den Seltenheiten gehören wird, und daß auch die Rückwirkung von Rückzündungen auf das Wechselstromnetz und auf das gespeiste Gleichstromsystem durch die Begrenzung des wechselstromseitigen Kurzschlußstromes und die Vermeidung von gleichstromseitigem Rückstrom auf ein Mindestmaß reduziert ist.

13.3 Die Gesamtschaltung.

Ohne auf Einzelheiten einzugehen, soll jetzt zunächst noch in großen Zügen die Zusammenfügung der Hauptbestandteile einer Kontaktumformeranlage zur Gesamtschaltung an Hand des Schaltbildes Abb. 13,5 einer 3phasigen Dreidrossel-Brückenschaltung erläutert werden. Der Hauptstromkreis des Kontaktgleichrichters besteht aus dem an das speisende Drehstromnetz R, S, T über einen Trennschalter Tr angeschlossenen Hauptschalter HS, dem Gleichrichtertransformator T, dem Anlasser A mit dem Überbrückungsschalter $ÜS$, den Schaltdrosseln D, dem Kontaktgerät KG, dem gleichstromseitigen Selbstschalter GS, der Glättungsdrossel Gd und dem Gleichstromnetz P, N. Auf der Drehstromseite des Kontaktgerätes ist der dreipolige Kurzschließer KS als Schutz für die Kontakte in Störungsfällen angeschlossen. Auf der Gleichstromseite befindet sich der Grundlastwiderstand R_G.

Das Kontaktgerät enthält 6 Kontakte K, die durch Nebenwege N überbrückt sind. Die Kontakte werden durch den Synchronmotor SM betätigt, der in jeder Periode 1 Umdrehung vollführen muß. Es wird daher ein 2poliger Motor verwendet mit einer Drehzahl von 3000 U/min bei einer Netzfrequenz von 50 Hz. Das Gehäuse des Motors kann zum Zwecke der Gleichspannungsregelung durch mechanische Teilaussteuerung in seiner Lagerung verdreht werden, was durch einen Schneckentrieb mit

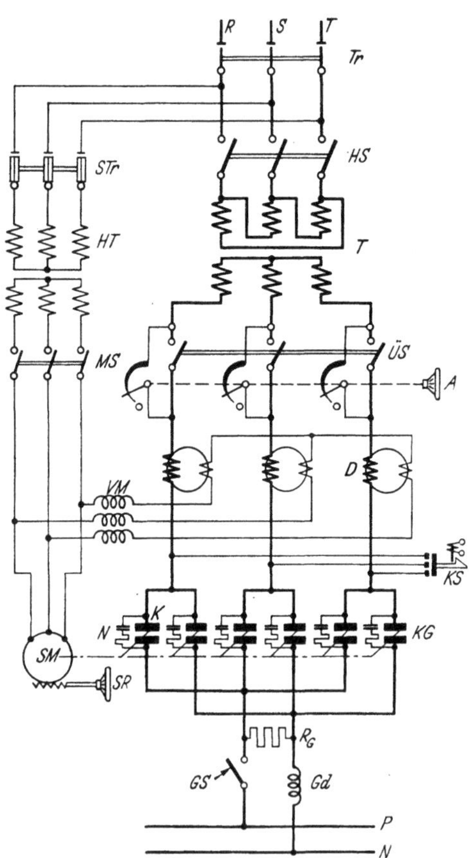

Abb. 13,5. Vereinfachtes Gesamtschaltbild einer Kontaktumformeranlage in 3phasiger Dreidrossel-Brückenschaltung.

dem Handrad SR angedeutet ist. Da der Motor sich bereits vor dem Schließen des Hauptschalters im synchronen Lauf befinden muß, so wird er aus einem Hilfstransformator HT gespeist, der über einen Sicherungstrennschalter STr direkt an das Hochspannungsnetz angeschlossen ist. Mit dem Einschalten des Motors mittels des Schalters MS werden gleichzeitig auch die Vormagnetisierungsstromkreise VM der Schaltdrosseln an Spannung gelegt. Die Schaltdrosseln sind hier nur mit einem Ausschaltkern dargestellt; die Einschaltkerne mit der dazugehörigen

Vormagnetisierung und den Einschaltwicklungen der Nebenwege (vgl. Abb. 11,1) sind der Übersichtlichkeit wegen fortgelassen. Wenn, wie im vorliegenden Schaltbild, für das Anlassen Widerstände mit einer Anlasserstellung für vollständige Unterbrechung verwendet werden, so können Motor und Vormagnetisierungskreise auch, nötigenfalls unter Zwischenschaltung eines Hilfstransformators zur Spannungsanpassung, an die Sekundärseite des Haupttransformators angeschlossen werden, wodurch der Hochspannungsanschluß vermieden wird. Bei anderen Anlaßverfahren kommt neben dem als Beispiel gezeichneten Hochspannungsanschluß auch der Anschluß an ein bereits bestehendes Niederspannungshilfsnetz in Frage.

13.4 Die Betriebsweise des Kontaktumformers.

Zur Inbetriebsetzung des Kontaktumformers ist es zunächst erforderlich, die Kontakte durch Schließen des Motorschalters in Bewegung zu setzen. Nachdem der Motor seinen synchronen Lauf erreicht hat, kann der Hauptschalter geschlossen werden. Sodann wird der Anlasser aus der „Aus"-Stellung in Richtung der Kurzschlußstellung bewegt. Entsprechend seiner Fortbewegung steigt die am Spannungsmesser zu beobachtende Gleichspannung an. Nach Erreichen der Endstellung läuft der Kontaktumformer im Grundlastbetrieb. Der Überbrückungsschalter $\ddot{U}S$ kann dann geschlossen und der Anlasser in die Anfangsstellung zurückbewegt werden. Damit ist der Umformer bereit zur Lastübernahme. Der Anlaßvorgang nimmt nur sehr kurze Zeit in Anspruch und kann mit Hilfe einiger weniger Betätigungsschalter oder Druckknöpfe durchgeführt oder auch vollständig automatisiert werden.

Das Einschalten der Last und der Betrieb des Kontaktumformers müssen stets so gehandhabt werden, daß kein Rückstrom entsteht. Vor dem Schließen des Gleichstromschalters wird daher die Leerlaufspannung des Kontaktumformers auf einen Betrag eingestellt, der etwas höher ist als die etwaige Gegenspannung der Last oder die Spannung anderer, bereits in Betrieb befindlicher Umformer, zu denen der Kontaktumformer parallel geschaltet werden soll, oder als die Spannung des zu speisenden Netzes. Dadurch wird erreicht, daß der Kontaktumformer beim Schließen des Gleichstromschalters sofort einen Vorwärtsstrom gewisser Größe abgibt. Anschließend kann dann der abgegebene Strom durch Steigerung der Spannung des Kontaktumformers oder durch Senkung der Spannung der parallel arbeitenden Einheiten auf den gewünschten Betrag erhöht werden.

Das Abschalten des Kontaktumformers geht in entsprechender Weise in umgekehrter Reihenfolge vor sich. Es ist zwar ohne weiteres möglich, bei einem Kontaktumformer der starren Bauart den vollen Laststrom bis zur Höhe des Grenzstromes und bei einem Umformer mit elektrischer Überlappungsregelung einen Strom von der Größe der zulässigen dynamischen Stromsenkung durch Öffnen des Gleichstromschalters in einem Zuge abzuschalten, worauf der Umformer sich dann wieder im Grundlastbetrieb befindet. Im allgemeinen setzt man jedoch zur Vermeidung unnötiger Stromstöße und zur Schonung des Gleichstromschalters den Strom vor der Abschaltung auf $^1/_4$ bis $^1/_5$ des Nennstromes, bei ruhigen Betrieben auch noch weiter herab. Eine Notabschaltung des Kontaktumformers kann durch unmittelbares Öffnen des drehstromseitigen Hauptschalters oder, im betrachteten Schaltungsbeispiel, durch Öffnen des Überbrückungsschalters $\ddot{U}S$ vorgenommen werden, wobei ein etwaiger Rückstrom auf der Gleichstromseite durch den dort befindlichen Rückstromselbstschalter unterbrochen wird.

Sehr oft kommt es vor, daß Kontaktumformer mit Maschinenumformern oder mit Quecksilberdampfgleichrichtern parallel arbeiten sollen. Es taucht daher die

Frage auf, ob ein derartiger Parallelbetrieb in einwandfreier Weise möglich ist. Summarisch kann hierzu zunächst festgestellt werden, daß Kontaktumformer vom Anfang ihres praktischen Einsatzes an parallel zu anderen Umformerarten betrieben wurden und daß im Laufe dieser sich jetzt über mehr als 15 Jahre erstreckenden Erfahrungszeit keinerlei Schwierigkeiten beim Parallelbetrieb aufgetreten sind. Das wird auch verständlich, wenn man die äußere Spannungs-Strom-Kennlinie des Kontaktumformers betrachtet, wie sie beispielsweise schematisch später in Abb. 30,1 dargestellt ist.

Die Kennlinie besteht in ihrem Hauptteil aus einer mit zunehmender Belastung nach kleineren Werten der Spannung geneigten Geraden und zeigt damit im wesentlichen einen gleichartigen Verlauf wie diejenige eines Quecksilberdampfgleichrichters oder eines Maschinenumformers. Für eine gegebene Kontaktumformerschaltung hängt die Größe der Neigung außer von den ohmschen Widerständen vor allem von der Größe der Reaktanz des Wendekreises ab. Die Neigung kann daher an sich innerhalb gewisser Grenzen durch Wahl der Transformatorstreuung und der Reaktanz der gesättigten Schaltdrossel beeinflußt werden, doch besteht im allgemeinen keine Notwendigkeit, hiervon Gebrauch zu machen. Bei Verwendung der selbsttätigen Überlappungsregelung kann sie in noch stärkerem Maße durch eine mit der selbsttätigen Regelung des Ausschaltzeitpunktes gekoppelte Beeinflussung des Einschaltzeitpunktes den Bedürfnissen angepaßt werden (vgl. Abschn. 23, S. 142 und 161, ferner Abschn. 30, S. 254). Im allgemeinen ist die natürliche Neigung der Kennlinie bei gleichbleibendem Einschaltzeitpunkt etwas größer als diejenige von Quecksilberdampfgleichrichtern und insbesondere von Maschinenumformern. Bei Schwankungen der Gesamtbelastung ändert sich die Belastung des Kontaktumformers somit in etwas geringerem Maße als die Belastung der parallelarbeitenden anderen Umformer. Außer der größeren Neigung stellt auch die in Richtung höherer Werte der Spannung verlaufende Anfangskrümmung der Kennlinie (s. Abb. 30,1) einen gewissen Schutz des Kontaktumformers gegen das Auftreten von Rückströmen bei starkem Rückgang der gemeinsamen Belastung dar. Bei gleichbleibendem Einschaltzeitpunkt beträgt der gesamte Spannungsabfall zwischen Grundlast und Nennstrom bei Großumformern je nach der verwendeten Kontaktumformerschaltung und der Größe der Reaktanzspannung des Wendekreises 6 bis 15% der Nennspannung.

Hinsichtlich der Parallelarbeit mit den anderen Umformerarten bei Schwankungen der Spannung des speisenden Netzes verhält sich der Kontaktumformer wie ein Quecksilberdampfgleichrichter oder ein Einankerumformer. Denn auch bei diesen wird wie beim Kontaktumformer die Wechselspannung nur auf den Gleichstromkreis umgeschaltet, weswegen zwischen der zugeführten Wechselspannung und der Gleich-EMK ein festes Verhältnis besteht. Spannungsschwankungen des speisenden Netzes übertragen sich daher bei allen 3 Arten in ungefähr gleichem Maße auf die Gleichstromseite, so daß diese Umformer trotz schwankender Speisespannung ohne eine wesentliche Änderung der Lastverteilung miteinander parallel arbeiten. Der Motorgenerator dagegen hält, solange die Netzfrequenz sich nicht ändert, seine Gleich-EMK unabhängig von Netzspannungsschwankungen auf der gleichen Höhe. Bei jedem der 3 erstgenannten Umformer ändert sich daher die Lastverteilung in bezug auf den Motorgenerator, wenn die Netzspannung schwankt. Der Kontaktumformer ist dabei von allen 3 Arten wegen seiner am stärksten geneigten Kennlinie noch am besten gestellt.

Oft auch werden Kontaktumformer mit einer selbsttätigen Regelung auf gleichbleibenden Belastungsstrom ausgerüstet. In solchen Fällen ist die natürliche Neigung.

der Kennlinie höchstens noch in dynamischer Hinsicht, nicht aber für die Lastverteilung im Beharrungszustand von Bedeutung, und auch Schwankungen der speisenden Spannung spielen keine Rolle.

III. Das Schaltdrosseleisen.

14. Die Eisensorten.

Als Magnetkerne sind für die Schaltdrosseln bisher ausschließlich *Ringbandkerne* verwendet worden, d. h. Ringkerne, die aus dünngewalzten, sogenannten endlosen Bändern durch spiraliges Aufwickeln des Bandes hergestellt werden. Derartige Kerne sind praktisch frei von Luftspalten und somit frei von magnetischer Scherung, und vor allem wird bei ihnen der Werkstoff magnetisch nur in der Walzrichtung beansprucht. Letzteres ist deswegen von besonderer Wichtigkeit, weil sich die für die Erzeugung brauchbarer Stromstufen notwendige Rechteckform der Hystereseschleife nur mit Eisensorten erzielen läßt, die magnetische Vorzugsrichtungen besitzen. Die Ringbandkernform ist diejenige Kernform, bei der die hervorragenden magnetischen Eigenschaften solcher Werkstoffe fast unbeeinträchtigt zur Wirkung kommen. Das gilt insbesondere für Werkstoffe mit nur einer einzigen, in der Walzrichtung gelegenen Vorzugsrichtung.

Die Bänder haben üblicherweise Breiten, die je nach der Größe des Kernes 10 bis 30 mm betragen, und Dicken, die je nach dem Werkstoff und dem Verwendungszweck zwischen 0,15 und 0,03 mm variieren. Als Einschaltkern genügt in der Regel ein einziger Ringbandkern. Ausschaltkerne werden wegen des erforderlichen größeren Querschnittes gewöhnlich aus mehreren aufeinander geschichteten Einzelkernen zusammengesetzt. Die Größe der Einzelkerne ist je nach der Umformerleistung sehr verschieden. So hatte beispielsweise der größte für Kontaktumformer bisher verwendete Einzelkern die Abmessungen $650 \times 358 \times 25$ mm bei einem Gewicht von 41,6 kg, der kleinste dagegen die Abmessungen von $134 \times 102 \times 20$ mm und das Gewicht von 0,78 kg. In dieser Schreibweise bedeutet die erste Zahl den Außendurchmesser, die zweite den Innendurchmesser und die dritte die Höhe, d. h. bei einem Einzelkern die Bandbreite. Der größte bisher verwendete Gesamtkern bestand aus einem Stapel von 8 Einzelkernen und hatte bei einem Gewicht von 333 kg die Abmessungen $650 \times 358 \times 200$ mm.

Als Kernwerkstoffe kommen gegenwärtig in Betracht:

1. Für höchste Ansprüche: *Nickeleisen.*

Zusammensetzung: 50% Ni, Rest Fe, gegebenenfalls noch geringfügige Verarbeitungszusätze.
Wichte: 8,25 g/cm³.
Banddicke: 0,03 oder 0,05 oder 0,10 oder 0,15 mm.

2. Für geringere Ansprüche: *Siliziumeisen.*

Zusammensetzung: 2,5 bis 3% Si, Rest Fe, gegebenenfalls noch geringfügige Verarbeitungszusätze.
Wichte: 7,70 g/cm³.
Banddicke: 0,15 (auch 0,17) mm.

In der Zukunft können vielleicht auch weitere Legierungen, die sich z. Z. noch im Entwicklungsstadium befinden, noch in Frage kommen, z. B. Kobalteisen[1] oder Aluminiumeisen.

---

[1] LIBSCH u. BOTH: [*3.39*].

14.1 Nickeleisen.

Das 50proz. Nickeleisen mit Vorzugsrichtung wurde nach einem Grundpatent von PAWLEK (DRP. 659134 vom 28. 2. 1935) seit dem Jahre 1939 erstmalig großtechnisch hergestellt von der *Vacuumschmelze Hanau AG* (abgekürzt VAC). Es trägt dort die Handelsbezeichnung *Permenorm 5000 Z*[1]. Heute wird es auch von weiteren Herstellern im In- und Auslande gefertigt und hat dort Namen wie Hyperm 50 T, Permeron, Deltamax, Orthonol, Orthonik, Hipernik V und H.C.R. erhalten.

Als Ausgangsstoffe verwendet man Nickel und Eisen in reiner Form. Im allgemeinen stellt man auf dem Schmelzwege eine Legierung her, z. B. aus Mond-Nickel in Form von kleinen Kugeln und aus Armco-Eisen. Diesen Hauptbestandteilen werden noch geringe Zusätze zur Desoxydation und zur Unschädlichmachung sonstiger Verunreinigungen hinzugefügt. Nach dem Schmelzen wird das Material zu Blöcken vergossen. Das Schmelzen und Gießen magnetisch guter Legierungen erfordert viel Erfahrung; mit Vorteil werden diese Prozesse unter Vakuum ausgeführt. Auch der Sinterweg ist unter Verwendung von Carbonylnickelpulver und Carbonyleisenpulver als Ausgangsstoffen möglich, doch haben sich dabei trotz der größeren Reinheit keine besonderen Vorteile gezeigt.

Die Blöcke werden dann in verschiedenen Stichen mit Zwischenglühungen zu Streifen von einigen mm Dicke warm ausgewalzt. Darauf folgt ein Kaltwalzprozeß, im Verlaufe dessen die Streifen auf die endgültige Banddicke, z. B. 0,05 mm, abgewalzt werden.

Abb. 14,1. Walzenstraße nach W. ROHN zum Kaltauswalzen des Bandes, bestehend aus 6 Sechsrollenwalzwerken (VAC 1942).

Abb. 14,1 zeigt eine von der VAC für den letzten Walzschritt verwendete, von W. ROHN[2] angegebene Walzenstraße, die aus 6 Sechsrollenwalzwerken besteht. Das Schneiden auf die erforderliche Bandbreite wird in einer Zwischenstufe oder am Schluß des Walzprozesses ohne Zwischenglühung vorgenommen. Es ist entscheidend, daß der letzte Abwalzgrad, d. h. die durch das letzte Kaltwalzen bewirkte Dickenverminderung, über 90% beträgt, weil nur dann das erforderliche Kristallgefüge erhalten werden kann. Vielfach liegt der Schluß-Kaltverformungsgrad sogar bei 98%.

Nach dem Kaltwalzen wird das Band zu Vorratsringen aufgewickelt. Aus diesen werden dann durch Umwickeln die Ringbandkerne in den endgültigen Abmessungen hergestellt. In Abb. 14,2 ist eine hierfür eingerichtete selbsttätige Wickelmaschine der ITE wiedergegeben. Beim Wickeln des Kernes wird das Band gleich mit einer

----

[1] [*3.43*].   [2] [*3.14*].

dünnen Isolierschicht versehen. Diese ist erforderlich, um die Wirbelstrombildung herabzusetzen. Sie hat ferner die wichtige Aufgabe, ein Zusammenschweißen der einzelnen Bandwindungen bei der nachfolgenden Schlußglühung des Kernes zu verhindern. Die Schicht muß aus einem hitzebeständigen Material bestehen, damit sie dieser Schlußglühung standhält. Gewöhnlich wird Magnesiumoxydpulver verwendet, das auf das Band aufgestäubt und durch den noch vorhandenen Walzfettfilm dort festgehalten wird. In Abb. 14,2 z. B. wird zur Erzeugung der Isolierschicht das Band durch einen Behälter mit Magnesiumoxydpulver gezogen, der unten an der Wickelmaschine erkennbar ist.

Den Abschluß der Herstellung des Einzelkernes bildet die erwähnte Schlußglühung. Sie wird bei 50proz. Nickeleisen mit einer Temperatur von 1020 bis 1100° C ausgeführt, und zwar im allgemeinen unter Wasserstoff als Schutzgas. Durch die Schlußglühung bildet sich aus dem beim Walzen entstandenen, verformten Gefüge (Walztextur) ein neues, spannungsfreies Gefüge (Rekristallisationstextur). Es besteht bei richtiger Lenkung des Herstellungsganges aus ziemlich kleinen Kristalliten, die, was das Wesentliche ist, fast vollkommen gleichgerichtete Kristallgitter haben. Das 50proz. Nickeleisen kristallisiert kubisch-flächenzentriert (dichteste Kugelpackung, Abb. 14,3). Die Orientierung der einzelnen Kristallite ist nun so, daß eine der Würfelkantenrichtungen mit der früheren Walzrichtung in der Blechebene zusammenfällt, die zweite quer dazu in der Blechebene liegt und die dritte senkrecht zur Blechebene steht (Abbildung 14,4). Diese Orientierung eines polykristallinen Gefüges heißt *Würfellage*.

Abb. 14,2. Selbsttätige Wickelmaschine zur Herstellung von Ringbandkernen (ITE 1948). (Links auf dem Gestell fertig gewickelte Kerne.)

Das Band mit Würfeltextur verhält sich magnetisch wie ein Einkristall, da die Verrückungen der einzelnen Kristallite gegeneinander nur unerheblich sind. Im Einkristall ist nun im vorliegenden Falle die Würfelkante die Richtung leichtester Magnetisierbarkeit (magnetische Vorzugsrichtung), in der von einer bestimmten, kleinen Feldstärke ab das Material vollständig gesättigt ist und nach Wegnahme des Feldes auch gesättigt bleibt, wenn keine Störungen vorliegen. Im polykristallinen Band mit Würfeltextur ist es nicht anders. Wir finden bei diesem deshalb, wenn die Magnetisierung in Richtung einer der Würfelkanten vorgenommen wird, wie beim Einkristall statt der normalen Hystereseschleife mit langsamem Einmünden in die Sättigung eine sogenannte Rechteckschleife mit vollständiger Sättigung bereits bei geringer Feldstärke und mit hoher Remanenz. Da nun, wie schon gesagt wurde, beim 50proz. Nickeleisen mit Würfellage eine der Würfelkanten parallel zur Walzrichtung verläuft und eine quer dazu in der Blechebene, so hat dieser Werkstoff in der Blechebene *zwei* magnetische Vorzugsrichtungen, und man erhält in jeder dieser Magnetisierungsrichtungen eine solche Rechteckschleife.

Die richtige Durchführung der Schlußglühung unter den optimalen Bedingungen ist für die Entstehung der rechteckförmigen Hystereseschleife entscheidend. Auch die Geschwindigkeit, mit der die an die Schlußglühung sich anschließende Abkühlung des Kernes vor sich geht, ist von erheblichem Einfluß auf die Güte der Schleife. Schnelle Abkühlung ergibt im allgemeinen eine bessere Annäherung an die Rechteckform als eine ausgesprochen langsame Abkühlung. Aber selbst bei langsamer Abkühlung kann die Form der Hystereseschleife noch beträchtlich verbessert werden, wenn der Bandkern während der Abkühlung der Einwirkung eines magnetischen Feldes ausgesetzt wird. Mit Hilfe dieser sogenannten *Magnetfeld-*

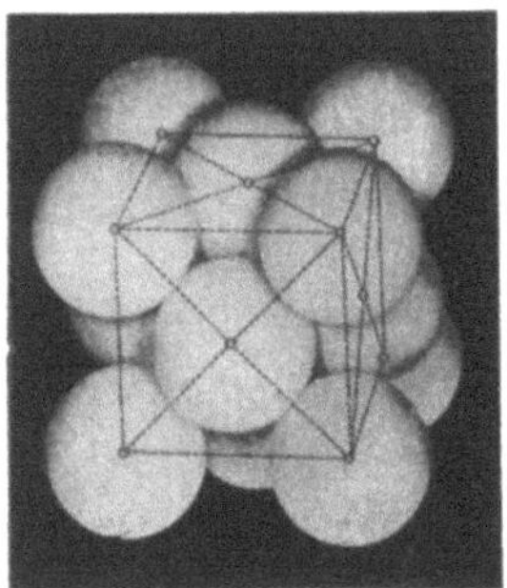

Abb. 14,3. Kubisch flächenzentriertes Kristallgitter.

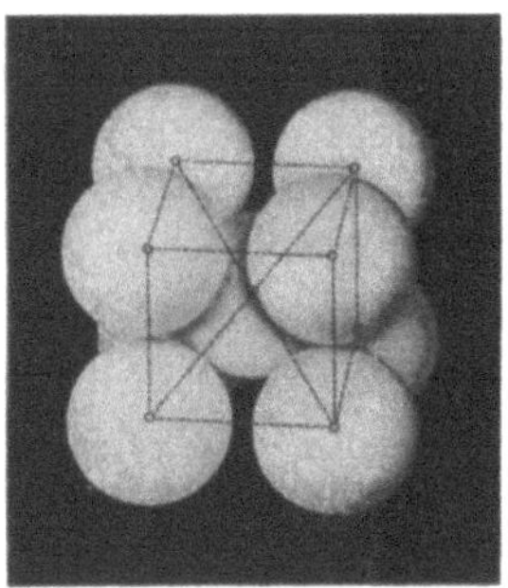

Abb. 14,5. Kubisch raumzentriertes Kristallgitter.

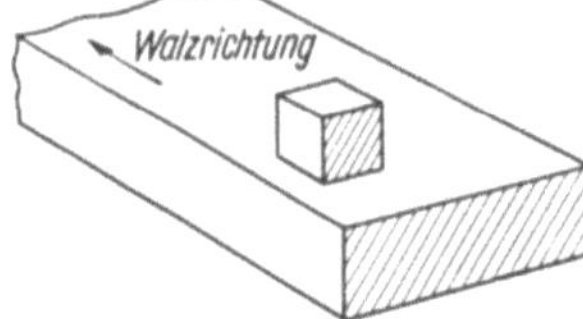

Abb. 14,4. Kristallgitterwürfel im rekristallisierten
Nickeleisenband (Würfeltextur).

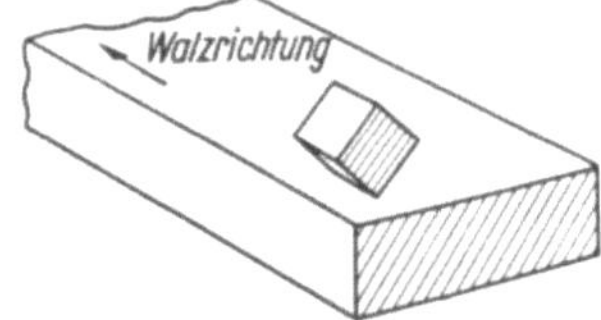

Abb. 14,6. Kristallgitterwürfel im rekristallisierten
Siliziumeisenband (Goß-Textur).

abkühlung lassen sich Hystereseschleifen mit geradezu erstaunlich scharfen Ecken erzielen. Eine übertriebene Anwendung dieses Verfahrens aber ist für Eisenkerne, die in Kontaktumformern verwendet werden sollen, nicht zu empfehlen, weil die Kerne sonst sehr stark ausgeprägte große Barkhausensprünge aufweisen (siehe Abschn. 17.4) und infolgedessen bei der Ummagnetisierung nicht mehr stetig der angelegten Spannung folgen.

Die zwischen den einzelnen Windungen des Bandkernes befindliche Magnesiumoxydschicht ermöglicht während des Abkühlungsvorganges den Zutritt von Luft zu der Bandoberfläche. Es kann sich infolgedessen auf der Oberfläche des Bandes eine hauchdünne Oxydschicht ausbilden, die die isolierende Wirkung des Magnesiumoxyds noch unterstützt.

Nach der Schlußglühung darf — ganz gleich, in welcher Form sie durchgeführt wurde — der Kern nicht erneut mechanischen Spannungen ausgesetzt werden, weil sonst die guten magnetischen Eigenschaften zum großen Teil wieder verlorengehen können, und zwar bei plastischer Verformung meist unwiederbringlich. Die Behandlung der Kerne und der Zusammenbau zu Schaltdrosseln erfordern daher Vorsicht und Erfahrung.

Nickeleisen ist gegenwärtig derjenige Werkstoff, der die am weitesten gehende
Annäherung der Hystereseschleife an die erstrebte Rechteckform ergibt. Es besitzt,
wie oben ausgeführt wurde, in der Blechebene *zwei* magnetische Vorzugsrichtungen.
Die günstigste ist die Walzrichtung. Diese wird bei der Ringbandkernform ausgenutzt. Nur wenig ungünstiger ist die dazu senkrechte Richtung in der Blechebene.
Daher lassen sich aus Nickeleisen mit Vorzugsrichtung auch Stanzschnitte mit sehr
guten magnetischen Eigenschaften herstellen[1].

14.2 Siliziumeisen.

Ein Verfahren zur Herstellung von Siliziumeisen mit Vorzugsrichtung wurde
von Goss angegeben (DRP. 763989 vom 5. 7. 34, USA-Patent 1965559 vom 7. 8. 33).
Das Ziel dieses Verfahrens war eigentlich nur eine Verbesserung der Permeabilität
und eine Herabsetzung der Eisenverluste, z. B. für die Zwecke des Transformatoren-
baues; aber das so behandelte Siliziumeisen zeigt von Haus aus auch bereits eine
Hystereseschleife, die sich der Rechteckform nähert. Speziell mit dem Ziel der Erzeugung einer möglichst guten Rechteckschleife wurde das Eisen dann weiterent-
wickelt durch die frühere Fertigungsstelle für magnetische Sonderwerkstoffe von
Siemens & Halske in Berlin-Haselhorst, wo es die Bezeichnung *M 738* erhielt, und
durch die Vacuumschmelze Hanau, die dieses Eisen unter der Handelsbezeichnung
Trafoperm N 2 liefert. Da Siliziumeisen mit Vorzugsrichtung sich gegenwärtig im
Transformatoren- und z. T. auch im Elektromaschinenbau mehr und mehr durchsetzt, wächst die Zahl der Hersteller und damit der Firmenbezeichnungen von Jahr
zu Jahr. So finden wir heute als Magnetwerkstoffe mit ähnlichen Eigenschaften z. B.
Hyperm 5 T, Alphasil, Crystalloy, Hipersil, Oriented M7X (Tran Cor 3X–0),
Orthosil, Silectron, Silitex, Unisil und USS Transformer 66.

Der wesentliche Vorgang bei der Herstellung von Siliziumeisen mit Vorzugsrichtung ist wiederum ein Kaltwalzprozeß mit nachfolgender Schlußglühung unter
Wasserstoff. Anders aber als beim Nickeleisen, wo eine einzige, hochgradige Kalt-
verformung ohne Zwischenglühung vorgenommen wird, sind hier mehrere Kalt-
verformungen mittlerer Größe (um 50 bis 60%) besonders günstig, zwischen denen
Glühungen ausgeführt werden[2]. Auch hier ist die Schlußglühung wiederum erforderlich, um aus der Walztextur die Rekristallisationstextur entstehen zu lassen.
Beim Siliziumeisen führt jedoch nicht wie beim Nickeleisen die *primäre* Rekristallisation zu der erwünschten Kristallorientierung (vgl. S. 101), sondern gerade die
beim Nickeleisen vermiedene, durch Kornwachstum entstandene *sekundäre*. Die
Glühtemperatur liegt zwischen 900 und 1200°C. Für die Isolation, für den Einfluß der Abkühlungsgeschwindigkeit, für die Wirkung der Magnetfeldabkühlung und
für die Empfindlichkeit gegen mechanische Beanspruchungen gilt das bereits bei
Nickeleisen Gesagte in entsprechender Weise.

Das Kristallgitter von Siliziumeisen ist im Gegensatz zu Nickeleisen kubisch
raumzentriert (Abb. 14,5). Die andersartigen Gitterverhältnisse bewirken eine andere
Walz- und Rekristallisationstextur. Die Rekristallisationstextur ist im Idealfalle so,
daß die eine der Würfelkantenrichtungen in der Walzrichtung verläuft, genau wie
bei Nickeleisen. Ein grundlegender Unterschied gegenüber Nickeleisen aber besteht
darin, daß in der Blechebene quer zur Walzrichtung keine Würfelkante, sondern
eine Flächendiagonale liegt (Abb. 14,6). Eine solche Gefügeanordnung heißt nach
dem Erfinder des Herstellungsverfahrens *Goß-Textur*. Weiterhin sind bei den ein-

---

[1] Siehe z. B. ROLF u. DIETZ: [*3.49*] S. 76.
[2] Vgl. auch WASSERMANN: [*3.2*] S. 179.

zelnen Kristalliten die Abweichungen von der Ideallage beträchtlich größer als bei Nickeleisen.

Magnetisch bedeuten diese Unterschiede, daß schon in der Walzrichtung keine so gute Rechteckschleife vorhanden ist wie bei Nickeleisen. Dieser Umstand hat bisher die Verwendbarkeit von Siliziumeisen bei Kontaktumformern auf Ausschaltkerne für kleine und mittlere Leistungen bis zu einigen Hundert kW (Ströme bis zu 2000 A) beschränkt. Für Ausschaltkerne bei größeren Leistungen und für Einschaltkerne aller Größen kommt bei dem heutigen Stande nur Nickeleisen in Frage. Senkrecht zur Walzrichtung in der Blechebene aber fehlt die Rechteckschleife völlig. Das Siliziumeisen mit Goß-Textur weist also nur eine einzige Vorzugsrichtung auf, nämlich die Walzrichtung. Stanzschnitte, bei denen der Kraftfluß stellenweise auch quer zur Walzrichtung verläuft, ergeben daher keine Kerne mit günstigsten magnetischen Eigenschaften, so daß man bei Schichtkernen besser auf Sonderbauformen von Streifenkernen übergeht[1]. Es soll aber nicht unerwähnt bleiben, daß es der VAC in letzter Zeit im Laboratoriumsmaßstabe gelungen ist, auch bei Siliziumeisen eine Würfeltextur mit 2 aufeinander senkrecht stehenden magnetischen Vorzugsrichtungen in der Blechebene zu erzeugen[2]. Damit ergeben sich also doch Aussichten, in der Zukunft auch Stanzschnitte mit guten magnetischen Eigenschaften und ausgeprägter Rechteckschleife aus Siliziumeisen herstellen zu können. Ob sich aus dieser neuen Entwicklung auch für Ringbandkerne, bei denen ja die zweite Vorzugsrichtung ohne Bedeutung ist, noch Vorteile gegenüber der Goß-Textur ergeben werden, läßt sich heute noch nicht sagen.

15. Die Kennzeichnung der magnetischen Eigenschaften.

Zur Kennzeichnung der magnetischen Eigenschaften des Schaltdrosseleisens bedient man sich, wie allgemein in der Elektrotechnik, der Magnetisierungskurven. Diese stellen den Zusammenhang dar zwischen der erregenden magnetischen Feldstärke H (gemessen in Oe oder in A/cm) und der durch sie erzeugten magnetischen Induktion B oder der magnetischen Polarisation M (beide Größen gemessen in Vs/cm² oder in G). Die magnetische Polarisation M ist der Zuwachs an Induktionslinien, der gegenüber der Induktion $B_0 = \mu_0 H$ des reinen Luftraumes infolge der Anwesenheit des ferromagnetischen Eisens eintritt gemäß der Beziehung

$$M = B - \mu_0 H = \mu_0 J, \tag{15,1}$$

worin μ_0 die Induktionskonstante (Permeabilität des leeren Raumes) und J die Magnetisierung (gemessen in Oe oder A/cm wie die Feldstärke) bedeutet[3]. Außerdem ist im allgemeinen die Kenntnis der Verlustziffer v_{Fe} (spezifischer Eisenverlust, gemessen in W/kg) erwünscht. Bei den Magnetisierungskurven muß man noch unterscheiden zwischen der Hystereseschleife und der Kommutierungskurve (Spitzenkurve).

15.1 Die Hystereseschleife.

Wenn man einen ferromagnetischen Werkstoff durch Wechselstrom oder durch gewendeten Gleichstrom zwischen den Umkehrwerten $+H_m$ und $-H_m$ der Feld-

---

[1] ROLF u. DIETZ: [3.49] S. 78. — LANG: [5.38].

[2] ASSMUS, F., R. BOLL, D. GANZ u. F. PFEIFER: [3.55]. — F. ASSMUS, K. DETERT u. G. IBE: [3.56].

[3] Nach Normblatt DIN 1325 (1946). Die Bezeichnung „magnetische Polarisation M" ist an die Stelle der früher gebräuchlichen, begrifflich gleichbedeutenden Bezeichnung „Magnetisierungsstärke J" nach Normblatt DIN 1304 (1933) getreten, die inzwischen verlassen wurde.

stärke zyklisch magnetisiert, so ist der Zusammenhang zwischen der magnetischen Induktion B (bzw. der magnetischen Polarisation M) und der Feldstärke H bekanntlich gegeben durch die Hystereseschleife (Abb. 15,1). Die Hystereseschleife ist die wichtigste Kurve zur Beurteilung der Güte des Schaltdrosseleisens, da aus ihr erkennbar ist, in welchem Maße das Eisen befähigt ist, die erstrebte Stufe im Verlauf des die Schaltdrossel durchfließenden Stromes hervorzubringen. Je mehr sich die Hystereseschleife dem Idealfall der Rechteckschleife (Abb. 15,2) nähert, um so besser ausgeprägt ist die Stromstufe. Es ist wichtig, die Beurteilung nicht nach der *statischen* Hystereseschleife vorzunehmen, wie sie sich z. B. aus der bekannten Gleichstrommeßmethode mit einem ballistischen Galvanometer[1] ergibt, sondern dazu

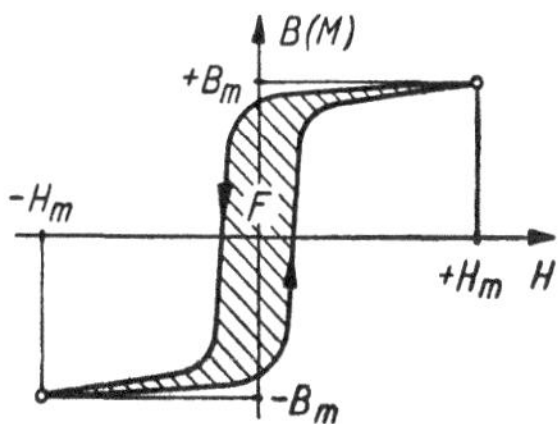

Abb. 15,1. Hystereseschleife.

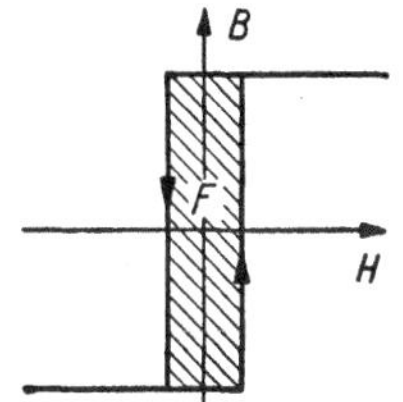

Abb. 15,2. Rechteckschleife.

die *dynamische* Hystereseschleife zu verwenden, bei deren Messung die Ummagnetisierung des Eisens mit einer dem praktischen Umformerbetrieb entsprechenden Geschwindigkeit erfolgt. Hierfür geeignete Meßverfahren sind in Abschn. 49 beschrieben.

15.2 Die Kommutierungskurve (Spitzenkurve).

Wenn im elektrotechnischen Schrifttum (z. B. über Elektromaschinenbau) Magnetisierungskurven abgebildet sind, so handelt es sich meistens um *Kommutierungskurven*. Diese werden in der Regel als statische Magnetisierungskurven ballistisch oder mit anderen, gleichwertigen Methoden gemessen und haben ihren Namen

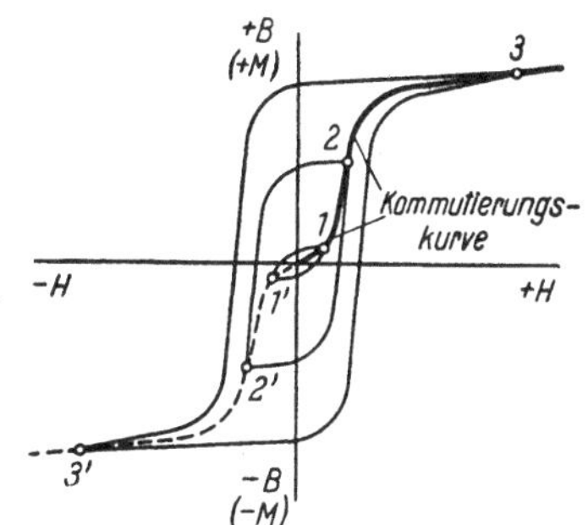

Abb. 15,3. Entstehung der Kommutierungskurve
(Spitzenkurve).

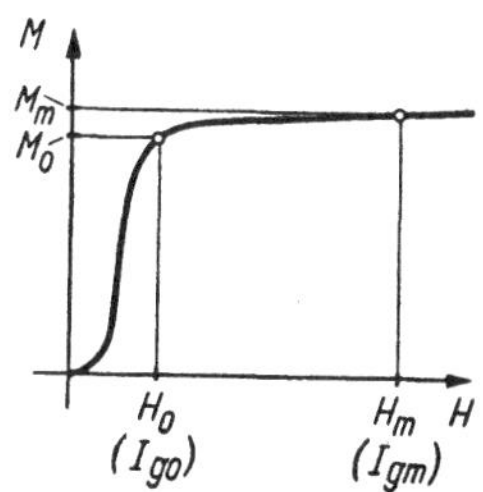

Abb. 15,4. Auswertung der Kommutierungskurve.

daher erhalten, daß bei jedem Meßpunkt der magnetisierende Gleichstrom mittels eines Umschalters vom Betrag des einen Umkehrwertes zum gleichgroßen Betrag des anderen Umkehrwertes gewendet wird. Jeder Meßpunkt liefert also die Umkehrwerte (Spitzenwerte) einer speziellen Hystereseschleife, und die Kommutierungskurve selbst stellt die Verbindungslinie der Spitzenpunkte (Abb. 15,3, Punkte *1, 2, 3* bzw. *1'*, *2', 3'*) aller bei den verschiedenen Umkehrfeldstärken sich ergebenden Hystereseschleifen dar. Im allgemeinen, z. B. bei der Vorausberechnung von mit Gleichstrom erregten

---

[1] Siehe z. B. NEUMANN: [6.27]. — JELLINGHAUS: [6.2] S. 68/74.

Magnetsystemen, interessiert nämlich gar nicht, *wie* — d. h. nach welchem Verlauf der Hystereseschleife — man zu einem gewünschten Induktionswert gelangt, sondern man will nur wissen, welcher Feldstärkenbetrag dazu aufzuwenden ist. Bei Kontaktumformern ist die Kommutierungskurve für die *Vorausberechnung* insofern erforderlich, als beispielsweise die Werte M_m und M_0 der magnetischen Polarisation für Betrieb des Umformers mit dem Grenzgleichstrom I_{gm} bzw. mit dem Grundlaststrom I_{g0} (Abb. 15,4) und in manchen Fällen auch noch Zwischenwerte benötigt werden. Für die Beurteilung des Eisens hinsichtlich der Stromstufe dagegen hat sich die Kommutierungskurve, obwohl sie natürlich ebenfalls um so steiler verläuft, je mehr sich die Hystereseschleife der erwünschten schmalen Rechteckschleife nähert, als nicht ausreichend erwiesen.

Auch mit Wechselstrom normaler Netzfrequenz, z. B. 50 Hz, lassen sich entsprechende dynamische Kommutierungskurven messen. Sie fallen, wenn man sie nicht mit sinusförmigem Induktionsverlauf, sondern mit ungefähr sinusförmigem Stromverlauf mißt (vgl. Abschn. 49.1), bei sehr dünn lamellierten Blechen mit geringer Wirbelstrombildung meist mit den statisch gemessenen zusammen, weil bei sinusförmigem Stromverlauf die Ummagnetisierung in der Umgebung des Umkehrpunktes der Feldstärke nur verhältnismäßig langsam vor sich geht. Über die Messung der Kommutierungskurve mit Wechselstrom finden sich nähere Angaben in Abschn. 49.

Bezüglich der magnetischen Induktion B und der magnetischen Polarisation M ist noch grundsätzlich zu bemerken, daß diese Größen bei dem für Kontaktumformer allein in Frage kommenden Eisen mit Rechteckschleife für kleine Werte der Feldstärke, wie sie in der Nähe der steilen Flanken der Hystereseschleife vorliegen, zahlenmäßig praktisch gleich sind. Es ist z. B. bei $H = 10$ A/cm der Differenzbetrag $\mu_0 \cdot H$ nur $1{,}25 \cdot 10 = 12{,}5$ G, also gegenüber dem zugehörigen B- bzw. M-Wert von etwa 15 000 G zu vernachlässigen. Bei den hier in Betracht kommenden Hystereseschleifen ist es daher gleichgültig, ob man von B oder von M spricht, desgleichen bei der Kommutierungskurve im unteren Feldstärkenbereich bis zu einigen Zehn A/cm. Bei Kommutierungskurven bis zum betriebsmäßigen Feldstärkenbereich dagegen (max. über 500 A/cm) muß der Unterschied wohl beachtet werden. Zweckmäßig wird dann der M-Wert aufgetragen und nicht der B-Wert, weil die Kenntnis von M für die Berechnung von Drosselspulen mit gesättigtem Eisenkern nützlicher ist, wie später noch gezeigt wird, und weil der Wert M das Erreichen der Sättigung dadurch klar erkennen läßt, daß die Magnetisierungskurve im Sättigungsgebiete genau parallel zur H-Achse verläuft.

15.3 Die Verlustziffer.

Die Verlustziffer v_{Fe} gibt den Leistungsverlust je kg Eisen bei betriebsmäßiger Ummagnetisierungsgeschwindigkeit des Eisens an. Bekanntlich steht die Verlustziffer in unmittelbarem Zusammenhang mit der Hystereseschleife, da die von dieser umschriebene Fläche F (Abb. 15,1) den Leistungsverlust je Ummagnetisierungszyklus, d. h. je Periode darstellt. Es ist daher an sich möglich, die Verlustziffer aus der Größe der Fläche der Hystereseschleife zu berechnen (s. Abschn. 19). Praktisch wird die Verlustziffer jedoch viel bequemer aus der Leistungsmessung mit einem elektrodynamischen Leistungsmesser bestimmt (s. Abschn. 49.23).

Die Verlustziffer wird zur Berechnung des Wirkungsgrades und zur Beurteilung der Erwärmung der Schaltdrossel gebraucht. Ein Zusammenhang mit der Güte der Rechteckschleife besteht nicht, wie man wohl vermuten könnte, in einem solchen Maße, daß die Verlustziffer etwa zur Beurteilung des Eisens hinsichtlich der Stromstufe ausreichend wäre. Der Grund hierfür ist, daß die Güte der Rechteckschleife in erster Linie durch die Remanenz gegeben ist, während für die Verluste die Größe der Koerzitivkraft wesentlich ist. Da aber Remanenz und Koerzitivkraft durch unterschiedliche Mechanismen bestimmt werden, so bedeutet eine geringe Koerzitivkraft keineswegs immer gleichzeitig auch eine hohe Remanenz (vgl. z. B. Abb. 17,14 b und c).

Die bei gewöhnlichem Eisen, z. B. bei den Dynamoblechen, übliche Angabe der Verlustziffer für festgelegte Induktionswerte (10000 G und 15000 G) hat bei Blechen mit Rechteckschleife, die bis in die Sättigung hinein ausgenutzt werden und bei denen der Umkehrpunkt daher stets schon auf dem flachen Teil der Kennlinie liegt, keinen Sinn mehr, weil sich dort die Induktion auch mit stark geänderter Feldstärke nur noch unerheblich ändert und daher kein einwandfreies Maß für den Umkehrpunkt mehr ist. Der gegebene Bezugswert ist bei derartigen Werkstoffen und einer solchen Verwendungsart vielmehr die *Feldstärke*. Die Bestimmung der Verlustziffer wird daher im allgemeinen für die bei der Normalmessung (s. Abschn. 49.1, S. 440) übliche Umkehrfeldstärke $H_m = 10$ A/cm vorgenommen, bei der das Eisen praktisch bereits gesättigt ist.

16. Ummagnetisierungsgeschwindigkeit und Stufenlänge.

Im Kontaktumformerbetrieb wird das Eisen nicht statisch mit Gleichstrom ummagnetisiert, sondern dynamisch mit Wechselstrom. Bei dynamischer Ummagnetisierung erfährt die Form der Hystereseschleife gegenüber der statischen Schleife eine Veränderung, die durch Wirbelströme im Eisen und durch die magnetische Nachwirkung bedingt ist (s. Abschn. 17.2). Dabei ändert sich im Kontaktumformerbetrieb der Kraftfluß nicht nach einer vollständigen Sinuskurve, wie etwa in Transformatoren und in gewöhnlichen Drosselspulen, sondern er ändert sich, wie wir bereits in Abschn. 6 gesehen haben, über den ganzen Bereich von der positiven zur negativen Sättigung während des kurzen Abschnittes der Stufenlänge, die gewöhnlich nur ein kleiner Bruchteil einer halben Periode ist. Demgemäß besteht die Form der Kraftflußkurve aus geraden Linien parallel zur Zeitachse, solange die

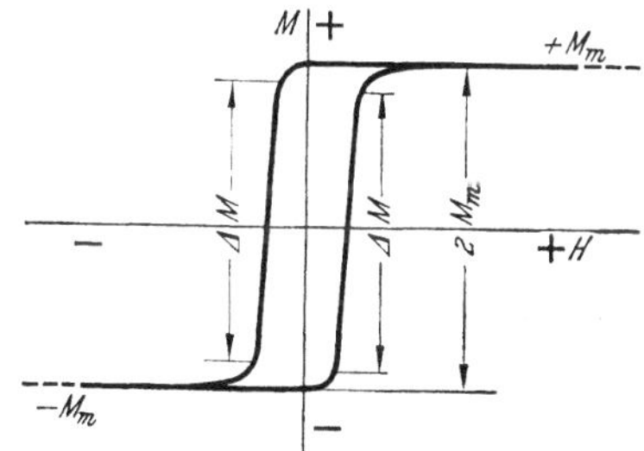

Abb. 16,1. Hystereseschleife mit Kennzeichnung des ausnutzbaren Bereiches ΔM.

Drossel gesättigt ist, und aus kurzen Stücken einer Sinuskurve, wenn der Kraftfluß sich ändert. Um dieses deutlich zu machen, sei noch einmal eine Schaltdrossel nach Abb. 6,1 betrachtet, die einen reinen Eisenquerschnitt q_{Fe} haben möge und eine Wicklung von w in Reihe geschalteten Windungen. Drei dieser Drosseln seien in eine 3phasige Sternpunktschaltung in der in Abb. 3,1 gezeigten Weise eingefügt. Der Eisenkern der Drosseln habe eine Hystereseschleife nach Abb. 16,1. Gegenüber der Kurve Abb. 6,3 ist hier anstatt der Induktion B die magnetische Polarisation M aufgetragen (vgl. den letzten Absatz von Abschn. 15.2). Mit ΔM ist das für die Erzeugung der Ausschaltstufe praktisch ausnutzbare, ungefähr geradlinige Stück der Flanken der Hystereseschleife bezeichnet, das wegen der Rundung der Knie der Kurve kleiner ist als $2 M_m$.

Nehmen wir zunächst zur Vereinfachung eine idealisierte Hystereseschleife mit scharfen Ecken an, bei der ΔM gleich $2 M_m$ ist, so ergeben sich in der Schaltung nach Abb. 3,1 bei voller Gleichspannung (elektrischer Steuerwinkel $\alpha' = 0$) die Kurven von Abb. 16,2 links und bei einer weitgehend herabgesteuerten Gleichspannung (Steuerwinkel α') diejenigen von Abb. 16,2 rechts. Sowohl die Kurven a der 3 Wechselspannungen und der Gleichspannung als auch die Kurven b der Ströme haben den bereits von Abb. 5,2, 5,3 und 9,2 her bekannten Verlauf. Die Kurven c sind diejenigen der magnetischen Polarisation M, und die Kurven d diejenigen der Wendespannung $e_W = e_3 - e_2 = e_{32}$, unter deren Einwirkung die Schaltdrossel während der Stufendauer ummagnetisiert wird. Da die Wendespannung ein Ausschnitt aus der Sinuskurve $E_{32}\sqrt{2} \cdot \sin(\omega t)$ ist, so ändert sich der Kraftfluß gemäß dem Induktionsgesetz ebenfalls nach einem Ausschnitt aus einer Sinuslinie. Diese hat gegenüber der Spannung eine Phasenverschiebung von 90°, wie in Abb. 16,2c dargestellt ist. Die gesamte Änderung der Polarisation von $+M_m$ nach $-M_m$ nimmt die Zeitspanne Δt in Anspruch (bzw. im Bogenmaß den Abschnitt $\omega \Delta t$). Beachten wir, daß die Spannung e_D an der Schaltdrossel jetzt gleich der Wendespannung e_W ist und schreiben wir wegen der geringen Feldstärke des Stufenstromes gegenüber Abschn. 6 jetzt M anstatt B, so erhalten wir für die dem Abschnitt der Stufenlänge Δt zugeordnete Spannungsfläche F_D aus Gl. (6,2) und (6,3)

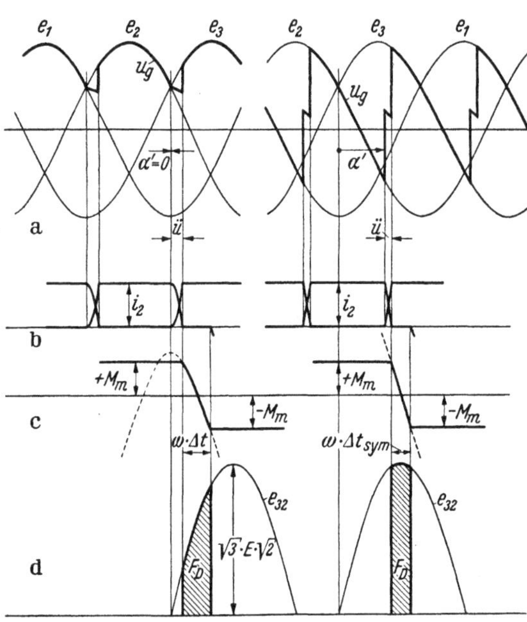

Abb. 16,2. Ausschaltstufe und Spannungsfläche bei verschiedenen Aussteuerungsgraden.

a Transformatorspannungen und Gleichspannung; — b Drosselstrom; — c Drosselkraftfluß; — d Wendespannung und Spannungsfläche.

$$F_D = \int\limits_{\Delta t} e_W \, dt =$$

$$w \, q_{\mathrm{Fe}} \, 2 M_m = \text{const.} \qquad (16,1)$$

Die Spannungsfläche F_D ist, wie bereits in Abschn. 6 festgestellt wurde, für eine gegebene Schaltdrossel unveränderlich und unabhängig davon, ob die Augenblickswerte der angelegten Wendespannung hoch oder niedrig sind. Aus diesem Grunde hängt für eine gegebene Schaltdrossel und eine gegebene Wechselspannung E die Stufenlänge in weitem Maße von dem elektrischen Steuerwinkel α' ab. Das ist in Abb. 16,2 veranschaulicht, wo die Spannungsfläche F_D eine gleichbleibende Größe hat. In Abb. 16,2 links sind die Augenblickswerte der Wendespannung niedriger als in Abb. 16,2 rechts. Daher ist die Stufenlänge Δt in Abb. 16,2 links größer als die symmetrisch zum Scheitelwert der Wendespannung liegende Stufenlänge Δt_{sym} in Abb. 16,2 rechts. Außerdem ist zu beachten, daß in Abb. 16,2 links die Wendespannung während der Dauer der Stufe ansteigt. Infolgedessen steigt auch die *Ummagnetisierungsgeschwindigkeit* im Verlauf der Stufe an, denn nach Gl. (6,1) ist die Ummagnetisierungsgeschwindigkeit gegeben durch die Beziehung

$$\frac{dM}{dt} = \frac{e_W}{w \, q_{\mathrm{Fe}}}. \qquad (16,2)$$

Sie ist verhältnisgleich dem Augenblickswert der Wendespannung. In Abb. 16,2 rechts ist die Wendespannung dagegen nahezu konstant und ungefähr gleich dem Scheitelwert $E\sqrt{6}$, solange die Stufe sich nur über einen kleinen Teil der halben Periode erstreckt. Dann ist die Ummagnetisierungsgeschwindigkeit ebenfalls nahezu konstant. Sie ist in dieser Lage der Stufe die größte, die innerhalb des ganzen Bereiches der Teilaussteuerung eintreten kann, und die Stufenlänge hat daher ihren kleinstmöglichen Wert.

Für praktische Berechnungen hat es sich nun als sehr nützlich erwiesen, als Maß für die Stufenlänge einer gegebenen Schaltdrossel jenen (fiktiven) Wert der Stufenlänge einzuführen, der sich ergeben würde, wenn die Wendespannung während der ganzen Dauer der Stufe den Scheitelwert $E_W\sqrt{2}$ hätte; mit anderen Worten: die Zeit, die für die Änderung der Magnetisierung von der positiven bis zur negativen Sättigung benötigt werden würde, wenn die Ummagnetisierung jederzeit mit dem gleichen Werte der Geschwindigkeit, nämlich dem Höchstwert, stattfände. Wir kennzeichnen diesen Wert der *Stufenlänge unter dem Scheitelwert* mit dem Fußzeichen „*s*" zum Unterschied von dem wirklich erhältlichen Kleinstwert der *Stufenlänge bei symmetrischer Lage* zum Scheitelwert, die in Abschn. 6 bereits das Fußzeichen „*sym*" erhalten hatte.

Gehen wir nun von der idealisierten Hystereseschleife wieder auf die wirkliche Form mit $\Delta M < 2 M_m$ über (Abb. 16,1), so müssen genaugenommen 2 verschiedene Ausdrücke für die Stufenlänge unter dem Scheitelwert unterschieden werden. Der eine bezieht sich auf das wirklich ausnutzbare Stück ΔM der Hystereseschleife. Er wird als *nutzbare Stufenlänge* Δt_s bezeichnet und folgt aus der Spannungsfläche

$$F_D = E_W\sqrt{2} \cdot \Delta t_s = \int_{\Delta t} e_W\, dt = w\, q_{\mathrm{Fe}}\, \Delta M$$

zu
$$\Delta t_s = \frac{w\, q_{\mathrm{Fe}}\, \Delta M}{E_W\sqrt{2}}. \tag{16,3}$$

Der andere, die Stufenlänge über alles oder *Bruttostufenlänge* ΔT_s, umfaßt den gesamten Bereich $2 M_m$ der Polarisationsänderung bis zu den Höchstwerten und ergibt sich aus der entsprechenden Spannungsfläche

$$F_D = E_W\sqrt{2} \cdot \Delta T_s = \int_{\Delta T} e_W\, dt = w\, q_{\mathrm{Fe}}\, 2 M_m$$

zu
$$\Delta T_s = \frac{w\, q_{\mathrm{Fe}}\, 2 M_m}{E_W\sqrt{2}}. \tag{16,4}$$

Der erste dieser Ausdrücke, die nutzbare Stufenlänge Δt_s, wird als eine häufig angewandte Rechengröße bei der allgemeinen Berechnung von Kontaktumformern gebraucht. Der zweite, die Bruttostufenlänge ΔT_s, findet Verwendung bei der Berechnung des Kurzschlußstromes (Abschn. 45) und bei der magnetischen Prüfung der Bandkerne (Abschn. 49.1).

Wenn die Stufenlänge nicht ungewöhnlich groß ist, so sind diese beiden Ausdrücke, obwohl sie sich auf eine genau rechteckförmige Spannungsfläche beziehen, im Betrage nahezu den Stufenlängen Δt_{sym} bzw. ΔT_{sym} gleich, die man in der Mitte der Sinuswelle der Wendespannung bei symmetrischer Lage zum Scheitelwert erhält (Abb.16,2d rechts). Beispielsweise würde, wenn Δt_s 1 ms beträgt, selbst bei 60 Hz der Unterschied kleiner als 1 % sein.

Für beliebige Steuerwinkel α' läßt sich aus der gegebenen Stufenlänge Δt_s (unter dem Scheitelwert der Wendespannung, Rechnungsgröße) auch in einfacher Weise die *tatsächliche Stufenlänge* Δt (unter den jeweiligen Werten der Wendespannung, im Oszillogramm meßbar) finden. Wird der Winkel $\alpha' + \ddot{u}$ des Beginns der Stufe mit α'' bezeichnet, so ist die Spannungsfläche der Schaltdrossel

$$F_D = E_W \sqrt{2} \cdot \varDelta t_s = \int\limits_{\alpha''}^{\alpha''+\varDelta t\,\omega} e_W\,dt = \frac{E_W \sqrt{2}}{\omega}\left[\cos\alpha'' - \cos(\alpha'' + \varDelta t\,\omega)\right].$$

Daraus folgt

$$\varDelta t_s\,\omega = \cos\alpha'' - \cos(\alpha'' + \varDelta t\,\omega)\,,$$

und die gesuchte *wirkliche Stufenlänge* $\varDelta t$ ergibt sich aus

$$\cos(\alpha'' + \varDelta t\,\omega) = \cos\alpha'' - \varDelta t_s\,\omega. \tag{16,5}$$

Mit Hilfe dieser Beziehung ist für vorgegebene Werte $\varDelta t_s$ als Parameter die wirkliche Stufenlänge $\varDelta t$ in Abhängigkeit vom Winkel α'' des Stufenbeginns dargestellt in Abb. 16,3, und zwar für eine Betriebsfrequenz von 50 Hz ($\omega = 314$). Die Kurve $\varDelta t_s = 0,1$ ms kann als Beispiel eines Einschaltkernes betrachtet werden. Hier wächst die Stufenlänge von 0,1 ms bei symmetrischer Lage unter dem Scheitelwert der Spannung auf rund 0,8 ms für den Stufenbeginn bei $\alpha'' = 0$, also für volle Aussteuerung des Umformers. Im umgekehrten Verhältnis ändert sich die mittlere Ummagnetisierungsgeschwindigkeit, also ungefähr im Verhältnis 8 zu 1. Die Kurven $\varDelta t_s = 0,75$ ms und 1,5 ms umgrenzen ungefähr den Bereich der für die Ausschaltstufe in Frage kommenden Werte. Hier ist die Änderung der Stufenlänge und dementsprechend der mittleren Ummagnetisierungsgeschwindigkeit nicht mehr so

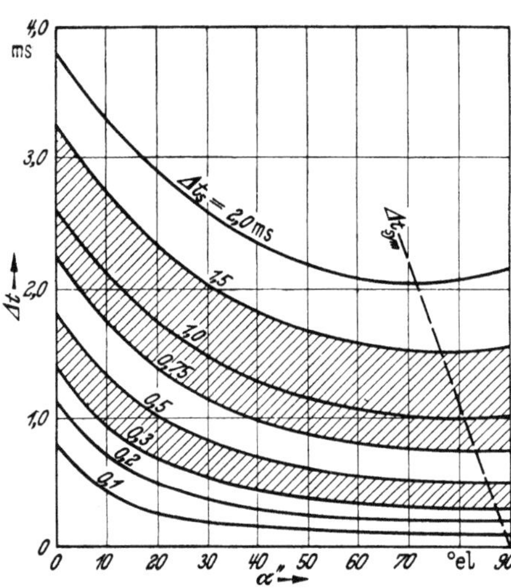

Abb. 16,3. Wirkliche Stufenlänge $\varDelta t$ in Abhängigkeit vom Winkel α'' des Stufenbeginns bei einer Betriebsfrequenz von 50 Hz.

groß, erfolgt aber immer noch im Verhältnis von 2 bis 3 zu 1. Die gestrichelte Gerade $\varDelta t_{sym}$ schneidet die Kurven in Punkten, die den Stufenbeginn bei einer Lage der Stufe symmetrisch zum Scheitelwert der Spannung angeben und deren Ordinate der Wert $\varDelta t_{sym}$ ist. Es ist ersichtlich, daß bei kleinen Werten von $\varDelta t_s$ bis herauf zu 1 ms $\varDelta t_{sym}$ praktisch gleich $\varDelta t_s$ ist. Erst bei höheren Werten ist der Betrag von $\varDelta t_{sym}$ erkennbar größer als $\varDelta t_s$.

Die in Abb. 16,3 wiedergegebene Abhängigkeit hätte sich auch in eine für beliebige Frequenzen gültige Form abwandeln lassen, wenn als Parameter und Ordinaten die Werte in Radianten oder in elektrischen Graden angegeben worden wären. Da aber bei der im vorliegenden Buch benutzten Darstellungsweise die Stufenlänge stets im Zeitmaßstab ausgedrückt wird, so wurde auch hier absichtlich der Zeitmaßstab gewählt und damit zwangsläufig die Beschränkung auf eine bestimmte Frequenz in Kauf genommen, um durch die Kurven eine unmittelbare Vorstellung von den praktisch vorkommenden Werten zu vermitteln. Bei der Berechnung bedient man sich im Einzelfalle ohnehin der Gl. (16,5), die den gesuchten Wert $\varDelta t$ schnell und genauer als eine Kurvendarstellung liefert.

Im übrigen handelt es sich bei dem in Abb. 16,3 gezeigten Zusammenhang um eine allgemeingültige Gesetzmäßigkeit, die keineswegs auf den Begriff der Stufenlänge beschränkt ist. Ersetzt man z. B. in der Schreibweise den Winkel α'' durch den Ausschaltwinkel α_a, der, gerechnet vom Punkte $\alpha = 0$ der Spannungsgleichheit der einander ablösenden Phasen, die Lage des Ausschaltzeitpunktes der abgebenden Phase angibt, und den Parameter $\varDelta t_s$ durch die Leerlaufsicherheit τ_{0s} unter dem Scheitelwert der Wendespannung, so geben die Kurven den Zusammenhang zwischen der wirklichen Dauer τ_0 der Leerlaufsicherheit und der Lage des Ausschaltzeitpunktes wieder, wie er bei Teilaussteuerung mit mechanischer Überlappungsanpassung für gleichbleibende bezogene Leerlaufsicherheit besteht[1]. Die praktisch verwendeten Werte der Leerlaufsicherheit liegen in der Regel zwischen den Kurven für 0,3 ms und 0,5 ms. Setzt man dagegen in anderer Schreibweise anstatt der Spannungsfläche $E_W \sqrt{2} \cdot \varDelta t_s$ die entsprechende, zahlenmäßig gleiche Spulenflußänderung $\varDelta \varPsi$ der Schaltdrossel oder allgemein eine beliebige Flußänderung $\varDelta \varPsi$ gleichbleibender Größe und bezieht diesen Wert auf den der Spannungsfläche einer vollen Halbwelle der Wechselspannung entsprechenden Halbwellenfluß $\varPsi_H = \dfrac{2\,E_W\,\sqrt{2}}{\omega}$, so daß wird

$$\frac{\varDelta \varPsi}{\varPsi_H} = \frac{\varDelta t_s\,\omega}{2}, \qquad (16,6)$$

so gelangt man zu einer ganz allgemeingültigen Darstellung für die Abhängigkeit der Zeitdauer dieser Flußänderung $\varDelta \varPsi$ gleichbleibender Größe vom Zeitpunkt ihres Beginns mit $\dfrac{\varDelta \varPsi}{\varPsi_H}$ als Parametern[2]. Dieser wichtige, durch Gl. (16,5) in spezieller Ausdrucksweise festgelegte Zusammenhang soll künftig als das „Gesetz der gleichbleibenden Spannungsfläche" bezeichnet werden. Wir werden ihm u. a. später noch bei der Abhängigkeit des elektrischen Überlappungswinkels $\ddot{u}$ der Lastströme vom elektrischen Steuerwinkel α' begegnen (Abschn. 21).

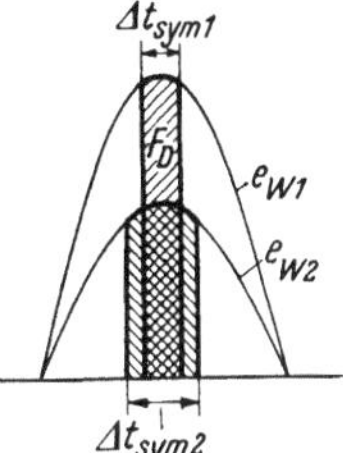

Abb. 16,4. Ausschaltstufe und Spannungsfläche bei Wechselspannungsregelung.

Außer der Änderung der Ummagnetisierungsgeschwindigkeit, die so durch die *Teilaussteuerung* und in geringerem Maße bei Belastungsänderungen auch durch die *Änderung des elektrischen Überlappungswinkels* $\ddot{u}$ entsteht, tritt noch auf eine weitere Art eine Änderung der Ummagnetisierungsgeschwindigkeit ein, nämlich infolge von Schwankungen der Spannung des speisenden Wechselstromnetzes und bei der *Wechselspannungsregelung*. Wenn dabei die Wendespannung ihren Wert von E_{W1} auf E_{W2} ändert, so muß, da die Spannungsfläche F_D wiederum ungeändert bleibt (s. Abb. 16,4), die Stufenlänge und damit die Ummagnetisierungsgeschwindigkeit einen anderen Wert annehmen. Gemäß Gl. (16,3) ist die neue Stufenlänge $\varDelta t_{s2}$ bei der Wendespannung E_{W2} dann

$$\varDelta t_{s2} = \varDelta t_{s1}\,\frac{E_{W1}}{E_{W2}}. \qquad (16,7)$$

Für die Abhängigkeit der wirklichen Stufenlänge $\varDelta t_2$ von dem Zeitpunkte ihres Beginns gilt wieder Abb. 16,3.

In Abschn. 17 ist nun eine Anzahl von Hystereseschleifen wiedergegeben, an Hand derer gezeigt wird, wie die Wirkung verschiedener Einflüsse auf das Schaltdrosseleisen in der Form der Kennlinie zum Ausdruck kommt, darunter auch der Einfluß der Ummagnetisierungsgeschwindigkeit. Es soll daher jetzt noch kurz erläutert werden, unter welchen Bedingungen diese Kurven gemessen wurden.

---

[1] KOPPELMANN: [1.3] (1941) S. 257 Bild 5.
[2] GOLDSTEIN: [1.6] S. 61 Fig. 36.

Für die magnetische Prüfung der Ringbandkerne mit einer wählbaren Ummagnetisierungsgeschwindigkeit wird als Magnetisierungskreis eine Grundschaltung benutzt, wie sie bereits in Abb. 6,6 gezeigt wurde. Die dort gezeichnete Schaltdrossel D stellt dann den Prüfling dar, der den reinen Eisenquerschnitt q_{Fe} hat und mit einer Magnetisierungswicklung von w Windungen versehen ist. Die in Reihe mit dem Prüfling D geschaltete Induktivität L ist in ihrer Größe einstellbar (Regeldrossel), und der ganze Kreis wird durch eine Wechselspannung E wählbarer Größe (z. B. aus einem Anzapftransformator) gespeist. Diese Schaltung ahmt die Magnetisierung des Ringbandkernes nach, wie sie in einer wirklichen Gleichrichterschaltung bei durch Teilaussteuerung weitgehend herabgeregelter Gleichspannung stattfinden würde (Abb. 16,2 rechts). Bei einem solchen Regelzustand des Kontaktumformers liegt die Stufe, wie wir bereits sahen, ungefähr unter der Kuppe der Wendespannungskurve. Beim Prüfkreis entspricht die Leerlaufspannung E des offenen Kreises der Wendespannung E_W im Gleichrichterbetrieb. Der Verlauf der Spannung e und des Stromes i wurde schon in Abb. 6,6 gezeigt. Der Strom hat eine Phasennacheilung von fast $90°$, und die Stufe liegt daher gerade wie in Abb. 16,2 rechts ungefähr unter dem Scheitelwert der Spannung. Die Bruttostufenlänge für diesen Kreis ist entsprechend Gl. (16,4) gegeben durch

$$\Delta T_s = \frac{w\, q_{\mathrm{Fe}}\, 2\, M_m}{E\, \sqrt{2}}\,. \tag{16,8}$$

Da M_m für einen gegebenen Werkstoff nur geringen Schwankungen unterworfen und in seiner Größe aus vorhergehenden Messungen bekannt ist, so kann aus dieser Beziehung für einen gegebenen Eisenquerschnitt q_{Fe}, eine gewählte Windungszahl w und eine gewünschte Stufenlänge ΔT_s die erforderliche Spannung E berechnet werden, die am Anzapftransformator eingestellt werden muß. Die Regeldrossel L dient dem Zwecke, den Scheitelwert des Stromes entsprechend dem gewünschten Umkehrwert H_m der magnetisierenden Feldstärke einzustellen. Diese Strombegrenzung durch die Regeldrossel ist notwendig, weil der Prüfkreis nicht wie ein Gleichrichter arbeitet, bei dem eine Stromwendung stattfindet und die Höhe des Stromes durch die Gleichstromlast bestimmt wird. Damit liefert ein Prüfkreis nach Abb. 6,6 also tatsächlich eine zyklische Magnetisierung mit wählbaren Werten des Scheitelwertes H_m der Feldstärke und mit wählbarer Stufenlänge ΔT_s bei ungefähr rechteckiger Form der Spannungsfläche, d. h. bei ungefähr gleichbleibender Ummagnetisierungsgeschwindigkeit. Angaben über die Meßeinrichtung selbst finden sich später in Abschn. 49.

Natürlich kann mit dem Prüfkreis auch eine andere Lage der Stufe, etwa wie in Abb. 16,2 links, erhalten werden, wenn an Stelle der Regeldrossel L eine Kombination aus einer Induktivität und einem ohmschen Widerstande benutzt wird. Im allgemeinen wird jedoch eine Prüfung mit der Lage nach Abb. 16,2 rechts bevorzugt, weil bei dieser die Prüfung mit der höchsten Ummagnetisierungsgeschwindigkeit vor sich geht, der Kern dabei also den schwersten Bedingungen unterworfen ist, die im Gleichrichterbetrieb vorkommen können, und weil ferner bei dieser Prüfung die Ummagnetisierung mit einer definierten, während der ganzen Stufendauer fast konstanten Geschwindigkeit stattfindet.

Wenn nun aber eine Ummagnetisierung unter der Einwirkung einer nahezu rechteckförmigen Spannungsfläche, also mit ungefähr konstanter Geschwindigkeit, vorausgesetzt wird, so ist für einen bestimmten Kernwerkstoff mit gegebenem Wert $2\, M_m$ an Stelle von dM/dt nach Gl. (16,2) auch die Stufenlänge selbst oder genaugenommen ihr Kehrwert $\dfrac{1}{\varDelta T_s}$ bzw. $\dfrac{1}{\varDelta t_s}$ ebenfalls ein Maß für die Ummagnetisierungsgeschwindigkeit, denn es ist

$$\frac{dM}{dt} = \frac{2M_m}{\varDelta T_s} = \text{const} \cdot \frac{1}{\varDelta T_s} \quad \text{bzw.} \quad = \frac{\varDelta M}{\varDelta t_s} = \text{const} \cdot \frac{1}{\varDelta t_s}. \tag{16,9}$$

Es hat sich daher bei den Kontaktumformer-Ingenieuren die Gewohnheit herausgebildet, mit der Stufenlänge, wenn von Schaltdrosseln die Rede ist, gleich die Vorstellung einer bestimmten Ummagnetisierungsgeschwindigkeit zu verbinden und, sofern es sich stets um den gleichen Werkstoff handelt, die Ummagnetisierungsgeschwindigkeit durch die Angabe der Stufenlänge zu kennzeichnen.

17. Einflüsse auf den Verlauf der Hystereseschleife.

In diesem Abschnitt sollen nun einige Umstände betrachtet werden, die die Form der Hystereseschleife beeinflussen. Die Kenntnis dieser Zusammenhänge ist nicht nur für die Herstellung der Ringbandkerne, sondern auch für die Berechnung, den Entwurf und die Fertigung von Kontaktumformern von Bedeutung. Bei den gezeigten, punktweise gemessenen Hystereseschleifen ist stets nur, wie in der Praxis üblich, der rechte Ast der Schleife aufgetragen, wie er sich unmittelbar aus der Messung ergibt. Der linke Ast hat wegen der Symmetrie der Wechselstromkurve eine genau entsprechende Form und ergibt sich durch Drehung der Kennlinie um 180°.

17.1 Die radiale Breite des Kernquerschnittes.

Angenommen, der Bandkern bestehe nur aus einer einzigen Windung des Bandes und habe daher eine sehr geringe radiale Ausdehnung des Kernquerschnittes bei dem

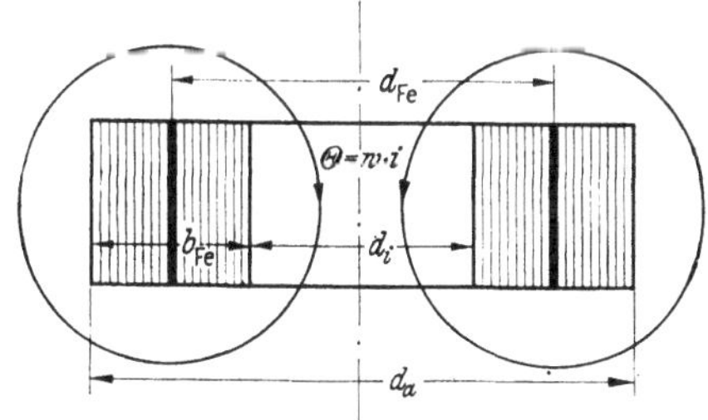

Abb. 17,1. Ringbandkern mit endlicher radialer Breite des Kernquerschnittes.

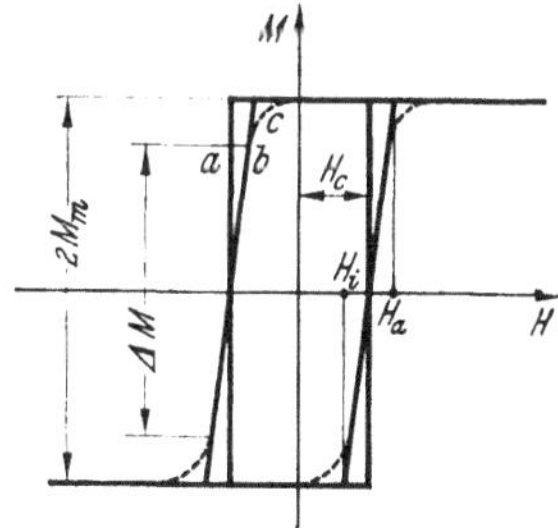

Abb. 17,2. Einfluß der radialen Breite des Kernquerschnittes auf die Form der Hystereseschleife.

mittleren Durchmesser d_{Fe}, wie in Abb. 17,1 durch die stark ausgezogenen, senkrechten Linien angedeutet ist. In diesem Falle würde sich nach einwandfreier Schlußglühung eine nahezu rechteckige Hystereseschleife ergeben (Abb. 17,2, Verlauf a), insbesondere dann, wenn die Kurve statisch mittels Gleichstrom gemessen wird. In praktischen Fällen ist der Kern indessen stets mit einer großen Windungszahl des Eisenbandes gewickelt und hat den Innendurchmesser d_i und den Außendurchmesser d_a. Da alle Windungen der gleichen Durchflutung $\Theta = wi$ ausgesetzt sind, aber jede Windung einen anderen Durchmesser besitzt, so hat einerseits für einen gegebenen Strom i jede Windung eine andere Feldstärke $H = \dfrac{iw}{d\pi}$. Andererseits aber wird, wenn der ganze Kern aus einheitlichem Werkstoff besteht, jede der verschiedenen Windungen ihre Polarisation vom negativen Höchstwert $-M_m$ zum positiven Höchstwert $+M_m$ bei dem gleichen Wert der Feldstärke, nämlich bei der Koerzitivkraft H_c (Abb. 17,2) ändern (Einschränkung: große Barkhausensprünge; s. Abschn. 17.4). Gewöhnlich wird nun die Hystereseschleife als Funktion desjenigen Wertes von H aufgetragen, der der mittleren Kraftlinienlänge $d_{Fe}\,\pi$ entspricht. Die innerste Windung erreicht nun die Feldstärke H_c bereits, wenn die mittlere Windung noch die geringere Feldstärke H_i hat; die äußerste Windung aber kommt erst auf dem Wert H_c an, wenn die mittlere Windung schon die höhere Feldstärke H_a aufweist. Somit wechselt jede Windung ihre magnetische Polarisation an einem verschiedenen Punkte der H-Achse, und die resultierende Hystereseschleife des ganzen Kernes erscheint nicht mehr rechteckförmig, sondern zeigt selbst bei sonst idealer Schleife in den Flanken eine gewisse Neigung, wie das in Abb. 17,2, Verlauf b, angedeutet ist. Um eine unerwünscht starke Neigung zu vermeiden, muß daher beim Entwurf der Schaltdrossel ein genügend niedriges Verhältnis der Breite b_{Fe} des Kernquerschnittes zum mittleren Kerndurchmesser d_{Fe} gewählt werden.

In Wirklichkeit weist die Hystereseschleife natürlich keine völlig scharfen Ecken auf, sondern die Ecken sind etwas abgerundet, was meist auf eine nicht ganz vollkommene Ausbildung der Rekristallisationstextur zurückzuführen ist (s. den gestrichelten Verlauf c in Abb. 17,2). Infolgedessen ist, wie bereits gesagt, das ausnutzbare Stück ΔM der Hystereseschleife geringer als die gesamte Änderung $2M_m$ der magnetischen Polarisation.

Der Einfluß der radialen Ausdehnung des Kernquerschnittes auf die Neigung der Hystereseschleife kann ausgedrückt werden durch das Verhältnis der Differenz $H_a - H_i$ der Feldstärken, also der Flankengrundlinie, zur Koerzitivkraft H_c, d. h. der mittleren Feldstärke der Flanke. Es ist

$$H_a = \frac{d_{Fe} + b_{Fe}}{d_{Fe}}\,H_c \quad \text{und} \quad H_i = \frac{d_{Fe} - b_{Fe}}{d_{Fe}}\,H_c\,.$$

Hieraus folgt

$$v_d = \frac{H_a - H_i}{H_c} = \frac{2\,b_{Fe}}{d_{Fe}}\,. \tag{17,1}$$

Das Verhältnis $v_d = \dfrac{2\,b_{Fe}}{d_{Fc}}$ betrug bei Schaltdrosseln mit Wicklungen aus Kupferpreßseil ungefähr 0,25 bis 0,45. Bei Drosseln mit Vollkupferwicklung ist das Verhältnis höher, etwa von 0,4 bis hinauf zu 0,84. Bei Schaltdrosseln mit dieser Wicklungsart ist daher eine stärkere Neigung der Flanken der Hystereseschleife und infolgedessen ein etwas höherer Aufwand in den Streckkreisen (s. Abschn. 38) und in der Vormagnetisierung zu erwarten. Mit Hilfe des Verhältnisses v_d kann auch die voraussichtliche Flankenneigung der Kennlinie eines Kernes, der erst noch hergestellt werden soll, abgeschätzt werden, wenn eine an einem bereits vorhandenen Kern aus dem gleichen Werkstoff gemessene Kennlinie mit bekanntem Wert v_d schon vorliegt.

17.2 Die Ummagnetisierungsgeschwindigkeit.

Nunmehr soll das Verhalten der Hystereseschleife untersucht werden, wenn der Ringbandkern einer dynamischen Magnetisierung im Gleichrichterbetrieb gemäß Abb. 16,2 rechts oder im Prüfprozeß gemäß Abb. 6,6 ausgesetzt wird. Es werde angenommen, daß der Kern bei einer statischen Messung die ideale Form der Schleife von Abb. 17,3, Verlauf a, aufweist. Die Fläche dieser Schleife würde den Hystereseverlust je Umlauf darstellen, weil die Größe der Koerzitivkraft dieser Schleife allein durch die Hysterese bedingt ist. Wenn jetzt der Kern einer dynamischen Magnetisierung unterworfen wird, so nimmt die Breite der Schleife als Folge der sich im Eisen ausbildenden Wirbelströme zu, und außerdem bekommen die Flanken der Schleife auch noch eine Neigung. Sowohl die Breite als auch die Neigung sind abhängig von der Dicke des Bandes, weil von dieser die Größe und die Phasenlage der Wirbelströme beeinflußt wird.

Wenn das Band sehr dünn ist (s. Abb. 17,4a), so umschlingt der Wirbelstrompfad nur eine sehr schmale Fläche. Somit ist dieser Pfad nur mit einem sehr kleinen Teil des Kernkraftflusses verkettet. Die Wirbelströme sind daher niedrig und verursachen nur ein geringes Anwachsen der Schleifenbreite. Wegen der Kleinheit der umfaßten Fläche und der verhältnismäßig großen Länge des Wirbelstrompfades ist die Induktivität sehr gering und der Wirbelstromwiderstand fast rein ohmisch. Die Wirbelströme sind daher praktisch in Phase mit der induzierten Wirbel-EMK. Die Größe dieser Wirbel-EMK ist verhältnisgleich der Änderungsgeschwindigkeit des Kernflusses und daher während der Stufendauer ungefähr konstant. Infolge-

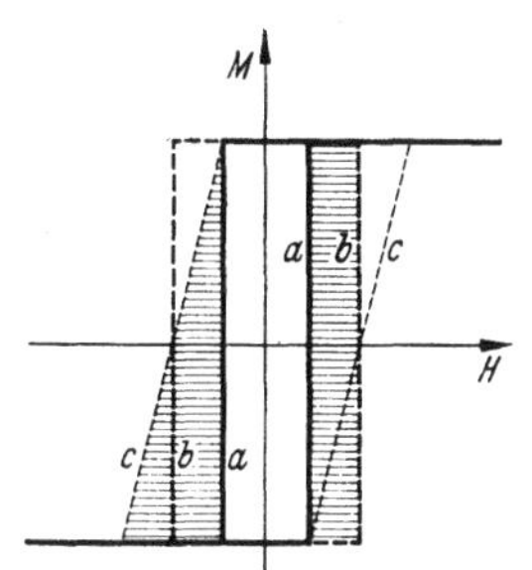

Abb. 17,3. Einfluß von Wirbelströmen auf die Form der Hystereseschleife.

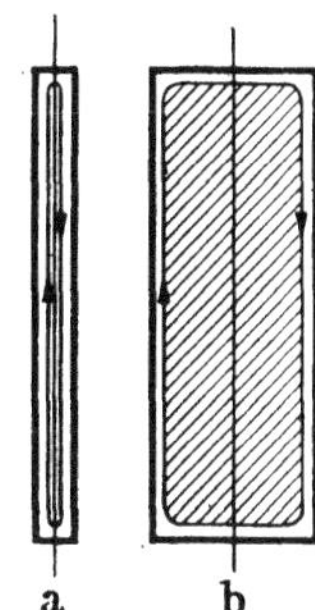

Abb. 17,4. Wirbelstrompfade bei verschiedener Banddicke.

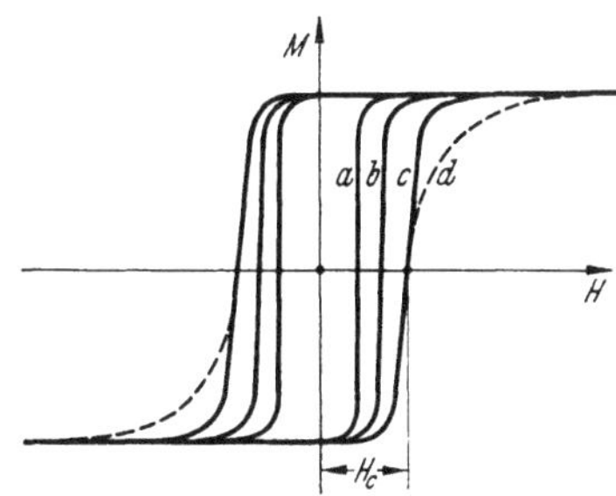

Abb. 17,5. Einfluß der Ummagnetisierungsgeschwindigkeit und einer ungenügenden Windungsisolation auf die Form der Hystereseschleife.

dessen verursachen die fast rein ohmschen Wirbelströme eine Änderung der Schleifenform von Verlauf a der Abb. 17,3 in Verlauf b, d. h. sie verschieben die Flanken der Schleife zu parallelen Stellungen.

Handelt es sich dagegen um sehr dickes Band (s. Abb. 17,4b), so umschlingt der Wirbelstrompfad eine große Fläche. Damit ist erstens die induzierte Wirbel-EMK groß, ohne daß aber bei gleicher Bandbreite die Länge des Pfades und damit der Wirbelstromwiderstand entsprechend zugenommen hat. Daher sind die Wirbelströme an sich hoch und verursachen eine bedeutende Verbreiterung der Schleife. Zweitens ist der Widerstand des Pfades nicht mehr fast rein ohmisch, sondern infolge der Größe der umfaßten Fläche erheblich induktiv. Folglich haben die Wirbelströme eine Phasenverschiebung gegenüber der Wirbel-EMK, oder besser gesagt, steigt der Wirbelstromanteil der Schleife im Verlauf der Stufe nach Maßgabe der Zeitkonstante des Wirbelstrompfades mit Verzögerung an. Bei rein induktivem Wirbelstrompfade würde sich die Schleifenform von Abb. 17,3, Verlauf c, ergeben, bei der die Flanken an den Ecken der statischen Kurve ansetzen und eine gleichbleibende Neigung haben.

Praktisch zeigen die dynamischen Schleifen sowohl eine Parallelverschiebung als auch eine Neigung der Flanken, wobei das Ausmaß vom spezifischen Widerstand des Kernwerkstoffes und von der Banddicke abhängt. Wenn z. B. in Abb. 17,5 die Schleife a die statische ist, so würden die Flanken b und c den Verlauf dynamischer Schleifen des gleichen Kernes wiedergeben. Die Koerzitivkraft H_c hat bei diesen

Schleifen infolge des Wirbelstromanteiles einen höheren Betrag, und die Fläche der Schleife stellt die Hysterese- und Wirbelstromverlustarbeit je Umlauf dar.

Betrachten wir nun ein Band von einer gegebenen Dicke, so ändern sich die Breite und die Flankenneigung der Schleife, wenn die Stufenlänge, d. h. die Um-

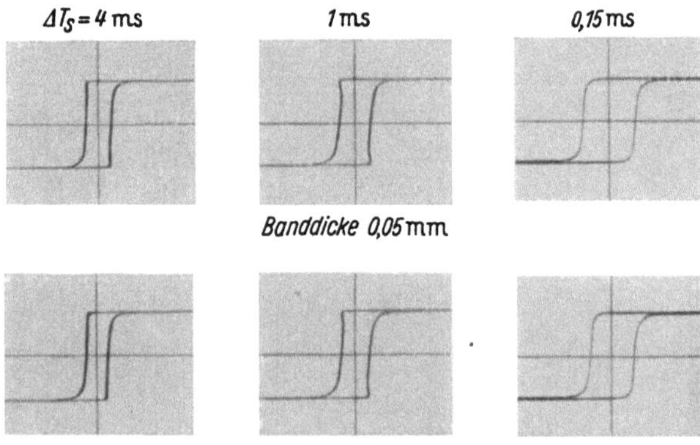

Abb. 17,6. Einfluß der Ummagnetisierungsgeschwindigkeit auf die Form der Hystereseschleife bei Nickeleisen Permenorm 5000 Z mit verschiedener Banddicke.

magnetisierungsgeschwindigkeit sich ändert. Je kürzer die Stufe, desto höher die Geschwindigkeit und desto breiter die Schleife. In Abb. 17,5 würde die Schleife b einer geringeren Geschwindigkeit und die Schleife c einer höheren Geschwindigkeit entsprechen. Abb. 17,6 zeigt Kathodenstrahloszillogramme der Schleifen von Nickeleisen Permenorm 5000 Z bei 3 verschiedenen Geschwindigkeiten entsprechend den Stufenlängen ΔT_s von 4, 1 und 0,15 ms, und zwar für 2 verschiedene Banddicken von 0,05 mm und 0,03 mm[1]. Es ist ersichtlich, daß bei derartig dünnen Bändern die Verschiebung der Flanken im wesentlichen eine Parallelverschiebung ist, und es kann daher angenommen werden, daß die Wirbelströme überwiegend ohmscher Natur sind.

Da, wie bereits erwähnt, die Größe der Wirbel-EMK verhältnisgleich der Ummagnetisierungsgeschwindigkeit ist, so sollte erwartet werden, daß der Betrag der Flankenverschiebung linear mit der Geschwindigkeit, also linear mit $1/\Delta T_s$ wächst. Es wurde jedoch gefunden, daß dieses nur bei höheren Geschwindigkeiten angenähert zutrifft, wie aus Abb. 17,7 hervorgeht. In diesem Bilde sind die Werte der Koerzitivkraft H_c, die aus Kathodenstrahloszillogrammen

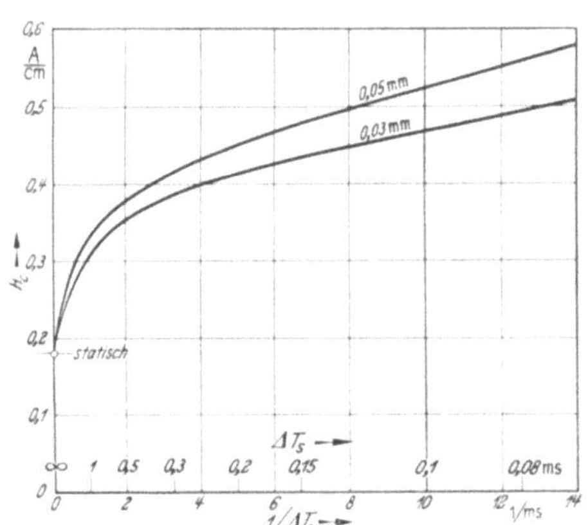

Abb. 17,7. Abhängigkeit der Koerzitivkraft von der Ummagnetisierungsgeschwindigkeit bei Ringbandkernen aus Nickeleisen Permenorm 5000 Z.

ähnlich denen von Abb. 17,6 ermittelt wurden, in Abhängigkeit von dem Kehrwert $1/\Delta T_s$ der Stufenlänge für wiederum 2 verschiedene Banddicken des Nickeleisens aufgetragen. Die Kurven zeigen, daß in der Nähe des statischen Wertes $(1/\Delta T_s = 0)$ der Anstieg der Koerzitivkraft viel stärker ist als bei größeren Ge-

---

[1] Oszillogramme von Hystereseschleifen anderer Eisensorten bei verschiedenen Frequenzen siehe z. B. LORD: [3.42].

schwindigkeiten. Es ist wichtig, sich dieses Umstandes bei der Auslegung des Einschaltkernes und seiner Vormagnetisierung (Abschn. 41.4 und 41.5) sowie bei der selbsttätig sich anpassenden Vormagnetisierung des Ausschaltkernes (Abschnitt 40.3) zu erinnern. Wegen der erheblichen Abhängigkeit der Koerzitivkraft von der Ummagnetisierungsgeschwindigkeit spielt der *statisch* gemessene Wert der Koerzitivkraft, der sonst häufig als einer der Kennwerte für die Eigenschaften von Magnetwerkstoffen angegeben wird, bei Kontaktumformern praktisch keine Rolle.

17.3 Die Windungsisolation des Ringbandkernes.

In besonders hohem Maße entstehen Wirbelströme, die eine entsprechende Verschlechterung der Schleifenform zur Folge haben, wenn die Isolation zwischen den einzelnen Windungen des Ringbandkernes nicht einwandfrei ist. Trotz der geringen Dicke des Bandes selbst können in solchem Falle größere Windungsgruppen des Kernes, möglicherweise bis hinauf zur vollen radialen Breite des Kernquerschnittes, als eine oder ein paar Windungen sehr dicken Bandes wirken und infolgedessen die Vorteile der feinen Unterteilung weitgehend zunichte machen. Praktisch wurde dann gefunden, daß neben einer stärkeren Neigung der Flanken, die sich selbst bei verhältnismäßig geringen Geschwindigkeiten schon bemerkbar machte, besonders das obere Knie stark abgerundet war und oft erst stark schleichend in die Sättigung einlief, wie schematisch in Abb. 17,5, Verlauf *d*, angedeutet ist. Das untere Knie dagegen war gewöhnlich nicht sehr in Mitleidenschaft gezogen. Natürlich hat eine schlechte Isolation infolge der Vergrößerung der Fläche der Hystereseschleife auch einen ungewöhnlich hohen spezifischen Eisenverlust zur Folge.

Da der zulässigen Dicke der Isolationsschicht durch das Absinken des Eisenfüllfaktors eine Grenze gesetzt ist, so kann der Entstehung derartiger, zusätzlicher Wirbelströme nur durch eine sehr gleichmäßige Verteilung des Isolierstoffes vorgebeugt werden. Mit Magnesiumoxydpulver-Isolation lassen sich dann bei Ringbandkernen die in Tab. 17,1 zusammengestellten mittleren Füllfaktoren erreichen.

Tabelle 17,1.

Banddicke in mm	Esienfüllfaktor
0,03	etwa 0,75
0,05	,, 0,80
0,10	,, 0,85
0,15	,, 0,90

17.4 Der Barkhauseneffekt.

Bereits wenn ein ferromagnetischer Werkstoff der gewöhnlichen Art zyklisch magnetisiert wird, so ändert sich während des Durchlaufens der steilen Flanken der Hystereseschleife die magnetische Polarität nicht stetig mit der Feldstärke, sondern in kleinen endlichen Sprüngen. Diese Erscheinung wurde zuerst mit Hilfe der dabei entstehenden, hörbar gemachten Spannungsstöße nachgewiesen und heißt „Barkhauseneffekt"; die Sprünge werden dementsprechend als *Barkhausensprünge* bezeichnet.

Bei den auf hohe Reinheit und Homogenität gezüchteten Texturwerkstoffen mit Rechteckschleife, insbesondere beim 50proz. Nickeleisen, finden diese Sprünge oft in großen Bereichen des Kernwerkstoffes praktisch gleichzeitig statt, so daß ein großer Sprung des magnetischen Kraftflusses auftritt. Wir wollen hier diese großen Sprünge im weiteren Sinne ebenfalls „Barkhausensprünge" nennen, obwohl die Physik unter diesem Begriff strenggenommen nur bestimmte Elementarschritte des Mechanismus der Ummagnetisierung versteht.

Bei einem Ringbandkern guter Qualität, bei dem der Walzprozeß, das Wickeln und die Schlußglühung in einwandfreier Weise vor sich gegangen sind, können solche großen Sprünge tatsächlich praktisch im Oszillographen beobachtet werden. Sie machen sich einmal im Oszillogramm der Spannung an der Wicklung des Kernes durch eine vorübergehende Zunahme der Augenblickswerte dieser Spannung bemerkbar, und ferner im Oszillogramm des Magnetisierungsstromes durch einen gleichzeitig stattfindenden, vorübergehenden Rückgang der Augenblickswerte dieses Stromes. Es erscheint zunächst verwunderlich, wie in der Meßschaltung trotz weiterhin wachsender Spannung ein Rückgang der Feldstärke eintreten kann, doch läßt sich dieses an Hand der schematischen Darstellung Abb. 17,8 leicht erklären. Durch die schnelle Kraftflußänderung wird nämlich in der Magnetisierungswicklung vorübergehend eine Gegen-EMK induziert, die die speisende Spannung überschießt. Infolgedessen arbeitet der Ringbandkern für einen kurzen Augenblick als Generator auf den induktiven Magnetisierungskreis. In Abb. 17,8 ist e die speisende Sinusspannung, e_G die Gegenspannung des Kernes, und i ist der Strom, der eine Stufe von der Zeitdauer Δt aufweist. Vom Beginn der Stufe bis zum Punkt a möge die

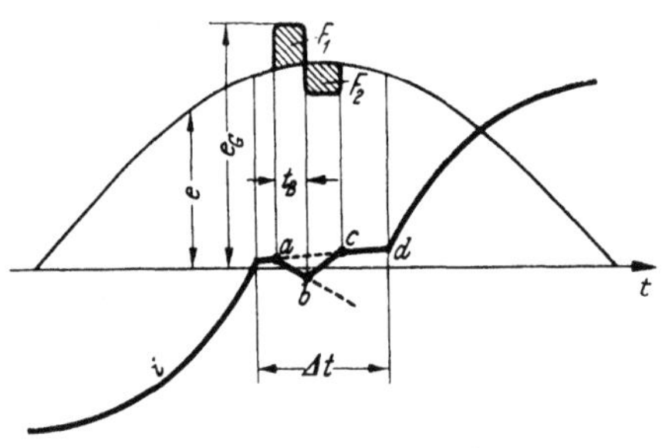

Gegen-EMK ungefähr gleich der angelegten Spannung sein; der Magnetisierungsstrom steigt dann in normaler Weise langsam an. Wenn der Strom bis zum Punkt a angewachsen ist, möge die Startfeldstärke für den Barkhausensprung erreicht sein; in diesem Augenblick setzt der Sprung ein. Er möge sich über die Dauer t_B erstrecken. Während dieses Abschnittes wird ein höherer Betrag der Gegen-EMK induziert, der die angelegte Spannung um die Spannungsfläche F_1 übersteigt. Infolgedessen biegt der Strom in negativer Richtung ab. Die Neigung würde dabei gleichbleibend sein,

Abb. 17,8. Rückwirkung eines Barkhausensprunges auf den Magnetisierungsstrom.

$a-c$ ohne Barkhausensprung;
$a-b-c$ mit Barkhausensprung.

wie es durch die gestrichelte Linie angedeutet ist, wenn die Differenz $e_G - e$ konstant wäre. Der Stromrückgang dauert an, bis Punkt b erreicht ist, wo der Sprung beendet sein möge. Anschließend verläuft die weitere Kraftflußänderung zunächst mit einer Geschwindigkeit, die geringer ist, als es der angelegten Spannung entspricht. Die induzierte EMK ist so lange niedriger als die angelegte Spannung, bis der Strom wieder angewachsen ist auf etwa den Punkt c. Hierfür wird eine Spannungsfläche F_2 der angelegten Spannung benötigt, die ungefähr die Größe der Fläche F_1 hat. In der Folgezeit ist, wenn kein neuer Sprung stattfindet, die Gegen-EMK wieder nahezu gleich der angelegten Spannung, und der Stufenstrom setzt seinen langsamen Anstieg fort, bis bei Punkt d die Stufe abgelaufen ist.

Praktisch entstehen natürlich im Verlauf des Stromes an den Punkten a, b und c keine scharfen Ecken, aber immerhin wird eine Schleife von der Art der Abb. 17,9 links erhalten, wenn ein für die Aufnahme der dynamischen Hystereseschleife geeignetes Prüfgerät oder ein Kathodenstrahloszillograph an den Prüfkreis nach Abb. 6,6 oder an einen in Betrieb befindlichen Umformer angeschlossen wird. Anstatt der gestrichelten Linie a, die man bei einem Kern erhalten würde, der keinen Barkhausensprung aufweist, ergibt sich dann eine Einbuchtung b, die mitunter die Linie a bereits bei etwa Punkt c wieder erreicht, mitunter aber auch langsamer abfällt entsprechend der gestrichelten Linie d. Abb. 17,9 rechts zeigt ein solches an einem wirklichen Ringbandkern aufgenommenes Kathodenstrahloszillogramm.

Die Länge der Einbuchtung ändert sich mit der Größe des Sprunges, die von den Abmessungen und der Güte des Kernes abhängt, und sie ist selbstverständlich vor allem von der durchschnittlichen Ummagnetisierungsgeschwindigkeit abhängig, also von der Dauer der ganzen Stufe, die durch die angelegte Spannung gegeben ist.

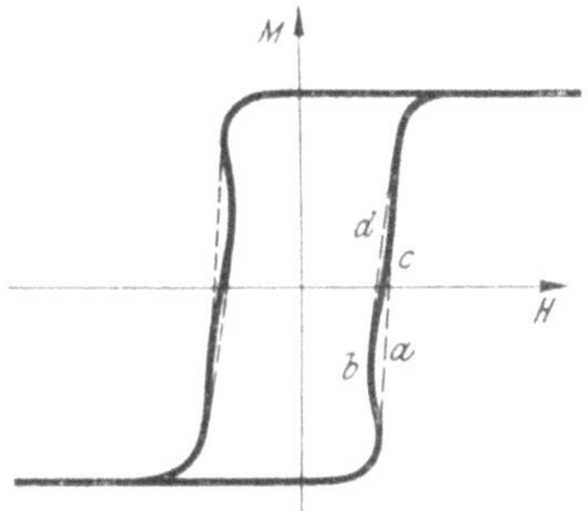
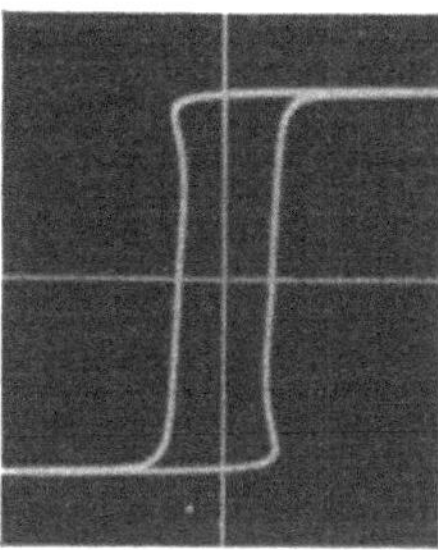

Abb. 17,9. Verformung der Hystereseschleife durch einen Barkhausensprung.

Die Tiefe der Einbuchtung hingegen, d. h. die Entfernung zwischen Punkt b und der Linie $a-c$ in Abb. 17,8, hängt für einen gegebenen Bandkern und eine gegebene Stufenlänge von der Höhe der Reaktanz des Prüfkreises bzw. des Wendekreises des Umformers ab. Demgemäß zeigt sich z. B. bei demselben Kern und der gleichen Stufenlänge die Einbuchtung um so stärker, je höher der Scheitelwert der Feldstärke durch Verringerung der Reaktanz der Regeldrossel im Prüfkreis eingestellt ist. Im allgemeinen kann der Barkhausensprung also leichter bei einer Umkehrfeldstärke von 10 A/cm beobachtet werden als bei einer solchen von nur 5 A/cm (siehe Abb. 17,10), und die Einbuchtung ist noch tiefer in einer wirklichen Gleichrichterschaltung, wo die Reaktanz des Wendekreises viel niedriger ist als die Strombegrenzungsreaktanz im Prüfkreise.

In Abb. 17,6 sind Barkhausensprünge erkennbar bei den beiden 1-ms-Schleifen für 0,05 und 0,03 mm Banddicke, bei der zweiten jedoch nur in einem geringen Maße. Bei 0,15 ms, d. h. bei der höheren Geschwindigkeit, können dagegen keine Einbuchtungen bemerkt werden. Das hat wahrscheinlich 2 Gründe: Erstens ist die angelegte Spannung etwa 7 mal so hoch wie bei 1 ms. Dementsprechend ist auch der

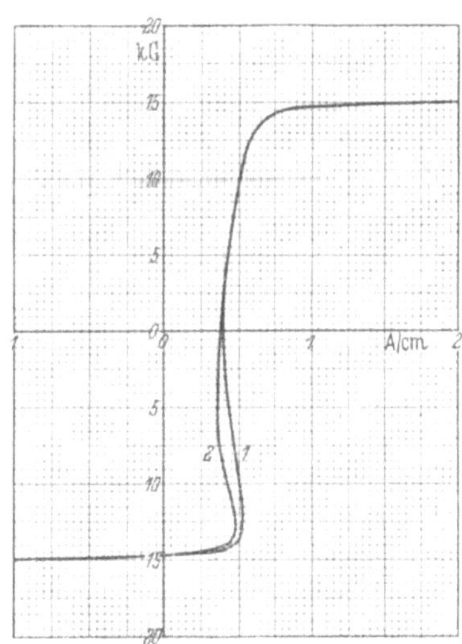

Abb. 17,10. Einfluß der Reaktanz des Prüfkreises auf den Barkhausensprung.
1 große Reaktanz, $H_m = 5$ A/cm;
2 kleine Reaktanz, $H_m = 10$ A/cm.

Betrag der Strombegrenzungsreaktanz viel höher und bei einem etwaigen Sprung das Verhältnis der Gegenspannung zur angelegten Spannung viel kleiner. Infolgedessen ist die Einbuchtung an sich schon viel flacher und erstreckt sich wegen der Verkürzung der Stufendauer über einen viel größeren Teil der Stufe. Zweitens sind aber die Flanken wegen der höheren Wirbelströme stärker geneigt. Wenn diese positive Neigung die negative Neigung der Einbuchtung überwiegt, so ist das charakteristische Zurückgehen des Magnetisierungsstromes überhaupt nicht mehr zu be-

merken. So kommt es, daß die typische Form der 1-ms-Schleife mit der ausgeprägten
Einbuchtung bei so hohen Geschwindigkeiten bei Messungen mit dem Prüfkreis
nach Abb. 6,6 nicht mehr zu finden ist. An Einschaltkernen eines in Betrieb befindlichen Umformers dagegen kann sie wegen der weitaus geringeren Reaktanz des
Wendekreises noch gut beobachtet werden. Des weiteren sind auch bei den 4-ms-
Schleifen der Abb. 17,6 kaum Einbuchtungen zu erkennen. Bei dieser großen Stufenlänge sind die Vorbedingungen für eine ungefähr gleichbleibende Ummagnetisierungsgeschwindigkeit nicht mehr ausreichend gegeben, denn 4 ms sind bereits ein
so großer Teil der halben Periode, daß über diesen Abschnitt die angelegte Sinusspannung nicht mehr als praktisch konstant angesehen werden kann. Infolgedessen
ist der ganze Magnetisierungsverlauf etwas anders als bei den kürzeren Stufenlängen. Das ist möglicherweise auch der Grund für das Fehlen eines größeren
Barkhausensprunges.

Es muß noch darauf aufmerksam gemacht werden, daß die Kurven in Abb. 17,7
wegen des Barkhausensprunges insofern mit einer gewissen Unsicherheit behaftet
sind, als die Werte H_c, die man den ge-
messenen Hystereseschleifen entnehmen
kann, in gewissem Umfange abhängig

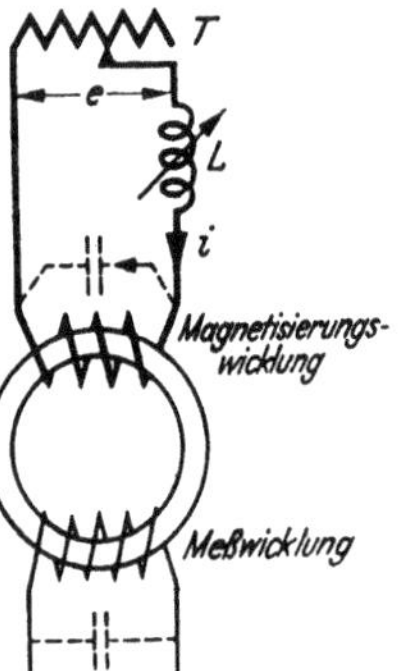

Abb. 17,11. Prüfkreis mit schädlichen Parallelkapazi-
täten.

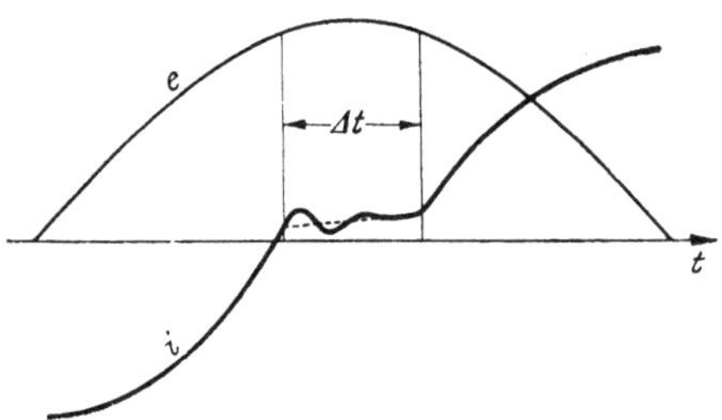

Abb. 17,12. Schwingung im Magnetisierungsstrom als
Folge der Parallelkapazität.

sind von dem wechselnden Betrage der Reaktanz, der für den gewünschten Scheitelwert der Feldstärke bei den verschiedenen Stufenlängen eingestellt werden mußte.

Es muß ferner bemerkt werden, daß mitunter in der Stromstufe bzw. in den
Flanken der Hystereseschleife eine Art von Pseudo-Barkhausensprung beobachtet
werden kann, der in Wirklichkeit ein stark gedämpfter Schwingungszug ist. Ein solcher kann sich ausbilden, wenn eine Kapazität parallel zur Magnetisierungswicklung
liegt, sei es ein wirklicher Kondensator oder eine ungewöhnlich hohe Eigenkapazität
der Wicklung selbst oder einer sekundären Meßwicklung oder eine hohe Eingangs-
kapazität der angeschlossenen Meßeinrichtung, wie in Abb. 17,11 angedeutet ist.
In derartigen Fällen ist ein Strom mit dem in Abb. 17,12 dargestellten Verlauf die
Folge. Die Schwingung wird angeregt durch das plötzliche Anwachsen der an der
Wicklung des Bandkernes liegenden Spannung beim Beginn der Stufe, indem diese
Spannung die Kapazität auflädt. Die Schwingung wird gedämpft durch den Leistungsverlust im Kerneisen. Daher hängt die Stärke der Dämpfung vom spezifischen
Eisenverlust des Kernes und von der Frequenz der Schwingung ab, wobei die letztere
je nach der Größe des Prüflings und der Windungszahl der Magnetisierungswicklung weitgehend verschiedene Werte haben kann. In Übereinstimmung mit der Rechnung wurde praktisch gefunden, daß die Dämpfung höher war bei großen Kernen,
die nur ein paar Windungen als Magnetisierungswicklung benötigten, als bei kleinen
Kernen mit vielen Windungen, und daß sie höher war bei Siliziumeisen als bei

Nickeleisen. Demgemäß konnten bei großen Kernen beider Werkstoffarten mit Magnetisierungswicklungen von nur wenigen Windungen überhaupt keine Schwingungen beobachtet werden, während bei kleinen Kernen — insbesondere bei Nickeleisen, aber auch bei Siliziumeisen — mit hohen Windungszahlen der Magnetisierungswicklung von 100 und mehr unter gewissen Bedingungen Schwingungen von beträchtlicher Höhe vorkamen. Um Fälschungen der Meßergebnisse durch derartige Schwingungen zu vermeiden, darf man daher mögliche innere Wicklungskapazitäten und etwaige Parallelkondensatoren in den Prüfgeräten nicht unbeachtet lassen.

Die Kenntnis der Veränderung der Form der Hystereseschleife durch den Barkhausensprung ist von Wichtigkeit für die Auslegung des Streckkreises (s. Abschn. 38) und der Vormagnetisierung des Ausschaltkernes.

17.5 Die Schlußglühung.

Die typische Form einer zufriedenstellenden Schleife, wie sie in Abb. 17,9 und noch einmal schematisch in Abb. 17,13, Kurvenverlauf a, dargestellt ist, wird nur dann erhalten, wenn der Prozeß der Schlußglühung in richtiger Weise durchgeführt worden ist. Durch die Schlußglühung wird die Kaltwalztextur in die Rekristallisationstextur übergeführt und somit die Ausrichtung der Kristallite hervorgebracht. War dabei die Glühtemperatur zu niedrig, so ist die Rekristallisationstextur noch nicht vollständig ausgebildet. Wenn dagegen die Temperatur zu hoch war, so kann bei 50proz. Nickeleisen die Rekristallisationstextur durch sekundäre Rekristallisation (Grobkornbildung) schon teilweise wieder zerstört sein. In beiden Fällen ergeben sich stärker abgerundete Ecken der Schleife und damit ein zu geringer Betrag der ausnutzbaren Stufe (Abb. 17,13, Kurvenverlauf b). Meistens sind beide Ecken, die obere und die untere, verschlechtert, mitunter aber auch überwiegend die untere.

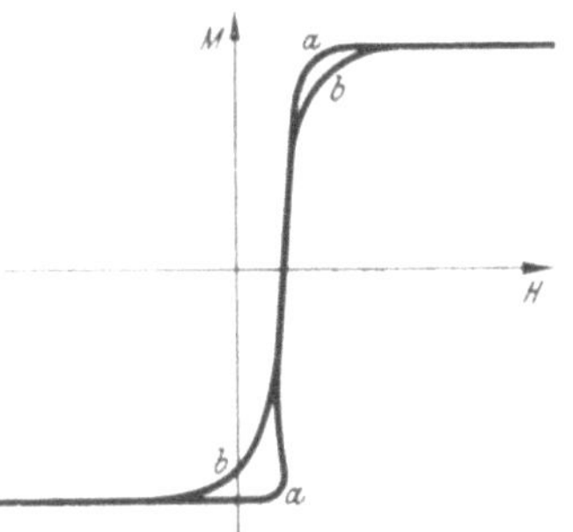

Abb. 17,13. Einfluß der Schlußglühung auf die Form der Hystereseschleife.
$a-a$ einwandfreie Glühung;
$b-b$ unrichtige Glühung.

Der beherrschende Einfluß der Glühtemperatur geht aus den Hystereseschleifen von Abb. 17,14 hervor. Es handelt sich dabei um dynamische Schleifen, die bei

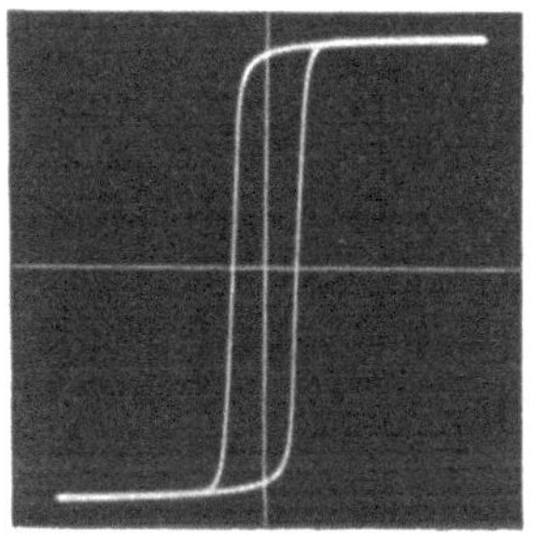
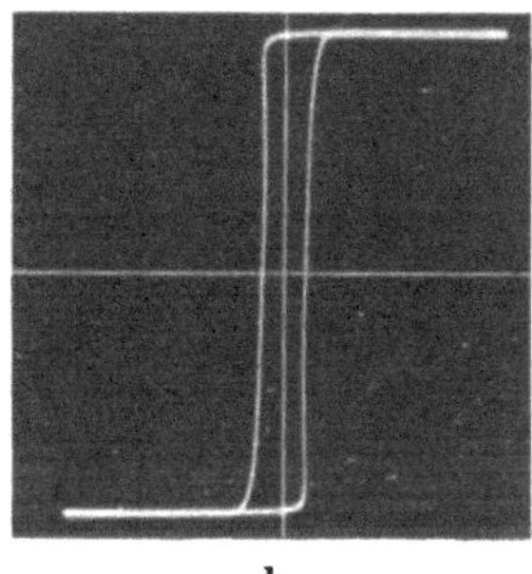
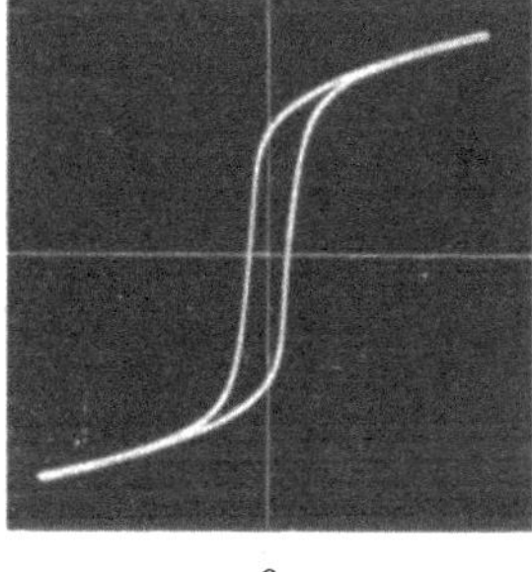

a   b   c

Abb. 17,14. Einfluß der Schlußglühung auf die Form der Hystereseschleife von 50proz. Nickeleisen (VAC).

50 Hz mit einer Stufenlänge ΔT_s von 1 ms und einer Umkehrfeldstärke von 3 A/cm aufgenommen wurden. Sie stammen von 3 gleichgroßen Ringbandkernen aus 50proz. Nickeleisen mit 0,15 mm Banddicke, die aus dem gleichen Ausgangswerkstoff her-

gestellt und in übereinstimmender Weise gewalzt und gewickelt worden waren. Der Kern a wurde bei einer Temperatur von 850° C, der Kern b bei 1050° C und der Kern c bei 1250° C schlußgeglüht. Kern a zeigt noch keine optimal scharfen Knie und hat noch eine recht hohe Koerzitivkraft. Kern b liefert eine Schleife mit gut ausgebildeten Ecken und wesentlich kleinerer Koerzitivkraft; er entspricht den günstigsten Verhältnissen. Bei Kern c ist zwar die Koerzitivkraft noch weiterhin etwas zurückgegangen, doch sind die Knie infolge von sekundärer Rekristallisation wieder gerundet, und zwar so stark, daß das ausnutzbare Stück der Flanken auf einen völlig unzulänglichen Betrag verkürzt ist. Der für die günstigste Schlußglühung in Frage kommende Temperaturbereich ist sehr eng begrenzt und liegt bei 50proz. Nickeleisen in der Regel etwas unterhalb von 1100° C. Er schwankt von Schmelze zu Schmelze etwas.

Es ist noch zu bemerken, daß, wenn die unbefriedigende Form der Schleife auf eine unrichtige Schlußglühung zurückzuführen ist, der spezifische Eisenverlust sich oft nicht viel von demjenigen bei richtiger Schlußglühung unterscheidet, im Gegensatz zu dem viel höheren Betrage bei erhöhten Wirbelstromverlusten infolge von mangelhafter Windungsisolation des Kernes (vgl. Abschn. 17.3). Das ist erklärlich, weil der Flächeninhalt der Schleife, der den Verlust je Umlauf darstellt, sich nicht viel ändert, wenn beide Ecken infolge unrichtiger Schlußglühung abgerundet sind, während er anwächst, wenn beispielsweise bei gleicher Lage des unteren Knies die Flankenneigung zunimmt und insbesondere nur die obere Ecke abgerundet ist wie im Falle ungenügender Isolation. Somit zeigt zwar ein ungewöhnlich hoher spezifischer Verlust eine mangelhafte Isolation an, aber ein geringer spezifischer Verlust bedeutet dagegen noch nicht eine rechteckige Form der Schleife. In Abb. 17,14 z. B. ist für die schlechte Schleife c der spezifische Eisenverlust kleiner als für die gute Schleife b. Die Messung allein des spezifischen Eisenverlustes genügt also noch nicht zur Beurteilung der Brauchbarkeit eines Ringbandkernes für die Zwecke des Kontaktumformers.

17.6 Mechanische Spannungen.

Texturwerkstoffe mit magnetischer Vorzugslage — sowohl Nickeleisen als auch Siliziumeisen — sind sehr empfindlich gegen mechanische Spannungen. Wird nach der Schlußglühung, durch die die inneren Spannungen weitgehend beseitigt worden sind, der Kern in irgendeiner Weise wieder mechanischen Beanspruchungen ausgesetzt, so kann die gute Form der Hystereseschleife zerstört werden. Wenn es sich lediglich um eine elastische Verformung handelt, so läßt sich die ursprüngliche, gute Form der Schleife meist dadurch wiederherstellen, daß die mechanischen Spannungen wieder beseitigt werden. Sobald aber eine plastische Verformung vorliegt, ist die Form der Schleife meistens endgültig verdorben. Selbst durch eine Nachglühung kann die gute Form dann nicht mehr zurückgewonnen werden. Daher ist es sehr wichtig, diese Eigenschaft der Ringbandkerne zu kennen, wenn es sich darum handelt, die Fassung oder das Gehäuse für den Eisenkern oder die Wicklungen der Schaltdrossel zu entwerfen, oder wenn man mit dem Versand, der Prüfung oder dem Zusammenbau der Kerne zu tun hat. Im folgenden soll noch an einigen Beispielen gezeigt werden, welchen Einfluß mechanische Spannungen auf die Form der Schleife ausüben können.

17.61 Radiale Beanspruchungen.

Häufig werden die Bandkerne nach der Schlußglühung in hölzernen Fassungen versandt (s. Abb. 17,15), wobei der Raum zwischen dem Bandkern und den Seitenwänden der Fassung mit Watte oder mit weicher Pappe ausgestopft ist. Bei der Prüfung eines Kernes in diesem Zustande wurde z. B. die Kurve *1* von Abb. 17,16 gemessen. Nach der Entfernung der Watteeinlagen dagegen ergab sich die Kurve *2*. Der Unterschied läßt erkennen, daß der Kern einer elastischen Verformung durch den radialen Druck der Wattepackung ausgesetzt war.

17.62 Axiale Beanspruchungen.

Abb. 17,17 zeigt den Aufbau der Eisenkerne von Kleinumformern in den ersten Jahren. Einschaltkern und Ausschaltkern befanden sich in getrennten Fassungen,

Abb. 17,15. Ringbandkern in Transportfassung mit Wattezwischenlagen.

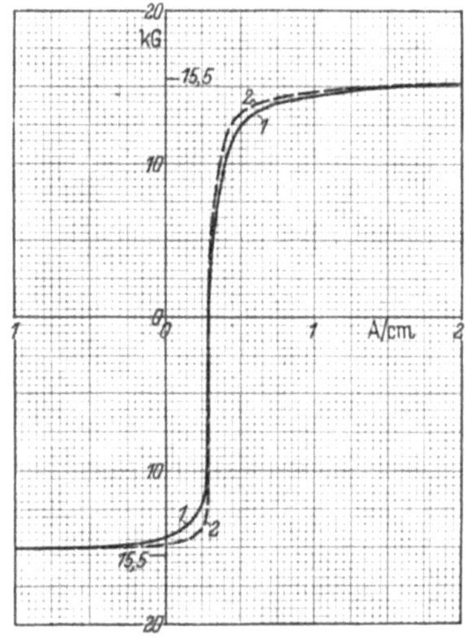

Abb. 17,16. Einfluß einer elastischen Verformung des Kernes durch radialen Druck auf die Form der Hystereseschleife.

wobei der Ausschaltkern meistens aus 2 oder mehr Einzelkernen bestand. Beide Fassungen waren von getrennten Vormagnetisierungswicklungen umgeben und wurden durch Schnurbandagen zusammengehalten. Oben und unten befanden sich noch durch Zugbolzen miteinander verspannte Hartpapierringe mit radialen Schlitzen zur Aufnahme der Hauptwicklung.

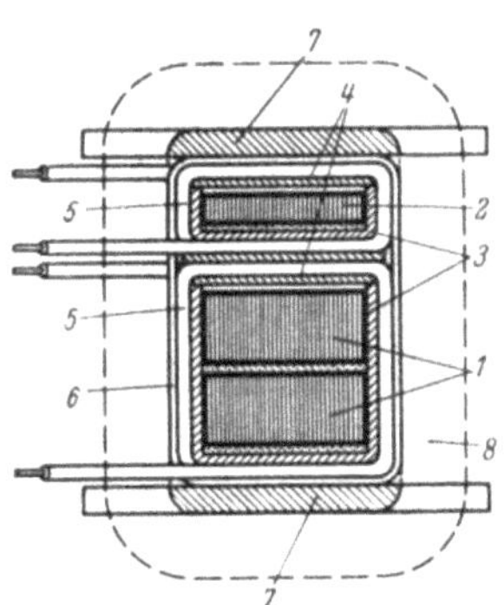

Abb. 17,17. Kernaufbau der Schaltdrossel eines Kleinumformers (SSW 1941).
1 Ausschaltkerne; — *2* Einschaltkern; — *3* Aluminiumfassungen; — *4* Deckelringe aus Hartpapier; — *5* Vormagnetisierungswicklungen; — *6* Schnurbandagen; — *7* gezahnte Trägerringe aus Hartpapier für die Hauptwicklung; — *8* Hauptwicklung.

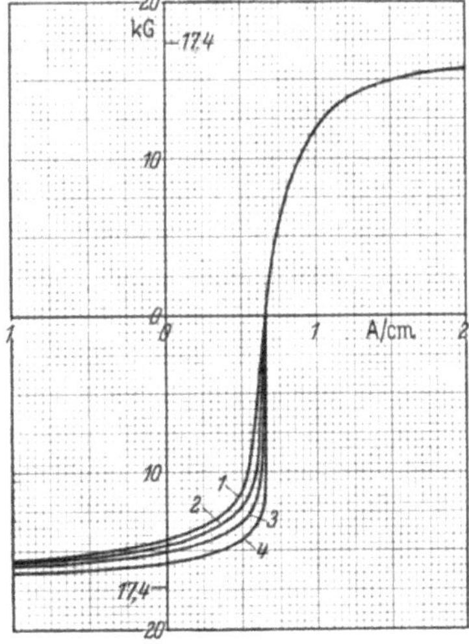

Abb. 17,18. Einfluß axialen Druckes auf die Form der Hystereseschleife bei einem Kern nach Abb. 17,17 aus Siliziumeisen.

Als im Beispiele der Zusammenbau bis zu diesem Stadium fortgeschritten war, lieferte die Eisenmessung des Ausschaltkernes die Kurve *1* von Abb. 17, 18. Die Form dieser Kurve wich stark von der ursprünglichen Form ab, die an dem Kern vor dem

Einbringen in die Fassung gefunden worden war. Nach Entfernung der Hartpapierringe ergab sich bereits die Kurve *2*. Die Abnahme der Schnurbandagen verbesserte
die Form zu Kurve *3*. Nach Beseitigung der Vormagnetisierungswicklung konnte
schließlich die Kurve *4* gemessen werden. Es stellte sich dann heraus, daß wegen
ungenügender Höhe der Fassung nicht genügend Spiel-
raum zwischen der Oberseite des Kernes und dem Deckel
der Fassung vorhanden gewesen war und der Kern deswegen vor allem durch die sehr stramm sitzende Vormagnetisierungswicklung axialen Druck und wegen der
nicht ganz ebenen Stirnflächen der Einzelkerne vermutlich
auch Biegespannungen erhalten hatte.

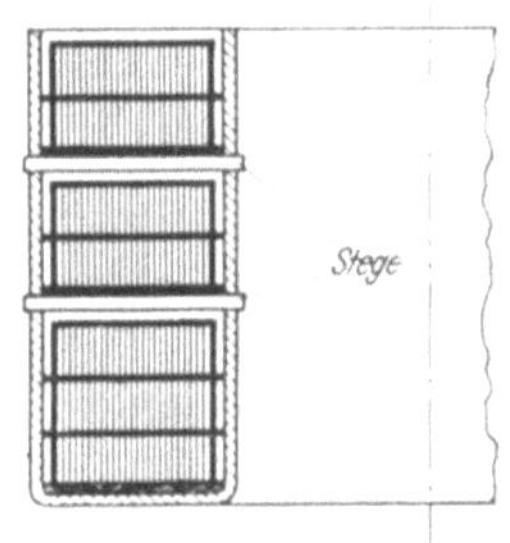

Abb. 17,19. Kernaufbau der
Schaltdrossel eines Großumformers mit Zwischenstegen.

Bezüglich des axialen Druckes war auch besondere
Vorsicht bei den Ausschaltkernen von Großumformern
erforderlich, wo bis zu 8 Einzelkerne zum Gesamtkern
vereinigt werden mußten. Um einen zu hohen axialen
Druck durch das Aufeinanderstapeln zu vermeiden, wurde
festgesetzt, daß nur 2 oder höchstens 3 Einzelkerne mit
einer maximalen Gesamthöhe von 60 mm ohne besondere Unterstützungen aufeinander gelegt werden durften. Aus Abb. 17,19 ist ersichtlich, wie ein aus 7 Einzelkernen bestehender Gesamtkern in 3 Stapel unterteilt wurde, von denen die beiden
oberen auf besonderen, isoliert eingesetzten Stegen ruhen.

17.7 Ungleichmäßigkeiten im Kernwerkstoff.

Wenn 2 Einzelkerne *a* und *b* mit verschiedenen Breiten der Hystereseschleifen
(Abb. 17,20, Kurven *a* und *b*) zu einem Gesamtkern nach Abb. 17,21 zusammengesetzt werden, so kann sich ein waagerechter Absatz
oder praktisch wenigstens ein Abschnitt von anderer
Neigung in den Flanken der resultierenden Schleife des
Gesamtkernes ergeben (Abb. 17,20, Kurve *c*). Ähnliche
Schleifenformen können zuweilen sogar an Einzelkernen
beobachtet werden (siehe z. B. Abb. 17,22). Um das
zu erklären, muß man sich vergegenwärtigen, daß kleine
Absätze dieser Art natürlich auch dann entstehen können,
wenn in radialer Richtung Teile des Einzelkernes ein ver-
schiedenes Verhalten zeigen, wie schematisch in Abb. 17,23
angedeutet ist. Somit können Absätze in der Hystereseschleife als das Ergebnis von Ungleichmäßigkeiten im Werkstoff des Kernes gedeutet werden, wobei es sich, um nur
einige Möglichkeiten zu nennen, um Werkstoff verschiedener Chargen, um verschieden große Bandspannun-
gen beim Wickeln des Kernes oder auch, wenn mehrere
Kerne den Gesamtkern bilden, um Unterschiede in der
Schlußglühung der Einzelkerne handeln kann.

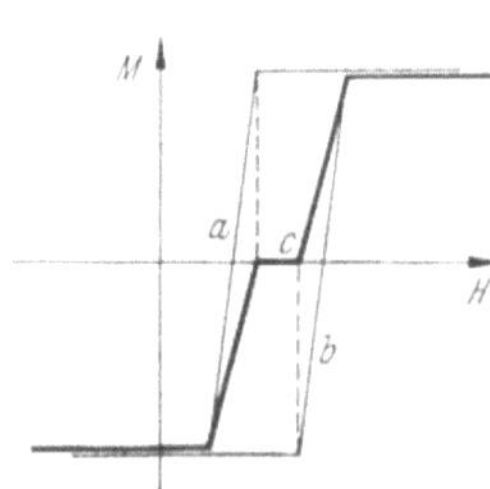

Abb. 17,20. Entstehung einer
resultierenden Kennlinie mit
Absatz aus 2 Einzelkennlinien
mit verschiedener Koerzitivkraft.

a und *b* Schleifenflanken der
Einzelkerne; —
c Schleifenflanke des
Gesamtkernes.

Abb. 17,21. Stapel aus 2 Einzelkernen verschiedener Kennlinie.

Mitunter allerdings können auch mehrere aufeinander folgende große Barkhausensprünge zu einer Flan-
kenform führen, die ähnliche kleine Absätze aufweist
(s. Abb. 17,24). Andererseits aber kann auch eine Form von beispielsweise Abb. 17,20,
Kurve *c*, der resultierenden Schleife von zwei oder mehr Einzelkernen durch einen
Barkhausensprung erheblich verändert und verwischt werden. Infolge des letzt-

genannten Umstandes ist es meist nicht möglich, schon im voraus auf dem Papier die
resultierende Schleifenform des Gesamtkernes aus den Schleifen der Einzelkerne
genau zu konstruieren, wie es an sich erwünscht
wäre, um aus einer Anzahl von Einzelkernen
Schaltdrosseln mit gleichen Eigenschaften zu-
sammenstellen zu können. Trotzdem aber müssen
durch sorgfältiges Mischen der Einzelkerne die
Gesamtkerne der einzelnen Drosseln der Kontaktumformerschaltung möglichst gleichgemacht
werden. Man stellt zu diesem Zwecke die Einzelkerne zunächst probeweise mit Hilfe der an
ihnen gemessenen Einzel-Hystereseschleifen auf
dem Papier zu Gesamtkernen so zusammen, daß
sich nach Schätzung auf Grund der Werte H_1,
H_c und H_2 der Einzelschleifen ungefähr gleiche
resultierende Hystereseschleifen der Gesamtkerne ergeben und daß dabei gleichzeitig die
Gesamtkerne möglichst gleiche Beträge der ge-
samten ausnutzbaren Flußänderung $\sum (q_{\mathrm{Fe}} \cdot \varDelta M)$
aller Einzelkerne jedes Gesamtkernes aufweisen.
An entsprechenden, praktisch ausgeführten vor-
läufigen Kernzusammenstellungen werden dann
die resultierenden Hystereseschleifen durch Messung nachgeprüft, und bei ungenügender Übereinstimmung ist eine schrittweise Verbesserung
der Zusammenstellung erforderlich.

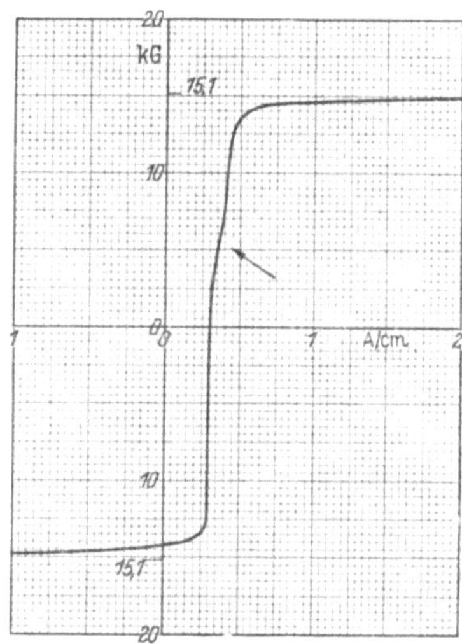

Abb. 17,22. Absatz in der Schleifenflanke
eines Einzelkernes nach Abb. 17,23.

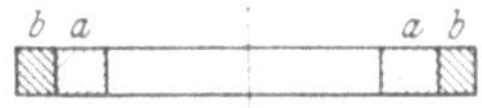

Abb. 17,23. Einzelkern mit 2 radialen Bezirken verschiedener Kennlinie.

17.8 Die Betriebstemperatur.

Über die Temperaturabhängigkeit der magnetischen Eigenschaften ferromagnetischer
Werkstoffe ist bekannt, daß die Sättigungspolarisation mit wachsender Temperatur zunächst nur langsam, dann aber zunehmend
immer schneller absinkt, bis sie bei der sogenannten „*Curie*-Temperatur" den Wert Null erreicht. Der Curiepunkt liegt bei 50proz. Nickeleisen bei 450 bis 500° C, bei 2,5- bis 3proz.
Siliziumeisen sogar bei über 700° C, also weit
oberhalb der höchsten vorkommenden Betriebstemperatur der Schaltdrosselkerne. Innerhalb
des Betriebstemperaturbereiches wird daher die
Sättigungspolarisation, d.h. die *Höhe* der Hystereseschleife und damit die Stufenlänge, durch
Temperaturänderungen nur verhältnismäßig geringfügig beeinflußt; das Ausmaß ihrer Änderung liegt in der Größe von einigen Prozenten.

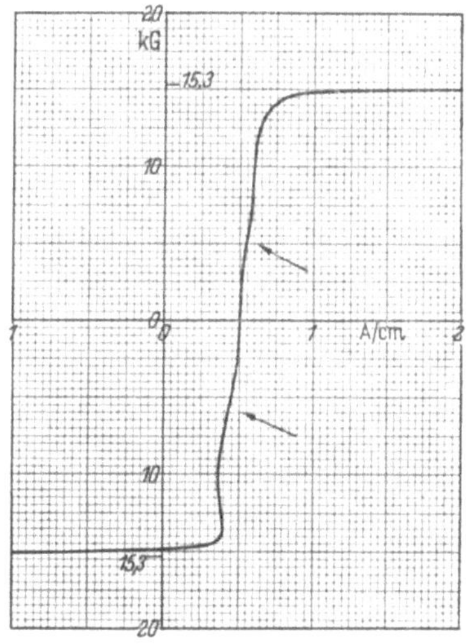

Abb. 17,24. Schleife eines Nickeleisenkernes
mit mehrfachem Barkhausensprung.

Von wesentlich größerer Bedeutung ist die Abhängigkeit der *Breite* der Hystereseschleife, also der Koerzitivkraft und damit des natürlichen Stufenstromes, von der

Betriebstemperatur. Wie wir gesehen haben, ist ein beträchtlicher Anteil der dynamischen Koerzitivkraft auf die im Eisen entstehenden Wirbelströme zurückzuführen (vgl. Abb. 17,7). Da die elektrische Leitfähigkeit der Kernwerkstoffe temperaturabhängig ist, so ändert sich mit der Betriebstemperatur auch die Größe dieses Wirbelstromanteiles. Nach Messungen der ITE beträgt bei 50proz. Nickeleisen „Permeron" der auf 20° C bezogene Temperaturbeiwert 0,0032. Für einen Kontaktumformer bedeutet dieses, daß vom Einschalten des auf Raumtemperatur von beispielsweise 20° C befindlichen Umformers bis zum Eintritt der Endtemperatur von beispielsweise 80° C der Widerstand des Kernwerkstoffes um 19,2% zugenommen

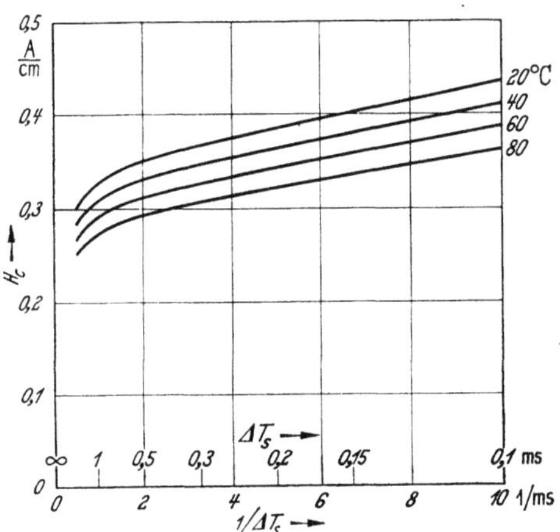

Abb. 17,25. Einfluß der Temperatur auf die dynamische Koerzitivkraft von 50proz. Nickeleisen Permeron mit 0,05 mm Banddicke bei f = 60 Hz (ITE 1954).

hat und demgemäß der Wirbelstromanteil der Koerzitivkraft auf 83,8% seines Wertes bei Raumtemperatur zurückgegangen ist. Der natürliche Stufenstrom der Schaltdrosseln, der das in den Zeitmaßstab übersetzte Abbild der Flanke der Hystereseschleife ist und dessen Durchflutung durch die Vormagnetisierung kompensiert werden muß, damit der resultierende Kontaktstrom im Ausschaltaugenblick zu Null wird, nimmt also mit steigender Betriebstemperatur ab. Hieraus folgt, daß auch die Höhe der Vormagnetisierung mit steigender Betriebstemperatur vermindert werden muß, wenn ein genauer Abgleich auf den Kontaktstrom Null aufrechterhalten werden soll. Im allgemeinen ist nun zwar eine derartige Anpassung der Höhe der Vormagnetisierung an die Betriebstemperatur der Schaltdrosselkerne nicht üblich. Bei Umformern, die mit Nebenwegen zu den Kontakten ausgestattet sind, ist die Anpassung auch nicht sehr kritisch, weil die Nebenwege ihrer Zweckbestimmung nach Kontakt-Restströme veränderlicher Höhe übernehmen können; man muß dann nur die Vormagnetisierung so hoch wählen, daß die Stromstufe auch bei niedrigster Temperatur noch etwas im Positiven verläuft. In solchen Fällen jedoch, wo es auf einen genauen Abgleich der Vormagnetisierung ankommt, kann u. U. eine betriebsmäßige Regelung der Höhe der Vormagnetisierung in Abhängigkeit von der Temperatur der Schaltdrosselkerne zweckmäßig sein.

Einige Meßergebnisse über den Einfluß der Temperatur auf die Form der Hystereseschleife wurden bereits von *The Arnold Engineering Company* (Allegheny Ludlum Steel Corporation)[1] für Deltamax und von der VAC[2] für Permenorm 5000 Z bekanntgegeben[3]. Bisher nicht veröffentlichte Messungen über die Abhängigkeit der Koerzitivkraft von der Temperatur, die auf Anregung von E. I. Diebold von H. D. Jung bei der ITE an Permeron mit 0,05 mm Banddicke mit Hilfe eines Vektormessers ausgeführt wurden, hatten das in Abb. 17,25 wiedergegebene Ergebnis. Es sind dort der Abb. 17,7 entsprechende Kurven der dynamischen Koerzitivkraft in Abhängigkeit von der Ummagnetisierungsgeschwindigkeit für verschiedene Betriebstemperaturen als Parameter aufgetragen. Die Kurven zeigen deutlich die starke Abhängigkeit der Koerzitivkraft von der Temperatur; sie beträgt innerhalb

---

[1] [*3.38*] S. 13 Fig. 5; — s. a. [*3.8*] S. 179 Bild 44.
[2] [*3.43*] S. 22 Abb. 7.   [3] Siehe a. Baer: [*1.61*] S. 713 Fig. 7c.

des dargestellten Temperaturintervalls von 60° C bei einer Stufenlänge von 1 ms etwa 16%.

Bei der ITE wurden auch Messungen über die Änderung der Umkehrpolarisation M_{10} von Permeron mit der Temperatur bei der Normalmessung mit $H_m = 10$ A/cm (vgl. Abschn. 49.1, S. 440) vorgenommen. Sie ergaben bei einem Anstieg der Kerntemperatur von 20° C auf 80° C eine Abnahme der Polarisation M_{10} von im Mittel 15,5 kG auf 15,05 kG, also ein Absinken um 2,9%. In diesem Umfange kann also der bei der Eisenmessung sich ergebende M_{10}-Wert bei ein und demselben Prüfling je nach der während der Messung vorhandenen Kerntemperatur streuen.

18. Magnetische Werte für die Berechnung.

In diesem Abschnitt werden mittlere Werte für die magnetischen Größen angegeben, die für die Vorausberechnung von Kontaktumformern gebraucht werden. Was dabei die magnetische Induktion anbetrifft, so zeigen die Abbildungen und Tabellen stets die magnetische Polarisation M, die entsprechend Gl. (15,1) etwas geringer ist als die magnetische Induktion B.

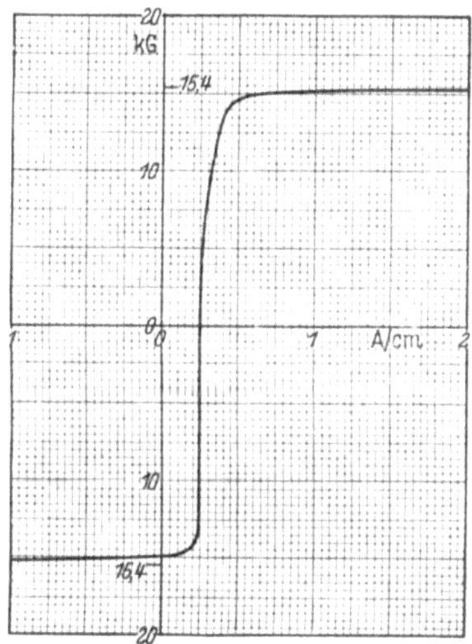

Abb. 18,1. Einschaltkern guter Qualität.
50proz. Nickeleisen   Banddicke 0,03 mm

$2b_{Fe}/d_{Fe} = 0,26$ $\Delta T_s = 1$ ms
$H_m \quad = 10$ A/cm $M_{10} = 15,4$ kG

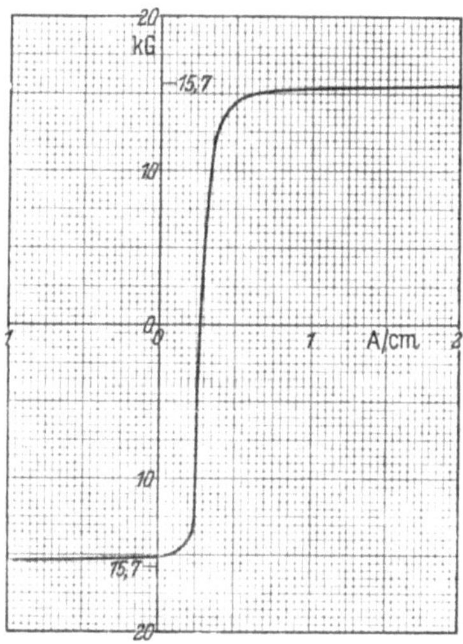

Abb. 18,2. Einwandfreier Ausschalt-Einzelkern mit geringer radialer Dicke.
50proz. Nickeleisen   Banddicke 0,05 mm

$2b_{Fe}/d_{Fe} = 0,27$ $\Delta T_s = 1$ ms
$H_m = 10$ A/cm $M_{10} = 15,7$ kG
$\Delta H = 0,22$ A/cm $\Delta M = 27,5$ kG

In den Abb. 18,1 bis 18,5 sind zunächst einige typische Hystereseschleifen mit guter Form gezeigt. Der Einschaltkern von Abb. 18,1 war aus Nickeleisen Permenorm 5000 Z mit einer Banddicke von 0,03 mm hergestellt. Die Kerne von Abb. 18,2 und 18,3 bestanden ebenfalls aus Permenorm 5000 Z, hatten aber 0,05 mm starkes Band, wie es für Ausschaltkerne benutzt wird. Bei Abb. 18,2 handelt es sich um einen Kern mit dem niedrigen Verhältnis $v_d = \dfrac{2\,b_{Fe}}{d_{Fe}}$ von 0,27, während der Kern von Abb. 18,3 das hohe Verhältnis 0,61 aufweist, das sich in einer geringeren Steilheit der Flanken äußert. Das Verhältnis bei dem Einschaltkern von Abb. 18,1 war 0,26. Abb. 18,4 zeigt die resultierende Schleife eines großen Ausschaltkernes, der aus 5 Einzelkernen bestand und aus Permenorm 5000 Z mit einer Banddicke von 0,05 mm hergestellt war bei einem Verhältnis v_d von 0,38.

Zum Vergleich bezieht sich Abb. 18,5 auf 2,5proz. Siliziumeisen M 738 für Kleinumformer. Der Kern war aus 0,15 mm dickem Bande hergestellt und hatte ein Verhältnis v_d von 0,42. Es ist ersichtlich, daß die Schleife dieses Kernes beträcht-

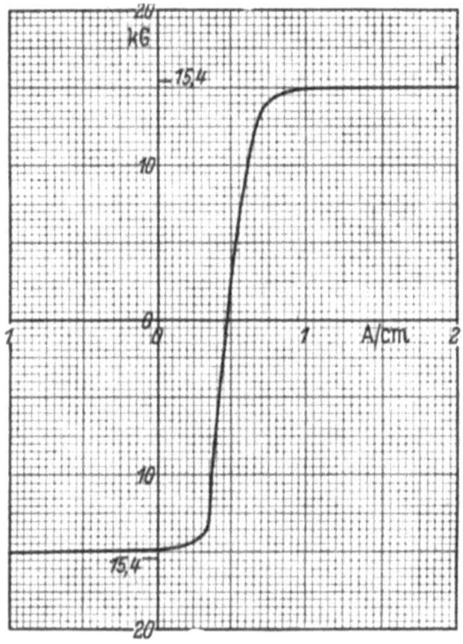

Abb. 18,3. Einwandfreier Ausschalt-Einzelkern mit großer radialer Dicke.

50proz. Nickeleisen   Banddicke 0,05 mm
$2b_{Fe}/d_{Fe} = 0{,}61$ $\Delta T_s = 1$ ms
$H_m = 10$ A/cm $M_{10} = 15{,}4$ kG
$\Delta H = 0{,}38$ A/cm $\Delta M = 27{,}3$ kG

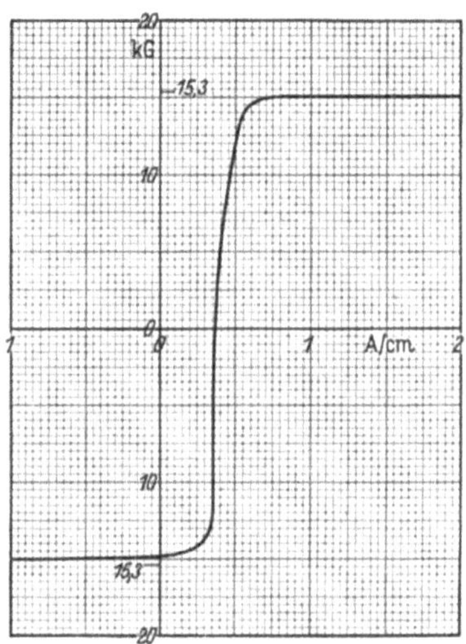

Abb. 18,4. Resultierende Kennlinie eines aus 5 Einzelkernen je 615 × 420 × 20 mm zusammengesetzten Ausschaltkernes guter Qualität.

50proz. Nickeleisen   Banddicke 0,05 mm
$2b_{Fe}/d_{Fe} = 0{,}38$ $\Delta T_s = 0{,}88$ ms (kleinste betriebsmäßige Stufenlänge)
$H_m = 5$ A/cm $M_s = 15{,}3$ kG
$\Delta H = 0{,}25$ A/cm $\Delta M = 27{,}8$ kG

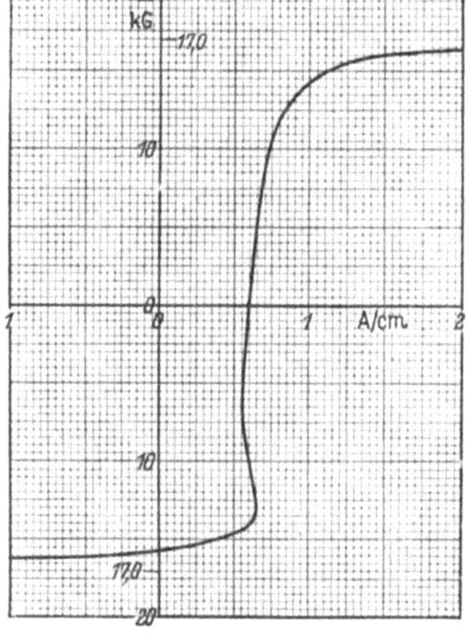

Abb. 18,5. Ausschalt-Einzelkern guter Qualität aus 2,5proz. Siliziumeisen mit einer Banddicke von 0,15 mm.

$2b_{Fe}/d_{Fe} = 0{,}42$ $\Delta T_s = 1$ ms
$H_m = 10$ A/cm $M_{10} = 17{,}0$ kG
$\Delta H = 0{,}36$ A/cm $\Delta M = 28$ kG

lich breiter ist als die des Nickeleisens und daß das obere Knie eine stärkere Abrundung zeigt. Beides ist bei Siliziumeisen durchweg der Fall.

In den Abb. 18,6 bis 18,8 sind sodann einige typische Kommutierungskurven wiedergegeben. Bei Abb. 18,6 (s. S. 109) handelt es sich wiederum um Nickeleisen Permenorm 5000 Z mit einer Banddicke von 0,05 mm. Es wurde gemessen mit Feldstärken bis hinauf zu 25 A/cm. Abb. 18,7 zeigt 50proz. Nickeleisen Permenorm 5000 Z mit einer Banddicke von 0,03 mm und 48,5proz. Nickeleisen mit einer Banddicke von 0,05 mm bei Feldstärken bis hinauf zu 130A/cm bzw. 200 A/cm. Abb. 18,8 (s. S. 111) bezieht sich auf 2,5proz. Siliziumeisen M 738 mit einer Banddicke von 0,15 mm bei Feldstärken bis hinauf zu 250 A/cm. Aus Abb. 18,7 ist zu ersehen, daß Nickeleisen bei ungefähr 30 bis 50 A/cm die volle Sättigung erreicht und daß bei höheren Feldstärken kein weiteres Anwachsen von M mehr stattfindet. Anders dagegen ist das Verhalten von Siliziumeisen. Aus Abb. 18,8 geht hervor, daß Siliziumeisen die Sättigung nur schleichend erreicht, denn selbst oberhalb von 50 A/cm ist noch ein langsames Ansteigen von M zu beobachten bis hinauf zu einigen Hundert

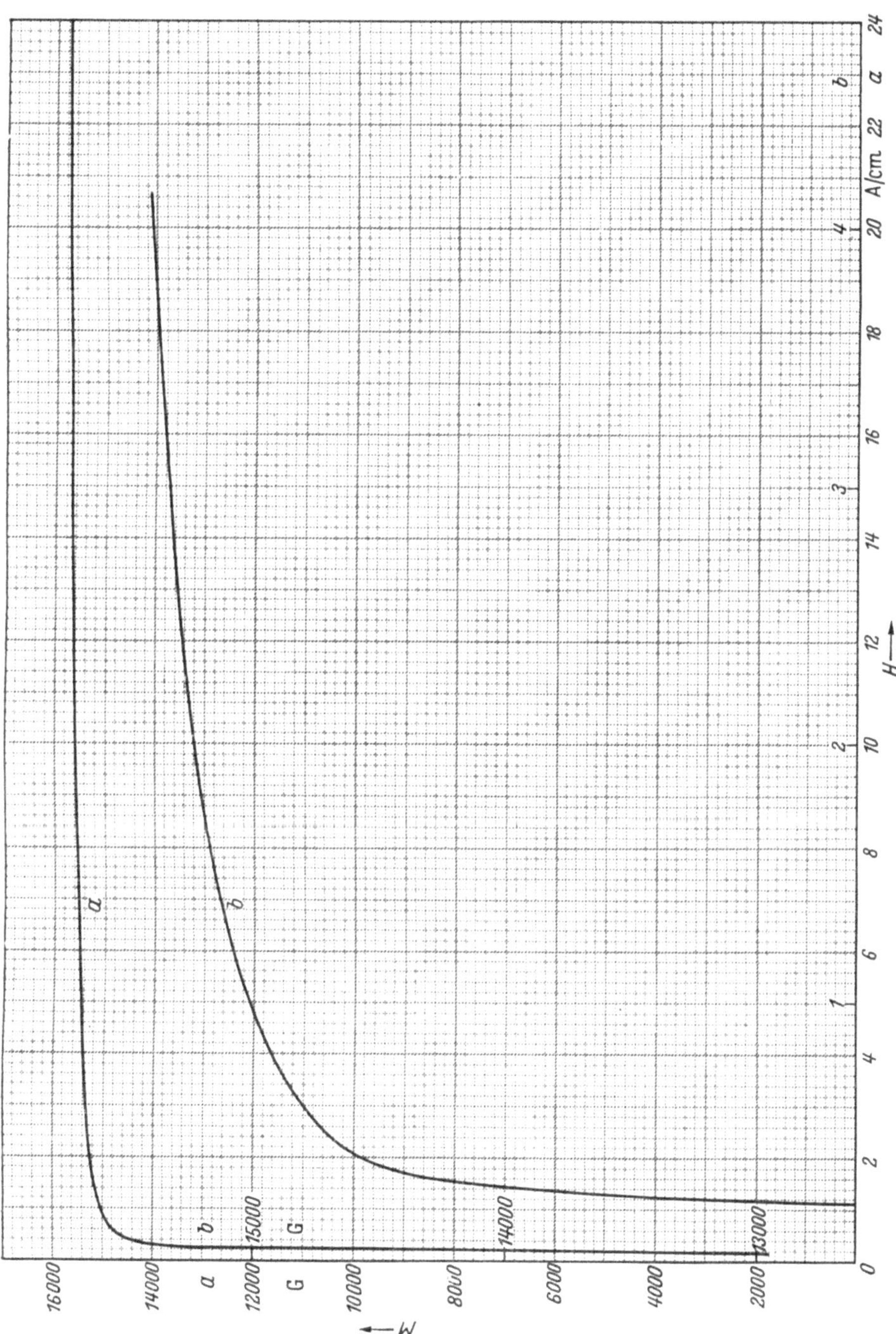

A/cm. Dieses Verhalten kommt entsprechend auch in dem spezifischen Eisenverlust zum Ausdruck (s. Abschn. 19). Es erhöht ferner den induktiven Gleichspannungsabfall des Kontaktumformers und setzt seinen Grenzstrom herab.

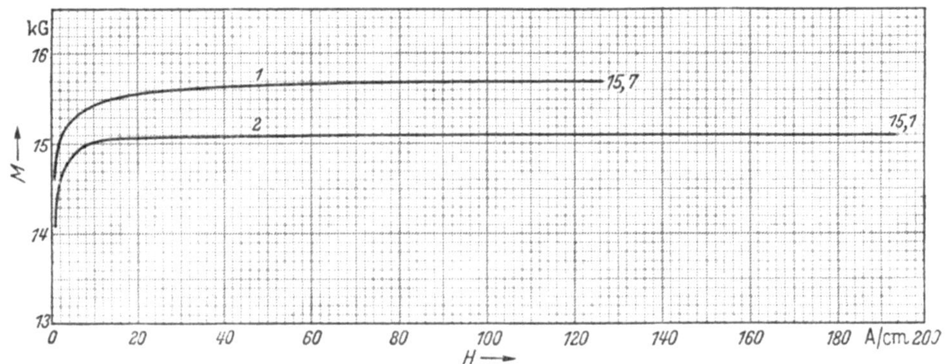

Abb. 18,7. Kommutierungskurven.
1 50proz. Nickeleisen, Banddicke 0,03 mm; — *2* 48,5proz. Nickeleisen, Banddicke 0,05 mm.

In Abb. 18,9 und 18,10 sind Hystereseschleifen schematisch dargestellt, auf denen die ungefähre Lage der für die Vorausberechnung wichtigen magnetischen Werte eingetragen ist.

Für den *Ausschaltkern* (Abb. 18,9) werden die folgenden Werte benötigt:

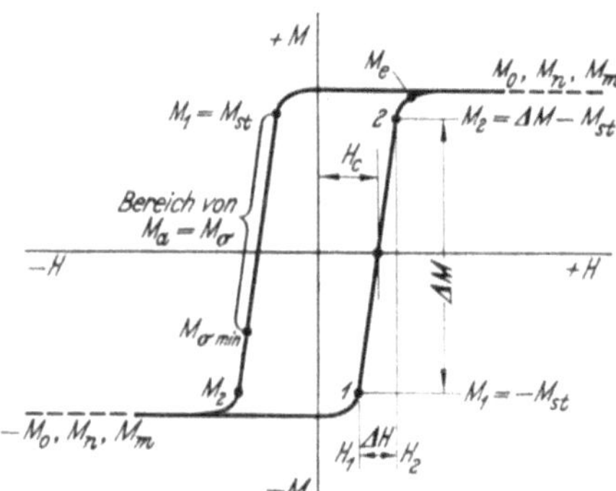

Abb. 18,9. Berechnungswerte bei einem Ausschaltkern.

Aus der *Kommutierungskurve*:

M_m = Polarisation beim Grenzstrom,
M_n = Polarisation beim Nennstrom,
M_0 = Polarisation beim Grundlaststrom.

Aus der *dynamischen Hystereseschleife*:

M_e = Polarisation im Einschaltaugenblick,
M_{st} = Polarisation beim Beginn der Stufe,
ΔM = nutzbare Stufenlänge im Polarisations-
      maß,
H_1 = Feldstärke beim Beginn der Stufe,
H_2 = Feldstärke am Ende der Stufe,
ΔH = der nutzbaren Stufenlänge ΔM zu-
      geordnete Feldstärkenänderung
      $(= H_2 - H_1)$,
H_c = Koerzitivkraft.

Der Betrag von M_σ (= Polarisation im Ausschaltaugenblick) hängt von den jeweiligen Betriebsbedingungen ab und kann innerhalb eines großen Bereiches wechseln, nämlich von $M_{\sigma\,min}$ bis M_{st}.

Beim *Einschaltkern* sind die folgenden Werte von Wichtigkeit (s. Abb. 18,10):

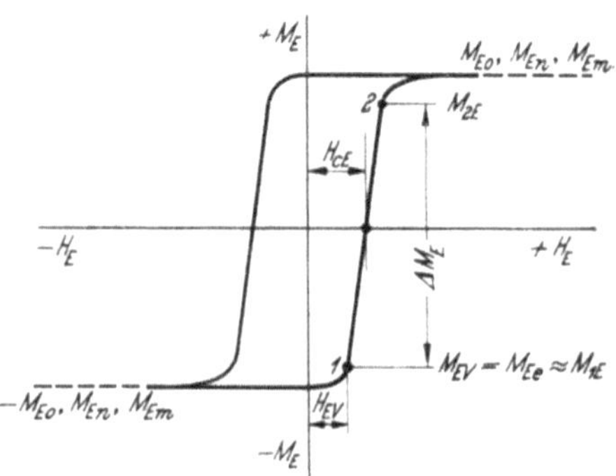

Abb. 18,10. Berechnungswerte bei einem Einschaltkern.

Aus der *Kommutierungskurve*:

M_{Em} = Polarisation beim Grenzstrom,
M_{En} = Polarisation beim Nennstrom,
M_{E0} = Polarisation beim Grundlaststrom.

Aus der *dynamischen Hystereseschleife*:

M_{EV} = Polarisation durch die Vormagnetisierung im Einschaltaugenblick (meistens $M_{EV} = M_{Ee}$)
ΔM_E = nutzbare Stufenlänge im Polarisationsmaß,
H_{EV} = Feldstärke durch die Vormagnetisierung im Einschaltaugenblick,
H_{cE} = Koerzitivkraft.

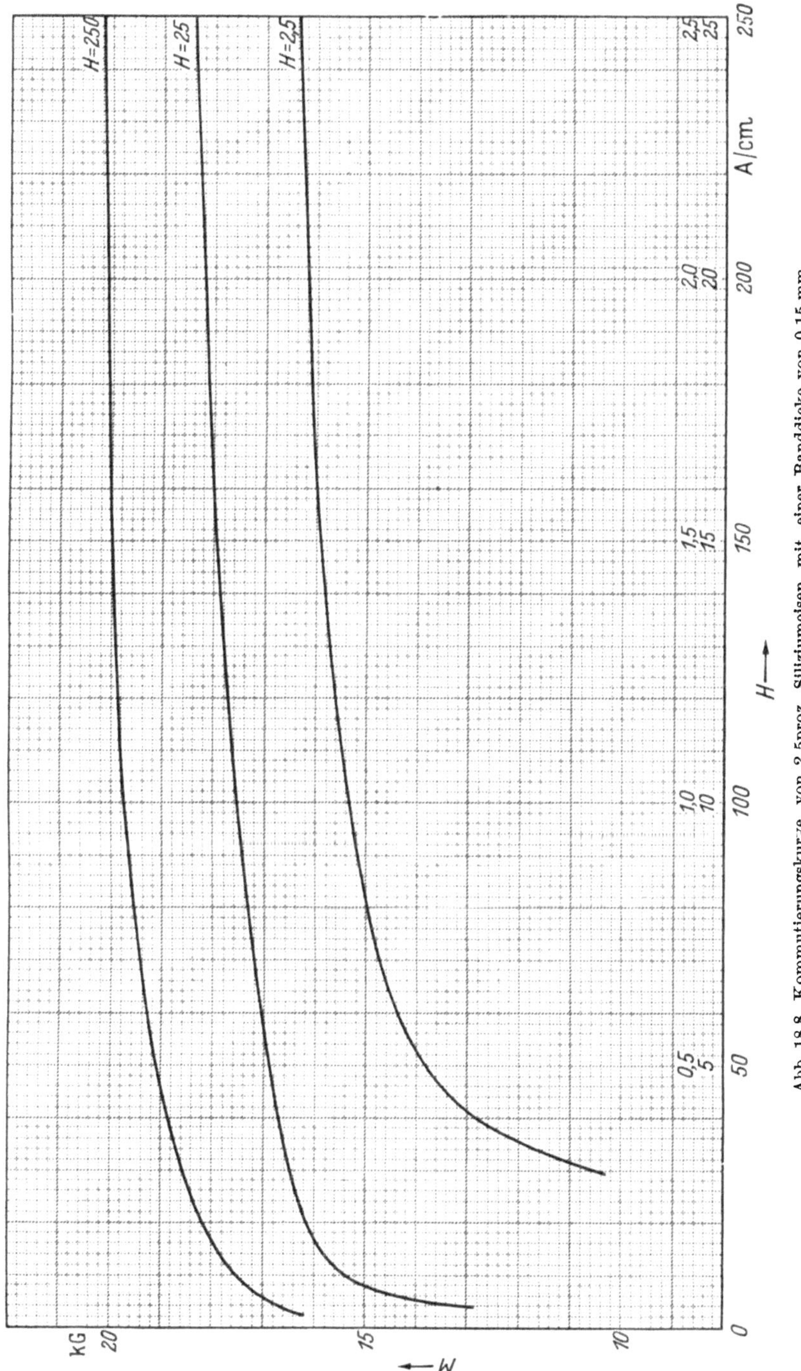

Abb. 18,8. Kommutierungskurve von 2,5proz. Siliziumeisen mit einer Banddicke von 0,15 mm.

Ferner sind noch die *spezifischen Eisenverluste* v_{Fe} von Interesse:

v_{10} = spez. Eisenverlust bei $H_m = 10$ A/cm,
v_{250} = spez. Eisenverlust bei $H_m = 250$ A/cm.

Für die genannten Größen können bei der Vorausberechnung als Richtwerte die in Tab. 18,1 und 18,2 angegebenen Zahlenwerte eingesetzt werden.

Tabelle 18,1. *Ausschaltkern bei $\Delta T_s = 1\ ms$ und $50\ Hz$.*

Größe	50% NiFe 0,05 mm	2,5% SiFe 0,15 mm	Einheit
$M_m \approx M_n$	15,75	20,0	kG
M_0	15,15	17 bis 18	,,
M_e	14,50	16,5 bis 17	,,
M_{st}	13,86	15,0	,,
ΔM	26,8	28,0	,,
H_1	0,28	—	A/cm
H_2	0,53	—	,,
ΔH	0,25	0,40	,,
H_c	$\approx 0,4$	0,6 bis 1	,,
v_{10}	1 bis 1,5	3 bis 4	W/kg
v_{250}	$\approx v_{10}$	≈ 8	,,

Tabelle 18,2.
Einschaltkern bei $\Delta T_s = 1\ ms$ und $50\ Hz$.

Größe	50% NiFe 0,03 mm	Einheit
$M_{Em} \approx M_{En}$	15,6	kG
M_{E0}	15,1	,,
$M_{EV} = M_{Ee}$	$\approx 13,5$	,,
ΔM_E	27,0	,,
H_{EV}	$\approx 0,3$	A/cm
H_{cE}	$\approx 0,32$	,,
v_{10}	0,8 bis 1,3	W/kg

Die Zahlenwerte der Tabellen sind mittlere Werte. Im Einzelfalle können sich infolge von Unterschieden in den Eigenschaften der einzelnen Kerne noch kleinere Abweichungen ergeben. Für genaue Berechnungen sollten die jeweiligen Prüfwerte benutzt werden.

19. Die spezifischen Eisenverluste.

Die in Tab. 18,1 und 18,2 angegebenen spezifischen Eisenverluste gelten für eine Stufenlänge von 1 ms und eine Betriebsfrequenz von 50 Hz. Bei Berechnungen des Wirkungsgrades und der Erwärmung müssen die Werte jedoch den wirklichen Betriebsbedingungen, also meistens einer anderen Stufenlänge und u. U. auch einer anderen Frequenz, entsprechen. Im folgenden wird daher die Abhängigkeit des spezifischen Eisenverlustes von der Ummagnetisierungsgeschwindigkeit, d. h. von ΔT_s bzw. $1/\Delta T_s$, von der Frequenz und von dem Scheitelwert H_m der Feldstärke betrachtet. Die allgemeine Richtung der Änderung des Eisenverlustes kann leicht überblickt werden, wenn man die Veränderung der Hystereseschleife bei Änderung der genannten Bestimmungsgrößen untersucht.

Bekanntlich stellt die Fläche der Hystereseschleife die Verlustarbeit je Umlauf der Schleife dar. Wenn nun die Schleife mit H in A/cm und B in G aufgetragen ist, so ergibt sich die Fläche $F_h = \int H\,dB$ in $\dfrac{A}{cm}\,G$, d. h. in $\dfrac{A}{cm}\,\dfrac{10^8\,Vs}{cm^2} = \dfrac{10^8\,Ws}{cm^3}$. Demnach ist $F_h \cdot 10^{-8} = A$ die Verlustarbeit in Ws/cm³ je Umlauf der Schleife und je cm³ Volumen. Die Verlustleistung je cm³ als Arbeit je Sekunde ergibt sich dann als Produkt aus A und der Frequenz, und mit der Wichte γ in g/cm³ folgt dann der spezifische Eisenverlust (die ,,Verlustziffer'') zu

$$v_{\mathrm{Fe}} = \frac{A}{\gamma}\,f = \frac{F_h \cdot 10^{-8}}{\gamma}\,f \quad \text{in } \frac{W}{g}$$

oder

$$v_{\mathrm{Fe}} = \frac{F_h\,f}{\gamma} \cdot 10^{-5} \quad \text{in } \frac{W}{kg}. \tag{19,1}$$

19.1 Der Einfluß der Ummagnetisierungsgeschwindigkeit.

Wenn die Geschwindigkeit der Ummagnetisierung wechselt, d. h. wenn die Änderung des Kernkraftflusses von der Sättigung in der einen Richtung zur Sättigung umgekehrten Vorzeichens sich in einem geändertem Zeitabschnitt ΔT_s vollzieht, so ändert sich die Breite der Schleife entsprechend den Kurven der Abb. 17,7, und es kann daher ein ähnlicher Verlauf der Abhängigkeit des spezifischen Verlustes von der Geschwindigkeit erwartet werden. In der Tat haben, wenn der spezifische Verlust auf direktem Wege mittels eines Leistungsmessers bestimmt und in Abhängigkeit von $1/\Delta T_s$ aufgetragen wird, die Kurven einen ganz ähnlichen Charakter. Als Beispiel ist in Abb. 19,1 eine solche Kurve wiedergegeben, die an einem Ringbandkern aus Permenorm 5000 Z gemessen wurde. Sie beginnt mit einem theoretischen Wert, der dem statischen Zustande entspricht und daher nicht mittels einer Leistungsmessung ermittelt werden kann, sondern aus der Fläche der statischen Schleife berechnet wurde. Sie steigt dann zunächst im Gebiet geringer Geschwindigkeiten schnell an und biegt bei höheren Geschwindigkeiten zu einer nahezu geraden Linie um. Als Ergebnis kann dieser Kurve entnommen werden, daß der spezifische Verlust innerhalb des praktisch vorkommenden Geschwindigkeitsbereiches von *Ausschaltkernen*, der sich nach Abb. 16,3 von etwa 3 ms bis zu ungefähr 0,75 ms erstreckt, sich nicht viel ändert. Somit kann zum

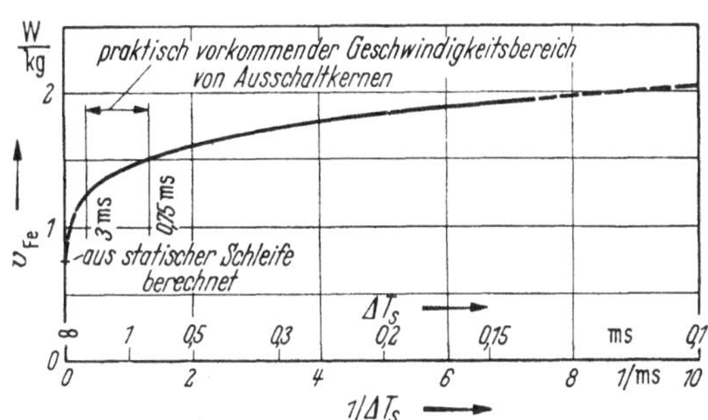

Abb. 19,1. Spezifischer Eisenverlust in Abhängigkeit von der Ummagnetisierungsgeschwindigkeit.

50proz. Nickeleisen   Banddicke 0,05 mm
$H_m = 10$ A/cm $f = 50$ Hz

Zwecke der Wirkungsgrad- und Erwärmungsberechnung bei Ausschaltkernen der spezifische Eisenverlust bei $\Delta T_s = 1$ ms im allgemeinen ohne Umrechnung benutzt werden, und das um so mehr, als der Eisenverlust der Schaltdrosseln ohnehin nur einen sehr geringen Anteil der gesamten Verluste des Umformers ausmacht und daher nicht sehr genau bekannt zu sein braucht. Wenn bei *Einschaltkernen*, deren wirkliche Stufendauer in dem Bereich von ungefähr 1 ms bis 0,08 ms liegen kann, in Sonderfällen ein etwas genauer abgeschätzter Wert des Eisenverlustes benötigt werden sollte, so kann er aus dem bei $\Delta T_s = 1$ ms gemessenen Prüfwert durch verhältnismäßige Umrechnung auf die in Frage kommende Ummagnetisierungsgeschwindigkeit mit Hilfe der Kurve Abb. 19,1 oder besser noch mit Hilfe einer entsprechenden an dem betreffenden Werkstoff aufgenommenen Kurve gefunden werden.

19.2 Der Einfluß der Frequenz.

Da die Ummagnetisierungsgeschwindigkeit und damit auch die Breite der Schleife durch die Stufenlänge gegeben ist, so wird durch eine Änderung der Frequenz keine nennenswerte Änderung der Schleifenfläche verursacht, solange die Stufenlänge dabei ungeändert bleibt. Infolgedessen kann für eine gegebene Stufenlänge die Verlustarbeit je Umlauf als unabhängig von der Frequenz angenommen werden. Nach Gl. (19,1) ändert sich dann der spezifische Verlust verhältnisgleich mit der Frequenz.

19.3 Der Einfluß des Scheitelwertes der Feldstärke.

Die normalen Prüfungen werden gewöhnlich mit $H_m = 10$ A/cm Scheitelwert der Feldstärke (Umkehrwert der Hystereseschleife) vorgenommen. Im praktischen Umformerbetrieb dagegen kommen bei Nennstrom in Großumformern Scheitelwerte von mehr als 500 A/cm vor. Trotzdem tritt, wenn *Nickeleisen* verwendet wird, keine nennenswerte Erhöhung des spezifischen Eisenverlustes ein, weil Nickeleisen seine volle Sättigung bereits bei einigen Zehn A/cm erreicht und die Schleifenfläche sich daher bei höheren Feldstärken nicht mehr weiter vergrößert. Somit kann der spezifische Verlust bei 10 A/cm bei Berechnungen unbedenklich benutzt werden, wenn keine Messungen für höhere Feldstärken vorliegen. Im Falle von *Siliziumeisen* dagegen steigt der spezifische Verlust auf mehr als das Doppelte des Wertes bei 10 A/cm an, wie aus Abb. 19,2 hervorgeht. Das ist die Folge des noch weiterhin stattfindenden langsamen Anstieges der magnetischen Polarisation M, der eine höhere und breitere Schleife verursacht.

Die in den Abschnitten 17 bis 19 gemachten Angaben über die Eigenschaften der Kernwerkstoffe und den Verlauf der Hystereseschleife beziehen sich auf eine periodische, *symmetrische* Magnetisierung, wie sie in der Gruppe derjenigen Kontaktumformerschaltungen stattfindet, bei denen die Schaltdrossel mit einem positiven und mit einem negativen Kontakt verbunden ist und somit der Strom durch die Schaltdrosselwicklung ein symmetrischer Wechselstrom ist. Zu dieser Gruppe gehören z. B. die 3phasige Brückenschaltung mit 6 Kontakten, aber nur 3 Schaltdrosseln, und die 6phasige Brückenschaltung mit 12 Kontakten und

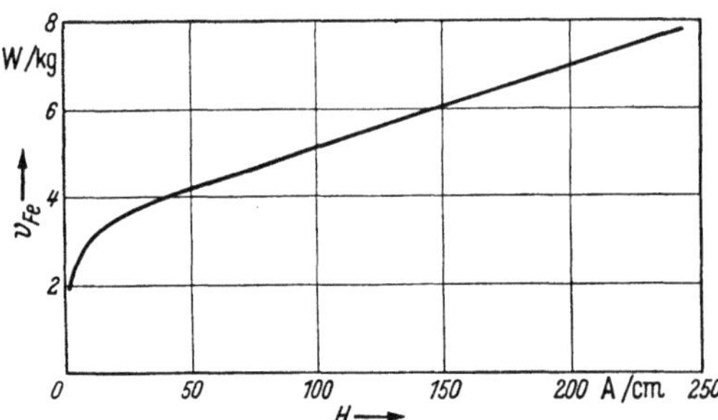

Abb. 19,2. Spezifischer Eisenverlust von 2,5proz. Siliziumeisen mit einer Banddicke von 0,15 mm in Abhängigkeit von der Umkehrfeldstärke.
$\Delta T_s = 1$ ms; — $f = 50$ Hz.

6 Schaltdrosseln. Und auch bei diesen Schaltungen hat die Hystereseschleife der Schaltdrosseln im praktischen Betrieb nur dann das Aussehen der gezeigten Kurven, wenn, wie wir aus Abschn. 16 wissen, die Gleichspannung durch Teilaussteuerung weitgehend herabgeregelt ist, so daß die Stufe ungefähr symmetrisch zum Scheitelwert der Wendespannung liegt. Bei höherer Aussteuerung ist die Ummagnetisierungsgeschwindigkeit kleiner und auch nicht gleichbleibend, sondern im Verlaufe der Stufe von geringeren Werten auf höhere Werte ansteigend. Die Hystereseschleife ist daher entsprechend schmaler, und zwar macht sich der Rückgang in der Breite am stärksten am Eingangsknie der Flanke als der Stelle geringster Geschwindigkeit bemerkbar. Bei *unsymmetrischer* Magnetisierung, die z. B. dort vorliegt, wo wie in der 3phasigen Brückenschaltung mit 6 Kontakten und 6 Schaltdrosseln jeder Kontakt seine eigene Schaltdrossel hat, sind je nach der Art der Rückmagnetisierung und nach dem Ausmaß der magnetischen Teilaussteuerung im Verlauf der rückläufigen Flanke der Hystereseschleife noch gewisse weitere Abweichungen zu erwarten.

IV. Spannungsregelung und Überlappungsanpassung.

20. Die Arten der Spannungsregelung.

Für den praktischen Betrieb eines Kontaktumformers ist es notwendig, daß die Ausgangsgleichspannung zumindest innerhalb eines gewissen Bereiches regelbar ist, damit Spannungsschwankungen des speisenden Wechselstromnetzes und Spannungsabfälle durch Laständerungen ausgeglichen werden können. In manchen Fällen wird aber eine noch viel weitergehende Regelbarkeit verlangt, z. B. für das Hochfahren einer Elektrolyse. Wie wir bereits gesehen haben, ist die Regelung der Gleichspannung auf zwei grundsätzlich verschiedenen Wegen möglich, nämlich entweder durch Teilaussteuerung mit veränderbarem Steuerwinkel oder durch Regelung der speisenden Wechselspannung.

Die *Gleichspannungsregelung durch Teilaussteuerung* haben wir bereits in Abschn. 5 und 8 kennengelernt. Sie besteht darin, daß auf mechanischem oder magnetischem Wege der Beginn der Stromwendungen in bezug auf die Sinuskurven der Wechselspannung verzögert wird. Für die Bildung der Gleichspannung werden dann an Stelle der symmetrisch zu den Scheitelwerten der Wechselspannung gelegenen Spannungskuppen Abschnitte mit geringeren Augenblickswerten aus den Kurven der

Wechselspannung herausgeschnitten (siehe z. B. Abb. 8,2), wobei der Effektivwert der Wechselspannung ungeändert bleibt. Diese Art der Spannungsregelung entspricht der Gitter- oder der Zündersteuerung von Quecksilberdampfstromrichtern und zeigt das gleiche Verhalten bezüglich der Abhängigkeit der Größe der Gleichspannung, der Überlappung der Ströme, des Leistungsfaktors und der Oberwellen vom Betrag des Steuerwinkels. Der Mittelwert E_g' der gesteuerten Gleich-EMK ändert sich in Abhängigkeit vom elektrischen Steuerwinkel α'

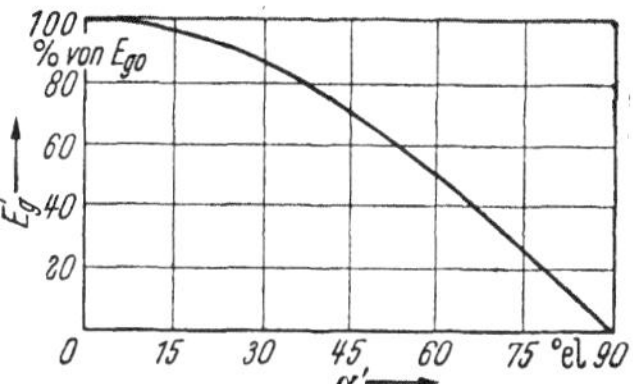

Abb. 20,1. Spannungsregelung durch Teilaussteuerung bei nicht lückendem Gleichstrom.

α' elektrischer Steuerwinkel; — E_g' gesteuerte Gleich-EMK.

bei nicht lückendem Gleichstrom nach der bekannten Beziehung[1]

$$E_g' = E_{g0} \cos\alpha', \tag{20,1}$$

worin E_{g0} der Mittelwert der EMK für volle Aussteuerung ($\alpha' = 0$) ist. Der Zusammenhang ist in Abb. 20,1 dargestellt.

Die gesteuerte Gleich-EMK ist hier mit E_g' bezeichnet, da sie sich auf den *elektrischen* Steuerwinkel α' bezieht, zum Unterschied von dem später vorkommenden Begriff $E_g = E_{g0} \cos\alpha$, bei dem die Mittelwertbildung anstatt am Ende des elektrischen Steuerwinkels α' bereits am Ende des *mechanischen* Steuerwinkels α beginnt und der daher zahlenmäßig etwas größer als E_g' ist.

Die Teilaussteuerungsregelung hat den Vorzug, daß sie stufenlos und mit geringem Aufwand an Steuermitteln durchgeführt werden kann. Ein entscheidender Nachteil aber ist, daß bei der Herabregelung der Gleichspannung durch Teilaussteuerung der Leistungsfaktor im gleichen Verhältnis abnimmt wie die Gleichspannung (s. Abschn. 35.2). Aus diesem Grunde wird bei größeren Leistungen die Teilaussteuerungsregelung über einen weiten Regelbereich wohl kurzzeitig zum Zwecke des An- oder Hochfahrens benutzt, im eigentlichen Betrieb aber gewöhnlich nur über einen verhältnismäßig kleinen Bereich für die Feinregelung. Wenn ein großer betriebsmäßiger Spannungsregelbereich benötigt wird, so ist es üblich, die Feinregelung durch Teilaussteuerung mit einer Grobregelung durch die zweite Art der Regelung, die Wechselspannungsregelung, zu verbinden. Das geschieht, um den Leistungsfaktor zu verbessern und um die Einschaltverhältnisse der Kontakte zu erleichtern.

Die Gleichspannungsregelung durch *Wechselspannungsregelung* bei Kontaktumformern gleicht völlig der Spannungsregelung bei anderen Stromrichterarten durch einen Stufenschalter am Stromrichtertransformator oder an einem besonderen Regel-

---

[1] Müller-Lübeck u. Uhlmann: [4.11] S. 348, 349.

transformator oder durch anderweitige Regelung der Spannung des speisenden Wechselstromnetzes. Die Änderung der Höhe der Wechselspannung kann bei beliebiger Einstellung der Teilaussteuerung vorgenommen werden. Bei ungeändertem Steuerwinkel ändert sich die Gleich-EMK verhältnisgleich der Wechselspannung:

$$E'_{g2} = \frac{E_2}{E_1} E_{g01} \cos\alpha'. \tag{20,2}$$

Der Leistungsfaktor aber wird durch die Änderung der Wechselspannung nur wenig beeinflußt. Bei der höchsten Aussteuerung wird also auf jeder Stufe der größtmögliche Wert des Leistungsfaktors von neuem wieder erreicht. Die Kombination beider Regelarten verbindet also den Vorteil der stufenlosen Feinregelung mit der Aufrechterhaltung eines guten Leistungsfaktors, wenn man die Stufe immer so wählt, daß stets im oberen Bereich der Teilaussteuerung gearbeitet wird. Eine gewisse Einschränkung ergibt sich hierbei allerdings für die 3phasige Dreidrossel-Brückenschaltung, da bei dieser häufig mit abnehmender Wechselspannung eine zunehmende Herabsetzung der oberen Grenze des Teilaussteuerungsbereiches erforderlich ist, um die 60°-Bedingung einhalten zu können (s. S. 67/68). Ein Leistungsfaktorschaubild für eine derartige kombinierte Regelung findet sich als Abb. 35,1 auf S. 296.

Hinsichtlich der Einschaltverhältnisse bringt die Wechselspannungsregelung eine Herabsetzung der Einschaltspannung u_e, die durch Gl. (5,6) gegeben war, mit sich, da man zur Erreichung eines gewünschten Wertes der herabgeregelten Gleichspannung bei Anwendung der kombinierten Regelung nur noch mit kleinen Steuerwinkeln arbeitet, wie es zur Erzielung eines guten Leistungsfaktors erforderlich ist. Auf diese Weise kommt man auch bei Nenn-Gleichspannungen von 400 V und darüber noch zu einer weitgehenden Herabregelung, ohne daß die Einschaltspannung die mit Rücksicht auf einen vorzeitigen Durchschlag bestehende Grenze von 275 bis 300 V überschreitet. Ganz abgesehen von dieser Spannungsgrenze aber bedeutet die Wechselspannungsregelung in Verbindung mit einer Teilaussteuerungsregelung nur geringen Umfanges eine generelle Erleichterung der Einschaltbedingungen bei allen Spannungen wegen der geringeren Ummagnetisierungsgeschwindigkeit, mit der die Einschaltstufe durchlaufen wird (vgl. Abschn. 41.4), und wegen des langsameren Stromanstieges nach der Kontaktberührung.

Aufs engste mit der Art der Regelung verbunden ist die Gesetzmäßigkeit der Änderung des elektrischen Überlappungswinkels $\ddot{u}$, dem wiederum der mechanische Überlappungswinkel u angepaßt werden muß. Für das Verständnis der verschiedenen Arten der konstruktiven Ausführung der Überlappungsanpassung ist es daher nötig, sich zunächst einmal über diese Gesetzmäßigkeiten klarzuwerden. Die verschiedenen Regelarten werden daher diesbezüglich im folgenden noch eingehender besprochen. In Tab. 20,1 ist eine Übersicht über die Arten der Gleichspannungsregelung gegeben, wobei jede Ausführungsmöglichkeit durch eine besondere, aus Buchstaben und Ziffern zusammengesetzte Kenngruppe gekennzeichnet ist. Das erleichtert und verkürzt die genaue Beschreibung der jeweils benutzten Regelart. So würde beispielsweise die Bezeichnung „(B 1 a + A 1 a)β" eine Verbundregelung bedeuten, die aus einer Grobregelung mittels eines Stufenschalters am Stromrichtertransformator und einer Feinregelung durch mechanische Teilaussteuerung mittels Verdrehung des Motorgehäuses besteht, wobei die Herstellung der erforderlichen Überlappung der Kontaktzeiten selbsttätig durch eine gemeinsame elektrische Überlappungsregelung bewirkt wird, während „B 1 aα + A 1 aα" die gleiche Regelart, jedoch mit mechanischer Überlappungsanpassung durch 2 getrennte Kurvenscheiben, kennzeichnet.

Tabelle 20,1. *Die verschiedenen Arten der Gleichspannungsregelung.*

Regelart		Überlappung bzw. Schaltzeitpunkte		Besondere Ausrüstung	Stufenlänge
A	Teilaussteuerungsregelung				
A1	Mechanische Verschiebung des Einschaltzeitpunktes				
A1a	durch Verdrehung des Motorgehäuses	für jede der 3 Arten:	α $u = f(\alpha)$	Kurvenscheibe, und zwar bei A1a am Motorgehäuse, bei A1b Verstellung entsprechend dem Drehwinkel des Drehtransformators, bei A1c Verstellung in Abhängigkeit vom Erregerstrom	normal
A1b	durch Drehtransformator vor feststehendem Motor				
A1c	durch zweiachsige Erregung des feststehenden Motors		β u selbsttätig verändert	Überlappungsregler	kleiner
			γ $u =$ const	keine	größer
A2	Einschaltzeitpunkt gleichbleibend, magnetische Verschiebung der Stromwendung				
A2a	Ausschaltzeitpunkt mechanisch angepaßt	$u = f(\alpha')$		Kurvenscheibe, Verstellung entsprechend der Rückmagnetisierung	normal
A2b	Ausschaltzeitpunkt selbsttätig geändert	u selbsttätig verändert		Überlappungsregler	kleiner
A2c	Ausschaltzeitpunkt gleichbleibend	feste Schaltzeitpunkte		keine	sehr groß
B	Wechselspannungsregelung				
B1	Regelung in Stufen	für jede der 4 Arten:	α $u = f$ (Wechselspannung)	Kurvenscheibe, Verstellung entsprechend der Höhe der Wechselspannung	normal
B1a	Anzapfungen am Transformator				
B1b	getrennter Regeltransformator				
B2	stetige Regelung		β u selbsttätig verändert	Überlappungsregler	kleiner
B2a	Drehtransformator zwischen Netz und Stromrichtertransformator				
B2b	Regelung der speisenden Netzspannung, d. h. der Spannung des speisenden Generators		γ $u =$ const	keine	größer

21. Die Teilaussteuerungsregelung.

Die Teilaussteuerungsregelung (A, Tab. 20,1) kann, wie bereits geschildert, auf 2 verschiedene Arten ausgeführt werden, nämlich mechanisch (A1) oder magnetisch (A2).

21.1 Teilaussteuerungsregelung durch mechanische Verschiebung der Schaltzeitpunkte in bezug auf die Wechselspannungskurven.

Die Verschiebung der Schaltzeitpunkte wird meistens durch eine mechanische Verdrehung des Ständers des Synchronmotors bewerkstelligt, der die Kontakte bewegt (A1a). Wird der Ständer entgegengesetzt dem Umlaufsinn der Motorwelle verdreht, so erreichen die mit der Welle verbundenen Exzenterscheiben die für das Schließen bzw. das Öffnen der Kontakte erforderlichen räumlichen Winkelstellungen zeitlich erst später. Es tritt damit in bezug auf die Wechselspannungskurven eine Verzögerung der Schaltzeitpunkte und somit eine Herabregelung der Gleichspannung ein. In der Wirkung gleichwertige Lösungen der mechanischen Schaltzeitpunktverschiebung sind:

(A1b) die Einfügung eines Phasendrehers, z. B. eines Drehtransformators, zwischen Antriebsmotor und speisendem Netz bei feststehendem Motorgehäuse, und

(A1c) die Änderung des Verhältnisses der Ströme in den Erregerwicklungen bei 2achsiger Erregung des feststehenden Synchronmotors, wodurch die resultierende Erregerachse verdreht wird.

Die Lösungen A1a und A1b bieten den Vorteil, daß sie außer mit normalen, gleichstromerregten Synchronmotoren auch mit Reaktionsmotoren (sogenannten Polzackenmotoren) ausgeführt werden können, wobei sich ein einfacherer Motor ohne Schleifringe ergibt und der Gleichstromerregerkreis eingespart wird.

Es ist zu beachten, daß bei jedem der vorgenannten 3 Wege, sofern nicht noch besondere Vorkehrungen getroffen werden, eine gleich große Verschiebung sowohl des Einschaltzeitpunktes als auch des Ausschaltzeitpunktes resultiert, d. h. daß die mechanische Überlappung bei allen Steuerwinkeln die gleiche bleibt. Das ist aber normalerweise nicht erwünscht; aus Abb. 5,2 und 5,3 ist ersichtlich, daß für den gleichen Betrag des Gleichstromes der elektrische Überlappungswinkel $\ddot{u}$ mit wachsendem Verzögerungswinkel α', also mit abnehmender Gleichspannung, *abnimmt*, und zwar wegen des schnelleren Anstieges des Wendestromes i_W. Um die Betriebsbedingungen mit dem geringsten Schaltdrosselaufwande zu erfüllen, muß daher in Abhängigkeit von der Verschiebung des Einschaltzeitpunktes zusätzlich auch noch eine Änderung des mechanischen Überlappungswinkels u vorgenommen werden, d. h. die Verschiebung des Ausschaltzeitpunktes muß einem anderen Gesetz folgen als die des Einschaltzeitpunktes.

Die Änderung von $\ddot{u}$ in Abhängigkeit vom elektrischen Steuerwinkel α' vollzieht sich nach einer bei jeder Art von Gleichrichtung mit Spannungsregelung durch Teilaussteuerung wohlbekannten Gesetzmäßigkeit. Es handelt sich hierbei um das gleiche grundlegende Gesetz, das bereits für die Abhängigkeit der Stufenlänge vom Einsatzwinkel α'' der Stufe galt, nämlich um das durch Gl. (16,5) gegebene *Gesetz der gleichbleibenden Spannungsfläche*. Das Überlappungsgesetz beruht darauf, daß für einen gegebenen Gleichstrom die Flußverkettung der Gesamtreaktanz des Wendekreises einen konstanten Betrag hat, der unabhängig vom Steuerwinkel ist in genau der gleichen Weise, wie der Spulenfluß einer gegebenen Schaltdrossel vom Steuerwinkel unabhängig war, was zu der genannten Gl. (16,5) führte. Setzt man dort an die Stelle des Einsatzwinkels α'' der Stufe den elektrischen Steuerwinkel α' und an die Stelle der Stufenlänge $\Delta t\omega$ den elektrischen Überlappungswinkel $\ddot{u}$, so erhält das Gesetz die Form

$$\left.\begin{aligned}\cos\alpha' - \cos(\alpha' + \ddot{u}) &= 1 - \cos\ddot{u}_0 \\ \text{bzw.} &= \ddot{u}_s\,.\end{aligned}\right\} \tag{21,1}$$

Darin ist $\ddot{u}_0$ der größtmögliche Überlappungswinkel, der dem Steuerwinkel $\alpha' = 0$ zugeordnet ist; $\ddot{u}_s$ dagegen ist ein fiktiver Kleinstwert des Überlappungswinkels (Rechnungswert), der sich ergeben würde, wenn die Wendespannung während des ganzen Überlappungswinkels gleich dem Scheitelwert der sinusförmigen Wendespannungskurve wäre. Diese Definition entspricht genau derjenigen von Δt_s als dem fiktiven Kleinstwert der Stufenlänge (Rechnungswert) unter der Einwirkung einer rechteckigen Spannungsfläche von der Höhe des Scheitelwertes der Wendespannung (vgl. S. 89). Der Wert $\ddot{u}_s$ ist nahezu gleich dem wirklichen Kleinstwert $\ddot{u}_{sym}$ des Überlappungswinkels, den man praktisch erhält, wenn der Überlappungsabschnitt symmetrisch zum Scheitelwert der Sinuskurve der Wendespannung gelegen ist, wobei der elektrische Steuerwinkel dann die Größe $\alpha' = 90° - \tfrac{1}{2}\ddot{u}_{sym}$ hat (s. Abb. 21,1).

Der Ausdruck $1 - \cos\ddot{u}_0 = \ddot{u}_s$ ist für einen gegebenen Umformer ein konstanter Wert, solange der Belastungsstrom, die Reaktanz des Wendekreises und die das Kontaktsystem speisende Wechselspannung ungeändert bleiben. Der Betrag dieses Ausdruckes kann für jeden Umformer entsprechend den jeweiligen Verhältnissen berechnet werden, wie später noch gezeigt wird. Um eine Vorstellung von dem praktisch in Frage kommenden Ausmaß der Überlappungsänderung zu geben, sind in Abb. 21,2 einige bekannte[1], allgemeingültige Kurven des elektrischen Überlappungswinkels $\ddot{u}$ in Abhängigkeit vom elektrischen Steuerwinkel α' wiedergegeben, wobei jede Kurve einem bestimmten Wert $\ddot{u}_0$ der Anfangsüberlappung als Parameter entspricht. Es ist ersichtlich, daß z. B. bei $\ddot{u}_0 = 40°$ der Überlappungswinkel auf ungefähr $^1/_3$ seines Wertes bei $\alpha' = 0$ abnimmt, wenn α' bis auf $90°$ gesteigert wird. Gemäß Gl. (21,1) kann nun jede Kurve anstatt durch $\ddot{u}_0$ in Analogie zur Kennzeichnung der Stufenlänge einer Schaltdrossel durch die Angabe von $\varDelta t_s$ ebensogut durch $\ddot{u}_s$ als Parameter gekennzeichnet werden. Die entsprechenden Werte sind in Abb. 21,2 ebenfalls vermerkt.

Die Kennzeichnung der elektrischen Überlappung (und damit bei gegebener Reaktanz des Wendekreises also auch

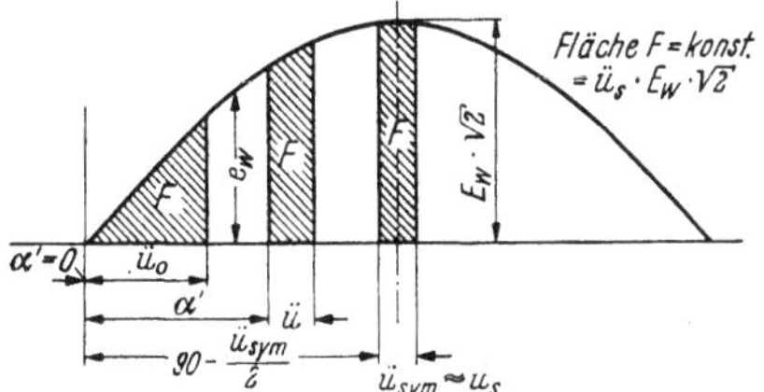

Abb. 21,1. Änderung des elektrischen Überlappungswinkels $\ddot{u}$ in Abhängigkeit vom elektrischen Steuerwinkel α' bei gleichbleibender Spannungsfläche F.

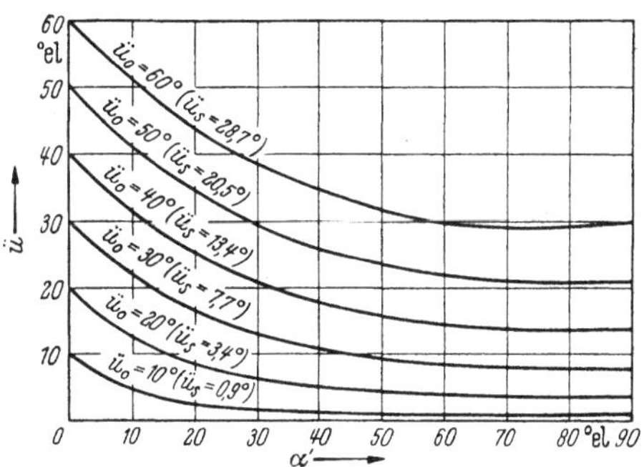

Abb. 21,2. Teilaussteuerungsregelung. Elektrischer Überlappungswinkel $\ddot{u}$ in Abhängigkeit vom elektrischen Steuerwinkel α' mit $\ddot{u}_0$ bzw. $\ddot{u}_s$ als Parametern.

der Größe der Belastung) durch den Parameter $\ddot{u}_s$ wird sich später bei der Berechnung der Spannung an Saugdrosselspulen noch als sehr zweckmäßig erweisen.

Wenn nun das für den Zusammenhang der elektrischen Werte α' und $\ddot{u}$ gültige Gesetz Gl. (21,1) auch auf die mechanischen Werte α des Steuerwinkels und u der Überlappung der Kontaktzeiten angewandt wird, so erhält es die Form

$$\left.\begin{aligned} \cos\alpha - \cos(\alpha + u) &= 1 - \cos u_0 \\ \text{bzw.} &= u_s\,. \end{aligned}\right\} \tag{21,2}$$

Dieses ist dann die Vorschrift, nach der die Änderung des mechanischen Überlappungswinkels u in Abhängigkeit vom mechanischen Steuerwinkel α mittels einer entsprechenden konstruktiven Durchbildung des Kontaktgerätes ausgeführt werden muß, wenn der Kontaktumformer über den ganzen Bereich der Steuerwinkeländerung einen gleichbleibenden Grenzstrom bzw. eine gleichbleibende bezogene Leerlaufsicherheit nach der Definition von Gl. (21,5) haben soll. Aus Abb. 21,3, die z. B. für einen starren Kontaktumformer durch Erweiterung von Abb. 10,1 um die Einschaltstufe $\varDelta t_E$ erhalten wurde, geht nämlich hervor, daß definitionsgemäß im Falle des *Grenzstromes* der mechanische Überlappungswinkel u die Einschaltstufenlänge $\varDelta t_E \omega$ und den elektrischen Überlappungswinkel $\ddot{u}_m$ des Grenzstromes umfaßt. Da aber auch die Spulenflußänderung der Einschaltdrossel, die beim Durchlaufen der Einschaltstufe stattfindet, eine vom mechanischen Steuerwinkel nicht beeinflußte, gleichbleibende Größe hat, so ist sowohl der Einschaltstufe als auch dem elektrischen Überlappungswinkel je eine gleichbleibende Spannungsfläche zugeordnet. Infolgedessen gilt also das Gesetz der gleichbleibenden Spannungsfläche

---

[1] MÜLLER-LÜBECK u. UHLMANN: [4.11] S. 364, Bild 15.

auch für die Summe von beiden, nämlich für den mechanischen Überlappungswinkel u.

Im Falle des *Grundlast*betriebes schließt der mechanische Überlappungswinkel gemäß Abb. 21,3 außer der Einschaltstufe $\Delta t_E\,\omega$ und dem elektrischen Überlappungswinkel $\ddot{u}_G$ des Grundlaststromes auch noch den *vor* der Kontaktöffnung ablaufenden Teil der Ausschaltstufe $\Delta t\omega$ ein. Wird nun bei der Teilaussteuerungsregelung dafür gesorgt, daß sich der mechanische Überlappungswinkel nach dem Gesetz der gleichbleibenden Spannungsfläche ändert, so subtrahieren sich von dieser der mechanischen Überlappung zugeordneten Fläche die unveränderlichen Flächen der Einschaltstufe und der elektrischen Überlappung $\ddot{u}_G$, und es entfällt also auf den vor der Kontaktöffnung ablaufenden Teil der Ausschaltstufe ebenfalls eine gleichbleibende Spannungsfläche. Das bedeutet aber, daß das gesamte ausnutzbare Polarisationsintervall ΔM der Ausschaltstufe (s. Abb. 21,4) im Grundlastbetrieb durch den Ausschaltzeitpunkt immer im gleichen Verhältnis aufgeteilt wird, und zwar in einen Anteil

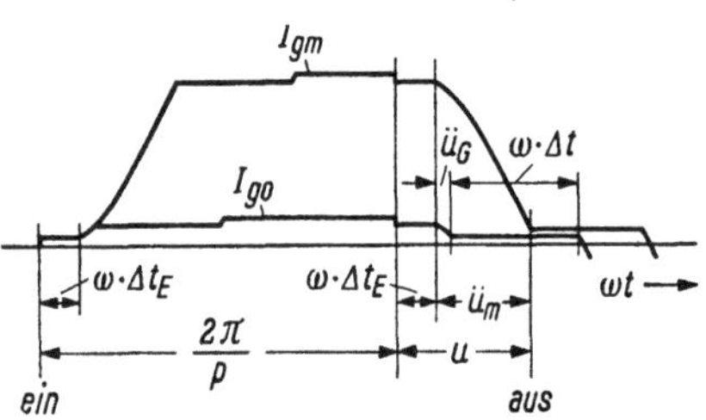

Abb. 21,3. Belastungsspiel beim starren Kontaktumformer.

$\ddot{u}_m$ elektrischer Überlappungswinkel beim Grenzstrom I_{gm}; — $\ddot{u}_G$ elektrischer Überlappungswinkel beim Grundlaststrom I_{g0}; — u mechanischer Überlappungswinkel; — Δt_E Einschaltstufe; — Δt Ausschaltstufe.

$$(1 - \sigma_0)\,\Delta M = M_1 - M_{\sigma 0}\,, \tag{21,3}$$

der vor dem Öffnungsaugenblick abläuft, und in den Anteil

$$\sigma_0\,\Delta M = M_{\sigma 0} - M_2 \tag{21,4}$$

der Leerlaufsicherheit. Im Augenblick der Kontaktöffnung ist stets gerade der gleiche Polarisationswert $M_{\sigma 0}$ erreicht. Wir bezeichnen ganz allgemein das Verhältnis

$$\sigma_0 = \frac{M_{\sigma 0} - M_2}{\Delta M} \tag{21,5}$$

Abb. 21,4. Ausschaltstufe mit zugeordneten Werten der magnetischen Polarisation bei mechanischer Überlappungsanpassung.

i_D Schaltdrosselstrom; — ΔM ausnutzbares Polarisationsintervall; — $M_{\sigma 0}$ Polarisation im Ausschaltaugenblick bei Grundlastbetrieb; — σ_0 bezogene Leerlaufsicherheit.

als *bezogene Leerlaufsicherheit* und sprechen in dem betrachteten Falle eines gleichbleibenden Wertes $M_{\sigma 0}$ von einem Betrieb mit gleichbleibender bezogener Leerlaufsicherheit. Das ist der praktisch bei starren Kontaktumformern mit mechanischer Überlappungsanpassung gewöhnlich ausgeführte Fall, denn er ergibt den kleinstmöglichen Betrag für die erforderliche Stufenlänge und damit für die Größe und den Preis der Schaltdrosseln, wenn verlangt wird, daß vorgeschriebene Mindestwerte des Grenzstromes und der Leerlaufsicherheit in keiner Regelstellung unterschritten werden.

Die Anpassung des mechanischen Überlappungswinkels an den jeweiligen Steuerwinkel wird bei der *mechanischen Überlappungsanpassung* (Ausführungen α in Tab. 20,1) durch eine Kurvenscheibe besorgt, die z. B. bei der Regelart A 1a an dem verdrehbaren Ständer des synchronen Antriebsmotors angebracht ist. Diese Kurvenscheibe verändert die Winkelstellung der Überlappungssteuerwelle und bringt dadurch eine zusätzliche Veränderung des Überlappungswinkels, der bei alleiniger Verdrehung des Ständers einen konstanten Betrag haben würde, hervor. Einzelheiten der konstruktiven Durchführung sind in Abschn. 23.4 zu finden. Bei den Regelarten A 1b und A 1c muß die Kurvenscheibe in entsprechender Weise an denjenigen Bauelementen, deren Stellung zum Zwecke der Spannungsregelung verändert wird, angebracht sein.

Bei der *elektrischen Überlappungsregelung* (Ausführungen β in Tab. 20,1) liegen die Verhältnisse in bezug auf den Zusammenhang zwischen dem mechanischen Überlappungswinkel und dem Steuerwinkel etwas anders (vgl. Abb. 10,2). Hier geschieht die Veränderung der Winkelstellung der Überlappungssteuerwelle durch einen selbsttätigen Regler, der beispielsweise das vor der Kontaktöffnung durchlaufene Polarisationsintervall der Ausschaltstufe mißt und konstant hält. Der Regler macht dabei keinen Unterschied zwischen Belastungsströmen verschiedener Höhe, sondern hält im Beharrungszustand im ganzen Bereich des Belastungsspieles die durch die Sollwerteinstellung festgelegte Spannungsfläche des vor der Kontakt-öffnung ablaufenden Ausschaltstufenanteiles auf glei-cher Größe. Der Kontakt öffnet sich im Beharrungs-zustand stets bei dem Wert $M_{\sigma B}$ der Polarisation (s. Abb. 21,5). Bei schnellen Stromänderungen darf sich vorübergehend die Stufe höchstens so weit ver-schieben, daß die Kontaktöffnung noch innerhalb der Grenzwerte $M_{\sigma\,min}$ und M_{st} stattfindet. Im Be-harrungszustande wird bei allen Regelstellungen und Belastungen die gleichbleibende *bezogene Ausschalt-sicherheit*

$$\sigma_B = \frac{M_{\sigma B} - M_2}{\Delta M} \qquad (21,6)$$

Abb. 21,5. Ausschaltstufe mit zugeord-neten Werten der magnetischen Polari-sation bei elektrischer Überlappungs-regelung.

i_D Schaltdrosselstrom; — ΔM ausnutz-bares Polarisationsintervall; — $M_{\sigma B}$ Po-larisation im Ausschaltaugenblick bei Beharrungszustand; — σ_B bezogene Aus-schaltsicherheit im Beharrungszustand.

eingehalten. Der mechanische Überlappungswinkel u grenzt als Basis im Beharrungs-zustande eine Spannungsfläche ab, die aus der gleichbleibenden Spannungsfläche der Einschaltstufe, der Spannungsfläche der elektrischen Überlappung des jeweiligen Laststromes und der gleichbleibenden Spannungsfläche des Anteiles $M_1 - M_{\sigma B}$ der Ausschaltstufe besteht. Der mechanische Überlappungswinkel folgt bei der elektri-schen Überlappungsregelung in seiner Abhängigkeit vom Steuerwinkel also nur für einen gleichbleibenden Belastungsstrom als Parameter dem Gesetz der gleichbleiben-den Spannungsfläche, und es ist jedem anderen Belastungsstrom eine gleichbleibende Fläche anderer Größe zugeordnet. Einzelheiten der konstruktiven Ausführung der elektrischen Überlappungsregelung und die Beschreibung von Schaltungen für den Meßkreis des Reglers sind in Abschn. 23.5 zu finden.

Bei Kleinumformern ist es mitunter erwünscht, besondere Mittel zur Anpassung der mechanischen Überlappung überhaupt zu vermeiden, um eine mechanisch ein-fache Konstruktion zu erhalten. Wenn dann eine Teilaussteuerungsregelung vor-genommen wird, bleibt also die mechanische Überlappung unverändert (Ausführun-gen γ in Tab. 20,1). Obwohl eine solche Ausführung nicht den Bedingungen für den geringsten Schaltdrosselaufwand entspricht, so kann trotzdem auch auf diese Weise ein Umformer gebaut werden, vorausgesetzt, daß die Stufenlänge der Schaltdros-seln erhöht und eine geeignete Gleichrichterschaltung mit genügend Spielraum für die längere Stufe gewählt wird. Die 3phasige Brückenschaltung mit nur 3 Schalt-drosseln ist wegen der 60°-Bedingung nicht für diese Ausführungsart geeignet, während die Sechsdrosselschaltung und Einphasenschaltungen verwendet werden können. Eine Heraufsetzung der Stufenlänge ist bei gleichbleibendem mechani-schen Überlappungswinkel deswegen nötig, weil der Unterschied zwischen diesem wirklich vorhandenen Überlappungswinkel und dem nach Gl. (21,2) erforderlichen Überlappungswinkel jetzt von der Stufe zusätzlich überdeckt werden muß.

Sogar dann, wenn der Ausschaltzeitpunkt *unveränderlich* ist und nur der Einschaltzeitpunkt zum Zwecke der Spannungsregelung verschoben wird, könnte ebenfalls noch ein Umformer ausgeführt werden, wenn die Stufenlänge sehr beträchtlich erhöht und eine Schaltung mit genügend Spielraum für diese Stufe verwendet wird. Da aber mechanisch eine Verschiebung *beider* Schaltzeitpunkte viel leichter durchführbar ist als die Verschiebung allein des Einschaltzeitpunktes, so würde es keinen Sinn haben, eine solche nur höhere Kosten verursachende Ausführungsart zu wählen. Bei einer anderen Regelart aber, bei der die Verzögerung des Einsatzes der Stromwendung nicht mechanisch durch eine Verschiebung des Einschaltzeitpunktes, sondern bei gleichbleibendem Einschaltzeitpunkt magnetisch in der in Abschn. 21.2 beschriebenen Weise verwirklicht wird, hat die Ausführung mit festem Ausschaltzeitpunkt praktische Bedeutung gewonnen.

21.2 Teilaussteuerungsregelung durch magnetische Verzögerung des Einsatzes der Stromwendung mittels einer Einschaltstufe veränderbarer Länge.

Um eine Einschaltstufe veränderbarer Länge herzustellen, ist, wie wir bereits auf S. 42 und 66 gesehen haben, kein besonderer Einschaltkern erforderlich, sondern es wird gewöhnlich der Ausschaltkern auch hierfür herangezogen. Wenn man diesen im Anschluß an die Ausschaltstufe nicht vollständig rückmagnetisiert, so daß im Einschaltzeitpunkt der Kern noch nicht in Richtung des nachfolgenden Kontaktstromes gesättigt ist, so wird nach dem Einschalten zunächst noch ein gewisser Zeitabschnitt benötigt, um unter dem Einfluß der Wendespannung e_W die Polarisation des Kernes vom Einschaltwert M_e auf den Sättigungswert M_s zu bringen, bevor der Wendestrom i_W ansteigen kann. Der Strom während dieses Zeitabschnittes Δt_E ist der Magnetisierungsstrom der noch ungesättigten Schaltdrossel; er durchläuft in bekannter Weise eine Einschaltstufe. Wird nun der Polarisationswert M_e durch einen Regeleingriff in dem zur Rückmagnetisierung dienenden Hilfskreise verändert, so ändert sich auch die Länge dieser Einschaltstufe entsprechend, und man erhält eine Teilaussteuerungsregelung, die ganz ähnlich derjenigen durch mechanische Verschiebung des Einschaltzeitpunktes ist, obwohl jetzt der Einschaltzeitpunkt fest bleibt. Gewöhnlich wird der Einschaltzeitpunkt auf den Steuerwinkel $\alpha = 0$ eingestellt, d. h. der Kontakt wird geschlossen beim Schnittpunkt der aufeinanderfolgenden Phasenspannungskurven. Die Wirkungsweise dieser Regelart soll im folgenden noch etwas eingehender beschrieben werden.

In Abb. 21,6 sind die Kurven einer 3phasigen Sternpunktschaltung nach Abb. 3,1 für den Fall der höchsten Gleichspannung gezeigt. Bild a enthält die 3 Wechselspannungen e_1, e_2 und e_3 der Transformator-Sekundärwicklung (dünne Linien) und die abgegebene, ungeglättete Gleichspannung u_g (stark ausgezogen). In Bild b ist die Polarisation M des Schaltdrosselkernes aufgezeichnet und in Bild c der Strom i_1 in der Phase *1* der Gleichrichterschaltung. Der Kernkraftfluß hat am Ende der Ausschaltstufe die Sättigungspolarisation $- M_s$. Er wird im weiteren Verlauf durch die Rückmagnetisierung auf einen Wert M_e im nachfolgenden Einschaltaugenblick gebracht, der ungefähr gleich dem Sättigungswert $+ M_s$ entgegengesetzter Richtung ist. Somit kann, nachdem der Kontakt geschlossen ist, die Stromwendung unverzüglich einsetzen. Es entsteht keine Einschaltstufe, und die Gleichspannung u_g hat den größtmöglichen Betrag, weil lediglich der durch die elektrische Überlappung der Ströme bedingte induktive Gleichspannungsabfall auftritt, der wie früher durch die Fläche F_g dargestellt wird (die Bezeichnungen entsprechen denen von Abb. 9,2,

die sich auf die Teilaussteuerung durch *mechanische* Verschiebung des Einschaltzeitpunktes bezog).

In Abb. 21,7 ist das Ausmaß der Rückmagnetisierung so geändert, daß die
Polarisation im Einschaltaugenblick einen Wert M_e hat, der niedriger ist als $+M_s$.
Dann muß unter der Einwirkung der Wendespannung $e_W = e_1 - e_3$ zunächst der
Kern gesättigt werden, bevor die Stromwendung beginnen kann. Das nimmt
die Zeitspanne Δt_E in Anspruch. Um die Polarisation von M_e nach $+M_s$ zu bringen,
wird die Spannungsfläche F_E verbraucht, die als ein zusätzlicher induktiver Gleich-

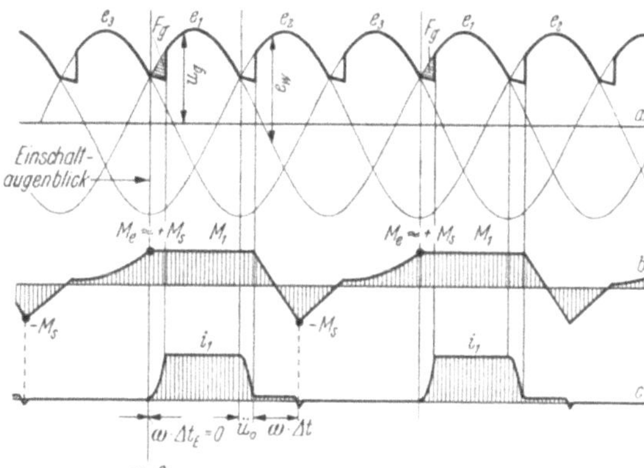

Abb. 21,6. Magnetische Teilaussteuerungsregelung, volle Gleichspannung.

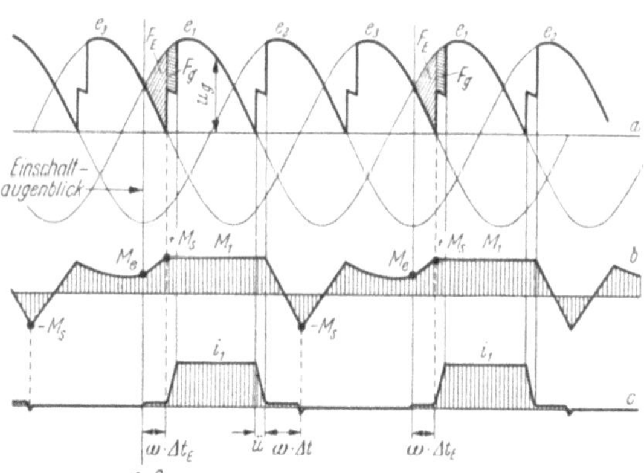

Abb. 21,7. Magnetische Teilaussteuerungsregelung, herabgesteuerte Gleichspannung.

spannungsabfall angesehen werden kann. Daher ist die abgegebene Gleichspannung u_g
jetzt abgesenkt, wie in Abb. 21,7a dargestellt ist, und der Strom i_1 ist gegenüber
der Lage bei voller Aussteuerung nun um den Betrag $\Delta t_E\,\omega$ nacheilend in der Phase
verschoben (Abb. 21,7c).

Der zeitliche Verlauf der magnetischen Polarisation M während des Kurvenstückes von
$-M_s$ bis M_e in Abb. 21,6 und 21,7 hängt, wie bereits in Abschn. 12 auf S. 65 angedeutet wurde,
wesentlich davon ab, auf welche Weise die Rückmagnetisierung durchgeführt wird. Näheres
hierüber findet sich noch später in Abschn. 42. Der in den Kurven Abb. 21,6b und 21,7b dargestellte Verlauf entspricht ungefähr der Kurve d des Oszillogramms Abb. 12,4.

Bei Umformern kleinerer Leistung wurde bei dieser Art der Regelung nicht nur
der Einschaltzeitpunkt, sondern auch der Ausschaltzeitpunkt unverändert gelassen
(A 2c). Dadurch ergibt sich ein sehr einfacher Aufbau des Kontaktgerätes, wie er
beispielsweise in Abb. 2,4 gezeigt ist. Das Gerät hat nur feste Schaltzeitpunkte,
und die Einrichtungen zur Verdrehung des Antriebsmotors und zur zusätzlichen

Anpassung der mechanischen Überlappung an den Steuerwinkel fallen fort. Ein weiterer Vorteil ist, daß die ganze Spannungsregelung allein durch Veränderung des Betrages der Rückmagnetisierung, also in der Regel durch Veränderung eines Hilfsstromes von geringer Größe geschieht, was in einfachster Weise bei Handregelung durch einen veränderbaren Widerstand und bei selbsttätiger Regelung durch einen Kohledruckregler oder einen Transduktorregler bewirkt werden kann. Diesen angenehmen Eigenschaften stehen allerdings 2 Nachteile gegenüber, die nicht unerwähnt bleiben dürfen, weil sie die magnetische Spannungsregelung in ihrer Anwendung einschränken: 1. Das magnetische Regelverfahren kann nicht bei der 3phasigen Brückenschaltung mit 3 Schaltdrosseln benutzt werden. Der Grund dafür ist die 60°-Bedingung, die die Anwendung einer langen Einschaltstufe nicht gestattet und die auch keine Zeit läßt, die magnetische Polarisation nach Ablauf der Ausschaltstufe wieder von M_s auf den erforderlichen Einschaltwert M_e zu bringen. 2. Die magnetische Regelung mit festem Ausschaltzeitpunkt erfordert eine erheblich heraufgesetzte Stufenlänge. Infolgedessen sind Gewicht und Kosten der Schaltdrosseln bedeutend höher als bei der mechanischen Teilaussteuerungsregelung.

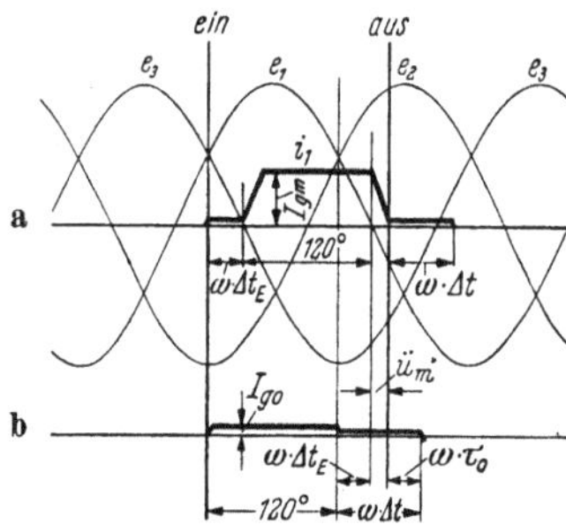

Abb. 21,8. Magnetische · Teilaussteuerungsregelung mit gleichbleibenden Ein- und Ausschaltzeitpunkten.
a Gleichspannung herabgesteuert, Belastung mit Grenzgleichstrom I_{gm};
b volle Gleichspannung, Leerlauf mit Grundlaststrom I_{g0}.
i_1 . Schaltdrosselstrom; — $\ddot{u}_m$ elektrischer Überlappungswinkel des Grenzstromes; — τ_0 Leerlaufsicherheit.

Um die Notwendigkeit der Vergrößerung der Ausschaltstufenlänge verständlich zu machen, werde Abb. 21,8 betrachtet. Dort sind 2 Stromkurven dargestellt. Die erste (a) ist die des Grenzstromes I_{gm}, und zwar bei Einstellung der *niedrigsten* gewünschten Gleichspannung. Um diese niedrige Spannung zu erhalten, ist im Anschluß an den Einschaltzeitpunkt *ein* die Einschaltstufe $\Delta t_E \omega$ erforderlich. Sodann schließt sich der Hauptstromführungswinkel von 120° an. Darauf erfordert die Stromwendung den elektrischen Überlappungswinkel $\ddot{u}_m$. Anschließend läuft die Ausschaltstufe $\Delta t \omega$ ab. Somit ist der früheste zulässige Öffnungszeitpunkt der Punkt *aus* am Anfang der Ausschaltstufe. Die zweite (b) in Abb. 21,8 gezeigte Stromkurve ist diejenige des Grundlaststromes I_{g0}, und zwar bei Einstellung der *höchsten* erreichbaren Gleichspannung. Dort ist keine Einschaltstufe vorhanden, und der Hauptstromführungswinkel von 120° beginnt unmittelbar beim Einschaltzeitpunkt *ein*. An den Hauptstromführungswinkel schließt sich, da der elektrische Überlappungswinkel des geringen Grundlaststromes vernachlässigbar klein ist, praktisch sofort die Ausschaltstufe an. Dabei muß nun die Ausschaltstufe eine solche Länge haben, daß hinter dem ungeänderten Ausschaltzeitpunkt *aus* noch eine genügende Reststufe $\tau_0 \omega$ als Leerlaufsicherheit verbleibt. Somit muß die gesamte Ausschaltstufe $\Delta t \omega$ den Abschnitt $\Delta t_E \omega + \ddot{u}_m + \tau_0 \omega$ umfassen, der die bei mechanischer Spannungsregelung notwendige Stufenlänge $\ddot{u}_m + \tau_0 \omega$ (s. Abb. 10,1) um den Betrag der maximal erforderlichen Einschaltstufe übertrifft. Hieraus folgt, daß die Stufenlänge um so mehr heraufgesetzt werden muß, je größer der gewünschte Bereich der magnetischen Spannungsregelung ist. Trotzdem aber ist diese Art der Spannungsregelung mit gleichbleibendem Ausschaltzeitpunkt erfolgreich verwendet worden bei Umformern geringer Leistung, wo eine Erhöhung des Schaltdrosselaufwandes im Vergleich zu einer mechanisch komplizierteren Konstruktion als weniger kostspielig und als hinsichtlich der mechanischen Störanfälligkeit vorteilhafter anzusehen war.

Sehr günstige Verhältnisse hinsichtlich des Schaltdrosselaufwandes dagegen ergeben sich, wenn bei der magnetischen Spannungsregelung eine elektrische Überlappungsregelung angewandt wird, um den Ausschaltzeitpunkt selbsttätig der jeweiligen Höhe des Belastungsstromes und dem magnetischen Verzögerungswinkel der Stromwendung anzupassen, anstatt mit gleichbleibendem Ausschaltzeitpunkt zu arbeiten (A2b). Wegen der hierdurch ermöglichten Einsparung an Stufenlänge ist eine derartige Anordnung von Interesse, sobald die Leistung des Umformers eine solche Größe erreicht, daß die Ersparnis im Schaltdrosselaufwand die zusätzlichen Aufwendungen für die Überlappungsregeleinrichtung überwiegt. Die Anwendung setzt allerdings die Benutzung eines Kontaktgerätes voraus, bei dem der Ausschaltzeitpunkt unabhängig vom Einschaltzeitpunkt betriebsmäßig laufend verändert werden kann (siehe z. B. Abb. 23,13). Natürlich ist es auch möglich, an Stelle der elektrischen Überlappungsregelung unter Verzicht auf die gleichzeitige Anpassung des Ausschaltzeitpunktes an die Stromstärke eine mechanische Überlappungsanpassung allein an den magnetischen Steuerwinkel zu verwenden, d. h. den Umformer als starren Umformer zu betreiben (A2a). Das kann wie bei der mechanischen Teilaussteuerungsregelung wiederum mittels einer Kurvenscheibe durchgeführt werden, doch muß der Verdrehungswinkel der Kurvenscheibe jetzt in eine geeignete Abhängigkeit von derjenigen Größe gebracht werden, die das Ausmaß der Rückmagnetisierung und damit die Größe des magnetischen Steuerwinkels bestimmt.

Wird der Umformer, wie vorbeschrieben, mit mechanischer Überlappungsanpassung oder mit elektrischer Überlappungsregelung ausgerüstet, so wird die Stufenlänge der Schaltdrosseln in der Regel nach den in Abschn. 10 an Hand der Abb. 10,1 bzw. 10,2 erläuterten Gesichtspunkten bemessen. Damit ist dann aber auch die untere Grenze des auf magnetischem Wege erreichbaren Regelbereiches bereits festgelegt, denn der größtmögliche magnetische Teilaussteuerungswinkel ist dadurch gegeben, daß die volle Stufenlänge der Schaltdrossel als Einschaltstufe wirksam ist. Bei einer Betriebsfrequenz von 50 Hz beträgt der mit einer Schaltdrossel von beispielsweise $\varDelta t_s = 1$ ms Stufenlänge erhältliche Regelbereich der EMK 31,4% des Höchstwertes E_{g0}, wie sich aus der in Abschn. 31 abgeleiteten Gl. (31,28) ergibt. Das ist für die betriebsmäßige Regelung, z. B. auf konstanten Strom bei einer Elektrolyse, im allgemeinen gut ausreichend. In solchen Fällen, wo ein größerer Regelbereich verlangt wird und der niedrige Leistungsfaktor der weitgehenden Teilaussteuerung nicht stört (z. B. bei dem nur kurzzeitigen Vorgang des Anfahrens von elektrolytischen Bädern), könnte eine gewisse Erweiterung des Bereiches an sich auf rein magnetischem Wege durch Vergrößerung der Stufenlänge vorgenommen werden. Praktisch hat sich jedoch die Lösung einer Verbundregelung (A2+A1) herausgebildet, durch die trotz nur normaler Stufenlänge eine sehr weitgehende Herabregelung durch Teilaussteuerung erreicht wird, indem man zunächst magnetisch so weit herabregelt, bis die ganze Stufe der Schaltdrossel als Einschaltstufe wirksam ist, und sodann unter Beibehaltung dieser vollen Einschaltstufe den restlichen Teil der Herabregelung durch eine zusätzliche Verschiebung des Einschaltzeitpunktes ausführt. Am besten eignet sich hierzu ein Kontaktgerät, bei dem der Einschaltzeitpunkt und der Ausschaltzeitpunkt ganz unabhängig voneinander verändert werden können und das mit einer selbsttätigen elektrischen Überlappungsregelung ausgestattet ist. Gegenüber der rein mechanischen Teilaussteuerungsregelung erreicht man durch die Verbund-Teilaussteuerungsregelung, daß die Einschaltspannung u_e im oberen Teil des Regelbereiches vollkommen Null und im unteren Teil erheblich vermindert ist, und man hat außerdem den Vorteil einer sehr langen Einschaltstufe zur Verhinderung eines schnellen Anstieges des Kontaktstromes nach der Kontaktschließung.

Die magnetische Regelung läßt, wenn sie für einen sehr weiten Bereich ausgelegt wird, sogar die Ausführung eines kurzschlußfesten Kontaktumformers als denkbar erscheinen. Es kann bei ihr nämlich durch eine besondere, vom Belastungsstrom beeinflußte Vormagnetisierung ein plötzliches Absinken der Gleichspannung bei Überschreitung eines willkürlich wählbaren Wertes des Gleichstromes, z. B. des Nennstromes, hervorgebracht werden, wodurch der Kurzschlußstrom auf einen ungefährlichen Betrag begrenzt wird. Das ist allerdings nur möglich auf Kosten einer ganz erheblichen Vergrößerung der Stufenlänge (bei 50 Hz auf etwa 3 ms), die einen solchen Umformer in den meisten Fällen wohl unwirtschaftlich werden lassen würde.

22. Die Wechselspannungsregelung.

Auch diese zweite grundsätzliche Art der Gleichspannungsregelung durch Änderung der dem Kontaktgerät zugeführten Wechselspannung (B, Tab. 20,1) kann auf verschiedene Weise durchgeführt werden. Es ergeben sich wieder zwei Untergruppen:

(B1) *Stufenweise Regelung der Transformatorspannung.* Der Stufenschalter kann entweder auf der Sekundärseite des Stromrichtertransformators angeordnet sein oder auf der Primärseite desselben. Es kann aber auch ein getrennter Vorsatz-Regeltransformator mit Stufenschalter verwendet werden.

(B2) *Stetige Regelung der dem Stromrichtertransformator zugeführten Spannung.* Dieses kann z. B. durch Regelung der Spannung des Netzgenerators geschehen. Auch ein zwischen Netz und Stromrichtertransformator eingeschalteter Induktionsregler (Drehtransformator) kann für eine stetige Regelung verwendet werden.

Die beiden Gruppen unterscheiden sich in bezug auf die Überlappungsanpassung nicht grundsätzlich voneinander, so daß zunächst eine gemeinsame Betrachtung angebracht ist. Bei der Wechselspannungsregelung kann der Einschaltzeitpunkt unverändert bleiben. Wenn keine besonderen Gründe, wie z. B. die 60°-Bedingung, dem entgegenstehen, so wird man bei reiner Wechselspannungsregelung den Einschaltzeitpunkt auf den Schnittpunkt der einander ablösenden Phasenspannungskurven ($\alpha = 0$) einstellen. Selbstverständlich aber kann die Wechselspannungsregelung auch bei jeder anderen Einstellung des Einschaltzeitpunktes benutzt und beispielsweise in der Ausführung (B1) mit einer Feinregelung durch Teilaussteuerung (A1 oder A2) verbunden werden. Wenn, wie z. B. bei wäßrigen Elektrolysen, beim Wechsel der Stufe eine kurzzeitige Unterbrechung der Stromlieferung in Kauf genommen werden kann, so braucht der Stufenschalter kein Lastschalter zu sein, sondern es wird vielfach lediglich ein bei abgeschalteter Spannung, d. h. bei stillgesetztem Kontaktumformer, zu betätigender Anzapfungsumsteller benutzt.

Hinsichtlich des Ausschaltzeitpunktes bzw. der Überlappung sind die Verhältnisse zwar bei den verschiedenen Ausführungsarten der Wechselspannungsregelung etwas verschieden, zeigen aber alle den gleichen Grundzug. Das kann aus Gl. (5,2) ersehen werden, durch die der Anstieg des Wendestromes gegeben ist. In dieser Gleichung stellt ωt den elektrischen Überlappungswinkel $\ddot{u}_0$ der Ströme dar, bei dem der Wendestrom i_W den betrachteten Wert I_g des Gleichstromes erreicht, wenn das Einschalten im Schnittpunkt der Phasenspannungskurven stattfindet ($\alpha = 0$). Wie aus Gl. (5,2) hervorgeht, hängt die Überlappungsdauer t für einen gegebenen Betrag $i_W = I_g$ sowohl von der Wendespannung E_W, die verhältnisgleich der Wechselspannung ist, als auch von der Reaktanz X_W ab. Da nun aber, wenn die Wechselspannung z. B. mittels eines Stufenschalters erniedrigt wird, die Reaktanz nicht in dem gleichen Maße abnimmt wie die Spannung, so ergibt sich als eine allgemeine Eigenart der Wechselspannungsregelung ein *Anwachsen der erforderlichen Überlappung mit abnehmender Spannung*. Dieses Verhalten ist gerade entgegengesetzt von dem bei der Teilaussteuerungsregelung.

Wird zunächst X_W als konstant vorausgesetzt, was z. B. der Fall ist, wenn die Regelung durch Veränderung der Spannung des Netzgenerators vorgenommen wird, so ändert sich der Überlappungswinkel auf Grund allein der Wechselspannungsregelung in der in Abb. 22,1 dargestellten Weise. Dort sind die Sinuskurven der Wendespannung E_W bei voller Wechselspannung und der Wendespannung $\varkappa\,E_W$ bei einer auf den Bruchteil $\varkappa$ des vollen Betrages gesenkten Wechselspannung gezeigt. Die Wendespannung E_W läßt den Wendestrom nach der Cosinuskurve i_W anwachsen, wie sie durch Gl. (5,2) gegeben ist. Wenn die Wendespannung aber nur den Betrag $\varkappa\,E_W$ hat, so steigt der Strom langsamer nach der zweiten Cosinuskurve $i_{W\varkappa}$ an. Um auf den Gleichstromwert I_g zu kommen, ist im ersten Fall der Überlappungswinkel $\ddot{u}_0$ nötig. Im zweiten Falle aber wird der größere Winkel $\ddot{u}_{0\varkappa}$ gebraucht. In beiden Fällen hat die schraffierte Fläche die gleiche Größe, solange der Gleichstrom I_g und die Reaktanz X_W ungeändert bleiben.

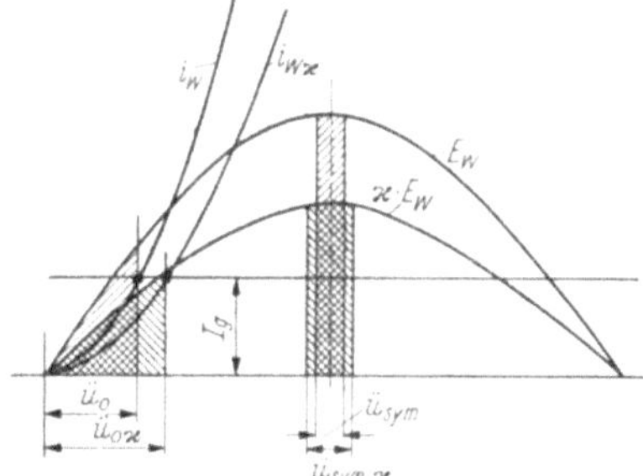

Abb. 22,1. Wechselspannungsregelung. Abhängigkeit des elektrischen Überlappungswinkels $\ddot{u}$ von der Höhe der Wechselspannung bei gleichbleibendem Gleichstrom I_g.
E_W höchste Wendespannung; — $\varkappa \cdot E_W$ herabgesetzte Wendespannung.

Wenn der Kontakt nicht bei $\alpha = 0$ geschlossen wird, sondern erst mit nahezu $90°$ Verzögerung, wobei die Stromwendung sich dann unter der Kuppe der Wendespannungskurve vollzieht, so sind natürlich im Einklang mit Abb. 21,1 und 21,2 beide Überlappungswinkel auf Grund der gleichbleibenden Spannungsfläche kleiner geworden; aber wiederum benötigt die geringere Wechselspannung einen größeren Überlappungswinkel $\ddot{u}_{sym\varkappa}$ als die höhere Wechselspannung ($\ddot{u}_{sym}$). In dieser Symmetrielage stehen die Überlappungswinkel annähernd im umgekehrten Verhältnis zueinander wie die Wechselspannungen, weil die Spannungsflächen jetzt praktisch rechteckig sind: $\ddot{u}_{sym\varkappa} = \dfrac{1}{\varkappa}\,\ddot{u}_{sym}$. Bei kleineren Verzögerungswinkeln dagegen ist das Verhältnis wegen der Cosinusfunktion ein anderes und muß entsprechend dem jeweiligen Steuerwinkel berechnet werden, wie z. B. in Abschn. 36.2 gezeigt wird.

Werden nun aber Anzapfungen am Stromrichtertransformator oder ein getrennter Regeltransformator benutzt, so ist die Reaktanz nicht konstant, sondern sie ändert sich je nach dem eingestellten Übersetzungsverhältnis. Hierauf muß bei der Berechnung des erforderlichen Überlappungswinkels sorgfältig Rücksicht genommen werden. Im folgenden sollen daher 4 verschiedene Ausführungsmöglichkeiten der Wechselspannungsregelung bezüglich der resultierenden Reaktanz des Wendekreises miteinander verglichen werden:

a) Regelung der Generatorspannung (Abb. 22,2 a),

b) Anzapfungen auf der Sekundärseite des Stromrichtertransformators (Abb. 22,2 b),

c) Anzapfungen auf der Primärseite des Stromrichtertransformators (Abb. 22,2 c),

d) getrennter Regeltransformator (Abb. 22,2 d).

In diesen Abbildungen und in den weiteren Ausführungen und Formeln ist die Netzreaktanz X_N stets so zu verstehen, daß sie die Generatorreaktanz mit einschließt.

Zu a) Wenn die Generatorspannung durch Änderung des Erregerstromes geändert wird, so bleibt der absolute Wert der Reaktanz X_W konstant. Für gleichbleibenden sekundären Nennstrom I steigt dementsprechend die auf die gesenkte Spannung $\varkappa E_W$ bezogene Reaktanzspannung $\varepsilon_{W\varkappa}$ gemäß dem Faktor $1/\varkappa$ an, d. h. entgegengesetzt dem Verhältniswert $\varkappa$ der herabgeregelten Wechselspannung zur vollen Wechselspannung. Mit Bezug auf Abb. 22,2a gilt nämlich bei voller Wendespannung E_W

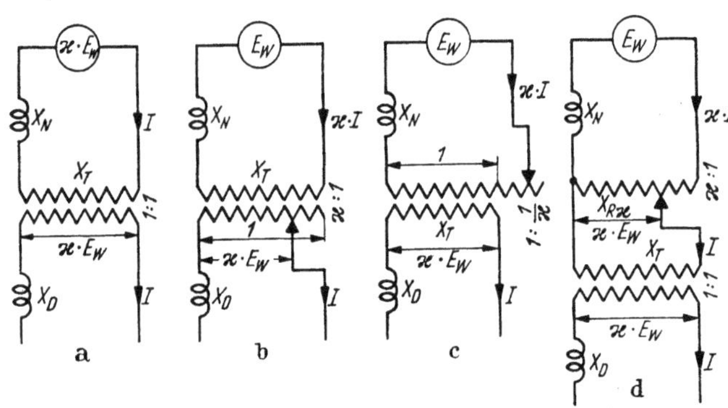

$$X_W = X_N + X_T + X_D,$$

und die Reaktanzspannung ist

$$\varepsilon_W = \frac{X_N + X_T + X_D}{E_W} I$$

$$= \varepsilon_N + \varepsilon_T + \varepsilon_D .$$

Bei herabgeregelter Spannung $\varkappa E_W$ dagegen gilt

$$X_{W\varkappa} = X_W$$
$$= X_N + X_T + X_D$$

mit der Reaktanzspannung

Abb. 22,2. Grundschaltungen zur Durchführung der Wechselspannungsregelung.

$$\varepsilon_{W\varkappa} = \frac{X_N + X_T + X_D}{\varkappa E_W} I = \frac{1}{\varkappa} (\varepsilon_N + \varepsilon_T + \varepsilon_D) . \tag{22,1}$$

Zu b) Bei Anzapfungen auf der Sekundärseite des Transformators sind die Ausdrücke X_W und ε_W auf der Regelstellung für die volle Spannung die gleichen wie unter a). Bei abgesenkter Spannung $\varkappa E_W$ dagegen gilt jetzt, wenn alle Reaktanzen auf die Sekundärseite des Transformators reduziert werden:

$$X_{W\varkappa} = \varkappa^2 (X_N + X_T) + X_D$$

und

$$\varepsilon_{W\varkappa} = \frac{\varkappa^2 (X_N + X_T) + X_D}{\varkappa E_W} I = \varkappa (\varepsilon_N + \varepsilon_T) + \frac{1}{\varkappa} \varepsilon_D . \tag{22,2}$$

Somit ist der Absolutwert der Reaktanz bei herabgesetzter Spannung in jedem Falle niedriger als bei voller Spannung. Bei der bezogenen Reaktanzspannung dagegen sind alle primären Anteile einschließlich des Transformatoranteils im Verhältnis $\varkappa$ herabgesetzt, während alle sekundären Anteile entsprechend dem Kehrwert $1/\varkappa$ gestiegen sind. Es hängt also ganz von dem Verhältnis $(X_N + X_T) : X_D$ ab, ob $\varepsilon_{W\varkappa}$ abnimmt, konstant bleibt oder zunimmt. Meistens überwiegt der sekundäre Anteil den primären, und $\varepsilon_{W\varkappa}$ steigt daher mit abnehmender Spannung an.

Genaugenommen ändert sich die Reaktanzspannung eines sekundär angezapften Transformators nicht streng verhältnisgleich zu $\varkappa$ wegen der Zusatzstreuung, die bei ungleichen Wicklungslängen im Transformator noch entsteht. Daher müssen bei genauen Rechnungen die tatsächlichen Prüfwerte für die einzelnen Regelstufen benutzt werden.

Zu c) Für die volle Spannung sind die Verhältnisse wiederum die gleichen wie unter a). Bei herabgesetzter Spannung $\varkappa E_W$ ist die Reaktanz jetzt

$$X_{W\varkappa} = \varkappa^2 X_N + X_T + X_D,$$

und die bezogene Reaktanzspannung ist

$$\varepsilon_{W\varkappa} = \frac{\varkappa^2 X_N + X_T + X_D}{\varkappa\, E_W}\, I = \varkappa\, \varepsilon_N + \frac{1}{\varkappa}\, (\varepsilon_T + \varepsilon_D)\, . \qquad (22,3)$$

Wenn also die Anzapfungen auf der Primärseite angebracht sind, so nimmt zwar $X_{W\varkappa}$ wiederum ab, jedoch nicht im gleichen Maße wie unter b), und zwar wegen der Transformatorreaktanz X_T, die jetzt nahezu konstant bleibt. Der primäre Anteil der gesamten Reaktanzspannung, jedoch jetzt *aus*schließlich des Transformatoranteils, nimmt verhältnisgleich $\varkappa$ ab, während der sekundäre Anteil *einschließ*lich des Transformatoranteils im Verhältnis $1/\varkappa$ zunimmt. Somit ist unter sonst gleichen Verhältnissen der Betrag von $\varepsilon_{W\varkappa}$ zwar geringer als im Falle a), aber höher als im Falle b).

Genaugenommen ändert sich die bezogene Reaktanzspannung eines primär angezapften Transformators wegen der Zusatzstreuung im Transformator nicht streng verhältnisgleich zu $1/\varkappa$. Daher ist für genaue Rechnungen wiederum die Benutzung der wirklichen Prüfwerte erforderlich.

Zu d) Da bei der in Abb. 22,2d gewählten Schaltung des Regeltransformators auf der Stellung für volle Spannung die Streureaktanz X_R des Regeltransformators gleich Null ist, so gilt für volle Spannung wiederum das gleiche wie unter a). Bei herabgesetzter Spannung ist die Reaktanz gegenüber Fall c) noch um den Anteil des Regeltransformators erhöht. Wird mit $X_{R\varkappa}$ die bereits auf die Sekundärseite des Regeltransformators reduzierte Reaktanz dieses Transformators bei der jeweiligen Schalterstellung bezeichnet, so ist

$$X_{W\varkappa} = \varkappa^2 X_N + X_{R\varkappa} + X_T + X_D\, ,$$

und die bezogene Reaktanzspannung ergibt sich zu

$$\varepsilon_{W\varkappa} = \frac{\varkappa^2 X_N + X_{R\varkappa} + X_T + X_D}{\varkappa\, E_W}\, I = \varkappa\, \varepsilon_N + \varepsilon_{R\varkappa} + \frac{1}{\varkappa}\, (\varepsilon_T + \varepsilon_D)\, . \qquad (22,4)$$

Bei einem Regeltransformator zwischen Netz und Stromrichtertransformator ist das Ergebnis also fast das gleiche wie im Falle c) und schließt nur noch zusätzlich die Reaktanz des Regeltransformators ein, wodurch verglichen mit c) der Gesamtbetrag unter sonst gleichen Verhältnissen etwas höher liegt.

Die Reaktanzspannung des Regeltransformators ist normalerweise nur verhältnismäßig klein. Aber sie ist in den einzelnen Regelstellungen verschieden. Der Gang ihrer Änderung hängt von der gewählten Schaltung des Regeltransformators ab. In jedem Falle muß daher $\varepsilon_{R\varkappa}$ entsprechend den jeweiligen Verhältnissen in die Rechnung eingesetzt werden.

Aus den Gln. (22,1) bis (22,4) kann die folgende *allgemeine Regel* abgeleitet werden:

$$\varepsilon_{W\varkappa} = \varkappa \sum (\varepsilon_p) + \frac{1}{\varkappa} \sum (\varepsilon_s)\, . \qquad (22,5)$$

Darin bedeutet $\sum (\varepsilon_p)$ den Anteil der gesamten Reaktanzspannung, der sich auf die Reaktanzen *vor* dem Stufenschalter bezieht, während $\sum (\varepsilon_s)$ entsprechend der Anteil der Reaktanzen *hinter* dem Stufenschalter ist.

Die Regel besagt: Wenn bei gleichbleibendem Sekundärstrom I die Sekundärspannung auf den Bruchteil $\varkappa\, E$ der vollen Spannung E herabgeregelt wird, so müssen bei der Berechnung der gesamten Reaktanzspannung $\varepsilon_{W\varkappa}$ (bezogen auf die herabgesetzte Spannung) alle sich auf die volle Spannung beziehenden Reaktanzspannungsanteile *vor* dem Stufenschalter im Verhältnis $\varkappa$ verkleinert werden, während alle *hinter* dem Stufenschalter liegenden, auf die volle Spannung bezogenen Reaktanzspannungsanteile entsprechend $1/\varkappa$ zu vergrößern sind.

Somit ist die Reaktanz des Stromrichtertransformators im Falle von sekundären Anzapfungen in den Primäranteil einzuschließen, während sie im Falle von primären Anzapfungen zum Sekundäranteil gehört. Wenn wie im Falle der Generatorspannungsregelung überhaupt kein Stufenschalter benutzt wird, so zählt die gesamte Reaktanz als Sekundäranteil.

Die Gln. (22,1) bis (22,4) gelten nur für die einfachen Einphasenkreise von Abb. 22,2. Zum Gebrauch bei wirklichen Stromrichterschaltungen müssen diese Gleichungen noch abgewandelt werden durch Hinzufügung der Faktoren, die in dem Ausdruck ε_W der gesamten Reaktanzspannung in Tab. 26,1 mit den Anteilen ε_N und ε_D verbunden sind.

Bei der 3phasigen Brückenschaltung mit 3 Schaltdrosseln muß wegen der 60°-Bedingung die Gesamtreaktanz des Wendekreises so klein wie möglich sein. Vergleicht man in dieser Hinsicht nun die 4 betrachteten Ausführungsmöglichkeiten der Wechselspannungsregelung, so ergibt sich, daß Anzapfungen auf der Sekundärseite des Transformators dieser Forderung am besten entsprechen. Eine solche Anordnung ist aber gewöhnlich auf kleinere Leistungen beschränkt wegen der unbequem hohen Sekundärströme bei großen Leistungen und der dabei sich ergebenden geringen Windungszahl der Sekundärwicklung, die Anzapfungen in feineren Stufen nicht zuläßt. Die in der Bewertung an nächster Stelle folgende Ausführungsart sind Anzapfungen auf der Primärseite. Dieses ist der meistbeschrittene Weg bei Großumformern. Mitunter wird jedoch ein getrennter Vorsatz-Regeltransformator vorgezogen, sei es, um den Aufbau des Haupttransformators einfach zu halten, oder sei es, daß ein gemeinsamer Regeltransformator für mehrere, parallel geschaltete Haupttransformatoren verwendet werden soll. Eine gewisse weitere Erhöhung der Gesamtreaktanz läßt sich dabei aber nicht vermeiden. Die Regelung der Generatorspannung schließlich weist die höchste Reaktanz auf und erfordert somit den größten Überlappungswinkel. Ihre Anwendung ist aber ohnehin auf Sonderfälle beschränkt, und sie hat auch den Nachteil, daß etwaige andere Verbraucher, die eine konstante Netzspannung benötigen, dann nicht parallel zum Kontaktumformer an den gleichen Generator angeschlossen werden können.

Mitunter wird auch eine sehr grobe Stufe in der Wechselspannungsregelung ausgeführt durch Umschaltung einer Wicklung des Transformators von $\triangle$ auf $\curlyvee$ oder durch Unterteilung der Wicklung in 2 gleichwertige Hälften, die dann in Reihe oder parallel geschaltet werden. Beide Arten werden gewöhnlich noch mit einem Stufenschalter für feinere Stufen kombiniert. Da die Regel Gl. (22,5) auch für diese Arten der Änderung des Transformator-Übersetzungsverhältnisses Gültigkeit hat, so folgt, daß mit Rücksicht auf die Forderung nach Kleinhaltung der Reaktanz gerade bei einem derart hohen Änderungsverhältnis von $\sqrt{3}$ bzw. 2 die Umschaltung möglichst nicht auf der Primärseite, sondern besser auf der Sekundärseite vorgenommen werden sollte.

Die Anpassung des Überlappungswinkels bei der Wechselspannungsregelung kann, falls nicht die elektrische Überlappungsregelung verwendet wird, ebenfalls wieder durch eine Kurvenscheibe geschehen. Die Kurvenscheibe ist aber jetzt nicht am Gehäuse des Antriebsmotors der Kontakte befestigt, sondern sie muß durch einen besonderen Hebel oder durch ein motorisch betätigtes Verstellgetriebe in eine der jeweiligen Wechselspannung entsprechende Stellung gebracht werden (siehe Abschn. 23.4). Für jede Stufe, d. h. für jede der verschiedenen Stellungen der Kurvenscheibe, muß der Überlappungswinkel und der daraus sich ergebende Hub der Kurvenscheibe entsprechend dem zugehörigen Wert der Wechselspannung und der Reaktanz der betreffenden Stufe berechnet werden.

Grundsätzlich könnte natürlich auch eine Wechselspannungsregelung ohne eine Änderung des Überlappungswinkels durchgeführt werden, aber das würde wiederum eine Erhöhung der Stufenlänge bedingen. *Ganz allgemein müssen nämlich alle Abweichungen von der richtigen Größe des Überlappungswinkels stets durch ein entsprechendes zusätzliches Stück der Stufe wieder ausgeglichen werden* (vgl. Abschn. 32.3), wodurch sich das Gewicht und die Kosten der Schaltdrosseln erhöhen. Daher kann diese vereinfachte Ausführung mit gleichbleibendem Überlappungswinkel wohl gelegentlich einmal bei nur kleinem Regelbereich oder bei Umformern kleiner Leistung von Nutzen sein. Bei großen Leistungen mit größerem Regelbereich aber ist sie nicht vertretbar.

Wenn Wechselspannungsregelung und Teilaussteuerungsregelung miteinander kombiniert werden, so würde theoretisch auf jeder Regelstufe der Wechselspannungsregelung eine andere Kurvenscheibe für die Teilaussteuerungsregelung erforderlich sein. Eine praktisch ausreichende Lösung wurde indessen darin gefunden, daß nur *eine* Hauptkurvenscheibe benutzt wird, die am Antriebsmotor befestigt ist und eine Grundverstellung des Überlappungswinkels entsprechend dem jeweiligen Steuerwinkel der Teilaussteuerung vornimmt, während eine Zusatzkurvenscheibe, die unabhängig davon durch einen Hebel oder durch ein Verstellgetriebe betätigt wird (s. S. 155, Abb. 23,33), das ganze Überlappungsniveau der jeweiligen Regelstufe anpaßt. Jedoch, eine rein *mechanische* Lösung wie diese kann nicht unter allen vorkommenden Verhältnissen einen Überlappungswinkel von genau richtiger Größe liefern; es muß daher eine gewisse Toleranz für den erhältlichen Grenzstrom bzw. die Leerlaufsicherheit zugestanden werden. In dieser Hinsicht ist es wohl die wichtigste Eigenschaft der *elektrischen* Überlappungsregelung, solche mechanischen Attribute mit ihren Ungenauigkeiten zu umgehen durch eine selbsttätige Regelung des Überlappungswinkels, die auf die Herstellung einer ungefähr gleichbleibenden Ausschaltsicherheit unter allen Betriebsbedingungen gerichtet ist und daher auf alle nur möglichen Änderungen sowohl des Stromes als auch der Wechselspannung, der Reaktanz oder des Steuerwinkels anspricht.

V. Der konstruktive Aufbau des Kontaktumformers.

23. Das Kontaktgerät.

Der Kern des Kontaktgerätes ist das Getriebe und der Kontaktschienensatz, der die auswechselbaren Schaltkontakte trägt und an den die wechsel- und gleichstromseitigen Verbindungsleitungen angeschlossen sind. Dem Konstrukteur sind hier eine Vielzahl von gleichzeitig zu erfüllenden Forderungen gestellt, die ihm nicht viel Bewegungsfreiheit lassen, sondern großes Geschick in der Bewältigung aller Aufgaben verlangen. Vor allem soll der Kontaktschienensatz, wenigstens bei Großumformern, so angeordnet sein, daß sich keine großen Stromschleifen ergeben, die die Reaktanz des Stromwendekreises unnötig erhöhen. Diese Forderung ist besonders zwingend bei der 3phasigen Dreidrossel-Brückenschaltung und führt dort zu einer äußerst gedrängten Anordnung des Kontaktschienenpaketes. An den Kontaktschienensatz sollen sich die Strom-Zu- und -Fortleitungen so anschließen lassen, daß die bequeme Zugänglichkeit der Kontakte und des Getriebes nicht behindert wird. Die Anzahl und die Gruppierung der Stromanschlüsse richtet sich nach der gewählten Stromrichterschaltung, und so ist letzten Endes vielfach die Stromrichterschaltung bestimmend für die grundsätzliche Anordnung des ganzen

Kontaktgerätes. Nach dem heutigen Stande sind für Großumformer als Brücken-
schaltungen neben der 3phasigen Dreidrossel-Brückenschaltung (Tab. 26,1 Schaltung 8), die sehr an Bedeutung verloren hat, vor allem die 3phasige Sechsdrossel-
Brückenschaltung (Tab. 26,1 Schaltung 7) und die 6phasigen Brückenschaltungen
(Tab. 26,1 Schaltungen 9 und 10 und ihre Abwandlungen[1]) von Wichtigkeit.
Der Einsatz von Sternpunktschaltungen steht noch in den Anfängen. Hier
kommen die 6phasigen Saugdrosselschaltungen mit einer 2phasigen Saugdrossel
(Tab. 26,1 Schaltung 6) oder mit einer 3phasigen Saugdrossel (Tab. 26,1 Schaltung 5)
sowie 6phasige Sternpunktschaltungen mit sekundärer Ringschaltung[2] in Frage.
Von den genannten Schaltungen hat nur die 3phasige Dreidrossel-Brückenschaltung 3 Wechselstromzuleitungen zum Kontaktgerät; alle anderen haben deren 6.
Dazu kommen für Brückenschaltungen noch 2 Gleichstromleitungen, für Sternpunktschaltungen 1 Gleichstromleitung. Einphasenstromrichterschaltungen scheiden
bis auf Sonderfälle für größere Leistungen aus. Der Kontaktschienensatz muß ferner
so aufgebaut und abgestützt sein, daß die Schienen keine Eigenschwingungen ausführen können, durch die eine einwandfreie Berührung der Schaltkontakte beeinträchtigt wird. Schließlich muß für eine ausreichende Kühlung der Kontaktschienen
gesorgt werden, zumal diese Schienen bei der Mehrzahl der Konstruktionen auch
den größten Teil der in den Schaltkontakten entstehenden Wärme abzuleiten haben.

   · Vom Getriebe wird in erster Linie verlangt, daß es dauerfest ist. Alle bekannten
Getriebe arbeiten daher mit sinusförmiger Stößelbewegung als derjenigen Bewegung,
die sich konstruktiv in einfacher Weise mittels einer kreisrunden Exzenterscheibe
herstellen läßt und günstige Beschleunigungsverhältnisse, d. h. kleine Beanspruchungen durch Massenkräfte, ergibt. Die Exzenter haben meistens Ölumlaufschmierung,
desgleichen die Stößel, sofern sie nicht durch schwingende Blattfedern geführt sind,
sondern in Buchsen gleiten. Es wird ferner verlangt, daß sich die Kontaktzeiten leicht
ein- und nachstellen lassen. Moderne Konstruktionen gestatten eine Kontaktzeiteinstellung bei laufender Maschine und sogar unter Last. Der Einschaltzeitpunkt soll
zwecks mechanischer Teilaussteuerung veränderbar sein, wobei außer der Handregelung in den meisten Fällen noch eine selbsttätige Spannungs-, Strom- oder
Leistungsregelung verlangt wird. Der Ausschaltzeitpunkt soll nach Möglichkeit unabhängig vom Einschaltzeitpunkt verändert werden können. Die Stößelbewegung
muß so schnell erfolgen, daß die Kontakte ausreichende Schließ- und Trenngeschwindigkeiten haben. Hinsichtlich der Kontaktzeit, die der Summe aus dem Hauptstromführungswinkel und dem mechanischen Überlappungswinkel entspricht, bestehen
erhebliche Unterschiede. Diese sind durch die Stromrichterschaltung bedingt. Bei
den 3phasigen Brückenschaltungen und der 6phasigen Saugdrosselschaltung mit
einer 2phasigen Saugdrossel beträgt der Hauptstromführungswinkel 120°, bei der
6phasigen Saugdrosselschaltung mit einer 3phasigen Saugdrossel 180°, bei den
6phasigen Brücken- und Sternpunktschaltungen dagegen nur 60°. Ein Getriebe
für 60° Hauptstromführungswinkel weicht im Aufbau wesentlich von den Getrieben für 120° oder 180° Hauptstromführungswinkel ab (vgl. S. 138ff.).

   Die Schaltkontakte sollen so angeordnet sein, daß sie leicht und schnell ausgewechselt werden können. Der Kontakthub muß der erforderlichen Spannungsfestigkeit der Trennstrecke angepaßt sein (s. Abb. 4,2). Der Kontaktdruck darf
einerseits nicht so hoch sein, daß sich die Stößelköpfe in den Kontaktwerkstoff

---

[1] Zum Beispiel KOPPELMANN: [1,20] S. 198, Bild 5, Schaltungen a_2 und c.
[2] MARTI u. WINOGRAD: [4,2] S. 147. Tafel V-F, erste und zweite Schaltung; — s. auch
KOPPELMANN: [1,20] S. 198, Bild 5, Schaltungen b_1 bis b_4.

einschlagen. Er darf aber andererseits auch nicht so niedrig sein, daß die Kontakte prellen oder flattern. Zur Vermeidung des Prellens wurde von KOPPELMANN als Richtlinie angegeben, daß die Kraft, die die Kontaktfeder im Schließungsaugenblick auf das bewegliche Kontaktstück ausübt, bei einer Betriebsfrequenz von 50 Hz mindestens das 1000fache des Gewichtes dieses Kontaktstückes betragen soll. Bei dem später noch beschriebenen Großumformer-Kontaktgerät der SSW beispielsweise ist die Federkraft 80 kg, das Gewicht der Kontaktbrücke 45 g.

Eine Frage, der bei manchen Konstruktionen zugunsten anderer, zunächst zu erfüllender Forderungen anfänglich weniger Beachtung geschenkt worden war, ist die der Geräuschdämpfung. Wenn auch das Geräusch, das beim Kontaktumformer durch das Hämmern der Kontakte und durch Wälzlager erzeugt wird, im allgemeinen wegen der tieferen Frequenzen nicht als so unangenehm empfunden wird wie z. B. das Luft- und Bürstengeräusch großer umlaufender Hochstrommaschinen, so muß doch eine weitgehende Verminderung durch Verkleidungen unter Verwendung schalldämpfender Werkstoffe angestrebt werden, sofern nicht bereits durch konstruktive Maßnahmen im Getriebeaufbau die Geräuschbildung von vornherein gering gehalten werden kann.

Es sollen nun im folgenden einige ausgeführte Konstruktionen betrachtet werden. Von der Beschreibung von Kleinumformern wird dabei Abstand genommen, weil diese gegenwärtig nur noch eine geringe Bedeutung haben, und zwar wegen des Vordringens der Trockengleichrichter, die im Wirkungsgrad beträchtlich verbessert werden konnten und sich auf magnetischem Wege mit Hilfe von Transduktoren wie Kontaktumformer mit veränderbarer Einschaltstufe bequem in der Spannung regeln lassen.

23.1 Das Getriebe.

Das Prinzipschema eines Getriebes für Kontaktgeräte in Blockbauart wurde bereits in Abb. 2,6 und 2,7 angegeben. Bei der zweiten dieser Abbildungen handelt es sich um eine Anordnung, wie sie von den SSW bis zum Kriegsende für die 3phasige Brückenschaltung mit 3 Schaltdrosseln benutzt wurde und in ähnlicher Form auch nach dem Kriege noch bei der ITE für die gleiche Schaltung verwendet worden ist. Einen Blick in das SSW-Getriebe, und zwar für eine Zwillingsanordnung mit 2×6 Kontakten für zwei 3phasige Brückenschaltungssysteme, zeigte Abb. 2,9. Das Getriebe ist bestimmt für einen Hauptstromführungswinkel von 120°. Wie es die Brückenschaltung verlangt, werden je 2 an die gleiche Wechselstromphase angeschlossene Kontakte im Gegentakt, d. h. mit 180° Phasenverschiebung betrieben, von denen der eine den Strom der positiven Wechselstromhalbwelle zur positiven Gleichstromschiene leitet und der andere den Strom der negativen Halbwelle von der negativen Gleichstromschiene zur Wechselstromschiene zurückführt.

Die Kontakte $K+$ und $K-$ (Abb. 2,7) werden durch Stößel St entgegen dem Druck der Kontaktschließfedern F betätigt. Die Gegentaktbewegung der Stößel wird durch einen Schwinghebel H bewirkt. Rückholfedern (in Abb. 2,7 nicht mit dargestellt) sorgen dafür, daß die Stößel auch während derjenigen Abschnitte der Periode, wo der betreffende Kontakt geschlossen ist und die Stößel daher nicht mehr unter dem Druck der Schließfedern stehen, fest auf den Schwinghebeln aufliegen und keine von dem Sinusgesetz abweichenden Eigenbewegungen ausführen können. Der Schwinghebel ist exzentrisch auf der Überlappungssteuerwelle W_2 gelagert. In der Mittelstellung liegt die Exzentrizität der Steuerwelle waagerecht; durch Verdrehung der Steuerwelle in der einen oder in der anderen Richtung kann daher

der Drehpunkt des Schwinghebels und damit also das mittlere Niveau der Stößelköpfe gehoben oder gesenkt werden. Das hat eine Verkürzung bzw. eine Verlängerung der Schließungsdauern der Kontakte zur Folge, dient somit der Überlappungsanpassung oder der Überlappungsregelung. Der Schwinghebel wird in hin-
und hergehende Bewegung versetzt durch eine Pleuelstange P, die ihrerseits durch
die Exzenterscheibe E_1 auf der mit dem Synchronmotor gekuppelten Antriebswelle W_1 nach einem Sinusgesetz bewegt wird. Jedem Kontaktpaar ist also *eine*
Exzenterscheibe zugeordnet.

In Abb. 2,9 ist unten im Hintergrund die Exzenterwelle W_1 zu erkennen. Auf
ihr sind die 6 in waagerechter Richtung nach vorne verlaufenden Pleuelstangen P
gelagert, die in die Gabeln der Schwinghebel H hineingreifen und im Bilde nur

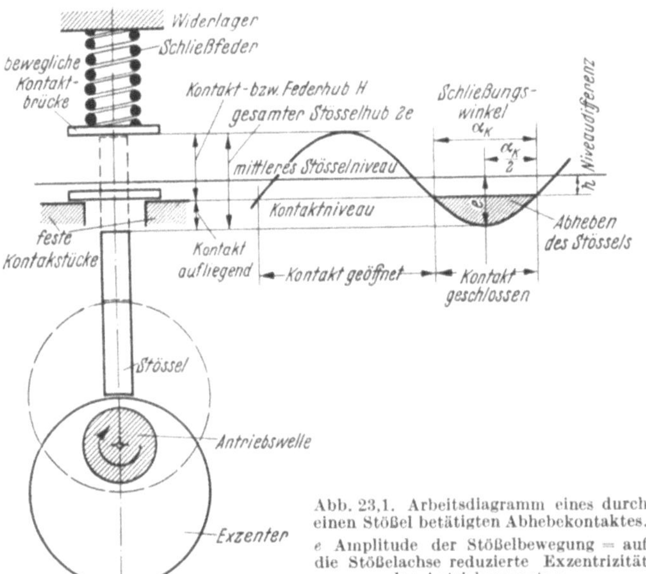

Abb. 23,1. Arbeitsdiagramm eines durch einen Stößel betätigten Abhebekontaktes. e Amplitude der Stößelbewegung = auf die Stößelachse reduzierte Exzentrizität des Antriebsexzenters.

mit ihren Stirnflächen zu sehen sind. Auf der Exzenterwelle sind außerdem noch Gegengewichte A zum Ausgleich der Massenkräfte angebracht. Über den Pleuelstangen hängen an der Überlappungssteuerwelle W_2 die 6 Schwinghebel. Sie lassen insbesondere die vorderen Rollen R erkennen, auf denen die vordere Stößelreihe ruht. Von den Stößeln selbst sind nur die Unterteile mit den Rückholfedern RF zu sehen. Ganz im Vordergrund befindet sich noch die Zuleitung und das

Verteilungsrohrsystem V für das Schmieröl. Das Öl wird unter Druck den Gleitbuchsen der Stößel zugeleitet und tropft von dort auf die Schwinghebel und die Wellen
herab und zurück in den Ölsumpf. Aus diesem wird es mittels einer Ölpumpe über
einen Wasser-Ölkühler und ein Ölfilter dem Verteilungssystem wieder zugeführt.
Zur Überwachung der Schmierung dient ein Thermometer, ein Manometer und ein
Druckfehlmeldekontakt, der beim Ausbleiben des Öldruckes eine Alarmvorrichtung
in Betrieb setzt. Die beiden Instrumente, der Meldekontakt und das Ölfilter sind
beispielsweise in Abb. 23,40 im Vordergrunde unterhalb des Getriebekastens zu
erkennen.

Der für diese Art von Getrieben bestehende Zusammenhang zwischen der Kontaktzeit, d. h. dem Schließungswinkel α_K, und der Stößelbewegung geht hervor
aus Abb. 23,1. Der Stößel wird durch das Exzenter in eine auf- und abgehende
Bewegung versetzt, die zeitlich einem Sinusgesetz folgt und in der Abbildung als
Sinuslinie dargestellt ist. Die Amplitude dieser Sinusbewegung ist die auf die Stößelachse reduzierte Exzentrizität e der Exzenterscheibe. Der gesamte Stößelhub beträgt
also $2e$. Die Nullinie der Sinuskurve ist das mittlere Niveau der Stößelköpfe; es
werde künftig kurz als *Stößelniveau* bezeichnet. Um den Höhenunterschied h tiefer

als das Stößelniveau liegt die Ebene der oberen Flächen der festen Kontaktstücke,
die *Kontaktniveau* genannt werden soll. Solange der Kopf des Stößels sich unterhalb
des Kontaktniveaus befindet, liegt die bewegliche Kontaktbrücke auf den festen
Kontaktstücken auf; der Kontakt ist geschlossen (Schließungswinkel α_K). In dem
Augenblick, wo der Stößelkopf das Kontaktniveau durchstößt, wird die Kontaktbrücke entgegen dem Druck der Schließfeder von den festen Kontakten abgehoben;
der Kontakt öffnet sich. Die Öffnungszeit dauert so lange, bis der Stößelkopf nach
Durchlaufen des Scheitelwertes der Sinuslinie wieder unter das Kontaktniveau
hinabsinkt. Der Höhenunterschied zwischen diesem Scheitelwert und dem Kontaktniveau ist der Kontakt- bzw. Federhub H.

'Bestimmend für die Schließungszeit des Kontaktes ist
also neben der unveränderlichen Exzentrizität e die Größe
des Niveauunterschiedes h. Dieser Niveauunterschied kann
auf zweierlei Weise verändert werden. Die erste Art haben
wir bereits kennengelernt; es ist die Verdrehung der Steuerwelle (Abb. 2,7), durch die der Drehpunkt des Schwinghebels
und damit das mittlere Stößelniveau in bezug auf das
Kontaktniveau gehoben oder gesenkt wird. Diese Veränderung
wird durch die allen Schwinghebeln gemeinsame Steuerwelle
in gleicher Größe auf *alle* Kontakte übertragen. Sie wird daher
bei dem in Abb. 2,9 gezeigten älteren SSW-Getriebe für die
gemeinsame Kontaktzeitanpassung bzw. für die Überlappungsregelung benutzt. Die zweite Art ist eine Veränderung der
Länge des Stößels durch Maßnahmen am Stößel selbst. Diese
kann an jedem Stößel unabhängig von den übrigen vorgenommen werden und dient dazu, bei einer gegebenen
Stellung der Steuerwelle die Schließungszeiten der einzelnen
Kontakte, d. h. den Niveauunterschied h, auf die richtige und bei allen Kontakten
gleiche Größe einzustellen. Wird die Länge des Stößels vergrößert, so erreicht der
Stößelkopf die Kontaktbrücke bereits früher und hebt sie für eine längere Zeitdauer
ab; die Kontaktzeit ist dann kürzer. Bei einer Verminderung der Stößellänge dagegen nimmt die Kontaktzeit in entsprechender Weise zu.

Die konstruktive Durchbildung dieser Einzeleinstellung hat im Laufe der Entwicklung verschiedene Wandlungen durchgemacht. Die erste Ausführung bei dem
beschriebenen älteren SSW-Getriebe ist in Abb. 23,2 im Schema wiedergegeben.
In den unten geschlitzten, rohrförmigen Stößel ist mit Feingewinde ein verdrehbares
Abschlußstück eingeschraubt. Dieses hat unten einen gehärteten Einsatz, mit dem
der Stößel auf der Rolle des Schwinghebels aufliegt, und einen mit einem Lochkranz
versehenen Teller. Mittels eines hakenförmigen Schlüssels, der in die Löcher des
Tellers eingreift, kann das Abschlußstück in bezug auf den Stößel verdreht werden
(Abb. 23,3), wodurch sich die resultierende Länge des Stößels und damit die Kon-
taktzeit ändert. Nach beendeter Einstellung wird das Abschlußstück durch einen
Sicherungsklemmring, der das geschlitzte Stößelende an das Gewinde des Abschlußstückes preßt, an einer unbeabsichtigten Verstellung gehindert. Eine Verdrehung
des Stößels selbst wird durch sorgfältig bearbeitete Führungsflächen vermieden.
Das ist von großer Wichtigkeit, da bereits sehr geringe Drehbewegungen des
Stößels zur Bildung von Silberstaub an den Kontakten führen können. Zur Vor-
nahme der Kontaktzeiteinstellung muß bei der vorbeschriebenen Ausführung der

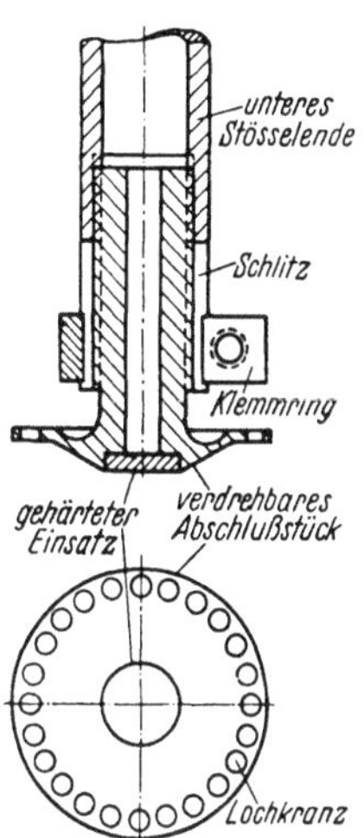

Abb. 23,2. Konstruktive Lö-
sung der Einstellung der
Stößellänge bei dem älteren
SSW-Getriebe nach Abb. 2,9.

Antriebsmotor stillgesetzt und das Getriebegehäuse geöffnet werden. Das ist unbequem und zeitraubend. Bei einer Abänderung dieser Konstruktion, die im Jahre 1943 in den Versuchsbetrieb genommen wurde, jedoch bis Kriegsende nicht mehr zum

Abb. 23,3. Praktische Durchführung der Kontaktzeiteinstellung beim SSW-Getriebe nach Abb. 2,9 (1940).

Einsatz kam, konnte mit Hilfe einer Einstellvorrichtung, die in die Frontplatte des Getriebekastens eingelassen war und mit dem Abschlußstück des Stößels dauernd im Eingriff stand, die Einstellung der Kontaktzeit bereits bei laufendem Umformer durchgeführt werden.

Eine Ausführung der Verstellung der Stößellänge im Betriebe, die von BBC verwendet wird, ist in Abb. 23,4 gezeigt. Hier besteht der Stößel wieder aus 2 Teilen, die durch ein Schraubgewinde miteinander verbunden sind. Jedoch hat jetzt das Oberteil Außengewinde und das Unterteil Innengewinde, und es ist nicht das Unterteil verdrehbar, sondern das Oberteil. Das Unterteil ist im Gehäuse gegen Verdrehung geführt, so daß ihm nur eine auf- und abgehende Bewegung möglich ist. Es wird durch die Rückholfeder 5 über seine Rolle 6 mit dem Antriebsexzenter E_1 im Kraftschluß gehalten. Das Oberteil ist von einer Mitnehmermuffe 7 umgeben, die als Schneckenrad ausgebildet ist und in die Schnecke 8 eingreift. Die Mitnehmermuffe erlaubt dem Stößeloberteil wohl eine Bewegung in senkrechter Richtung, aber keine relative Verdrehung. Eine Drehung der Muffe bewirkt daher eine Änderung der Stößellänge und damit der Kontaktzeit. Die Welle W_2 der Schnecke ist im Gehäuse gelagert und kann mittels eines Steckschlüssels verstellt werden (s. Abb. 23,44).

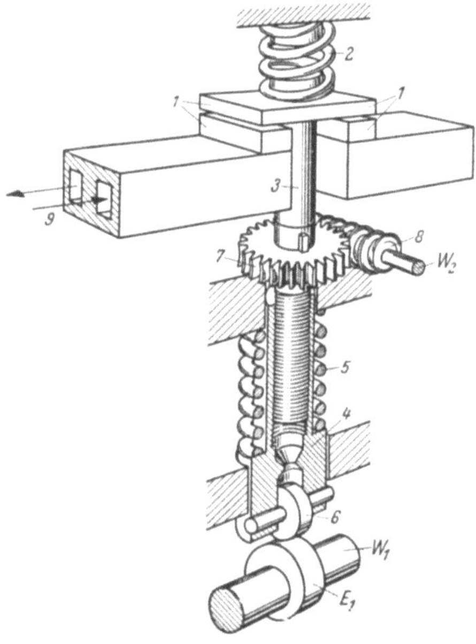

Abb. 23,4. Stößelkonstruktion von BBC mit im Betriebe verstellbarer Stößellänge (1940).

1 Kontakt; — *2* Schließfeder; — *3* Stößeloberteil; — *4* Stößelunterteil; — *5* Rückholfeder; — *6* Rolle; — W_1 Antriebswelle; — E_1 Antriebsexzenter; — W_2 Einstellwelle; — *7* Schneckenrad; — *8* Schnecke; — *9* Luftkanäle.

Die beschriebene Konstruktion zur Veränderung der Stößellänge ist zunächst für die Einzelverstellung der Kontaktzeiten bestimmt. Wenn man aber die Mitnehmermuffen sämtlicher Stößel gleichzeitig durch ein gemeinsames Verstellgetriebe verdreht, so erhält man eine Überlappungsanpassung oder eine betriebsmäßige Überlappungsregelung mit der gleichen Wirkung wie die bei Abb. 2,7 durch die Welle W_2 hervorgebrachte. Das ist ein Weg, der von BBC für die selbsttätige elektrische Überlappungsregelung beschritten wurde. Um die gleichzeitige Verstellung aller Stößel zu erhalten, tragen bei dem in Abb. 23,5 gezeigten Getriebe

des BBC-Umformers die Schneckenwellen W_2 jede noch ein Schneckenrad, das mit
Schnecken im Eingriff steht, die sich sämtlich auf einer gemeinsamen Steuerwelle W_3
befinden. Eine Drehung der letztgenannten Welle bewirkt also die gemeinsame Überlappungsregelung. Diese Welle entspricht in ihrer Wirkung der Welle W_2 in Abb. 2,7.
Soll jedoch nur die Stößellänge eines einzelnen Kontaktes eingestellt werden, so wird
der Eingriff der Welle W_3 in die auf den Einzelwellen befindlichen Schneckenräder
vorübergehend aufgehoben und dadurch eine unabhängige Verdrehung der Einzelwellen ermöglicht. Abb. 23,5 zeigt im übrigen, daß bei dem BBC-Getriebe eine
reine Reihenbauart mit nur einer einzigen Kontaktreihe gewählt wurde. Die Abbildung läßt 7 Stößel erkennen. Von diesen gehören 6 zu den Arbeitskontakten, die
das Gleichrichtersystem bilden, während der 7. ein Leitkontakt für die selbsttätige
Überlappungsregelung ist (s. Abschn. 23.5).

Abb. 23,5. BBC-Getriebe. Konstruktive Durchbildung der gemeinsamen Verstellung der Stößellänge zwecks
elektrischer Überlappungsregelung (1948).
St Stößel; — W_2 Welle für die Einzelverstellung; — W_3 Welle für die gemeinsame Verstellung.

Auch die ITE verwendet für die Einzelverstellung der Stößellänge eine ähnliche
Konstruktion, von der eine Ansicht in auseinandergezogenem Zustande in Abb. 23,6
wiedergegeben ist. Der Stößel besteht aus einem rohrförmigen Oberteil, in das ein
unteres Abschlußstück eingeschraubt ist. Auch hier ist nicht das Abschlußstück
verdrehbar, sondern das Oberteil. Das Abschlußstück ruht anstatt auf einer Rolle
auf einem Bolzen des Schwinghebels. Der Bolzen greift mit einem Führungsansatz
in eine Nut des Abschlußstückes ein und verhindert eine Verdrehung desselben. Das
Oberteil ist oben und unten in Gleitbuchsen geführt, die fest in das Gehäuse eingesetzt sind. Am unteren Ende ist das Oberteil mit einer Mitnehmermuffe verzahnt,
die drehbar in das Gehäuse eingelassen ist und durch einen Schneckentrieb verstellt
werden kann. Durch Höher- oder Tieferschrauben des Oberteils wird wieder die
resultierende Stößellänge und damit die Kontaktzeit eingestellt. An sonstigen
bemerkenswerten Einzelheiten zeigt die Abbildung noch am oberen Stößelende den
Stößelkopf aus keramischem Isolierstoff, darunter konische Eindrehungen zur Verhinderung des Schmierölaustrittes, und ferner Abflußlöcher für das Öl. Unterhalb
der Mitnehmermuffe ist noch die Rückholfeder mit ihrem Teller zu sehen.
Der prinzipielle Gesamtaufbau des Getriebes der ITE gleicht im übrigen demjenigen von Abb. 2,7. Bei einer neueren Ausführung ist jedoch die die Schwinghebel tragende Welle W_2 nicht drehbar als Exzenterwelle ausgeführt, sondern fest
in eine Schwinge eingesetzt (Abb. 23,7). Die Schwinge besteht aus 2 parallelen
Gelenkhebeln G, die mit der Welle W_2 und einer weiteren Welle W_3 zu einem
festen Ganzen verschweißt sind. Die Welle W_3 ist im Getriebegehäuse gelagert

und bildet den Drehpunkt der Schwinge. Auf der anderen Seite kann die Schwinge durch das Exzenter E_4 einer vierten Welle W_4, die jetzt als Überlappungssteuerwelle fungiert, mittels des Pleuels P_4 gehoben oder gesenkt werden, womit eine entsprechende Änderung des Stößelniveaus verbunden ist. Durch diese Konstruktion wurde ein gewisser Nachteil der Ausführung nach Abb. 2,7 überwunden, der darin besteht, daß dort bei einer Verdrehung der Überlappungssteuerwelle W_2 die Kontaktzeiten der vorderen und der hinteren Kontaktreihe sich nicht um genau gleiche Beträge verändern, weil die Bewegung der Schwinghebelachse nicht in der eigentlich erforderlichen Weise lediglich in senkrechter Richtung vor sich geht, sondern auf einem Kreisbogen mit verhältnismäßig kleinem Radius. Bei der Schwinge nach Abb. 23,7 ist der Radius R des Bewegungskreises so groß, daß der Einfluß der endlichen Länge dieses Radius auf die Kontaktzeiten in ausreichendem Maße beseitigt ist.

Getriebeausführungen, wie sie durch das Arbeitsschema von Abb. 23,1 gekennzeichnet sind, eignen sich vorzüglich für Stromrichterschaltungen mit Hauptstromführungswinkeln von 120° oder von 180°, also für 3phasige Brückenschaltungen, 6phasige Saugdrosselschaltungen und Einphasenschaltungen. Sie sind aber ungeeignet für einen Hauptstromführungswinkel von nur 60°, wie er bei den 6phasigen Brückenschaltungen und den 6phasigen Sternpunktschaltungen vorliegt. Um das zu verstehen, seien die Beziehungen zwischen dem Schließungswinkel α_K, der Schließ- und Öffnungsgeschwindigkeit v und dem Federhub H betrachtet. Aus Abb. 23,1 läßt sich zunächst die Abhängigkeit der erforderlichen Niveaudifferenz h vom gewünschten Schließungswinkel α_K unmittelbar ablesen:

$$h = e \cos \frac{\alpha_K}{2} . \qquad (23,1)$$

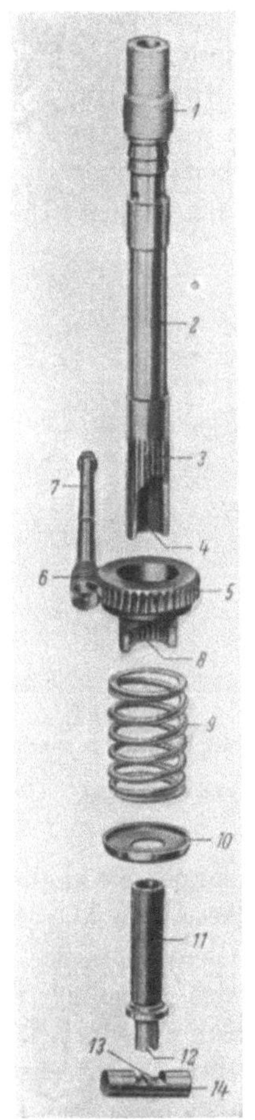

Abb. 23,6. Stößelkonstruktion der ITE mit im Betriebe verstellbarer Stößellänge. Ansicht der Einzelteile.

1 Stößelkopf; — *2* Stößel; — *3* Verzahnung; — *4* Einstellgewinde; — *5* Schneckenrad; — *6* Schnecke; - *7* Einstellwelle; - *8* Innenverzahnung; — *9* Rückholfeder; — *10* Federteller; — *11* Einstellschraube; — *12* Nut; — *13* Führungsansatz; — *14* Schwinghebelbolzen.

Die Kurve der Stößelgeschwindigkeit ist als 1. Ableitung der Sinuskurve der Stößelbewegung eine um 90° in der Phase verschobene Sinuskurve mit der Amplitude

$$v_m = e \, \omega . \qquad (23,2)$$

Somit ergibt sich für die Schaltgeschwindigkeit v im

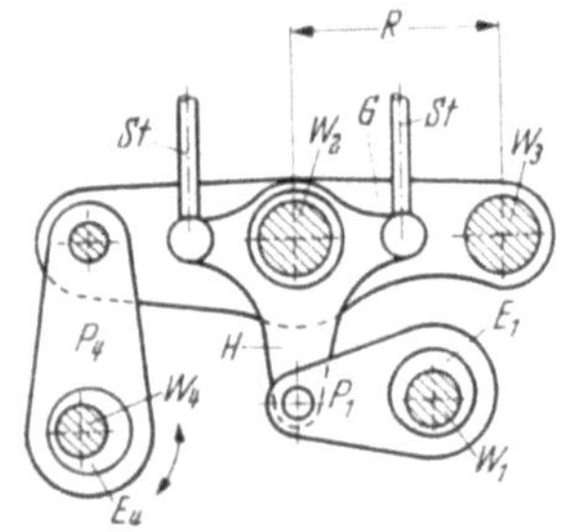

Abb. 23,7. Überlappungsregelung durch gemeinsame Veränderung des Stößelniveaus mittels einer U-Schwinge.

W_1 Antriebswelle; — E_1 Antriebsexzenter; — P_1 Antriebspleuel; — H Schwinghebel; — W_2 Schwinghebelwelle; — *St* Stößel; — *G* Gelenkhebel der U-Schwinge; — W_3 Gelenkhebelwelle; — W_4 Überlappungssteuerwelle; — E_4 Überlappungssteuerexzenter; — P_4 Pleuel der U-Schwinge; — R Bewegungsradius von W_2.

Schließ- bzw. Öffnungsaugenblick:

$$v = v_m \sin \frac{\alpha_K}{2} = e \, \omega \sin \frac{\alpha_K}{2} . \qquad (23,3)$$

Der Kontakt- bzw. Federhub H schließlich ist gemäß Abb. 23,1 mit Benutzung von Gl. (23,1) und (23,3):

$$H = e + h = e\left(1 + \cos\frac{\alpha_K}{2}\right) = \frac{v}{\omega\sin\frac{\alpha_K}{2}}\left(1 + \cos\frac{\alpha_K}{2}\right). \tag{23,4}$$

Bei dem Getriebe von Abb. 2,9 ist $e = 2{,}5$ mm. Mit $\omega = 314$ für $f = 50$ Hz folgt aus Gl. (23,2) der Höchstwert der Stößelgeschwindigkeit zu $0{,}78$ m/s. Das ist gleichzeitig die Schaltgeschwindigkeit bei einem Schließungswinkel von $180°$. Für andere Schließungswinkel ist sie kleiner. Wir betrachten nun vergleichsweise die Verhältnisse für einen Hauptstromführungswinkel von $120°$ und für einen solchen von $60°$. Nehmen wir an, daß bei durch mechanische Teilaussteuerung weitgehend herabgeregelter Spannung der mechanische Überlappungswinkel in beiden Fällen $20°$ beträgt, so sind die entsprechenden Schließungswinkel $140°$ bzw. $80°$. Für diese beiden Winkel erhält man aus den vorstehenden Gleichungen die Werte von Tab. 23,1.

Wollte man nun das für $120°$ konstruierte Getriebe der Abb. 23,1 mit ungeänderter Exzentrizität e für einen Hauptstromführungswinkel von nur $60°$ verwenden, so müßte der Niveauunterschied h also mehr als verdoppelt werden. Dadurch

Tabelle 23,1.

α_K °el	h		H
140	$0{,}342 \cdot e$		$1{,}342 \cdot e$
80	$0{,}766 \cdot e$	$0{,}643 \cdot v_m$	$1{,}766 \cdot e$

gerät man aber auf der Sinuskurve von Abb. 23,1 von dem steilen Teil schon sehr in die Nähe der flach verlaufenden Kuppen. Man erhält zu schräge Schnittpunkte, d. h. ungenaue Schaltzeitpunkte, und man erhält eine Schaltgeschwindigkeit von nur etwa $^2/_3$ derjenigen bei $120°$, die noch fast gleich der Höchstgeschwindigkeit war. Dabei ist aber der Federhub und damit die Wechselbeanspruchung der Schließfeder bereits um 31% gestiegen. Um wieder die gleiche Schaltgeschwindigkeit zu erreichen, müßte die Exzentrizität um 46% vergrößert werden, denn es ist

$$e_{60} = \frac{0{,}940}{0{,}643} \cdot e_{120} = 1{,}46 \cdot e_{120}\,.$$

Hierfür würde sich aber ein Federhub

$$H_{60} = 1{,}766 \cdot 1{,}46 \cdot e_{120} = 2{,}58 \cdot e_{120}$$

ergeben, der fast das Doppelte desjenigen bei $120°$-Betrieb beträgt:

$$H_{60} = \frac{2{,}58}{1{,}342} \cdot H_{120} = 1{,}92 \cdot H_{120}\,.$$

Derartige Verhältnisse lassen sich praktisch nicht mehr verwirklichen. Es muß daher für einen Hauptstromführungswinkel von $60°$ eine im Prinzip geänderte Ausführung des Getriebes verwendet werden. Eine solche ergibt sich beispielsweise dadurch, daß man nicht wie in Abb. 23,1 die Feder zwischen der Kontaktbrücke und einem festen Widerlager anordnet und sie während des *Öffnungs*abschnittes zusammendrücken läßt, sondern sie zwischen der Kontaktbrücke und dem Stößel anbringt, so daß die Brücke federnd aufsetzt und die Feder während des *Schließungs*abschnittes zusammengedrückt wird. An Stelle von Gl. (23,4) erhält man dann für den *Feder*hub, wie man aus der rechten Seite von Abb. 23,1 erkennen kann:

$$H = e - h = e\left(1 - \cos\frac{\alpha_K}{2}\right)$$
$$= \frac{v}{\omega\sin\frac{\alpha_K}{2}}\left(1 - \cos\frac{\alpha_K}{2}\right), \tag{23,5}$$

während der *Kontakt*hub sich unverändert als $e + h$ aus Gl. (23,4) ergibt. Ein Federhub vom Betrage $e - h$ aber läßt sich selbst bei verhältnismäßig großen Werten von e und h leicht ausführen. Zwei grundsätzliche Möglichkeiten hierfür sind in Abb. 23,8 skizziert. Im Beispiel a ist die Kontaktanordnung auf den Kopf gestellt, und der Stößel *drückt* unter Zwischenschaltung der Feder den Kontakt zu. Im Beispiel b ist die Kontaktanordnung zwar die alte geblieben, aber der Stößel wird jetzt beim Schließen des Kontaktes *gezogen*. Bei diesen Lösungen wird nicht nur dem Stößel, sondern auch dem Widerlager, gegen das sich die Kontaktfeder abstützt, eine mit der Stößelbewegung gleichlaufende Bewegung erteilt. Das Widerlager weicht also bei sich öffnendem Kontakt in der Öffnungsrichtung aus, so daß trotz großer Exzentrizität und Schaltgeschwindigkeit die Feder nicht übermäßig beansprucht wird.

Von der Lösung b mit gezogenem Stößel ist bei dem Getriebe des Großumformers der AEG, der mit 60° Hauptstromführungswinkel arbeitet, Gebrauch gemacht

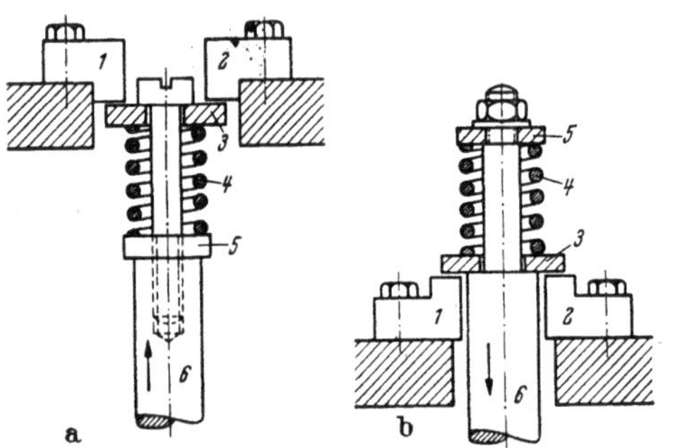

Abb. 23,8. Kontaktanordnungen für 60° Hauptstromführungswinkel mit während der Schließungszeit beanspruchter Feder.
a drückender Stößel; — b ziehender Stößel.
1,2 feste Kontaktstücke; — *3* bewegliche Kontaktbrücke; — *4* Kontaktfeder; — *5* Widerlager der Kontaktfeder; — *6* Stößel.

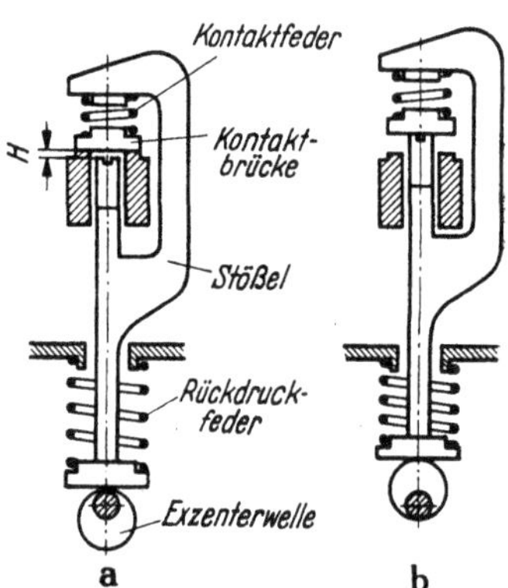

Abb. 23,9. Kontaktantrieb der AEG für 60° Hauptstromführungswinkel.
H Federhub.

worden. Das Schema der Kontaktbetätigung bei der älteren Ausführung dieses Umformers[1] geht aus Abb. 23,9 hervor. Hier wird das Widerlager für die Kontaktfeder nicht wie in Abb. 23,8 von einem zylindrischen Fortsatz des Stößels getragen, der durch eine Bohrung der Kontaktbrücke hindurchtritt, sondern es wird durch das Ende eines U-förmigen Bügels gebildet, der am Stößel befestigt ist und den Kontakt von außen umfaßt. Die Wirkung ist genau die gleiche. Der Stößel wird gezogen durch die Rückholfeder, die hier wesentlich stärker sein muß als bei der Anordnung nach Abb. 23,1, da sie jetzt noch den Druck der Kontaktfeder zusätzlich aufbringen muß. Das linke Bild a der Abb. 23,9 zeigt den Kontakt in geschlossenem Zustande. Es läßt erkennen, daß der für die Kontaktschließung benötigte *Feder*hub H beträchtlich kleiner ist als der Öffnungshub des *Kontaktes* auf dem rechten Teilbild b der Abbildung. Bei der Anordnung nach Abb. 23,1 dagegen war der Federhub identisch mit dem Öffnungshub des Kontaktes und damit ebenfalls groß.

Einen Schnitt durch ein AEG-Getriebe neuester Ausführung zeigt Abb. 23,10. Dort bewegt die Exzenterwelle *1* mittels eines biegsamen Stahlbandes *4* den Stößel *5*, der ähnlich wie in Abb. 23,9 ausgebildet und mit seinem Bügel *6* an zwei waagerecht liegenden Blattfederpaketen *7* schwingend befestigt ist. Das biegsame Stahlband überträgt auf den Stößel und damit auf die Kontaktbrücke *9* nur die senkrechte

---

[1] Siehe KOPPELMANN: [*1.20*] S. 202, Bild 11.

Komponente der kreisenden Exzenterbewegung; die waagerechte Komponente wird von der Elastizität des Stahlbandes aufgenommen. Eine solche Ausführung der Halterung und des Antriebes des Stößels benötigt keinerlei Schmierung. Da außerdem die Exzenterwelle selbst mit fettgeschmierten Kugellagern ausgerüstet ist, so bedarf das Gerät insgesamt keiner Ölschmierung mehr. Das Getriebe kann infolgedessen vollständig offen und damit gut zugänglich ausgeführt werden. Die festen Kontaktstücke *8*, deren Aussehen im übrigen aus Abb. 23,30 hervorgeht, sind auf den Oberseiten der waagerecht liegenden Stromschienen *11* befestigt. Alle Kontakte sind nebeneinander in einer einzigen Reihe angeordnet, wie es die später folgende Abb. 23,45 zeigt. Die Anzahl der Exzenter auf der Welle *1* ist daher gleich der Kontaktzahl, also gleich 12 bei der 6phasigen Brückenschaltung oder gleich 6 bei Kontaktgeräten halber Länge für die $2 \times$ Dreiphasen-Saugdrosselschaltung. Das Kontaktgerät wird, wie in Abb. 23,10 angedeutet ist, durch Gebläseluft gekühlt, wobei ein Teil der Luft mit Hilfe von Führungskanälen *12* durch auf den Stirnseiten der Stromschienen befindliche besondere Kühlköpfe *13* hindurchgeleitet wird.

Die gemeinsame Verstellung des Stößelniveaus und damit der Kontaktzeiten geschieht durch Drehung der Überlappungssteuerwelle *14*. Diese Welle ist ebenfalls eine Exzenterwelle. Sie verdreht mittels am oberen Ende gelagerter Gelenkhebel *15* und am unteren Ende derselben befestigter Blattfedern *16* die auf den Exzentern der Hauptwelle *1* schwingenden Gelenkhebel *17*, an denen die Stahlbänder *4* befestigt sind, um einige, wenige Grad und ändert dadurch die scheinbare Länge dieser Stahlbänder.

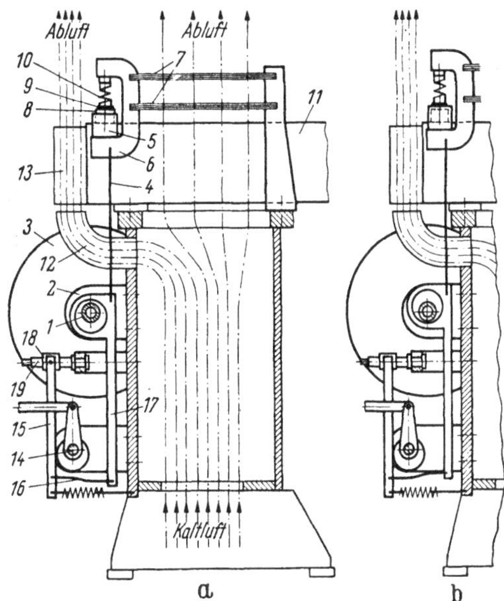

Abb. 23,10. Arbeitsweise des Kontaktantriebes beim Kontaktumformer der AEG (1955).
a unterste Stellung des Antriebsexzenters; — b oberste Stellung des Antriebsexzenters.

1 Antriebs-Exzenterwelle; — *2* Exzenterwellen-Hauptlager; — *3* Antriebs-Synchronmotor; — *4* biegsames Stahlband; — *5* Keramikstößel; — *6* U-Bügel des Stößels; — *7* Blattfederpakete; — *8* feste Kontaktstücke; — *9* bewegliche Kontaktbrücke; — *10* Kontaktfeder; — *11* Stromschienen; — *12* Luftführungskanal; — *13* Kühlrippen; — *14* Überlappungssteuerwelle; — *15* Gelenkhebel; — *16* Blattfeder; — *17* Gelenkhebel; — *18* Gewindemuffe; — *19* Gewindewelle zur Einzeleinstellung der Kontaktzeit.

Die Stellung der Überlappungssteuerwelle wird durch ein an der Stirnseite des Kontaktgerätes befindliches Steuergetriebe in Abhängigkeit von der Transformatorstufe, dem Teilaussteuerungsgrad und dem Strombelastungsgrad des Umformers verändert bzw. selbsttätig gesteuert.

Damit auch eine unabhängige Einzelverstellung eines jeden Kontaktes möglich ist, sind die Gelenkhebel *15* oben an je einer Gewindemuffe *18* gelagert. Die Muffen können mittels der mit Gewinde versehenen Einstellwellen *19* in waagerechter Richtung verschoben werden, wodurch die scheinbare Länge jedes Stahlbandes *4* einzeln verändert werden kann.

Auf eine Eigenschaft der bisher beschriebenen Getriebearten, die in manchen Fällen störend ist, muß noch hingewiesen werden. Wenn bei unveränderter Regelstellung des Antriebsmotors die Kontaktzeit durch Änderung der Niveaudifferenz h verändert wird, wie das beispielsweise bei der elektrischen Überlappungsregelung selbsttätig durch Verdrehung der Überlappungssteuerwelle fortlaufend bei jeder Änderung der Größe des Belastungsstromes geschieht, so verschiebt sich nicht nur in gewünschter Weise der Ausschaltzeitpunkt, sondern es ist mit jeder Verschiebung des Ausschaltzeitpunktes auch eine gegenläufige Verschiebung des Einschaltzeitpunktes verbunden, wie aus Abb. 23,11 hervorgeht. Der Grund hierfür ist, daß bei Verwendung eines einzigen Kontaktes mit sinusförmiger Stößelbewegung für das Ein- und Ausschalten der Kontaktschließungswinkel α_K sich bei einer Änderung von h immer nur symmetrisch zu einer festliegenden Mittellinie ändern kann, die durch die Stellung des Antriebsmotors gegeben ist. Das ist in Abb. 23,11a für die beiden Schließungswinkel α_K und α'_K mit den zugehörigen Niveaudifferenzen h und h'

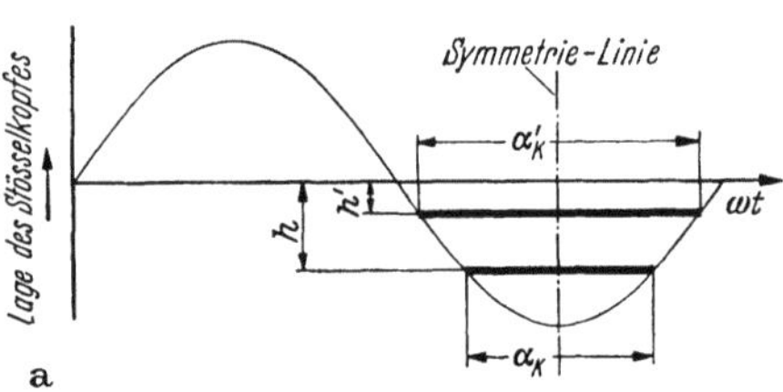

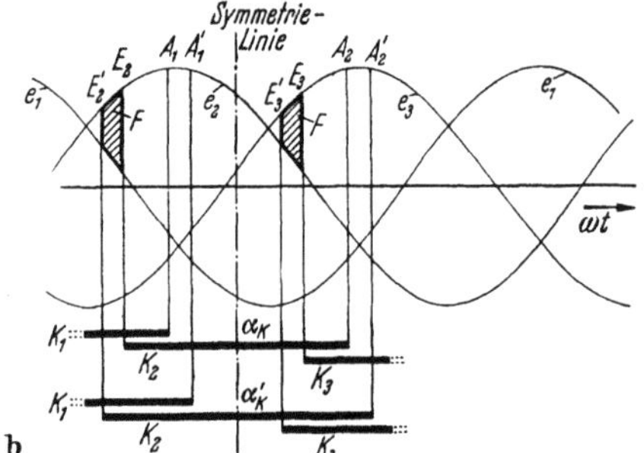

Abb. 23,11. Rückwirkung der Überlappungsregelung auf die Gleichspannung bei Getrieben mit einem einzigen Kontakt für das Ein- und Ausschalten.
a zeitlicher Verlauf des Stößelweges; — b Beeinflussung der Gleichspannung.
E, E' Einschaltzeitpunkte; — A, A' Ausschaltzeitpunkte; — Fläche F Zunahme der Gleichspannung bei Verzögerung des Ausschaltzeitpunktes von A auf A'.

gezeigt. Die Änderung des Einschaltzeitpunktes aber bedeutet eine unerwünschte Beeinflussung der Höhe der Gleichspannung. Das geht aus Abb. 23,11b hervor, wo der Fall dargestellt ist, daß bei einer Erhöhung des Schließungswinkels α_K auf den größeren Betrag α'_K auch die Gleichspannung zunimmt, und zwar entsprechend der Fläche F. Bei der Teilaussteuerung eines starren Umformers mit mechanischer Überlappungsanpassung kann dieser Einfluß, da er sich dort nur bei der Spannungsregelung bemerkbar macht, gleich bei der Berechnung der Kurvenscheibe für die Überlappungsanpassung berücksichtigt werden und ist daher ohne nachteilige Bedeutung. Bei der elektrischen Überlappungsregelung dagegen verursacht jede Änderung des Belastungsstromes eine mit der entsprechenden Änderung der Überlappung verbundene, gleichlaufende Änderung der gesteuerten Gleich-EMK, die die Änderung des Stromes noch verstärkt. Das kann bei gleichzeitiger Anwendung einer selbsttätigen Spannungs- oder Stromregelung und besonders beim Parallelbetrieb mehrerer Kontaktumformereinheiten zu unangenehmen Lastpendelungen führen, sofern nicht noch besondere Maßnahmen zur Aufhebung der Beeinflussung der Gleichspannung durch die Überlappungsregelung getroffen werden. In der Praxis wird zur Sicherung eines stabilen Betriebes in solchen Fällen jeder Umformer mit einem Differentialgestänge oder Differentialgetriebe ausgerüstet, durch das die Stromregeleinrichtung und die Überlappungsregeleinrichtung miteinander verbunden sind und das die durch die Überlappungsregelung hervorgebrachte Verschiebung des Einschaltzeitpunktes durch eine gegenläufig wirkende Verdrehung des Antriebsmotors wieder ausgleicht (s. a. Abschn. 23.5). Solche Zusatzeinrichtungen werden entbehrlich und es wird eine größere Klarheit des betrieblichen Verhaltens geschaffen, wenn man ein Getriebe verwendet, bei dem der Einschaltzeitpunkt und der Ausschaltzeitpunkt ganz unabhängig voneinander verändert werden können. Eine solche Lösung ergibt sich z. B., wenn man für das Einschalten und für das Ausschalten an Stelle eines einzigen Kontaktes je einen getrennten Kontakt benutzt. Die beiden Kontakte einer Schaltstelle können dabei parallel oder in Reihe geschaltet sein; wesentlich ist nur, daß ihre Schließungswinkel nach Größe und Phase so gewählt sind, daß auf den einen der Kontakte immer nur das Schließen des Stromkreises und auf den anderen das Öffnen entfällt. Ein derartiges Getriebe benötigt zwar die doppelte Anzahl von Kontakten; der Mehraufwand wird aber bei im übrigen geschickter Konstruktion des Kontaktgerätes durch die Vermeidung des geschilderten Verhaltens von Einfachkontakten und durch verschiedene weitere betriebliche Vorteile mehr als wettgemacht. Dieses Prinzip ist z. B. bei der nachstehend beschriebenen Neukonstruktion des Großumformers der SSW benutzt worden. Aber auch andere Lösungen, bei denen die Kontaktzahl *nicht* erhöht wird, sind denkbar. So kann man z. B. auf den Stößel ein und desselben Kontaktes die Schwinghebel von 2 verschiedenen An-

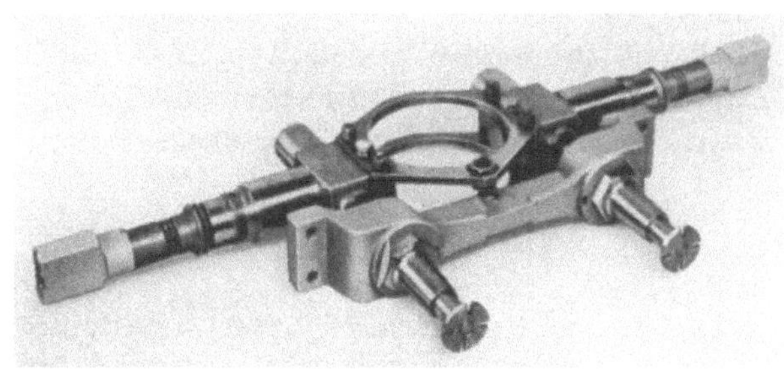

Abb. 23,12. Doppelstößel des neueren SSW-Getriebes (1951) mit Vorrichtungen zur Einstellung der Stößellänge bei laufendem Umformer.

triebswellen wirken lassen, von denen die eine für das Schließen des Kontaktes und die andere für das Öffnen maßgebend ist. Praktische Ausführungen dieser Art sind aber bisher noch nicht bekanntgeworden.

Das gegenwärtig von den SSW verwendete Getriebe ist in Blockform entsprechend Abb. 2,6 ausgeführt. Es enthält also keine Schwinghebel, sondern die Stößel von je 2 im Gegentakt arbeitenden Kontakten liegen in ein und derselben Achse. Sie sind, wie Abb. 23,12 zeigt, mechanisch miteinander zu einer festen Einheit verbunden,

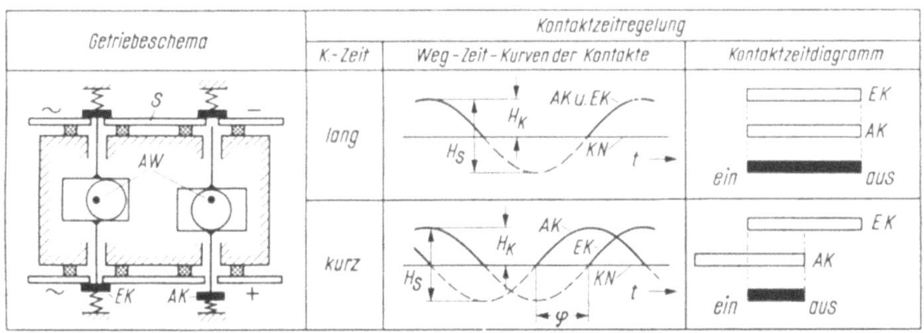

Abb. 23,13. Getriebeschema des neuen Großumformers der SSW (1951).

EK Einschaltkontakt; — *AK* Ausschaltkontakt; — *AW* Antriebswellen; — *S* Stromschienen; — *H_K* Kontakthub (= Federhub); — *H_S* Stößelhub; — *KN* Kontaktniveau; — φ Phasenwinkel zwischen den Antriebswellen.

die in der Mitte als Exzenterkulisse für den Antrieb ausgebildet ist. Auch die unabhängige Einzeleinstellung der Länge jedes Teilstößels ist aus Abb. 23,12 ersichtlich. Sie besteht darin, daß ein keilförmiges Zwischenstück in dem in der Länge unterteilten Stößel quer zur Bewegungsrichtung des Stößels verschoben wird und je nach der Tiefe des Eingriffes die resultierende Stößellänge verändert. Die Einstellung geschieht mittels der im Bilde erkennbaren Wellen, und zwar bei laufendem Umformer.

Die betriebsmäßige Überlappungsregelung wird durch eine Reihenschaltung von je 2 Kontakten gemäß Abb. 23,13 erreicht. Das dort gezeigte Schema stellt die Kontakt- und Stromschienenanordnung für eine Phase einer 3phasigen Brückenschaltung dar. Die Gesamtanordnung für die ganze Brückenschaltung geht aus Abb. 23,14 hervor. Sämtliche Kontakte sind unveränderlich auf die gleiche Kontaktzeit eingestellt. Damit ist auch der Kontakthub und die Beanspruchung der Kontaktfedern gleichbleibend. Von den beiden jeweils in Reihe geschalteten Kontakten übt der eine — in Abb. 23,13 z. B. der linke — die Funktion des Einschaltkontaktes aus, während der zweite das Ausschalten besorgt. Die Einschaltkontakte und die Ausschaltkontakte werden gemäß Abb. 23,14 durch getrennte Exzenterwellen von 2 Motoren angetrieben, so daß die Kontaktzeiten der beiden Gruppen in der Phase

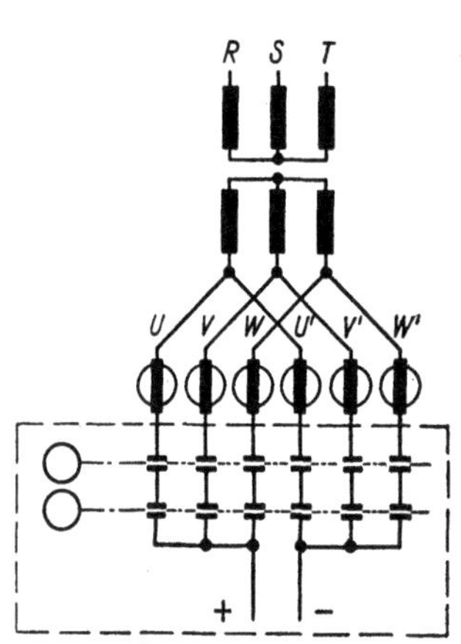
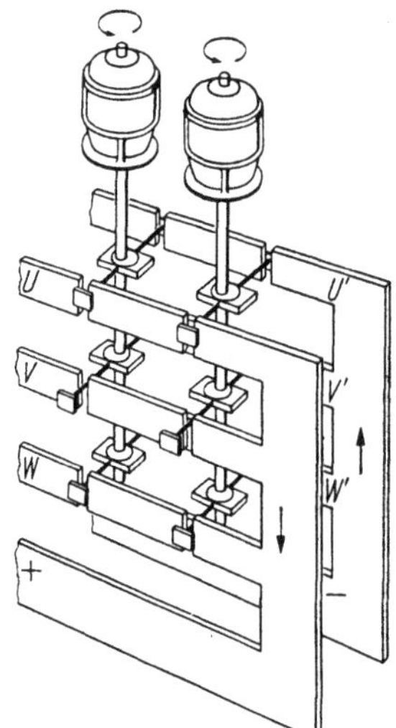

Abb. 23,14. Schema des Kontaktgerätes des SSW-Kontaktumformers für 3phasige Brückenschaltung (ohne Änderung der Schienenanordnung auch für 2 × Dreiphasen-Saugdrosselschaltung geeignet).
Links: Schaltbild; — rechts: räumliche Anordnung.

gegeneinander verschoben werden können. Bei Phasengleichheit der Kontaktzeiten schließen und öffnen sich die Ein- und die Ausschaltkontakte gleichzeitig; die Kontaktzeit der Reihenschaltung hat dann ihren Höchstwert (Abb. 23,13 rechts oben). Läßt man die Kontaktzeit des Ausschaltkontaktes derjenigen des Einschaltkontaktes um den Winkel φ voreilen, so ist der Stromkreis nur während der Dauer der Überlappung der beiden Kontaktzeiten geschlossen, und die resultierende Kontaktzeit der Reihenschaltung ist kleiner (Abb. 23,13 rechts unten). Aus Abb. 23,13 geht klar hervor, daß, wenn die Phasenlage der Einschaltkontakte nicht willkürlich geändert wird, der Einschaltzeitpunkt trotz veränderter resultierender Kontaktzeit stets der gleiche bleibt. Läßt man also die Einrichtung zur selbsttätigen Überlappungsregelung auf den Antriebsmotor der Ausschaltkontakte wirken, so findet infolge der *Funktionstrennung* der Kontakte keinerlei Beeinflussung der Einschaltzeitpunkte und damit der Gleichspannung statt. Man kann dann die Gleichspannung auf beliebige Weise durch einen Stufentransformator, durch mechanische Verschiebung der Einschaltzeitpunkte oder, bei gleichbleibenden Einschaltzeitpunkten, auf magnetischem Wege mittels einer Einschaltstufe veränderbarer Länge regeln, wobei sich der Ausschaltzeitpunkt je nach den Spannungs- und Belastungsverhältnissen stets selbsttätig und ohne Rückwirkung auf die Einschaltzeitpunkte anpaßt. Es ist einleuchtend, daß ein derartiges Getriebe mit Funktionstrennung der Kontakte ohne Änderung der Federbeanspruchung universell auch für kurze Hauptstromführungswinkel von beispielsweise 60° verwendbar ist, da die Größe des resultierenden Schließungswinkels lediglich durch die gegenseitige Phasenverschiebung der beiden Antriebswellen bestimmt wird. Übrigens besteht auch die Möglichkeit, für beide Exzenterwellen einen gemeinsamen Antriebsmotor zu benutzen, wenn der Antrieb der Ausschaltwelle über ein Differentialgetriebe geschieht, an dem dann der Überlappungsregler angreift.

23.2 Der Kontaktschienensatz.

In Abb. 23,15 ist das zu dem SSW-Getriebe Abb. 2,9 gehörige Kontaktschienenpaket abgebildet. Es ist

Abb. 23,15. Kontaktschienenpaket eines Großumformers der SSW (1942) für 400 V, 10 000 A, in Zwillingsanordnung für zwei 3phasige Dreidrossel-Brückenschaltungen.

bestimmt für die Zwillingsanordnung von zwei 3phasigen Dreidrossel-Brückenschaltungen mit einer Gleichspannung von max. 400 V und einem Gleichstrom von zusammen max. 10 000 A. Der Aufbau des Einzelsystems ist aus Abb. 23,16 ersichtlich. Unten befinden sich zwei lange Gleichstromschienen. Oberhalb von diesen sind 3 durchgehende Drehstromschienen quer zu ihnen angeordnet. Die Gleichstromschienen haben je 3 kurze Querstücke, die in die Zwischenräume der Drehstromschienen hineinragen und sich bis zur Oberkante dieser Schienen erstrecken. Die Schienen sind gegeneinander und gegen die tragende Grundplatte durch Isolierstücke aus keramischem Material abgestützt. Die Drehstromschienen sind hochkant gestellt und ihre Zwischenräume sind sehr klein gehalten, damit sich eine geringe Stromwendeinduktivität ergibt. Infolge dieses gedrängten Aufbaues beträgt die für das Einzelsystem benötigte Grundfläche weniger als 300 × 500 mm.

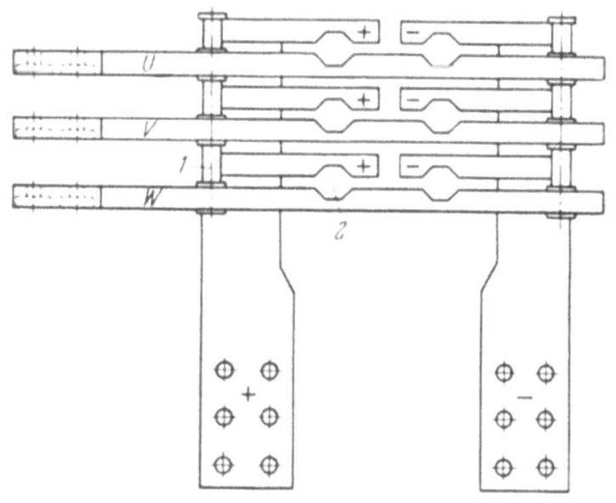

Abb. 23,16. Grundriß des Kontaktschienensatzes für eine 3phasige Dreidrossel-Brückenschaltung mit 6 Kontakten für 400 V, 5000 A (SSW 1940).
U, V, W Wechselstromschienen; − + und − Gleichstromschienen; − *1* Isolierstück; − *2* Aussparung für den Stößel.

Mit jeder Drehstromschiene sind 2 Kontakte verbunden, die abwechselnd die leitende Verbindung zu der einen und der anderen Gleichstromschiene herzustellen haben. Die beiden Einzelsysteme mit je 6 Kontakten sind symmetrisch zueinander angeordnet, so daß ihre Gleichstromschienen nach rechts bzw. links aus dem Gehäuse herausragen. Die Drehstromschienen führen nach hinten zu den Schaltdrosseln.

Sämtliche Schienen sind mit Bohrungen für Wasserkühlung versehen. In Abb. 23,15 sind auf der Vorderseite die Anschlußstücke der Kühlkanäle der Drehstromschienen zu erkennen. Oben auf den Schienen sieht man die geschliffenen und versilberten Arbeitsflächen, auf die die Kontakte aufgeschraubt werden. Die Stößel sind durch das Schienenpaket hindurchgeführt, weswegen die Schienen entsprechende senkrechte Aussparungen erhalten haben (Abb. 23,16). Die Schlauchverbindungen für das Kühlwasser, die von den Anschlußstücken der Schienen zu den Verteilern und von dort zu den äußeren Anschlüssen für den Rückkühler führen, sind in der später folgenden Abb. 23,40 zu sehen.

Abb. 23,17. Kühlsatz für Großkontaktumformer der SSW (1943). *1* Luftrückkühler; — *2* Lüfter; — *3* Wasserumwälzpumpe; — *4* Druckeinstellventil; — *5* Zusatzwasserbehälter und Schlammabscheider.

Den Kühlsatz selbst zeigt Abb. 23,17, und zwar in der Ausführung als Luftrückkühler. Er enthält außer dem Luftrückkühler mit angebautem Lüfter noch einen Schlammabscheider, einen Zusatzwasserbehälter und die Kühlwasserumwälzpumpe mit einem Druckeinstellventil. Das Kühlwasser durchfließt auch den bereits erwähnten Ölkühler des Getriebes, der noch mit einem Luftabscheider für das Kühlwasser ausgestattet ist. An Stelle des Luftrückkühlers kann auch ein kleiner Gegenstrom-Wasserrückkühler verwendet werden. Die benötigte Kühlwassermenge ist im Vergleich zu beispielsweise derjenigen, die für einen Quecksilberdampfgleichrichter gleicher Leistung erforderlich sein würde, sehr klein. Die im Hauptkühlkreise umgewälzte Wassermenge beträgt für das Einzelsystem mit 6 Kontakten nur etwa 1 cbm/h. Anstatt die in den Kontakten und im Schienenpaket erzeugte Wärme durch Wasserkühlung aus dem von einem geschlossenen Gehäuse umgebenen Kontaktschienenblock abzuführen, ist auch schon ausschließliche Luftkühlung mit gutem Erfolg bei diesem Schienensatz ausgeführt worden. So ist z. B. bereits der erste überhaupt in Blockbauart gebaute Kontaktumformer, der mit 650 V, 1500 A, max. 4500 A ein Straßenbahnnetz speiste, von der ursprünglich verwendeten Wasserkühlung später auf alleinige Luftkühlung umgestellt worden.

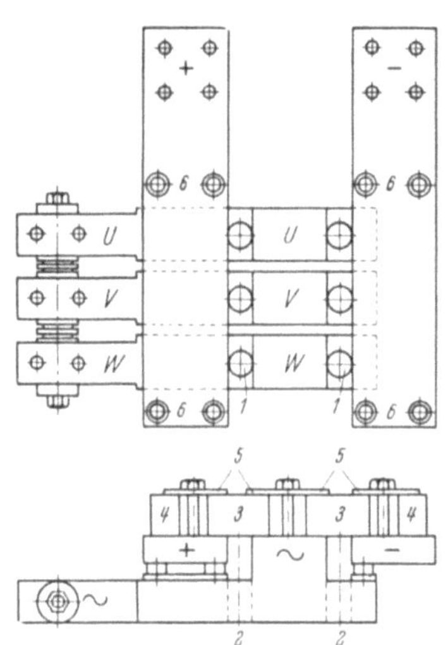

Abb. 23,18. Kontaktschienensatz der ITE für 400 V, 5000 A, in 3phasiger Dreidrossel-Brückenschaltung mit 6 Kontakten in Blockform und Befestigung durch Klammern.
U, V, W Wechselstromschienen; — + und — Gleichstromschienen; — *1* Durchgangsloch für den Stößel; — *2* Stößelachse; — *3* Kontaktblock; — *4* Distanzstück; — *5* Klammer; — *6* Befestigungslöcher mit Isolierbuchsen.

Abb. 23,18 zeigt einen Kontaktschienensatz der ITE für eine 3phasige *Dreidrossel*-Brückenschaltung mit 6 Kontakten für 400 V, 5000 A. Er ist ähnlich aufgebaut wie der SSW-Schienensatz. Nur liegen hier die Drehstromschienen unten. Sie sind durch Ansätze, die zwischen den Gleichstromschienen emporragen, auf die gleiche Höhe wie diese gebracht. Die einzelnen Teile eines Kontaktes sind zu einer blockförmigen Baueinheit, dem sogenannten Kontaktblock (vgl. Abb. 23,26), zusammengefaßt, der durch Klammern auf den Schienen befestigt wird. Für den

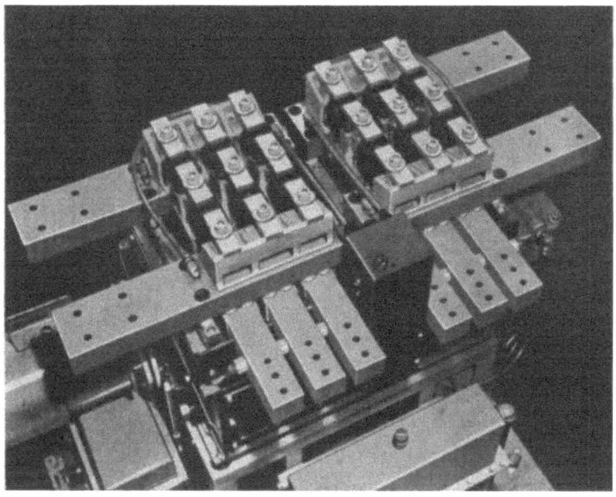

Abb. 23,19. Blick auf das Kontaktschienenpaket eines Großumformers der ITE für 400 V, 10000 A, mit 12 Kontakten in doppelter 3phasiger Dreidrossel-Brückenschaltung (1950).

Durchgang der Stößel sind die Drehstromschienen mit je zwei Löchern versehen. Sämtliche Schienen sind hier ebenfalls wassergekühlt. Abb. 23,19 zeigt noch einen Blick von oben rückwärts auf eine Zwillingsanordnung solcher Systeme für zusammen 10000 A mit aufgesetzten Kontaktblöcken. Bei neueren Ausführungen verwendet die ITE ebenfalls Luftkühlung. Zu diesem Zwecke haben die Kontaktschienen anstatt der Bohrungen für das Kühlwasser eingefräste Luftkanäle L entsprechend der Skizze Abb. 23,20 erhalten. Abb. 23,21 zeigt ein vollständiges Kontaktgerät dieser Bauart für 6000 A. Die Kühlluft wird durch einen auf der Rückseite erkennbaren Lüfter 10 über einen vorgeschalteten Ölkühler 4 der Umgebung entnommen und von hinten in die Kühlkanäle gedrückt. Sie tritt vorne oberhalb des Getriebekastens wieder in den umgebenden Raum aus. Der Abluftstrom wird durch ein in der Abbildung sichtbares Leitblech 11 nach oben gelenkt.

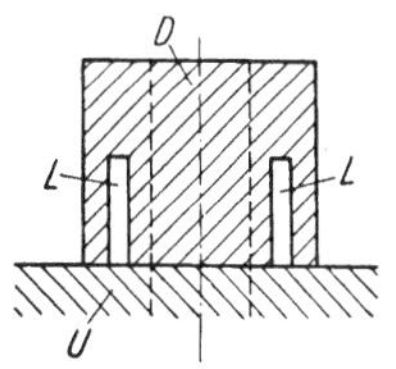

Abb. 23,20. Querschnitt durch eine luftgekühlte Kontaktschiene der ITE.
L Luftschlitze; — D Durchgangsloch für den Stößel; — U Unterlage aus Isolierstoff.

In grundsätzlich der gleichen Weise ist auch der Kontaktschienensatz der ITE aufgebaut, der für die 3phasige *Sechs*drossel-Brückenschaltung und die $2 \times$ Dreiphasen-Saugdrosselschaltung verwendet wird (Abb. 23,22). Hier befinden sich unterhalb der Gleichstromschienen 6 Wechselstromschienen, die mit den 6 Schaltdrosseln verbunden werden. Jede Schiene trägt einen sich oben verbreiternden Ansatz. Die obere Fläche desselben liegt auf der Höhe der Gleichstromschienen und bildet die Auflagefläche für das eine der beiden festen Kontaktstücke, während das andere auf der zugehörigen Gleichstromschiene ruht. Dieser Kontaktschienensatz ist ebenfalls luftgekühlt.

10*

Einen wesentlich anderen Aufbau hat der in Abb. 23,23 skizzierte Kontaktschienensatz, der zu dem in Abb. 23,5 gezeigten BBC-Getriebe gehört. Das ist hauptsächlich durch die Reihenbauweise des Getriebes bedingt. Dieser Schienensatz ist wie der letztbeschriebene ITE-Schienensatz ebenfalls wahlweise für die 3phasige Sechsdrossel-Brückenschaltung oder die 2×Dreiphasen-Saugdrosselschaltung bestimmt. Die Gesamtanordnung mit 6 Kontakten besteht daher aus zwei 3phasigen Sternpunktsystemen mit je 3 Wechselstromschienen und einer Gleichstromschiene.

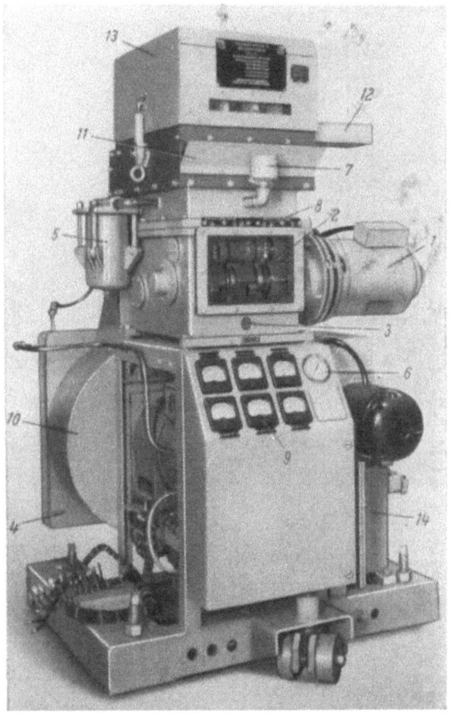

Abb. 23,21. Kontaktgerät der ITE für 6000 A in 3phasiger Brückenschaltung, mit Luftkühlung der Kontaktschienen.

1 Antriebs-Synchronmotor; — *3* Getriebe; — *3* Ölstandsschauglas; — *4* Ölkühler; — *5* Ölfilter; — *6* Öldruck-Anzeigeinstrument; — *7* Getriebe-Entlüfter; — *8* Kontaktzeit-Einstellwellen; — *9* Kontaktzeit-Überwachungsinstrumente; — *10* Lüfter; — *11* Abluft-Leitblech; — *12* Gleichstromschine; — *13* Schutzhaube für die Kontakte; — *14* Überlappungsregler.

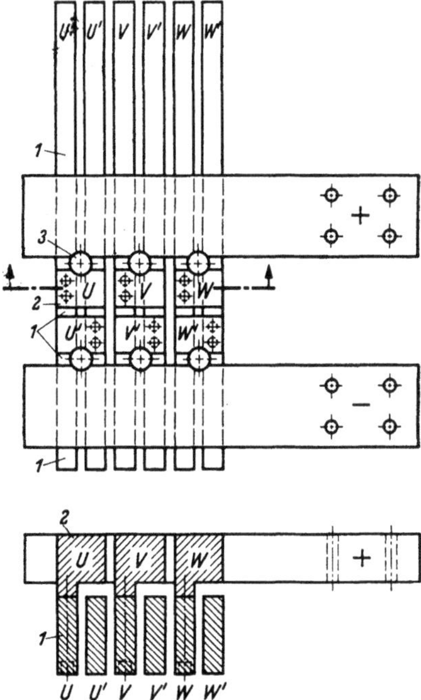

Abb. 23,22. Kontaktschienensatz der ITE mit 6 Kontakten für 6000 A in 3phasiger Sechsdrossel-Brückenschaltung bzw. 12000 A in 2×Dreiphasen-Saugdrosselschaltung.

U, U', V, V', W, W' Wechselstromschienen; — + und — Gleichstromschienen; — *1* durchgehende Wechselstromschiene; — *2* Ansatzstück; — *3* Aussparung für den Stößel.

Jedes der beiden Sternpunktsysteme erhält einen eigenen Kurzschließer, der 4polig ausgeführt ist und die 3 Wechselstromschienen mit der zugehörigen Gleichstromschiene verbindet. Die Kurzschließeranschlüsse sind in Abb. 23,23 ebenfalls dargestellt. In der Mitte zwischen den Sternpunktsystemen ist als 7. Kontakt der Leitkontakt für die elektrische Überlappungsregelung angeordnet. Die Kontaktschienen enthalten auch hier Kühlkanäle, wie aus Abb. 23,4 ersichtlich ist, und zwar für Luftkühlung.

Im Grunde genommen ähnlich gruppiert sind auch die Kontaktschienen des neueren SSW-Getriebes, das in erster Linie für die gleichen Stromrichterschaltungen entworfen worden ist. Der Aufbau wurde im Schema bereits in Abb. 23,14 angegeben. Die beiden 3phasigen Sternpunktsysteme liegen hier nicht in ein und derselben Ebene, sondern wegen der Blockbauart in zwei zueinander parallelen, und die Gleichstromschienen sind nach hinten zurückgeführt. Eine Ansicht des Getriebekastens mit den Kontaktschienen und mit aufgesetzten Kontakten ist in Abb. 23,24 wiedergegeben. Die Wärmeabfuhr geschieht hier durch Oberflächenkühlung mittels Luft; die Schienen sind daher als Kühlkörper mit Luftschlitzen ausgebildet. In der Abbildung sind oben auch die Kupplungen der beiden Antriebswellen für die Einschalt- und die Ausschalt-Kontaktgruppen erkennbar. Die festen Kontaktstücke des einzelnen Kontaktes sind ähnlich wie bei den Umformern der ITE mit der beweglichen Kontaktbrücke und der Schließfeder zu einem Kontaktblock (s. Abb. 23,27) vereinigt.

Ganz anders ist die Anordnung der Kontaktschienen des in Reihenbauart ausgeführten Großumformers der AEG, dessen Getriebe bereits in Abb. 23,10 gezeigt wurde. Bei diesem Gerät hat, wie aus der später folgenden Abb. 23,45 zu erkennen ist, jeder der 12 bzw. 6 Kontakte eine getrennte Stromzuführungs- und Stromableitungsschiene. Die Schienen sind zur Geringhaltung der Induktivität und der Wirbelstrom-

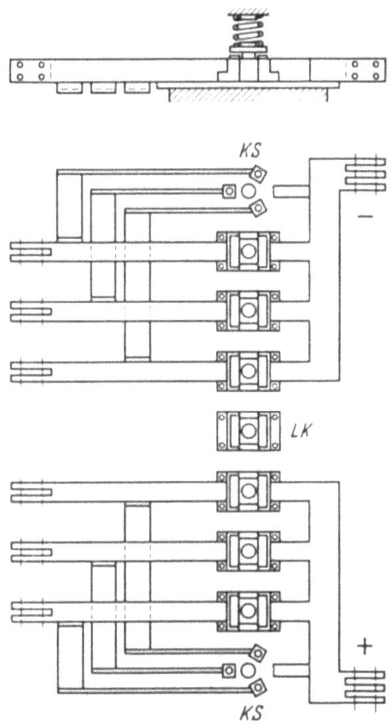

Abb. 23,23. Kontaktschienenanordnung bei dem Großumformer von BBC für 600 V, 10000 A in 3phasiger Brückenschaltung bzw. 300 V, 20000 A in 2×Dreiphasen-Saugdrosselschaltung.

KS Kurzschließeranschlüsse; — LK Leitkontakt für die Überlappungsregelung.

verluste als hohe, flache, dicht nebeneinander liegende Schienenpaare ausgebildet. Die je nach der gewählten Kontaktumformerschaltung verschieden ausfallenden

Abb. 23,24. Kontaktumformer der SSW (1951). Getriebeblock und Kontaktschienensatz für 800 V, 7500 A in 3phasiger Brückenschaltung oder 300 V, 15000 A in 2×Dreiphasen-Saugdrosselschaltung gemäß Aufbauschema Abb. 23,14.

Querverbindungen zu diesen Schienen werden außerhalb des eigentlichen Kontaktgerätes auf seiner Rückseite angebracht. Auf die Kühlung der Stromschienen durch Gebläseluft wurde bereits auf S. 141 bei der Besprechung von Abb. 23,10 hingewiesen.

23.3 Die Kontakte.

Die Grundform des Kontaktes für Großumformer besteht aus zwei festen Kontaktstücken, von denen eines mit einer Drehstromschiene und das andere mit einer Gleichstromschiene verbunden ist, und aus der beweglichen, durch den Stößel betätigten Kontaktbrücke. Ein solcher Kontakt wurde in einer von den SSW ausgeführten Form bereits in Abb. 2,1 im Schnitt und in Abb. 2,2 in Ansicht gezeigt. Bei dieser SSW-Ausführung wird jedes feste Kontaktstück mit Hilfe von zwei

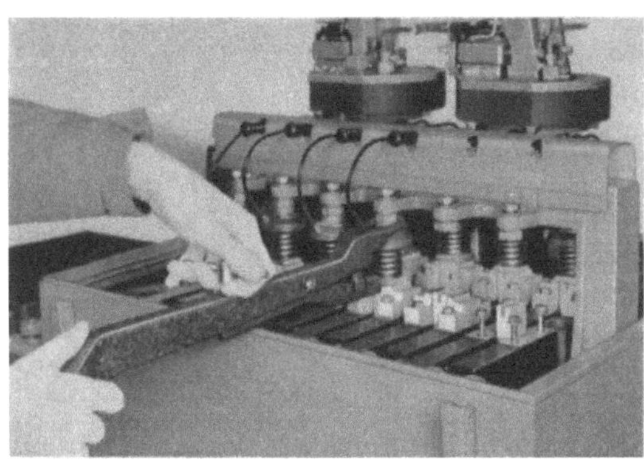

Abb. 23,25. Auswechseln der Kontakte mittels Spezialzange bei einem SSW-Großumformer älterer Bauart mit Kontakten nach Abb. 2,2b.

kräftigen Schrauben auf der Arbeitsfläche der zugehörigen Schiene befestigt (s. Abb. 2,8). Die Schließfeder der beweglichen Kontaktbrücke stützt sich mit ihrem oberen Ende gegen einen metallischen Federteller ab, der in eine Glocke aus Isolierstoff eingelassen ist. Die Glocke wird von einer Traverse gehalten, die sich über die ganze Länge des Schienenpaketes hinzieht (Abb. 2,8). Um bei der Kontaktzeitmessung eine etwaige Verschiedenheit der Berührungsdauern der Kontaktbrücke mit der Wechselstromschiene bzw. der Gleichstromschiene feststellen zu können oder um die Kontaktbrücke als Hilfskontakt für Steuerzwecke benutzen zu können (z. B. für die elektrische Überlappungsregelung), ist an den Federteller eine bewegliche Leitung angeschlossen, die zu einer auf der Traverse angebrachten Klemmenleiste führt. Wenn ein Kontakt ausgewechselt werden soll, so wird zunächst das aus der Kontaktbrücke, der Schließfeder und der Isolierglocke bestehende Oberteil mittels einer Spezialzange so weit zusammengedrückt (Abb. 23,25), bis es sich leicht herausnehmen läßt. Nach Entfernung des Oberteiles und Lockern der Befestigungsschrauben können die mit Schlitzlöchern versehenen Kontaktunterteile durch seitliches Verschieben ebenfalls herausgenommen werden. Die Kontakte der verschiedenen Schienen sind durch kammartig miteinander verbundene Isolierwände voneinander getrennt, um Überschläge oder eine Lichtbogenbildung zwischen den Kontakten, wie sie in besonders heftigen Störungsfällen vielleicht eintreten könnte, unmöglich zu machen (Abb. 23,40 und 23,41). Diese Kontaktbauart hat sich ausgezeichnet bewährt. Sie gestattet auch eine bequeme Beobachtung und Wartung der Kontakte. Obwohl die örtlich höchste effektive Stromdichte in den Silberstegen der Kontakte bei einem Gleichstrom von 5000 A etwa 40 A/mm^2 beträgt, hält sich der Leistungsverlust je Kontakt doch nur auf der geringen Höhe von einigen Hundert Watt.

Von der ITE wurde eine Kontaktanordnung entwickelt, die zwar die gleiche Grundform besitzt, bei der aber alle Teile eines Kontaktes zu einer geschlossenen

Einheit zusammengefaßt sind, die als Ganzes ausgewechselt werden kann. Hierdurch wird ein erheblicher Zeitgewinn bei der Auswechselung der Kontakte erreicht. Der Schnitt durch einen solchen *Kontaktblock* ist wiedergegeben in Abb. 23,26a, eine Ansicht des auseinandergezogenen Kontaktes in Abb. 23,26b. Die beiden festen Kontaktstücke sind hier mit Hilfe von 4 durchgehenden Schrauben an der Unterseite eines Hohlkörpers aus Isolierstoff befestigt. Oben im Inneren des Hohlkörpers befindet sich das Widerlager für die Schließfeder. Es besteht aus Metall und hat eine Buchse zum Einstecken der Meßleitung. Es enthält 3 Madenschrauben, die in Vertiefungen des Tellers der Schließfeder fassen. Sie dienen zur Zentrierung der Kontaktbrücke und zur Einstellung der Federkraft. Eine solche Kontakteinheit ist in sich fertig eingestellt und braucht nur auf die Kontaktschienen ohne weitere Einrichtungsarbeiten aufgesetzt zu werden. Sie wird dort durch Klammern festgehalten (s. Abb. 23,18 und 23,19).

Eine ähnliche Kontakteinheit wird von den SSW gebaut. Sie ist in Abb. 23,27 gezeigt. Um eine wirkungsvolle Belüftung des Kontaktes zu erzielen, sind hier an Stelle des Hohlkörpers 4 Stehbolzen zum Tragen des Widerlagers der Schließfeder verwendet. Der Kontaktblock wird auf den Kontaktschienen mit Hilfe von 4 Schrauben befestigt, die durch Längsbohrungen der Stehbolzen gesteckt werden.

In Abb. 23,28 ist eine interessante Weiterentwicklung des Kontaktblocks der ITE nach Abb. 23,26 dargestellt. Bei dieser Ausführung hat die Kontaktbrücke eine unmittelbare Führung durch eine aus Isolierstoff hergestellte *Führungsfeder* erhalten, um die durch kleine Schub- oder Drehbewegungen (Reibebewegungen) verursachte mechanische Abnutzung der Kontaktflächen herabzusetzen. Eine derartige Führung der Kontaktbrücke

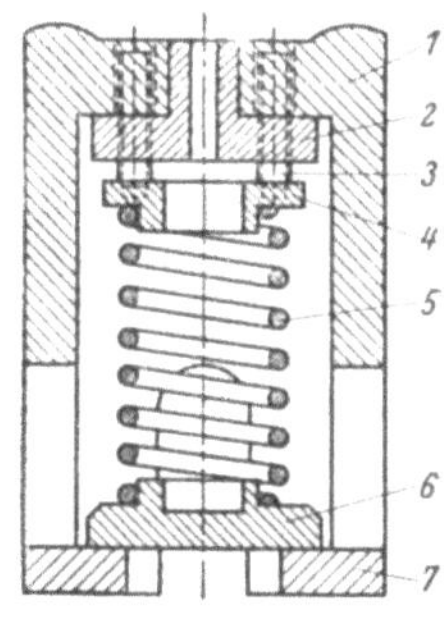

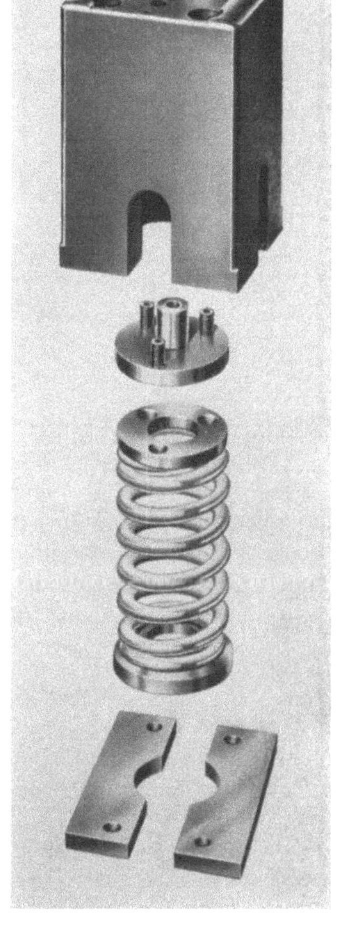

a   b

Abb. 23,26. Kontaktblock der ITE für 5000 A in 3phasiger Brückenschaltung bzw. 10000 A in 2 × Dreiphasen-Saugdrosselschaltung.
a Schnittzeichnung. — *1* Preßstoffkörper; — *2* Einstell-Einsatz; — *3* Madenschraube; — *4* Federteller; — *5* Kontaktfeder; — *6* Kontaktbrücke; — *7* festes Kontaktstück.
b Ansicht in auseinandergezogenem Zustande.

hat sich gut bewährt und ist in verschiedenen Ausführungen im Gebrauch[1]. Der im Großumformer von BBC verwendete Kontakt ist ähnlich dem SSW-Kontakt von Abb. 2,2b dreiteilig ausgeführt. Er besitzt aber größere Abmessungen (etwa 40 × 55 mm) und läßt daher noch höhere Stromstärken zu, z. B. in der 3phasigen Brückenschaltung 10000 A Gleichstrom an Stelle von 5000 A bei dem genannten

---

[1] Vgl. auch KESSELRING: [*1.54*] S. 150, Abb. 10; — STULZ: [*1.62*] S. 1146/47.

SSW-Kontakt. Er ist gezeigt in Abb. 23,29. Auswechselbar sind bei ihm neben der Kontaktbrücke *1* die beiden Kontaktklötze *2*, die durch Spannbügel *3* auf die Kontaktschienen gepreßt werden. Bei dem rechten Kontaktklotz sind die beiden Bohrungen *4* zu erkennen, in die entsprechende Zapfen der Spannbügel hineingreifen. Das Auswechseln der Kontaktteile geht so vor sich, daß zunächst mittels eines Spezialwerkzeuges die Schließfeder so weit angehoben wird, daß die Kontaktbrücke entfernt werden kann. Dann werden die Schrauben an den Spannbügeln etwas gelöst und die Bügel nach außen geschoben. Dadurch ist der Eingriff der Zapfen aufgehoben, und die Kontaktklötze können entfernt und ersetzt werden. Hinsichtlich der Kühlung der Kontaktbrücke ist noch bemerkenswert, daß die Oberseite der Brücke mit kleinen Kühlrippen besetzt ist (in Abb. 23,29 nicht sichtbar). Diese werden durch Kühlluft angeblasen, die den einzelnen Kontakten durch einen Kanal in der Traverse, gegen die sich die Schließfedern abstützen, zugeführt wird[1].

Abb. 23,27. Kontaktblock der SSW für 7500 A in 3phasiger Brückenschaltung bzw. 15000 A in 2 × Dreiphasen-Saugdrosselschaltung.

Auch die AEG benutzt dreiteilige Kontakte, wie aus Abb. 23,30 zu erkennen ist. Die festen Kontaktstücke sind durch Schraubzwingen mit pratzenartigen Druckstücken auf den Kontaktschienen befestigt, so daß sie nach Lockern der Druckschrauben nach vorne herauszuziehen sind (Teilbild a). Ein ähnlicher Schraubverschluß ist für die Kontaktfeder vorgesehen. Durch Öffnen des Schraubverschlusses wird die Feder entspannt, worauf die Kontaktbrücke heraus-

Abb. 23,28. Kontaktblock mit Führungsfeder für die Kontaktbrücke (ITE 1954).
Links: gestanzte Führungsfeder aus Kunstharzgewebe; — Mitte u. rechts: vollständiger Kontaktblock.

genommen werden kann (Teilbild c). Die Kontaktbrücke hat die Abmessungen 40×50 mm. Wie besonders gut aus Teilbild c ersichtlich ist, sind bei der Kontaktfeder angeschliffene Endwindungen vermieden; die Feder wird in unverformtem Zustande in angedrehte Gewindegänge der beiderseitigen Halterungen eingeschraubt.

---

[1] Siehe BLATTER: [*1.45*] S. E 131, Bild 8.

In den Teilbildern b und c sind auch die Keramikstößel gut zu sehen. Die in den Kontakten erzeugte Wärme wird durch die Kühlrippen der bereits früher erwähnten Kühlköpfe abgeführt, die nicht an den auswechselbaren Kontaktstücken selbst, sondern an den Stirnseiten der Stromschienen angebracht sind (s. Abb. 23,10 u. 23,45).

23.4 Die mechanische Überlappungs-anpassung.

Bei einem Kontaktumformer, der nach dem starren Prinzip, also ohne stromabhängige Überlappungsregelung arbeitet, ist, wie wir in Kap. IV sahen, immer noch eine Anpassung des mechanischen Überlappungswinkels an den jeweiligen Spannungsregelzustand erforderlich, wenn man nicht eine Vergrößerung des Schaltdrosselaufwandes zulassen will. Die Anpassung geschieht in der Regel durch eine oder mehrere Kurvenscheiben, die die Stellung der Überlappungssteuerwelle verändern. Wie aus Tab. 20,1 hervorgeht, bedingen die verschiedenen Arten der Spannungsregelung ganz verschiedene Abhängigkeiten und Durchführungswege der Verstellung der Kurvenscheiben. Aus der Vielzahl der hierfür in Frage kommenden Möglichkeiten seien für die Beschreibung im folgenden einige Fälle der Überlappungsanpassung bei mechanischer Teilaussteuerungsregelung durch Verdrehung

a

b

c

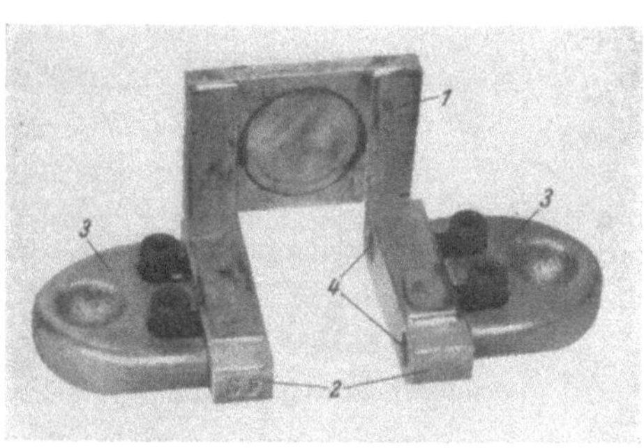

Abb. 23,29. Arbeitskontakt eines BBC-Kontaktumformers für 10000 A in 3phasiger Brückenschaltung (1955). *1* Kontaktbrücke; — *2* auswechselbare Kontaktklötze; — *3* Spannbügel für *2*; — *4* Bohrungen für Spannbügelzapfen. Die Abb. zeigt den Kontakt nach rund 3000 Betriebsstunden. Die Spuren auf den Kontaktflächen sind durch eine geringfügige Werkstoff-Feinwanderung entstanden.

Abb. 23,30. Auswechseln der festen Kontaktstücke und der Kontaktbrücke beim AEG-Kontaktgerät für 16000 A in 6phasiger Brückenschaltung (1955). a Herausnahme eines festen Kontaktstückes und des Druckstückes; — b Ansicht des festen Kontaktstückes und des Druckstückes; — c Herausnahme einer Kontaktbrücke.

des Antriebsmotors herausgegriffen, wie sie bei Umformern der SSW´ und der ITE mit Getrieben nach Abb. 2,7 praktisch ausgeführt worden sind.

Abb. 23,31 zeigt die einfachste überhaupt mögliche Ausführungsform einer solchen Überlappungsanpassung. Sie kommt dann in Frage, wenn die Überlappung nur in Abhängigkeit von dem mechanischen Teilaussteuerungswinkel verändert zu werden braucht. Eine Kurvenscheibe *3* ist an dem zum Zwecke der Teilaussteuerung verdrehbar gelagerten Gehäuse *1* des Antriebsmotors befestigt. Ein Hebel *5*, der auf seinem linken Ende einen festen Drehpunkt *7* besitzt, liegt auf der rechten Seite mit einer Rolle *4* auf der Kurvenscheibe auf. Der Hebel trägt eine senkrechte Zugstange *6*, die an einer Kurbel angreift, durch welche die Überlappungssteuerwelle *2* verdreht werden kann. Durch diese Hebelanordnung werden die Drehpunkte der Schwinghebel nach Maßgabe der Form der Kurvenscheibe gehoben oder gesenkt, wenn das Motorgehäuse zwecks Änderung der Gleichspannung verdreht wird. Wird z. B. das Gehäuse entgegengesetzt zur Umdrehungsrichtung des Läufers verdreht, so wird

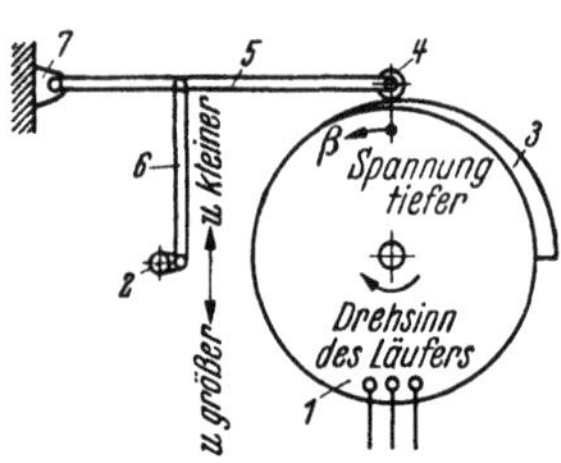

Abb. 23,31. Mechanische Überlappungsanpassung bei mechanischer Teilaussteuerungsregelung durch Verdrehen des Antriebsmotors.

β Verdrehungswinkel des Motors; — *1* Motorgehäuse; — *2* Überlappungssteuerwelle; — *3* Kurvenscheibe; — *4* Rolle; — *5* Hebel; — *6* Zugstange; — *7* festes Gelenk.

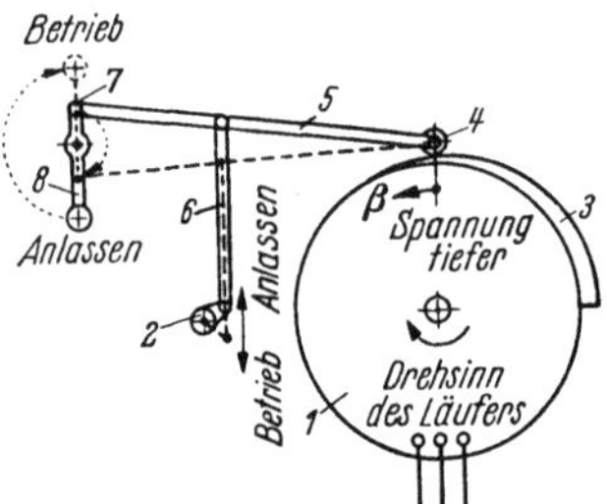

Abb. 23,32. Mechanische Überlappungsanpassung bei mechanischer Teilaussteuerungsregelung durch Verdrehen des Antriebsmotors. Anlassen mit herabgesetzten Kontaktzeiten.

β Verdrehungswinkel des Motors; — *1* bis *6* wie in Abb. 23,31; — *7* bewegliches Gelenk; — *8* Anlaßkurbel.

die Stromwendung verzögert und die Gleichspannung vermindert. Das erfordert eine kleinere Überlappung, also eine kürzere Kontaktzeit. Die Kurvenscheibe bewegt nun die Hebelanordnung so, daß die Schwinghebel gehoben werden, wodurch eine Verkürzung der Kontaktzeit eintritt.

Die vorbeschriebene Anordnung läßt sich mit einer kleinen Abwandlung, die in Abb. 23,32 dargestellt ist, in sehr einfacher Weise auch zur Durchführung des in Abschn. 13.1 auf S. 72 beschriebenen Anlaßverfahrens mit herabgesetzten Kontaktzeiten verwenden. Bei dieser Abwandlung kann das linke, feste Ende *7* des Hebelarms *5* mit Hilfe einer Kurbel *8* in 2 verschiedene Höhenlagen gebracht werden. Wenn sich die Kurbel in der Anlaßstellung befindet, so sind die Schwinghebel so weit angehoben, daß niemals 2 Kontakte gleichzeitig geschlossen sind (vgl. Abb. 13,3). Daher kann dann auch bei angelegter Spannung kein Strom über die Kontakte zustande kommen. Der Anlaßvorgang läuft folgendermaßen ab:

1. Einschalten des Antriebsmotors.

2. Drehen der Anlaßkurbel in die Anlaßstellung, sofern sie sich nicht bereits in dieser Stellung befindet.

3. Einschalten der Vormagnetisierung der Schaltdrosseln.

4. Schließen des Hauptschalters, wodurch der Umformer an Spannung gelegt wird.

5. Anlaßkurbel schnell in die Betriebsstellung drehen.

Während eines Teiles dieser Bewegung der Anlaßkurbel müssen die Kontakte den Grundlaststrom unterbrechen, weil noch keine Kontaktüberlappung besteht und daher eine Stromwendung in der normalen Weise noch nicht stattfinden kann. Der Grundlaststrom ist jedoch so gering und die Zeitdauer dieses Abschnittes so kurz, daß die Kontakte hierdurch keine nennenswerte Beschädigung erleiden. Nachdem die Anlaßkurbel in die Betriebsstellung gebracht ist, befindet sich der Umformer im Grundlastbetrieb und kann dann in der in Abschn. 13.4 beschriebenen Weise belastet werden.

Abb. 23,33 ist eine weitere Abwandlung von Abb. 23,31, die bei einer Verbundspannungsregelung durch Verdrehung des Motorgehäuses und durch Transformatoranzapfungen erforderlich

Abb. 23,33. Mechanische Überlappungsanpassung bei mechanischer Teilaussteuerungsregelung durch Verdrehen des Antriebsmotors und Grobregelung durch Stufen am Transformator, mit dritter Kurvenscheibe zur Einstellung des Sicherheitswinkels.

β Verdrehungswinkel des Motors; — β_0 Sicherheitswinkel; — *1,2* wie in Abb. 23,31; — *3* Kurvenscheibe zur Anpassung an die Motorstellung; — *4* bis *6* wie in Abb. 23,31; — *7* Rolle; — *8* Führungshebel; — *9* festes Gelenk; — *10* Kurvenscheibe zur Anpassung an die Transformatorstufe und für das Anlassen; — *11* Verstellmotor für *10*; - *12* Zusatzregelgetriebe; — *13* Stellungsanzeiger; — *14* Anschlag am Motorgehäuse; — *15* Hebel; *16* Rolle; — *17* festes Gelenk; — *18* Rolle; — *19* Kurvenscheibe zur Einstellung des Sicherheitswinkels.

werden kann. Wenn die Transformatorspannung mittels der Anzapfungen herabgesetzt wird, so nimmt die Stromwendedauer zu, und die mechanische Überlappung muß dementsprechend vergrößert werden. Es war bereits in Abschn. 22 auf S. 131 darauf hingewiesen worden, daß genaugenommen für jede Transformatorstufe eine andere Kurvenscheibe verwendet werden müßte. Praktisch wird jedoch eine brauchbare Annäherung an die optimalen Verhältnisse in einfacherer Form bereits dadurch erreicht, daß durch eine zweite Kurvenscheibe *10* das feste Ende *7* des Hebelarms *5* so geführt wird, daß es für jede Transformatoranzapfung eine andere Höhenlage einnimmt. Dadurch findet eine Grundanpassung des ganzen Kontaktzeitniveaus an die jeweilige Stufenschalterstellung statt, während die Hauptkurvenscheibe *3* zusätzlich in bekannter Weise die Anpassung an die jeweilige Motorstellung besorgt. Die zweite Kurvenscheibe läßt sich so ausgestalten, daß sie auch noch eine Stellung für das Anlassen mit herabgesetzten Kontaktzeiten enthält. Sie kann entweder von Hand verstellt werden oder durch

Abb. 23,34. Einrichtung zur mechanischen Anpassung der Überlappung an die Motorstellung und die Transformatorstufe bei einem Großumformer der SSW für 400 V, 10 000 A (1943).

1 Antriebsmotor; — *2* Hauptkurvenscheibe; — *3* Rollenhebel; — *4* Führung für *3*; — *5* Zusatzregelgetriebe; — *6* Verstellmotor; — *7* Stellungsanzeiger; — *8* Anzapfungskurvenscheibe; — *9* Öldruckregler für Stromkonstanthaltung; — *10* Feststellvorrichtung für *1*.

einen motorischen Antrieb, der von der Stellung des Stufenschalters am Transformator abhängig gemacht ist. In Abb. 23,34 ist ein solches *Zusatzregelgetriebe* zu sehen, das links neben dem Antriebsmotor *1* angebracht ist. Links hinter dem Zusatzgetriebekasten *5* ist ein Stück der Anzapfungskurvenscheibe *8* erkennbar, vor dem Getriebekasten oberhalb des Verstellmotors *6* ein Stellungsmelder *7*, waagerecht über dem Ganzen der Rollenhebel *3* mit seiner Führung *4*, und in der Mitte hinter dem Hauptmotor ein Stück der Hauptkurvenscheibe *2*. Im übrigen ist der Umformer mit einem Öldruckregler *9* zur selbsttätigen Konstanthaltung des Belastungsstromes ausgerüstet. Dieser Regler befindet sich unterhalb des Zusatzregelgetriebes und ist durch eine Schubstange mit dem drehbar gelagerten Gehäuse des Antriebsmotors verbunden. Die noch im Vordergrunde sichtbare Feststellvorrichtung *10* für das Motorgehäuse dient lediglich dazu, bei Einstellarbeiten die Stellung des Gehäuses zu fixieren, da der Regler bei abgeschalteter Spannung das von sich aus nicht kann.

Abb. 23,33 enthält noch eine dritte Kurvenscheibe *19*, die mit der Anzapfungskurvenscheibe gekuppelt ist. Diese Kurvenscheibe wird notwendig, wenn bei Verwendung der 3phasigen Dreidrossel-Brückenschaltung wegen der 60°-Bedingung der Teilaussteuerungsbereich nach oben durch Einhaltung eines Sicherheitswinkels beschränkt werden muß, um die geforderte Überlastbarkeit sicherzustellen (vgl. Abschn. 12, S. 68). Sie betätigt einen verstellbaren Anschlag *16* für die Motorendstellung an der oberen Teilaussteuerungsgrenze und hält das Motorgehäuse bei seiner Verdrehung um so früher an, je niedriger die Transformatorspannung ist. In Abb. 23,34 befindet sich diese Kurvenscheibe auf der gleichen Achse mit der Anzapfungskurvenscheibe hinter dem Zusatzregelgetriebe, kommt aber in der Abbildung nicht zum Vorschein.

23.5 Die elektrische Überlappungsregelung.

Die elektrische Überlappungsregelung paßt in den durch ihre Regelgeschwindigkeit gegebenen Grenzen die mechanische Überlappung laufend selbsttätig den Betriebsbedingungen an, vor allem auch den Änderungen des Belastungsstromes. Das Prinzip der elektrischen Überlappungsregelung werde zunächst an einer Ausführung der SSW erläutert, und zwar an Hand der Abb. 23,35. In Teilbild a ist wiederum der Grundaufbau des älteren SSW-Getriebes dargestellt. Mit der Überlappungssteuerwelle ist jetzt ein Öldruckregler verbunden. Wenn der Regler seine Stellung ändert, so wird die Kontaktzeit und damit auch die mechanische Überlappung verändert. Die Spule des Reglers wird nach Teilbild b über einen Meßkontakt für die Kontaktschließungsdauer, der sich gleichzeitig mit dem Hauptkontakt öffnet und als der in der Regel die Kontaktbrücke selbst dienen kann, durch die Spannung gespeist, die in einer auf dem Ausschaltkern der Schaltdrossel befindlichen Hilfswicklung während der Ausschaltstufe induziert wird. Von der gesamten Spannungsfläche der Ausschaltstufe wird jedoch nur der *vor* der Kontaktöffnung liegende Teil für die Erzeugung eines Stromes in der Reglerspule wirksam, weil der Stromkreis im Augenblick der Kontaktöffnung unterbrochen wird. Der Regler hält nun den Mittelwert des seine Spule durchfließenden Stromes konstant. Er bringt also den Ausschaltzeitpunkt in bezug auf die Ausschaltstufe Δt stets in eine solche Lage, daß die in Teilbild c schraffierte Spannungsfläche konstant bleibt. Die Kontaktöffnung findet daher immer an ungefähr der gleichen, durch einen in Reihe mit der Spule geschalteten Einstellwiderstand festgelegten Stelle der Stufe statt.

Genaugenommen erfaßt die dargestellte Schaltung bei belastetem Umformer nicht nur die Spannungsfläche F_1, die während der Ummagnetisierung des Schaltdrosseleisens, also während der eigentlichen Ausschaltstufe Δt, bis zum Punkte *aus* durchlaufen wird, sondern bereits vorher während der Stromwendung mit dem elektrischen Überlappungswinkel $\ddot{u}$ auch die Fläche F_2 der bei noch gesättigtem Eisenkern durch den Luftfluß des verschwindenden Laststromes in der Meßspule erzeugten Spannung (s. Abb. 23,35 c). Dieser Anteil ist meist nur klein gegenüber dem Anteil der Ausschaltstufe (vgl. a. Abb. 38,5, wo die entsprechenden Verhältnisse für

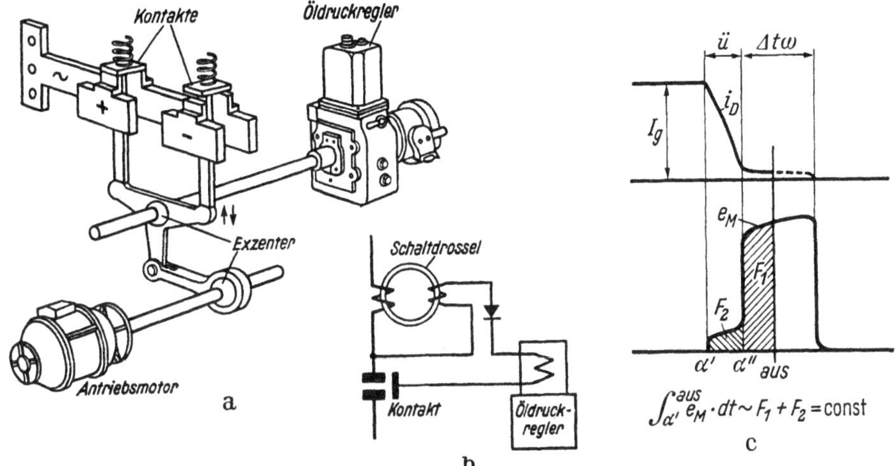

Abb. 23,35. Prinzip der elektrischen Überlappungsregelung der SSW.
a Grundsätzliche Anordnung; — b Grundschaltung; — c Schaltdrosselstrom und Meßspannung.
i_D Schaltdrosselstrom; — I_g Belastungsgleichstrom; — e_M EMK in der Meßwicklung der Schaltdrossel; — α' Beginn der Stromwendung; — α'' Beginn der Ausschaltstufe; — *aus* Augenblick der Kontaktöffnung; — $\ddot{u}$ elektrischer Überlappungswinkel; — Δt Ausschaltstufe.

die Spannung am Streckkreise dargestellt sind). Der Regler sorgt dafür, daß die Summe $F_1 + F_2$ der beiden Flächenanteile konstant bleibt. Die Fläche F_2 ist aber verhältnisgleich dem Laststrom. Daher findet bei Last die Kontaktöffnung in bezug auf die Ausschaltstufe etwas früher statt als bei Leerlauf. Vom betrieblichen Standpunkt aus ist ein solches Verhalten als günstig anzusehen (vgl. das Berechnungsbeispiel auf S. 513/14).

In Wirklichkeit wird nun nicht nur *ein* Kontakt und *eine* Schaltdrossel für die Speisung der Spule benutzt, sondern es kann beispielsweise, wie in Abb. 23,36 gezeigt ist, mit 3 Meßkontakten und den Spulen von 3 Schaltdrosseln eine 3phasige Gleichrichterschaltung gebildet werden, in deren Gleichstromkreise die Reglerspule und der Sollwert-Einstellwiderstand liegen. In Reihe mit den Hilfswicklungen auf den Schaltdrosseln sind Trockengleichrichter geschaltet. Diese verhindern, daß die während der Einschaltstufen in den Hilfswicklungen mit umgekehrtem Vorzeichen induzierten Spannungen das Ergebnis fälschen. Die beschriebene Schaltung kann gleichzeitig auch in einfachster Weise zur laufenden

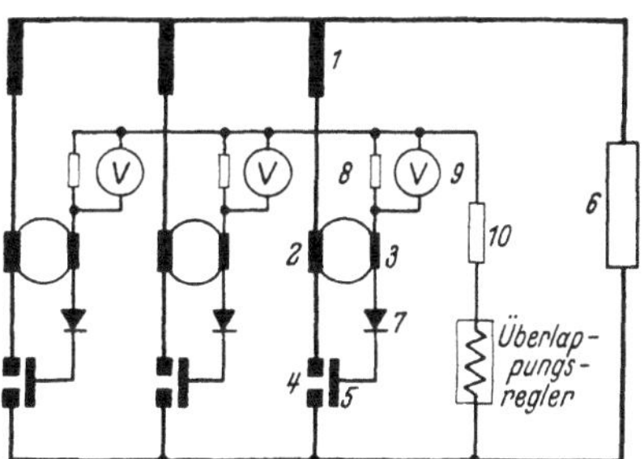

Abb. 23,36. Überlappungsregelung der SSW.
Vollständige 3phasige Meßschaltung für gleichzeitige Überwachung der Kontaktzeiten.
1 Haupttransformator; — 2 Schaltdrosseln; — 3 Meßwicklung; — 4 feste Kontaktstücke; — 5 bewegliche Kontaktbrücke, zugleich Meßkontakt; — 6 Umformer-Belastung; — 7 Trockengleichrichterventile; — 8 Anodenwiderstand; — 9 Drehspulinstrument; — 10 Sollwert-Einstellwiderstand.

betriebsmäßigen Überwachung der Kontaktzeiten dienen, wenn nach Abb. 23,36 noch Drehspulinstrumente in Reihe mit den Meßkontakten geschaltet werden. Die Anzeige dieser Instrumente ist nämlich verhältnisgleich der Spannungsfläche $F_1 + F_2$, die der zugehörige Kontakt aus der Kurve der Meßspannung ausschneidet, und die Größe dieser Fläche ist ein Maß für die Lage des Ausschaltzeitpunktes.

Auch ist in der praktischen Ausführung der Öldruckregler nicht direkt mit der Überlappungssteuerwelle gekuppelt, sondern mittels einer großen Hebelübersetzung mit ihr verbunden. In Abb. 23,37 ist eine solche Anordnung noch einmal schematisch dargestellt. Die Teilaussteuerungsregelung wird dort durch einen selbsttätigen Spannungs- oder Stromregler bewirkt, der wie in Abb. 23,34 mit einer Schubstange am Motorgehäuse angreift. Wenn Transformatoranzapfungen zur Wechselspannungsregelung vorhanden sind, so kann im Falle der Verwendung der 3phasigen Dreidrossel-Brückenschaltung auch hier wegen der 60°-Bedingung wieder die Sperrung des obersten Teiles des Teilaussteuerungsbereiches in einem von der jeweiligen Transformatorstufe abhängigen Maße erforderlich werden. Der dann notwendige verstellbare Anschlag mit der zugehörigen Kurvenscheibe, dem Stellungsmelder und dem Verstellmotor ist der gleiche wie in Abb. 23,33. Er ist in Abb. 23,37 links oben dargestellt.

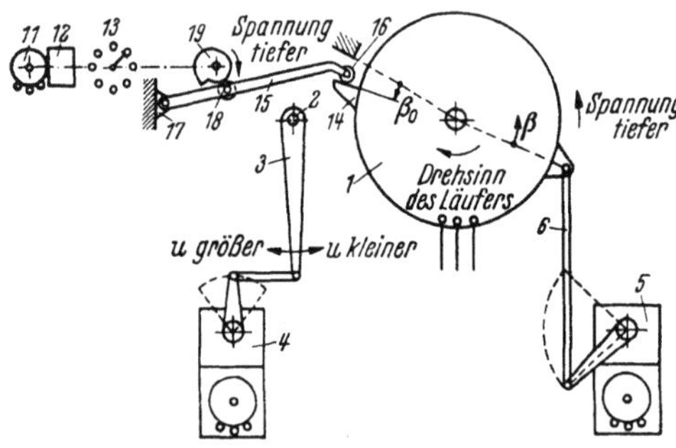

Abb. 23,37. Schema der praktischen Ausführung der elektrischen Überlappungsregelung bei gleichzeitiger selbsttätiger Spannungs- oder Stromregelung.

1 Motorgehäuse; — *2* Überlappungssteuerwelle; — *3* Hebelarm; — *4* Überlappungsregler; — *5* Spannungs- bzw. Stromregler; — *6* Schubstange; — *11* bis *17* wie in Abb. 23,33 (nur bei 60°-Bedingung).

Zum Zwecke des Anlassens mit herabgesetzten Kontaktzeiten kann die Reglerspule zusätzlich an einen getrennten Hilfskreis mit einer solchen Spannung gelegt werden, daß der Überlappungsregler in seine obere Grenzstellung läuft und dadurch alle Kontaktzeiten auf der für das Anlassen erforderlichen geringen Größe hält. Nach dem Einschalten der Vormagnetisierung und dem Schließen des Haupt-Wechselstromschalters wird der Hilfskreis wieder abgetrennt, so daß allein noch der Reglerstromkreis mit der Spule verbunden bleibt, worauf die richtige Überlappungseinstellung dann selbsttätig vor sich geht.

Ein besonderer Vorteil der Steuerung des Reglers von der Schaltdrosselspannung ist, daß das selbsttätige Festhalten des Ausschaltzeitpunktes relativ zur Ausschaltstufe bei *allen* Betriebszuständen stattfindet, also auch bei Netzspannungsschwankungen und bei Änderungen der Netzreaktanz. Im ganzen hat die selbsttätige elektrische Überlappungsregelung folgende Vorteile:

1. Heraufsetzung des Höchststromes bei gegebenen Induktivitäten des Stromwendekreises oder größere zulässige Induktivitäten (z. B. kleinere Kurzschlußleistung des speisenden Netzes) bei einer bestimmten geforderten Überlastbarkeit im Falle der 3phasigen Dreidrossel-Brückenschaltung und anderer Schaltungen mit ähnlicher zeitlicher Begrenzung des Stromwende- und Ausschaltstufenabschnittes.

2. Bei allen Schaltungen Verminderung des Schaltdrosselaufwandes und Erhöhung des Wirkungsgrades als Folge der geringeren Stufenlänge.

3. Fortfall verschiedener Getriebeteile und Kurvenscheiben, die bei der mechanischen Überlappungsanpassung erforderlich sind.

4. Selbsttätige Anpassung der Überlappung auch bei Schwankungen der Netzspannung und bei Änderungen der Netzreaktanz, d. h. des Schaltzustandes des speisenden Netzes.

5. Selbsttätige Ausregelung von Kontaktzeitänderungen, die durch Wärmedehnung der Kontaktschienen entstehen können.

6. Annähernd gleiche Ausschaltsicherheit des Umformers bei allen Belastungszuständen.

7. Bei der magnetischen Teilaussteuerungsregelung und erst recht bei einer Verbindung der mechanischen Teilaussteuerungsregelung mit dieser Regelart zur Erweiterung des Regelbereiches nach unten bietet die elektrische Überlappungsregelung eine ideale selbsttätige Anpassung der Ausschaltzeitpunkte an den jeweiligen Spannungsregelzustand, die in gleich vollkommener Weise mit mechanischen Mitteln kaum zu erreichen ist.

Anstatt die beweglichen Kontaktbrücken als Meßkontakte für die Lage des Ausschaltpunktes in bezug auf die Stufe zu benutzen, gibt es auch noch verschiedene andere Wege, einen diese Lage kennzeichnenden Meßwert in den Reglerkreis einzuführen. Die Firma BBC beispielsweise verwendet hierfür einen besonderen Leitkontakt, der genau wie ein Arbeitskontakt ausgeführt ist und phasengleich mit einem der Arbeitskontakte betätigt wird (vgl. Abb. 23,23, Kontakt LK). Dieses Verfahren setzt voraus, daß alle Arbeitskontakte auf die gleiche Kontaktzeit eingestellt sind wie der Leitkontakt. Der BBC-Umformer ist daher (wie heute auch die von allen übrigen Herstellern gefertigten Umformer) mit einer Überwachungseinrichtung ausgerüstet, die eine laufende Prüfung der Kontaktzeiten bei in Betrieb befindlichem Umformer gestattet, so daß etwa notwendige Korrekturen der Stößeleinstellung jederzeit ohne Betriebsunterbrechung vorgenommen werden können.

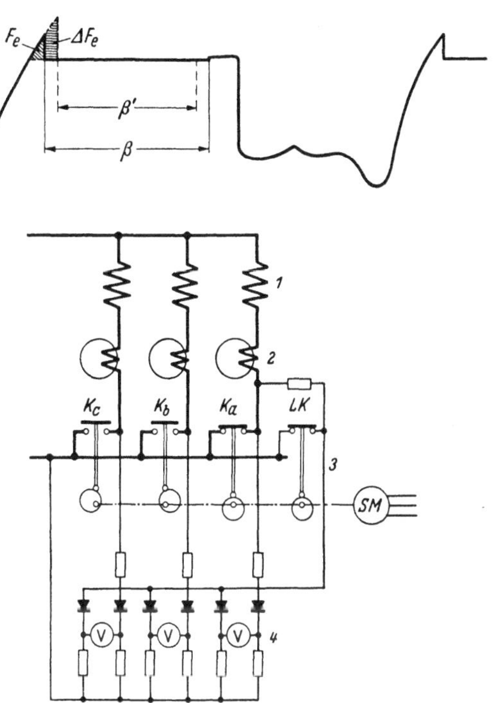

Abb. 23,38. Schaltung zur Überwachung der Kontaktdauer mit Hilfe eines Leitkontaktes (BBC 1940).

1 Haupttransformator; — *2* Schaltdrosseln; — *3* Kontaktgerät; — *4* Drehspulinstrumente; — *SM* Antriebs-Synchronmotor; — K_a, K_b, K_c Arbeitskontakte; — *LK* Leitkontakt; — β Schließungsdauer des Leitkontaktes; — F_e zugehörige Einschaltspannungsfläche; — β' abweichende Schließungsdauer eines Arbeitskontaktes; — $\varDelta F_e$ zugehörige Änderung der Einschaltspannungsfläche.

Die von BBC zu diesem Zwecke verwendete Schaltung ist in Abb. 23,38 wiedergegeben. Sie beruht nicht wie die bereits beschriebene Meßschaltung der SSW (Abb. 23,36) auf der Messung einer Spannungsfläche beim *Aus*schalten, sondern sie vergleicht die beim *Ein*schalten eines Kontaktes bereits durchlaufene Spannungsfläche der zugehörigen Wendespannung mit der entsprechenden Fläche des Leitkontaktes. Jedem der Arbeitskontakte ist ein Drehspulinstrument *4* zugeordnet, das in einer Art Brückenschaltung einerseits an der am Arbeitskontakt vor der Kontaktschließung wirksamen, positiv gerichteten Einschaltspannung und andererseits an der entsprechenden Spannung des Leitkontaktes LK liegt. Trockengleichrichter in den Meßkreisen sorgen dafür, daß die negativ gerichteten Sperrspannungen keine Ströme durch die Instrumente hervorbringen können. Hat nun der betreffende Arbeitskontakt die gleiche Kontaktdauer β wie der Leitkontakt, so entsprechen die Mittelwerte der beiden Brückenspannungen der gleichen Spannungsfläche F_e, und der Mittelwert des Differenzstromes durch das Instrument ist ungeachtet der bei zweien der Arbeitskontakte verschiedenen Phasenlage der Spannungsflächen gleich Null. Hat dagegen der Arbeitskontakt eine abweichende Kontaktdauer, z. B. die kleinere Kontaktdauer β', und demgemäß eine um den Betrag ΔF_e verschiedene Spannungsfläche, so bewirkt diese Flächendifferenz einen Ausschlag des Instrumentes, und die Stößellänge muß so nachgestellt werden, daß der Ausschlag wieder verschwindet.

Zur selbsttätigen gemeinsamen Regelung der Kontaktdauern aller Kontakte dient dann die Schaltung nach Abb. 23,39. Auch hier wird wieder die Schaltdrosselspannung für die Messung herangezogen, jedoch allein die Spannung derjenigen Drossel, die dem mit dem Leitkontakt LK phasengleichen Arbeitskontakt K_a vorgeschaltet ist. Die Schaltdrosselspannung erzeugt hier nicht den Strom im Meßkreise, sondern sie steuert ihn nur als Gitterspannung eines Stromtores M, das in dem im übrigen aus einer Gleichspannungsquelle U_M, der Spule des Überlappungsreglers $\ddot{U}R$ und dem Leitkontakt gebildeten Meßkreise liegt. Das Stromtor wird im Augenblick des Beginns der Ausschaltstufe Δt durch die dann steil ansteigende Drosselspannung gezündet. Der Stromfluß dauert bis zur Unterbrechung des Meßkreises durch das Öffnen des Leitkontaktes am Ende der Kontaktdauer β. Der Regler beeinflußt nun die Kontaktdauer β stets so, daß der Strom i_M im Meßkreise einen gleichbleibenden Mittelwert hat, was infolge der konstanten Augenblickswerte während der Flußdauer t_a einem konstanten Betrag dieser Flußdauer gleichkommt. Diese Regelschaltung bewirkt also, daß sich die Arbeitskontakte unter allen Betriebsbedingungen im Beharrungszustande stets um die gleichbleibende Zeitdauer t_a nach Beginn der Ausschaltstufe öffnen.

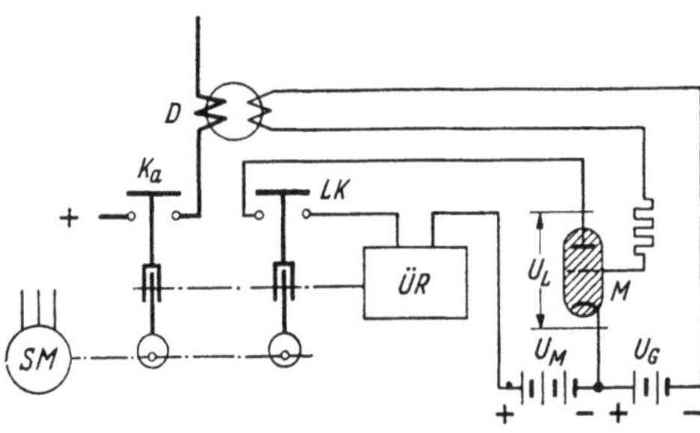

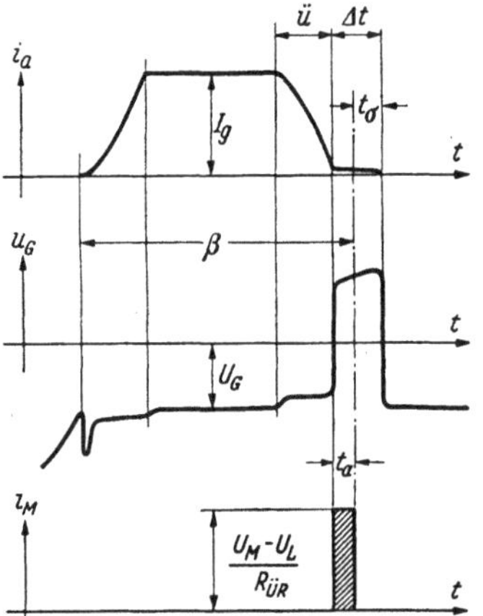

Abb. 23,39. Prinzip der selbsttätigen elektrischen Überlappungsregelung von BBC (1940).

D Schaltdrossel; — SM Antriebs-Synchronmotor; — K_a Arbeitskontakt; — LK Leitkontakt; — $\ddot{U}R$ Überlappungsregler; — M Meßröhre (Stromtor); — U_M Anodengleichspannung der Meßröhre; — U_L Lichtbogenspannung der Meßröhre; — U_G Gittervorspannung; — i_a Strom im Kontakt K_a; — I_g Belastungs-Gleichstrom; — $\ddot{u}$ elektrische Überlappungsdauer; — Δt Ausschaltstufe; — β Schließungsdauer des Kontaktes K_a; — t_σ Ausschaltsicherheit; — u_G Gitterspannung; — t_a Ausschaltzeit; — i_M Strom im Meßkreise; — $R_{\ddot{U}R}$ Widerstand des Überlappungsreglers.

Die in Abb. 23,37 im Grundschema dargestellte Anordnung der elektrischen Überlappungsregelung ist in manchen Fällen allein noch nicht ausreichend. Auf S. 142 wurde bereits darauf hingewiesen, daß bei solchen Getrieben, bei denen die Verdrehung der Überlappungssteuerwelle eine gegenläufige Verschiebung der Einschaltzeitpunkte und der Ausschaltzeitpunkte hervorbringt, eine Verflachung der statischen Strom-Spannungs-Kennlinie stattfindet und Pendelungen des Laststromes eintreten können, wenn neben der elektrischen Überlappungsregelung auch noch eine selbsttätige Spannungs- oder Stromregelung verwendet wird oder mehrere Kontakt-

umformer mit elektrischer Überlappungsregelung parallel arbeiten. Bei gleichzeitiger
selbsttätiger Spannungsregelung z. B. spielen sich die Vorgänge folgendermaßen ab:
Wenn beispielsweise der Spannungsregler eine Erhöhung der Spannung fordert und
diese durch Verdrehung des Motorgehäuses, also durch Vorverlegung der Schaltzeitpunkte, einzuregeln versucht, so verfrüht er die Stromwendung bei zunächst unveränderter Überlappungsdauer. Die Wendespannung aber ist nun geringer geworden
und verlangt für einen gegebenen Strom eine Vergrößerung der Überlappung. Der
Überlappungsregler verstellt infolgedessen die Überlappungssteuerwelle, um die
größere Überlappung zustande zu bringen. Aber, indem er dieses tut, verschiebt er
weiterhin die Einschaltzeitpunkte in voreilender Richtung und erhöht dadurch die
Umformerspannung noch weiter über das erforderliche Maß hinaus. Der Spannungsregler muß nunmehr diesen Spannungsanstieg ausgleichen und versucht, die Spannung durch Rückverschiebung der Schaltzeitpunkte wieder herabzusetzen. Für die
neue Lage aber ist die vorhandene Überlappung dann zu groß. Wieder tritt der
Überlappungsregler in Tätigkeit und wirft das Regelergebnis des Spannungsreglers
dadurch erneut um, und so kommt die Anordnung nicht zur Ruhe.

Um solche Schwierigkeiten zu vermeiden, können, wie bereits auf S. 142 gesagt
wurde, beide Regler durch ein Differentialhebelgestänge oder ein Differentialgetriebe
miteinander verbunden werden. Die statische Kennlinie erhält dadurch wieder ihre
natürliche Neigung oder kann sogar noch stärker geneigt werden (Gegenkompoundie-
rung), und auch in dynamischer Hinsicht wird der gewünschte Erfolg erreicht. In
Betrieb befindliche derartige Einrichtungen haben den Beweis erbracht, daß auch
bei Parallelarbeit mehrerer Kontaktumformer und z. B. gleichzeitiger selbsttätiger
Stromregelung ein einwandfrei stabiler Betrieb gewährleistet ist. Eine konstruktiv
recht elegante Lösung dieser Art ist der in Abb. 23,43 enthaltene kombinierte Regler
der ITE. Die einfachste und klarste Lösung aber besteht in einer unabhängigen
Regelung der Einschaltzeitpunkte und einer getrennten, unabhängigen Regelung
der Ausschaltzeitpunkte. Bei einer solchen Anordnung regelt dann der Spannungs-
bzw. Stromregler allein den Beginn der Stromwendung, während der Überlappungsregler nur für die richtige Lage der Ausschaltzeitpunkte zu sorgen hat. Diese Erkenntnis war im wesentlichen bestimmend für den Entschluß der SSW, bei dem
neuen Getriebe in Reihe geschaltete Doppelkontakte zu verwenden, da einerseits
auf eine selbsttätige elektrische Überlappungsregelung wegen ihrer Vorteile bei der
gewählten magnetischen bzw. kombinierten magnetischen und mechanischen Spannungsregelung nicht verzichtet werden sollte und andererseits Doppelkontakte eine
derartige getrennte Regelung der Einschaltzeitpunkte und der Ausschaltzeitpunkte
ohne weiteres ermöglichen (vgl. S. 143).

Die Firma BBC verwendet bei neueren Ausführungen ihrer Kontaktumformer
anstatt der selbsttätigen *Überlappungs*regelung nach Abb. 23,5 und 23,39 eine Anordnung, die man als selbsttätige *Ausschaltzeitpunktregelung mit gleichbleibender
Überlappung* bezeichnen kann. Eine solche Anordnung ist möglich, wenn die Teil-
aussteuerungs-Spannungsregelung auf magnetischem Wege mit Hilfe einer Einschaltstufe veränderbarer Länge ausgeführt wird. Bei der neuen Ausschaltzeitpunktregelung wird mittels der in Abb. 23,39 bereits für die selbsttätige Überlappungsregelung
gezeigten Schaltung nunmehr *ohne* eine Veränderung der Kontaktzeitüberlappung
lediglich die Synchronlage der Welle des Antriebsmotors selbsttätig stets so beeinflußt, daß der Ausschaltzeitpunkt trotz veränderlichen Belastungsstromes immer
eine bestimmte Lage innerhalb der Ausschaltstufe einnimmt[1] (s. a. Abschn. 31.4,

---

[1] Siehe Brown Boveri: [*1.55*] S. 5 Abb. 4.

S. 275). Der Einschaltzeitpunkt gleitet dann bei Änderungen des Belastungsstromes in gleichem Phasenabstand vom Ausschaltzeitpunkt ebenfalls hin und her, wobei die Einschaltstufe ihre Länge im Winkelmaß im erforderlichen Sinne verändert. Nimmt dabei im Falle einer nur geringen Teilaussteuerung, d. h. einer nur geringen Herabsteuerung der Gleichspannung, gleichzeitig auch der Belastungsstrom einen kleinen Wert an, so rückt der Einschaltzeitpunkt aus der bei größerem Strom vorhandenen, dem Punkte $\alpha = 0$ etwas nacheilenden Lage in das voreilende Gebiet negativer Einschaltwinkel vor. Die erforderliche größere Länge der Einschaltstufe ergibt sich dann von selbst dadurch, daß die bei einem negativen Einschaltwinkel zunächst negative Einschaltspannungsfläche den Magnetisierungszustand der Schaltdrossel anfänglich entgegengesetzt der Richtung der positiven Sättigung verändert und dadurch den Einschaltstufenstrom zunächst entgegengesetzt der positiven Einschaltrichtung ablaufen läßt. Das entsprechende Kraftfluß- und Stromintervall muß dann erst durch eine gleichgroße *positive* Einschaltspannungsfläche *nach* dem Punkte $\alpha = 0$ wieder aufgehoben werden, bevor sich ein weiterer Anstieg des Stromes in positiver Richtung vollziehen kann[1]. Der wesentliche Vorteil der Ausschaltzeitpunktregelung mit gleichbleibender Überlappung gegenüber der Überlappungsregelung nach Abb. 23,5 und 23,39 ist eine Vereinfachung der mechanischen Ausführung und vor allem eine größere Schnelligkeit der Regelung. Es müssen dabei allerdings gegenüber der älteren Anordnung, bei der das Einschalten stets span-

Abb. 23,40. Kontaktgerät der SSW (1943) für 10000 A mit 12 Kontakten in doppelter 3phasiger Dreidrossel-Brückenschaltung, mit insgesamt 12phasiger Gleichstromwelligkeit, selbsttätiger Überlappungsregelung und Spannungsregelung von Hand durch ein Verstellgetriebe.

1 Kontakte; — *2* Kurzschließer; — *3* Schutzhaube in angehobener Stellung; — *4* Antriebs-Synchronmotor; — *5* Verstellgetriebe zu *4* für Spannungsregelung; — *6* Überlappungsregler; — *7* Gleichstromschienen; — *8* Öltemperaturzeiger; — *9* Öldruckzeiger; — *10* Schauglas für Kühlwasser-Luftabscheider; — *11* Öldruckfehlmelder; — *12* Ölfilter; — *13* kurze Schlauchverbindungen zwischen Teilen mit Wechselspannung; — *14* lange Schlauchverbindungen zwischen Teilen mit Gleichspannung; — *15* Anschlüsse für den Kühlsatz; — *16* Anschlußtafel für Kontaktzeitmesser und Kathodenstrahloszillograph.

nungslos im Punkte $\alpha = 0$ stattfinden kann, positive oder negative Einschaltspannungen gewisser Größe in Kauf genommen werden, was nach Abschn. 4.2 bezüglich der Vermeidung von Stoffwanderung nicht ganz so günstig ist.

23.6 Der Gesamtaufbau des Kontaktgerätes.

Der Gesamtaufbau eines Kontaktgerätes, wie es von den SSW bis zum Jahre 1945 gebaut wurde, geht aus Abb. 23,40 hervor. Es handelt sich hier um die überwiegend verwendete Zwillingstype mit zwei 3phasigen Brückenschaltungssystemen, also mit 12 Kontakten, für im ganzen 10000 A bei 400 V.

---

[1] Näheres s. BLATTER: [*1.57*] Fig. 2a u. 2c.

Das Gerät ist auf einem Grundrahmen aufgebaut, der mit Hilfe von verstellbaren Rädern in der Längs- und in der Querrichtung verfahrbar ist. Ein Hebezeug wird also für die Fortbewegung des Gerätes nicht benötigt. Das Getriebe (vgl. Abb. 2,9) ruht auf einem Bock, der auf der Vorderseite eine Armaturentafel mit Überwachungsinstrumenten für die Öltemperatur *8* und den Öldruck *9* und mit einem Schauglas *10* für den Kühlwasser-Luftabscheider trägt und innerhalb dessen verschiedene Teile des Ölkreislaufes untergebracht sind, wie z. B. der Öldruckfehlmelder *11*, das Ölfilter *12* und der Ölkühler. Oberhalb des Getriebes befindet sich der Kontaktschienensatz (Abb. 23,15). Von diesem sind im Bilde nur die vorderen Kühlwasserleitungen *13*, *14* und rechts und links davon die Gleichstromanschlüsse mit den Anschlußschienen *7* zu sehen. Darüber sind die isolierenden Trennwände zwischen den Kontakten *1*, die Kontaktoberteile mit den an die Kontaktbrücken angeschlossenen Meßleitungen und die Traverse erkennbar, an der die Kontaktoberteile befestigt sind. Das den Schienensatz mit den Kontakten umgebende Gehäuse wird oben durch eine Haube *3* abgeschlossen, die vorne 2 Fenster zur Beobachtung der Kontakte besitzt und mit schalldämpfendem Material ausgekleidet ist. Rechts vom Getriebe ist freitragend der synchrone Antriebsmotor *4* angebracht. Sein Flansch ist drehbar gelagert. Bei der im Bilde gezeigten Ausführung wird die Spannungsregelung durch Teilaussteuerung von Hand mittels des unten im Vordergrunde sichtbaren Verstellgetriebes *5* vorgenommen. Hinter diesem Getriebe befindet

Abb. 23,41. Kontaktgerät der SSW (1943) für 5000 A mit 6 Kontakten in 3phasiger Dreidrossel-Brückenschaltung, mit selbsttätiger Überlappungsregelung und mit Spannungsregelung von Hand mittels eines Verstellgetriebes.

sich der Öldruckregler *6* für die elektrische Überlappungsregelung. Transformatoranzapfungen sind für den abgebildeten Umformer nicht vorgesehen. Ein Zusatzregelgetriebe oder irgendwelche Kurvenscheiben sind daher nicht vorhanden. Auf der linken Seite des Gerätes ist noch eine Anschlußtafel *16* zu sehen. Auf ihr befinden sich Sicherungen, Klemmen und Steckbuchsen für die Meßleitungen zur Prüfung der Kontaktzeiten und zum Anschluß des Kathodenoszillographen für die Sichtbarmachung der Kontaktspannungskurven. Das ganze Gerät ist zum Berührungsschutz noch durch Abdeckungen verkleidet, wie aus Abb. 1,4 ersichtlich ist. Abb. 23,41 zeigt noch einen Blick auf ein Gerät für die halbe Leistung mit nur *einer* 3phasigen Brückenschaltung, also 6 Kontakten. Oben auf dem Gerät ist hinter der Traverse der Kurzschließer zu erkennen, der die Überbrückung der Kontakte im Rückzündungsfalle besorgt. Eine Ansicht dieses Gerätes mit Abdeckungen, dem angebauten Schaltdrosselsatz und dem Zubehörschrank war bereits in Abb. 1,3 gegeben.

Einen ganz ähnlichen Aufbau zeigt das Gerät der ITE mit 6 Kontakten, das in der Ausführung mit Wasserkühlung in Abb. 23,42 wiedergegeben ist. Bei diesem befindet sich die Rückkühleinrichtung für das Kühlwasser der Kontaktschienen im Kontaktgerät selbst unterhalb des Getriebes — eine Anordnung, die anfänglich auch von den SSW ausgeführt, später aber zwecks Verbesserung der Zugänglichkeit der Kühleinrichtung wieder verlassen wurde. Der Luftrückkühler ist an der Rückseite des Bockes angebracht. An den übrigen Seiten ist der Bock von Luftfiltern umgeben, um eine Verschmutzung des Rückkühlers durch unsaubere Kühlluft zu vermeiden. Der Getriebekasten ist vorne und hinten an Stelle von Metalldeckeln durch Plexiglaswände abgeschlossen und kann innen beleuchtet werden. Hierdurch ist eine jederzeitige Beobachtung des Getriebes und Überwachung der Schmierung ermöglicht. Die Ansicht eines entsprechenden Kontaktgerätes für 6000 A mit Luftkühlung der Kontaktschienen wurde bereits in Abb. 23,21 gezeigt. Auf diesem Bilde sind unmittelbar über der Plexiglasscheibe auch die Löcher *8* für die Einführung des Steckschlüssels zu erkennen, mit dem die Kontaktzeiteinstellung auf die bereits an Hand von Abb. 23,6 beschriebene Weise während des Betriebes vorgenommen werden kann. Die 6 Überwachungsinstrumente *9* für die Kontaktzeiten befinden sich auf dem Paneel unterhalb der Glasscheibe. In Abb. 23,43 ist noch ein Gerät der ITE für 400 V, 10 000 A mit 12 Kontakten gezeigt, das dem SSW-Gerät von Abb. 23,40 entspricht. Es ist in der gleichen Weise aufgebaut wie das kleinere

Abb. 23,42. Kontaktgerät der ITE (1948) für 5000 A mit 6 Kontakten in 3phasiger Brückenschaltung, mit mechanischer Überlappungsanpassung und mit Spannungsregelung durch ein Verstellgetriebe.

Gerät mit 6 Kontakten, und es gibt auch hier eine entsprechende Ausführung mit reiner Luftkühlung. Bemerkenswert ist noch der auf der rechten Seite des Gerätes befindliche Öldruckregler *10*. Dieser Regler ist ein kombinierter Spannungs- oder Stromregler und Überlappungsregler. Der obere Teil enthält 2 Meßsysteme, und zwar eines für die konstant zu haltende Ausgangsgröße des Umformers und eines für die Spannungsflächen der Schaltdrosseln bis zum Ausschaltaugenblick der Kontakte (vgl. Abb. 23,35). Die Stellung der Ausgangswellen der beiden Reglersysteme wird durch im Bilde sichtbare Schubstangen auf ein darunter befindliches Getriebe übertragen. Dieses enthält Entzerrungsglieder und Differentiale und bestimmt mit Hilfe seiner rückwärtigen Schubstangen die Stellung des Motorgehäuses und der Überlappungssteuerwelle.

Abb. 23,44 zeigt das äußere
Bild des Kontaktgerätes des BBC-
Großumformers mit einem Getriebe nach Abb. 23,5 und einem
Schienensatz nach Abb. 23,23. Die
Drehstromzuleitungen befinden
sich hinten, die Gleichstromfort-
leitungen vorne rechts und links.
Die 7 Kontakte liegen oben unter
der Abdeckhaube und können durch
darunter erkennbare Fenster beobachtet werden. Auf etwa halber
Höhe sind die Instrumente zur
Überwachung der Kontaktdauer
sichtbar und unmittelbar darüber
die Einstellwellen für die Einzeleinstellung der Kontaktzeiten. Der
Antriebsmotor ist fest angebaut.
Eine Verschiebung der Schaltzeitpunkte zum Zwecke der mechanischen Teilaussteuerung oder der
Ausschaltzeitpunktregelung mit
konstanter Überlappung wird hier
bewirkt durch Verdrehung der
Phasenlage der Exzenterwelle
mittels zweiachsiger Erregung des
Synchronmotors mit veränderbarem Stromverhältnis (vgl.
Tab. 20,1, Regelart A1c). Bei neueren Ausführungen des BBC-Kontakt-
gerätes ist unterhalb des Antriebsmotors noch der Lüfter für die Kühlung des Kontaktgerätes mitsamt
seinem Luftfilter oder einem Wasser-
rückkühler untergebracht, und Motor,
Lüfter und Kühler sind in eine
schalldämmende Verschalung eingeschlossen[1].

Eine Ansicht des Kontaktgerätes
des Großumformers der AEG vermittelt Abb. 23,45. Das zugehörige
Getriebe war in Abb. 23,10 und der
Kontaktsatz in Abb. 23,30 bereits
gezeigt worden. Das im Bild wiedergegebene Gerät wird in einer Stahlblechkammer aufgestellt, die auf der
Vorderseite durch große, mit Beobach-

---

[1] Abb. s. Brown Boveri: [1,55].

Abb. 23,43. Kontaktgerät der ITE (1950) für 12000 A mit 12 Kontakten in doppelter 3phasiger Brückenschaltung mit insgesamt
12phasiger Gleichstromwelligkeit, mit selbsttätiger Überlappungsregelung und selbsttätiger Stromregelung durch kombinierten
Regler, mit Einzeleinstellung der Kontaktzeiten an der Frontseite nach Überwachungsinstrumenten.

1 Abdeckhaube der Kontakte; — 2 Beobachtungsfenster; —
3 Gleichstromschienen; — 4 Abdeckung des Stößelsystems; —
5 Kontaktzeiteinstellung; — 6 Überwachungsinstrumente;
7 Antriebs-Synchronmotor; — 8 Exzenterwelle; — 9 drehbar
gelagerter Motorflansch; — 10 Überlappungs- und Stromregler — 11 Fahrgestell.

Abb. 23,44. Kontaktgerät von BBC mit 6 Kontakten für
10000 A in 3phasiger Brückenschaltung bzw. 20000 A in
2 × Dreiphasen-Saugdrosselschaltung (1950). Einstellen der
Kontaktzeiten.

tungsfenstern versehene Türen geöffnet werden kann, so daß sie von innen begehbar ist. Man erkennt im Bild die Reihe der 12 nebeneinander liegenden Kontakte und

die zugehörigen 2×12 waagerecht liegenden Kontaktschienen mit den Kühlköpfen auf ihrer vorderen Stirnseite. In der Mitte des Bildes ist die Antriebswelle und an ihrem hinteren Ende der Antriebsmotor zu sehen. Nahe den vorderen Füßen des Kontaktgerätes befindet sich die Überlappungssteuerwelle; das Steuergetriebe ist auf der im Bild nicht sichtbaren Rückseite des Gerätes in der Nähe des Antriebsmotors angeordnet. Ebenfalls auf der Rückseite des Gerätes ist ein Drehtransformator untergebracht, mit dessen Hilfe die Hilfsmagnetisierung der Schaltdrosseln zwecks magnetischer Teilaussteuerung beeinflußt wird. Über den rückwärtigen Enden der 12 Kontaktschienenpaare ist der sich über die ganze Länge des Gerätes erstreckende Kurzschließer angeordnet, von dem die später beschriebene Abb. 25,11 einen Ausschnitt zeigt.

Abb. 23,45. Kontaktgerät der AEG mit 12 Kontakten für 16000 A in 6phasiger Brückenschaltung oder 2×25000 A in doppelter $2 \times$ Dreiphasen-Saugdrosselschaltung (1955).

Die beiden im Bild erkennbaren Hilfsmotoren dienen zum selbsttätigen Wiederspannen des Kurzschließers nach seinem Einfallen.

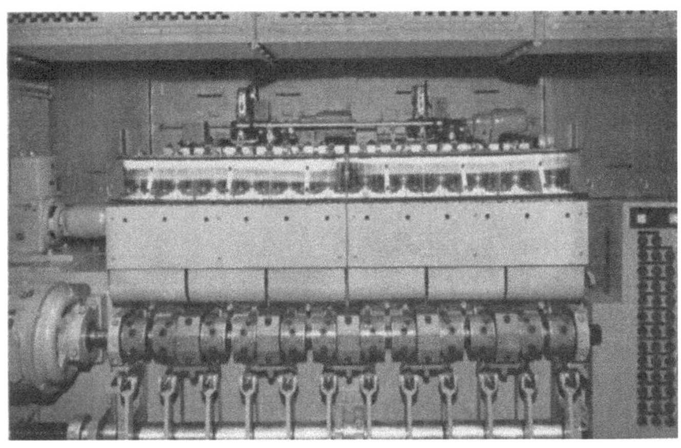

Abb. 23,46. AEG-Kontaktgerät nach Abb. 23,45 in der Stahlblechkammer. Blick durch die Beobachtungsfenster in den Türen der Vorderwand.

Abb. 23,46 zeigt einen Blick in die Stahlblechkammer, in der das Kontaktgerät Abb. 23,45 aufgestellt ist. Die Kammer dient der Lärmdämpfung und schützt das Gerät vor Verstaubung. Außerdem wird in ihr die zum Kühlen der Kontakte und Stromschienen eingeblasene Luft gesammelt und abgeleitet. Man erkennt auf dem Bilde unten die Antriebswelle mit den 12 Exzentern und links den Antriebsmotor, darunter die Überlappungssteuerwelle und die 12 Hebel zur Einzeleinstellung der Kontaktzeiten. Die 12 Arbeitskontakte befinden sich hinter der Abdeckung aus Sicherheitsglas. Darüber sind die 12 Kurzschließerkontakte gerade noch eben sichtbar, ferner die beiden Hilfsmotoren zum Spannen des Kurzschließers. Links über dem Antriebsmotor erkennt man einen Öldruckregler zur selbsttätigen Stromkonstanthaltung.

Bei dem neueren SSW-Getriebe (Abb. 23,14) ergab die Funktionstrennung der Kontakte die Möglichkeit, die Kontaktgeräte entsprechend den jeweiligen Erfordernissen baukastenartig aus selbständigen, untereinander gleichen und austauschbaren Getriebeblöcken aufzubauen. Das bringt für die Reservehaltung im Betrieb große Vorteile. Wenn in einfachen Betriebsfällen eine Regelung

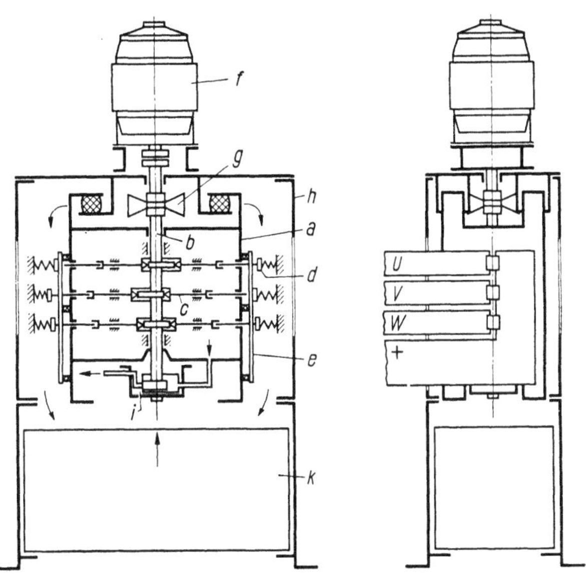

Abb. 23,47. Kontaktgerät der SSW in Blockbauweise (1951) mit einem einzigen Getriebeblock für 7500 A in 3phasiger Brückenschaltung oder für 15000 A in 2 × Dreiphasen-Saugdrosselschaltung, ohne betriebsmäßige Regelung der Kontaktdauer.

a Getriebeblock; — *b* Exzenterwelle; — *c* Doppelstößel; — *d* Schaltkontakt; — *e* Stromschiene; — *f* Antriebsmotor; — *g* Lüfter; — *h* Gehäuse; — *i* Ölpumpe; — *k* Rückkühler.

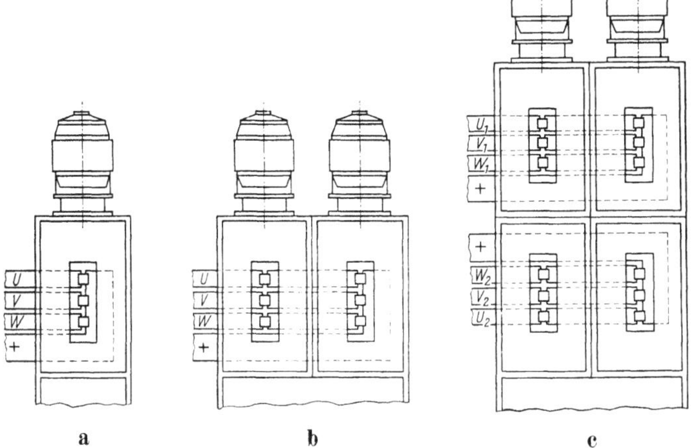

Abb. 23,48. Kontaktgeräte der SSW in Blockbauweise nach dem Baukastensystem.
a 7500 A, Kontaktzeit nicht regelbar; — b 7500 A, Kontaktzeit regelbar; — c 12500 A, Kontaktzeit regelbar. Die Stromstärken gelten für 3phasige Brückenschaltung und verdoppeln sich bei 2 × Dreiphasen-Saugdrosselschaltung.

der Kontaktdauer nicht erforderlich ist, so genügt für einen Umformer für 7500 A in 3phasiger Brückenschaltung oder für 15000 A in 2 × Dreiphasen-Saugdrosselschaltung ein Kontaktgerät mit einem einzigen Getriebeblock (Abb. 23,47 und 23,48 a). Der Getriebeblock ist über elastische Zwischenlagen (Schwingmetall) in ein schalldämmendes Gehäuse eingehängt, das oben den Motor trägt. Die Verlustwärme in den Kontakten und Stromschienen wird durch Umluft abgeführt, die im Umformergehäuse von einem Lüfter umgewälzt wird. Dieser ist entweder unmittelbar auf der Antriebswelle befestigt (s. Abb. 23,47), oder er wird getrennt angetrieben. Zur Rückkühlung der Umluft kann je nach Zweckmäßigkeit Raumluft oder Wasser verwendet werden. Der dazu erforderliche Wärmeaustauscher wird entweder, wie Abb. 23,47 zeigt, im Fuße des Gehäuses untergebracht oder als Unterflurkühler ausgeführt. Der Motor ist fest auf dem Gehäuse aufgebaut. Sofern eine betriebsmäßige Veränderung der Phasenlage der Schaltzeitpunkte erforderlich ist, geschieht sie durch Veränderung der Phasenlage der den Motor speisenden Wechselspannung mittels eines Drehtransformators oder durch zweiachsige Erregung des Synchronmotors mit veränderbarem Stromverhältnis.

In weitaus der größten Zahl der Fälle werden Kontaktgeräte mit Kontaktzeitregelung benötigt. Zwei gleiche Getriebeblöcke, durch entsprechende Schienenpakete miteinander verbunden, ergeben dann das dafür erforderliche Kontaktgerät für 7500 A in Brückenschaltung mit 6phasiger Gleichstromwelligkeit (Abb. 23,48 b und Abb. 23,24). Die Kontaktzeitregelung wird, wie früher auf S. 144 beschrieben wurde, durch Phasendrehung der Wellen der Antriebsmotoren

Abb. 23,49. Kontaktgerät der SSW für 7500 A in 3phasiger Brückenschaltung, nach dem Baukastensystem aus 2 Getriebeblöcken zusammengebaut für selbsttätige elektrische Überlappungsregelung (1951).

mit Hilfe von Drehtransformatoren oder durch zweiachsige Erregung bewirkt. Für Einheiten mit einer Nennstromstärke von 12500 A bei Brückenschaltung bzw. 25000 A bei Saugdrosselschaltung werden 4 Getriebeblöcke zusammengebaut, indem je 2 hintereinander und je 2 übereinander ohne zusätzliche Konstruktionsteile verbunden werden (Abb. 23,48 c). Auch hier werden nur 2 Antriebsmotoren gebraucht. Die Wellen der übereinanderliegenden Getriebeblöcke werden so miteinander gekuppelt, daß die Kontakte entweder gleichphasig oder mit einer Phasenversetzung arbeiten. Im zweiten Falle ergibt sich eine 12phasige Gleichstromwelligkeit. Die äußere Ansicht eines Kontaktgerätes für 7500 A mit 2 Getriebeblöcken zeigt Abb. 23,49. Die Motoren befinden sich oben im Gehäuse. In der Mitte sind auf beiden Seiten des Kontaktgerätes je 2 Beobachtungsfenster vorgesehen, die zum Auswechseln der Kontakte aufgeklappt werden können. Seitlich dieser Fenster sind die Wellen für die Einzeleinstellung der Kontaktzeiten zu erkennen.

24. Die Schaltdrosseln.

Für die Konstruktion der Schaltdrosseln gilt als oberstes Gesetz, die Ringbandkerne so anzuordnen, daß ihre magnetischen Eigenschaften nicht durch mechanische

Spannungen beeinträchtigt werden. Hierdurch ergibt sich ganz von selbst ein Aufbau der Schaltdrossel derart, daß die Ringbandkerne flach, d. h. mit vertikaler Achse, auf einer Unterlage ruhen und seitlich nur lose geführt sind. Diese Anordnung ist die bei der Mehrzahl der Konstruktionen und insbesondere für größere Leistungen überwiegend verwendete.

24.1 Der Kernaufbau.

Der Einschaltkern besteht normalerweise aus einem einzigen Ringbandkern, während der Ausschaltkern in der Regel aus mehreren, gleichachsig übereinandergeschichteten Einzelkernen zusammengesetzt ist. Damit die Eisenkerne nicht dem Druck der Wicklung ausgesetzt sind, werden sie vor dem Aufbringen der Wicklung in Fassungen oder Käfige eingelegt, die als Wicklungsträger dienen. Diese können aus Isolierstoff oder aus Metall bestehen. Im letzten Falle ist zu beachten, daß die Fassung nicht als Kurzschlußwindung wirken darf und daher in Richtung des Wicklungsumlaufes durch einen isolierenden Spalt unterbrochen sein muß. Auch schon vor dem Einlegen in die endgültige Fassung oder in den Käfig wird gewöhnlich jeder Einzelkern von der Schlußglühung ab in einer besonderen, provisorischen Fassung aufbewahrt, um Beschädigungen während des Transportes, bei der Lagerung oder bei der Messung der magnetischen Kennlinie zu vermeiden.

Abb. 24,1. Ringbandkern und Ringkernfassung für kleine Schaltdrosseln (SSW 1943).

Abb. 24,1 zeigt links einen Einzelkern für die Schaltdrossel eines Kleinumformers in seiner provisorischen Holzfassung. Auf der rechten Seite ist die Fassung für den Gesamtkern abgebildet. Sie ist für die Aufnahme von 2 oder 3 Einzelkernen bestimmt. Sie ist aus gedrücktem Aluminium hergestellt und besteht aus einem Unterteil von U-förmigem Querschnitt und aus 2 aufgesetzten Winkelringen. In der Fassung werden die Einzelkerne, gegeneinander und gegen die Fassung durch Zwischenlagen aus weichem Asbestpapier od. dgl. isoliert, aufeinandergeschichtet.

Die Verwendung einer besonderen Fassung zur Aufnahme der Ringbandkerne setzt natürlich den Eisenfüllfaktor der Wicklung herab. Infolgedessen ging das Bestreben dahin, die Ringbandkerne mechanisch so zu verfestigen, daß eine solche Fassung entbehrlich wurde. Durch Einbettung der Kerne in besonders ausgewählte Kunstharze oder durch Tränkung mit solchen Stoffen ist das wenigstens für Kerne kleineren Durchmessers neuerdings auch tatsächlich ohne Einbuße an magnetischer Güte gelungen[1]. Derart verfestigte Kerne benötigen an Stelle einer besonderen Fassung lediglich noch mechanisch feste Endringe als unteren und oberen Abschluß des Kernstapels. Solche verfestigten Ringbandkerne werden heute bereits mit Außendurchmessern bis zu 30 cm ausgeführt.

In Abb. 24,2 ist ein Einschaltkern für einen Großumformer der SSW gezeigt. Der Kern befindet sich in einer Fassung aus Isolierstoff und ist umgeben von Vormagnetisierungs- und sonstigen Hilfswicklungen, deren Leiter durch Bohrungen an den Rändern der Fassung geführt sind. Der zugehörige Ausschaltkern (Abb. 24,3) befindet sich in einem Käfig mit U-förmigem Querschnitt aus Hartaluminium. Er

---

[1] BOLL: [3.52].

besteht im vorliegenden Falle aus 4 Einzelkernen, von denen die oberen beiden durch isoliert eingesetzte Stege getragen werden, um eine unzulässige Gewichtsbelastung der unteren beiden Kerne zu vermeiden (vgl. Abb. 17,19, S. 104). Ein Sektor des Käfigs ist von den Hilfswicklungen umgeben. Der Käfig besitzt oben zahn-

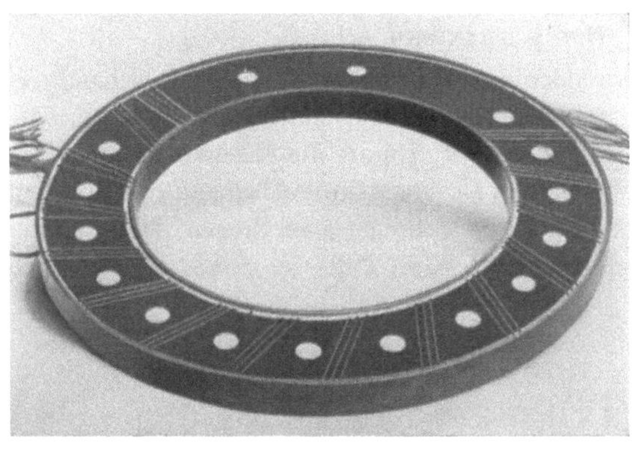

Abb. 24,2. Einschaltkern für einen Großumformer mit Fassung und Hilfswicklungen (SSW 1943).

förmige Abstandsstücke, auf die der Einschaltkern aufgesetzt wird. Das Einlegen der Einzelkerne in den Käfig geschieht mit Hilfe eines Elektromagneten, der in Abb. 24,4 gezeigt ist. Auf diesem Bilde ist bereits der dritte Einzelkern eingelegt und mit der ringförmigen Isolierzwischenlage bedeckt. Der vierte Kern schwebt, getragen von dem Magnetkranz, fertig zum Absenken über dem Käfig.

Eine etwas andere Anordnung wird von der ITE verwendet. Hier befindet sich jeder Einzelkern in einer getrennten, schalenartigen Metallfassung (Abb. 24,5). Die Fassung des Einschaltkernes wird oben mit einem Ring aus Isolierstoff abgedeckt, bandagiert und mit den aus Flachkupfer bestehenden Hilfswicklungen bewickelt. Der Ausschaltkern wird durch Aufeinanderstapeln der

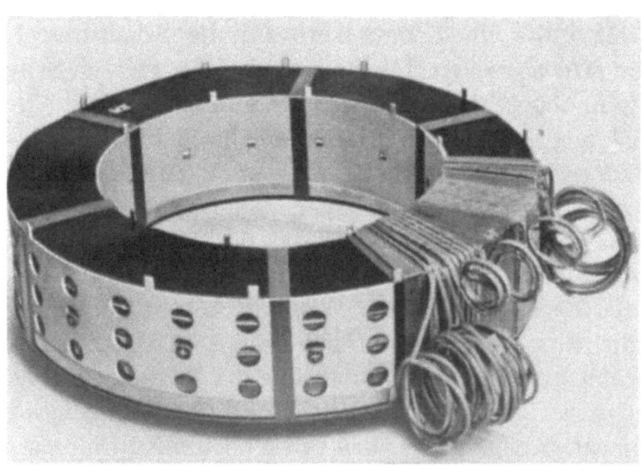

Abb. 24,3. Ausschaltkern für einen Großumformer mit Käfig und Hilfswicklungen (SSW 1943).

Fassungen der Einzelkerne aufgebaut (Abb. 24,6). Die Fassungen werden durch ein dünnwandiges Rohrstück zentriert und sind voneinander durch isolierende Zwischenringe getrennt. Der ganze Stapel wird bandagiert und sodann genau wie der Einschaltkern mit den Hilfswicklungen aus Flachkupfer versehen. Nachdem beide Kerne einzeln nochmals gehörig bandagiert sind, wird der Einschaltkern mit einem isolierenden Zwischenring auf den Ausschaltkern gelegt, worauf dann beide Kerne noch eine gemeinsame Bandagierung erhalten.

Werden Umformerschaltungen verwendet, die eine magnetische Spannungsregelung gestatten, so daß die Einschaltstufe durch den Ausschaltkern gebildet wird und ein besonderer Einschaltkern nicht erforderlich ist, so gestaltet sich der Kernaufbau im ganzen bedeutend einfacher, denn es verbleibt dann nur der Ausschaltkern mit seinen Hilfswicklungen. In Abb. 24,7 ist eine solche Drossel der AEG mit noch nicht vollständig aufgebrachter Wicklung abgebildet. Das Bild läßt erkennen, daß die Einzelkerne dort ähnlich wie bei der ITE-Ausführung in getrennten Fassungen untergebracht sind.

Die bisher beschriebenen Kernformen waren für toroidförmige Schaltdrosseln bestimmt, bei denen die Wicklung den Eisenkern umgibt. Die Toroidform entspricht in dieser Hinsicht der Kern-

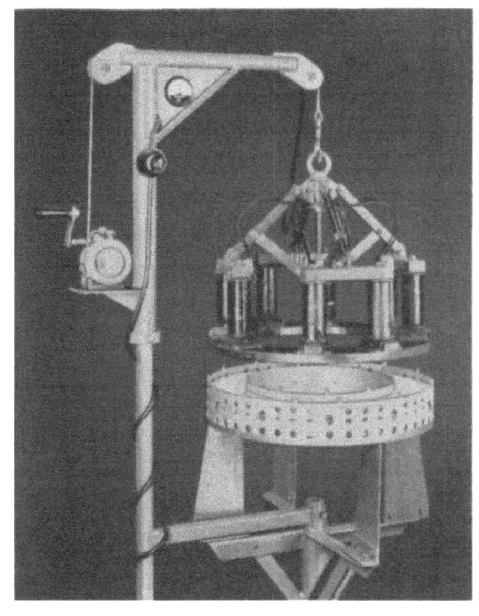

Abb. 24,4. Magnetische Einlegevorrichtung für Ringbandkerne.

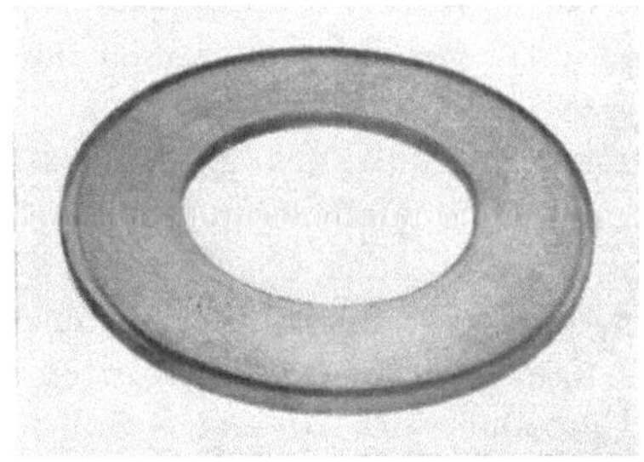

Abb. 24,5. Einzelkern einer Schaltdrossel der ITE in seiner Fassung.

Abb. 24,6. Aufbau eines Ausschaltkernstapels aus Einzelkernen in getrennten Fassungen (ITE 1948).

bauform bei Transformatoren. Einen anderen Weg ist BBC mit der Wahl einer Bauform nach Art des Manteltransformators bei den Schaltdrosseln gegangen. Der Aufbau ist skizziert in Abb. 24,8. Die Wicklung besteht hier aus konzentrisch ineinandergeschachtelten Kupferrohren, die in der Länge abgestuft und durch Querstücke aus Flachkupfer in Reihe geschaltet sind. Die Wicklung bildet also einen rechteckförmigen Rahmen, der beispielsweise in der Abbildung aus 4 Windungen besteht. Die beiden senkrechten, zylindrischen Seiten dieses

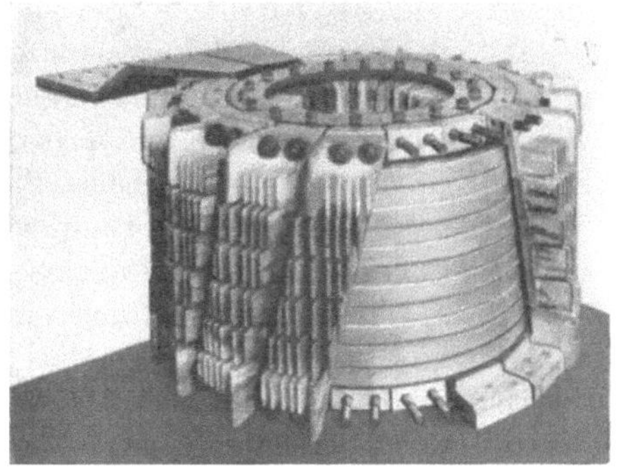

Abb. 24,7. Schaltdrossel der AEG mit einem aus Einzelkernen in getrennten Fassungen aufgebauten Eisenkern (1951), für einen Umformer für 10000 A, 500 V, in 6phasiger Brückenschaltung.

Rahmens sind umgeben von je einem Stapel von Ringbandkernen, für die sie gleichzeitig als Zentrierung dienen. Die Anordnung gleicht äußerlich einem Kerntransformator, jedoch haben dabei Kupfer und Eisen ihre Rollen vertauscht. Gegenüber den bisher beschriebenen Toroidbauformen, die nur eine verhältnismäßig geringe Anzahl von Einzelkernen mit relativ großem Durchmesser aufweisen, ist für diese Bauform die große Zahl von Einzelkernen mit bedeutend geringerem Durchmesser kennzeichnend und infolge des kürzeren Eisenweges auch eine verhältnismäßig geringe Windungszahl der Wicklung.

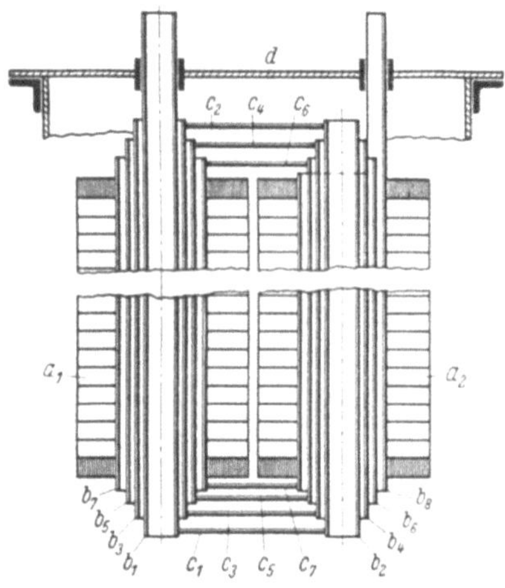

Abb. 24,8. Aufbauschema einer Schaltdrossel von BBC in Mantelbauart (1948).

a_1 und a_2 Stapel von Ringbandkernen; — b_1 bis b_8 senkrechte, rohrförmige Wicklungsstücke; — c_1 bis c_7 waagerechte Verbindungsstücke der Wicklung — d Deckel des Ölkastens.

24.2 Die Wicklungen.

Bei den Wicklungen handelt es sich zunächst um die bereits erwähnten Hilfswicklungen, die für den Einschaltkern und für den Ausschaltkern getrennt vorhanden sind, und sodann um die Hauptwicklung, die beiden Kernen gemeinsam ist.

An Hilfswicklungen kommen für den Einschaltkern eine oder mehrere Vormagnetisierungswicklungen, eine Meßwicklung und im Falle der Verwendung von kapazitiven Nebenwegen noch eine Einschaltwicklung (vgl. Abschn. 11, S. 59) in Frage, für den Ausschaltkern ebenfalls eine oder mehrere Vormagnetisierungswicklungen, eine Wicklung zum Anschluß des Streckkreises (s. Abschn. 38), eine Meßwicklung und, sofern eine elektrische Überlappungsregelung vorgesehen ist, auch noch eine Wicklung für den Meßstromkreis des Überlappungsreglers. Die Meßwicklungen dienen zur Messung der magnetischen Kennlinie des fertigen Kernes und gestatten auch eine Nachprüfung der Kennlinien nach Fertigstellung der ganzen Schaltdrossel. In manchen Fällen kann auch ein und dieselbe Hilfswicklung für mehrere der genannten Zwecke benutzt werden. Die Hilfswicklungen führen sämtlich nur verhältnismäßig geringe Ströme und haben daher nur Querschnitte in der Größenordnung von 1 bis 10 mm². Sie werden bei ganz kleinen Querschnitten aus Runddraht, bei größeren aus Flachdraht hergestellt. Die Stromdichten werden ziemlich niedrig gewählt, bei Kupfer und Luftkühlung zwischen 1 und 2,3 A/mm², und zwar teils, um bei den geringen Strömen noch eine genügende mechanische Festigkeit der Hilfswicklung zu erhalten, teils, um noch Spielraum für eine etwaige Heraufsetzung des Stromes bei der elektrischen Einstellung des Umformers zu haben.

Die Ausführungsform der Hauptwicklungen ist sehr verschiedenartig. Es lassen sich aber zwei Hauptformen unterscheiden, nämlich die Ausführung mit gewickelten Spulen aus verhältnismäßig dünnen Leitern (Spulenwicklungen) und die Ausführung mit Windungen aus massivem Material (Vollkupferwicklungen). Für *Spulenwicklungen* kommt als Leitermaterial Kupferpreßseil oder Flachkupfer in Frage. Bei der in Abb. 6,2 gezeigten Schaltdrossel beispielsweise handelt es sich um eine solche Spulenwicklung aus Kupferpreßseil. Die Wicklung besteht, wie ersichtlich, aus Flachspulen (Scheibenwicklung). Jede von diesen hat die volle Windungszahl w der resultierenden Wicklung, und sämtliche Spulen sind mit Hilfe von Sammel-

ringen parallel geschaltet. Abb. 24,9 zeigt diese Wicklung während der Herstellung.
Der Ausschaltkern (Abb. 24,3) und der Einschaltkern (Abb. 24,2) sind aufeinander-
gelegt und an denjenigen Stellen, wo die Spulen aufgebracht werden sollen, von
isolierenden Bandagen umgeben. Die Zwischenräume sind frei gelassen, damit die
Lüftungslöcher des Käfigs nicht
verdeckt werden. Das Kupferseil
ist zu einem flachen Leiter von
z. B. den Abmessungen 15 × 4 mm
gepreßt und mehrfach mit Baumwolle oder Glasseide umsponnen.
Die fertigen Spulen werden durch
Schnurbandagen zusammengehalten, mit Lack getränkt und im
Ofen gebacken. Sie erhalten außerdem noch gegenseitige Abstüt-
zungen, um seitliche Bewegungen
zu verhindern, die sonst vielleicht
als Folge von elektrodynamischen
Kräften eintreten könnten, wenn
die Anordnung der Spulen nicht
vollkommen symmetrisch ist. In
Abb. 6,2 sind die Wicklungsabstützungen durch die Sammelringe
verdeckt. Dagegen sind in dieser
Abbildung 4 Tragwände zu er-

Abb. 24,9. Schaltdrossel mit Scheibenwicklung aus Kupferpreßseil während der Herstellung der Hauptwicklung (SSW 1943).

kennen, die zwischen den Spulen den Käfig U-förmig von außen umfassen und die
ganze Drossel halten. An den Tragwänden sind auch die Sammelringe befestigt.
Die Stromdichte kann in solchen Wicklungen bis 2,3 A/mm² bei Luftselbstkühlung,
etwa 3 bis 3,5 A/mm² bei Lüfterkühlung und etwa 5 A/mm² bei Ölkühlung betragen.

Abb. 24,10. Schaltdrossel mit Röhrenwicklung aus geschichtetem Kupferband (SSW 1950).

Eine andere, ebenfalls von den SSW ausgeführte Art der Spulenwicklung zeigt
Abb. 24,10. Hier besteht die Wicklung aus 2 parallel geschalteten, schraubenförmig
fortlaufend gewickelten Hälften, von denen jede die Windungszahl w hat (Röhrenwicklung). Die Anschlußpunkte liegen also diametral gegenüber, so daß sich eine sehr
günstige Spannungsverteilung ergibt. Jede Wicklungshälfte wiederum besteht aus

einem Strange übereinanderliegender, parallel geschalteter Leiter aus blankem Kupferband. Die Leiter sind voneinander durch dazwischengewickelte Isolierfolien getrennt. In der Mitte des Stranges findet eine Transponierung der inneren Lagen nach außen und umgekehrt statt, um die Bildung von Ausgleichströmen zu unterbinden. Zur Verhinderung seitlicher (tangentialer) Bewegungen sind auch hier wieder Wicklungsabstützungen angebracht. Als Führung bei der Herstellung der Wicklung dienen zwei mit radialen Nuten versehene Ringe oberhalb und unterhalb des Eisenkerns. Die Zähne dieser Ringe sind in der Abbildung noch zu erkennen. Der untere Ring dient gleichzeitig als Träger für die ganze Drossel. Elektrisch kann diese Bauart wohl als die absolut beste bezeichnet werden, weil die Wirbelstrombildung infolge der weitgehenden Unterteilung des Kupferquerschnittes verschwindend gering und die Spannungsverteilung ideal ist.

Abb. 24,11. Schaltdrossel mit Vollkupferwicklung aus gezogenem Kupfer während der Herstellung: Eisenkern mit einem Wicklungszweig und einzelnen U-Bügeln (ITE 1948).

Der Aufbau und die Fertigungstechnik der *Vollkupferwicklungen* ist wesentlich anders als bei Spulenwicklungen. Hier besteht die Wicklung nur aus wenigen parallel geschalteten Zweigen oder aus nur einem einzigen, wobei jede Windung dann den vollen Strom führt. Die Windungen sind aus gezogenem, aus im Gesenk geschmiedetem oder aus gegossenem Kupfer hergestellt oder auch aus Kupferrohr. In diese Gruppe fallen auch Wicklungen aus von einer Kühlflüssigkeit durchströmten Rohren.

Bei der Schaltdrosselbauart der ITE (Abb. 24,11) besteht jede Windung aus 2 Teilen, nämlich aus einem inneren, U-förmig gebogenen Kupferbügel, der drei Viertel der Windung ausmacht, und aus einer äußeren, geschränkten Kupferschiene, die das Ende des betreffenden Bügels mit dem Anfang des nächsten verbindet. Die Bügel sind an der Innenseite zugeschärft, damit der Innenraum der Schaltdrossel gut ausgenutzt und bei gegebener Windungszahl eine möglichst kleine Eisenlänge erreicht wird. Sie werden von innen auf den Eisenkern geschoben (Abb. 24,11) und bei der

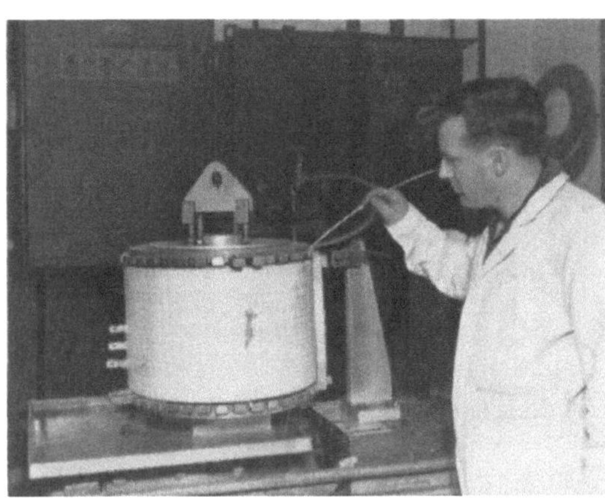

Abb. 24,12. Schaltdrossel mit Vollkupferwicklung aus gezogenem Kupfer während der Herstellung: Verlöten des U-Bügels mit der äußeren Schiene (ITE 1948).

weiteren Verarbeitung durch eine Vorrichtung aus strahlenförmig genuteten Endplatten in der erforderlichen Lage gehalten. Die äußeren Verbindungsschienen werden sodann mit Hilfe einer Widerstandsschweißmaschine mit Silberlot stumpf auf die Enden der Bügel gelötet (Abb. 24,12). Der Eisenkern ist dabei durch eine

Bewicklung aus Asbestband und aus hitzebeständigem, wasserabstoßenden Band
gegen die Einwirkungen der Hitze und des Kühlwassers geschützt. Abb. 24,13 zeigt
eine fertige Drossel für einen Mittelumformer von 250 V, 800 A. Die Hilfswicklungen
sind hier in einem von der Hauptwicklung frei gelassenen Sektor untergebracht.
In Abb. 24,14 ist noch die Ansicht einer Schaltdrossel für einen Großumformer von
280 V, 5250 A wiedergegeben, bei der die Hilfswicklungen im Inneren der Hauptwicklung auf dem Eisenkern verteilt sind. Die Hauptwicklung besteht aus 8 Zweigen
von je 12 Windungen. Die 8 Zweige werden durch Sammelringe parallel geschaltet,
die in Abb. 24,14 noch nicht angebracht, aber in der später folgenden Abb. 24,18
gut zu sehen sind.

Diese Schaltdrosselbauart liefert eine sehr kompakte Anordnung mit verhältnismäßig geringen Abmessungen. Der Wärmeübergang an die Kühlluft findet in der

Abb. 24,13. Schaltdrossel mit Vollkupferwicklung aus gezogenem Kupfer für einen Mittelumformer 250 V, 800 A (ITE 1948).

Abb. 24,14. Schaltdrossel mit Vollkupferwicklung aus gezogenem Kupfer für einen Großumformer 280 V, 5250 A (ITE 1948).

Hauptsache an den äußeren Schienen statt. Die Abführung der Verlustwärme wird
durch eine Abstufung der Stromdichten in den einzelnen Teilen der Windung erleichtert. Die Stromdichte in dem inneren, zugeschärften Stück des Bügels kann bei
Lüfterkühlung auf 5 bis 10 A/mm² gesteigert werden; im Ober- und Unterteil des
Bügels erhält sie ungefähr die normale Größe von 2,5 bis 3,5 A/mm², und in der
äußeren Schiene, für die Raum in ausreichendem Maße zur Verfügung steht, wird
sie auf nur 1 bis 1,5 A/mm² herabgesetzt. Auf diese Weise wird ein kräftiges Gefälle
zu den von der Kühlluft umströmten Außenschienen erreicht. Bei der Festlegung
der Abmessungen, insbesondere dieser äußeren Schienen, erfordern die durch den
Luftkraftfluß der Wicklung in den massiven Kupferleitern erzeugten Wirbelströme
besondere Beachtung. Für eine gegebene Betriebsfrequenz und eine bestimmte,
noch zugelassene Erhöhung der Wicklungsverluste durch diese Wirbelströme ergeben sich hier, ähnlich wie bei Transformatoren und umlaufenden elektrischen
Maschinen, bestimmte radiale Leiterhöhen, die nicht überschritten werden dürfen.
Das gilt natürlich nicht nur für die ITE-Bauart, sondern grundsätzlich für alle
Wicklungen aus Massivmaterial.

Bei der bereits in Abb. 24,7 gezeigten Schaltdrosselbauart der AEG bestehen die
beiden Teile der Windungen aus Kupferguß. Sie sind durch Schrauben miteinander

verbunden. Angegossene Kühlrippen unterstützen die Wärmeabgabe an die axial hindurchströmende Kühlluft. Die Rippen sind in der Längsrichtung mehrfach unterbrochen, um die Wirbelströme klein zu halten. Die Schraubstellen der einzelnen Windungen sind versilbert. Durch Tellerscheibenpakete unter den Muttern ist der notwendige Anpressungsdruck auch bei Wärmedehnungen sichergestellt. Abb. 24,15 gibt noch die Ansicht einer fertigen Drossel.

Der Wicklungsaufbau der BBC-Schaltdrosseln als Rechteckrahmen aus konzentrischen Rohrstücken und Querverbindungen aus Flachkupfer war bereits auf S. 171 beschrieben worden. Eine Teilansicht der Wicklung findet sich in der später folgenden Abb. 24,21. Bei den neuesten Schaltdrosselausführungen ist BBC auf eine andere Bauform, die sogenannte *Flaschen*form[1] übergegangen. Ein Schema dieser Bauform ist in Abb. 24,16 wiedergegeben. Hier ist die Grundform nicht mehr die von Eisenkernen umgebene Rohrrahmenwicklung, wie sie ursprünglich von BBC gewählt worden war, sondern sie ähnelt den toroidförmigen Drosseln mit einem einzigen Ringkernstapel, der von der Wicklung umhüllt ist. Als Wicklung sind jedoch die

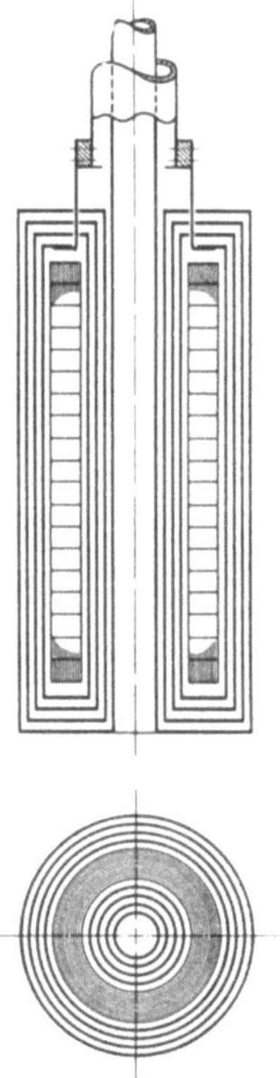

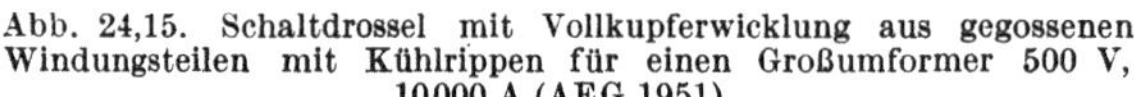

Abb. 24,15. Schaltdrossel mit Vollkupferwicklung aus gegossenen Windungsteilen mit Kühlrippen für einen Großumformer 500 V, 10000 A (AEG 1951).

Abb. 24,16. Aufbauschema einer Schaltdrossel in Flaschenbauform mit Wicklung aus konzentrischen Rohren (BBC 1955).

konzentrischen Rohre beibehalten worden; sie befinden sich jetzt aber nicht nur im Inneren des Eisenkernes, sondern umgeben ihn auch von außen. Je ein Innenrohr und ein Außenrohr, unten durch einen kreisringförmigen, der Kühlung wegen mit Öldurchlaßlöchern versehenen Boden verbunden, ergeben *eine* Windung der Wicklung. Diese Windung wird an ihrem oberen, offenen Ende durch einen ebenfalls kreisringförmigen und Öldurchlässe enthaltenden Deckel mit der nächsten, konzentrisch geschachtelten Windung in Reihe geschaltet, und so fort, bis die volle Windungszahl — in der Abb. beträgt sie 4 — erreicht ist. Als Vorteile dieser Bauform werden neben ihrem einfachen Aufbau geltend gemacht: 1. die wegen der geringen radialen Höhe der Rohrleiter nur geringen Wirbelstromverluste in der Wicklung, 2. der gute Kupferfüllfaktor im Kernfenster, der die Anwendung sehr kleiner Kern-

---

[1] Brown Boveri: [*1.55*] S. 24, 25.

durchmesser und damit einer verhältnismäßig geringen Windungszahl gestattet, ohne daß der Stufenstrom zu hoch wird, und 3. die dadurch ermöglichte schlanke Form, die die Unterbringung der Schaltdrosseln zusammen mit dem Transformator in einem gemeinsamen Ölkessel erleichtert (s. S. 180, Abb. 24,22).

24.3 Der Gesamtaufbau der Schaltdrosseln.

Wir betrachten zunächst den Gesamtaufbau des Schaltdrosselsatzes, wie er bei den von den SSW bis zum Jahre 1945 gefertigten Großumformern die Regel war und in seinen Grundzügen auch heute noch Verwendung findet. Die Ansicht einer einzelnen Schaltdrossel mit Scheibenspulen aus Kupferpreßseil wurde bereits in Abb. 6,2 gezeigt. Es wurde auch schon auf die Sammelringe aus Kupfer oder Aluminium hingewiesen, die die Drossel zangenförmig umgeben und dazu dienen, die einzelnen Scheiben-
spulen parallel zu schalten. Bei der abgebildeten Drossel sind die Sammelringe keilförmig
ausgebildet. Der Querschnitt nimmt infolgedessen ungefähr verhältnisgleich der Zahl der
angeschlossenen Spulen zu, so daß die Sammelringe mit gleichbleibender Stromdichte ausgenutzt werden und ein Minimum an Werkstoff erfordern. Es wurde ferner bereits auf
den in der Mitte der Drossel angebrachten
Dämmkörper aufmerksam gemacht, der die
Kühlluft zwingt, dicht an den Spulen vorbei-
zuströmen. Der zylindrische Dämmkörper ist
außerdem sternförmig mit Streifen aus Isolierstoff besetzt, die zwischen die Spulen hineinragen und eine unmittelbare Berührung derselben verhindern. Das ist zwar bei der abgebildeten Drossel nicht von großer Bedeutung,
da bei ihr die Leiter sämtlicher Spulen in der
gleichen Lage das gleiche Potential haben.
Es gibt aber auch andere Ausführungen, bei

Abb. 24,17. Lüftergekühlter Schaltdrosselsatz für einen Kontaktumformer 365 V, 8000 A, mit teilweise entfernten Abdeckungen (SSW 1943).

denen zwei Spulen in Reihe geschaltet sind oder eine Doppelspule bilden; in diesen Fällen ist die Potentialdifferenz zwischen den äußeren Windungen benachbarter Spulen gleich der halben bzw. der ganzen Wendespannung. Schließlich wurde auch bereits auf die vier Tragwände hingewiesen, in denen die Drossel ruht. Mit Hilfe dieser Tragwände werden nun mehrere solcher Schaltdrosseln zu einem Stapel vereinigt. Abb. 24,17 zeigt beispielsweise die Anordnung der 6 Schaltdrosseln eines Großumformers für 365 V und 8000 A in 2 Stapeln. Bei dem linken Stapel ist das Abdeckblech entfernt, so daß die 3 Drosseln mit ihren Sammelringen, mit den Dämmkörpern und mit kreisringförmigen Luftführungsblechen unterhalb jeder Drossel zu sehen sind. Auch die Wicklungsabstützungen sind hier oberhalb und unterhalb der Sammelringe erkennbar. Der Drosselstapel trägt oben einen Lüfter, der die Kühlluft von unten nach oben durch den ganzen Stapel saugt. Die beiden Drosselstapel sind auf einem fahrbaren Grundrahmen befestigt, der in der aus Abb. 1,4 ersichtlichen Weise mit demjenigen des Kontaktgerätes zusammengefügt wird.

Einen ähnlichen Aufbau hat der in Abb. 24,18 gezeigte Schaltdrosselstapel der ITE aus 3 luftgekühlten Drosseln mit Vollkupferwicklung nach Abb. 24,14. Diese

Drosseln haben keine besonderen Tragwände, die am Gehäuse des Eisenkerns angreifen, sondern hier wird die Wicklung der Drossel durch einen Isolierring unmittelbar getragen. Auf den Drosseln von Abb. 24,13 und 24,14 sind z. B. oben solche Tragringe zu sehen, auf die dann die darüber zu stapelnde Drossel mit ihrem unteren Tragring aufgesetzt wird. In Abb. 24,18 sind an den unteren beiden Drosseln auch bereits die Luftführungsbleche und die Kondensatoren und Widerstände der Streckkreise angebracht. Der ganze Stapel erhält ebenfalls eine zylindrische Blechverkleidung mit aufgesetztem Lüfter. Seine Gesamtansicht geht aus Abb. 52,8 hervor.

Auch die AEG verwendet für ihre Schaltdrosseln Luftkühlung. Die Kühlluft wird jedoch nicht der Umgebung entnommen, sondern sie wird gemeinsam mit der zur Kühlung des Kontaktgerätes dienenden Luft in einem geschlossenen Kreislauf durch ein Gebläse umgewälzt und durch einen Frischwasserkühler rückgekühlt. Auf diese Weise ist das Kühlsystem unabhängig von der äußeren Atmosphäre, die in chemischen Werken nicht immer frei von Staub und aggressiven Gasen ist. Die 6 Schaltdrosseln sind mit waagerechter Achse nebeneinander in einem Aluminiumtubus angeordnet, durch den die Kühlluft axial hindurchgeblasen wird. Abb. 24,19 zeigt ein solches Aggregat für einen AEG-Kontaktumformer der älteren Bauart. Es ist auf Rollen fahrbar und wurde in der abgebildeten Form unmittelbar mit dem Kontaktgerät zusammengebaut. Bei der neueren Bauart wird es auf der Rückseite des Kontaktgerätes (s. Abb. 23,45) in der Stahlblechkammer aufgestellt.

Abb. 24,18. Lüftergekühlter Schaltdrosselsatz für einen Kontaktumformer 280 V, 5250 A, ohne Verkleidung und Lüfter (ITE 1948).

Neben der Luftkühlung ist für Schaltdrosseln auch Ölkühlung im Gebrauch. Die Schaltdrosseln können dabei in einem getrennten Ölkessel untergebracht sein, oder sie können sich in dem gleichen Ölkessel befinden wie der Haupttransformator.

Abb. 24,19. Schaltdrosselsatz für einen Kontaktumformer 500 V, 10000 A, in 6phasiger Brückenschaltung. Liegende Drosselanordnung in Aluminiumtubus mit axialer Lüftung (AEG 1951).

Die ITE beschritt als erste bei den neueren Ausführungen ihrer Kontaktumformer den Weg, die Schaltdrosseln mit dem Haupttransformator zusammenzubauen, so daß nur ein gemeinsamer Ölkessel benötigt wird. Abb. 24,20 gibt ein Bild einer solchen Anordnung für einen Umformer in 3phasiger Dreidrossel-

Brückenschaltung für 280 V, 5000 A bei 60 Hz. Die Schaltdrosseln werden hier mitsamt ihren Schienenverbindungen mit vom Gestell des Transformators getragen. Besonders bemerkenswert ist im Vergleich zu Abb. 24,18 hier die Anordnung der Schienenverbindungen. Während in Abb. 24,18, die einen Schaltdrosselsatz für 25 Hz. darstellt, die Sammelringe mit den Zu- und Fortleitungen infolge der grundsätzlichen Anordnung und der ziemlich weitläufigen Führung noch erhebliche Windungsflächen bilden und dadurch die Reaktanz des Wendekreises in einem bei der Betriebsfrequenz von 60 Hz schon recht störenden Maße erhöhen, ist die Induktivität der Anordnung von Abb. 24,20 durch systematische Verringerung der Windungsflächen bei gleichzeitiger Verdoppelung und Parallelschaltung der Zu-

Abb. 24,20. Kontaktumformertransformator mit angebauten Schaltdrosseln zum Einbau in einen gemeinsamen Ölkessel (ITE 1951).

leitungen wesentlich herabgesetzt. Oberhalb des Schaltdrosselstapels befinden sich rechts die Hochstromfortleitungen zum Kontaktgerät und links davon eine Klemmentafel für die Hilfswicklungen der Schaltdrosseln. Das Bild eines Doppeltransformators mit 6 aufgebauten Schaltdrosseln für ein Kontaktgerät nach Abb. 23,43 mit 12 Kontakten und 12phasiger Gleichstromwelligkeit für 10000 A ist in der später folgenden Abb. 52,10 zu finden.

Von BBC war anfänglich der Einbau der Schaltdrosseln in einen getrennten Ölkessel gewählt worden. Abb. 24,21 zeigt einen solchen aus 6 Schaltdrosseln nach Abb. 24,8 bestehenden Satz mit dem zugehörigen Kessel. Die oberen Querverbindungen der Wicklungen und die Ringbandkernstapel sind deutlich zu erkennen. Die ganze Anordnung ähnelt derjenigen eines Transformators mit Ölkühlung. Bei den in letzter Zeit hergestellten Kontaktumformern dagegen wurden auch von BBC die Schaltdrosseln mit in den Transformatorkessel eingebaut. Hierbei erwies sich die Flaschenbauform der Drosseln insofern als vorteilhaft, als sie erlaubte, die 6 Schaltdrosseln der 3phasigen Sechsdrossel-Brückenschaltung bzw. der Saugdrosselschaltung in einer Reihe nebeneinander parallel zu den 3 Säulen des Transformators in ungefähr gleicher Höhe mit diesen unterzubringen. Abb. 24,22 zeigt die Anordnung.

Die Schaltdrosseln befinden sich vorne links auf der Längsseite des Transformators. Auf der Stirnseite rechts ist eine 2phasige Saugdrossel an den Transformator angebaut. Sie ist in ebenfalls sehr schlanker Form nach dem bereits in Abb. 24,8 für Schaltdrosseln veranschaulichten Bauprinzip mit Rohrrahmenwicklung und außenliegenden Ringkernen ausgeführt. Bemerkenswert für die Gesamtanordnung von Transformator, Schaltdrosseln und Saugdrossel ist die Kürze der Hochstrom-Verbindungsleitungen.

Abb. 24,21. Ölgekühlter Schaltdrosselsatz in getrenntem Ölkessel (BBC 1948).

Abb. 24,22. Kontaktumformertransformator mit angebauten Schaltdrosseln und 2phasiger Saugdrosselspule zum Einbau in einen gemeinsamen Ölkessel (BBC 1955).

25. Der Kurzschließer.

Die Verwendung eines schnell und zuverlässig schaltenden Kurzschließers zum Schutze der Kontakte in Störungsfällen ist für Kontaktumformer großer und mittlerer Leistung eine unerläßliche Voraussetzung. Selbst bei Kleinumformern, die anfänglich mit speziell für Funkenlöschung durchgebildeten Kontakten ausgestattet und ohne Kurzschließer betrieben wurden, ist man im Laufe der Zeit dazu übergegangen, die Kontakte durch Kurzschließer zu schützen. Die Anforderungen, die an den Kurzschließer gestellt werden, sind insbesondere bei Großumformern außerordentlich hoch. Der Kurzschließer muß dort hohe Ströme einschalten und Scheitelwerte von mehr als 100 000 A einige Perioden aushalten können, ohne daß die Kontakte klebenbleiben oder gar nennenswert beschädigt werden. Ferner muß der Kurzschließer äußerst schnell schalten. Angestrebt wird eine Eigenzeit von weniger als 0,4 ms (s. Abschn. 46), doch ist dieses Ziel bei den gegenwärtig aus der laufenden Fertigung verfügbaren Ausführungen noch nicht erreicht, sondern die Eigenzeiten liegen noch bei 0,8 bis 1,2 ms. Besonders in diesem Punkte hätte daher eine Weiterentwicklung anzusetzen. Allerdings ist es bei den bisherigen, mit Verklinkung arbeitenden Konstruktionen sehr schwer, hier noch Fortschritte zu erzielen, da die Werkstoffbeanspruchungen bereits an der Grenze des Zulässigen liegen. Dagegen sind, wie bereits in Abschn. 13.2 auf S. 75 erwähnt wurde, an verschiedenen Stellen erfolgversprechende Neuentwicklungen begonnen worden, die Verklinkungen und größere bewegte Massen vermeiden und daher Eigenzeiten haben, die beträchtlich unterhalb von 0,4 ms liegen[1].

Das Prinzip des Aufbaues eines Kurzschließers mit Verklinkung werde nun an dem Beispiel eines 3poligen Kurzschließers der SSW erläutert. Das Schema desselben ist in Abb. 25,1 wiedergegeben. Die 3 festen Kontakte *1* sind auf einem Isolierstoffkörper *2* befestigt und durch starke Kupferbolzen *3* mit den kurzzuschließenden Drehstromschienen U, V und W verbunden. Die Verbindung zwischen den festen Kontakten wird durch einen beweglichen Kontaktteller *4* hergestellt. Im ausgelösten Zustande wird der Kontaktteller durch eine starke Feder *5*, die auf dem Widerlager *6* ruht, gegen die festen Kontaktstücke *1* gedrückt. Um die Kontakte zu öffnen und die Feder zu spannen, wird der Kontaktteller mittels eines Stößels *7* nach unten bewegt. Die Bewegung des Stößels wird durch Einlassen von Druckluft in den Hohlraum *8* bewirkt, der durch die Abschlußplatte *9* des Isolierstoffkörpers und die am Stößel befestigte Gummimembrane *10* gebildet wird. Nach Aufhören des Druckluftimpulses werden die Kontakte durch eine Rollenverklinkung im geöffneten Zustande gehalten. Die Verklinkungseinrichtung enthält 2 Stahlrollen *13*. Die obere von ihnen ist an einer Schwinge *14* befestigt, die in Nadellagern *15* aufgehängt ist und einen Magnetanker *16* trägt. Durch einen Haltemagneten *17* kann die Schwinge in ungefähr senkrechter Lage festgehalten werden. Die untere Rolle stützt sich einerseits gegen die obere Rolle ab und ruht andererseits auf der schwach geneigten, stählernen Kopffläche des Stößels. Der Haltemagnet kann ein Elektromagnet sein. Er ist mit einer Entmagnetisierungswicklung versehen. Solange der Anker

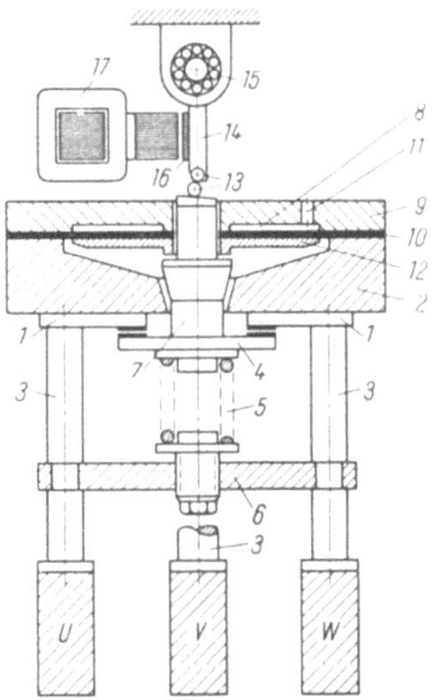

Abb. 25,1. Vereinfachtes Schema eines 3poligen Kurzschließers der SSW (1941).
U, V, W Drehstromschienen; — *1* feste Kontaktstücke; — *2* Isolierstoffkörper; — *3* Kupferbolzen; — *4* Kontaktteller; — *5* Schließfeder; — *6* Widerlager; — *7* Stößel; — *8* Hohlraum für Druckluft; — *9* Abschlußplatte; — *10* Gummimembran; — *11* Druckluftzuführung; — *12* Druckkolben; — *13* Stahlrollen; — *14* Schwinge; — *15* Nadellager; — *16* Magnetanker; — *17* Haltemagnet.

sich im angezogenen Zustande befindet, wird der Druck der gespannten Feder *5* unter Zwischenschaltung des Stößels, der beiden Rollen und der Schwinge von den Nadellagern aufgenommen. Da aber die Rollen um ein geringes in waagerechter Richtung gegeneinander versetzt sind, so besteht auch eine in waagerechter Richtung nach rechts gerichtete Kraftkomponente der Schließfeder, die der Haltekraft des Magneten entgegenwirkt. Wird nun beispielsweise im Falle einer Rückzündung durch einen Auslösestromkreis ein Stromimpuls in der Entmagnetisierungswicklung des Haltemagneten erzeugt und die Haltekraft dadurch aufgehoben, so wird die Schwinge durch die progressiv sich verstärkende waagerechte Kraftkomponente der Schließfeder nach rechts fortgeschnellt, der Stößel kann sich nach oben bewegen, und die Kontakte werden durch die Feder sehr schnell geschlossen. Um ein Klebenbleiben der Kontakte infolge Zusammenschweißens zu vermeiden, ist es von ent-

---

[1] Siehe S. 188 Abb. 25,12; ferner KESSELRING: [*1.54*] S. 155, 156; — SCHWETZKE: [*1.40*] S. 188.

scheidender Wichtigkeit, daß das Schließen absolut prellfrei stattfindet. Die Feder ist daher sehr kräftig ausgeführt, und die beweglichen Teile sind so leicht wie möglich gehalten. Außerdem ist die Anordnung der Kontakte so getroffen, daß der Druck der Feder durch die elektrodynamischen Kräfte der nach der Kontaktberührung fließenden Kurzschlußströme noch unterstützt wird.

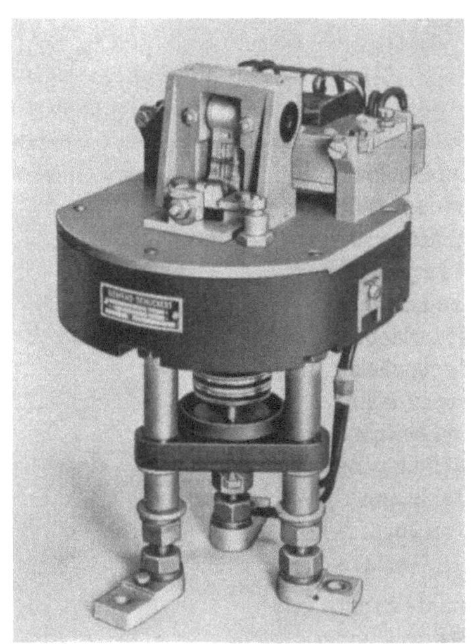

Abb. 25,2. Dreipoliger Kurzschließer der SSW mit Kniehebelverklinkung und Haltemagnet (1941).

Abb. 25,3. Dreipoliger Kurzschließer nach Abb. 25,2. Blick von unten auf das Kontaktsystem und die Tellerfeder.

Abb. 25,2 zeigt die praktische Ausführung eines solchen Kurzschließers. Oben ist im Vordergrund die Schwinge mit ihrem Lagerbock zu erkennen, dahinter der Haltemagnet. Unterhalb des Isolierstoffkörpers sind die Anschlußbolzen der festen Kontaktstücke sichtbar, an denen auch das Widerlager der Schließfeder befestigt ist. Von der Feder sieht man nur noch das untere Ende. Sie ist hier als Tellerfeder ausgebildet. Zusammen mit der ganzen Kontaktanordnung ist sie in Abb. 25,3 noch einmal in der Ansicht schräg von unten gezeigt. Der Kontaktteller hat Dreieckform. Er ist in Abb. 25,4 abgebildet, die auch noch die auswechselbaren festen Kontaktstücke zeigt. Die Kontakte haben wie diejenigen des Kontaktgerätes eine Feinsilberauflage. Die Kraft der Tellerfeder beträgt bei geschlossenen Kontakten etwa 250 kg, der Abstand der beweglichen Kontakte von den festen im geöffneten Zustande 0,6 mm.

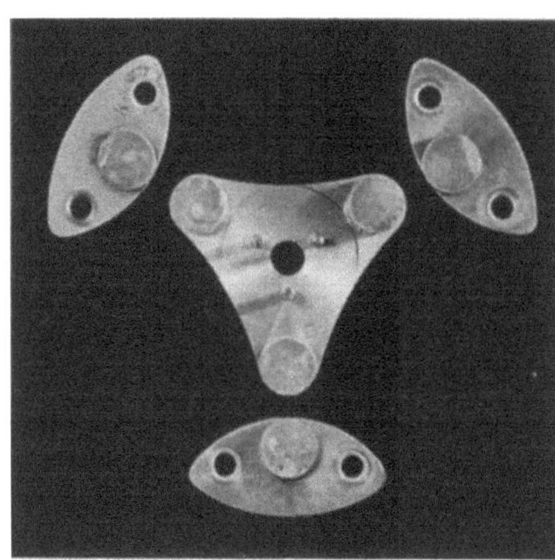

Abb. 25,4. Kontaktsatz zum Kurzschließer von Abb. 25,2 nach einer Versuchsreihe von Schaltproben mit bis zu 130000 A Scheitelwert gesteigertem Strom (1941).

Abb. 25,5 zeigt den Aufbau zweier Kurzschließer der vorbeschriebenen Bauart hinter der Traverse auf dem Kontaktschienensatz eines Großumformers mit 12 Kontakten nach Abb. 23,40. In diesem Bilde sind auch die 2 × 3 zu den Schaltdrosseln führenden Drehstromanschlüsse und die 2 × 2 Gleichstromanschlüsse gut zu sehen. Die Drehstromanschlüsse werden mit den von den Schaltdrosseln kommenden Schienen durch Zwischenstücke aus flexiblem Kupferband verbunden, wie sie auch zwischen den Oberteilen und den Unterteilen der gleichstromseitigen Verbindungsschienen eingefügt sind.

Die Verwendung eines Elektromagneten als Haltemagnet bietet gegenüber anderen Ausführungen einen gewissen Vorteil dadurch, daß bei Umformern, die für Betrieb mit konstanter Gleichspannung bestimmt sind, eine besondere Auslöseschaltung und die Entmagnetisierungswicklung erspart werden können, wenn man den Haltemagneten direkt an die Umformergleichspannung anschließt. Bricht diese Spannung infolge eines Kurzschlusses oder infolge einer Rückzündung zusammen, so fällt der Kurzschließer ein. Bei veränderlicher Umformergleichspannung allerdings kann von dieser einfachen Schaltung kein Gebrauch mehr gemacht werden, sondern es ist für den Haltemagneten dann eine besondere Gleichspannungsquelle mit konstanter Spannung erforderlich, und es muß eine besondere, schnell wirkende Auslöseschaltung verwendet werden. Solche Auslöseschaltungen sind in Abschn. 46 beschrieben. Der Halteelektromagnet mit Entmagnetisierungswicklung zeigt dabei aber eine unangenehme

Abb. 25,5. Rückansicht eines Kontaktgerätes für 400 V, 10 000 A, mit aufgebauten Kurzschließern (SSW 1943).
1 Kurzschließer; — *2* Drehstromanschlüsse; — *3* Gleichstromanschlüsse; — *4* flexible Zwischenstücke.

Eigenschaft. Seine Haltekraft ist nämlich unabhängig von der Richtung der resultierenden Durchflutung des Magnetkreises. Bei sehr großen und schnell ansteigenden Entmagnetisierungsimpulsen kann es daher vorkommen, daß nach dem Durchlaufen des entmagnetisierten Zustandes der in der Abfallbewegung befindliche Anker durch einen etwaigen Überschuß der Entmagnetisierungsdurchflutung über die Haltedurchflutung wieder angezogen wird, wenn er noch keinen genügenden Abstand von den Polschuhen des Magneten erreicht hatte. Die Auslöseschaltung muß daher so beschaffen sein, daß der Entmagnetisierungsimpuls in seiner Höhe auf einen der Haltedurchflutung angepaßten Betrag begrenzt wird. Eine bessere Lösung, die das geschilderte Verhalten nicht zeigt und die auch keine besondere Stromquelle benötigt, ergab sich durch die Verwendung des Sperrmagnetauslösers von P. DUFFING[1]. Bei diesem können die Auslöseimpulse in ihrer Höhe

---

[1] DUFFING: [*1.29*].

innerhalb eines weiten Bereiches veränderlich sein und eine beliebige Richtung haben.

Das Schema des Sperrmagnetauslösers ist in Abb. 25,6a dargestellt. Ein Permanentmagnet *1* befindet sich zwischen zwei Jochen *2* aus Weicheisen, die je einen Polschuh *3* besitzen. Die Polschuhe bestehen ebenfalls aus weichmagnetischem Werkstoff und haben Bohrungen, durch die die Leiter der Auslösewicklung *4* geführt sind. Bei stromlosem Zustande dieser Wicklung schließen sich die Kraftlinien des Permanentmagneten über die Joche, die Polschuhe und den Anker *5* in der durch zwei ausgezogene Linien angedeuteten Weise. Der Anker steht unter dem Zug einer Abzugsfeder *6*, die auf der einen Seite mit dem Anker verbunden, auf der anderen

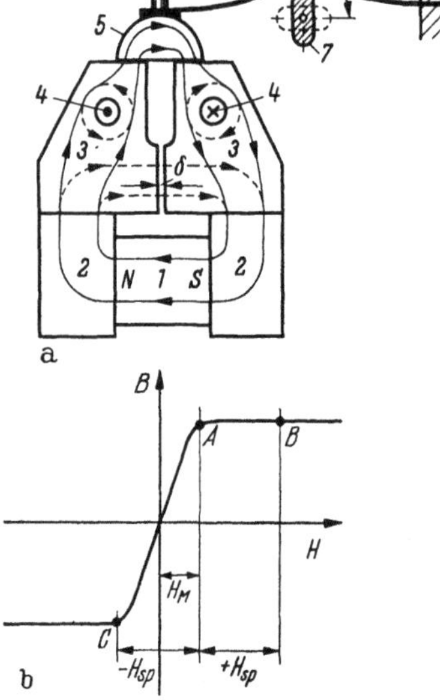

Abb. 25,6. Sperrmagnetauslöser der SSW.
a Prinzipschema; — b Magnetisierungskurve der Polschuhstege.
1 Permanentmagnet; — *2* Joche; — *3* Polschuhe; — *4* Auslösewicklung; —
5 Anker; — *6* Abzugsfeder; — *7* Nocken; —
8 Auslösestift; — H_M vom Permanentmagneten herrührende Feldstärke; — H_{sp}
zur Sperrung erforderliche Feldstärke.

Seite fest eingespannt ist. Sie wird, nachdem der Anker bei entspannter Feder von den Polschuhen angezogen worden ist und von ihnen festgehalten wird, durch einen Nocken *7* gespannt. Der Anker trägt einen Stift *8*, durch den beim Loslassen des Ankers irgendwelche mechanischen Schalthandlungen vorgenommen werden können. Beim Kurzschließer z. B. wird durch diesen Stift die Rollenverklinkung ausgelöst.

Die Wirkungsweise des Sperrmagneten sei an Hand von Abb. 25,6b betrachtet. Es ist dort die Magnetisierungskurve der Polschuhstege des Sperrmagneten aufgezeichnet. Diese Kurve weist beim Erreichen bestimmter Feldstärkenwerte die bekannten Sättigungsknie auf und verläuft bei höheren Feldstärken annähernd waagerecht. Wir nehmen nun an, daß auf Grund entsprechender Bemessung des magnetischen Kreises bei angezogenem Anker unter der Wirkung der Feldstärke H_M des Permanentmagneten *1* ein Arbeitspunkt *A* auf der Magnetisierungskurve erreicht sei, der praktisch am oberen Sättigungsknie liegt. Diesem Zustande entsprechen die beiden in Abb. 25,6a eingetragenen, ausgezogenen Kraftlinien, von denen jede den Kraftfluß in der Hälfte des Polschuhquerschnitts repräsentiert. Wird nun durch die Wicklung ein vorübergehender Stromimpuls von solcher Höhe geschickt, daß er mindestens die Feldstärke H_{sp} erzeugt, so entsteht in der bereits in der gleichen Richtung gesättigten Hälfte des Querschnittes kein weiterer Zuwachs des Kraftflusses mehr (Punkt *B*). In der anderen Hälfte dagegen wird der vorher bestehende Kraftfluß aufgehoben und ein Sättigungsfluß in entgegengesetzter Richtung erzeugt (Punkt *C*). Offensichtlich ändert sich an dieser Verteilung auch nichts, wenn die Feldstärke des Auslöseimpulses in der Wicklung *4* die Sperrfeldstärke H_{sp} in beliebigem Maße überschreitet. In jedem Falle schließt sich der Sättigungsfluß der Polschuhe jetzt nicht mehr über den Anker *5* und den Permanentmagneten *1*, sondern er umkreist die Bohrungen der Polschuhe in der gestrichelt angedeuteten Weise. Der Kraftfluß des Magneten *1* wird infolgedessen gezwungen, seinen Weg über einen Nebenschlußluftspalt δ zu nehmen, wie ebenfalls gestrichelt dargestellt ist. Der Weg zum Anker ist ihm versperrt. Der Anker verliert daher seinen Kraftfluß und die magnetische Zugkraft und wird durch die gespannte Abzugsfeder schnell nach oben bewegt. Damit ist die Auslösebewegung vollzogen. Wird nach Aufhören des Stromes in der Wicklung *4* der Spannocken um 90° gedreht und dadurch die Feder entspannt, so kehrt der Anker unter dem Einfluß der wiederentstandenen Zugkraft des Permanentmagneten in die angezogene Stellung zurück, und nach erneutem Spannen der Feder mittels des Nockens ist der Auslöser wieder arbeitsbereit. Der Nebenschlußluftspalt δ ist von sehr wesentlicher Bedeutung. Dadurch nämlich, daß er dem Kraftfluß des Permanentmagneten ein Ausweichen gestattet, wenn die Polschuhe durch den Auslösestrom gesättigt werden, wird die Entmagnetisierung dieses Magneten vermieden. Im übrigen ist ohne weiteres einzusehen, daß neben der Höhe auch die Richtung des Auslösestromes an der Wirkung des Sperrmagneten nichts ändert, da bei einer Richtungsumkehr lediglich die beiden Hälften des Polschuhquerschnittes ihre Rollen vertauschen.

Praktisch wird der Sperrmagnet gewöhnlich als symmetrisch angeordneter Doppelmagnet nach Abb. 25,7 gebaut. Man erreicht dadurch bei gleicher Zugkraft eine Verminderung der Ankerlänge auf die Hälfte und damit eine mechanisch günstigere, steifere Form des Ankers ohne wesentliche Gewichtserhöhung. Ein derartiger, von den SSW hergestellter Sperrmagnet hat beispielsweise die folgenden Kennwerte:

Haltekraft . . . . 28 kg
Federkraft . . . . 25 „
Mindestauslösedurchflutung . . . . . . 30 AW
Auslösedurchflutung für schnelles Auslösen 80 „
Zeitverzug bis zum Beginn der Ankerbe-
  wegung bei 80 AW . . . . . . etwa 0,1 ms
Beschleunigung des Ankers . . . etwa 10 000 m/s²
Auslöseenergie . . . . etwa 10 mWs

Abb. 25,7. Sperrmagnetauslöser der SSW. Praktische Ausführung als Doppelmagnet.
1 Permanentmagnet; — *2* Joch; — *3* äußere Polschuhe; — *4* Zwischenstück; — *5* mittlerer Polschuh; — *6* Anker.

Der Sperrmagnet ist mit dem Anker, der Abzugsfeder und dem Spannocken zu einer kompakten, quaderförmigen Auslösereinheit zusammengebaut, aus der außer der Welle des Spannockens nur noch der Auslösestift herausragt. Bei dem in Abb. 25,1 skizzierten Kurzschließer tritt dieser Auslöser dann an die Stelle des Haltemagneten. Er wird so angeordnet, daß der Auslösestift waagerecht nach rechts zeigend liegt und sich nach der Sperrung in Richtung auf die Schwinge bewegen kann. Die Schwinge trägt an Stelle des Ankers ein Anschlagplättchen aus Stahl. Anstatt durch die Anzugskraft des Haltemagneten wird sie jetzt durch die Kraft einer schwachen Schraubenfeder nach links in die Verklinkungsstellung gedrückt, sobald der bewegliche Kontaktteller durch den Druckluftimpuls abgesenkt und die Schließfeder gespannt ist. Die Schwinge bewegt sich bei dieser Anordnung noch etwas über den Rollentotpunkt hinaus bis zu einem festen Anschlag, so daß sie im wesentlichen mittels der durch die bewegliche Rolle übertragenen, nunmehr nach links gerichteten waagerechten Komponente der Schließfederkraft selbsttätig in der Verklinkungsstellung gehalten wird. Findet nun im Falle einer Störung eine Sperrung statt, so trifft der vorschnellende Stift die Schwinge und stößt sie unter Überwindung der Verklinkungskraft der Schließfeder und der geringen Kraft der Druckfeder über den Rollentotpunkt nach rechts zur Seite, worauf sich die Kontakte in der früher beschriebenen Weise schließen. Die Eigenzeit des ganzen Kurzschließers beträgt etwa 1 ms. Der mit diesem Auslöser versehene Kurzschließer zeichnet sich durch zuverlässiges und sehr präzises Ansprechen aus.

In letzter Zeit ist es gelungen, die Eigenzeit des Kurzschließers der SSW durch Verwendung eines neu entwickelten Zugmagnetauslösers auf 0,8 ms herabzusetzen. Der Kurzschließer wird, bedingt durch die gegenwärtig verwendeten Kontaktumformerschaltungen, jetzt 4polig hergestellt, konnte in Einzelheiten der Kontakt- und Federausführung noch wesentlich verbessert werden und hat nunmehr eine auf etwa 400 kg erhöhte Federkraft.

Der von der ITE hergestellte Kurzschließer mit Verklinkung gleicht in den Grundzügen dem Sperrmagnet-Kurzschließer der SSW. Die Arbeitskontakte sind jedoch nicht als Flachkontakte ausgeführt, sondern als Konuskontakte, und zwar ist der kreisrunde, konusförmige bewegliche Kontakt von 3 sektorartig angeordneten festen Kontaktstücken umgeben. Die Rollenverklinkung be-

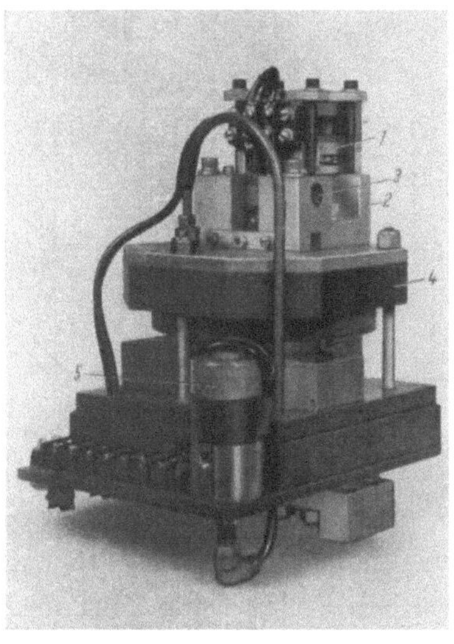

Abb. 25,8. Dreipoliger Kurzschließer der ITE mit Konuskontakten und Haltesperrmagnet (1948).

1 Sperrmagnet; — *2* Zwischenstück mit Kniehebelverklinkung; — *3* Lager der Schwinge; — *4* Isolierstoffkörper; — *5* Druckluftsteuerventil.

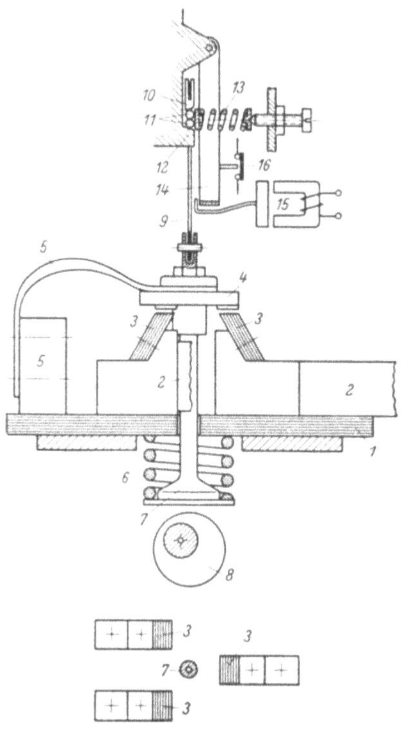

Abb. 25,9. Prinzip des Kurzschließers von BBC.

1 Grundplatte aus Isolierstoff; — *2* Drehstromanschlüsse; — *3* feste Kontakte; — *4* beweglicher Kontaktteller; — *5* Gleichstromanschluß; — *6* Schließfeder; — *7* Zugstange mit Federteller; — *8* Rückstell-Exzenter; — *9* Stahlschlaufe; — *10* abgeschrägtes Endstück; — *11* Verklinkungswalzen; — *12* abgeschrägtes Widerlager; — *13* Haltefeder; — *14* Auslösebügel; — *15* Zugmagnet; — *16* Hilfskontakt.

steht wieder aus einer Schwinge, hat aber nur eine einzige Stahlrolle zwischen Schwinge und Stößel. Die Schwinge trägt hier direkt den Anker des Sperrmagneten. Wird der Anker vom Sperrmagneten losgelassen, so wird die Schwinge zur Seite gedrückt, und der Stößel mit dem beweglichen Kontaktstück schnellt unter dem Druck der Tellerfeder in die Schließstellung. Ein Bild des ITE-Kurzschließers gibt Abb. 25,8. Ganz oben ist der Sperrmagnet *1* zu erkennen, darunter das die Kniehebelverklinkung enthaltende Zwischenstück *2* mit dem Lager *3* der Schwinge. Es werden auch 2 solcher Kurzschließer zu einer Zwillingsanordnung mit durch eine Welle gekuppelten Schwingen zusammengebaut, von denen z. B. bei einer 3phasigen Dreidrossel-Brückenschaltung der eine die 3 Drehstromschienen, der andere die beiden Gleichstromschienen überbrückt.

Das Aufbauschema des BBC-Kurzschließers geht aus Abb. 25,9 hervor. Der Kurzschließer ist 4polig (vgl. Abb. 23,23). Die drei festen Kontakte *3* sind wieder in einem Dreieck angeordnet und an die Drehstromschienen *2* angeschlossen. Sie sind, um dem Strom viele Übergangsstellen zu schaffen, als auswechselbare Bürsten ausgebildet. Über ihnen schwebt der Kontaktteller *4*, der mittels eines flexiblen Kupferbandes *5* mit der Gleichstromschiene leitend verbunden ist. Der Kontaktteller steht unter der Kraft der Schließfeder *6*. Er wird von einer gegen ihn isolierten Stahlschlaufe *9* in der geöffneten Lage gehalten. Die Übersetzung von der großen Kraft der Schließfeder auf die geringe Kraft der Halteeinrichtung wird wiederum durch eine Rollenverklinkung erzielt, die aus den beiden Walzen *11*, ihrer Auflagefläche *12*, dem abgeschrägten Endstück *10* der Stahlschlaufe *9* und dem Bügel *14* besteht. Der Mittelsteg des Bügels nimmt die waagerechte Kraftkomponente der Walzen auf und wird durch eine Schraubenfeder *13* mit geringem Kraftüberschuß in der Verklinkungslage gehalten. Zum Auslösen muß ein Teil der Kraft dieser Feder durch den Zugmagneten *15* aufgehoben werden, worauf der weitere Bewegungsablauf von der Schließfeder *6* erzwungen wird. Die Rückstellung des Kurz-

Abb. 25,10. Kurzschließer von BBC (1948). Blick auf den Kontaktsatz und die Aufhängung des Kontakttellers. Im Vordergrund der Gleichstromanschluß.

Abb. 25,11. Teilansicht eines 6poligen Kurzschließers der AEG mit Einzelkontakten und gemeinsamer Auslösewelle.

schließers in die geöffnete Lage geschieht durch ein Rückstellexzenter *8*, das die nun als Stößel wirkende Zugstange *7* entgegen der Kraft der Schließfeder wieder nach oben bewegt. Einen Blick auf den Kontaktsatz des BBC-Kurzschließers mit den festen Kontakten, dem beweglichen Kontaktteller, dem flexiblen Gleichstromanschluß und dem unteren Ende der Stahlschlaufe vermittelt Abb. 25,10.

Der von der AEG verwendete Kurzschließer ist derart ausgeführt, daß jeder Arbeitskontakt seinen eigenen Kurzschließerkontakt besitzt. Für ein Kontaktgerät mit 12 Kontakten sind somit 12 Kurzschließerkontakte vorgesehen. Der Kurzschließer erstreckt sich daher, wie Abb. 23,45 bereits zeigte, über die ganze Länge des Gerätes. Die Auslösung der Kurzschließerkontakte geschieht über eine Welle, die ebenfalls die ganze Länge des Gerätes einnimmt. Abb. 25,11 zeigt ein Teilbild des Kurzschließers, und zwar eine Hälfte desselben, wie sie für 6 Arbeitskontakte erforderlich ist. Die Auslösewelle wird in der Mitte durch ein verriegeltes Schloß gesperrt. Auf dieses wirken bei Störungen die Auslöseimpulse zur Betätigung des Kurzschließers ein. In Abb. 25,11 ist die Einrichtung zum Wiederspannen des Kurzschließers nicht angebaut; das Spannen wird, wie bereits erwähnt, durch die beiden in Abb. 23,45 erkennbaren Hilfsmotoren besorgt. Die eigentlichen Kurzschließerkontakte befinden sich in Abb. 25,11 an den *oberen* Enden der Federn. Die Stromzuführung findet also von unten her statt, so daß die Kontaktbrücken dieses Kurzschließers in der gleichen Weise wie bei verschiedenen der übrigen Kurzschließerkonstruktionen (s. z. B. Abb. 25,1) durch die elektrodynamische Wirkung der Kurzschlußströme noch zusätzlich gegen die festen Kontaktstücke gedrückt werden.

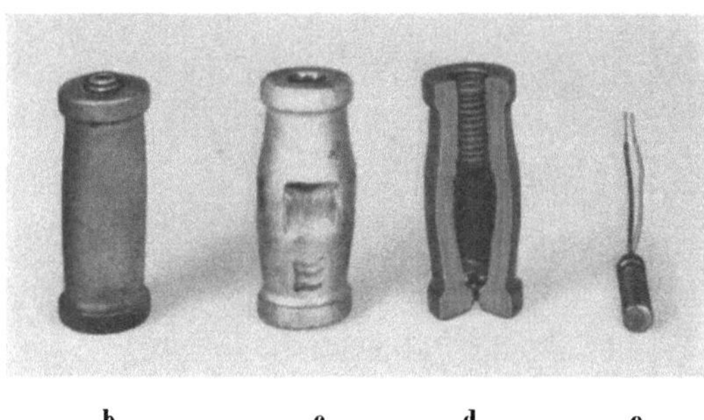

Abb. 25,12. Vierpoliger Kurzschließer der ITE mit Sprengauslösung (1954).

a Kontakteinsatz nach Auslösung; — b Kontaktpatrone vor Auslösung; — c Kontaktpatrone nach Auslösung; — d Kontaktpatrone aufgesägt; — e Sprengkapsel.

Eine Vorstellung von dem Aussehen der aktiven Teile eines Kurzschließers der neueren Entwicklungsrichtung mit extrem kurzer Eigenzeit, nämlich des 4poligen ITE-Kurzschließers mit Sprengauslösung, vermittelt schließlich noch Abb. 25,12. Bild a zeigt einen Blick von oben auf den gesamten Kontakteinsatz, und zwar nach erfolgter Auslösung. Man erkennt zunächst die 4 festen Kontaktstücke mit ihren Bohrungen für die Stromzuführungsbolzen. Die Kontaktstücke werden von einem Einsatz aus Isolierstoff getragen, der seinerseits von einem metallischen Druckring umhüllt ist. Die Kontaktflächen bilden innen einen Zylindermantel und umgeben eine zylindrische Kontaktpatrone (s. Bild b), in deren Bohrung sich vor der Auslösung eine Sprengkapsel (Bild e) befindet. Durch den Explosionsdruck bei der Auslösung wird die Kontaktpatrone, die vorher mit einem geringen Luftspalt zwischen den 4 festen Kontaktstücken ruhte, auseinander- und gegen diese Kontaktstücke getrieben, wobei sie sich plastisch verformt (Bild c), so daß eine gute Kontaktgabe auch nach dem Verschwinden des Explosionsdruckes aufrechterhalten bleibt. Nach der Auslösung des Kurzschließers können die festen Kontaktstücke erneut verwendet werden. Lediglich die verformte Kontaktpatrone wird selbsttätig mittels eines Spezialwerkzeuges herausgepreßt und durch eine neue, aus einem Magazin zugeführte ersetzt. Bei dem vorbeschriebenen Kurzschließer dürfte es sich wegen der Kleinheit der bewegten Masse und der durch den Explosionsdruck bewirkten hohen Beschleunigung um den schnellsten gegenwärtig verfügbaren Kurzschließer handeln. Seine gesamte Schaltzeit vom Beginn des Auslösekommandos bis zur Berührung der Kontaktstücke beträgt nach Messungen der ITE weniger als 50 μs.

VI. Die Kontaktumformerschaltungen.

26. Die Grundschaltungen für Kontaktumformer.

Wie bereits in der Einleitung gesagt wurde, können an sich die meisten der bekannten Gleichrichterschaltungen auch für Kontaktumformer verwendet werden, wenn in ihnen die natürlichen Ventile durch Kontakte mit in Reihe geschalteten Schaltdrosseln ersetzt werden. Das mechanische Kontaktgerät muß dabei für eine Kontaktzeit gebaut sein, die außer dem Hauptstromführungswinkel der betreffenden Schaltung noch den erforderlichen Überlappungswinkel umfaßt. Viele dieser Schaltungen sind jedoch für Kontaktumformer nicht sonderlich geeignet. In Tab. 26,1 ist nun eine Reihe von Grundschaltungen zusammengestellt, die mit Ausnahme der Schaltung Nr. 3 als für Kontaktumformer vorzugsweise in Frage kommende Schaltungen angesehen werden können. Unter Grundschaltung wird dabei eine solche Schaltung verstanden, bei der alle Kontakte an einen einzigen Transformator angeschlossen sind. Der Transformator kann zwar mehrere Sekundärwicklungen haben, enthält aber nur *eine* Primärwicklung. Sämtliche Kontakte der Grundschaltung können ein einziges, in zyklischer Reihenfolge stromwendendes System bilden. Die Grundschaltung kann aber auch aus mehreren, in sich geschlossenen Stromwendesystemen bestehen, die dann entweder in Reihe oder über Saug- oder Glättungsdrosselspulen parallel geschaltet sind[1].

Jede der Schaltungen ist mit einer laufenden Nummer versehen (Nr. 1 bis 12), die im folgenden zur Kennzeichnung der Schaltungen benutzt wird. Die Schaltung Nr. 3 gehört, wie gesagt, nicht zu den vorteilhaften Schaltungen. Sie wurde nur deswegen mit aufgenommen, weil sie später als die einfachste denkbare Dreiphasenschaltung dazu benutzt wird, die grundsätzliche Arbeitsweise und Berechnung von 3phasigen Schaltungen zu erläutern. Für den praktischen Gebrauch ist sie dagegen wegen der bekannten Gleichstrom-Restmagnetisierung des Transformatorkernes, die ein besonderes Merkmal dieser Schaltung wie auch der entsprechenden 3phasigen Sternpunktschaltung mit primärer Dreieckschaltung ist, nicht bestimmt. Alle anderen in der Tabelle enthaltenen Schaltungen dagegen sind von einer Gleichstrom- oder Wechselstrom-Restmagnetisierung frei. Einfache 3phasige Sternpunktschaltungen kommen überhaupt für den praktischen Gebrauch kaum in Frage, da die abgegebene Gleichspannung eine starke Welligkeit aufweist, der Leistungsfaktor schlecht und die Bauleistung des Transformators im Vergleich zu den übrigen Schaltungen sehr hoch ist. Wenn wirklich einmal in einem Sonderfall eine 3phasige Sternpunktschaltung gebraucht wird, so sollte dafür vorzugsweise die Schaltung Nr. 4 herangezogen werden.

Anstatt in den nachfolgenden Schaltbildern an Stelle des Ventiles das Symbol eines Kontaktes mit in Reihe geschalteter Schaltdrossel zu verwenden, ist das Symbol des Ventiles beibehalten worden, um dadurch auch gleichzeitig die Richtung zu kennzeichnen, in welcher der Kontakt stromführend ist. Das Symbol des Ventiles bedeutet hier also immer einen Kontakt. Die Schaltdrosseln haben ein getrenntes Symbol erhalten, weil es eine Anzahl von Schaltungen gibt, bei denen nicht jedem Kontakt eine besondere Schaltdrossel zugeordnet ist, sondern mehrere Kontakte eine gemeinsame Schaltdrossel haben. Vereinzelt ist später auch das Symbol der Schaltdrossel überhaupt fortgelassen worden, wenn es nur darauf ankam, Vorgänge zu erläutern, die durch die Lage der Schaltdrosseln nicht beeinflußt werden.

---

[1] Bezüglich Benennung und Darstellung in den Grundschaltbildern s. Bemerkung auf S. 214, Zeile 17 bis 20.

26.1 Tabelle der Grundschaltungen.

In der nachfolgenden Tabelle 26,1 sind die Schaltungen nach folgenden Merkmalen geordnet:

Phasenzahl m_p des Netzes bzw. der Primärwicklung,
Phasenzahl m_s der Sekundärwicklung,
Phasenzahl m_g der Gleichstromwelligkeit,
Hauptstromführungswinkel $\dfrac{2\,\pi}{p}$ (kurz auch „Hauptwinkel" genannt),
Anzahl m_K der Kontakte,
Anzahl m_D der Schaltdrosseln.

Für einen gegebenen Mittelwert I_g des Gleichstromes, als der normalerweise der „Nenngleichstrom" des Umformers eingesetzt wird, sind ferner die Effektivwerte der folgenden, in den verschiedenen Teilen der Schaltung fließenden Wechselströme angegeben:

Kontaktstrom I_K,
Strom I_D durch die Hauptwicklung der Schaltdrossel („Schaltdrosselstrom"),
Strom I_s in der Transformator-Sekundärwicklung („Sekundärstrom"),
Strom I_p in der Transformator-Primärwicklung („Primärstrom"),
Leiterstrom I_N zwischen Netz und Transformator („Netzstrom").

Die Ausdrücke für den primären Wicklungsstrom und den Netzstrom gelten dabei unter der Voraussetzung, daß die in den Schaltbildern mit E gekennzeichneten Wicklungsteile der Primärwicklung und der Sekundärwicklung gleiche Windungszahlen, also das Übersetzungsverhältnis 1, haben.

Die Wechselstromwerte beziehen sich auf Rechteckform des Kontaktstromes, wie sie eintreten würde, wenn die Reaktanz des Wendekreises gleich Null wäre. Bekanntlich sind aber in Wirklichkeit wegen der elektrischen Überlappung $\ddot{u}$ der Kontaktströme die Oberwellen der Wechselströme geringer als bei Rechteckform, was für einen Gleichstrom gleicher Höhe eine gewisse, meist nur geringfügige Verminderung des Effektivwertes der Wechselströme zur Folge hat. Wenn in Sonderfällen die genauen Werte gewünscht werden, so können sie mit Hilfe von Korrektionsfaktoren berechnet werden[1]. Für gewöhnliche Berechnungen ist es jedoch ausreichend, die einfachen Ausdrücke für Rechteckform zu benutzen, wie sie in Tab. 26,1 angegeben sind. Infolge der Nichtberücksichtigung der Verminderung der Oberwellen hat man dann in der Rechnung noch eine kleine Sicherheit gegenüber den tatsächlichen Werten. Das gleiche trifft entsprechend auf die Bauleistungen der Transformatoren und der Schaltdrosseln zu, die in Tab. 26,1 ebenfalls für Rechteckform der Kontaktströme angegeben sind. Ferner liegt die gleiche Vernachlässigung bei den später noch abgeleiteten Formeln für den Leistungsfaktor und den Verschiebungsfaktor vor.

Was die Spannungen anbelangt, so sind in Tab. 26.1 aufgeführt:

Mittelwert E_{g0} der Gleich-EMK bei voller Aussteuerung („ungesteuerte Gleich-EMK") für eine gegebene Sternspannung E der Transformator-Sekundärwicklung,
Effektivwert E_W der Wendespannung, der für den Entwurf der Schaltdrosseln und für die Beurteilung der Einschaltverhältnisse wichtig ist,
Scheitelwert E_{spm} der Sperrspannung.

Weiterhin sind die Bauleistungen der Transformatoren und der Schaltdrosseln angegeben. Die Bauleistung einer Transformatorwicklung ist die Summe der Scheinleistungen $E_{\mathrm{eff}} \cdot I_{\mathrm{eff}}$ aller Wicklungsteile bei Betrieb mit Nennstrom. Der Mittelwert aus den Bauleistungen der Primärwicklung und der Sekundärwicklung ist die Bau-

---

[1] Müller-Lübeck u. Uhlmann: [4.11] S. 367ff. — Goldstein: [1.6] S. 144ff. — Meyer-Delius u. Nowag: [4.7] S. 241/244.

leistung N_T des Transformators. Als Bezugswert führen wir dabei die *ideelle Gleichstromleistung* $N_{g0} = E_{g0} \cdot I_g$ ein, also das Produkt aus der ungesteuerten Gleich-EMK und dem Nenngleichstrom.

Um einen Ausdruck für die Bauleistung der Schaltdrossel zu erhalten, der mit der Bauleistung von anderen Drosseln oder von Transformatoren verglichen werden kann, muß der Effektivwert I_D des Stromes durch die Hauptwicklung der Schaltdrossel multipliziert werden mit dem Effektivwert der sinusförmigen Ersatzspannung an der Schaltdrossel. Diese Ersatzspannung $e_{\sin}$ (s. Abb. 26,1) ist diejenige Spannung, die man an den Klemmen der Wicklung erhalten würde, wenn der Kraftfluß des Eisenkerns sich sinusfömig zwischen seinen Scheitelwerten ändern würde, anstatt sich nur kurzzeitig während der Stufe unter dem Einfluß der Wendespannung e_W mit großer Geschwindigkeit zu ändern. Um die Größe der Ersatz-Sinusspannung zu bestimmen, muß man davon ausgehen, daß für eine gegebene Drossel bei gleichen Scheitelwerten der magnetischen Polarisation die Spannungsfläche in ihrer Größe unveränderlich ist, ganz gleich, ob die Kraftflußänderung sinusförmig oder mit höherer Geschwindigkeit vor sich geht. Die Spannungsfläche ist im Gleichrichterbetrieb

$$\int_{\Delta t} e_W \, dt = E_W \sqrt{2} \, \Delta t_s$$

und bei sinusförmiger Flußänderung

$$\int_0^\pi e_{\sin} \, dt = \frac{1}{2f} E_{\sin} \sqrt{2} \, \frac{2}{\pi} = \frac{2}{\omega} E_{\sin} \sqrt{2} \; .$$

Daraus folgt bei Gleichheit der Integrale

$$\frac{2}{\omega} E_{\sin} \sqrt{2} = E_W \sqrt{2} \, \Delta t_s \, ,$$

und der Effektivwert der sinusförmigen Ersatzspannung ist

$$E_{\sin} = \tfrac{1}{2} E_W \, \Delta t_s \omega \; . \tag{26,1}$$

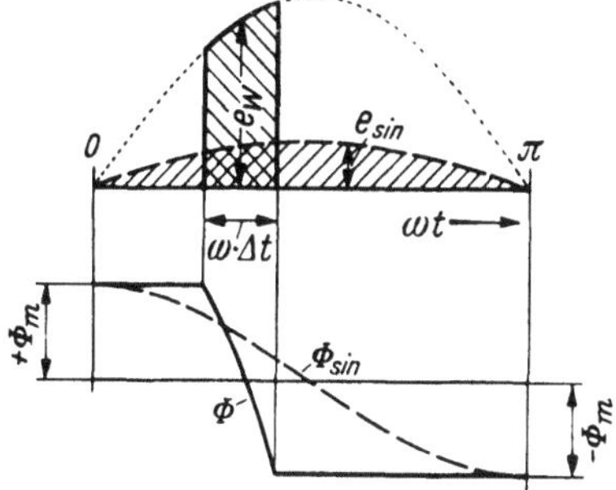

Abb. 26,1. Definition der sinusförmigen Ersatzspannung auf Grund der Gleichheit der Spannungsflächen.

Damit ist die *Bauleistung einer einzelnen Schaltdrossel*

$$N_B = \tfrac{1}{2} E_W \, \Delta t_s \omega \, I_D \tag{26,2}$$

und, wenn m_D Schaltdrosseln in der Gleichrichterschaltung verwendet werden, die *Bauleistung des ganzen Schaltdrosselsatzes*

$$N_{BD} = \frac{m_D}{2} E_W \, I_D \, \Delta t_s \omega \; . \tag{26,3}$$

Zum Zwecke des Vergleichs der Schaltdrossel-Bauleistungen der verschiedenen Gleichrichterschaltungen können für eine gegebene ideelle Gleichstromleistung N_{g0} die Größen E_W und I_D in Gl. (26,3) noch durch die entsprechenden Ausdrücke mit E_{g0} und I_g ersetzt werden, wie sie in Tab. 26,1 enthalten sind. Auf diese Weise entstehen dann die Ausdrücke für die Bauleistung, die in dieser Tabelle angegeben sind.

Wenn die Schaltdrossel-Bauleistung nach Gl. (26,2) verglichen werden soll mit derjenigen eines Transformators, so ist noch zu berücksichtigen, daß die Schaltdrossel nur eine einzige Hauptwicklung hat, während ein Transformator 2 für die volle Leistung bemessene Wicklungen benötigt und daher bei gleichem Kupfervolumen nur die halbe Leistung überträgt. Die mit der Bauleistung von Transformatoren vergleichbare Bauleistung von Schaltdrosseln würde daher nur die Größe $\tfrac{1}{2} N_B$ haben. Für einen gewichtsmäßigen Vergleich zwischen einer Schaltdrossel und einem Transformator muß genaugenommen auch noch berücksichtigt werden, daß unter sonst gleichen Verhältnissen die Leistung dem Scheitelwert der magnetischen Induktion verhältnisgleich ist. Wenn also die in einem Transformator gleichen Gewichtes zulässige Induktion B_T ist, während die Schaltdrossel eine ausnutzbare Induktion $B_D \approx \frac{1}{2} \Delta M$ hat, so beträgt die Leistung des gewichtsmäßig der Schaltdrossel gleichen Transformators

$$N_{BT} = \frac{B_T}{B_D} \frac{1}{2} N_B \approx \frac{B_T}{\Delta M} N_B \,. \tag{26,4}$$

Hierbei sind etwaige durch die verschiedenartigen Bauformen der Schaltdrossel und des Transformators (Füllfaktoren, Stromdichten) bedingten Gewichtsunterschiede noch vernachlässigt.

Die Bedeutung folgender Ausdrücke, die ebenfalls noch in Tab. 26,1 aufgeführt sind, wird erst später erläutert werden:

Verzerrungsfaktor v,
Wendefaktor K (= für die Stromwendung maßgebender Faktor),
Wendereaktanzspannung ε_W (= für die Stromwendung maßgebende gesamte bezogene Reaktanzspannung einer Phase des Wendekreises).

26.2 Maßgebende Unterscheidungsmerkmale der Schaltungen.

Zwei verschiedene Grundtypen von Schaltungen müssen innerhalb des gesamten Bereiches der Stromrichterschaltungen unterschieden werden:

a) Sternpunktschaltungen; — b) Brückenschaltungen.

Sternpunktschaltungen (s. Nr. 1, 3, 4, 5 und 6 in Tab. 26,1). Bei den Sternpunktschaltungen *muß* die Sekundärwicklung des Transformators einen Sternpunkt besitzen, da dieser zum Anschluß eines Poles des Gleichstromkreises benötigt wird. Jede Phase der Sekundärwicklung ist mit nur einem Gleichrichterelement verbunden und führt daher Strom in nur einer Richtung, die durch die Durchlaßrichtung des Gleichrichterelements bestimmt wird.

Brückenschaltungen (s. Nr. 2, 7, 8, 9, 10, 11 und 12 in Tab. 26,1). In Brückenschaltungen dagegen ist es gleichgültig, ob die Sekundärwicklung einen Sternpunkt besitzt oder nicht. Selbst dann, wenn ein solcher vorhanden ist, wird er nicht benutzt, sondern nur die Phasenklemmen werden verwendet. An jede Phase der Sekundärwicklung sind jetzt 2 Gleichrichterelemente verschiedener Polarität angeschlossen, von denen das eine mit dem positiven Gleichstrompol und das andere mit dem negativen verbunden ist. Infolgedessen führt die Sekundärwicklung einen Strom, der nach beiden Richtungen mit 180° Phasenverschiebung wechselt.

In einer Brückenschaltung durchfließt der Gleichstrom 2 Gleichrichterelemente in Reihe und verursacht somit einen Spannungsabfall von dem Doppelten desjenigen nur eines Gleichrichterelements. Dieses ist der Grund dafür, daß bei Quecksilberdampfgleichrichtern mit Rücksicht auf den dort recht erheblichen Spannungsabfall Sternpunktschaltungen mit dem Spannungsabfall von nur einem Gleichrichterelement für kleinere Gleichspannungen bevorzugt werden. Ein zweiter Grund für die Anwendung von Sternpunktschaltungen ist, daß eine Brückenschaltung nicht mit einem vielanodigen Gleichrichtergefäß, das nur eine gemeinsame Kathode besitzt, hergestellt werden kann. Beide Gründe treffen jedoch für Kontaktumformer nicht zu, und so können diese Umformer die Vorteile der Brückenschaltungen ausnutzen. Diese sind:

1. Geringere Bauleistung der Sekundärwicklung und damit ein geringeres Gewicht des Transformators.

Tabelle 26,1. *Kontaktumformer-Schaltungen.*

Schaltung	Einphasen-Mittelpunktschaltung	Einphasen-Brückenschaltung
Phasenzahl primär/sekundär . . .	1 / 2	1 / 1
Gleichstrom	2	2
Hauptwinkel	180°	180°
Kontakte/Schaltdrosseln . .	2 / 2	4 / 4
Schaltbild	Nr. 1	Nr. 2
Kontaktstrom I_K	$\dfrac{I_g}{\sqrt{2}} = 0{,}707\,I_g$	$\dfrac{I_g}{\sqrt{2}} = 0{,}707\,I_g$
Schaltdrosselstrom I_D . . .	$\dfrac{I_g}{\sqrt{2}} = 0{,}707\,I_g$	$\dfrac{I_g}{\sqrt{2}} = 0{,}707\,I_g$
Sekundärstrom I_s	$\dfrac{I_g}{\sqrt{2}} = 0{,}707\,I_g$	I_g
Primärstrom I_p	I_g	I_g
Netzstrom I_N	I_g	I_g
Transformator-Bauleistung primär	$\left(\dfrac{\pi}{2\sqrt{2}} = 1{,}11\right) N_{g0}$	$\left(\dfrac{\pi}{2\sqrt{2}} = 1{,}11\right) N_{g0}$
sekundär	$\left(\dfrac{\pi}{2} = 1{,}57\right) N_{g0}$	$\left(\dfrac{\pi}{2\sqrt{2}} = 1{,}11\right) N_{g0}$
mittel N_T	$1{,}34\,N_{g0}$	$\left(\dfrac{\pi}{2\sqrt{2}} = 1{,}11\right) N_{g0}$
Bauleistung N_{BD} des Schaltdrosselsatzes	$\left(\dfrac{\pi}{2} = 1{,}57\right) \varDelta t_s\,\omega\,N_{g0}$	$\left(\dfrac{\pi}{2} = 1{,}57\right) \varDelta t_s\,\omega\,N_{g0}$
Verzerrungsfaktor v	$\dfrac{2\sqrt{2}}{\pi} = 0{,}9$	$\dfrac{2\sqrt{2}}{\pi} = 0{,}9$
Gleich-EMK E_{g0}	$\left(\dfrac{2\sqrt{2}}{\pi} = 0{,}9\right) E$	$\left(\dfrac{2\sqrt{2}}{\pi} = 0{,}9\right) E$
Wendefaktor K	$\sqrt{2} = 1{,}414$	$\sqrt{2} = 1{,}414$
Reaktanzspannung ε_W . . .	$\varepsilon_N + \varepsilon_T + \sqrt{2}\,\varepsilon_D$	$\varepsilon_N + \varepsilon_T + \sqrt{2}\,\varepsilon_D$
Wendespannung E_W	$2E = \left(\dfrac{\pi}{\sqrt{2}} = 2{,}22\right) E_{g0}$	$E = \left(\dfrac{\pi}{2\sqrt{2}} = 1{,}11\right) E_{g0}$
Sperrspannung E_{spm}	$(\pi = 3{,}14)\,E_{g0}$	$\left(\dfrac{\pi}{2} = 1{,}57\right) E_{g0}$
Abwandlung	—	2 Zweiwicklungsdrosseln (s. Abb. 26,5)

Tabelle 26,1 *(Fortsetzung)*.

Schaltung	3 Phasen-Stern-Sternpunkt-schaltung	3 Phasen-Zickzack-Sternpunkt-schaltung
Phasenzahl: primär/sekundär . . .	3 / 3	3 / 3
Phasenzahl: Gleichstrom	3	3
Kontakte/Schaltdrosseln . .	3 / 3	3 / 3
Hauptwinkel	$120°$	$120°$
Schaltbild	Nr. 3 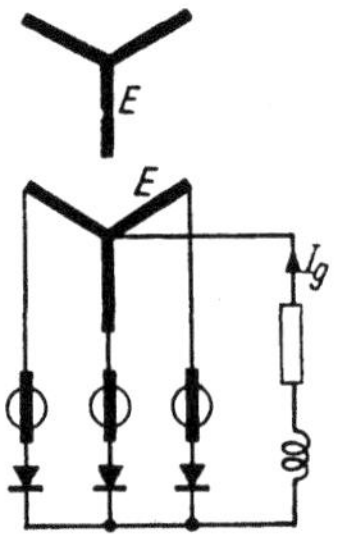	Nr. 4 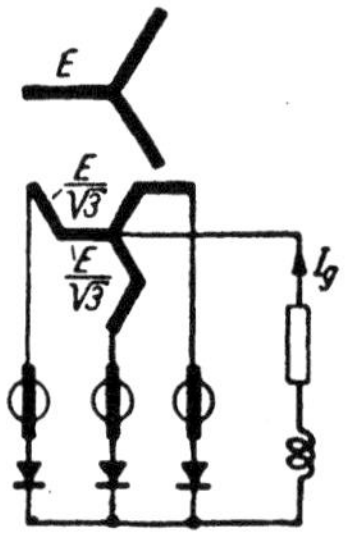
Kontaktstrom I_K	$\dfrac{I_g}{\sqrt{3}} = 0,577\,I_g$	$\dfrac{I_g}{\sqrt{3}} = 0,577\,I_g$
Schaltdrosselstrom I_D . . .	$\dfrac{I_g}{\sqrt{3}} = 0,577\,I_g$	$\dfrac{I_g}{\sqrt{3}} = 0,577\,I_g$
Sekundärstrom I_s	$\dfrac{I_g}{\sqrt{3}} = 0,577\,I_g$	$\dfrac{I_g}{\sqrt{3}} = 0,577\,I_g$
Primärstrom I_p	$\dfrac{\sqrt{2}}{3}\,I_g = 0,471\,I_g$	$\dfrac{\sqrt{2}}{3}\,I_g = 0,471\,I_g$
Netzstrom	$\dfrac{\sqrt{2}}{3}\,I_g = 0,471\,I_g$	$\dfrac{\sqrt{2}}{3}\,I_g = 0,471\,I_g$
Transformator-Bauleistung: primär	$\left(\dfrac{2\pi}{3\sqrt{3}} = 1,21\right) N_{g0}$	$\left(\dfrac{2\pi}{3\sqrt{3}} = 1,21\right) N_{g0}$
Transformator-Bauleistung: sekundär	$\left(\dfrac{\sqrt{2}\,\pi}{3} = 1,48\right) N_{g0}$	$\left(\pi\,\dfrac{2}{3}\sqrt{\dfrac{2}{3}} = 1,71\right) N_{g0}$
Transformator-Bauleistung: mittel N_T	$1,35\,N_{g0}$	$1,46\,N_{g0}$
Bauleistung N_{BD} des Schaltdrosselsatzes	$\left(\dfrac{\pi}{\sqrt{6}} = 1,28\right) \Delta t_s\,\omega\,N_{g0}$	$\left(\dfrac{\pi}{\sqrt{6}} = 1,28\right) \Delta t_s\,\omega\,N_{g0}$
Verzerrungsfaktor v	$\dfrac{3\sqrt{3}}{2\pi} = 0,827$	$\dfrac{3\sqrt{3}}{2\pi} = 0,827$
Gleich-EMK E_{g0}	$\left(\dfrac{3}{\pi}\sqrt{\dfrac{3}{2}} = 1,17\right) E$	$\left(\dfrac{3}{\pi}\sqrt{\dfrac{3}{2}} = 1,17\right) E$
Wendefaktor K	$\sqrt{3} = 1,732$	$\sqrt{3} = 1,732$
Reaktanzspannung ε_W . . .	$\varepsilon_N + \varepsilon_T + \sqrt{2}\,\varepsilon_D$	$\varepsilon_N + \varepsilon_T + \sqrt{2}\,\varepsilon_D$
Wendespannung E_W	$E\sqrt{3} = \left(\dfrac{\pi\sqrt{2}}{3} = 1,48\right) E_{g0}$	$E\sqrt{3} = \left(\dfrac{\pi\sqrt{2}}{3} = 1,48\right) E_{g0}$
Sperrspannung E_{spm}	$\left(\dfrac{2\pi}{3} = 2,10\right) E_{g0}$	$\left(\dfrac{2\pi}{3} = 2,10\right) E_{g0}$

Tabelle 26,1 *(Fortsetzung)*.

Schaltung	$3\times$Zweiphasen-Saugdrossel-schaltung	$2\times$Dreiphasen-Saugdrossel-schaltung
Phasenzahl primär/sekundär	3 / 6	3 / 6
Phasenzahl Gleichstrom	6	6
Hauptwinkel	$180°$	$120°$
Kontakte/Schaltdrosseln	6 / 6	6 / 6
Schaltbild	Nr. 5 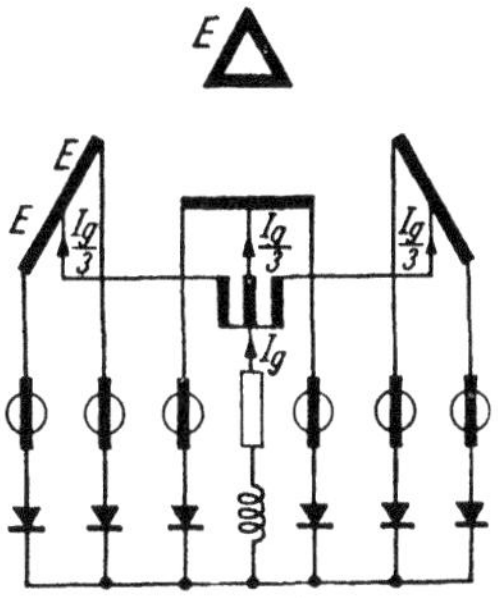	Nr. 6 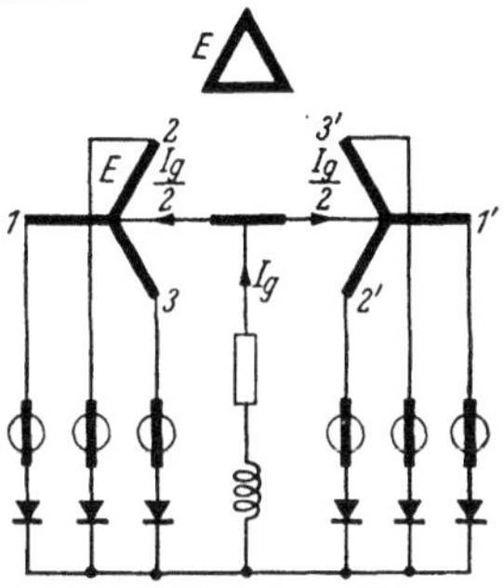
Kontaktstrom I_K	$\dfrac{I_g}{3\sqrt{2}} = 0{,}236\,I_g$	$\dfrac{I_g}{2\sqrt{3}} = 0{,}289\,I_g$
Schaltdrosselstrom I_D	$\dfrac{I_g}{3\sqrt{2}} = 0{,}236\,I_g$	$\dfrac{I_g}{2\sqrt{3}} = 0{,}289\,I_g$
Sekundärstrom I_s	$\dfrac{I_g}{3\sqrt{2}} = 0{,}236\,I_g$	$\dfrac{I_g}{2\sqrt{3}} = 0{,}289\,I_g$
Primärstrom I_p	$\dfrac{I_g}{3} = 0{,}333\,I_g$	$\dfrac{I_g}{\sqrt{6}} = 0{,}408\,I_g$
Netzstrom I_N	$\dfrac{2}{3}\sqrt{\dfrac{2}{3}}\,I_g = 0{,}544\,I_g$	$\dfrac{I_g}{\sqrt{2}} = 0{,}707\,I_g$
Transformator-Bauleistung primär	$\left(\dfrac{\pi}{2\sqrt{2}} = 1{,}11\right) N_{g0}$	$\left(\dfrac{\pi}{3} = 1{,}05\right) N_{g0}$
Transformator-Bauleistung sekundär	$\left(\dfrac{\pi}{2} = 1{,}57\right) N_{g0}$	$\left(\dfrac{\sqrt{2}\,\pi}{3} = 1{,}48\right) N_{g0}$
Transformator-Bauleistung mittel N_T	$1{,}34\,N_{g0}$	$1{,}26\,N_{g0}$
Bauleistung N_{BD} des Schaltdrosselsatzes	$\left(\dfrac{\pi}{2} = 1{,}57\right) \varDelta t_s\,\omega\,N_{g0}$	$\left(\dfrac{\pi}{\sqrt{6}} = 1{,}28\right) \varDelta t_s\,\omega\,N_{g0}$
Verzerrungsfaktor v	$\dfrac{3}{\pi} = 0{,}955$	$\dfrac{3}{\pi} = 0{,}955$
Gleich-EMK E_{g0}	$\left(\dfrac{2\sqrt{2}}{\pi} = 0{,}9\right) E$	$\left(\dfrac{3}{\pi}\sqrt{\dfrac{3}{2}} = 1{,}17\right) E$
Wendefaktor K	$\sqrt{2} = 1{,}414$	1
Reaktanzspannung ε_W	$\dfrac{\varepsilon_N}{\sqrt{2}} + \varepsilon_T + \sqrt{2}\,\varepsilon_D$	$\varepsilon_N + \varepsilon_T + \sqrt{6}\,\varepsilon_D$
Wendespannung E_W	$2E = \left(\dfrac{\pi}{\sqrt{2}} = 2{,}22\right) E_{g0}$	$E\sqrt{3} = \left(\dfrac{\pi\sqrt{2}}{3} = 1{,}48\right) E_{g0}$
Sperrspannung E_{spm}	$(\pi = 3{,}14)\,E_{g0}$	$\left(\dfrac{2\,\pi}{3} = 2{,}10\right) E_{g0}$

Tabelle 26,1 *(Fortsetzung)*.

Schaltung	3 Phasen-6 Drossel-Brücken-schaltung	3 Phasen-3 Drossel-Brücken-schaltung
Phasenzahl — primär/sekundär . . .	3 / 3	3 / 3
Phasenzahl — Gleichstrom	6	6
Hauptwinkel	$120°$	$120°$
Kontakte/Schaltdrosseln . .	6 / 6	6 / 3
Schaltbild	Nr. 7 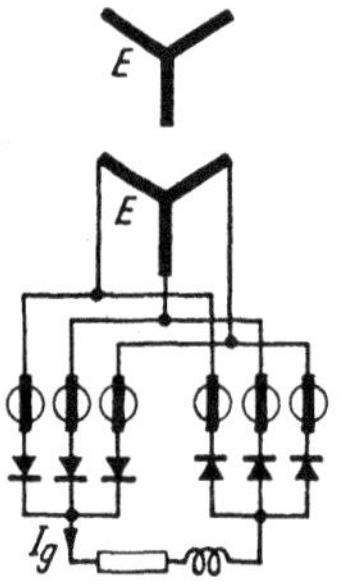	Nr. 8 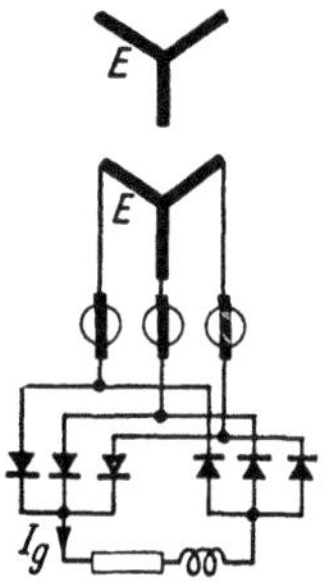
Kontaktstrom I_K	$\dfrac{I_g}{\sqrt{3}} = 0{,}577\,I_g$	$\dfrac{I_g}{\sqrt{3}} = 0{,}577\,I_g$
Schaltdrosselstrom I_D . . .	$\dfrac{I_g}{\sqrt{3}} = 0{,}577\,I_g$	$\sqrt{\dfrac{2}{3}}\,I_g = 0{,}817\,I_g$
Sekundärstrom I_s	$\sqrt{\dfrac{2}{3}}\,I_g = 0{,}817\,I_g$	$\sqrt{\dfrac{2}{3}}\,I_g = 0{,}817\,I_g$
Primärstrom I_p	$\sqrt{\dfrac{2}{3}}\,I_g = 0{,}817\,I_g$	$\sqrt{\dfrac{2}{3}}\,I_g = 0{,}817\,I_g$
Netzstrom I_N	$\sqrt{\dfrac{2}{3}}\,I_g = 0{,}817\,I_g$	$\sqrt{\dfrac{2}{3}}\,I_g = 0{,}817\,I_g$
Transformator-Bauleistung — primär	$\left(\dfrac{\pi}{3} = 1{,}05\right) N_{g0}$	$\left(\dfrac{\pi}{3} = 1{,}05\right) N_{g0}$
Transformator-Bauleistung — sekundär	$\left(\dfrac{\pi}{3} = 1{,}05\right) N_{g0}$	$\left(\dfrac{\pi}{3} = 1{,}05\right) N_{g0}$
Transformator-Bauleistung — mittel N_T	$1{,}05\,N_{g0}$	$1{,}05\,N_{g0}$
Bauleistung N_{BD} des Schaltdrosselsatzes	$\left(\dfrac{\pi}{\sqrt{6}} = 1{,}28\right) \varDelta t_s\,\omega\,N_{g0}$	$\left(\dfrac{\pi}{2\sqrt{3}} = 0{,}91\right) \varDelta t_s\,\omega\,N_{g0}$
Verzerrungsfaktor v	$\dfrac{3}{\pi} = 0{,}955$	$\dfrac{3}{\pi} = 0{,}955$
Gleich-EMK E_{g0}	$\left(\dfrac{3\sqrt{6}}{\pi} = 2{,}34\right) E$	$\left(\dfrac{3\sqrt{6}}{\pi} = 2{,}34\right) E$
Wendefaktor K	$1{,}0$	$1{,}0$
Reaktanzspannung ε_W . . .	$\varepsilon_N + \varepsilon_T + \sqrt{6}\,\varepsilon_D$	$\varepsilon_N + \varepsilon_T + \sqrt{3}\,\varepsilon_D$
Wendespannung E_W	$E\sqrt{3} = \left(\dfrac{\pi}{3\sqrt{2}} = 0{,}74\right) E_{g0}$	$E\sqrt{3} = \left(\dfrac{\pi}{3\sqrt{2}} = 0{,}74\right) E_{g0}$
Sperrspannung E_{spm}	$\left(\dfrac{\pi}{3} = 1{,}05\right) E_{g0}$	$\left(\dfrac{\pi}{3} = 1{,}05\right) E_{g0}$
Abwandlung	3 Drosseln (Schaltung Nr. 8)	—

Tabelle 26,1 *(Fortsetzung)*.

Schaltung	6phas. Durchmesser-Brückenschaltung mit 6 Schaltdrosseln	6phasige Polygon-Brückenschaltung mit 6 Schaltdrosseln
Phasenzahl — primär/sekundär	3 / 6	3 / 6
Phasenzahl — Gleichstrom	6	6
Hauptwinkel	$60°$	$60°$
Kontakte/Schaltdrosseln	12 / 6	12 / 6
Schaltbild	Nr. 9	Nr. 10
Kontaktstrom I_K	$I_g/\sqrt{6} = 0{,}408\,I_g$	$I_g/\sqrt{6} = 0{,}408\,I_g$
Schaltdrosselstrom I_D	$I_g/\sqrt{3} = 0{,}577\,I_g$	$I_g/\sqrt{3} = 0{,}577\,I_g$
Sekundärstrom I_s	$\dfrac{I_g}{\sqrt{3}} = 0{,}577\,I_g$	$0{,}5\,I_g$
Primärstrom I_p	$\dfrac{2}{\sqrt{3}}\,I_g = 1{,}15\,I_g$	I_g
Netzstrom I_N	$\dfrac{2\sqrt{2}}{\sqrt{3}}\,I_g = 1{,}63\,I_g$	$\dfrac{2\sqrt{2}}{\sqrt{3}}\,I_g = 1{,}63\,I_g$
Transformator-Bauleistung — primär	$\left(\dfrac{\pi}{\sqrt{6}} = 1{,}28\right) N_{g0}$	$\left(\dfrac{\pi}{2\sqrt{2}} = 1{,}11\right) N_{g0}$
Transformator-Bauleistung — sekundär	$\left(\dfrac{\pi}{\sqrt{6}} = 1{,}28\right) N_{g0}$	$\left(\dfrac{\pi}{2\sqrt{2}} = 1{,}11\right) N_{g0}$
Transformator-Bauleistung — mittel N_T	$1{,}28\,N_{g0}$	$1{,}11\,N_{g0}$
Bauleistung N_{BD} des Schaltdrosselsatzes	$\left(\dfrac{\pi}{2\sqrt{6}} = 0{,}64\right) \varDelta t_s\,\omega\,N_{g0}$	$\left(\dfrac{\pi}{2\sqrt{6}} = 0{,}64\right) \varDelta t_s\,\omega\,N_{g0}$
Verzerrungsfaktor v	$\dfrac{3}{\pi} = 0{,}955$	$\dfrac{3}{\pi} = 0{,}955$
Gleich-EMK E_{g0}	$\left(\dfrac{6\sqrt{2}}{\pi} = 2{,}7\right) E$	$\left(\dfrac{6\sqrt{2}}{\pi} = 2{,}7\right) E$
Wendefaktor K	$\sqrt{6} = 2{,}450$	$\sqrt{2} = 1{,}414$
Reaktanzspannung ε_W	$\dfrac{\varepsilon_N}{\sqrt{6}} + \varepsilon_T + \varepsilon_D$	$\dfrac{\varepsilon_N}{\sqrt{2}} + \varepsilon_T + \sqrt{3}\,\varepsilon_D$
Wendespannung E_W	$E = \left(\dfrac{\pi}{6\sqrt{2}} = 0{,}37\right) E_{g0}$	$E = \left(\dfrac{\pi}{6\sqrt{2}} = 0{,}37\right) E_{g0}$
Sperrspannung E_{spm}	$\left(\dfrac{\pi}{3} = 1{,}05\right) E_{g0}$	$\left(\dfrac{\pi}{3} = 1{,}05\right) E_{g0}$
Abwandlungen	12 Drosseln (Ausgangsschaltung, vgl. S. 200) *oder* 3 Zweiwicklungsdrosseln (vgl. S. 210) *oder* 3 Einwicklungsdrosseln (vgl. S. 209)	12 Drosseln (Ausgangsschaltung, vgl. S. 200) *oder* 3 Zweiwicklungsdrosseln (vgl. S. 210)

Tabelle 26,1 *(Fortsetzung).*

Schaltung	$\mathsf{Y}\triangle$-$2\times$(3Phasen-6Drossel-Brückenschaltung)	Polygon-$2\times$(3Phasen-6Drossel-Brückenschaltung)
Phasenzahl prim./sek.. . .	3 / 6	3 / 6
Phasenzahl Gleichstrom . .	12	12
Hauptwinkel . . .	$120°$	$120°$
Kontakte/Schaltdrosseln	12 / 6	12 / 6
Schaltbild	Nr. 11	Nr. 12
Kontaktstrom I_K . .	$I_g/2\sqrt{3} = 0{,}289\,I_g$	$I_g/2\sqrt{3} = 0{,}289\,I_g$
Schaltdrosselstrom I_D	$I_g/2\sqrt{3} = 0{,}289\,I_g$	$I_g/2\sqrt{3} = 0{,}289\,I_g$
Sekundärstrom I_s . .	$\mathsf{Y}\quad I_g/\sqrt{6} = 0{,}408\,I_g$ $\triangle\quad I_g/3\sqrt{2} = 0{,}236\,I_g$	lange Wicklung $\dfrac{\sqrt{7}}{6}I_g = 0{,}441\,I_g$ kurze Wicklung $I_g/3 = 0{,}333\,I_g$
Primärstrom I_p . .	$\dfrac{\sqrt{3}+1}{2\sqrt{3}}I_g = 0{,}788\,Ig$	$\dfrac{\sqrt{3}+1}{2\sqrt{3}}I_g = 0{,}788\,I_g$
Netzstrom I_N . . .	$\dfrac{\sqrt{3}+1}{2}I_g = 1{,}366\,I_g$	$\dfrac{\sqrt{3}+1}{2}I_g = 1{,}366\,I_g$
Transformator-Bauleistung primär . . .	$\left(\dfrac{\pi(\sqrt{3}+1)}{6\sqrt{2}} = 1{,}011\right)N_{g0}$	$\left(\dfrac{\pi(\sqrt{3}+1)}{6\sqrt{2}} = 1{,}011\right)N_{g0}$
Transformator-Bauleistung sekundär . .	$\left(\dfrac{\pi}{3} = 1{,}05\right)N_{g0}$	$\left(\dfrac{\pi(\sqrt{7}+\sqrt{3}-1)}{6\sqrt{3}} = 1{,}021\right)N_{g0}$
Transformator-Bauleistung mittel N_T . .	$1{,}03\,N_{g0}$	$1{,}016\,N_{g0}$
Bauleistung N_{BD} des Schaltdrosselsatzes . . .	$\left(\dfrac{\pi}{\sqrt{6}} = 1{,}28\right)\Delta t_s\,\omega\,N_{g0}$	$\left(\dfrac{\pi}{\sqrt{6}} = 1{,}28\right)\Delta t_s\,\omega\,N_{g0}$
Verzerrungsfaktor v	$\dfrac{6\sqrt{2}}{\pi(\sqrt{3}+1)} = 0{,}988$	$\dfrac{6\sqrt{2}}{\pi(\sqrt{3}+1)} = 0{,}988$
Gleich-EMK E_{g0} . .	$(3\sqrt{6}/\pi = 2{,}34)\,E$	$(3\sqrt{6}/\pi = 2{,}34)\,E$
Wendefaktor K . .	$\sqrt{2}/(\sqrt{3}+1) = 0{,}518$	$\sqrt{2}/(\sqrt{3}+1) = 0{,}518$
Reaktanzspannung ε_W . .	$\varepsilon_N + \varepsilon_T + (\sqrt{3}+3)\,\varepsilon_D$ $= \varepsilon_N + \varepsilon_T + 4{,}73\,\varepsilon_D$	$\varepsilon_N + \varepsilon_T + (\sqrt{3}+3)\,\varepsilon_D$ $= \varepsilon_N + \varepsilon_T + 4{,}73\,\varepsilon_D$
Wendespannung E_W . .	$E\sqrt{3} = \left(\dfrac{\pi}{3\sqrt{2}} = 0{,}74\right)E_{g0}$	$E\sqrt{3} = \left(\dfrac{\pi}{3\sqrt{2}} = 0{,}74\right)E_{g0}$
Sperrspannung E_{spm} . .	$\left(\dfrac{\pi}{3} = 1{,}05\right)E_{g0}$	$\left(\dfrac{\pi}{3} = 1{,}05\right)E_{g0}$
Abwandlung . . .	Ausführung als $2\times$Dreidrosselschaltung (vgl. S. 200)	Ausführung als $2\times$Dreidrosselschaltung (vgl. S. 200)

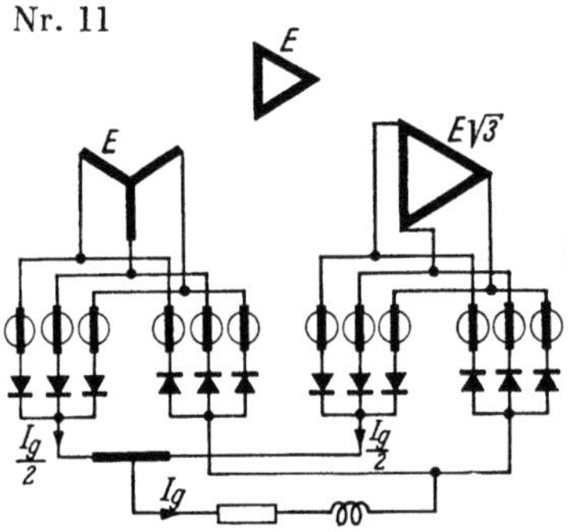

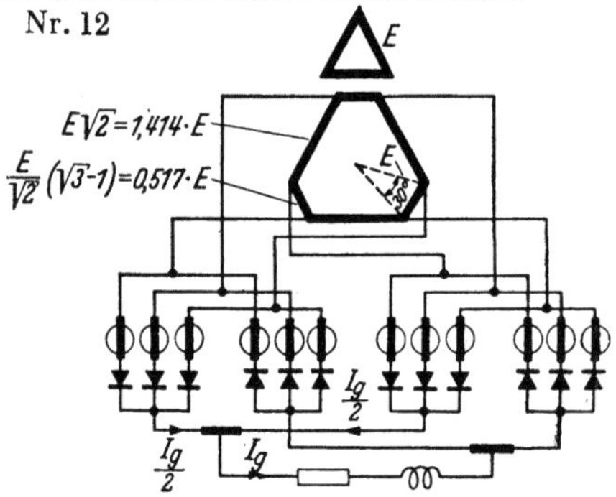

2. Nur halb soviel Sekundärphasen wie bei einer Sternpunktschaltung mit gleicher Phasenzahl der Gleichstromwelligkeit (mit Ausnahme von Nr. 9 und 10); damit ein einfacherer Transformator.

3. Eine nur halb so große Sekundärspannung E für die gleiche Gleichspannung E_{g0}; daher nur eine halb so große Sperrspannungsbeanspruchung wie bei der entsprechenden Sternpunktschaltung.

Aus diesen Gründen sind trotz des Umstandes, daß mit der gleichen Anzahl von Kontakten in Sternpunktschaltung ein Gleichstrom von doppelter Größe erreicht werden kann, Brückenschaltungen bei Kontaktumformern fast allgemein verwendet worden mit nur gelegentlichen Ausnahmen bei Umformern für kleine Leistungen oder für sehr große Ströme bei kleinen Spannungen.

Ein weiteres Unterscheidungsmerkmal ist durch den *Hauptstromführungswinkel* (Hauptwinkel) der Kontakte gegeben. Für den Anschluß an ein Einphasennetz sind nur die zwei Schaltungen Nr. 1 und 2 verfügbar, die einen Hauptwinkel von 180° haben. Beide Schaltungen liefern eine 2phasig gewellte Gleichspannung. Alle übrigen Schaltungen benötigen ein Dreiphasennetz. Eine 3phasig gewellte Gleichspannung ergibt sich bei den 3phasigen Sternpunktschaltungen Nr. 3 und 4, die mit einem Hauptwinkel von 120° arbeiten. Um eine 6phasig gewellte Gleichspannung zu erhalten, können die Schaltungen Nr. 5 bis 10 verwendet werden. Von ihnen hat die Schaltung 5 einen Hauptwinkel von 180°, während die Schaltungen 6 bis 8 einen Hauptwinkel von 120° und die Schaltungen 9 und 10 einen solchen von nur 60° aufweisen. Für eine 12phasig gewellte Gleichspannung schließlich sind noch die beiden Schaltungen Nr. 11 und 12 mit einem Hauptwinkel von 120° gezeigt.

Bei den Schaltungen 5, 6, 11 und 12 handelt es sich genaugenommen schon nicht mehr um reine Grundschaltungen, denn jede von ihnen besteht sekundärseitig aus mehreren der bereits vorher aufgeführten Grundschaltungen, die mit gegenseitiger Phasenversetzung betrieben werden und daher auf der Gleichstromseite über Saugdrosseln verbunden sind (vgl. Abschn. 27.1). Sie wurden aber trotzdem in die Gruppe der Grundschaltungen eingereiht, weil bei ihnen *ein* gemeinsamer Haupttransformator mit nur *einer* Primärwicklung verwendet wird.

Eine dritte Unterscheidung ist notwendig in bezug auf die *Anzahl der Schaltdrosseln*, die für eine gegebene Anzahl von Kontakten benötigt werden. Die eine Gruppe, zu der z. B. die Schaltung Nr. 7 gehört, benutzt für *jeden* Kontakt eine Schaltdrossel, so daß die Anzahl der Schaltdrosseln gleich derjenigen der Kontakte ist ($m_K/m_D = 1$). Infolgedessen findet ein Stromfluß durch die Schaltdrossel nur *einmal* in jeder Periode statt, und zwar stets in der gleichen Richtung. Diese Gruppe besteht aus den Schaltungen Nr. 1, 2, 3, 4, 5, 6, 7, 11 und 12. Die andere Gruppe, der z. B. die Schaltung Nr. 8 angehört, besitzt nur eine einzige Schaltdrossel für jedes *Paar* von 2 Kontakten, die mit 180° Phasenverschiebung betrieben werden und daher *zweimal* in jeder Periode einen Strom durch die Schaltdrossel entstehen lassen. Diese Gruppe benötigt also nur halb soviel Schaltdrosseln wie Kontakte ($m_K/m_D = 2$). Sie umfaßt die Schaltungen Nr. 8, 9 und 10. Sie bietet den Vorteil einer im Verhältnis $\frac{1}{2} \cdot \sqrt{2} = \frac{1}{\sqrt{2}}$ kleineren gesamten Schaltdrossel-Bauleistung. Bei der 3phasigen Brückenschaltung Nr. 8 mit 120° Hauptwinkel indessen ist mit diesem Vorteil wegen der 60°-Bedingung der Nachteil einer Beschränkung des Grenzstromes bzw. der Reaktanz des Wendekreises verbunden, wodurch die Anwendung dieser Schaltung eingeengt ist. Bei den 6phasigen Brückenschaltungen Nr. 9 und 10 mit 60° Hauptwinkel tritt an die Stelle der 60°-Bedingung die weniger drückende

120°-Bedingung. Bei den Schaltungen mit 180° Hauptwinkel (Nr. 1, 2 und 5) ist die Verwendung von nur 1 Schaltdrossel je Kontaktpaar überhaupt nicht möglich.

Die Schaltungen Nr. 11 und 12 sind mit je 2 Grundschaltungen Nr. 7 dargestellt. Grundsätzlich können natürlich auch je 2 Schaltungen Nr. 8 auf die gleiche Weise vereinigt werden; sie hätten dann eine einzige Schaltdrossel für jedes Kontaktpaar anstatt einer getrennten Schaltdrossel für jeden einzelnen Kontakt. In diesem Falle würde der Schaltdrosselstrom sich auf das $\sqrt{2}$-fache des Kontaktstromes erhöhen, nämlich auf $\left(\dfrac{1}{\sqrt{6}} = 0{,}408\right) \cdot I_g$ anstatt $0{,}289\, I_g$. Die Bauleistung des Schaltdrossel- satzes dagegen würde auf das $\dfrac{1}{\sqrt{2}}$-fache sinken, nämlich auf $\left(\dfrac{\pi}{2\sqrt{3}} = 0{,}91\right) \cdot \varDelta t_s\, \omega\, N_{g0}$ anstatt $1{,}28 \cdot \varDelta t_s \omega N_{g0}$. Die Wendekonstante K bleibt unverändert, da sie allein durch die Schaltung des Transformators gegeben ist. In dem Ausdruck für die Reaktanzspannung ε_W des Wendekreises bleiben die Anteile ε_N und ε_T ebenfalls unberührt. Der Schaltdrosselanteil hingegen muß, da der Zahlenwert von ε_D gemäß der später folgenden Definition Gl. (29,9) jetzt mit dem $\sqrt{2}$-fachen Strom berechnet ist, wieder durch $\sqrt{2}$ dividiert werden. Somit lautet der Gesamtausdruck nunmehr

$$\varepsilon_N + \varepsilon_T + \frac{3 + \sqrt{3}}{\sqrt{2}}\, \varepsilon_D \;=\; \varepsilon_N + \varepsilon_T + 3{,}34 \cdot \varepsilon_D \quad \text{anstatt} \quad \varepsilon_N + \varepsilon_T + 4{,}73 \cdot \varepsilon_D .$$

Umgekehrt könnten die 6phasigen Brückenschaltungen Nr. 9 und 10 anstatt mit 1 Drossel je Kontaktpaar auch mit einer getrennten Drossel für jeden Kontakt ausgeführt werden und würden dann also 12 Drosseln anstatt 6 enthalten. Hierdurch würden die Schaltungen von der 120°-Bedingung frei werden und infolgedessen auch eine weitgehende magnetische Teilaussteuerungsregelung durch eine Einschalt- stufe veränderbarer Länge gestatten. Der Schaltdrosselstrom würde dann gleich dem Kontaktstrom sein, also gleich $0{,}408\, I_g$. Die Bauleistung des Schaltdrossel- satzes stiege um den Faktor $\sqrt{2}$ auf $\left(\dfrac{\pi}{2\sqrt{3}} = 0{,}91\right) \cdot \varDelta t_s\, \omega\, N_{g0}$ anstatt $0{,}64 \cdot \varDelta t_s \omega N_{g0}$.

Für die Wendereaktanzspannung ε_W würde sich in Schaltung 9 ergeben

$$\frac{\varepsilon_N}{\sqrt{6}} + \varepsilon_T + \sqrt{2} \cdot \varepsilon_D ,$$

und in Schaltung 10 erhielte man

$$\frac{\varepsilon_N}{\sqrt{2}} + \varepsilon_T + \sqrt{6} \cdot \varepsilon_D .$$

26.3 Transformatorschaltungen.

Einige Bemerkungen sind noch bezüglich der Transformatorschaltungen er- forderlich:

Die *3phasige Sternpunktschaltung Nr. 4* ist in der Tabelle mit einer Primär- wicklung in Sternschaltung dargestellt. Statt dieser kann ebensogut, falls es zweck- mäßiger ist, eine Dreieckschaltung gewählt werden.

Bei der *3 × Zweiphasen-Saugdrosselschaltung Nr. 5* ist die Primärwicklung in Dreieck geschaltet. Im Betrieb mit primärer Sternschaltung würde nämlich eine Wechselstrom-Restmagnetisierung des Transformatorkernes mit dreifacher Fre- quenz entstehen. Primäre Sternschaltung ist daher nur zulässig, wenn der Trans- formator zusätzlich mit einer in Dreieck geschalteten Tertiärwicklung ausgestattet wird. Hierdurch erhöht sich aber die Transformator-Bauleistung auf $1{,}50\, N_{g0}$.

Für die *2 × Dreiphasen-Saugdrosselschaltung Nr. 6* ist die Primärwicklung in Dreieckschaltung angegeben. Statt dieser kann auch ebensogut eine Sternschaltung verwendet werden. Es muß aber darauf aufmerksam gemacht werden, daß, wenn die Gleichströme der beiden über die Saugdrossel parallel geschalteten 3phasigen Sternpunkt-Gleichrichtersysteme durch getrennte Schalter geschaltet werden, bei beiden Schaltungsarten der Primärwicklung eine Gleichstrom-Restmagnetisierung des Transformatorkernes auftreten kann, nämlich immer dann, wenn vorübergehend nur einer der Schalter geschlossen ist, wie es beim Einschalten und beim Ausschalten des Umformers vorkommen kann (vgl. Abschn. 27.4, S. 233). Das bereits oder noch eingeschaltete 3phasige Sternpunktsystem verhält sich dann genau wie die Schaltung Nr. 3 bzw. die entsprechende Schaltung mit primärer Dreieckwicklung. Die Gleichstrom-Restmagnetisierung ist in allen 3 Schenkeln des Transformatorkernes gleichgerichtet und erzeugt einen Jochstreufluß, dessen Kraftlinien sich über die Zugstangen und die Kesselwandungen schließen. Bei beträchtlicher magnetischer Leitfähigkeit für diesen Jochstreufluß ist eine Gleichstrom-Vormagnetisierung der Schenkel und, hierdurch bedingt, eine Verzerrung und Erhöhung des Magnetisierungsstromes die Folge. Bei der 3 × Zweiphasen-Saugdrosselschaltung Nr. 5 hingegen, die sogar 3 Gleichstromschalter erfordert, tritt auch dann, wenn nicht alle 3 Schalter geschlossen sind, eine Restmagnetisierung nicht auf, weil die sekundärseitige Durchflutung jedes Schenkels eine symmetrische Wechseldurchflutung und der primäre Wicklungsstrom daher ein symmetrischer Wechselstrom ist.

Die *3phasigen Brückenschaltungen Nr. 7 und 8* sind primär und sekundär mit Sternschaltung der Wicklungen gezeigt. Sie können aber ebenfalls mit irgendeiner anderen Schaltung der Primärwicklung oder der Sekundärwicklung ausgeführt werden, z. B. mit Dreieck/Stern, Dreieck/Dreieck, Stern/Dreieck, Stern/Zickzack, Dreieck/Zickzack oder sogar ohne irgendeinen Transformator, wenn die Netzspannung zufällig gerade die Höhe der zur Erreichung der gewünschten Gleichspannung erforderlichen verketteten Wechselspannung hat und das Gleichstromnetz nicht geerdet wird.

Bei den *6phasigen Brückenschaltungen Nr. 9 und 10* ist in der Tabelle auf der Primärseite des Transformators eine Dreieckschaltung vorgesehen. Die Verwendung einer Sternschaltung ist nur dann zulässig, wenn außerdem noch eine in Dreieck geschaltete Tertiärwicklung angebracht ist, da anderenfalls eine Wechselstrom-Restmagnetisierung des Transformatorkernes mit dreifacher Frequenz vorhanden sein würde. Durch die Tertiärwicklung erhöht sich jedoch die Bauleistung des Transformators, und zwar bei der Schaltung Nr. 9 von $1{,}28 \cdot N_{g0}$ auf $1{,}54 \cdot N_{g0}$ und bei der Schaltung Nr. 10 von $1{,}11 \cdot N_{g0}$ auf $1{,}26 \cdot N_{g0}$. Der durch die Brückenschaltung sonst gebotene Vorteil einer kleinen Bauleistung des Transformators geht hier also bei primärer Sternschaltung wieder verloren.

Anders dagegen liegen die Verhältnisse bei den *2 × Dreiphasen-Brückenschaltungen Nr. 11 und 12.* Bei ihnen kann genau wie bei den Schaltungen Nr. 7 und 8 ohne eine Restmagnetisierung oder sonstige Nachteile die Primärwicklung nach Belieben in Dreieck oder in Stern geschaltet sein oder auch zur Herstellung eines anderen Gleichspannungsbereiches von der einen in die andere Schaltart umgeschaltet werden.

Eine in der Wirkung den Schaltungen Nr. 9 und 10 gleiche 6phasige Brückenschaltung könnte grundsätzlich auch mittels einer sekundärseitigen Gabelschaltung hergestellt werden. Da jedoch die Gabelschaltung im Vergleich zu der Polygonschaltung Nr. 10 die höhere Transformator-Bauleistung $1{,}16 \cdot N_{g0}$ und eine kompliziertere Sekundärwicklung hat, so liegt kein Grund vor, sie zu verwenden. Auch die Schaltung Nr. 9, die die noch höhere Transformator-Bauleistung $1,28 \cdot N_{g0}$ aufweist, wird normalerweise nicht verwendet werden. Sie ist aber deswegen in der Tabelle aufgeführt, weil sie eine wichtige Abwandlungsmöglichkeit durch Zusammenlegung der 6 Schaltdrosseln zu nur 3 Schaltdrosseln bietet, worauf später in Abschnitt 26.5 auf S. 209 noch eingegangen wird. Die Polygonschaltung Nr. 12 könnte ebenfalls durch eine sekundärseitige Gabelschaltung ersetzt werden. Die Schaltung würde dann aber wiederum eine höhere Transformator-Bauleistung erhalten, nämlich $1,06 \cdot N_{g0}$ an Stelle von $1,016 \cdot N_{g0}$, und sie würde in der Wicklung komplizierter sein als das Polygon. Aus diesen Gründen ist auch sie ohne Interesse.

26.4 Vergleich der Bauleistungen und Gewichte.

Soweit es auf die Größe der Bauleistung und die Einfachheit des Transformators ankommt, sind für eine 6phasige Gleichstromwelligkeit die 3phasigen Brückenschaltungen Nr. 7 und 8 mit der Bauleistung von nur $1,05 \cdot N_{g0}$ weitaus am vorteilhaftesten. Für eine 12phasige Gleichstromwelligkeit sind es entsprechend die von ihnen abgeleiteten Schaltungen Nr. 11 und 12. Die Schaltung Nr. 11 hat die Bauleistung $1,03 \cdot N_{g0}$, und die Schaltung Nr. 12 hat sogar eine solche von nur $1,016 \cdot N_{g0}$, was den kleinsten bisher überhaupt für die Bauleistung eines Gleichrichtertransformators gefundenen Betrag darstellt.

Wenn man nun die verschiedenen Schaltungen hinsichtlich der Bauleistung der Transformatoren und der Schaltdrosseln miteinander vergleicht, so darf man nicht außer acht lassen, daß ein Unterschied in der elektrischen Bauleistung noch nicht einen verhältnismäßig gleichen Unterschied im Gewicht und dementsprechend in den Kosten bedeutet. Ein wohlbekanntes Wachstumsgesetz für Transformatoren besagt, daß sich das Gewicht der aktiven Werkstoffe nicht verhältnisgleich der elektrischen Bauleistung ändert, sondern nur mit der $3/4$. Potenz derselben. Dieses ist darin begründet, daß, wenn der gleiche Scheitelwert der magnetischen Induktion und die gleiche Stromdichte beibehalten werden, die elektrische Leistung mit der 4. Potenz der linearen Abmessungen wächst, während das Gewicht nur mit der 3. Potenz der Abmessungen zunimmt. Für eine Bauleistung von z. B. dem doppelten Betrage steigt das Gewicht also nur auf das $\left(\sqrt[4]{2}\right)^3 = 1,68$-fache des ursprünglichen Wertes.

Dieses Gesetz trifft auch, wie aus Abb. 26,2 hervorgeht, ziemlich genau für die Schaltdrosseln zu, obwohl die Voraussetzung gleichbleibender Stromdichte hier nicht genau erfüllt ist, wie die Zahlenangaben des nächsten Absatzes zeigen. In der genannten Abbildung ist das Gesamtgewicht G der aktiven Werkstoffe *einer* Schaltdrossel (Wicklungskupfer und Eisen des Ausschaltkernes, jedoch ohne Einschaltkern) in Abhängigkeit von der Bauleistung $N_B = \frac{1}{2} \cdot E_W I_D \, \Delta t_s \omega$ der Drossel mit $\omega = 314$ entsprechend einer Betriebsfrequenz von 50 Hz in doppelt-logarithmischem Maßstabe aufgetragen. Die ausgezogene Gerade

$$G = 6 \cdot N_B^{3/4} \tag{26,5}$$

entspricht dem theoretischen Gesetz, wobei der Faktor 6 sich empirisch rein zufällig als ganze Zahl ergab.

Rechnet man anstatt mit der Bauleistung N_B als Drossel, wie sie durch Gl. (26,2) gegeben war, mit der Bauleistung N_{BT} der Drossel als äquivalenter Transformator gemäß Gl. (26,4) und setzt darin $B_T = B_D$, also $\frac{B_T}{\Delta M} = \frac{1}{2}$, so ergibt sich an Stelle des Faktors 6 ein Faktor von rund 10, und die Beziehung lautet dann $G \approx 10 \, N_{BT}^{3/4}$.

Aus Abb. 26,2 ist ersichtlich, daß die Gewichte aller 3 für die Darstellung herangezogenen Ausführungsarten von Schaltdrosseln, nämlich sowohl von Drosseln der SSW mit Kupferpreßseilwicklung und Nickeleisenkern (○) oder Siliziumeisenkern (×) als auch von Drosseln der ITE mit gelöteter Vollkupferwicklung und Nickeleisenkern (●), über den ganzen Bauleistungsbereich von der kleinsten bis zur größten bisher ausgeführten Schaltdrossel in befriedigender Weise der theoretischen Linie folgen. Die aufgetragenen Punkte gelten für Schaltdrosseln mit Luftkühlung, wobei die mittleren Stromdichten von 2,3 A/mm² bei kleinen Drosseln mit Luftselbstkühlung hinaufgehen auf 3 bis 3,5 A/mm² bei großen Drosseln mit Lüfterkühlung. Alle Punkte wurden aus den Daten wirklich in der Praxis berechneter und zum größten Teil auch ausgeführter Drosseln ermittelt. Es mag zunächst überraschen,

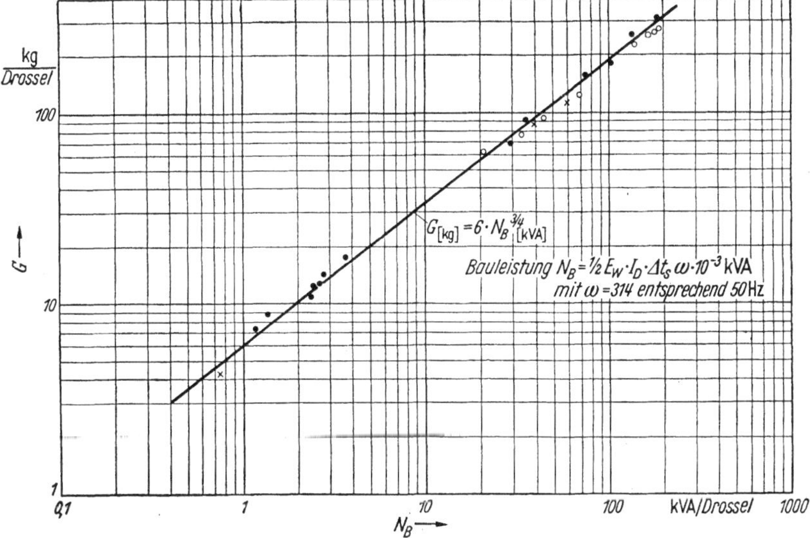

Abb. 26,2. Gesamtgewicht der aktiven Teile von Schaltdrosseln (Vergleich aus dem Jahre 1949).
● Nickeleisen, Vollkupferwicklung,
○ Nickeleisen, Kupferpreßseil-Wicklung,
× Siliziumeisen, Kupferpreßseil-Wicklung.

Um das Gewicht einer Schaltdrossel für eine von 50 Hz abweichende Frequenz zu erhalten, berechne man N_B nach der obigen Formel mit den tatsächlichen Werten von E_W, I_D und Δt_s, jedoch mit ω = 314 entsprechend 50 Hz, und entnehme für diese Bauleistung das Gewicht der Kurve.

daß die Werte aller 3 Bauarten trotz der bei gleicher Bauleistung voneinander abweichenden Abmessungen und Proportionen innerhalb des allgemeinen Streubereiches praktisch auf ein und derselben Geraden liegen, daß also beispielsweise die Vollkupferbauart gegenüber den anderen beiden Bauarten trotz geringerer Abmessungen der Drosseln keine merkbare Gewichtsersparnis bringt. Dieses Ergebnis wird aber plausibel, wenn man bedenkt, daß für die Abmessungen einer Schaltdrossel nicht das Gewichts- oder das Kostenminimum allein maßgebend ist, sondern daß die Abmessungen mit Vorrang durch andere Zielgrößen wie z. B. die noch zulässigen Werte der Luftinduktivität, des Stufenstromes oder der Wicklungsverluste mitbestimmt werden.

Aus dem Wachstumsgesetz Gl. (26,5) folgt nun beispielsweise, daß, wenn man die Bauleistung N_{BD} des ganzen Schaltdrosselsatzes einer Gleichrichterschaltung betrachtet, zwei Schaltungen mit der gleichen gesamten Bauleistung, aber mit einer verschiedenen Anzahl von Schaltdrosseln, nicht das gleiche Gesamtgewicht des Schaltdrosselsatzes aufweisen. Vergleichen wir z. B. die einphasige Sternpunktschaltung Nr. 1, die nur 2 Schaltdrosseln hat, mit der einphasigen Brückenschaltung Nr. 2, die bei gleicher gesamter Schaltdrossel-Bauleistung 4 Schaltdrosseln enthält. Im Vergleich zur Schaltung Nr. 2 benötigt die Schaltung Nr. 1 also nur halb so viele Schaltdrosseln, jedoch von der doppelten Bauleistung der Einzeldrossel. Sie hat daher nur ein Gesamtgewicht vom $\frac{1}{2} \cdot 1{,}68 = 0{,}84$-fachen des Gesamtgewichtes der 4 Schaltdrosseln von Nr. 2. Aus diesem Grunde wird man, wenn nicht gerade zwecks Halbierung einer unbequem hohen Sperrspannung die Schaltung Nr. 2 gewählt werden muß, im allgemeinen die Schaltung Nr. 1 trotz ihres um den Faktor $(1{,}34/1{,}11)^{3/4} = 1{,}15$ höheren Transformatorgewichtes vorziehen, denn sie erspart 16% an Schaltdrosselgewicht und außerdem noch 2 Kontakte, und sie ist einfacher in der Schaltung.

Es ist nun sehr lehrreich, auf der Basis einer gleich großen ideellen Gleichstromleistung N_{g0} die Gewichte der Transformatoren und der Schaltdrosseln einiger Kontaktumformerschaltungen zu vergleichen, die heute im Vordergrunde des Interesses stehen. Wie bereits ausgeführt wurde, ist die früher überwiegend angewendete 3phasige Dreidrossel-Brückenschaltung Nr. 8 der 60°-Bedingung unterworfen. Man bevorzugt heute andere Schaltungen, die diese Einengung nicht aufweisen. Wenn es sich darum handelt, bei einer verhältnismäßig geringen Gleichspannung mit einer gegebenen Anzahl von Kontakten ein Maximum an Gleichstrom zu erzeugen, so steht hier die $3 \times$ Zweiphasen-Saugdrosselschaltung Nr. 5 an der Spitze. Nicht viel weniger Strom, nämlich das $\sqrt{2/3} = 0{,}82$-fache, bei einer nur $^2/_3$ so großen Sperrspannungsbeanspruchung, also einer entsprechend größeren zulässigen Gleichspannung, liefert die $2 \times$ Dreiphasen-Saugdrosselschaltung Nr. 6. Für mittlere und höhere Gleichspannungen kommen Brückenschaltungen mit dem Doppelten an zulässiger Gleichspannung, aber nur halber Gleichstromstärke in Frage, von denen gegenwärtig insbesondere die 3phasige Sechsdrossel-Brückenschaltung Nr. 7 und die 6phasige Brückenschaltung Nr. 10 miteinander im Wettbewerb stehen. Wir wollen daher zu dem Vergleich die Schaltungen Nr. 5, 6, 7, 8 und 10 heranziehen, wobei die Werte der Schaltung Nr. 8 als Bezugsgrößen gleich 1,0 gesetzt werden. Der Vergleich liefert die in Tab. 26,2 zusammengestellten Ergebnisse.

Tabelle 26,2. Vergleich der Gewichte.

Schaltung Nr.	5	6	7	8	10
Benennung	3 × Zweiphasen-Saugdrossel-schaltung	2 × Dreiphasen-Saugdrossel-schaltung	3phas. Sechsdrossel-Brücken-schaltung	3phas. Dreidrossel-Brücken-schaltung	6phas. Polygon-Brücken-schaltung
Anzahl der Kontakte . .	6	6	6	6	12
Anzahl der Schaltdrosseln	6	6	6	3	6
Hauptwinkel in $^\circ_{el}$ . . .	180	120	120	120	60
Transformator:					
Bauleistung	1,28 + Saugdrossel	1,20 + Saugdrossel	1,0	1,0	1,06
Gewicht	1,21 + Saugdrossel	1,15 + Saugdrossel	1,0	1,0	1,05
Schaltdrosselsatz:					
Bauleistung	1,73	1,41	1,41	1,0	0,71
Gewicht	1,80	1,54	1,54	1,0	0,92

Betrachten wir zuerst die der Schaltung Nr. 8 am nächsten kommende 3phasige Brückenschaltung Nr. 7, so findet sich selbstverständlich die gleiche Transformator-Bauleistung und das gleiche Transformatorgewicht. Die Bauleistung des Schaltdrosselsatzes aber ist im Verhältnis $\sqrt{2}$ größer, denn es handelt sich jetzt um 6 Drosseln an Stelle von 3, von denen jede eine Bauleistung vom $1/\sqrt{2}$-fachen der Einzeldrosseln der Schaltung Nr. 8 hat. Das gesamte Gewicht erhöht sich dabei nicht im Verhältnis $\sqrt{2}$, sondern im Verhältnis $\frac{6}{3} \cdot (1/\sqrt{2})^{3/4} = 1{,}54$.

Bei der 6phasigen Brückenschaltung Nr. 10 ist dagegen zwar die Transformator-Bauleistung im Verhältnis $1{,}11/1{,}05 = 1{,}06$ und das Transformatorgewicht entsprechend im Verhältnis $1{,}06^{3/4} = 1{,}05$ erhöht. Die gesamte Schaltdrossel-Bauleistung ist aber nur das $1/\sqrt{2} = 0{,}71$-fache derjenigen der Schaltung Nr. 8, wobei die Bauleistung der einzelnen Schaltdrossel im Verhältnis $1/2\sqrt{2}$ kleiner ist. Damit ist das gesamte Gewicht das $\frac{6}{3} \cdot (1/2\sqrt{2})^{3/4} = 0{,}92$-fache des gesamten Schaltdrosselgewichtes der Schaltung Nr. 8.

Bei der Saugdrosselschaltung Nr. 6 liegen hinsichtlich des Schaltdrosselaufwandes die Verhältnisse genau wie bei der Schaltung Nr. 7, da es sich um die gleiche Anzahl von Schaltdrosseln mit der gleichen Einzel-Bauleistung handelt. Der Transformator hingegen ist wegen der schlechteren Ausnutzung der Sekundärwicklung erheblich größer, nämlich in der Bauleistung um den Faktor $1{,}26/1{,}05 = 1{,}20$ und im Gewicht um den Faktor $1{,}20^{3/4} = 1{,}15$. Dazu kommt noch die Bauleistung bzw. das Gewicht der 2phasigen Saugdrossel (s. Abschn. 27.4).

Die Saugdrosselschaltung Nr. 5 schneidet sowohl hinsichtlich des Transformator- als auch des Schaltdrosselaufwandes am schlechtesten ab. Die Transformator-Bauleistung ist das $1{,}34/1{,}05 = 1{,}28$-fache derjenigen von Schaltung Nr. 8, das Transformatorgewicht das $1{,}28^{3/4} = 1{,}21$-fache. Dazu ist noch eine 3phasige Saugdrossel erforderlich. Die Bauleistung des Schaltdrosselsatzes schließlich ist um das $\frac{6}{3} \cdot \frac{\sqrt{3}}{2} = \sqrt{3}$-fache größer, das Gewicht um das $\frac{6}{3} \cdot \left(\frac{\sqrt{3}}{2}\right)^{3/4} = 1{,}80$-fache.

Bezüglich der Bauleistung des Schaltdrosselsatzes läßt die Tabelle zwei bekannte Gesetzmäßigkeiten erkennen, nämlich:

1. Bei Ausnutzung der Schaltdrossel in nur *einer* Stromrichtung (1 Schaltdrossel je Kontakt) ist die Bauleistung des Schaltdrosselsatzes verhältnisgleich $1/\sqrt{p}$, wenn mit p die Phasenzahl des geschlossenen, in sich stromwendenden Systems bezeichnet wird (z. B. $p = 2$ bei Schaltung 5, $p = 3$ bei den Schaltungen 6 bis 8 und $p = 6$ bei Schaltung 10).

2. Bei Ausnutzung der Schaltdrossel in *beiden* Stromrichtungen (1 Schaltdrossel je Kontaktpaar, Schaltungen 8 und 10) ist zusätzlich die Bauleistung nur das $1/\sqrt{2}$-fache derjenigen der entsprechenden Schaltung mit Ausnutzung der Schaltdrossel in nur *einer* Stromrichtung.

Die zweite dieser Gesetzmäßigkeiten trifft in entsprechender Weise auch auf die Sekundärwicklung des Transformators zu. Aus diesem Grunde haben die Sternpunktschaltungen Nr. 5 und 6 eine beträchtlich höhere Transformator-Bauleistung als die Brückenschaltungen Nr. 7, 8 und 10.

In Anbetracht dieser Zusammenhänge ergibt sich für die Auswahl der im Einzelfalle bestgeeigneten Schaltung die Richtlinie, daß Sternpunktschaltungen erst dann vorteilhafter sind als Brückenschaltungen, wenn die bei ihnen bei niedrigen Gleichspannungen und hohen Gleichströmen eintretende Ersparnis an Kontakten, d. h. an Aufwand für das Schaltgerät, und an Hochstrom-Zuleitungs- und -Verbindungsschienen größer wird als der zusätzliche Aufwand für die Vergrößerung des Transformators und der Schaltdrosseln.

Bei dem angestellten Vergleich ist noch zu beachten, daß die in der Tab. 26,2 für den Schaltdrosselsatz angegebenen Zahlen die gleiche Stufenlänge bei allen Schaltungen zur Voraussetzung haben. Diese Voraussetzung trifft aber in der Praxis nicht zu, und die Tabelle gibt insofern noch kein ganz richtiges Vergleichsbild. Beispielsweise wird man, um die durch den Übergang von der Dreidrosselschaltung Nr. 8 zu einer der anderen Schaltungen gewonnene Bewegungsfreiheit auszunutzen, die Stufenlänge größer wählen als bei der Schaltung Nr. 8, wo die 60°-Bedingung eine solche erwünschte Erhöhung unmöglich machte und zu dem Ausweg einer Herabsetzung der Wendereaktanzspannung (Transformator mit sehr geringer Streuung, Schaltdrosseln mit kleiner Luftinduktivität) und einer oberen Begrenzung des Teilaussteuerungsbereiches (Sicherheitswinkel α_0) zwang. Ferner muß die Stufenlänge um so größer gewählt werden, je größer der unter sonst gleichen Verhältnissen in seinem Betrage noch von der Schaltung abhängige elektrische Überlappungswinkel $\ddot{u}$ der Ströme ist. Dieser Überlappungswinkel wächst aber mit zunehmender Phasenzahl p an; er hat seinen kleinsten Wert bei der Schaltung Nr. 5 und den größten bei der Schaltung Nr. 10. Die durch eine Vergrößerung der Phasenzahl p bei gleichbleibender Stufenlänge an sich erreichbare Verminderung der Schaltdrossel-Bauleistung wird somit *praktisch* wegen der gegenläufigen Wirkung der mit Rücksicht auf den Überlappungswinkel $\ddot{u}$ erforderlichen Vergrößerung der Stufenlänge nur teilweise wirksam. Auf Grund der genannten beiden Umstände wird hinsichtlich des Schaltdrosselaufwandes die 3phasige Dreidrossel-Brückenschaltung Nr. 8 praktisch auch von den 6phasigen Sechsdrossel-Brückenschaltungen Nr. 9 und 10 ohne weiteres nicht unterboten. Es lassen sich aber in gewissen Fällen durch Schaltungsabwandlungen, die im nächsten Abschnitt noch gestreift werden, noch Einsparungen am Schaltdrosselgewicht erreichen.

In diesem Zusammenhange muß noch einmal darauf hingewiesen werden, daß eine beträchtliche Verminderung des Schaltdrosselgewichtes grundsätzlich bei allen Schaltungen durch die Anwendung der selbsttätigen elektrischen Überlappungsregelung möglich ist. Bei der 3phasigen Sechsdrossel-Brückenschaltung Nr. 7 z. B. kommt man dann bei einer Betriebsfrequenz von 50 Hz in vielen Anwendungsfällen mit einer Stufenlänge von ungefähr 0,85 ms aus an Stelle einer solchen von mehr als 1 ms, wie sie ohne elektrische Überlappungsregelung erforderlich sein würde. Dabei gestattet die Stufenlänge von 0,85 ms immer noch eine magnetische Teilaussteuerungsregelung im Umfange von mehr als 25% der vollen Gleichspannung, was für die betriebsmäßige Feinregelung im allgemeinen ausreichend ist.

26.5 Schaltungsabwandlungen zur Verminderung des Schaltdrosselgewichtes.

Zur Herabsetzung des Gewichtes der Schaltdrosseln sind in bestimmten Fällen noch Maßnahmen möglich, die im folgenden an Hand der in Abb. 26,3a dargestellten 6phasigen Sternpunktschaltung erläutert werden sollen. Die Schaltung hat 6 Kontakte und 6 Schaltdrosseln, also in Reihe mit jedem Kontakt eine Schaltdrossel. Betrachtet man die Zeitdauer, während der die Drossel vom Strom durchflossen wird und ihr Eisenkern gesättigt ist, so ergibt sich für jede Phase ein Abschnitt von $^1/_6$ Periode, also ein Hauptwinkel von 60°. In Abb. 26,4a sind die entsprechenden Stromblöcke der einzelnen Phasen aufgezeichnet. Anschließend an jeden Stromblock würde in Wirklichkeit wegen der Reaktanz des Wendekreises noch ein gewisser Abschnitt von einigen Zehn Grad für die Stromwendung verbraucht werden;

dieser Abschnitt ist in der schematischen Darstellung der Abb. 26,4, wo alle Stromkurven zur Rechteckform vereinfacht sind, vernachlässigt. Alsdann läuft die Ausschaltstufe Δt ab. Während dieser geht der Kraftfluß Φ der Schaltdrossel unter dem Einfluß der Wendespannung von der positiven zur negativen Sättigung über. Daran

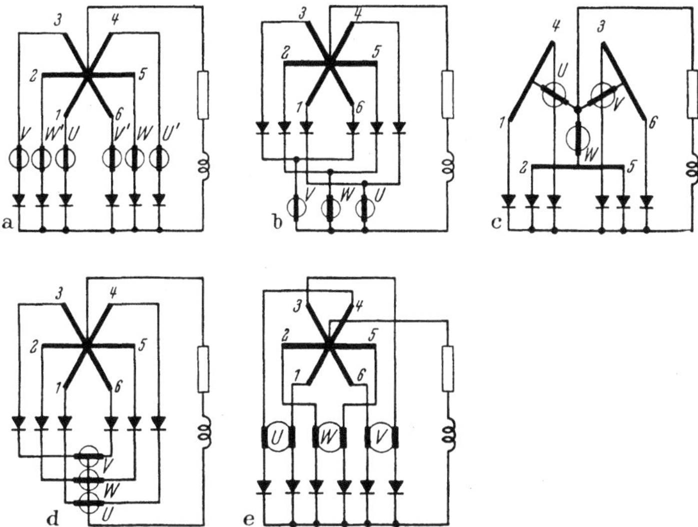

Abb. 26,3. Sechsphasige Sternpunktschaltung und Abwandlungen.
a Ausgangsschaltung mit 6 Drosseln; – b, c Schaltungen mit 3 doppelt ausgenutzten Drosseln; – d, e Schaltungen mit 3 Zweiwicklungsdrosseln.

anschließend stehen somit in dieser Schaltung noch fast $2/3$ der Periode zur Verfügung, um den Kraftfluß wieder zur positiven Sättigung bzw. auf einen anderen, gewünschten Einschaltwert $+M_e$ der magnetischen Polarisation zurückzubringen. Die Rückmagnetisierung muß in der bereits erwähnten Weise durch einen beson-

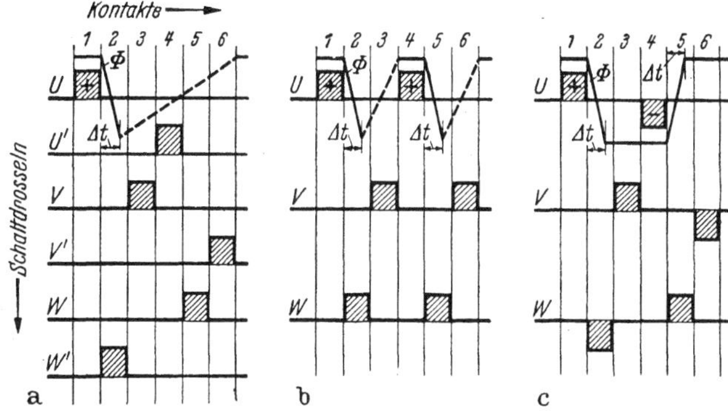

Abb. 26,4. Sechsphasige Sternpunktschaltung. Strom- und Kraftflußkurven der Schaltdrosseln während einer Periode.
a mit 6 Drosseln (Abb. 26,3 a); – b mit 3 doppelt ausgenutzten Drosseln (Abb. 26,3 b u. c); – c mit 3 Zweiwicklungsdrosseln (Abb. 26,3 d u. e).

deren Hilfsmagnetisierungskreis, gegebenenfalls im Zusammenwirken mit den Nebenwegen zu den Kontakten, herbeigeführt werden.

Als *erste Abwandlungsmaßnahme* zur Verminderung des Schaltdrosselgewichtes kann bei manchen Schaltungen eine *Zusammenlegung von 2 Schaltdrosseln zu einer einzigen mit nur 1 Hauptwicklung* vorgenommen werden. In der Schaltung Abb. 26,3 a beispielsweise lassen sich je 2 mit 180° Phasenverschiebung betriebene Schaltdrosseln, also die Schaltdrosselpaare U und U', V und V' bzw. W und W', durch eine einzige Schaltdrossel für jedes Paar im Gegentakt arbeitender Kontakte ersetzen. Dadurch entsteht die Schaltung Abb. 26,3 b. Hier wird jede Schaltdrossel zweimal in jeder Periode von einem Stromblock durchflossen, wie in Abb. 26,4 b gezeigt ist. Der Effektivwert des Schaltdrosselstromes und damit auch die Bauleistung der einzelnen Schaltdrossel ist dann im Verhältnis $\sqrt{2}:1$ höher. Da aber die Anzahl der Schaltdrosseln auf die Hälfte vermindert ist, so beträgt die gesamte Bauleistung nur das $1/\sqrt{2}$-fache derjenigen von Abb. 26,3 a, und das gesamte Gewicht geht herunter auf 65%.

Bei der Schaltung Abb. 26,3 b könnte es noch in gewisser Beziehung als unbequem empfunden werden, daß immer nur je 2 Kontakte unmittelbar miteinander verbunden sind. Jedoch, falls es erwünscht ist, daß gleichstromseitig alle 6 Kontakte das gleiche Potential haben, etwa um einen einfacheren Aufbau der Stromschienen zu erhalten, so kann die Schaltung Abb. 26,3 b auch noch ohne irgendeine Änderung der elektrischen oder magnetischen Arbeitsweise zu der Schaltung Abb. 26,3 c umgeformt werden. Diese Abwandlung wird dadurch erreicht, daß der Sternpunkt der Transformatorwicklung geöffnet und die in Stern geschaltete Gruppe der 3 Schaltdrosseln dort eingeführt wird.

Wie in Abb. 26,4 b dargestellt ist, wechselt bei den Schaltungen Abb. 26,3 b und c der Kraftfluß der Schaltdrosseln mit der doppelten Frequenz, da beide Stromblöcke einer Periode die gleiche Richtung in der Schaltdrosselwicklung haben. Infolgedessen verbleibt nur ein ziemlich kurzer Abschnitt von ungefähr 60° oder noch weniger für die Zurückführung des Kraftflusses zum positiven Einschaltwert, nachdem die Ausschaltstufe abgelaufen ist. Hierdurch können sich zeitlich Schwierigkeiten ergeben, und außerdem kann wegen der gleichbleibenden Richtung der Stromimpulse zur Ergänzung der Gleichstromvormagnetisierung der Drosseln und für die Rückmagnetisierung noch eine Wechselstrom-Hilfsmagnetisierung mit doppelter Frequenz nötig werden, die normalerweise nicht zur Verfügung steht. Insofern sind also diese beiden Abwandlungen keine günstigen Schaltungen; sie wurden mehr zur grundsätzlichen Erläuterung der Abwandlungsmöglichkeiten mit aufgeführt.

In ähnlicher Weise ist nun auch die bereits als Grundschaltung aufgeführte 3phasige Dreidrossel-Brückenschaltung Nr. 8 aus der 3phasigen Sechsdrossel-Brückenschaltung Nr. 7 entstanden, indem je 2 Schaltdrosseln im Gegentakt arbeitender Kontakte ersetzt wurden durch eine einzige mit im Verhältnis $\sqrt{2}:1$ größerer Bauleistung. Auch hier geht das Gewicht des Schaltdrosselsatzes durch diese Maßnahme auf 65% zurück. Abweichend von dem vorhergehenden Beispiel aber haben in dieser Schaltung die beiden Stromblöcke jeder Periode eine wechselnde Richtung in der Schaltdrosselwicklung. Demgemäß hat der Kraftfluß, nachdem er während der Ausschaltstufe sein Vorzeichen gewechselt hat, gerade die erforderliche Richtung für den sich anschließenden Einschaltvorgang des Kontaktes entgegengesetzter Polarität. Es besteht daher keine Notwendigkeit, den Kraftfluß durch besondere Mittel in die umgekehrte Richtung zurückzuführen, sondern das geschieht ganz von selbst immer während der nächsten Ausschaltstufe. Ein Nachteil dieser Schaltung mit 120° Hauptwinkel war, wie bereits mehrfach hervorgehoben wurde, die Begrenztheit des für die Stromwendung, die Ausschaltstufe und die Einschaltstufe entgegengesetzter Richtung zur Verfügung stehenden Abschnittes auf nur 60°. Eine gleichartige Arbeitsweise mit Ausnutzung der Schaltdrosseln in beiden Stromrichtungen und mit entsprechender Herabsetzung des Gewichtes des Schaltdrosselsatzes haben auch die beiden als Grundschaltungen gezeigten 6phasigen Brückenschaltungen Nr. 9 und 10 mit ebenfalls nur *einer* Schaltdrossel für je 2 im Gegentakt schaltende Kontakte. Bei ihnen ist aber wegen des Hauptwinkels von nur 60° an die Stelle des genannten 60°-Abschnittes ein weniger einengender Abschnitt von 120° getreten, so daß der Nachteil der 3phasigen Dreidrossel-Brückenschaltung hier im wesentlichen fortgefallen ist.

Mitunter ist auch eine Zusammenlegung von 2 Schaltdrosseln möglich, die ihre Stromblöcke nicht mit 180° Phasenverschiebung führen, sondern zu gleicher Zeit. Diese Schaltdrosseln gehören dann nicht zu 2 im Gegentakt arbeitenden Kontakten, sondern zu 2 Kontakten, die gleichzeitig schalten, aber eine entgegengesetzte Polarität haben. Als ein Beispiel hierfür sei die 6phasige Brückenschaltung Nr. 9 betrachtet. Führt man die Sekundärwicklung des Transformators anstatt in 6phasiger Sternschaltung mit 3 unverketteten Durchmesserwicklungen ohne Sternpunkt aus, so können die Drosseln *1* und *4*, *2* und *5* bzw. *3* und *6* durch je eine einzige Drossel von doppelter Bauleistung ersetzt werden[1]. Da in dieser Schaltung bereits dann, wenn noch 6 Schaltdrosseln benutzt werden, jede Drossel schon für 2 Kontakte mit 180° Phasenverschiebung die Ausschaltstufen schafft, so liefert mit nur 3 Drosseln in der ganzen Schaltung jede Drossel die Ausschaltstufen für sogar 4 Kontakte, von denen je 2 stets während der gleichen Zeit geschlossen sind. Durch die Zusammenlegung von Schaltdrosseln mit gleichphasigen Stromblöcken wird zwar nicht die Bauleistung des Schaltdrosselsatzes herabgesetzt; das Gesamtgewicht aber vermindert sich trotzdem auf nur 84%, und zwar allein auf Grund des Wachstumsgesetzes wegen der Verdoppelung der Bauleistung der Einzeldrossel bei Halbierung der Anzahl der Drosseln. Die abgewandelte Schaltung Nr. 9 mit nur 3 Schaltdrosseln an Stelle von 6 würde daher in der Tab. 26,2 als Vergleichszahl für das Schaltdrosselgewicht gegenüber demjenigen der Schaltung Nr. 8 den Wert $0,84 \cdot 0,92 = 0,77$ erhalten müssen. Als ein gewisser Nachteil muß bei einer solchen Zusammenlegung von Schaltdrosseln allerdings in Kauf genommen werden, daß durch die Vergrößerung der Drossel auf das Doppelte der Spannungsfläche eine Erhöhung der bezogenen Reaktanzspannung des Wendekreises und damit eine Vergrößerung des Gleichspannungsabfalles und eine Verschlechterung des Leistungsfaktors eintritt, weil die Luftinduktivität der Schaltdrossel (s. Abschn. 34) mit wachsender Schaltdrosselleistung im allgemeinen stärker als linear anwächst.

Eine Sättigung des Schaltdrosseleisens durch den Laststrom in *wechselnder* Richtung anstatt in stets gleichbleibender kann auch bei der betrachteten 6phasigen Sternpunktschaltung Abb. 26,3a durch eine *zweite Abwandlungsmaßnahme* erreicht werden, nämlich durch die Verwendung von *Zweiwicklungsdrosseln*. Es ergibt sich dann die Schaltung Abb. 26,3d. Dort sind die beiden Schaltdrosseln eines im Gegentakt arbeitenden Kontaktpaares ersetzt durch eine einzige Drossel mit nur 1 Eisenkern, aber mit 2 Hauptwicklungen. Obwohl jede der beiden Wicklungen für die gleiche Spannung und für den gleichen Strom wie in Abb. 26,3a ausgelegt sein muß und die gesamte Bauleistung demgemäß ungeändert bleibt, so vermindert sich doch auf Grund des Wachstumsgesetzes das Gewicht wiederum auf nur 84%. Die Gewichtsersparnis ist zwar nicht so groß wie bei der Schaltung Abb. 26,3b oder c, aber dafür ist die Verdoppelung der Frequenz des Kraftflusses mit ihren Nachteilen vermieden, wie aus Abb. 26,4c ersehen werden kann. Die Schaltung kann ohne Änderung der elektrischen und der magnetischen Arbeitsweise noch abgeändert werden in die

---

[1] Siehe z. B. MILLS: DRP. 344726 (1920); — KOPPELMANN: [*1.20*] S. 198, Bild 5, Schaltung c.

der Abb. 26,3 e, bei der wieder alle 6 Kontakte einpolig miteinander verbunden sind und sich daher eine einfachere Schienenführung des Kontaktgerätes ergibt[1].

Die Anwendbarkeit von Zweiwicklungsdrosseln mit einer Gewichtsersparnis von 16% ist nicht nur auf Schaltungen der vorerwähnten Art beschränkt, bei denen die beiden Stromblöcke eine Phasenverschiebung von 180° haben, sondern sie ist auch dann möglich, wenn die beiden Stromimpulse zu gleicher Zeit, aber in verschiedenen Zweigen der Schaltung fließen. Solche Schaltungen sind z. B. die einphasige Brückenschaltung Nr. 2 und die 6phasigen Brückenschaltungen Nr. 9 und 10. Abb. 26,5 zeigt als einfachstes Beispiel, wie die Schaltung Nr. 2 abgeändert werden muß, wenn Zweiwicklungsdrosseln verwendet werden sollen. Die Drosseln *1* und *3* bilden dann eine gemeinsame Zweiwicklungsdrossel, die Drosseln *2* und *4* die zweite. Die beiden Wicklungen jeder Drossel müssen dabei so angeschlossen sein, daß ihre Durchflutungen sich addieren. In gleicher Weise können in den Schaltungen Nr. 9 und 10 die Schaltdrosseln *1* und *4*, *2* und *5* bzw. *3* und *6* zusammengelegt werden, so daß

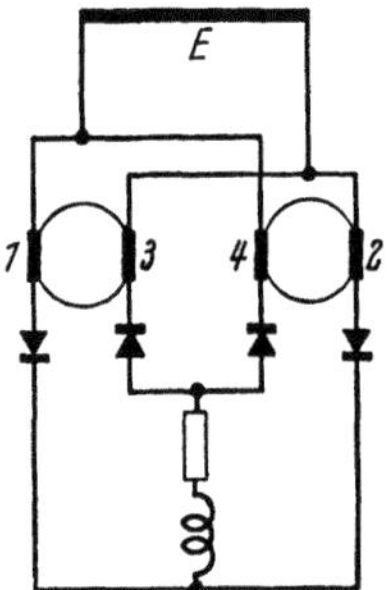

Abb. 26,5. Einphasen-Brückenschaltung Tab. 26,1 Nr. 2 mit Zweiwicklungsdrosseln.

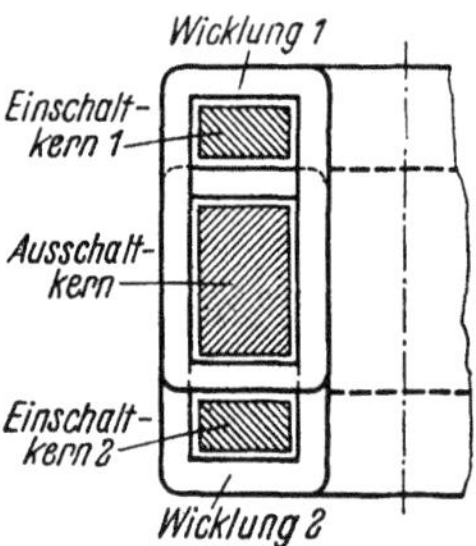

Abb. 26,6. Zweiwicklungsdrossel mit getrenntem Einschaltkern für jeden der beiden Kontakte.

3 Schaltdrosseln mit je 2 Wicklungen und 1 Eisenkern entstehen[2]. Hierdurch kann gegenüber dem in Tafel 26,2 angegebenen Wert von 0,92 das gesamte Schaltdrosselgewicht der Schaltungen Nr. 9 und 10 auf 0,77 des Gewichtes der 3phasigen Dreidrossel-Brückenschaltung Nr. 8 herabgesetzt werden, wenn wiederum die gleiche Stufenlänge vorausgesetzt ist. Allerdings tritt auch bei Zweiwicklungsdrosseln in Schaltungen mit Phasengleichheit der Stromblöcke eine Erhöhung der bezogenen Reaktanzspannung des Wendekreises mit der Wirkung einer Vergrößerung des Gleichspannungsabfalles und einer Verminderung des Leistungsfaktors ein, weil auch bei gesättigtem Eisenkern die mit beiden Wicklungen verketteten Kraftlinien des Luftflusses diese Wicklungen zu einer Gegeninduktivität zusammenkoppeln.

Eine besondere Ausgestaltung der Zweiwicklungsdrosseln würde notwendig werden, wenn Einschaltkerne vorhanden sind. Da nämlich einerseits die Einschaltstufe sehr kurz ist — nur etwa $^1/_5$ bis $^1/_{10}$ der Ausschaltstufenlänge — und da andererseits die Einschaltzeitpunkte von 2 Kontakten, die theoretisch zu der gleichen Zeit geschlossen werden sollen, praktisch sich nicht mit mathematischer Genauigkeit gleichmachen lassen, so sollte jeder der sich gleichzeitig schließenden Kontakte seinen getrennten Einschaltkern erhalten. Das kann ohne Preisgabe des gemeinsamen Ausschaltkernes auf die in Abb. 26,6 gezeigte Weise verwirklicht werden. Der Aus-

---

[1] S. a. die entsprechende Schaltung b_2 in KOPPELMANN: [*1.20*] S. 198, Bild 5.
[2] Diese Abwandlung der Schaltung Nr. 10 s. in KOPPELMANN: [*1.20*] S. 198, Bild 5, Schaltung a_2.

schaltkern ist dabei mit beiden Wicklungen verkettet, während die beiden Einschaltkerne von nur je einer Wicklung umfaßt werden. Jedoch, wenn man diese
Ausführung wählt, so muß man sich mit der verwickelteren Konstruktion, einer
schwierigeren Fertigung und einer noch weiter etwas erhöhten Reaktanzspannung
abfinden. Diese Umstände können die Anwendung von Zweiwicklungsdrosseln
weiterhin beeinträchtigen.

27. Die Vervielfachung der Phasenzahl der Gesamtschaltung.

Wenn die gesamte Gleichrichteranlage aus mehr als einem System der in Tab. 26,1
aufgeführten Grundschaltungen besteht, so kann die resultierende Phasenzahl der
gleichstromseitigen Welligkeit vervielfacht werden. Dadurch wird eine glattere
Gleichspannung mit geringerer Höhe der Welligkeit erzielt und auch der Ober-
wellengehalt des wechselstromseitigen Netzstromes bedeutend herabgesetzt.

27.1 Die grundsätzliche Methode.

Die grundsätzliche Methode, eine Phasenvervielfachung herbeizuführen, ist von
den Quecksilberdampfgleichrichtern her bekannt und besteht in einer geeigneten

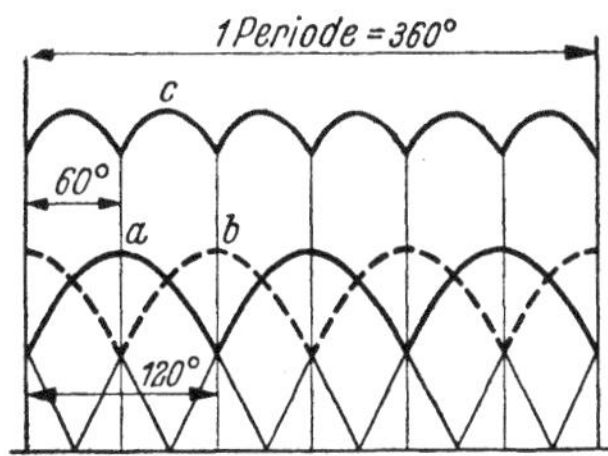

Abb. 27,1. Reihenschaltung von zwei 3phasig gewellten
Gleichspannungen *a* und *b* mit 60° gegenseitiger Phasenversetzung.

c resultierende Gesamtspannung.

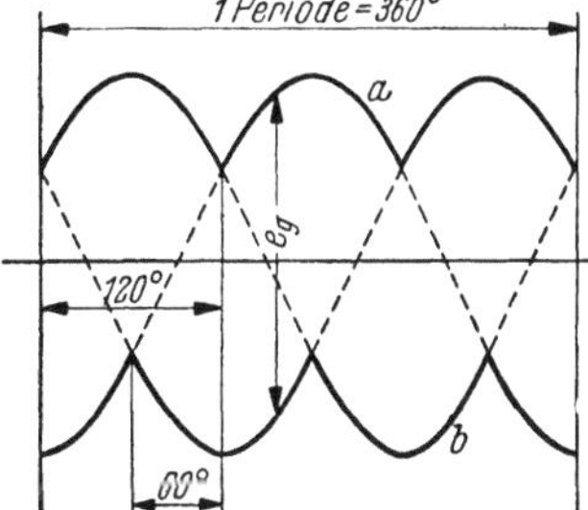

Abb. 27,2. Gleichspannung der 3phasigen Brückenschaltung.

a positives 3phasiges Sternpunktsystem; − *b* negative
3phasiges Sternpunktsystem; − e_g resultierende Gesamtspannung.

Phasenversetzung der einzelnen Grundsysteme. Wenn z. B. zwei 3phasig gewellte
Gleichspannungen kombiniert werden sollen, um eine 6phasig gewellte resultierende
Gleichspannung zu erhalten, so muß die Phasenverschiebung zwischen den beiden
Systemen 60° betragen, wie in Abb. 27,1 gezeigt ist. Dort ist eine 3phasige Gleichspannung *a* in Reihe geschaltet mit einer zweiten 3phasigen Gleichspannung *b*, die
um 60° in der Phase versetzt ist. Jede der 3phasigen Gleichspannungen enthält
die 3. Harmonische als Grundfrequenz der Oberwellen. Das Ergebnis der Reihenschaltung aber ist die 6phasig gewellte Gleichspannung *c*. Diese Spannung hat
einen Mittelwert von dem Doppelten desjenigen jedes Einzelsystemes, und sie hat
als Grundfrequenz der Oberwellen die 6. Harmonische. Die 3. Harmonischen der
beiden Systeme sind in Phasenopposition und heben einander auf.

Die eben geschilderten Verhältnisse liegen von Haus aus vor bei den 3phasigen
Brückenschaltungen Nr. 7 und Nr. 8, die von einer 3phasigen Transformatorwicklung gespeist werden, aber eine 6phasig gewellte Gleichspannung liefern. Die
3phasige Brückenschaltung ist nichts anderes als eine Reihenschaltung von zwei
3phasigen Sternpunktsystemen, die an die gleiche Transformatorwicklung angeschlossen sind, wobei eben diese gemeinsame Transformatorwicklung die galvanische
Reihenschaltung der beiden Systeme bewirkt. Das eine dieser Systeme (*a*) schneidet

positive Augenblickswerte aus den Sinuskurven heraus und liefert daher eine positive Gleichspannung, während das zweite (*b*) negative Augenblickswerte herausschneidet und demgemäß eine negative Gleichspannung abgibt, wie in Abb. 27,2 veranschaulicht ist. Da nun die Oberwellen in diesen beiden Gleichspannungen eine gegenseitige Phasenverschiebung von 60° (bezogen auf die Betriebsfrequenz) aufweisen, so hat die gesamte Spannung zwischen den Kurven *a* und *b*, welche die resultierende Ausgangsgleichspannung darstellt, eine 6phasig gewellte Form. Sie hat ferner im Mittelwert die doppelte Höhe der Gleichspannung jedes Einzelsystems. Das ist der Grund dafür, daß für eine gegebene Wechselspannung der Transformator-Sekundärwicklung die Gleichspannung einer Brücken-schaltung doppelt so hoch ist wie die Gleichspannung der entsprechenden Sternpunktschaltung.

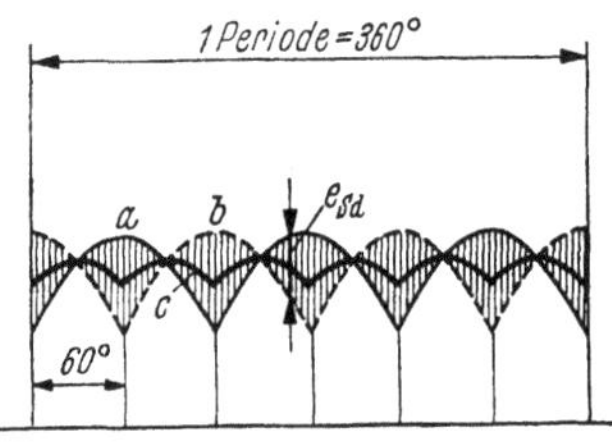

Abb. 27,3. Parallelschaltung von zwei 3phasig gewellten Gleichspannungen *a* und *b* mit 60° gegenseitiger Phasenversetzung.

c resultierende Gesamtspannung; – e_{sd} Differenzspannung an der Saugdrossel.

Aus dem Vorhergehenden ist klar, daß keine Schwierigkeiten bestehen, zwei Gleichspannungen mit phasenversetzten Oberwellen *in Reihe* zu schalten. Meistens jedoch wird eine *Parallel*schaltung der Gleichstromsysteme gewünscht. Hierbei würde aber, wenn keine besonderen Hilfsmittel angewandt werden, die Differenz der Augenblickswerte der beiden Gleichspannungskurven *a* und *b* (schraffierte Flächen in Abb. 27,3) einen unerwünschten Ausgleichwechselstrom zwischen den beiden Gleichstromsystemen verursachen. Der Ausgleichstrom würde die gleiche Grundfrequenz haben wie die Spannungsdifferenz, nämlich die Oberwellengrundfrequenz des einzelnen Gleichstromsystems. In dem Beispiel der zwei 3phasigen Teilsysteme ist dieses die 3. Harmonische, wie aus Abb. 27,3 hervorgeht.

In einem *Quecksilberdampfgleichrichter* würde der Ausgleichwechselstrom den Hauptwinkel von 120° jedes Teilsystems verändern in einen solchen von nur 60°, d. h., die beiden 3phasigen Systeme zusammen würden dann als ein einziges 6-

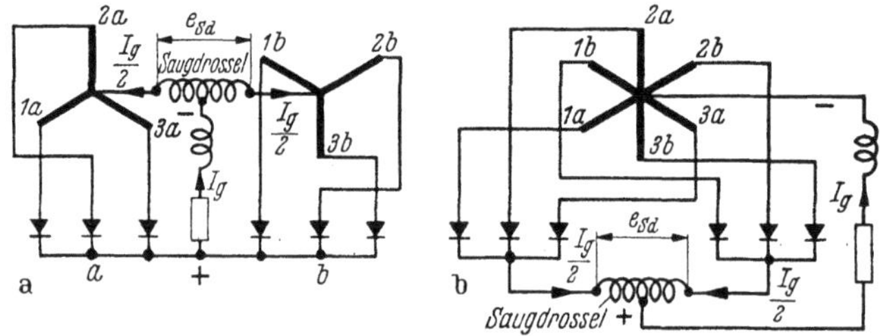

Abb. 27,4. 2 × Dreiphasen-Saugdrosselschaltungen.

phasiges Gleichrichtersystem mit 60° Hauptwinkel der Anodenströme arbeiten, wie es ja bei direkter Zusammenlegung der beiden Sternpunkte selbstverständlich ist. Dieser Zustand würde jedoch unerwünscht sein wegen der geringeren Ausnutzung der Transformatorwicklungen und der Gleichrichterelemente. Um eine derartige Arbeitsweise zu verhindern, werden gewöhnlich nur die Gleichstromklemmen *einer* Polarität unmittelbar miteinander verbunden, während die Klemmen der anderen Polarität über eine Saugdrosselspule zusammengeschaltet werden, wie in Abb. 27,4 gezeigt ist. Abb. 27,4a stellt beispielsweise die bekannte 6phasige Saugdrossel-schaltung dar, die für Quecksilberdampfgleichrichter mit einem 6anodigen Gefäß und einer gemeinsamen Kathode sehr verbreitet ist und auch in die Tabelle 26,1 der Kontaktumformerschaltungen als Schaltung Nr. 6 aufgenommen wurde. Abb. 27,4b ist, was die elektrische Wirkungsweise anbelangt, eine vollkommen gleichartige Schaltung. Sie kann aber nicht mit einem einzigen 6anodigen Gefäß verwirklicht werden, sondern nur mit zwei 3anodigen oder sechs 1anodigen Gefäßen oder mit einem Kontaktumformer.

Wenn eine derartige Saugdrossel zwischen beiden Systemen eingefügt wird, so ist der Weg für den Ausgleichwechselstrom durch die hohe Induktivität dieser Drosselspule gesperrt. Die gesamte durch die Oberwellen verursachte Differenz der Augenblickswerte der Gleichspannungen wird dann von der Wicklung der Saugdrosselspule aufgenommen, und der Ausgleichstrom zwischen den beiden Systemen ist heruntergedrückt auf den Betrag des Magnetisierungsstromes der Saugdrossel. Dieser geringe Magnetisierungsstrom stört nicht mehr die Arbeitsweise mit 120° Hauptwinkel mit Ausnahme eines sehr kleinen Lastbereiches von Leerlauf bis zu einigen Prozent des Nennstromes. Die Gleichstromdurchflutungen der beiden Wicklungshälften der Saugdrossel haben entgegengesetzte Richtung (s. Abb. 27,4). Daher findet keine Gleichstrommagnetisierung des Saugdrosselkernes statt, solange die Gleichströme beider Systeme genau die gleiche Höhe $I_g/2$ haben, und die Drossel arbeitet dann im ungesättigten Gebiet der Magnetisierungskurve, also mit der größtmöglichen Induktivität hinsichtlich der Begrenzung des Ausgleichstromes. Bezüglich der abgegebenen Gleichspannung aber wirkt die Saugdrossel als ein Spannungsteiler für die Oberwellenspannungsdifferenz der Gleichspannungen. Infolgedessen folgt die abgegebene Gleichspannung der mittleren Kurve c der Augenblickswerte (Abb. 27,3) und hat eine 6phasig gewellte Form. Daher ist auch in dem abgegebenen Gleichstrom keine 3. Harmonische mehr enthalten.

Ganz allgemein kann die Wirkungsweise einer Saugdrossel über die durch ihren Namen angedeutete Wirkung hinaus, die sich auf die Anwendung bei natürlichen Ventilen bezieht, dadurch gekennzeichnet werden, daß durch die Saugdrossel die parallel geschalteten Systeme in bezug auf die durch gleichspannungsseitige Oberwellen entstehenden Ausgleichswechselströme gegeneinander abgeriegelt werden. Durch die Saugdrossel wird dafür gesorgt, daß jedes System bleibt, was es vor der Parallelschaltung war, nämlich ein in sich stromwendendes System mit ungeändertem Hauptwinkel, anstatt daß es gemeinsam mit den übrigen parallel geschalteten Systemen in einer neuen Schaltung mit anderem Hauptwinkel aufgeht.

Es ist einleuchtend, daß es hierzu nicht unbedingt einer einzigen Drossel in der Bauart als Saugdrossel mit 2 fest miteinander gekoppelten Wicklungshälften bedarf. Die gleiche Wirkung kann auch mit 2 getrennten Induktivitäten erreicht werden, d. h. mit je einer ausreichend bemessenen Glättungsdrossel in der Gleichstromleitung eines jeden der Teilsysteme. Die Saugdrosselbauart bietet lediglich den Vorteil, daß bei gleich großen Gleichströmen in den Wicklungshälften die Gleichstromvormagnetisierung des Eisenkernes aufgehoben ist. Man kann ihn daher ohne Luftspalt ausführen und somit einen gegebenen Induktivitätswert mit einer wesentlich geringeren Drosselbaugröße erreichen als bei Einzeldrosseln mit Luftspalt. Dagegen hat die Saugdrosselbauart den Nachteil, daß bei einer Verschiedenheit der Gleichströme in den Wicklungshälften der luftspaltlose Eisenkern bereits bei einem relativ geringen Wert der resultierenden Gleichstromdurchflutung gesättigt wird und die Saugdrossel infolgedessen ihre abriegelnde Wirkung verliert. Das kann sich gerade bei Kontaktumformern in sehr unangenehmer Weise auswirken.

Bei einem *Kontaktumformer* sind die Kontaktzeiten — von dem durch die Überlappungsregelung überdeckten Änderungsbereich abgesehen — auf einen bestimmten, dem Hauptwinkel entsprechenden Wert eingestellt, z. B. auf 120° + u bei einem Hauptwinkel von 120°. Bei ihm ist also von Natur aus auf gar keinen Fall ein Übergang auf einen Betrieb mit auf die Hälfte verringertem Hauptwinkel, im Beispiel also mit 60°, möglich, weil sonst die Ausschaltstufe bereits abgelaufen sein würde, bevor der Kontakt sich öffnet, und infolgedessen eine Rückzündung unvermeidlich wäre. Aus diesem Grunde *muß* bei einem Kontaktumformer, sobald mehrere Systeme mit gegenseitiger Phasenversetzung parallel geschaltet werden sollen, für eine einwandfrei arbeitende induktive Abriegelung der Systeme gegeneinander gesorgt sein. Das heißt, die abriegelnde Induktivität muß so bemessen sein, daß im Zustande der Parallelschaltung der Systeme selbst bei dem kleinsten vorkommenden Belastungsgleichstrom auch während der negativen Halbwellen des von der Induktivität noch durchgelassenen Ausgleichwechselstromes noch ein für die Sättigung der Schaltdrosseln ausreichender Anteil des Belastungsstromes verbleibt. Mit anderen Worten, der Ausgleichwechselstrom muß so weit herabgedrosselt sein, daß er den Belastungsgleichstrom auf keinen Fall zum Lücken bringen kann. Ob dieses nun durch eine

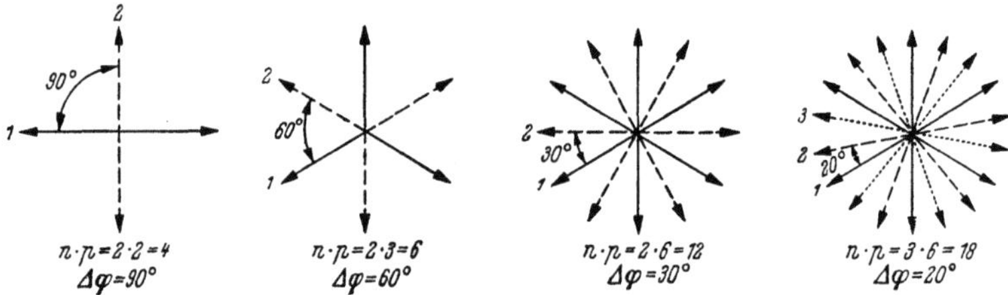

Abb. 27,5. Spannungssterne von Gleichrichtersystemen für 4-, 6-, 12- und 18phasige Gesamtwirkung.

Saugdrossel oder durch Glättungsdrosseln geschieht, ist prinzipiell gleichgültig. *Die Bezeichnung „Saugdrosselschaltung" und das Symbol der Saugdrossel sind daher in diesem Buche ganz allgemein nur als Kennzeichnung für den Schaltungstyp zu verstehen*, ohne Rücksicht darauf, auf welche Weise die induktive Abriegelung der Systeme bewirkt wird.

In der gleichen Weise, wie es im vorstehenden für 3phasige Systeme gezeigt wurde, können nun auch zwei 6phasige Systeme kombiniert werden, um eine 12-phasige Wirkung zu erzielen. Die Phasenversetzung muß dann jedoch 30° betragen, und die Grundfrequenz der Saugdrossel ist die 6. Harmonische. Dabei macht es natürlich keinen Unterschied, ob das einzelne 6phasige System eine Grundschaltung ist (wie z. B. die 3phasige Brückenschaltung Nr. 7 oder 8 oder die 6-phasige Brückenschaltung Nr. 9 oder 10) oder ob es bereits durch Kombination von mehreren Systemen geringerer Phasenzahl entstanden ist (wie z. B. die 6phasige Saugdrosselschaltung Nr. 5 oder 6).

Dieses grundsätzliche Verfahren kann weiterhin angewandt werden, um durch Parallelschaltung von *drei* 6phasigen Systemen eine 18phasige Wirkungsweise zu erhalten. In diesem Falle muß die Saugdrosselspule allerdings 3phasig sein mit in Zickzack geschalteten Wicklungen, wobei der Sternpunkt den gemeinsamen Gleichstrompol bildet. Die Zickzackschaltung ist erforderlich, um auf jedem Schenkel die resultierende Gleichstromdurchflutung Null zu erhalten. Die Grundfrequenz der Saugdrosselspule ist wiederum die 6. Harmonische, aber die Phasenversetzung zweier aufeinanderfolgenden Systeme muß jetzt 20° sein.

Auf diesem Wege fortschreitend kann mit zwei 12phasigen Systemen eine 24-phasige Wirkungsweise erhalten werden, mit drei 12phasigen Systemen demgemäß eine 36phasige Wirkungsweise, zwei 24phasige Systeme würden kombiniert eine 48phasige Wirkung ergeben usw., vorausgesetzt, daß eine genügende Zahl von Grundsystemen zur Verfügung steht. Bei 48phasiger Wirkung erreichen die Netzwechselströme praktisch schon die Sinusform, da die Oberwellen fast vollständig beseitigt sind, und die Gleichspannung nähert sich bei voller Aussteuerung einer geraden Linie.

In Abb. 27,5 sind die Spannungssterne der verschiedenen Systeme für 4-, 6-, 12- und 18phasige Wirkungsweise in einem Zeigerdiagramm dargestellt, aus dem die Phasenversetzungswinkel $\Delta\varphi$ zwischen den Systemen entnommen werden können. Wenn mit p die Phasenzahl der gleichstromseitigen Welligkeit des einzelnen Systems bezeichnet wird und mit n die Anzahl der Systeme, die mit einer gegenseitigen Phasenverschiebung kombiniert werden, so ist $n \cdot p$ die Phasenzahl der resultierenden gleichstromseitigen Welligkeit. Der erforderliche Phasenversetzungswinkel $\Delta\varphi$ ist, wie aus Abb. 27,5 hervorgeht, gegeben durch die Beziehung

$$\Delta\varphi = \frac{2\,\pi}{n \cdot p}\,. \tag{27,1}$$

Die sich hieraus ergebenden Werte können für einige praktisch in Frage kommenden Phasenzahlen der gleichstromseitigen Welligkeit aus Tab. 27,1 ersehen werden.

Tabelle 27,1.

Gesamte Phasenzahl $n \cdot p$	Phasenzahl eines Systems p	Zahl der Einzelsysteme n	Phasenversetzung $\Delta\varphi$ Grad	Phasenwinkel von System			Saugdrossel	
				Nr. 1 Grad	Nr. 2 Grad	Nr. 3 Grad	Grundfrequenz Hz	Phasenzahl ($= n$)
2	2	1	—	Grundsystem				
4	2	2	90			(Scott-Schaltung)	$2f$	2
6	2	3	60				$2f$	3
3	3	1	—	Grundsystem				
6	3	2	60			(entgegenges. Transform.-Schaltungen)	$3f$	2
6	6	1	—	Grundsystem				
12	6	2	30			(verschiedene Transform.-Schaltungen)	$6f$	2
18	6	3	20	-20	0	$+20$	$6f$	3
24	12	2	15	$-7{,}5$	$+7{,}5$	—	$12f$	2
36	12	3	10	-10	0	$+10$	$12f$	3
48	24	2	7,5	$-3{,}75$	$+3{,}75$	—	$24f$	2

$f =$ Betriebsfrequenz (Frequenz des speisenden Netzes)

27.2 Mittel zur Phasenversetzung.

Neben den Einphasensystemen, die eine 2phasige Gleichstromwelligkeit aufweisen und die in Sonderfällen auch mittels *Scott*scher Schaltung der Transformatoren mit 4phasiger Gleichstromwelligkeit aus einem Drehstromnetz betrieben werden können, sind vor allem die *Grundsysteme mit einer 6phasigen Gleichstromwelligkeit* für den Kontaktumformer von Interesse.

Um eine Phasenversetzung von 30° herzustellen, wie sie zur Durchführung eines 12phasigen Betriebes mit zwei 6phasigen Systemen erforderlich ist, ist der bequemste Weg der Gebrauch von Transformatorwicklungen mit ver-

schiedener Schaltung, z. B. die eine Wicklung in Sternschaltung, die andere
Wicklung in Dreieckschaltung. Dieses Verfahren läßt sich bei den in Tab. 26,1
aufgeführten Schaltungen Nr. 6, 7 und 8 ohne weiteres anwenden, bei den Schaltungen Nr. 5, 9 und 10 aber nur mit den bezüglich der Schaltung der Primärwicklung
in Abschn. 26,3 gemachten Einschränkungen. Bei den 3phasigen Brückenschaltungen Nr. 7 und 8 können die verschiedenen Schaltungen nach Belieben entweder

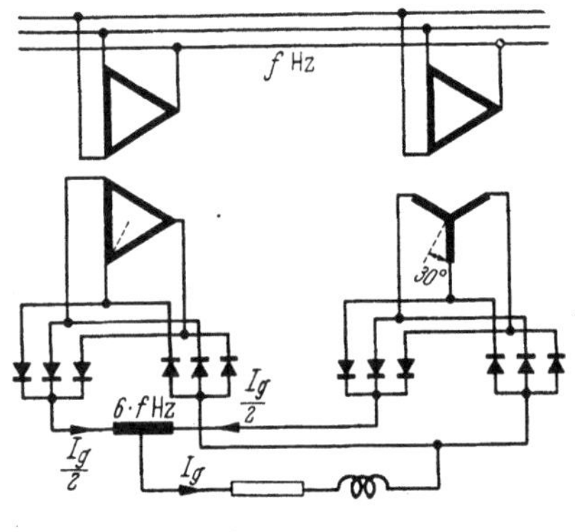

auf der Primärseite oder auf der Sekundärseite
ausgeführt werden. Im zweiten Falle würde
sich die Gesamtschaltung Abb. 27,6 ergeben,
bei der die Primärwicklungen entweder beide
in Stern oder beide in Dreieck geschaltet sein
können. Eine derartige Schaltung bietet den
Vorteil, daß sie eine 12phasige Wirkung mit
nur zwei 3phasigen Transformatoren liefert.
Wenn nun die beiden Primärwicklungen noch
zu einer gemeinsamen Wicklung auf einem gemeinsamen Eisenkern zusammengelegt werden, so ergibt sich die Schaltung Nr. 11 der

Abb. 27,6. 2 × Dreiphasen-Brückenschaltung mit
12phasiger Gesamtwirkung.

Tab. 26,1. Die Schaltung ist dort als eine
Grundschaltung aufgeführt, und zwar, wie be-
reits bemerkt wurde, wegen der Verwendung von nur *einem* Transformator, obwohl dieser 2 Sekundärwicklungen aufweist. Hinsichtlich der Sekundärseite aber
handelt es sich in Wirklichkeit um eine Parallelschaltung von zwei 3phasigen
Brückenschaltungen mit 30° Phasenversetzung, wobei jede der Brückenschaltungen
wiederum bereits eine Reihenschaltung von zwei 3phasigen Sternpunktschaltungen
mit 60° Phasenversetzung ist.

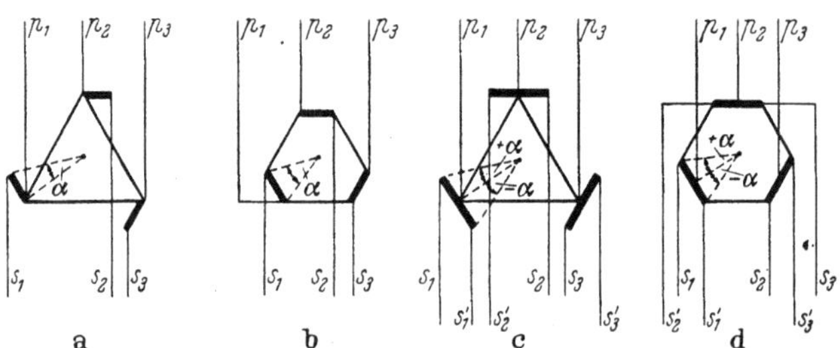

Abb. 27,7. Verschiedene Ausführungen von Schwenktransformatoren.

Um Phasenversetzungswinkel von weniger als 30° herzustellen, wie sie für Schaltungen mit 18- und höherphasiger Gleichstromwelligkeit benötigt werden, sind
getrennte Phasenschwenktransformatoren vorzuziehen, die vor die Primärwicklungen
der Gleichrichtertransformatoren geschaltet werden. An sich würde es auch möglich
sein, diese besonderen Schwenktransformatoren zu sparen, indem man Zickzack-
schaltungen bei den Wicklungen der Gleichrichtertransformatoren verwendet, doch
macht das die Transformatoren verwickelter und ist daher weniger beliebt.

In Abb. 27,7 sind einige Beispiele von Schwenktransformatoren wiedergegeben.
Die Schaltungen a und b dienen dazu, ein einziges Gleichrichtersystem um $\alpha°$ in
der Phase zu schwenken. Die Schaltungen c und d dagegen schwenken 2 Gleichrichtersysteme, und zwar eins von ihnen mit Bezug auf die Phasenlage des speisenden Netzes um $\alpha°$ voreilend, das andere um $\alpha°$ nacheilend. Bei den Schaltungen a und c

sind Zusatzwicklungen und Erregerwicklungen getrennt, während bei der Polygon-Bauart b und d eine Art von Sparschaltung vorliegt. Diese Bauart hat daher ein etwas geringeres Gewicht, doch ist bei kleinen Schwenkwinkeln α der Unterschied nur geringfügig. Der Polygon-Schwenktransformator nach Abb. 27,7b ist die beliebteste Ausführung, und zwar nicht nur wegen seiner Einfachheit und wegen des geringeren Gewichts, sondern auch deswegen, weil bei ihm die Ausgangsspannung im Betrage gleich der Eingangsspannung ist. Er kann daher ohne eine Änderung des Übersetzungsverhältnisses des Haupttransformators auch nachträglich noch zusätzlich aufgestellt werden, wenn etwa später die Gleichrichteranlage auf eine höhere Phasenzahl erweitert wird.

Eine vollständige 24phasige Schaltung unter Verwendung von vier 3phasigen Brückenschaltungen Nr. 7 oder 8 und von Polygon-Schwenktransformatoren ist als Beispiel in Abb. 27,8 gezeigt. Dort werden 2 Schwenktransformatoren benutzt,

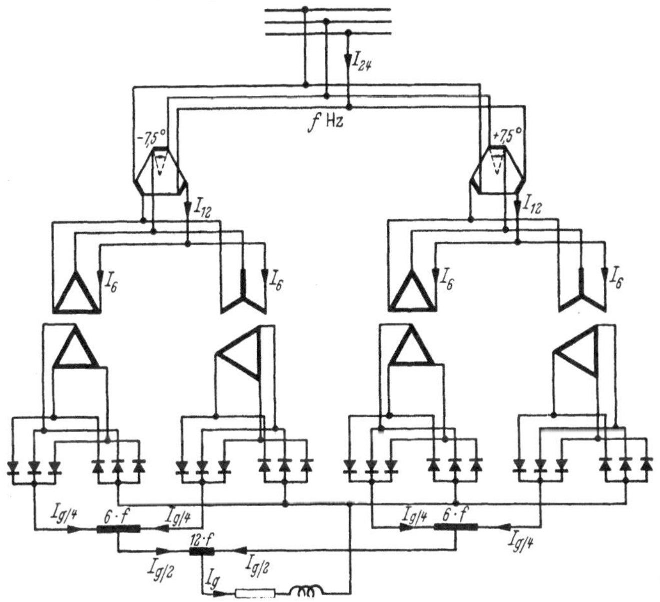

Abb. 27,8. 4 × Dreiphasen-Brückenschaltung mit 24phasiger Gesamtwirkung unter Verwendung von 2 Polygon-Schwenktransformatoren.

von denen der eine die zugehörige 12Phasen-Schaltung um 7,5° voreilend verschiebt und der andere die zweite 12Phasen-Schaltung um 7,5° nacheilend, so daß die gegenseitige Phasenversetzung der beiden 12phasigen Systeme 15° beträgt in Übereinstimmung mit Tab. 27,1 für 24phasigen Betrieb.

Um eine 36phasige Wirkung mit drei 12phasigen Systemen zu erhalten, muß das erste System um 10° voreilend geschwenkt werden, das zweite ist ohne eine Schwenkung unmittelbar mit dem Netz zu verbinden, und das dritte muß um 10° nacheilend geschwenkt werden. Daher sind 2 Schwenktransformatoren für je 10° Schwenkwinkel erforderlich. In Tab. 27,1 ist ein Überblick gegeben über die Herstellung der verschiedenen Phasenzahlen aus den Grundsystemen mit Hilfe von Transformatorschaltungen und von Schwenktransformatoren. Aus der Tabelle ist die *allgemeine Regel* erkennbar, daß, wenn *zwei* Systeme parallel geschaltet werden sollen, 2 Schwenktransformatoren für je $\alpha = \frac{1}{2}\,\Delta\varphi$ benötigt werden, während bei Parallelschaltung von *drei* Systemen 2 Schwenktransformatoren für je $\alpha = \Delta\varphi$ erforderlich sind.

Eine 48phasige Gesamtwirkung würde sich ergeben, wenn zwei 24phasige Schaltungen, z. B. nach Abb. 27,8, unter Verwendung von 2 weiteren Schwenktransformatoren für $-3,75°$ und $+3,75°$, also mit einer gegenseitigen Phasenversetzung von $7,5°$, parallel geschaltet werden. Es würden dann im ganzen 6 Schwenktransformatoren erforderlich sein. In der Praxis bevorzugt man jedoch, die 48phasige Schaltung aus vier 12phasigen Systemen mit Hilfe von nur 4 Schwenktransformatoren zu bilden. Von diesen müssen dann aber je 2 mit verschieden großen Schwenkwinkeln ausgeführt werden, nämlich für die Winkel $-11,25°$, $-3,75°$, $+3,75°$ und $+11,25°$.

Um nun die *Größe der Spannungskomponenten* eines Polygon-Schwenktransformators zu berechnen, ist in Abb. 27,9a das Zeigerdiagramm der Spannungen wiedergegeben. Dort sind P_1, P_2 und P_3 die Primär- (Eingangs-) Klemmen, S_1, S_2 und S_3 die Sekundär- (Ausgangs-) Klemmen, E ist die Sternspannung und α der Schwenkwinkel. Die Spannungskomponente der kurzen Wicklung, z. B. zwischen P_2 und S_2, wird im folgenden mit E_a bezeichnet und hat den bezogenen Wert a, wenn die verkettete Spannung $E\sqrt{3}$, z. B. zwischen P_2 und P_3, als Einheit gewählt wird. In entsprechender Weise wird die Spannungskomponente der langen Wicklung, z. B. zwischen S_2 und P_3, mit E_b bezeichnet und hat den auf die verkettete Spannung bezogenen Wert b. Mit diesen Bezeichnungen ergeben sich aus dem Zeigerdiagramm Abb. 27,9a die folgenden Beziehungen:

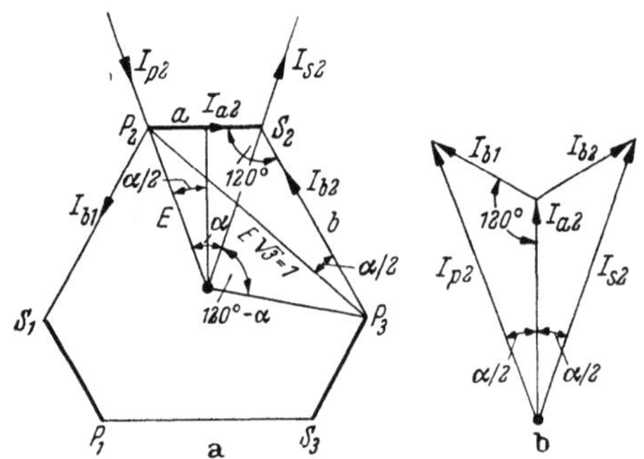

Abb. 27,9. Zeigerdiagramm der Spannungen (a) und der Ströme (b) eines Polygon-Schwenktransformators nach Abb. 27,7 b.

Kurze Wicklung:

$$E_a = 2 \sin \frac{\alpha}{2}\, E\,,$$

$$a = \frac{E_a}{E\sqrt{3}} = \frac{2}{\sqrt{3}} \sin \frac{\alpha}{2}\,. \tag{27,2}$$

Lange Wicklung:

$$E_b = 2 \sin\left(60 - \frac{\alpha}{2}\right) E\,,$$

$$b = \frac{E_b}{E\sqrt{3}} = \frac{2}{\sqrt{3}} \sin\left(60 - \frac{\alpha}{2}\right)\,. \tag{27,3}$$

Die für einige Werte von α mittels dieser Gleichungen berechneten Beträge der Komponenten sind in Tab. 27,2 zusammengestellt.

Tabelle 27,2. *Schwenktransformatoren.*

α Grad	Komponenten $\dfrac{E_a}{E\sqrt{3}} = \dfrac{I_b}{I_s} = a$	$\dfrac{E_b}{E\sqrt{3}} = \dfrac{I_a}{I_s} = b$	1 System Bauleistung $\dfrac{N_{BS}}{N_T}$	Gesamte Anlage $= n$ Systeme p	$n \cdot p$	Anzahl der Trafos bzw. Trafogruppen	Anzahl der Schwenktrafos	Gesamte Bauleistung $\dfrac{N_{BS\,ges}}{N_{T\,ges}}$
30	0,299	0,816	nicht verwendet[1]					
20	0,201	0,885	0,308	6	18	3	2	0,205
10	0,1006	0,946	0,165	12	36	3	2	0,110
7,5	0,0755	0,960	0,126	12	24	2	2	0,126
3,75	0,0378	0,980	0,064	24	48	2	2	0,064
11,25	0,1132	0,940	0,184˙	} 12	48	4	{ 2	0,092
3,75	0,0378	0,980	0,064				{ +2	+0,032

---

[1] Dagegen wird das Komponentenverhältnis eines 30°-Polygons für den Gleichrichtertransformator der Schaltung Nr. 12 in Tab. 26,1 benötigt.

Abb. 27,9 b stellt das Zeigerdiagramm der Ströme in einem Polygon-Schwenktransformator dar. Dieses Diagramm beruht auf den folgenden Zeigergleichungen, die sich aus dem Diagramm Abb. 27,9 a ablesen lassen:

$$\text{Klemme } P_2: \qquad \bar{I}_{p2} - \bar{I}_{b1} - \bar{I}_{a2} = 0 \,.$$

$$\text{Klemme } S_2: \qquad - \bar{I}_{s2} + \bar{I}_{b2} + \bar{I}_{a2} = 0 \,.$$

$$\text{Durch Addition:} \qquad \bar{I}_{p2} - \bar{I}_{b1} + \bar{I}_{b2} - \bar{I}_{s2} = 0 \,. \tag{27,4}$$

I_p ist darin der primäre (Eingangs-) Leiterstrom, I_s der sekundäre (Ausgangs-) Leiterstrom, I_a und I_b sind die Ströme in der kurzen Wicklung bzw. in der langen Wicklung, wobei der Magnetisierungsstrom vernachlässigt ist. Die Ströme I_s und I_p sind von gleicher Größe, haben aber eine gegenseitige Phasenverschiebung von α°. Es ist ersichtlich, daß das Dreieck I_{a2}, I_{b1}, I_{p2} der Ströme in Abb. 27,9 b ähnlich ist dem Dreieck E_{b2}, E_{a2}, $E\sqrt{3}$ der Spannungen in Abb. 27,9 a, weil die Winkel $\frac{\alpha}{2}$ und 120° die gleichen sind. Folglich stehen die Ströme in den Wicklungszweigen gerade im umgekehrten Verhältnis der Spannungskomponenten und sind daher gegeben durch die folgenden Gleichungen:

$$\textit{Kurze Wicklung:} \qquad \frac{I_a}{I_s} = b \,. \tag{27,5}$$

$$\textit{Lange Wicklung:} \qquad \frac{I_b}{I_s} = a \,. \tag{27,6}$$

Die zahlenmäßigen Beträge dieser Verhältniswerte können wiederum der Tab. 27,2 entnommen werden.

Die *Bauleistung* N_{BS} eines Polygon-Schwenktransformators als gleichwertiger Zweiwicklungstransformator ist die Hälfte der Summe der Scheinleistungen aller Wicklungsteile:

$$\begin{aligned}
N_{BS} &= \tfrac{1}{2} \cdot 3 \, (E_a \, I_a + E_b \, I_b) \\
&= \tfrac{3}{2} \, (a \, E\sqrt{3} \, b \, I_s + b \, E\sqrt{3} \, a \, I_s) \\
&= 3 \, E \, I_s \, \sqrt{3} \, a \, b \,.
\end{aligned}$$

Darin ist $3 \, E I_s$ die Scheinleistungsaufnahme N_T des angeschlossenen Gleichrichtertransformators. Bezogen auf diese ist daher die Bauleistung des Schwenktransformators

$$\frac{N_{BS}}{N_T} = \sqrt{3} \, a \, b \,. \tag{27,7}$$

Die Zahlenwerte dieses Verhältnisses sind für verschiedene Schwenkwinkel α ebenfalls in Tab. 27,2 zu finden. Die Werte beziehen sich auf ein einzelnes System, sind aber ebenfalls für die gesamte Anlage gültig, wenn die Anzahl der Schwenktransformatoren die gleiche ist wie die der Gleichrichtertransformatoren bzw. der Transformatorgruppen. Das ist der Fall bei $n = 2$. Sie geben jedoch keine richtige Vorstellung vom Aufwand an Schwenktransformator-Bauleistung, wenn $n = 3$ oder $n = 4$ Einzelsysteme in Parallelschaltung arbeiten sollen, weil dort ebenfalls nur 2 Schwenktransformatoren bzw. 2×2 Schwenktransformatoren verschieden großen Schwenkwinkels benötigt werden. Deswegen sind in Tab. 27,2 schließlich auch noch die entsprechenden Zahlenwerte des Verhältnisses der Schwenktransformator-Bauleistung $N_{BS\,ges}$ zur Scheinleistungsaufnahme $N_{T\,ges}$ aller Gleichrichtertransformatoren bzw. Transformatorgruppen angegeben.

27.3 Netzströme in Schaltungen mit vervielfachter Phasenzahl.

Wenn n Gleichrichtersysteme, von denen jedes eine p-phasige Gleichstromwelligkeit und den Netzwechselstrom I_{Np} hat, ohne Phasenversetzung parallel geschaltet werden, so ist die resultierende Gleichstromwelligkeit auch nur p-phasig, und der gesamte Netzstrom $I_{Nn\cdot p}$ beträgt das n-fache des Stromes I_{Np} des einzelnen p-Phasensystems.

Wenn dagegen die Parallelschaltung mit einer gegenseitigen Phasenversetzung $\Delta\varphi$ nach Gl. (27,1) und unter Verwendung von Abriegelungsinduktivitäten vorgenommen wird, so ist die resultierende Gleichstromwelligkeit $n\cdot p$-phasig, und der resultierende Netzstrom ist etwas kleiner als das n-fache von I_{Np}. Das ist der Fall, weil ein gewisser Betrag von Oberwellen im Netzstrom als Folge der Phasenversetzung $\Delta\varphi$ beseitigt ist.

Allgemein ist die Grundwelle des Netzstromes niedriger als der tatsächliche Strom, da dieser die Oberwellen mit einschließt. Das Verhältnis des Effektivwerts I_1 des Grundwellenstromes zum Effektivwert $I_{Nn\cdot p}$ des Netzstromes bei $n\cdot p$-phasigem Betrieb wird *Verzerrungsfaktor* v genannt[1]:

$$v_{n\cdot p} = \frac{I_1}{I_{Nn\cdot p}}.$$

Wenn nun, wie in Tab. 26,1, der Kontaktstrom wiederum als rechteckförmig angenommen wird, so ist der Verzerrungsfaktor einer *Einphasen-Gleichrichterschaltung* gegeben durch die Beziehung

$$v_2 = \frac{2\sqrt{2}}{\pi} \tag{27,8}$$

und der Verzerrungsfaktor einer aus einem Drehstromnetz gespeisten *$n\cdot p$-phasigen Gleichrichterschaltung* durch

$$v_{n\cdot\rho} = \frac{n\cdot p}{\pi}\sin\frac{\pi}{n\cdot p}. \tag{27,9}$$

Von der Richtigkeit dieser Gesetzmäßigkeit kann man sich leicht überzeugen, wenn man beachtet, daß für rechteckförmigen Kontaktstrom, d. h. bei Fortfall der Überlappung der Lastströme und damit des induktiven Gleichspannungsabfalles, die vom Netz gelieferte Grundwellenleistung $\sqrt{3}\,E_N I_1$ gleich der ideellen Gleichstromleistung $N_{g0} = E_{g0}\,I_g$ sein muß. Es wird dann

$$v_{n\cdot p} = \frac{I_1}{I_{Nn\cdot p}} = \frac{\sqrt{3}\,E_N I_1}{\sqrt{3}\,E_N I_{Nn\cdot p}} = \frac{E_{g0}\,I_g}{\sqrt{3}\,E_N I_{Nn\cdot p}}. \tag{27,9a}$$

Der Verzerrungsfaktor v für Rechteckstrom wird daher im Stromrichterschrifttum verschiedentlich auch „ideeller Leistungsfaktor" genannt. Setzt man nun z. B. für die in Tab. 26,1 aufgeführten Schaltungen die Werte von E_{g0} und $I_N = I_{Nn\cdot p}$ in Gl. (27,9a) ein, so ergeben sich für v die gleichen Werte wie aus Gl. (27,9).

Die zahlenmäßigen Beträge der Verzerrungsfaktoren sind für verschiedene Gleichstromphasenzahlen in Tab. 27,3 zusammengestellt. Die Werte dieser Tabelle für $n\cdot p = 2, 3, 6$ und 12 sind identisch mit den in Tab. 26,1 bereits angegebenen Werten. Wie schon früher erwähnt wurde, erreicht bei 48 Phasen der Netzwechselstrom schon fast die Sinusform, und der Verzerrungsfaktor wird praktisch gleich 1.

---

[1] In Übereinstimmung mit VDE: [48] § 10. Siehe auch die Definitionen in Abschn. 35, S. 295. Im Normblatt DIN 40110 ist die Bezeichnung *Verzerrungsfaktor v* durch die Bezeichnung *Grundschwingungsgehalt g* ersetzt worden. Mit Rücksicht darauf jedoch, daß im Stromrichterschrifttum das Formelzeichen *g* als Symbol für den *bezogenen induktiven Gleichspannungsabfall* gebräuchlich ist und hierfür auch im vorliegenden Buch benutzt wird, wurde hier die Bezeichnung Verzerrungsfaktor beibehalten.

Der Verzerrungsfaktor $v_{n\cdot p}$ nach Gl. (27,9) stimmt überein mit dem später in Gl. (27,13) vorkommenden *Spannungsfaktor* v_p, wenn man n gleich 1 setzt entsprechend nur *einem* System an Stelle von n. Ist das speisende Netz ein Drehstromnetz, so ist der Spannungsfaktor gleich dem Verzerrungsfaktor. Bei einem Einphasennetz ($p = 2$) ist der Spannungsfaktor ebenfalls durch Gl. (27,9) gegeben und beträgt $2/\pi = 0,637$, während der Verzerrungsfaktor gemäß Gl. (27,8) um das $\sqrt{2}$-fache höher ist.

Wenn nun n Gleichrichtersysteme, von denen jedes eine p-phasige Gleichstromwelligkeit hat, mit einer gegenseitigen Phasenversetzung $\Delta\varphi$ parallel geschaltet sind, so unterscheidet sich der resultierende Netzstrom $I_{N\,n\cdot p}$ von dem n-fachen des Netzstromes I_{Np} eines jeden Systems entsprechend dem umgekehrten Verhältnis der Verzerrungsfaktoren:

$$I_{N\,n\cdot p} = n\,I_{Np}\,\frac{v_p}{v_{n\cdot p}}.\qquad (27,10)$$

Tabelle 27,3. *Verzerrungsfaktoren.*

Speisendes Netz	Gleichstrom-phasenzahl $n\cdot p$	Verzerrungsfaktor v
1phasig	2	$\dfrac{2\sqrt{2}}{\pi} = 0,9003$
3phasig	3	$\dfrac{3\sqrt{3}}{2\,\pi} = 0,8270$
	4	$\dfrac{2\sqrt{2}}{\pi} = 0,9003$
	6	$\dfrac{3}{\pi} = 0,9550$
	12	$\dfrac{6\sqrt{2}}{\pi(\sqrt{3}+1)} = 0,9886$
	18	0,9949
	24	0,9972
	36	0,9988
	48	0,9992

Als *Beispiel* möge einmal die Schaltung Abb. 27,8 betrachtet werden. Dort ist $I_g/4$ der Gleichstrom jedes 6phasigen Gleichstromsystems. Für Schaltung Nr. 7 finden wir aus Tab. 26,1 den entsprechenden Netzstrom $I_{N\,6} = 0,817 \cdot I_g/4$. Der resultierende Netzstrom $I_{N\,12}$ der Parallelschaltung von zwei 6phasigen Systemen, der also jetzt der Strom eines 12phasigen Systems ist und den Ausgangsstrom des Schwenktransformators darstellt, ist

$$2\,I_{N\,6}\,\frac{v_6}{v_{12}} = 2\cdot\frac{I_g}{4}\cdot 0,817\cdot\frac{0,9550}{0,9886} = 0,789\cdot\frac{I_g}{2}\,.$$

Der Wert 0,789 entspricht dem Wert $1,364 = 0,789 \cdot \sqrt{3}$ für Schaltung Nr. 11 in Tab. 26,1, wo als Netzspannung E_N der Wert E anstatt $E\sqrt{3}$ zugrunde gelegt ist. Schließlich ist der gesamte Netzstrom $I_{N\,24}$ der ganzen 24phasigen Anlage

$$2\,I_{N\,12}\,\frac{v_{12}}{v_{24}} = 2\cdot\frac{I_g}{2}\cdot 0,789\cdot\frac{0,9886}{0,9972} = 0,782\cdot I_g\,.$$

Das gleiche Ergebnis hätte man auch sofort unmittelbar aus den Werten des 6phasigen Systems erhalten können:

$$4\,I_{N\,6}\,\frac{v_6}{v_{24}} = 4\cdot\frac{I_g}{4}\cdot 0,817\cdot\frac{0,9550}{0,9972} = 0,782\cdot I_g\,.$$

Es ist noch zu beachten, daß diese Werte noch nicht die Magnetisierungsströme der Gleichrichtertransformatoren und der Schwenktransformatoren einschließen und die wirklichen Werte der Ströme infolgedessen noch um ein geringes höher liegen.

27.4 Saugdrosselspulen.

Um eine Saugdrosselspule entwerfen zu können, muß außer der Arbeitsgrundfrequenz $p\cdot f$ der Strom in der Wicklung und die sinusförmige Ersatzspannung an der Wicklung bei der Frequenz $p\cdot f$ bekannt sein.

27.41 Der Strom in der Wicklung.

Der Mittelwert des Stromes ist der Nenn-Gleichstrom eines Systems. Der entsprechende Effektivwert ist geringfügig höher wegen der gleichstromseitigen Oberwellen einschließlich des Magnetisierungsstromes der Saugdrossel. Wenn jedoch der Effektivwert des Oberwellenstromes beispielsweise 10% des Gleichstrom-Mittelwertes beträgt, so hat der Effektivwert des gesamten Stromes immer erst den Betrag

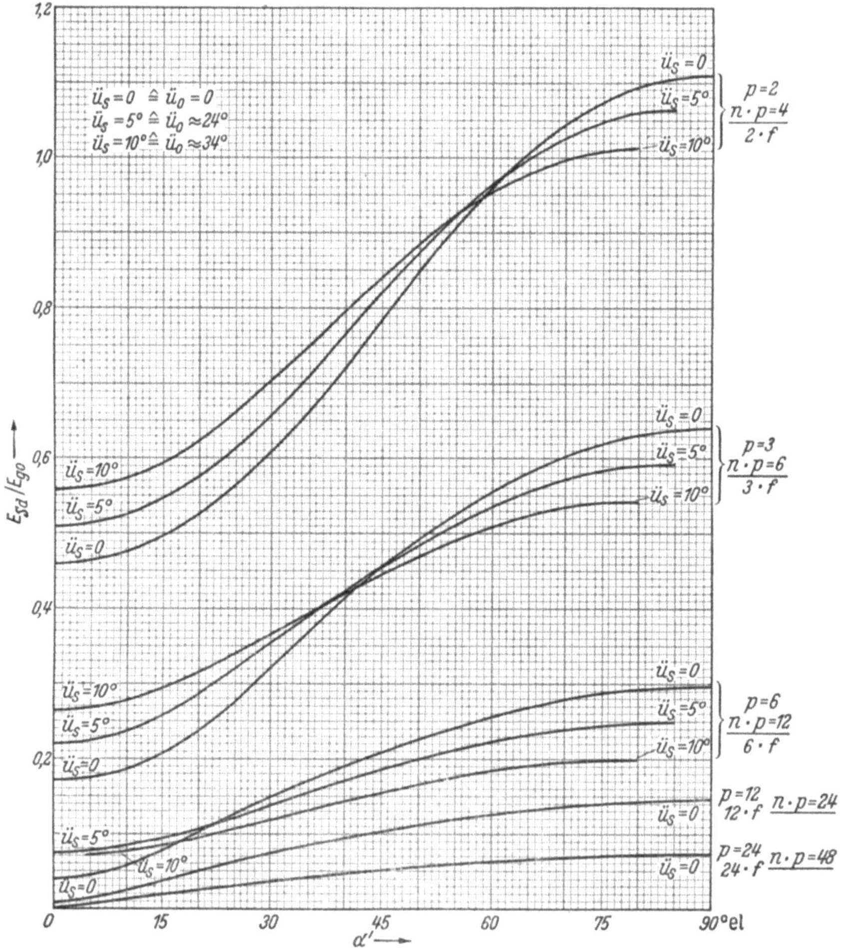

Abb. 27,10. Zweiphasige Saugdrosseln. Auf die ungesteuerte Gleich-EMK bezogene sinusförmige Ersatzspannung. E_{Sd} = sinusförmige Ersatzspannung *je Phase* (Effektivwert).

von 100,5% an Stelle von 100%. Somit hat der Strom praktisch den Wert des Gleichstromes, wobei Wirbelstromverluste im Wicklungskupfer lediglich durch den Oberwellenanteil verursacht werden.

27.42 Die Spannung an der Wicklung.

Die Spannung an der Saugdrossel ist, wie bereits aus Abb. 27,3 hervorgeht und noch ausführlicher in der später folgenden Abb. 27,12 gezeigt ist, eine stark verzerrte Wechselspannung mit der Grundfrequenz $p \cdot f$. Der zeitliche Verlauf des Kraftflusses im Eisenkern der Drossel ist daher eine ebenfalls verzerrte Kurve. Unter der *sinusförmigen Ersatzspannung* versteht man nun den Effektivwert derjenigen sinusförmig verlaufenden Spannung, die sich zwischen den Klemmen der Saugdrossel ergeben würde, wenn der Kraftfluß sich sinusförmig zwischen den gleichen Höchstwerten der magnetischen Induktion ändern würde, die im wirklichen Betriebe mit der nicht sinusförmig verlaufenden Spannungsdifferenz erreicht werden. Die Größe

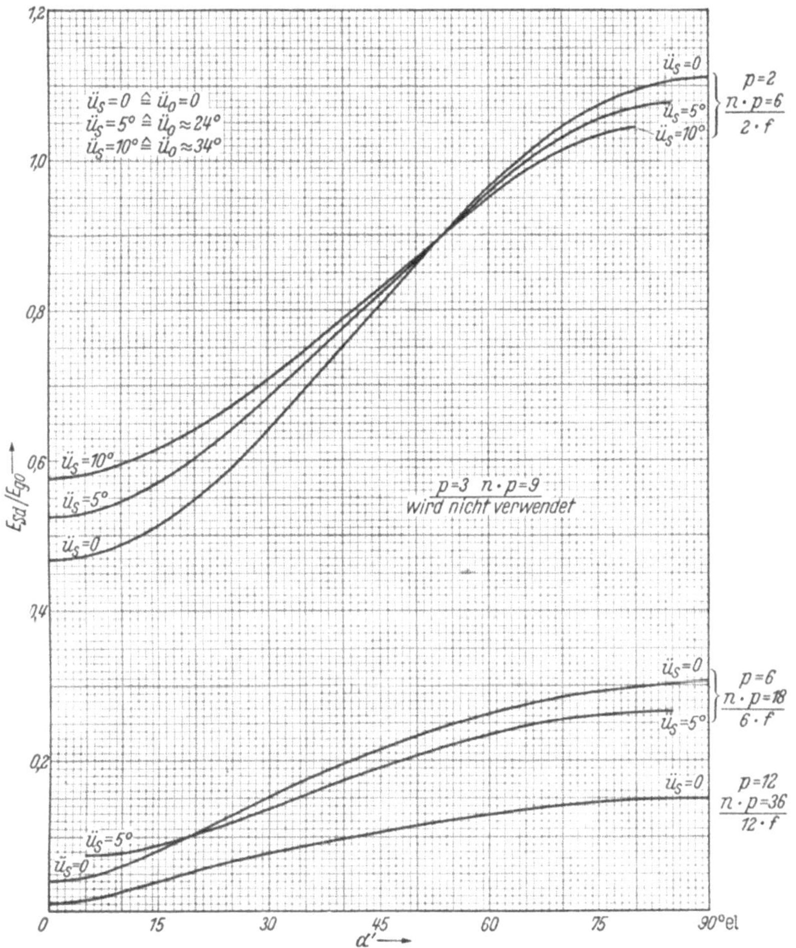

Abb. 27,11. Dreiphasige Saugdrosseln. Auf die ungesteuerte Gleich-EMK bezogene sinusförmige Ersatzspannung.
E_{Sd} = sinusförmige Ersatzspannung *je Phase* (Effektivwert).

der sinusförmigen Ersatzspannung läßt sich also aus der Bedingung bestimmen, daß ihre Spannungsfläche in der Größe gleich der tatsächlich vorhandenen Spannungsdifferenzfläche sein muß.

In Abb. 27,10 und 27,11 sind Kurven wiedergegeben, die das Verhältnis E_{Sd}/E_{g0} in Abhängigkeit vom elektrischen Steuerwinkel α' für diejenigen Phasenzahlen zeigen, die auf dem Kontaktumformergebiet von Interesse sind. Darin ist E_{Sd} der Effektivwert der sinusförmigen Ersatzspannung *einer* Phase der Saugdrosselspule bei der Frequenz $p\cdot f$. Der Bezugswert E_{g0} ist wiederum der Mittelwert der vollausgesteuerten Gleich-EMK des Einzelsystems; er ist bei Parallelschaltung natürlich gleich dem entsprechenden Wert der ganzen Schaltung. Im Schrifttum über Saugdrosselspulen wird die Spannung E_{Sd} gewöhnlich als auf die Transformator-Sternspannung E bezogener Wert angegeben. Im vorliegenden Buch dagegen wurde vorgezogen, die Saugdrosselspannung auf den Wert E_{g0} zu beziehen, weil dieses Verhältnis dann ganz unabhängig davon ist, auf welche Weise das p-phasige Einzelsystem zustande gekommen ist. Worauf es ankommt, ist einzig und allein die Phasenzahl p der gleichstromseitigen Welligkeit und der Mittelwert E_{g0} der Gleichspannung, ganz gleich, ob diese Werte einem Grundsystem entstammen oder bereits einer Parallel- oder Reihenschaltung mehrerer Systeme geringerer Phasenzahl und ob Sternpunkt- oder Brückenschaltungen zu ihrer Erzeugung dienen. Der Winkel α' ist der elektrische Steuerwinkel, d. h. der Winkel vom Schnittpunkt zweier aufeinanderfolgender Phasenspannungskurven bis zum Beginn der Stromwendung. Er ist um die Länge der Einschaltstufe größer als der mechanische Steuerwinkel α. Die Berechnung von α' wird später in Abschn. 37.1 gezeigt.

Die Kurven der Saugdrosselspannung sind in Abb. 27,10 und 27,11 angegeben für Leerlauf ($\ddot{u}_s = 0$) und für einen oder zwei verschiedene Belastungsströme ($\ddot{u}_s = 5°$ bzw. $10°$). Die Größe der Belastung ist hier gekennzeichnet durch den elektrischen Überlappungswinkel $\ddot{u}_s$, wie er bei dem betreffenden Belastungsstrom unter der Einwirkung des Scheitelwertes der Wendespannung eintreten würde (Rechnungswert, vgl. Abschn. 21, S. 118). Die Berechnung von $\ddot{u}_s$ für einen gegebenen Umformer und eine gegebene Belastung wird ebenfalls später in Abschn. 37.3 noch gezeigt.

Im Stromrichterschrifttum wird gewöhnlich als Maß für die Belastung der Überlappungswinkel $\ddot{u}_0$ beim Steuerwinkel $\alpha' = 0$ (volle Aussteuerung) benutzt (siehe z. B. die Kurven Abb. 21,2). Für die Berechnung von Kontaktumformern ist jedoch die Verwendung von $\ddot{u}_s$ besser angebracht, zumal diese Größe auch bei einigen anderen Abschnitten der Berechnung ohnehin benötigt wird. Die den Parametern $\ddot{u}_s$ in den Kurven der Abb. 27,10 und 27,11 entsprechenden Werte von $\ddot{u}_0$ sind die nebenstehenden:

$\ddot{u}_s$	0°	5°	10°
$\ddot{u}_0$	0°	24°06′	34°22′

Bei der Benutzung der Kurven muß man sich nun zwei Umstände vergegenwärtigen: Einerseits muß die Saugdrossel entworfen werden für die höchste im Betriebe vorkommende Saugdrosselspannung, d. h. für diejenige Spannung, die beim größten Steuerwinkel des geforderten Teilaussteuerungsregelbereiches, also bei der niedrigsten Gleichspannung, an der Saugdrossel liegt. Andererseits benötigt selbst ein für die Abgabe einer konstanten Gleichspannung bestimmter Kontaktumformer einen gewissen Regelbereich von vielleicht 20% der Höchstspannung oder gar noch mehr, um Schwankungen der Spannung des speisenden Netzes und Änderungen des Spannungsabfalles bei Laständerungen auszugleichen. Der hierfür erforderliche größte Steuerwinkel α' beträgt in der Regel mehr als 30°. Aus Abb. 27,10 kann nun ersehen werden, daß bei $p = 6$ ($n \cdot p = 12$) für Steuerwinkel α' von mehr als 20 bis 25° die Spannung der Leerlaufkurve ($\ddot{u}_s = 0$) höher liegt als die Spannung bei Belastung. Das würde in noch stärkerem Maße der Fall sein bei höheren Werten von p ($n \cdot p = 24$ und 48), und es gilt ebenso in Abb. 27,11 für $p = 6$ und darüber ($n \cdot p = 18$ und 36). *Folglich kommen bei $p = 6$ und höheren Werten von p praktisch nur die Leerlaufspannungen für die Berechnung der Saugdrossel in Frage.* Die Lastkurven sind daher für diese Werte von p in die Abbildungen z. T. gar nicht mit aufgenommen worden. Auch bei $p = 3$ ($n \cdot p = 6$) und $p = 2$ ($n \cdot p = 4$ und 6) sind für Umformer mit größerem Regelbereich die Leerlaufkurven maßgebend, nämlich dann, wenn der maximale elektrische Steuerwinkel α' an der unteren Grenze des

Spannungsregelbereiches einen Betrag von rund 45° bzw. 60° überschreitet. Lediglich

bei geringeren Regelbereichen mit einem maximalen Steuerwinkel unterhalb dieser Werte werden bei $p = 2$ und 3 die entsprechenden Lastkurven für den Entwurf der Saugdrossel gebraucht.

Um den Leser in den Stand zu setzen, gegebenenfalls auch andere etwa benötigte Werte für solche Fälle zu berechnen, die nicht in Abb. 27,10 und 27,11 berücksichtigt sind, wird im folgenden noch kurz erläutert, auf welche Weise diese Kurven erhalten wurden. Obwohl für das Gebiet des Kontaktumformers nur 2- und 3phasige Saugdrosseln von Bedeutung sind, erwies sich für die Entwicklung allgemeingültiger Formeln der Fall $n = 4$ (4 Systeme parallel geschaltet unter Benutzung einer 4phasigen Saugdrosselspule) insofern als geeigneter, als er ein klareres Bild von den Grenzen gibt, innerhalb deren die verschiedenen Formeln gültig sind. Daher beziehen sich die nun folgenden, für die Ableitung der Formeln benutzten Bilder auf $n = 4$ Systeme in Parallelschaltung. Jedes System hat $p = 3$ Phasen. Die Phasenversetzung der Systeme beträgt folglich $\Delta\varphi = \dfrac{2\,\pi}{4 \cdot 3} = 30°$. In jedem System fließen die Phasenströme unbeeinflußt durch die parallel arbeitenden Systeme wie in einem völlig abgetrennten Dreiphasensystem, also mit 120° Hauptwinkel, und es ergibt sich für jedes System daher eine Kurve der ungeglätteten Gleichspannung gemäß Abb. 8,1 a. In Abb. 27,12 sind die Kurven der Gleichspannung zweier aufeinanderfolgenden Systeme 1 und 2 bei verschiedenen Steuerwinkeln

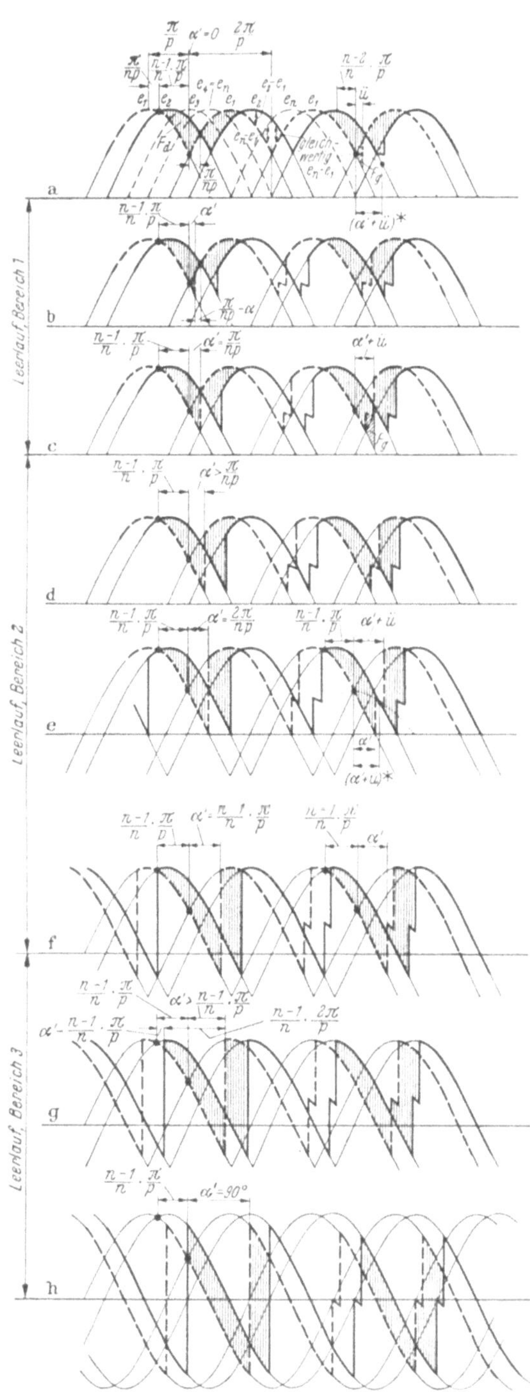

Abb. 27,12. Verkettete Spannung an einer 4phasigen Saugdrosselspule ($n = 4$) bei verschiedenen Aussteuerungsgraden. Die linke Bildhälfte gilt für Leerlauf, die rechte für Belastung.
Phasenzahl des Einzelsystems: $p = 3$; – Phasenzahl der Gleichstromwelligkeit: $n \cdot p = 12$.

dargestellt, wobei die verkettete Spannung an der Saugdrossel als Differenz zwischen den Spannungen der beiden Systeme durch Schraffierung der Differenzflächen hervorgehoben ist.

Die auf S. 223 gegebene Definition der sinusförmigen Ersatzspannung bedeutet nun nichts anderes, als daß die Ersatzspannung eine Spannungsfläche von der Größe der Differenzspannungsfläche haben muß. Die Spannungsfläche F_d der tatsächlichen Spannungsdifferenz (s. Abb. 27,12) kann durch Integration gefunden werden, wie später gezeigt wird. Wenn diese Fläche bekannt ist, so ergibt sich zunächst die verkettete sinusförmige Ersatzspannung $E_{\sin}$ der Spannungsdifferenz zwischen den Gleichspannungskurven auf Grund der Flächengleichheit aus der Beziehung

$$E_{\sin} \sqrt{2} \cdot \frac{2}{\pi} \cdot \frac{1}{2\,p\cdot f} = F_d$$

zu

$$E_{\sin} = \frac{p}{2\sqrt{2}}\, \omega\, F_d. \qquad (27{,}11)$$

Hieraus erhält man dann die sinusförmige Ersatzspannung E_{Sd} *einer* Phase der Saugdrossel durch Aufspaltung entsprechend der Phasenzahl n der Saugdrossel mittels der Beziehung

$$E_{Sd} = E_{\sin} \frac{1}{2 \sin \dfrac{\pi}{n}}, \qquad (27{,}12)$$

die sich der Abb. 27,13 entnehmen läßt. Das Verhältnis $E_{Sd}/E_{\sin}$ ist $1/2$ bei $n = 2$ und $1/\sqrt{3}$ bei $n = 3$.

Dieses Verfahren ist für $n = 3$ und darüber nur eine Näherung. Strenggenommen müßte zuerst die Spannungsdifferenz zwischen den Klemmen der Saugdrossel in ihren Augenblickswerten in die Phasenanteile aufgespalten und aus der dann durch Integration der Phasenspannungskurve gewonnenen Spannungsfläche *einer* Phase mittels Gl. (27,11) die sinusförmige Ersatzspannung berechnet werden.

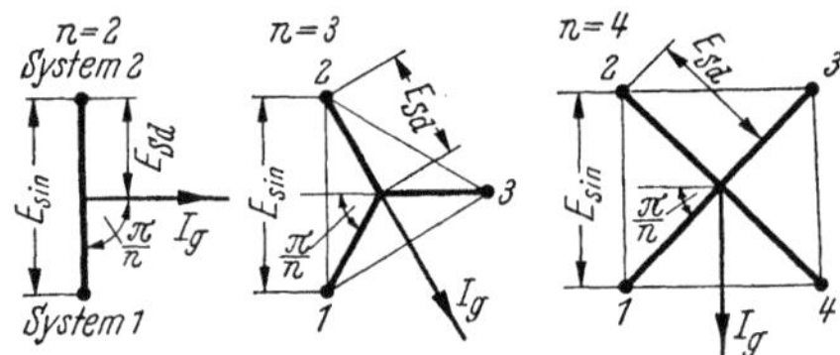

Abb. 27,13. Vektorielle Aufspaltung der sinusförmigen Ersatzspannung $E_{\sin}$ der verketteten Saugdrosselspannung.

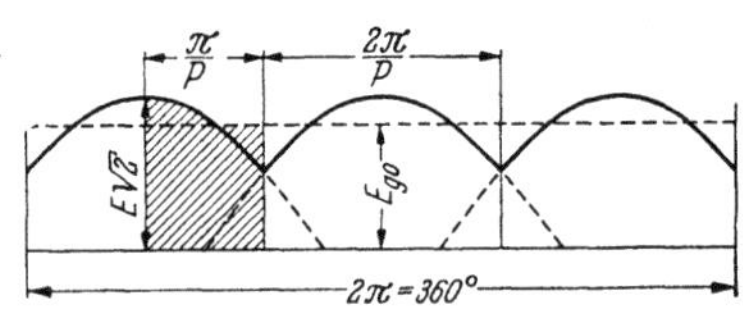

Abb. 27,14. Dreiphasig gewellte Gleichspannung bei voller Aussteuerung.
$E\sqrt{2}$ Scheitelwert; — E_{g0} Mittelwert.

Um nun die auf E_{g0} bezogenen Werte von E_{Sd} zu erhalten, wird die bekannte allgemeine Gleichung[1] dieser EMK für volle Aussteuerung eingeführt, die durch Integration der Gleichspannungskurve Abb. 27,14 [mit $E\sqrt{2}$ als Scheitelwert und E_{g0} als Mittelwert abgeleitet werden kann.

$$E_{g0} = E\sqrt{2} \cdot \frac{p}{\pi} \sin \frac{\pi}{p} = E\sqrt{2} \cdot v_p. \qquad (27{,}13)$$

Der Ausdruck $\frac{p}{\pi} \sin \frac{\pi}{p}$ werde *Spannungsfaktor* v_p genannt. Dieser Spannungsfaktor stimmt mit dem Verzerrungsfaktor $v_{n\cdot p}$ nach Gl. (27,9) überein, wenn anstatt $n \cdot p$ die Phasenzahl p des Einzelsystems gesetzt wird (vgl. d. Anm. auf S. 221 und die Werte der Tab. 27,3).

---

[1] Dällenbach u. Gerecke: [4.9] S. 178.

Für die Durchführung der Integration der Spannungsdifferenzfläche F_d werden die Ausdrücke $e_2 - e_1 = (\overline{E}_2 - \overline{E}_1)\,\sqrt{2}\cdot\sin(\omega t)$ und $e_n - e_1 = (\overline{E}_n - \overline{E}_1)\,\sqrt{2}\cdot\sin(\omega t)$ benötigt (s. Abb. 27,12a), worin $\overline{E}_2 - \overline{E}_1$ und $\overline{E}_n - \overline{E}_1$ Zeigerdifferenzen im Effektivwertmaß bedeuten. Wie aus dem Zeigerdiagramm Abb. 27,15 der Sternspannungen der vier 3phasigen Systeme ersehen werden kann, sind die Effektivwerte dieser Spannungen gegeben durch die Gln. (27,14) und (27,15), wenn E durch E_{g0} nach Gl. (27,13) ersetzt wird:

$$\overline{E}_2 - \overline{E}_1 = E \cdot 2 \sin\frac{\pi}{n \cdot p} = \frac{E_{g0}}{\sqrt{2}} \cdot \frac{\dfrac{\pi}{p}}{\sin\dfrac{\pi}{p}} \cdot 2\sin\frac{\pi}{n \cdot p}, \qquad (27,14)$$

$$\overline{E}_n - \overline{E}_1 = E \cdot 2 \sin\left(\frac{n-1}{n}\frac{\pi}{p}\right) = \frac{E_{g0}}{\sqrt{2}} \cdot \frac{\dfrac{\pi}{p}}{\sin\dfrac{\pi}{p}} \cdot 2\sin\left(\frac{n-1}{n}\frac{\pi}{p}\right). \qquad (27,15)$$

Bezüglich der Integration selbst ist aus den Spannungskurven von Abb. 27,12 ersichtlich, daß bei Leerlauf 3 Bereiche von α' bestehen, in denen die Integrale ver-

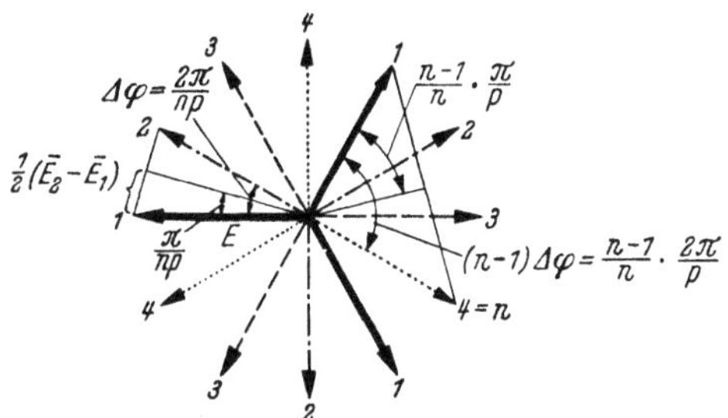

Abb. 27,15. Zeigerdiagramm der Spannungen einer $4\times$ Dreiphasen-Saugdrosselschaltung entsprechend dem zeitlichen Verlauf nach Abb. 27,12.

schiedene Formen haben. Der erste Bereich ist $0 < \alpha' < \dfrac{\pi}{n \cdot p}$. Die entsprechende Fläche ist die Summe von 2 Integralen und ist gegeben durch

$$F_d = \int\limits_0^{\frac{n-1}{n}\frac{\pi}{p}+\alpha'} (e_2 - e_1)\,dt + \int\limits_0^{\frac{\pi}{np}-\alpha'} (e_n - e_1)\,dt. \qquad (27,16)$$

Der zweite Bereich $\dfrac{\pi}{n \cdot p} < \alpha' < \dfrac{n-1}{n}\dfrac{\pi}{p}$ hat die Fläche

$$F_d = \int\limits_0^{\frac{n-1}{n}\frac{\pi}{p}+\alpha'} (e_2 - e_1)\,dt. \qquad (27,17)$$

Er fällt bei $n = 2$ fort, da $\dfrac{\pi}{2p} = \dfrac{2-1}{2}\dfrac{\pi}{p}$ ist. Die Fläche des dritten Bereiches $\dfrac{n-1}{n}\dfrac{\pi}{p} < \alpha' < \dfrac{\pi}{2}$ schließlich ist gegeben durch

$$F_d = \int\limits_{\alpha'-\frac{n-1}{n}\frac{\pi}{p}}^{\alpha'+\frac{n-1}{n}\frac{\pi}{p}} (e_2 - e_1)\,dt. \qquad (27,18)$$

Bei Belastung gelten die Bereiche für $\alpha' + \ddot{u}$ anstatt α', und ferner muß die Spannungsfläche des induktiven Gleichspannungsabfalles F_g während der elektrischen Überlappung $\ddot{u}$ berücksichtigt werden. Das ist am einfachsten dadurch möglich, daß man bei der Bestimmung der Spannungsdifferenzfläche F_d mittels der Gln. (27,16) bis (27,18) zunächst anstatt bis α' integriert bis $\alpha' + \ddot{u}$, so daß das Integral die doppelte Fläche F_g mit einschließt, und daß man dann die einfache Fläche F_g wieder abzieht (siehe z. B. Abb. 27,12a und c). Auf diese Weise ergeben sich dann die später folgenden Gln. (27,23) bis (27,25). Für einen gleichbleibenden Belastungsstrom hat die Fläche F_g nämlich über den ganzen Bereich von α' eine gleichbleibende Größe. Sie kann daher mit Leichtigkeit aus der Lage unter dem Scheitelwert $E_W\sqrt{2}$ der Wendespannung gefunden werden, weil sie dann die Hälfte der Rechteckfläche beträgt, die durch die Überlappung $\ddot{u}_s$ in waagerechter Richtung und durch die Wendespannung $E_W\sqrt{2}$ in senkrechter Richtung gebildet wird (vgl. Abb. 21,1). Die allgemeine Gleichung der Wendespannung kann aus Abb. 27,16 abgeleitet werden und lautet mit Berücksichtigung von Gl. (27,13)

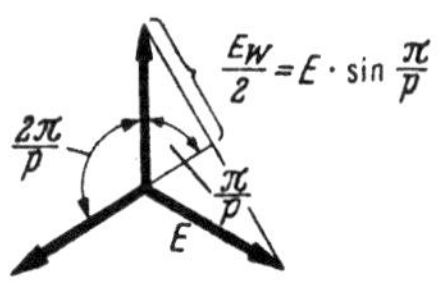

Abb. 27,16. Spannungsstern des 3phasigen Einzelsystems.

$$E_W = E \cdot 2\sin\frac{\pi}{p} = E_{g0}\sqrt{2}\,\frac{\pi}{p}. \tag{27,19}$$

Mit Benutzung dieser Beziehung ist die Fläche des induktiven Gleichspannungsabfalles dann gegeben durch

$$F_g = \frac{1}{2}E_W\sqrt{2}\,\frac{\ddot{u}_s}{\omega} = \frac{E_{g0}}{\omega}\,\frac{2\pi}{p}\,\frac{\ddot{u}_s}{2}. \tag{27,20}$$

Auch bei Belastung schrumpft für $n = 2$ der zweite Bereich wieder zu Null zusammen. Für $n = 3$ gilt bei Belastung der dritte Bereich nur bis zu einer Grenze $(\alpha' + \ddot{u})^*$, die durch den Schnittpunkt der Phasenspannungskurve 2 mit der Kurve der mittleren, während der Überlappung sich einstellenden Spannung der Phasen 1 (punktierte Kurve in Abb. 27,12a und e) gegeben ist. Der jeweilige Wert $(\alpha' + \ddot{u})^*$ kann berechnet werden aus der Bedingung

$$\cos\frac{\pi}{p}\cos(\alpha' + \ddot{u})^* = \cos\left[\frac{n-2}{n}\frac{\pi}{p} + (\alpha' + \ddot{u})^*\right]$$

zu

$$(\alpha' + \ddot{u})^* = \operatorname{arc\,tg}\;\frac{2\sin\left(\dfrac{n-1}{n}\dfrac{\pi}{p}\right)\sin\left(\dfrac{1}{n}\dfrac{\pi}{p}\right)}{\sin\left(\dfrac{n-2}{n}\dfrac{\pi}{p}\right)}. \tag{27,21}$$

Dieser Wert $(\alpha' + \ddot{u})^*$ ist für die obere Grenze der Integration von Bedeutung. Wird nämlich $\alpha' + \ddot{u}$ größer als $(\alpha' + \ddot{u})^*$, während α' noch unterhalb dieses Wertes liegt, so beginnt im Zeitpunkte $(\alpha' + \ddot{u})^*$ die Differenzspannungsfläche umgekehrten Vorzeichens (s. Abb. 27,12e). Die obere Integrationsgrenze in Gl. (27,18) bleibt dann bei $\frac{n-1}{n}\frac{\pi}{p} + (\alpha' + \ddot{u})^*$ stehen, und es ist folglich nicht mehr die ganze Fläche F_g nach Gl. (27,20) abzuziehen, sondern nur noch der sich über den Abschnitt von α' bis $(\alpha' + \ddot{u})^*$ erstreckende Anteil. Übersteigt aber außer $\alpha' + \ddot{u}$ auch der Steuerwinkel α' den kritischen Wert $(\alpha' + \ddot{u})^*$, so beginnt die Differenzspannungsfläche negativen Vorzeichens bereits bei α' (s. Abb. 27,12f und folgende). Von dann ab ist also als obere Integrationsgrenze in Gl. (27,18) der Ausdruck $\alpha' + \frac{n-1}{n}\frac{\pi}{p}$ einzusetzen und überhaupt nichts mehr abzuziehen. Nur bei der unteren Integrationsgrenze $\alpha' + \ddot{u} - \frac{n-1}{n}\frac{\pi}{p}$ tritt der Überlappungswinkel $\ddot{u}$ noch in Erscheinung.

Nach den vorstehenden Ausführungen ergeben sich also bei $n = 2$ für den Belastungsfall *zwei* Bereiche mit verschiedenem Aussehen der Endformeln, bei $n = 3$ dagegen *fünf*. Außer den genannten oberen Gültigkeitsgrenzen der Gln. (27,16) bis (27,18) gibt es aber auch noch eine untere Gültigkeitsgrenze. Diese liegt bei demjenigen Werte von α', bei dem für einen gegebenen Belastungsparameter $\ddot{u}_s$ der Überlappungswinkel $\ddot{u}$ mit abnehmendem Steuerwinkel α' größer zu werden beginnt als der Phasenversetzungswinkel $\Delta\varphi$ der über die Saugdrossel parallel geschalteten Systeme:

$$\ddot{u}_{\max} = \Delta\varphi = \frac{2\,\pi}{n\cdot p}. \tag{27,22}$$

Im Falle $\ddot{u} > \Delta\varphi$ haben nämlich die Stromwendeabschnitte zweier aufeinanderfolgenden Systeme eine gewisse Überlappung, während deren beide Systeme gleichzeitig in der Stromwendung begriffen sind. Innerhalb dieses Bereiches von α' würde die Gleichung der Saugdrosselspannung eine kompliziertere Form annehmen. Für die praktische Anwendung der Kurven in Abb. 27,10 und 27,11 hat die untere Grenze von α' jedoch keine Bedeutung, weil bei $p = 6$ und darüber, wie bereits erläutert wurde, ohnehin nur die Leerlaufkurven in Frage kommen und weil für geringere Phasenzahlen der Winkel $\Delta\varphi$ bei $n \cdot p = 4$ eine Größe von $90°$ und bei $n \cdot p = 6$ immer noch eine solche von $60°$ hat, welche Werte normalerweise vom Überlappungswinkel $\ddot{u}$ selbst bei höchster Aussteuerung nie erreicht werden. Es ist daher nicht notwendig, für die unterhalb der genannten Grenze liegenden Werte von α' noch besondere Formeln zu entwickeln. Die Zahlenwerte der verschiedenen Gültigkeitsgrenzen sind für die in Betracht gezogenen Werte von n und p in Tab. 27,4 zusammengestellt.

Tabelle 27,4.

n	p	$n \cdot p$	$\dfrac{\pi}{n\cdot p}$	$\dfrac{n-1}{n}\dfrac{\pi}{p}$	$(\alpha'+\ddot{u})^{*}$	$\ddot{u}_{\max} = \dfrac{2\,\pi}{n\cdot p}$
2	2	4	$45°$	$45°$	$90°$	$90°$
	3	6	30	30	90	60
	6	12	15	15	90	30
	12	24	7,5	7,5	90	15
	24	48	3,75	3,75	90	7,5
3	2	6	$30°$	$60°$	$60°$	$60°$
	6	18	10	20	$34°22'$	20
	12	36	5	10	$19°09'$	10

Werden nunmehr die Integrationen mit Berücksichtigung aller genannten Umstände ausgeführt, so ergeben sich als *Gleichungen der bezogenen Saugdrosselspannung* für $n = 2$ und $n = 3$ die folgenden:

1. Bereich $0 < (\alpha' + \ddot{u}) < \dfrac{\pi}{n \cdot p}$:

$$\frac{E_{Sd}}{E_{g0}} = \frac{\pi}{2\sqrt{2}}\,\frac{1}{\sin\dfrac{\pi}{n}}\left[\frac{\cos\left(\dfrac{n-2}{n}\dfrac{\pi}{2p}\right)}{\cos\dfrac{\pi}{2p}} - \cos\alpha' + \frac{\ddot{u}_s}{2}\right]. \tag{27,23}$$

2. Bereich $\dfrac{\pi}{n \cdot p} < (\alpha' + \ddot{u}) < \dfrac{n-1}{n}\dfrac{\pi}{p}$:

$$\frac{E_{Sd}}{E_{g0}} = \frac{\pi}{2\sqrt{2}}\,\frac{1}{\sin\dfrac{\pi}{n}}\left\{\frac{\sin\dfrac{\pi}{n\cdot p}}{\sin\dfrac{\pi}{p}}\left[1 - \cos\left(\frac{n-1}{n}\frac{\pi}{p} + \alpha' + \ddot{u}\right)\right] - \frac{\ddot{u}_s}{2}\right\}. \tag{27,24}$$

Dieser Bereich fällt bei $n = 2$ fort.

3. Bereich $\dfrac{n-1}{n}\dfrac{\pi}{p} < (\alpha' + \ddot{u}) < (\alpha' + \ddot{u})^*$.

$$\frac{E_{Sd}}{E_{g0}} = \frac{\pi}{2\sqrt{2}} \frac{1}{\sin\dfrac{\pi}{n}} \left[\frac{\sin\dfrac{\pi}{n\cdot p}}{\sin\dfrac{\pi}{p}} \cdot 2 \sin\left(\frac{n-1}{n}\frac{\pi}{p}\right) \sin(\alpha' + \ddot{u}) - \frac{\ddot{u}_s}{2} \right]. \qquad (27,25)$$

Für $n = 2$ wird $(\alpha' + \ddot{u})^* = \dfrac{\pi}{2}$, so daß die folgenden beiden Bereiche nur für $n = 3$ von Bedeutung sind.

4. Bereich $(\alpha' + \ddot{u})^* < (\alpha' + \ddot{u}) < [(\alpha' + \ddot{u})^* + \ddot{u}]$ mit $\alpha' < (\alpha' + \ddot{u})^*$.

$$\frac{E_{Sd}}{E_{g0}} = \frac{\pi}{2\sqrt{2}} \frac{1}{\sin\dfrac{\pi}{n}} \left\{ \frac{\sin\dfrac{\pi}{n\cdot p}}{\sin\dfrac{\pi}{p}} \left[\cos\left(\alpha' + \ddot{u} - \frac{n-1}{n}\frac{\pi}{p}\right) - \right. \right.$$

$$\left. \left. - \cos\left((\alpha' + \ddot{u})^* + \frac{n-1}{n}\frac{\pi}{p}\right)\right] - \frac{1}{2}\left[\cos\alpha' - \cos(\alpha' + \ddot{u})^*\right] \right\}. \qquad (27,26)$$

5. Bereich $[(\alpha' + \ddot{u})^* + \ddot{u}] < (\alpha' + \ddot{u}) < \dfrac{\pi}{2}$ mit $\alpha' > (\alpha' + \ddot{u})^*$.

$$\frac{E_{Sd}}{E_{g0}} = \frac{\pi}{2\sqrt{2}} \frac{1}{\sin\dfrac{\pi}{n}} \frac{\sin\dfrac{\pi}{n\cdot p}}{\sin\dfrac{\pi}{p}} \left[\cos\left(\alpha' + \ddot{u} - \frac{n-1}{n}\frac{\pi}{p}\right) - \cos\left(\alpha' + \frac{n-1}{n}\frac{\pi}{p}\right)\right]. \qquad (27,27)$$

Für *Leerlauf* ($\ddot{u}$ bzw. $\ddot{u}_s = 0$) vereinfachen sich die Gleichungen, weil α' an die Stelle von $\alpha' + \ddot{u}$ tritt und das Glied $\ddot{u}_s/2$ bzw. $\frac{1}{2}\left[\cos\alpha' - \cos(\alpha' + \ddot{u})^*\right]$ fortfällt. Gl. (27,25) gilt dann auch für $n = 3$ bis $\alpha' = \dfrac{\pi}{2}$, und die Gln. (27,26) und (27,27) sind ohne Bedeutung, da sie in die gleiche vereinfachte Form übergehen wie Gl. (27,25).

Der Vollständigkeit wegen sei für den Fall der Belastung noch bemerkt, daß bei $n = 3$ der Wert $(\alpha' + \ddot{u})^*$ stets größer ist als $\dfrac{n-1}{n}\dfrac{\pi}{p}$. Hierfür gelten die obigen Gln. (27,24) bis (27,27) mit den dort angegebenen Grenzen. Bei $n = 4$ dagegen wird $(\alpha' + \ddot{u})^*$ stets kleiner als $\dfrac{n-1}{n}\dfrac{\pi}{p}$. Dadurch wird eine entsprechende Änderung der Gültigkeitsgrenzen und bei den Gln. (27,26) und (27,27) auch eine Änderung der unteren Integrationsgrenze bedingt, auf die hier jedoch nicht eingegangen zu werden braucht.

27.43 Die Bauleistung von Saugdrosselspulen.

Nachdem jetzt Strom und Spannung bekannt sind, kann die Bauleistung von Saugdrosseln betrachtet werden. Dabei müssen zwei verschiedene Begriffe der Bauleistung unterschieden werden: die Bauleistung N_{sin} als Drossel mit sinusförmig verlaufendem Kraftfluß (kurz *Drossel mit Sinusfluß* genannt) bei der Oberwellen-Grundfrequenz $p\cdot f$ und die Bauleistung N_{BSd} als *gleichwertiger Zweiwicklungstransformator* mit der Netzfrequenz f. Der zweite Ausdruck für die Bauleistung gibt eine gewisse Vorstellung von der Größe der Saugdrossel, weil dieser Ausdruck der Bauleistung eines gewöhnlichen Transformators vergleichbar ist.

a) Die Bauleistung als Drossel mit Sinusfluß (Frequenz $p\cdot f$). Wenn der gesamte Gleichstrom aller Einzelsysteme zusammen mit I_g bezeichnet wird und die Saugdrossel n Phasen besitzt, so führt die Wicklung jeder Phase den Strom I_g/n. Die

Spannung an der Wicklung jeder Phase ist $E_{S\bar{d}}$. Dann ergibt sich die Bauleistung als Drossel mit Sinusfluß zu

$$N_{\text{sin}} = n \cdot E_{Sd} \cdot \frac{I_g}{n} = E_{Sd} I_g$$

und bezogen auf die ideelle Gleichstromleistung $N_{g0} = E_{g0} I_g$ zu

$$\frac{N_{\text{sin}}}{N_{g0}} = \frac{E_{Sd}}{E_{g0}}. \tag{27,28}$$

Diese Gleichung zeigt, daß die auf die ideelle Gleichstromleistung bezogene Bauleistung als Drossel mit Sinusfluß gleich der auf die vollausgesteuerte Gleich-EMK bezogenen sinusförmigen Ersatzspannung einer Phase der Saugdrossel ist, wie sie in den Kurven Abb. 27,10 und 27,11 angegeben ist.

Für eine gegebene Phasenzahl $n \cdot p$ hängt die Größe dieses Verhältniswertes noch von der Größe des Spannungsregelbereiches, d. h. von dem größten vorkommenden Steuerwinkel α', ab und ist daher bei den einzelnen Anlagen verschieden. Sie geht jedoch nicht über den Betrag bei $\alpha' = 90°$ und Leerlauf hinaus, der den größtmöglichen Wert darstellt. Daher ist die Bauleistung bei $\alpha' = 90°$ ein geeigneter Ausdruck für den Vergleich der Bauleistungen bei verschiedenen Phasenzahlen $n \cdot p$. Aus Gl. (27,25) folgt für $\alpha' = 90°$ und $\ddot{u} = 0$, $\ddot{u}_s = 0$ als Gleichung der größten Sinusdrossel-Bauleistung

$$\frac{N_{\text{sin}}}{N_{g0}} = \frac{\pi}{\sqrt{2}} \frac{\sin \dfrac{\pi}{n \cdot p} \sin \left(\dfrac{n-1}{n} \dfrac{\pi}{p} \right)}{\sin \dfrac{\pi}{n} \sin \dfrac{\pi}{p}}. \tag{27,29}$$

Die sich hieraus ergebenden Zahlenwerte für die betrachteten Phasenzahlen p der Einzelsysteme und Phasenzahlen n der Saugdrosseln sind in Tab. 27,5 zusammengestellt.

Tabelle 27,5. *Bauleistung von Saugdrosseln bei* $\alpha' = 90°$ *und Leerlauf.*

Gesamt-phasenzahl $n \cdot p$	Zahl der Systeme n	Phasenzahl je System p	Bauleistung als Sinusdrossel bei Frequenz $p \cdot f$ N_{sin}/N_{g0}	Bauleistung als Zweiwicklungstransformator bei Frequenz f $N_{B\,Sd}/N_{g0}$
4	2	2	1,111	0,278 $\cdot B_f/B_{p \cdot f}$
6	2	3	0,641	0,107 ,,
12	2	6	0,297	0,0247 ,,
24	2	12	0,146	0,0061 ,,
48	2	24	0,073	0,0015 ,,
6	3	2	1,111	0,320 $\cdot B_f/B_{p \cdot f}$
18	3	6	0,304	0,0293 ,,
36	3	12	0,150	0,0072 ,,

$N_{g0} =$ gesamte ideelle Gleichstromleistung aller n Systeme.

Bei geringeren maximalen Steuerwinkeln α' vermindert sich dann die Bauleistung nach Maßgabe der Kurven E_{Sd}/E_{g0} der Abb. 27,10 und 27,11. Sie sinkt beispielsweise auf etwa $^3/_4$ bei einem Steuerwinkel von $\alpha' = 45°$, der einem Spannungsregelbereich bei Leerlauf von ungefähr 30% Herabregelung entspricht.

b) Die Bauleistung als gleichwertiger Zweiwicklungstransformator (Frequenz f). Um die Transformatorbauleistung aus der Sinusdrosselbauleistung zu erhalten, müssen folgende Schritte unternommen werden:

1. Die Bauleistung als Sinusdrossel ist zu halbieren, weil ein Transformator 2 Wicklungen hat anstatt einer bei der Drossel und demgemäß bei gleichem Kupfervolumen nur die halbe Leistung besitzt.

2. Der nun gewonnene Ausdruck ist weiterhin durch p zu dividieren, weil die bei der Netzfrequenz f erzeugte Spannung nur das $1/p$-fache der Spannung bei der Frequenz $p \cdot f$ ist und demgemäß ein gegebener Transformator bei der Netzfrequenz f eine Leistung von nur $1/p$ der Leistung bei der Frequenz $p \cdot f$ besitzt, wenn gleiche Scheitelwerte der magnetischen Induktion vorausgesetzt werden.

3. Der Ausdruck ist ferner noch mit dem Verhältnis $B_f/B_{p \cdot f}$ zu multiplizieren. B_f ist die Induktion, die man wählen würde, wenn der Transformator für Betrieb mit der Netzfrequenz f bestimmt wäre. Bei der Frequenz $p \cdot f$ dagegen muß die Induktion auf einen geringeren Wert $B_{p \cdot f}$ herabgesetzt werden, um die Eisenverluste und damit die Erwärmung in zulässigen Grenzen zu halten. Eine gewisse Herabsetzung der Induktion ist meistens selbst dann noch notwendig, wenn wie üblich bei $p = 6$ und darüber bereits eine dünnere Blechsorte als bei der Netzfrequenz f verwendet wird.

Mit diesen 3 Maßnahmen ergibt sich für *2phasige Saugdrosselspulen* dann die Bauleistung als Zweiwicklungstransformator zu

$$n = 2: \qquad \frac{N_{B\,Sd}}{N_{g0}} = \frac{N_{\sin}}{N_{g0}} \frac{1}{2p} \frac{B_f}{B_{p \cdot f}}. \tag{27,30}$$

Die sich hieraus ergebenden Zahlenwerte sind ebenfalls in Tab. 27,5 aufgeführt.

4. Bei $n = 3$ ist weiterhin noch zu berücksichtigen, daß die Wicklungen in Zickzack geschaltet werden müssen, um eine Gleichstrommagnetisierung des Kerns zu vermeiden. Infolgedessen erhöht sich die Bauleistung noch im Verhältnis $2/\sqrt{3}$. Somit erhält man für *3phasige Saugdrosselspulen* die Bauleistung

$$n = 3: \qquad \frac{N_{B\,Sd}}{N_{g0}} = \frac{N_{\sin}}{N_{g0}} \frac{1}{p\sqrt{3}} \frac{B_f}{B_{p \cdot f}}. \tag{27,31}$$

Auch hierfür sind die Zahlenwerte in Tab. 27,5 enthalten.

Aus Tab. 27,5 geht hervor, daß bei höheren Werten der Gesamtphasenzahl, z. B. bei $n \cdot p = 24$ und darüber, die gleichwertige Transformatorbauleistung sehr klein ist. Das ist durch 2 Umstände bedingt:

1. Die sinusförmige Ersatzspannung ist verhältnismäßig gering, weil die Spannungsdifferenz als Folge der verminderten Welligkeit klein ist.

2. Die Frequenz, mit der diese an sich schon geringe Ersatzspannung an der Saugdrossel erzeugt werden muß, ist nicht die Netzfrequenz, sondern eine bedeutend höhere.

In Quecksilberdampfgleichrichter-Anlagen werden für derartig hohe Frequenzen gewöhnlich keine besonderen Saugdrosseln mehr verwendet, insbesondere dann nicht, wenn Glättungsdrosseln in den Gleichstromleitungen der Einzelsysteme angeordnet sind. Das ist deswegen zulässig, weil bei solchen Frequenzen die Induktivitäten der normal bemessenen Glättungsdrosseln und die Streuinduktivitäten der Transformatoren die Ausgleichwechselströme zwischen den Systemen bereits auf einen ausreichend geringen Betrag begrenzen, der bei Quecksilberdampfgleichrichtern ohnehin nicht kritisch ist. Das gleiche Verfahren wird auch bei Kontaktumformern mit Erfolg angewandt. Eine Anlage mit z. B. $n \cdot p = 36$ Phasen besteht dann aus drei 12phasigen Umformereinheiten, deren jede mit einer Saugdrossel für 12phasigen Betrieb (Grundfrequenz $6f = 300\,\text{Hz}$ bei einer Netzfrequenz von $f = 50\,\text{Hz}$) und mit einer Glättungsdrossel im Gleichstromkreise ausgerüstet ist. Die Glättungsdrosseln arbeiten dabei als Sperrinduktivitäten für die Abriegelung der 12phasigen Systeme gegeneinander hinsichtlich ihrer Ausgleichwechselströme und als Spannungsteilerdrosseln für 36phasigen Betrieb.

Man ist sogar schon noch weiter gegangen und hat auch die Saugdrossel für 12-
phasigen Betrieb durch 2 getrennte Glättungsdrosseln ersetzt. Verwendet man nämlich eine Saugdrossel, so muß man dafür sorgen, daß die Gleichströme in den beiden
Wicklungshälften der Saugdrossel sehr genau gleich groß sind. Das ist im allgemeinen
ohne besondere Hilfsmittel nicht zu erreichen, da eine gewisse Ungleichheit der beiden
Gleichströme in der Praxis aus verschiedenen Gründen sehr leicht entstehen kann.
Hier sind zu nennen:

1. Ein geringer Unterschied in der Höhe der Leerlaufspannungen der beiden
Transformator-Sekundärwicklungen, wie er beispielsweise in der Schaltung Nr. 11
der Tab. 26,1 dadurch gegeben sein kann, daß sich das erforderliche Verhältnis $\sqrt{3}$
der Windungszahlen der sekundären Wicklungsstränge wegen der geringen Anzahl
der Windungen nicht genau erreichen läßt. Aus diesem Grunde werden mitunter
getrennte Transformatoren an Stelle eines einzigen mit 2 Sekundärwicklungen bevorzugt, wobei dann das richtige Übersetzungsverhältnis mittels der Oberspan-
nungswicklungen recht genau hergestellt werden kann. Man kann aber auch eine
der beiden Sekundärwicklungen des gemeinsamen Transformators zur Angleichung
der Leerlaufspannungen mit einem kleinen Zusatztransformator ausstatten, was bei
Kontaktumformern mit dem erwarteten Erfolg ebenfalls schon frühzeitig ausgeführt
wurde.

2. Verschieden große Streuspannungen der beiden Transformator-Sekundärwicklungen. Das muß nach Möglichkeit bereits durch eine entsprechende Konstruktion des Transformators vermieden werden.

3. Kontaktzeitungenauigkeiten, die die Einschaltzeitpunkte der beiden Teilsysteme und damit auch die elektrischen Steuerwinkel verschieden machen. In
gleicher Weise wirken sich auch Verschiedenheiten in der Höhe der Rückmagneti-
sierungen beider Teilsysteme aus.

4. Bestimmte Oberwellen in der Spannung des speisenden Drehstromnetzes, die
infolge der Phasenversetzung der Systeme in verschieden großem Ausmaß den
Gleichspannungsmittelwert der beiden Teilsysteme beeinflussen[1].

Gegen die durch 3. und 4. verursachte Ungleichheit der Ströme hilft am wirk-
samsten eine selbsttätige Stromausgleichregelung[2].

Besondere Beachtung erfordern, sofern eine Saugdrossel vorhanden ist, auch die
Vorgänge beim Schließen der Gleichstromschalter. In der Regel wird jedes Teilsystem
mit einem getrennten Gleichstromschalter ausgerüstet; man vermeidet, beiden Systemen einen gemeinsamen Gleichstromschalter zu geben, weil sie sonst schon im
Leitungszuge vor diesem Schalter gleichstromseitig dauernd parallel geschaltet sein
müßten, z. B. auch im Grundlastbetrieb. Bei Lauf mit Grundlast aber genügt bereits
ein verhältnismäßig kleiner Ausgleichstrom, um in einem der beiden Systeme den geringen Grundlaststrom aufzuheben und damit den Umformer betriebsunfähig zu
machen. Verwendet man nun aber getrennte Schalter, so ist es erforderlich, daß sie
recht genau gleichzeitig schalten. Schaltet beispielsweise beim Einschalten einer der
Schalter erst später, so kann der Laststrom des zuerst geschlossenen Systems die
Saugdrossel in die Sättigung bringen, was dann zur Folge hat, daß die Drossel beim
Schließen des zweiten Schalters unwirksam ist.

Die Notwendigkeit des gleichzeitigen Schaltens und die genaue Gleichhaltung
der Gleichströme entfällt, wenn an Stelle der Saugdrossel im Gleichstromkreise eines

---

[1] HARTEL: [4.31].
[2] Siehe z. B. HARTEL: [4.31] S. 700, 701. — POKORNY: [1.58].

jeden der beiden Systeme eine getrennte, ausreichend bemessene Glättungsdrossel angeordnet ist. Von einer solchen Glättungsdrossel ist nun einerseits zu fordern, daß sie bei dem kleinsten vorkommenden Belastungsstrome eine so hohe Induktivität hat, daß ein Lücken dieses Stromes infolge von Ausgleichwechselströmen mit Sicherheit vermieden wird. Hierfür eignet sich am besten eine luftspaltlose Drossel. Andererseits aber darf die Drossel bei steigender Belastung nicht so weit in die Sättigung gehen, daß sie zur Verhinderung des Lückens oder für die gewünschte Glättung bei höheren Strömen nicht mehr ausreicht. Daher sollte die Drossel einen Luftspalt besitzen. Um diese gegensätzlichen Forderungen zu erfüllen, kann nötigenfalls die Glättungsdrossel mit einem Isthmuskern ausgeführt werden, wobei im Luftspaltanteil desselben der Spalt zwecks Erzielung der gewünschten Stromabhängigkeit der Induktivität auch noch mehrfach abgestuft sein kann. Auch durch die Reihenschaltung einer luftspaltlosen Drossel mit einer Luftspaltdrossel läßt sich eine ähnliche Wirkung erreichen.

28. Glättungsdrosselspulen.

Zum Abschluß des Gebietes der allgemeinen Berechnung von Kontaktumformerschaltungen sind schließlich noch einige Betrachtungen über Glättungsdrosselspulen notwendig. Besondere Aufmerksamkeit erfordern nämlich solche Fälle, wo zur Vermeidung einer Beeinträchtigung des Umformerbetriebes die zulässige Höhe des negativen Scheitelwertes der gleichstromseitigen Oberwellen begrenzt ist. Ein Beispiel hierfür ist der Fall des Grundlaststromes. Dieser Strom muß selbst bei der niedrigsten Aussteuerung noch so gut geglättet sein, daß auch im Augenblick des negativen Scheitelwertes der Oberwellenströme noch ein zur Sättigung der Schaltdrossel ausreichender restlicher Anteil des Gleichstromes verbleibt. Als ein weiteres Beispiel kann die Speisung eines Gleichstrommotors durch einen Kontaktumformer über einen weiten Spannungsregelbereich zum Zwecke der Geschwindigkeitsregelung angeführt werden. Auch hier darf es selbst im ungünstigsten Betriebsfalle, also bei kleinster Geschwindigkeit (tiefster Aussteuerung) und gleichzeitig geringer Belastung, nicht vorkommen, daß der Gleichstrom durch die negativen Halbwellen des Oberwellenstromes in seinen Augenblickswerten so weit vermindert wird, daß er zur Sättigung der Schaltdrosseln nicht mehr ausreicht. Wird der hierzu erforderliche Wert infolge ungenügender Glättung unterschritten, so gerät die Schaltdrossel vorzeitig in den ungesättigten Zustand, d. h. es läuft die Ausschaltstufe anstatt an der dem eingestellten Schaltzeitpunkt entsprechenden Stelle bereits zu einem ungeeigneten Zeitpunkt ab.

Im folgenden wird nun ein vereinfachtes Verfahren zur Berechnung der erforderlichen Induktivität von Glättungsdrosselspulen verwendet[1]. Dieses Verfahren ist recht genau in solchen Fällen, wo eine hohe, in den Augenblickswerten zeitlich gleichbleibende Gegen-EMK im Stromkreise wirksam ist, wie z. B. beim Betrieb eines Gleichstrommotors oder bei der Ladung von Sammlerbatterien. Es kann aber mit befriedigender Genauigkeit auch für Grundlaststromkreise verwendet werden, da die Grundlastströme normalerweise sehr gut geglättet werden und somit der induktive Widerstand des Grundlastkreises um ein Vielfaches größer ist als der ohmsche.

Die Grundschaltung für die Berechnung ist in Abb. 28,1 dargestellt, und einige kennzeichnende Kurvenformen der ungeglätteten Gleichspannung und des geglätteten Gleichstromes sind schematisch für 4 verschiedene Aussteuerungsgrade

---

[1] Siehe KÜBLER: [4.17] S. 162.

in Abb. 28,2 wiedergegeben. In der Schaltung von Abb. 28,1 speist ein $(p = 3)$-phasiger Gleichrichter, der die ungeglättete Gleichspannung e_g (Augenblickswert) erzeugt, über eine Glättungsinduktivität L die Last, die als allein aus einer konstanten Gegen-EMK bestehend angenommen ist. Der ohmsche Widerstand des ganzen Kreises ist vernachlässigt.

Für diesen Kreis gilt hinsichtlich des Spannungsgleichgewichtes die Beziehung

$$e_g - E_g = L \frac{d i_g}{dt} \,. \qquad (28,1)$$

Durch Integration dieser Gleichung können wir den zeitlichen Verlauf der Stromschwankung, d. h. der Profilkurve des Gleichstromes i_g, finden. Wir beziehen den

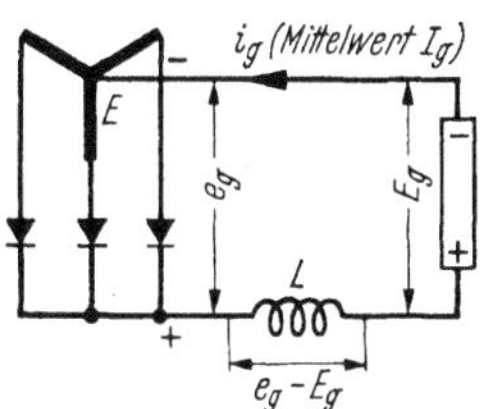

Abb. 28,1. Grundschaltung für die Berechnung der Glättungsinduktivität.

Stromverlauf auf eine in ihrer Höhenlage zunächst willkürlich wählbare Nullinie, die die Profilkurve im Zeitpunkte t_1 schneiden möge, also in der Höhe des zugeordneten Gleichstrom-Augenblickswertes i_{g1} verläuft (Abb. 28,2b). Die Ordinate der

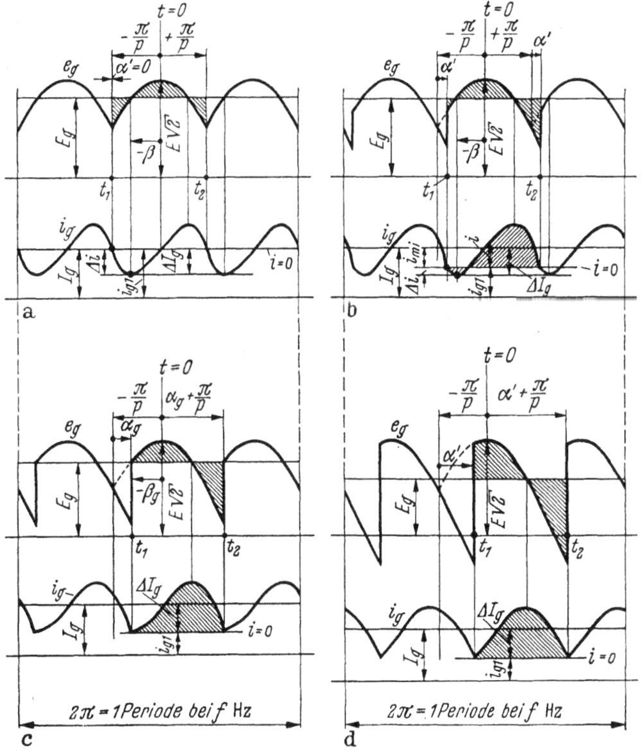

Abb. 28,2. Einige kennzeichnende Formen des zeitlichen Verlaufs der ungeglätteten Gleichspannung e_g und des geglätteten Gleichstromes i_g bei verschiedenen Aussteuerungsgraden.
Der Deutlichkeit wegen ist in diesen Abbildungen die Stromschwankung mit Scheitelwerten von ungefähr gleicher Größe dargestellt. Im praktischen Falle einer bei allen Aussteuerungen gleichbleibenden Glättungsinduktivität steigt der Scheitelwert in Wirklichkeit mit wachsendem Steuerwinkel beträchtlich an (vgl. Abb. 28,3).

Profilkurve ist dann $i = i_g - i_{g1}$, und ihr zeitlicher Verlauf ist gegeben durch die Beziehung

$$i_{(t)} = \frac{1}{L} \int_{t_1}^{t} (e_g - E_g)\, dt \,. \qquad (28,2)$$

Diese Gleichung besagt, daß für einen gegebenen Wert von L die Stromänderung $i_{(t)}$ verhältnisgleich der von der Spannungsdifferenz $e_g - E_g$ zwischen den Grenzen t_1 und t gebildeten Spannungsfläche ist (vgl. Abb. 28,2). Hinsichtlich des zeitlichen Verlaufes lehrt bereits die Gl. (28,1), daß an denjenigen Stellen, wo die Kurve der Augenblickswerte e_g der vom Gleichrichter gelieferten Spannung die waagerechte Linie des Mittelwertes E_g schneidet und die Differenz $e_g - E_g$ also Null ist, ein Maximum oder ein Minimum der Kurve des Stromes i eintritt, d. h., daß an diesen Punkten der positive bzw. der negative Scheitelwert der Stromschwankung gelegen ist, und ferner, daß unter dem Scheitelwert von e_g die Profilkurve $i_{(t)}$ einen Wendepunkt hat.

Legen wir nun den Beginn $t = 0$ der Zeitzählung auf den Zeitpunkt des Scheitelwertes $E\sqrt{2}$ der Transformatorspannung (s. Abb. 28,2), so ergibt sich der Augenblickswert e_g der Gleichspannungskurve nach Ersetzung von $E\sqrt{2}$ durch E_{g0} gemäß Gl. (27,13) zu

$$e_g = E\sqrt{2}\cos(\omega t) = \frac{E_{g0}}{v_p}\cos(\omega t)\,. \tag{28,3}$$

Diese Gleichung gilt innerhalb der Grenzen $\omega t = \alpha' - \dfrac{\pi}{p}$ und $\omega t = \alpha' + \dfrac{\pi}{p}$. Die Form der Spannungskurve entspricht dem Zustand geringer Strombelastung des Gleichrichters (z. B. dem Grundlastbetrieb), bei dem praktisch noch keine Verformung durch den Überlappungsabschnitt vorhanden ist. Der Mittelwert E_g der Gleichspannungskurve, der zahlenmäßig gleich demjenigen der Gegen-EMK ist, ist in Abhängigkeit vom elektrischen Steuerwinkel α' gegeben durch Gl. (20,1):

$$E_g = E_{g0}\cos\alpha'\,.$$

Mit Benutzung dieser Beziehung und der Gl. (28,3) kann die Integration der Gl. (28,2) nunmehr durchgeführt werden und ergibt dann die Gleichung für die Profilkurve des Stromes. Mit Rücksicht auf die Gültigkeitsgrenzen von Gl. (28,3) lassen wir dabei zweckmäßig die untere Integrationsgrenze t_1 auf den Zeitpunkt $\dfrac{1}{\omega}\left(\alpha' - \dfrac{\pi}{p}\right)$ fallen, so daß auch die Stromgleichung zwischen den Grenzen $\alpha' - \dfrac{\pi}{p}$ und $\alpha' + \dfrac{\pi}{p}$ gilt. Dann erhalten wir

$$i_{(t)} = \frac{E_{g0}}{L\omega}\left\{\frac{1}{v_p}\left[\sin(\omega t) - \sin\left(\alpha' - \frac{\pi}{p}\right)\right] - \cos\alpha'\left[\omega t - \left(\alpha' - \frac{\pi}{p}\right)\right]\right\}\,. \tag{28,4}$$

Vom Standpunkt der Betriebsfähigkeit des Kontaktumformers aus betrachtet kommt es nun, wie bereits eingangs betont wurde, auf die Größe des negativen Scheitelwertes der Stromschwankung in bezug auf den Gleichstrommittelwert I_g an. Wir bezeichnen diesen negativen Scheitelwert mit $\varDelta I_g$. Wie aus Abb. 28,2 hervorgeht, ist $\varDelta I_g$ dem Betrage nach gleich dem Mittelwert des Stromes i, wenn die Nullinie, von der aus i gemessen wird, durch die negativen Scheitelpunkte der Profilkurve verläuft. Bei einer solchen Lage der Nullinie braucht man, um $\varDelta I_g$ zu erhalten, also nur die Profilkurve über die Periode $\dfrac{2\pi}{p}$ der Stromschwankung von einem negativen Scheitelpunkt bis zum folgenden zu integrieren und dann das Integral durch die Basis $\dfrac{2\pi}{p}$ zu dividieren.

Eine derartige Lage der Nullinie ist nun über einen bestimmten Variationsbereich des Steuerwinkels α' für die Stromkurve Gl. (28,4) ohne weiteres gegeben, nämlich für alle diejenigen Werte von α', bei denen der negative Scheitelwert der

Stromschwankung im Zeitpunkt des Endes des Steuerwinkels erreicht wird, d. h. bei denen zwei aufeinanderfolgende negative Scheitelpunkte mit den Integrationsgrenzen $\alpha' - \dfrac{\pi}{p}$ bzw. $\alpha' + \dfrac{\pi}{p}$ der Gl. (28,4) zusammenfallen (s. Abb. 28,2 c und d). Für diesen ersten Bereich von α' erhält man dann

$$\varDelta I_g = \frac{p}{2\pi} \int\limits_{\alpha'-\frac{\pi}{p}}^{\alpha'+\frac{\pi}{p}} i\, d(\omega t) \quad \text{mit } i \text{ nach Gl. (28,4)}$$

und mit $v_p = \dfrac{p}{\pi}\sin\dfrac{\pi}{p}$ nach Ausführung der Integration den gesuchten *negativen Scheitelwert der Stromschwankung*

$$\varDelta I_g = \frac{E_{g0}}{L\omega}\left(1 - \frac{\pi}{p}\operatorname{ctg}\frac{\pi}{p}\right)\sin\alpha' . \tag{28,5}$$

Wie aus Abb. 28,2 hervorgeht, sind die Voraussetzungen für die Gültigkeit dieser Gleichung nur für denjenigen Bereich von α' erfüllt, der sich von einem bestimmten Grenzwinkel α_g bis zum Höchstwert $\dfrac{\pi}{2}$ erstreckt. Maßgebend ist nämlich, ob das Ende des Steuerwinkels α' *vor* dem Schnittpunkt der Gleichspannungskurve e_g mit der Waagerechten des Mittelwertes E_g liegt (Abb. 28,2a und b), oder ob beide Punkte zusammenfallen (Abb. 28,2c und d). In Abb. 28,2c sind die Verhältnisse für die Grenze zwischen den beiden Bereichen gezeigt. Hier ist der dem Steuerwinkel α' zugeordnete Augenblickswert e_g der ungeglätteten Gleichspannung nach Gl. (28,3) gerade ebenso groß wie der Mittelwert E_g nach Gl. (20,1), woraus sich als Bestimmungsgleichung für α_g ergibt:

$$\frac{E_{g0}}{v_p}\cos\left(\alpha_g - \frac{\pi}{p}\right) = E_{g0}\cos\alpha_g$$

oder

$$\cos\left(\alpha_g - \frac{\pi}{p}\right) = v_p \cos\alpha_g .$$

Hieraus folgt

$$\alpha_g = \operatorname{arc\,tg}\left(\frac{p}{\pi} - \operatorname{ctg}\frac{\pi}{p}\right). \tag{28,6}$$

Die Gleichung liefert für die wichtigsten Phasenzahlen p die in Tab. 28,1 zusammengestellten Werte.

Ist nun α' *kleiner* als α_g (s. Abb. 28,2b), so liegt der Schnittpunkt der Gleichspannungskurve e_g mit der Mittelwertlinie E_g und damit der negative Scheitelpunkt der Profilkurve des Stromes erst *hinter* dem Endpunkte des Steuerwinkels α'. Gegenüber dem Nullpunkt $t = 0$ der Zeitzählung eilt der Schnittpunkt um den Winkel β vor, wobei die Größe von β mit dem Aussteuerungsgrad veränderlich ist. Für einen gegebenen Steuerwinkel α' kann der zugeordnete Winkel β wiederum aus der Bedingung der Gleichheit der Spannungen nach Gl. (28,3) und Gl. (20,1) gefunden werden:

Tabelle 28,1

p	α_g
2	32° 29′
3	20° 41′
6	10° 04′
12	4° 58′

$$\frac{E_{g0}}{v_p}\cos\beta = E_{g0}\cos\alpha'$$

oder

$$\beta = \operatorname{arc\,cos}(v_p \cos\alpha') . \tag{28.7}$$

Aus Abb. 28,2b ist ersichtlich, daß jetzt die Nullinie des durch Gl. (28,4) gegebenen Stromes i nicht mehr durch die negativen Scheitelpunkte der Profilkurve

verläuft, sondern durch einen Punkt derselben, der um den Betrag der Strom-
änderung $\varDelta i$ während des sich von $\alpha' - \dfrac{\pi}{p}$ nach $-\beta$ erstreckenden Abschnittes
höher liegt. Integriert man die Profilkurve mit Rücksicht auf die Gültigkeitsgrenzen
von Gl. (28,4) nun wiederum zwischen den Grenzen $\alpha' - \dfrac{\pi}{p}$ und $\alpha' + \dfrac{\pi}{p}$, so ergibt
sich als Mittelwert nicht der gesuchte Wert $\varDelta I_g$, sondern ein Wert i_{mi}, der um $\varDelta i$
kleiner ist. Um $\varDelta I_g$ zu erhalten, muß man also dem aus der Integration folgenden

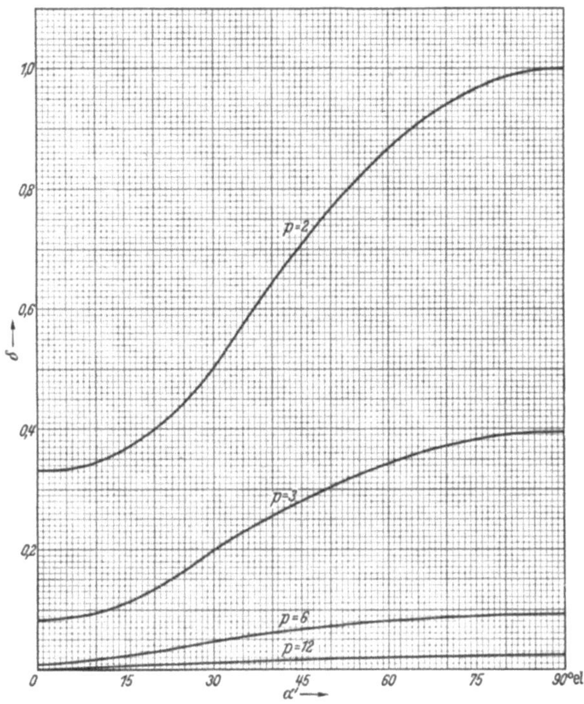

Abb. 28,3. Faktor des negativen Scheitelwertes der Stromschwankung.

Mittelwert i_{mi} noch den Betrag der Stromänderung $\varDelta i$ hinzufügen. Diesen be-
kommt man unmittelbar aus Gl. (28,4) durch Einsetzen von $\omega t = -\beta$ als obere
Grenze. Damit ergibt sich für den zweiten Variationsbereich von α' als *negativer
Scheitelwert der Stromschwankung*:

$$\varDelta I_g = \frac{p}{2\pi} \int\limits_{\alpha' - \frac{\pi}{p}}^{\alpha' + \frac{\pi}{p}} i\, d(\omega t) + \varDelta i \quad \text{mit } i \text{ nach Gl. (28,4)},$$

und nach Ausführung der Integration bzw. nach Einsetzen der oberen Grenze und
unter Beachtung des Vorzeichens von $\varDelta i$:

$$\varDelta I_g = \frac{E_{g0}}{L\omega}\left[\sin\alpha' - \cos\alpha'\,(\alpha' + \beta - \operatorname{tg}\beta)\right]. \tag{28,8}$$

Als Endergebnis können wir noch an Stelle der Gln. (28,5) und (28,8) für den gesamten Steuerbereich von 0 bis $\frac{\pi}{2}$ einheitlich schreiben

$$\Delta I_g = \frac{E_{g0}}{L\,\omega} \cdot \delta \tag{28,9}$$

mit $\delta = \sin \alpha' - \cos \alpha' \, (\alpha' + \beta - \operatorname{tg} \beta)$ für den Bereich $0 < \alpha' < \alpha_g$

und $\delta = \sin \alpha' \left(1 - \frac{\pi}{p} \operatorname{ctg} \frac{\pi}{p}\right)$ für den Bereich $\alpha_g < \alpha' < \frac{\pi}{2}$.

Der Faktor δ ist für die 4 bereits in Tab. 28,1 in Betracht gezogenen Phasenzahlen p in Abhängigkeit vom elektrischen Steuerwinkel α' in Abb. 28,3 kurvenmäßig dargestellt.

In der Regel ist nun die zulässige negative Stromschwankung ΔI_g in Ampere oder aber ihr auf den Gleichstrommittelwert bezogener Wert $\Delta = \Delta I_g / I_g$ vorgeschrieben, und die notwendige Induktivität der Glättungsdrossel wird gesucht. Ist die absolute Stromschwankung ΔI_g gegeben, so erhält man die Induktivität sofort aus Gl. (28,9):

$$L = \frac{E_{g0}}{\omega} \frac{\delta}{\Delta I_g}, \tag{28,10}$$

wobei der Faktor δ den Kurven der Abb. 28,3 entsprechend der Phasenzahl p und dem größten vorkommenden Steuerwinkel α' zu entnehmen ist. Ist jedoch der bezogene Wert Δ der Stromschwankung gegeben, so geht die Gl. (28,10) über in

$$L = \frac{E_{g0}}{\omega\, I_g} \frac{\delta}{\Delta}. \tag{28,11}$$

Als Maß für die Größe einer Glättungsdrossel ist vielfach der Ausdruck $L I_g^2$ in Gebrauch, der das Doppelte des Betrages der magnetischen Energie darstellt, die beim Fließen des Stromes I_g in der Drosselspule aufgespeichert ist. Für eine Drossel mit gegebenen Abmessungen ist dieser Ausdruck nämlich unveränderlich, wenn z. B. die Windungszahl verändert wird, um andere Werte von L zu erhalten. Er ist gegeben durch die einfache Beziehung

$$L I_g^2 = \frac{E_{g0}\, I_g}{\omega} \frac{\delta}{\Delta} = \frac{N_{g0}}{\omega} \frac{\delta}{\Delta}, \tag{28,12}$$

die aus Gl. (28,11) durch Multiplikation mit I_g^2 hervorgeht. Er hängt nur von der ideellen Gleichstromleistung, der Frequenz, der zulässigen Stromschwankung und dem Faktor δ ab. Somit kann aus einer Baureihe von Glättungsdrosselspulen, bei der für jede Größe der Betrag $L I_g^2$ bekannt ist, mit Hilfe der genannten 4 Bestimmungswerte sofort das benötigte Modell ausgewählt werden.

VII. Die Berechnungsgrundlagen des Kontaktumformers.

29. Grundsätzliches über die Stromwendung.

Als Vorbereitung für die Aufstellung der Grundgleichung der Stromwendung seien zunächst einige grundsätzliche Betrachtungen vorausgeschickt:

29.1 Die Wendespannungsfläche.

Bei Kontaktumformern wird wie auch bei den anderen Arten von Stromrichtern die Stromwendung durch die Spannungsdifferenz zwischen zwei jeweils aufeinander folgenden Phasen bewirkt (s. Abb. 5,1 bis 5,3 und 29,1), die bereits früher als Wendespannung e_W bezeichnet wurde. In Abb. 29,1 ist die Spannungsdifferenzfläche $\int_{\frac{\alpha}{\omega}}^{\frac{\alpha+u}{\omega}} e_W\, dt$ durch Schraffur hervorgehoben. Sie beginnt im Einschaltzeitpunkt *ein* des Kontaktes K_2, wo der mechanische Überlappungsabschnitt u einsetzt, und sie endet im Öffnungszeitpunkt *aus* des Kontaktes K_1, wo der Über-

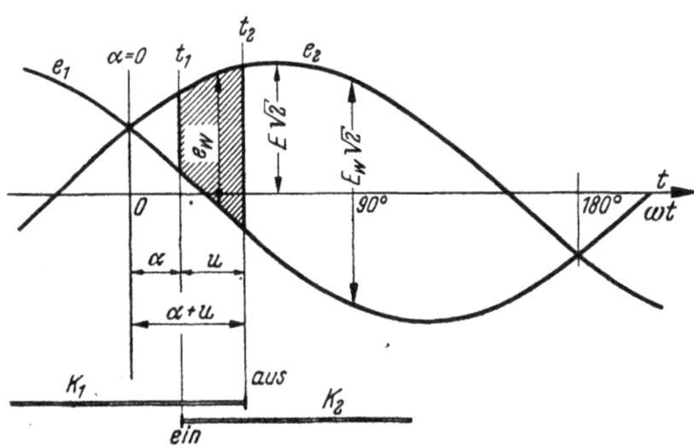

Abb. 29,1. Die Wendespannungsfläche.

lappungsabschnitt sein Ende findet. Diese Fläche wird als *Wendespannungsfläche* bezeichnet. Sie ist ein wichtiger Begriff für die Berechnung von mit der Stromwendung zusammenhängenden Größen, z. B. des mechanischen Überlappungswinkels. Die so definierte Wendespannungsfläche umfaßt also nicht nur den Abschnitt der eigentlichen Stromwendung der Lastströme — der sogenannten

„Hauptstromwendung" —, sondern sie schließt auch die Abschnitte der Einschaltstufe der Folgephase und des bis zum Öffnungsaugenblick abgelaufenen Teiles der Ausschaltstufe der abgebenden Phase mit ein. Wenn E_W den Effektivwert der sinusförmig verlaufenden Wendespannung e_W bedeutet, so ist der Betrag der Wendespannungsfläche gegeben durch

$$\int_{\frac{\alpha}{\omega}}^{\frac{\alpha+u}{\omega}} e_W\, dt = E_W\, \sqrt{2}\, \int_{\frac{\alpha}{\omega}}^{\frac{\alpha+u}{\omega}} \sin(\omega t)\, dt = \frac{E_W\, \sqrt{2}}{\omega}\, [\cos\alpha - \cos(\alpha+u)]. \tag{29,1}$$

29.2 Die beiden Formen des Induktionsgesetzes.

Wir betrachten eine Spule von der Form der Abb. 29,2a, die w Windungen besitzen möge. Die Windungen umschließen einen vom Kraftfluß Φ durchsetzten Querschnitt q. Die Induktivität der Spule sei L. Bezeichnen wir mit e den Augenblickswert der EMK der die Spule speisenden Stromquelle, die zunächst als widerstandslos und induktionsfrei angenommen werde, so kann — unter Berücksichtigung des zweiten Kirchhoffschen Gesetzes hinsichtlich des Vorzeichens — für

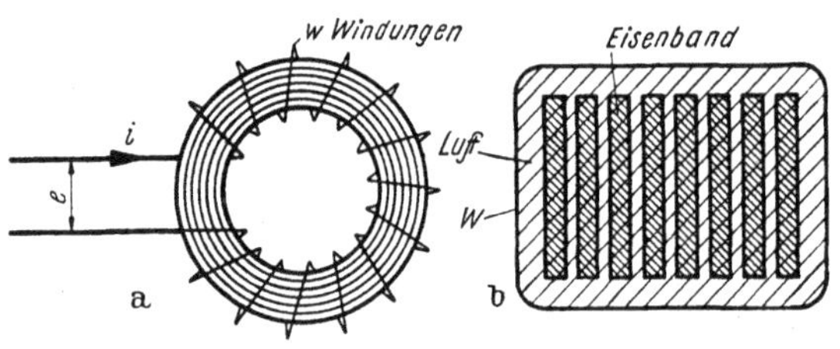

Abb. 29,2. Die Schaltdrossel.
a Grundsätzliche Anordnung; — b Querschnitt in radialer Richtung.

eine solche Spule das Induktionsgesetz auf zweierlei Art geschrieben werden:

$$1. \quad e = L\,\frac{di}{dt}, \text{ integriert } \int_{t_1}^{t_2} e\, dt = L\,(i_2 - i_1) \\ = L\,\Delta i; \tag{29,2}$$

$$2. \quad e = w\frac{d\Phi}{dt}, \text{ integriert } \int_{t_1}^{t_2} e\,dt = w\,(\Phi_2 - \Phi_1)$$
$$= w\,q\,(B_2 - B_1)$$
$$= w\,q\,\Delta B. \qquad\qquad (29,3)$$

Die Verwendung der ersten Form ist zweckmäßig, wenn die Spule eine konstante Induktivität hat, wie z. B. eine Luftspule ohne Eisenkern. Die zweite Form dagegen ist vorteilhaft, wenn der Kraftfluß der Spule in einem Eisenkern verläuft, der keine konstante Permeabilität besitzt und womöglich zeitweilig gesättigt wird, so daß die Induktivität der Spule nicht konstant ist.

29.3 Die Spannungsfläche einer Schaltdrossel.

Eine Schaltdrossel kann in der einfachsten Form durch Abb. 29,2 dargestellt werden, wo a eine Toroidwicklung von w Windungen bedeutet, die einen aus dünnem Eisenband gewickelten Ringkern umschließt, während b den radialen Schnitt dieser Anordnung wiedergibt. In der Querschnittsdarstellung Abb. 29,2b lassen sich 2 verschiedene Flächen unterscheiden:

a) die kreuzschraffierte Fläche q_{Fe}, die aus dem reinen Eisenquerschnitt des aufgewickelten Eisenbandes besteht, und

b) die Bruttofläche q, die als Summe der kreuzschraffierten und der einfach schraffierten Flächen den gesamten von der Wicklung W umfaßten Querschnitt bildet.

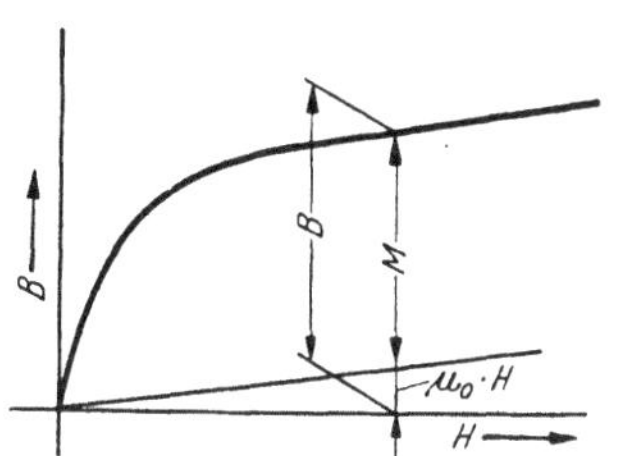

Abb. 29,3. Magnetisierungskurve. Aufteilung der magnetischen Induktion B in die Luftinduktion $\mu_0 \cdot H$ und die magnetische Polarisation M.

Wenn man nun das Induktionsgesetz in der integrierten Form von Gl. (29,3) auf diese Schaltdrossel anwendet, so ist es zweckmäßig, die gesamte magnetische Induktion B des Eisens entsprechend der Gl. (15,1) und der Magnetisierungskurve Abb. 29,3 in die beiden Anteile $\mu_0 H$ und M zu zerlegen. Dann bezieht sich zunächst einmal die Luftinduktion $\mu_0 H$ nicht nur auf den tatsächlichen Luftquerschnitt $q - q_{\text{Fe}}$, sondern auf den Gesamtquerschnitt q, und die Polarisation M gilt dann als Zuwachs an Induktionslinien infolge der ferromagnetischen Eigenschaft des Eisens zusätzlich nur für den reinen Eisenquerschnitt q_{Fe}. Auf diese Weise ergibt sich für die Spannungsfläche der Schaltdrossel:

$$\int_{t_1}^{t_2} e\,dt = \underbrace{w\,q\,\mu_0\,(H_2 - H_1)}_{\text{Luftanteil}} + \underbrace{w\,q_{\text{Fe}}\,(M_2 - M_1)}_{\text{Zuwachs durch Eisen}}. \qquad (29,4)$$

Mit $H = \dfrac{w\,i}{l_{mi}}$ (l_{mi} = mittlerer Eisenweg = mittlerer Umfang des Ringkernes) läßt sich der Luftanteil noch so umformen, daß er die Luftinduktivität L_D enthält:

$$w\,q\,\mu_0\,(H_2 - H_1) = \underbrace{w^2\,\mu_0\,\frac{q}{l_{mi}}}_{L_D}\,(i_2 - i_1) = L_D\,\Delta i.$$

Mit $M_2 - M_1 = \Delta M$ ergibt sich dann für die *Spannungsfläche der Schaltdrossel*

$$\int_{t_1}^{t_2} e\,dt = L_D\,\Delta i + w\,q_{\text{Fe}}\,\Delta M. \qquad (29,5)$$

Diese Gleichung besagt:

Wenn in einer Spule mit der Luftinduktivität L_D und dem Eisenquerschnitt q_{Fe} eine Änderung $\Delta i = i_2 - i_1$ des Stromes eintreten soll, der eine Änderung $\Delta M = M_2 - M_1$ der magnetischen Polarisation zugeordnet ist, so ist dazu die Aufwendung einer Spannungsfläche $\int_{t_1}^{t_2} e\, dt$ von der durch Gl. (29,5) gegebenen Größe erforderlich.

Wenn nun diese Gleichung auf den ganzen Stromwendekreis (s. Abschn. 5, S. 27) angewandt wird, indem anstatt L_D die gesamte Luftinduktivität des Kreises in die Gleichung eingesetzt und der Ausdruck $w\, q_{\mathrm{Fe}}\, \Delta M$ durch die Summe der entsprechenden Anteile aller Schaltdrosseln, die im Stromwendekreise in Reihe liegen, ersetzt wird, so entsteht die *Grundgleichung für jedwede Berechnung der Stromwendung und des induktiven Gleichspannungsabfalles.*

29.4 Die bezogenen Werte der Reaktanzspannungen im Wendekreise.

Es hat sich als zweckmäßig erwiesen, an Stelle der Induktivität L die bezogenen Werte ε der Reaktanzspannungen in die Gleichungen einzuführen.

a) Speisendes Netz. Wird die Induktivität des Netzes mit L_N und die entsprechende Reaktanz mit X_N bezeichnet, so ist die auf die primäre Nennspannung E_p (bei Drehstrom: Sternspannung) und den primären Nennstrom I_p (bei Drehstrom: Leiterstrom) bezogene Reaktanzspannung gegeben durch die Beziehung

$$\varepsilon_N = \frac{L_N\, \omega\, I_p}{E_p} = \frac{X_N\, I_p}{E_p}. \qquad (29{,}6)$$

Gewöhnlich sind nun allerdings nicht die Werte L_N oder X_N bekannt, sondern es wird die Kurzschlußleistung N_{kN} des Netzes auf der Primärseite des Gleichrichtertransformators angegeben. Auch aus ihr kann die bezogene Reaktanzspannung unmittelbar berechnet werden. Bezeichnet man mit N_s die Nenn-Scheinleistungsaufnahme des Gleichrichtertransformators für das einzelne Umformersystem, so ist die bezogene Reaktanzspannung

$$\varepsilon_N = \frac{N_s}{N_{kN}}. \qquad (29{,}7)$$

Eine besondere Erörterung über den Betrag der in die Berechnung einzusetzenden Netzreaktanzspannung wird später noch dem Fall gewidmet, wo noch weitere Kontaktumformer oder andere Gleichrichter neben dem betrachteten Kontaktumformer aus dem gleichen Netz gespeist werden (s. Abschn. 32.1).

b) Gleichrichtertransformator. Ist L_T die auf die Primärseite bezogene Streuinduktivität des Gleichrichtertransformators und X_T die entsprechende Streureaktanz, so ist die bezogene Streuspannung des Transformators definiert durch die Beziehung[1]

$$\varepsilon_T = \frac{L_T\, \omega\, I_p}{E_p} = \frac{X_T\, I_p}{E_p}. \qquad (29{,}8)$$

Sofern nun der Transformator nur eine einzige Sekundärwicklung auf jedem Schenkel besitzt, besteht keinerlei Zweifel über die Bedeutung von X_T, da nur ein einziger Wert der Streureaktanz zwischen Sekundärwicklung und Primärwicklung möglich ist. In Gleichrichterschaltungen werden jedoch oft Transformatoren verwendet, die mehr als eine Sekundärwicklung auf jedem Schenkel tragen. In solchem Falle muß bei der Berechnung der Streureaktanz oder bei der Ermittlung derselben aus einem Kurzschlußversuch der Frage besondere Beachtung geschenkt werden,

---

[1] Entsprechend VDE: [*4.8*] § 11.

wie viele der Sekundärwicklungen während der Stromwendung zu gleicher Zeit kurzgeschlossen sind und welche Richtung die Wendeströme in den einzelnen Wicklungen haben, und der Kurzschlußversuch ist dementsprechend einzurichten.

c) Schaltdrossel. Im Kontaktumformerbetrieb ist die Spannung e von Abb. 29,2a die Wendespannung e_W mit dem Effektivwert E_W, und der Strom i ist der Strom i_D in der Hauptwicklung der Schaltdrossel mit dem Effektivwert I_D. Die Reaktanz X_D ist die der Luftinduktivität L_D des Abschnitts 29.3 entsprechende Luftreaktanz der Hauptwicklung. Die Werte L_D bzw. X_D sind diejenigen Werte, die die Schaltdrossel aufweisen würde, wenn sie bei sonst gleichen Abmessungen an Stelle des Eisenkernes nur Luft enthielte. Mit diesen Definitionen ist die bezogene Reaktanzspannung der Schaltdrossel gegeben durch die Gleichung

$$\varepsilon_D = \frac{X_D \, I_D}{E_W} \quad \text{mit} \quad X_D = L_D \, \omega \, . \tag{29,9}$$

Bei einigen Gleichrichterschaltungen könnte es zweckmäßiger erscheinen, die Reaktanzspannung ε_D anstatt auf die Wendespannung E_W auf die Sternspannung E des Transformators zu beziehen, da sich dann in den betreffenden Fällen etwas einfachere Formeln ergeben. Bei diesem früher üblichen Verfahren würde jedoch ein und dieselbe Schaltdrossel mit gegebenen Werten von L_D und I_D und bei Betrieb mit der gleichen Stufenlänge, d. h. mit der gleichen Wendespannung E_W, verschiedene Werte der bezogenen Reaktanzspannung erhalten, wenn sie in verschiedenen Gleichrichterschaltungen verwendet wird, da das Verhältnis E_W/E bei den einzelnen Schaltungen verschieden ist. Dieses Verfahren würde somit keine annehmbare Grundlage für einen Vergleich der Schaltdrosseln verschiedenartiger Gleichrichterschaltungen ergeben und wurde daher im vorliegenden Buch verlassen.

d) Sonstige Reaktanzen. Soweit es sich um nennenswerte Beträge handelt, müssen auch noch entsprechend gebildete Werte der bezogenen Reaktanzspannung sonstiger Anlagenteile in die Berechnungsformeln einbezogen werden, z. B. für die sekundärseitigen Verbindungsschienen und gegebenenfalls für den sekundärseitigen Überbrückungsschalter des Anlassers, für den Stromschienensatz des Kontaktgerätes, für einen Schwenktransformator, einen getrennten Regeltransformator u. dgl. Die in Tab. 26,1 bei den einzelnen Schaltungen angegebenen Ausdrücke für die gesamte bezogene Wendereaktanzspannung ε_W sind dann noch um diese Anteile zu erweitern.

29.5 Die Grundgleichung der Stromwendung.

Zur Aufstellung der Grundgleichung der Stromwendung sei jetzt der Stromwendekreis einer 3phasigen Sternpunktschaltung betrachtet. Die Schaltung wurde bereits in Abb. 3,1 gezeigt, wo sie allerdings nur Ausschaltdrosseln besaß. Sie werde jetzt vervollständigt durch Hinzufügung von Einschaltdrosseln in Reihe mit den Hauptdrosseln. Obwohl diese Einschaltdrosseln bei praktischen Ausführungen normalerweise baulich mit den Ausschaltdrosseln vereinigt werden, wie in Abb. 11,1b dargestellt war, so seien sie jetzt im allgemeinen Falle doch als getrennt angenommen. Damit ergibt sich dann der Stromkreis von Abb. 29,4. Er besteht aus 2 Phasen des Netzes, den entsprechenden Phasen des Transformators, dessen Sekundärwicklungen die Sternspannungen e_1 und e_2 liefern, den Ausschaltdrosseln, den Einschaltdrosseln und den Kontakten K_1 und K_2. Die gesamte Luftinduktivität je Phase (Netz, Transformator, Schaltdrosseln usw.) werde als in der Induktivität L konzentriert angenommen. Folglich verbleibt gemäß Gl. (29,5) für die Ausschaltdrosseln mit der Windungszahl w und dem reinen Eisenquerschnitt q nur noch die Polarisation M, und für die Einschaltdrosseln mit der Windungszahl w_E und dem reinen Eisenquerschnitt q_E die Polarisation M_E. Das Fußzeichen „Fe" zur Unterscheidung des reinen Eisenquerschnittes vom Bruttoquerschnitt wird im folgenden fortge-

lassen, da nur noch mit dem reinen Eisenquerschnitt gerechnet wird und der Bruttoquerschnitt in den Formeln nicht mehr vorkommt. Der ohmsche Widerstand des Kreises werde vernachlässigt. Der Gleichstrom sei als vollständig geglättet angenommen, so daß in jedem Augenblick die Gleichung

$$i_1 + i_2 = I_g' = \text{const}$$

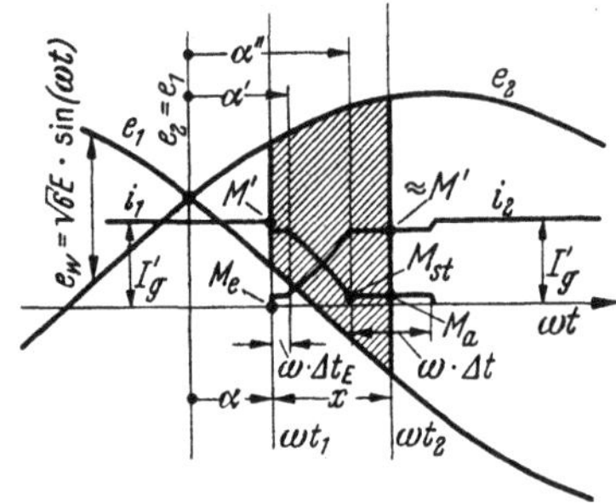

Abb. 29 4. Stromwendekreis einer 3phasigen Sternpunktschaltung.

Abb. 29,5. Stromverhältnisse und magnetische Polarisationen bei der Stromwendung.

gültig ist (s. Abb. 29,4). Das Formelzeichen I_g' bedeutet dabei einen Gleichstrom beliebiger Größe zum Unterschied vom Nenngleichstrom I_g. In gleicher Weise werden auch andere Größen, wie z. B. die Polarisation M, durch das Zeichen $'$ gekennzeichnet werden, wenn sie dem Gleichstrom I_g' zugeordnet sind.

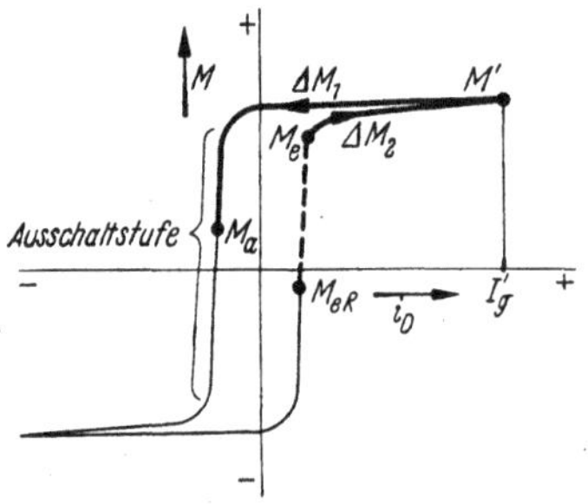

Abb. 29,6. Lage der Polarisationswerte des Ausschaltkernes auf der Hystereseschleife.

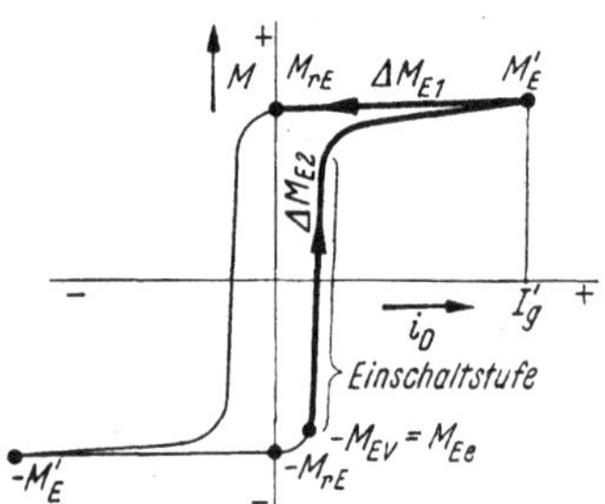

Abb. 29,7. Lage der Polarisationswerte des Einschaltkernes auf der Hystereseschleife.

Der Stromkreis nach Abb. 29,4 gilt nicht nur für die Stromwendung der 3phasigen Sternpunktschaltung, sondern ebenfalls für die der 3phasigen Brückenschaltung, da in dieser Schaltung (vgl. S. 62 und Abb. 12,3) eine Stromübergabe stets nur zwischen Kontakten der gleichen 3phasigen Gruppe — der positiven oder der negativen — stattfindet, die eine gegenseitige Phasenverschiebung von 120° haben. Mit einigen Abwandlungen insbesondere hinsichtlich des Phasenwinkels zwischen den Spannungen e_1 und e_2 und hinsichtlich des Betrages von L gilt der Stromkreis von Abb. 29,4 auch für die Stromwendung anderer Gleichrichterschaltungen.

Nunmehr kann mit Benutzung der Gln. (29,2) und (29,3) die Differentialgleichung des Stromwendekreises von Abb. 29,4 aufgestellt werden:

$$e_2 - e_1 = e_W = E_W \sqrt{2} \sin(\omega t)$$

$$= L\left(\frac{di_2}{dt} - \frac{di_1}{dt}\right) + w\,q\left(\frac{dM_2}{dt} - \frac{dM_1}{dt}\right) + w_E\,q_E\left(\frac{dM_{E2}}{dt} - \frac{dM_{E1}}{dt}\right). \tag{29,10}$$

Nach Integration steht auf der linken Seite die Wendespannungsfläche, wie sie bereits durch Gl. (29,1) gegeben war. Die untere Grenze ist wiederum der mechanische Steuerwinkel $\omega t_1 = \alpha$ (s. Abb. 29,5, Beginn der schraffierten Wendespannungsfläche). Als obere Grenze sei zunächst der einer beliebigen Überlappung x entsprechende Wert $\omega t_2 = \alpha + x$ eingesetzt (Abb. 29,5, Ende der Wendespannungsfläche). Auf der rechten Seite stehen wie in Gl. (29,5) nach der Integration in den Klammern die Änderungen der Ströme während des Zeitraums von t_1 bis t_2, nämlich $(\varDelta i_2 - \varDelta i_1)$, und die zugeordneten Änderungen der Polarisationen $(\varDelta M_2 - \varDelta M_1)$ und $(\varDelta M_{E2} - \varDelta M_{E1})$. Die integrierte Gleichung lautet damit für einen beliebigen Wert I'_g des Gleichstromes:

$$\frac{E_W \sqrt{2}}{\omega}\left[\cos\alpha - \cos(\alpha + x)\right]$$

$$= 2L\,I'_g + w\,q\,(M' - M_e + M' - M_a) + w_E\,q_E\,(M'_E + M_{EV} + M'_E - M_{rE})$$

$$\approx 2L\,I'_g + w\,q\,(2M' - M_e - M_a) + w_E\,q_E\,2M'_E. \tag{29,11}$$

Zum Verständnis dieser Gleichung sei Abb. 29,5 betrachtet, wo der Verlauf der Ströme während des betreffenden Zeitraumes als Ausschnitt aus den bereits in Abb. 11,2 gezeigten Kurven schematisch dargestellt ist, und ferner Abb. 29,6 und Abb. 29,7, wo die Hystereseschleifen des Ausschaltkernes und des Einschaltkernes entsprechend den früheren Abb. 18,9 und 18,10 aufgezeichnet sind.

Was die Ströme anbelangt, so nimmt der Strom in Phase *1* von I'_g vor der Stromwendung ab auf den Betrag des Ausschaltstufenstromes, der praktisch gleich Null ist; somit ist die Änderung $\varDelta i_1$ gleich $-I'_g$. In Phase *2* dagegen steigt der Strom von Null auf praktisch $+I'_g$ an, so daß die Änderung $\varDelta i_2$ gleich $+I'_g$ ist. Der Ausdruck $L(\varDelta i_2 - \varDelta i_1)$ ist daher gleich $2L\,I'_g$.

Die magnetische Polarisation im Ausschaltkern der Schaltdrossel *1* nimmt dementsprechend vom Wert $+M'$ auf den Betrag M_a ab (Abb. 29,6), der innerhalb der Ausschaltstufe gelegen ist und je nach der Höhe von I'_g und der Einstellung des Ausschaltzeitpunktes einen positiven oder einen negativen Wert haben kann. Die Änderung $\varDelta M_1$ ist demnach $-(M' - M_a)$. Der Ausschaltkern der Drossel *2* muß im Einschaltzeitpunkt t_1 des Kontaktes K_2 nahezu gesättigt sein und hat die Polarisation $+M_e$. Während des Stromwendevorganges wird er vollständig gesättigt, und die Polarisation wächst noch etwas an auf praktisch $+M'$ im Ausschaltzeitpunkt t_2 des Kontaktes K_1. Die Änderung $\varDelta M_2$ ist daher gleich $+(M' - M_e)$. Der Ausdruck $w\,q\,(\varDelta M_2 - \varDelta M_1)$ lautet somit $w\,q\,(M' - M_e + M' - M_a) = w\,q\,(2M' - M_e - M_a)$. Die Fußzeichen „$a$" und „$e$" sollen dabei allgemein die Werte im Ausschalt- bzw. im Einschaltaugenblick kennzeichnen.

Falls eine magnetische Spannungsregelung vorgesehen ist, bei der der Ausschaltkern zur Erzeugung einer Einschaltstufe veränderbarer Länge herangezogen wird, so ist die Polarisation im Einschaltaugenblick natürlich nicht nahezu gleich dem Sättigungswert $+M'$, sondern sie kann irgendwo auf der rechten Seite der Hystereseschleife gelegen sein (s. Abb. 29,6) und je nach dem Umfang der Rückmagnetisierung einen positiven oder einen negativen Wert haben. In diesem Falle soll sie nicht mit M_e, sondern mit M_{eR} bezeichnet werden.

Im Einschaltkern *1* hat die Polarisation im Einschaltzeitpunkt t_1 des Kontaktes K_2 den Sättigungswert $+M'_E$ und nimmt ab bis praktisch auf den Betrag $+M_{rE}$ der Remanenz, wenn der Strom i_1 verschwindet (Abb. 29,7). Die Änderung $\varDelta M_{E1}$ ist damit $-(M'_E - M_{rE})$. Beim Einschaltkern *2* ist die Polarisation im Einschaltzeitpunkt t_1 gleich $-M_{EV}$. Dieser Wert ist nahezu gleich $-M_{rE}$; es besteht nur ein geringer Unterschied, der durch die Vormagnetisierung des Einschaltkernes bedingt ist. Sodann wird die ganze Einschaltstufe durchlaufen, und schließlich, im Zeitpunkte t_2, wird die Sättigungspolarisation $+M'_E$ erreicht. Die Änderung ΔM_{E2} ist somit $M'_E - (-M_{EV}) = M'_E + M_{EV}$. Der Ausdruck $w_E\, q_E\,(\Delta M_{E2} - \Delta M_{E1})$ lautet folglich $w_E\, q_E\,(M'_E + M_{EV} + M'_E - M_{rE})$. Da, wie erwähnt, $-M_{EV}$ nur wenig verschieden von $-M_{rE}$ ist, so kann dieser Ausdruck mit genügender Genauigkeit auch als $w_E\, q_E\, 2M'_E$ geschrieben werden.

Es werde nun noch mit Bezug auf Abb. 18,9 gemäß Gl. (16,3) die nutzbare Stufenlänge Δt_s des Ausschaltkernes eingeführt, und für den Einschaltkern mit Bezug auf Abb. 18,10 entsprechend die Einschaltstufenlänge

$$\Delta t_{Es} = \frac{w_E\, q_E\, \Delta M_E}{E_W \sqrt{2}}. \tag{29,12}$$

Damit geht die Gl. (29,11) dann über in die Gleichung

$$\cos\alpha - \cos(\alpha + x)$$

$$= \frac{\sqrt{2}\, L\omega\, I'_g}{E_W} + \frac{\Delta t_s\, \omega}{\Delta M}\,(2M' - M_e - M_a) + \frac{\Delta t_{Es}\, \omega}{\Delta M_E}\, 2M'_E. \tag{29,13}$$

Hierin kann weiterhin der Ausdruck $\dfrac{\sqrt{2}\, L\omega\, I'_g}{E_W}$ durch die bezogenen Werte der Reaktanzspannung der verschiedenen Teile des Stromwendekreises und durch den auf den Nenngleichstrom bezogenen Wert des jeweiligen Belastungs-Gleichstromes ersetzt werden wie folgt:

Der bezogene Wert des beliebigen Belastungs-Gleichstromes I'_g ist definiert durch

$$i_b = \frac{I'_g}{I_g}. \tag{29,14}$$

Wenn ein Übersetzungsverhältnis des Transformators von $1:1$ zugrunde gelegt wird, so ist die Gesamt-Luftinduktivität einer Phase gemäß Abb. 29,4 gegeben durch

$$L = L_N + L_T + L_D. \tag{29,15}$$

Mit diesen Beziehungen und mit $E_W = E\sqrt{3}$ kann der obige Ausdruck umgeformt werden in

$$\frac{\sqrt{2}\, L\,\omega\, I'_g}{E_W} = \frac{\sqrt{2}}{\sqrt{3}}\,\frac{\omega\,(L_N + L_T + L_D)\, I_g}{E}\, i_b. \tag{29,16}$$

Hierin kann noch der Gleichstrom I_g ersetzt werden durch den primären bzw. den sekundären Wechselstrom gemäß Tab. 26,1 für die 3phasige Sternpunktschaltung Nr. 3:

$$I_N = I_p = \frac{\sqrt{2}}{3}\, I_g \quad \text{bzw.} \quad I_D = \frac{1}{\sqrt{3}}\, I_g.$$

Beachtet man dann noch, daß bei dem Übersetzungsverhältnis von $1:1$ $\;E_N = E_p = E$ ist, so erhält man für die einzelnen Anteile der Induktivität:

$$\frac{\sqrt{2}\, L_N\, \omega\, I_g}{E_W} = \frac{\sqrt{2}}{\sqrt{3}}\,\frac{L_N\, \omega}{E_p}\,\frac{3}{\sqrt{2}}\, I_p = \sqrt{3}\,\varepsilon_N \quad \text{mit } \varepsilon_N \text{ nach Gl. (29,6)}, \tag{29,16 a}$$

$$\frac{\sqrt{2}\, L_T\, \omega\, I_g}{E_W} = \frac{\sqrt{2}}{\sqrt{3}}\,\frac{L_T\, \omega}{E_p}\,\frac{3}{\sqrt{2}}\, I_p = \sqrt{3}\,\varepsilon_T \quad \text{mit } \varepsilon_T \text{ nach Gl. (29,8)}, \tag{29,16 b}$$

$$\frac{\sqrt{2}\, L_D\, \omega\, I_g}{E_W} = \sqrt{2}\, \frac{L_D\, \omega}{E_W}\, \sqrt{3}\, I_D = \sqrt{6}\, \varepsilon_D \quad \text{mit } \varepsilon_D \text{ nach Gl. (29,9)}, \tag{29,16 c}$$

und für die Gesamtinduktivität ergibt sich folglich

$$\frac{\sqrt{2}\, L\, \omega\, I_g'}{E_W} = \underbrace{\sqrt{3}}_{K}\, \underbrace{\left(\varepsilon_N + \varepsilon_T + \sqrt{2}\, \varepsilon_D\right)}_{\varepsilon_W}\, i_b. \tag{29,17}$$

Diese Gleichung gilt natürlich nur für die 3phasige Sternpunktschaltung. In der allgemeinen Form

$$\frac{\sqrt{2}\, L\, \omega\, I_g'}{E_W} = K\, \varepsilon_W\, i_b \tag{29,18}$$

gilt sie jedoch auch für die übrigen Gleichrichterschaltungen, wenn die *Wendekonstante K* und die bezogene *gesamte Reaktanzspannung* ε_W einer Phase des Wendekreises mit den in Tab. 26,1 für die verschiedenen Schaltungen angegebenen Werten in die Rechnung eingesetzt werden.

Die Werte von K und ε_W dieser Tabelle ergeben sich aus den der Abb. 29,4 entsprechenden Stromwendekreisbildern der verschiedenen Schaltungen in einer den Gln. (29,15) bis (29,17) analogen Weise. Die Wendekonstante ist dabei stets derjenige Zahlenfaktor, der in der Gleichung, die der Gl. (29,16 b) entspricht, mit ε_T verbunden ist. In dem der Gl. (29,17) entsprechenden Ausdruck für ε_W erscheint ε_T somit immer ohne Zahlenfaktor. Bei einer derartigen Aufspaltung ist die Wendekonstante K dann identisch mit einem Zahlenfaktor, der für verschiedene der in Tab. 26,1 aufgeführten Schaltungen bereits vom Gebiet der Quecksilberdampfgleichrichter her bekannt ist. Dort wird mittels dieses Zahlenfaktors beispielsweise aus der bezogenen Streuspannung des Transformators der Ausdruck $1 - \cos\ddot{u}$ berechnet, d. h. der Überlappungswinkel, und mit $^1/_2$ dieses Faktors $(= K/2)$ ergibt sich aus der Streuspannung der bezogene induktive Gleichspannungsabfall g[1]. Im Gleichrichterschrifttum ist dabei allerdings oft nur die Streuspannung des Transformators berücksichtigt. Wenn man darüber hinaus den Ausdruck der *gesamten* für die Stromwendung maßgebenden Reaktanzspannung bilden will, so muß hinsichtlich des speisenden Netzes beachtet werden, daß der Vorgang der Stromwendung bei einem Drehstromnetz nicht einen symmetrischen, sondern einen 2poligen Kurzschluß bedeutet und daß auch bei dem Übersetzungsverhältnis 1 : 1 des Transformators je nach der Transformatorschaltung der Strom im Wendekreise eine andere Größe haben kann als der primäre Leitungsstrom. Mit Berücksichtigung dieser Umstände ergeben sich in dem Ausdruck für ε_W dann bei den Schaltungen Nr. 6, 9 und 10 der Tab. 26,1 für die durch Gl. (29,6) bzw. (29,7) definierte Netzreaktanzspannung ε_N noch besondere Zahlenfaktoren, wie sie in der Tabelle vermerkt sind. Es ist weiterhin noch zu beachten, daß X_N die für den Stoßkurzschlußstrom maßgebende Reaktanz des Netzes ist. Im Falle von Volltrommel-Turbogeneratoren trägt der Generator zu X_N daher praktisch nur mit der Ständerstreuung bei. Einzelpolmaschinen, insbesondere solche ohne Dämpferwicklung, erfordern eine besondere Behandlung. Bei ihnen spielt nämlich auch noch die Läuferstreuung eine Rolle, wobei die Größe des Beitrages derselben zu X_N vom Steuerwinkel abhängt, da dieser den Beginn der Stromwendung in bezug auf die Spannungskurve, d. h. also die während der Stromwendung vorhandene Läuferstellung bestimmt.

Durch Einsetzen von Gl. (29,18) in Gl. (29,13) erhält man dann die *Grundgleichung der Stromwendung bei Kontaktumformern*:

$$\boxed{\begin{aligned} \cos\alpha &- \cos(\alpha + x) \\ &= K\, \varepsilon_W\, i_b + \varDelta t_s\, \omega\, \frac{2M' - M_e - M_a}{\varDelta M} + \varDelta t_{Es}\, \omega\, \frac{2M_E'}{\varDelta M_E}. \end{aligned}} \tag{29,19}$$

Dieses ist die grundlegende Gleichung, auf der alle weiteren die Stromwendung betreffenden Berechnungen beruhen.

---

[1] Siehe z. B. MARTI u. WINOGRAD: [*4.2*] S. 131 bis 133.

29.6 Der Überlappungswinkel beim starren Kontaktumformer.

Als eine erste Anwendung kann diese Gleichung dazu benutzt werden, den erforderlichen mechanischen Überlappungswinkel u für den Fall zu berechnen, daß der Überlappungswinkel nicht in Abhängigkeit vom Belastungsstrome geändert wird (starrer Kontaktumformer). Wie in Abb. 10,1 gezeigt wurde, muß der mechanische Überlappungswinkel dann eine solche Größe haben, daß beim Grenzgleichstrom I_{gm} die Kontaktöffnung zwar noch innerhalb der Ausschaltstufe, jedoch gerade am Anfang derselben stattfindet. An diesem Punkte der Hystereseschleife hat die Polarisation M_a den Betrag $+M_{st}$ (s. Abb. 18,9). Die Polarisationen $M' = M_m$ und $M'_E = M_{Em}$ beim Grenzgleichstrom sind praktisch zahlenmäßig die gleichen wie die entsprechenden Werte M_n bzw. M_{En} beim Nenngleichstrom, da die Eisenkerne in beiden Fällen bereits vollständig gesättigt sind. Die Polarisation M_e möge unabhängig von der Höhe des Belastungsstromes und von der Größe des Steuerwinkels als konstant angenommen werden, da eine magnetische Spannungsregelung nicht vorgesehen ist. Die Zahlenwerte der betreffenden Polarisationen wurden bereits in Tab. 18,1 und 18,2 angegeben. Wird noch der auf den Nenngleichstrom bezogene Wert des Grenzgleichstromes eingeführt mit

$$i_{bm} = \frac{I_{gm}}{I_g}, \qquad (29,20)$$

so geht mit Berücksichtigung der genannten Polarisationswerte die Gl. (29,19) über in

$$\cos\alpha - \cos(\alpha + u)$$

$$= K\,\varepsilon_W\,i_{bm} + \Delta t_s\,\omega\,\frac{2M_n - M_e - M_{st}}{\Delta M} + \Delta t_{Es}\,\omega\,\frac{2M_{En}}{\Delta M_E}. \qquad (29,21)$$

Zur Abkürzung werden nun noch einige häufig wiederkehrende Ausdrücke durch besondere Formelzeichen ersetzt. Für den vorliegenden Fall sind das:

$$\frac{M_n - M_e}{\Delta M} = \varepsilon \qquad \text{(bezogene Polarisationsänderung des Ausschaltkernes vom Einschalten bis zum Nennstrom),} \qquad (29,22)$$

$$\frac{M_n - M_{st}}{\Delta M} = \iota \qquad \text{(bezogene Polarisationsänderung des Ausschaltkernes vom Nennstrom bis zum Stufenbeginn),} \qquad (29,23)$$

$$\frac{2M_{En}}{\Delta M_E} = \frac{\Delta T_{Es}}{\Delta t_{Es}} = \beta_E \qquad \text{(Verhältnis der Bruttostufenlänge des Einschaltkernes zur nutzbaren Stufenlänge).} \qquad (29,24)$$

Dann ergibt sich die Gleichung für die Berechnung von u in Abhängigkeit von α in der übersichtlicheren, praktisch benutzten Form

$$\cos\alpha - \cos(\alpha + u) = K\,\varepsilon_W\,i_{lm} + \Delta t_s\,\omega\,(\varepsilon + \iota) + \Delta t_{Es}\,\omega\,\beta_E. \qquad (29,25)$$

In dieser Gleichung sind Δt_s und Δt_{Es} noch nicht bekannt. Die Einschaltstufenlänge Δt_{Es} jedoch wird *gewählt* entsprechend den jeweiligen Einschaltbedingungen, die beispielsweise von der Größe des Bereiches der mechanischen Spannungsregelung abhängen, und erhält gewöhnlich einen Wert zwischen 0,1 und 0,15 ms. So verbleibt schließlich nur noch die Ausschaltstufenlänge Δt_s als wirklich unbekannt. Die Berechnung dieser Stufenlänge ist einer der wichtigsten Abschnitte der Kontaktumformerberechnung. Sie muß unter Berücksichtigung der jeweiligen Gleichrichterschaltung, der gesamten Reaktanzspannung des Wendekreises, des Belastungsbereiches, eventueller Netzspannungs- und Frequenzschwankungen und des Bereiches und der Art der Spannungsregelung sehr sorgfältig durchgeführt werden. Diese Berechnung wird der Inhalt mehrerer der folgenden Abschnitte sein. Damit jedoch die Berechnung der Stufenlänge auch für den Fall der magnetischen Spannungsregelung durchgeführt werden kann, muß im nächsten Abschnitt vorher noch der Spannungsabfall in einem Kontaktumformer betrachtet und die Gleichung für die Ausgangs-Gleichspannung bei Belastung aufgestellt werden.

30. Der Gleichspannungsabfall und die Gleichspannung bei Last.

Der gesamte Spannungsabfall in einem Kontaktumformer besteht aus dem *induktiven Gleichspannungsabfall*, der in den Induktivitäten des Stromwendekreises seinen Ursprung hat, und dem *ohmschen Gleichspannungsabfall* des Belastungsstromes an den ohmschen Widerständen. Es ist zweckmäßig, den induktiven Gleichspannungsabfall noch weiterhin zu unterteilen in einen Anteil, der von den konstanten Induktivitäten abhängt, wie sie in Abschn. 29 durch die Induktivität L dargestellt wurden, und in einen zweiten Anteil, der auf die Änderung der Polarisationen in den Eisenkernen zurückzuführen ist — genau entsprechend der Unterteilung, die in Abschn. 29 hinsichtlich der Stromwendung vorgenommen wurde. Demgemäß kann auch der induktive Gleichspannungsabfall letzten Endes ausgedrückt werden durch die gesamte Reaktanzspannung ε_W einer Phase des Wendekreises und durch die Polarisationsänderungen in den Eisenkernen. Sofern Einschaltkerne benutzt werden, wird auch die Einschaltstufe in den induktiven Gleichspannungsabfall einbezogen. Weiterhin wird im Falle der magnetischen Spannungsregelung die veränderliche Einschaltstufe des Ausschaltkernes mit in den induktiven Gleichspannungsabfall eingeschlossen, womit die magnetische Spannungsregelung dann auf die Erzeugung eines induktiven Gleichspannungsabfalles von mit Hilfe der Rückmagnetisierung willkürlich veränderbarer Größe hinausläuft.

30.1 Der induktive Gleichspannungsabfall.

Der Ursprung des induktiven Gleichspannungsabfalles ist, daß der positive Pol des Gleichstromkreises (s. Abb. 29,4) nach dem Schließen des Kontaktes *2* nicht sofort das Potential e_2 der Transformatorwicklung *2* annimmt, sondern daß zunächst erst eine gewisse Spannungsfläche (Flächen F_E und F_g in Abb. 11,2a) aufgewandt werden muß, um die Schaltdrosselkerne der Phase *2* in positiver Richtung zu sättigen und den Strom i_2 in der Luftinduktivität L der Phase *2* von Null auf den Wert I_g' zu bringen. Der Anteil e_{W2} der Wendespannung, der hierfür benötigt wird, subtrahiert sich von der Phasenspannung e_2, und somit folgt die Gleichspannung u_g nicht schon sofort nach der Kontaktschließung der Sinuskurve e_2. Sie verläuft vielmehr zunächst mit geringen Abweichungen weiter nach der Kurve e_1, bis die Einschaltstufe vorüber ist. Dann springt sie auf ungefähr den mittleren Wert zwischen e_2 und e_1 und verbleibt auf dieser Kurve bis zum Beginn der Ausschaltstufe der Drossel *1*, d. h. bis der Strom i_2 praktisch den Wert I_g' erreicht hat. Dann schließlich springt sie weiter auf die Kurve e_2, d. h. von nun ab liefert Phase *2* die volle Spannung e_2 an den Gleichstromkreis.

Die Differentialgleichung des induktiven Gleichspannungsabfalls im Zweige *2* des Stromwendekreises (Abb. 29,4) lautet

$$e_{W2} = L\frac{di_2}{dt} + wq\frac{dM_2}{dt} + w_E q_E\frac{dM_{E2}}{dt}. \tag{30,1}$$

Durch Integration zwischen den Grenzen α und $\alpha + u$ ergibt sich hieraus

$$\int_{\frac{\alpha}{\omega}}^{\frac{\alpha+u}{\omega}} e_{W2}\, dt = L\,I_g' + wq\,(M' - M_e) + w_E q_E\,(M_E' - M_{Ee}). \tag{30,2}$$

Diese Gleichung stellt die Spannungsabfallfläche dar (Flächen F_E und F_g in Abb. 11,2a). Die Division der Spannungsfläche durch die Zeitdauer $\dfrac{2\pi}{p}\dfrac{1}{\omega}$ des Hauptwinkels ergibt den absoluten Spannungsabfall in Volt. Der auf die Gleich-EMK bei voller Aussteuerung E_{g0} bezogene induktive Gleichspannungsabfall g' beim Gleichstrom I_g' ist dann nach Ersetzung von E_{g0} durch die Wendespannung E_W gemäß Gl. (27,19) definiert durch

$$g' = \frac{\dfrac{\omega}{2\pi}\dfrac{}{p}\displaystyle\int_{\frac{\alpha}{\omega}}^{\frac{\alpha+u}{\omega}} e_{W2}\,dt}{E_{g0}} = \frac{\omega}{E_W\sqrt{2}}\int_{\frac{\alpha}{\omega}}^{\frac{\alpha+u}{\omega}} e_{W2}\,dt \,. \tag{30,3}$$

Durch Einsetzen des Integrals Gl. (30,2) geht diese Gleichung über in

$$g' = \frac{L\,\omega\,I_g'}{E_W\sqrt{2}} + \frac{\omega}{E_W\sqrt{2}}\,w\,q\,(M' - M_e) + \frac{\omega}{E_W\sqrt{2}}\,w_E\,q_E\,(M_E' - M_{Ee}) \,. \tag{30,4}$$

Hieraus erhält man nach Einführung der Stufenlängen gemäß Gl. (16,3) und (29,12) sowie der Wendekonstante, der Reaktanzspannung und des bezogenen Gleichstromes gemäß Gl. (29,17) die *Grundgleichung des induktiven Gleichspannungsabfalles*:

$$g' = \frac{K}{2}\,\varepsilon_W\,i_b + \Delta t_s\,\omega\,\frac{M' - M_e}{\Delta M} + \Delta t_{Es}\,\omega\,\frac{M_E' - M_{Ee}}{\Delta M_E} \,. \tag{30,5}$$

Auch sie kann durch Einführung von Abkürzungen noch vereinfacht werden. Im Falle des Nennstromes z. B. ist der Wert i_b des bezogenen Gleichstromes gleich 1, M' ist M_n und M_E' ist M_{En}. Wird wiederum Gl. (29,22) benutzt und für den Einschaltkern die entsprechende Abkürzung

$$\frac{M_{En} - M_{Ee}}{\Delta M_E} = \frac{M_{En} + M_{EV}}{\Delta M_E} = \varepsilon_E \quad \text{\small\begin{tabular}{c}(bezogene Polarisationsänderung des Einschaltkerns\\ vom Einschalten bis zum Nennstrom)\end{tabular}} \tag{30,6}$$

verwendet, so erhält man die Endgleichung für den *bezogenen induktiven Gleichspannungsabfall bei Nennstrom*:

$$g = \frac{K}{2}\,\varepsilon_W + \underbrace{\Delta t_s\,\omega\,\varepsilon + \Delta t_{Es}\,\omega\,\varepsilon_E}_{} \,. \tag{30,7}$$
$$= g_0 \quad + \quad g_{\mathrm{Fe}}$$

Das Ergebnis der Gln. (30,5) bzw. (30,7) ist unabhängig von der Größe des Steuerwinkels α, solange die Werte M_e und M_{Ee} nicht durch die Änderung von α beeinflußt werden. Was den Einfluß der Belastung anbelangt, so ist die Höhe von M' und M_E' etwas vom Belastungsstrom abhängig. Somit beziehen sich die Werte ε und ε_E nur auf den Nennstrom und höhere Werte des Belastungsstromes. Bei geringeren Belastungen I_g' unterhalb der völligen Sättigung der Eisenkerne nehmen sie nach Maßgabe der Magnetisierungskurve (Kommutierungskurven der Abb. 18,6, 18,7 und 18,8) ein wenig ab auf ε' bzw. ε_E' und erreichen schließlich bei Betrieb mit Grundlast die Werte ε_0 und ε_{E0}, die definiert sind durch die Gleichungen

$$\frac{M_0 - M_e}{\Delta M} = \varepsilon_0 \quad \text{\small\begin{tabular}{c}(bezogene Polarisationsänderung des Ausschaltkerns\\ vom Einschalten bis zum Grundlaststrom),\end{tabular}} \tag{30,8}$$

$$\frac{M_{E0} - M_{Ee}}{\Delta M_E} = \frac{M_{E0} + M_{EV}}{\Delta M_E} = \varepsilon_{E0} \quad \text{\small\begin{tabular}{c}(bezogene Polarisationsänderung des Einschaltkerns\\ vom Einschalten bis zum Grundlaststrom)\end{tabular}} \tag{30,9}$$

Die obigen Spannungsgleichungen (30,5) bzw. (30,7) gelten jedoch nur dann, wenn keine magnetische Spannungsregelung verwendet wird. Wenn das dagegen doch der Fall ist, so hat der Ausschaltkern im Einschaltzeitpunkt nicht die Polarisation M_e mit dem in Tab. 18,1 angegebenen Betrage, sondern er hat die Polarisation M_{eR} (s. S. 245). Mit Berücksichtigung dieses Umstandes ändert sich Gl. (30,5) dann in

$$g' = \frac{K}{2}\,\varepsilon_W\,i_b + \Delta t_s\,\omega\,\frac{M' - M_{eR}}{\Delta M} + \Delta t_{Es}\,\omega\,\frac{M'_E - M_{Ee}}{\Delta M_E}\,. \tag{30,10}$$

Für den Fall des Nennstromes ergibt sich daraus nach Einführung der Abkürzungen Gl. (29,22) und (30,6) sowie der weiteren Abkürzung

$$\frac{M_e - M_{eR}}{\Delta M} = \delta \qquad \begin{array}{l}\text{(bezogene Polarisationsänderung des Ausschaltkerns durch die}\\ \text{Einschaltstufe bei magnetischer Spannungsregelung)}\end{array} \tag{30,11}$$

die Endgleichung für den *bezogenen induktiven Gleichspannungsabfall bei magnetischer Spannungsregelung*:

$$g = \frac{K}{2}\,\varepsilon_W + \underbrace{\Delta t_s\,\omega\,(\varepsilon + \delta) + \Delta t_{Es}\,\omega\,\varepsilon_E}\,.$$
$$= g_0 \quad + \quad g_{\mathrm{Fe}} \tag{30,12}$$

30.2 Der ohmsche Gleichspannungsabfall.

Die Leistungsverluste in den ohmschen Widerständen, wie z. B. die Wicklungsverluste des Transformators, die Verluste in den Hauptwicklungen der Schaltdrosseln, in den Leitungen und Stromschienen, in den Kontakten, in dem Nebenwiderstand des Gleichstrommessers und gegebenenfalls in den Wicklungen der Saugdrosselspule und der Glättungsdrosselspule, können in der üblichen, bekannten Weise berechnet werden. Die Summe aller dieser Verluste in den ohmschen Widerständen des Hauptkreises der Gleichrichterschaltung von den Eingangsklemmen des Gleichrichtertransformators (einschließlich eines etwaigen Schwenktransformators oder eines Regeltransformators) bis zu den gleichstromseitigen Ausgangsklemmen sei für Nennstrom mit $\Sigma(V_R) = \Sigma(I^2 R)$ bezeichnet. Es läßt sich nun leicht zeigen, daß der auf die Gleich-EMK bei voller Aussteuerung E_{g0} bezogene ohmsche Gleichspannungsabfall r bei Nennstrom gegeben ist durch

$$r = \frac{\Sigma(I \cdot R)}{E_{g0}} = \frac{\Sigma(V_R)}{E_{g0}\,I_g} = \frac{\Sigma(V_R)}{N_{g0}}\,. \tag{30,13}$$

Für einen beliebigen Belastungsstrom $I'_g = i_b\,I_g$ gilt dann

$$r' = i_b\,r\,. \tag{30,14}$$

30.3 Die abgegebene Gleichspannung.

Beziehen wir, wie es auf S. 249 angekündigt war, die Einschaltstufe in den induktiven Gleichspannungsabfall ein, so tritt in der Gl. (20,1) der gesteuerten Gleich-EMK an die Stelle des elektrischen Steuerwinkels α' der mechanische Steuerwinkel α. Es werden dann die Augenblickswerte der jeweiligen Phasenspannungskurve bereits vom Ende des mechanischen Steuerwinkels α ab zur gesteuerten Gleich-EMK gerechnet, und diese ist gegeben durch die Beziehung

$$E_g = E_{g0}\cos\alpha\,. \tag{30,15}$$

Mit Benutzung dieser Gleichung sowie von Gl. (30,7) bzw. (30,12) und (30,13) folgt für die *Ausgangs-Gleichspannung bei Nennstrom*:

$$\left.\begin{aligned} U_g &= E_{g0} (\cos\alpha - g - r) \\ &= E_{g0} [\cos\alpha - (g_0 + g_{\mathrm{Fe}} + r)] . \end{aligned}\right\} \tag{30,16}$$

Für einen *Belastungsstrom beliebiger Größe* I'_g geht die Gleichung über in

$$U'_g = E_{g0} [\cos\alpha - (g_0 + r)\, i_b - g'_{\mathrm{Fe}}] . \tag{30,17}$$

Der auf die Luftinduktivität L entfallende Anteil des induktiven Gleichspannungsabfalls und der ohmsche Gleichspannungsabfall sind nämlich verhältnisgleich der Stromstärke I'_g, während der induktive Eisenabfall g'_{Fe} sich in nur geringem Umfange nach Maßgabe der Magnetisierungskurve mit I'_g ändert, wie bereits erwähnt und durch die Größen ε' und ε'_E berücksichtigt wurde.

Es ist nun zweckmäßig, auch die Werte der Ausgangs-Gleichspannung auf E_{g0} zu beziehen:

$$\frac{U_g}{E_{g0}} = u_b \quad \text{beim Nennstrom } I_g , \tag{30,18}$$

$$\frac{U'_g}{E_{g0}} = u'_b \quad \text{bei beliebigem Strom } I'_g . \tag{30,19}$$

Dann ergeben sich schließlich die *allgemeinen Gleichungen der bezogenen Ausgangs-Gleichspannung*:

$$\boxed{u_b = \cos\alpha - (g_0 + g_{\mathrm{Fe}} + r)} \quad \text{für Nennstrom}, \tag{30,20}$$

$$u'_b = \cos\alpha - [(g_0 + r)\, i_b + g'_{\mathrm{Fe}}] \quad \text{für beliebigen Strom}. \tag{30,21}$$

Darin ist zusammenfassend

$$g_0 = \frac{K}{2}\, \varepsilon_W \quad \text{nach Gl. (30,7)},$$

$$r = \frac{\Sigma (V_R)}{N_{g0}} \quad \text{nach Gl. (30,13)},$$

$$\left.\begin{aligned} g_{\mathrm{Fe}} &= \Delta t_s\, \omega\, (\varepsilon + \delta) + \Delta t_{Es}\, \omega\, \varepsilon_E , \\ g'_{\mathrm{Fe}} &= \Delta t_s\, \omega\, (\varepsilon' + \delta) + \Delta t_{Es}\, \omega\, \varepsilon'_E \end{aligned}\right\} \begin{aligned} &\text{nach Gl. (30,5), (30,7), (30,10)} \\ &\text{bzw. (30,12)} \end{aligned}$$

mit

$$\varepsilon = \frac{M_n - M_e}{\Delta M} , \quad \varepsilon_E = \frac{M_{En} + M_{EV}}{\Delta M_E} \quad \text{bei Nennlast,}$$

$$\varepsilon' = \frac{M' - M_e}{\Delta M} , \quad \varepsilon'_E = \frac{M'_E + M_{EV}}{\Delta M_E} \quad \text{bei beliebiger Last,}$$

$$\varepsilon_0 = \frac{M_0 - M_e}{\Delta M} , \quad \varepsilon_{E0} = \frac{M_{E0} + M_{EV}}{\Delta M_E} \quad \text{bei Grundlast}$$

und

$$\delta = \frac{M_e - M_{eR}}{\Delta M} \quad \text{im Falle magnetischer Spannungsregelung.}$$

30.4 Die äußere Spannungskennlinie.

Die äußere Spannungskennlinie zeigt, wie sich die abgegebene Gleichspannung U'_g in Abhängigkeit vom Belastungsstrom I'_g ändert, wenn die Spannung auf einen bestimmten Wert, z. B. den Nennwert, bei einer bestimmten Stromstärke, z. B. dem Nennstrom, eingestellt war und kein weiterer Regeleingriff vorgenommen wird.

Diese Kennlinie ist durch die Spannungsgleichungen (30,17) oder (30,21) gegeben. Gl. (30,17) kann auch geschrieben werden

$$U'_g = E_{g0}\cos\alpha - E_{g0}\,g_{\mathrm{Fe}0} - E_{g0}\,(g_0 + r)\,i_b - E_{g0}\,(g'_{\mathrm{Fe}} - g_{\mathrm{Fe}0}) \qquad (30,22)$$

und Gl. (30,21) mit der bezogenen Gleichspannung in entsprechender Weise

$$u'_b = \cos\alpha - g_{\mathrm{Fe}0} - (g_0 + r)\,i_b - (g'_{\mathrm{Fe}} - g_{\mathrm{Fe}0}) \,. \qquad (30,23)$$

Der Aussteuerungsgrad der Teilaussteuerungsregelung (α im Falle mechanischer Regelung, δ im Falle magnetischer Regelung) wird als gleichbleibend vorausgesetzt. Der gesamte Eisenabfall $E_{g0}\,g'_{\mathrm{Fe}}$ kann in 2 Teile zerlegt werden: in den Eisenabfall bei Grundlast

$$g_{\mathrm{Fe}0} = \Delta t_s\,\omega\,\frac{M_0 - M_{eR}}{\Delta M} + \Delta t_{Es}\,\omega\,\frac{M_{E0} + M_{EV}}{\Delta M_E}$$
$$= \Delta t_s\,\omega\,(\varepsilon_0 + \delta) + \Delta t_{Es}\,\omega\,\varepsilon_{E0} = \mathrm{const} \qquad (30,24)$$

und in den zusätzlichen Eisenabfall infolge des Laststromes

$$g'_{\mathrm{Fe}} - g_{\mathrm{Fe}0} = \Delta t_s\,\omega\,\frac{M' - M_0}{\Delta M} + \Delta t_{Es}\,\omega\,\frac{M'_E - M_{E0}}{\Delta M_E}$$
$$= \Delta t_s\,\omega\,(\varepsilon' - \varepsilon_0) + \Delta t_{Es}\,\omega\,(\varepsilon'_E - \varepsilon_{E0}) = f(H') \qquad (30,25)$$

mit $\qquad H' = \dfrac{I'_g\,w}{l_{\mathrm{Fe}}} \quad (30,26) \quad$ und $\quad H_0 = \dfrac{I_{g0}\,w}{l_{\mathrm{Fe}}} \quad (30,27)\,.$

Der Lastanteil des Eisenabfalls ist für Feldstärken über 30 bis 50 A/cm bei Nickeleisen konstant. Der Eisenabfall bei Grundlast ist von vornherein ein konstanter Betrag. Somit fällt in Abb. 30,1 die Gleichspannung zunächst einmal bei Grundlast von der gesteuerten Gleich-EMK $E_{g0}\cos\alpha$ auf einen um den Eisenabfall bei Grundlast verminderten Wert ab, der praktisch gleich der Ausgangsspannung U_{g0} bei Grundlast ist, da der geringe weitere Anteil $(g_0 + r)\,i_{b0}$ des Grundlast-Spannungsabfalls zu vernachlässigen ist. Von dieser Spannung subtrahieren sich bei Last gemäß Gl. (30,22) sodann der induktive Gleichspannungsabfall $g_0 i_b$ [siehe Gl. (30,7)] und der ohmsche Gleichspannungsabfall $r i_b$ [s. Gl. (30,13)]. Beide Abfälle sind verhältnisgleich dem Belastungsstrom i_b. Man erhält daher

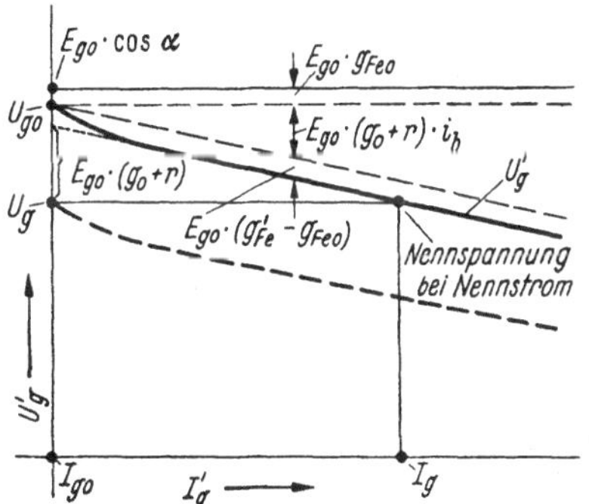

Abb. 30,1. Die äußere Strom-Spannungskennlinie eines Kontaktumformers.

eine nach rechts abfallende Gerade durch den Punkt U_{g0}. Von dieser muß nun noch, um die Ausgangs-Gleichspannung zu erhalten, der Lastanteil $E_{g0}\,(g'_{\mathrm{Fe}} - g_{\mathrm{Fe}0})$ des Eisenabfalls abgezogen werden. Vom Betrag Null bei Grundlast ausgehend wächst dieser Abfall auf einen gleichbleibenden Betrag an, der erreicht wird, sobald das Eisen vollständig gesättigt ist. Bei Verwendung von Nickeleisen tritt das bei einer Feldstärke von ungefähr 30 bis 50 A/cm ein, wie bereits erwähnt wurde und aus den Kommutierungskurven von Abb. 18,7 zu ersehen ist. Bei Siliziumeisen dagegen setzt sich die Zunahme des Eisenabfalls in geringem Umfange noch bis zum Nennstrom oder noch weiter hinauf fort, was auf das in Abschn. 18 auf S. 108 geschilderte besondere Verhalten des Siliziumeisens zurückzuführen ist. Somit wird bei Benutzung von Nickeleisen die in Abb. 30,1 stark ausgezogene Kurve als äußere Spannungskennlinie erhalten.

Bei Änderung des Aussteuerungsgrades $\cos \alpha$ wird die Form der Kurve nicht geändert. Lediglich die Höhenlage wird in senkrechter Richtung verschoben entsprechend dem geänderten Betrage von $E_{g0} \cos \alpha$ bei mechanischer Regelung bzw. von $M_0 - M_{eR}$ im Eisenabfall bei Grundlast bei magnetischer Regelung. Als Beispiel ist in Abb. 30,1 eine zweite Kennlinie als gestrichelte Kurve gezeigt, wie sie eintreten würde, wenn die Gleichspannung beim *Grundlaststrom* auf den Nennwert eingestellt worden wäre.

Aus dem Vorhergehenden kann eine einfache Methode zur Aufzeichnung der äußeren Kennlinie abgeleitet werden. Im Falle der durch den Nennlastpunkt verlaufenden Kurve von Abb. 30,1 hätte man dabei folgendermaßen vorzugehen: Man markiere den Nennlastpunkt „Nennspannung bei Nennstrom" und ziehe eine gerade Linie zu einem Punkte der Spannungsachse, der um den Betrag $E_{g0}(g_0 + r)$ höher liegt als die Nennspannung. Diese Gerade ist bereits die äußere Kennlinie für einen Bereich vom Grenzstrom herunter bis zu einem Belastungsstrom, der der Feldstärke von 30 bis 50 A/cm entspricht. Sodann markiere man die Gleichspannung U_{g0} bei Grundlast auf der Spannungsachse. Die noch fehlenden Werte des Stückes von diesem Punkte bis hinauf zu dem der genannten Feldstärke entsprechenden Strome können mit Hilfe von Gl. (30,25) berechnet werden. Die in dieser Gleichung vorkommenden Polarisationswerte M' und M_0 sind für H' und H_0 gemäß Gl. (30,26) bzw. (30,27) der Kommutierungskurve zu entnehmen.

Die in Abb. 30,1 dargestellten Verhältnisse gelten immer dann, wenn der Zeitpunkt des Beginns der Stromwendung durch Änderungen des Belastungsstromes nicht beeinflußt wird. Das ist z. B. der Fall bei einem starren Kontaktumformer. Es ist ebenfalls der Fall bei einem Umformer mit elektrischer Überlappungsregelung, wenn bei ihm eine getrennte Regelung des Einschaltzeitpunktes und des Ausschaltzeitpunktes stattfindet (vgl. z. B. Abb. 23,13), und zwar derart, daß der Einschaltzeitpunkt bei Laständerungen unverändert bleibt. Wird dagegen ein Umformer mit dem Getriebe-Arbeitsschema von Abb. 23,11 mit elektrischer Überlappungsregelung betrieben, so treffen, obwohl natürlich die Gl. (30,22) ihre Gültigkeit behält, die der Abb. 30,1 zugrunde liegenden Voraussetzungen nicht mehr ohne weiteres zu. Wie in Abschn. 23 auf S. 142 gezeigt wurde, ist hier mit der Änderung des Überlappungswinkels u eine Veränderung des Steuerwinkels α verbunden, und zwar derart, daß bei wachsender Überlappung, also ansteigendem Strom, der Steuerwinkel verkleinert und damit also die gesteuerte Gleich-EMK $E_{g0} \cos \alpha$ erhöht wird. Das hat eine äußere Spannungskennlinie des Beharrungszustandes („statische Kennlinie") mit viel geringerer Neigung zur Folge. Eine derartig flache Kennlinie ist zwar nicht unvorteilhaft, solange nur ein einziger Umformer die Last speist. Sobald jedoch zwei oder mehr Umformer parallel auf die Last arbeiten, gewährleistet die flache Kennlinie nicht mehr in ausreichender Weise eine stabile Lastverteilung, sondern es können beträchtliche Lastschwankungen und Pendelungen vorkommen. Man muß daher zusätzliche Einrichtungen verwenden, welche die unerwünschte lastabhängige Veränderung des Steuerwinkels wieder aufheben. Als solche Mittel kommen, wie schon auf S. 142 u. 161 erwähnt wurde, Differentialgestänge oder Differentialgetriebe in Frage, die entweder mechanisch durch Einwirkung auf das verdrehbare Gehäuse des Antriebsmotors oder elektrisch mit Hilfe eines Drehtransformators den Steuerwinkel gegenläufig beeinflussen. Auch andere mechanische oder elektrische Anordnungen oder Regler geeigneter Art können zur Kompensierung der durch die belastungsabhängige Änderung des Überlappungswinkels bedingten Veränderung des Steuerwinkels benutzt werden. Im praktischen Betriebe erwies sich sogar eine gewisse Überkompensation, die sich gegenüber dem Fall eines gleichbleibenden Steuerwinkels in einer vergrößerten Neigung der statischen Spannungskennlinie auswirkte, als recht günstig.

31. Die Grundgleichungen für die Ausschaltstufenlänge.

31.1 Die Stufenlänge bei mechanischer Überlappungsanpassung.

31.11 Allgemeine Gleichung, gültig für jede Schaltung.

Wie in Abschn. 10 auseinandergesetzt und in Abb. 10,1 gezeigt wurde, muß bei dieser Ausführungsart die Stufe eine solche Größe haben, daß der für einen gegebenen Wert des Steuerwinkels unveränderliche Ausschaltzeitpunkt $\alpha + u$ bei allen möglichen Belastungsströmen zwischen dem Grenzstrom und dem Grundlaststrom innerhalb der Stromstufe gelegen ist und daß darüber hinaus selbst im Grundlastbetrieb noch ein genügendes Stück der Stufe erst nach dem Öffnungszeitpunkt als Leerlaufsicherheit τ_0 durchlaufen wird. Der bei dem Steuerwinkel α erforderliche mechanische Überlappungswinkel u, der aus dem Zustand der größten Stromwendedauer beim Grenzstrom bestimmt wurde, ist durch die bereits abgeleiteten Gleichungen (29,21) bzw. (29,25) gegeben. Es ist derjenige Überlappungswinkel, der wirklich eingestellt wird und der dann unabhängig von der Höhe des jeweiligen Belastungsstromes unverändert bleibt, solange der Steuerwinkel α nicht zum Zwecke der Spannungsregelung verändert wird. Somit ist der Ausdruck $\cos\alpha - \cos(\alpha + u)$ unabhängig von der Höhe der Belastung und gilt mit dem gleichen Betrage auch für den Grundlastzustand. Das bietet die Möglichkeit, $\cos\alpha - \cos(\alpha + u)$ aus der Rechnung zu eliminieren, indem man außer der Stromwendegleichung für den Grenzstrom noch eine zweite für den Grundlaststrom ansetzt. Im Falle des Grundlaststromes $I_{g0} = i_{b0} I_g$ bekommt die Stromwendegleichung (29,19) dann das Aussehen der nachstehenden Gl. (31,1). Subtrahiert man diese Gleichung von Gl. (29,21) für den Grenzstrom, so erhält man Gl. (31,2), in der α und u nicht mehr vorkommen:

Grenzstrom:

$$\cos\alpha - \cos(\alpha + u) = K\,\varepsilon_W\,i_{bm} + \Delta t_s\,\omega\,\frac{2M_n - M_{em} - M_{st}}{\Delta M} + \Delta t_{Es}\,\omega\,\frac{2M_{En}}{\Delta M_E}. \qquad \begin{matrix}(29,21\\ \text{wiederholt})\end{matrix}$$

Grundlast:

$$\cos\alpha - \cos(\alpha + u) = K\,\varepsilon_W\,i_{b0} + \Delta t_s\,\omega\,\frac{2M_0 - M_{e0} - M_{\sigma0}}{\Delta M} + \Delta t_{Es}\,\omega\,\frac{2M_{E0}}{\Delta M_E} \qquad (31,1)$$

$$K\,\varepsilon_W\,(i_{bm} - i_{b0}) + \Delta t_s\,\omega\left[\frac{2(M_n - M_0)}{\Delta M} - \frac{M_{em} - M_{e0}}{\Delta M} - \frac{M_{st} - M_{\sigma0}}{\Delta M}\right] +$$
$$+ \Delta t_{Es}\,\omega\,\frac{2(M_{En} - M_{E0})}{\Delta M_E} = 0\,. \qquad (31,2)$$

In dieser Gleichung sind alle Werte mit Ausnahme der Stufenlänge Δt_s gegeben oder können auf Grund praktischer Erfahrungen zunächst mit genügender Genauigkeit geschätzt werden. Sie wird daher nach einigen Umformungen zur Grundgleichung für die Berechnung der Ausschaltstufenlänge.

In Gl. (31,1) ist die Polarisation M_a im Ausschaltzeitpunkt bei Grundlastbetrieb mit $M_{\sigma0}$ bezeichnet. Die Lage von $M_{\sigma0}$ in der Ausschaltstufe ist in Abb. 31,1 veranschaulicht. Dort ist die Ausschaltstufe des Kontaktstromes i_K dargestellt, wie sie ungefähr verläuft, wenn das Niveau der Stufe mit Hilfe der Vormagnetisierung auf einen geringen positiven Betrag angehoben ist. Die Ausschaltstufe entspricht der linken Flanke der Hystereseschleife Abb. 29,6. Das ausnutzbare Stück der Stufe ist im Maßstab der magnetischen Polarisation M die Polarisationsänderung ΔM. Die zeitliche Dauer dieses Stückes wird gekennzeichnet durch die Stufenlänge Δt_s.

Wie in Abschn. 16 erläutert wurde, ist Δt_s eine Rechengröße, die angibt, wie lange der Ablauf der Stufe dauern würde, wenn die Schaltdrossel unter der Einwirkung einer in den Augenblickswerten gleichbleibenden Wendespannung von der Größe ihres Scheitelwertes $E_W \sqrt{2}$ stände. Die wirkliche Stufenlänge Δt ist größer und hängt von dem jeweiligen Winkel $\alpha' + \ddot{u}$ des Stufenbeginns ab; sie ist mit Δt_s durch die Beziehung Gl. (16,5) verknüpft. Durch die Einführung von Δt_s ergeben sich übersichtlichere Formeln. Bei gleichbleibender Wendespannungshöhe aber ist die Änderung von M verhältnisgleich der Zeit. Somit können der gleichen Abbildung 31,1 zwei Maßstäbe zugeordnet werden, nämlich sowohl der Polarisationsmaßstab als auch der Zeitmaßstab.

Der Teil der Stufe, der nach dem Ausschaltpunkte $M_{\sigma 0}$ abläuft, ist die *absolute Leerlaufsicherheit* τ_0. Sie kann in einer dem Verfahren bei der Stufenlänge entsprechenden Weise ebenfalls als für den Ablauf unter einer gleichbleibenden Wendespannung von der Höhe des Scheitelwertes $E_W \sqrt{2}$ gültige Rechengröße τ_{0s} geschrieben werden.

Für diese gilt dann die Beziehung

$$\tau_{0s} = \sigma_0 \, \Delta t_s \, , \qquad (31,3)$$

wenn mit σ_0 die *bezogene Leerlaufsicherheit* bezeichnet wird. Dabei ist σ_0 sowohl im Zeitmaßstab mit Bezug auf Δt_s gültig als auch im Polarisationsmaßstab mit Bezug auf ΔM. Folglich kann die Polarisation $M_{\sigma 0}$ auch ausgedrückt werden durch die Beziehung

$$M_{\sigma 0} = M_{st} - (1 - \sigma_0) \, \Delta M \, . \quad (31,4)$$

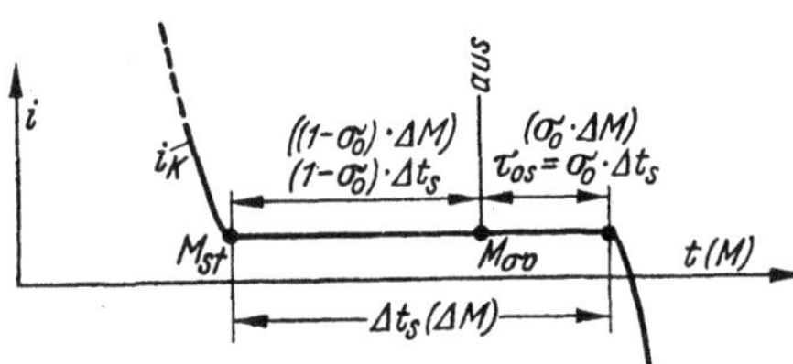

Abb. 31,1. Starrer Kontaktumformer. Lage der Ausschaltpolarisation $M_{\sigma 0}$ auf der Ausschaltstufe.

Das ist die erste Umformung, die in Gl. (31,2) vorgenommen wird. Weiterhin werden wiederum einige Abkürzungen für häufig gebrauchte Ausdrücke eingeführt, nämlich

$$\gamma = \frac{2\,(M_n - M_0)}{\Delta M} \qquad \text{(bezogene Polarisationsänderung des Ausschaltkerns vom Nennstrom bis zum Grundlaststrom),} \qquad (31,5)$$

$$\gamma_E = \frac{2\,(M_{En} - M_{E0})}{\Delta M_E} \qquad \text{(bezogene Polarisationsänderung des Einschaltkerns vom Nennstrom bis zum Grundlaststrom),} \qquad (31,6)$$

$$\delta_L = \frac{M_{e0} - M_{em}}{\Delta M} \qquad \text{(bezogene Einschalt-Polarisationsänderung [des Ausschaltkerns bei Laständerung von Grundlast bis zum Grenzstrom).} \qquad (31,7)$$

Die Abkürzungen γ und γ_E zeigen die Änderung des Scheitelwertes der Polarisation infolge der Laständerung, d. h. die noch vorhandene Neigung des oberen, flachen Astes der Magnetisierungskurve (Kommutierungskurve). Somit können diese Ausdrücke als ein gewisses Maß für die Güte des Kerneisens angesehen werden. Für ideales Eisen mit waagerechtem oberen Ast der Kommutierungskurve würde ihr Betrag gleich Null sein. Die Abkürzung δ_L gibt eine etwaige Änderung der Einschalt-Polarisation M_e des Ausschaltkernes an, die durch die Änderung der Belastung zwischen Grundlast und Grenzstrom eintritt. Normalerweise kann M_e als praktisch gleichbleibend angesehen werden, so daß δ_L dann gleich Null ist.

Setzt man nun die Gln. (31,3) bis (31,7) in Gl. (31,2) ein, so erhält man die *Endgleichung für die Ausschaltstufenlänge*:

$$\Delta t_s = \frac{K \, \varepsilon_W \, (i_{bm} - i_{b0}) + \tau_{0s} \, \omega + \Delta t_{Es} \, \omega \, \gamma_E \cdot}{\omega \, (1 - \gamma - \delta_L)} \qquad (31,8)$$

Aus dieser Gleichung kann die Ausschaltstufenlänge berechnet werden, nachdem die Einschaltstufenlänge Δt_{Es} und die Leerlaufsicherheit τ_{0s} gewählt sind. Die Wendekonstante wird für die betreffende Gleichrichterschaltung der Tab. 26,1 entnommen. Desgleichen ergeben sich die den verschiedenen Anteilen von ε_W hinzuzufügenden Zahlenfaktoren aus dieser Tabelle. Wenn der Betrag einzelner Anteile von ε_W wie gewöhnlich noch nicht genau bekannt ist, so müssen diese Anteile zunächst nach Schätzung eingesetzt und später nötigenfalls in einer 2. Annäherung berichtigt werden.

Der erforderliche Grenzstrom i_{bm} hängt von den zu erwartenden Betriebsbedingungen ab und ist entsprechend diesen einzusetzen. Für ruhige Betriebe, wie z. B. wäßrige Elektrolysen, genügt meist eine Überlastbarkeit von 35% oder höchstens 50%, also $i_{bm} = 1,35$ bzw. 1,5. Unruhige Betriebe, insbesondere Bahnen, können beträchtlich höhere Überlastbarkeiten verlangen. In den Grenzstrom i_{bm} ist auch der Grundlaststrom einzuschließen, sofern er nicht bei höherer Belastung abgeschaltet wird. Der Grundlaststrom kann bei Nickeleisen zunächst mit 1% des Nennstromes angenommen werden, also $i_{b0} = 0,01$, falls nicht schon eine genauere Schätzung auf Grund der Erfahrung möglich ist.

Die Leerlaufsicherheit τ_{0s} wird bei einer Netzfrequenz von 50 Hz gewöhnlich zu 0,35 ms oder höher gewählt. Bei 25 Hz sollte sie demgegenüber noch etwas heraufgesetzt werden auf mindestens 0,5 ms. Der erforderliche Betrag hängt natürlich auch von der mit dem jeweiligen mechanischen Getriebe erreichbaren Genauigkeit der Kontaktzeiten ab und von der Güte der Hystereseschleife des Ausschaltkernes, d. h. von der Schärfe des Knies am Ende der Ausschaltstufe. Die zur Berechnung von γ und γ_E erforderlichen Polarisationswerte sind der Kommutierungskurve zu entnehmen (mittlere Werte der benötigten Polarisationen s. Tab. 18,1 und 18,2), und δ_L ist normalerweise gleich Null.

Aus Gl. (31,8) ist ersichtlich, daß die ganze Stufenlänge aus 3 Anteilen besteht. Der erste trägt der Änderung des elektrischen Überlappungswinkels, also der Verschiebung der Ausschaltstufe als Folge des Belastungsspiels zwischen Grundlaststrom und Grenzstrom Rechnung. Der zweite ist die Leerlaufsicherheit. Der dritte berücksichtigt die geringe Änderung des Scheitelwertes der Polarisation im Einschaltkern, die entsprechend γ_E durch das Belastungsspiel zwischen Grundlast und Grenzstrom eintritt. Schließlich wird der Betrag der erforderlichen Stufenlänge im ganzen noch etwas erhöht durch die Güteziffer γ des Ausschaltkernes, die im Nenner von Gl. (31,8) steht; im Falle idealen Eisens mit $\gamma = 0$ würde sich für die Stufenlänge der kleinstmögliche Wert ergeben.

31.12 Die 60°-Bedingung bei der 3phasigen Dreidrossel-Brückenschaltung (Tab. 26,1 Schaltung Nr. 8).

Gl. (31,8) setzt rein rechnungsmäßig keine obere Grenze für die Reaktanzspannung ε_W und für den Grenzstrom i_{bm}, also für die Stufenlänge Δt_s. In Wirklichkeit jedoch besteht eine solche Grenze bei jeder Schaltung[1]; sie wird aber außer bei der 3phasigen Dreidrossel-Brückenschaltung praktisch im allgemeinen nicht erreicht. Bei der genannten Dreidrosselschaltung ist sie durch die schon mehrfach erwähnte „60°-Bedingung" gegeben, die die Anwendbarkeit dieser Schaltung ernstlich berührt.

Der Ursprung dieser Begrenzung wurde bereits in Abschn. 12 behandelt (S. 67 und Abb. 12,5). Zur weiteren Erläuterung sind in Abb. 31,2 die Kurven der 3 Wechselspannungen e_1, e_2 und e_3 sowie die Kurven der beiden Ströme i_1 und i_2

---

[1] Z. B. die 240°-Bedingung bei der 3phasigen Sechsdrossel-Brückenschaltung (s. S. 64) oder die 120°-Bedingung bei der 6phasigen Brückenschaltung (s. S. 70).

durch die Schaltdrosselspulen noch einmal gezeigt für den Fall der Übergabe des Grenzstromes von Phase *1* an Phase *2*. Durch die Spannungsfläche der Spannungsdifferenz $e_2 - e_1$ zwischen den Grenzen ein_{2+} und ein_{1-}, die eine Spanne von 60° einschließen, muß außer der Einschaltstufe der Phase *2* und der vollständigen Stromwendung der Ströme i_{1+} und i_{2+} auch noch die Änderung der Polarisation des Ausschaltkernes *1* von M_{st} durch die ganze Ausschaltstufe nach $-M_e$ vollbracht werden. Bei größeren Steuerwinkeln α ergeben sich dabei gewöhnlich keine Schwierigkeiten. Bei kleinen Winkeln α dagegen oder gar bei $\alpha = 0$ kann es vorkommen, daß wegen der verminderten Höhe der Augenblickswerte der Spannungsdifferenz $e_2 - e_1$ die durch den genannten 60°-Abschnitt begrenzte Spannungsfläche hierzu nicht mehr ausreicht, wenn die Reaktanzspannung ε_W oder der verlangte Grenzstrom i_{bm} zu hoch ist. In einem solchen Falle kann die volle, dem Steuerwinkel $\alpha = 0$ entsprechende Gleichspannung nicht mehr erhalten werden, sondern es muß der obere Teil des Spannungsregelbereiches gesperrt werden bis zu einem Mindest-Steuerwinkel α_0 (Sicherheitswinkel), der nicht unterschritten werden darf. Bei einer Betriebsfrequenz von 50 Hz oder gar 60 Hz ist die Einführung eines Mindest-Steuerwinkels oft die einzige Möglichkeit, eine genügende Überlastbarkeit des Umformers zu erreichen. Der Gewinn an Überlastbarkeit ist dann aber durch eine Verschlechterung des Leistungsfaktors erkauft, so daß auch diesem Ausweg bald eine Grenze gesetzt ist; sie liegt bei einem Sicherheitswinkel von höchstens 10 bis 15°. Diese

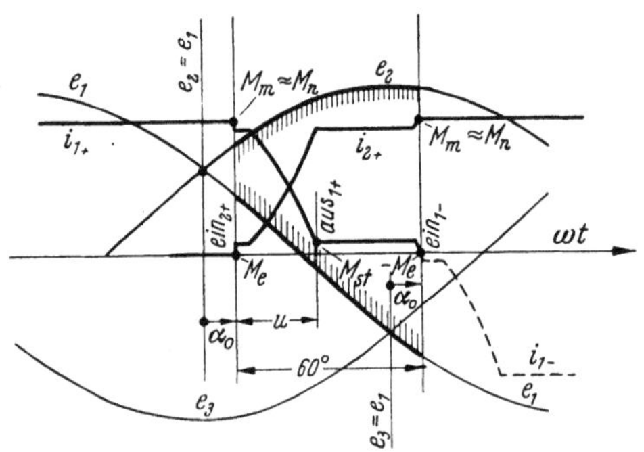

Abb. 31,2. Die 60°-Bedingung bei der 3phasigen Dreidrossel-Brückenschaltung.

Verhältnisse führen dazu, bei der 3phasigen Dreidrosselschaltung einen besonders geringen Wert der Reaktanzspannung anzustreben durch Verwendung von Transformatoren mit geringer Streuspannung, durch induktionsarme Ausführung der sekundären Verbindungsleitungen und Stromschienen und durch Betrieb des Umformers mit einem Schaltzustand des Netzes für größtmögliche Kurzschlußleistung. Die Schaltdrosseln sollen selbstverständlich dabei auch eine möglichst geringe Luftinduktivität haben, doch ist das nicht der beim Entwurf der Drossel allein maßgebende Gesichtspunkt; ihm steht vor allem die Forderung nach einem geringen Stufenstrom der Drossel entgegen, die eine sich in entgegengesetzter Richtung auswirkende Bemessung der Drossel verlangt (vgl. a. Abschn. 33).

Um nun den notwendigen Sicherheitswinkel α_0 für einen verlangten Grenzstrom i_{bm} bei einer gegebenen Reaktanzspannung ε_W und damit bei einer durch Gl. (31,8) gegebenen Stufenlänge $\varDelta t_s$ zu berechnen, muß die Grundgleichung (29,19) der Stromwendung so abgewandelt werden, daß die Spannungsfläche sich über einen Bereich von 60° erstreckt, wobei die Polarisationen an den Grenzen die in Abb. 31,2 angegebenen Werte haben:

$$\cos\alpha_0 - \cos(\alpha_0 + 60) = K\,\varepsilon_W\,i_{bm} +$$
$$+ \varDelta t_s\,\omega\,\frac{M_m - M_e + M_m - (-M_e)}{\varDelta M} + \varDelta t_{Es}\,\omega\,\frac{M_{Em} - (-M_{Ee}) + M_{Em} - M_{Ee}}{\varDelta M_E}.$$

Setzt man wieder $M_m \approx M_n$ und $M_{Em} \approx M_{En}$, so ergibt sich aus dieser Gleichung mit Benutzung der Gl. (29,24) und der entsprechend für den Ausschaltkern gebildeten

Abkürzung

$$\frac{2M_n}{\Delta M} = \frac{\Delta T_s}{\Delta t_s} = \beta_A \qquad \text{(Verhältnis der Bruttostufenlänge des Ausschalt-} \atop \text{kerns zur nutzbaren Stufenlänge)} \qquad (31,9)$$

die *Berechnungsgleichung für den Sicherheitswinkel* α_0 (60°-Bedingung):

$$\sin(\alpha_0 + 30) = K\,\varepsilon_W\,i_{bm} + \Delta t_s\,\omega\,\frac{2M_n}{\Delta M} + \Delta t_{Es}\,\omega\,\frac{2M_{En}}{\Delta M_E}$$
$$= K\,\varepsilon_W\,i_{bm} + \Delta t_s\,\omega\,\beta_A + \Delta t_{Es}\,\omega\,\beta_E. \qquad (31,10)$$

Mittels dieser Gleichung muß der Sicherheitswinkel nachgeprüft werden, nachdem die Stufenlänge aus Gl. (31,8) berechnet worden ist. Wenn dann selbst bei dem kleinstmöglichen Wert von ε_W der sich ergebende Sicherheitswinkel noch zu groß ist, so bedeutet das, daß der gewünschte Grenzstrom mit der 3phasigen Dreidrossel-Brückenschaltung in der Bauart als starrer Kontaktumformer nicht erreichbar ist und daß folglich entweder die elektrische Überlappungsregelung verwendet oder eine andere Schaltung gewählt werden muß.

31.2 Die Stufenlänge bei elektrischer Überlappungsregelung.

Das Prinzip der selbsttätigen elektrischen Überlappungsregelung wurde ebenfalls in Abschn. 10 bereits erläutert (S. 56 und Abb. 10,2). Wie dort ausgeführt ist, wird bei dieser Bauart der Überlappungswinkel selbsttätig in einer solchen Weise geändert, daß unter allen Betriebsbedingungen, unbeeinflußt durch die Spannungsregelung, durch Laständerungen, Netzspannungsschwankungen oder Veränderungen der Reaktanzspannung des Wendekreises infolge von Schalthandlungen im speisenden Netz oder Wechsel der Transformatorstufe, der Ausschaltzeitpunkt stets innerhalb der Ausschaltstufe gehalten wird. Bei der Schaltung Abb. 23,36 z. B. wird der mechanische Überlappungswinkel so geregelt, daß im Beharrungszustande die Spannungsfläche der Ausschaltstufe durch den Ausschaltzeitpunkt stets in einem bestimmten, ungefähr gleichbleibenden Verhältnis aufgeteilt wird. Im normalen, stetigen Betrieb hat der Umformer somit· bei jeder Spannung und Belastung eine ungefähr gleichbleibende bezogene Ausschaltsicherheit.

Da jedoch die elektrische Überlappungsregelung infolge der Eigenzeit des Reglers und der Massenträgheit ihrer mechanischen Teile sehr schnellen Änderungen des Betriebszustandes nicht ganz unverzögert folgen kann, so muß unterschieden werden zwischen dem Zustand des normalen, stetigen Betriebes (Beharrungszustand) und dem Zustand bei plötzlichen Änderungen (Übergangszustand). Nach einer plötzlichen Änderung der Betriebsbedingungen kann der Regler nicht momentan den neuen Überlappungswert herstellen, sondern im ersten Augenblick nach der Änderung sind die Schaltzeitpunkte noch als ungeändert anzusehen. *Daher arbeitet im ersten Augenblick des Übergangszustandes der Umformer in bezug auf den Grenzstrom und die Ausschaltsicherheit bei Entlastung wie ein starrer Kontaktumformer.* Somit läßt ein im normalen, stetigen Betrieb befindlicher Umformer mit der Regelschaltung Abb. 23,36 wegen der bei allen Belastungen ungefähr gleichbleibenden Aufteilung der auf die Stufe entfallenden Spannungsfläche unabhängig von der Höhe des jeweiligen Belastungsstromes eine plötzliche Strom*zunahme* von ungefähr gleichbleibender *absoluter* Höhe zu (mit einer gewissen Einschränkung im Falle der 3phasigen Dreidrossel-Brückenschaltung, die zusätzlich wiederum der 60°-Bedingung unterliegt). Er erlaubt entsprechend eine plötzliche Strom*abnahme* von ebenfalls ungefähr gleichbleibender absoluter Größe, wobei sich das Verhältnis der

zulässigen Stromzunahme zur zulässigen Stromabnahme nach dem Verhältnis der
Aufteilung der Ausschaltstufen-Spannungsfläche durch den (in seiner Lage willkürlich einstellbaren) Ausschaltzeitpunkt richtet.

Als Beispiel seien im folgenden die Verhältnisse betrachtet, wie sie bei der einfachsten Ausführung des Kontaktgerätes vorliegen, bei der durch eine Verdrehung
der Überlappungssteuerwelle nur eine symmetrische Änderung des Überlappungswinkels hervorgebracht werden kann (Arbeitsschema Abb. 23,11). Wie bereits geschildert wurde, rückt bei dieser Ausführung im Falle einer Vergrößerung der Überlappung der Einschaltzeitpunkt um ebensoviel vor, wie der Ausschaltzeitpunkt
zurückverschoben wird, und umgekehrt. Über die sich hieraus hinsichtlich der
Gleichspannung ergebenden Folgen s. Abschn. 30, S. 254. Als Regelschaltung sei
die von Abb. 23,36 zugrunde gelegt, wobei der Einfluß der in ihrer Größe vom
Laststrom abhängigen Fläche F_2 (s. Abb. 23,35c und S. 156/57) vernachlässigt wird;
wie man in einfacher Weise die genaue Rechnung mit Berücksichtigung dieser Zu-
satzfläche durchführen kann, ist später im
Berechnungsbeispiel Abschn. 54 gezeigt.

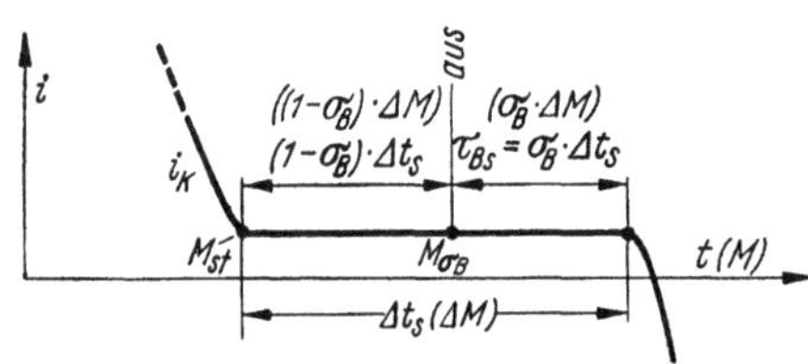

Abb. 31,3. Kontaktumformer mit selbsttätiger elektrischer Überlappungsregelung. Lage der Ausschaltpolarisation $M_{\sigma B}$ auf der Ausschaltstufe.

Die Lage des Ausschaltzeitpunktes in
bezug auf die Ausschaltstufe im Beharrungszustande ist in Abb. 31,3 schematisch dargestellt. Die Polarisation im Ausschaltzeitpunkte wird jetzt $M_{\sigma B}$ genannt,
die Ausschaltsicherheit (im Zeitmaßstab)
τ_B und die bezogene Ausschaltsicherheit
σ_B. In Abänderung der Gln. (31,3) und
(31,4) gelten dann für die elektrische Überlappungsregelung die Beziehungen

$$\tau_{Bs} = \sigma_B \, \Delta t_s \qquad\qquad (31,11)$$

und

$$M_{\sigma B} = M_{st} - (1 - \sigma_B) \, \Delta M \,. \qquad\qquad (31,12)$$

In Abschn. 10 wurde bereits klargestellt, daß im Gegensatz zu σ_0 der Abb. 31,1 die
betriebsmäßige Ausschaltsicherheit σ_B nicht den noch zulässigen *Mindest*wert der
Ausschaltsicherheit darstellt, sondern erheblich größer ist als $\sigma_{\min}$. Der Betrag von
$M_{\sigma B}$, d. h. die Lage des Öffnungszeitpunktes in bezug auf die Ausschaltstufe, kann
mittels eines veränderbaren Widerstandes (Sollwerteinsteller) im Meßkreise des
Überlappungsreglers eingestellt werden.

Zum Zwecke der Aufstellung der Stufenlängen-Gleichung (und der 60°-Bedin-
gung im Falle der 3phasigen Dreidrossel-Brückenschaltung) sind in Abb. 31,4 die
Schaltzeitpunkte und der Verlauf der Ströme während des Stromwendevorganges
für eine 3phasige Dreidrossel-Brückenschaltung aufgezeichnet, und zwar für drei
verschiedene Betriebsfälle. Die Stellung des Motorgehäuses, also der Motorwinkel β,
ist dabei als in allen Fällen ungeändert vorausgesetzt, d. h. es wird kein Spannungs-
regeleingriff vorgenommen. Somit haben alle Ein- und Ausschaltzeitpunkte dieselbe
Symmetrieachse. Die dargestellte Symmetrieachse mit dem Winkel ϑ_0 in bezug auf
die Achse $\alpha = 0$ entspricht der oberen Grenze des Bereiches der Spannungsregelung
mit dem Sicherheitswinkel α_0 bei dem gewünschten *statischen Grenzstrom* i_{bm}^* im
stetigen Betrieb (s. Abb. 31,4a). Der mechanische Überlappungswinkel hat dabei
seinen größten Betrag u_m. Aus diesem Bilde geht hervor, daß im Falle der genannten
Dreidrosselschaltung die *60°-Bedingung* die gleiche ist, wie sie bereits durch
Gl. (31,10) gegeben wurde, jedoch jetzt mit i_{bm}^* anstatt i_{bm}. Das Formelzeichen

i_{bm}^{*} soll sich auf den Beharrungszustand beziehen, während i_{bm} für den ersten Augenblick des Übergangszustandes, also für das vorübergehende Verhalten wie ein starrer Umformer gilt.

In Abb. 31,4 b ist der *Beharrungszustand beim Nennstrom* I_g gezeigt. Der Betrag des Überlappungswinkels u ist nun etwas verringert als Folge der Aufrechterhaltung des gleichen Wertes $M_{\sigma B}$ im Ausschaltaugenblick.

Betrachtet man nun einen *plötzlichen Anstieg des Belastungsstromes*, so würde ein höchster Strom $I_{gm} = i_{bm} I_g$, der sogenannte *dynamische Grenzstrom*, zulässig sein hinsichtlich der Bedingung, daß der Öffnungszeitpunkt noch innerhalb der Ausschaltstufe gelegen sein muß (Polarisation M_{st} am Beginn des ausnutzbaren Stufenstückes). Im Falle der Dreidrosselschaltung jedoch kann es, wenn eine verhältnismäßig große Stufenlänge erforderlich ist, vorkommen, daß das Ende der Ausschaltstufe dann den 60°-Bereich überschreitet und daß infolgedessen der dynamische Grenzstrom $i_{bm} I_g$ praktisch nicht verwirklicht werden kann (s. Abb. 31,4 b). Aber in diesem Falle ist selbst der etwas geringere, wirklich erreichbare Höchststrom, der einer Verschiebung der Stufe bis nur zum Ende des 60°-Abschnittes entspricht, immer noch größer als der statische Grenzstrom $I_{gm}^{*} = i_{bm}^{*} I_g$ in Abb. 31,4 a, weil auf Grund des erhöhten Steuerwinkels die ganze 60°- Spannungsfläche in ein Gebiet höherer Augenblickswerte $e_2 - e_1$ verschoben ist. Unter diesen Umständen sind also Schwierigkeiten nicht zu erwarten, da der zulässige dynamische Grenzstrom immer noch über dem verlangten Wert I_{gm}^{*} des statischen Grenzstromes liegt. Anders aber liegt der Fall, wenn bei einer verhältnismäßig kurzen Stufenlänge sich i_{bm} mit einem ge

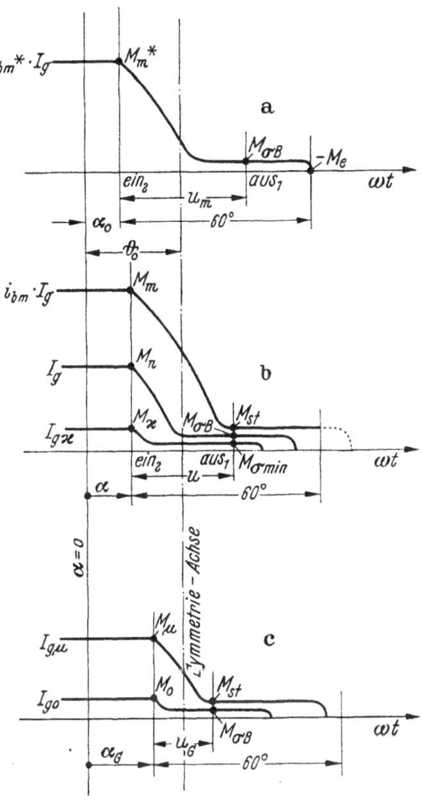

Abb. 31,4. Kontaktumformer mit selbsttätiger elektrischer Überlappungsregelung. Verlauf des Stromes der abgebenden Phase und Lage der Ausschaltstufe bei verschiedenen Betriebszuständen (Einschaltstufe nicht mit dargestellt).

a Beharrungszustand beim Grenzstrom I_{gm}^{*}; —
b Beharrungszustand beim Nennstrom I_g und die Übergangszustände für die höchstzulässigen Beträge der plötzlichen Belastungsänderung; —
c Beharrungszustand beim Grundlaststrom I_{g0} und Übergangszustand für die höchstzulässige Belastungszunahme vom Grundlastzustand aus.

ringerem Wert als i_{bm}^{*} ergibt. Das ist im allgemeinen unerwünscht und würde eine Abänderung des bisherigen Berechnungswertes verlangen.

Im Falle einer *plötzlichen Abnahme des Belastungsstromes* wird die Ausschaltstufe nach der linken Seite verschoben (s. wiederum Abb. 31,4 b) und infolgedessen die Ausschaltsicherheit vermindert. Der höchstzulässige Betrag der plötzlichen Stromabnahme herunter bis zum Wert $I_{g\varkappa} = i_{b\varkappa} I_g$ ist dadurch festgelegt, daß ein Mindestmaß τ_{min} an Ausschaltsicherheit auch im ersten Augenblick des Übergangszustandes noch übrigbleiben muß, um eine Rückzündung auszuschließen. Die entsprechende Polarisation ist $M_{\sigma min}$. Die gesamte Stufenlänge bei der elektrischen Überlappungsregelung muß hiernach also die Summe der beiden Anteile umfassen, die zur Sicherstellung der geforderten dynamischen Überlastbarkeit und Entlastbarkeit erforderlich sind, und darüber hinaus noch einen dritten, verhältnismäßig kleinen Anteil für die im Falle plötzlicher Entlastung noch mindestens benötigte Ausschaltsicherheit.

In Abb. 31,4c ist schließlich noch der *Grundlastbetrieb im Beharrungszustande* gezeigt. Bei ihm ist die Überlappung infolge der Aufrechterhaltung der Ausschaltpolarisation $M_{\sigma B}$ auf den Betrag u_G zusammengeschrumpft. Ein plötzliches Anwachsen des Stromes, wie es beispielsweise beim Schließen des Schalters im Belastungskreise eintreten kann, ist begrenzt auf den Übergangswert $I_{g\mu} = i_{b\mu} I_g$, der die Stufe so weit nach rechts verschiebt, daß die Polarisation M_{st} im Öffnungszeitpunkt erreicht wird.

Es ist hiernach klar, daß ein Kontaktumformer mit elektrischer Überlappungsregelung so entworfen werden muß, daß er nicht nur innerhalb der gewünschten Belastungsgrenzen des Beharrungszustandes betriebsfähig ist, wozu bereits eine verhältnismäßig kurze Stufenlänge ausreichend sein würde, sondern daß er auch plötzliche Belastungsänderungen in einem solchen Ausmaß verträgt, wie es durch die Art der Last und die Betriebsführung bedingt ist. Das sind die Umstände, von denen die Berechnung auszugehen hat. Für die folgenden Ausführungen werde beispielsweise wie in Abb. 31,4b angenommen, daß von dem im Nennbetrieb laufenden Umformer eine zulässige plötzliche Lastzunahme auf den Übergangsgrenzstrom i_{bm} und eine zulässige plötzliche Lastabnahme auf den Übergangskleinststrom $i_{b\varkappa}$ verlangt wird. Dann kann der erforderliche Mindestbetrag der Stufenlänge Δt_s in genau der gleichen Weise berechnet werden, wie es in Abschn. 31.11 für den starren Kontaktumformer gezeigt wurde, jedoch mit $i_{b\varkappa}$ und $M_{\sigma\,\mathrm{min}}$ an Stelle von i_{b0} und $M_{\sigma 0}$. Wird die Einschaltpolarisation als durch die Belastungsänderungen unbeeinflußt vorausgesetzt ($M_{e\varkappa} = M_{em}$), so erhält man anstatt Gl. (31,8) jetzt

$$\Delta t_s = \frac{K\,\varepsilon_W\,(i_{bm} - i_{b\varkappa}) + \tau_{\mathrm{min}\,s}\,\omega + \Delta t_{Es}\,\omega\,\gamma_{E\varkappa}}{\omega\,(1 - \gamma_\varkappa)}, \qquad (31,13)$$

wobei ist

$$\tau_{\mathrm{min}\,s} = \sigma_{\mathrm{min}}\,\Delta t_s, \qquad (31,14)$$

$$M_{\sigma\,\mathrm{min}} = M_{st} - (1 - \sigma_{\mathrm{min}})\,\Delta M, \qquad (31,15)$$

$$\gamma_\varkappa = \frac{2\,(M_n - M_\varkappa)}{\Delta M} \quad \text{(bezogene Polarisationsänderung des Ausschaltkerns vom Nennstrom bis zum Kleinststrom),} \qquad (31,16)$$

$$\gamma_{E\varkappa} = \frac{2\,(M_{En} - M_{E\varkappa})}{\Delta M_E} \quad \text{(bezogene Polarisationsänderung des Einschaltkerns vom Nennstrom bis zum Kleinststrom).} \qquad (31,17)$$

Bei 50 Hz und Nickeleisen wird für Gleichspannungen bis zu 400 V die vorübergehende Mindestausschaltsicherheit $\tau_{\mathrm{min}\,s}$ gewöhnlich zu 0,1 ms gewählt. Bei 60 Hz muß sie ungefähr den gleichen Betrag haben, während sie bei 25 Hz auf etwa 0,2 ms zu erhöhen sein würde. Ganz allgemein hängt natürlich genau wie τ_{0s} auch der erforderliche Wert $\tau_{\mathrm{min}\,s}$ von der Höhe des Ansprunges der Sperrspannung am Ende der Ausschaltstufe, von der Genauigkeit der Kontaktzeiten, von der Trenngeschwindigkeit der Kontakte und von der Form der Hystereseschleife ab, d. h. von der Güte des Kerneisens. Was γ anbetrifft, so kann man für die erste Berechnung $\gamma_\varkappa = \gamma$ und $\gamma_{E\varkappa} = \gamma_E$ setzen und befindet sich damit auf der sicheren Seite.

Praktisch kann die Stufenlänge natürlich auch größer gewählt werden, als sie sich aus Gl. (31,13) ergibt, etwa um damit auch noch anderen Betriebsbedingungen gerecht zu werden oder um den Kurzschlußstrom auf einen geringeren Wert zu begrenzen. Jedoch sollte man — von der wirtschaftlichen Seite ganz abgesehen —

bei der 3phasigen Dreidrossel-Brückenschaltung mit Rücksicht auf den Grenzstrom i_{bm}^* im Beharrungszustand und die 60°-Bedingung, die mittels Gl. (31,10) mit i_{bm}^* an Stelle von i_{bm} nachgeprüft werden muß, der Stufenlänge keinen übermäßig hohen Wert geben.

Wenn die Stufenlänge aus Gl. (31,13) berechnet werden soll, so muß zuvor noch $\tau_{\min s}$ gewählt werden. Damit ist dann aber auch τ_{Bs} für den normalen, stetigen Betrieb bereits festgelegt und kann nicht mehr frei gewählt werden. Denn der Überlappungswinkel u ist auf Grund des geforderten Wertes i_{bm} durch Gl. (29,25) auch schon gegeben, und mit dem zugehörigen Ausschaltzeitpunkt stellt sich ein bestimmter Wert der Ausschaltpolarisation $M_{\sigma B}$ zwangsläufig ein, wenn die Stufe die dem Beharrungszustand bei Nennbetrieb entsprechende Lage eingenommen hat. Den zugehörigen Wert τ_{Bs} wollen wir jetzt berechnen.

Wendet man Gl. (29,19) einmal auf den dynamischen Grenzstrom i_{bm} und sodann auf den Nennstrom im Beharrungszustande an, so ergibt sich für ungeänderte Werte von α und u und mit $M_m \approx M_n$, $M_{Em} \approx M_{En}$ und $M_{em} \approx M_{en}$:

Übergangs-Grenzstrom:

$$\cos\alpha - \cos(\alpha + u) = K\,\varepsilon_W\,i_{bm} + \Delta t_s\,\omega\,\frac{2M_m - M_{em} - M_{st}}{\Delta M} + \Delta t_{Es}\,\omega\,\frac{2M_{Em}}{\Delta M_E}\,.$$

Beharrungs-Nennstrom:

$$\cos\alpha - \cos(\alpha + u) = K\,\varepsilon_W + \Delta t_s\,\omega\,\frac{2M_n - M_{en} - M_{\sigma B}}{\Delta M} + \Delta t_{Es}\,\omega\,\frac{2M_{En}}{\Delta M_E}\,.$$

$$K\,\varepsilon_W\,(i_{bm} - 1) - \Delta t_s\,\omega\,\frac{M_{st} - M_{\sigma B}}{\Delta M} = 0$$

und mit Benutzung der Gln. (31,11) und (31,12):

$$\boxed{\;\tau_{Bs}\,\omega - \Delta t_s\,\omega = K\,\varepsilon_W\,(i_{bm} - 1)\,.\;} \tag{31,18}$$

Aus dieser Gleichung kann die gleichbleibende Ausschaltsicherheit τ_{Bs} des stetigen Betriebszustandes berechnet werden, nachdem Δt_s aus Gl. (31,13) gefunden ist, wobei $\tau_{\min s}$ frei gewählt wurde.

In ähnlicher Weise kann Gl. (29,19) auch auf den Kleinststrom $i_{b\varkappa}$ des Übergangszustandes und ferner wiederum auf den Nennstrom im Beharrungszustande angewandt werden:

Beharrungs-Nennstrom:

$$\cos\alpha - \cos(\alpha + u) = K\,\varepsilon_W + \Delta t_s\,\omega\,\frac{2M_n - M_{en} - M_{\sigma B}}{\Delta M} + \Delta t_{Es}\,\omega\,\frac{2M_{En}}{\Delta M_E}\,.$$

Übergangs-Kleinststrom:

$$\cos\alpha - \cos(\alpha + u) = K\,\varepsilon_W\,i_{b\varkappa} + \Delta t_s\,\omega\,\frac{2M_\varkappa - M_{e\varkappa} - M_{\sigma\min}}{\Delta M} + \Delta t_{Es}\,\omega\,\frac{2M_{E\varkappa}}{\Delta M_E}\,.$$

Daraus erhält man mit $M_{en} \approx M_{e\varkappa}$ und mit Benutzung der Gln. (31,11), (31,12) und (31,14) bis (31,17):

$$\boxed{\;(\tau_{Bs} - \tau_{\min s})\,\omega = \Delta t_s\,\omega\,\gamma_\varkappa + \Delta t_{Es}\,\omega\,\gamma_{E\varkappa} + K\,\varepsilon_W\,(1 - i_{b\varkappa})\,.\;} \tag{31,19}$$

Das ist eine zweite Gleichung für die Berechnung von τ_{Bs}, wenn Δt_s aus Gl. (31,13) mit gegebenen Werten von i_{bm}, $i_{b\varkappa}$ und $\tau_{\min s}$ bekannt ist. Die Gleichung kann weiterhin dazu benutzt werden, den Kleinststrom $i_{b\varkappa}I_g$ nachzuprüfen, wenn

Δt_s, $\tau_{\min s}$ und τ_{Bs} frei gewählt wurden. Zur Nachprüfung des Höchststromes $i_{bm} I_g$ verwendet man dann Gl. (31,18).

Schließlich kann mit Bezug auf Abb. 31,4c die Gl. (29,19) noch angewandt werden einerseits auf den Grundlaststrom $i_{b0} I_g$ im Beharrungszustande und andererseits auf den Höchststrom $i_{b\mu} I_g$, der im ersten Augenblick des Übergangszustandes bei einer Stromzunahme vom Grundlastzustand aus zulässig ist:

Übergangs-Höchststrom:

$$\cos\alpha_G - \cos(\alpha_G + u_G) = K\,\varepsilon_W\,i_{b\mu} + \Delta t_s\,\omega\,\frac{2M_\mu - M_{e\mu} - M_{st}}{\Delta M} + \Delta t_{Es}\,\omega\,\frac{2M_{E\mu}}{\Delta M_E}\,.$$

Beharrungs-Grundlaststrom:

$$\cos\alpha_G - \cos(\alpha_G + u_G) = K\,\varepsilon_W\,i_{b0} + \Delta t_s\,\omega\,\frac{2M_0 - M_{e0} - M_{\sigma B}}{\Delta M} + \Delta t_{Es}\,\omega\,\frac{2M_{E0}}{\Delta M_E}\,.$$

Mit $M_{e\mu} \approx M_{e0}$, mit Benutzung der Gln. (31,11) und (31,12) und nach Einführung der Abkürzungen

$$\gamma_\mu = \frac{2(M_\mu - M_0)}{\Delta M} \qquad \text{(bezogene Polarisationsänderung des Ausschaltkerns vom Höchststrom bei Grundlaststellung bis zum Grundlaststrom)} \qquad (31,20)$$

$$\gamma_{E\mu} = \frac{2(M_{E\mu} - M_{E0})}{\Delta M_E} \qquad \text{(bezogene Polarisationsänderung des Einschaltkerns vom Höchststrom bei Grundlaststellung bis zum Grundlaststrom)} \qquad (31,21)$$

erhält man dann

$$K\,\varepsilon_W\,(i_{b\mu} - i_{b0}) = \Delta t_s\,\omega\,(1 - \gamma_\mu) - \tau_{Bs}\,\omega - \Delta t_{Es}\,\omega\,\gamma_{E\mu}\,. \qquad (31,22)$$

Mit Hilfe dieser Gleichung kann der zulässige Höchststrom $I_{g\mu}$ nachgeprüft werden, wenn bei der Berechnung von Δt_s von anderen Bedingungen, z. B. von i_{bm} und $i_{b\varkappa}$, ausgegangen wurde. Sollte sich für $i_{b\mu}$ dann kein ausreichender Wert ergeben, so kann Gl. (31,22) auch dazu benutzt werden, die Mindeststufenlänge zu berechnen, die erforderlich sein würde, um den gewünschten Wert von $i_{b\mu}$ zu erreichen. Dann müssen natürlich alle übrigen kritischen Werte wie i_{bm}, $i_{b\varkappa}$ und eventuell i_{bm}^* und α_0 später mittels der bereits angegebenen Gleichungen noch nachgeprüft werden. Bei Verwendung von Nickeleisen sind die Polarisationswerte bei $i_{b\mu}$ praktisch die gleichen wie im Nennbetrieb. Daher kann normalerweise $\gamma_\mu \approx \gamma$ und $\gamma_{E\mu} \approx \gamma_E$ in die Rechnung eingesetzt werden.

Wenn der Winkel ϑ_0, den die Symmetrieachse mit der Achse $\alpha = 0$ bildet (Abb. 31,4a), berechnet werden soll, so muß zunächst der Überlappungswinkel u_m ermittelt werden. Wendet man Gl. (29,19) auf den Grenzstrom i_{bm}^* im Beharrungszustande an, so ergibt sich

$$\cos\alpha_0 - \cos(\alpha_0 + u_m) = K\,\varepsilon_W\,i_{bm}^* + \Delta t_s\,\omega\,\frac{2M_m^* - M_e - M_{\sigma B}}{\Delta M} + \Delta t_{Es}\,\omega\,\frac{2M_{Em}^*}{\Delta M_E}\,.$$

Hieraus folgt mit $M_m^* \approx M_n$, $M_{Em}^* \approx M_{En}$, mit Benutzung der Gln. (29,22) bis (29,24), (31,11), (31,12) und mit $K = 1$ für die 3phasige Dreidrossel-Brückenschaltung

$$\cos\alpha_0 - \cos(\alpha_0 + u_m) = \varepsilon_W\,i_{bm}^* - \tau_{Bs}\,\omega + \Delta t_s\,\omega\,(1 + \varepsilon + \iota) + \Delta t_{Es}\,\omega\,\beta_E\,. \qquad (31,23)$$

In dieser Gleichung ist α_0 bereits aus der 60°-Bedingung Gl. (31,10) bekannt. Somit kann also u_m als einzige Unbekannte berechnet werden. Damit folgt der

Winkel ϑ_0 der Symmetrieachse dann aus

$$\vartheta_0 = \alpha_0 + \tfrac{1}{2} u_m . \tag{31,24}$$

Wenn es sich nicht um die 3phasige Dreidrossel-Brückenschaltung handelt, sondern um andere Schaltungen, die nicht der 60°-Bedingung unterworfen sind, so darf der kleinste Steuerwinkel auf $\alpha = 0$ vermindert werden. Es ist dann $\cos\alpha_0 = 1$, und die Wendekonstante hat bei der Mehrzahl der Schaltungen Werte, die von 1 verschieden sind. An die Stelle von Gl. (31,23) und (31,24) treten dann die Gleichungen

$$1 - \cos u_m = K\, \varepsilon_W\, i_{bm}^{*} - \tau_{Bs}\,\omega + \Delta t_s\, \omega\, (1 + \varepsilon + \iota) + \Delta t_{Es}\, \omega\, \beta_E . \tag{31,25}$$

und

$$\vartheta_0 = \tfrac{1}{2} u_m . \tag{31,26}$$

In der Praxis wird oft, anstatt für gegebene Grenzwerte des Stromes die erforderliche Stufenlänge auszurechnen, der umgekehrte Weg beschritten, d. h. es wird auf Grund der Erfahrung, gegebenenfalls mit besonderer Rücksicht auf den Umfang einer etwa beabsichtigten magnetischen Spannungsregelung (s. Abschnitt 31.31), die Stufenlänge *angenommen*, z. B. bei 50 Hz mit etwa 0,75 bis 1,0 ms, und es werden dann die damit erreichbaren Grenzwerte i_{bm}, $i_{b\varkappa}$ und $i_{b\mu}$ mittels der vorstehend angegebenen Formeln nachgeprüft und im Falle der 3phasigen Dreidrossel-Brückenschaltung außerdem noch i_{bm}^{*} und α_0. Dieses Verfahren wurde auch im Berechnungsbeispiel Abschn. 54 benutzt.

Läßt man die zu Beginn dieses Abschnittes gemachte Einschränkung fallen, daß ein Getriebe verwendet wird, bei dem sich bei einer Änderung der Überlappung die Ein- und Ausschaltzeitpunkte gegenläufig symmetrisch verschieben, und zieht man somit ein Getriebe mit getrennt und unabhängig voneinander regelbaren Ein- und Ausschaltzeitpunkten in Betracht wie z. B. dasjenige von Abb. 23,13, so gelten die Gln. (31,11) bis (31,22) unverändert, denn in ihnen kommen die Schaltzeitpunkte gar nicht vor. Das ist einer der Vorteile der Rechnung mit auf den Scheitelwert $E_W \sqrt{2}$ der Wendespannung bezogenen Werten Δt_s, Δt_{Es}, τ_{Bs} und $\tau_{\min s}$ und mit dem Ausdruck $\dfrac{K\,\varepsilon_W\,i_b}{\omega}$. Letzten Endes nämlich bedeutet dieses Verfahren eine Rechnung mit Spannungsflächen, denn, multipliziert mit $E_W \sqrt{2}$, stellen alle diese Größen Spannungsflächen dar, d. h. Flußverkettungen. Und diese sind, wie bereits früher z. B. in Abschn. 21 ausgeführt wurde, in ihrer Größe von dem jeweiligen Steuerwinkel unabhängig. Bei getrennter Regelung der Ein- und Ausschaltpunkte entfällt lediglich hinsichtlich der höchstzulässigen Aussteuerung das Bestehen der Symmetrieachse mit dem bei allen Belastungen gleichbleibenden Winkel ϑ_0, und die auf die Berechnung dieses Winkels gerichteten Gleichungen werden gegenstandslos. Der kleinste Steuerwinkel kann dann nicht nur, wie in Abb. 31,4, beim Grenzstrom i_{bm}^{*} den Wert α_0 bzw. 0 erreichen, sondern auch bei allen geringeren Belastungen.

Die genannten, auf den Scheitelwert $E_W \sqrt{2}$ der Wendespannung bezogenen Zeitabschnitte (Rechnungsgrößen) τ_{Bs}, $\tau_{\min s}$ usw. vermitteln ein übersichtliches Bild der Aufteilung der gesamten, dem Wert Δt_s entsprechenden Spannungsfläche der Ausschaltstufe bei plötzlichen Stromänderungen, wenn wir die Gln. (31,13),

(31,18), (31,19) und (31,22) noch geringfügig umformen. Wir erhalten dann die folgende Gruppierung:

1. Summe der zulässigen plötzlichen Stromänderungen (Stufenanteil: Ganze Stufe vermindert um die Mindest-Ausschaltsicherheit).

$$\Delta t_s - \tau_{\min s} = \frac{K\,\varepsilon_W\,(i_{bm} - i_{b\varkappa})}{\omega} + \Delta t_s\,\gamma_\varkappa + \Delta t_{Es}\,\gamma_{E\varkappa}. \qquad (31,13\,\text{a})$$

2. Plötzliche Stromzunahme (Stufenanteil: Ganze Stufe vermindert um die Ausschaltsicherheit im Beharrungszustande).

a) vom Grundlaststrom aus:

$$\Delta t_s - \tau_{Bs} = \frac{K\,\varepsilon_W\,(i_{b\mu} - i_{b0})}{\cdot\omega} + \Delta t_s\,\gamma_\mu + \Delta t_{Es}\,\gamma_{E\mu}, \qquad (31,22\,\text{a})$$

b) vom Nennstrom aus:

$$\Delta t_s - \tau_{Bs} = \frac{K\,\varepsilon_W\,(i_{bm} - 1)}{\omega}. \qquad (31,18\,\text{a})$$

3. Plötzliche Stromabnahme (Stufenanteil: Ausschaltsicherheit im Beharrungszustand vermindert um die Mindest-Ausschaltsicherheit).

a) vom Nennstrom aus:

$$\tau_{Bs} - \tau_{\min s} = \frac{K\,\varepsilon_W\,(1 - i_{b\varkappa})}{\omega} + \Delta t_s\,\gamma_\varkappa + \Delta t_{Es}\,\gamma_{E\varkappa}, \qquad (31,19\,\text{a})$$

b) vom Beharrungs-Grenzstrom aus:

$$\tau_{Bs} - \tau_{\min s} = \frac{K\,\varepsilon_W\,(i_{bm}^{*} - i_{b\varkappa}')}{\omega} + \Delta t_s\,\gamma_\varkappa' + \Delta t_{Es}\,\gamma_{E\varkappa}', \qquad (31,19\,\text{b})$$

wobei $\gamma_\varkappa' < \gamma_\varkappa$ und $\gamma_{E\varkappa}' < \gamma_{E\varkappa}$ ist.

Gl. (31,19 b) geht auf keine der früher bereits abgeleiteten Gleichungen zurück, sondern sie läßt sich ohne weiteres analog zu Gl. (31,19 a) neu bilden.

In den vorstehenden Gleichungen steht *links* vom Gleichheitszeichen immer der Anteil der Stufenfläche, um den sich die Stufe in bezug auf den anfänglich als fest zu betrachtenden Ausschaltzeitpunkt verschiebt. *Rechts* vom Gleichheitszeichen kommt zunächst die Änderung der Flußverkettung der Luftinduktivität L, die der Änderung des Stromes verhältnisgleich ist. Weiter rechts folgen dann die etwaigen Änderungen der von der magnetischen Polarisation M herrührenden Flußverkettungen. Diese Anteile sind immer verhältnismäßig klein, da sie ja nur die geringen Änderungen von M auf dem gesättigten Ast der Magnetisierungskurve betreffen.

31.3 Die Stufenlänge bei magnetischer Spannungsregelung.

Wenn keine besonderen Umstände vorliegen, so wird bei der magnetischen Spannungsregelung der Einschaltzeitpunkt auf den Punkt $\alpha = 0$ eingestellt und bleibt unveränderlich. Diese Betriebsart hat den Vorteil, daß bei ihr Einschaltdrosseln bzw. besondere Einschaltkerne nicht erforderlich sind.

Hinsichtlich der Lage des Ausschaltzeitpunktes gibt es dabei mehrere Ausführungsmöglichkeiten. Die älteste und einfachste ist die, daß der Ausschaltzeitpunkt ebenfalls fest eingestellt wird. Sie ergibt ein äußerst einfaches Getriebe, erfordert aber eine verhältnismäßig große Stufenlänge und hat, wie später noch gezeigt werden wird, keine günstige Grenzstromkennlinie. Trotzdem ist diese Ausführungsart sehr erfolgreich bei Kleinumformern verwendet worden. Großumformer dagegen betreibt man, um an Stufenlänge zu sparen, entweder als starre Umformer mit mechanischer

Überlappungsanpassung durch ein Zusatzgetriebe, z. B. mit Kurvenscheiben, oder
als Umformer mit elektrischer Überlappungsregelung. Bei der mechanischen Überlappungsanpassung wird der Ausschaltzeitpunkt lediglich entsprechend dem jeweiligen Spannungsregelzustande verstellt; bei Änderungen des Belastungsstromes
gleitet die Stufe, wie in Abschn. 10 erläutert wurde, relativ zum feststehenden
Ausschaltzeitpunkt hin und her, wofür ein gewisser Anteil der Stufe in Anspruch
genommen wird. Bei der elektrischen Überlappungsregelung dagegen wird der Ausschaltzeitpunkt bei allen vorkommenden Betriebszuständen selbsttätig auf einem
bestimmten Punkt der Stromstufe gehalten, was den kleinsten Aufwand an Stufenlänge erfordert. Für diese elektrische Überlappungsregelung mit unveränderlichem
Einschaltzeitpunkt eignet sich z. B. sehr gut die Getriebeausführung nach Abb. 23,13.

Grundsätzlich kann bei allen 3 Ausführungsarten die magnetische Teilaussteuerungsregelung auch mit einer mechanischen Teilaussteuerungsregelung kombiniert
werden. Bei der ersten Ausführungsart verschiebt
sich der Ausschaltzeitpunkt dann um den gleichen
Winkel wie der Einschaltzeitpunkt, d. h. der mechanische Überlappungswinkel bleibt konstant.
Wie in Abschn. 31.4 noch gezeigt werden wird, läßt
sich bei ihr durch simultane Betätigung beider
Regelungen, der magnetischen und der mechanischen, eine entscheidende Verbesserung des Verlaufes der Grenzstromkennlinie erreichen. Bei den
anderen beiden Ausführungsarten führt man die
normale, betriebsmäßige Regelung, die gewöhnlich
nur einen kleinen Bereich von etwa 20 bis 25% umfaßt, auf magnetischem Wege durch und benutzt die
mechanische Regelung nur zur Erweiterung des
Teilaussteuerungs-Regelbereiches nach unten, was

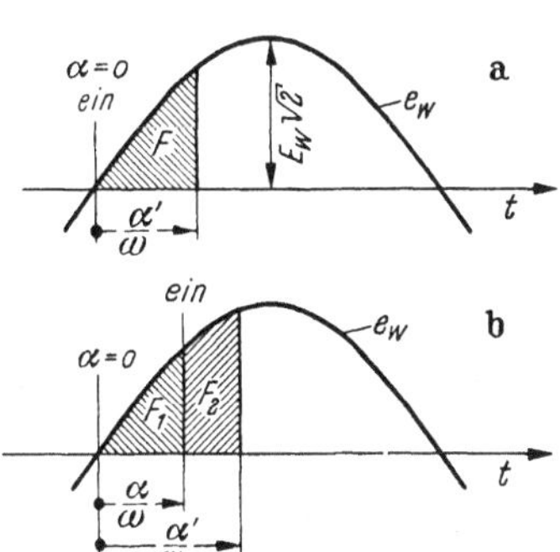

Abb. 31,5. Die Spannungsverhältnisse bei
magnetischer Teilaussteuerungsregelung.
a allein magnetische Regelung; — b mechanische und magnetische Regelung.

beispielsweise bei Elektrolysen für das Hochfahren sehr zweckmäßig ist. Läßt man
dabei die mechanische Verschiebung des Einschaltzeitpunktes erst dann einsetzen,
wenn der ganze Regelbereich der magnetischen Herabregelung bereits durchlaufen
ist, so ergeben sich wegen der vom Hauptkern dann gebildeten langen Einschaltstufe bei geeigneter Vormagnetisierung auch hier ohne besonderen Einschaltkern
günstige Einschaltverhältnisse.

31.31 Die für die Regelung erforderliche Mindeststufenlänge.

Wir wollen nunmehr zunächst untersuchen, wie groß die Stufenlänge mindestens
gewählt werden muß, wenn ein bestimmtes Maß an Herabregelung allein durch
magnetische Teilaussteuerung verlangt wird. Um die EMK E_{g0} für volle mechanische
Aussteuerung auf einen gewünschten Betrag E_g' (bezogen auf den Zeitpunkt des
Beginns der Stromwendung) herabzusetzen, ist der elektrische Steuerwinkel α' erforderlich gemäß der Beziehung Gl. (20,1):

$$E_g' = E_{g0} \cos \alpha'.$$

Bezogen auf E_{g0} stellt somit der Ausdruck $1 - \cos \alpha'$ den induktiven Gleichspannungsabfall der Einschaltstufe dar, durch den die Herabsetzung der Gleichspannung
bewirkt wird.

Die Spannungsverhältnisse beim Einschalten sind in Abb. 31,5a dargestellt.
Während der Einschaltstufe liegt an der Schaltdrossel die sinusförmig verlaufende

Wendespannung e_W mit dem Scheitelwert $E_W\sqrt{2}$. Die auf den Steuerwinkel α' entfallende Spannungsfläche F muß von der Schaltdrossel aufgenommen werden. Diese *Regelfläche* hat die Größe

$$F = \int_0^{\frac{\alpha'}{\omega}} E_W\sqrt{2}\,\sin(\omega t)\,dt = \frac{E_W\sqrt{2}}{\omega}\,(1 - \cos\alpha') \ . \tag{31,27}$$

Sie kann höchstens gleich der Spannungsfläche der Schaltdrossel werden, d. h. es muß sein

$$F \leqq E_W\sqrt{2}\ \varDelta t_s \ .$$

Aus diesen beiden Gleichungen folgt die Mindeststufenlänge der Schaltdrossel:

$$\boxed{\varDelta t_s \geqq \frac{1 - \cos\alpha'}{\omega}} \quad \text{mit} \quad \cos\alpha' = \frac{E_g'}{E_{g0}} \ . \tag{31,28}$$

Mit Hilfe dieser einfachen Beziehung lassen sich die Verhältnisse sehr schnell übersehen.

Wird dagegen die gesamte Herabregelung durch Verbindung der magnetischen Regelung mit der mechanischen Regelung bewirkt, wobei der Einschaltzeitpunkt um den mechanischen Steuerwinkel α verzögert ist (Abb. 31,5 b), so entfällt auf die mechanische Regelung die Spannungsfläche

$$F_1 = \frac{E_W\sqrt{2}}{\omega}\,(1 - \cos\alpha) \tag{31,29}$$

entsprechend der dem mechanischen Steuerwinkel α zugeordneten gesteuerten EMK $E_g = E_{g0}\cos\alpha$, und auf die Schaltdrossel die Spannungsfläche

$$F_2 = \frac{E_W\sqrt{2}}{\omega}\,(\cos\alpha - \cos\alpha') \tag{31,30}$$

entsprechend der Differenz $E_g - E_g'$ der dem mechanischen Steuerwinkel α und dem elektrischen Steuerwinkel α' zugeordneten gesteuerten elektromotorischen Kräfte. Der auf E_{g0} bezogene induktive Gleichspannungsabfall der Einschaltstufe ist jetzt also $\cos\alpha - \cos\alpha'$, und für die Mindeststufenlänge ergibt sich:

$$\boxed{\varDelta t_s \geqq \frac{\cos\alpha - \cos\alpha'}{\omega}} \quad \text{mit} \quad \cos\alpha = \frac{E_g}{E_{g0}} \quad \text{und} \quad \cos\alpha' = \frac{E_g'}{E_{g0}} \ . \tag{31,31}$$

Ist die Stufenlänge bereits mit Rücksicht auf andere Erfordernisse festgelegt, so kann beispielsweise aus dieser Gleichung die Größe der für die untere Regelgrenze zusätzlich notwendigen mechanischen Teilaussteuerung berechnet werden.

Die EMK E_g', von der wir bei unseren Betrachtungen ausgegangen waren, ist nun lediglich eine Rechengröße, die nach außen nicht in Erscheinung tritt. Wir müssen sie daher durch Berücksichtigung der sonstigen Spannungsabfälle noch in Beziehung zu der abgegebenen Gleichspannung bringen. Hierfür gelten die bereits in Abschn. 30.3 abgeleiteten Zusammenhänge in sinngemäßer Übertragung. In den Gln. (30,16) und (30,20) der bei Nennstrom abgegebenen Gleichspannung zum Beispiel bleiben die Größen $\cos\alpha$, g_0 und r ungeändert. Der induktive Spannungsabfall g_{Fe} [s. Gl. (30,12)] reduziert sich, wenn keine besonderen Einschaltkerne verwendet werden, auf den Betrag

$$\left.\begin{aligned}
g_{Fe} &= \varDelta t_s\, \omega\, \varepsilon + \varDelta t_s\, \omega\, \delta \\
&= \varDelta t_s\, \omega\, \frac{M_n - M_e}{\varDelta M} + \varDelta t_s\, \omega\, \frac{M_e - M_{eR}}{\varDelta M}\,,
\end{aligned}\right\} \tag{31,32}$$

wobei der Anteil δ auf die Regelfläche und der Anteil ε auf den Stromwendeabschnitt (elektrischer Überlappungswinkel $\ddot{u}$) entfällt. Für den Punkt des Beginns der Stromwendung gilt also

$$\left.\begin{aligned}
E'_g &= E_{g0}\left(\cos\alpha - \varDelta t_s\, \omega\, \frac{M_e - M_{eR}}{\varDelta M}\right) \\
&= E_{g0}\left(\cos\alpha - \varDelta t_s\, \omega\, \delta\right).
\end{aligned}\right\} \tag{31,33}$$

Mit $\cos\alpha' = \dfrac{E'_g}{E_{g0}}$ folgt hieraus

$$\boxed{\cos\alpha - \cos\alpha' = \varDelta t_s\, \omega\, \delta}\,, \tag{31,34}$$

eine Beziehung, die der Gl. (31,31) entspricht und die besagt, daß von der ganzen Stufe $\varDelta t_s$ nur der Anteil

$$\delta = \frac{M_e - M_{eR}}{\varDelta M} = \frac{\cos\alpha - \cos\alpha'}{\varDelta t_s\, \omega} \tag{31,35}$$

für die Regelung ausgenutzt wird. Diese Gleichung gibt uns, wenn die Stufenlänge bereits festliegt, auch den Zusammenhang zwischen δ bzw. den zahlenmäßigen Beträgen der magnetischen Polarisationen einerseits und den Steuerwinkeln α und α' andererseits. Der Zusammenhang zwischen E'_g und der Gleichspannung $U_{g\,\min}$ an der unteren Regelgrenze schließlich folgt aus Gl. (30,16) mit Berücksichtigung von Gl. (31,33) zu

$$E'_g = U_{g\,\min} + E_{g0}\left(g_0 + \varDelta t_s\, \omega\, \varepsilon + r\right), \tag{31,36}$$

und auch der elektrische Steuerwinkel kann durch $U_{g\,\min}$ und die Spannungsabfälle des Laststromes ausgedrückt werden:

$$\cos\alpha' = \frac{E'_g}{E_{g0}} = \frac{U_{g\,\min}}{E_{g0}} + \left(g_0 + \varDelta t_s\, \omega\, \varepsilon + r\right). \tag{31,37}$$

Der in diesen Gleichungen enthaltene Wert E_{g0} kann zuvor aus Gl. (30,16) für den Fall der oberen Regelgrenze (höchste Aussteuerung) ermittelt werden, wobei die Spannungsabfälle zunächst nach Schätzung auf Grund der Erfahrung eingesetzt werden.

Die Gln. (31,36) und (31,37) gelten für die abgegebene Gleichspannung bei Nennstrom. Entsprechende Gleichungen können mit Benutzung der in Abschn. 30 angegebenen Beziehungen auch für beliebige andere Belastungsströme und den Grundlaststrom abgeleitet werden.

Für die Festlegung der Stufenlänge ist nun bei einem Kontaktumformer mit magnetischer Spannungsregelung und mechanischer Überlappungsanpassung oder elektrischer Überlappungsregelung *eine* von 2 verschiedenen Bedingungen maßgebend, nämlich entweder die Größe der erforderlichen Regelfläche oder das zu erwartende Belastungsspiel. Bei großem Regelbereich der magnetischen Teilaussteuerung kann es vorkommen, daß die durch die Regelfläche bedingte Stufenlänge die sich aus dem Belastungsspiel ergebende überwiegt. In diesem Falle erfolgt die Bemessung entsprechend Gl. (31.28) bzw. (31,31). Bei nur kleinem Regelbereich dagegen bestimmt meistens das Belastungsspiel die erforderliche Länge der Stufe, und die Bemessung muß dann nach den in den Abschn. 31.1 bzw. 31.2 für die mechanische Überlappungsanpassung oder die elektrische Überlappungsregelung angegebenen Richtlinien vorgenommen werden. Bei der dritten Ausführungsart des Umformers mit festen Schaltzeitpunkten aber summieren sich bei der Stufenlänge die sich aus den beiden Bedingungen ergebenden Anteile. Dieser Fall soll daher im folgenden noch eingehender behandelt werden.

31.32 Die Stufenlänge bei festen Schaltzeitpunkten.

In Abb. 31,6 ist für den Fall fester Schaltzeitpunkte die Stromwendung bei verschiedenen Betriebszuständen gezeigt. Die Bilder gelten ebenso wie die später abgeleiteten Formeln anstatt nur für $\alpha = 0$ für den allgemeinen Fall eines mechanischen Steuerwinkels α beliebiger Größe. Dieses ist aber so zu verstehen, daß, nachdem der Winkel α einmal gewählt worden ist, sowohl der Einschaltzeitpunkt als auch die Überlappung unverändert bleiben.

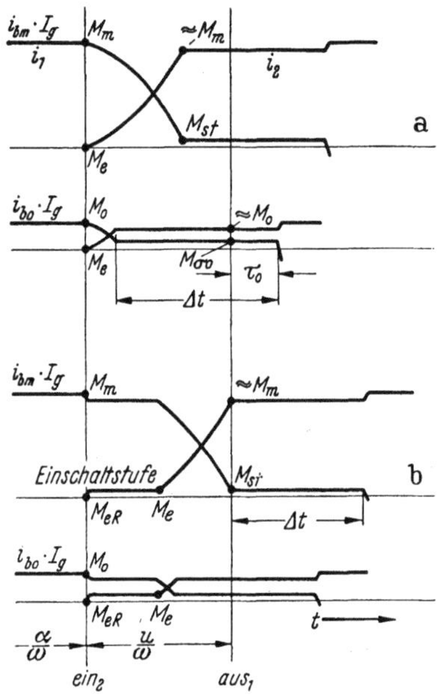

Abb. 31,6. Magnetische Spannungsregelung. (Einschaltstufe eines etwaigen getrennten Einschaltkernes nicht dargestellt.) a Rückmagnetisierung für höchste Gleichspannung. Δt wird bestimmt durch u und die Leerlaufsicherheit τ_0; — b Rückmagnetisierung für niedrigste Gleichspannung. Überlappung u wird bestimmt durch Einschaltstufe und elektrische Überlappung für den Grenzstrom I_{gm}.

Abb. 31,6a gibt den Grenzlastzustand und den Grundlastzustand für den Fall wieder, daß die Rückmagnetisierung der Schaltdrossel sich auf der Einstellung für die höchste erreichbare Gleichspannung befindet. In Abb. 31,6b sind die gleichen Belastungszustände dargestellt für den Fall der Einstellung der Rückmagnetisierung auf einen solchen Betrag, daß die niedrigste verlangte Gleichspannung erhalten wird. Einerseits ist nun aus der letztgenannten Abbildung erkennbar, daß die notwendige Größe des mechanischen Überlappungswinkels u durch den Zustand des *höchsten* Stromes bei gleichzeitig der *niedrigsten* Gleichspannung bestimmt wird. Der mechanische Überlappungswinkel muß sich dann über die für die Regelung erforderliche Einschaltstufe der Schaltdrossel (Änderung $M_e - M_{eR}$ der Polarisation) und den elektrischen Überlappungswinkel des Grenzstromes $i_{bm} I_g$ er-

strecken. Der Grundlastzustand bei niedrigster Spannung dagegen ist für die Berechnung von u und Δt_s ohne Bedeutung. Auf der anderen Seite geht aus Abb. 31,6a hervor, daß bei der *höchsten* Spannung der *Grundlast*zustand entscheidend ist, während der Grenzstromzustand für die Berechnung nicht interessiert. Im Grundlastzustand muß die Stufenlänge Δt fast den ganzen Abschnitt der mechanischen Überlappung u überdecken mit Ausnahme eines kleinen Stückes zu Beginn, das auf die Stromwendung des geringen Grundlaststromes entfällt, und sie muß außerdem noch die Leerlaufsicherheit τ_0 umfassen. Auf Grund der in den Bildern a und b veranschaulichten beiden Bedingungen können 2 *Stromwendegleichungen* aufgestellt werden, die zusammengefaßt eine Gleichung zur Bestimmung von Δt_s liefern, aus der α und u eliminiert sind. In ihr ist jedoch außer der Stufenlänge Δt_s auch noch die der Einschaltstufe entsprechende Polarisationsänderung $M_e - M_{eR}$ unbekannt. Um auch diese zu eliminieren, werden noch 2 weitere Gleichungen benötigt, und zwar die *Spannungsgleichungen* für die obere und für die untere Grenze des Spannungsregelbereiches.

Wendet man also nun Gl. (29,19) auf den Grundlastzustand bei höchster Gleichspannung und auf den Grenzstromzustand bei der niedrigsten Gleichspannung an, so erhält man:

Grundlast bei höchster Spannung:

$$\cos\alpha - \cos(\alpha + u) = K\,\varepsilon_W\,i_{b0} + \Delta t_s\,\omega\,\frac{2M_0 - M_e - M_{\sigma0}}{\Delta M}\,. \tag{31,38}$$

Grenzstrom bei niedrigster Spannung:

$$\cos\alpha - \cos(\alpha + u) = K\,\varepsilon_W\,i_{bm} + \Delta t_s\,\omega\,\frac{2M_m - M_{eR} - M_{st}}{\Delta M}\,. \tag{31,39}$$

Mit $M_m \approx M_n$ und mit Benutzung der Gln. (30,11) und (31,3) bis (31,5) geht hieraus die Gleichung der Stufenlänge hervor:

$$\Delta t_s = \frac{K\,\varepsilon_W\,(i_{bm} - i_{b0}) + \tau_{0s}\,\omega}{\omega\,(1 - \gamma - \delta)}\,. \tag{31,40}$$

Die Gleichung hat die gleiche Form wie Gl. (31,8) der Stufenlänge im Falle mechanischer Spannungsregelung, jedoch mit dem Unterschied, daß im Zähler der Ausdruck für den getrennten Einschaltkern fortgefallen ist und daß im Nenner δ_L jetzt durch δ ersetzt ist. Wie bereits erwähnt wurde, ist aber der Betrag $\delta = \dfrac{M_e - M_{eR}}{\Delta M}$ bisher noch unbekannt.

Zieht man nun die Gleichungen der abgegebenen Gleichspannung in Betracht, so muß zunächst einmal eine Festsetzung über den Bereich der Spannungsregelung im Zusammenhang mit dem Grenzstrom getroffen werden. Normalerweise wird von einem Umformer verlangt, daß er imstande ist, die *höchste* gewünschte Gleichspannung bei Belastung mit dem *Nennstrom* abzugeben. Bei Entlastung auf den Grundlaststrom ist die Gleichspannung dann noch etwas höher nach Maßgabe der äußeren Spannungskennlinie (s. Abschn. 30.4), sofern die Rückmagnetisierung unverändert in der Einstellung für höchste Spannung bei Nennstrom belassen wird, d. h. sofern der Wert M_e ungeändert bleibt. Dieser Wert M_e ist der gleiche, der bereits oben in Gl. (31,38) benutzt wurde. Und selbstverständlich muß der Umformer bei dieser Einstellung auch bis zum Grenzstrom überlastet werden können, wobei allerdings die Gleichspannung dann unter den Nennwert abfällt.

An der unteren Grenze des Spannungsregelbereiches hängt die Art der Anwendung der Gleichung für die abgegebene Gleichspannung davon ab, bei welcher Einstellung der Rückmagnetisierung der in Gl. (31,39) stehende Grenzstrom verlangt wird. Grundsätzlich kann man die Einstellung der unteren Regelgrenze entweder so vorschreiben, daß die verlangte niedrigste Gleichspannung bei Belastung mit Nennstrom erreicht wird, oder auch so, daß diese Spannung bei Entlastung auf den Grundlaststrom eintritt; beim Nennstrom ist sie im zweiten Falle dann noch niedriger. Um einen gegebenen unteren Grenzwert der Gleichspannung bei *Grundlast* zu erhalten, ist eine längere Einschaltstufe $M_e - M_{eR}$ erforderlich, als wenn die gleiche Spannung bei Nennstrom erhalten werden soll, weil der bei Grundlast nicht vorhandene Spannungsabfall des Laststromes durch eine Herabsteuerung der Spannung mittels einer längeren Einschaltstufe ausgeglichen werden muß. Nun hängt aber, wie aus Abb. 31,6 hervorgeht, bei einer gegebenen Überlappung u der höchste erreichbare Gleichstrom in hohem Maße von der Länge dieser Einschaltstufe ab und ist um so kleiner, je länger die Stufe ist, d. h. je mehr der Einsatz der Stromwendung verzögert wird. Es ist infolgedessen eine besondere Eigenschaft des Kontaktumformers mit magnetischer Spannungsregelung bei *festen* Schaltzeitpunkten, *daß die Belastbarkeit von der jeweiligen Einstellung der Gleichspannung abhängt*, wobei die höchste Belastbarkeit bei der Einstellung der Rückmagnetisierung auf die höchste Gleichspannung vorhanden ist und die kleinste Belastbarkeit bei der Einstellung der Rückmagnetisierung auf die niedrigste Gleichspannung (siehe Grenzstromkennlinie Abb. 31,7 c). Somit ist für eine gegebene Überlappung u der höchstzulässige Gleichstrom bei Einstellung der Rückmagnetisierung auf kleinste Spannung bei *Grundlast* geringer als bei Einstellung auf kleinste Spannung bei *Nennstrom*. Oder, wenn ein Grenzstrom bestimmter Größe gewünscht wird bei der Einstellung der Rückmagnetisierung auf kleinste Spannung bei Grundlast, so ist der notwendige Überlappungswinkel u und infolgedessen die erforderliche Stufenlänge Δt_s größer, als wenn der gleiche Grenzstrom bei einer Einstellung der Rückmagnetisierung auf kleinste Spannung bei Nennstrom verlangt wird. In praktischen Fällen, wo die jeweiligen Betriebsbedingungen bekannt sind, wird man nicht darüber im Zweifel sein, welcher der beiden Fälle der Berechnung zugrunde zu legen ist. Für die nachfolgende rechnerische Behandlung werde als Beispiel der Fall mit den schärferen Anforderungen gewählt, nämlich der Fall der niedrigsten Gleichspannung bei Grundlast.

Der Bereich der Spannungsregelung wird im folgenden gekennzeichnet durch das Formelzeichen ξ, das das Verhältnis der niedrigsten verlangten Gleichspannung zur höchsten verlangten Gleichspannung darstellt oder, anders ausgedrückt, die auf die höchste Gleichspannung bezogene kleinste Gleichspannung:

$$\xi = \frac{U_{g\,\mathrm{min}}}{U_{g\,\mathrm{max}}}. \tag{31,41}$$

Als Spannungsgleichung für den Zustand „höchste Spannung bei Nennstrom" erhält man aus Gl. (30,20) und (30,7) die Gl. (31,42). Wendet man sodann Gl. (30,21) auf den Grundlastzustand an mit Benutzung der Gln. (30,10), (30,8) und (30,11), so ergibt sich die Spannungsgleichung für den Zustand „kleinste Spannung bei Grundlast" als Gl. (31,43).

Höchste Spannung bei Nennstrom:

$$u_b = \cos\alpha - \left(\frac{K}{2}\varepsilon_W + r + \Delta t_s\,\omega\,\varepsilon\right). \tag{31,42}$$

Kleinste Spannung bei Grundlast:

$$\xi\,u_b = \cos\alpha - \left[\left(\frac{K}{2}\varepsilon_W + r\right)i_{b0} + \Delta t_s\,\omega\,(\varepsilon_0 + \delta)\right]. \tag{31,43}$$

Mit
$$\varepsilon - \varepsilon_0 = \frac{M_n - M_e}{\Delta M} - \frac{M_0 - M_e}{\Delta M} = \frac{M_n - M_0}{\Delta M} = \frac{\gamma}{2} \tag{31,44}$$

folgt dann aus Gl. (31,42) und (31,43) die Gleichung für die Größe δ:

$$\delta = \frac{(1 - \xi)\cos\alpha - (i_{b0} - \xi)\left(\dfrac{K}{2}\varepsilon_W + r\right)}{\Delta t_s\,\omega} + \frac{\gamma}{2} - (1 - \xi)\,\varepsilon. \tag{31,45}$$

Aus dieser Gleichung kann beispielsweise, wenn Δt_s schon bekannt ist, der Anteil $M_e - M_{eR}$ der Ausschaltstufe berechnet werden, der für die Spannungsregelung bis herunter zur kleinsten Spannung bei Grundlast nötig ist. Ersetzt man nun δ

in Gl. (31,40) durch Gl. (31,45), so erhält man schließlich die *Berechnungsgleichung für die Stufenlänge*, in der alle Bestimmungsgrößen entweder gegeben sind oder, wie z. B. der Spannungsabfall, auf Grund der Erfahrung geschätzt werden können:

$$\Delta t_s = \frac{(1-\xi)\cos\alpha - (i_{b0}-\xi)\left(\dfrac{K}{2}\,\varepsilon_W + r\right) + K\,\varepsilon_W\,(i_{bm} - i_{b0}) + \tau_{0s}\,\omega}{\omega\left[1 - \dfrac{2}{3}\gamma + (1-\xi)\,\varepsilon\right]}. \qquad (31,46)$$

Ein Kontaktumformer mit einer hiernach bemessenen Stufenlänge kann den verlangten Mindestgrenzstrom $i_{bm}\,I_g$ bereits mit einer Einstellung der Rückmagnetisierung für die kleinste Spannung bei Grundlast abgeben und weist einen stetig anwachsenden Grenzstrom auf, wenn die Einstellung der Rückmagnetisierung in Richtung auf die obere Grenze des Spannungsregelbereiches geändert wird.

Wird mit dieser Stufenlänge nun δ aus Gl. (31,40) oder (31,45) berechnet, so kann auch der erforderliche Überlappungswinkel u mit Benutzung der Gl. (31,39) gefunden werden. Setzt man nämlich wieder $M_m \approx M_n$, so kann diese Gleichung mit Berücksichtigung der Gln. (29,22), (29,23) und (30,11) geschrieben werden

$$\cos\alpha - \cos(\alpha + u) = K\,\varepsilon_W\,i_{bm} + \Delta t_s\,\omega\,(\varepsilon + \iota + \delta). \qquad (31,47)$$

Nachdem nun u bekannt ist, kann auch noch mit Hilfe von Gl. (29,25) der Grenzstrom bei der Einstellung auf die höchste Spannung nachgerechnet werden. Dieser Grenzstrom ist größer als derjenige in Gl. (31,47) für die untere Spannungsgrenze und hat den höchsten innerhalb des ganzen Regelbereiches überhaupt möglichen Betrag.

31.4 Die Grenzstromkennlinie.

Wir haben im letzten Abschnitt gesehen, daß bei einem Umformer mit magnetischer Spannungsregelung und festen Schaltzeitpunkten der Grenzstrom sich mit dem Grade der Teilaussteuerung ändert. Wie aus Abb. 31,6 hervorging, ist er am kleinsten bei der untersten Regelstellung und am größten bei der höchsten. Die Abhängigkeit des Grenzstromes von der Aussteuerung geht am anschaulichsten aus der *Grenzstromkennlinie* hervor. Diese erhält man, wenn man in einem Feld von äußeren Spannungskennlinien für verschiedene Aussteuerungsgrade auf jeder Kurve den Punkt des zulässigen Grenzstromes vermerkt, als Verbindungslinie aller dieser Grenzstrompunkte. In Abb. 31,7 sind solche Kennlinienfelder mit den entsprechenden Grenzstromkennlinien für folgende 3 Fälle schematisch dargestellt:

a) mechanische Teilaussteuerungsregelung mit mechanischer Überlappungsanpassung,

b) mechanische Teilaussteuerungsregelung mit gleichbleibender Überlappung,

c) magnetische Teilaussteuerungsregelung mit festen Schaltzeitpunkten.

Jedes Kennlinienfeld besteht im Beispiel aus 3 äußeren Kennlinien, und zwar für die folgenden gleichbleibenden Regelstellungen:

1. höchste Gleichspannung bei Nenngleichstrom,
2. höchste Gleichspannung bei Grundlast,
3. kleinste Gleichspannung bei Grundlast.

Im Fall a) der mechanischen Teilaussteuerungsregelung wird, wie in Abschn. 21.1 ausgeführt wurde, der Überlappungswinkel u normalerweise entsprechend dem Gesetz der gleichbleibenden Spannungsfläche geändert [Gl. (21,2)]. Dann bleibt die bezogene Leerlaufsicherheit $\sigma_0 = \tau_{0s}/\Delta t_s$ bei allen Regelstellungen die gleiche, und ebenso hat der Grenzstrom i_{bm} innerhalb des ganzen Spannungsregelbereiches die gleiche Größe. Die Grenzstromkennlinie ist dann eine senkrechte Gerade, wie sie in Abb. 31,7a gezeigt ist. Ein solcher Verlauf ist der normalerweise gewünschte.

Man kann aber einen starren Kontaktumformer mit mechanischer Überlappungsanpassung auch so berechnen und durch entsprechende Formgebung der Hauptkurvenscheibe verwirklichen, daß nicht die *bezogene* Leerlaufsicherheit σ_0 bei der Teilaussteuerungsregelung konstant bleibt, sondern die *absolute* Leerlaufsicherheit τ_0, d. h. die nach der Kontakttrennung noch ablaufende Reststufe im Zeit- bzw. Winkelmaß[1]. Vom Gesichtspunkt der Spannungssicherheit aus betrachtet ist eine solche Auslegung sogar vorzuziehen, denn bei gleichbleibender *bezogener* Leerlaufsicherheit nimmt mit wachsendem Steuerwinkel — also gerade dann, wenn die Größe des Ansprunges

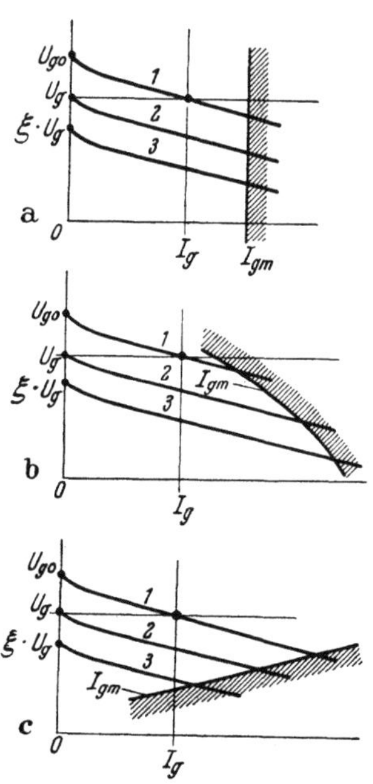

der Sperrspannung ebenfalls anwächst — der absolute Betrag der Reststufe ab, bzw., wenn er in der erforderlichen Weise für die tiefste Aussteuerung ausreichend bemessen ist, dann ist er bei hoher Aussteuerung unnötig groß. Bei gleichbleibender *absoluter* Länge der Reststufe jedoch geht der *Grenzstrom* mit zunehmendem Steuerwinkel, also mit abnehmender Gleichspannung, beträchtlich zurück. Trotzdem aber kann eine derartige Auslegung praktisch ebenfalls in Frage kommen, nämlich dann, wenn der vom Umformer gespeiste Verbraucher bei herabgeregelter Gleichspannung keinen so hohen Grenzstrom wie bei voller Spannung erfordert. Mitunter wird auch ein Mittelweg gewählt und die Kurvenscheibe so geformt oder eingestellt, daß die tatsächlich erhaltene Grenzstromkennlinie zwischen den beiden Kennlinien für gleichbleibende bezogene und gleichbleibende absolute Leerlaufsicherheit liegt.

Paßt man bei der mechanischen Teilaussteuerung nicht den Überlappungswinkel durch die mechanische Überlappungsänderung der jeweiligen Aussteuerung

Abb. 31,7. Grenzstromkennlinien.

an, sondern verdreht beispielsweise lediglich das Motorgehäuse, so bleibt der Überlappungswinkel u bei allen Steuerwinkeln der gleiche. Die Wendespannungsfläche nimmt dann mit wachsendem Steuerwinkel wegen der steigenden Höhe der Augenblickswerte der Wendespannung zu. Das hat zur Folge, daß der Grenzstrom bei herabgeregelter Gleichspannung viel größer ist als bei voller Gleichspannung, wie die Grenzstromkennlinie Abb. 31,7b zeigt.

Die Neigung der Kennlinie b ist im wesentlichen entgegengesetzt derjenigen der Kennlinie c der eingangs besprochenen magnetischen Spannungsregelung mit festen Schaltzeitpunkten. Während bei dieser bei *hoher* Aussteuerung eine unnötig hohe Überlastbarkeit vorhanden ist, nimmt bei der mechanischen Spannungsregelung mit gleichbleibendem Überlappungswinkel die Überlastbarkeit bei *tiefer* Aussteuerung übertrieben hohe Werte an. Beide Kurven sind für die praktische Verwendung nicht besonders günstig, und obendrein muß die bei diesen Regelverfahren erzielte Vereinfachung des Getriebes durch einen vergrößerten Aufwand an Stufenlänge bezahlt werden. Die entgegengesetzte Neigung der Kennlinien b und c kann

---

[1] Siehe z. B. KOPPELMANN: [*1.3*] 3. Teil (1942) S. 370, Abschn. 5.

aber dazu ausgenutzt werden, durch simultane Anwendung beider Regelverfahren eine Grenzstromkennlinie ähnlich derjenigen des Falles a) zu erhalten. Dabei muß dann, wenn das Motorgehäuse zum Zwecke der mechanischen Teilaussteuerungsregelung verdreht wird, gleichzeitig ein Widerstand oder ein Drehtransformator im Stromkreise der Rückmagnetisierung zwangsläufig mitverstellt werden, der die Größe der magnetischen Teilaussteuerung bestimmt. Auf diese Weise kann grundsätzlich eine Grenzstromkennlinie beliebiger gewünschter Form hergestellt werden, wobei der Vorteil des einfachen Getriebes erhalten bleibt und gegenüber der **Ver**wendung von nur *einem* der Regelverfahren b) oder c) allein eine Ersparnis **an** Stufenlänge eintritt. Von dieser gemischten Spannungsregelung mit gleichbleibendem mechanischen Überlappungswinkel wurde z. B. bereits 1950 in den Ver. St. v. Amerika Gebrauch gemacht, und auch die AEG verwendet sie bei der 6phasigen Brückenschaltung zwecks besserer Ausnutzung des durch die 120°-Bedingung gegebenen Spielraumes (siehe S. 355).

Wie an dem obigen Beispiel gezeigt wurde, ist der Verlauf der Grenzstromkennlinie nicht nur ein wichtiger Gesichtspunkt für die zweckmäßige Anwendung der verschiedenen Möglichkeiten der Spannungsregelung, sondern er muß auch sorgfältig bei der Aufstellung der Berechnungsgleichung für die Stufenlänge berücksichtigt werden.

Eine der vorbeschriebenen ähnliche Mischregelung ergibt sich übrigens ohne eine besondere Koppelung von Steuereinrichtungen von selbst, wenn man die magnetische Teilaussteuerung mit einer selbsttätigen elektrischen Regelung des *Ausschaltzeitpunktes* kombiniert, indem z. B. mit Hilfe der Schaltung Abb. 23,36 die Lage des Ausschaltzeitpunktes ohne eine Veränderung der mechanischen Überlappung entweder durch einfaches Verdrehen des Antriebs-Synchronmotors oder mittels 2achsiger Erregung desselben bei feststehendem Gehäuse selbsttätig so verändert wird, daß der Ausschaltzeitpunkt im Beharrungszustande die Spannungsfläche der Ausschaltstufe immer im gleichen Verhältnis aufteilt (vgl. S. 57 u. 260). Die an den mit gleichbleibendem Phasenabstande ebenfalls veränderten Einschaltzeitpunkt sich anschließende Einschaltstufe muß dann zusammen mit dem elektrischen Überlappungswinkel $\ddot{u}$ des Belastungsstromes und dem *vor* dem Ausschaltzeitpunkte ablaufenden Ausschaltstufenanteil $(1-\sigma_B) \cdot \varDelta t_s \omega$ der abgelösten Phase stets den gleichbleibenden mechanischen Überlappungswinkel u ergeben. Daraus folgt für konstanten Belastungsstrom als Parameter auf Grund des dann für den elektrischen Überlappungswinkel und den Ausschaltstufenanteil gültigen Gesetzes der gleichbleibenden Spannungsfläche, daß sich bei einer Vergrößerung der Einschaltstufe (magnetische Herabsteuerung der Spannung) gleichzeitig auch eine nacheilende Verschiebung der Schaltzeitpunkte (mechanische Herabsteuerung der Spannung) selbsttätig einstellen muß. Ein derartiges Regelverhalten hat hier allerdings für den Grenzstrom keine entscheidende Bedeutung mehr, denn der *Beharrungs*grenzstrom ist wegen der selbsttätigen Ausschaltzeitpunktregelung nicht mehr so kritisch, und die zulässigen *plötzlichen* Stromänderungen folgen aus den in Abschn. 31.2 auf S. 266 angegebenen Gesetzmäßigkeiten. Der Vorteil liegt bei einer derartigen Anordnung mehr in der besonderen Ausführung der selbsttätigen Ausschaltzeitpunktregelung als solcher, da sie sich wegen der gleichbleibenden Überlappung einfacher verwirklichen läßt als eine selbsttätige *Überlappungs*regelung. Daß man dabei durch Veränderung von lediglich der Rückmagnetisierungsgröße außer der magnetischen Teilaussteuerung auch noch eine zusätzliche mechanische Teilaussteuerung und damit eine Erweiterung des Regelbereiches über das durch die Stufenlänge der Schaltdrossel gegebene Maß hinaus erhält, ist lediglich als eine mitunter ganz erwünschte Zugabe anzusehen.

Eine praktische Anwendung hat dieses Verfahren bei der neueren Kontaktumformerausführung von BBC gefunden (vgl. Abschn. 23.5, S. 161). Die BBC-Regelschaltung nach Abb. 23,39 liefert, wenn sie nicht zur Regelung der Überlappung, sondern gemäß S. 161 nur zur Verschiebung der Schaltzeitpunkte bei gleichbleibender Überlappung benutzt wird, ein grundsätzlich gleichartiges Verhalten, das lediglich graduell insofern verschieden ist, als bei ihr der *vor* der Kontakttrennung ablaufende Ausschaltstufenanteil nicht im Spannungsflächenmaß, sondern im Zeit- bzw. Winkelmaß konstant gehalten wird.

32. Abwandlungen der Stufenlängengleichungen bei Sonderbedingungen.

In Abschn. 31 wurden die Grundgleichungen der Ausschaltstufenlänge unter der stillschweigenden Voraussetzung einer gleichbleibenden sekundären Transformatorspannung ohne Netzschwankungen, einer gleichbleibenden Reaktanzspannung des Wendekreises und einer gleichbleibenden Netzfrequenz abgeleitet. Diese Voraussetzung ist aber in praktischen Fällen oft nicht gegeben, sondern es muß noch zusätzlich bestimmten Sonderbedingungen Rechnung getragen werden. Häufig handelt es sich darum, daß noch weitere Kontaktumformer oder andere Gleichrichter aus demselben Netz gespeist werden sollen; dabei ist dann allen diesen Stromrichtern die Netzreaktanz gemeinsam, was sich auf die Stromwendung auswirkt. Oder es sind Netzspannungsschwankungen oder Frequenzänderungen zu berücksichtigen. Weiterhin kann eine Wechselspannungs-Grobregelung mit Hilfe von Transformatoranzapfungen vorgesehen sein. Es gibt eine ganze Reihe derartiger Sonderbedingungen, die alle einen Einfluß auf die erforderliche Länge der Ausschaltstufe haben. Ein Berechner von Kontaktumformern muß daher imstande sein, die spezielle Endgleichung der Stufenlänge durch Anwendung einer ausreichenden Anzahl passend abgewandelter Grundgleichungen wie z. B. der Stromwendegleichung (29,19) oder der Gleichung der abgegebenen Gleichspannung (30,20) auf den jeweiligen Fall nötigenfalls selbst zu entwickeln. Die grundsätzliche Methode hierfür ist bereits verschiedentlich in Abschn. 31 angewandt worden. Es würde im Rahmen dieses Buches zu weit führen, die Auswirkung solcher Sonderbedingungen auf die Stufenlänge für sämtliche verschiedenen Ausführungs- und Betriebsarten des Kontaktumformers im einzelnen zu behandeln. Jedoch soll im folgenden wenigstens das Verfahren noch an einigen typischen Fällen für einen nach dem starren Prinzip arbeitenden Kontaktumformer gezeigt werden.

32.1 Der Einfluß parallel gespeister Kontaktumformer oder Gleichrichter.

Wenn andere Kontaktumformer oder Gleichrichter einen Teil des Wechselstromkreises, nämlich das speisende Netz und vielleicht außerdem noch einen Netztransformator, mit dem betrachteten Kontaktumformer gemeinsam haben, so werden der Grenzstrom, der induktive Gleichspannungsabfall und der Leistungsfaktor des letzteren durch solche parallel gespeisten Einheiten beeinflußt, sofern deren Stromwendung gleichzeitig mit der des betrachteten Umformers vor sich geht. Das tritt z. B. ein, wenn die sekundären Transformatorspannungen keine gegenseitige Phasenversetzung haben und die Steuerwinkel der Einheiten auf die gleiche Größe eingestellt sind. In solchen Fällen wird die induktive Spannung an der Netzreaktanz (gegebenenfalls mit Einschluß des gemeinsamen Netztransformators) von den Wendeströmen aller parallel gespeisten Einheiten zusammen verursacht. Infolgedessen muß ein entsprechend größerer Anteil der Wendespannungsfläche dazu aufgewandt werden, die Gegenspannung an dieser Reaktanz während der Stromwendung zu überwinden. Bezogen auf den Strom des betrachteten Umformers allein vollzieht sich der Ablauf der Stromwendung also so, als ob eine entsprechend vergrößerte Netzreaktanz wirksam wäre. Dieses kann man in Annäherung dadurch berücksichtigen, daß man die Netzreaktanz ε_N in Gl. (29,17) und allgemein in dem Ausdruck für die gesamte Reaktanzspannung ε_W einer Phase des Wendekreises in Tab. 26,1 ersetzt durch

$$\varepsilon_N^* = \varepsilon_N\left(1 + \frac{N'_{s\,par}}{N'_s}\right) = \varepsilon_N + \varepsilon'_{par}\,. \tag{32,1}$$

Hierin ist

N'_s = Scheinleistungsaufnahme des Kontaktumformers bei beliebiger Belastung I'_g,
$N'_{s\,par}$ = Scheinleistungsaufnahme der parallel gespeisten Einheiten bei beliebiger Belastung dieser Einheiten,
ε'_{par} = $\varepsilon_N \dfrac{N'_{s\,par}}{N'_s}\,.$

Gl. (32,1) gilt in Strenge nur dann, wenn entweder die elektrischen Überlappungswinkel des betrachteten Kontaktumformers und der parallel gespeisten Einheiten bei den betreffenden Belastungen gleich groß sind oder wenn der Überlappungswinkel der parallel gespeisten Einheiten kleiner ist als der des betrachteten Kontaktumformers. Da jedoch ε'_{par} stets nur ein Bruchteil von ε_W ist, so kann man auch im umgekehrten Falle meist noch genügend genau mit Gl. (32,1) rechnen.

Wenn beispielsweise 2 Kontaktumformer, die mit der gleichen Gleichrichterschaltung ohne gegenseitige Phasenversetzung der Sekundärspannungen ausgeführt sind und deren Nennströme die gleiche Größe haben, aus demselben Netz gespeist und in solcher Weise betrieben werden, daß die Belastungsströme beider Einheiten bei beliebiger Belastung selbst bis hinauf zum Grenzstrom stets gleich groß sind, so würde in Gl. (32,1) $N'_{s\,par}$ gleich N'_s sein und infolgedessen $\varepsilon_N^* = 2\varepsilon_N$. Oder, wenn die Nennleistungen verschieden sind und die Belastungsströme stets im Verhältnis der Nennleistungen gehalten werden, so würde ε_N^* in die Rechnung einzusetzen sein mit

$$\varepsilon_N^* = \varepsilon_N \frac{N_s + N_{s\,par}}{N_s} = \varepsilon_N \frac{N_{s\,ges}}{N_s} \tag{32,2}$$

mit

N_s = Nenn-Scheinleistungsaufnahme des Kontaktumformers,
$N_{s\,par}$ = Nenn-Scheinleistungsaufnahme der parallel gespeisten Einheiten,
$N_{s\,ges}$ = gesamte Nenn-Scheinleistungsaufnahme aller Einheiten, bei denen die Stromwendung zu gleicher Zeit stattfindet.

Wenn dagegen Laständerungen, wie z. B. Überlastungen, in den parallel gespeisten Einheiten nicht oder nicht zu der gleichen Zeit eintreten wie bei dem betrachteten Kontaktumformer (etwa weil diese Einheiten andere, getrennte Verbraucher versorgen), so sind besondere Überlegungen erforderlich bei der Aufstellung der Grundgleichungen, aus denen die Endgleichung für die Stufenlänge oder für den induktiven Gleichspannungsabfall gewonnen werden soll. Beispielsweise muß auf der einen Seite die Leerlaufsicherheit des betrachteten Umformers selbst dann noch ausreichend hoch sein, wenn die parallel gespeisten Einheiten außer Betrieb sind und damit der sonst auf die von ihnen verursachte Netzreaktanzspannung entfallende Anteil der Wendespannungsfläche des betrachteten Umformers jetzt für eine Verfrühung der Ummagnetisierung seines Ausschaltkernes frei geworden ist.

Bei der Anwendung von Gl. (29,19) auf den Grundlastzustand muß daher $\varepsilon_N^* \, i_{b0} = \varepsilon_N i_{b0}$ eingesetzt werden. Wenn auf der anderen Seite zu erwarten ist, daß der Grenzstrom $i_{bm} I_g$ des Kontaktumformers eintritt, während die parallel gespeisten Einheiten unverändert im Nennbetrieb mit der Scheinleistungsaufnahme $N_{s\,par}$ verharren, so muß, da ε_{par} somit durch die Überlastung nicht betroffen wird, der Anteil $\varepsilon_N^* \, i_{bm}$ lauten wie folgt:

$$\varepsilon_N^* \, i_{bm} = \varepsilon_N \, i_{bm} + \varepsilon_N \, \frac{N_{s\,par}}{N_s}$$

$$= \varepsilon_N \, i_{bm} + \varepsilon_{par} \, . \tag{32,3}$$

Als Beispiel soll mit den letztgenannten Voraussetzungen jetzt die Gleichung der Ausschaltstufenlänge für einen starren Kontaktumformer entwickelt werden. Die auf den Grundlastzustand angewandte Gl. (29,19) ist unverändert die Gl. (31,1). Auf den Grenzstrom angewandt geht sie jetzt aber über in Gl. (32,4). In dieser bedeutet c_N den Zahlenfaktor, der in Tab. 26,1 bei dem Ausdruck ε_W der gesamten Reaktanzspannung mit dem Anteil ε_N der Reaktanzspannung des Netzes verbunden ist (bei der Mehrzahl der Schaltungen ist $c_N = 1$, bei der Schaltung Nr. 5 $c_N = 1/\sqrt{2}$, bei Nr. 9 $c_N = 1/\sqrt{6}$ und bei Nr. 10 $c_N = 1/\sqrt{2}$). Mit den bereits aus Abschn. 31.1 bekannten Umformungen erhält man dann an Stelle der Gl. (31,8) die abgewandelte Gl. (32,5) für die Stufenlänge:

Grundlast:

$$\cos\alpha - \cos(\alpha + u)$$

$$= K \, \varepsilon_W \, i_{b0} + \Delta t_s \, \omega \, \frac{2M_0 - M_{e0} - M_{\sigma0}}{\Delta M} + \Delta t_{Es} \, \omega \, \frac{2M_{E0}}{\Delta M_E} \, . \tag{31,1 wiederholt}$$

Grenzstrom:

$$\cos\alpha - \cos(\alpha + u)$$

$$= K \, \varepsilon_W \, i_{bm} + K \, c_N \, \varepsilon_{par} + \Delta t_s \, \omega \, \frac{2M_m - M_{em} - M_{st}}{\Delta M} + \Delta t_{Es} \, \omega \, \frac{2M_{Em}}{\Delta M_E} \, . \tag{32,4}$$

$$\boxed{\Delta t_s = \frac{K \, c_N \, \varepsilon_{par} + K \, \varepsilon_W \, (i_{bm} - i_{b0}) + \tau_{0s} \, \omega + \Delta t_{Es} \, \omega \, \gamma_E}{\omega \, (1 - \gamma - \delta_L)} \, .} \tag{32,5}$$

In entsprechender Weise müßten auch noch die Gln. (29,25) des Überlappungswinkels und (31,10) der 60°-Bedingung abgewandelt werden. Die aus Gl. (32,5) sich ergebende Stufenlänge ist um den Anteil $K c_N \varepsilon_{par}$ größer als die Stufenlänge nach Gl. (31,8). Sie ist aber etwas kürzer als diejenige für den Fall, daß auch die parallel gespeisten Einheiten zur gleichen Zeit wie der betrachtete Kontaktumformer ihren *Grenz*strom liefern müssen, weil dann der genannte Anteil $K c_N \varepsilon_{par}$ noch mit dem zugehörigen Wert i_{bm} zu multiplizieren wäre.

32.2 Der Einfluß von Netzspannungsschwankungen.

Die Reaktanzspannungen sind in der Regel auf den *Nenn*wert der Wechselspannung bezogen. Gegenüber diesem kann die Netzspannung sowohl in positiver als auch in negativer Richtung schwanken. Das Ausmaß der Schwankungen wird im folgenden durch den Faktor λ als das Verhältnis der niedrigsten zur höchsten Spannung angegeben, wobei allgemein Werte, die sich auf die obere Grenze des Schwankungsbereichs beziehen, mit ′ und solche, die sich auf die untere Grenze beziehen, mit ″ gekennzeichnet werden sollen. Bezeichnet man mit E die Nennspannung, mit $E_{\max}$ die höchste vorkommende Spannung und mit $E_{\min}$ die niedrigste vorkommende Spannung, so lauten die Definitionen für den genannten Faktor:

$$\lambda' = \frac{E}{E_{\max}} = \text{positiver Anteil der Spannungsschwankung,} \tag{32,6}$$

$$\lambda'' = \frac{E_{\min}}{E} = \text{negativer Anteil der Spannungsschwankung,} \tag{32,7}$$

$$\lambda = \frac{E_{\min}}{E_{\max}} = \lambda' \cdot \lambda'' = \begin{array}{l}\text{gesamte, auf die höchste vorkommende Spannung}\\\text{bezogene Spannungsschwankung.}\end{array} \tag{32,8}$$

Wir betrachten nun wiederum die Verhältnisse bei einem nach dem starren Prinzip arbeitenden Kontaktumformer. In Abb. 32,1 sind die Ströme während des Überlappungsabschnittes für die drei Spannungshöhen dargestellt, die für die Berechnung von Wichtigkeit sind: für die höchste Spannung, die Nennspannung und die niedrigste Spannung. Aus diesem Bild ist zu erkennen, daß bei ungeändertem Überlappungswinkel u der Zustand bei höchster Netzspannung bestimmend ist für die kleinste Leerlaufsicherheit τ_0', während der Zustand bei niedrigster Netzspannung wichtig ist mit Bezug auf den kleinsten noch erhältlichen Grenzstrom i_{bm}''. Um Gl. (29,19) nun auf die beiden Betriebszustände des Grundlaststromes und des Grenzstromes richtig anwenden zu können, muß man sich vergegenwärtigen, daß bei der oberen Spannungsgrenze die sich über den ungeänderten Überlappungsabschnitt u erstreckende Wendespannungsfläche gegenüber der Fläche bei Nennspannung im Verhältnis $E_{\max}/E = 1/\lambda'$ vergrößert ist, während an der unteren Grenze die Spannungsfläche im Verhältnis $E_{\min}/E = \lambda''$ verkleinert ist. Mit Berücksichtigung dieser Umstände erhält man dann die Grundgleichungen in der folgenden Form:

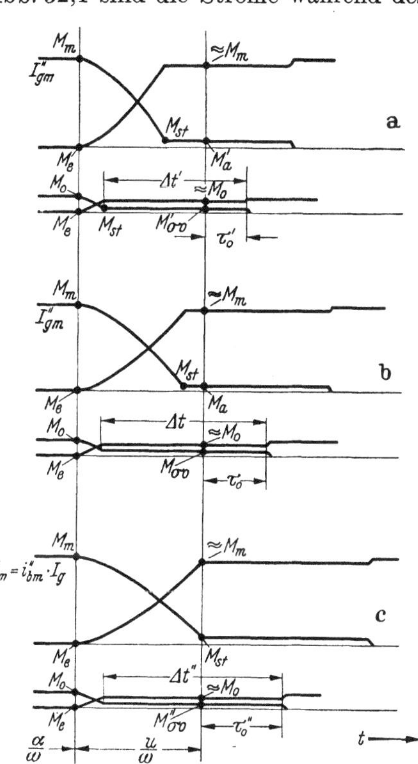

Abb. 32,1. Einfluß von Netzspannungsschwankungen auf die Stromwendung. (Einschaltstufe nicht dargestellt.)
a höchste Spannung $E_{\max} = E/\lambda'$, kleinste Leerlaufsicherheit τ_0'; — b Nennspannung E; — c niedrigste Spannung $E_{\min} = \lambda'' E$, kleinster Grenzstrom I_{gm}''.

Grundlast bei höchster Netzspannung:

$$\frac{1}{\lambda'}[\cos\alpha - \cos(\alpha + u)] = K\,\varepsilon_W\,i_{b0} + \Delta t_s\,\omega\,\frac{2M_0 - M_{e0} - M_{\sigma0}'}{\Delta M} + \Delta t_{Es}\,\omega\,\frac{2M_{E0}}{\Delta M_E}. \tag{32,9}$$

Grenzstrom bei kleinster Netzspannung:

$$\lambda''[\cos\alpha - \cos(\alpha + u)] = K\,\varepsilon_W\,i_{bm}'' + \Delta t_s\,\omega\,\frac{2M_m - M_{em} - M_{st}}{\Delta M} + \Delta t_{Es}\,\omega\,\frac{2M_{Em}}{\Delta M_E}. \tag{32,10}$$

Mit den üblichen Umformungen und mit der Abkürzung

$$\beta_{E0} = \frac{2M_{E0}}{\Delta M_E}, \tag{32,11}$$

mit der Ausschaltpolarisation bei höchster Netzspannung

$$M'_{\sigma 0} = M_{st} - (1 - \sigma'_0)\, \Delta M \qquad (32,12)$$

und mit der Leerlaufsicherheit bei höchster Netzspannung

$$\tau'_{0s} = \sigma'_0\, \Delta t'_s = \sigma'_0\, \lambda'\, \Delta t_s \qquad (32,13)$$

ergibt sich aus Gl. (32,9) und (32,10) dann die gesuchte *Berechnungsgleichung der Stufenlänge:*

$$\Delta t_s = \frac{K\, \varepsilon_W\, (i''_{bm} - \lambda\, i_{b0}) + \lambda''\, \tau'_{0s}\, \omega + \Delta t_{Es}\, \omega\, (\beta_E - \lambda\, \beta_{E0})}{\omega\, [\lambda\, (1 - \gamma) - (1 - \lambda)\, (\varepsilon + \iota)]}\,. \qquad (32,14)$$

Die Formel enthält unter den Bestimmungsgrößen die Spannungsschwankung und die kritischen Werte i''_{bm} und τ'_{0s}; somit sind alle im Falle von Netzspannungsschwankungen wichtigen Bedingungen berücksichtigt.

Die gleiche Formel (32,14) ist auch gültig, wenn die Gleichspannung des Kontaktumformers durch Änderung der Wechselspannung des speisenden Netzgenerators, also durch Beeinflussung des Erregerstromes desselben, geregelt wird (Tab. 20,1 Regelart B 2 b). In diesem Falle würden $E_{\max}$ und $E_{\min}$ die höchste und die niedrigste EMK des Generators an den Grenzen des Spannungsregelbereiches bedeuten.

Der bei einem gegebenen Steuerwinkel α erforderliche Überlappungswinkel u kann aus Gl. (32,9) oder aus Gl. (32,10) ermittelt werden. Wird beispielsweise Gl. (32,10) verwendet, so ergibt sich

$$\cos\alpha - \cos(\alpha + u) = \frac{1}{\lambda''}\, [K\, \varepsilon_W\, i'''_{bm} + \Delta t_s\, \omega\, (\varepsilon + \iota) + \Delta t_{Es}\, \omega\, \beta_E]\,. \qquad (32,15)$$

Die Nachprüfung der 60°-Bedingung muß mit Bezug auf die niedrigste Spannung vorgenommen werden, weil bei dieser Spannung für die Stromwendung und den Ablauf der Stufe die längste Zeit benötigt wird. Wendet man Gl. (29,19) auf den Grenzstrom bei niedrigster Spannung an, so erhält man

$$\lambda''\, [\cos\alpha_0 - \cos(\alpha_0 + 60)] = K\, \varepsilon_W\, i''_{bm} + \Delta t_s\, \omega\, \frac{2 M_m}{\Delta M} + \Delta t_{Es}\, \omega\, \frac{2 M_{Em}}{\Delta M_E}\,.$$

Hieraus folgt mit Benutzung von Gl. (29,24) und (31,9):

$$\sin(\alpha_0 + 30) = \frac{1}{\lambda''}\, (K\, \varepsilon_W\, i''_{bm} + \Delta t_s\, \omega\, \beta_A + \Delta t_{Es}\, \omega\, \beta_E)\,. \qquad (32,16)$$

32.3 Transformatoranzapfungen.

Sind zum Zwecke der Wechselspannungsregelung Transformatoranzapfungen oder ein getrennter Regeltransformator vorgesehen (Tab. 20,1 Regelart B 1), so werden in erster Linie 3 Größen durch die Änderung des Übersetzungsverhältnisses beeinflußt:

1. die Gleich-EMK E_{g0} ändert ihren Betrag verhältnisgleich der Transformator-Sekundärspannung,

2. die Wendespannung ändert ihren Betrag ebenfalls verhältnisgleich der Transformator-Sekundärspannung,

3. die bezogene Reaktanzspannung ändert sich in der durch die Gln. (22,2) bis (22,4) oder allgemein durch Gl. (22,5) gegebenen Weise.

Die Kupferverluste, d. h. der bezogene ohmsche Gleichspannungsabfall, werden ebenfalls in einer der Ziff. 3 ganz ähnlichen Weise verändert. Da das jedoch im vorliegenden Zusammenhange nicht von Bedeutung ist, wird hier nicht weiter darauf eingegangen.

Wenn der Bereich der Wechselspannungsregelung groß ist, so wird die Stufenlänge für den Zustand der höchsten Wechselspannung E in der in Abschn. 31 gezeigten Weise berechnet. Bei Umschaltung auf die Stufe kleinerer Spannung $\varkappa E$ wächst die Stufenlänge dann gemäß Gl. (16,7) auf den Betrag $\varDelta t_{s\varkappa} = \varDelta t_s/\varkappa$ an, und auch der ganze Stromwendeabschnitt verlängert sich. Infolgedessen muß, sofern keine elektrische Überlappungsregelung verwendet wird, der Überlappungswinkel u mechanisch dem jeweils erforderlichen Wert, der auf jeder Stufe verschieden groß ist, angepaßt werden. Die entsprechende Berechnung wird später in Abschn. 36 behandelt.

Ist dagegen der Bereich der Wechselspannungsregelung nur klein, so kann auf eine besondere Anpassung des Überlappungswinkels an die verschiedenen Spannungsstufen verzichtet werden, wenn man eine geringe Vergrößerung der Stufenlänge in Kauf nimmt. Man erspart dadurch das Zusatzregelgetriebe mit der zweiten Kurvenscheibe und dem entsprechenden sonstigen Zubehör. Die Stufenlänge muß dann aber in einer solchen Weise berechnet werden, daß alle kritischen Bedingungen auf jeder der Stufen einwandfrei erfüllt sind. Das soll nachstehend wiederum an dem Beispiel eines Kontaktumformers mit mechanischer Anpassung an den Teilaussteuerungswinkel durchgeführt werden.

In Abb. 32,2 ist der Verlauf der Ströme während des Überlappungsabschnittes sowohl für den Fall der höchsten Spannung E auf der obersten Stufe als auch für den Fall der niedrigsten Spannung $\varkappa E$ auf der untersten Stufe des Regelbereiches dargestellt. Es ist ersichtlich, daß die Leerlaufsicherheit τ_0 die kritische Größe bei

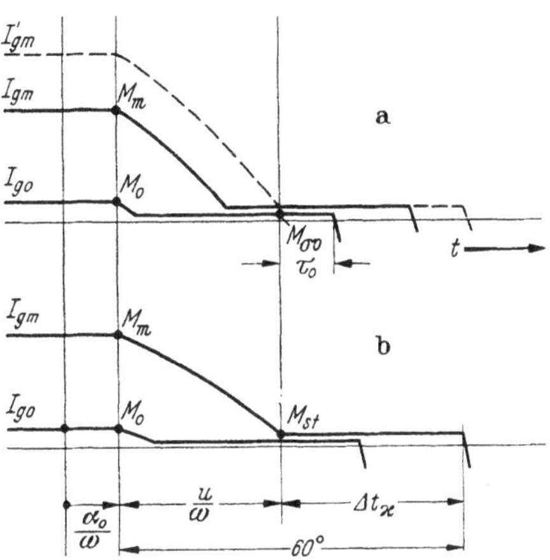

Abb. 32,2. Einfluß der Spannungsregelung durch Transformatoranzapfungen auf die Stromwendung. (Einschaltstufe nicht dargestellt.) a höchste Spannung $E_{max} = E$, kleinste Leerlaufsicherheit τ_0; — b niedrigste Spannung $E_{min} = \varkappa E$, kleinster Grenzstrom I_{gm}.

der höchsten Spannung ist, während der Grenzstrom i_{bm} und gegebenfalls die 60°-Bedingung bei der niedrigsten Spannung entscheidend sind. Somit ist die Grundgleichung im Fall der höchsten Spannung bei Grundlast wieder die Gl. (31,1). Der Fall der niedrigsten Spannung aber erfordert eine eingehendere Überlegung hinsichtlich der Reaktanzspannung des Wendekreises. Anstatt Gl. (29,19) direkt auf den Zustand des Grenzstromes bei niedrigster Spannung anzuwenden, wird zur Vermeidung von Irrtümern bezüglich der Definitionen sicherheitshalber auf Gl. (29,11) zurückgegangen. Wird diese auf den jetzt vorliegenden Fall angewandt, so lautet sie

$$\left. \begin{aligned} &\varkappa \frac{E_W \sqrt{2}}{\omega}\left[\cos\alpha - \cos(\alpha + u)\right] \\ &= 2\left(\varkappa^2 L_p + L_s\right) I_{gm} + w\,q\left(2M_m - M_{em} - M_{st}\right) + w_E\,q_E\,2M_{Em}. \end{aligned} \right\} \tag{32,17}$$

Die Wendespannungsfläche ist jetzt verhältnisgleich dem Faktor $\varkappa$ verkleinert. Die gesamte Induktivität einer Phase des Wendekreises ist entsprechend der allgemeinen Regel Gl. (22,5) gespalten in die beiden Anteile L_p (vor dem Stufenschalter) und L_s (hinter dem Stufenschalter). Während nun der sekundäre Anteil L_s durch den Stufenwechsel nicht beeinflußt wird, hat der primäre Anteil den Betrag $\varkappa^2 L_p$, wenn L_p den Wert auf der höchsten Stufe bei der Spannung E bedeutet und der

Stufenschalter auf die niedrigste Spannung $\varkappa E$ eingestellt ist. Unterteilt man die auf die höchste Spannung E bezogene gesamte Reaktanzspannung in entsprechender Weise, nämlich

$$\varepsilon_W = \varepsilon_p + \varepsilon_s , \tag{32,18}$$

und macht die gleichen Umformungen wie in Abschn. 29, so erhält man jetzt Gl. (32,19), die der auf den Zustand des Grenzstromes bei niedrigster Wechselspannung angewandten Gl. (29,19) entspricht:

$$\left. \begin{aligned} &\varkappa \left[\cos\alpha - \cos(\alpha + u) \right] \\ &= K\left(\varkappa^2 \varepsilon_p + \varepsilon_s \right) i_{bm} + \varDelta t_s \omega \, \frac{2 M_m - M_{em} - M_{st}}{\varDelta M} + \varDelta t_{Es} \omega \, \frac{2 M_{Em}}{\varDelta M_E} . \end{aligned} \right\} \tag{32,19}$$

Es ist zu beachten, daß in dieser Gleichung zwar die Wendespannungsfläche (linke Seite der Gleichung) nach Maßgabe des Faktors $\varkappa$ vermindert ist und daher der niedrigsten Spannung $\varkappa E$ entspricht, daß aber auf der rechten Seite sowohl die Reaktanzspannung $\varkappa^2 \varepsilon_p + \varepsilon_s$ als auch die Stufenlängen $\varDelta t_s$ und $\varDelta t_{Es}$ auf die höchste Spannung E bezogene Größen sind. Bringt man nun den Faktor $\varkappa$ auf die rechte Seite von Gl. (32,19), so entsteht die Grundgleichung (32,23) für den betrachteten Betriebszustand. Hierin ist $\varepsilon_{W\varkappa}$ in vollständiger Übereinstimmung mit Gl. (22,5) gegeben durch

$$\varepsilon_{W\varkappa} = \varkappa \, \varepsilon_p + \frac{1}{\varkappa} \, \varepsilon_s , \tag{32,20}$$

und alle 3 Größen $\varepsilon_{W\varkappa}$, $\varDelta t_{s\varkappa}$ und $\varDelta t_{Es\varkappa}$ beziehen sich jetzt auf die niedrigste Spannung $\varkappa E$, wobei bedeutet

$$\varDelta t_{s\varkappa} = \frac{1}{\varkappa} \, \varDelta t_s \tag{32,21}$$

und

$$\varDelta t_{Es\varkappa} = \frac{1}{\varkappa} \, \varDelta t_{Es} . \tag{32,22}$$

Somit lauten die beiden Stromwendegleichungen:

Grundlast bei höchster Spannung E:

$$\cos\alpha - \cos(\alpha + u) = K \, \varepsilon_W \, i_{b0} + \varDelta t_s \omega \, \frac{2 M_0 - M_{e0} - M_{\sigma 0}}{\varDelta M} + \varDelta t_{Es} \omega \, \frac{2 M_{E0}}{\varDelta M} . \tag{31,1 wiederholt}$$

Grenzstrom bei niedrigster Spannung $\varkappa E$:

$$\cos\alpha - \cos(\alpha + u) = K \, \varepsilon_{W\varkappa} i_{bm} + \frac{\varDelta t_s}{\varkappa} \, \omega \, \frac{2 M_m - M_{em} - M_{st}}{\varDelta M} + \frac{\varDelta t_{Es}}{\varkappa} \, \omega \, \frac{2 M_{Em}}{\varDelta M_E} . \tag{32,23}$$

Setzt man zur Vereinfachung noch

$$\varepsilon_{W\varkappa} i_{bm} - \varepsilon_W \, i_{b0} \approx \varepsilon_{W\varkappa} \left(i_{bm} - i_{b0} \right) ,$$

was statthaft ist, da i_{b0} ohnehin klein gegen i_{bm} ist, so erhält man mit den üblichen Umformungen und mit $\delta_L = 0$ dann die *Berechnungsgleichung der Stufenlänge:*

$$\varDelta t_s = \frac{K \, \varepsilon_{W\varkappa} \left(i_{bm} - i_{b0} \right) + \tau_{0s} \omega + \varDelta t_{Es} \omega \left(\dfrac{\beta_E}{\varkappa} - \beta_{E0} \right)}{\omega \left[1 - \gamma - \left(\dfrac{1}{\varkappa} - 1 \right) (\varepsilon - \iota) \right]} . \tag{32,24}$$

Vergleicht man diese Formel mit Gl. (31,8) für konstante Wechselspannung, so findet man, daß wegen der Anzapfungen die Stufenlänge in dreifacher Hinsicht vergrößert ist:

1. die Reaktanzspannung $\varepsilon_{W\varkappa}$ ist im allgemeinen größer als ε_W,

2. der Ausdruck $\left(\dfrac{\beta_E}{\varkappa} - \beta_{E0}\right)$ ist größer als $(\beta_E - \beta_{E0}) = \gamma_E$,

3. der Ausdruck $\left(\dfrac{1}{\varkappa} - 1\right)(\varepsilon + \iota)$ würde Null sein bei $\varkappa = 1$. Bei $\varkappa < 1$ hat er einen positiven Wert, so daß der Betrag des Nenners von Gl. (32,24) abnimmt und die Stufenlänge daher zunimmt.

Aus Abb. 32,2 ist ersichtlich, daß demzufolge bei einem Grenzstrom I_{gm} auf der untersten Spannungsstufe der zulässige Grenzstrom I'_{gm} auf der obersten Spannungsstufe beträchtlich höher ist und daß bei einer Leerlaufsicherheit τ_0 auf der höchsten Stufe die Leerlaufsicherheit auf der niedrigsten Stufe bedeutend vergrößert ist.

Für die Berechnung des Überlappungswinkels u kann Gl. (31,1) oder Gl. (32,23) herangezogen werden. Wählt man beispielsweise Gl. (32,23), so ergibt sich als Berechnungsgleichung für den Überlappungswinkel

$$\cos\alpha - \cos(\alpha + u) = K\,\varepsilon_{W\varkappa}\,i_{bm} + \frac{1}{\varkappa}\left[\varDelta t_s\,\omega\,(\varepsilon + \iota) + \varDelta t_{Es}\,\omega\,\beta_E\right]. \qquad (32,25)$$

Wendet man noch die Gl. (29,11) auf den $60°$-Abschnitt bei niedrigster Spannung an, so kann für den Fall, daß die 3phasige Dreidrossel-Brückenschaltung benutzt wird, auch noch der dann erforderliche Sicherheitswinkel α_0 gefunden werden aus der entsprechenden Endgleichung

$$\sin(\alpha_0 + 30) = K\,\varepsilon_{W\varkappa}\,i_{bm} + \frac{1}{\varkappa}\left(\varDelta t_s\,\omega\,\beta_A + \varDelta t_{Es}\,\omega\,\beta_E\right). \qquad (32,26)$$

Wird der Kontaktumformer nicht mit mechanischer Überlappungsanpassung ausgeführt, sondern mit *selbsttätiger elektrischer Überlappungsregelung*, so wird die Stufenlänge nach Gl. (31,13) für die höchste Wechselspannung berechnet. Ein Zuschlag wegen der Herabsetzung der Spannung durch Wechselspannungsregelung ist dabei nicht erforderlich. Im Beharrungszustande hält der Regler nämlich die *bezogene* Leerlaufsicherheit konstant, wenn wir wiederum das Regelprinzip von Abb. 23,35 voraussetzen; die *absolute* Leerlaufsicherheit aber ist dann bei herabgesetzter Spannung noch größer als bei voller Spannung, weil der Ablauf der Stufe nach Gl. (16,7) bei herabgesetzter Spannung eine längere Zeit in Anspruch nimmt als bei voller Spannung. Auch die dynamische Überlastbarkeit und Entlastbarkeit wächst mit abnehmender Wechselspannung. Die entsprechenden Anteile der Spannungsfläche der Schaltdrossel behalten zwar die gleiche Größe wie bei voller Spannung; da aber beispielsweise in Gl. (31,18a) der dynamischen Überlastbarkeit die an die Stelle von ε_W tretende gesamte Reaktanzspannung $\varepsilon_{W\varkappa}$ gemäß Gl. (32,20) nicht wie $\varDelta t_{s\varkappa}$ und $\tau_{Bs\varkappa}$ verhältnisgleich $1/\varkappa$ anwächst, sondern in einem geringeren Maße, so kann i_{bm} bei herabgesetzter Spannung einen entsprechend höheren Wert annehmen. Entsprechendes gilt generell für alle plötzlichen Stromänderungen, so daß ein Kontaktumformer mit elektrischer Überlappungsregelung sowohl im Beharrungszustand als auch bei plötzlichen Laständerungen bei herabgesetzter Wechselspannung noch größere Sicherheiten aufweist als die, von denen bei der Berechnung der Stufenlänge für die höchste Wechselspannung ausgegangen wurde.

32.4 Betrieb mit veränderlicher Frequenz.

Bei Änderungen der Betriebsfrequenz bleiben der mechanische Steuerwinkel α und der mechanische Überlappungswinkel u ungeändert, wenn man sie in elektrischen Graden mißt. Die Zeitdauer jedoch, die diesen Winkeln entspricht, ändert sich verhältnisgleich dem Kehrwert der Frequenz. Somit nimmt die Stromstufe einer Schaltdrossel bei im M-Maß und damit bei konstant gehaltener Wechselspannung auch im Zeitmaß gegebener Stufenlänge bei höherer Frequenz im Winkelmaß einen größeren Bereich ein als bei tieferer Frequenz. Demgemäß ergeben sich die Stromkurven von Abb. 32,3, aus denen zu ersehen ist, daß der Grenzstrom i_{bm} die kritische Größe an der oberen Grenze der Frequenz (Kreisfrequenz $\omega_{max} = \omega$) ist, und die Leerlaufsicherheit τ_0 die kritische Größe an der unteren Frequenzgrenze ($\omega_{min} = \nu\omega$). Das Verhältnis der niedrigsten Frequenz zur höchsten Frequenz ist dabei mit ν bezeichnet:

$$\nu = \frac{f_{min}}{f_{max}} = \frac{\omega_{min}}{\omega_{max}}.$$

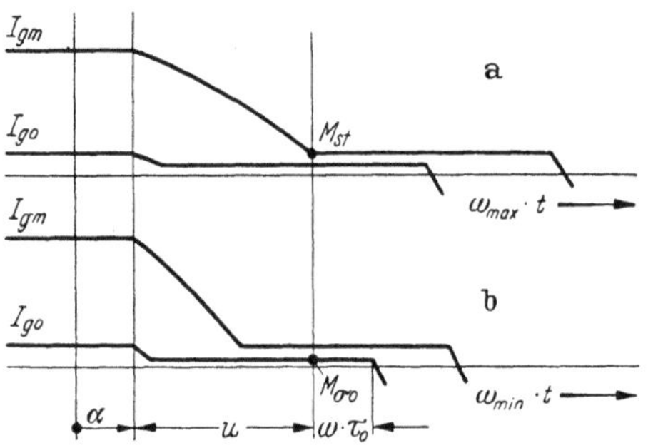

Abb. 32,3. Einfluß von Frequenzschwankungen auf die Stromwendung. (Einschaltstufe nicht dargestellt.) a höchste Frequenz $\omega_{max} = \omega$, kleinster Grenzstrom I_{gm}; — b niedrigste Frequenz $\omega_{min} = \nu\omega$, kleinste Leerlaufsicherheit τ_0.

Die Größen ε_W, Δt_s und Δt_{Es} sollen sich auf die höchste Frequenz $f_{max} = f$ beziehen.

Die Grundgleichung für den Zustand „Grenzstrom bei höchster Frequenz f" ist dann die normale Gl. (29,21). Die Grundgleichung für den Zustand „Grundlaststrom bei niedrigster Frequenz νf" erfordert wieder eine besondere Überlegung. Wendet man Gl. (29,11) auf diesen Zustand an, so ergibt sich

$$\frac{E_W \sqrt{2}}{\nu \omega} [\cos\alpha - \cos(\alpha + u)] = 2L I_{g0} + w q (2M_0 - M_{e0} - M_{\sigma 0}) + w_E q_E 2M_{E0}.$$

$$(32,27)$$

In dieser Gleichung wird nur die Wendespannungsfläche (linke Seite der Gleichung) durch die Frequenz gemäß dem Faktor ν beeinflußt. Die auf der rechten Seite stehenden Glieder sind in ihrer Größe sämtlich von der Frequenz unabhängig. Bringt man nun ν auf die rechte Seite, so erhält man mit den bereits in Abschn. 29 verwendeten Umformungen die Grundgleichung (32,28). Mit den bekannten Umformungen und mit $\delta_L = 0$ folgt aus den beiden Grundgleichungen (29,21) und (32,28) dann die *Berechnungsgleichung (32,29) für die Stufenlänge:*

Grenzstrom bei höchster Frequenz f:

$$\cos\alpha - \cos(\alpha + u) = K \varepsilon_W i_{bm} + \Delta t_s \omega \frac{2M_m - M_{em} - M_{st}}{\Delta M} + \Delta t_{Es} \omega \frac{2M_{Em}}{\Delta M_E}. \qquad \begin{matrix}(29,21 \\ \text{wiederholt)}\end{matrix}$$

Grundlaststrom bei niedrigster Frequenz νf:

$$\cos\alpha - \cos(\alpha + u) = K \varepsilon_W \nu i_{b0} + \Delta t_s \nu \omega \frac{2M_0 - M_{e0} - M_{\sigma 0}}{\Delta M} + \Delta t_{Es} \nu \omega \frac{2M_{E0}}{\Delta M_E}.$$

$$(32,28)$$

$$\boxed{\Delta t_s = \frac{K \varepsilon_W (i_{bm} - \nu i_{b0}) + \tau_{0s} \nu \omega + \Delta t_{Es} \omega (\beta_E - \nu \beta_{E0})}{\omega [\nu (1 - \gamma) - (1 - \nu)(\varepsilon + \iota)]}.} \qquad (32,29)$$

Verglichen mit Gl. (31,8) für konstante Frequenz ist jetzt die Stufenlänge einerseits vergrößert, und zwar in den folgenden 2 Punkten:

1. $(\beta_E - \nu\beta_{E0})$ steht an Stelle von $(\beta_E - \beta_{E0}) = \gamma_E$,
2. $\nu(1 - \gamma) - (1 - \nu)(\varepsilon + \iota)$ steht an Stelle von $(1 - \gamma)$.

Der Ausdruck $\tau_{0s}\nu\omega$ andererseits ist kleiner als $\tau_{0s}\omega$ in Gl. (31,8). Hierdurch kann jedoch nicht viel wiedergewonnen werden, weil zumindest bei größeren Bereichen der Frequenzschwankung die Leerlaufsicherheit τ_{0s} (im Zeitmaß) mit Rücksicht auf die verminderte Frequenz, bei der sie kritisch ist, mit einem erhöhten Betrag eingesetzt werden muß.

Der Überlappungswinkel u wird durch die Verhältnisse bei höchster Frequenz bestimmt und ergibt sich daher aus der normalen Gl. (29,25). In gleicher Weise ist die 60°-Bedingung kritisch bei der höchsten Frequenz, weil die Zeitdauer des 60°-Abschnittes dort die kürzeste ist. Somit kann α_0 aus der normalen Gl. (31,10) berechnet werden.

32.5 Abschließende Bemerkungen zu den Stufenlängengleichungen.

Häufig liegen mehrere der betrachteten Sonderbedingungen gleichzeitig vor, z. B. Transformatoranzapfungen und zusätzliche Netzspannungsschwankungen, oder Netzspannungsschwankungen und nebenher Frequenzänderungen u. dgl. Meist ist es dann möglich, in der gezeigten Weise eine Endgleichung für $\varDelta t_s$ durch Kombination mehrerer Grundgleichungen für die kritischen Betriebszustände abzuleiten. Mitunter aber ergibt sich dabei keine explizite Lösung für $\varDelta t_s$, oder die Endgleichung wird für den praktischen Gebrauch zu verwickelt. In solchen Fällen berechnet man $\varDelta t_s$ mit Hilfe der einfacheren Gleichungen, die in Abschn. 31 abgeleitet wurden, und berücksichtigt die Sonderbedingungen auf Grund einer Abschätzung ihres Einflusses auf $\varDelta t_s$ durch eine entsprechende Vergrößerung des berechneten Wertes. Selbstverständlich müssen dann am Ende die Werte der Leerlaufsicherheit und des Grenzstromes mit dem nach Schätzung geänderten Wert von $\varDelta t_s$ für alle kritischen Betriebszustände, die beim gleichzeitigen Vorliegen sämtlicher Sonderbedingungen denkbar sind, nachgeprüft werden.

Eine merkliche Vereinfachung der gegebenen Gleichungen tritt allgemein dann ein, wenn keine Einschaltkerne benötigt werden, da dann alle sich auf diese beziehenden Ausdrücke in den Formeln fortfallen.

In allen Gleichungen ist vorausgesetzt, daß die Kontaktzeiten der verschiedenen Kontakte der Schaltung genau gleich groß sind und den durch die Formeln vorgeschriebenen Wert haben und daß ferner die Kontakte der einzelnen Phasen genau mit den durch die Schaltung gegebenen Winkelabständen schalten. Diese Voraussetzungen sind praktisch natürlich nicht mit mathematischer Genauigkeit erfüllt, sondern es sind teils infolge von Ungenauigkeiten und Spiel des Getriebes, teils infolge von ungleicher Abnutzung und verschieden starken Abbrandes der einzelnen Kontakte Abweichungen vorhanden. Über die Größe dieser Abweichungen können allgemeingültige Angaben nicht gemacht werden, da sie je nach der Art und der Kinematik des Getriebes verschieden sind und auch viele andere Umstände, wie z. B. die Genauigkeit der Fertigung, der Einfluß von Temperaturdehnungen, die Gleichmäßigkeit der magnetischen Kennlinien der Schaltdrosseln, die Art der Vormagnetisierung und die Güte ihrer Abgleichung eine Rolle spielen. Jedenfalls aber muß bei der Festlegung der Größe der in die Formeln einzusetzenden Sicherheiten bedacht werden, daß ein gewisser Anteil dieser Sicherheiten durch derartige Kontaktzeitungenauigkeiten in Anspruch genommen wird.

Abschließend sind in Tab. 32,1 die Abkürzungen noch einmal zusammengestellt, die in den vorhergehenden Abschnitten für häufig vorkommende magnetische Ausdrücke zwecks Vereinfachung der Formeln eingeführt wurden. Dabei sind auch Zahlenwerte für diese Abkürzungen angegeben sowie die Gleichungsnummern, unter

Tabelle 32,1. *Magnetische Abkürzungen für Schaltdrossel-Berechnungen.*

Die für die Abkürzungen angegebenen Zahlenwerte beziehen sich auf 50prozentiges Nickeleisen Permenorm 5000 Z in Übereinstimmung mit den Tabellen 18,1 und 18,2. Die in Klammern gesetzten Zahlen bedeuten die Nummern der Gleichungen, in denen die Abkürzungen zum ersten Mal vorkommen.

A. Von der Güte des Eisens abhängige Ausdrücke.

1. Verhältnis der Bruttostufenlänge zur nutzbaren Stufenlänge ($\Delta T_s/\Delta t_s$).

$$\beta_A = \frac{2 M_n}{\Delta M} = 1{,}175 \quad (31{,}9) \qquad\qquad \beta_E = \frac{2 M_{En}}{\Delta M_E} = 1{,}155 \quad (29{,}24)$$

$$\beta_{A0} = \frac{2 M_0}{\Delta M} = 1{,}130 \qquad\qquad \beta_{E0} = \frac{2 M_{E0}}{\Delta M_E} = 1{,}118 \quad (32{,}11)$$

---

2. Änderung der magnetischen Polarisation.

a) Vom Einschaltwert bis Nennstrom.

$$\varepsilon = \frac{M_n - M_e}{\Delta M} = 0{,}0467 \quad (29{,}22) \qquad \varepsilon_E = \frac{M_{En} - M_{Ee}}{\Delta M_E} = \frac{M_{En} + M_{EV}}{\Delta M_E} = 1{,}078 \quad (30{,}6)$$

$$\varepsilon_0 = \frac{M_0 - M_e}{\Delta M} = 0{,}0243 \quad (30{,}8) \qquad \varepsilon_{E0} = \frac{M_{E0} - M_{Ee}}{\Delta M_E} = \frac{M_{E0} + M_{EV}}{\Delta M_E} = 1{,}059 \quad (30{,}9)$$

b) Vom Belastungsstrom bis zum Kleinststrom.

$$\gamma = \frac{2(M_n - M_0)}{\Delta M} = 0{,}0448 \quad (31{,}5) \qquad \gamma_E = \frac{2(M_{En} - M_{E0})}{\Delta M_E} = 0{,}0370 \quad (31{,}6)$$

$$\gamma_\varkappa = \frac{2(M_n - M_\varkappa)}{\Delta M} \quad (31{,}16) \qquad \gamma_{E\varkappa} = \frac{2(M_{En} - M_{E\varkappa})}{\Delta M_E} \quad (31{,}17)$$

$$\gamma_\mu = \frac{2(M_\mu - M_0)}{\Delta M} \quad (31{,}20) \qquad \gamma_{E\mu} = \frac{2(M_{E\mu} - M_{E0})}{\Delta M_E} \quad (31{,}21)$$

c) Vom Belastungsstrom bis zum Beginn der Ausschaltstufe.

$$\iota = \frac{M_n - M_{st}}{\Delta M} = 0{,}0705 \quad (29{,}23) \qquad\qquad \iota_0 = \frac{M_0 - M_{st}}{\Delta M} = 0{,}0481$$

---

3. Beziehungen zwischen den vorstehenden Abkürzungen.

$$\beta_A - \beta_{A0} = \gamma \qquad\qquad \varepsilon - \varepsilon_0 = \frac{\gamma}{2} \quad (31{,}44) \qquad\qquad \iota - \iota_0 = \frac{\gamma}{2}$$

$$\beta_E - \beta_{E0} = \gamma_E \qquad\qquad \varepsilon_E - \varepsilon_{E0} = \frac{\gamma_E}{2}$$

B. Änderung der Einschalt-Polarisation.

1. durch magnetische Spannungsregelung: *2. durch Laständerung:*

$$\delta = \frac{M_e - M_{eR}}{\Delta M} \quad (30{,}11) \qquad\qquad \delta_L = \frac{M_{e0} - M_{em}}{\Delta M} \quad (31{,}7)$$

C. Ausschaltsicherheit und Ausschaltpolarisation.

1. Feste Kontaktzeiten oder mechanische Überlappungsanpassung (starrer Kontaktumformer).

$$\tau_{0s} = \sigma_0\, \Delta t_s \quad (31{,}3) \qquad\qquad M_{\sigma 0} = M_{st} - (1 - \sigma_0)\, \Delta M \quad (31{,}4)$$

---

2. Elektrische Überlappungsregelung.

a) Beharrungszustand.

$$\tau_{Bs} = \sigma_B\, \Delta t_s \quad (31{,}11) \qquad\qquad M_{\sigma B} = M_{st} - (1 - \sigma_B)\, \Delta M \quad (31{,}12)$$

b) Übergangszustand bei plötzlicher Lastabnahme.

$$\tau_{\min s} = \sigma_{\min}\, \Delta t_s \quad (31{,}14) \qquad\qquad M_{\sigma\min} = M_{st} - (1 - \sigma_{\min})\, \Delta M \quad (31{,}15)$$

denen die Abkürzungen zum ersten Male vorkommen. Die Zahlenwerte beziehen sich auf 50proz. Nickeleisen Permenorm 5000 Z in Übereinstimmung mit Tab. 18,1 und 18,2. Diese Zahlenwerte können als mittlere Werte für die Vorausberechnung benutzt werden, solange die Prüfergebnisse für die im jeweiligen Einzelfall benutzten Kerne noch nicht vorliegen.

33. Der Entwurf der Schaltdrossel.

Nachdem die Stufenlänge Δt_s des Ausschaltkernes in der beschriebenen Weise gefunden worden ist, kann mit dem Entwerfen der Schaltdrossel begonnen werden. In Gl. (16,3) der nutzbaren Stufenlänge ist nur das Produkt $w\,q_{\mathrm{Fe}}$ unbekannt, dessen Betrag nunmehr berechnet werden kann:

$$w\,q_{\mathrm{Fe}} = \frac{\Delta t_s\, E_W \sqrt{2}}{\Delta M}\,. \tag{33,1}$$

Die hierin vorkommende Wendespannung E_W ergibt sich für die jeweilige Schaltung aus Tab. 26,1, nachdem entweder die sekundäre Sternspannung E des Transformators bereits berechnet oder die Gleich-EMK E_{g0} für volle Aussteuerung in erster Annäherung aus der Gleichung für die abgegebene Gleichspannung bekannt ist, z. B. aus Gl. (30,16) nach Schätzung des Spannungsabfalles und gegebenenfalls des Sicherheitswinkels, oder aus Gl. (30,18) nach Schätzung von u_b auf Grund von Gl. (30,20), was praktisch auf das gleiche herauskommt. Ferner kann nach Festlegung der Stufenlänge Δt_s und nach Berechnung der Wendespannung E_W sofort aus Gl. (26,2) die Bauleistung N_B der Schaltdrossel berechnet werden.

Die nächste Aufgabe ist nun, das Produkt $w\,q_{\mathrm{Fe}}$ in die Windungszahl w der Hauptwicklung und den reinen Eisenquerschnitt q_{Fe} so aufzuspalten, daß bestimmten, für den Einzelfall entscheidenden Forderungen Rechnung getragen wird. Derartige Forderungen können sein: das geringste Gewicht der Schaltdrossel oder die geringsten Kosten der aktiven Werkstoffe oder — beispielsweise bei der 3phasigen Dreidrossel-Brückenschaltung — ein begrenzter Wert der Luftinduktivität L_D der Schaltdrossel oder bei Umformern großer Leistung eine begrenzte *Stufenneigung* Δi_{st} nach der Definition

$$\Delta i_{st} = \frac{\Delta H\, l_{\mathrm{Fe}}}{w}\,. \tag{33,2}$$

Hierin entspricht $\Delta H = H_2 - H_1$ der nutzbaren Stufenlänge ΔM (s. Abb. 18,9), und l_{Fe} ist die mittlere Kraftlinienlänge des Eisenkernes. Eine Forderung, die insbesondere für solche Großumformer von Bedeutung ist, die mit hoher Belastung im Dauerbetrieb arbeiten sollen, ist die der billigsten Schaltdrossel für einen vorgeschriebenen zulässigen Wicklungsverlust der Drossel. Je nachdem nun, welche der genannten Forderungen den Ausgangspunkt für den Entwurf der Schaltdrossel bildet, ist auch der Weg, auf dem man zur Festlegung der Abmessungen der Drossel gelangt, ein verschiedenartiger. Es würde hier zu weit führen, auf solche speziellen Berechnungsmethoden näher einzugehen. Wenigstens aber soll im folgenden ein Verfahren angegeben werden, nach dem man auf Grund von einigen Erfahrungszahlen auf einfache Weise zu brauchbaren Abmessungen für die Schaltdrossel kommt, wenn man zunächst derartige Sonderforderungen noch nicht berücksichtigt.

Die Zerlegung des genannten Produktes in w und q_{Fe} ist gleichbedeutend mit einer Entscheidung über das Verhältnis Kupfergewicht G_{Cu} zu Eisengewicht G_{Fe}. Das Gesamtgewicht G nämlich wird durch das Verhältnis der Aufteilung nur wenig beeinflußt, und ein etwaiger Versuch, durch Änderung des Verhältnisses $G_{\mathrm{Cu}} : G_{\mathrm{Fe}}$

das Gesamtgewicht zu senken, bringt nicht viel Gewinn, da eine über diesem Verhältnis aufgetragene Kurve des Gesamtgewichtes in der Umgebung des Minimums sehr flach verläuft. Man geht daher beim Entwerfen der Schaltdrossel am besten vom Gesamtgewicht aus. Der ungefähre Betrag desselben kann in Abhängigkeit von der Schaltdrossel-Bauleistung N_B der Abb. 26,2 entnommen oder aus Gl. (26,5) errechnet werden. Das so ermittelte Gesamtgewicht ist natürlich nur als vorläufiger Schätzwert anzusehen; eine Änderung kann sich insbesondere dann noch ergeben, wenn etwa mit Rücksicht auf den zugelassenen Wicklungsverlust von den auf S. 203 angegebenen, der Abb. 26,2 zugrunde liegenden Stromdichten abgewichen werden muß.

Das Gesamtgewicht ist nun zu zerlegen in das Kupfergewicht G_{Cu} und das Eisengewicht G_{Fe}. Das Verhältnis

$$v_G = \frac{G_{\mathrm{Cu}}}{G_{\mathrm{Fe}}}$$

ausgeführter Schaltdrosseln variierte bei Nickeleisen zwischen 0,59 und 1,95, während es bei Siliziumeisen durchweg unter 1 lag. Für Nickeleisen würde also ein Wert

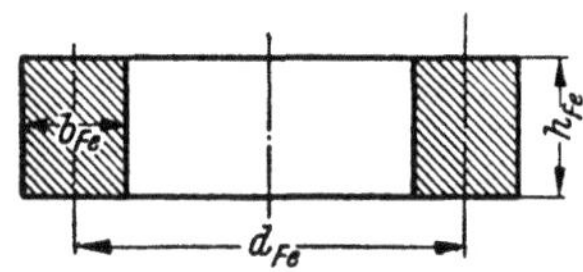

Abb. 33,1. Querschnitt durch den Eisenkern einer Schaltdrossel.

v_G von ungefähr 1,2 bis 1,5 ein geeigneter Ausgangswert für den ersten Entwurf der Schaltdrossel sein. Das Verhältnis wird, wie gesagt, außer durch die Preise der Werkstoffe auch durch die gewünschten Eigenschaften der Drossel mitbestimmt. Viel Kupfer z. B. ergibt eine hohe Windungszahl und infolgedessen einen geringen Magnetisierungsstrom (Stufenstrom), aber eine hohe Luftinduktivität. Wo es auf besonders geringe Induktivität ankommt, muß daher viel Eisen aufgewandt, v_G also klein gewählt werden.

Nach Wahl von v_G ergibt sich das Eisengewicht aus dem Gesamtgewicht G durch die Beziehung

$$G_{\mathrm{Fe}} = \frac{G}{1 + v_G} \, . \tag{(33,3)}$$

Aus dem Eisengewicht können unter Verwendung einiger weiterer Erfahrungszahlen die Abmessungen des Ringkernes bestimmt werden. Es ist

$$G_{\mathrm{Fe}} = \gamma \, l_{\mathrm{Fe}} \, q_{\mathrm{Fe}} = \gamma \, \pi \, d_{\mathrm{Fe}} \, q_{\mathrm{Fe}} \tag{(33,4)}$$

mit

d_{Fe} = mittlerer Durchmesser des Eisenkernes,
γ = Wichte des Kernwerkstoffes (z. B. 8,25 g/cm³ für Permenorm 5000 Z).

Damit ist das Produkt $d_{\mathrm{Fe}} \, q_{\mathrm{Fe}}$ bekannt. Seine Zerlegung in d_{Fe} und q_{Fe} erfordert noch einige weitere Überlegungen. Der Bruttoquerschnitt des Eisenkernes ist

$$h_{\mathrm{Fe}} \, b_{\mathrm{Fe}} = q_{\mathrm{Fe}}/f_{\mathrm{Fe}}$$

mit

f_{Fe} = Eisenfüllfaktor (z. B. etwa 0,8 bei Permenorm 5000 Z mit 0,05 mm Banddicke),
b_{Fe} = radiale Breite des Kernquerschnittes,
h_{Fe} = axiale Höhe des Kernquerschnittes (s. Abb. 33,1).

Das Seitenverhältnis $v_q = h_{\mathrm{Fe}}/b_{\mathrm{Fe}}$ des Bruttoquerschnittes kann Werte zwischen 1 und mehr als 2 erhalten. Der Wert $v_q = 1$ ergibt für einen gegebenen Kernquerschnitt die geringste Kupferlänge einer Windung. Eine Heraufsetzung von v_q dagegen bringt eine verhältnismäßige Vergrößerung der für die Kühlung vorzugsweise in Frage kommenden Mantelfläche und hat auch einen geringen Einfluß auf die Form der magnetischen Kennlinie der Schaltdrossel insofern, als das Verhältnis $2 b_{\mathrm{Fe}}/d_{\mathrm{Fe}}$ dann kleiner und die Steilheit der Flanken der Hystereseschleife daher etwas größer wird (s. Abschn. 17.1). Früher wurde vielfach $v_q \approx 1$ gewählt. Auch heute würde ein derartiger Wert noch am Platze sein, wenn es auf eine geringe Bauhöhe der Drossel ankommt. Im allgemeinen bevorzugt man aber, insbesondere bei den jetzt gebräuchlichen Vollkupferwicklungen, höhere Werte. Bei Schaltdrosseln mit besonderem Einschaltkern geht man für den Ausschaltkern mit v_q hinauf bis zu etwa 1,5, bei Schaltdrosseln ohne Einschaltkern bis zu 2 und sogar noch darüber.

Führt man f_{Fe} und v_q in Gl. (33,4) des Eisengewichtes ein, so erhält man

$$G_{\mathrm{Fe}} = \gamma \, \pi \, d_{\mathrm{Fe}} \, f_{\mathrm{Fe}} \, v_q \, b_{\mathrm{Fe}}^2 \, .$$

Hierin sind d_{Fe} und b_{Fe} noch unbekannt. Für das Verhältnis $v_d = 2 b_{\mathrm{Fe}}/d_{\mathrm{Fe}}$ liegen ebenfalls Erfahrungswerte ausgeführter Schaltdrosseln vor, die bereits in Abschn. 17,1 mit 0,25 bis 0,45 für Scheibenspulenwicklungen aus Kupferpreßseil und mit 0,4 bis 0,84 für Vollkupferwicklungen angegeben wurden. Je höher der Wert v_d ist, desto kompakter ist die Drossel, aber desto geringer ist auch die Flankensteilheit der Hystereseschleife infolge der mit wachsender radialer Breite des Kernquerschnittes zunehmenden Verschiedenheit der Feldstärken der einzelnen Windungen des Eisenbandes. Je größer v_d, desto kleiner wird die vom Ringkern umfaßte Kreisfläche. Daher darf v_d nur so groß gewählt werden, daß sich die Wicklung noch bequem in dieser Kreisfläche unterbringen läßt, wobei gegebenenfalls auch noch genügend freier Raum im Zentrum für das Hindurchführen der Wickelgabel bzw. zum Einbringen der inneren Windungsteile der Vollkupferwicklung verbleiben muß.

Führt man auch v_d noch in die Gleichung für das Eisengewicht ein, so wird

$$G_{\mathrm{Fe}} = \gamma \, \pi \, f_{\mathrm{Fe}} \, \frac{v_q}{v_d} \, 2 b_{\mathrm{Fe}}^3 \, , \tag{33,5}$$

woraus die radiale Kernbreite folgt zu

$$b_{\mathrm{Fe}} = \sqrt[3]{\frac{v_d}{v_q} \, \frac{G_{\mathrm{Fe}}}{2 \pi \, \gamma \, f_{\mathrm{Fe}}}} \, . \tag{33,6}$$

Mit Benutzung von Gl. (33,3) kann man auch gleich auf das Gesamtgewicht G der Drossel zurückgehen und erhält dann

$$b_{\mathrm{Fe}} = \sqrt[3]{\frac{v_d}{v_q \, (1 + v_G)} \, \frac{G}{2 \pi \, \gamma \, f_{\mathrm{Fe}}}} \, . \tag{33,7}$$

Nach Wahl von v_G, v_q und v_d kann also die radiale Kernbreite b_{Fe} sofort aus dem Gesamtgewicht der Drossel berechnet werden. Mit b_{Fe} folgt dann die Kernhöhe zu

$$h_{\mathrm{Fe}} = v_q \, b_{\mathrm{Fe}} \tag{33,8}$$

und der mittlere Kerndurchmesser zu

$$d_{\mathrm{Fe}} = \frac{2 \, b_{\mathrm{Fe}}}{v_d} \, . \tag{33,9}$$

Anstatt nach der Kernbreite b_{Fe} kann man die Gl. (33,5) des Kerngewichtes natürlich ebensogut nach dem Kerndurchmesser d_{Fe} auflösen und erhält dann eine der Gl. (33,9) entsprechende Formel für b_{Fe}.

Damit sind die Abmessungen des Eisenkernes in erster Annäherung festgelegt. Es ist sodann das Seitenverhältnis v_q des Kernquerschnittes bei gleichbleibender

Fläche so abzuändern, daß h_{Fe} durch normale Bandbreiten hergestellt werden kann. Darauf ist noch zu prüfen, ob die Wicklung sich gut unterbringen läßt bzw. ob der Innenraum des Ringkernes nicht unnötig groß ist und ob die Werte des Wicklungsverlustes, des Stufenstromes und der Luftinduktivität den Erfordernissen entsprechen. Trifft das nicht zu, so muß der Kerndurchmesser geändert oder die Rechnung mit geänderten Werten von v_G, v_q und v_d wiederholt werden. Die Abmessungen des Ringkernes werden natürlich wesentlich durch die für eine bestimmte Wicklungs- und Kühlungsart erwärmungsmäßig noch zulässige Stromdichte oder durch den mit Rücksicht auf einen guten Wirkungsgrad noch zulässigen Wicklungsverlust der Schaltdrossel mitbestimmt. Machen diese Umstände eine Herabsetzung der Stromdichte gegenüber den auf S. 203 genannten Werten erforderlich, so muß man bei der 2. Annäherung von einem entsprechend heraufgesetzten Gesamtgewicht ausgehen.

In der Praxis entnimmt man die Abmessungen des Eisenkernes einer schon vorher festgelegten Baureihe (Typenreihe) von Schaltdrosselkernen, die mit bestimmten Voraussetzungen hinsichtlich der Ausführung der Wicklung, der Luftinduktivität, des Stufenstromes und der Wicklungsverluste bei bestmöglicher Ausnutzung des verfügbaren Raumes genau durchgerechnet sind. Für eine gegebene Kontaktumformerschaltung kann unter Zugrundelegung einer bestimmten Überlastbarkeit und mittlerer Werte der Netzreaktanz und der Spannungsabfälle den einzelnen Kerngrößen der Baureihe auch gleich die damit erreichbare Gleichstromleistung tabellarisch zugeordnet werden, wodurch sich die Auswahl der Kerne sehr vereinfacht. Selbstverständlich müssen, nachdem auch die Abmessungen der zugehörigen Wicklung festgelegt sind, in jedem Einzelfalle der Wicklungsverlust und die Luftinduktivität der Drossel sowie die Höhe des Stufenstromes und die Stufenneigung nachgeprüft werden, und bei Überschreitung der zulässigen Werte ist eine Änderung des Entwurfes erforderlich.

Reaktanzspannung und Stufenstrom bzw. Stufenneigung können, wie aus den bereits früher gemachten Ausführungen hervorgeht, bei einer Schaltdrossel gegebenen Gesamtgewichtes nicht getrennt voneinander beeinflußt werden, sondern beide Größen sind miteinander verknüpft. Verringerung des Kupfergewichtes, d. h. Verminderung der Windungszahl, ergibt eine Abnahme der Reaktanzspannung, aber eine Zunahme des Stufenstromes, und umgekehrt. Somit können bei gegebenem Gesamtgewicht durch eine Entwurfsänderung nicht gleichzeitig *beide* Größen vermindert werden, und es muß infolgedessen von Fall zu Fall derjenige Kompromiß gewählt werden, der den jeweiligen Bedingungen am besten entspricht. Die genannte Verknüpfung von Reaktanzspannung und Stufenneigung ist von besonderer Bedeutung für die 3phasige Dreidrossel-Brückenschaltung, und zwar insofern, als durch sie der mit dieser Schaltung unter gegebenen Bedingungen erhältlichen Gleichstromleistung eine obere Grenze gesetzt ist. Einerseits nämlich darf ganz allgemein bei Ausschaltkernen die Stufenneigung Δi_{st} nach Gl. (33,2) mit Rücksicht auf die Ausschaltbedingungen in Anbetracht der Grenzen, die sich bei der Anpassung der Vormagnetisierung praktisch ergeben, eine gewisse Größe nicht überschreiten; bei Einschaltkernen liegen die Verhältnisse hinsichtlich der Einschaltbedingungen ähnlich. Hierdurch ist der Kleinstwert von w festgelegt und damit auch ein nicht mehr unterschreitbarer Betrag der Luftreaktanz der Drossel. Andererseits aber ist für die sich damit ergebende gesamte Reaktanzspannung der zulässige Höchstgleichstrom und damit die höchste Gleichstromleistung dann begrenzt durch die 60°-Bedingung.

34. Die Luftinduktivität der Schaltdrosselspule.

Unter „Luftinduktivität" L_D einer Schaltdrossel wird in Übereinstimmung mit Abschn. 29.3 diejenige Induktivität verstanden, die zwischen den Klemmen der Hauptwicklung gemessen werden würde, wenn an Stelle des Eisenkernes lediglich Luft in der Spule enthalten wäre. In praktischen Fällen kann die Wicklung auf einen Holzkern montiert werden, wenn beabsichtigt ist, die berechnete Induktivität durch Laboratoriumsmessungen nachzuprüfen.

Zwecks Ableitung der Formeln zur Berechnung von L_D wird von dem Fall einer Toroidwicklung mit unendlich kleiner Wicklungsdicke nach Abb. 34,1 a ausgegangen. Die allgemeine Definition der Induktivität als „Flußverkettung je Ampere" ist gegeben durch

$$L = \frac{w\,\Phi}{i}. \qquad (34,1)$$

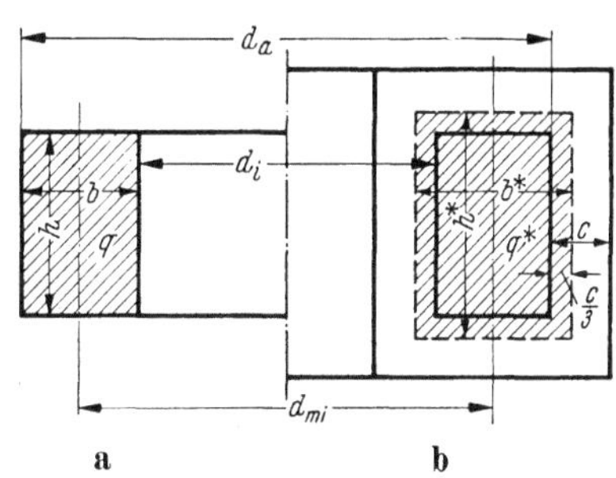

Abb. 34,1. Zur Berechnung der Luftinduktivität einer Toroidwicklung.

a Querschnitt bei unendlich kleiner Wicklungsdicke; — b Querschnitt bei endlicher Wicklungsdicke.

34.1 Vereinfachte Formel.

Wenn die radiale Breite b des von der Spule umfaßten Querschnittes q klein ist gegen den mittleren Durchmesser d_{mi} der Spule, so kann der Einfachheit halber das magnetische Feld als unabhängig von der Änderung des Radius homogen über die ganze Querschnittsfläche verteilt angenommen werden. Mit

$\Phi = \mu_0 H q = $ Kraftfluß in Vs,

$\mu_0 = $ Permeabilität des Raumes in H/cm,

$q = hb = $ umfaßter Querschnitt in cm²,

$H = \dfrac{wi}{l_{mi}} = $ Feldstärke in A/cm,

$l_{mi} = d_{mi}\pi = $ mittlere Kraftlinienlänge in cm,

$w \; - $ Windungszahl der Wicklung

erhält man dann für die Induktivität

$$L_D = \frac{w}{i}\,\mu_0\, q\, \frac{wi}{l_{mi}} = w^2\, \mu_0\, \frac{q}{l_{mi}}\; \text{H}. \qquad (34,2)$$

Das ist der Ausdruck für L_D, der bereits in Abschn. 29.3 in Gl. (29,5) benutzt wurde.

Praktisch ausgeführte Wicklungen haben nun aber eine endliche Wicklungsdicke c (Abb. 34,1 b). Um den Kraftfluß durch die der Wicklungsdicke entsprechende zusätzliche Querschnittsfläche, die von der Wicklung selbst eingenommen wird, zu berücksichtigen, kann das magnetische Feld als über eine vergrößerte Fläche q^* homogen verteilt und der gesamte Kraftfluß $\mu_0 H q^*$ als mit der vollen Windungszahl w verkettet betrachtet werden. Der fiktive Querschnitt q^* ist der allseitig um $^1/_3$ der Wicklungsdicke c vergrößerte Querschnitt q.

Diese Art, die endliche Wicklungsdicke zu berücksichtigen, ist ein bei der Streuungsberechnung von Transformatoren allgemein gebräuchliches Verfahren[1]. Bei Vollkupferwicklungen mit nur einer einzigen Leiterlage wäre bei gleichmäßiger Verteilung der Stromdichte über den Leiterquerschnitt in den Formeln anstatt des Faktors $^1/_3$ der Faktor $^1/_2$ zu erwarten. Durch die in solchen Wicklungen entstehenden Wirbelströme wird aber die Induktivität etwas herabgesetzt, so daß man auch bei Vollkupferwicklungen näherungsweise mit dem Faktor $^1/_3$ rechnen darf (siehe z. B. den auf S. 498 mitgeteilten Vergleich eines gemessenen Wertes mit dem aus den Abmessungen mit $^1/_3$ der Wicklungsdicke berechneten).

---

[1] Siehe z. B. VIDMAR: [7.3] S. 98/99. — RICHTER: [7.5] S. 61.

Die vorstehende Behandlungsweise setzt einen kreisförmigen Verlauf der Kraftlinien voraus. In Wirklichkeit breiten sich aber bei der üblichen Anordnung der
Wicklung in Scheibenspulen oder in einzelnen Vollkupferwindungen infolge des
Winkels zwischen den einzelnen Spulen bzw. Windungen die Kraftlinien noch etwas
nach außen aus, wie das in Abb. 34,2 angedeutet ist. Diesem Kraftlinienbild entspricht eine etwas vergrößerte magnetische Leitfähigkeit und damit ein etwas vergrößerter Kraftfluß. In der Berechnungsformel für die Induktivität wird das
durch die Einführung eines Leitfähigkeitsfaktors λ berücksichtigt, der etwas größer
als 1 ist. Mit

$$h^* = h + \tfrac{2}{3} c \, , \tag{34,3}$$

$$b^* = b + \tfrac{2}{3} c \tag{34,4}$$

und
$$q^* = h^* b^* \tag{34,5}$$

folgt dann für die Luftinduktivität aus Gl. (34,2) die allgemeine Gleichung

$$L_D = w^2 \, \mu_0 \, \frac{\lambda \, q^*}{l_{mi}} \cdot \tag{34,6}$$

Diese Gleichung gilt zunächst einmal für eine Anordnung nach Abb. 34,1 b mit
rechteckförmigem Querschnitt und gleichmäßiger Wicklungsdicke. Sie kann jedoch

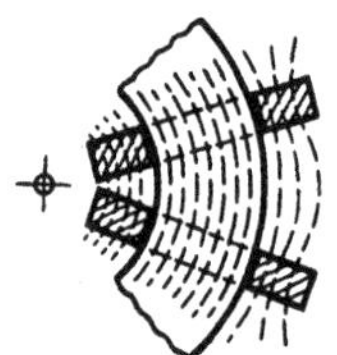

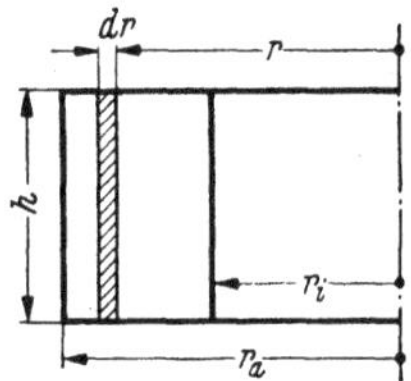

Abb. 34,2. Ausbreitung der Kraftlinien in radialer
Richtung bei einer Scheibenspulenwicklung.

Abb. 34,3. Zur Berechnung der Luftinduktivität einer
Toroidwicklung. Querschnitt bei unendlich kleiner
Wicklungsdicke.

auch für angenäherte Berechnungen benutzt werden, falls der Querschnitt q eine
andere Form hat oder falls die Dicke der Wicklung an den einzelnen Seiten verschieden ist, wie z. B. in Abb. 34,5. Es ist dann lediglich erforderlich, die fiktive
Querschnittsfläche q^* so zu bestimmen, daß die Fläche q nach allen Seiten um $^1/_3$
der jeweiligen Wicklungsdicke vergrößert ist.

Wird in Gl. (34,6) noch der mittlere Spulendurchmesser d_{mi} eingeführt, der
Zahlenwert für μ_0 eingesetzt und λ auf 1,05 geschätzt, so geht diese Gleichung mit

$$\mu_0 = 1{,}256 \cdot 10^{-8} = 4\pi \, 10^{-9} \ \text{H/cm} \, ,$$

$$l_{mi} = d_{mi} \, \pi \ \text{in cm}$$

und h, b und c in cm über in die Endgleichung für rechteckförmigen Querschnitt:

$$L_D = 4{,}2 \, \frac{w^2}{d_{mi}} \left(h + \frac{2}{3} c \right) \left(b + \frac{2}{3} c \right) 10^{-9} \ \text{H.} \tag{34,7}$$

34.2 Genauere Formel.

Für solche Fälle, wo die Breite b nicht klein gegen den mittleren Durchmesser d_{mi}
ist, läßt sich eine genauere Formel ableiten, die die Änderung der Feldstärke mit
dem Radius berücksichtigt. Zunächst werde wiederum eine unendlich kleine Wick-
ungsdicke angenommen (Abb. 34,3). Mit

$$dq = h\,dr = \text{Differentialfläche in cm}^2$$

und
$$H = \frac{w\,i}{2\,\pi\,r} = \text{Feldstärke in A/cm}$$

wird der Kraftfluß durch den Querschnitt q

$$\left.\begin{aligned}
\Phi &= \mu_0 \int_{r_i}^{r_a} H\,dq = \mu_0\,h\,\frac{w\,i}{2\pi}\int_{r_i}^{r_a}\frac{dr}{r}\\
&= 2\,h\,w\,i\ln\frac{r_a}{r_i}10^{-9}\ \text{Vs/cm}^2.
\end{aligned}\right\} \tag{34,8}$$

Ersetzt man den natürlichen Logarithmus ln durch den Briggschen Logarithmus lg und ferner die Radien durch die Durchmesser, so erhält man mit

$$\ln = 2{,}303\cdot\lg$$

und
$$\frac{r_a}{r_i} = \frac{d_a}{d_i}$$

aus Gl. (34,1) mit Φ aus Gl. (34,8) für die Induktivität bei unendlich kleiner Wicklungsdicke:

$$\left.\begin{aligned}
L &= 2\,w^2\,h\ln\frac{r_a}{r_i}10^{-9}\\
&= 4{,}606\,w^2\,h\lg\frac{d_a}{d_i}10^{-9}\ \text{H}.
\end{aligned}\right\} \tag{34,9}$$

Als praktisch ausgeführte Wicklungen mit *endlicher* Wicklungsdicke haben vor allem 2 Bauarten bisher Bedeutung erlangt:

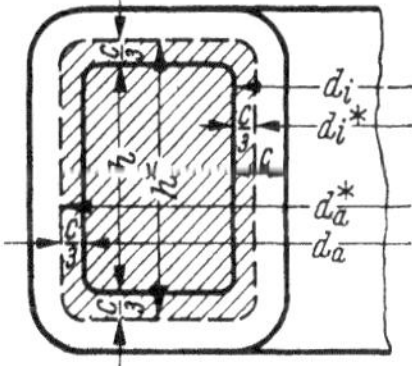

Abb. 34,4. Zur Berechnung der Luftinduktivität einer Scheibenspulenwicklung.

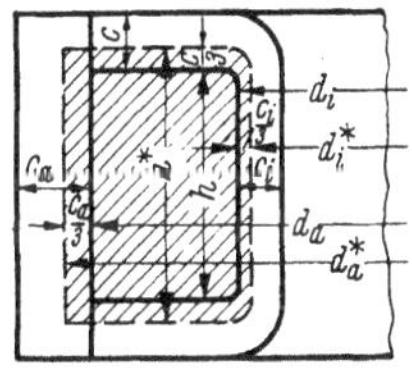

Abb. 34,5. Zur Berechnung der Luftinduktivität einer Vollkupferwicklung.

a) die Scheibenspulenwicklung (Abb. 34,4), bei der eine größere Anzahl von Windungen aus Kupferpreßseil oder Flachkupfer in radialer Richtung übereinander gewickelt sind. Die Wicklungsdicke ist hierbei auf dem ganzen Umfang der umfaßten Querschnittsfläche ungefähr gleich groß.

b) die Vollkupferwicklung (Abb. 34,5), die in radialer Richtung aus nur einer Windung besteht. Bei dieser hat die Wicklungsdicke auf den einzelnen Seiten verschieden große Werte: c_a auf der Außenseite, c oben und unten und c_i auf der Innenseite.

Das Verfahren, den zusätzlichen Kraftfluß zu berücksichtigen, der durch den von der Wicklung eingenommenen Raum verläuft, ist das gleiche wie in Abschn. 34.1. Somit treten an die Stelle der Querschnittshöhe h und der Durchmesser d_a und d_i von Gl. (34,9) die entsprechend $^1/_3$ der Wicklungsdicke geänderten fiktiven Werte

$$h^* = h + \tfrac{2}{3}c\,, \tag{34,3 wiederholt}$$

$$d_a^* = d_a + \tfrac{2}{3}c_a\,, \tag{34,10}$$

$$d_i^* = d_i - \tfrac{2}{3}c_i\,. \tag{34,11}$$

Es ergibt sich dann für die Luftinduktivität

$$L_D = \lambda\, 4{,}606\, w^2\, h^* \lg \frac{d_a^*}{d_i^*}\, 10^{-9}\ \text{H}\,,$$

und mit $\lambda = 1{,}05$ und den obigen Gln. (34,3), (34,10) und (34,11) erhält man dann die Endgleichung

$$L_D = 4{,}84\, w^2\, (h + \tfrac{2}{3} c)\, \lg \frac{d_a + \tfrac{2}{3} c_a}{d_i - \tfrac{2}{3} c_i}\, 10^{-9}\ \text{H}\,. \tag{34,12}$$

Dieses ist die meist verwendete Formel. Sie kommt insbesondere für Vollkupferwicklungen nach Abb. 34,5 in Frage.

34.3 Strenge Formel für Wicklungen mit gleichmäßiger Wicklungsdicke.

In Gl. (34,12) ist die Abhängigkeit der Feldstärke vom Radius für den von der Wicklung umfaßten Innenraum streng berücksichtigt. Dieser Raum führt den weitaus größten Teil des Kraftflusses. Für den von der Wicklung selbst eingenommenen Raum aber gründet sich die Erhöhung der Querschnittsabmessungen um $^1/_3$ der Wicklungsdicke immer noch auf eine als linear verlaufend angenommene Zunahme bzw. Abnahme der Feldstärke. Diese Annahme ist wegen der Abhängigkeit der Kraftlinienlänge $2\pi\, r$ vom Radius r nicht vollständig richtig. Für die Wicklungsausführung nach Abb. 34,4 (gleichmäßige Wicklungsdicke $c_a = c_i = c$) ist daher noch von M. Zühlke die folgende, streng richtige Formel entwickelt worden:

$$\begin{aligned} L_D &= \frac{2}{3}\, \lambda\, 2{,}303\, w^2\, k\, 10^{-9} = 1{,}61\, w^2\, k\, 10^{-9}\ \text{H} \\ &\text{mit} \\ k &= h \lg \frac{d_a}{d_i} + 2(h + c) \lg \frac{d_a + c}{d_i - c}\,. \end{aligned} \tag{34,13}$$

Bei verhältnismäßig kleinen Wicklungsdicken c, wie sie bei praktischen Ausführungen im allgemeinen vorkommen, ergibt sich nur ein sehr geringer Unterschied in den Ergebnissen der beiden Formeln (34,12) und (34,13), der vielleicht weniger ausmacht als die Ungenauigkeit, die mit der bloßen Schätzung von λ verbunden ist.

35. Leistungsfaktor und Verschiebungsfaktor.

Wenn Spannung und Strom beide einen sinusförmigen Verlauf und den gegenseitigen Phasenverschiebungswinkel φ haben, so ist der *Leistungsfaktor* λ identisch mit dem *Verschiebungsfaktor* $\cos\varphi$. Im Falle des Gleichrichterbetriebes kann die Netzspannung in der Regel trotz gewisser, durch die Stromwendung verursachter Verzerrungen immer noch als annähernd sinusförmig angesehen werden. Der Strom dagegen kann Oberwellen von beträchtlicher Größe enthalten; je geringer die Phasenzahl der Gleichrichtung, desto größer der Betrag der Stromoberwellen.

Ist die Spannung sinusförmig, der Strom aber durch Oberwellen verzerrt, so ist $\cos\varphi$ der Verschiebungsfaktor der Grundwelle des Stromes, und der Leistungsfaktor ist gegeben durch die Beziehung

$$\lambda = v \cos\varphi\,, \tag{35,1}$$

worin v der Verzerrungsfaktor ist. Der Verschiebungsfaktor ist definiert durch

$$\cos\varphi = \frac{N}{N_{s1}} = \frac{\text{Wirkleistung}}{\text{Scheinleistung der Grundwelle}}\,, \tag{35.2}$$

der Leistungsfaktor durch

$$\lambda = \frac{N}{N_s} = \frac{\text{Wirkleistung}}{\text{gesamte Scheinleistung}} \tag{35,3}$$

und der Verzerrungsfaktor durch

$$v = \frac{\lambda}{\cos \varphi} = \frac{N_{s1}}{N_s} = \frac{\text{Scheinleistung der Grundwelle}}{\text{gesamte Scheinleistung}}$$

$$\text{bzw.} = \frac{I_1}{I} = \frac{\text{Eff.-Wert des Grundwellenstromes}}{\text{Eff.-Wert des wirklichen Stromes}} . \tag{35,4}$$

Die Werte des Verzerrungsfaktors wurden bereits durch Gl. (27,8) und (27,9) sowie durch Tab. 27,3 (S. 221) gegeben.

Zur Aufstellung der Berechnungsgleichung für den Leistungsfaktor müssen gemäß Gl. (35,3) die Ausdrücke für die Wirkleistung und für die gesamte Scheinleistung bekannt sein. Die *Wirkleistungsaufnahme N* bei Nennlast (einschließlich der Leistungsverluste in den Widerständen der Transformator-, Saugdrossel- und Glättungsdrosselwicklungen, der Kontakte, der Stromschienen usw.) ist das Produkt aus der *inneren Gleichspannung* bei Nennstrom und dem Nenn-Gleichstrom, wie es gegeben ist durch

$$N = \underbrace{E_{g0}(\cos\alpha - g_0 - g_{\text{Fe}})}_{\text{innere Gleichspannung}} I_g = N_{g0}(\cos\alpha - g) . \tag{35,5}$$

Die innere Gleichspannung ist um den Betrag des induktiven Gleichspannungsabfalls $E_{g0}(g_0 + g_{\text{Fe}})$ kleiner als die gesteuerte Gleich-EMK $E_{g0}\cos\alpha$. Die *Scheinleistungsaufnahme N_s* ist bei Drehstrom das $\sqrt{3}$-fache des Produktes aus der primären Leiterspannung und dem primären Leiterstrom, also für Nennlast

$$N_s = \sqrt{3}\, E_N I_N . \tag{35,6}$$

35.1 Leistungsfaktor und Verschiebungsfaktor ohne Berücksichtigung des Transformator-Magnetisierungsstromes.

Zur Ableitung der Gleichungen sei wiederum die einfache 3phasige Sternpunktschaltung (Tab. 26,1 Schaltung Nr. 3) betrachtet. Wird mit Benutzung der in Tab. 26,1 angegebenen Beziehungen E_{g0} durch E und I_g durch I_N ausgedrückt, so kann mit $E_N = \sqrt{3}E$ für N_{g0} in Gl. (35,5) geschrieben werden

$$N_{g0} = E_{g0} I_g = \frac{3\sqrt{3}}{2\pi}\sqrt{3}\, E_N I_N . \tag{35,7}$$

Dann ergibt sich der Leistungsfaktor aus den Gln. (35,3) und (35,5) bis (35,7) wie folgt:

$$\lambda = \frac{N}{N_s} = \frac{\dfrac{3\sqrt{3}}{2\pi}\sqrt{3}\, E_N I_N (\cos\alpha - g)}{\sqrt{3}\, E_N I_N} . \tag{35,8}$$

In dieser Gleichung ist aber der erste Ausdruck $\dfrac{3\sqrt{3}}{2\pi}$ nichts anderes als der Verzerrungsfaktor v für $p = 3$ nach Gl. (27,9) und Tab. 27,3. Somit geht Gl. (35,8) über in die Endgleichung für den *Leistungsfaktor*:

$$\boxed{\lambda = v\,(\cos\alpha - g) ,} \tag{35,9}$$

worin der induktive Gleichspannungsabfall g durch Gl. (30,12) gegeben ist. Vergleicht man nun Gl. (35,9) mit Gl. (35,1), so ist ersichtlich, daß $(\cos\alpha - g)$ äquivalent ist

$\cos\varphi$. Somit kann der *Verschiebungsfaktor* berechnet werden aus der Beziehung

$$\boxed{\cos\varphi = \cos\alpha - g\,.}\tag{35,10}$$

Die Gln. (35,9) und (35,10) gelten nicht nur für die betrachtete 3phasige Sternpunktschaltung, sondern sie sind *allgemeingültig*, wovon man sich leicht mit Hilfe von Tab. 26,1 und 27,3 überzeugen kann. Sie gelten jedoch in der obigen Form zunächst für den Nenngleichstrom I_g. Für einen beliebigen Gleichstrom I'_g tritt an die Stelle von g nach Gl. (30,12) der induktive Gleichspannungsabfall g' nach Gl. (30,5). Diese Gleichung kann mit den bekannten Abkürzungen geschrieben werden

$$g' = \frac{K}{2}\,\varepsilon_W\,i_b + \Delta t_s\,\omega\,(\varepsilon' + \delta) + \Delta t_{Es}\,\omega\,\varepsilon'_E\,.\tag{35,11}$$

In Gl. (35,7) bis (35,9) wurde bei I_N nach Tab. 26,1 und bei v nach Tab. 27,3 von rechteckförmigen Kontaktströmen ausgegangen unter Vernachlässigung der Abnahme der Oberwellenströme, die infolge der Überlappung eintritt. Setzt man v mit den Werten von Tab. 27,3 in Gl. (35,9) ein, so erhält man also den Leistungsfaktor mit einem etwas zu niedrigen Wert, denn der wirkliche Verzerrungsfaktor steigt mit zunehmender Überlappung noch geringfügig an, und dementsprechend ist auch der tatsächliche Leistungsfaktor etwas höher. Bezüglich der genauen Berechnung siehe den Hinweis in Abschn. 26 auf S. 190.

35.2 Der Leistungsfaktor bei Gleichspannungsregelung.

Im Fall der Teilaussteuerungsregelung ändert sich der Leistungsfaktor ungefähr verhältnisgleich der Ausgangsgleichspannung. Das kann bewiesen werden durch Heranziehung der Gl. (30,20) der abgegebenen Gleichspannung für den Fall eines über den ganzen Regelbereich gleichbleibenden Gleichstromes von der Höhe des Nennstromes. Die Gleichung kann auch geschrieben werden

$$u_b + r = \cos\alpha - (g_0 + g_{\mathrm{Fe}}) = \cos\alpha - g\,.\tag{35,12}$$

Ersetzt man nun den Ausdruck $(\cos\alpha - g)$ in Gl. (35,9) durch Gl. (35,12), so ergibt sich

$$\left.\begin{aligned}\lambda &= v\,(u_b + r) = v\,u_b + v\,r \\ &= c_1\,u_b + c_2\,.\end{aligned}\right\}\tag{35,13}$$

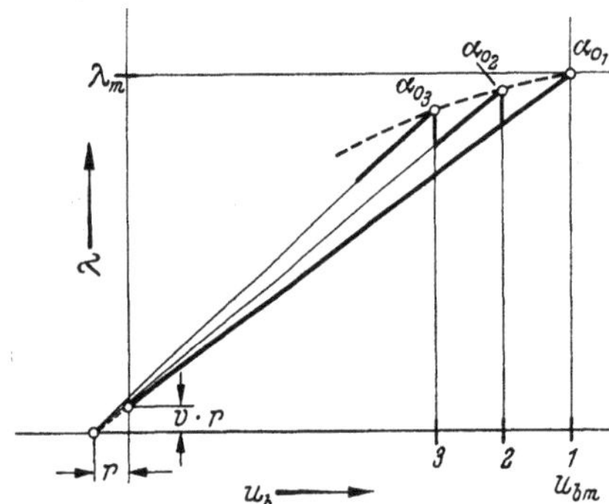

Abb. 35,1. Leistungsfaktor in Abhängigkeit von der Gleichspannung.

Diese Gleichung gibt die Abhängigkeit des Leistungsfaktors λ von der auf E_{g0} bezogenen Gleichspannung u_b wieder. Sie stellt eine gerade Linie dar (stark ausgezogene Linie in Abb. 35,1), die den Punkt des höchsten Leistungsfaktors λ_m bei der höchsten Gleichspannung u_{bm} mit dem Punkte $v\cdot r$ auf der senkrechten Achse bei $u_b = 0$ verbindet. Wie aus den Gln. (30,20) und (35,9) hervorgeht, werden die höchste Gleichspannung und der höchste Leistungsfaktor bei dem kleinsten Steuerwinkel α im Falle mechanischer Regelung bzw. bei $\delta = 0$ im Falle magnetischer Regelung erhalten. Bei der 3phasigen Dreidrossel-Brückenschaltung ist der kleinste Steuerwinkel der durch die 60°-Bedingung gegebene Sicherheitswinkel α_0.

Um ein übermäßiges Absinken des Leistungsfaktors infolge weitgehender Teilaussteuerung bei großen Regelbereichen zu vermeiden, wird, wie bereits in Abschn. 20 ausgeführt wurde, oft eine zusätzliche Grobregelung der Wechselspannung, beispielsweise durch Transformatoranzapfungen, vorgesehen (Abb. 35,1 Anzapfungen *1, 2* und *3*). Dann wird der größtmögliche Wert des Leistungsfaktors bei der höchsten Spannung jeder Stufe von neuem wieder erreicht. Bei der 3phasigen Dreidrossel-Brückenschaltung allerdings nimmt der Sicherheitswinkel α_0 auf den Stufen geringerer Wechselspannung in steigendem Maße größere Werte an, da die Stufenlänge und der elektrische Überlappungswinkel infolge der verminderten Wendespannung anwachsen. Folglich sinken die größtmöglichen Werte des Leistungsfaktors bei Wechselspannungsregelung mit abnehmender Spannung ebenfalls ab (Abb. 35,1 gestrichelte Linie, Punkte α_{01}, α_{02} und α_{03}). Das ist jedoch in geringerem Maße der Fall als bei alleiniger Verwendung der Teilaussteuerungsregelung. Die gestrichelte Linie in Abb. 35,1 würde auch den Verlauf des Leistungsfaktors in dem Fall darstellen, daß bei der 3phasigen Dreidrossel-Brückenschaltung ausschließlich eine Wechselspannungsregelung mit feinerer Stufung, z. B. unter Verwendung eines Lastschalters, benutzt wird.

35.3 Leistungsfaktor mit Berücksichtigung des Transformator-Magnetisierungsstromes.

Wie in dem räumlichen Leistungsdiagramm Abb. 35,2 dargestellt ist, besteht die gesamte Scheinleistung N_s aus 3 Komponenten: der Wirkleistung N, der Blindleistung N_{b1} der Grundwelle und der Verzerrungsblindleistung N_v. Das Diagramm ist als Raumdiagramm mit 3 aufeinander senkrecht stehenden Achsen aufzufassen. Die Größen N und N_{b1} beziehen sich auf die Grundwelle des Stromes und bilden ein rechtwinkliges Dreieck, dessen Basis die Grundwellenscheinleistung N_{s1} ist. Die letztgenannte und die Verzerrungsblindleistung N_v, die von den Oberwellen des Stromes herrührt, bilden ein zweites rechtwinkliges Dreieck mit der gesamten Scheinleistung N_s als Basis[1].

Durch Erweiterung dieses Diagramms wird eine angenäherte Berechnung des Leistungsfaktors λ_μ mit Einschluß des Transformator-Magnetisierungsstromes in einfacher Weise ermöglicht. Der Magnetisierungsstrom werde mit I_0 be-

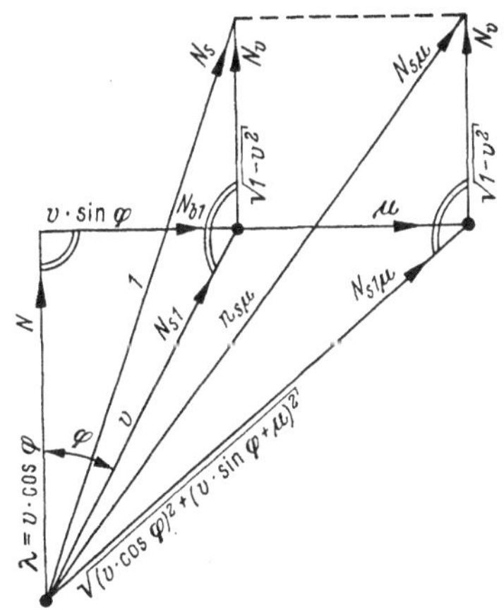

Abb. 35,2. Räumliches Leistungsdiagramm.

zeichnet und auf den Leiterstrom I_N (ohne Magnetisierungsstrom) des Gleichrichtertransformators bezogen:

$$\mu = \frac{I_0}{I_N}. \tag{35,14}$$

Beide Werte I_0 und I_N sind Effektivwerte. Dann stellt μ aber ebenfalls das Verhältnis der Magnetisierungsscheinleistung zur Scheinleistungsaufnahme des Gleichrichtertransformators (ohne Magnetisierungsscheinleistung) dar. Wird nun zur Vereinfachung angenommen, daß der Magnetisierungsstrom praktisch sinusförmig ist und in bezug auf die Sternspannung eine Phasenverschiebung von genau 90° besitzt, so kann das Leistungsdiagramm in der Weise abgewandelt werden, daß die Magnetisierungsleistung, die dann reine Grundwellenblindleistung ist, der bereits vorhandenen Grundwellenblindleistung N_{b1} in gleicher Richtung hinzugefügt wird. Die gesamte Grundwellenblindleistung würde dann $N_{b1\mu}$ sein. Nach anschließender

---

[1] Zur weiteren Unterrichtung siehe Normblatt DIN 40110/1939, S. 2.

Anfügung der Verzerrungsblindleistung N_v in senkrechter Richtung erhält man dann die gesamte Scheinleistung $N_{s\mu}$ (mit Einschluß der Magnetisierungsleistung), die größer ist als N_s.

Bezieht man alle Werte auf die Scheinleistung N_s (ohne Magnetisierungsleistung) als die Einheit 1, so ergeben sich für die übrigen Leistungen folgende Werte:

$$\begin{aligned}
&\text{Wirkleistung } N \quad\ldots\ldots\ldots\ldots\ldots\quad \lambda = v\cos\varphi, \\
&\text{Grundwellenblindleistung } N_{b1} \quad\ldots\ldots\quad v\sin\varphi, \\
&\text{Grundwellenscheinleistung } N_{s1} \quad\ldots\ldots\quad v, \\
&\text{Verzerrungsblindleistung } N_v \quad\ldots\ldots\quad \sqrt{1 - v^2}, \\
&\text{Magnetisierungsblindleistung} \quad\ldots\ldots\quad \mu.
\end{aligned}$$

Nach Hinzufügung der Magnetisierungsblindleistung μ ist die gesamte Grundwellenblindleistung dann $v\sin\varphi + \mu$. Der resultierende bezogene Wert $n_{s\mu}$ der gesamten Scheinleistung $N_{s\mu}$ nach der Definition

$$n_{s\mu} = \frac{N_{s\mu}}{N_s} \tag{33,15}$$

folgt damit aus dem räumlichen Leistungsdiagramm zu

$$\begin{aligned}
n_{s\mu} &= \sqrt{(v\cos\varphi)^2 + (v\sin\varphi + \mu)^2 + (1 - v^2)} \\
&= \sqrt{1 + 2\mu\,(v\sin\varphi) + \mu^2}\,. \tag{35,16}
\end{aligned}$$

Der zahlenmäßige Betrag von $n_{s\mu}$ ist etwas größer als 1. Mit Hilfe von $n_{s\mu}$ ergibt sich dann in einfacher Weise der Leistungsfaktor λ_μ mit Berücksichtigung des Transformator-Magnetisierungsstromes dadurch, daß man den unter Vernachlässigung des Magnetisierungsstromes gefundenen Leistungsfaktor λ durch $n_{s\mu}$ dividiert:

$$\lambda_\mu = \frac{N}{N_{s\mu}} = \frac{\lambda}{n_{s\mu}} = \frac{\lambda}{\sqrt{1 + 2\mu\,(v\sin\varphi) + \mu^2}}\,. \tag{35,17}$$

Was die Phasenzahl anbetrifft, so gelten die Werte v, λ und μ für die Gleichrichterschaltung bzw. die Gruppe von Gleichrichterschaltungen, die von dem betrachteten Transformator mit dem Magnetisierungsstrom I_0 und dem Leiterstrom I_N gespeist wird. Diese Gruppe möge die resultierende Phasenzahl p haben. Wenn nun n solcher Gruppen (mit n Transformatoren) parallel oder in Reihe mit Phasenversetzung betrieben werden, um die höhere Gesamtphasenzahl $n \cdot p$ der ganzen Anlage zu erhalten, so erhöht sich der resultierende Leistungsfaktor der Gesamtanlage im Verhältnis $v_{n\cdot p}/v_p$ und ist gegeben durch die Beziehung

$$\lambda_{\mu\,n\,p} = \frac{\lambda_p}{\sqrt{1 + 2\mu\,(v_p\sin\varphi) + \mu^2}} \cdot \frac{v_{n\cdot p}}{v_p}\,. \tag{35,18}$$

Die Berücksichtigung der Magnetisierungsblindleistung ergibt einen resultierenden Leistungsfaktor λ_μ, der niedriger ist als λ. Wird nun bei der Berechnung von λ mittels Gl. (35,9) der Verzerrungsfaktor v für rechteckförmigen Stromverlauf nach Tab. 27,3 eingesetzt, so ergibt sich für λ an sich schon ein etwas zu niedriger Wert, und im gleichen Maße ist dann auch λ_μ zu klein berechnet. Eine Verfeinerung der Berechnung des Leistungsfaktors durch die Berücksichtigung der Magnetisierungsblindleistung hat somit nur dann einen Sinn, wenn auch gleichzeitig λ mit Berücksichtigung der wirklichen, wegen der Überlappung von der Rechteckform abweichenden Stromform berechnet wird (s. S. 190). Beide Korrekturen sind von der gleichen Größenordnung, aber entgegengesetzt gerichtet. Verzichtet man auf die genauere Berechnung von λ und setzt v mit dem Wert der Tab. 27,3 ein, so erhält man im allgemeinen eine bessere Übereinstimmung mit dem wirklichen resultierenden Leistungsfaktor, wenn auch die Korrektur wegen der Magnetisierungsblindleistung unterlassen wird.

In der gleichen Weise wie die Magnetisierungsblindleistung des Transformators kann man natürlich auch die Blindleistungsaufnahme von Hilfskreisen zur Vormagnetisierung der Schaltdrosseln u. dgl. behandeln. Man berücksichtigt sie, indem man sie einfach zur Magnetisierungsblindleistung des Transformators hinzuschlägt. In entsprechender Weise kann die auf die Scheinleistung N_s bezogene Wirkleistungsaufnahme dieser Kreise der Wirkkomponente λ hinzugefügt werden.

36. Spezielle Berechnungen bei mechanischer Überlappungsanpassung.

Bei Verwendung der mechanischen Teilaussteuerungsregelung mit mechanischer Überlappungsanpassung wird üblicherweise der mechanische Überlappungswinkel u, also die Kontaktzeit x, in Abhängigkeit vom mechanischen Steuerwinkel α so geändert, daß eine gleichbleibende bezogene Leerlaufsicherheit σ_0 und damit auch ein gleichbleibender Grenzstrom i_{bm} bei allen Steuerwinkeln erhalten wird (vgl. Grenzstromkennlinie Abb. 31,7a). Wird dabei die Verschiebung des Einschaltzeitpunktes durch Verdrehung des Motorgehäuses bewirkt (Tab. 20,1 Regelart A 1 a α), so kann die Anpassung der Kontaktzeit mit Hilfe einer Kurvenscheibe 3 in der Anordnung

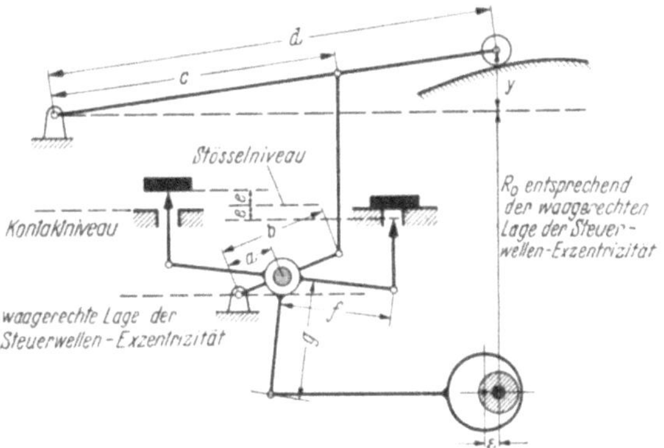

Abb. 36,1. Getriebeschema eines Kontaktumformers mit mechanischer Teilaussteuerungsregelung und mechanischer Überlappungsanpassung.

von Abb. 23,31 vorgenommen werden. Diese Anordnung ist unter Hinzufügung der Antriebswelle, des Pleuels und des Schwinghebels, der Stößel und der Kontakte in Abb. 36,1 noch einmal schematisch wiederholt. Das Ziel der Berechnung ist die Ermittlung des Kurvenscheibenhubes y. Wenn eine zusätzliche Wechselspannungsregelung durch Transformatoranzapfungen stattfindet (Tab. 20,1 Regelarten A 1 a und B 1 a kombiniert), so kann eine Anordnung nach Abb. 23,33 ausgeführt werden. Dort verstellt die erste Kurvenscheibe 3 die Kontaktzeit in Abhängigkeit vom Steuerwinkel α, die zweite Kurvenscheibe 10 paßt die Höhenlage der ganzen Stößelgruppe der jeweiligen Transformatoranzapfung an, und die dritte Kurvenscheibe 19 verstellt einen Anschlag für die obere Begrenzung der Verdrehung des Motorgehäuses nach Maßgabe des erforderlichen Sicherheitswinkels α_0, dessen Größe sich ebenfalls in Abhängigkeit von der Transformatoranzapfung ändert.

36.1 Mechanische Teilaussteuerungsregelung ohne Wechselspannungsregelung.

36.11 Überlappung und Kontaktzeit als Funktion des mechanischen Steuerwinkels.

Die Beziehung zwischen dem mechanischen Steuerwinkel α, dem mechanischen Überlappungswinkel u, dem Grenzstrom i_{bm} und der Stufenlänge Δt_s war gegeben durch Gl. (29,25). Da für eine gegebene Schaltdrossel Δt_s und Δt_{Es} konstante Werte sind, so wird der Ausdruck $\cos\alpha - \cos(\alpha + u)$ auch konstant, wenn ein bei allen

Steuerwinkeln gleichbleibender Grenzstrom i_{bm} gefordert wird. Infolgedessen folgt der Zusammenhang zwischen dem Überlappungswinkel u und dem Steuerwinkel α dem Gesetz der gleichbleibenden Spannungsfläche Gl. (21,2), d. h. für $i_{bm} = \text{const}$ folgt aus den beiden Gln. (29,25) und (21,2) die Beziehung

$$1 - \cos u_0 = u_s$$
$$= K\,\varepsilon_W\,i_{bm} + \varDelta t_s\,\omega\,(\varepsilon + \iota) + \varDelta t_{Es}\,\omega\,\beta_E = \text{const.} \tag{36,1}$$

Das ist die Berechnungsgleichung für u_0 und u_s. Nach Ermittlung von u_s kann dann mit Hilfe von Gl. (21,2) der mechanische Überlappungswinkel u in Abhängigkeit vom mechanischen Steuerwinkel α berechnet werden:

$$\cos(\alpha + u) = \cos\alpha - u_s. \tag{36,2}$$

Nachdem damit u bekannt ist, ergibt sich die Kontaktzeit x dann aus Gl. (5,1).

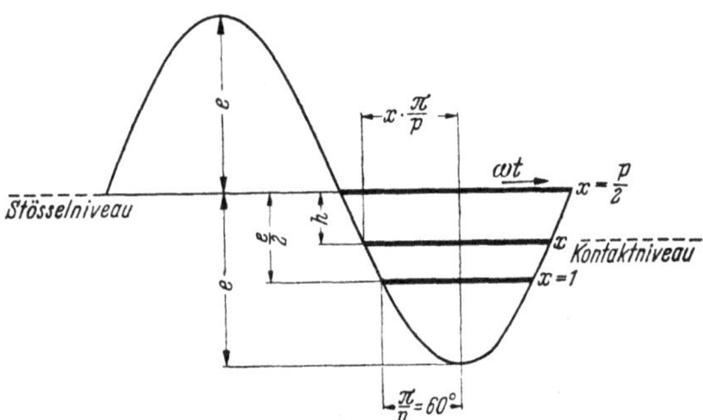

Abb. 36,2. Symmetrische Änderung der Kontaktzeit x bei dem Getriebe nach Abb. 36,1.

Benutzt man an Stelle der Gl.(29,25) des Grenzlastzustandes die Gl. (31,1) des Grundlastzustandes, so können u_0 und u_s anstatt aus dem Grenzstrom i_{bm} in entsprechender Weise aus der Leerlaufsicherheit τ_{0s} gefunden werden:

$$1 - \cos u_0 = u_s$$
$$= K\,\varepsilon_W\,i_{b0} + \varDelta t_s\,\omega\,(1 - \gamma + \varepsilon + \iota) - \tau_{0s}\,\omega + \varDelta t_{Es}\,\omega\,\beta_E = \text{const.} \tag{36,3}$$

36.12 Überlappung und Kontaktzeit als Funktion des Motorwinkels.

Wie bereits auseinandergesetzt wurde, verschieben sich bei einem Getriebe nach Abb. 36,1 der Einschaltzeitpunkt und der Ausschaltzeitpunkt symmetrisch in entgegengesetzter Richtung, wenn die Überlappungssteuerwelle verdreht wird (vgl. Abb. 23,11 und 36,2). Aus diesem Grunde ändert sich, wenn das Motorgehäuse zum Zwecke der Spannungsregelung verdreht wird und gleichzeitig eine Anpassung des Überlappungswinkels in der geschilderten Weise stattfindet, der Steuerwinkel α in stärkerem Maße als der Motorwinkel β.

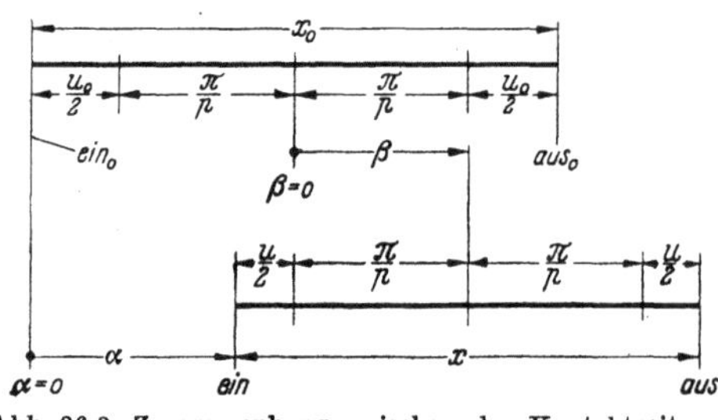

Abb. 36,3. Zusammenhang zwischen der Kontaktzeit x, dem mechanischen Steuerwinkel α und dem Motorwinkel β bei dem Getriebe nach Abb. 36,1.

Nun kann aber der jeweils vorliegende Motorwinkel β mit Leichtigkeit abgelesen werden, wenn eine gleichmäßig in Grad geteilte Skala am Motorgehäuse angebracht wird. Der Steuerwinkel α dagegen kann nicht auf eine ebenso einfache Weise angezeigt werden. Daher ist es gewöhnlich erwünscht, u und x als Funktion von β anstatt von α zu kennen.

Die Beziehung zwischen dem Motorwinkel β und dem entsprechenden Steuerwinkel α kann aus Abb. 36,3 abgeleitet werden. Bei $\alpha = 0$ hat die Kontaktzeit den größten Wert x_0, und wegen der symmetrischen Änderung der Kontaktzeit ist der entsprechende Punkt $\beta = 0$ bei $\frac{u_0}{2} + \frac{\pi}{p}$ gelegen. Wird nun der Motor um den Winkel β verdreht, so nimmt die Kontaktzeit auf den Wert x ab, wobei der Endpunkt des Winkels β bei $\alpha + \frac{u}{2} + \frac{\pi}{p}$ liegt. Somit ergibt sich aus Abb. 36,3 die Beziehung

$$\frac{u_0}{2} + \frac{\pi}{p} + \beta = \alpha + \frac{u}{2} + \frac{\pi}{p}$$

oder

$$\boxed{\alpha + \frac{u}{2} = \beta + \frac{u_0}{2}.} \tag{36,4}$$

Die Gl. (36,4) führt zu dem vereinfachten Diagramm Abb. 36,4, bei dem gegenüber Abb. 36,3 der Hauptwinkel $2\pi/p$ fortgelassen ist und das daher an Stelle der Kontaktzeiten nur noch die Überlappungswinkel enthält. Mit Benutzung der bekannten trigonometrischen Beziehung

$$\cos a - \cos b = -2 \sin \frac{a+b}{2} \sin \frac{a-b}{2}$$

erhält man

$$\cos\alpha - \cos(\alpha + u) = 2 \sin\left(\alpha + \frac{u}{2}\right) \sin \frac{u}{2}. \tag{36,5}$$

Ersetzt man hierin gemäß Gl. (36,4) noch $\alpha + \frac{u}{2}$ durch $\beta + \frac{u_0}{2}$ und setzt sodann den Ausdruck für $\cos\alpha - \cos(\alpha + u)$ in Gl. (21,2) ein, so erhält man die gesuchte *Beziehung zwischen dem mechanischen Überlappungswinkel u und dem Motorwinkel β:*

Abb. 36,4. Zusammenhang zwischen dem mechanischen Überlappungswinkel u, dem mechanischen Steuerwinkel α und dem Motorwinkel β bei mechanischer Teilaussteuerung.

$$\boxed{\sin\left(\beta + \frac{u_0}{2}\right) \sin \frac{u}{2} = \frac{u_s}{2}.} \tag{36,6}$$

Mit u_0 und u_s entweder aus Gl. (36,1) oder aus Gl. (36,3) kann nunmehr u als Funktion von β berechnet werden, und die Kontaktzeit x folgt sodann wieder aus Gl. (5,1).

36.13 Die Grenzen des Spannungsregelbereiches.

Auf der α-Skala ist die obere Grenze entweder $\alpha_{min} = 0$ oder, im Falle der 3phasigen Dreidrossel-Brückenschaltung, $\alpha_{min} = $ Sicherheitswinkel α_0 aus der $60°$-Bedingung. Die untere Grenze ergibt sich aus Gl. (30,16) oder (30,17) der abgegebenen Gleichspannung, wenn diese Gleichung auf den Zustand der niedrigsten Gleichspannung angewandt wird mit $U_g = U_{g\,min}$ und $\alpha = \alpha_{max}$. Um die entsprechenden Werte der β-Skala zu erhalten, berechnet man u_0 aus Gl. (36,1) oder (36,3), u_{max} und u_{min} aus Gl. (36,2), und sodann β_{min} und β_{max} aus Gl. (36,4). Mit den Werten von u können dann mittels Gl. (5,1) auch die Werte x_{max} und x_{min} der entsprechenden Kontaktzeiten gefunden werden.

36.14 Der Kurvenscheibenhub.

Nunmehr soll für die grundsätzliche Anordnung nach Abb. 36,1 der Kurvenscheibenhub y berechnet werden. Das Exzenter auf der Motorwelle verursacht eine Auf- und Abwärtsbewegung des Stößels, die in Abhängigkeit von der Zeit nach einer Sinuskurve verläuft. Die Amplitude e der Stößelbewegung ist die auf die Stößelachse bezogene Exzentrizität ε:

$$e = \varepsilon \frac{f}{g}. \tag{36,7}$$

Der gesamte Stößelweg ist demgemäß $2e$. Die Kontaktzeit x wird bestimmt durch die Lage des mittleren Niveaus der Stößelköpfe in bezug auf das Niveau der festen Kontaktstücke, wie aus Abb. 36,2 ersichtlich ist. Der Unterschied zwischen dem Stößelniveau und dem Kontaktniveau ist mit h bezeichnet. Wenn beide die gleiche Höhenlage haben ($h = 0$), so ist die absolute Kontaktzeit $2\pi/p + u = \pi$, und die bezogene Kontaktzeit nach Gl. (5,1) ergibt sich zu

$$x = \frac{\dfrac{2\pi}{p} + u}{\dfrac{2\pi}{p}} = \frac{\pi}{\dfrac{2\pi}{p}} = \frac{p}{2}, \qquad (36,8)$$

d. h., es ist $x = 1{,}5$ bei $p = 3$ (Dreiphasen-Gleichrichter) und $x = 1$ bei $p = 2$ (Einphasen-Gleichrichter).

Definitionsgemäß entspricht die Kontaktzeit $x = 1$ dem Hauptwinkel $2\pi/p$ (Überlappung gleich Null). Als Beispiel ist in Abb. 36,2 das Kontaktniveau bei $x = 1$ für den Fall eines 3phasigen Gleichrichters gezeigt (Hauptwinkel $2\pi/p = 120°$); die Niveaudifferenz h ist hierfür gleich $\frac{e}{2}$. Die Niveaudifferenz h für eine beliebige Kontaktzeit x ist, wie aus Abb. 36,2 hervorgeht, gegeben durch

$$h = e \cos\left(x\,\frac{\pi}{p}\right) = e \cos\left(\frac{\pi}{p} + \frac{u}{2}\right). \qquad (36,9)$$

Infolge des endlichen Wertes a der Exzentrizität der Überlappungssteuerwelle bewegt sich der Drehpunkt des Schwinghebels bei einer Änderung des Stößelniveaus nicht auf einer senkrechten Geraden, sondern auf einem Kreisbogen mit Radius a. Das hat zur Folge, daß sich bei einer Verdrehung der Steuerwelle die Kontaktzeiten der beiden Stößel nicht um genau den gleichen Betrag ändern. Um den hierdurch bedingten Unterschied in den Kontaktzeiten möglichst klein zu halten, ist es erwünscht, daß die Steuerwellenexzentrizität ihre waagerechte Lage bei einer Kontaktzeit erreicht, die ungefähr in der Mitte zwischen den Werten der Kontaktzeiten an den Grenzen des Spannungsregelbereiches liegt:

$$x_{mi} = \tfrac{1}{2}(x_{\max} + x_{\min}). \qquad (36,10)$$

Unter Umständen kann es statt dessen günstiger sein, den Umformer so einzustellen, daß die Exzentrizität ihre waagerechte Lage bei ungefähr der kleinsten Kontaktzeit erreicht, um dadurch die größte Kontaktzeitgenauigkeit auf dem unteren Teile des Regelbereichs zu erhalten. Der Grund hierfür ist, daß im unteren Teil des Regelbereichs der Überlappungswinkel ziemlich klein ist, so daß selbst eine nur geringe Abweichung von der erforderlichen Kontaktzeit bereits einen großen Fehler in dem tatsächlich resultierenden Überlappungswinkel verursachen kann.

Der Unterschied zwischen dem Kontaktniveau und dem Stößelniveau, der erforderlich ist, um die erwähnte mittlere Kontaktzeit x_{mi} zu erhalten, werde h_0 genannt. Der entsprechende Kurvenscheibenradius (von Mitte Motorwelle bis Mitte Hebelrolle) werde mit R_0 bezeichnet (s. Abb. 36,1). In dieser Stellung ist y gleich Null. Für irgendeine andere Kontaktzeit, der die Niveaudifferenz h zugeordnet ist, wird mit Berücksichtigung der Hebelarmverhältnisse der erforderliche Kurvenscheibenhub

$$y = (h - h_0)\,\frac{b}{a}\,\frac{d}{c}$$

und mit Benutzung von Gl. (36,7) und (36,9):

$$y = \varepsilon \frac{b\,d\,f}{a\,c\,g}\left(\cos x\,\frac{\pi}{p} - \cos x_{mi}\,\frac{\pi}{p}\right).$$ (36,11)

Der Hub y hat, sofern nicht gerade die waagerechte Lage des Steuerwellenexzenters der unteren Regelgrenze zugeordnet wurde, sowohl positive als auch negative Werte. Der gesamte Kurvenscheibenradius folgt nun zu

$$R = R_0 + y.$$ (36,12)

Mit Hilfe der Gln. (36,11) und (36,12) kann der Kurvenscheibenradius in Abhängigkeit vom Motorwinkel ermittelt werden, sobald die Kontaktzeit x in der im Abschn. 36.12 gezeigten Weise berechnet ist und die Abmessungen der mechanischen Konstruktion bekannt sind.

36.2 Mechanische Teilaussteuerungsregelung mit zusätzlicher Wechselspannungsregelung durch Transformatoranzapfungen.

Wenn Transformatoranzapfungen vorgesehen sind, so haben an sich wiederum die Grundgleichungen von Abschn. 32,3 Gültigkeit, jedoch mit dem Unterschied, daß jetzt die Kontaktzeit für einen gegebenen Motorwinkel noch zusätzlich nach Maßgabe der jeweiligen Anzapfung verändert werden muß. Die höchste Transformator-Sekundärspannung ist E; die Spannung auf der betrachteten Anzapfung ist $\varkappa E$ mit $\varkappa < 1$. Die Werte E_{g0}, ε_W, Δt_s, Δt_{Es} usw. beziehen sich auf die Spannung E. Bei der Spannung $\varkappa E$ der Anzapfung sind dann die Gln. (32,20) bis (32,22) gültig. Alle Berechnungen für die Spannung E der höchsten Stufe können in der in Abschn. 36.1 gezeigten Weise durchgeführt werden. Folglich hat der Umformer mit der sich daraus ergebenden Kurvenscheibe _3_ (s. Abb. 23,33) eine gegebene, gleichbleibende bezogene Leerlaufsicherheit σ_0 und einen gegebenen, gleichbleibenden Grenzstrom i_{bm} über den ganzen Bereich der Motorverdrehung auf der Spannungsstufe E.

Auf der Anzapfung $\varkappa E$ sind die Stufenlängen entsprechend den Gln. (32,21) und (32,22) vergrößert, und für den Grenzlastzustand ist Gl. (32,23) gültig, die jetzt geschrieben werden kann

$$\cos\alpha - \cos(\alpha + u_\varkappa) = K\,\varepsilon_{W\varkappa}\,i_{bm} + \frac{\Delta t_s}{\varkappa}\,\omega\,(\varepsilon + \iota) + \frac{\Delta t_{Es}}{\varkappa}\,\omega\,\beta_E$$

$$= 1 - \cos u_{0\varkappa} = u_{s\varkappa}.$$ (36,13)

In dieser Gleichung ist neben den Stufenlängen in der Regel auch die Reaktanzspannung des Wendekreises erhöht, da in Gl. (32,20) ε_s normalerweise größer ist als ε_p und infolgedessen $\varepsilon_{W\varkappa}$ einen höheren Betrag hat als ε_W. Aus Gl. (36,13) folgt ein gegenüber demjenigen auf der höchsten Spannungsstufe vergrößerter Überlappungswinkel, wenn der gleiche Grenzstrom i_{bm} wie auf der höchsten Stufe gewünscht wird. Bei Verwendung der 3phasigen Dreidrossel-Brückenschaltung muß die 60°-Bedingung Gl. (32,26) noch zusätzlich berücksichtigt werden. Aus dieser ergibt sich bei einem Grenzstrom gleicher Größe dann ein erhöhter Sicherheitswinkel $\alpha_{0\varkappa}$.

Mit der mechanischen Anordnung nach Abb. 23,33 wird eine erhöhte Kontaktzeit erreicht durch eine Verdrehung der Kurvenscheibe _10_ in solcher Richtung, daß ein kleinerer Radius wirksam wird. Wenn nun aber in Abhängigkeit von der jeweils benutzten Transformatoranzapfung die Kurvenscheibe in verschiedene Stellungen gebracht wird, so kann dadurch auf jeder Stufe nur ein bestimmter, fester Betrag der Änderung des Stößelniveaus bewirkt werden. Es läßt sich zeigen, daß, wenn zwar das Stößelniveau in dieser Weise verändert, dabei aber stets die gleiche Kurvenscheibe *3* verwendet wird, die Kontaktzeit nur für einen einzigen Punkt des Regelbereichs genau angepaßt werden kann. Bei den übrigen Stellungen des Motorgehäuses müssen gewisse Abweichungen von den gewünschten Kontaktzeiten in Kauf genommen werden. Infolgedessen werden auf den Stufen geringerer Spannung die Leerlaufsicherheit σ_0 und der Grenzstrom i_{bm} nicht mehr auf genau gleichbleibenden Werten gehalten. Das bringt jedoch keine Nachteile. Wird nämlich in Gl. (36,13) der gleiche Grenzstrom eingesetzt, wie er für die höchste Stufe gewählt worden war, so wächst der Betrag $\cos\alpha - \cos(\alpha + u_\varkappa)$ nicht in dem gleichen Maße wie die Stufenlänge $\Delta t_{s\varkappa} = \dfrac{\Delta t_s}{\varkappa}$, und es ist trotz der Zunahme des Überlappungswinkels $u_\varkappa$ nicht nur die absolute Leerlaufsicherheit $\tau_{0\varkappa}$, sondern selbst die bezogene Leerlaufsicherheit $\sigma_{0\varkappa}$ ohnehin größer als auf der höchsten Stufe, so daß folglich eine gewisse Änderung von σ_0 innerhalb des Teilaussteuerungs-Regelbereichs nicht weiter schädlich

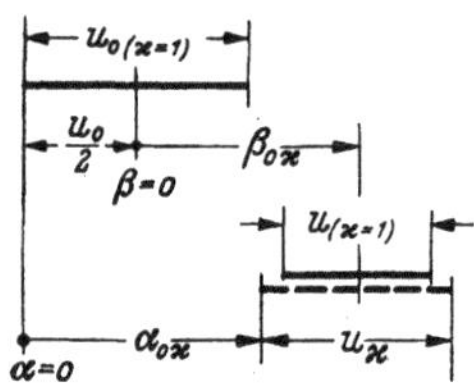

Abb. 36,5. Zusammenhang zwischen dem mechanischen Überlappungswinkel *u*, dem mechanischen Steuerwinkel *α* und dem Motorwinkel *β* bei mechanischer Teilaussteuerungsregelung mit zusätzlicher Wechselspannungsregelung.

ist. Aber eine Entscheidung darüber muß getroffen werden, an welcher Stelle des Regelbereichs die genaue Anpassung eintreten soll.

Bei der 3phasigen Dreidrossel-Brückenschaltung wird der Hub der Kurvenscheibe *10* gewöhnlich so berechnet, daß an der oberen Grenze des Spannungsregelbereichs, d. h. bei dem jeweiligen Sicherheitswinkel $\alpha_{0\varkappa}$, auf allen Stufen der gleiche Grenzstrom erhalten wird. Dann ergibt sich bei dieser höchsten Stellung der Teilaussteuerungsregelung eine Leerlaufsicherheit $\tau_{0s\varkappa}$, die um so höher ist, je niedriger die Transformatorstufe ist. Wenn dann auf einer bestimmten Transformatorstufe die Gleichspannung durch Teilaussteuerung verringert wird, so geht die Leerlaufsicherheit wieder in einem gewissen Umfange zurück, doch bleibt sie stets größer als der gleichbleibende Wert auf der höchsten Stufe, der der Berechnung der Stufenlänge zugrunde gelegt worden war. Diese Art der Berechnung soll nun im folgenden behandelt werden.

Zu allererst muß der Sicherheitswinkel $\alpha_{0\varkappa}$ in Abhängigkeit von $\varkappa$ mittels Gl. (32,26) berechnet werden. Sodann wird der entsprechende Überlappungswinkel $u_\varkappa$, der beim Sicherheitswinkel $\alpha_{0\varkappa}$ erforderlich ist, durch Abwandlung von Gl. (36,13) ermittelt:

$$\cos(\alpha_{0\varkappa} + u_\varkappa) = \cos\alpha_{0\varkappa} - K\,\varepsilon_{W\varkappa}\,i_{bm} - \frac{1}{\varkappa}\left[\Delta t_s\,\omega\,(\varepsilon + \iota) + \Delta t_{Es}\,\omega\,\beta_E\right]. \qquad (36,14)$$

Dieser Überlappungswinkel ist in Abb. 36,5 als starke, gestrichelte Linie dargestellt. Der entsprechende Sicherheitswinkel $\beta_{0\varkappa}$ auf der Motorwinkelskala kann jetzt leicht gefunden werden durch Abwandlung der Gl. (36,4) entsprechend Abb. 36,5 mit u_0 für $\varkappa = 1$:

$$\frac{u_{0(\varkappa=1)}}{2} + \beta_{0\varkappa} = \alpha_{0\varkappa} + \frac{u_\varkappa}{2}$$

oder

$$\beta_{0\varkappa} = \alpha_{0\varkappa} - \frac{u_0 - u_\varkappa}{2}. \qquad (36,15)$$

Befindet sich nun die linke Seite des Rollenhebels in der Stellung von Abb. 36,1, die der Spannung E der höchsten Stufe entspricht, und ist das Motorgehäuse auf den Winkel $\beta_{0\varkappa}$ eingestellt, so wird als Ergebnis der Änderung des Hubes von allein der Kurvenscheibe *3* nicht der gewünschte Überlappungswinkel $u_\varkappa$ erhalten, sondern der kleinere Überlappungswinkel $u_{(\varkappa=1)}$, der in Abb. 36,5 als starke, ausgezogene Linie dargestellt ist. Die Vergrößerung von $u_{(\varkappa=1)}$ auf $u_\varkappa$ muß somit durch eine Änderung des Hubes der Kurvenscheibe *10* hervorgebracht werden. Der Überlappungswinkel $u_{(\varkappa=1)}$ kann aus Gl. (36,6) gefunden werden mit $\beta=\beta_{0\varkappa}$ und mit u_0 und u_s für $\varkappa=1$. Um nun $u_{(\varkappa=1)}$ auf den benötigten Wert $u_\varkappa$ zu erhöhen, muß das Stößelniveau um den Betrag Δh gesenkt werden, der sich mit Benutzung von Gl. (36,9) ergibt zu

$$\Delta h = e\left[\cos\left(\frac{\pi}{p}+\frac{u_\varkappa}{2}\right)-\cos\left(\frac{\pi}{p}+\frac{u}{2}\right)\right]. \qquad (36,16)$$

Rechnet man noch Δh auf die Achse der Kurvenscheibe *10* um und ersetzt e durch ε gemäß Gl. (36,7), so ergibt sich nunmehr der Hub y_2 der Kurvenscheibe *10* zu

$$y_2 = \varepsilon\,\frac{b}{a}\,\frac{d}{d-c}\,\frac{f}{g}\left[\cos\left(\frac{\pi}{p}+\frac{u_\varkappa}{2}\right)-\cos\left(\frac{\pi}{p}+\frac{u}{2}\right)\right]. \qquad (36,17)$$

Die *Berechnung des Hubes der Kurvenscheibe 19* für die Begrenzung des Teilaussteuerungs-Regelbereichs nach oben auf den jeweiligen Sicherheitswinkel $\beta_{0\varkappa}$ hängt von der gewählten mechanischen Konstruktion der Anschlagverstellung ab. Da der Sicherheitswinkel $\beta_{0\varkappa}$ auf der Motorskala bereits aus Gl. (36,15) bekannt ist, so sind mit der Berechnung weiter keine Schwierigkeiten verbunden.

37. Die Berechnung der elektrischen Winkelgrößen.

Bei der Berechnung von Kontaktumformern sind 3 verschiedene Winkel von Wichtigkeit, die alle vom Zeitpunkt $\alpha=0$ der Gleichheit der Augenblickswerte zweier aufeinander folgender Phasenspannungen aus gerechnet werden:

1. der mechanische Steuerwinkel α,

2. der elektrische Steuerwinkel α', bei dem die Hauptstromwendung beginnt (= Ende der Einschaltstufe),

3. der Winkel α'', bei dem die Hauptstromwendung beendet ist und die Ausschaltstufe beginnt.

Die Differenz $\alpha''-\alpha'$ ist der elektrische Überlappungswinkel $\ddot{u}$.

Während nun aber der mechanische Steuerwinkel α ein ohne weiteres definierter Begriff ist, läßt sich das von den elektrischen Winkeln α' und α'' nicht sagen. Die Hystereseschleife der Schaltdrossel hat keine mathematisch scharfen Knicke, die entsprechend scharfe Ecken im Stromverlauf ergeben wür-

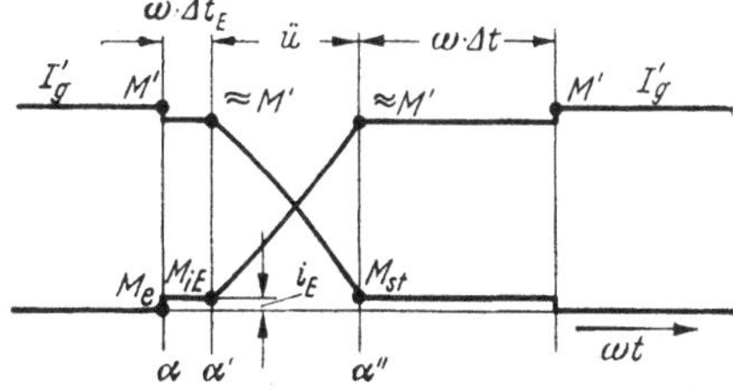

Abb. 37,1. Definition der Winkelgrößen.

den, sondern die Knie der Kennlinie sind gerundet und die Ecken der Stromkurven dementsprechend verschliffen. Wir definieren daher die genannten elektrischen Winkel als diejenigen Winkel, bei denen bestimmte Werte der Polarisation des Schaltdrosselkernes, die am Knie der Hystereseschleife liegen, zeitlich durchlaufen werden. Diese Polarisationswerte sind beim *Einschalten* der Wert M_{2E} des Endes der nutzbaren Einschaltstufe, falls getrennte Einschaltkerne verwendet werden (s. Abb. 18,10), bzw. der Wert M_2 des Endes einer vom Ausschaltkern erzeugten Einschaltstufe (s. Abb. 18,9), und beim *Ausschalten* der Wert $M_{st}=M_1$ des Beginns der nutzbaren Ausschaltstufe (s. Abb. 18,9). In Abb. 37,1 sind die Ströme während der Stromwendung noch einmal schematisch aufgezeichnet und die genannten Winkel eingetragen, wobei die Polarisationswerte des Ausschaltkernes bei den verschiedenen Winkeln vermerkt sind. Für einen gegebenen mechanischen Steuerwinkel α sollen jetzt die elektrischen Winkel α' nnd α'' berechnet werden.

37.1 Der elektrische Steuerwinkel α'.

Bezeichnet man im Falle der Verwendung eines getrennten Einschaltkernes den Strom in der Hauptwicklung der Schaltdrossel am Ende der Einschaltstufe mit i_E und die Polarisation des Ausschaltkernes bei diesem Strome entsprechend mit M_{iE}, so ergibt die Anwendung der Grundgleichung (29,19) allein auf den Abschnitt $\alpha - \alpha'$:

$$\cos\alpha - \cos\alpha' = \Delta t_s\,\omega\,\frac{M_{iE} - M_e}{\Delta M} + \Delta t_{Es}\,\omega\,\frac{M_{2E} - M_{EV}}{\Delta M_E}$$

und mit

$$M_{iE} \approx M_e \quad \text{und} \quad M_{2E} - M_{EV} = \Delta M_E :$$

$$\boxed{\cos\alpha' = \cos\alpha - \Delta t_{Es}\,\omega\,.} \tag{37,1}$$

Wird eine magnetische Teilaussteuerungsregelung mittels einer veränderbaren Einschaltstufe des Ausschaltkernes benutzt, so tritt in der Grundgleichung M_{eR} an die Stelle von M_e, so daß sich ergibt

$$\cos\alpha' = \cos\alpha - (\Delta t_s\,\omega\,\delta + \Delta t_{Es}\,\omega) \tag{37,2}$$

mit δ nach Gl. (30,11). Diese Formel ist nichts anderes als die um den Beitrag eines etwa verwendeten getrennten Einschaltkernes erweiterte Gl. (31,34).

37.2 Der Winkel α'' des Beginns der Ausschaltstufe.

Wendet man Gl. (29,19) für einen beliebigen Strom $I_g' = i_b I_g$ auf den Abschnitt $\alpha - \alpha''$ an, so erhält man

$$\cos\alpha - \cos\alpha'' = K\,\varepsilon_W\,i_b + \Delta t_s\,\omega\,\frac{M' - M_e + M' - M_{st}}{\Delta M} + \Delta t_{Es}\,\omega\,\frac{2\,M_E'}{\Delta M_E}$$

oder

$$\boxed{\cos\alpha'' = \cos\alpha - [K\,\varepsilon_W\,i_b + \Delta t_s\,\omega\,(\varepsilon' + \iota') + \Delta t_{Es}\,\omega\,\beta_E']\,.} \tag{37,3}$$

Für den Fall des Grundlaststromes I_{g0} lautet diese Gleichung:

$$\cos\alpha'' = \cos\alpha - [K\,\varepsilon_W\,i_{b0} + \Delta t_s\,\omega\,(\varepsilon_0 + \iota_0) + \Delta t_{Es}\,\omega\,\beta_{E0}]\,, \tag{37,4}$$

und für den Nennstrom I_g geht sie über in

$$\cos\alpha'' = \cos\alpha - [K\,\varepsilon_W + \Delta t_s\,\omega\,(\varepsilon + \iota) + \Delta t_{Es}\,\omega\,\beta_E]\,. \tag{37,5}$$

Für den Grenzstrom I_{gm} eines starren Kontaktumformers wird $\cos\alpha''$ gleich $\cos(\alpha + u)$. Dieser Winkel war bereits in Abschn. 36 bei der Berechnung der mechanischen Überlappungsanpassung benutzt worden und ist gegeben durch Gl. (36,2) unter Mitverwendung von Gl. (36,1).

Bei *magnetischer* Teilaussteuerungsregelung ist in der Grundgleichung wiederum M_e durch M_{eR} zu ersetzen. Gl. (37,3) geht daher dann über in

$$\cos\alpha'' = \cos\alpha - [K\,\varepsilon_W\,i_b + \Delta t_s\,\omega\,(\varepsilon' + \iota' + \delta) + \Delta t_{Es}\,\omega\,\beta_E']\,, \tag{37,6}$$

und auch die Gln. (37,4) und (37,5) müssen dann entsprechend durch den Summanden δ ergänzt werden.

37.3 Der elektrische Überlappungswinkel $\ddot{u}$.

Für beliebigen Steuerwinkel gilt

$$\ddot{u} = \alpha'' - \alpha'. \qquad (37,7)$$

Von besonderem Interesse ist zuweilen (z. B. bei der Berechnung von Saugdrossel-spulen, s. Abschn. 27,4) der elektrische Überlappungswinkel $\ddot{u}_s$ unter dem Scheitel-wert der Wendespannung. Er kann mit Hilfe von $\cos\alpha'$ und $\cos\alpha'' = \cos(\alpha' + \ddot{u})$ aus Gl. (21,1) gefunden werden:

$$\cos\alpha' - \cos(\alpha' + \ddot{u}) = \cos\alpha' - \cos\alpha'' = 1 - \cos\ddot{u}_0 = \ddot{u}_s,$$

woraus sich für den Nennstrom I_g mit Benutzung von Gl. (37,1) und Gl. (37,5) ergibt:

$$\ddot{u}_s = K\,\varepsilon_W + \Delta t_s\,\omega\,(\varepsilon + \iota) + \Delta t_{E_s}\omega\,(\beta_E - 1)\,. \qquad (37,8)$$

Diese Formel gilt sowohl für mechanische als auch für magnetische Teilaussteuerungs-regelung, da bei der Differenzbildung der Gleichungen für $\cos\alpha'$ und $\cos\alpha''$ die Glieder $\cos\alpha$ und δ herausfallen.

VIII. Die Hilfsmagnetisierungsstromkreise.

Die Aufgabe der *Vormagnetisierungsstromkreise* ist es, die Stromstufen von ihrer natürlichen Höhenlage in eine zur Schaffung günstiger Schaltbedingungen erforder-liche Höhenlage zu verschieben. Die *Einschalt*stufe, die ohne Vormagnetisierung auf zu hohen positiven Stromwerten liegen würde, muß durch die Vormagnetisierung auf Werte unter 1 bis 1,5 A *gesenkt* werden. Die *Ausschalt*stufe dagegen, die ohne Vormagnetisierung mit negativen Stromwerten ablaufen würde, muß auf einen geringen positiven Betrag oder zumindest bis in die Nullinie *angehoben* werden. Die Wahl der richtigen Vormagnetisierungsart und eine gute Anpassung an den Verlauf des natürlichen Stufenstromes gehören zu den wichtigsten Voraussetzungen für das einwandfreie Arbeiten eines Kontaktumformers, und die Vielfalt der dazu zur Ver-fügung stehenden Mittel gibt auch die Möglichkeit, in jedem Einzelfalle eine zweck-mäßige Lösung zu finden.

In engem Zusammenhange mit der Vormagnetisierung stehen die sogenannten *Streckkreise.* Diese haben den Zweck, die Form der Stromstufe des Ausschaltkernes zu verbessern und die Neigung der Stufe auf einen ungefähr waagerechten Verlauf zu vermindern. Hierdurch wird insbesondere bei größeren Teilaussteuerungs-Regel-bereichen eine bessere Anpassung der Vormagnetisierung ermöglicht. Die Streck-kreise sind keine eigentlichen, aktiven Vormagnetisierungskreise, sondern es handelt sich bei ihnen um passive Stromkreise, die an den Eisenkern der Schaltdrossel an-gekoppelt werden. Der von ihnen aufgenommene Strom ergänzt den natürlichen Magnetisierungsstrom der Schaltdrossel zu einem gesamten Stufenstrom mit besser geeignetem Verlauf. Die Streckkreise sind also gewissermaßen ergänzende Bestand-teile der Schaltdrosseln. Ihre Behandlung wird daher noch vor diejenige der Vor-magnetisierungskreise an den Anfang dieses Kapitels gestellt.

An dritter Stelle folgen dann die *Rückmagnetisierungsstromkreise.* Diese Strom-kreise dienen dazu, die Eisenkerne der Schaltdrosseln nach Ablauf der Ausschalt-stufe in einen für die Kontaktschließung erwünschten Polarisationszustand zu ver-setzen, sofern dieser Zustand nicht schon wie bei der 3phasigen Dreidrossel-Brückenschaltung ohne weiteres Zutun erreicht wird. Rückmagnetisierungsstromkreise sind bei allen denjenigen Schaltungen notwendig, in denen die Hauptwicklung der Schaltdrossel von nur einseitig gerichteten Laststromimpulsen durchflossen wird, wie das z. B. bei der 3phasigen Sechsdrossel-Brückenschaltung der Fall ist. Sie sind ferner allgemein erforderlich bei magnetischer Teilaussteuerungsregelung, wo mit ihrer Hilfe der Wert der im Einschaltaugenblick vorhandenen Polarisation und folglich die Länge der sich im Anschluß an die Kontaktberührung entwickelnden Einschaltstufe verändert wird.

38. Die Streckkreise.

38.1 Der einfache RC-Streckkreis.

Ein Streckkreis besteht in der einfachsten Form aus der Reihenschaltung eines Kondensators C und eines ohmschen Widerstandes R. Dieser Kreis wird entweder mit der Hauptwicklung der Schaltdrossel unmittelbar parallel geschaltet (Abb. 38,1 a), oder er wird mittels einer getrennten Hilfswicklung angekoppelt (Abb. 38,1 b). Zur Erklärung der Wirkungsweise werde die Schaltung Abb. 38,1 a betrachtet, die der Anordnung von Abb. 38,1 b praktisch gleichwertig ist, wenn bei dieser die Windungs-

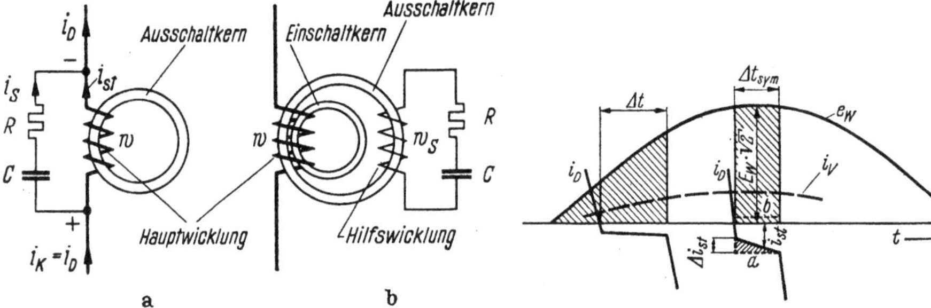

Abb. 38,1. Anschluß des Streckkreises. a an die Hauptwicklung der Schaltdrossel; — b an eine Hilfswicklung auf dem Ausschaltkern.

Abb. 38,2. Lage und Neigung der Ausschaltstufe bei verschiedenen Aussteuerungsgraden.

zahl w_S der Streckkreiswicklung gleich der Windungszahl w der Hauptwicklung gewählt wird. Solange der Ausschaltkern gesättigt ist, ist die Spannung am Streckkreis nahezu gleich Null. Nach Beendigung der Stromwendung jedoch, sobald der Schaltdrosselstrom in die Stufe eintritt, wird der Eisenkern durch die Wendespannung ummagnetisiert, wobei diese dann an der Hauptwicklung der Schaltdrossel liegt und damit auch am Streckkreis. Unter dem Einfluß dieser Spannung wird der Kondensator des Streckkreises aufgeladen. Somit besteht während der Stromstufe der gesamte Schaltdrosselstrom i_D aus der Summe des Stufenstromes i_{st} und des Streckkreisstromes i_S. Der Schaltdrosselstrom i_D ist aber identisch mit dem Kontaktstrom i_K, der im Öffnungsaugenblick vom Kontakt unterbrochen werden müßte, wenn keine Vormagnetisierung vorhanden wäre. Hiernach ist klar, daß mit Hilfe eines Streckkreises der Betrag des Kontaktstromes im Öffnungsaugenblick beeinflußt werden kann.

In Abb. 38,2 ist e_W die Sinuskurve der Wendespannung. Die Stromstufe, die den Rechnungswert Δt_s hat, ist in ihrer wirklichen Größe für zwei verschiedene Aussteuerungsgrade dargestellt: als die kleinstmögliche Stufenlänge Δt_{sym} in der zum Scheitelwert $E_W \sqrt{2}$ der Wendespannung symmetrischen Lage, bei der die Spannungsfläche der Schaltdrossel eine fast rechteckige Form hat (sehr großer Steuerwinkel), und als die bedeutend größere Stufenlänge Δt, bei der die Spannungsfläche zwar die gleiche Größe hat, die Augenblickswerte der Wendespannung jedoch kleiner sind und im Verlaufe der Stufe ansteigen (kleiner Steuerwinkel).

Zunächst werde die Stufe Δt_{sym} betrachtet. Dort hat der Stufenstrom i_{st} eine ziemlich große Neigung Δi_{st}, die nach Gl. (33,2) gegeben ist zu

$$\Delta i_{st} = \frac{H_2 - H_1}{w}\, l_{\mathrm{Fe}}\,.$$

Die starke Neigung ist zum großen Teil eine Folge der hohen Ummagnetisierungsgeschwindigkeit, die, wie früher in Abschn. 16 und 17.2 erläutert wurde, den Augenblickswerten der Wendespannung verhältnisgleich ist. Versucht man nun, die Stufe von ihren natürlichen, im Negativen verlaufenden Stromwerten i_{st} mit Hilfe eines beispielsweise sinusförmigen Vormagnetisierungsstromes i_V in das positive Gebiet anzuheben, so wird wegen des im betrachteten Abschnitt ungefähr horizontalen Verlaufes von i_V nicht der erstrebte Stufenverlauf b erhalten, sondern die Neigung der Stufe bleibt auch in der neuen Höhenlage fast unverändert bestehen.

Wenn dagegen ein zweiter Strom dem natürlichen Stufenstrom hinzugefügt wird derart, daß der resultierende Schaltdrosselstrom i_D den Verlauf a bekommt, so ist es ein leichtes, die Stufe durch die Vormagnetisierung in die Lage b zu bringen, ohne daß eine nennenswerte Neigung zurückbleibt. Um das zu erreichen, muß der zusätzliche Strom ungefähr die Form eines Dreiecks haben, wie es in Abb. 38,2

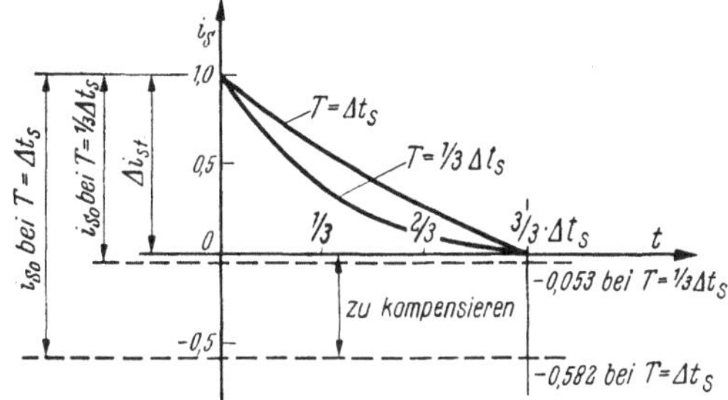

Abb. 38,3. Ausnutzbarer Anteil des Streckkreisstromes bei verschiedenen Zeitkonstanten.

durch die kleine schraffierte Fläche angedeutet ist. Das ist aber ungefähr die Form des Stromes, den ein aus R und C bestehender Streckkreis aufnimmt. Wenn nämlich ein Kondensator C über einen Widerstand R von einer gleichbleibenden Spannung e_S aufgeladen wird, so springt der Strom i_S im ersten Augenblick auf einen Anfangswert

$$i_{S0} = \frac{e_S}{R} \tag{38,1}$$

an und fällt sodann nach einer e-Funktion ab:

$$i_S = i_{S0}\, e^{-\frac{t}{T}}\,. \tag{38,2}$$

Die Geschwindigkeit des Abfalles richtet sich nach der Zeitkonstante

$$T = R\,C \tag{38,3}$$

des Streckkreises. Wird der Anfangswert i_{S0} gleich 100% gesetzt, so ist der Strom nach der Zeitdauer von *einer* Zeitkonstanten auf 36,9% abgefallen und auf 13,6% nach einer Zeitdauer vom Doppelten der Zeitkonstante. Nach einer Dauer von 3 Zeitkonstanten sind nur noch 5% vom Anfangswert übrig, d. h. der Strom ist so gut wie vollständig abgeklungen.

In praktischen Fällen wählt man die Zeitkonstante zwischen $\frac{1}{3}\Delta t_s$ und Δt_s. Bei $T = \frac{1}{3}\Delta t_s$ ist der Verlauf der Kurve allerdings noch ziemlich weit von einer geraden Linie entfernt, wie Abb. 38,3 zeigt. Bei $T = \Delta t_s$ ist die Form schon ganz bedeutend besser. Eine Erhöhung der Zeitkonstante über diesen Wert hinaus aber kommt kaum in Frage. Denn einerseits ist die durch eine weitere Heraufsetzung von T erreichte Verbesserung des Stromverlaufs nur noch unbedeutend. Andererseits aber verbietet sich die weitere Erhöhung von T aus wirtschaftlichen Gründen. Selbst bei $T = \varDelta t_s$ ist nämlich der Anteil von i_S, der zum Ausgleich der Neigung von i_{st} ausgenutzt werden kann, nur noch 63,1% von i_{S0}. Die übrigen 36,9% klingen ab, nachdem die Stufe bereits vorüber ist. Dieser zweite Anteil ist also ohne Nutzen, muß aber durch den Vormagnetisierungsstrom ebenfalls aufgehoben werden, damit die Stufe in die Lage b gebracht werden kann. Eine weitere Steigerung von T würde also die Vormagnetisierungsleistung nur unnötig erhöhen. Wenn der zur Kompensation der Stufenneigung $\varDelta i_{st}$ erforderliche Anteil von i_S gleich 1,0 gesetzt wird, wie es auf der senkrechten i_S-Achse von Abb. 38,3 eingezeichnet ist, so muß bei $T = \tfrac{1}{3}\varDelta t_s$ nur erst der geringe Betrag von 0,053 $\varDelta i_{st}$ zusätzlich durch den Vormagnetisierungsstrom i_V kompensiert werden. Bei $T = \varDelta t_s$ dagegen ist der nutzlose zusätzliche Betrag bereits auf 0,582 $\varDelta i_{st}$ gestiegen, d. h. auf mehr als 50% der auszugleichenden Stufenneigung.

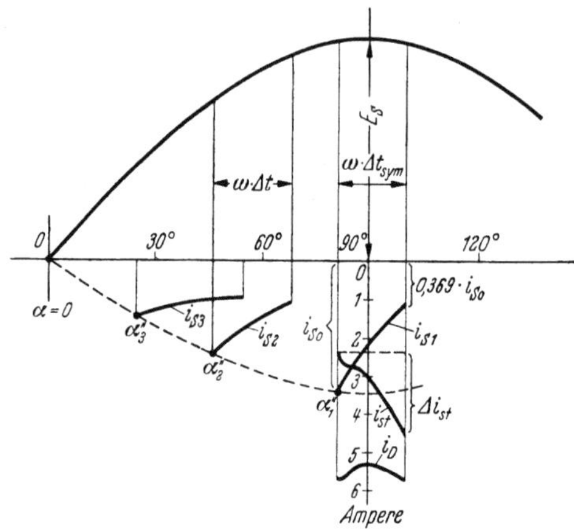

Abb. 38,4. Wirkung des RC-Streckkreises. Verlauf des Streckkreisstromes bei verschiedenen Aussteuerungsgraden.

In Wirklichkeit verläuft nun der Stufenstrom oft nicht wie in Abb. 38,2 nach einer geraden Linie, sondern nach einer etwas gekrümmten Kurve, die mitunter als Folge eines Barkhausensprunges auch noch eine Ausbuchtung nach oben hat. Eine derartige Form ist als Kurve i_{st} in Abb. 38,4 eingezeichnet, wo die Verhältnisse für einen wirklich ausgeführten 720-kW-Großumformer wiedergegeben sind. Aus der Abbildung geht hervor, daß durch die Hinzufügung des Streckkreisstromes i_{S1} zum natürlichen Stufenstrom i_{st} die resultierende Kurve i_D des Schaltdrosselstromes trotz des Barkhausensprunges immer noch ganz erheblich verbessert ist. Die in dieser Abbildung dargestellten Kurven des Streckkreisstromes entsprechen einer Zeitkonstante von $T = \varDelta t_s$.

Bei kleineren Steuerwinkeln ist die Ummagnetisierungsgeschwindigkeit bedeutend niedriger. Da hierbei die Hystereseschleife dann eine geringere Breite hat, so liegt die natürliche Stromstufe weniger weit im Negativen und hat in der Regel auch eine kleinere Neigung. Um eine Stufe dieses Verlaufes in eine waagerechte Lage im positiven Gebiet anzuheben, ist daher oft außer dem in diesem Aussteuerungsbereich bei Sinusform an sich schon geneigten Vormagnetisierungsstrom kein weiterer Stromanteil zur Kompensation der Neigung der natürlichen Stufe mehr erforderlich. Glücklicherweise zeigt nun der Streckkreisstrom in bezug auf die Neigung im großen und ganzen von selbst ein geeignetes Verhalten. Wenn nämlich die am Streckkreise liegende Spannung nicht eine während der Stufe gleichbleibende Höhe hat, sondern wie in Wirklichkeit ein Ausschnitt aus einer Sinuskurve ist, so ist der zeitliche Verlauf des Stromes anstatt durch Gl. (38,2) durch die Gleichung des Einschaltens einer Wechselspannung mit dem Scheitelwert E_S auf den RC-Kreis gegeben:

$$i_S = \frac{E_S}{Z}\underbrace{\big[\sin(\omega t + \alpha'' + \varphi)}_{\text{Dauerstrom}} - \underbrace{\operatorname{tg}\varphi\cos(\alpha'' + \varphi)\,e^{-\frac{t}{T}}\big]}_{\text{Ausgleichsstrom}}, \qquad (38,4)$$

worin ~~bedeutet~~

$E_S =$ Scheitelwert der Sinuswelle der Streckkreisspannung,

$$Z = \sqrt{\frac{1}{C^2 \omega^2} + R^2} = \text{Streckkreisimpedanz,}$$

$$\operatorname{tg} \varphi = \frac{1}{R\,C\,\omega} = \frac{1}{T\omega}.$$

In der vorstehenden Gleichung ist der Winkel des Beginns der Ausschaltstufe ($t = 0$) wie früher mit α'' bezeichnet. Die Berechnung dieses Winkels wurde in Abschn. 37 behandelt. Wendet man nun Gl. (38,4) für einige kleinere Werte α_2'' und α_3'' auf den betrachteten Streckkreis an, so ergeben sich Kurven des Verlaufes des Streckkreisstromes, die bezüglich der Höhe und der Neigung tatsächlich die erforderliche Tendenz zeigen, wie aus Abb. 38,4 ersichtlich ist.

Praktisch wird die endgültige Einstellung der Streckkreise im Prüffeld oder an der fertig montierten Kontaktumformeranlage mit Hilfe des Bildes der Kontaktspannung oder des Stufenstromes im Kathodenstrahloszillographen vorgenommen.

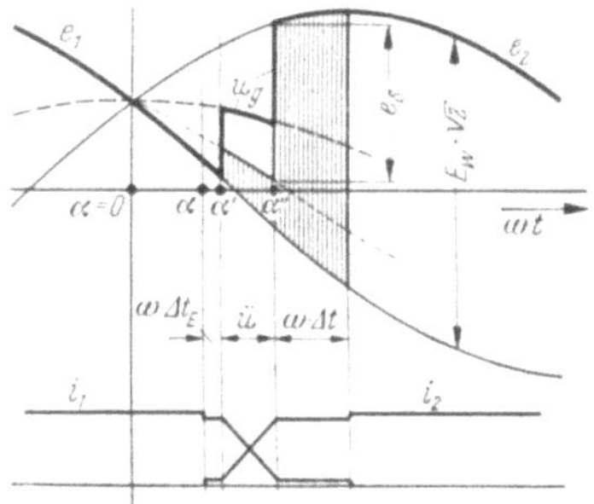

Abb. 38,5. Der zeitliche Verlauf der Spannung am Streckkreise.

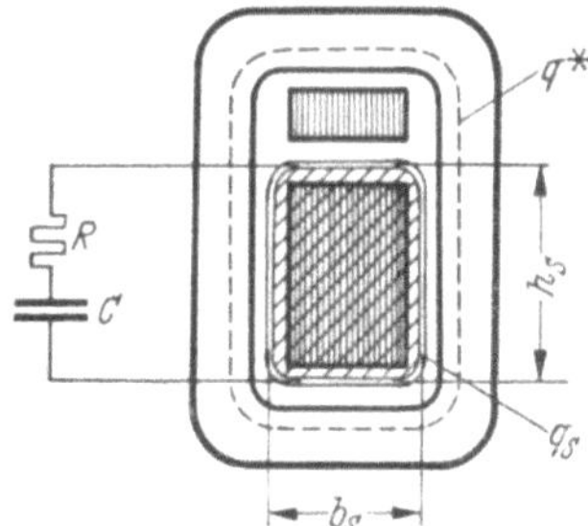

Abb. 38,6. Die induzierte Windungsfläche q_S der Streckkreiswicklung.

Es empfiehlt sich, abgestufte Kondensatoren und einstellbare Widerstände in solchem Umfange einzubauen, daß die Zeitkonstante zwischen den genannten Grenzen $\frac{1}{3}\Delta t_s$ und Δt_s variiert werden kann.

Um den erforderlichen Betrag des Widerstandes R zu bestimmen, muß außer dem Wert Δi_{st}, der mittels Gl. (33,2) aus den Prüfwerten des Eisenkerns berechnet werden kann, noch die Streckkreisspannung E_S bekannt sein. Diese Spannung ist nahezu gleich dem Scheitelwert der Wendespannung $E_W\sqrt{2}$. Genaugenommen ist allerdings die am Streckkreis anspringende Spannung etwas kleiner als die Wendespannung am Stufenbeginn (s. Abb. 38,5). Das ist deswegen der Fall, weil bereits während des Stromwendeabschnitts eine gewisse Spannung am Streckkreise liegt, die von der Änderung des Luftkraftflusses der Schaltdrossel herrührt bzw., bei Ankoppelung des Streckkreises mittels einer besonderen Wicklung nach Abb. 38,1 b, von der Änderung desjenigen Anteiles des Luftkraftflusses der Schaltdrossel, der den von der Streckkreiswicklung umschlungenen Querschnitt q_S durchsetzt (Abb. 38,6). Während der Stromwendung wird die Hälfte der Wendespannung an der Induktivität L_W einer Phase des Wendekreises verbraucht, was dem in Abb. 38,5 dargestellten Verlauf der ungeglätteten Gleichspannung u_g während des Stromwendeabschnittes entspricht. Der Hauptanteil dieser Wendespannungshälfte erscheint als Spannung an den Induktivitäten des Netzes, des Gleichrichtertransformators usw., und nur ein kleiner, der schraffierten Fläche entsprechender Teil entfällt auf die Änderung des Luftkraftflusses durch die Fläche q_S in der Schaltdrossel. Um diesen Spannungsanteil nun ist die zu Beginn der Stufe am Streckkreise anspringende Spannung e_S kleiner als die Wendespannung e_W, wie das in Abb. 38,5 dargestellt ist.

Der Spannungssprung am Streckkreise ist bei beliebigem Stufenbeginn α''

$$e_S = E_S \sin\alpha''. \tag{38,5}$$

Hierin ergibt sich der Scheitelwert E_S aus der Wendespannung E_W nach Maßgabe der erwähnten Spannungsaufteilung zu

$$E_S = E_W \sqrt{2}\left(1 - \frac{1}{2}\frac{L_D}{L_W}\frac{q_S}{q^*}\right)$$

$$= E_W \sqrt{2}\left(1 - \frac{1}{2}\frac{c_D\,\varepsilon_D}{\varepsilon_W}\frac{q_S}{q^*}\right) \tag{38,6}$$

mit

E_W gemäß Tab. 26,1,

ε_W gemäß Tab. 26,1,

c_D = Zahlenfaktor von ε_D in dem Ausdruck ε_W der Tab. 26,1,

$q_S = b_S\,h_S$ (s. Abb. 38,6),

q^* nach Abschn. 34.

Roh geschätzt kann eine Spannung E_S von etwa 90% von $E_W\sqrt{2}$ erwartet werden. Sobald nun E_S bekannt ist, kann R aus Gl. (38,1) berechnet werden mit $e_S \approx E_S$ für eine Lage der Stufe symmetrisch zum Scheitelwert der Wendespannung und mit $i_{S0} = 1{,}053\,\Delta i_{st}$ für die Zeitkonstante $T = \frac{1}{3}\Delta t_s$ bzw. mit $i_{S0} = 1{,}585\,\Delta i_{st}$ für $T = \Delta t_s$ (s. Abb. 38,3). Mit dem Wert von R folgt dann schließlich die Kapazität C aus Gl. (38,3).

Um zwecks Bemessung des Widerstandes R die im Höchstfalle in ihm verbrauchte Leistung zu ermitteln, wird der Effektivwert des Streckkreisstromes benötigt. Der größtmögliche Strom ist dann zu erwarten, wenn die Zeitkonstante den Wert $T = \Delta t_s$

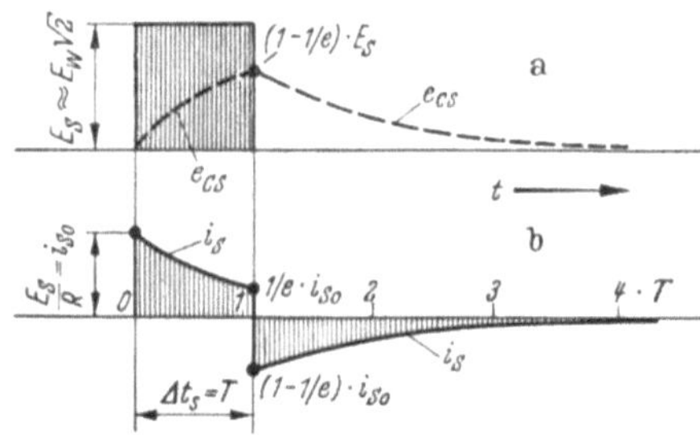

Abb. 38,7. Der zeitliche Verlauf der Spannungen am Streckkreise und am Streckkreiskondensator (a) sowie des Stromes im Streckkreise (b).

hat und die Stufe symmetrisch zum Scheitelwert der Wendespannung liegt. Der Verlauf der Spannung e_S am Streckkreise und der Spannung e_{CS} am Kondensator des Streckkreises ist für diesen Fall in etwas vereinfachter Form in Abb. 38,7a dargestellt. Die entsprechende Kurve des Streckkreisstromes i_S ist aus Abb. 38,7b ersichtlich. Die Spannung am Widerstande hat die gleiche Form wie der Strom. Der Effektivwert I_S des Stromes kann in der üblichen Weise durch Integration des Quadrats der Augenblickswerte i_S und Ziehen der Wurzel aus dem Mittel über den für das einmalige Ansprechen des Streckkreises zur Verfügung stehenden Zeitabschnitt gefunden werden. Dieser beträgt beispielsweise bei der 3phasigen Dreidrossel-Brückenschaltung eine halbe Periode. Um eine einfachere Form der Endgleichung zu erhalten, kann die Integration ohne nennenswerten Fehler bis zu der oberen Grenze ∞ an Stelle von 1/2 Periode ausgedehnt werden, da die Werte oberhalb von $4\,T$ keinen merklichen Beitrag zum Ergebnis der Integration mehr liefern. Mit der Zeitkonstante $T = \Delta t_s$ ergibt sich dann für die 3phasige Dreidrossel-Brückenschaltung

$$\frac{1}{2f}\,I_s^2 = \int\limits_0^{\Delta t_s}\left(i_{S0}\,e^{-\frac{t}{\Delta t_s}}\right)^2 dt + \int\limits_0^{\infty}\left[\left(1-\frac{1}{e}\right)i_{S0}\,e^{-\frac{t}{\Delta t_s}}\right]^2 dt$$

$$= i_{S0}^2\,\Delta t_s\left(1-\frac{1}{e}\right)$$

oder

$$I_S = i_{S0}\sqrt{2f\,\Delta t_s\left(1-\frac{1}{e}\right)}$$

$$= 1{,}12\,i_{S0}\sqrt{f\,\Delta t_s}\ \text{ mit }\ \Delta t_s \text{ in s.} \tag{38,7}$$

Die *Spannung am Kondensator* erreicht bei $T = \Delta t_s$ einen Höchstwert von $\left(1-\frac{1}{e}\right)E_S = 0{,}631\,E_S$. Bei $T = \frac{1}{3}\Delta t_s$ aber geht sie hinauf bis auf $0{,}95\,E_S$. Somit muß der Kondensator geeignet sein, zumindest eine Wechselspannung mit dem Scheitelwert E_S auszuhalten, d. h. also praktisch die Wendespannung E_W.

38.2 Der Verbundstreckkreis[1].

In Abb. 38,4 war die Kurve des resultierenden Stromes i_D noch gekrümmt, weil der Strom des einfachen RC-Streckkreises den natürlichen Stufenstrom nicht in vollkommener Weise zu einem geradlinigen Verlauf ergänzen kann. Eine wesentliche Verbesserung läßt sich noch erreichen, wenn nach Abb. 38,8 dem einfachen Streckkreise (R_1, C_1) noch ein stark gedämpfter Schwingungskreis (R_2, L_2, C_2) parallel geschaltet wird. Zur Erläuterung der Wirkungsweise ist in Abb. 38,9 derjenige Ausschnitt

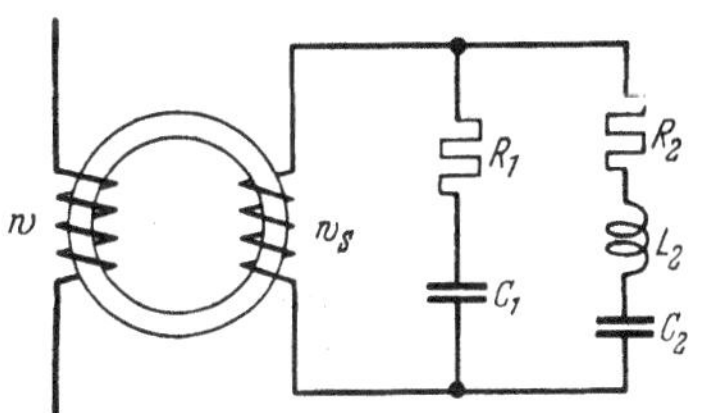

Abb. 38,8. Schaltung des Verbundstreckkreises.

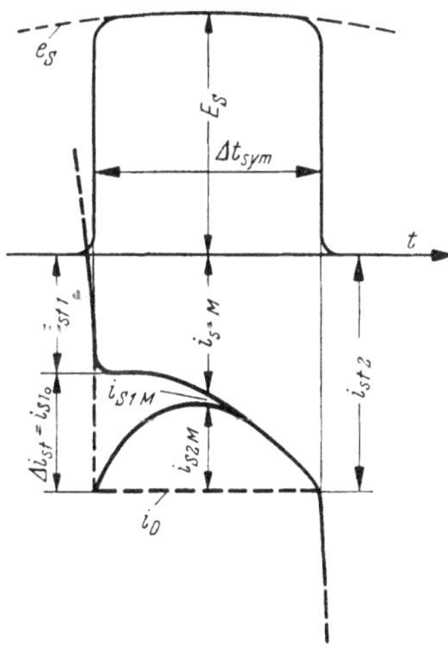

Abb. 38,9. Wirkung des Verbundstreckkreises.

von Abb. 38,4, in dem die Stufe symmetrisch zum Scheitelwert der Wendespannung liegt, noch einmal wiederholt. Der Strom i_D ist jetzt die Summe von 3 Strömen, nämlich dem natürlichen Stufenstrom i_{st}, dem Strom i_{S1} des RC-Kreises und dem Strom i_{S2} des Schwingungskreises. Wird nun die Zeitkonstante des RC-Kreises verhältnismäßig klein gewählt, z. B. in der Größe von etwa $\frac{1}{6}\,\Delta t_s$, so verbleibt zwischen dem Verlauf des Summenstromes $i_{st} + i_{S1}$ und der angestrebten waagerechten Geraden des Gesamtstromes i_D noch eine Differenz, die ungefähr dem Verlauf der ersten Halbwelle des Stromes i_{S2} in dem gedämpften Schwingungskreise entspricht und durch den Strom eines solchen Kreises mit guter Anpassung ausgefüllt werden kann.

Ersetzt man in Abb. 38,9 die in Wirklichkeit als Kuppe einer Sinuskurve geringfügig gekrümmt verlaufende Kurve der Spannung am Streckkreise wiederum

---

[1] DIEBOLD: [*1.21*] S. 1063, Fig. 1.

wie in Abb. 38,7 durch ein Rechteck von der Höhe E_S, so gelten für den RC-Kreis die Formeln Gl. (38,1) bis (38,3), jedoch mit dem Fußzeichen „1" bei i_{S0}, i_S, R, C und T. Der Verlauf des Stromes i_{S2} in dem gedämpften Schwingungskreise ist gegeben durch die Gleichung des Einschaltens einer Gleichspannung von der Höhe E_S auf den Schwingungskreis:

$$i_{S2} = \frac{E_S}{L_2\,\omega_2}\,e^{-\beta t}\sin\omega_2 t \tag{38,8}$$

mit

$$\omega_2 = \sqrt{\omega_0^2 - \beta^2} = \text{Kreisfrequenz des gedämpften Kreises}, \tag{38,9}$$

$$\omega_0 = \sqrt{\frac{1}{L_2\,C_2}} = \text{Kreisfrequenz des ungedämpften Kreises}, \tag{38,10}$$

$$\beta = \frac{R_2}{2L_2} = \text{Dämpfungsfaktor}. \tag{38,11}$$

Für die Festlegung der Größe von R_2, L_2 und C_2 sind nun drei Forderungen maßgebend:

1. Die Schwingung muß abgeklungen sein, bevor die nächste Ausschaltstufe der betreffenden Drossel einsetzt. Bei Schaltungen mit nur *einer* Drossel für zwei im Gegentakt arbeitende Kontakte stehen also für das Abklingen weniger als 180° zur Verfügung. Hiernach ist also zunächst der Dämpfungsfaktor β zu wählen. Er kann bei 50 Hz eine Größe von 200 bis 400 haben.

2. Die Dauer der Halbwelle der gedämpften Schwingung muß ungefähr gleich der Stufendauer sein. Hierdurch ist die Kreisfrequenz ω_2 festgelegt. Für eine Lage der Stufe symmetrisch zum Scheitelwert der Wendespannung (Abb. 38,9, Stufenlänge Δt_{sym}) ergibt sich z. B.

$$\omega_2 = \frac{\pi}{\Delta t_{sym}}\,.$$

Mittels Gl. (38,9) kann dann auch ω_0 gefunden werden.

3. Die Amplitude der Halbwelle muß so groß gewählt werden, daß sich die Halbwelle dem Verlaufe des Summenstromes $i_{st} + i_{S1}$ gut anpaßt. Als Maß benutzen wir beispielsweise die Werte in der Mitte der Stufe, also nach Ablauf einer Viertelwelle, und kennzeichnen sie durch das Fußzeichen „M". Der Betrag $i_{st\,M}$ ergibt sich aus der gemessenen Hystereseschleife des Eisenkernes. Der Strom i_{S1M} des RC-Kreises kann mittels Gl. (38,2) mit $t = \frac{1}{2}\,\Delta t_{sym}$ berechnet werden, wobei $i_{S10} = \Delta i_{st}$ durch Gl. (33,2) gegeben ist. Mit $T_1 = \frac{1}{6}\,\Delta t_s$ beträgt $i_{S1\,M}$ nur noch 5% von $i_{S1\,0}$. Somit gilt für die Stufenmitte in unserem Beispiel

$$i_{S2\,M} = i_{st\,2} - (i_{st\,M} + 0{,}05\,i_{S1\,0})\,.$$

Mit $i_{S2} = i_{S2\,M}$ und $t = \frac{1}{2}\Delta t_{sym}$ kann aus Gl. (38,8) nun zunächst der Betrag von L_2 berechnet werden, da β und ω_2 bereits festgelegt waren. Damit ergibt sich aus Gl. (38,10) mit ω_0 aus Gl. (38,9) dann auch C_2 und aus Gl. (38,11) schließlich noch R_2. Damit ist der Schwingungskreis vollständig bestimmt.

Die vorstehende Bemessung ergibt die günstigste Anpassung bei vollständiger Herabregelung; sie wurde nur als einfachstes Beispiel gewählt. Im allgemeinen ist die günstigste Anpassung bei geringerer Herabregelung erwünscht, insbesondere dann, wenn der betriebsmäßige Bereich der Teilaussteuerung mit Rücksicht auf den Leistungsfaktor klein gehalten wird. Die Zeitkonstante des RC-Kreises muß dann wegen der Zunahme der wirklichen Stufenlänge von Δt_{sym} auf Δt entsprechend größer und die Kreisfrequenz des Schwingungskreises entsprechend niedriger gewählt werden. Für den Verlauf des Stromes i_{S1} während der Dauer der Stufe ist Gl. (38,4) maßgebend. Der Verlauf von i_{S2} während der Stufe ergibt sich aus einer entsprechenden Beziehung für das Einschalten einer Wechselspannung auf einen Schwingungskreis:

$$i_{S2} = \frac{E_S}{Z_2}\left\{\underbrace{\sin(\omega t + \alpha'' - \varphi)}_{\text{Dauerstrom}} + \right.$$
$$\left. + \underbrace{\frac{e^{-\beta t}}{\sin\chi}\left[\frac{\omega_0}{\omega}\cos(\alpha'' - \varphi)\sin\omega_2 t + \sin(\alpha'' - \varphi)\sin(\omega_2 t - \chi)\right]}_{\text{Ausgleichstrom}}\right\} \tag{38,12}$$

mit

E_S, α'', ω, ω_0, ω_2 und β wie früher,

$$Z_2 = \sqrt{R_2^2 + \left(L_2\omega - \frac{1}{C_2\omega}\right)^2} = \text{Impedanz des Schwingungskreises bei Netzfrequenz,}$$

$$\text{tg}\,\varphi = \frac{L_2\omega - \dfrac{1}{C_2\omega}}{R_2} \quad \text{mit } \varphi = \text{Phasenverschiebungswinkel zwischen dem Dauerstrom}$$
$$\text{und der Streckkreisspannung,}$$

$$\text{tg}\,\chi = \frac{\omega_2}{\beta}\,.$$

Mit Hilfe der beiden Gln. (38,4) und (38,12) kann die Anpassung an die Kurve i_{st} mit nötigenfalls schrittweiser Annäherung durchgeführt werden.

Der bauliche Aufwand für die Streckkreise ist sehr gering, so daß sie in der Regel an der zugehörigen Schaltdrossel angebracht werden können. Ein einfacher RC-Streckkreis wurde bereits in Abb. 6,2 an einer Schaltdrossel der älteren SSW-Bauart gezeigt. Abb. 38,10 gibt noch die Ansicht einer amerikanischen Ausführung eines Verbundstreckkreises für die Schaltdrossel eines Großumformers. Im oberen Teil sind rechts und links außen die Kondensatoren C_1 und C_2 zu erkennen, dazwischen die beiden Drehknöpfe der Widerstände R_1 und R_2, in der Mitte darunter die als Eisenkerndrossel mit Luftspalt ausgeführte Induktivität L_2 und unten schließlich für jeden der beiden Kreise eine Sicherung.

Abb. 38,10. Verbundstreckkreis für die Schaltdrossel eines Großumformers (ITE 1950).

39. Arten und Formen der Vormagnetisierung.

39.1 Die Grundarten der Vormagnetisierung.

Bei der Betrachtung des Stromes im Vormagnetisierungsstromkreise muß man sich vergegenwärtigen, daß während der Dauer der Stufe des Hauptstromes der Eisenkern ungesättigt ist und daß infolgedessen die Wicklungen der Schaltdrossel, nämlich die Hauptwicklung W und die Vormagnetisierungswicklung V (s. beispielsweise Abb. 39,1 bis 39,3), während dieser Zeit miteinander sehr fest gekoppelt sind, die Schaltdrossel also einen Transformator bildet.

Soll die Kurvenform des Vormagnetisierungsstromes auch während der Stufe erhalten bleiben, so muß folglich die transformatorische Rückwirkung des Hauptkreises auf den Vormagnetisierungskreis durch stabilisierende Hilfsmittel in Form

von Drosselspulen oder ohmschen Widerständen auf einen nicht mehr störenden
Betrag begrenzt werden. Ohmsche Widerstände für die Stabilisierung zu benutzen
würde allerdings sehr unwirtschaftlich sein. Daher sind praktisch ausschließlich
Stabilisierungs*drosseln* im Gebrauch. Eine Vormagnetisierung dieser Art mit einer
Stabilisierungsdrossel in Reihe mit der Vormagnetisierungswicklung wird *starre
Vormagnetisierung* genannt. Infolge der Anwesenheit der Drossel kann eine durch den
Kraftfluß der Hauptwicklung in der Vormagnetisierungswicklung induzierte Span-
nung die Form der Kurve des Vormagnetisierungsstromes nicht in erheblichem
Umfange verändern. Wenn der Vormagnetisierungsstromkreis an eine sinusförmige
Spannung angeschlossen ist, so hat also der Strom praktisch ebenfalls eine Sinusform
(Abb. 39,3 und z. B. 40,8). Als starre Vormagnetisierungen sind bei richtiger Be-
messung hinsichtlich der Rückwirkung auch zwei Vormagnetisierungsarten an-
zusprechen, die in den letzten Jahren eine zunehmende Bedeutung gewonnen haben:
die Vormagnetisierung mit rechteckförmigen oder, genauer gesagt, trapezförmigen
Wechselströmen oder mit entsprechenden einseitig gerichteten Impulsen, die entweder mit Hilfe von Gleichrichterschaltungen (Abb. 39,5 und 39,6) oder durch
Transduktoren (vormagnetisierte Sättigungsdrosseln, z. B. Abb. 39,7) erzeugt werden. Bei diesen Schaltungen besorgt die in den Gleichstromkreisen liegende Glättungsdrossel *Gd* bzw. *Std* die Stabilisierung.

Wird der Vormagnetisierungsstrom nicht stabilisiert, so erhält man die sogenannte *elastische Vormagnetisierung* (Abb. 40,9). Bei dieser wird zwar ein Widerstand in Reihe mit der Vormagnetisierungswicklung verwendet, jedoch nicht zum
Zwecke der Stabilisierung, sondern nur, um während derjenigen Zeitabschnitte, in
denen der Eisenkern der Schaltdrossel gesättigt ist, den Vormagnetisierungsstrom
auf einen erträglichen Wert zu begrenzen. Während der Stufe aber geht der Strom
infolge der Transformatorwirkung der Schaltdrossel sprunghaft auf eine viel geringere
Höhe zurück.

Die vollkommenste Art der Vormagnetisierung ist die *selbsttätig sich anpassende
Vormagnetisierung* (siehe z. B. Abb. 40,19). Sie besteht aus zwei Komponenten,
nämlich aus einem Anteil, der zumindest während der Dauer der Stufe eine in den
Augenblickswerten gleichbleibende Höhe hat und stabilisiert ist, und aus einem
zweiten Anteil, dessen Höhe sich verhältnisgleich den Augenblickswerten der an der
Schaltdrossel wirksamen Spannung ändert und der entweder elastisch oder, bei
geringeren Ansprüchen an die Abgleichgenauigkeit, auch stabilisiert ausgeführt sein
kann. Diese Vormagnetisierungsart eignet sich insbesondere für Umformer, die
mit veränderlicher Wechselspannung betrieben werden, z. B. mit Spannungsgrobregelung durch Stufenschalter, weil die günstigste Anpassung der Vormagnetisierung über einen sehr weiten Bereich der Wechselspannungsänderung selbsttätig
aufrechterhalten bleibt. Eine hinsichtlich des Ausschaltens unter derart weitgehend
veränderlichen Betriebsbedingungen hervorragende Anpassung liefert auch die in
Abschn. 43.5 beschriebene *kombinierte Nebenweg- und Vormagnetisierungsschaltung*
Abb. 43,17, die anstatt eines Widerstandes vorbelastete Trockengleichrichterventile
zur Strombegrenzung enthält und vorteilhaft ebenfalls als 2-Komponenten-Vor-
magnetisierung ausgeführt wird.

39.2 Die Formen des Vormagnetisierungsstromes.

Hinsichtlich der Form der Kurve des zeitlichen Verlaufes des Vormagnetisierungsstromes bestehen viele Möglichkeiten, unter denen je nach den Erfordernissen des
einzelnen Falles die Auswahl getroffen werden kann.

39.21 Die Vormagnetisierung mit Gleichstrom.

Der Stromkreis besteht im einfachsten Falle (Abb. 39,1) aus einer Gleichstromquelle und der Reihenschaltung der Vormagnetisierungswicklung V mit der Stabilisierungsdrossel Std und einem Einstellwiderstand R für die Höhe des Gleichstromes. Wenn ein weiter Bereich der Änderung des Vormagnetisierungsstromes benötigt wird, so wird vorteilhafter an Stelle des Reihenwiderstandes ein Spannungsteiler Sp für die Einstellung der Stromhöhe verwendet (Abb. 39,2). R ist dann ein zusätzlicher, einstellbarer Widerstand, mit dem der obere Grenzwert des Vormagnetisierungsstromes einmalig auf den erforderlichen Wert abgeglichen wird und der dann unverändert bleibt.

39.22 Die Vormagnetisierung mit sinusförmigem Wechselstrom.

Bei der starren Vormagnetisierung mit Sinusstrom wird die Reihenschaltung der Vormagnetisierungswicklung V und der Stabilisierungsdrossel Std von einer Wechselstromquelle gespeist (Abb. 39,3). Die Einstellung der Höhe des Stromes wird durch

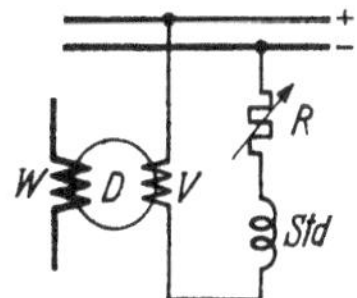

Abb. 39,1. Schaltung für die Vormagnetisierung mit stabilisiertem Gleichstrom.

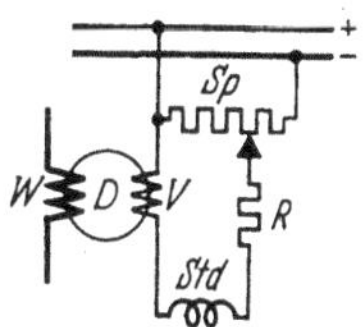

Abb. 39,2. Schaltung für die Vormagnetisierung mit stabilisiertem, weitgehend regelbaren Gleichstrom.

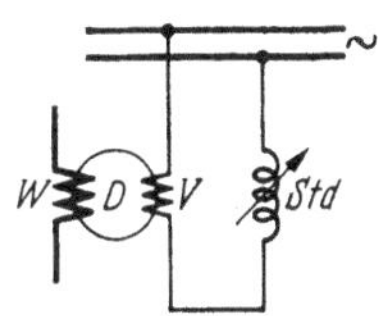

Abb. 39,3. Schaltung für die Vormagnetisierung mit stabilisiertem, praktisch sinusförmigen Wechselstrom.

die Änderung der Größe des Luftspaltes der Stabilisierungsdrossel vorgenommen. In 3phasigen Kreisen kann sowohl die Sternschaltung als auch die Dreieckschaltung der Vormagnetisierungskreise benutzt werden, wobei in beiden Fällen entweder eine 3phasige Drossel oder drei einphasige Drosseln Verwendung finden können. Mit drei einphasigen Drosseln und Dreieckschaltung kann die Vormagnetisierung jeder Schaltdrossel unabhängig von den übrigen auf den günstigsten Wert abgeglichen werden, während bei Sternschaltung die Ströme in den einzelnen Phasen nicht voneinander unabhängig sind und eine 3phasige Drossel nur eine gleichmäßige Änderung der Ströme in allen drei Phasen zuläßt. Jedoch hat bei Sternschaltung der Vormagnetisierungsstrom in der Regel eine besser geeignete Phasenlage. Daher wird zumindest bei Umformern geringerer Leistung meist die Sternschaltung der Vormagnetisierungskreise verwendet. Mitunter sind auch besondere Schwenktransformatoren oder andere Mittel zur Phasendrehung notwendig, um die günstigste Phasenlage des Vormagnetisierungsstromes herzustellen. Die Vormagnetisierung mit starrem Sinusstrom wird später noch ausführlich in Abschn. 40.1 und 41.1 behandelt.

Bei der elastischen Vormagnetisierung tritt an die Stelle der Stabilisierungsdrossel ein ohmscher Strombegrenzungswiderstand. Die Stromkurve besteht dann aus aneinandergereihten Abschnitten von zwei Sinuskurven verschiedenen Scheitelwertes. Näheres über diese Vormagnetisierungsart findet sich in Abschn. 40.2 und 41.2.

39.23 Rechteckförmige Vormagnetisierungsströme und Impulse.

Es wurde bereits erwähnt, daß in neuerer Zeit Vormagnetisierungen durch rechteckförmige Wechselströme oder durch zeitlich begrenzte, einseitig gerichtete Impulse mit ungefähr gleichbleibender Höhe der Augenblickswerte in steigendem

Umfange verwendet werden. Rechteckformen wie Abb. 39,4 (genaugenommen trapezartige Formen) lassen sich, wie gesagt, entweder aus Gleichrichterschaltungen oder mit Hilfe von gleichstromvormagnetisierten Sättigungsdrosseln (Transduktoren) gewinnen.

In den *Gleichrichterschaltungen* werden gewöhnlich Trockengleichrichter verwendet. Legt man wie in Abb. 39,5 und 39,6 die Vormagnetisierungswicklung in die netzseitige Zuleitung der Gleichrichterschaltung, so erhält man eine Vormagnetisierung mit symmetrischem Wechselstrom. Läßt man dagegen die Vormagnetisierungswicklung anstatt vom Netzstrom vom Anodenstrom eines der Ventile durchfließen, so besteht die Vormagnetisierung aus einseitig gerichteten Impulsen. Die ausnutzbare Dauer dieser Impulse bzw. der Wechselstromhalbwellen beträgt bei den genannten beiden Schaltungen 180° abzüglich des Überlappungswinkels der Trockengleichrichterströme. Eine kürzere Dauer der Impulse ergibt sich bei Ver-

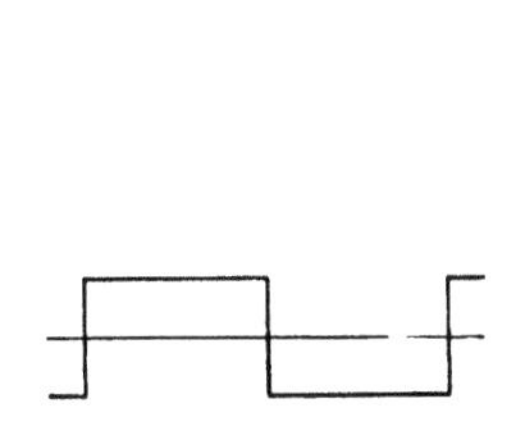

Abb. 39,4. Symmetrischer Rechteckstrom.

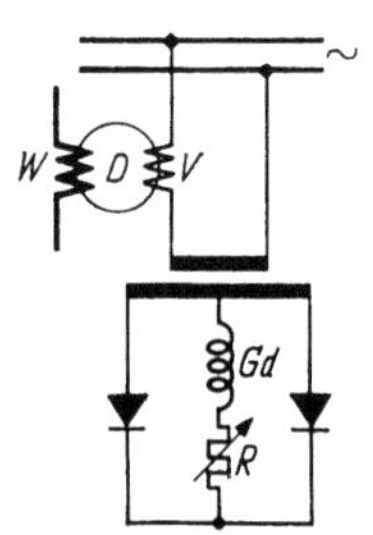

Abb. 39,5. Schaltung für die Vormagnetisierung durch den symmetrischen, trapezförmigen Netzstrom
einer Gleichrichter-Sternpunkt-
schaltung.

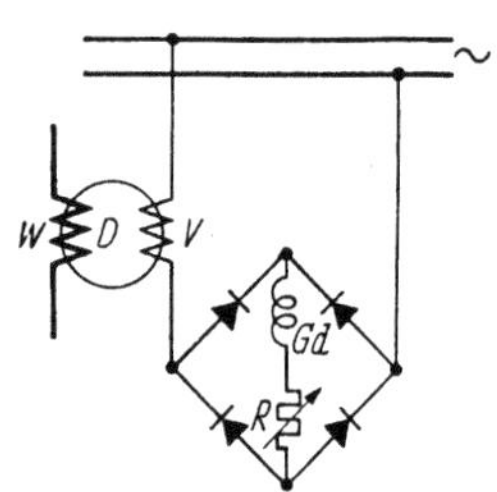

Abb. 39,6. Schaltung für die Vormagnetisierung durch den symmetrischen, trapezförmigen Netzstrom
einer Gleichrichter-Brückenschaltung.

wendung von Anodenströmen höherphasiger Schaltungen, nämlich 120° bei 3phasiger Schaltung und 60° bei 6phasiger. Als *Wechsel*strom mit 120° ausnutzbarer Halbwellendauer kann der Netzstrom der 3phasigen Sternpunktschaltung mit in Dreieck geschalteter Primärwicklung und als Wechselstrom mit 60° ausnutzbarer Halbwellendauer der primäre Wicklungsstrom der 6phasigen Sternpunktschaltung mit in Dreieck geschalteter Primärwicklung dienen. Die Einstellung der Höhe des Vormagnetisierungsstromes geschieht bei den Gleichrichterschaltungen mittels des veränderbaren Belastungswiderstandes R im Gleichstromkreise. Als Stabilisierungsdrossel für den Vormagnetisierungsstrom wirkt die gleichstromseitige Glättungsdrossel Gd. Bezüglich der Stabilisierung ist zu den Gleichrichter-Vormagnetisierungsschaltungen grundsätzlich zu bemerken, daß die stabilisierende Wirkung dieser Glättungsdrossel nur solange gewährleistet ist, wie die vom Hauptkreise in der Vormagnetisierungswicklung induzierte Rückwirkungsspannung nicht die resultierende Spannung der gerade stromliefernden Phase so weit vermindert, daß sie in den Augenblickswerten die Spannung einer anderen Phase unterschreitet. Ist das nämlich doch der Fall, so nimmt ein Teil des durch die Glättungsdrossel konstant gehaltenen Gleichstromes seinen Weg über diesen zweiten Schaltungszweig, und der Anodenstrom des ersten Zweiges und damit der Vormagnetisierungsstrom ist deformiert; es findet dann sozusagen unter dem Einfluß der Rückwirkungsspannung ein unzeitiger Stromwendevorgang in der Vormagnetisierungs-Gleichrichterschaltung statt. Aus diesen Verhältnissen läßt sich eine Bedingung für die bei gegebenen Wechselspannungen der Vormagnetisierungs-Gleichrichterschaltung im Höchstfalle noch zulässige Windungszahl der Vormagnetisierungswicklung ableiten.

Die in Abb. 39,7 dargestellte Transduktor-Vormagnetisierungsschaltung enthält einen sogenannten *Reihentransduktor*[1] *Td*. Ein solcher besteht aus zwei Drosseln *1* und *2*, die ähnlich wie die Schaltdrosseln Eisenkerne aus Magnetwerkstoff mit rechteckförmiger Hystereseschleife enthalten. Jeder Kern trägt eine Arbeitswicklung, die in den Wechselstromkreis eingefügt ist, und eine mit Gleichstrom gespeiste Vormagnetisierungswicklung. Die Vormagnetisierungswicklungen beider Kerne sind mit entgegengesetzter Polung in Reihe geschaltet, so daß die Gleichstromvormagnetisierung in bezug auf die Wechselstromseite in den beiden Drosseln eine verschiedene Richtung hat. Der Vormagnetisierungsgleichstrom ist durch eine Stabilisierungsdrossel *Std* gegen die in den Vormagnetisierungswicklungen induzierten Rückwirkungsspannungen stabilisiert und kann in seiner Höhe durch den Wider-

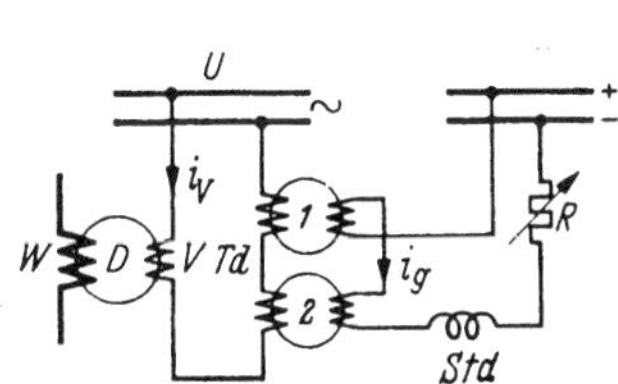

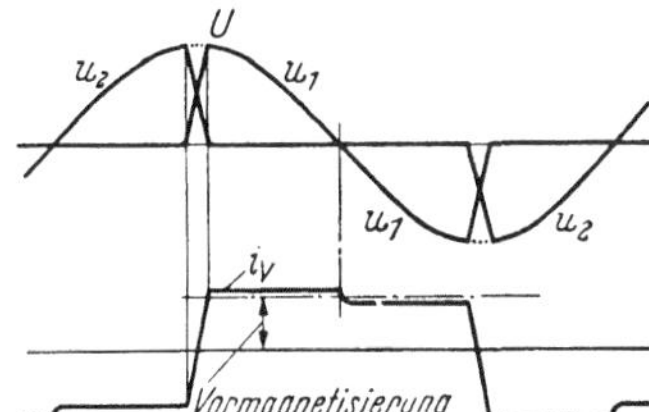

Abb. 39,7. Schaltung für die Vormagnetisierung durch den symmetrischen, trapezförmigen Wechselstrom eines Reihentransduktors.

Abb. 39,8. Spannungen und Strom eines Reihentransduktors.

stand R eingestellt werden. Die Spannungs- und Stromverhältnisse dieser Schaltung sind unter Vernachlässigung der von der Schaltdrossel in der Vormagnetisierungswicklung V induzierten Rückwirkungsspannung in Abb. 39,8 wiedergegeben. Bekanntlich arbeitet die Schaltung so, daß die zugeführte Wechselspannung U während des Abschnittes vom positiven bis zum negativen Scheitelwert beispielsweise von der Drossel *1* des Transduktors und während der folgenden 180° der Periode von der Drossel *2* aufgenommen wird. Der Richtungswechsel des Stromes findet unter den Scheitelwerten der Spannung statt. Der Strom hat in bezug auf die Spannung also eine Phasenverschiebung von ungefähr 90°. Die Höhe des Wechselstromes i_V wird durch die Gleichstromvormagnetisierung der Transduktordrosseln bestimmt und ist dadurch gegeben, daß der Wechselstrom in jeder Halbwelle immer erst auf einen so großen Wert ansteigen muß, daß die Gleichstromdurchflutung der betreffenden Drossel aufgehoben wird, bevor überhaupt eine Ummagnetisierung des Eisenkernes eintreten und damit eine Spannung von der Drossel aufgenommen werden kann. Der hierdurch vorgeschriebenen Stromform überlagert sich dann genaugenommen noch der ge-

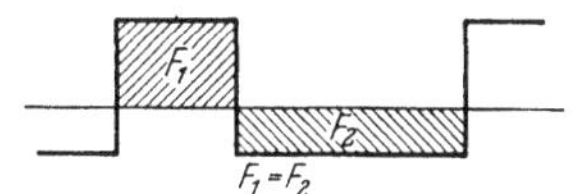

Abb. 39,9. Unsymmetrischer Rechteckstrom mit Stromflächen F_1 und F_2 gleicher Größe.

ringe, in seiner Größe durch die Breite der Hystereseschleife des Drosselkernes bestimmte Magnetisierungsstrom der Drossel, wie das in übertriebener Weise in Abb. 39,8 gezeigt ist. Werden die beiden Drosseln des Transduktors mit verschiedenen Übersetzungsverhältnissen zwischen der Gleichstrom-Vormagnetisierungswicklung und der Wechselstrom-Arbeitswicklung ausgeführt, so lassen sich mit dieser Schaltung anstatt positiver und negativer Stromimpulse von gleicher Länge und Höhe nach Abb. 39,4 auch solche mit ungleicher Länge und Höhe nach Abb. 39,9 erzielen („unsymmetrischer Reihentransduktor").

---

[1] Siehe z. B. SCHILLING: [5.27] S. 145/46. — STORM: [5.5] S. 63 u. 113/24.

Wünscht man an Stelle der vom Wechselstrom des Reihentransduktors in der Schaltdrossel erzeugten Wechseldurchflutung einseitig gerichtete Durchflutungsimpulse, so kann man der vom Wechselstrom i_V in der Wicklung V erzeugten Durchflutung mit Hilfe einer zweiten Hilfswicklung V_g eine Gleichstromdurchflutung von der Höhe der negativen Wechseldurchflutung überlagern und damit die gesamte Vormagnetisierungsdurchflutung zu einseitig gerichteten resultierenden Impulsen anheben. Zweckmäßig benutzt man hierfür nach Schaltung Abb. 39,10 denselben Gleichstrom, der zur Vormagnetisierung des Transduktors dient, indem man in den Vormagnetisierungskreis des Transduktors noch die Hilfswicklung V_g der Schaltdrossel in Reihe einfügt. Wählt man

$$\frac{w_{V_g}}{w_V} = \frac{w_1}{w_2}, \qquad (39,1)$$

so erhält man unabhängig von der durch den Widerstand R eingestellten Stromhöhe in jeder Periode stets einen einseitig gerichteten resultierenden Durchflutungsimpuls.

Das gilt sowohl für den symmetrischen als auch für den unsymmetrischen Reihentransduktor, so daß man in der Lage ist, auf diese Weise nicht nur Durchflutungsimpulse von 180° Dauer, sondern auch solche von kleinerer oder größerer Dauer herzustellen.

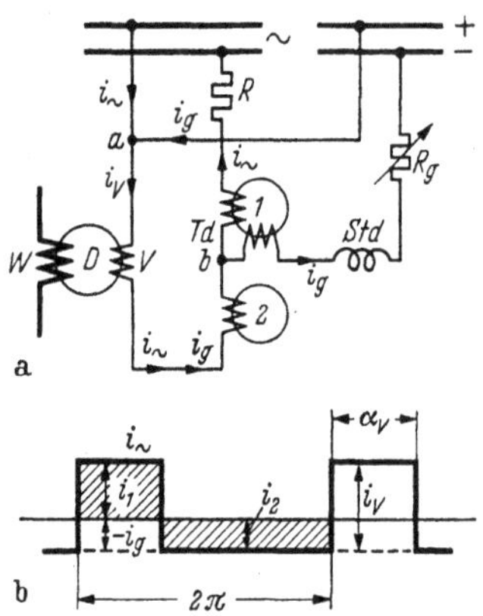

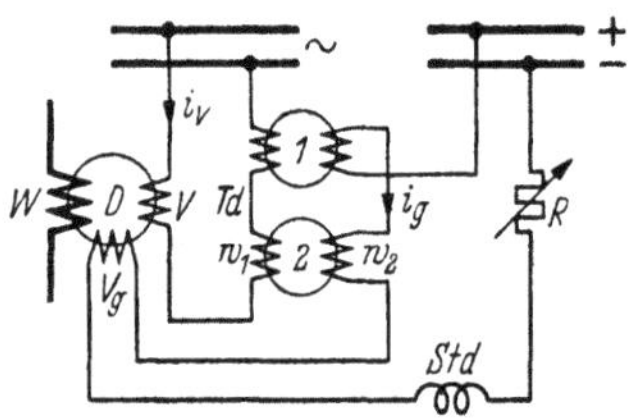

Abb. 39,10. Schaltung zur Erzeugung eines einseitig gerichteten Durchflutungsimpulses in der Schaltdrossel mittels eines Reihentransduktors.

Abb. 39,11. Schaltung zur Erzeugung eines einseitig gerichteten Stromimpulses mittels eines Reihentransduktors (a) und der Stromverlauf (b).

Aber nicht nur einseitig gerichtete *Durchflutungs*impulse lassen sich mit dem Reihentransduktor erzeugen, sondern auch einseitig gerichtete *Strom*impulse. Diese werden dann erhalten, wenn man an Stelle der Überlagerung der Durchflutungen eine galvanische Überlagerung der Ströme selbst vornimmt. Als Beispiel sei eine Ausschaltvormagnetisierungsschaltung der ITE kurz gestreift, die in Abb. 39,11 a wiedergegeben ist und das entsprechende Gegenstück zu der Schaltung Abb. 39,10 darstellt. Sie enthält einen aus den Drosseln *1* und *2* bestehenden unsymmetrischen Reihentransduktor. In der Drossel *2* dieses Transduktors und in der Vormagnetisierungswicklung V der Schaltdrossel ist der Vormagnetisierungsgleichstrom i_g dem rechteckförmigen Wechselstrom $i_\sim$ des Transduktors unmittelbar überlagert. Zu diesem Zwecke ist der Gleichstromkreis an die Punkte a und b des Wechselstromkreises angeschlossen. Damit der Gleichstrom im wesentlichen durch die beiden genannten Drosseln fließt und nicht durch die Wechselstromquelle, ist der Weg zu dieser durch einen Sperrwiderstand R erschwert; ein Übertritt des Wechselstromes in den Gleichstromkreis wird durch die Stabilisierungsdrossel *Std* verhindert. Im Transduktor *Td* nimmt der Vormagnetisierungsgleichstrom i_g seinen Verlauf zunächst durch die Wechselstromwicklung der Drossel *2* und sodann durch eine getrennte Vormagnetisierungswicklung auf der Drossel *1*. Diese Vormagnetisierungswicklung ist so gepolt, daß in der Drossel *1* die Gleichstromdurchflutung in bezug auf die Wechselstromseite die umgekehrte Richtung hat wie bei der Drossel *2*. Dann liefert der Transduktor in bekannter Weise im Wechselstromkreise einen Rechteckstrom $i_\sim$ von der in Abb. 39,11b durch Schraffur hervorgehobenen Form mit den verschiedenen Höhen i_1 und i_2 und mit im umgekehrten Verhältnis verschiedener Dauer der positiven und der negativen Rechtecke. Da nun infolge der gemeinsamen Wicklung die Drossel *2* das Übersetzungsverhältnis 1 hat, so ist $i_2 = -i_g$. In dieser Drossel wie auch, worauf es letzten Endes ankommt, in der Vormagnetisierungswicklung *V* der Schaltdrossel *D* sind also der Wechselstrom $i_\sim$ und der Gleichstrom i_g einander so überlagert, daß als resultierender Strom einseitig gerichtete Rechteckimpulse von der Höhe i_V und der Dauer α_V entstehen. Die Impulsdauer α_V ist dabei durch das für die Drossel *1* gewählte Übersetzungsverhältnis gegeben. Der Vorteil dieser Schaltung gegenüber der von Abb. 39,10 ist die Ersparnis der zweiten Hilfswicklung V_g auf der Schaltdrossel und der Vormagnetisierungswicklung w_1 auf der Transduktordrossel *2*. Als ein gewisser Nachteil muß dafür der Leistungsverlust im Sperrwiderstande *R* in Kauf genommen werden.

Bemerkenswert ist an der Schaltung Abb. 39,11a noch eine besonders günstige Anschlußmöglichkeit für den Streckkreis. Koppelt man diesen nicht durch eine getrennte Hilfswicklung an, sondern legt ihn zwischen die Punkte *a* und *b* des Vormagnetisierungskreises, so dient die Vormagnetisierungswicklung *V* gleichzeitig als Streckkreiswicklung. Es ist aber zwischen ihr und dem Streckkreise noch die Trans-

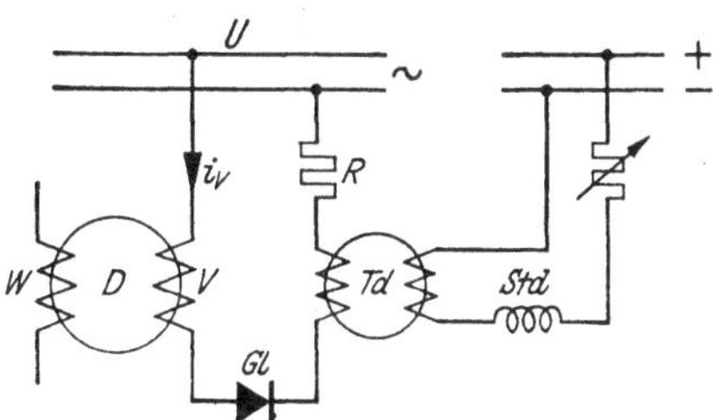

Abb. 39,12. Schaltung für die Vormagnetisierung durch den einseitig gerichteten Stromimpuls einer Ventildrosselschaltung.

duktordrossel *2* eingeschaltet. Diese Drossel ist nur während der Impulsdauer α_V gesättigt und läßt nur dann dem Streckkreisstrome freien Lauf; während der übrigen Zeit der Periode dagegen ist sie entsättigt und läßt daher im Streckkreise keinen Strom zustande kommen. Infolge des beschriebenen Schaltungskunstgriffes ist somit der Streckkreis nur dann wirksam, wenn er wirklich gebraucht wird, nämlich während der Dauer α_V des Ausschaltvormagnetisierungsimpulses. Er kann also nicht zu den übrigen Zeiten der Periode bei etwaigen Spannungen an der Schaltdrossel, z. B. während der Rückmagnetisierung und während der Einschaltstufe, irgendwelche unerwünschten Wirkungen hervorbringen.

Einseitig gerichtete Stromimpulse lassen sich auch mit Transduktoren von der Art der sogenannten *Ventildrossel* herstellen. Als Beispiel sei die Schaltung Abb. 39,12 einer Ausschaltvormagnetisierung beschrieben. Die Ventildrossel besteht aus der Reihenschaltung eines Ventiles *Gl*, z. B. eines Trockengleichrichters, mit einer gleichstromvormagnetisierten Sättigungsdrossel *Td*. Der Stromkreis der Ventildrossel enthält noch die Vormagnetisierungswicklung *V* der Schaltdrossel *D* und außerdem einen ohmschen Widerstand *R*. Der Kreis wird gespeist von der Wechselspannung *U*, deren Phasenlage nach Maßgabe der gewünschten Lage des Stromimpulses innerhalb der Periode gewählt werden muß.

Der Spannungs- und Stromverlauf dieser Schaltung ist in vereinfachter Form, nämlich wieder unter Vernachlässigung der Rückwirkung des Hauptkreises, in Abb. 39,13 gezeigt, und die Hystereseschleife der Sättigungsdrossel *Td* in Abb. 39,14. Die Wechselspannung *U* läßt zu Beginn ihrer positiven Halbwelle einen Strom i_V in der

Durchlaßrichtung des Ventiles Gl entstehen. Die Höhe dieses Stromes ist während des Abschnittes $a-b$ dadurch gegeben, daß der Spannungsabfall des Stromes am ohmschen Gesamtwiderstand R_V des Vormagnetisierungskreises praktisch gleich der angelegten Wechselspannung sein muß, da die Schaltdrossel D und die Transduktordrossel Td beide gesättigt sind. Im Punkte b hat der Strom eine solche Höhe erreicht, daß gerade die Durchflutung der Gleichstromvormagnetisierung der Trans-

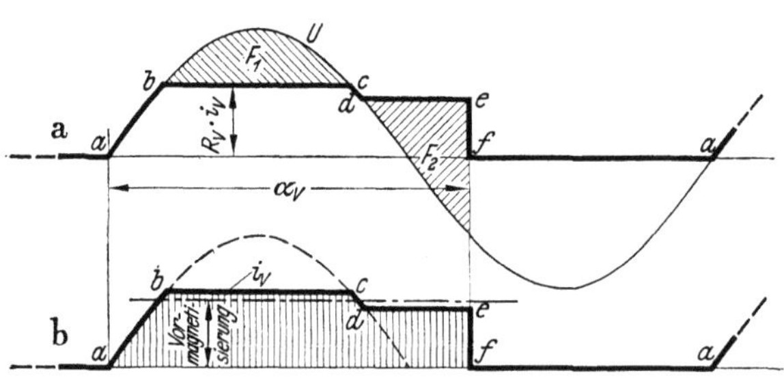

Abb. 39,13. Spannungs- und Stromverlauf der Ventildrosselschaltung Abb. 39,12.

duktordrossel aufgehoben und zusätzlich noch der geringe Magnetisierungsstrom der Drossel erzeugt wird. Während des sich anschließenden Abschnittes $b-c$ wird der Strom durch die Transduktordrossel auf einen nahezu gleichbleibenden Wert begrenzt; ein weiterer Anstieg würde erst möglich sein, wenn die ganze rechte Flanke der Hystereseschleife Abb. 39,14 bis zur positiven Sättigung durchlaufen ist. Die angelegte Wechselspannung teilt sich auf in den Anteil $R_V i_V$ des nahezu gleichbleibenden Spannungsabfalles am Widerstande R_V und in einen Überschußanteil, der die Drossel Td ummagnetisiert (Spannungsfläche F_1). Während dieses Abschnittes $b-c$ wird die Stabilisierungsdrossel Std im Vormagnetisierungskreise der Transduktordrossel Td magnetisch aufgeladen, wobei sich der Vormagnetisierungsgleich-

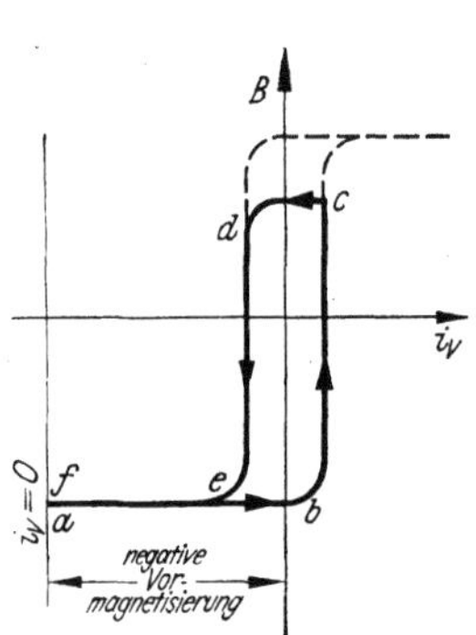

Abb. 39,14. Magnetisierungsverlauf der Sättigungsdrossel Td von Abb. 39,12.

strom in seinen Augenblickswerten geringfügig erhöht. Im Punkte c beginnt die Wechselspannung den bisherigen Betrag $R_V i_V$ des Spannungsabfalls, wieder zu unterschreiten. Der Strom i_V kann anschließend jedoch nicht ebenso wie die Wechselspannung nach einer Sinuskurve auf Null zurückgehen, sondern nur vom Punkte c der rechten Flanke der Hystereseschleife auf den Punkt d der linken Flanke. Eine weitere Abnahme ist erst möglich, nachdem darauf der Drosselkern wieder bis zur negativen Sättigung zurückmagnetisiert worden ist. Diese rückläufige Ummagnetisierung besorgt die Stabilisierungsdrossel Std, indem sie sich unter Rückgang des Vormagnetisierungsgleichstromes auf seinen ursprünglichen Wert magnetisch wieder entlädt und den Strom i_V entgegen dem Spannungsabfall $R_V i_V$ und der negativen

Wechselspannung so lange aufrechterhält, bis der Drosselkern wieder seine negative Sättigung erreicht hat, d. h. bis eine Spannungsfläche F_2 von der Größe der Spannungsfläche F_1 durchlaufen ist (Punkt d bis Punkt e). Erst dann kann der Strom i_V schnell auf Null abfallen (Punkt f), und die Wechselspannung legt sich während des Restes ihrer negativen Halbwelle als Sperrspannung an das Ventil Gl. Wie Abb. 39,13 b zeigt, entstehen auf diese Weise einseitig gerichtete Vormagnetisierungsstromimpulse, deren Höhe durch die Größe der Gleichstromvormagnetisierung der Transduktordrossel bestimmt ist. Die Länge α_V der Impulse hängt von dem Verhältnis des Betrages $R_V i_V$ zur Wechselspannung U ab und wird bei der Ausschaltvormagnetisierung praktisch zu etwa 210° gewählt.

Ebenso wie bei den Gleichrichter-Vormagnetisierungsschaltungen gibt es auch
bei den Transduktor-Vormagnetisierungsschaltungen noch eine Reihe von Varianten,
auf die hier nicht eingegangen werden kann. Auch bei der Bemessung der Transduktorschaltungen muß auf die Rückwirkungsspannung der Schaltdrossel Rücksicht
genommen werden. Die Rückwirkung hat hier jedoch keine Änderung der Stromhöhe zur Folge, sondern sie bewirkt beim Reihentransduktor nach Abb. 39,7 eine
Änderung der Phasenlage des Rechteckstromes und bei der Ventildrossel nach
Abb. 39,12 eine Änderung der Dauer des Impulses. Im übrigen lassen Vormagnetisierungsschaltungen mit gleichstromvormagnetisierten Transduktoren über diese
Gleichstromvormagnetisierung auch eine vielseitige selbsttätige Beeinflussung der
Höhe der Vormagnetisierung und damit eine selbsttätige Anpassung an die jeweiligen
Betriebsverhältnisse zu. So können entweder Spannungskomponenten, die beispielsweise der den Umformer speisenden Wechselspannung oder dem Belastungsstrom
verhältnisgleich sind, zusätzlich in den Gleichstromkreis eingeschleust werden, oder
es können entsprechende Ströme als zusätzliche Vormagnetisierungskomponenten
die resultierende Vormagnetisierungsdurchflutung des Transduktors mitbestimmen[1].

39.24 Steil ansteigende Vormagnetisierungsströme.

Während für die Wahl der im vorigen Abschnitt beschriebenen Vormagnetisierungsarten im allgemeinen der Grund maßgebend ist, daß die Höhe der Augenblickswerte dieser Vormagnetisierungen
während der für die Vormagnetisierung

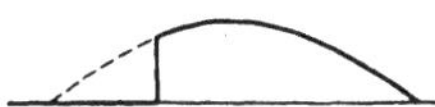

Abb. 39,15. Steil ansteigender Anschnitt-Sinusstrom.   Abb. 39,16. Schaltung für die Vormagnetisierung durch
den steil ansteigenden Anschnitt-Sinusstrom eines ge-
steuerten Ventiles.

der Schaltdrossel wichtigen Zeitabschnitte ungefähr die gleiche bleibt, macht man in
Sonderfällen anstatt von der gleichbleibenden Höhe auch von dem steilen Anstieg des
Vormagnetisierungsstromes Gebrauch. Hierfür kommen die genannten Gleichrichterschaltungen und vor allem die Reihentransduktorschaltung des vorigen Abschnittes
in Frage. Steil ansteigende Stromformen wie Abb. 39,15 können durch Verwendung
von steuerbaren Ventilen oder von Transduktoren in Form von Ventildrosseln erhalten werden. In Abb. 39,16 ist das Prinzip einer solchen Schaltung unter Benutzung
eines gittergesteuerten Quecksilberdampfventiles (Stromtores) *St* wiedergegeben.

39.25 Die Kombination verschiedener Vormagnetisierungsarten.

Die Kombination verschiedener Arten der Vormagnetisierung bietet viele Möglichkeiten, um einen resultierenden Durchflutungsverlauf der Vormagnetisierung
von bestimmter, gewünschter Kurvenform für die günstigste Anpassung zu erhalten.
Eine unsymmetrische Vormagnetisierung bei gleichen Abschnittslängen z. B. kann
durch Kombination einer Vormagnetisierungsform nach Abb. 39,4 mit einer Gleichstromvormagnetisierung erreicht werden. Wenn die Höhe der Gleichstromvormagnetisierung gleich der Höhe dieser rechteckförmigen Vormagnetisierung gewählt wird,
so ergibt sich, wie bereits im vorigen Abschnitt beschrieben wurde, eine intermit-
tierende, einseitig gerichtete Vormagnetisierung von 180° Dauer. Eine zusätzliche
Gleichstromvormagnetisierung bei der Stromform nach Abb. 39,9 kann dazu benutzt

---

[1] Siehe z. B. BAER: [1.61] S. 716 Fig. 12.

werden, ein bestimmtes, von dem natürlichen Wert ohne zusätzliche Gleichstromvormagnetisierung abweichendes Höhenverhältnis der resultierenden positiven und
negativen Vormagnetisierungsimpulse bei ungleichen Abschnittslängen oder einseitig gerichtete Impulse mit von 180° abweichender Dauer zu erzielen. Durch Verbindung einer rechteckförmigen Vormagnetisierung mit einer sinusförmigen Vormagnetisierung kann auch die Neigung der resultierenden Vormagnetisierung in
weitem Umfange beeinflußt werden.

39.26 Die Hauptstromvormagnetisierung.

Bei den im vorhergehenden beschriebenen Vormagnetisierungen handelt es sich
durchweg um Nebenschluß- bzw. fremderregte Vormagnetisierungen. Wenn man
von der angedeuteten Möglichkeit einer zusätzlichen, lastabhängigen Beeinflussung der Transduktoren absieht, wird bei ihnen die Höhe des Vormagnetisierungsstromes der Schaltdrossel durch Änderungen des Belastungsstromes nicht beeinflußt.
Falls in Sonderfällen ein Bedürfnis dafür vorliegt, ist aber auch eine Reihenschluß-
vormagnetisierung ausführbar. Bei dieser ändert sich die Höhe verhältnisgleich dem
Belastungsstrome. Um eine Gleichstromvormagnetisierung solcher Art zu erhalten,
kann der Belastungsgleichstrom selbst oder der gleichgerichtete Primärstrom
(z. B. in der Gleichrichterschaltung von Abb. 46,5) als Vormagnetisierungsstrom
benutzt werden. Als Impuls- bzw. Wechselstromvormagnetisierung stehen der Kontaktstrom, der Schaltdrosselstrom oder der Strom der Transformatorwicklung zur
Verfügung, wobei durch die Möglichkeit der Wahl zwischen den verschiedenen
Phasen der Kontaktumformerschaltung noch verschiedenartige Wirkungen der
Vormagnetisierung in bezug auf die Phasenlage erreicht werden können.

40. Die Vormagnetisierung des Ausschaltkernes.

Die Entwicklungsgeschichte der Vormagnetisierungsschaltungen und der Nebenwege zu den Kontakten ist zugleich eine Geschichte der Steigerung der Lebensdauer
der Kontakte und der Erweiterung des Regelbereiches des Kontaktumformers. Die
starre Ausschaltvormagnetisierung mit sinusförmigem Strom als die älteste Art
gestattete bei Umformern größerer Leistung nur einen begrenzten Spannungsregelbereich und erforderte die Verwendung von Nebenwegen. Durch die damals benutzten
kapazitiven Nebenwege wiederum traten bei der meistverwendeten 3phasigen
Dreidrossel-Brückenschaltung Schwierigkeiten in Form von dem Stufenstrom überlagerten Schwingungen auf, die den Ausschaltvorgang störten und dadurch die
Lebensdauer der Kontakte beeinträchtigten. Auch beim Einschaltvorgang ergaben
sich Schwierigkeiten, und zwar durch den Entladestrom der Nebenwegkondensatoren.

Eine Erweiterung des Teilaussteuerungs-Regelbereiches wäre in gewissem Umfange durch ein Mitverdrehen der Phasenlage des sinusförmigen Stromes der starren
Vormagnetisierung bei Änderungen des Steuerwinkels oder durch die Anwendung
starrer trapezförmiger Vormagnetisierungsströme möglich gewesen. Die Arbeiten
in dieser Richtung befanden sich jedoch damals noch in den Anfängen, und über
Laboratoriumsversuche kam es nicht hinaus.

Einen großen Schritt vorwärts bedeutete daher bei dieser Sachlage die Erfindung
der elastischen Vormagnetisierung im Jahre 1942. Wenn sie auch, wie wir aus
Abb. 40,15 noch ersehen werden, noch keine sich über den ganzen Regelbereich in
gleicher Güte erstreckende Anpassung ergab, so erlaubte sie doch bereits eine erhebliche Erweiterung des Regelbereiches und benötigte keine Nebenwege, so daß

ein Schwingungsproblem nicht mehr bestand und auch Einschaltentladungen von Kondensatoren fortfielen. Es sind daher fast alle von den SSW bis 1945 gelieferten Großumformer wie auch eine Anzahl der nach 1945 von der ITE gebauten Großumformer mit dieser Vormagnetisierung ausgerüstet worden. Ein Nachteil der elastischen Vormagnetisierung, den die starre Vormagnetisierung nicht oder nicht in diesem Maße aufweist, ist allerdings der Leistungsverbrauch in den Strombegrenzungswiderständen, der sich in der Größe von 0,5 bis 1% der Umformerleistung bewegt. Außerdem werden ebenso wie bei der starren Vormagnetisierung noch besondere Maßnahmen zur Anpassung der Vormagnetisierung an die veränderliche Wechselspannung erforderlich, wenn der Umformer mit Wechselspannungsregelung betrieben werden soll.

Im Verlaufe der weiteren Entwicklung gelang es, auch bei der starren Vormagnetisierung — also ohne Inkaufnahme des mit der elastischen Vormagnetisierung verbundenen Leistungsverlustes — Schwingungen des Ausschaltstufenstromes und Einschaltentladungen von Kondensatoren zu vermeiden. Das wurde möglich durch die Verwendung von gleichrichtenden Schaltungselementen in den Nebenwegen. Der nicht ganz beseitigbare Kontaktspannungssprung im Ausschaltaugenblick konnte dabei nötigenfalls noch durch eine Vorbelastung dieser Gleichrichterelemente und durch die Benutzung von neuzeitlichen Trockengleichrichtern mit hoher Sperrspannung bei nur geringem Spannungsabfall in der Stromflußrichtung (z. B. Germaniumventilen) herabgesetzt werden. Über die Schaltungen von Nebenwegen mit Gleichrichterelementen finden sich ausführliche Angaben in Abschn. 43. Die Verfügbarkeit solcher Nebenwege gab nun ihrerseits der Weiterentwicklung und praktischen Anwendung von starren Vormagnetisierungen neuen Auftrieb. Die gegenwärtig bevorzugten Ausführungsformen dieser Vormagnetisierungen sind, wie bereits gesagt wurde, je nach der vorliegenden Kontaktumformerschaltung trapezförmige Wechselströme oder einseitig gerichtete Impulse.

Ein weiterer Schritt zur Vervollkommnung wurde im Jahre 1951 mit der Erfindung der selbsttätig sich anpassenden Vormagnetisierung getan. Diese Vormagnetisierung liefert, einmal richtig eingestellt, ohne weitere Eingriffe oder zusätzlichen Aufwand eine weitgehende Anpassung über große Regelbereiche nicht nur bei der Teilaussteuerungsregelung, sondern auch bei der Wechselspannungsregelung und bei Netzspannungsschwankungen. Ihr Leistungsverbrauch besteht, wenn beide der bei ihr verwendeten Komponenten starr ausgeführt werden, praktisch nur aus Blindleistung. Wird dagegen die spannungsabhängige Komponente elastisch ausgeführt, so ist der Wirkleistungsverbrauch zwar nicht wie bei der starren Vormagnetisierung zu vernachlässigen, doch ist er beträchtlich geringer als bei der reinen elastischen Vormagnetisierung nach Abschn. 40.2. Durch die Anwendung von strombegrenzenden Schaltungsgliedern in den Zweigen dieser elastischen Komponente kann — wie bei der elastischen Vormagnetisierung überhaupt — der Leistungsverbrauch noch weiter herabgesetzt werden. Strombegrenzende Schaltungsglieder in Form von vorbelasteten Trockengleichrichterventilen werden, wie bereits auf S. 316 erwähnt wurde, auch bei der kombinierten Nebenweg- und Vormagnetisierungsschaltung Abb. 43,17 benutzt, die im Jahre 1955 bei der ITE erfunden wurde und ebenfalls eine ausgezeichnete Anpassungsfähigkeit besitzt.

Im folgenden soll nun der Gang der Berechnung von Vormagnetisierungskreisen für den Ausschaltvorgang gezeigt werden, und zwar an je einem Beispiel für die starre, die elastische und die selbsttätig sich anpassende Vormagnetisierung.

40.1 Die starre Ausschalt-Vormagnetisierung mit Sinusstrom.

Am Beispiel der 3phasigen Dreidrossel-Brückenschaltung wird zunächst erläutert, welche Phasenlage der Vormagnetisierungsstrom haben muß und welche Schaltung zur Herstellung dieser Phasenlage zu wählen ist. Sodann wird die Berechnung der Windungszahl w_V der Vormagnetisierungswicklung, die Berechnung

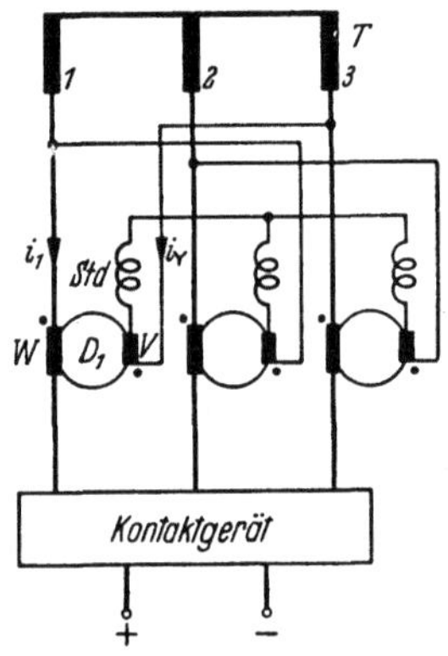

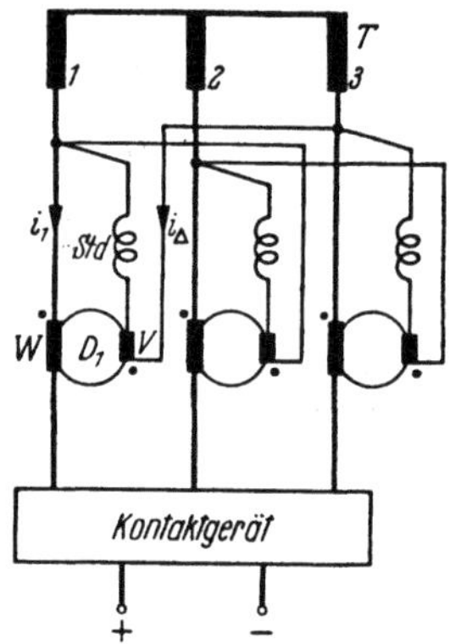

Abb. 40,1. Schaltbild der Ausschaltvormagnetisierung mit stabilisiertem Sinusstrom bei Sternschaltung der Vormagnetisierungskreise.

Abb. 40,2. Schaltbild der Ausschaltvormagnetisierung mit stabilisiertem Sinusstrom bei Dreieckschaltung der Vormagnetisierungskreise.

Die Zählpfeile geben die Richtung der positiven Augenblickswerte der Ströme an, die Punkte die Wicklungsanfänge für gleichen Wickelsinn.

der Größe des Vormagnetisierungsstromes und die Berechnung des notwendigen Betrages der Stabilisierungsinduktivität gezeigt. In Abb. 40,1 und 40,2 sind die beiden Grundschaltungen der Vormagnetisierungskreise wiedergegeben. Abb. 40,1 ist die Sternschaltung, Abb. 40,2 die Dreieckschaltung. In Abb. 40,3 sind für beide Schaltungen die Spannungs- und Stromkurven dargestellt und in den Abb. 40,4

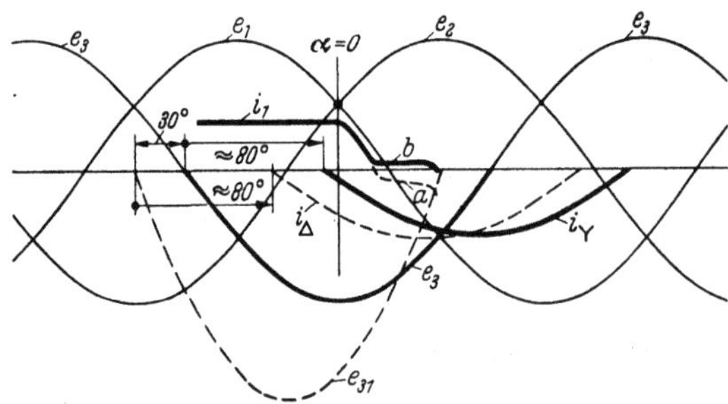

Abb. 40,3. Zeitlicher Verlauf der Spannungen und der Ströme bei der Ausschaltvormagnetisierung mit stabilisiertem Sinusstrom. Der dargestellte Verlauf der Ströme gilt unter der Voraussetzung, daß die Richtung der Durchflutungen des Schaltdrosselkernes durch den Hauptstrom i_1 und den Vormagnetisierungsstrom bei gleichen Vorzeichen der Augenblickswerte dieser Ströme die gleiche ist.

und 40,5 die entsprechenden Zeigerdiagramme.

Um in Abb. 40,3 die Stufe des Stromes i_1 von ihrer natürlichen Lage (gestrichelte Linie a) in die gewünschte, positive Lage anzuheben (ausgezogene Linie b), ist eine in bezug auf die positive Durchflutungsrichtung des Stromes i_1 negativ gerichtete Vormagnetisierungsdurchflutung erforderlich, deren Augenblickswerte mit wachsender Verzögerung der Stromwendung etwas in negativer Richtung ansteigen

müssen. Diese Bedingung wird sowohl durch den Strom i_Y als auch durch den Strom $i_\triangle$ erfüllt. Ein Strom mit der Phasenlage i_Y kommt dann zustande, wenn der Vormagnetisierungskreis an die Sternspannung e_3 angeschlossen wird. Infolge des durch die Stabilisierungsdrossel *Std* bedingten induktiven Charakters dieses Kreises ist die Phasenverschiebung des Stromes in bezug auf die Spannung beinahe 90° nacheilend, schätzungsweise etwa 80° (s. Zeigerdiagramm Abb. 40,4). Für die nun folgenden Betrachtungen sind die Balkensymbole der Schaltdrosselwicklungen mit Polaritätskennzeichen in Form eines Punktes versehen. Der Punkt bezeichnet den Anfang der betreffenden Wicklung für gleichen Wickelsinn aller Wicklungen, d. h., er gibt an, an welcher Stelle der Strom in die Wicklung hineinfließen muß, wenn alle Wicklungen gleichgerichtete Durchflutungen des Schaltdrosselkernes erzeugen sollen. Um nun einen Strom i_Y mit der nach Abb. 40,3 erforderlichen Phasenlage zu erhalten, muß in Abb. 40,1 der Anfang der Vormagnetisierungswicklung der Schaltdrossel *1* an die Transformatorphase *3* angeschlossen werden, wenn der Anfang der Hauptwicklung der Schaltdrossel *1* mit der Transformatorphase *1* verbunden ist. In entsprechender Weise ist die Vormagnetisierungswicklung *2* an die Transformatorphase *1* und die Vormagnetisierungswicklung *3* an die Transformatorphase *2* anzuschließen, d. h., die Anfänge der Vormagnetisierungswicklungen sind stets mit den Transformatorklemmen der *vorhergehenden* Phase verbunden, und die Wicklungsenden sind in Stern geschaltet. Die Stabilisierungsdrosseln können dabei nach Belieben in der für die Leitungsführung günstigsten Weise entweder zwischen Transformatorklemme und Anfang der Vormagnetisierungswicklung eingefügt werden

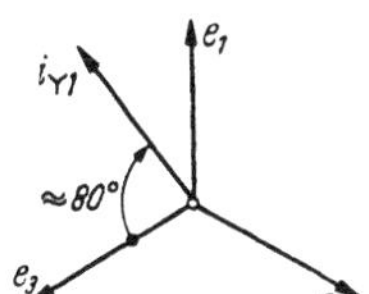

Abb. 40,4. Zeigerdiagramm zu Abb. 40,1.

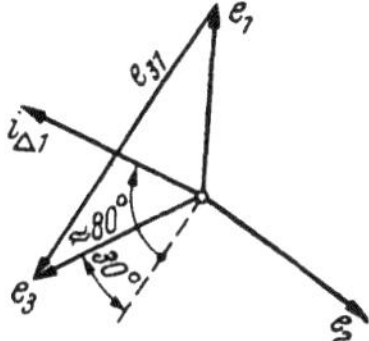

Abb. 40,5. Zeigerdiagramm zu Abb. 40,2.

oder auch, wie in Abb. 40,1, zwischen Ende der Vormagnetisierungswicklung und Sternpunkt. Die Phasenlage des Stromes $i_\triangle$ in der Schaltdrossel *1* dagegen ist die des Stromes eines Vormagnetisierungskreises, der an die *verkettete* Spannung e_{31} angeschlossen ist (s. Schaltung Abb. 40,2 und Zeigerdiagramm Abb. 40,5). Dieser Strom ist gegenüber i_Y um 30° voreilend. Aus Abb. 40,3 ist ersichtlich, daß i_Y in dem für das Ausschalten in Frage kommenden Abschnitt der Periode in stärkerem Maße und über einen größeren Regelbereich ansteigt als $i_\triangle$. Die Dreieckschaltung ist daher bei kleineren Bereichen der Teilaussteuerungsregelung vorzuziehen, während i_Y besser den Erfordernissen bei größeren Regelbereichen entspricht. Der günstigste Phasenwinkel liegt meist irgendwo zwischen diesen beiden Stellungen. Trotzdem aber können bei Umformern kleinerer Leistung die genannten Schaltungen ohne weitere Phasenkorrektur unmittelbar verwendet werden, da geringe Abweichungen von den günstigsten Bedingungen bei diesen Leistungen noch keine große Rolle spielen, denn wegen des kleinen Durchmessers des Eisenkernes und der verhältnismäßig großen Windungszahl ist bei Umformern dieser Größe der Stufenstrom ohnehin verhältnismäßig niedrig. Bei Umformern großer Leistung dagegen kann es notwendig werden, den günstigsten Phasenwinkel durch Anwendung eines Schwenktransformators oder einer Zickzackschaltung der Vormagnetisierungswicklungen genau herzustellen. Über die Ermittelung des günstigsten Phasenwinkels siehe die Bemerkung auf S. 521/22.

In Abb. 40,1 und 40,2 werden die Vormagnetisierungskreise von der Sekundärspannung des Gleichrichtertransformators gespeist. Ist diese Spannung unbequem niedrig oder unbequem hoch, so kann es zweckmäßiger sein, die Vormagnetisierung der Primärseite zu entnehmen. Dann ist aber beim Entwurf der Vormagnetisierungsschaltung auch noch die etwaige Phasenverdrehung in Betracht zu ziehen, die bei verschiedenartiger Schaltung der Primärwicklung und der Sekundärwicklung zwischen den Spannungen dieser Wicklungen besteht.

Die Berechnung der starren Vormagnetisierung gründet sich auf die zugelassene Verformung Δi_V der Stromkurve infolge der Transformatorwirkung (s. Abb. 40,7). Der auf den Scheitelwert $I_V\sqrt{2}$ des Vormagnetisierungsstromes bezogene Betrag der Verformung ist der *Rückwirkungsfaktor* z:

$$z = \frac{\Delta i_V}{I_V\sqrt{2}}\,. \tag{40,1}$$

Wenn der Vormagnetisierungskreis durch die sinusförmige Spannung E_V gespeist wird (Abb. 40,6), so ist bei geringen Werten von z der Effektivwert des Vormagnetisierungsstromes gegeben durch

$$I_V \approx \frac{E_V}{L\omega}\,. \tag{40,2}$$

Die Verformung Δi_V kann wiederum mit Hilfe der integrierten Form des Induktionsgesetzes Gl. (29,2) gefunden werden. Während der Dauer Δt der Stromstufe nämlich liegt praktisch die volle Wendespannung e_W an der Hauptwicklung der Schaltdrossel, und infolge der Transformatorwirkung wird gewissermaßen eine im Ver-

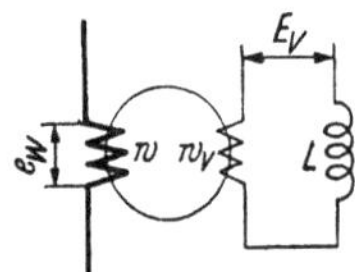

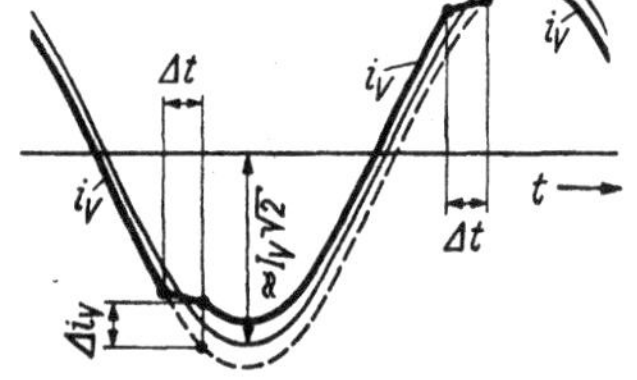

Abb. 40,6. Grundschaltung für die Berechnung der Vormagnetisierung mit stabilisiertem Sinusstrom.

Abb. 40,7. Zeitlicher Verlauf des Vormagnetisierungsstromes in der Schaltung Abb. 40,6.

hältnis der Windungszahlen w_V/w reduzierte Spannung am Stufenbeginn sprungartig in den Vormagnetisierungskreis eingeschaltet, die dann den Vormagnetisierungsstrom in der in Abb. 40,7 angedeuteten Weise verformt. Der Betrag der Verformung ergibt sich damit zu

$$\Delta i_V = \frac{1}{L}\int_{\Delta t} \frac{w_V}{w} e_W\, dt = \frac{1}{L}\frac{w_V}{w} E_W\sqrt{2}\,\Delta t_s\,. \tag{40,3}$$

Nunmehr kann für eine gegebene Spannung E_V am Vormagnetisierungskreise und für einen gegebenen höchsten zulässigen Rückwirkungsfaktor z mit Benutzung der Gln. (40,1) bis (40,3) die höchste zulässige Windungszahl w_V der Vormagnetisierungswicklung gefunden werden:

$$z = \frac{\dfrac{1}{L}\dfrac{w_V}{w} E_W\sqrt{2}\,\Delta t_s}{\dfrac{E_V}{L\omega}\sqrt{2}} = \frac{w_V}{w}\frac{E_W}{E_V}\Delta t_s\,\omega\,,$$

woraus folgt

$$\boxed{w_V = w\,\frac{E_V}{E_W}\frac{z}{\Delta t_s\,\omega}\,.} \tag{40,4}$$

Es ist nun erforderlich, den tiefsten Punkt der natürlichen Stromstufe wenigstens bis zur Nullinie anzuheben. Dieser tiefste Punkt entspricht bei weitgehender Teilaussteuerung der Feldstärke H_2 am Ende der Stufe (Abb. 18,9). Die Feldstärke H_2 ist bereits aus der Eisenprüfung bekannt. Der ihr entsprechende, auf die Vor-

magnetisierungswicklung bezogene Strom muß durch den um den Verformungs-
betrag verminderten Scheitelwert des Vormagnetisierungsstromes zumindest aufgehoben werden:

$$\frac{H_2\, l_{\mathrm{Fe}}}{w_V} \leqq \left(1 - \frac{z}{2}\right) I_V \sqrt{2}\;.$$

Hieraus ergibt sich der Mindestwert von I_V zu

$$I_V = \frac{H_2\, l_{\mathrm{Fe}}}{\left(1 - \dfrac{z}{2}\right) \sqrt{2}\; w_V}\;. \tag{40,5}$$

Praktisch muß der Vormagnetisierungskreis so reichlich bemessen sein, daß sich
auch noch etwas höhere Stromwerte einstellen lassen.

Nachdem nun die Größe von I_V bekannt ist, kann auch die erforderliche Induktivität L der Stabilisierungsdrossel mit Hilfe von Gl. (40,2) berechnet werden.
Der Luftspalt der Drossel sollte in solchem Umfange einstellbar sein, daß der Strom
um mindestens $\pm 25\%$ variiert werden kann. Der Rückwirkungsfaktor soll 0,15 bis
0,2 nicht überschreiten, damit eine ausreichende Stabilisierung gesichert ist.

Wie aus dem vorstehenden hervorgeht, kann bei der starren *Wechselstrom*-
vormagnetisierung die Windungszahl der Vormagnetisierungswicklung nicht frei
gewählt werden, da sowohl die Stromstärke I_V als auch die Verformung $\varDelta i_V$ beide
vom gleichen Wert L abhängen. Bei einer *Gleichstrom*vormagnetisierung besteht
eine solche Beschränkung nicht. Dort wird die Höhe des Stromes nur durch den
ohmschen Widerstand des Kreises bestimmt, und die Verformung kann durch eine
Erhöhung der Induktivität auch dann auf den zulässigen Wert begrenzt werden,
wenn die Windungszahl der Vormagnetisierungswicklung höher gewählt wird.

40.2 Die elastische Ausschalt-Vormagnetisierung bei mechanischer Teilaussteuerungsregelung.

Ein Kontaktumformer, der mit einer starren Vormagnetisierung ausgerüstet ist,
kann nicht ohne Nebenwege zu den Kontakten arbeiten. Bei der elastischen Vormagnetisierung dagegen sind Nebenwege entbehrlich. Um dieses deutlich zu machen,
sind in den Abb. 40,8 und 40,9 die starre Vormagnetisierung und die elastische Vormagnetisierung einander gegenübergestellt.

Bei der *starren* Vormagnetisierung von Abb. 40,8 fließt, wenn die Stromstufe
auf einen geringen positiven Betrag angehoben ist, die positive Differenz $\dfrac{w_V}{w}\, i_V - i_{st}$
des auf die Hauptwicklung bezogenen Vormagnetisierungsstromes und des natür-
lichen Stufenstromes über den Kontakt. Im Öffnungsaugenblick muß also dieser
Reststrom durch den Kontakt unterbrochen werden. Da nun die Stabilisierungsdrossel *Std* keine plötzliche Änderung des Stromes im Vormagnetisierungskreise
zuläßt, die transformatorisch der als Folge der Kontaktöffnung eintretenden Änderung des Stromes in der Hauptwicklung das Gleichgewicht halten könnte, so würde
die Unterbrechung des über den Kontakt fließenden Reststromes tatsächlich die
Abschaltung eines Stromes in der hochinduktiven, ungesättigten Schaltdrossel
bedeuten und zu einer hohen Ausschaltspannung zwischen den Kontaktflächen und
Lichtbogenbildung führen, sofern nicht ein Nebenweg vorgesehen ist, der den Strom
$\dfrac{w_V}{w}\, i_V - i_{st}$ ohne Unterbrechung übernehmen kann.

Der tragende Gedanke bei der *elastischen* Vormagnetisierung ist, die Schaltdrossel unmittelbar von der vom Transformator gelieferten Wendespannung ohne irgendeine Stabilisierung vorzumagnetisieren. Wenn das möglich wäre, dann würde der Vormagnetisierungsstrom stets genau die richtige Größe haben, nämlich die des Stufenstromes i_{st}, und infolgedessen würde der Strom über den Kontakt im Öffnungsaugenblick gleich Null sein. In Abb. 40,9 ist nun eine geeignete Schaltung gezeigt. Dort dient die Hauptwicklung gleichzeitig auch als Vormagnetisierungswicklung, weil die Potentialverhältnisse dieses gestatten. Es kann natürlich ebensogut eine getrennte Vormagnetisierungswicklung verwendet werden. In der Abbildung ist ein Pol der Hauptwicklung der Schaltdrossel wie gewöhnlich unmittelbar an die Transformatorwicklung *1* angeschlossen. Der andere Pol der Hauptwicklung ist außer mit dem Kontakt *1* auch noch über einen Widerstand R und einen Transformator ZT mit der Transformatorwicklung *2* verbunden, so daß der Strom

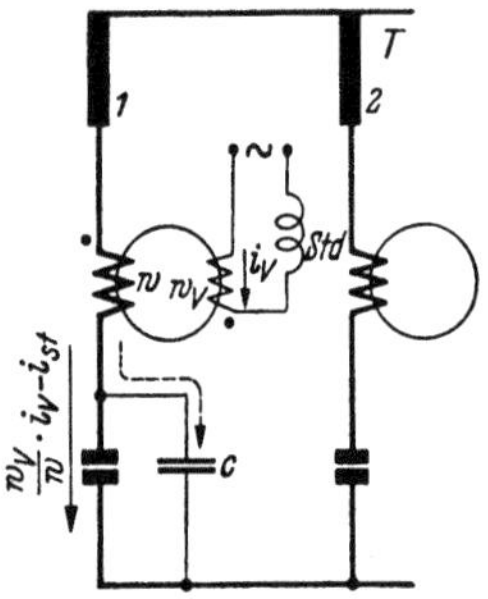

Abb. 40,8. Schaltbild der Ausschaltvormagnetisierung
mit stabilisiertem Sinusstrom.

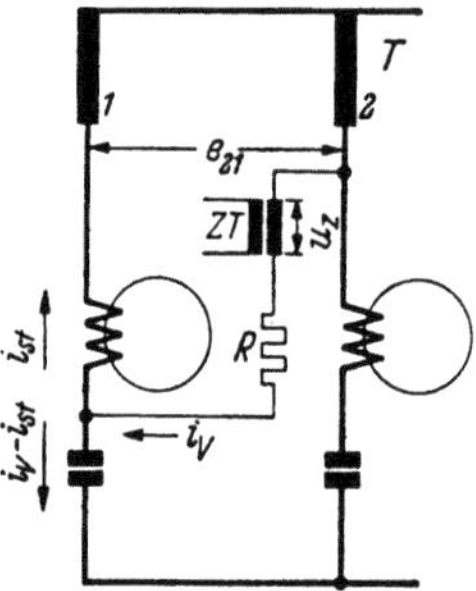

Abb. 40,9. Schaltbild der elastischen Ausschaltvormagnetisierung.

Die Strompfeile geben die Richtung der Augenblickswerte der Ströme während der Ausschaltstufe an, die Punkte
die Wicklungsanfänge für gleichen Wickelsinn.

in diesem Kreise den Kontakt umgeht. Ohne das Vorhandensein von R und ZT würde die Schaltdrossel also unmittelbar an den Klemmen des Transformators liegen und stets in der richtigen Weise magnetisiert werden ohne Rücksicht darauf, ob der Kontakt geöffnet oder geschlossen ist. Das würde allerdings nur für die Dauer der Stufe zutreffen. Während der übrigen Abschnitte, in denen der Eisenkern der Schaltdrossel gesättigt ist, würde die Schaltung einen Kurzschluß des Transformators über die Luftinduktivität der Schaltdrossel darstellen. Um nun den dann fließenden Strom auf einen geringeren, erträglichen Betrag zu begrenzen, ist der Widerstand R in den Stromkreis eingefügt. Wenn dann aber während der Dauer der Stufe noch eine Magnetisierung der Schaltdrossel in der richtigen Größe stattfinden soll, so muß der Spannungsabfall des Stufenstromes an diesem Widerstande R durch eine Zusatzspannung u_z kompensiert sein, die dem Zusatztransformator ZT entnommen wird.

Eine sehr wichtige Forderung bei der elastischen Vormagnetisierung ist nun, daß der Vormagnetisierungskreis im höchsterreichbaren Maße *induktionsarm* ausgeführt sein soll. Wenn dann etwa infolge nicht vollkommener Kompensation des Spannungsabfalls am Widerstand durch die Zusatzspannung noch ein Reststrom $i_V - i_{st}$ durch den sich öffnenden Kontakt unterbrochen werden muß, so bedeutet das jetzt lediglich die Unterbrechung eines Kreises mit nur ohmschem Widerstand. Dabei erscheint dann anstatt einer hohen induktiven Spannungsspitze nur der geringe Spannungsbetrag $R(i_V - i_{st})$ zwischen den sich öffnenden Kontaktflächen, der sich daraus ergibt, daß nach der Kontaktöffnung der Widerstand R nicht mehr vom Strome i_V, sondern nur noch vom Strome i_{st} durchflossen wird. Dieser Spannungsbetrag führt zu keiner Lichtbogenbildung, solange er nicht die in Abschn. 4.1 angegebenen Grenzen überschreitet. Somit können Nebenwege entbehrt werden, und alle etwa mit ihnen verbundenen Nachteile, z. B. die erwähnten Schwingungen des Stufenstromes und Einschalt-Entladeströme über die Kontakte im Schließungsaugenblick, sind vermieden.

In Abb. 40,10 sind die Kurven der Zusatzspannung u_z und des Stromes i_V der elastischen Vormagnetisierung aufgezeichnet. Solange die Schaltdrossel gesättigt ist, wird die Größe des Vormagneti-sierungsstromes durch den Widerstand R und die Summe aus der Transformatorspannung $e_{21} = e_W$ und der Zusatzspannung u_z bestimmt. Dieser Strom ist durch die stark ausgezogene Sinuslinie dargestellt. Sobald jedoch der Belastungsstrom i_1 in die Stufe Δt eintritt, wird die Schaltdrossel ummagnetisiert. Wenn der Vormagnetisierungsstrom richtig abgeglichen ist, so hält die Spannung an der Schaltdrossel dann der Transformatorspannung genau das Gleich-

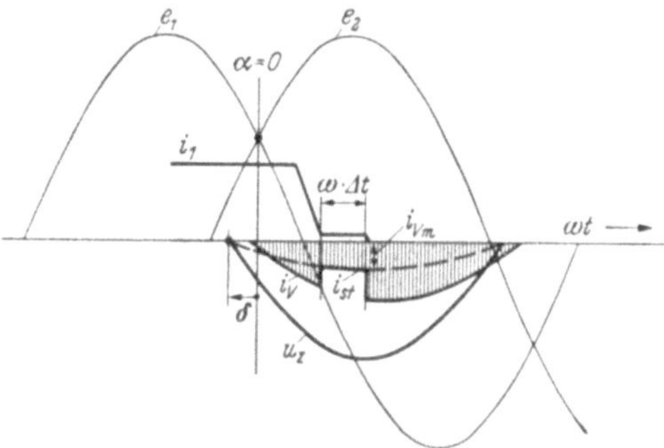

Abb. 40,10. Zeitlicher Verlauf der Spannungen und der Ströme bei der elastischen Ausschaltvormagnetisierung.

gewicht, und der Strom i_V während der Stufe ist durch den Widerstand R und allein die Zusatzspannung u_z gegeben. Infolgedessen wird die Stromkurve während der Stufe in einem solchen Maße verformt, daß der verbleibende Strombetrag bei richtiger Einstellung angenähert dem natürlichen Stufenstrom i_{st} gleichkommt. Nachdem die Stufe abgelaufen ist, springt der Strom dann wieder auf die erste Sinuskurve zurück.

Da u_z nach einer Sinuskurve verläuft und R ein konstanter Wert ist, so ist der Vormagnetisierungsstrom i_V während der Dauer der Stufe ebenfalls ein Stück einer Sinuskurve, die als zweite Sinuslinie in Abb. 40,10 gestrichelt eingetragen ist. Diese Sinuskurve ist in Phase mit der Zusatzspannung u_z. Für gute Anpassung muß sie eine voreilende Phasenverschiebung δ gegenüber der Transformatorspannung e_{21} haben. Der nach der gestrichelten Sinuskurve verlaufende Strom ändert nun weder seine Phasenlage noch seinen Betrag, wenn eine Spannungsregelung durch Teilaussteuerung vorgenommen wird. Daher ist innerhalb des Bereiches der Verschiebung des Öffnungszeitpunktes $\alpha + u$ durch Teilaussteuerung jedem Öffnungs-

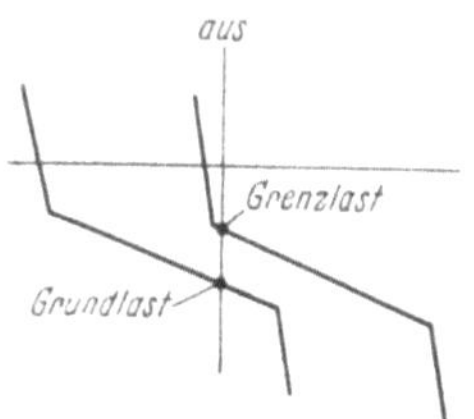

Abb. 40,11. Verlauf des natürlichen Stufenstromes.

zeitpunkt nur ein einziger, bestimmter Augenblickswert der Stromkurve i_V zugeordnet. Der genannte Strom verändert sich auch nicht, wenn Änderungen des Belastungsstromes stattfinden. Somit liegt beim Entwurf der Vormagnetisierung die Aufgabe vor, den Voreilwinkel δ und die Höhe der gestrichelten Stromkurve i_V so zu berechnen, daß sich diese Kurve so dicht wie möglich allen innerhalb des ganzen Spannungsregelbereiches und bei beliebigen Belastungen vorkommenden Werten des Stufenstromes i_{st} im Öffnungsaugenblick annähert.

Betrachtet man nun den Verlauf des natürlichen Stufenstromes bei Grundlast und bei Grenzlast (Abb. 40,11), so findet man, daß die natürliche Stromstufe beim

Grenzstrom etwas tiefer liegt als beim Grundlaststrom und auch eine etwas größere
Neigung aufweist. Das hat seinen Grund darin, daß bei einer Erhöhung des
Belastungsstromes die Stufe nach rechts in ein Gebiet höherer Wendespannungen
und damit größerer Ummagnetisierungsgeschwindigkeiten verschoben wird. Infolge
dieses Umstandes kann bei ungeändertem Ausschaltzeitpunkt (wie im Falle der
mechanischen Überlappungsanpassung) die Höhe des natürlichen Stufenstromes im
Ausschaltaugenblick sich bei Belastungsschwankungen in erheblichem Maße ändern.
Das ist der Hauptgrund dafür, daß Streckkreise eingeführt wurden. Wenn nämlich die Streckkreise richtig eingestellt sind, so ergibt sich trotz des Hin- und Hergleitens der Stufe für jeden Ausschaltzeitpunkt ein resultierender *Gesamt*strom
(i_{st} in Abb. 40,12), der innerhalb des ganzen Bereiches der Laständerung eine ungefähr gleichbleibende Größe hat. Hierdurch kommt man mit nur einem einzigen
Wert von i_V für jeden Ausschaltzeitpunkt $\alpha + u$ aus, der dann durch einen nach der
gestrichelten, unveränderlichen Sinuskurve von Abb. 40,10 verlaufenden Strom
wenigstens angenähert verwirklicht werden kann. Für die Berechnung der elastischen

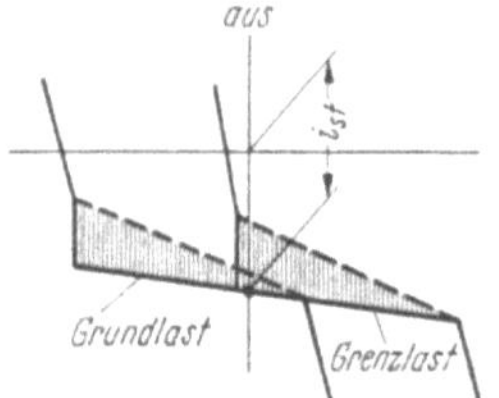

Abb. 40,12. Wirkung des Streckkreises.

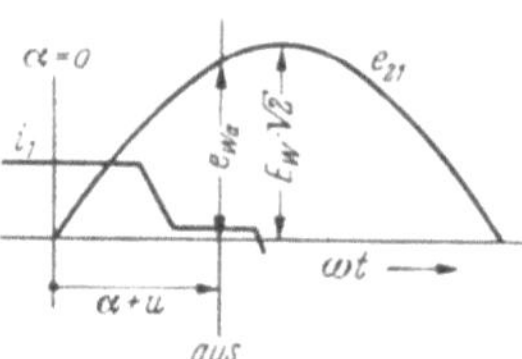

Abb. 40,13. Zusammenhang zwischen der im Ausschaltzeitpunkt wirksamen Wendespannung e_{Wa} und der Lage
des Ausschaltzeitpunktes $\alpha + u$.

Vormagnetisierung wollen wir in Zukunft unter i_{st} wie in Abb. 40,12 an Stelle des
natürlichen Stufenstromes den bereits durch den Streckkreis korrigierten *gesamten*
Stufenstrom verstehen.

Um nun die notwendige Größe der Augenblickswerte des Stromes i_V in Abhängigkeit von der Lage des Ausschaltzeitpunktes $\alpha + u$ zu ermitteln, muß man auf
Abb. 17,7 zurückgehen. Aus dieser ist ersichtlich, daß die Breite der Hystereseschleife sich in Abhängigkeit von der Ummagnetisierungsgeschwindigkeit beträchtlich verändert. Die Ummagnetisierungsgeschwindigkeit im Ausschaltaugenblick
$\alpha + u$ (Abb. 40,13) ist nun verhältnisgleich der in diesem Augenblick wirksamen
Wendespannung

$$e_{Wa} = E_W\sqrt{2}\,\sin(\alpha + u)\,. \tag{40,6}$$

Jedem Ausschaltzeitpunkt $\alpha + u$ ist also eine bestimmte Ummagnetisierungsgeschwindigkeit zugeordnet, die sich, solange der Effektivwert E_W der Wendespannung ungeändert bleibt, bei einer Verschiebung des Ausschaltzeitpunktes
verhältnisgleich $\sin(\alpha + u)$ ändert. Es kann daher anstatt $1/\Delta T_s$ (wie in Abb. 17,7)
ebensogut die Größe $\sin(\alpha + u)$ als Maß für die Ummagnetisierungsgeschwindigkeit
benutzt werden. Trägt man nun den für die Vormagnetisierung *erforderlichen*
Strombetrag, also den Wert i_{st} im Ausschaltaugenblick, über der durch den Wert
$\sin(\alpha + u)$ gekennzeichneten Ummagnetisierungsgeschwindigkeit auf, so ergibt sich
eine der Kurve von Abb. 17,7 ähnliche Kurve (Abb. 40,14). Der Bereich, innerhalb
dessen sich der Ausschaltzeitpunkt bei der Teilaussteuerungsregelung verschiebt,
wird begrenzt durch den Wert $\sin(\alpha_0 + u)$ bei höchster Aussteuerung und durch den
Wert $\sin(\alpha_{max} + u)$ bei tiefster Aussteuerung. Über diesen Bereich kann die Kurve

des erforderlichen Vormagnetisierungsstromes i_{st} durch eine Gerade angenähert werden, die die Ordinatenachse $\sin(\alpha + u) = 0$ in der Höhe I_1 und die Ordinate $\sin(\alpha + u) = 1$ für den um $90°$ verschobenen Ausschaltzeitpunkt in der Höhe I_2 schneidet. Für Nickeleisen Permenorm 5000 Z von 0,05 mm Banddicke und die Betriebsfrequenz 50 Hz wurde nun empirisch gefunden, daß die Werte I_1 und I_2 in Beziehung zu den Feldstärkenwerten H_1 und H_2 (Abb. 18,9) der aus der Eisenprüfung mit der *betriebsmäßigen* Stufenlänge $\varDelta T_s$ (s. S. 440) erhaltenen Hystereseschleife gebracht werden können, und zwar in folgender Weise:

$$I_1 = H_1 \frac{l_{\mathrm{Fe}}}{w}, \tag{40,7}$$

$$I_2 = [H_1 + 0{,}8\,(H_2 - H_1)] \frac{l_{\mathrm{Fe}}}{w} = (0{,}2\,H_1 + 0{,}8\,H_2) \frac{l_{\mathrm{Fe}}}{w}. \tag{40,8}$$

Die I_1 entsprechende Feldstärke ist also H_1, und die I_2 entsprechende ist $H_1 + 80\%$ der Differenz $\varDelta H = H_2 - H_1$. Damit ergibt sich der *erforderliche* Vormagnetisierungsstrom i_{st} als Funktion von $\sin(\alpha + u)$ zu

$$i_{st} = I_1 + (I_2 - I_1)\sin(\alpha + u). \tag{40,9}$$

Die Gleichung des wirklich *erhältlichen*, sinusförmigen Stromes i_V dagegen ist

$$i_V = i_{Vm}\sin(\alpha + u + \delta). \tag{40,10}$$

Hierin müssen nunmehr der Scheitelwert i_{Vm} des sinusförmigen Vormagnetisierungsstromes und der Voreilwinkel δ in solcher Größe gewählt werden, daß die als Funktion von $\sin(\alpha + u)$ aufgetragene Kurve des *erhältlichen* Stromes i_V sich so gut wie

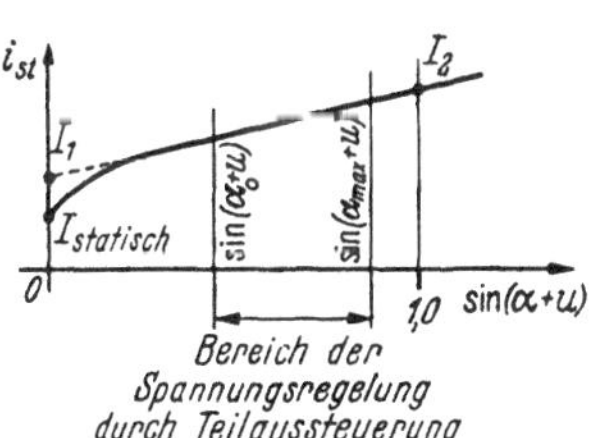

Abb. 40,14. Stufenstrom i_{st} im Ausschaltaugenblick in Abhängigkeit von der Lage des Ausschaltzeitpunktes $\alpha + u$.

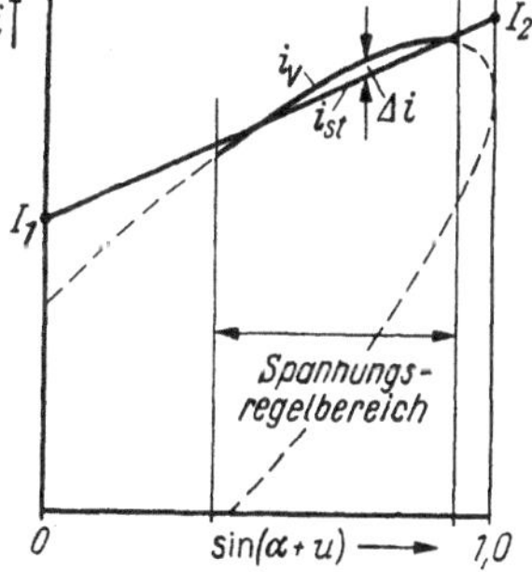

Abb. 40,15. Erforderlicher Vormagnetisierungsstrom i_{st} und erhältlicher Vormagnetisierungsstrom i_V in Abhängigkeit von der Lage des Ausschaltzeitpunktes $\alpha + u$.

möglich der geraden Linie des *erforderlichen* Stromes i_{st} innerhalb des Bereiches der Änderung des Ausschaltaugenblicks anpaßt, wie das in Abb. 40,15 schematisch wiedergegeben ist. Die Kurve i_V über $\sin(\alpha + u)$ ist für $\delta \neq 0$ eine Ellipse, deren große Achse durch den Koordinatenanfangspunkt geht. Die vollständige Durchführung des Verfahrens ist in ihren Einzelheiten in dem Berechnungsbeispiel am Schluß des Buches auf S. 519 bis 521 gezeigt.

Aus den Kurven nach Abb. 40,15 kann der Betrag der größten Abweichung $\varDelta i = i_V - i_{st}$ entnommen werden, die an irgendeiner Stelle des Änderungsbereiches des Ausschaltzeitpunktes in positiver oder in negativer Richtung übrigbleibt. Dann ergibt sich der höchste zulässige Betrag des Widerstandes R aus der Bedingung, daß die Kontaktspannung $\varDelta i \cdot R$ im Ausschaltaugenblick mit Sicherheit unterhalb der Lichtbogenmindestspannung von 10 bis 12 V bleiben muß. Wir erhalten somit

$$R \leqq \frac{10\,\mathrm{V}}{\varDelta i}. \tag{40,11}$$

Der Widerstand sollte um mindestens $\pm 10\%$ ohne Stromunterbrechung veränderbar sein, um eine endgültige Einstellung des Vormagnetisierungsstromes bei in Betrieb befindlichem Umformer zu ermöglichen. Der Effektivwert der erforderlichen Zusatzspannung ist gegeben durch

$$U_z = \frac{i_{Vm}\,R}{\sqrt{2}}\,. \tag{40,12}$$

In Abb. 40,12 ist lediglich derjenige Anteil des Streckkreisstromes dargestellt, der zur Kompensation der Neigung der Stromstufe ausgenutzt werden kann. Wie aber bereits in Abschn. 38 (Abb. 38,3 und 38,4) auseinandergesetzt wurde, muß, wenn die Zeitkonstante größer als ungefähr $\Delta t_s/3$ ist, noch ein weiterer Anteil durch den Vormagnetisierungsstrom aufgehoben werden, der zur Verbesserung der Neigung der Stufe nicht mehr beiträgt. Infolgedessen muß in praktischen Fällen i_V auf den wirklichen Bruttowert eingestellt werden, indem entweder bei dem gleichen Betrag von R die Zusatzspannung entsprechend erhöht oder bei gleichbleibender Zusatzspannung der Widerstand entsprechend herabgesetzt wird.

Nachdem nun die Zusatzspannung nach Größe und Phase bekannt ist, besteht die nächste Aufgabe darin, den Zusatztransformator ZT zu berechnen, der diese Spannung in den Vormagnetisierungskreis einfügen soll. Üblicherweise wird die erforderliche Phasenverschiebung ⸢mit Hilfe einer Zickzackschaltung hergestellt,

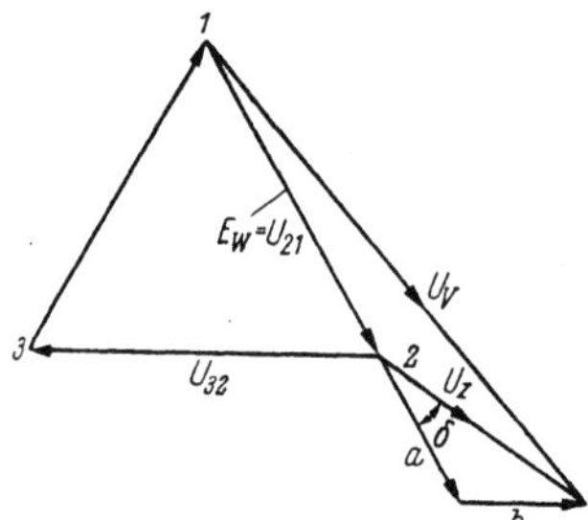
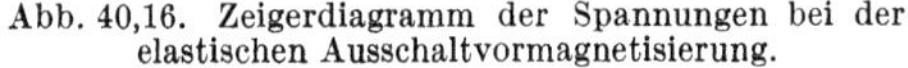
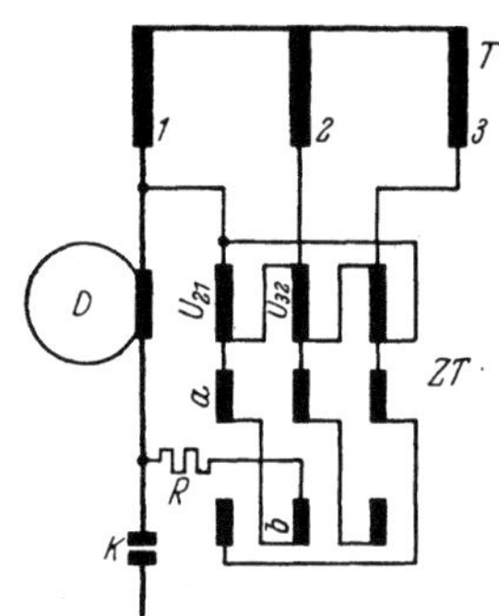

Abb. 40,16. Zeigerdiagramm der Spannungen bei der elastischen Ausschaltvormagnetisierung.

Abb. 40,17. Schaltung des Zusatztransformators für die elastische Ausschaltvormagnetisierung.

wie sie in Abb. 40,16 gezeigt ist. Aus diesem Zeigerdiagramm ergeben sich die Spannungskomponenten a und b nach dem Sinussatz zu

$$a = U_z\,\frac{\sin(60 - \delta)}{\sin 60}\,, \tag{40,13}$$

$$b = U_z\,\frac{\sin\delta}{\sin 60}\,. \tag{40,14}$$

Die verkettete Transformatorspannung $U_{21} = E_W$ und die Zusatzspannungskomponente a bilden einen Spartransformator mit der Primärspannung U_{21} und der Sekundärspannung $U_{21}+a$. Die Komponente b wird einer Wicklung auf dem Schenkel U_{32} entnommen, die mit umgekehrtem Vorzeichen mit der Spannung des Spartransformators in Reihe geschaltet wird (s. Abb. 40,17). Die gesamte Vormagnetisierungsspannung U_V schließlich folgt aus dem Zeigerdiagramm zu

$$U_V = \sqrt{(E_W+a)^2 + b^2 + (E_W+a)\,b}\,. \tag{40,15}$$

Um die Leistungsverluste im Vormagnetisierungskreise zu berechnen, muß der Effektivwert des in Abb. 40,10 durch die schraffierte Fläche gekennzeichneten Stromes i_V bekannt sein. Wird die Verformung des Stromes während der Stufe vernachlässigt, so ist der Effektivwert I_V angenähert

$$I_V = \frac{U_V}{R}\,, \tag{40,16}$$

und die Verluste in allen 3 Phasen zusammen sind damit

$$V_V = 3\,U_V I_V. \qquad (40,17)$$

Der aus Gl. (40,11) berechnete Wert R ist der höchstzulässige Widerstand, wenn die Kontaktspannung auf höchstens 10 V begrenzt werden soll. Dementsprechend ist der sich aus Gl. (40,12) ergebende Betrag von U_z die höchstzulässige Zusatzspannung. Wird der gleiche Strom i_V beibehalten, so sind kleinere Werte von R und U_z erlaubt, die sich in einer noch geringeren Kontaktspannung auswirken. Das geht dann aber auf Kosten einer Erhöhung der Verluste. Wie sich durch eine Minimumrechnung zeigen läßt, ergeben sich die geringsten Verluste dann, wenn die Zusatzspannung die gleiche Höhe hat wie die Transformatorspannung E_W. Erhält man nun aus der Berechnung einen kleineren Wert U_z, so muß dieser mit Rücksicht auf die Kontaktspannung beibehalten werden. Wenn die Berechnung dagegen eine Zusatzspannung U_z liefert, die die Spannung E_W übersteigt, so wählt man die Zusatzspannung gleich E_W. Man erhält dann die geringsten Verluste und gleichzeitig noch eine Verminderung der Kontaktspannung. Da die Kurve der Verluste in der Nähe des Minimums verhältnismäßig flach verläuft, so steht grundsätzlich natürlich nichts im Wege, gegen eine geringe Erhöhung der Verluste die Zusatzspannung und den Widerstand in beiden Fällen noch weiter zu verringern, wenn aus irgendeinem Grunde eine weitergehende Herabsetzung der Kontaktspannung erwünscht sein sollte.

40.3 Die selbsttätig sich anpassende Ausschalt-Vormagnetisierung.

Der Grundgedanke der selbsttätig sich anpassenden Vormagnetisierung ist überaus einfach. Er beruht wiederum auf dem ungefähr geradlinigen Verlauf der Abhängigkeit der Höhe des erforderlichen Vormagnetisierungsstromes i_{st} von der Ummagnetisierungsgeschwindigkeit, wie sie in der Abb. 40,14 zum Ausdruck kam. Trägt man nun die Kurve von Abb. 40,14 unmittelbar mit der Wendespannung e_{Wa} anstatt mit $\sin(\alpha+u)$ als Abszisse und wegen der Zusammensetzung aus mehreren Komponenten mit der Feldstärke H_{st} anstatt des Stromes i_{st} als Ordinate auf, so erhält man die Darstellung Abb. 40,18. Es ist ersichtlich, daß für den geradlinig verlaufenden Kurventeil der Gesamtbetrag von H_{st} als aus einem gleichbleibenden, spannungs*un*abhängigen Anteil von der Höhe H'_{st} und aus einem zweiten, der Spannung e_{Wa} proportionalen Anteil $H_{st} - H'_{st}$ bestehend

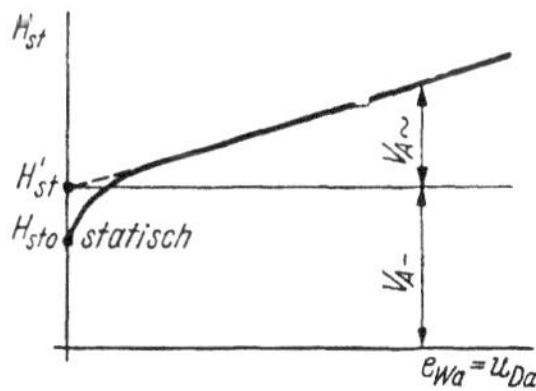

Abb. 40,18. Aufteilung der Vormagnetisierungsfeldstärke bei der selbsttätig sich anpassenden Ausschaltvormagnetisierung.

angesehen werden kann. Will man nun durch eine Vormagnetisierung die Schaltdrosselstufe in die Nullinie des Stromes verlegen, so müssen diese beiden Anteile anstatt durch den Strom des Hauptkreises durch entsprechende Anteile der Vormagnetisierung aufgebracht werden. Demgemäß besteht die selbsttätig sich anpassende Vormagnetisierung grundsätzlich aus 2 Komponenten: einer *gleichbleibenden* Komponente V_{A-} und einer *spannungsabhängigen* Komponente $V_{A\sim}$. Diese Komponenten müssen zumindest während des ganzen Bereiches, über den sich die Ausschaltstufe als Folge von Belastungsänderungen oder als Folge der Spannungsregelung verschieben kann, wirksam sein. Dabei soll die gleichbleibende Komponente stabilisiert sein, damit nicht durch die Rückwirkung des Hauptkreises eine unzulässige Änderung der Höhe ihres Stromes eintritt. Der Stromkreis der spannungsabhängigen Komponente dagegen hat im allgemeinen ohmschen Charakter, ist also elastisch, so daß Nebenwege entbehrt werden können. Er ist so an die Schaltung anzuschließen, daß die an ihm wirksame Spannung der Wendespannung e_{Wa}, d. h. der im Ausschaltaugenblick an der Schaltdrossel liegenden Spannung u_{Da}, gleich oder proportional ist. In Sonderfällen ist aber auch hier eine stabilisierte Schaltung mit praktisch nur Blindleistungsverbrauch möglich.

Der *gleichbleibende* Anteil V_{A-} kann am einfachsten durch eine Vormagnetisierung mit stabilisiertem Gleichstrom in der altbekannten Anordnung von Abb. 39,1 hergestellt werden. Die Verwendung einer Gleichstromvormagnetisierung ist jedoch nur in solchen Kontaktumformerschaltungen möglich, wo jedem Kontakt eine eigene Schaltdrossel zugeordnet ist, wie z. B. in der 3phasigen *Sechs*drossel-Brückenschaltung Nr. 7. Dient aber die Schaltdrossel zur Erzeugung der Ausschaltstufen für 2 im Gegentakt arbeitende Kontakte, wie z. B. in der 3phasigen *Drei*drossel-Brückenschaltung Nr. 8, so muß die Vormagnetisierung zwar eine während des für den einzelnen Kontakt in Frage kommenden Ausschaltabschnittes gleichbleibende Höhe haben, aber eine von Halbwelle zu Halbwelle wechselnde Richtung. Hier ist eine Stromform nach Abb. 39,4 erforderlich, die mittels der Transduktorschaltung Abb. 39,7 oder durch Gleichrichterschaltungen hergestellt werden kann. Aber auch bei Schaltungen mit einer Schaltdrossel für *jeden* Kontakt kann es mit Rücksicht auf die Zeitabschnitte, die für die Einschaltstufe und gegebenenfalls für die Rückmagnetisierung nötig sind, zweckmäßig sein, die Gleichstromvormagnetisierung zu verlassen und an ihrer Stelle einseitig gerichtete Impulse von gleichbleibender Höhe, aber begrenzter Dauer zu verwenden, z. B. in der Form von Abb. 39,11 b.

Der *spannungsabhängige* Anteil $V_{A\sim}$ der Vormagnetisierung soll eine Durchflutung liefern, die zumindest innerhalb des Lagebereiches der Ausschaltstufe in jedem möglichen Ausschaltaugenblick stets der in diesem Augenblick an der Schaltdrossel liegenden Spannung verhältnisgleich ist. Das wird auf einfachste Weise dadurch erreicht, daß man einen ohmschen Vormagnetisierungskreis parallel zu der Reihenschaltung Schaltdrossel—Kontakt an die gleiche Spannung anschließt, die auch an der Schaltdrossel liegt, und dabei die Windungszahl $w_{A\sim}$ der Vormagnetisierungswicklung kleiner macht als die Windungszahl w der Hauptwicklung der Schaltdrossel. Es entsteht dann in dem Vormagnetisierungskreise ein der Spannung in den Augenblickswerten proportionaler Strom von solcher Höhe, daß sein Spannungsabfall am ohmschen Widerstand des Vormagnetisierungskreises gleich der Differenz zwischen der vollen Schaltdrosselspannung und der an der Magnetisierungswicklung liegenden Spannung wird, die im Verhältnis $w_{A\sim}/w$ der Windungszahlen kleiner ist.

40.31 *Schaltungsmöglichkeiten bei Ausnutzung der Schaltdrossel in nur einer einzigen Stromrichtung.*

Schaltungsbeispiele für eine 3phasige Sternpunktschaltung, die sich u. a. ohne weiteres auch auf die 3phasige Sechsdrossel-Brückenschaltung übertragen lassen, sind in Abb. 40,19 dargestellt. Im linken Teil a dieser Abbildung ist für die Schaltdrossel der Phase *1* eine Anordnungsmöglichkeit der selbsttätig sich anpassenden Vormagnetisierung gezeigt. Der Schaltdrosselkern trägt eine Hauptwicklung von w Windungen. Auf ihm ist ferner eine Hilfswicklung für den gleichbleibenden Anteil V_{A-} der Vormagnetisierung angebracht, die beispielsweise mit einseitig gerichteten Stromimpulsen beschickt wird. Für den spannungsabhängigen Anteil $V_{A\sim}$ der Vormagnetisierung wird als Magnetisierungswicklung der Teil $w_{A\sim}$ der Hauptwicklung in Sparschaltung benutzt. Der Vormagnetisierungskreis besteht aus einem Widerstande R und einem Ventil Gl, z. B. einem Trockengleichrichter. Dieser Kreis ist einerseits an eine Anzapfung der Schaltdrosselhauptwicklung bei der Windungszahl $w_{A\sim}$ und andererseits an den der Schaltdrossel abgewandten Punkt L des Kontaktes angeschlossen. Am ohmschen Widerstande des Vormagnetisierungskreises liegt dann ein der Windungszahl $w - w_{A\sim}$ entsprechender Anteil derjenigen Spannung, die zumindest bei geschlossenem Kontakt K an der Hauptwicklung wirksam ist. Wird bei richtiger Wahl des gleichbleibenden Vormagnetisierungsanteiles der spannungsabhängige Vormagnetisierunganteil mittels des Widerstandes R so eingestellt, daß die aus beiden Anteilen resultierende Durchflutung der Schaltdrossel gemäß Abb. 40,18 bei allen Augenblickswerten der Schaltdrosselspannung die Größe der erforderlichen Magnetisierungsdurchflutung des Schaltdrosselkernes hat, so ist der Kontakt während der Stufe stromlos und kann strom- und spannungslos geöffnet werden, ohne daß sich an dem weiteren Verlaufe der Ummagnetisierung der Schaltdrossel etwas ändert. Die Einschaltung des Ventiles Gl in den Vormagnetisierungskreis hat lediglich den Zweck, die Wirksamkeit dieses Kreises auf die für das Ausschalten in Frage kommende Halbwelle zu beschränken. Anstatt einen Teil der Hauptwicklung zu benutzen, ist selbstverständlich auch die Verwendung einer getrennten Hilfswicklung für den spannungsabhängigen Anteil der Vormagnetisierung möglich.

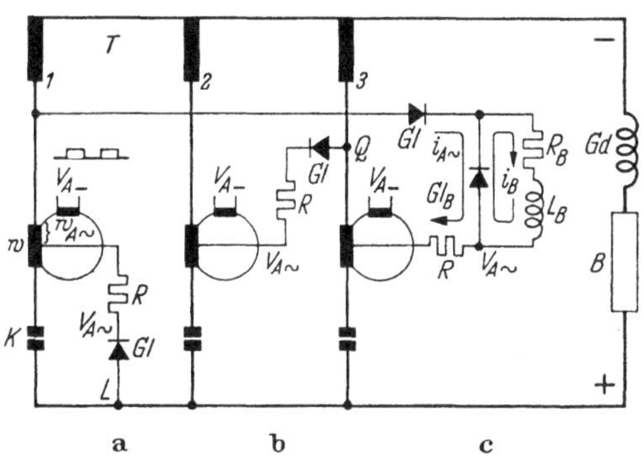

Abb. 40,19. Schaltbild von Ausführungsformen der selbsttätig sich anpassenden Ausschaltvormagnetisierung bei Umformern mit 1 Schaltdrossel für jeden Kontakt.
a Längskreis; — b Querkreis; — c Querkreis mit Strombegrenzer.

Die Schaltung nach Abb. 40,19a ist die *allgemeine* Grundschaltung für den spannungsabhängigen Vormagnetisierungsanteil. Für den praktischen Gebrauch bei Kontaktumformern mit motorisch angetriebenen Kontakten, wo eine Überlappung der Kontaktzeiten stets gewährleistet ist, ist jedoch eine Anordnung nach Abb. 40,19b vorteilhafter, weil sie eine noch etwas verminderte Vormagnetisierungsleistung ergibt. Sie beruht auf der Überlegung, daß es während der Dauer der Ausschaltstufe, wo der Kontakt der Folgephase bereits geschlossen und die Schaltdrossel der Folgephase durch den übernommenen Laststrom bereits gesättigt ist, für die Wirkung der Vormagnetisierung gleichgültig ist, ob der Vormagnetisierungskreis als Längskreis im Punkte L oder als Querkreis im Punkte Q der Folgephase angeschlossen ist, da sich der ganze zwischen diesen beiden Punkten liegende Schaltungsteil auf ein und demselben Potential befindet.

Die Anzapfung der Schaltdrossel wird am besten in die Wicklungsmitte gelegt. Es läßt sich nämlich zeigen, daß sowohl bei Sparschaltung als auch bei Verwendung einer getrennten Vormagnetisierungswicklung die für die Vormagnetisierung aufzuwendende Leistung ein Minimum wird, wenn die Windungszahl $w_{A\sim}$ halb so groß wie die Windungszahl w der Hauptwicklung ist. Das gilt aber nur dann, wenn keine besonderen strombegrenzenden Schaltungsglieder in den Kreisen der spannungsabhängigen Anteile verwendet werden.

Der zeitliche Verlauf der Spannungen und Ströme der Schaltung Abb. 40,19b sei an Hand von Abb. 40,20 erläutert. In dieser zeigt a die Phasenspannungen e_1, e_2

und e_3 der Sekundärwicklung des Transformators und als stark ausgezogene Kurve die ungeglättete Gleichspannung u_g. In b sind die Ströme i_{D1}, i_{D2} und i_{D3} in den Hauptwicklungen der drei Schaltdrosseln dargestellt. Wir betrachten im folgenden in Übereinstimmung mit Abb. 40,19b die Phase 2. Der Kontakt dieser Phase wird geschlossen bei ein_2 und wieder geöffnet bei aus_2. Die Ein- und Ausschaltstufen der Drosselströme sind der Deutlichkeit wegen etwas in die positive Stromrichtung angehoben dargestellt, liegen aber praktisch in der Nullinie. Der Schließungszeitpunkt ein_2 entspricht dem Steuerwinkel α. Der Strom i_{D2} beginnt mit einer Einschaltstufe Δt_E, auf deren Vormagnetisierung erst in Abschn. 41.5 eingegangen werden wird. Nach Ablauf der Stromwendung zwischen den Phasen 2 und 1, der Alleinzeit der Phase 2 und der Stromwendung der Phasen 3

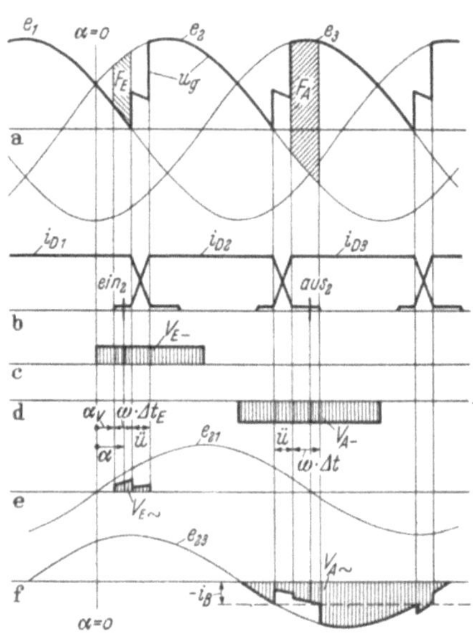

Abb. 40,20. Verlauf der Spannungen und Ströme der selbsttätig sich anpassenden Ausschalt- und Einschaltvormagnetisierung in der Schaltung nach Abb. 40,19b bzw. Abb. 41,15b.

und 2 beginnt die Ausschaltstufe Δt der Schaltdrossel 2. Der Verlauf des *gleichbleibenden* Anteiles ihrer Ausschaltvormagnetisierung ist ersichtlich aus Bild d. Der Anteil besteht aus einem negativ gerichteten Impulse von der Höhe V_{A-}. Seine Phasenlage und Dauer muß so gewählt werden, daß der volle Wert V_{A-} *spätestens* bei Beginn der Ausschaltstufe im Falle des Betriebes mit höchster Aussteuerung und Grundlast erreicht ist und daß dieser Wert V_{A-} *mindestens* so lange bestehenbleibt, bis im Falle des Grenzstromes bei tiefster Aussteuerung die Ausschaltstufe abgelaufen ist. Die Berechnung der Höhe des Impulses wird am Schlusse dieses Abschnittes behandelt. Der Verlauf des *spannungsabhängigen* Anteiles $V_{A\sim}$ der Ausschaltvormagnetisierung geht hervor aus Bild f. Der Strom setzt in dem Augenblick ein, wo die Spannung der Phase 3 höher wird als die

der Phase 2. Er fließt eine Halbwelle lang und verläuft im großen und ganzen verhältnisgleich der Wendespannung. Während der Stromwendung zwischen den Phasen 3 und 2 jedoch (elektrischer Überlappungswinkel $\ddot{u}$) sinkt er ab auf einen Betrag, der der induktiven Spannung an der Hälfte der Schaltdrosselwicklung 2 und der vollen Schaltdrosselwicklung 3 entspricht. Anschließend verläuft er für die Dauer der Ausschaltstufe auf einer der *Hälfte* der Wendespannung entsprechenden Höhe. Das ist der Abschnitt, auf den es bei der Vormagnetisierung allein ankommt. Nach Beendigung der Ausschaltstufe springt er wieder zurück auf durch die *volle* Wendespannung gegebene Werte und zeigt schließlich noch während der Stromwendung zwischen den Phasen 1 und 3 eine Ausbuchtung, die von der induktiven Spannung des Wendestromes an der Streuinduktivität der Transformatorwicklung 3 herrührt. Der Leistungsverlust im Stromkreise der spannungsabhängigen Komponente entspricht dem Effektivwert dieses Stromes mit der beschriebenen, durch Schraffur hervorgehobenen Kurvenform. Es ist ersichtlich, daß gerade die hohen Augenblickswerte, die am meisten zur Verlustleistung beitragen, für den Vorgang der Vormagnetisierung bedeutungslos sind. Zur Herabsetzung des Verlustes ist es daher erlaubt, durch eine Strombegrenzeranordnung die Stromwerte so weit zu beschneiden, wie es ohne eine Störung des allein wichtigen Stromverlaufes während der Ausschaltstufe gerade noch möglich ist (gestrichelte Linie $-i_B$ in Bild f).

Zur Strombegrenzung eignet sich die in Abb. 40,19c gezeigte Anordnung. Dort ist die Vormagnetisierungsschaltung für die Schaltdrossel der Phase 3 dargestellt. Gl und R sind wieder die bereits bekannten Bestandteile des spannungsabhängigen Querkreises. Zusätzlich ist jetzt die aus einem Ventil Gl_B, einer Induktivität L_B und einem Einstellwiderstande R_B bestehende Begrenzeranordnung mit ihnen in Reihe geschaltet. Die Anordnung wirkt wie folgt: Während desjenigen Abschnittes der Periode, in dem die Phase 1 ein höheres Potential hat als die Phase 3, fließt ein Strom i_B von Punkt 1 über Gl, R_B, L_B, R und die Schaltdrosselwicklung nach Punkt 3, der L_B magnetisch auflädt. Wird im Laufe der Periode das Potential der Phase 3 höher als das der Phase 1, so kann ein Strom in der umgekehrten Richtung nicht zustande kommen, da das Ventil Gl sperrt. Die Induktivität L_B jedoch erhält ihren Strom in der bisherigen Richtung weiter aufrecht, indem sie sich über das Ventil Gl_B magnetisch wieder entlädt. Dieses Ventil ist also für die Folgezeit durch den im Kreise L_B, Gl_B, R_B fließenden Strom i_B vorbelastet. Die Höhe des Vorbelastungsstromes kann durch den Widerstand R_B eingestellt werden. Wird nun das Potential der Phase 1 wieder höher als das Potential der Phase 3, so findet zunächst im Hauptkreise die Stromwendung der Lastströme statt. Anschließend entwickelt sich die Ausschaltstufe der Schaltdrossel 3. Es beginnt dann vom Punkte 1 über Gl, Gl_B, R und die Schaltdrosselwicklung nach Punkt 3 der spannungsabhängige Vormagnetisierungsstrom $i_{A\sim}$ zu fließen. Seine Richtung ist der des Vorbelastungsstromes i_B entgegengesetzt, so daß sich der Vorwärtsstrom des Ventiles Gl_B entsprechend verringert. Der Strom $i_{A\sim}$ kann infolgedessen nur bis höchstens zu einem Grenzwert von der Höhe des Vorbelastungsstromes i_B ansteigen, denn dann ist das Ventil Gl_B vollständig entlastet und ein weiteres Anwachsen von $i_{A\sim}$ wird durch seine Sperrwirkung verhindert. Der Vorbelastungsstrom i_B muß folglich auf einen Betrag eingestellt sein, der etwas über dem größten Wert des Vormagnetisierungsstromes liegt, der während der Stufe erforderlich ist. Nach Ablauf der Stufe hat der Strom $i_{A\sim}$, wie Abb. 40,20f zeigte, das Bestreben, auf einen hohen, der vollen Wendespannung entsprechenden Wert anzuspringen. Er kommt hierbei jedoch nur bis auf den Wert des Vorbelastungsstromes i_B von Gl_B. Ein weiterer Anstieg könnte nur über den Parallelkreis R_B, L_B stattfinden, wird aber dort durch L_B auf einen geringfügigen Betrag begrenzt, wobei sich die Induktivität magnetisch wieder auflädt, und so fort. Der Strom $i_{A\sim}$ im Vormagnetisierungskreise wird also praktisch auf die Höhe des durch die Vorbelastung des Ventiles Gl_B gegebenen Wertes beschnitten (gestrichelte Linie $-i_B$ in Abb. 40,20f), womit die erstrebte Begrenzung des Leistungsverbrauches erreicht ist. Von Bedeutung ist dabei noch, daß für die mit Begrenzung sich ergebende Kurvenform des Stromes das Verlustminimum nicht mehr bei $w_{A\sim} = w/2$ liegt, sondern bei einem höheren Anteil von w. Durch diese Erhöhung von $w_{A\sim}$ sinkt aber bereits im voraus der erforderliche Betrag des Vormagnetisierungsstromes an sich, so daß die Strombegrenzung eine potenzierte Verlustverminderung erbringt.

40.32 Schaltungsmöglichkeiten bei Ausnutzung der Schaltdrossel in beiden Stromrichtungen.

In Abb. 40,19 sind die Stromkreise der spannungsabhängigen Vormagnetisierungskomponente wegen des eingefügten Ventiles nur in *einer* Stromrichtung wirksam. Sie eignen sich in dieser Form also nur für Schaltungen mit einer Schaltdrossel für jeden Kontakt. Der gleichbleibende Anteil V_{A-} ist daher in dieser Abbildung durch das Symbol eines einseitigen Impulses angedeutet. Für Schaltungen mit *einer* Schaltdrossel für 2 im Gegentakt schaltende Kontakte dagegen sind Ausführungsmöglichkeiten an dem Beispiel der 3phasigen Dreidrossel-Brückenschaltung in Abb. 40,21 gezeigt. Da der Schaltdrosselkern hier in *jeder* Halbwelle eine Ausschaltstufe erzeugt, so ist für den gleichbleibenden Anteil V_{A-} jetzt das Symbol eines Rechteckimpulses wechselnder Richtung angegeben.

Im linken Teil a von Abb. 40,21 ist für die spannungsabhängige Komponente $V_{A\sim}$ wieder die Hälfte der Hauptwicklung als Magnetisierungswicklung benutzt. Der Magnetisierungskreis besteht im übrigen nur noch aus einem ohmschen Widerstande R, da das Ventil wegen der Ausnutzung des Schaltdrosselkernes in wechseln-

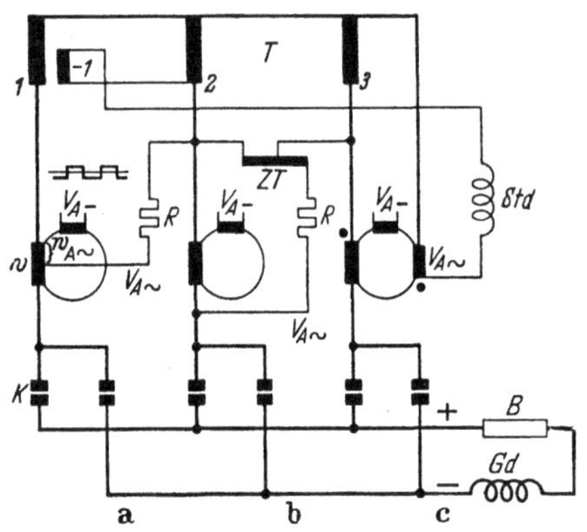

Abb. 40,21. Schaltbild von Ausführungsformen der selbsttätig sich anpassenden Ausschaltvormagnetisierung bei Umformern mit 1 Schaltdrossel für 2 im Gegentakt schaltende Kontakte.

a elastischer Querkreis; — b elastischer Querkreis mit Zusatztransformator; — c stabilisierter Sinusstrom.

der Richtung jetzt fortgelassen werden muß. Ist ein getrennter Einschaltkern vorhanden, so muß noch eine auf diesem befindliche Gegenwicklung von ebenfalls der Hälfte der Windungszahl der Hauptwicklung in Reihe mit dem Widerstand in den Magnetisierungskreis eingefügt sein, damit der Einschaltkern nicht durch den Strom der spannungsabhängigen Ausschaltkomponente beeinflußt wird. Die Gegenwicklung entfällt, wenn anstatt der Hälfte der Hauptwicklung eine getrennte Vormagnetisierungswicklung mit der gleichen Windungszahl allein auf dem Hauptkern benutzt wird.

Im mittleren Teil b von Abb. 40,21 wird die *gesamte* Hauptwicklung als Magnetisierungswicklung benutzt, wobei gleichzeitig die Spannung am Querkreise bei gleich-

bleibender Phasenlage durch einen Hilfstransformator auf den doppelten Betrag der verketteten Spannung erhöht ist. Die Rechnung hat nämlich ergeben, daß ganz allgemein das Minimum der Vormagnetisierungsverluste bei beliebiger Lage der Anzapfung stets dann erreicht wird, wenn die Spannung am Vormagnetisierungskreise doppelt so groß ist wie die Spannung des zur Vormagnetisierung benutzten Teiles der Schaltdrosselhauptwicklung. Der Betrag dieser kleinsten Vormagnetisierungsleistung ist dabei, unabhängig von der Lage der Anzapfung, stets der gleiche. Normalerweise wird man nun der Einfachheit wegen die Mittenanzapfung wählen. Für den Fall jedoch, daß sich dabei bereits ein unbequem hoher Vormagnetisierungsstrom ergeben sollte, hat man also die Möglichkeit, durch Erhöhung der Windungszahl der Vormagnetisierungswicklung bei gleichzeitig durch den Aufwärtstransformator erhöhter Spannung den Strom herabzusetzen. Umgekehrt kann aber auch bei unbequem hoher Spannung die Windungszahl der Vormagnetisierungswicklung kleiner als die Hälfte derjenigen der Hauptwicklung gewählt und die Spannung am Querkreise dementsprechend durch einen Abwärtstransformator herabgesetzt werden, wobei sich der Strom dann im gleichen Maße erhöht. Entsprechende Schaltungsabwandlungen mit einem Aufwärts- bzw. einem Abwärtstransformator können natürlich auch bei der Schaltung Abb. 40,19b mit einer Schaltdrossel für *jeden* Kontakt vorgenommen werden. Es sei aber noch einmal betont, daß die genannte

Bemessung der Spannung am Querkreise in Höhe des Doppelten der Spannung an der Vormagnetisierungswicklung bei beiden Schaltungsgruppen nur dann gilt, wenn keine strombegrenzenden Schaltungsglieder in den Stromkreisen verwendet werden. Auch bei den Schaltungen mit einer Schaltdrossel für 2 im Gegentakt schaltende Kontakte aber ist die Anwendung solcher strombegrenzenden Schaltungsglieder zur Herabsetzung der Vormagnetisierungsleistung möglich. Es kommt dann eine in beiden Stromrichtungen wirksame Vollwellen-Strombegrenzerschaltung in der Anordnung in Frage, wie sie später in Abschn. 43,5 für die begrenzt stromdurchlässigen Nebenwege beschrieben ist.

Läßt man in Abb. 40,21 b die gleichbleibende Komponente V_{A-} fort, so geht die Schaltung in die der einfachen elastischen Vormagnetisierung nach Abb. 40,9 über. Es leuchtet jetzt ein, daß bei dieser sich wegen des Fehlens der gleichbleibenden Komponente eine brauchbare Anpassung der Vormagnetisierung bei einem größeren Regelbereich durch Teilaussteuerung nur durch eine Phasenvoreilung der Zusatzspannung um den Winkel δ erreichen ließ und daß bei Wechselspannungsregelung noch weitere Maßnahmen zur Anpassung der Vormagnetisierung an die geänderte Wechselspannung erforderlich waren.

Im rechten Teil c der Abb. 40,21 ist noch ein Beispiel für die Ausführung des spannungsabhängigen Anteiles als stabilisierter Wechselstrom-Vormagnetisierungskreis an Stelle des elastischen Querkreises angegeben. Hierdurch können bei nicht zu hohen Anforderungen an die Anpassungsgenauigkeit die Wirkleistungsverluste der spannungsabhängigen Ausschaltvormagnetisierung bis auf die reinen Wicklungs- und Eisenverluste überhaupt vermieden werden, so daß die gesamte Ausschaltvormagnetisierung einschließlich der

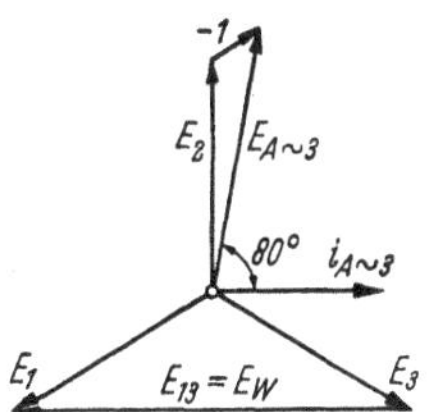

Abb. 40,22. Zeigerdiagramm zu Abb. 40,21c.

Da $i_{A\sim3}$ gegenüber E_{13} um 180° phasenverschoben ist, wird die Vormagnetisierungswicklung mit umgekehrter Polarität angeschlossen.

gleichbleibenden Komponente praktisch nur Blindleistung benötigt. Hier wird der Schaltdrosselkern durch eine getrennte Wicklung $V_{A\sim}$ vormagnetisiert, mit der in bekannter Weise eine Stabilisierungsdrossel Std in Reihe geschaltet ist. Damit der Effektivwert des sinusförmigen Stromes dieses Kreises sich verhältnisgleich der Wechselspannung ändert, darf der Luftspalt der Stabilisierungsdrossel nicht zu klein gewählt werden (geradlinige Drosselkennlinie). Der Vormagnetisierungskreis muß an eine Spannung solcher Phasenlage angeschlossen werden, daß der Strom wie bei den in den Teilen a und b dargestellten elastischen Querkreisen in Phase mit der verketteten Spannung ist. Nimmt man eine Phasenverschiebung von 80° zwischen Strom und Spannung an, so ergibt sich das Zeigerdiagramm Abb. 40,22, aus dem die in Abb. 40,21 c dargestellte Zickzackschaltung folgt. Da bei der Anordnung c beide Komponenten stabilisiert sind, so kann wieder die Anwendung von Nebenwegen zu den Kontakten erforderlich sein. Vergleichend läßt sich sagen, daß die Anordnung a von Abb. 40,21 eine elastische Schaltung für höchste Anpassungs- und Abgleichgenauigkeit, jedoch mit durch den ohmschen Charakter des Querkreises etwas verringertem Wirkungsgrad ist, während die Anordnung c eine stabilisierte Schaltung für höchsten Wirkungsgrad, jedoch mit weniger guter Anpassungsgenauigkeit darstellt.

40.33 Die Berechnung der selbsttätig sich anpassenden Ausschalt-Vormagnetisierung.

Die *Berechnung* der selbsttätig sich anpassenden Vormagnetisierung gestaltet sich sehr einfach, wenn man die Anwendung von Streckkreisen voraussetzt und wieder von der in Abb. 40,14 dargestellten Geraden des erforderlichen Stromes i_{st} ausgeht, die durch die Werte I_1 und I_2 gegeben war. Als Beispiel sei die Berechnung für die 3phasige *Drei*rossel-Brückenschaltung mit der Ausführung der Vormagnetisierungskreise nach Abb. 40,21, Teil a, nachfolgend wiedergegeben.

Beim *gleichbleibenden* Anteil entspricht H'_{st} von Abb. 40,18 dem Strom I_1 bzw. der Feldstärke H_1 in Gl. (40,7). Somit folgt für die Höhe des Stromes des gleichbleibenden Anteiles

$$i_{A-} = \frac{H_1 \, l_{\mathrm{Fe}}}{w_{A-}} = \frac{I_1 \, w}{w_{A-}} . \tag{40,18}$$

Dieses ist die gleichbleibende Höhe der positiven und negativen Impulse eines Stromes von der Form der Abb. 39,4, der am besten mittels eines symmetrischen Reihentransduktors nach Abb. 39,7 hergestellt wird.

Für den *spannungsabhängigen* Anteil greifen wir den Augenblick des Ausschaltens unter dem Scheitelwert $e_{Wa} = E_W \sqrt{2}$ der Wendespannung bei $\alpha + u = 90°$ heraus. Hierfür ist wie in Gl. (40,8)

$$H_{st} - H'_{st} = 0{,}8 \, (H_2 - H_1) .$$

Damit wird der zugehörige Augenblickswert des Stromes der spannungsabhängigen Komponente

$$i_{A\sim} = \frac{0{,}8 \, (H_2 - H_1) \, l_{\mathrm{Fe}}}{w_{A\sim}} = (I_2 - I_1) \frac{w}{w_{A\sim}}$$

$$= 2(I_2 - I_1) \text{ für } w_{A\sim} = \frac{1}{2} w . \tag{40,19}$$

Dieser Strom muß erzeugt werden von der Hälfte des Scheitelwertes der Wendespannung. Daraus folgt der Betrag des Vormagnetisierungswiderstandes zu

$$R_{A\sim} = \frac{\frac{1}{2} E_W \cdot \sqrt{2}}{i_{A\sim}} = \frac{E_W}{\sqrt{2} \, i_{A\sim}} . \tag{40,20}$$

Als Effektivwert des Stromes durch den Widerstand ergibt sich bei Vernachlässigung der während der Stufe stattfindenden Verformung

$$I_{V\sim} \approx \frac{E_W}{R_{A\sim}} = \sqrt{2} \, i_{A\sim} . \tag{40,21}$$

Der Leistungsverbrauch in allen 3 Phasen zusammen beträgt damit

$$V_{V\sim} = 3 \, E_W \sqrt{2} \, i_{A\sim} . \tag{40,22}$$

Wie bei den früher behandelten Vormagnetisierungsarten sind auch hier die berechneten Werte nur Richtwerte. Die genaue Einstellung der Komponenten wird bei laufendem Umformer im Prüffeld vorgenommen. Da der Wert I_2 durch die Ausführungsart und Einstellung des Streckkreises beeinflußt wird, so muß ein ausreichender Einstellspielraum der Vormagnetisierungskomponenten vorgesehen sein.

Für die 3phasige *Sechs*drossel-Brückenschaltung lassen sich die Stromhöhen der Komponenten, der Widerstand und der Leistungsverlust aus den gleichen Formeln berechnen. Der einzige Unterschied ist, daß jetzt die Vormagnetisierungsanteile in für beide Halbwellen getrennten Stromkreisen als einseitig gerichtete Ströme verlaufen, weswegen ihr Effektivwert um den Faktor $1/\sqrt{2}$ kleiner ist.

41. Die Vormagnetisierung des Einschaltkernes.

Die Vormagnetisierung beim Einschalten, die bei flüchtiger Betrachtung auf die gleiche Weise lösbar zu sein scheint wie diejenige beim Ausschalten, ist in Wirklichkeit doch ein schwierigeres und vielseitiges Problem und erfordert, wenigstens bei Umformern größerer Leistung, besondere Maßnahmen. Der Grund dafür ist, daß beim Einschalten nicht wie beim Ausschalten der Kern bis zum Zeitpunkte des Beginns der Stufe durch den Laststrom gesättigt ist und der Vormagnetisierungsstrom infolgedessen bis dahin keinen Einfluß auf den magnetischen Zustand des Kernes hat, sondern daß der Einschaltstufe ein Zeitabschnitt vorausgeht, in dem kein Laststrom die Schaltdrossel durchfließt. Während dieses Abschnittes hängt der magnetische Zustand des Kernes allein von dem Verlauf des Vormagnetisierungsstromes, etwaiger sonstiger Hilfsmagnetisierungen und gegebenenfalls des Stromes durch den Nebenweg zum Kontakt ab. Bei der *magnetischen* Teilaussteuerungsregelung mittels einer durch den Ausschaltkern erzeugten Einschaltstufe veränderbarer Länge wird dieser Umstand bewußt dazu ausgenutzt, durch einen besonderen Rückmagnetisierungsstromkreis den magnetischen Zustand des Ausschaltkernes im Einschaltaugenblick auf einen geeigneten, willkürlich veränderbaren Polarisationswert zu bringen; hierüber findet sich Näheres in Abschn. 42. Bei der *mechanischen* Teilaussteuerungsregelung mit Benutzung besonderer Einschaltkerne hingegen besteht die Forderung, die Vormagnetisierung so einzurichten, daß die ganze Einschalt-

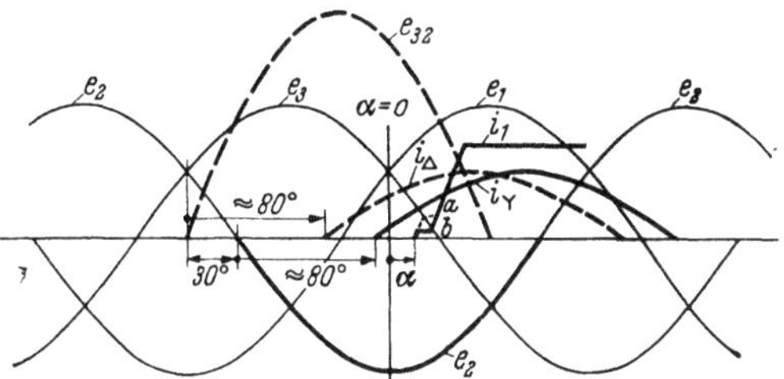

Abb. 41,1. Zeitlicher Verlauf der Spannungen und der Ströme bei der Einschaltvormagnetisierung mit stabilisiertem Sinusstrom.

stufe oder zumindest der größte Teil derselben erst im Anschluß an den Einschaltzeitpunkt abläuft. Für Umformer mit einer Schaltdrossel für jeden Kontakt bedeutet dieses, daß der Einschaltkern vor jeder Einschaltung wieder vollständig rückmagnetisiert werden muß. Bei Umformern mit nur einer einzigen Schaltdrossel für 2 im Gegentakt arbeitende Kontakte dagegen lautet die Aufgabenstellung, zu verhindern, daß der nach Beendigung der Einschaltstufe der einen Halbwelle für die Erzeugung der Einschaltstufe der anderen Halbwelle gerade richtig polarisierte Einschaltkern schon *vor* dem nachfolgenden Einschaltzeitpunkte durch einen zu hohen Vormagnetisierungsstrom ummagnetisiert wird und damit seine Fähigkeit zur Erzeugung der Einschaltstufe ganz oder teilweise einbüßt. Diese Zusammenhänge werden eingehend in Abschn. 41.4 behandelt. Zuvor sollen noch drei bewährte Vormagnetisierungsarten schaltungsmäßig beschrieben werden, und zwar wieder an dem Beispiel der 3phasigen Dreidrossel-Brückenschaltung.

41.1 Die starre Einschalt-Vormagnetisierung mit Sinusstrom.

Die starre Vormagnetisierung des Einschaltkernes ist vollkommen gleichartig derjenigen des Ausschaltkernes. Es kann wiederum die Stern- oder die Dreieckschaltung der drei Vormagnetisierungskreise verwendet werden. Die erforderliche Phasenlage des Vormagnetisierungsstromes ist aus Abb. 41,1 ersichtlich. Mittels des positiven Vormagnetisierungsstromes i_γ oder $i_\triangle$ muß die Einschaltstufe von ihrer natürlichen Lage a in die Lage b abgesenkt werden.

Der Strom i_Y ergibt sich, wenn die Vormagnetisierungskreise nach Abb. 41,2 geschaltet sind. Das zugehörige Zeigerdiagramm ist in Abb. 41,4 dargestellt. Der Strom $i_\triangle$ dagegen entsteht in der Schaltungsanordnung von Abb. 41,3 mit dem Zeigerdiagramm Abb. 41,5. Die Polaritätskennzeichnung der Wicklungen entspricht der schon früher in den Abb. 40,1 und 40,2 benutzten. Der *Punkt* gibt den Anfang

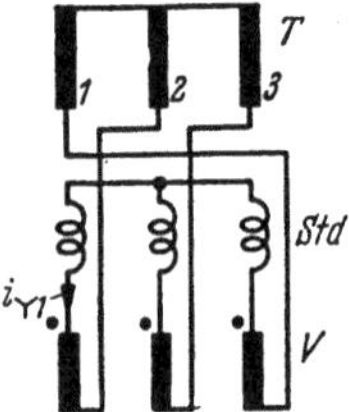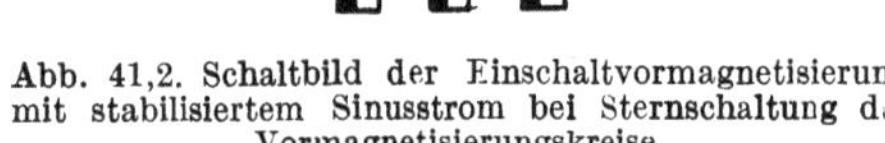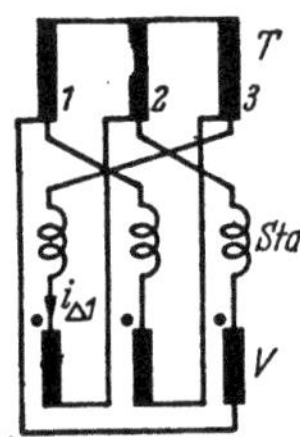

Abb. 41,2. Schaltbild der Einschaltvormagnetisierung mit stabilisiertem Sinusstrom bei Sternschaltung der Vormagnetisierungskreise.

Abb. 41,3. Schaltbild der Einschaltvormagnetisierung mit stabilisiertem Sinusstrom bei Dreieckschaltung der Vormagnetisierungskreise.

der Vormagnetisierungswicklung an für den Fall, daß der Anfang der Hauptwicklung mit dem Gleichrichtertransformator verbunden ist.

Die Berechnung der Windungszahl der Vormagnetisierungswicklung auf Grund des zulässigen Rückwirkungsfaktors z entspricht vollständig der in Abschn. 40.1 für den Ausschaltkern gezeigten. Nur muß bei der Berechnung des Effektivwertes des Vormagnetisierungsstromes in Gl. (40,5) an Stelle von H_2 des Ausschaltkernes jetzt die Koerzitivkraft H_{cE} des Einschaltkernes eingesetzt werden (s. Abb. 18,10).

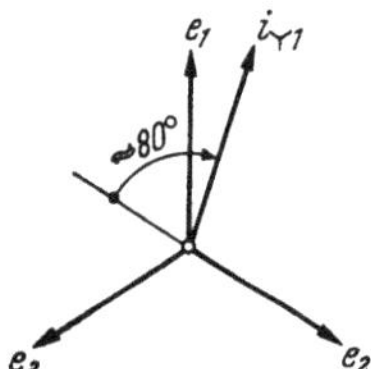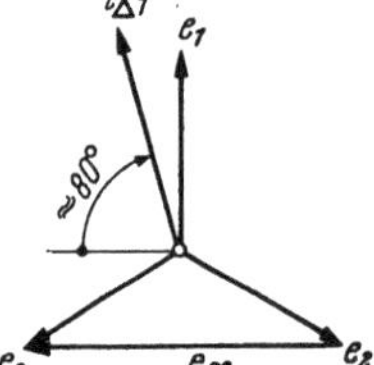

Abb. 41,4. Zeigerdiagramm zu Abb. 41,2.

Abb. 41,5. Zeigerdiagramm zu Abb. 41,3.

41.2 Die Einschaltvormagnetisierung mittels des Stromes der elastischen Ausschaltvormagnetisierung.

Wenn für den Ausschaltkern die elastische Vormagnetisierung nach Abb. 40,9 verwendet wird, so kann ein besonderer Vormagnetisierungskreis für den Einschaltkern entbehrt werden. Aus Abb. 41,6 ist nämlich ersichtlich, daß der Vormagnetisierungsstrom i_{V1} des Ausschaltkernes *1* ebenfalls den Einschaltkern *1* in der erforderlichen Richtung vormagnetisiert, da die als Vormagnetisierungswicklung benutzte Hauptwicklung beide Kerne umschlingt. Jedoch ist dabei der Betrag der Vormagnetisierung des Einschaltkernes dann viel zu hoch. Durch eine Gegenwicklung *V* aber, die nur den Einschaltkern umfaßt (Abb. 41,7), kann der verbleibende Teil der Vormagnetisierungsdurchflutung des Einschaltkernes auf einen passenden Betrag vermindert werden. In diesem Falle wird zwar der Einschaltkern immer noch durch den vollen Strom i_{V1} vormagnetisiert, jedoch nur mit $w - w_V$ Windungen anstatt mit w, wenn w wieder die Windungszahl der Hauptwicklung und w_V die der Gegenwicklung im Vormagnetisierungskreise bezeichnet. Das ist einem verminderten Vormagnetisierungsstrom i_{VE1} durch die volle Windungszahl w gleichwertig,

wie er in Abb. 41,6 durch die schraffierte Fläche gekennzeichnet ist. Bei Großumformern z. B., wo die Hauptwicklung aus vielleicht 12 Windungen besteht, sind
als wirksame resultierende Windungszahl $w - w_V$ meist nur 1 oder 2 Windungen
zulässig.

Das entsprechende Schaltbild ist in Abb. 41,7 wiedergegeben, wobei die Teil-
wicklungen a und b der Zickzackschaltung für die Zusatzspannung U_z die gleichen
sind wie in Abb. 40,17. Diese Ausführung der Vormagnetisierung ist häufig bei
Großumformern benutzt worden. An Stelle der Hauptwicklung kann, wie früher
schon erwähnt wurde, für die Vormagnetisierung des Ausschaltkernes aber auch eine
getrennte Wicklung von w Windungen verwendet werden. Dann muß zur Vormagnetisierung des Einschaltkernes eine weitere Wicklung von nur wenigen Windungen, die nur den Einschaltkern umfaßt, in Reihe mit der getrennten Vormagnetisierungswicklung für den Ausschaltkern in den Vormagnetisierungskreis
eingefügt werden.

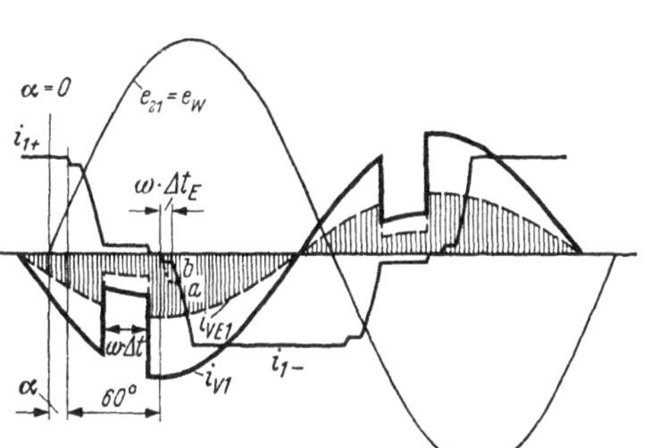

Abb. 41,6. Zeitlicher Verlauf der Spannungen und der
Ströme bei der Einschaltvormagnetisierung mittels des
Stromes der elastischen Ausschaltvormagnetisierung.

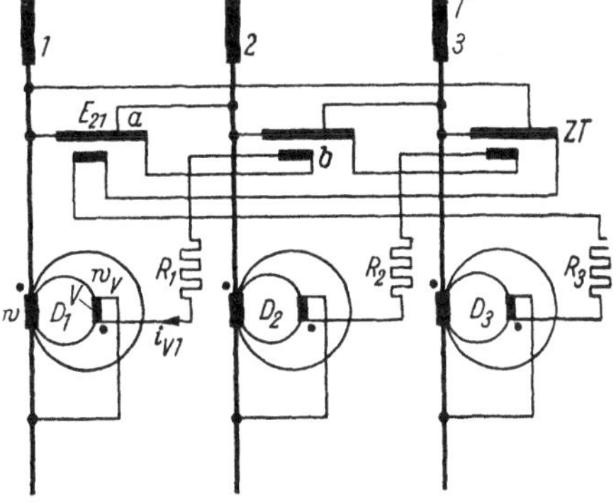

Abb. 41,7. Schaltbild für die Einschaltvormagnetisierung
mittels des Stromes der elastischen Ausschaltvormagnetisierung. Gesamtschaltung mit Gegenwicklung auf
dem Einschaltkern.

41.3 Die Verbund-Einschaltvormagnetisierung.

Anstatt den überschüssigen Betrag der von der Hauptwicklung herrührenden
Vormagnetisierung des Einschaltkernes wie im vorigen Abschnitt durch eine
vom *elastischen* Vormagnetisierungsstrom durchflossene Gegenwicklung aufzuheben,
kann die resultierende Einschaltvormagnetisierung auch durch eine Gegenmagneti-
sierung des Einschaltkernes in *starrer* Ausführung vermindert werden. Wenn die
Durchflutung dieser starren Vormagnetisierung entgegengesetzt zu derjenigen der
elastischen Vormagnetisierung gerichtet ist, so bleibt nur der in Abb. 41,8 durch
die schraffierte Fläche hervorgehobene Anteil wirksam. Wie ersichtlich ist, hat die
resultierende Vormagnetisierung des Einschaltkernes dann während der Dauer der
Ausschaltstufe einen in bezug auf die Stromhalbwelle i_{1-} negativ gerichteten Betrag
und springt erst am Ende dieser Ausschaltstufe in die gewünschte, positive Richtung
um. Ein solcher Verlauf der Vormagnetisierung, der den Einschaltkern im Öffnungsaugenblick des Kontaktes mittels einer negativ gerichteten Vormagnetisierung gesättigt hält, hat in einer bestimmten Hinsicht seine Vorteile. Er verhindert nämlich
eine Kraftflußänderung im Einschaltkern im Öffnungsaugenblick des Kontaktes,
die bei den vorherigen Schaltungen, in denen der Einschaltkern zu diesem Zeitpunkte bereits in positiver Richtung vormagnetisiert ist, als Folge der Unterbrechung
eines etwaigen Reststromes $i_V - i_{st}$ über den Kontakt (s. Abb. 40,9) eintreten kann.
Eine solche Kraftflußänderung kann zu einer Spitze der Kontaktspannung im Aus-

schaltaugenblick oder auch zu einer kurzen Serie von hochfrequenten Schwingungen führen, die die Werkstoffwanderung begünstigen und daher besser vermieden werden sollten.

Eine entsprechende Schaltung ist in Abb. 41,9 dargestellt. Der Stromkreis der elastischen Vormagnetisierung gleicht dem von Abb. 40,17. Die zusätzliche starre Vormagnetisierung geschieht mittels in Stern geschalteter Vormagnetisierungswicklungen. Diese werden über Stabilisierungsdrosseln *Std* von einem Phasenschwenktransformator *PT* gespeist, der zur Herstellung der günstigsten Phasenlage der starren Vormagnetisierungskomponente dient.

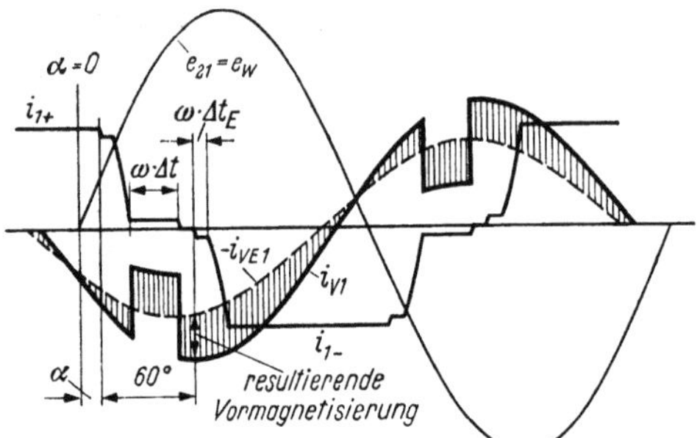

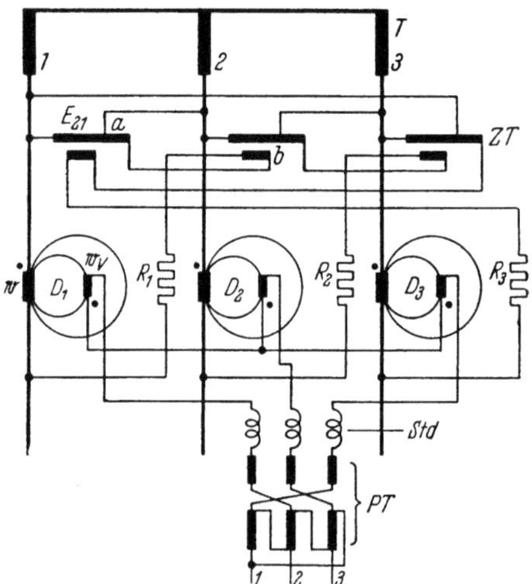

Abb. 41,8. Zeitlicher Verlauf der Spannungen und der Ströme bei der Verbund-Einschaltvormagnetisierung.

Abb. 41,9. Gesamtschaltung der Verbund-Einschaltvormagnetisierung.

41.4 Besondere Maßnahmen zur Verbesserung des Einschaltens.

Wie wir bereits aus Abschn. 4.2 wissen, darf die Höhe des eingeschalteten Stromes einen Betrag von 1 bis höchstens 1,5 A nicht überschreiten, wenn die Stoffwanderung auf einen erträglichen Wert begrenzt bleiben soll. Es erwies sich nun aber bei Umformern größerer Leistung als unmöglich, einen so geringen Wert des Einschaltstufenstromes durch Absenkung der natürlichen Einschaltstufe mittels eines stetig verlaufenden Vormagnetisierungsstromes wie z. B. desjenigen der starren, sinusförmigen Vormagnetisierung ohne weiteres zu erreichen. Es wurde vielmehr beobachtet, daß, wenn durch eine derartige Vormagnetisierung der Stufenstrom auf einen bestimmten Wert abgesenkt war, bei einer weiteren Steigerung des Vormagnetisierungsstromes nicht die Höhe des Stufenstromes weiter abnahm, sondern daß sich anstatt dessen bei nahezu gleichbleibender Stromhöhe lediglich die Länge der Einschaltstufe verminderte, und zwar bis zum völligen Verschwinden. Dieses Verhalten ist in den magnetischen Eigenschaften des Werkstoffes des Einschaltkernes begründet.

In Abschn. 17.2 war in den Abb. 17,5 bis 17,7 schon gezeigt worden, daß es wegen der Wirbelströme im Eisen und wegen der magnetischen Nachwirkung nicht gleichgültig ist, mit welcher Geschwindigkeit die Ummagnetisierung des Eisens vor sich geht, sondern daß die Breite der Hystereseschleife je nach der Art des verwendeten Kernwerkstoffes mehr oder weniger von der Ummagnetisierungsgeschwindigkeit abhängt. Für sehr langsame Ummagnetisierung ergibt sich beispielsweise die in Abb. 41,10 schematisch dargestellte schmale Hystereseschleife *1*, die ungefähr der statischen Hystereseschleife gleichkommt. Bei schneller Ummagnetisierung dagegen erweitert sich die Schleife infolge der Wirbelströme zu der breiteren Schleife *2*. Die

Verhältnisse beim Einschaltvorgang liegen nun so, daß man bei Verwendung einer stetig verlaufenden Vormagnetisierung H_V in dem Zeitabschnitte *vor* der Kontaktschließung nur einen auf der Schleife *1* gelegenen Zustandspunkt erreichen kann, z. B. den Punkt *3* in Abb. 41,10. Vergrößert man nämlich H_V über diesen Punkt hinaus, so findet bereits vor dem Einschalten eine teilweise oder gänzliche Ummagnetisierung des Kernes statt, d. h., es erfolgt das beobachtete Verschwinden der Einschaltstufe, die dann für ihren eigentlichen Zweck, *nach* der Kontaktschließung den Strom i_e über den Kontakt auf einen geringen Wert zu begrenzen, nicht mehr in ausreichendem Maße zur Verfügung steht. Beläßt man aber nun gezwungenermaßen die Vormagnetisierung auf der in Abb. 41,10 angegebenen Höhe H_V, so verlagert sich beim Schließen des Kontaktes unter dem Einfluß der Einschaltspannung u_e (s. Abb. 11,2 c) der Zustandspunkt von Punkt *3* der statischen Hystereseschleife sprungartig nach Punkt *4* der dynamischen Schleife (Abb. 41,10). Der Kontaktstrom, dessen Nullinie dem Punkte *3* entspricht, springt daher in entsprechender Weise im Einschaltaugenblick ebenfalls plötzlich an, und zwar auf einen positiven Betrag von ungefähr der Größe

$$i_e = \frac{\Delta H \, l_{\mathrm{Fe}}}{w}, \qquad (41,1)$$

worin $\Delta H = H_4 - H_3$ der Feldstärkensprung von der statischen zur dynamischen Hystereseschleife, l_{Fe} die mittlere Eisenlänge des Einschaltkernes und w wieder die Windungszahl der Hauptwicklung ist. Dieser Stromsprung kann nach den geschilderten Erkenntnissen nicht durch eine Erhöhung der stetigen Vormagnetisierung H_V beseitigt werden, sondern er bildet sich in vollem

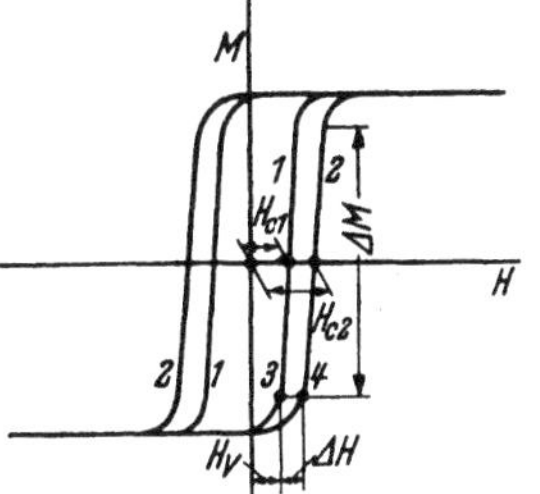

Abb. 41,10. Feldstärkensprung ΔH im Einschaltkern bei der Kontaktschließung.
1 Statische Hystereseschleife; — *2* dynamische Hystereseschleife.

Umfange im Augenblick der Kontaktschließung aus. Er erreichte bei der anfänglich gebräuchlichen Bemessung der Einschaltkerne (50proz. Nickeleisen mit einer Banddicke von 0,05 mm, Stufenlänge etwa 0,08 bis 0,1 ms) bei teilausgesteuerten Umformern größerer Leistung Werte von 5 bis 6 A, so daß ein stoffwanderungsfreies Einschalten auf diese Weise noch nicht zu ermöglichen war.

Aus der vorstehenden Gleichung für i_e folgt zunächst, daß der Anstieg des Stromes im Einschaltaugenblick im voraus durch Wahl einer möglichst kleinen Eisenlänge l_{Fe} und einer möglichst hohen Windungszahl w so gering wie möglich gehalten werden sollte. Jedoch ist diesem Bestreben durch andere, zwingende Erfordernisse, z. B. durch die höchstzulässige Luftinduktivität der Schaltdrossel und die bauliche Anordnung des Einschaltkernes, bald eine Grenze gesetzt. Es lassen sich aber noch verschiedene andere Maßnahmen treffen, die Einschaltverhältnisse zu verbessern. Sie können in 3 Gruppen eingeteilt werden. Die erste umfaßt technologische Maßnahmen am Kernwerkstoff selbst, die darauf abzielen, die Feldstärkendifferenz zwischen den Hystereseschleifen verschiedener Ummagnetisierungsgeschwindigkeit an sich herabzusetzen. Bei der zweiten wird der Feldstärkensprung in seiner Auswirkung auf den Kontaktstrom durch einen entsprechenden Sprung des Vormagnetisierungsstromes im Einschaltaugenblick kompensiert. Bei der dritten schließlich wird der Unterschied zwischen den Ummagnetisierungsgeschwindigkeiten vor und nach dem Einschalten herabgesetzt, so daß sich der Feldstärkensprung nur auf näher beieinanderliegende Kennlinien erstreckt. Das Ideal würde sein, vor und nach dem Einschalten gleiche Ummagnetisierungsgeschwindigkeiten zu haben, wobei dann überhaupt kein Stromsprung entsteht.

41.41 Technologische Maßnahmen am Kernwerkstoff.

Das wirkungsvollste Mittel der ersten Gruppe ist die Herabsetzung der Banddicke des Kernwerkstoffes. Das ist bereits aus Abb. 17,7 ersichtlich, aus der hervorgeht, daß die bei wachsender Ummagnetisierungsgeschwindigkeit zu beobach-

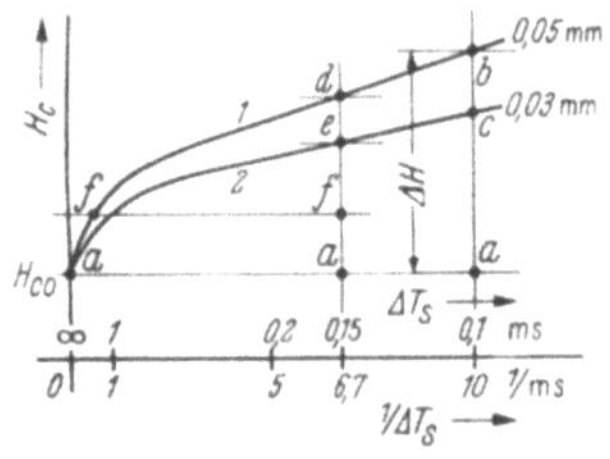

Abb. 41,11. Koerzitivkraft in Abhängigkeit von der Ummagnetisierungsgeschwindigkeit bei verschiedener Banddicke.

tende Zunahme der Koerzitivkraft geringer wird, wenn man von der Banddicke 0,05 mm auf eine solche von 0,03 mm übergeht. Die Kurven der Abb. 17,7 sind in Abb. 41,11 noch einmal schematisch wiederholt. Sie zeigen, daß der Feldstärkensprung bei einer Stufenlänge von 0,1 ms von $a-b$ auf $a-c$ und bei einer Stufenlänge von 0,15 ms von $a-d$ auf $a-e$ zurückgeht. Von diesem Hilfsmittel ist in der Praxis weitgehend Gebrauch gemacht worden; seit 1942 wurden bei den SSW fast alle Einschaltkerne mit 0,03 mm Banddicke ausgeführt.

41.42 Sprunghaft ansteigende Vormagnetisierungsströme.

Verschiedene Möglichkeiten zur Erzeugung sprunghaft ansteigender Vormagnetisierungsströme durch Trockengleichrichterschaltungen, Transduktorschaltungen oder gittergesteuerte Quecksilberdampfgefäße wurden bereits in Abschn. 39.24 be-

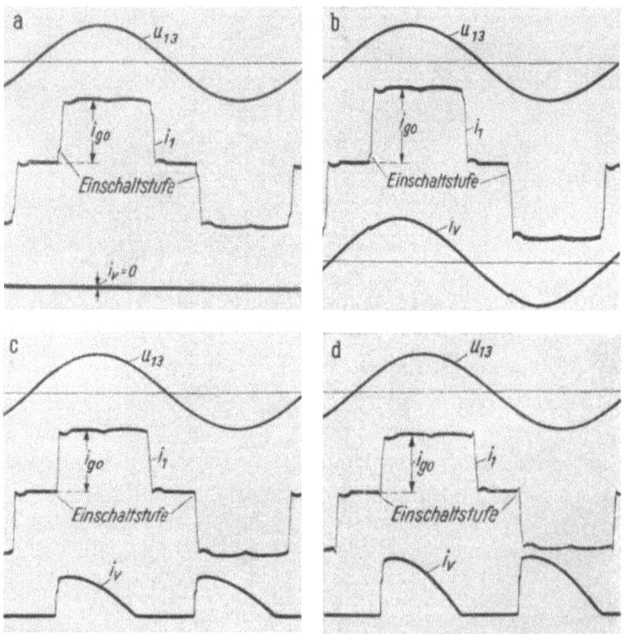

Abb. 41,12. Höhenlage der resultierenden Einschaltstufe bei verschiedenartiger Vormagnetisierung.
a ohne Vormagnetisierung; — b höchstzulässiger stabilisierter Sinusstrom; — c sprunghafte Vormagnetisierung in günstigster Höhe; — d übertrieben große sprunghafte Vormagnetisierung.

sprochen. Wenn eine derartige Vormagnetisierung angewandt wird, so muß der steile Stromanstieg entweder genau im ersten Augenblick der Kontaktberührung oder aber kurz davor stattfinden. Im zweiten Falle muß darauf geachtet werden, daß nicht ein zu großer Teil der Einschaltstufe infolge des vorzeitigen Stromanstieges verlorengeht. Wenn der Einschaltzeitpunkt zum Zwecke der Spannungsregelung verändert wird, so muß folglich auch der Zeitpunkt des steilen Anstieges des Vormagnetisierungsstromes entsprechend mit verändert werden. Das gelingt am genauesten bei Verwendung von gittergesteuerten Gleichrichtergefäßen.

Die praktische Wirkung einer Schaltungsanordnung mit steil ansteigendem Vormagnetisierungsstrom geht aus den in Abb. 41,12 gezeigten Oszillogrammen hervor. In diesen bedeutet u_{13} die verkettete Spannung zwischen den Transformatorklemmen *1* und *3* einer 3phasigen Dreidrossel-Brückenschaltung. Der Strom in der Hauptwicklung der Schaltdrossel *1* ist durch die Kurve i_1 dargestellt. Die Oszillogramme wurden an einem mit dem Grundlaststrom i_{g0} arbeitenden Großumformer aufgenommen. Die Einschaltkerne waren nur von sehr mäßiger Güte und bestanden aus 0,05 mm dickem Bande. Der Vormagnetisierungsstrom des Einschaltkernes ist durch die Kurve i_V wiedergegeben. Teilbild a zeigt nun die Verhältnisse, wenn überhaupt keine Vormagnetisierung verwendet wird. Die Stromkurve i_1 weist dabei eine Einschaltstufe in der natürlichen Höhe auf. In Teilbild b wurde eine starre Vormagnetisierung mit sinusförmigem Strom verwendet. Die Einschaltstufe ließ sich damit auf etwa $^2/_3$ derjenigen von Teilbild a herunterdrücken. In Teilbild c dagegen verläuft die Einschaltstufe genau in der Nullinie. Das wurde erreicht mit Hilfe des steil ansteigenden Vormagnetisierungsstromes i_V, der durch Verwendung eines gittergesteuerten Quecksilberdampfrohres in der Schaltung nach Abb. 39,16 erhalten wurde. Das Gitter des Rohres wurde dabei durch die bewegliche Schaltbrücke des Kontaktes selbst gesteuert. Die Versuche ergaben, daß bei dieser Lage der Einschaltstufe in der Nullinie die Stoffwanderung vollständig beseitigt war. Teilbild d zeigt schließlich noch, daß es durch Anwendung einer sprunghaften Vormagnetisierung sogar möglich ist, die Einschaltstufe in das negative Gebiet zu verlegen. Es kann somit tatsächlich mit Hilfe eines steil ansteigenden Vormagnetisierungsstromes jede beliebige Höhenlage der Einschaltstufe hergestellt werden.

Die Erzeugung sprunghafter Vormagnetisierungsströme in der Schaltung von Abb. 39,16 bringt neben dem erhöhten schaltungsmäßigen Aufwand allerdings auch beträchtliche Verluste in dem ohmschen Vormagnetisierungswiderstande R mit sich. Sie hat daher in dieser Form keine praktische Bedeutung erlangt. Dagegen bilden Vormagnetisierungsströme mit sprunghaftem, durch gittergesteuerte Gleichrichtergefäße gesteuerten Einsatz einen wichtigen Bestandteil der sich selbsttätig anpassenden Einschaltvormagnetisierung, die in Abschn. 41.5 noch behandelt wird und bei der die Verluste sehr gering sind.

41.43 Annäherung der Ummagnetisierungsgeschwindigkeiten vor und nach der Kontaktschließung.

Eine Annäherung der Ummagnetisierungsgeschwindigkeiten vor und nach der Kontaktschließung kann einmal durch Herabsetzung der Geschwindigkeit *nach* dem Einschalten erzielt werden. Das ist möglich durch Erhöhung der Einschaltstufenlänge, z. B. von 0,1 ms auf 0,15 ms. Auch hiervon ist bei ausgeführten Kontaktumformern Gebrauch gemacht worden. Verwendet man gleichzeitig eine Banddicke von 0,03 mm, so geht in Abb. 41,11 der Feldstärkensprung von $a-b$ auf $a-e$ herunter. Die praktische Verwirklichung besteht in der Verwendung von Kernen mit vergrößertem Eisenquerschnitt. Die Erhöhung der Einschaltstufenlänge ist jedoch wegen der damit verbundenen Zunahme des induktiven Gleichspannungsabfalles [vgl. Gl. (30,7)] und der Verschlechterung des Leistungsfaktors nur in beschränktem Umfange zulässig.

Eine weitere Annäherung der Geschwindigkeiten läßt sich noch durch Heraufsetzung der Geschwindigkeit *vor* dem Einschalten erzielen. Zu diesem Zwecke kann man bewußt eine stetig verlaufende Vormagnetisierung etwas über den Punkt *3* in Abb. 41,10 hinaus steigern. Hierdurch findet bereits vor dem Einschaltaugenblick eine gewisse Ummagnetisierung des Einschaltkernes mit verhältnismäßig niedriger Geschwindigkeit statt, und im Einschaltaugenblick ist in Abb. 41,11 anstatt der Linie *a* bereits die Linie *f* erreicht. Der Feldstärkensprung wird dadurch weiterhin von *a—e* auf *f—e* vermindert. Auch diese Möglichkeit ist praktisch ausgenutzt worden. Die Erhöhung der Vormagnetisierung darf allerdings nur so weit getrieben werden, daß noch $^2/_3$ bis $^1/_2$ der Einschaltstufe *nach* dem Schließungsaugenblick des Kontaktes ablaufen.

Der Erfolg derartiger Maßnahmen ist aus den Kathodenstrahloszillogrammen von Abb. 41,13 ersichtlich, die an einem mit Grundlaststrom laufenden Großumformer

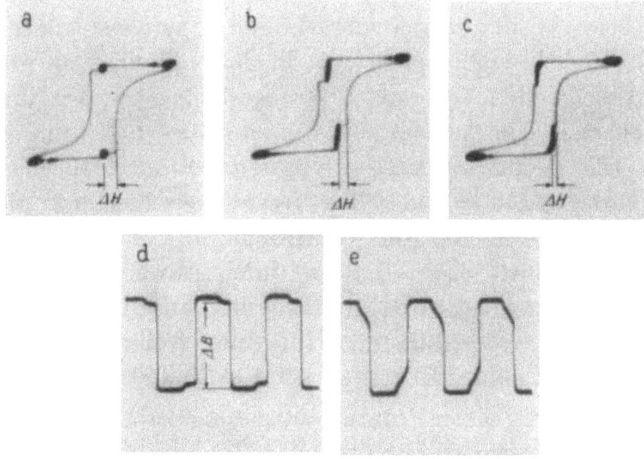

Abb. 41,13. Hystereseschleife und Kraftflußkurve des Einschaltkernes eines Großumformers bei Betrieb mit Grundlast. Erfolg von Maßnahmen zur Verminderung des Feldstärkensprunges ΔH bei der Kontaktschließung.

	Stufenlänge	Banddicke	Vormagnetisierung
a u. d	0,1 ms	0,05 mm	ohne
b u. e	0,1 ms	0,05 mm	höchstzulässig
c	0,15 ms	0,03 mm	höchstzulässig

aufgenommen wurden. Teilbild a zeigt die Hystereseschleife eines Einschaltkernes aus 50proz. Nickeleisen mit 0,05 mm Banddicke, wie sie ohne Vormagnetisierung durchlaufen wird, und zwar bei einer Stufenlänge von 0,1 ms. Der Feldstärkensprung ΔH ist sehr groß. In Teilbild d ist der zugehörige zeitliche Verlauf des Kraftflusses im Einschaltkern wiedergegeben. Praktisch die gesamte Flußänderung vollzieht sich erst nach dem Einschalten, und zwar mit großer Geschwindigkeit (sehr dünne Linie). Teilbild b läßt den Fortschritt hinsichtlich der Herabsetzung von ΔH erkennen, der allein durch eine bis zur äußersten Grenze gesteigerte starre Vormagnetisierung mit sinusförmigem Wechselstrom erreicht werden kann, wenn bereits etwa $^1/_3$ der Stufe vor dem Einschalten abläuft und im Einschaltaugenblick daher schon eine gewisse Ummagnetisierungsgeschwindigkeit vorhanden ist. Den zugehörigen Verlauf des Kraftflusses zeigt Teilbild e, aus dem das vorzeitige Durchlaufen eines Teiles der gesamten Kraftflußänderung mit geringerer Geschwindigkeit deutlich erkennbar ist (schräge, dicke Linie). Teilbild c schließlich stellt die Verbesserung klar unter Beweis, die noch durch die gleichzeitige Erhöhung der Stufenlänge von 0,1 auf 0,15 ms und den Übergang auf die Banddicke von 0,03 mm erreicht wurde. Der Verlauf des Kraftflusses ist nicht erneut gezeigt, da er nahezu der gleiche ist wie in Teilbild e. Der Feldstärkensprung ΔH ist nunmehr so klein geworden, daß sich zufriedenstellende Einschaltverhältnisse ergaben.

Gegenüber dem sinusförmigen Strom einer starren Einschaltvormagnetisierung bietet der während der Ausschaltstufe eingebuchtete Strom der elastischen Vormagnetisierung nach Abb. 41,6 oder 41,8 den Vorteil, daß die Einwirkung des Vormagnetisierungsstromes auf den Einschaltkern in voller Größe nicht schon zu Beginn der Ausschaltstufe, sondern erst an ihrem Ende einsetzt. Der Zeitraum seiner Einwirkung bis zum Einschaltzeitpunkt ist daher kürzer, und man kann infolgedessen die Vormagnetisierung und damit die Ummagnetisierungsgeschwindigkeit vor dem Einschalten noch etwas höher treiben als bei der starren Vormagnetisierung, ohne daß zuviel von der Stufe verlorengeht.

Die in Abb. 41,6 und 41,8 gezeigten Stromformen der elastischen Vormagnetisierung stellen bereits eine Art Übergang zu den steil ansteigenden Stromformen von Abschn. 41.42 dar. Ihr Stromsprung liegt jedoch immer noch so weit vor dem Schließungszeitpunkte, daß eine vollständige Kompensierung des Feldstärkensprunges auf diese Weise noch nicht möglich ist. Benutzt man hingegen Schaltungen, die eine präzise Steuerung des Stromsprunges in solcher Weise gestatten, daß er stets um einen bestimmten, nur *geringen* Zeitbetrag vor dem Einschaltzeitpunkte stattfindet, so lassen sich ideale Einschaltverhältnisse erzielen. Es läuft dann nämlich immer ein definierter Bruchteil der Einschaltstufe schon vor der Kontaktberührung ab. Wird die Höhe der Vormagnetisierung dabei so gewählt, daß die Stufe bereits vor dem Einschalten in der Nullinie liegt, so bedeutet das nichts anderes, als daß durch die Vormagnetisierung dem Einschaltkern bereits vor dem Einschalten eine ebenso große Ummagnetisierungsgeschwindigkeit erteilt wird, wie sie nach der Kontaktschließung vorhanden ist. Damit treffen sich die Wege von Abschn. 41.42 und 41.43 trotz der Verschiedenheit ihrer Ausgangspunkte im Ergebnis. Gleiche Ummagnetisierungsgeschwindigkeit der Einschaltdrossel vor und nach dem Einschalten bedeutet aber, daß die vom Transformator gelieferte Spannung im Einschaltaugenblick voll von der Einschaltdrossel aufgenommen und damit vom Kontakt ferngehalten wird, so daß die einzuschaltende Spannung gleich Null ist. Der Kontakt ist dann im Einschaltaugenblick von Strom und Spannung vollständig entlastet. Die Bedeutung einer solchen Vormagnetisierungsart liegt vor allem auf dem Gebiete der Gleichspannungen über 400 V, wo durch sie eine weitgehende mechanische Teilaussteuerung ermöglicht wird, ohne daß Glimmentladungen am Kontakt auftreten. Ohne Anwendung einer derartigen Vormagnetisierung ist nach Abschn. 4.21 der mechanische Teilaussteuerungsbereich nach unten im allgemeinen auf denjenigen höchsten Wert des Steuerwinkels α begrenzt, bei dem die Einschaltspannung u_e einen Wert von ungefähr 275 V erreicht. Für die praktische Durchführung dieses Vormagnetisierungsverfahrens eignen sich wiederum besonders gut gittergesteuerte Gasentladungsgefäße, und zwar mit Rücksicht auf die Verluste und die gute Abgleichung bei allen Betriebszuständen vorzugsweise in der Schaltung der selbsttätig sich anpassenden Einschaltvormagnetisierung, die nun anschließend noch beschrieben werden soll. Die Steuerung des Gitters geschieht bei ihr am besten nicht wie bei den Kurven von Abb. 41,12 durch die bewegliche Hauptschaltbrücke, sondern durch einen sich mit geringer Voreilung schließenden Hilfskontakt.

41.5 Die selbsttätig sich anpassende Einschaltvormagnetisierung.

Die selbsttätig sich anpassende Einschaltvormagnetisierung beruht auf dem gleichen Grundgedanken wie die in Abschn. 40.3 beschriebene Ausschaltvormagnetisierung. Demgemäß setzt sie sich wieder aus einer gleichbleibenden Komponente und aus einer spannungsabhängigen Komponente zusammen. Für die gleichbleibende Komponente V_{E-} wird bei Umformern mit einer Schaltdrossel für jeden Kontakt

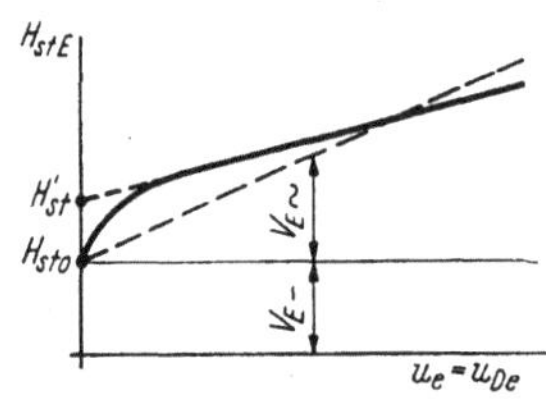

Abb. 41,14. Aufteilung der Vormagnetisierungsfeldstärke bei der selbsttätig sich anpassenden Einschaltvormagnetisierung.

ähnlich wie beim Ausschalten ein einseitig gerichteter Vormagnetisierungsimpuls von gleichbleibender Höhe benutzt, bei Umformern mit 1 Schaltdrossel für 2 im Gegentakt arbeitende Kontakte ein symmetrischer Rechteckstrom. Die Höhe der gleichbleibenden Komponente darf beim Einschalten allerdings nicht über den statischen Wert $H_{st\,0}$ (s. Abb. 41,14) gesteigert werden, denn anderenfalls würde bei Teilaussteuerung trotz des verzögerten Einsatzes der spannungsabhängigen Komponente bereits allein durch die gleichbleibende Komponente eine vorzeitige Ummagnetisierung des Kernes verursacht werden. Man kann infolgedessen beim Einschalten nicht zu einer ganz so vollkommenen Anpassung kommen wie beim Ausschalten, sondern die spannungsabhängige Komponente $V_{E\sim}$ verläuft nach einer Geraden durch den Punkt $H_{st\,0}$ anstatt durch H'_{st} (Abb. 41,14). Das hat aber im allgemeinen keine nachteiligen Folgen, denn beim Einschalten *braucht* die Abgleichung auch nicht so gut zu sein wie beim Ausschalten, weil Einschaltspannungen gewisser Größe noch ohne Schaden von den Kontakten ertragen werden. Die Grenze bildet entweder — sofern nicht die in Abschn. 4.22 besprochene Feldemission einen noch geringeren Wert vorschreibt — die genannte Glimmspannung von ungefähr 275 V oder der Stromsprung nach Gl. (41,1), der um so größer ist, je weniger die Einschaltspannung durch die Vormagnetisierung herabgesetzt ist.

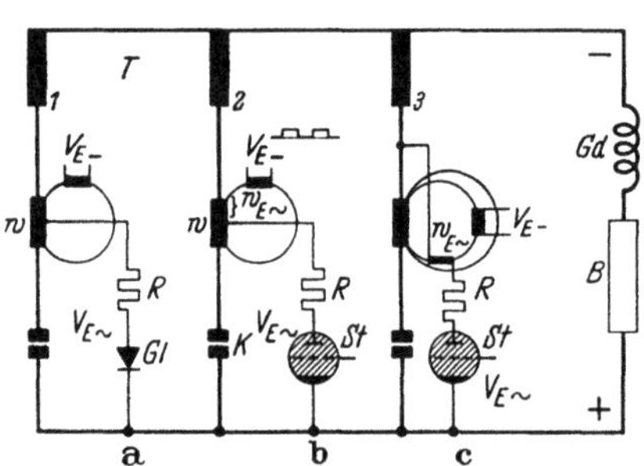

Abb. 41,15. Schaltbild von Ausführungsformen der selbsttätig sich anpassenden Einschaltvormagnetisierung.

a Längskreis, ungesteuert; — b Längskreis, gesteuert; — c wie b, aber getrennter Einschaltkern.

Die spannungsabhängige Komponente $V_{E\sim}$ wird in grundsätzlich der gleichen Weise hergestellt, wie es für das Ausschalten in Abb. 40,19a gezeigt war. Nur muß das im Vormagnetisierungszweige enthaltene Ventil jetzt die umgekehrte Durchlaßrichtung haben, und es muß gesteuert sein, wenn eine mechanische Teilaussteuerung vorgesehen ist. Für Umformer mit Schaltdrosseln ohne Einschaltkern, bei denen auch die Einschaltstufe durch den Ausschaltkern erzeugt wird, ergeben sich dann die Grundschaltungen Abb. 41,15a und b. Teilbild a mit dem ungesteuerten Ventil Gl gilt für einen Umformer, der nur mit voller mechanischer Aussteuerung betrieben wird[1]. Zusätzlich zu der am besten bereits etwas vorherbeginnenden gleichbleibenden Komponente setzt dann im Punkte der Spannungsgleichheit der einander ablösenden Phasen auch sofort die spannungsabhängige Komponente ein, d. h. der Ablauf der Einschaltstufe beginnt bei $\alpha = 0$. Bei mechanischer Teilaussteuerung dagegen muß der Einsatz dieser Komponente bis kurz vor den Zeitpunkt der Kontaktschließung verzögert werden. Das geschieht durch ein steuerbares Ventil,

---

[1] Siehe a. BAER: [1.61] S. 716, Fig. 11.

wie es in Teilbild b als gittergesteuertes Quecksilberdampfgefäß (Stromtor) *St* dargestellt ist. Gesteuert wird das Rohr durch den bereits im vorigen Abschnitt erwähnten Vorkontakt zum Hauptkontakt. Enthalten die Schaltdrosseln außer den Ausschaltkernen auch noch besondere Einschaltkerne, so wird als Vormagnetisierungswicklung nicht ein Teil der Hauptwicklung der Schaltdrossel benutzt, sondern eine besondere Hilfswicklung, die nur den Einschaltkern umfaßt. Es ergibt sich dann die Schaltung von Teilbild c.

Für die Schaltung von Abb. 41,15 b ist der zeitliche Verlauf der Einschalt-Vormagnetisierungskomponenten in Abb. 40,20 ebenfalls aufgezeichnet. Teilbild c dieser Abbildung ist der *gleichbleibende* Anteil V_{E-}. Die Höhe des Impulses entspricht der Feldstärke $H_{st\,0}$. Seine Dauer erstreckt sich zumindest über den ganzen Bereich, der von der Einschaltstufe Δt_E bei der Teilaussteuerungsregelung überstrichen wird. Der *spannungsabhängige* Anteil $V_{E\sim}$ ist in Teilbild e gezeigt. Er beginnt mit dem Schließen des Vorkontaktes beim Steuerwinkel α_V, kurz vor dem Schließen des Hauptkontaktes beim Steuerwinkel α, und er hat nur eine sehr geringe Dauer. Er erstreckt sich nämlich lediglich über die Einschaltstufe Δt_E und den sich anschließenden elektrischen Überlappungswinkel $\ddot{u}$ der Lastströme, denn bei geschlossenem Kontakt K kann im Kreise R, St ein Strom nur durch die Spannung an der Schaltdrossel zustande kommen, und diese Spannung ist nach Beendigung der Stromwendung gleich Null. Die Höhe des Stromes $i_{E\sim}$ während der Einschaltstufe muß in dem durch die unvollkommene Anpassungsmöglichkeit gegebenen Rahmen gemäß der Feldstärkendifferenz $H_{st} - H_{st\,0}$ eingestellt werden, wobei der Strom von demjenigen Anteil der Wendespannung e_{21} getrieben wird, der auf die Windungszahl $w-w_{E\sim}$ entfällt. Während des sich anschließenden Stromwendeabschnittes geht der Strom auf Werte zurück, die der vom Wendestrom in der Windungszahl $w-w_{E\sim}$ erzeugten induktiven Spannung entsprechen. Ist die Abgleichung der Vormagnetisierung vollkommen, so geschieht die Ummagnetisierung des Einschaltkernes *allein* durch die Vormagnetisierung. Es wird dann von der Schließung des Vorkontaktes ab während der ganzen Einschaltstufe die Spannung e_{21} voll an der Schaltdrossel gehalten (Spannungsfläche F_E), so daß der Hauptkontakt *innerhalb* der Stufe im Zeitpunkte ein_2 spannungs- und stromlos geschlossen werden kann und ein Stromanstieg über den Hauptkontakt noch bis zum Ende der Einschaltstufe verhindert ist.

Der Leistungsverlust im Stromkreise des spannungsabhängigen Anteiles der Einschaltvormagnetisierung ist wegen der kurzen Dauer des Stromflusses unbedeutend. Das ist jedoch nur dann der Fall, wenn wie in Abb. 41,15 ein *Längs*kreis benutzt wird. Die Verwendung eines *Quer*kreises in einer der Abb. 40,19 b analogen Weise, die an sich auch möglich wäre, ist beim Einschalten unvorteilhaft, weil bei dem Querkreise sich der Stromfluß über die ganze Halbwelle erstrecken und deswegen einen beträchtlich höheren Verlust zur Folge haben würde.

Die Ausführungen der Abschnitte 41.4 und 41.5 zeigten, daß vielfältige Hilfsmittel zur Verfügung stehen, um den beim Einschalten auftretenden Schwierigkeiten zu begegnen. Sie zeigen aber auch, daß bei mechanischer Teilaussteuerung doch erhebliche Anforderungen an die Ausgestaltung der Schaltdrosseln und der ganzen Schaltung gestellt werden. Es ist daher in den letzten Jahren allgemein die Neigung zu beobachten, alle diese Erschwerungen durch Verwendung der *magnetischen* Teilaussteuerungsregelung bei voller mechanischer Aussteuerung zu vermeiden und die mechanische Teilaussteuerung höchstens noch kurzzeitig für Anfahrzwecke zusätzlich zu benutzen.

42. Die Rückmagnetisierung.

In Schaltungen mit nur einer einzigen Schaltdrossel für 2 im Gegentakt schaltende Kontakte ist die Schaltdrossel, wie wir in Abschn. 12 und 26.5 gesehen haben, nach Durchlaufen der Ausschaltstufe der einen Halbwelle magnetisch stets gerade richtig polarisiert für den ungehinderten Einsatz des Kontaktstromes entgegengesetzter Richtung in der anderen Halbwelle und für die Erzeugung der sich anschließenden Ausschaltstufe umgekehrter Durchlaufrichtung. Anders dagegen bei solchen Schaltungen, in denen für jeden Kontakt eine getrennte Schaltdrossel verwendet wird. Dort hat die Schaltdrossel nur einmal in jeder Periode eine Ausschaltstufe zu erzeugen, und zwar stets in der gleichen Ablaufrichtung. Sie ist nach Durchlaufen der Stufe nicht ohne weiteres für den ungehemmten Anstieg eines erneuten Kontaktstromes in der gleichen Richtung und für die spätere Erzeugung der nächsten Ausschaltstufe bereit, sondern sie befindet sich dann im Zustande der Sättigung entgegengesetzten Vorzeichens. Ihr Kern muß daher erst durch eine Rückmagnetisierung wieder in den geeigneten Polarisationszustand zurückversetzt werden; anderenfalls würde eine Einschaltstufe $\varDelta t_{Es}$ von der gleichen Länge wie die Ausschaltstufe $\varDelta t_s$ entstehen, so daß die volle Gleichspannung und ein guter Leistungsfaktor nicht erreicht werden könnten. Diese Rückmagnetisierung muß in demjenigen Zeitabschnitte vorgenommen werden, der sich vom Ende der Ausschaltstufe bis zum Zeitpunkte der erneuten Kontaktschließung erstreckt. Da innerhalb dieses Abschnittes kein Laststrom fließt, wird der magnetische Zustand des Kernes dort allein durch die Ströme in den Hilfsmagnetisierungskreisen und durch den Strom eines etwa vorhandenen Nebenweges zum Kontakt bestimmt und kann durch eine geeignete Ausgestaltung des Verlaufes dieser Ströme in der gewünschten Weise beeinflußt werden.

Bezüglich des Umfanges der Rückmagnetisierung lassen sich 3 Fälle unterscheiden:

1. Es ist keine magnetische Spannungsregelung vorgesehen, und es wird zur Geringhaltung des Stromes unmittelbar nach der Kontaktschließung ein besonderer Einschaltkern benutzt. In diesem Falle muß der Ausschaltkern aus dem am Ende der Ausschaltstufe vorhandenen Sättigungszustande vollständig bis zur Sättigung in entgegengesetzter Richtung rückmagnetisiert werden. Hierfür ist ein der Schaltdrossel zuzuführendes Spannungszeitintegral von der gleichbleibenden Größe der gesamten Spannungsfläche der Schaltdrossel erforderlich. In entsprechender Weise muß auch eine vollständige Rückmagnetisierung des Einschaltkernes durchgeführt werden.

2. Es ist keine magnetische Spannungsregelung vorgesehen, jedoch soll anstatt durch einen besonderen Einschaltkern eine kurze Einschaltstufe durch den bereits für die Herstellung der Ausschaltstufe verwendeten Kern erzeugt werden. Dann muß das der Schaltdrossel während der Rückmagnetisierung zugeführte Spannungszeitintegral kleiner sein als die gesamte Spannungsfläche der Schaltdrossel, so daß noch ein Rest für die Aufnahme der Spannung nach der Kontaktschließung während der gewünschten Dauer der Einschaltstufe verbleibt. Die zuzuführende Spannungsfläche erhält dabei am einfachsten wiederum eine gleichbleibende Größe.

3. Es soll eine Spannungsregelung durch Teilaussteuerung auf magnetischem Wege vorgenommen werden. Hierfür ist die Zuführung einer Spannungsfläche von willkürlich veränderbarer Größe während der Rückmagnetisierung erforderlich, damit ein veränderlicher Restbetrag der Spannungsfläche der Schaltdrossel entsprechend der Einschaltstufe regelbarer Größe verbleibt.

In den letztgenannten beiden Fällen 2. und 3. wird also der Kern, ausgehend von der nach Ablauf der Ausschaltstufe beispielsweise als negativ angenommenen Sättigung, durch die zugeführte Spannungsfläche in Richtung auf die positive Sättigung rückmagnetisiert, bleibt aber vor Erreichen des Einschaltzeitpunktes auf einem noch darunter liegenden Polarisationswert stehen, bis dann nach dem Einschalten unter dem Einfluß der Wendespannung die restliche Polarisationsänderung bis zur Sättigung stattfindet. Es gibt aber auch Fälle, wo im Rückmagnetisierungsabschnitt, bedingt durch Eigenheiten der Schaltung wie z. B. den Ladezustand des Nebenwegkondensators, zunächst gleich die ganze Polarisationsänderung von der negativen bis zur positiven Sättigung durchlaufen wird, so daß dann mittels einer zuzuführenden Spannungsfläche die Polarisation wieder vom positiven Sättigungswert auf den für die Einschaltstufe gewünschten Ausgangswert erniedrigt werden muß, oder wo die Rückmagnetisierung nicht stetig in einem Zuge, sondern mit Vor- und Rückläufen erfolgt. Ein Beispiel für den letztgenannten Fall ist das Oszillogramm Abb. 12,4 (s. die Flußkurve d).

Bei der 3phasigen Dreidrossel-Brückenschaltung war, wie in Abschn. 12 auf S. 68 schon ausgeführt wurde, eine magnetische Spannungsregelung wegen der 60°-Bedingung überhaupt nicht zulässig. Etwas besser gestellt ist in dieser Hinsicht die 6phasige Brückenschaltung mit 6 oder 3 Schaltdrosseln, bei der an die Stelle des 60°-Abschnittes ein solcher von 120° getreten ist. Dort ist eine magnetische Spannungsregelung wenigstens in einem begrenzten Umfange möglich[1]. Die Umformer der AEG z. B. werden mit einer kombinierten magnetischen und mechanischen Teilaussteuerung ausgeführt, bei der im ersten Bereich von etwa 10—20% Herabregelung magnetische und mechanische Teilaussteuerung derart gemischt sind, daß die Kontaktzeiten konstant bleiben können (vgl. Abschn. 31.4, S. 275). Das hat den Vorteil, daß bei der selbsttätigen Ausregelung der ständigen Spannungsschwankungen keine Verstellung der Überlappungsdauer erforderlich ist. Es hat den weiteren Vorteil, daß die Kontaktzeiten nicht in dem Maße verlängert zu werden brauchen, wie es bei der rein magnetischen Teilaussteuerung notwendig sein würde. Lange Kontaktzeiten und dementsprechend lange Überlappungszeiten engen nämlich den durch die 120°-Bedingung festgelegten Spielraum ein und haben bei Störungen der Symmetrie des Drehstromnetzes eine erhöhte Gefahr von Rückzündungen zur Folge.

Der Vorgang der Rückmagnetisierung stellt bei der 6phasigen Brückenschaltung einen besonderen Fall dar. Wie bei allen Schaltungen mit einer einzigen Schaltdrossel für zwei im Gegentakt schaltende Kontakte, so ist auch hier nach Ablauf der Ausschaltstufe der einen Stromhalbwelle der Kern in der für den unverzögerten Anstieg des Stromes entgegengesetzter Richtung erforderlichen Polarität voll gesättigt, so daß sich ohne weiteres eine Einschaltstufe nicht mehr ausbilden würde. Wird aber zwecks Herabregelung der Spannung eine solche gewünscht, so muß der Kern vor dem Schließen des Kontaktes entgegengesetzter Polarität durch eine zuzuführende Spannungsfläche wieder so weit entgegen dem Ablaufsinn der vorhergehenden Ausschaltstufe rückmagnetisiert werden, daß eine Einschaltstufe von der erforderlichen Länge entsteht.

Für die Durchführung der Rückmagnetisierung bieten sich verschiedene Möglichkeiten, von denen mitunter auch mehrere gemeinsam benutzt werden. Wenn kapazitive Nebenwege zu den Kontakten vorhanden sind, so findet bei genügender Größe des Nebenwegkondensators unter bestimmten weiteren Voraussetzungen bereits durch diesen eine Rückmagnetisierung statt. Eine weitere Möglichkeit ist durch

---

[1] KOPPELMANN: [1.20] S. 205 und 206.

die Heranziehung von Vormagnetisierungskreisen der bereits früher beschriebenen Arten für die Rückmagnetisierung gegeben. Eine sehr vorteilhafte Art schließlich ist die Verwendung besonderer, zeitlich begrenzter Rückmagnetisierungsimpulse. Im allgemeinen besteht der Wunsch, die Rückmagnetisierung, wenn sie schon einmal erforderlich ist, auch gleich für die magnetische Spannungsregelung auszunutzen, d. h. die zugeführte Spannungsfläche regelbar zu machen. Wir werden daher die einzelnen Rückmagnetisierungsverfahren stets auch vom Gesichtspunkt der Regelbarkeit aus zu betrachten haben.

42.1 Die Rückmagnetisierung durch den Nebenwegkondensator.

Als erstes sei die Rückmagnetisierung der Schaltdrossel durch den Kondensator des Nebenweges zum Kontakt und die Möglichkeit der Regelung ihrer Größe durch die Änderung der Höhe des Vormagnetisierungsgleichstromes der Schaltdrossel erläutert. Als Beispiel werde wieder die 3phasige Sternpunktschaltung nach Abb. 9,3 a gewählt. Die Spannungs- und Stromkurven dieser Schaltung waren in Abb. 9,2 dargestellt. Wir betrachten wiederum die Phase 2 mit der Schaltdrossel D_2

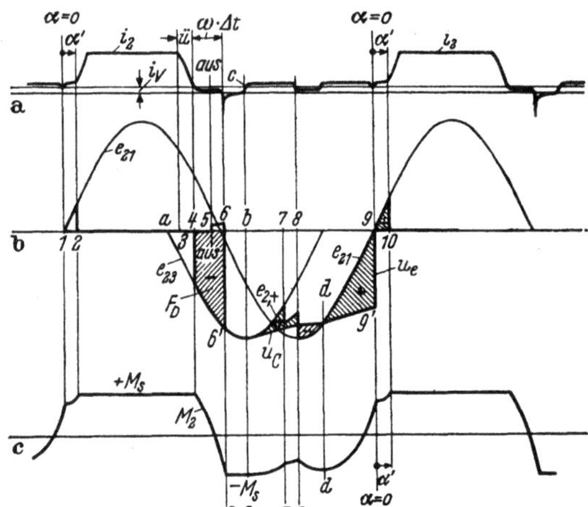

Abb. 42,1. Zeitlicher Verlauf des Stromes (a), der Spannungen (b) und des Kraftflusses (c) bei der Rückmagnetisierung durch den Nebenwegkondensator.

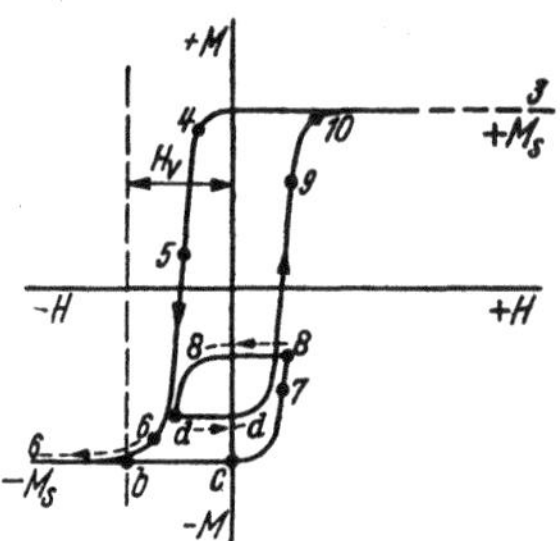

Abb. 42,2. Hystereseschleife der Schaltdrossel bei der Rückmagnetisierung durch den Nebenwegkondensator.

und dem Kontakt K_2. Parallel zu den Kontakten seien Nebenwege nach Abb. 9,3 b angeordnet, von denen jeder aus einem Kondensator C und einem Dämpfungswiderstand R besteht. Von den Kurven der Abb. 9,2 ist die Kurve b des Stromes i_2 noch einmal als Kurve a in Abb. 42,1 aufgezeichnet, wobei auch der Stromverlauf während des Abschnittes der Kontaktöffnung wenigstens schematisch mit dargestellt ist. Die Spannungskurven b dieser Abbildung entsprechen den Kurven c bzw. d von Abb. 9,2. Als Kurve c ist außerdem noch der zeitliche Verlauf des Kraftflusses im Kern der Schaltdrossel D_2 aufgetragen. In Abb. 42,2 ist schließlich noch der Zusammenhang zwischen dem Kraftfluß und dem Strom von Abb. 42,1 in Form der zugehörigen Hystereseschleife wiedergegeben. Die in Abb. 42,1 und 42,2 zur Kennzeichnung bestimmter Zeitpunkte eingetragenen Ziffern entsprechen denen von Abb. 9,2. Einige sonstige für die Erklärung der Rückmagnetisierung noch bemerkenswerte Zeitpunkte sind mit kleinen Buchstaben bezeichnet.

Für die weiteren Betrachtungen wollen wir nun vorerst annehmen, daß die Induktivität des Wendekreises bei gesättigten Schaltdrosseln so klein sei, daß sie gegenüber C und R für den Ablauf der Vorgänge während des Zeitabschnittes der Kontaktöffnung ohne Bedeutung ist. Diese Voraussetzung liegt auch den Kurven von Abb. 42,1 zugrunde. Wir verfolgen nun den zeitlichen Verlauf der Vorgänge an Hand von Abb. 42,1 und 42,2. Während des Laststromabschnittes von i_2 ist die Schaltdrossel voll gesättigt. Auf der Hystereseschleife liegt der entsprechende Punkt *3* rechts oben weit außerhalb des in der Zeichnung wiedergegebenen Gebietes, da die Feldstärke des Laststromes in die Hunderte von A/cm gehen kann, während die Koerzitivkraft der dynamischen Hystereseschleife bei Nickeleisen etwa 0,4 A/cm beträgt. Während der Stromübergabe von Phase *2* an Phase *3* sinkt der Strom dann ab bis auf den geringen Wert am Beginn der Ausschaltstufe (Punkt *4*). Der Kern ist zu diesem Zeitpunkte noch nahezu gesättigt. Sodann wird von Punkt *4* bis Punkt *6* die Ausschaltstufe durchlaufen, d. h. die linke Flanke der Hystereseschleife bzw. die Flußkurve c von $+M_s$ bis $-M_s$. Im Verlauf dieser Stufe öffnet sich der Kontakt K_2 beispielsweise bei Punkt *5*. Zur Schaffung günstiger Ausschaltbedingungen ist der Stufenstrom durch eine Vormagnetisierung der Schaltdrossel mit dem Gleichstrom i_V etwas in das positive Stromgebiet angehoben. Bei der Hystereseschleife bedeutet dieses, daß die zur Erreichung bestimmter Zustandspunkte auf der Schleife von dem in der Hauptwicklung fließenden Strome i_2 zu erzeugende Feldstärke H und damit in anderem Maßstabe auch die hierzu erforderliche Größe dieses Stromes selbst von der um den Betrag H_V nach links verschobenen, gestrichelten Nullinie aus zu rechnen ist. Zur Ummagnetisierung der Schaltdrossel muß die durch ein Minuszeichen gekennzeichnete Spannungsfläche F_D aufgewandt werden, die von der in bezug auf den Kontakt K_2 negativ gerichteten Wendespannung e_{23} geliefert wird. Der Nebenwegkondensator C ist am Ende der Stufe durch den nach der Kontaktöffnung über ihn fließenden positiven Stufenstrom auf eine geringe positive Spannung aufgeladen. Nach Ablauf der Stufe bei Punkt *6* geht die Drossel in die negative Sättigung (vgl. Kurve c). Sie ist dann nicht mehr fähig, die Wendespannung noch weiterhin aufzunehmen und verliert infolgedessen ihre strombegrenzende Eigenschaft. Der Kondensator C wird daher jetzt stoßartig auf den Betrag $6-6'$ der Wendespannung umgeladen, wodurch eine negativ gerichtete Stromspitze in der Kurve a bei Punkt *6* entsteht. Dieser Stromspitze entspricht in der Hystereseschleife ein kurzzeitiges Hin- und Hergleiten auf dem waagerechten Aste links unten. Während des nächsten Abschnittes bis zum Punkte *b* bleibt die Drossel gesättigt. Die Kondensatorspannung ist gleich der Wendespannung, und der Strom ist der durch die zeitliche Änderung der Wendespannung entsprechend der Beziehung $i = C\dfrac{de}{dt}$ bedingte Ladestrom des Kondensators:

$$i_C = E_{23}\sqrt{2}\,C\omega\cos\omega t\,.$$

Der Strom ist noch negativ gerichtet. Seine Höhe liegt in der Größenordnung der Stufenströme. Im Punkte *b* ist der Kondensator auf den Scheitelwert der Wendespannung aufgeladen. Von nun ab nimmt die Wendespannung wieder ab. Der Kondensator hat infolgedessen das Bestreben, sich über die Schaltdrossel wieder zu entladen. Der Strom wechselt daher im Punkte *b* seine Richtung. Bei seinem Anstieg in positiver Richtung wird zunächst bei Punkt *c* die Ordinatenachse der Hystereseschleife durchschritten. Beim weiteren Anstieg des Stromes tritt die Drossel sodann in den entsättigten Zustand umgekehrten Durchlaufsinnes ein (rechte Flanke der Hystereseschleife). Der Entladestrom bleibt infolgedessen auf einen verhältnismäßig geringen Betrag begrenzt, der im Mittel der Summe aus der Koerzitivkraft des Eisenkernes und der Gleichstromvormagnetisierung entspricht (Abschn. $c-8$ von Abb. 42,2). Infolge der Entladung fällt die Spannung des Kondensators ab, und zwar um so schneller, je kleiner der Kondensator und je größer die Vormagnetisierung der Drossel ist. Bei gegebener Kondensatorgröße kann also die Geschwindigkeit des Abfalles der Kondensatorspannung durch eine Änderung der Höhe der Gleichstromvormagnetisierung beeinflußt werden. Dieser Umstand gibt die Möglichkeit einer Regelung der Größe der Rückmagnetisierung und damit der abgegebenen Gleichspannung, wie wir später noch sehen werden. Der die Wendespannung überschießende Betrag der Kondensatorspannung nämlich muß von der Drossel aufgenommen werden, wobei sich der Betrag der magnetischen Polarisation der Drossel entsprechend der vom Kondensator gelieferten, durch ein Pluszeichen gekennzeichneten Spannungsfläche zunehmend in Richtung auf positive Werte ändert; das ist der Vorgang der Rückmagnetisierung.

Die Geschwindigkeit der Rückmagnetisierung und somit die Steilheit der Flußkurve in Abb. 42,1 c ist im weiteren Verlaufe verhältnisgleich der Differenz zwischen der Kondensatorspannung u_C und der Spannung $e_{2,+} = e_2 - u_g$ zwischen der Transformatorklemme der Phase 2 und dem positiven Gleichstrompol (Abb. 9,3). Die letztgenannte Spannung ist die bereits in Abb. 9,2 als Kurve c gezeigte. Um nun festzustellen, ob und in welcher Richtung eine Ummagnetisierung der Drossel stattfindet, brauchen wir nur diese Kurve mit der Kurve der Kondensatorspannung zu vergleichen und die Differenzspannungsflächen zu betrachten. Aus Abb. 42,1 b ersehen wir dann, daß während des Abschnittes 7—8 der Stromwendung zwischen den Phasen 3 und 1 die Rückmagnetisierung langsamer vor sich geht und im Punkte 8 wegen des Richtungswechsels der Differenzspannung einen Augenblick ganz zum Stillstand kommt. Strenggenommen entspricht nun das bis zum Punkte 8 durchlaufene Polarisationsintervall b—8 der Hystereseschleife Abb. 42,2 nicht genau der mit dem Pluszeichen versehenen Spannungsfläche des Abschnittes b—8 von Abb. 42,1 b, sondern es ist etwas kleiner. Von dieser Spannungsfläche wird nämlich ein Anteil $\int_b^8 R\, i_2\, dt$ am Dämpfungswiderstande R des Nebenweges verbraucht und geht somit für die Rückmagnetisierung der Schaltdrossel verloren. Da aber R mit Rücksicht auf Gl. (9,4) und die Ausschaltbedingung 6 von S. 25 nur einen verhältnismäßig niedrigen Wert haben darf und i_2 während dieses Abschnittes in der Größenordnung des geringen Stufenstromes der Schaltdrossel liegt, wie soeben erläutert wurde, so kann für die grundsätzliche Betrachtung der Rückmagnetisierung das Spannungsintegral des ohmschen Abfalles vernachlässigt werden und wird auch für den Rest der Periode außer acht gelassen.

Der weitere Verlauf in Abb. 42,1 vollzieht sich nun so, daß zunächst im Abschnitt 8—d wegen des Überschießens der Spannung e_{21} über die Kondensatorspannung im Anschluß an die Stromwendung der Phasen 3 und 1 noch einmal eine vorübergehende Ummagnetisierung in entgegengesetzter Richtung stattfindet (kleine negative Spannungsfläche in Abb. 42,1 b), wobei die Polarisation wieder absinkt (Kurve c). Auf der Hystereseschleife bewegt sich der Zustandspunkt dabei von der rechten Flanke wieder zur linken Flanke, so daß nach der Fortsetzung der Rückmagnetisierung von Punkt d ab bis zum Wiedererreichen des Punktes 8 eine vollständige kleine Zusatz-Hystereseschleife durchlaufen ist. Weil im Beispiel auch die linke Flanke der Hystereseschleife durch die Vormagnetisierung bereits in das positive Gebiet angehoben ist, so ergibt sich hier die zunächst etwas ungewohnte Tatsache, daß trotz der Ummagnetisierung der Schaltdrossel in entgegengesetzter Richtung die Kondensatorspannung während des Abschnittes 8—d weiterhin absinkt, wenn auch mit verminderter Neigung. Der Strom kehrt nämlich genau wie während der Ausschaltstufe seine Richtung nicht um. Das liegt an der Eigenschaft der Schalt-

drossel, nur Magnetisierungsströme innerhalb des durch die Flanken der Hystereseschleife begrenzten Höhengebietes der resultierenden Durchflutung zuzulassen, solange sie ungesättigt ist. Vom Punkte d an ist die Spannung e_{21} wieder niedriger als
die Kondensatorspannung. Der Strom geht in seiner Höhe wieder auf die rechte
Seite der Hystereseschleife über, und die Ummagnetisierung verläuft jetzt wieder
im Sinne der Rückmagnetisierung, und zwar mit zunehmender Geschwindigkeit.
Es werde nun angenommen, daß die Kontaktschließung unverzögert im Zeitpunkte 9
der Gleichheit der Phasenspannungen e_2 und e_1 stattfindet, d. h. im Zeitpunkte des
Nulldurchganges der Wendespannung e_{21} ($\alpha = 0$). Für eine vollständige Rückmagnetisierung der Schaltdrossel muß spätestens zu diesem Zeitpunkte die Summe
der positiven Spannungsflächen in Abb. 42,1 b gleich der Summe der negativen
Spannungsflächen geworden sein. Im gewählten Beispiel ist das wegen des starken
Abfalles der Kondensatorspannung nicht der Fall. Es verbleibt daher noch eine
von allein der Wendespannung e_{21} zu liefernde, dritte positive Spannungsfläche, die
erst *nach* der Kontaktschließung zurückgelegt wird. Dieser Spannungsfläche ist
eine Einschaltstufe von der Länge $9-10$ zugeordnet, die den elektrischen Steuerwinkel α' darstellt; die Gleichspannung ist in diesem Beispiel also um einen gewissen
Betrag magnetisch herabgeregelt. Auf der Hystereseschleife liegt der dem Einschaltaugenblick zugeordnete Zustandspunkt bei 9, und auf die Einschaltstufe entfällt das Polarisationsintervall $9-10$. Im Anschluß an die Einschaltstufe vollzieht
sich die Stromwendung zwischen den Phasen 1 und 2. Ist der Strom i_2 im Verlaufe
derselben wieder auf den Gleichstromwert angestiegen, so ist ein voller Umlauf der
Hystereseschleife beendet (Punkt 3), und die Vorgänge wiederholen sich in der
nächsten Periode von neuem. Es ist nun einzusehen, daß, wenn der Grad des Abfalles der Kondensatorspannung während des Abschnittes $b-9$ durch eine Beeinflussung der Höhe des Entladestromes i_2 mit Hilfe des Vormagnetisierungsgleichstromes verändert wird, auch die restliche Spannungsfläche $9-10$ und folglich die
abgegebene Gleichspannung des Umformers eine andere Größe annimmt. Steigert
man die Höhe des Vormagnetisierungsgleichstromes, so sinkt die Gleichspannung,
und umgekehrt. Damit ist die erste der Möglichkeiten der Beeinflussung des Aus-
maßes der Rückmagnetisierung und damit der Regelung der abgegebenen Gleichspannung auf magnetischem Wege im Prinzip erklärt.

In praktischen Fällen muß oft noch die Voraussetzung, daß die Induktivität
des Wendekreises ohne Einfluß auf die Rückmagnetisierung sei, fallengelassen
werden. Die Induktivität bildet mit dem Nebenwegkondensator einen je nach der
Größe von R mehr oder weniger gedämpften Schwingungskreis. Bei geringer Dämpfung wird dann nach Ablauf der Ausschaltstufe im Punkte 6 der Kondensator nicht
nur auf den diesem Punkte zugeordneten Augenblickswert der Wendespannung e_{23}
aufgeladen, sondern die Kondensatorspannung schwingt infolge des durch die Induktivität noch länger aufrechterhaltenen Ladestromes über diesen Wert hinaus.
Es ergeben sich Verhältnisse ähnlich denen, die bei dem Oszillogramm Abb. 12,4
vorgelegen haben. Die Rückmagnetisierung beginnt dort infolge des Überschusses
der Kondensatorspannung über die Spannung e_{2+} bereits gleich nach Punkt 6 und
geht mit größerer Geschwindigkeit vor sich, was in der größeren Steilheit der Polarisationsänderung bei der Flußkurve d von Abb. 12,4 gegenüber der Flußkurve c
von Abb. 42,1 zum Ausdruck kommt. Im übrigen aber ist der Charakter der beiden
Kurven der gleiche. Beim Oszillogramm Abb. 12,4 ist allerdings das Überschwingen
der Kondensatorspannung außergewöhnlich stark ausgeprägt, weil ein besonders
ausgebildeter Nebenweg mit nur geringer Dämpfung verwendet wurde. Bei der

Aufnahme des Oszillogramms war übrigens der Umformer nicht nur magnetisch herabgesteuert, sondern er hatte auch noch eine geringe mechanische Einschaltverzögerung, so daß hier die Kondensatorspannung im Einschaltaugenblick praktisch gerade gleich Null war.

Das Verfahren der Rückmagnetisierung der Schaltdrossel mittels des Nebenwegkondensators mit durch den Vormagnetisierungsgleichstrom geregelter Größe der Rückmagnetisierung wurde früher bei Kontaktumformern kleinerer Leistung verwendet und stellt wohl die älteste Ausführungsform der Rückmagnetisierung dar. Es hat aber in mehrfacher Beziehung noch Mängel. Erstens wird durch die Veränderung des Vormagnetisierungsgleichstromes nicht nur die Größe der Rückmagnetisierung geändert, sondern gleichzeitig auch die Höhenlage der Ausschaltstufe. Der im Augenblick der Kontaktöffnung noch über den Kontakt fließende Reststrom, der vom Nebenweg übernommen werden muß, hat bei herabgeregelter Gleichspannung dann einen höheren Betrag als bei voller Aussteuerung und führt daher bei Teilaussteuerung zu einem höheren Ansprunge $\Delta i_+ \cdot R$ der Kontaktspannung im Öffnungsaugenblick (s. Abb. 9,2e und 42,4). Zweitens ist der Kondensator bei Teilaussteuerung im Einschaltaugenblick auf eine negative Spannung u_e von der Größe $9-9'$ aufgeladen (Abb. 42,1b), die ganz erhebliche Beträge erreichen kann. Der so geladene Kondensator entlädt sich im Augenblick der Kontaktberührung durch einen kräftigen Stromstoß über den Kontakt, der zu Stoffwanderung Veranlassung gibt, falls nicht besondere Mittel zu seiner Begrenzung angewandt werden. Drittens darf der Vormagnetisierungsgleichstrom mit Rücksicht auf den einwandfreien Ablauf des Ausschaltvorganges nicht unter einen bestimmten Betrag erniedrigt werden. Dieses hat zur Folge, daß auch der während der Rückmagnetisierung fließende Entladestrom des Kondensators nicht unter einen entsprechenden Mindestwert gebracht werden kann. Um trotzdem eine zur vollständigen Rückmagnetisierung der Schaltdrossel ausreichende Spannungsfläche zu erhalten, ist dann u. U. ein ganz beträchtlicher Aufwand an Kondensatoren im Nebenwege erforderlich, der über das durch die eigentliche Aufgabe des Nebenweges bedingte Maß weit hinausgeht. Wählt man die Kapazität im Nebenwege zu klein, so kann folglich die volle Gleichspannung des Umformers nicht mehr erreicht werden. Eine Abhilfe ist hier allerdings leicht möglich durch die zusätzliche Verwendung eines stabilisierten Wechselstromhilfskreises für die Rückmagnetisierung, wie er im nächsten Unterabschnitte noch beschrieben wird.

42.2 Die Rückmagnetisierung durch einen Wechselstromhilfskreis nach Art der Wechselstromvormagnetisierungskreise.

Um bei der Beschreibung andere Einflüsse auf die Rückmagnetisierung, wie z. B. die Entladung eines Nebenwegkondensators, auszuschließen, wählen wir für unsere Betrachtung einen elastischen Vormagnetisierungskreis mit nur ohmschem Widerstande, so daß der Umformer keine Nebenwege benötigt. Der Magnetisierungszustand der Schaltdrossel hängt dann allein vom Laststrom und vom Strom des Vormagnetisierungskreises ab. Die Strom- und Spannungsverhältnisse für diesen Fall sind in Abb. 42,3 dargestellt. Dort ist a wieder der zeitliche Verlauf des Kontakt- bzw. Schaltdrosselstromes der Phase 2. In Teilbild b sind die Spannung u_V und der Strom i_V des Vormagnetisierungskreises aufgezeichnet. Teilbild c zeigt wieder die Spannungskurven mit den für die Ummagnetisierung der Schaltdrossel benötigten Spannungsflächen, und Teilbild d ist der zeitliche Verlauf der magnetischen Polarisation bzw. des Kraftflusses im Kern der Schaltdrossel D_2. Die Kennzeichnung bestimmter

Zeitpunkte durch Ziffern oder Buchstaben ist die gleiche wie in den früheren Abbildungen.

Die Phasenlage der Vormagnetisierungsspannung u_V ist in Übereinstimmung mit den Ausführungen von Abschn. 40.2 so gewählt, daß diese Spannung der Spannung e_{23} etwas voreilt. Für die Ausschalthalbwelle ergibt sich dann ein ähnliches Bild wie in Abb. 40,10. Der Strom in der Hauptwicklung ist während der Stufe (Abschnitt $4-6$ in Abb. 42,3) bis in die Nullinie angehoben. Der Vormagnetisierungsstrom geht, wenn die Vormagnetisierungsspannung zur Erzielung des Verlustminimums doppelt so hoch gewählt ist wie die Spannung an der Vormagnetisierungswicklung, während der Stufe auf ungefähr die Hälfte des Wertes zurück, den er bei gesättigtem Kern haben würde.

Demgemäß wird dann nur die Hälfte der Vormagnetisierungsspannung zur Deckung des Spannungsabfalls am Vormagnetisierungswiderstande aufgewandt, während die andere Hälfte als Spannungsfläche F_1 zur Ummagnetisierung der Schaltdrossel dient (Teilbild b). Dieser Spannungsfläche F_1 entspricht in Teilbild c die Spannungsfläche F_D, die ebenso wie die Fläche F_1 durch ein Minuszeichen gekennzeichnet ist. Der Strom im Vormagnetisierungskreise entspricht unter Berücksichtigung des Übersetzungsverhältnisses zwischen Hauptwicklung und Vormagnetisierungswicklung während der Stufe dem natürlichen Stufenstrom i_{st} der Schaltdrossel (linke Flanke der Hystereseschleife). Die Polarisation (Teil-

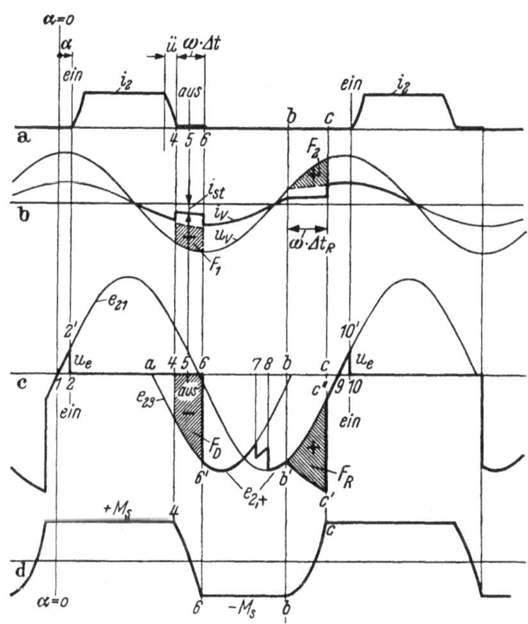

Abb. 42,3. Zeitlicher Verlauf der Ströme (a, b), der Spannungen (c) und des Kraftflusses (d) bei der Rückmagnetisierung durch einen elastischen Vormagnetisierungskreis.

bild d) ändert sich von $+M_s$ (Punkt 4) nach $-M_s$ (Punkt 6). Bei Punkt 5 wird wie früher der Kontakt geöffnet.

Der Abschnitt $6-b$ bietet nichts Besonderes. Vormagnetisierungsspannung und -strom gehen durch Null und steigen in positiver Richtung an. Im Punkte b ist die rechte Flanke der Hystereseschleife erreicht. Der Vormagnetisierungsstrom kann nun nicht mehr seinen sinusförmigen Anstieg fortsetzen, sondern er muß in seiner Höhe den durch die Hystereseschleife vorgeschriebenen Werten folgen. Infolgedessen wird von jetzt ab nur noch ein Teil der Vormagnetisierungsspannung als Spannungsabfall am Vormagnetisierungswiderstande verbraucht. Der überschießende Rest bildet die Spannungsfläche F_2, durch die die Schaltdrossel nunmehr rückmagnetisiert wird. Diese Spannungsfläche ist daher durch ein Pluszeichen markiert. Die Stufe Δt_R im Vormagnetisierungsstrom dauert so lange, bis die Spannungsfläche F_2 die Größe der Fläche F_1 erreicht hat. Das ist bei Punkt c der Fall. Die Polarisation der Drossel hat sich während des Abschnittes $b-c$ wieder von $-M_s$ nach $+M_s$ geändert, die Rückmagnetisierung ist vollständig vollzogen. Die Spannungsfläche F_2 erscheint, entsprechend dem Windungszahlverhältnis transformiert, als Spannung an der Schaltdrossel auch in der Kurve der Kontaktspannung (Teilbild c), worauf früher bereits verschiedentlich hingewiesen wurde. Die Kontaktspannung hat daher den folgenden Verlauf: Bei Punkt 1 (Gleichheit der Phasenspannungen e_2 und e_1) geht sie von den negativen Werten der Sperrspannung auf die positiven Werte der Einschaltspannung über und erreicht im Einschaltzeitpunkt den Betrag u_e (Strecke $2-2'$). Der Kontakt ist geschlossen von Punkt 2 bis Punkt 5. Die Kontaktspannung bleibt noch Null bis zum Punkte 6 des Endes der Ausschaltstufe. Dort springt sie auf den Wert der Sperrspannung an (Strecke $6-6'$) und folgt dann der Spannung $e_{2,+}$ zwischen der Transformatorklemme 2 und dem positiven Gleichstrompol, und zwar bis zum Punkte b'. Der Abschnitt $7-8$ ist wieder die Stromwendung zwischen den Phasen 3 und 1. Vom Punkte b' ab setzt sich zu der Spannung $e_{2,+}$ noch die Spannung an der Schaltdrossel D_2 hinzu, so daß die Kontaktspannung von b' nach c' verläuft. Nach Beendigung der Rückmagnetisierung springt sie dann von c' nach c'' auf die Kurve $e_{2,+}$ zurück und folgt dieser Kurve über den Punkt 9, der dem Punkte 1 entspricht, bis zum Punkte $10'$ der erneuten Kontaktschließung. Damit ist eine ganze Periode vollendet.

Aus dem geschilderten Ablauf der Vorgänge erkennen wir zweierlei. Erstens bildet sich bei der Rückmagnetisierung im Vormagnetisierungsstrom während der Dauer der Rückmagnetisierung eine Stufe aus. Die Höhe des Vormagnetisierungsstromes während der Stufe ist dadurch gegeben, daß etwa bereits von anderen Stromkreisen herrührende Durchflutungen der Schaltdrossel durch den Vormagnetisierungsstrom zu einer resultierenden Durchflutung ergänzt werden müssen, die gleich der natürlichen Magnetisierungsdurchflutung der Schaltdrossel ist. Im gewählten Beispiel sind andere Durchflutungen nicht vorhanden; infolgedessen hat der Vormagnetisierungsstrom dort gerade die volle Magnetisierungsdurchflutung der Drossel zu liefern. Zweitens ist der Kurve der Spannung $e_{2,+}$ (Teilbild c) während der Rückmagnetisierung in negativer Richtung eine Spannungsfläche F_R aufgesetzt, die die Größe der Spannungsfläche F_D der Schaltdrossel hat. Wenn eine schnelle Rückmagnetisierung durch den Vormagnetisierungskreis erzwungen wird, so kann es vorkommen, daß die Augenblickswerte der resultierenden Kontaktspannung zeitweilig den Scheitelwert der Wendespannung erheblich überschreiten. Durch die Rückmagnetisierung wird also in solchen Fällen die vom Kontakt auszuhaltende Sperrspannung erhöht, und zwar um so mehr, je schneller und je früher die Rückmagnetisierung vor sich geht.

In der Praxis werden nun gewöhnlich nicht elastische, ohmsche Vormagnetisierungskreise, sondern stabilisierte, induktive Vormagnetisierungskreise für die Rückmagnetisierung verwendet. Der Strom erhält dann eine etwas andere Phasenlage, und die Spannung eilt dem Strom um nahezu $90°$ vor. Über die Rückwirkung während der Ausschaltstufe (Abschnitt $4-6$) gilt das bereits in Abschn. 40.1 Gesagte. Während der Rückmagnetisierung (Abschnitt $b-c$) bildet sich auch hier wieder eine Stufe aus. Wegen der anderen Phasenlage der Spannung hat die rückmagnetisierende Spannungsfläche F_2 und dementsprechend auch die der Kurve $e_{2,+}$ aufgesetzte Spannungsfläche an der Schaltdrossel jedoch eine andere Form. Im übrigen aber vollziehen sich die Vorgänge in gleichartiger Weise wie bei dem ohmschen Vormagnetisierungskreise.

Soll nun an Stelle der vollständigen Rückmagnetisierung zum Zwecke der magnetischen Spannungsregelung lediglich eine teilweise Rückmagnetisierung stattfinden, so kann das dadurch erreicht werden, daß der Wechselstromvormagnetisierung noch eine negativ gerichtete Gleichstromvormagnetisierung überlagert wird. Durch die Gleichstromvormagnetisierung wird das ganze Vormagnetisierungsniveau in negativer Richtung verschoben. Für die Ausschaltstufe bedeutet das wieder eine weitere Anhebung in das positive Gebiet, die zwar nicht erwünscht ist, weil sie den Spannungsansprung im Augenblick der Kontaktöffnung erhöht, die aber trotzdem bei kleineren Leistungen in Kauf genommen wurde. Für die Rückmagnetisierung aber ergibt sich, daß die resultierende Vormagnetisierungsdurchflutung wegen des negativen Gleichstromanteiles den für das Einsetzen der Rückmagnetisierung erforderlichen Wert der natürlichen Magnetisierungsdurchflutung der Schaltdrossel jetzt erst um so später erreicht, je höher die Gleichstromvormagnetisierung eingestellt ist. Man kann also auch hier genau wie bei der Kondensatorentladung mittels eines regelbaren Gleichstromes wieder erreichen, daß sich ein Teil der Rückmagneti-

sierung erst nach der Kontaktschließung vollzieht und eine Einschaltstufe veränderbarer Länge entsteht. Aber auch hier ergeben sich dann wieder Einschaltspannungen negativen Vorzeichens.

Bei älteren Ausführungen magnetisch teilausgesteuerter Umformer wurden gewöhnlich alle 3 Hilfsmittel gemeinsam verwendet, nämlich ziemlich große Nebenwegkondensatoren zur kapazitiven Rückmagnetisierung, eine veränderbare, stabilisierte Gleichstromvormagnetisierung zur Regelung der Gleichspannung und eine stabilisierte Wechselstromvormagnetisierung zur zusätzlichen Rückmagnetisierung, um mit Sicherheit auch die volle Aussteuerung erhalten zu können. In Abb. 42,4 sind einige Kathodenstrahloszillogramme eines derart ausgestatteten Kleinumformers für 120 V, 200 A wiedergegeben. Teilbild a zeigt die Kontaktspannungskurve bei vollständiger Rückmagnetisierung (höchste Gleichspannung 122 V, Gleich-

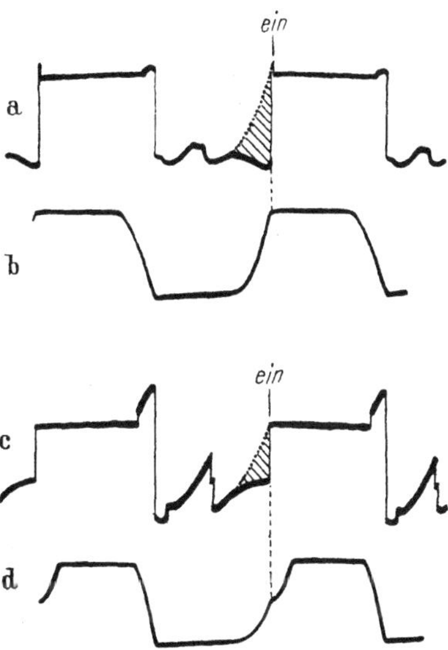

Abb. 42,4. Gemischte Rückmagnetisierung durch den Nebenwegkondensator, einen stabilisierten Wechselstromkreis und eine regelbare, stabilisierte Gleichstromvormagnetisierung bei einer 3phasigen Sechsdrossel-Brückenschaltung.

strom 212,5 A), Teilbild b die zugehörige Kraftflußkurve. Teilbild c ist die Kontaktspannungskurve bei Teilaussteuerung (Gleichspannung 95 V, Gleichstrom 165 A) und Teilbild d die entsprechende Flußkurve. Während bei Teilbild a die volle Spannungsfläche *vor* dem Einschalten zurückgelegt ist und die Flußkurve unmittelbar vor dem Einschaltzeitpunkt ihre volle Sättigung in positiver Richtung wieder erreicht hat, ist die in Teilbild c bis zum Einschalten durchlaufene Spannungsfläche nur ein Bruchteil der vollen Spannungsfläche der Schaltdrossel; noch etwa die Hälfte der Flußänderung vollzieht sich mit zunächst geringerer Geschwindigkeit *nach* dem Einschalten, wie aus Teilbild d hervorgeht. Teilbild c läßt noch das gegenüber a beträchtlich höhere Anspringen der Spannung im Öffnungsaugenblick des Kontaktes und die negative Einschaltspannung erkennen. In Teilbild a war die Einschaltspannung infolge einer geringfügigen mechanischen Einschaltverzögerung nicht genau Null, sondern bereits etwas positiv. Der Anteil der kapazitiven Rückmagnetisierung war bei diesem Umformer sehr klein; die Rückmagnetisierung wurde in der Hauptsache durch die Wechselstromvormagnetisierung bewirkt. Ein Überschwingen der Kondensatorspannung im Anschluß an die Ausschaltstufe fand, wie ersichtlich, nur in einem ganz geringen Umfange statt.

42.3 Die Rückmagnetisierung durch Impulse.

Aus den Ausführungen der beiden letzten Abschnitte haben wir ersehen, daß die Verwendung der dort beschriebenen Mittel zur Rückmagnetisierung als Nebenwirkung noch die gleichzeitige Beeinflussung der Schaltverhältnisse mit sich brachte. Eine solche Verquickung verschiedener Vorgänge aber ist unerwünscht, denn sie führt bei Umformern größerer Leistung zu Schwierigkeiten. Sie läßt sich vermeiden, wenn man den einzelnen Hilfsmagnetisierungen genau definierte Funktionen innerhalb zeitlich begrenzter Wirkungsbereiche zuweist. Möglichkeiten, dieses für die Ausschaltvormagnetisierung und für die Einschaltvormagnetisierung zu tun, haben wir bereits in den Abschnitten 40.3 und 41.5 über die selbsttätig sich anpassenden Vormagnetisierungen kennengelernt. In entsprechender Weise kann natürlich eine Aufteilung in zeitliche Wirkungsbereiche auch ohne Anwendung des Prinzips der selbsttätigen Anpassung vorgenommen werden. Die allgemeinen Hilfsmittel dazu sind die Sperrung einer Halbwelle durch ungesteuerte oder gesteuerte Ventile und die Verwendung von Vormagnetisierungs-*Impulsen*. Die Erzeugung zeitlich begrenzter Impulse ist, wie bereits in Abschn. 39.2 besprochen wurde, mit Hilfe von Gleichrichterschaltungen oder von Transduktorschaltungen auf vielfältige Weise möglich. Wir brauchen uns daher nur noch mit der Lage der einzelnen Wirkungsbereiche und mit dem Rückmagnetisierungsvorgang selbst zu beschäftigen.

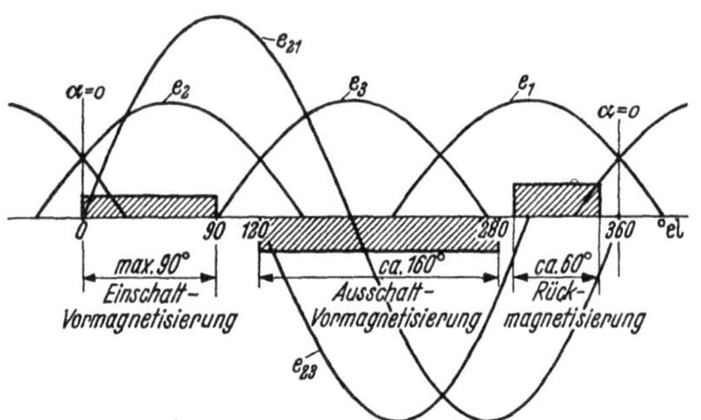

Abb. 42,5. Erwünschte Lage der Wirkungsbereiche der Hilfsmagnetisierungen bei der 3phasigen Sternpunktschaltung bzw. der 3phasigen Sechsdrossel-Brückenschaltung.

Als erstes wollen wir überlegen, wie beispielsweise bei der 3phasigen Sternpunktschaltung (oder in gleicher Weise bei der 3phasigen Sechsdrossel-Brückenschaltung) die Periode in die verschiedenen Wirkungsbereiche aufzuteilen ist. Der Bereich, den die Einschaltstufe überstreichen kann, beträgt maximal 90°, gerechnet vom Punkte der Gleichheit der einander ablösenden Phasenspannungen ab ($\alpha = 0$, Nulldurchgang der Spannung e_{21}; s. Abb. 42,5), meistens aber noch weniger. Eine Verzögerung des Einsatzes der Stromwendung von mehr als 90° kommt im Gleichrichterbetriebe mit nicht lückendem Gleichstrom nicht in Frage, da, wie Abb. 20,1 zeigte, die gesteuerte Gleich-EMK bei 90° den Mittelwert Null erreicht hat. Die Ausschaltstufe kann bei voller Aussteuerung und kleinstem Strom (Grundlast) frühestens bei etwas mehr als 120° beginnen. Sie endet bei tiefster Aussteuerung ($\alpha' \approx 90°$) und höchstem Strome (Grenzstrom) spätestens bei einem Winkel von $90° + 120° + \ddot{u}_m + \Delta t\omega$, der einen Betrag von ungefähr 270° bis 280° erreichen kann. Somit bleibt für die Rückmagnetisierung im allgemeinen nur noch ein Abschnitt von nicht viel mehr als 60° am Ende der Periode von e_{21} übrig. Die Bereiche sind in Abb. 42,5 für die Phase 2 dargestellt. Der Rückmagnetisierungsimpuls darf einerseits nicht vor dem Ablauf der Ausschaltstufe beginnen. Er soll andererseits schon vor dem Punkte $\alpha = 0$ beendet sein oder jedenfalls zu diesem Zeitpunkte keine Feldstärke mehr erzeugen, deren Wert oberhalb der statischen Hystereseschleife der Schaltdrossel liegt, damit im Einschaltaugenblick keine Ummagnetisierung der Schaltdrossel mehr stattfindet und die Einschaltspannung somit gleich Null ist. Auch andere Vormagnetisierungen sollten zu diesem Zeitpunkte nicht mehr bzw. noch nicht wieder wirksam sein, um nicht den durch den Rückmagnetisierungsimpuls erreichten Stand der magnetischen Polarisation nach Aufhören dieses Impulses vor dem Einschalten noch wieder zu verändern und dadurch u. U. wieder eine Einschaltspannung zu erzeugen.

42.31 *Rückmagnetisierung durch Anodenströme von Trockengleichrichterschaltungen.*

Wenn als Rückmagnetisierungsimpuls der Anodenstrom einer Hilfsgleichrichterschaltung benutzt werden soll, so käme für den nach den obigen Überlegungen noch verfügbaren Bereich eine Schaltung mit einem Hauptwinkel von 60° in Frage, also z. B. die *6phasige Sternpunktschaltung*. Die Größe der Rückmagnetisierung wird dabei durch einen die gleichstromseitige Belastung dieser Gleichrichterschaltung bildenden Widerstand geregelt. Für die nun folgenden Betrachtungen wollen wir zunächst annehmen, daß eine Glättungsinduktivität in diesem Gleichstromkreise nicht enthalten sei. Ist der Widerstand auf einen so hohen Betrag eingestellt, daß der Scheitelwert des Anodenstromes nur eine Magne-tisierungsdurchflutung erzeugt, die kleiner ist als der statische Wert der natürlichen Magnetisierungsdurch-flutung der Drossel, so findet überhaupt keine Rück-magnetisierung statt; als Einschaltstufe wird die ganze Schaltdrosselstufe durchlaufen. Wird der Widerstand so weit verkleinert, daß die vom Anodenstrom hervor-gebrachte Durchflutung die natürliche Magnetisie-rungsdurchflutung der Schaltdrossel zu überschreiten sucht, so kann sich der Anodenstrom nicht mehr in voller Höhe ausbilden, sondern er wird durch die Schaltdrossel auf Augenblickswerte begrenzt, die der von der jeweiligen Ummagnetisierungsgeschwindigkeit abhängigen Höhe der natürlichen Magnetisierungs-durchflutung entsprechen. Als Spannungsabfall dieses Stromes am Widerstand wird nur noch ein Teil

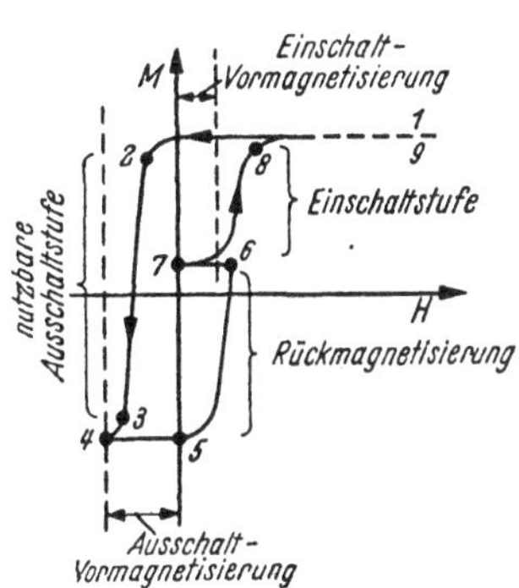

Abb. 42,6. Magnetisierungszyklus des Schaltdrosselkernes bei Rückmagne-tisierung durch den Anodenstrom einer Hilfsgleichrichterschaltung.

der zur Verfügung stehenden Anodenspannung verbraucht; der überschießende Rest bildet wieder die Spannungsfläche zur Rückmagnetisierung der Drossel. Es ist einzusehen, daß die während der Dauer des Anodenstromimpulses auf die Rückmagnetisierung entfallende Spannungsfläche um so größere Werte annimmt, je mehr der Widerstand verkleinert wird. Nach Beendigung des Anoden-stromimpulses geht die Rückmagnetisierungsfeldstärke auf Null zurück. In der Hystereseschleife Abb. 42,6 wandert also der Zustandspunkt bei einem der zurück-gelegten Spannungsfläche entsprechenden Polarisationswert von der ansteigenden rechten Flanke zurück auf die Ordinatenachse, wobei der erreichte Polarisations-wert bis zur Kontaktschließung erhalten bleibt. Wir wollen an Hand von Abb. 42,6 noch einmal den vollständigen Magnetisierungszyklus des Schaltdrosselkerns ver-folgen. Punkt *1* entspricht dem Laststrom i_2. Am Ende der Stromwendung wird Punkt *2* erreicht; die Ausschaltstufe beginnt. Sie ist durch die Ausschaltvormagneti-sierung etwas in das positive Gebiet des Stromes angehoben. Bei Punkt *3* ist die Ausschaltstufe beendet. Die Kontaktöffnung hat bereits vorher an irgendeiner Stelle des Flankenabschnittes *2—3* stattgefunden. Am Ende der Ausschaltstufe ist der Strom im Hauptkreise zu Null geworden, und auf der Hystereseschleife ist der allein durch die Ausschaltvormagnetisierung bestimmte Punkt *4* erreicht. Nach Aufhören des Ausschaltvormagnetisierungsimpulses wandert der Zustandspunkt auf den Remanenzpunkt *5* zurück und verharrt dort bis zum Beginn der Rückmagnetisierung. Auf die Rückmagnetisierung entfällt das Stück *5—6* der rechten Flanke. Der Anodenstrom wird dabei auf Werte begrenzt, die den Feldstärken dieses Stückes entsprechen. Von Punkt *6* bis Punkt *7* findet die Stromübergabe an die Folgephase der Rückmagnetisierungs-Gleichrichterschaltung statt. Nach Aufhören des Anodenstromes verweilt der Zustandspunkt bei Punkt *7* bis zum Einschaltaugenblick. Anschließend wird die Einschaltstufe *7—8* durchlaufen, wobei der Strom im Hauptkreise durch die Einschaltvormagnetisierung auf einen geringen positiven Wert abgesenkt ist. Im Punkte *8* beginnt die Laststromübernahme, nach deren Abschluß dann wieder der dem Punkte *1* entsprechende Punkt *9* erreicht ist.

Wie aus der vorstehenden Schilderung des Ablaufes der Rückmagnetisierung hervorgeht, kann man bei der Rückmagnetisierung eigentlich nicht von der Zuführung bestimmt geformter *Strom*impulse sprechen. Man kann zwar angeben, welche Form der Stromimpuls bei dauernd gesättigtem Drosselkern annehmen würde. Während der Ummagnetisierung aber weicht er von dieser Form ab und wird durch die Schaltdrossel in seiner Höhe begrenzt. Wird während der Rückmagnetisierung der Schaltdrosselkern auch noch von Strömen anderer Kreise durchflutet, z. B. vom Strom der Ausschaltvormagnetisierung oder vom Strom eines Nebenweges, so nimmt der Strom des Rückmagnetisierungsimpulses einen solchen Wert an, daß er die Durchflutungen der übrigen, positiv oder negativ gerichteten Ströme zu einer resultierenden Durchflutung von der Höhe der natürlichen Magnetisierungsdurchflutung der Schaltdrossel ergänzt.

Verkleinert man nun den Regelwiderstand im Gleichstromkreise weiterhin so weit, daß die Rückmagnetisierungsspannungsfläche die Spannungsfläche der Schaltdrossel überschreitet, so wird die Drossel vollständig rückmagnetisiert und ist anschließend in positiver Richtung gesättigt. Nach Durchlaufen der rechten Flanke der Hystereseschleife steigt der Anodenstrom des Rückmagnetisierungsgleichrichters dann auf allein durch die Anodenspannung und den Widerstand bestimmte Werte an, die bis zum Ende des Impulses dauern und unerwünscht hoch sein können. Gegen die übermäßige Höhe dieser Stromspitzen kann man durch Einfügung einer Glättungsdrossel in den Gleichstromkreis Abhilfe schaffen; das ist die in der Regel angewandte Schaltung. Durch die von der Glättungsdrossel aufgenommenen und wieder abgegebenen Spannungsflächen wird dann zwar auch der übrige Verlauf der Rückmagnetisierung etwas verändert. Im Prinzip aber bleibt der Vorgang der gleiche, und auch die Regelwirkung bleibt in gleichartiger Weise bestehen.

Der 6phasige Hilfsgleichrichter mit nur 60° Hauptwinkel ist wegen dieses geringen Phasenwinkels zwischen den aufeinanderfolgenden Anodenspannungen auf Rückwirkungen aus dem Hauptkreise sehr empfindlich. Um solche Rückwirkungen auf ein unschädliches Maß herabzusetzen, muß man die Windungszahl der Rückmagnetisierungswicklung verhältnismäßig sehr niedrig wählen. Hierdurch wächst aber die Stromstärke im Rückmagnetisierungskreise und damit auch der Leistungsverbrauch in unerwünschter Weise an. Wenn der Teilaussteuerungsregelbereich nicht sehr groß ist und der Lagebereich der Ausschaltstufe infolgedessen eine Verwendung von 120°-Impulsen für die Rückmagnetisierung noch zuläßt, wählt man daher besser für den Rückmagnetisierungsgleichrichter die weniger empfindliche *3phasige Sternpunktschaltung* oder die *3phasige Brückenschaltung*. Als Beispiel hierfür ist in dem Oszillogramm Abb. 42,7 der zeitliche Ablauf der Vorgänge bei einem Großumformer für 400 V, 5000 A in 3phasiger Sechsdrossel-Brückenschaltung wiedergegeben. In dieser Abbildung ist a die Kurve der Spannung an der

Schaltdrossel. Kurve b zeigt den Verlauf des Stromes in einer Zuleitung vom Transformator zum Verzweigungspunkt der Brückenschaltung; eine Halbwelle dieses Stromes stellt also den Stromverlauf in der Hauptwicklung der Schaltdrossel und durch den Kontakt dar. Kurve c ist die Spannung am Kontakt, Kurve d der 120°-Impuls des Rückmagnetisierungsgleichrichters und Kurve e der 120°-Impuls des Gleichrichters der Ausschaltvormagnetisierung.

Wir verfolgen die Vorgänge am besten an Hand der Kurve a der Schaltdrosselspannung und betrachten denjenigen Stromzweig, der die *positiven* Stromblöcke der Kurve b führt. Solange der volle Laststrom fließt, ist die Schaltdrossel in positiver Richtung gesättigt, und ihre Spannung ist gleich Null. Vom Punkte a bis zum Punkte b findet die Stromwendung mit dem elektrischen Überlappungswinkel $\ddot{u}$ statt. Während dieser Zeit besteht die Spannung an der Schaltdrossel aus der an

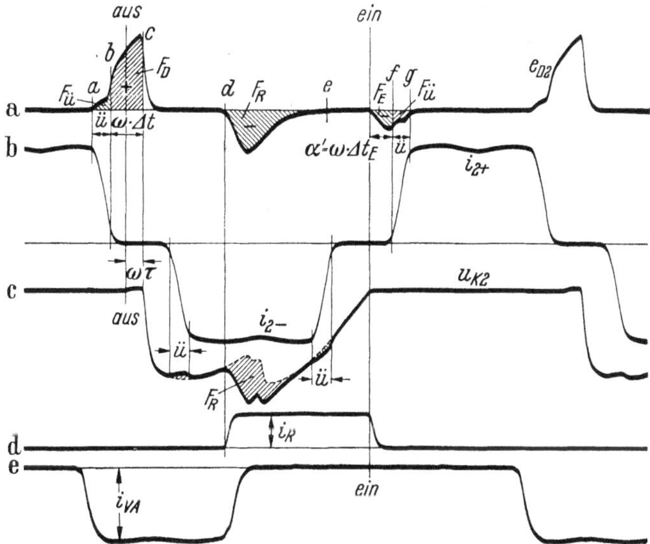

Abb. 42,7. Ausschaltvormagnetisierung und Rückmagnetisierung durch Anodenströme von Trockengleichrichterschaltungen mit 120° Hauptwinkel bei einer 3phasigen Sechsdrossel-Brückenschaltung.

der Luftinduktivität der Drossel durch die Abnahme des Laststromes erzeugten induktiven Spannung (kleine Spannungsfläche $F_{\ddot{u}}$). Im Punkte b beginnt die Ausschaltstufe Δt. Sie erstreckt sich von b bis c und entspricht der gesamten Spannungsfläche F_D der Schaltdrossel. Innerhalb der Stufe wird im Punkte *aus* der Kontakt geöffnet. Dabei entsteht am Kontakt zunächst nur eine sehr geringe Spannung, die für die Dauer der Ausschaltsicherheit τ aufrechterhalten bleibt. Im Punkte c springt die Kontaktspannung dann sehr schnell auf den hohen Wert der negativen Sperrspannung an. Der Strom i_{2+} in der Hauptwicklung der Schaltdrossel ist vom Punkte *aus* bis zum Wiedereinschalten beim Punkte *ein* gleich Null, so daß der Verlauf der Schaltdrosselmagnetisierung innerhalb dieses Abschnittes nur durch die Hilfskreise bestimmt wird. Bis zum Punkte d wird die Schaltdrossel durch die Ausschaltvormagnetisierung i_{VA} (Kurve e) weiterhin in negativer Richtung gesättigt gehalten. Dann aber verschwindet der Ausschaltimpuls, und es setzt in positiver Richtung der Rückmagnetisierungsimpuls i_R ein (Kurve d). Die Schaltdrossel wird nun entsprechend der Spannungsfläche F_R (Kurve a) rückmagnetisiert. Die gleiche Spannungsfläche ist der Sperrspannung (Kurve c) aufgesetzt. Im Sperrspannungsabschnitt der Kontaktspannungskurve sind außerdem die beiden bereits in Abb. 12,3, Kurve g, angedeuteten Verformungen durch die Stromwendung anderer Phasen von der Dauer des Überlappungswinkels $\ddot{u}$ zu erkennen. Etwa im Punkte e kommt die Rückmagnetisierung zum Stillstand; dann entspricht der zugehörige Punkt der statischen Hystereseschleife der Schaltdrossel gerade der Feldstärke des Rückmagnetisierungsimpulses. Dieser Zustand bleibt bis zum Punkte ein erhalten, wo der Rückmagnetisierungsimpuls verschwindet und der Kontakt wieder ge-

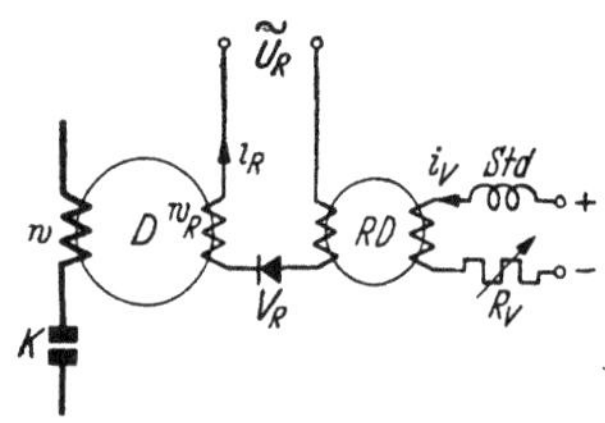

Abb. 42,8. Grundschaltung für die Rückmagnetisierung durch eine Ventildrossel.

schlossen wird. Da die Sperrspannungskurve dort durch Null geht und eine Rückmagnetisierung nicht mehr stattfindet, ist auch die Einschaltspannung dann gleich Null. Anschließend wird unter der Wirkung der Wendespannung zunächst die Ummagnetisierung der Schaltdrossel vollendet (Einschaltstufe Δt_E, Spannungsfläche F_E). Die Summe der Flächen F_R und F_E ist dann gleich der gesamten Spannungsfläche F_D der Schaltdrossel geworden, und die Gleichspannung ist um den elektrischen Steuerwinkel $\alpha' = \Delta t_E\,\omega$ magnetisch herabgesteuert. Erst darauf, im Punkte f, kann der Laststrom ansteigen, und es vollzieht sich von f bis g die Stromwendung, die die kleine Spannungsfläche $F_{\ddot{u}}$ an der Schaltdrossel zur Folge hat. Von jetzt ab ist die Schaltdrossel wieder durch den Laststrom gesättigt, und damit ist ein Zyklus der zu betrachtenden Vorgänge abgeschlossen.

42.32 Rückmagnetisierung durch einen Transduktor.

Ist man bei großem Teilaussteuerungsbereich auf einen Abschnitt von weniger als 120° für den Rückmagnetisierungsimpuls angewiesen, so sind Rückmagnetisie-

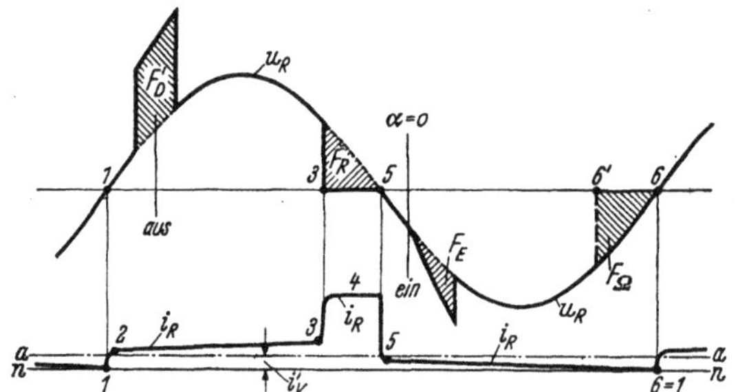

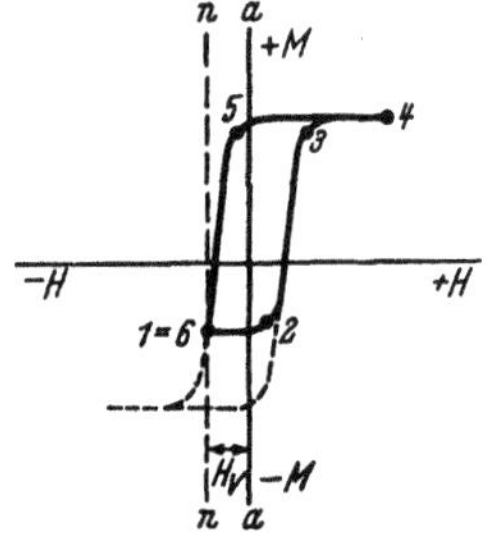

Abb. 42,9. Zeitlicher Verlauf der Spannungen und der Ströme bei der Rückmagnetisierung durch eine Ventildrossel.
$i_V{}'$ auf den Rückmagnetisierungsstromkreis reduzierter Vormagnetisierungsgleichstrom; — $a-a$ Achse der Hystereseschleife der Rückmagnetisierungsdrossel; — $n-n$ Nullinie des Rückmagnetisierungsstromes i_R.

Abb. 42,10. Rückmagnetisierung durch eine Ventildrossel. Magnetisierungszyklus der Rückmagnetisierungsdrossel.

rungsschaltungen mit Transduktoren vorteilhafter als Gleichrichterschaltungen. Zum Abschluß unserer Betrachtungen über die Rückmagnetisierung wollen wir uns daher noch kurz mit der Rückmagnetisierung durch einen Impuls beschäftigen, der durch einen Transduktor erzeugt wird. Hierfür haben sich zwei Grundschaltungen bewährt: die Ventildrossel und die einfache Sättigungsdrossel mit Gleichstromvormagnetisierung.

Die *Ventildrossel* haben wir bereits in Abschn. 39.23, Abb. 39,12, kennengelernt. Sie besteht aus einer gleichstromvormagnetisierten Sättigungsdrossel mit einem in Reihe geschalteten Trockengleichrichter. Ihre Schaltung für die Rückmagnetisierung einer Schaltdrossel der Kontaktumformerschaltung ist in Abb. 42,8 gezeigt.

Der eigentliche Rückmagnetisierungskreis besteht aus einer Wechselspannungsquelle mit der Spannung U_R, der Sättigungsdrossel RD, dem Ventil V_R und der Rückmagnetisierungswicklung w_R auf dem Kern der Schaltdrossel D. Die Sättigungsdrossel enthält wie die Schaltdrossel einen Kern aus Textureisen mit rechteckförmiger Hystereseschleife. Sie wird vormagnetisiert mit einem Gleichstrom, der durch die Drossel Std stabilisiert ist und dessen Höhe durch den Regelwiderstand R_V verändert werden kann. Zur Erläuterung der Wirkungsweise sollen die Spannungsund Stromkurven Abb. 42,9 der Ventildrossel und die Hystereseschleife Abb. 42,10 des Kernes der Sättigungsdrossel dienen. Die Phasenlage der Spannung U_R ist so gewählt, daß der Rückmagnetisierungsimpuls (Kurvenzug *3—4—5* der Stromkurve i_R in Abb. 42,9) kurz vor dem Einschaltzeitpunkte, der bei $\alpha = 0$ liegt, beendet ist. Da der steile Abfall des Impulses, wie später noch gezeigt wird, mit dem Nulldurchgang der Spannung U_R in negativer Richtung zusammenfällt, so muß dieser Nulldurchgang zweckmäßig etwa 5 bis 10° vor dem Punkte $\alpha = 0$ liegen.

Wir verfolgen nun eine Periode der Rückmagnetisierungsspannung U_R, beginnend mit dem Nulldurchgang in positiver Richtung, Punkt *1*. Der zugeordnete Zustandspunkt auf der Hystereseschleife liegt auf der linken, abfallenden Flanke bei Punkt *1*. Es ist das der untere Umkehrpunkt der praktisch durchlaufenen Hystereseschleife, da bis dahin durch die negativen Augenblickswerte u_R eine Ummagnetisierung in negativer Richtung stattfand, während nach dem Nulldurchgang der Spannung die nunmehr positiven Augenblickswerte einen Wechsel der Ummagnetisierungsrichtung mit sich bringen. Die Lage des Punktes *1* auf der Schleife ist eindeutig durch die Feldstärke H_V der jeweils eingestellten Gleichstromvormagnetisierung festgelegt, weil wegen des Ventiles V_R negative Ströme im Rückmagnetisierungskreise nicht fließen können, der Strom i_R zu diesem Zeitpunkte also Null ist und außer dem Vormagnetisierungsgleichstrom dann kein anderer Strom den Kern der Drossel RD durchflutet. Der untere Teil der Hystereseschleife wird also nicht bis zur Sättigung durchlaufen, sondern der Polarisationswert des Umkehrpunktes hängt allein von der Höhe der Gleichstromvormagnetisierung ab. Der Strom i_R hat, wenn ein ideales Ventil ohne Rückstrom für unsere Betrachtung vorausgesetzt wird, wegen dieses Ventiles während der ganzen Periode positive Werte, und, wenn außerdem noch die ohmschen Spannungsabfälle am Ventil und in den Wicklungen vernachlässigt werden, so berührt er nur im Punkte *1* momentan die Nullinie.

Ausgehend vom Punkte *1* steigt der Strom i_R im Rückmagnetisierungskreise infolge der positiven Augenblickswerte von u_R schnell über Punkt *2* auf Werte an, die durch den Abstand der rechten Flanke der Hystereseschleife von der durch die Vormagnetisierung nach links verschobenen Nullinie $n—n$ der Feldstärke (Abb. 42,10) gegeben sind, und die Drossel RD wird in Richtung auf die positive Sättigung ummagnetisiert. Während des Ablaufes der Ausschaltstufe der Drossel D wird in der Wicklung w_R als transformierte Wendespannung noch eine Spannung induziert, die die gleiche Richtung wie u_R hat, so daß sich der positiven Halbwelle von u_R noch eine Spannungsfläche F'_D der Schaltdrossel aufsetzt. Während dieses Abschnittes findet die Ummagnetisierung von RD mit entsprechend erhöhter Geschwindigkeit statt. Bei Punkt *3* wird unter dem Einfluß von u_R die positive Sättigung erreicht; eine weitere Flußänderung in der Drossel RD ist von jetzt ab nicht mehr möglich, und die Begrenzung des Stromes i_R durch die Drossel RD hört auf. Die Spannung u_R legt sich infolgedessen an die Schaltdrossel D, wobei der Strom i_R auf den Wert *4* des natürlichen Magnetisierungsstromes der Schaltdrossel D ansteigt. Die Schaltdrossel wird jetzt rückmagnetisiert, und *sie* ist es, die nun den Strom i_R begrenzt.

Die Rückmagnetisierung dauert so lange an, bis die restliche Spannungsfläche F_R der positiven Halbwelle von u_R aufgebraucht ist. Von der Lage des Punktes 1 auf der Hystereseschleife Abb. 42,10 der Drossel RD, d. h. also von der Höhe der eingestellten Gleichstromvormagnetisierung i_V bzw. H_V hängt es ab, wieviel der gesamten verfügbaren positiven Spannungsfläche für die Ummagnetisierung von RD verbraucht wird und wieviel danach als Fläche F_R noch für die Rückmagnetisierung der Schaltdrossel D verbleibt. In Abb. 42,9 sind die Verhältnisse so gewählt worden, daß nur eine teilweise Rückmagnetisierung stattfindet ($F_R < F_D'$) und infolgedessen nach dem bei $\alpha = 0$ stattfindenden Einschalten noch eine Einschaltstufe von etwa $30°$ Länge entsteht. Wird durch eine Erhöhung der Vormagnetisierung H_V der Punkt 1 so weit auf der linken Flanke der Hystereseschleife nach unten verschoben, daß zur Erreichung des Punktes 3 die ganze positive Spannungsfläche, die sich aus der Halbwellenfläche F_H von u_R und der aufgesetzten Drosselfläche F_D' zusammensetzt, erforderlich ist, so verschiebt sich in Abb. 42,9 der Punkt 3 weiter nach rechts bis zum Nulldurchgang von u_R. Eine Rückmagnetisierung der Schaltdrossel findet vor dem Einschaltzeitpunkte dann überhaupt nicht statt, und es entsteht die größtmögliche Einschaltstufe entsprechend der vollen Fläche F_D'. Wird dagegen die Vormagnetisierung erniedrigt, so rückt der Punkt 1 auf der Hystereseschleife weiter nach oben und in Abb. 42,9 der Punkt 3 entsprechend weiter nach links. Die Fläche F_R nimmt infolgedessen zu. Bei Gleichheit der Flächen F_R und F_D' findet eine völlige Rückmagnetisierung statt; eine Einschaltstufe bildet sich dann nicht mehr aus, und die volle Aussteuerung ist erreicht. Ganz soweit darf man praktisch aber die Verringerung der Vormagnetisierung nicht treiben, weil eine Einschaltstufe gewisser Länge zur Verhinderung von Stoffwanderung erhalten bleiben muß. Erst recht darf man nicht über den Punkt der völligen Rückmagnetisierung hinausgehen, weil sonst im Anschluß an die Rückmagnetisierung nach Fortfall der strombegrenzenden Wirkung der Schaltdrossel wiederum hohe, nur durch die ohmschen und Streuwiderstände des Rückmagnetisierungskreises begrenzte Stromspitzen in diesem Kreise entstehen würden.

Nunmehr wollen wir noch den Verlauf der Vorgänge während der negativen Halbwelle von u_R betrachten. Beim Nulldurchgang der Spannung u_R in negativer Richtung hat auch der Strom i_R das Bestreben, seine Richtung zu wechseln. Er kann aber nur von Punkt 4 nach Punkt 5 abfallen, weil dann wieder eine Ummagnetisierung der Drossel RD in negativer Richtung einsetzt, wobei der Strom nach unten jetzt durch die linke Flanke der Hystereseschleife begrenzt ist, und zwar auf Werte, die noch um ein Geringes im positiven Gebiete liegen. Die Ummagnetisierung von RD vollzieht sich bis zum Punkte $\alpha = 0$ nur unter dem Einfluß von u_R. Vom Einschaltzeitpunkte ab aber wird während des Ablaufes der Einschaltstufe in der Wicklung w_R jetzt wieder eine Spannung induziert, die sich den Werten von u_R noch zusetzt in der Form der Fläche F_E. Als gesamte in negativer Richtung ummagnetisierende Fläche ist also die Summe der vollen Halbwellenfläche F_H und der Einschaltstufenfläche F_E wirksam. Eine Betrachtung der Spannungsflächen lehrt nun, daß die Ummagnetisierung der Drossel RD gerade am Ende der negativen Halbwelle von u_R beim Punkte 6, der dem Ausgangspunkte 1 entspricht, beendet ist. Es ist nämlich die an der Drossel RD während der positiven Halbwelle verbrauchte Spannungsfläche $F_H + F' - F_R$ gleich der während der negativen Halbwelle verbrauchten Fläche $F_H + F_E$, da die Flächen F_R und F_E zusammen die Fläche F_D' ergeben müssen. Damit ist ein voller Zyklus durchlaufen, und die Vorgänge wiederholen sich in der nächsten Periode von neuem.

Der geschilderte Ablauf gilt jedoch nur unter der Voraussetzung, daß der ohmsche Widerstand R_R im Rückmagnetisierungskreise gleich Null ist. Das ist praktisch aber nicht der Fall. Aus diesem Grunde setzt sich von der positiven Gesamtfläche $F_H + F_D'$ außer F_R noch eine Spannungsfläche $R_R \int_1^5 i_R\, dt$ der ohmschen Abfälle ab, die in ihrer Form dem Verlauf des Stromes i_R ähnlich ist. Um diese Spannungsfläche vermindert sich also noch die von der Drossel RD während der positiven Halbwelle aufzunehmende Spannungsfläche. Dementsprechend ist während der negativen Halbwelle auch nicht die ganze Fläche $F_H + F_E$ für die Rückmagnetisierung der Drossel RD erforderlich, sondern nur ein um die Fläche der ohmschen Abfälle verminderter Anteil. In Abb. 42,9 fällt daher der Endpunkt der Stromführung des Ventiles nicht als Punkt 6 mit dem Punkte 1 der folgenden Periode zusammen, sondern er liegt, etwa als Punkt $6'$, um die Spannungsfläche $F_\Omega = R_R \int_1^{6'} i_R\, dt$ der während des ganzen Abschnittes $1-6'$ entstehenden ohmschen Abfälle nach links verschoben. Von diesem Punkte $6'$ bis zum Punkt 1 der folgenden Periode wird die Spannung u_R als negative Sperrspannung vom Ventil V_R aufgenommen. Der Strom i_R erreicht also nicht erst bei Punkt 6, sondern bereits bei Punkt $6'$ seinen Nullwert. Auch das gilt genaugenommen nur bei *vollständiger* Glättung des Vormagnetisierungsgleichstromes. Praktisch hat aber wegen des endlichen Wertes der Stabilisierungsinduktivität *Std* der Gleichstrom infolge der Rückwirkung des Wechselstromkreises immer noch eine gewisse Welligkeit. Infolgedessen rückt der Punkt $6'$ noch etwas weiter nach links, und die Spannung an der Drossel RD geht trotz der Sperrung des Stromes durch das Ventil im Punkte $6'$ noch nicht sofort auf den Wert Null zurück, sondern der rechtwinklige Übergang wird u. U. erheblich verschliffen.

Die einfache Ventildrossel nach Abb. 42,8 arbeitet zufriedenstellend bei praktisch gleichbleibender Spannung des speisenden Wechselstromnetzes. Ist diese Spannung jedoch Schwankungen unterworfen, so zeigt die Ventildrossel noch einen gewissen Mangel. Sie hält dann nämlich die Länge der verbleibenden Einschaltstufe, d. h. den magnetischen Teilaussteuerungswinkel, nicht konstant, sondern der Winkel vergrößert sich bei sinkender Wechselspannung, und er verkleinert sich bei steigender Wechselspannung. Die Unruhe der vom Umformer abgegebenen Gleichspannung wird also gegenüber derjenigen der speisenden Wechselspannung noch vergrößert. Der Grund hierfür ist, daß die Größe des vor Beginn der Rückmagnetisierung der Schaltdrossel von der Rückmagnetisierungsdrossel zu durchlaufenden Polarisationsintervalles $1-3$ (Abb. 42,10) durch die Höhe des Vormagnetisierungsgleichstromes i_V festgelegt ist (Punkt 1 auf der linken Flanke der Hystereseschleife). An der Lage des Punktes 1 wird bei unveränderter Höhe des Vormagnetisierungsgleichstromes durch Netzspannungsschwankungen nichts geändert. Sinkt nun beispielsweise die Netzspannung ab, so entspricht dem gleichbleibenden Polarisationsintervall eine längere Stufe $1-3$ in Abb. 42,9. Der Beginn der Rückmagnetisierung verschiebt sich also nach rechts, und die rückmagnetisierende Spannungsfläche F_R wird nicht nur verhältnisgleich der Absenkung der Netzspannung verkleinert, sondern durch die Verschiebung des Beginns noch in verstärktem Maße. Folglich bleibt eine entsprechend vergrößerte Spannungsfläche F_E nach dem Einschalten zu durchlaufen, was eine Verlängerung der Einschaltstufe und damit eine Vergrößerung des magnetischen Teilaussteuerungswinkels bedeutet. Obendrein wird diese vergrößerte Einschaltspannungsfläche jetzt mit der bereits abgesunkenen

Wechselspannung durchlaufen, wodurch der Teilaussteuerungswinkel noch zusätzlich vergrößert wird. Die Gleichspannung des Umformers sinkt also nicht nur verhältnisgleich der speisenden Wechselspannung, wie das bei gleichbleibendem Steuerwinkel der Fall sein würde, sondern in einem erheblich verstärkten Maße. Es wird nun zwar bei der Mehrzahl der Kontaktumformer eine selbsttätige Spannungs- oder Stromregelung verwendet, durch die auch diese vergrößerte Unruhe der Gleichspannung wieder ausgeglichen werden kann. Als Nachteil verbleibt aber immer noch die Vergrößerung des dann erforderlichen Regelhubes.

Es gibt nun aber zwei einfache Wege, die Ventildrosselschaltung in dieser Hinsicht noch zu verbessern. Die erste Möglichkeit besteht darin, den Vormagnetisierungsgleichstrom nicht einer konstanten Gleichstromquelle, beispielsweise einer Akkumulatorenbatterie, zu entnehmen, sondern einer von dem gleichen Wechselstromnetz gespeisten Hilfsgleichrichteranordnung. Der Vormagnetisierungsstrom schwankt dann in dem gleichen Sinne wie die Netzspannung, und bei einer Absenkung z. B. rückt der Punkt 1 in Abb. 42,10 weiter nach oben, wodurch das Polarisationsintervall $1-3$ verkleinert und damit der Vergrößerung des Teilaussteuerungswinkels des Kontaktumformers entgegengearbeitet wird. Bei der zweiten Möglichkeit wird der Punkt 1 in Abb. 42,10 nicht unmittelbar durch den Vormagnetisierungsgleichstrom festgelegt, sondern durch eine besondere Rückmagnetisierung der Rückmagnetisierungsdrossel selbst mit Hilfe eben der schwankenden Wechselspannung, wobei der Vormagnetisierungsgleichstrom lediglich zur Veränderung der Größe dieser zweiten Rückmagnetisierung dient. Sinkt dann bei ungeändertem Vormagnetisierungsgleichstrom die Netzspannung, so wird die

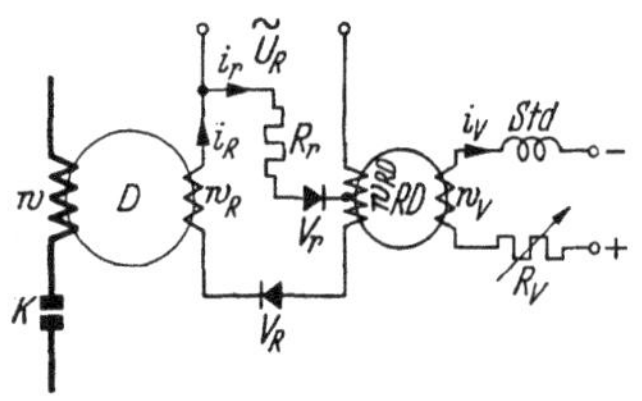

Abb. 42,11. Rückmagnetisierung durch eine Ventildrossel. Schaltung mit einem besonderen Rückmagnetisierungsstromkreis für die Rückmagnetisierungsdrossel.

Rückmagnetisierungsdrossel weniger rückmagnetisiert, die Stufe $1-3$ in Abb. 42,9 infolgedessen konstant gehalten oder bei gewissen Schaltungen sogar verkürzt. Die Rückmagnetisierung der Schaltdrossel wird daher nur in einem geringeren Umfange vermindert oder sogar verstärkt, wie es zur Verminderung der Schwankung der Gleichspannung erforderlich ist.

Für die genannte Rückmagnetisierung der Rückmagnetisierungsdrossel gibt es mehrere Schaltungen, die nur einen sehr geringen zusätzlichen Aufwand erfordern. Eine von ihnen ist in Abb. 42,11 dargestellt. Der zweite Rückmagnetisierungskreis besteht dort aus dem Ventil V_r mit einem in Reihe geschalteten Widerstande R_r. Um trotz der am Widerstande R_r verbrauchten Spannungsfläche noch eine ausreichende Rückmagnetisierung der Rückmagnetisierungsdrossel zu erhalten, ist der Kreis nicht an die volle Windungszahl der Wicklung w_{RD} angeschlossen, sondern nur an einen Teil derselben. Es ist dieses das gleiche Prinzip, wie es bereits bei der spannungsabhängigen Komponente der selbsttätig sich anpassenden Vormagnetisierung benutzt wurde (vgl. Abb. 40,19). Die Größe der am Widerstande R_r verbrauchten Spannungsfläche und damit auch des noch für die Rückmagnetisierung verbleibenden Anteiles der Halbwellen-Spannungsfläche von U_R hängt ab von der Höhe des Stufenstromes der Rückmagnetisierungsdrossel während ihrer Rückmagnetisierung. Die Regelung der Größe dieser Rückmagnetisierung ist daher sehr einfach dadurch möglich, daß durch die Gleichstromvormagnetisierung die Höhe des Stufenstromes der Rückmagnetisierungsdrossel verändert wird. Der Aufwand für den zweiten Rückmagnetisierungskreis und die Gleichstromvormagnetisierung ist minimal, denn die

ganze Schaltung wirkt wie ein 2stufiger magnetischer Verstärker in Selbstsättigungs-
schaltung. Die erste Stufe ist die Rückmagnetisierungsdrossel. Der Verzögerungswinkel des Einsatzes ihres Arbeitsstromes wird durch den Rückmagnetisierungskreis R_r, V_r im Zusammenwirken mit der Gleichstromvormagnetisierung gesteuert.
Der Arbeitsstrom der Rückmagnetisierungsdrossel steuert sodann als Rückmagneti-
sierungsstrom für die Schaltdrossel als zweite Stufe den Verzögerungswinkel des
Einsatzes des Arbeitsstromes der Schaltdrossel, d. h. des Kontaktstromes. In der
vollständigen Kontaktumformerschaltung mit beispielsweise 6 Schaltdrosseln werden
die Gleichstromwicklungen der 6 Rückmagnetisierungsdrosseln in Reihenschaltung

in einem einzigen Gleichstrom-
vormagnetisierungskreise angeordnet. In diesen gemeinsamen
Vormagnetisierungskreis können
dann auch noch Regel- und Rück-
führungskomponenten einer
selbsttätigen Spannungs- oder
Stromregelung eingefügt werden,
so daß sich derartige Regelungen
in recht einfacher Weise auf
magnetischem Wege verwirklichen lassen.

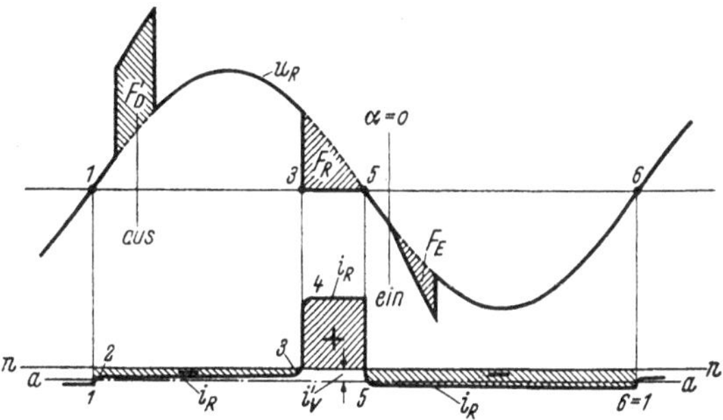

Abb. 42,12. Zeitlicher Verlauf der Spannungen und der Ströme bei
der Rückmagnetisierung durch eine einfache Sättigungsdrossel.

Anstatt eine *Ventil*drossel für die Rückmagnetisierung der Schaltdrossel zu verwenden, kann man in Abb. 42,8 auch das Ventil V_R fortlassen und kommt dann zu
der zweiten Grundschaltung, bei der die Regelung der Größe der Rückmagnetisierung allein mittels der Sättigungsdrossel RD bewirkt wird. Der Strom i_R ist dann
nicht mehr ein nur positiv gerichteter Strom, sondern er wird zu einem Wechselstrom mit gleich großen positiven und negativen Stromflächen, wie sie als schraffierte Flächen + und − in Abb. 42,12 dargestellt sind. Hierbei ist ein Vormagnetisierungsgleichstrom von anderer Größe als in Abb. 42,8 und von umgekehrter Richtung erforderlich, denn er bestimmt jetzt die Lage des
Punktes *1* auf der Hystereseschleife nur indirekt dadurch,
daß durch die Größe von i_V der Abstand zwischen der
Achse a—a der Hystereseschleife der Rückmagnetisierungsdrossel und der Nullinie n—n des Stromes i_R gegeben ist und damit wegen der Gleichheit der Stromflächen auch das Längenverhältnis der beiden Abschnitte
dieses Stromes. Im übrigen aber spielen sich die Vorgänge in der gleichen Weise ab wie früher, wie aus
Abb. 42,12 hervorgeht. Die vollständige Schaltung ist
in Abb. 42,13 aufgezeichnet. In dieser Schaltung durch-

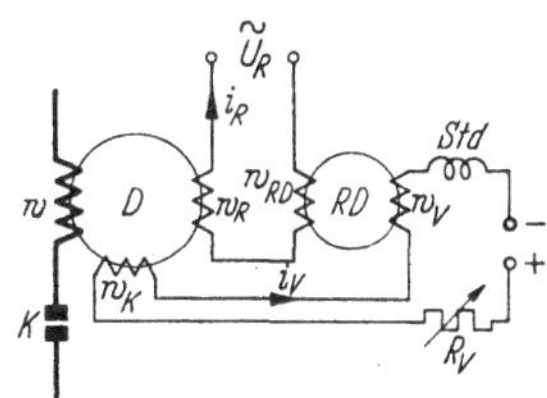

Abb. 42,13. Grundschaltung für
die Rückmagnetisierung durch
eine einfache Sättigungsdrossel.

fließt der Vormagnetisierungsgleichstrom i_V der Rückmagnetisierungsdrossel
auch noch eine Kompensationswicklung w_K auf dem Kern der Schaltdrossel.
Diese Anordnung hat den Zweck, mittels der Durchflutung der Wicklung w_K
die durch die negative Halbwelle des Stromes i_R in der Wicklung w_R erzeugte
Durchflutung immer gerade aufzuheben (vgl. Abb. 39,10). Erst dann wird der
Magnetisierungszustand der Schaltdrossel außerhalb des Rückmagnetisierungsabschnittes durch den Strom i_R nicht beeinflußt, wie das zu Beginn dieses Abschnittes als wünschenswert klargestellt wurde. Eine derartige Kompensation kann
u. U. auch bei der Ventildrosselschaltung Abb. 42,8 erforderlich werden. Im all-

gemeinen aber ist sie dort entbehrlich, weil auf Grund der prinzipiellen Wirkungsweise dieser Schaltung die zu kompensierende Durchflutung wesentlich geringer ist als bei der Rückmagnetisierungsdrosselschaltung ohne Ventil.

Hinsichtlich des Einflusses von Schwankungen der speisenden Wechselspannung ist die einfache Rückmagnetisierungsdrosselschaltung etwas günstiger als die Ventildrosselschaltung, und zwar insofern, als sie bei gleichbleibendem Vormagnetisierungsgleichstrom unabhängig von den Wechselspannungsschwankungen den Einsatzzeitpunkt *3* der Rückmagnetisierung (s. Abb. 42,12) konstant hält. Sie verstärkt die Spannungsschwankungen also in geringerem Maße als die Ventildrosselschaltung, kann aber eine solche Verstärkung auch nicht völlig verhindern. Es sind also auch hier besondere Zusatzmaßnahmen bei der Rückmagnetisierungsdrossel zweckmäßig, die beispielsweise in der Gegenschaltung einer konstanten Gleichstromvormagnetisierung mit einer im Sinne der Wechselspannung schwankenden Gleichstromvormagnetisierung bestehen können, so daß die Höhe der negativen Halbwelle von i_R bei sinkender Wechselspannung anwächst und damit der Einsatzzeitpunkt *3* der Rückmagnetisierung vorverlegt wird.

Der Vollständigkeit wegen soll nicht unerwähnt bleiben, daß sowohl bei der Ventildrosselschaltung als auch bei der einfachen Rückmagnetisierungsdrosselschaltung noch Schaltungsabwandlungen möglich sind und praktisch verwendet werden, die zum Ziel haben, Hilfswicklungen auf der Schaltdrossel und der Rückmagnetisierungsdrossel einzusparen. Das wird in ähnlicher Weise wie bei der Ausschaltvormagnetisierung Abb. 39,11 durch eine galvanische Zusammenlegung der Gleichstromkreise mit den Rückmagnetisierungs-Wechselstromkreisen erreicht[1].

Hinsichtlich der Verwendung von Ventildrosseln in Rückmagnetisierungsschaltungen ist grundsätzlich noch zu bemerken, daß die Steuerung des Einsatzes der Rückmagnetisierung anstatt mit einer Ventildrossel in praktisch gleichartiger Weise auch mit einem gittergesteuerten Gasentladungsgefäß ausgeführt werden kann. In Abb. 42,8 z. B. würde dieses Gasentladungsgefäß an die Stelle der Bestandteile V_R und RD der Ventildrossel treten, und anstatt durch die mehr oder weniger lange stromschwache Pause der Rückmagnetisierungsdrossel würde der Beginn der Rückmagnetisierung dann durch die mehr oder weniger verzögerte Zündung des Entladungsgefäßes bestimmt werden.

42.33 Die Berechnung der einfachen Rückmagnetisierungsdrosselschaltung.

Abschließend sei als ein Beispiel für die Berechnung eines Rückmagnetisierungstransduktors noch die Berechnung der einfachen Rückmagnetisierungsdrosselschaltung nach Abb. 42,13 behandelt. Wir legen zunächst einmal fest, daß die Impulsdauer bei voller Rückmagnetisierung den Abschnitt δ der Periode in Anspruch nehmen soll, z.B. $\delta = 60°$. Verlangt man ferner, daß die Rückmagnetisierung etwa $10°$ vor dem Punkte $\alpha = 0$ beendet sein soll, so ergibt sich ein zeitlicher Verlauf nach Abb. 42,14.

In Teilbild a ist u_R die Wechselspannung, mit der die Rückmagnetisierung vorgenommen wird. Sie geht um $10°$ vor dem Punkte $\alpha = 0$ durch Null. Die Spannungsfläche einer Halbwelle von u_R hat die Größe

$$F_H = \int_0^{\pi/\omega} U_R \sqrt{2}\, \sin \omega t\, dt = \frac{2\sqrt{2}}{\omega}\, U_R . \qquad (42,1)$$

Ihr überlagert sich für die Dauer $\varDelta t$ der Ausschaltstufe der Schaltdrossel die auf die Windungszahl w_R reduzierte Spannungsfläche F_D' der Schaltdrossel:

---

[1] Siehe z. B. BAER: [*1.61*] S. 715 Fig. 9.

$$F'_D = \frac{w_R}{w} E_W \sqrt{2}\, \Delta t_s . \tag{42,2}$$

Von der Halbwellenspannungsfläche F_H wird das letzte, ungefähr dreieckförmige Stück für die Rückmagnetisierung der Schaltdrossel verbraucht. Bei vollständiger Rückmagnetisierung hat der Anteil die Größe $F_{R\,max} = F'_D$. Diese Fläche läßt sich auch durch den Winkel δ ausdrücken:

$$F_{R\,max} = \int\limits_0^{\delta/\omega} U_R \sqrt{2}\,\sin\omega t\,dt = \frac{(1-\cos\delta)\sqrt{2}}{\omega}\, U_R . \tag{42,3}$$

Wird nur eine teilweise Rückmagnetisierung vorgenommen, so beginnt die Rückmagnetisierungsfläche $F_R < F_{R\,max}$ entsprechend später, und der Anteil $F'_D - F_R$ erscheint als der negativen Halbwelle von u_R überlagerte Einschaltstufenfläche F_E. Findet überhaupt keine Rückmagnetisierung statt, so schrumpft die Fläche F_R zu Null zusammen, und die Einschaltstufenfläche hat die Größe $F_{E\,max} = F'_D$. Es ist stets $F_R + F_E = F'_D$.

Die Größen E_W, Δt_s und w sind durch die Berechnung des Hauptstromkreises der Kontaktumformerschaltung bereits festgelegt. Die Spannung U_R wird meist einem Hilfstransformator entnommen, durch den auch gleich die gewünschte Phasenlage hergestellt wird. Die Größe von U_R kann man je nach Zweckmäßigkeit wählen. Bei Verzicht auf die Phasenvoreilung von $10°$ kann auch unmittelbar die Wendespannung E_W als Rückmagnetisierungsspannung benutzt

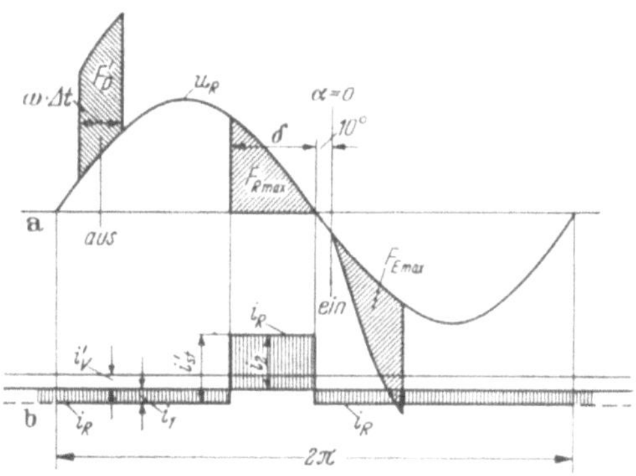

Abb. 42,14. Rückmagnetisierung durch eine einfache Sättigungsdrossel. Zeitlicher Verlauf der Spannungen und der Ströme (vereinfacht).

werden. Nach Festlegung von U_R ergibt sich wegen $F_{R\,max} = F'_D$ aus Gl. (42,3) und (42,2) nun sofort die erforderliche Windungszahl w_R bzw. für eine gewählte Windungszahl w_R die dann erforderliche Größe von U_R:

$$\frac{w_R}{w} = \frac{U_R\,(1-\cos\delta)}{E_W\,\Delta t_s\omega} . \tag{42,4}$$

Hierbei ist noch der ohmsche Spannungsabfall im Rückmagnetisierungskreise und der induktive Spannungsabfall an der Restinduktivität der gesättigten Rückmagnetisierungsdrossel vernachlässigt. Da diese Abfälle im allgemeinen nur verhältnismäßig gering sind und es hier hauptsächlich darauf ankommt, die wesentlichen Zusammenhänge klarzustellen, so werden auch die weiteren Berechnungen ohne Berücksichtigung dieser Spannungsabfälle durchgeführt.

In welchem Maße eine Rückmagnetisierung stattfindet, wird durch die Einstellung der Größe des Vormagnetisierungsgleichstromes i_V bestimmt. In Teilbild b sind der auf den Rückmagnetisierungsstromkreis reduzierte Vormagnetisierungsstrom

$$i''_V = i_V \frac{w_V}{w_{RD}} \tag{42,5}$$

und der zeitliche Verlauf des entsprechenden Stromes i_R im Rückmagnetisierungsstromkreise dargestellt. Dieser Stromverlauf ist gegenüber Abb. 42,12 insofern vereinfacht wiedergegeben, als der überlagerte Magnetisierungsstrom der Rückmagnetisierungsdrossel vernachlässigt worden ist. Die Vereinfachung ist zulässig, weil die Windungszahl w_{RD} der Arbeitswicklung der Rückmagnetisierungsdrossel ohnehin so hoch gewählt werden muß, daß dieser Magnetisierungsstrom klein gegenüber der Höhe i_1 der negativen Halbwelle von i_R bleibt. Ist der Strom i_V vorgegeben, so muß i_1 die Durchflutung dieses Stromes gerade aufheben, damit eine Ummagnetisierung des Kernes der Rückmagnetisierungsdrossel stattfinden kann. Hieraus folgt für die Dauer der Ummagnetisierung der Rückmagnetisierungsdrossel

$$i_1 = i_V'' . \tag{42,6}$$

Wird wie in Abb. 42,13 die negative Durchflutung $w_R i_1$ der Schaltdrossel durch die positive Durchflutung $w_K i_V$ kompensiert, indem man wählt

$$w_K = w_R \frac{w_V}{w_{RD}} , \tag{42,7}$$

so folgt die Größe von i_2 daraus, daß im Abschnitt δ die Summe $i_1 + i_2$ stets gerade auf den Betrag des auf den Rückmagnetisierungskreis reduzierten Stufenstromes

$$i_{st}'' = i_{st} \frac{w}{w_R} = \frac{H_c l_{\mathrm{Fe}}}{w_R} \tag{42,8}$$

der Schaltdrossel anwachsen muß. Darin ist wie früher H_c die Koerzitivkraft des Schaltdrosselkernes und l_{Fe} seine mittlere Eisenlänge. Somit wird

$$i_2 = i_{st}'' - i_1 . \tag{42,9}$$

Durch den jeweils eingestellten Vormagnetisierungsgleichstrom i_V ist also die Aufteilung von i_{st}'' in die Beträge i_1 und i_2 gegeben. Die Flußdauer dieser beiden Ströme stellt sich dann, da i_R nur ein reiner Wechselstrom sein kann, so ein, daß die positive Stromfläche $i_2 \delta$ die gleiche Größe hat wie die negative Stromfläche $i_1 (2\pi - \delta)$. Hieraus folgt mit Berücksichtigung von Gl. (42,9) für den Fall der vollständigen Rückmagnetisierung

$$i_1 = \frac{\delta}{2\pi} i_{st}'' \tag{42,10}$$

und

$$i_2 = \frac{2\pi - \delta}{2\pi} i_{st}'' . \tag{42,11}$$

Für $\delta = 60°$ wird i_1 somit gleich $\frac{1}{6} i_{st}''$ und i_2 gleich $\frac{5}{6} i_{st}''$. Auch der Effektivwert von i_R, der für die Bemessung der Rückmagnetisierungsdrossel benötigt wird, läßt sich jetzt angeben:

$$I_R = \sqrt{\frac{1}{2\pi} \left[(2\pi - \delta) i_1^2 + \delta i_2^2 \right]}$$

$$= i_{st}'' \sqrt{\frac{\delta}{2\pi} \frac{2\pi - \delta}{2\pi}} . \tag{42,12}$$

Für $\delta = 60°$ folgt daraus $I_R = \frac{\sqrt{5}}{6} i_{st}'' = 0{,}373 \, i_{st}''$.

Nunmehr sind alle wichtigen Größen bis auf w_V und w_{RD} bekannt. Die Windungszahl w_V der Gleichstromvormagnetisierung kann frei gewählt werden. Die Windungszahl w_{RD} der Arbeitswicklung der Rückmagnetisierungsdrossel darf mit Rücksicht auf die Geringhaltung des Magnetisierungsstromes dieser Drossel nicht zu niedrig sein und muß im übrigen in einer der Baugröße der Rückmagnetisierungsdrossel angemessenen Höhe ausgeführt werden. Das für die Bemessung der Drossel wichtige Produkt $w_{RD} \cdot q_{RD}$, worin q_{RD} den Eisenquerschnitt der Rückmagnetisierungsdrossel bedeutet, ergibt sich aus der von der Drossel aufzunehmenden Spannungsfläche F_{RD}. Diese ist dann am größten, wenn keine Rückmagnetisierung statt-findet. Sie besteht dann aus der Halbwellenfläche F_H der Spannung u_R mit der aufgesetzten Schaltdrosselspannungsfläche F_D':

$$F_{RD} = \frac{2\sqrt{2}}{\omega} U_R + \frac{w_R}{w} E_W \sqrt{2} \, \Delta t_s$$

$$= \frac{(3 - \cos\delta)\sqrt{2}}{\omega} U_R \, . \tag{42,13}$$

Die Rückmagnetisierungsdrossel muß nun so entworfen werden, daß ihre ausnutz-bare Spulenflußänderung $w_{RD} \cdot q_{RD} \cdot \Delta M$ mindestens gleich der Spannungsfläche F_{RD} ist. Hieraus folgt

$$w_{RD} \cdot q_{RD} \geqq \frac{U_R \sqrt{2}}{\omega} \frac{3 - \cos\delta}{\Delta M} \tag{42,14}$$

worin ΔM das ausnutzbare Flankenstück der Hystereseschleife der Rückmagneti-sierungsdrossel ist.

Um die Bauleistung der Rückmagnetisierungsdrossel zu berechnen, bestimmen wir zunächst die sinusförmige Ersatzspannung $E_{\sin}$ an der Wicklung w_{RD}. Sie ist wie die Spannungsfläche F_{RD} am größten, wenn keine Rückmagnetisierung vor-genommen wird. Aus der Gleichheit der Spannungsflächen

$$\frac{2\sqrt{2}}{\omega} E_{\sin} = \frac{(3 - \cos\delta)\sqrt{2}}{\omega} U_R$$

folgt dann

$$E_{\sin} = \frac{3 - \cos\delta}{2} U_R \, . \tag{42,15}$$

Für $\delta = 60°$ z. B. erhält man $E_{\sin} = 1{,}25 \, U_R$.

Die Leistung der Wicklung w_{RD} ist dann $E_{\sin} \cdot I_R$. Die Leistung der Vormagneti-sierungswicklung finden wir aus dem auf die Windungszahl w_{RD} reduzierten Vor-magnetisierungsgleichstrom i_V' zu $E_{\sin} \cdot i_V'$ mit $i_V' = i_1 = \frac{\delta}{2\pi} i_{st}''$ gemäß Gl. (42,6) und (42,10). Damit wird die Bauleistung der Rückmagnetisierungsdrossel

$$N_{RD} = E_{\sin}(I_R + i_1)$$

$$= U_R i_{st}'' \frac{3 - \cos\delta}{2} \left(\sqrt{\frac{\delta}{2\pi} \frac{2\pi - \delta}{2\pi}} + \frac{\delta}{2\pi} \right). \tag{42,16}$$

Für $\delta = 60°$ ergibt sich hieraus $N_{RD} = 0{,}675 \, U_R i_{st}''$.

Führt man in die Gl. (42,16) noch die Bauleistung N_D der Schaltdrossel nach Gl. (26,2) ein, so wird mit i_{st} nach Gl. (42,8) und w/w_R aus Gl. (42,4)

$$\frac{N_{RD}}{N_D} = \frac{i_{st}}{I_D} \frac{3 - \cos\delta}{1 - \cos\delta} \left(\sqrt{\frac{\delta}{2\pi} \frac{2\pi - \delta}{2\pi}} + \frac{\delta}{2\pi} \right). \tag{42,17}$$

Hieraus folgt für $\delta = 60°$: $\frac{N_{RD}}{N_D} = 2{,}7 \frac{i_{st}}{I_D}$. Da i_{st} normalerweise nur 0,1 bis 0,2 % des effektiven Schaltdrosselstromes I_D ist, so beträgt die Bauleistung der Rück-magnetisierungsdrossel im Mittel nur etwa 0,4% der Schaltdrosselbauleistung. Ge-wichtsmäßig bedeutet das mit Berücksichtigung des Wachstumsgesetzes Gl. (26,5) etwa 1,6% des Schaltdrosselgewichtes.

IX. Nebenwege und Grundlast.

43. Die Nebenwege.

43.1 Kapazitive Nebenwege mit Widerstand.

Die ursprüngliche Ausführungsform des Nebenweges ist die Reihenschaltung eines Kondensators C mit einem Widerstand R, die unmittelbar zu dem Kontakt parallel geschaltet ist, wie in Abb. 3,1 gezeigt war. Dem Widerstand sind dabei 2 Aufgaben zugedacht. Zunächst soll er immer dann, wenn der Kondensator im Einschaltaugenblick nicht spannungslos ist, also bei mechanischer Teilaussteuerung, den Entladestrom des Kondensators bei der Kontaktschließung auf eine hinsichtlich der Stoffwanderung noch zulässige Größe begrenzen. Sodann soll er in gewissen Schaltungen, wie z. B der 3phasigen Dreidrossel-Brückenschaltung, wo Schwin-

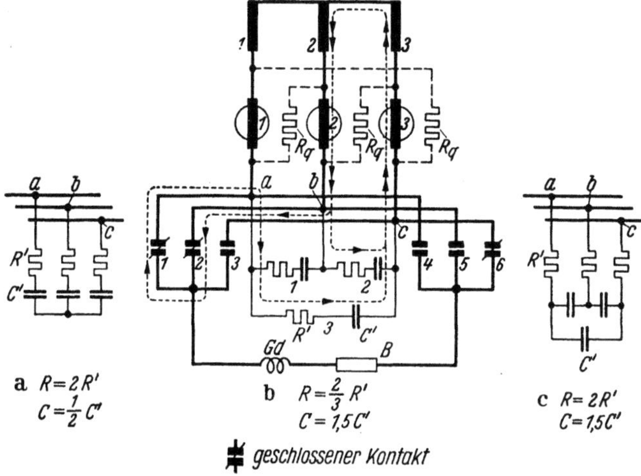

Abb. 43,1. Schaltbilder von kapazitiven Nebenwegen bei der 3phasigen Dreidrossel-Brückenschaltung. Stromkreise des Schwingstromes. Querdämpfungswiderstände.

gungen des Ausschaltstufenstromes infolge der Anwesenheit des Kondensators entstehen können (Näheres s. Abschn. 43.2), diese Schwingungen abdämpfen. Die genannten Aufgaben kann der Widerstand jedoch nur bei Umformern geringer Leistung in ausreichendem Maße erfüllen, weil er in seiner Größe durch die Ausschaltbedingungen begrenzt ist (s. S. 58). Bei Umformern größerer Leistung in 3phasiger Dreidrossel-Brückenschaltung, deren Schaltdrosseln zur Begrenzung des Anstieges des vom Hauptkreise gelieferten Stromes normalerweise ohnehin mit einem getrennten Einschaltkern ausgestattet sind, wird der Nebenweg daher in der in Abschn. 11 beschriebenen Weise über eine Wicklung auf diesem Einschaltkern geführt, so daß der Einschaltkern gleichzeitig auch den Entladestrom des Kondensators mit begrenzt. Die Windungszahl dieser Einschaltwicklung ist, wie bereits in Abschn. 11 ausgeführt wurde, die gleiche wie die der Hauptwicklung, die Polarität aber die entgegengesetzte. Die Beseitigung der Schwingungen des Ausschaltstufenstromes bei Umformern mit dieser Grundschaltung wird später noch eingehend behandelt. In der 3phasigen Sechsdrossel-Brückenschaltung, die im allgemeinen ohne besondere Einschaltkerne ausgeführt wird, kann der Entladestrom des Kondensators durch eine getrennte, kleine Einschaltdrossel im Nebenwege begrenzt werden.

Für eine 3phasige Dreidrossel-Brückenschaltung ist ein Satz von 6 Nebenwegen der genannten Art erforderlich, wenn sie wie in Abb. 3,1 angeschlossen werden. Der

Satz kann zu einer Dreiphasengruppe vereinfacht werden, wenn eine Anordnung nach Abb. 43,1 a, b oder c gewählt wird. In der Arbeitsweise besteht bei diesen Anordnungen gegenüber Abb. 3,1 kein Unterschied, da beim Beginn der mechanischen Überlappung der Folgekontakt immer einen Pol der Gruppe unmittelbar mit dem Gleichstrompol verbindet. Auf diese Weise ist die Gruppe selbsttätig stets dem sich öffnenden Kontakt parallel geschaltet. In ähnlicher Weise können die Nebenwege bei Einphasen-Gleichrichterschaltungen vereinfacht werden, wie in Abb. 43,2 gezeigt ist.

Für die Berechnung werden die resultierenden Werte R und C der jeweils wirksamen Zweige der ganzen Gruppe benötigt. Diese Werte ergeben sich aus den Werten R' und C' der einzelnen Zweige mittels der in Abb. 43,1 angegebenen Beziehungen. Für die resultierenden Werte gilt als Ersatzschaltung wieder Abb. 9,3 b. Die Vormagnetisierungsdurchflutung $w_V i_V$ wird üblicherweise etwas größer eingestellt als die Durchflutung $w\, i_{st}$ des natürlichen Stufenstromes, um aus dem in Abschn. 9 auf S. 49 genannten Grunde den resultierenden Strom über den Kontakt auf einen geringen

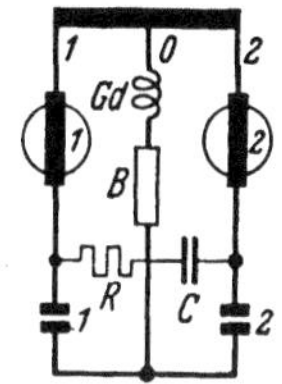

Abb. 43,2. Schaltung des kapazitiven Nebenweges bei der Einphasen-Mittelpunktschaltung.

positiven Wert anzuheben (Abb. 43,3). Dieser positive Reststrom über den Kontakt im Öffnungsaugenblick werde mit $\varDelta i$ bezeichnet. Er ist gegeben durch

$$\varDelta i = i_V \frac{w_V}{w} - i_{st}. \tag{43,1}$$

Der Spannungsabfall des Stromes $\varDelta i$ am Widerstand R beim Öffnen des Kontaktes ist identisch mit der in diesem Augenblick anspringenden Kontaktspannung. Infolgedessen ist der zulässige Betrag von R begrenzt durch die Bedingung, daß die Kontaktspannung im ersten Augenblick der Kontakttrennung einen Betrag von etwa 10 bis 12 V nicht überschreiten soll (s. Abb. 43,3). Wird $\varDelta i$ mit Benutzung von Gl. (43,1) nach den im einzelnen Falle vorliegenden Verhältnissen abgeschätzt, so ist der höchstzulässige Wert von R mit $\varDelta i$ in A gegeben durch

$$R = \frac{10 \text{ bis } 12 \text{ V}}{\varDelta i}\ \Omega\,. \tag{43,2}$$

Die Größe des Kondensators ergibt sich aus der Bedingung, daß nach Abschn. 4.13 die Geschwindigkeit des weiteren Anstieges der Kontaktspannung nicht größer als etwa 10^5 V/s sein soll (s. Abb. 43,3). Wird der Kondensator im Anschluß an die Kontaktöffnung während der restlichen Stufe durch einen ungefähr gleichbleibenden Reststrom $\varDelta i$ aufgeladen, so ist die Spannung am Kondensator

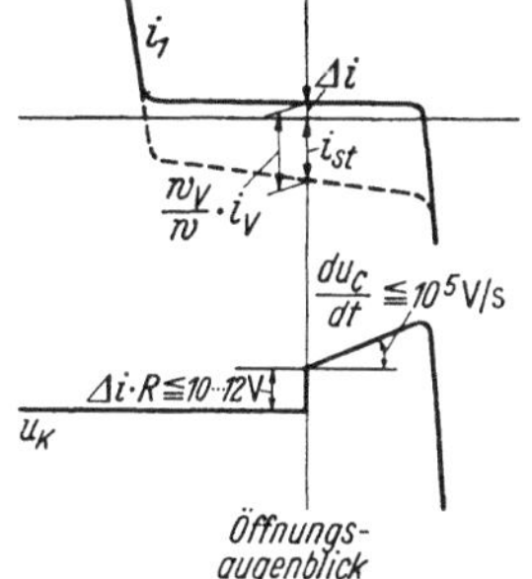

Abb. 43,3. Zeitlicher Verlauf des Stromes i_1 und der Kontaktspannung u_K während der Ausschaltstufe.

$$u_C = \frac{1}{C} \int \varDelta i\, dt\,,$$

und für die Anstiegsgeschwindigkeit der Kontaktspannung gilt dann

$$\frac{du_C}{dt} \approx \frac{\varDelta i}{C} \leq 10^5 \text{ V/s}\,.$$

Hieraus folgt mit $\varDelta i$ in A

$$C \geqq \frac{\varDelta i}{10^5}\ F\,. \tag{43,3}$$

Die Zeitkonstante $T = RC$ des Nebenweges hat für die gegebene Grenze von $R \cdot \Delta i$ und die gegebene Grenze der Anstiegsgeschwindigkeit du_C/dt der Spannung einen gleichbleibenden, von der jeweiligen Aufspaltung in C und R unabhängigen Wert, nämlich

$$T = RC = \frac{12}{\Delta i}\,\frac{\Delta i}{10^5} = 0,12\,\text{ms}\,, \tag{43,4}$$

d. h., R und C sind durch diese Gleichung miteinander verknüpft, wenn die genannten Grenzbedingungen gerade eingehalten werden sollen. Wenn sich beispielsweise bei einem Kleinumformer aus Gl. (43,2) oder aus der Abgleichung im Prüffeld mit Hilfe des Bildes der Kontaktspannung $R = 60$ Ohm für den Widerstand ergibt, so muß der Kondensator C eine Größe von mindestens 2 Mikrofarad haben. Dient der Nebenweg nicht nur dazu, die Kontaktspannung im Öffnungsaugenblick auf einem geringen Wert zu halten, sondern wird der Kondensator gleichzeitig auch noch dazu benutzt, den Kraftfluß der Schaltdrossel nach Ablauf der Ausschaltstufe wieder auf den positiven Sättigungswert zurückzubringen, wie das bei den Gleichrichterschaltungen mit einer getrennten Schaltdrossel für jeden Kontakt der Fall sein kann (vgl. Abschn. 42.1), so können wesentlich höhere Werte für C erforderlich werden.

43.2 Schwingungen des Ausschaltstufenstromes.

Ernste Störungen des Ausschaltvorganges können bei der 3phasigen Dreidrossel-Brückenschaltung dadurch eintreten, daß die Kondensatoren der Nebenwege mit den Induktivitäten der gesättigten Schaltdrosseln und des Transformators einen Schwingungskreis bilden. Wenn beispielsweise in Abb. 43,1b die Schaltdrossel 1 gerade entsättigt ist und die Ausschaltstufe erzeugt, so führen die Schaltdrosseln 2 und 3 den Belastungsstrom und sind infolgedessen gesättigt. Während des Verlaufs der Ausschaltstufe 1 ist nun, solange der Kontakt 1 noch geschlossen ist, der Nebenweg 1 durch die Reihenschaltung der geschlossenen Kontakte 1 und 2 kurzgeschlossen. Dadurch sind die Nebenwege 2 und 3 zueinander parallel geschaltet. Diese Parallelschaltung von 2 Nebenwegen liegt nun in Reihe mit den Luftinduktivitäten der Phasen 2 und 3, wodurch der genannte Schwingungskreis zu-

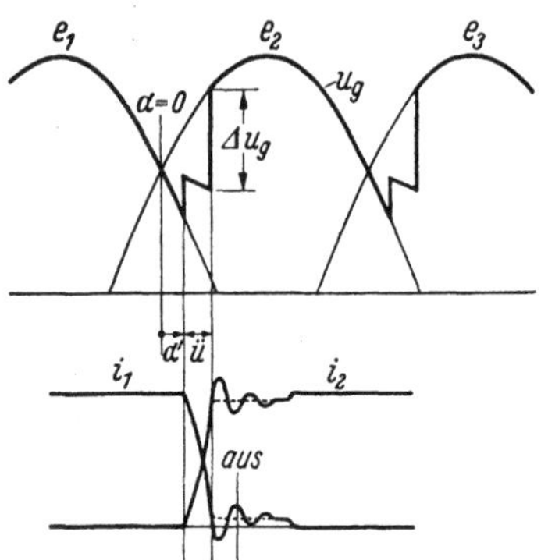

Abb. 43,4. Kapazitive Nebenwege. Schwingung des Kontaktstromes während der Ausschaltstufe.

stande kommt. Zwischen den Punkten b und c dieses Schwingungskreises liegt die ungeglättete Gleichspannung u_g. Infolgedessen wird am Ende der Stromwendung der Ströme i_1 und i_2 (Abb. 43,4) durch den Sprung Δu_g der Gleichspannung eine Stromschwingung angestoßen. Die eine Hälfte des Schwingstromes verläuft über den Nebenweg 2, wie in Abb. 43,1b durch eine punktierte Pfeillinie angedeutet ist. Dieser Anteil ist bezüglich des Ausschaltvorganges ohne Bedeutung. Die andere Hälfte aber verläuft über die Kontakte 2 und 1 und den Nebenweg 3, wie durch die zweite punktierte Pfeillinie gekennzeichnet ist. Dieser Anteil des Schwingstromes überlagert sich dem Strom der Ausschaltstufe über den Kontakt 1 in der in Abb. 43,4 dargestellten Weise. Das Ergebnis ist eine derartige Verzerrung des Ausschaltstufenstromes, daß während gewisser Abschnitte der Stufe der für lichtbogenfreies Ausschalten bestehende Grenzwert des Stromes überschritten wird. Wenn z. B. der

Ausschaltzeitpunkt an der in Abb. 43,4 angegebenen Stelle gelegen ist, so kann Lichtbogenbildung und damit eine erhöhte Stoffwanderung eintreten.

Genaugenommen ist der Schwingungsverlauf noch etwas verwickelter, denn es wird nicht nur durch den Spannungssprung Δu_g am Ende der Stromübergabe beim Winkel $\alpha' + \ddot{u}$ eine Schwingung angestoßen, sondern mit kleinerer Amplitude auch schon zu Beginn der Stromübergabe beim Winkel α' durch den dort auftretenden Gleichspannungssprung geringerer Höhe (vgl. Abb. 43,4). Ist die erste Schwingung bis zum Ende des elektrischen Überlappungswinkels $\ddot{u}$ noch nicht abgeklungen, so findet von dann ab eine Überlagerung beider Schwingungen statt.

Bei Umformern größerer Leistung reicht der zulässige Betrag der Widerstände R in den Nebenwegen im allgemeinen nicht aus, um die Schwingungen auf ein unschädliches Maß herabzusetzen, weil der Wert von R nicht frei gewählt werden kann, sondern durch Gl. (43,2) begrenzt ist. Sucht man nun nach einer Gelegenheit, noch eine zusätzliche Dämpfung anzubringen, so könnte daran gedacht werden, entweder den Nebenwegkondensator oder den ganzen Nebenweg durch einen weiteren Dämpfungswiderstand zu überbrücken. Das ist aber nicht zulässig, denn durch eine solche Maßnahme würde eine Spannungsteilerschaltung geschaffen werden, die die Kontaktspannung im Öffnungsaugenblick anstatt auf den erforderlichen, schwach positiven Wert (Punkt *1* in Abb. 43,5) schnell auf einen hohen negativen Betrag bringt (Punkt *2* in Abb. 43,5) und dadurch einen Betrieb des Umformers unmöglich macht. Dagegen wurden im praktischen Betriebe mit gutem Erfolg sogenannte *Querdämpfer* R_q in der in Abb. 43,1 b gestrichelt angegebenen Schaltungsanordnung verwendet. In dieser Schaltung haben die Dämpfungswiderstände nicht die erwähnte Spannungsteilerwirkung, sondern sie halten im Gegenteil nach der Kontaktöffnung das Potential

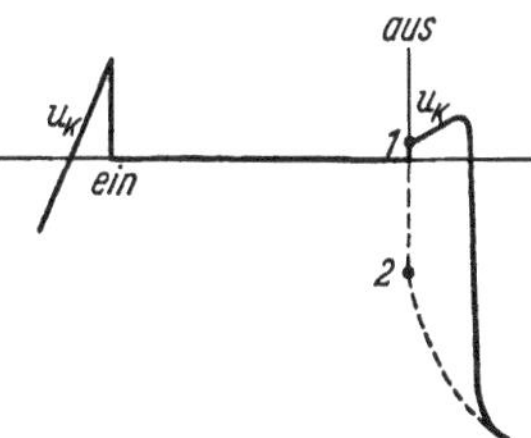

Abb. 43,5. Kapazitive Nebenwege. Verformung der Kontaktspannungskurve durch falsch angeordnete Dämpfungswiderstände.

des wechselstromseitigen Kontaktteiles noch bis zum Ende der Ausschaltstufe in erwünschter Weise auf ungefähr demjenigen des gleichstromseitigen Kontaktteiles fest. Wenn man bei der Betrachtung das Gewicht nicht auf die schwingungsdämpfende Eigenschaft dieser Widerstände legt, so können sie auch als zusätzliche *ohmsche* Nebenwege zu den Kontakten angesehen werden, denn der Querkreis mit dem Widerstande R_q zwischen beispielsweise den Phasen *1* und *2* ist im Ausschaltaugenblick des Kontaktes *1* durch den bereits geschlossenen Kontakt *2* dem Kontakt *1* parallel geschaltet und kann einen etwaigen im Öffnungsaugenblick noch über den Kontakt *1* fließenden Reststrom Δi ungehemmt übernehmen, da an der gesättigten Schaltdrossel *2* ein nennenswerter Spannungsabfall nicht auftritt. Wird R_q gemäß Gl. (43,2) bemessen, so könnte der kapazitive Nebenweg also ganz fortfallen. Das ist aber wegen der Größe der dann in den Querkreisen entstehenden Leistungsverluste nicht empfehlenswert, sondern die günstigste Lösung ist die gleichzeitige Verwendung beider Nebenwege, wobei der ohmsche Nebenweg lediglich mit Rücksicht auf eine ausreichende Dämpfung bemessen wird. Auch jede Widerstandsbelastung auf der Gleichstromseite, z. B. ein ungeglätteter Grundlaststromkreis, arbeitet als ein Querdämpfer, da er durch die Kontakte selbst immer gerade so umgeschaltet wird, daß er die geeignete Lage hat. In Abb. 43,1 z. B. ist der Belastungsstromkreis in dem betrachteten Augenblick durch die geschlossenen Kontakte *2* und *6* an die Punkte *b* und *c* gelegt und wirkt somit bei Abwesenheit der Induktivität Gd als Querdämpfer zwischen den Phasen *2* und *3*, wie es für die Öffnung des Kontaktes *1* erforderlich ist. Ist in Sonderfällen eine derartige induktionsarme Gleichstromlast in genügender Höhe vorhanden, so können bei Verwendung von RC-Nebenwegen weitere Dämpfungswiderstände anderer Art entbehrt werden.

Wenn eine zusätzliche Dämpfung in beträchtlichem Umfange — also ein geringer Wert von R_q — notwendig ist, so tritt dadurch natürlich, wie bereits angedeutet wurde, eine Erhöhung der Leistungsverluste ein, d. h. eine Verminderung des Wirkungsgrades. Dämpfungswiderstände sind daher nicht das vorteilhafteste Hilfsmittel, um derartige Schwingungen zu beseitigen. Ein besserer Weg ist durch die Verwendung der elastischen Vormagnetisierung gegeben, die überhaupt keine Nebenwege benötigt und bei der infolgedessen keinerlei Schwingungsproblem besteht. Allerdings sind auch mit der elastischen Vormagnetisierung noch Leistungsverluste verbunden, die in den Vormagnetisierungswiderständen entstehen, wenn auch in geringerer Höhe als bei Verwendung von Querdämpfern. Eine Methode, Schwingungen des Ausschaltstufenstromes ohne irgendeine nennenswerte Erhöhung der Verluste zu vermeiden, besteht in der Einfügung von Gleichrichterelementen in den Nebenweg. Eine andere Lösung schließlich, welche die Verluste in den Nebenwegen auf einen unerheblichen Betrag vermindert, ist die Verwendung von begrenzt stromdurchlässigen Nebenwegen an Stelle von ohmschen oder von kapazitiven Nebenwegen.

Bei den Grundschaltungen mit einer getrennten Schaltdrossel für jeden Kontakt, also z. B. bei der 3phasigen Sechsdrossel-Brückenschaltung, ist wegen der hohen Induktivität der dem sich öffnenden Kontakte vorgeschalteten, entsättigten Schaltdrossel das Problem einer Schwingung des Ausschaltstufenstromes nicht vorhanden. Bei solchen Schaltungen könnten daher in dieser Hinsicht kapazitive Nebenwege unbedenklich verwendet werden. Wenn trotzdem auch hier Nebenwege anderer Art oder solche Vormagnetisierungsschaltungen, die Nebenwege überhaupt entbehrlich machen, bevorzugt werden, so geschieht das, um die unangenehmen Kondensatorentladungen im Einschaltaugenblick zu vermeiden, die sonst zur Anwendung sehr hochwertiger Einschaltdrosseln zwingen würden.

43.3 Nebenwege mit ungesteuerten Ventilen.

Wenn in den Nebenweg ein Ventil eingeschaltet ist, so läßt die einseitige Durchlaßrichtung desselben die Ausbildung von Stromschwingungen nicht zu und sichert dadurch einen völlig glatten Verlauf der Ausschaltstufe. Gleichzeitig wird durch das Ventil auch die gefürchtete Einschaltentladung des Nebenwegkondensators unterbunden. Damit der Kondensator nach der Kontaktschließung in den für das Ausschalten erforderlichen entladenen Zustand gelangt, muß noch ein besonderer Entladewiderstand parallel zum Kondensator angeordnet werden. Als Ventile haben sich Trockengleichrichterelemente, z. B. Kupferoxydul- oder Selengleichrichter und neuerdings als besonders vorteilhafte Lösung Germanium- oder Siliziumgleichrichter, bewährt.

Nach Ablauf der Ausschaltstufe ist das Ventil der Sperrspannung des Kontaktes ausgesetzt. Daher muß bei höheren Gleichspannungen eine ausreichende Anzahl von Trockengleichrichterplatten in Reihe geschaltet sein. Hierdurch kann jedoch der Vorwärtswiderstand der Gleichrichtersäule auf einen so hohen Betrag ansteigen, daß die Grenzbedingung Gl. (43,2) nicht mehr eingehalten ist. In solchen Fällen muß dann der Spannungsabfall der Gleichrichtersäule durch eine in Reihe geschaltete Hilfsspannung entgegengesetzter Richtung wenigstens teilweise kompensiert werden. Das Prinzip einer solchen Kompensation ist in Abb. 43,6 gezeigt. Durch die Hilfsspannung u_H erhält das Ventil V bei noch geschlossenem Kontakt K eine Vorbelastung mit dem Strome i_H, so daß beispielsweise bei Verwendung eines Trockengleichrichters der Arbeitspunkt, wie Abb. 43,7 zeigt, von dem steilen Teil der Spannungsabfallkennlinie auf den flachen Teil verlegt wird und zumindest also die Schwellspannung kompensiert ist. Der Anstieg des Ventilstromes im Augenblick der Kontaktöffnung von i_H auf den Gesamtbetrag Δi verursacht dann zwischen den Kontaktstücken des sich öffnenden Kontaktes nur noch die geringe Kontaktspannung

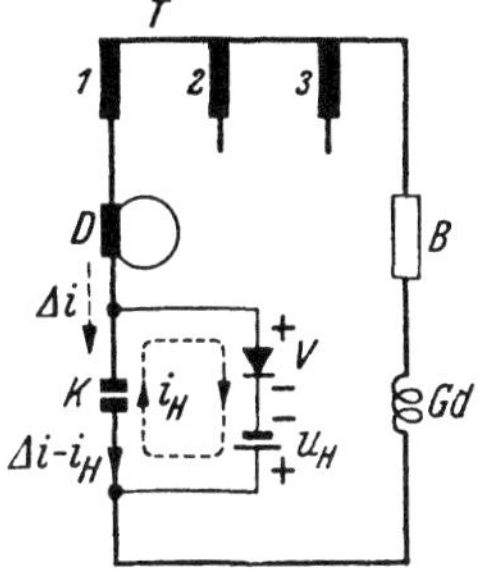

Abb. 43,6. Schaltbild eines Ventilnebenweges. Kompensation des Spannungsabfalles des Ventils.

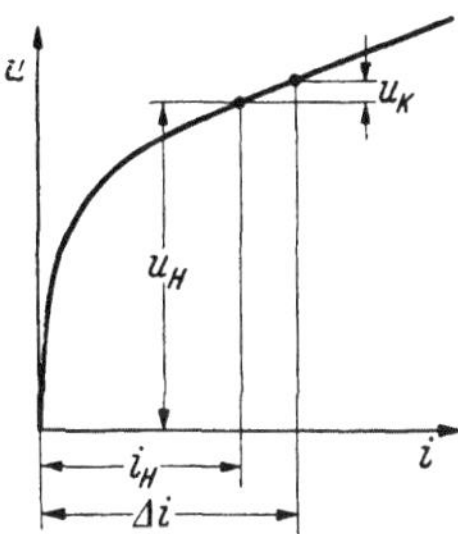

Abb. 43,7. Spannungsabfallkennlinie eines Nebenweges mit Trockengleichrichtern.

u_K (Abb. 43,7) an Stelle des wesentlich höheren Betrages ohne Kompensation entsprechend dem steilen Teil der Kennlinie. Als Hilfsspannung läßt sich auch eine Wechselspannung verwenden. Sie kann in der Grundschaltung von Abb. 43,8 mittels eines kleinen Hilfstransformators HT mit geeigneter Phasenlage parallel zum Kondensator C in den Nebenwegkreis eingeführt werden, wobei der Widerstand R zur Einstellung der Höhe des Kompensationsstromes i_H dient. Die auf diese Weise erreichte Verbesserung des Verlaufes der Kontaktspannung ist in Abb. 43,9 schema-

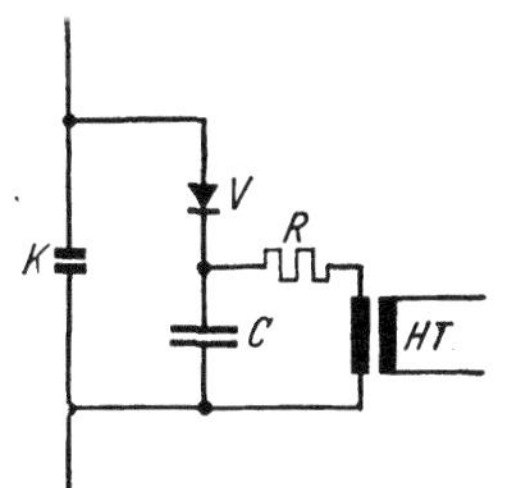

Abb. 43,8. Schaltbild eines Trockengleichrichter-Nebenweges mit Kompensation des Spannungsabfalles durch eine Wechselspannung.

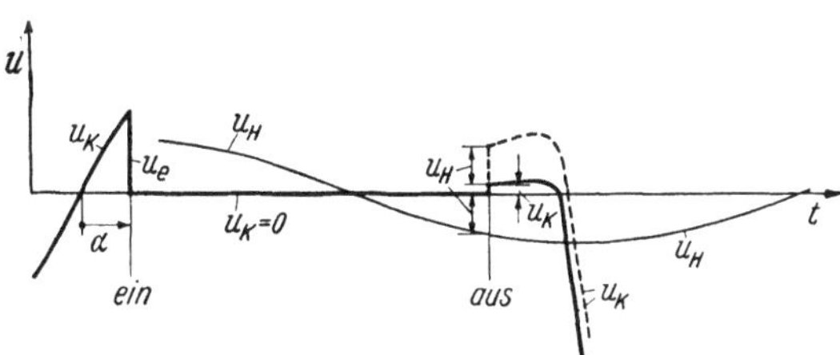

Abb. 43,9. Trockengleichrichter-Nebenweg. Verbesserung des zeitlichen Verlaufes der Kontaktspannung u_K durch die Kompensations-Wechselspannung u_H.

tisch dargestellt. Die Kontaktspannung u_K steigt vor der Kontaktschließung (*ein*) auf eine dem Steuerwinkel α entsprechende Einschaltspannung u_e an, folgt dann während der Schließungsdauer des Kontaktes der Nullinie und springt im Öffnungsaugenblick (*aus*) ohne Kompensation auf die gestrichelte Kurve, bei Vorhandensein der Kompensations-Wechselspannung u_H jedoch nur auf die bedeutend tiefer liegende ausgezogene Kurve an. In Abb. 43,10 ist eine vollständige Schaltung mit Nebenwegen dieser Art dargestellt. Der 3phasige Hilfstransformator HT hat dabei 2 Sekundärwicklungen und eine gemeinsame Primärwicklung. Die mit dieser Schaltung bei einem Großumformer mit Drosseln aus Siliziumeisen erreichte Verbesserung des Verlaufes des Ausschaltstufenstromes zeigen die Oszillogramme Abb. 43,11, in denen die ungeglättete Gleichspannung und der in der Zuleitung von der Schaltdrossel zu den Kontakten fließende Strom einmal bei Verwendung einfacher RC-Nebenwege und sodann bei Nebenwegen nach Abb. 43,10 wiedergegeben ist.

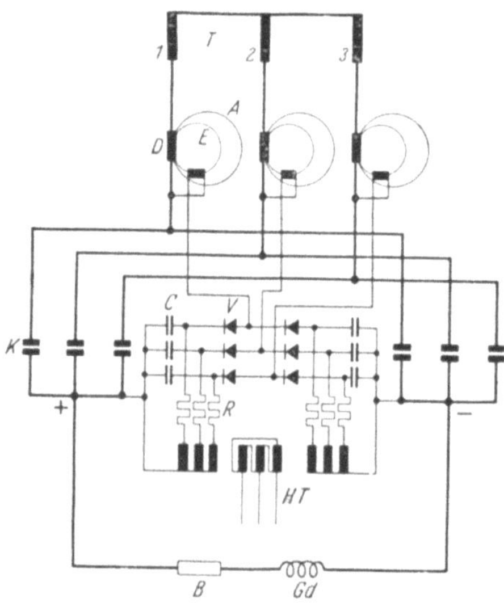

Abb. 43,10. Vollständige Schaltung von Trockengleichrichter-Nebenwegen mit Wechselspannungs-Kompensation für eine 3phasige Dreidrossel-Brückenschaltung mit getrennten Einschaltkernen (SSW).

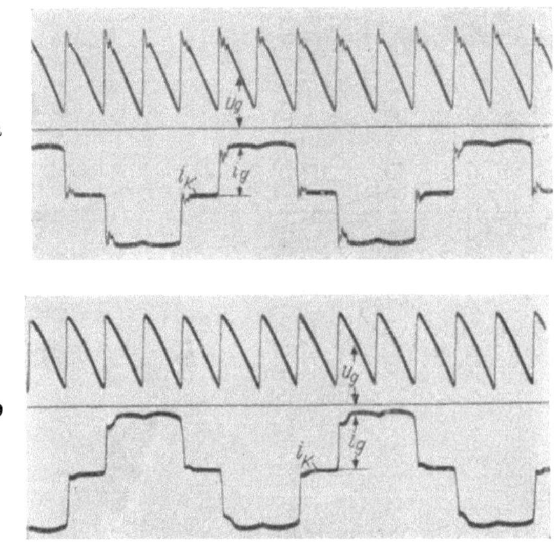

Abb. 43,11. Verbesserung des zeitlichen Verlaufes der Gleichspannung und des Stufenstromes durch Trockengleichrichter-Nebenwege nach Abb. 43,10.
a RC-Nebenwege; — b Trockengleichrichter-Nebenwege.
u_J gesteuerte, ungeglättete Gleichspannung; — i_K Kontaktstrom (während der Hauptstromführungsdauer identisch mit dem Gleichstrom i_g).

In gewissen Fällen lassen sich auch Nebenwege verwenden, die *nur* aus Ventilen bestehen, einen Kondensator also nicht enthalten. Das ist zwar im allgemeinen nicht möglich, wenn die Gleichspannung des Kontaktumformers durch mechanische Teilaussteuerung geregelt wird (Ausnahme siehe im nächsten Absatz); bei einer Verzögerung der Kontaktschließung gegenüber dem Punkte der Gleichheit der aufeinander folgenden Phasenspannungen würde nämlich das dem Kontakt parallel geschaltete Nebenwegventil an Stelle des noch geöffneten Kontaktes sofort die Führung des Laststromes übernehmen und durch Überlastung zerstört werden. Wird dagegen die Gleichspannung durch magnetische Teilaussteuerung geregelt, etwa in der 3phasigen Sechsdrossel-Brückenschaltung, so werden die Nebenwegventile bereits bei $\alpha = 0$ durch die Kontakte überbrückt und sind infolgedessen nicht durch Überlastung gefährdet, so daß hier Nebenwege, die nur aus Ventilen bestehen, anwendbar sind. Gegenüber kapazitiven Nebenwegen, deren Verwendung an sich in dieser Umformerschaltung ohne die Gefahr der Ausbildung von Schwingungen des Ausschaltstufenstromes ebenfalls möglich wäre, bieten Ventile den Vorteil, daß etwaige durch die Rückmagnetisierung der Schaltdrossel bedingte negative Einschaltspannungen zugelassen werden können, ohne daß bei der Kontaktschließung eine Einschaltentladung wie bei Kondensatoren stattfindet. Über die im Falle der Reihenschaltung einer größeren Anzahl von Trockengleichrichter-

platten notwendige Kompensation der Schwellspannung der Ventile gilt das bereits früher Gesagte.

Eine besonders vorteilhafte Anwendung können allein aus Ventilen bestehende Nebenwege finden, wenn ein Kontaktgerät benutzt wird, bei dem das Einschalten und das Ausschalten wie in Abb. 23,14 durch getrennte, in Reihe geschaltete Kontakte bewirkt wird. Schaltet man dabei nämlich gemäß Abb. 43,12a das Nebenwegventil parallel zu allein dem Ausschaltkontakt, so ist der Nebenweg nur vom Beginn der Öffnung des Ausschaltkontaktes bis zu der etwas später vor sich gehenden Öffnung des Einschaltkontaktes in Tätigkeit. Aus Abb. 43,12b, in der der Kontaktstrom und die Kontaktspannung gezeigt sind, ist ersichtlich, daß die Abschaltung des Nebenweges durch den Einschaltkontakt während des Sperrspannungsabschnittes stattfindet, wo nur der geringe Rückstrom des Nebenwegventils zu unterbrechen ist. Aus der gleichen Abbildung geht ferner hervor, daß das Nebenwegventil nur kurze Zeit auf Sperrspannung beansprucht wird. Bei Verwendung von

spannungsmäßig kurzzeitig überlastbaren Ventilen, wie z. B. Kupferoxydulventilen, ist es daher zulässig, den Nebenweg mit geringerer Gleichrichterplattenzahl auszuführen als bei den früher beschriebenen Schaltungen, so daß sich meistens eine Kompensation des Spannungsabfalles erübrigt und die Nebenwege somit eine überaus einfache Form annehmen. Dabei ist diese Ausführungsform nicht auf die magnetische Teilaussteuerungsregelung beschränkt, sondern sie kann

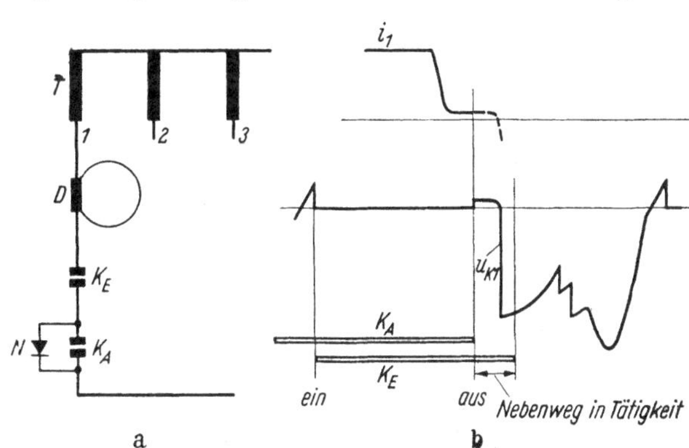

Abb. 43,12. Einfache Trockengleichrichter als Nebenwege bei Kontaktgeräten mit getrennten Kontakten für das Einschalten und das Ausschalten (SSW).

a Schaltung; — b Wirkungsbereich des Nebenweges.
i_1 Kontaktstrom; — u_{K1} Kontaktspannung; — K_A Kontaktdauer des Ausschaltkontaktes; — K_E Kontaktdauer des Einschaltkontaktes.

gleich gut auch bei der mechanischen Teilaussteuerungsregelung verwendet werden, da das Nebenwegventil beim Schließen des Einschaltkontaktes bereits durch den schon vorher geschlossenen Ausschaltkontakt überbrückt ist und daher beim Einschalten überhaupt nicht beansprucht wird.

43.4 Nebenwege mit gesteuerten Ventilen.

Auch die Anwendung eines gesteuerten Ventils, z. B. eines gittergesteuerten Quecksilberdampfrohres, als Nebenweg zum Kontakt ist bereits sehr frühzeitig vorgeschlagen worden. Solche Ventile haben gegenüber ungesteuerten den Vorteil, daß durch die Steuerung der Einsatz der Stromführung des Nebenweges auch bei Verwendung von ein und demselben Kontakt für das Ein- und Ausschalten in sehr einfacher Weise auf denjenigen Abschnitt der Periode beschränkt werden kann, in welchem die Wirksamkeit des Nebenweges erforderlich ist. Trotzdem hat man sich vielfach gegen die Verwendung von Gasentladungsgefäßen in den Nebenwegen gesträubt, weil dort im Gegensatz zur *Einschalt*vormagnetisierung (vgl. Abb. 41,15), wo die Benutzung eines Rohres mit keinerlei Risiko verbunden ist, das Versagen eines Rohres beim *Ausschalten* leicht eine Rückzündung des Kontaktumformers nach sich ziehen kann. Die erfolgreiche Verwendung gittergesteuerter Quecksilberdampfgefäße in den Nebenwegen seitens der Firma BBC hat jedoch wesentlich zur Entkräftung der Vorurteile beigetragen.

Bei einem gittergesteuerten Quecksilberdampfrohr liegt der Brennspannungs-
abfall in der Höhe der Lichtbogen-Mindestspannung oder sogar noch darüber. Die
Verwendung eines solchen Ventils im Nebenweg setzt daher eine Kompensation des
Spannungsabfalles ähnlich wie bei den Trockengleichrichtern (vgl. Abb. 43,6) voraus.
In Abb. 43,13 ist eine von BBC benutzte Grundschaltung wiedergegeben, die in dieser
Art ausgeführt ist. Die Kompensation geschieht wieder durch eine in Reihe mit dem
Ventil V geschaltete Hilfsspannung u_H, die hier größer als die Brennspannung u_B
des Ventils gewählt wird. Das Steuergitter des Ventils wird durch die Gittervorspannung u_G normalerweise auf einem gegenüber der Kathode negativen Potential
gehalten, so daß das Ventil gesperrt ist. Bei Beginn der
Ausschaltstufe jedoch wird die negative Vorspannung durch
eine positive Spannung aufgehoben, die von der sich ummagnetisierenden Schaltdrossel in einer auf der Drossel befindlichen Hilfswicklung w_H erzeugt wird. Das Ventil zündet
daher zu Beginn der Ausschaltstufe und führt dann einen
Strom i_H, dessen zeitlicher Verlauf durch die Spannungsdifferenz $u_H - u_B$ und eine in Reihe mit dem Ventil liegende
Impedanz Z bestimmt wird. Der Stromkreis schließt sich
über den zunächst noch geschlossenen Kontakt K, so daß
der über diesen aus dem Hauptkreise fließende positive
Reststrom Δi durch den entgegengesetzt gerichteten Strom
i_H wie in der früher beschriebenen Trockengleichrichter-
schaltung auf einen kleinen Restbetrag kompensiert werden
kann. Anders ausgedrückt: Durch den infolge der Einfügung
der Hilfsspannung u_H aktiven Nebenweg wird der Strom Δi
zum größten Teil vom Kontakt weg in den Nebenweg
gesaugt, so daß der Kontakt nur noch einen kleinen verbleibenden Rest zu unterbrechen hat. Das Wesentliche
dabei ist nun die Anpassung des Nebenwegstromes an den
zeitlichen Verlauf von Δi. Diese Anpassung wird erreicht
durch eine entsprechende Ausbildung der Impedanz Z.
Wird als Impedanz ein stark gedämpfter Schwingungskreis
gewählt, so hat der Strom i_H einen zunächst schnell ansteigenden und sodann während der Stufe abfallenden Verlauf.
Er ist daher in der Lage, den schrägen Verlauf des Stufen-

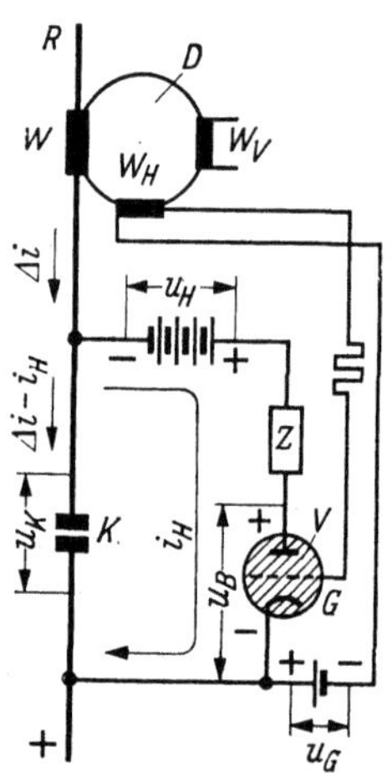

Abb. 43,13. Schaltbild eines
Nebenweges mit gesteuertem
Ventil.

D Schaltdrossel — W Hauptwicklung; — W_V Vormagnetisierungswicklung; — W_H
Hilfswicklung für die Steuerung des Nebenwegventils; —
Δi Stufen-Reststrom; — K
Kontakt; — V Nebenweg-
ventil; G Steuergitter; —
Z Impedanz; — u_H Kompen-
sationsspannung; — u_G Gittervorspannung; — i_H Ventil-
strom; — u_K Kontaktspannung.

stromes zu einem ungefähr gleichbleibenden Reststrom über den Kontakt zu kompensieren[1]. Eine solche Anordnung erfüllt somit im Endeffekt hinsichtlich der Entlastung des Kontaktes auch ungefähr die gleiche Aufgabe wie der in Abschn. 38
beschriebene Streckkreis.

Abb. 43,14 zeigt eine Gesamtanordnung derartiger Nebenwege für eine 3phasige
Kontaktgruppe. Dabei ist 1 die Sekundärwicklung des Haupttransformators, 2 sind
die Schaltdrosseln und 3 die Kontakte. Die Anodenkreise der Nebenwegventile 5
sind durch einen Kuppeltransformator 4 mit den Kontakten verbunden. Die
Kompensations-Wechselspannung u_H wird durch den Hilfstransformator 6 in
die Anodenkreise eingeführt. Der gedämpfte Schwingungskreis 7 ist allen drei
Nebenwegen gemeinsam. Durch die Gleichspannungsquelle 8 wird den Gittern
der Nebenwegventile die negative Vorspannung u_G erteilt. Die positiven Gitter-

---

[1] Näheres siehe GOLDSTEIN: [*1,6*] S. 85/101.

spannungsimpulse werden induziert in den Wicklungen w_H auf den Schaltdrosseln 2.

Der Vollständigkeit wegen soll nicht unerwähnt bleiben, daß auch ein spannungsloses Einschalten bei mechanischer Teilaussteuerung mit Hilfe von gesteuerten
Nebenwegventilen grundsätzlich erreicht werden kann. Voraussetzung dafür ist
jedoch, daß die Schaltdrossel vor der Kontaktschließung noch nicht ganz in Richtung des kommenden Laststromes ummagnetisiert ist, sondern noch eine kurze Einschaltstufe erzeugen kann. Wird dann das parallel zum Arbeitskontakt angeordnete
Ventil etwa mittels eines Hilfskontaktes
schon kurz vor der Schließung des Arbeitskontaktes gezündet, so beginnt sofort
der Ablauf der Einschaltstufe, wobei der
Stufenstrom zunächst über den Nebenweg
fließt. Die Einschaltspannung wird infolgedessen bereits *vor* der Schließung des
Arbeitskontaktes von der Schaltdrossel
aufgenommen, so daß der Kontakt praktisch spannungslos geschlossen werden
kann. Anschließend geht dann der Strom
vom Nebenweg auf den Kontakt über, und
das Ventil erlischt wieder. Anordnungen
dieser Art können von Bedeutung sein zur
Verhinderung von vorzeitigen Durch-
schlägen der abnehmenden Trennstrecke
bei Einschaltspannungen über 275 V
(vgl. Abschn. 4.21) und zur Vermeidung
von Feldemissionsentladungen (s. Abschnitt 4.22).

43.5 Begrenzt stromdurchlässige Nebenwege.

An Stelle von kapazitiven Nebenwegen,
die, wie wir gesehen haben, bei mechanischer Teilaussteuerung Stoffwanderung
durch ihre Einschaltentladung verursachen

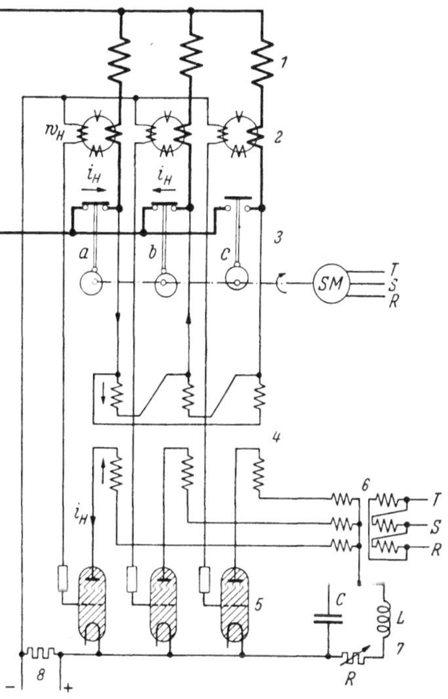

Abb. 43,14. Nebenwege mit gesteuerten Ventilen.
Gesamtschaltung für eine 3phasige Kontaktgruppe
(BBC).

1 Transformator; — 2 Schaltdrosseln; — 3 Kontakte; —
4 Kuppeltransformator; — 5 Nebenwegventile; —
6 Transformator für die Kompensations-Wechselspannung; — 7 Impedanz; — 8 Gittervorspannung.

und in gewissen Schaltungen auch zu Schwingungen des Ausschaltstufenstromes
Veranlassung geben, oder an Stelle von Ventilnebenwegen, die mit Ausnahme der
Anwendung bei Doppelkontakten (vgl. Abb. 43,12) im allgemeinen besondere Maßnahmen zur Kompensation ihres Spannungsabfalles erfordern, könnten grundsätzlich auch einfache ohmsche Widerstände als Nebenwege benutzt werden. Bemißt
man die Größe dieser Widerstände nach Gl. (43,2), so ist ein lichtbogenfreies Ausschalten gesichert. Diese Gleichung schreibt aber verhältnismäßig geringe Beträge
für die Widerstände vor. Infolgedessen haben ohmsche Nebenwege den Nachteil
großer Leistungsverluste, denn die Widerstände liegen bei einer Anordnung
parallel zu den Kontakten während des Sperrspannungsabschnittes unmittelbar an der Sperrspannung, bei der Querkreisanordnung während des größten
Teiles der Periode an der verketteten Transformatorspannung und nehmen daher
beträchtliche Ströme auf. Ohmsche Nebenwege werden daher praktisch kaum verwendet.

Wegen der äußerlichen Ähnlichkeit gewisser Schaltungen ohmscher Nebenwege mit der Querdämpferschaltung und den elastischen Vormagnetisierungsschaltungen erscheint es angebracht, an dieser Stelle einmal vergleichend die prinzipiellen Unterschiede aufzuzeigen. Es wurde bereits darauf hingewiesen, daß die in Abb. 43,1 dargestellten Querdämpferwiderstände R_q in gewissem Umfange auch die Wirkung von ohmschen Nebenwegen haben. Sie brauchen jedoch wegen der außerdem noch vorhandenen kapazitiven Nebenwege nicht nach Gl. (43,2) bemessen zu werden, sondern lediglich nach Maßgabe einer ausreichenden Dämpfung der Ausschaltschwingungen, wodurch sie höhere Werte erhalten und geringere Verluste verursachen. Grundsätzlich besteht nach Abschn. 9 die Aufgabe von Nebenwegen darin, als in der Regel *passive* Kreise den durch die Unvollkommenheit der Abgleichung der Vormagnetisierung verbleibenden Kontakt-Reststrom nach der Kontaktöffnung aufzunehmen. Es ist aber nicht ihre Aufgabe, die Vormagnetisierung selbst zu bewirken. Hierin besteht der grundsätzliche Unterschied gegenüber der elastischen

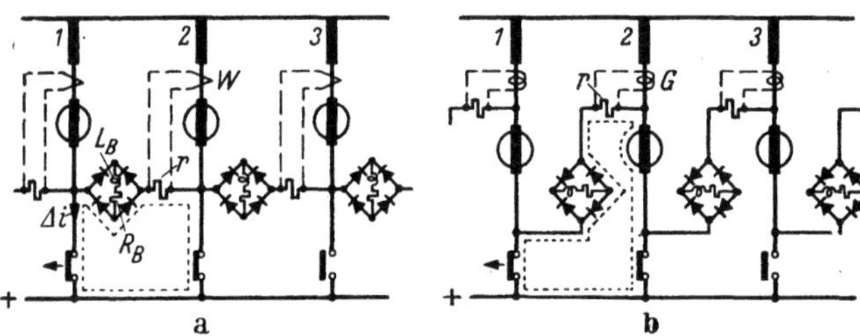

Abb. 43,15. Verschiedene Schaltungen des in der Stromhöhe begrenzt durchlässigen Nebenweges (AEG).
a Querkreis unmittelbar zwischen 2 aufeinander folgenden Kontakten; — b Querkreis zwischen dem Kontakt der abgebenden Phase und dem Schaltdrosseleingang der Folgephase.

Vormagnetisierung nach Abb. 40,9 oder dem spannungsabhängigen Anteil der selbsttätig sich anpassenden Vormagnetisierung nach Abb. 40,21 a und b. Der Zweck dieser Schaltungen ist nämlich, als *aktive* Kreise die volle Vormagnetisierung bzw. einen genau definierten, spannungsproportionalen Anteil derselben zu liefern. Sie unterliegen daher primär ganz anderen Bemessungsvorschriften und wirken lediglich zusätzlich noch als ohmsche Nebenwege.

Das Ideal eines Nebenweges würde eine Anordnung sein, die während des Ablaufes der Ausschaltstufe widerstandslos den Kontaktreststrom übernimmt ($R = 0$), zu den übrigen Zeiten der Periode jedoch gesperrt ist ($R = \infty$). Solche Nebenwege gibt es bisher nicht. Eine Schaltung aber, die zwar nicht während der ungenutzten Abschnitte völlig sperrt, jedoch im Gegensatz zu ohmschen Nebenwegen den Strom während dieser Zeiten *in seiner Höhe* auf einen erträglichen Wert begrenzt, wurde von der AEG durch die Verwendung einer aus selbsttätig vorbelasteten, ungesteuerten Ventilen gebildeten Strombegrenzeranordnung als Nebenweg verwirklicht[1]. Diese Strombegrenzeranordnung ist die der in Abb. 40,19 c gezeigten Halbwellenschaltung entsprechende Vollwellen-Brückenschaltung. Sie wird entweder als Nebenweg unmittelbar parallel zum Kontakt gelegt oder, wie in Abb. 43,15 gezeigt ist, als Querkreis geschaltet.

Wir betrachten im folgenden die Querkreisschaltung Abb. 43,15 a. Solange an den Wechselstromklemmen der Begrenzeranordnung eine Spannung beliebiger Richtung, z. B. die Sperrspannung des Kontaktumformers, wirksam ist, arbeitet die Anordnung als einphasige Gleichrichter-Brückenschaltung mit dem Widerstand R_B

---

[1] KOPPELMANN: [*1.20*] S. 204/05.

und der Induktivität L_B als gleichstromseitiger Last, wobei die Induktivität etwas aufgeladen wird. Während der Überbrückung der Begrenzeranordnung durch die Kontakte aber, also während der Dauer der mechanischen Überlappung, und anschließend während des Ablaufes der restlichen Ausschaltstufe, wo die Sperrspannung noch an der Schaltdrossel liegt, hält die sich wieder entladende Induktivität den Gleichstrom über die beiden parallelen Ventilzweige aufrecht und gibt so den Ventilen eine Vorbelastung. Die Höhe des Gleichstrommittelwertes wird durch den Widerstand R_B eingestellt, und zwar so, daß der während der Ausschaltstufe durch die beiden Zweige fließende gesamte Vorbelastungsstrom höher als der bei irgendeinem Betriebszustand zu erwartende höchste Kontakt-Reststrom ist. Solange nun der Kontakt der abgelösten Phase noch geschlossen ist, verläuft der nicht durch die Vormagnetisierung ausgeglichene Reststrom Δi über den Kontakt, und der Nebenweg ist stromlos. Im Augenblick der Kontaktöffnung wird der Strom in den Nebenweg gedrängt und findet dort 2 parallel geschaltete Zweige mit je 2 vorbelasteten Ventilen vor, von denen das eine in Richtung des übernommenen Stromes, das zweite entgegengesetzt geschaltet ist. Infolgedessen werden die gleichsinnig geschalteten Ventile durch den übernommenen Strom noch zusätzlich belastet, die entgegengesetzt geschalteten aber entlastet, und als Spannungsabfall im Nebenwege tritt lediglich die Differenz der Spannungsabfälle der gegeneinander geschalteten Ventile auf. Dieser Spannungsabfall kann, wie wir aus Abb. 43,7 wissen, klein gehalten werden, wenn man auf dem oberen, flachen Teil der Spannungsabfallkennlinie arbeitet. Hieraus folgt, daß die Vorbelastung mindestens so groß gewählt werden muß, daß die beiden durch den Nebenwegstrom *ent*lasteten Ventile auch bei dem größten zu übernehmenden Strom noch nicht in den steilen Teil ihrer Kennlinien gelangen. Der verbleibende Spannungsabfall ist dann ungefähr proportional dem übernommenen Reststrom Δi. Da dieser bei einem starren Kontaktumformer ohne Verwendung von Streckkreisen wegen der Stufenverschiebung mit wachsender Belastung zunimmt, so ist in Abb. 43,15a noch eine lastabhängige Kompensation des Spannungsabfalles mittels einer Zusatzspannung vorgesehen, die durch den Sekundärstrom eines vom Laststrom durchflossenen Stromwandlers an einem niedrigohmigen Widerstande r hervorgebracht wird.

Nach Ablauf der Ausschaltstufe wird der den Nebenweg durchfließende Strom, der ohne die Anwesenheit der Begrenzeranordnung unter dem Einfluß der Sperrspannung des Kontaktumformers sehr hohe Werte annehmen würde, durch die in Sperrichtung liegenden Ventile auf die Höhe des im Gleichstromzweige fließenden Stromes begrenzt, denn der Nebenwegstrom kann nur bis zur völligen Aufhebung des Stromes dieser Ventile anwachsen. Von dann ab sperren die beiden Ventile, während die anderen beiden auf den doppelten Wert belastet sind. Ein nennenswertes weiteres Ansteigen des Stromes auf dem Wege über die gleichsinnig mit dem Strom geschalteten Ventile wird durch die Induktivität verhindert, die nun bis zur nächsten Kontaktüberlappung in der erforderlichen Weise wieder aufgeladen wird. Der Strom im Nebenwege wird also tatsächlich durch die Begrenzerschaltung während der für das Ausschalten nicht ausgenutzten Abschnitte der Periode auf dem durch die Vorbelastung gegebenen Werte festgehalten. Damit die Verluste im Nebenweg so gering wie möglich bleiben, darf man mit der Vorbelastung nicht viel über den vorhin erläuterten Mindestwert hinausgehen.

Die Querkreisschaltung Abb. 43,15b arbeitet in gleichartiger Weise, da die Schaltdrossel der Folgephase im Öffnungsaugenblick des Kontaktes der abgebenden Phase durch den Laststrom gesättigt und somit das Potential des zwischen Transformatorwicklung und Schaltdrossel gelegenen Anschlußpunktes des Querkreises praktisch gleich dem der gleichstromseitigen Kontaktstücke ist. Eine etwaige durch Änderung des Augenblickswertes des Laststromes an der Restinduktivität der gesättigten Schaltdrossel erzeugte Spannung kann dadurch kompensiert werden, daß an dem niedrigohmigen Widerstande r eine Zusatzspannung entgegengesetzter Richtung mit Hilfe der Gegeninduktivität G erzeugt wird.

Eine Schaltung mit einem *zeitlich* begrenzt stromdurchlässigen Nebenwege ergibt sich bei Anwendung der selbsttätig sich anpassenden Vormagnetisierung mit elastischer spannungsabhängiger Komponente. Diese Lösung sei am Beispiel der Schaltung Abb. 40,19a erläutert, die in Abb. 43,16 wiederholt und durch das Nebenwegventil N ergänzt ist. Der Nebenweg besteht hier aus den gegeneinander geschalteten Ventilen N und Gl, von denen das letztgenannte als Bestandteil des spannungsabhängigen Vormagnetisierungskreises ohnehin vorhanden ist. Dieser Ventilneben-

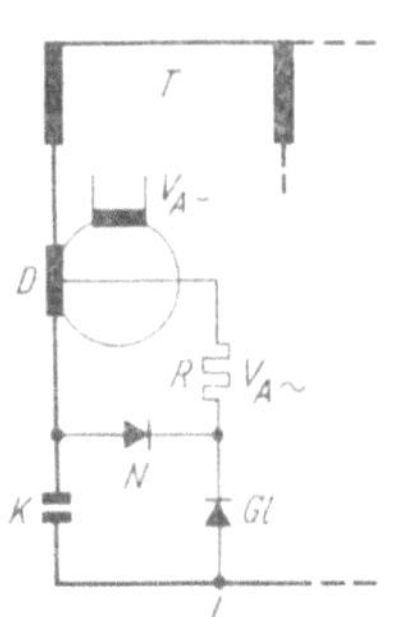

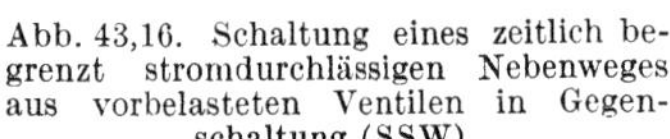

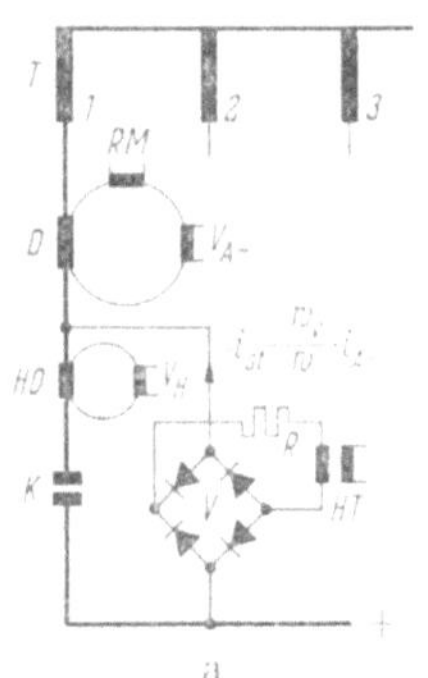

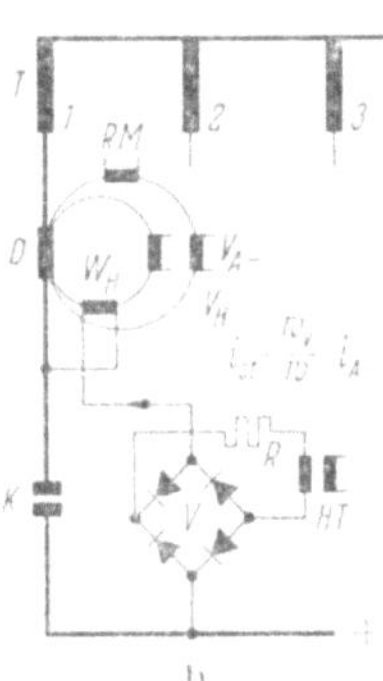

Abb. 43,16. Schaltung eines zeitlich begrenzt stromdurchlässigen Nebenweges aus vorbelasteten Ventilen in Gegenschaltung (SSW).

Abb. 43,17. Schaltungen eines zeitlich und in der Höhe begrenzt stromdurchlässigen Nebenweges für gleichzeitige Lieferung des Schaltdrossel-Magnetisierungsstromes (ITE 1955).

a Haupt- und Hilfsdrossel getrennt; — b gemeinsame Hauptwicklung.

weg ist wegen des Ventils Gl nur während des Sperrspannungsabschnittes wirksam, so daß eine mechanische Teilaussteuerung das Nebenwegventil N nicht gefährdet. Das Ventil N führt Strom nur während der Ausschaltstufe. Solange der Kontakt K noch geschlossen ist, ist es in Parallelschaltung zu Gl mit einem Teil des spannungsabhängigen Vormagnetisierungsstromes vorbelastet; nach der Kontaktöffnung führt es den positiven Schaltdrosselreststrom. Die Kontaktspannung besteht dann lediglich aus der Differenz der Spannungsabfälle der beiden Ventile und ist daher sehr klein. Bei Verwendung von Germaniumventilen konnte mit einer solchen Schaltung erreicht werden, daß die Kontaktspannung noch unterhalb der Schmelzspannung des Silbers von 0,35 V blieb und damit sogar jede Feinwanderung unmöglich gemacht war. Selbstverständlich kann zur Verminderung des Leistungsverlustes im Vormagnetisierungszweige auch bei dieser Schaltung zusätzlich wieder eine Strombegrenzeranordnung nach Abb. 40,19, Teilbild c, verwendet werden, die dann in Reihe mit R zwischen dem Anschlußpunkt an die Schaltdrossel und dem Verbindungspunkt der Ventile N und Gl einzufügen wäre.

Ein sowohl *zeitlich* als auch *in der Höhe* begrenzt stromdurchlässiger Nebenweg mit gegengeschalteten, vorbelasteten Germaniumventilen, *durch den gleichzeitig auch ganz oder teilweise der Magnetisierungsstrom der Schaltdrossel während der Ausschaltstufe geliefert wird,* wurde vor etwa einem Jahre bei der ITE entwickelt. Die

Schaltung ist wiedergegeben in Abb. 43,17a, die einen Zweig der 3phasigen Sternpunktschaltung oder einen Zweig einer der beiden 3phasigen Kontaktgruppen der
3phasigen Sechsdrossel-Brückenschaltung darstellt. Zwischen dem Transformator T
und dem Kontakt K befindet sich zunächst die Schaltdrossel D. Die Wicklung V_{A-}
dieser Drossel werde vorläufig als nicht vorhanden angenommen. Die Drossel besitzt dann außer der Hauptwicklung nur noch die Rückmagnetisierungswicklung RM,
mittels deren auf irgendeine der in Abschn. 42.3 beschriebenen Arten der im Einschaltaugenblick gewünschte Wert der magnetischen Polarisation zum Zwecke der
magnetischen Spannungsregelung vorgegeben wird.

Der Nebenweg besteht aus vier wie in Abb. 43,15 in einer Brücke angeordneten
Trockengleichrichterventilen V. Er ist als Längskreis dem Kontakt parallelgeschaltet.
Zwischen seinem schaltdrosselseitigen Anschlußpunkte und dem Kontakt ist jedoch
noch eine kleine Hilfsschaltdrossel HD eingefügt, die mittels der Wicklung V_H eine
Vormagnetisierung erhält. Die Vorbelastung der Ventile V geschieht hier mit
Wechselstrom, der über einen Widerstand R dem Hilfstransformator HT ent-
nommen wird. Die Phasenlage der Spannung des Hilfstransformators ist so gewählt,
daß die Ventile während des Bereiches der Lage der Ausschaltstufe geöffnet sind.
Im Einschaltzeitpunkt des Kontaktes dagegen sind sie dann gesperrt, da dieser
Zeitpunkt in die negative Spannungshalbwelle des Hilfstransformators fällt. Im
Augenblick der Kontaktschließung ist der Nebenweg also stromlos, und die Hilfsschaltdrossel HD wirkt wie in Abb. 11,1a als normale Einschaltdrossel. Sie wird
von der anwachsenden Wendespannung bis zur Sättigung in positiver Richtung
ummagnetisiert und erzeugt dabei eine kurze Einschaltstufe. An diese schließt sich
nach Sättigung der Hilfsschaltdrossel die Einschaltstufe veränderbarer Länge der
Hauptschaltdrossel an.

Anders jedoch liegen die Verhältnisse während der *Ausschalt*stufe der Hauptdrossel. Zu diesem Zeitabschnitt ist der Nebenweg bis zur Höhe des Vorbelastungsstromes in beiden Richtungen stromdurchlässig. Über ihn kann also der Magnetisierungsstrom der Hauptschaltdrossel D auch dann fließen, wenn die dem Kontakt
vorgeschaltete Hilfsschaltdrossel HD entsättigt ist und den Strom über den Kontakt bis auf einen etwaigen geringen, nicht ganz durch die Vormagnetisierung V_H
ausgeglichenen Restbetrag des an sich schon kleinen eigenen Stufenstromes sperrt.
Somit führt, wenn voraussetzungsgemäß die Vormagnetisierung V_{A-} der Hauptschaltdrossel als vorläufig nicht vorhanden angenommen wird, der Nebenweg
während der Ausschaltstufe praktisch stets den vollen natürlichen Stufenstrom i_{st}
der Hauptschaltdrossel. Diese Drossel wird also ohne weitere Maßnahmen unter
allen Betriebsbedingungen, insbesondere auch bei weitgehender Wechselspannungsregelung, immer gerade mit der richtigen Stromstärke magnetisiert. Die Schaltung
Abb. 43,17a verwirklicht somit den bereits der elastischen Vormagnetisierung nach
Abschn. 40.2 zugrunde liegenden Gedanken, die Schaltdrossel während der Ausschaltstufe unter Umgehung des Kontaktes unmittelbar von der Wendespannung
selbst ummagnetisieren zu lassen, in sehr vollkommener Weise. Ihr Fortschritt
gegenüber Abb. 40,9 besteht darin, daß zur Begrenzung des außerhalb des Stufen-
abschnittes fließenden Stromes nicht ein verhältnismäßig hoher Widerstand, an
dem bei der Kontaktöffnung infolge der Unterbrechung des Reststromes Δi ein
Spannungssprung in der Größe von max. 10 V auftritt und als Öffnungsspannung
am Kontakt erscheint, verwendet wird, sondern die beschriebene Ventilanordnung.
Diese gestattet erstens eine Begrenzung des Stromes mit geringeren Verlusten.
Zweitens entsteht infolge der Gegenschaltung der Ventile bei der Unterbrechung des

Reststromes nur eine sehr geringe Spannung von weniger als 1 V als Spannungssprung an dem sehr kleinen Arbeitswiderstande der Ventilanordnung (entsprechend dem flachen Ast der Ventilkennlinie).

In dem parallel zum Nebenwege liegenden Zweige des Hauptstromkreises mit der Hilfsschaltdrossel und dem Kontakt fließt, wenn die Hilfsschaltdrossel nicht vormagnetisiert ist, der Magnetisierungsstrom dieser Drossel. Er ist gegenüber dem der Hauptschaltdrossel nur klein, denn während der Ausschaltstufe der Hauptschaltdrossel findet die Ummagnetisierung der Hilfsschaltdrossel mit nur sehr geringer Geschwindigkeit statt, weil als ummagnetisierende Spannung lediglich der Spannungsabfall der Nebenwegventilanordnung wirksam ist. Dieser Spannungsabfall aber ist auch bei stark wechselnden Betriebsbedingungen nur wenig veränderlich, da er dem Stufenstrom i_{st} der Hauptdrossel und damit der Breite der dynamischen Hystereseschleife derselben verhältnisgleich ist und diese sich selbst bei größeren Änderungen der Wendespannung nur verhältnismäßig wenig ändert. Der Stufenstrom der Hilfsschaltdrossel ist daher erst recht nur geringen Änderungen unterworfen. Er kann infolgedessen viel leichter als der Stufenstrom der Hauptschaltdrossel und mit einem höheren Grade der Vollkommenheit durch die Vormagnetisierung V_H in die Stromnullinie angehoben werden, so daß der Reststrom auch bei stark wechselnden Betriebsbedingungen sehr klein bleibt. Die Kontaktöffnung vollzieht sich also immer so gut wie stromlos, und sowohl vor als auch nach der Kontaktöffnung fließt der ganze Magnetisierungsstrom der Hauptschaltdrossel durch den Nebenweg.

Praktisch werden nun die Hauptschaltdrossel und die Hilfsschaltdrossel nicht voneinander getrennt ausgeführt, sondern sie werden in der gleichen Weise, wie es bereits in Abb. 11,1 für die Hauptdrossel und die Einschaltdrossel gezeigt wurde, zu einer einzigen Drossel mit gemeinsamer Hauptwicklung, aber getrennt vormagnetisiertem Hilfskern und Hauptkern vereinigt (Abb. 43,17b). Der Hilfskern erhält dann einen Eisenquerschnitt, wie er einer Einschaltdrossel entspricht, d. h. die Stufenlänge unter dem Scheitelwert der Wendespannung wird zu etwa 0,1 ms gewählt.

Um den Leistungsverlust in der Nebenweganordnung noch herabzusetzen, kann ähnlich wie bei der in Abschn. 40.3 beschriebenen 2-Komponenten-Ausschaltvormagnetisierung ein Teil der Vormagnetisierung mit Hilfe der Wicklung V_{A-} durch einen Vormagnetisierungskreis mit geringen Leistungsverlusten geliefert werden, wobei die Wicklung z. B. von einem stabilisierten Gleichstrom oder von einem Impuls mit gleichbleibender Stromhöhe durchflossen wird. Die Stromhöhe wird so gewählt, daß sie der statischen Koerzitivkraft H_{c0} des Hauptkernes entspricht. Nur der darüber hinausgehende, dynamische Anteil $i_{st} - \dfrac{w_V}{w} \cdot i_{A-}$ des Stufenstromes wird dann durch den Nebenweg geliefert, und zwar mit idealer Anpassung an alle Betriebsverhältnisse.

Ein Vorteil der beschriebenen kombinierten Nebenweg- und Vormagnetisierungsanordnung ist noch, daß die Zahl der Hilfswicklungen auf die beiden Vormagnetisierungswicklungen V_{A-} und V_H und die Gegenwicklung W_H beschränkt werden kann. Ein Streckkreis ist *prinzipiell* nicht erforderlich, und die Rückmagnetisierung des Hauptkernes kann anstatt mittels der besonderen Wicklung RM auch dadurch bewirkt werden, daß der Rückmagnetisierungsstromkreis galvanisch mit dem Hauptstromkreise verbunden und die Reihenschaltung der Hauptwicklung und der Gegenwicklung, die ja als Ganzes gegenüber dem Hilfskern entkoppelt ist, zur Rückmagnetisierung allein des Hauptkernes benutzt wird. Eine derartige Einsparung von Hilfswicklungen und den zugehörigen Verbindungsleitungen ist besonders dann von Bedeutung, wenn die Schaltdrossel zusammen mit dem Haupttransformator in einem gemeinsamen Ölkessel untergebracht werden soll.

Die Abschnitte 43.1 bis 43.5 über die Nebenwege lassen erkennen, daß es eine ganze Reihe von Möglichkeiten gibt, die Ausschaltverhältnisse einwandfrei zu gestalten. Die Auswahl der für den Einzelfall zweckmäßigsten Nebenwegschaltung kann nur in Verbindung mit der Wahl der Kontaktumformerschaltung und der Vormagnetisierungsart unter Berücksichtigung der jeweiligen Betriebsverhältnisse, insbesondere hinsichtlich der Spannungsregelung, getroffen werden.

44. Die Grundlast.

Beim Kontaktumformer ist, wie bereits in Abschn. 10 ausgeführt wurde, wegen der Schaltdrosseln kein vollkommener Leerlauf möglich. Wenn die äußere Last abgeschaltet ist, so wird wenigstens noch eine kleine innere Last benötigt, damit der Umformer unter Spannung laufen kann. Diese *Grundlast* ist erforderlich, um die Schaltdrosseln so lange gesättigt zu halten, bis die Stromwendung ordnungsgemäß erfolgt ist. Dann wird die Ausschaltstufe wirklich erst dann erzeugt, wenn die Stromwendung beendet ist, und die Begrenzung des zu unterbrechenden Stromes auf einen zulässigen geringen Wert ist gewährleistet. Ohne eine genügende Grundlast dagegen kann die Stromstufe unter dem Einfluß der Vormagnetisierung bereits vorzeitig zu einem ungeeigneten Zeitpunkte ablaufen und daher u. U. bereits beendet sein, bevor überhaupt der Kontakt sich öffnet. Um das zu verhindern, muß die Durchflutung des Grundlaststromes somit größer sein als die des Vormagnetisierungsstromes. Das ist die *erste* Bedingung für die Höhe der Grundlast. Eine *zweite* ist dadurch gegeben, daß der Grundlaststrom ausreichend hoch sein muß, eine dem Sättigungswert nahekommende Polarisation M_0 zu erzeugen, die noch auf dem flachen Ast der Kommutierungskurve oder wenigstens am oberen Auslauf des Knies derselben liegt. Dieses ist erforderlich, um den Faktor $\gamma = \dfrac{2\,(M_n - M_0)}{\varDelta M}$ [vgl. Gl. (31,5)] klein zu halten, damit gemäß Gl. (31,8) für eine gegebene Stufenlänge ein möglichst hoher Grenzstrom i_{bm} erreicht wird.

44.1 Die Grundlast bei starrer Vormagnetisierung.

Bei Verwendung einer starren Vormagnetisierung nach Abschn. 40.1 entspricht der Scheitelwert des Vormagnetisierungsstromes nach Gl. (40,5) ungefähr der Feldstärke $H_2\big/\!\left(1 - \dfrac{z}{2}\right)$, d. h. einer Polarisation, die in der Nähe von M_2 liegt (vgl. Abb. 18,9). Mit Rücksicht auf den Faktor γ muß nun aber, wie schon gesagt, M_0 so hoch gewählt werden, daß dieser Wert noch auf dem oberen, flachen Teil der Kommutierungskurve gelegen ist. Bei einem Wert $M_0 = 15{,}15$ kG nach Tab. 18,1, der dieser Bedingung entspricht, liegt auf der Kommutierungskurve von beispielsweise Abb. 18,6 der zugeordnete Wert $H_0 = 1{,}42$ A/cm bereits so viel höher als der Wert $H_2\big/\!\left(1 - \dfrac{z}{2}\right)$ mit $H_2 = 0{,}53$ A/cm, daß auch die erste Bedingung für die Höhe des Grundlaststromes schon von selbst erfüllt und die richtige Lage der Ausschaltstufe gesichert ist.

Wenn nun mit $\varDelta$ wieder der auf den Mittelwert des Gleichstromes (der in diesem Falle der Grundlaststrom I_{g0} ist) bezogene Wert der negativen Stromschwankung

$\mathit{\Delta I_g}$ bezeichnet wird (vgl. Abb. 28,2), so folgt für einen durch die Kommutierungskurve festgelegten Mindestwert H_0 der Mittelwert des benötigten Grundlaststromes zu

$$I_{g0} \geqq \frac{H_0\, l_{\text{Fe}}}{w}\, \frac{1}{1-\mathit{\Delta}}. \tag{44,1}$$

Um nun den Grundlaststrom und damit den Leistungsverlust im Grundlastkreise nicht unnötig hoch werden zu lassen, sollte zur Geringhaltung von $\mathit{\Delta}$ zumindest bei größeren Regelbereichen der Teilaussteuerung eine Glättungsdrossel im Grundlastkreise verwendet werden. Die für eine zugelassene bezogene Stromschwankung $\mathit{\Delta}$ (z. B. 10%) erforderliche Glättungsinduktivität kann mit $I_g = I_{g0}$ aus Gl. (28,11) berechnet werden. Wenn bei veränderlicher Gleichspannung der Grundlaststrom nicht durch besondere Hilfsmittel auf einer gleichbleibenden Höhe gehalten wird, sondern der Einfachheit halber ein fester Grundlastwiderstand Verwendung findet, so ändert sich der Grundlaststrom verhältnisgleich der Ausgangsspannung. In diesem Falle ist unter I_{g0} der niedrigste Grundlaststrom bei der kleinsten Gleichspannung zu verstehen.

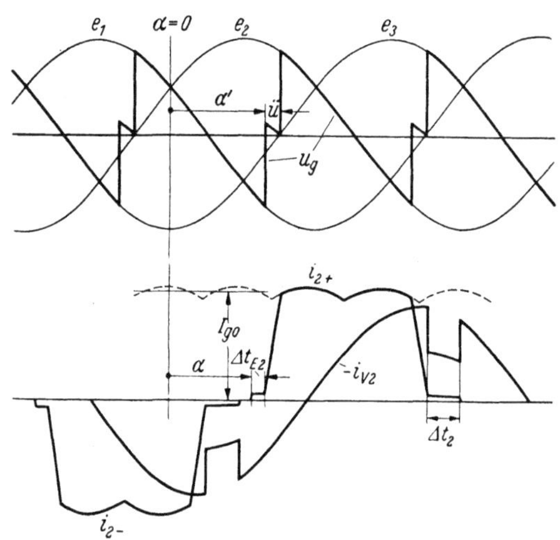

Abb. 44,1. Zeitlicher Verlauf des Grundlaststromes und des Stromes der elastischen Vormagnetisierung bei der 3phasigen Dreidrossel-Brückenschaltung.
u_g extrem weit herabgesteuerte Gleichspannung der positiven Kontaktgruppe; — I_g, Mittelwert des Grundlaststromes; — i_{2+}, i_{2-} Strom der Phase 2; — i_{V2} Vormagnetisierungs-Querstrom zwischen den Phasen 2 und 3 (im Diagramm ist dieser Strom zum Zwecke des besseren Vergleiches mit negativem Vorzeichen dargestellt).

Allgemein sei mit Bezug auf Abschn. 43.2 noch einmal bemerkt, daß eine große, ungeglättete Grundlast wie ein Querdämpfer wirkt und bei kapazitiven Nebenwegen die Schwingung des Ausschaltstufenstromes wenigstens in einem gewissen Umfang herabsetzt, während bei Anwesenheit einer Glättungsdrossel im Grundlastkreise die dämpfende Wirkung praktisch aufgehoben ist.

44.2 Die Grundlast bei elastischer Vormagnetisierung.

Bei der elastischen Vormagnetisierung nach Abschn. 40.2 hat der größtmögliche Augenblickswert des Vormagnetisierungsstromes den Betrag $I_V\sqrt{2}$, wobei I_V durch Gl. (40,16) gegeben ist. Damit in tiefgesteuertem Zustande keine vorzeitige Ummagnetisierung der Schaltdrossel eintritt, darf der niedrigste Augenblickswert des Grundlaststromes an der tiefsten Einbuchtung dieses Stromes nicht kleiner sein als der Scheitelwert des genannten Vormagnetisierungs-Querstromes, wie aus Abb. 44,1 am Beispiel einer 3phasigen Dreidrossel-Brückenschaltung ersehen werden kann. Dementsprechend ergibt sich der Mittelwert I_{g0} des Grundlaststromes bei der niedrigsten Gleichspannung aus der Bedingung

$$I_{g0} \geqq I_V\sqrt{2}\, \frac{1}{1-\mathit{\Delta}}. \tag{44,2}$$

Wenn diese Gleichung jedoch einen Wert von I_{g0} liefert, der niedriger ist als derjenige Wert, den man mit H_0 für einen hinsichtlich γ annehmbaren Wert von M_0 aus Gl. (44,1) erhält, so muß dieser zweite Wert von I_{g0} verwendet werden.

44.3 Die Grundlast bei der selbsttätig sich anpassenden Vormagnetisierung.

Für die selbsttätig sich anpassende Vormagnetisierung nach Abschn. 40.3 gelten wegen der Verschiedenheit der Windungszahlen der Hauptwicklung und der beiden Vormagnetisierungswicklungen entsprechende Überlegungen in sinngemäßer Übertragung auf die *Durchflutung* des Grundlaststromes einerseits und die Summe der Durchflutungen der Vormagnetisierungskomponenten andererseits:

$$I_{g0}\, w\,(1-\varDelta) \gtrless i_{A-}\, w_{A-} + i_{A\sim}\, w_{A\sim}$$

mit i_{A-} nach Gl. (40,18) und $i_{A\sim}$ nach Gl. (40,19). Damit ergibt sich der Mittelwert des Grundlaststromes zu

$$I_{g0} \gtrless \frac{i_{A-}\, w_{A-} + i_{A\sim}\, w_{A\sim}}{w\,(1-\varDelta)}\,. \tag{44,3}$$

X. Kurzschlußstrom und Schutz.

45. Der Kurzschlußstrom.

Wenn außer den Induktivitäten des Netzes und des Gleichrichtertransformators noch die Luftinduktivität L_D und die Stufenlänge $\varDelta t_s$ der Schaltdrossel bekannt sind, so kann der im Störungsfalle entstehende Kurzschlußstrom berechnet werden. Die Kenntnis des Kurzschlußstromes ist wichtig in bezug auf die Wicklungen des Transformators und der Schaltdrosseln wegen der dort auftretenden elektrodynamischen Kräfte und insbesondere auch in bezug auf die Kontakte des Kurzschließers, die diesen hohen Strömen standzuhalten haben.

Die folgenden Abschnitte befassen sich mit der Berechnung des *Dauer*kurzschlußstromes. Die ohmschen Widerstände der Stromkreise werden dabei vernachlässigt. In Wirklichkeit sind daher etwas geringere Kurzschlußströme zu erwarten, und wir befinden uns hinsichtlich der tatsächlichen Beanspruchungen auf der sicheren Seite. Ferner wird der von der Gleichstromseite herrührende Anteil des Kurzschlußstromes, der ebenfalls die Kurzschließerkontakte durchfließen würde, außer Betracht gelassen, weil angenommen wird, daß der Rückstromschnellschalter die Abschaltung des Gleichstromes bereits in der Nähe des Gleichstrom-Nulldurchganges vornimmt. Wo das nicht der Fall ist, muß dieser zusätzliche Anteil des Kurzschlußstromes aus der durch die Daten des Gleichstromkreises bestimmten Änderungsgeschwindigkeit des Gleichstromes und der Zeitspanne, die der Rückstromschalter bis zur Unterbrechung braucht, abgeschätzt werden.

Die Größe des Kurzschlußstromes hängt in hohem Maße von dem Betrage der Stufenlänge der Schaltdrosseln ab. Um das zu zeigen, werde zunächst ein einfacher Einphasenstromkreis betrachtet, wie er z. B. für Eisenmessungen benutzt wird und in Abb. 6,6 dargestellt ist. Wie wir später sehen werden, lassen sich hieraus auch bereits in einfacher Weise die Kurzschlußströme von Einphasen-Gleichrichterschaltungen sowie die Kurzschlußströme beim 1poligen und beim 2poligen Kurzschluß eines Dreiphasenkreises ableiten. Die Berechnung des 3poligen Kurzschlußstromes dagegen ist verwickelter und erfordert eine noch eingehendere Behandlung.

45.1 Der Dauerkurzschlußstrom bei Einphasenstrom.

Die Spannungs- und Stromkurven des betrachteten Einphasenkreises sind ebenfalls aus Abb. 6,6 ersichtlich. Sie sind in Abb. 45,1 noch einmal wiederholt, wobei jedoch der gegenüber den außerhalb der Stufe hohen Werten des Stromes verschwin-

dend geringe Betrag des Stromes während der Stufe vernachlässigt ist; die Stufe
fällt dann mit der Nullinie zusammen. Der wirkliche Kurzschlußstrom zu beliebigen
Zeitpunkten ωt ist mit i_k bezeichnet und hat den Scheitelwert I_{km}. Außer dieser
Kurve ist noch eine zweite Kurve i_{k0} aufgezeichnet, die einen sinusförmigen Verlauf
und den Scheitelwert $I_{k0m} = I_{k0}\sqrt{2}$ mit I_{k0} als Effektivwert hat. Diese Kurve
stellt den Kurzschlußstrom für den theoretischen Grenzfall dar, daß die Schaltdrosselspule keinen Eisenkern besitzt, sondern daß nur die Luftinduktivität L_D der
Spule vorhanden und die Stufenlänge also gleich Null ist. Wenn mit diesem Wert L_D
der ganze Stromkreis die Gesamtinduktivität L und dementsprechend die Gesamtreaktanz $L\omega = X$ hat, so ist der Scheitelwert I_{k0m} des theoretischen, höchsten
Kurzschlußstromes gegeben durch

$$I_{k0m} = \frac{E\sqrt{2}}{L\omega} = \frac{E\sqrt{2}}{X} = I_{k0}\sqrt{2}\;. \tag{45,1}$$

Dieser Wert wird im folgenden stets als Bezugswert verwendet werden.

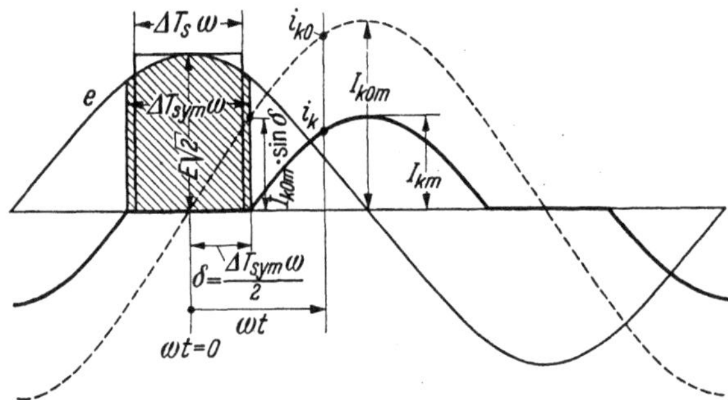

Abb. 45,1. Spannung und Strom beim Kurzschluß eines einphasigen
Stromkreises.

Hinsichtlich der Stufen-
länge muß man sich vergegenwärtigen, daß, zumindest bei
Nickeleisen, der Kern bereits
seine vollständige Sättigung
erreicht hat bei einem Augenblickswert i_k des Kurzschlußstromes, der verhältnismäßig
klein gegenüber dem Scheitelwert I_{km} ist. Daher ist für die
Größe des Kurzschlußstromes
die Bruttostufenlänge ΔT_s
nach Gl. (16,4) bestimmend.

Diese Stufenlänge ergibt sich aus der nutzbaren Stufenlänge Δt_s nach Gl. (16,3)
mit $M_m \approx M_n$ zu

$$\Delta T_s = \Delta t_s \frac{2\,M_m}{\Delta M} = \Delta t_s\,\beta_A\;. \tag{45,2}$$

Weiterhin ist zu beachten, daß ΔT_s ein fiktiver Wert ist, der nur als Rechengröße
eingeführt worden war. Wie bereits früher auseinandergesetzt wurde, ist ΔT_s diejenige Stufenlänge, die sich einstellen würde, wenn die Ummagnetisierung der
Schaltdrossel durch eine rechteckförmige Spannungsfläche mit der gleichbleibenden
Höhe $E\sqrt{2}$ (Abb. 45,1) erfolgte. In Wirklichkeit aber ist die Spannungsfläche ein
Ausschnitt aus einer Sinusfläche (schraffierte Fläche in Abb. 45,1), und die wirkliche Stufenlänge ΔT_{sym} ist infolgedessen größer als ΔT_s. Bei kleinen Beträgen
sind ΔT_{sym} und ΔT_s nahezu gleich; bei größeren Beträgen aber ist der Unterschied
nicht mehr zu vernachlässigen. Die Beziehung zwischen beiden Größen kann durch
Gleichsetzung der zugehörigen Spannungsflächen gefunden werden. Führt man
zur Vereinfachung noch

$$\frac{\Delta T_{sym}\,\omega}{2} = \delta \tag{45,3}$$

ein (s. Abb. 45,1), so ergibt sich

$$E\sqrt{2}\,\Delta T_s\,\omega = \int_{-\delta}^{+\delta} E\sqrt{2}\cos\omega t\,d\omega t = E\sqrt{2}\cdot 2\sin\delta\,,$$

woraus folgt

$$\boxed{\frac{\Delta T_s\,\omega}{2} = \sin\delta = \sin\frac{\Delta T_{sym}\,\omega}{2}}$$ (45,4)

oder

$$\frac{\Delta T_{sym}\,\omega}{2} = \delta = \arcsin\frac{\Delta T_s\,\omega}{2}\,.$$ (45,5)

Wie aus Abb. 45,1 hervorgeht, kann in einem Einphasenkreise kein Kurzschluß-strom mehr zustande kommen, wenn die wirkliche Stufenlänge $\Delta T_{sym}\omega$ auf 180° oder π rad vergrößert wird. Der diesem Betrag entsprechende fiktive Wert $\Delta T_s\omega$ ergibt sich mittels Gl. (45,4) zu 2,0 rad. Bei einer Netzfrequenz von 50 Hz entspricht somit der für das Verschwinden des Kurzschlußstromes erforderlichen wirklichen Stufenlänge $\Delta T_{sym} = 10$ ms von der Dauer einer halben Periode ein fiktiver Rechnungswert $\Delta T_s = 6{,}4$ ms.

Um nun den *Augenblickswert* i_k des Kurzschlußstromes in Abhängigkeit von ωt zu erhalten, wird die integrierte Form des Induktionsgesetzes Gl. (29,2) zur Bestimmung der Stromänderung aus der Spannungsfläche herangezogen:

$$\Delta i_{2,1} = i_2 - i_1 = \frac{1}{L\omega}\int\limits_{\omega t_1}^{\omega t_2} e\,d\omega t\,.$$

Wird $\omega t = 0$ auf den Schnittpunkt der Sinuskurve i_{k0} mit der Nullinie gelegt und i_1 gleich Null gesetzt, d. h. die Stromänderung von der Nullinie aus gerechnet, so ist i_k gleich i_2 und ergibt sich zu

$$i_k = \frac{1}{L\omega}\int\limits_{\delta}^{\omega t} E\sqrt{2}\,\cos\omega t\,d\omega t = \frac{E\sqrt{2}}{L\omega}(\sin\omega t - \sin\delta)$$

und mit I_{k0m} nach Gl. (45,1):

$$i_k = I_{k0m}\left(\sin\omega t - \frac{\Delta T_s\,\omega}{2}\right).$$ (45,6)

Diese Gleichung besagt, daß i_k ein Stück der Sinuskurve i_{k0} ist, das jedoch um den Betrag $I_{k0m}\dfrac{\Delta T_s\,\omega}{2} = I_{k0m}\sin\delta$ in Richtung auf die Nullinie verschoben ist, wie in Abb. 45,1 dargestellt ist.

Aus der vorstehenden Gleichung ergibt sich mit $\omega t = 90°$ der *Scheitelwert* I_{km} des wirklichen Kurzschlußstromes in Abhängigkeit von ΔT_s:

$$I_{km} = I_{k0m}\left(1 - \frac{\Delta T_s\,\omega}{2}\right),$$ (45,7)

und der auf den Scheitelwert I_{k0m} des theoretischen höchsten Kurzschlußstromes bei der Stufenlänge Null bezogene Scheitelwert des wirklichen Kurzschlußstromes folgt dann zu

$$\boxed{k_m = \frac{I_{km}}{I_{k0m}} = 1 - \frac{\Delta T_s\,\omega}{2}\,.}$$ (45,8)

Dieser Zusammenhang zwischen k_m und ΔT_s ist eine gerade Linie, die in Abb. 45,2 aufgetragen ist. Dort wurde allerdings als Abszisse nicht ΔT_s in ms, sondern $\Delta T_s\omega$ in rad gewählt, wodurch ein und dieselbe Darstellung für beliebige Frequenzen Gültigkeit erhält. Der höchste Wert von k_m ist 1 bei $\Delta T_s\omega = 0$, und der kleinste Wert ist Null bei $\Delta T_s\omega = 2{,}0$ rad in Übereinstimmung mit dem bereits früher für den Kurz-schlußstrom Null gefundenen Ergebnis. Um nun den Scheitelwert I_{km} des Kurzschlußstromes für eine gegebene nutzbare Stufenlänge Δt_s in Sekunden bei einer gegebenen Frequenz f zu ermitteln, berechne man zunächst I_{k0m} mittels Gl. (45,1), entnehme sodann der Abb. 45,2 den Wert k_m für $\Delta T_s \omega = \Delta t_s \beta_A\, 2\pi f$ und berechne schließlich $I_{km} = k_m I_{k0m}$. Der Endwert $\Delta T_s \omega = 2{,}0$ rad der graphischen Darstellung Abb. 45,2 entspricht mit $\beta_A = 1{,}175$ für Nickeleisen (vgl. Tab. 32,1) den nutzbaren Stufenlängen $\Delta t_s = 10{,}8$ ms bei 25 Hz, $\Delta t_s = 5{,}4$ ms bei 50 Hz und $\Delta t_s = 4{,}5$ ms bei 60 Hz.

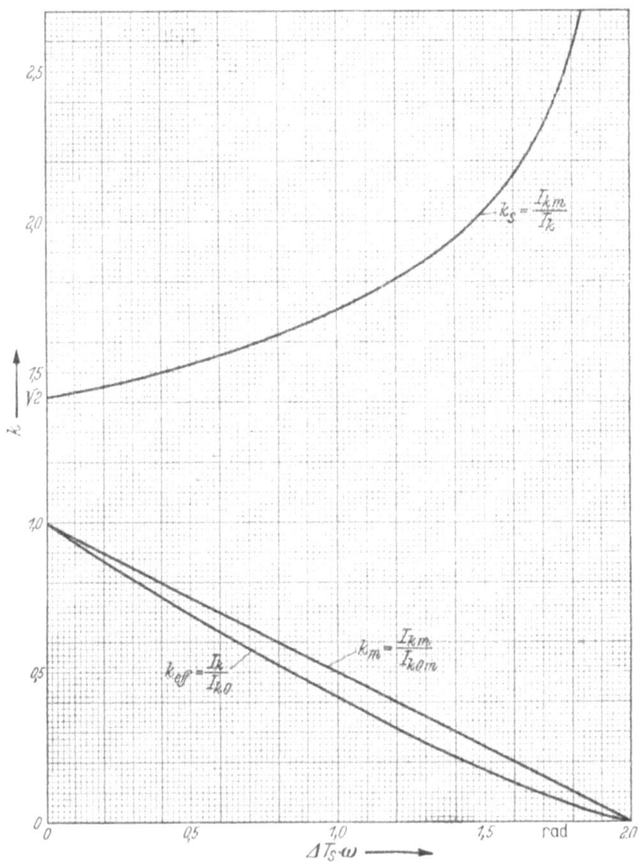

Abb. 45,2. Bezogener Scheitelwert k_m, bezogener Effektivwert k_{eff} und Scheitelfaktor k_s bei Dauerkurzschluß eines einphasigen Stromkreises.

Um den *Effektivwert* I_k des Kurzschlußstromes in Abhängigkeit von ΔT_s zu erhalten, muß das Quadrat des Augenblickswertes i_k nach Gl. (45,6) zwischen den Grenzen $\delta = \dfrac{\Delta T_{sym}\, \omega}{2}$ und 90° ($= \dfrac{\pi}{2}$ rad) integriert werden:

$$I_k = \sqrt{\frac{1}{\pi/2} \int_{\delta}^{\pi/2} i_k^2\, d\omega t} = I_{k0} \sqrt{\frac{4}{\pi} \int_{0}^{\pi/4} (\sin\omega t - \sin\vartheta)^2\, d\omega t}$$

mit $I_{k0} = \dfrac{E}{L\omega}$. Der auf den Effektivwert I_{k0} des größtmöglichen Kurzschlußstromes bei der Stufenlänge Null bezogene Effektivwert des wirklichen Kurzschlußstromes I_k ergibt sich nach Ausführung der Integration dann zu

$$k_{eff} = \frac{I_k}{I_{k0}} = \sqrt{(2 - \cos 2\delta)\left(1 - \frac{2\delta}{\pi}\right) - \frac{3}{\pi}\sin 2\delta} \qquad (45{,}9)$$

mit $\delta = \text{arc sin}\, \dfrac{\Delta T_s \omega}{2}$. Der Wert von k_{eff} ist in Abhängigkeit von $\Delta T_s \omega$ ebenfalls in Abb. 45,2 als Kurve aufgetragen.

Mitunter, z. B. bei Eisenprüfungen, ist es auch erwünscht, den Effektivwert I_k des Stromes für eine gegebene Stufenlänge ΔT_s und einen vorgegebenen Scheitelwert I_{km} zu kennen. Der Effektivwert kann nämlich auch bei stark verzerrten Strömen leicht an einem geeigneten Strommesser abgelesen werden. Der Scheitelwert dagegen, auf den es bei der Magnetisierungskurve ankommt, kann nicht in gleich einfacher Weise gemessen werden. Wenn aber der *Scheitelfaktor* $k_s = I_{km}/I_k$ für die gegebene Stufenlänge bekannt ist, so braucht man nur den Effektivwert des Stromes auf den Betrag $I_k = I_{km}/k_s$ einzustellen, um den gewünschten Scheitelwert I_{km}, mit dem die Messung durchgeführt werden soll, im Stromkreise zu erhalten. Der Scheitelfaktor läßt sich nun aber sofort aus Gl. (45,8) und (45,9) finden:

$$k_s = \frac{I_{km}}{I_k} = \sqrt{2}\,\frac{k_m}{k_{eff}}.$$

Nach Einsetzen der entsprechenden Ausdrücke erhält man dann

$$k_s = \frac{\sqrt{2}\,(1 - \sin\delta)}{\sqrt{(2 - \cos 2\delta)\left(1 - \frac{2\delta}{\pi}\right) - \frac{3}{\pi}\sin 2\delta}}. \qquad (45{,}10)$$

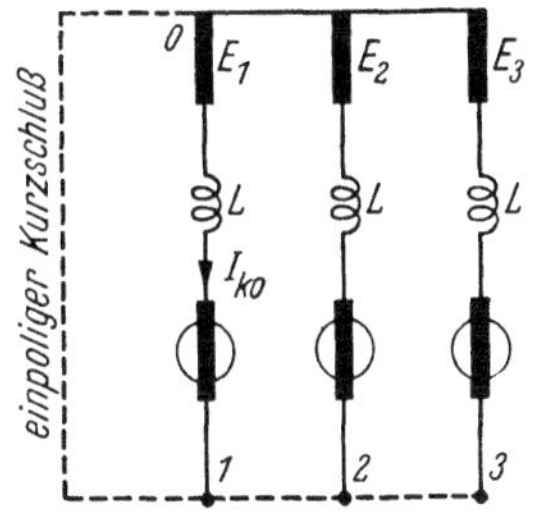

Auch diese Kurve ist in Abb. 45,2 aufgetragen. Sie beginnt mit $k_s = \sqrt{2}$ bei $\Delta T_s \omega = 0$ (sinusförmiger Strom) und steigt mit wachsender Stufenlänge an.

Mit Hilfe von Abb. 45,2 kann auch der Dauerkurzschlußstrom von *Einphasen-Gleichrichterschaltungen* berechnet werden, wie in Abschn. 45.3 noch näher erläutert wird.

einpoliger Kurzschluß — 0 — E_1 — E_2 — E_3 — L — L — L — I_{k0} — 1 — 2 — 3

Abb. 45,3. Schaltbild für Kurzschluß bei Drehstrom.

45.2 Der Dauerkurzschlußstrom bei Drehstrom.

An Hand des 3phasigen Schaltbildes Abb. 45,3 kann der Dauerkurzschlußstrom sowohl der 3phasigen Sternpunkt-Gleichrichterschaltung als auch der 3phasigen Dreidrossel- und Sechsdrossel-Brückenschaltungen berechnet werden. Es müssen jetzt aber 3 verschiedene Arten des Kurzschlusses unterschieden werden:

1. der *1polige Kurzschluß* (zwischen dem Sternpunkt *0* und einer Phase, wie durch die gestrichelte Linie in Abb. 45,3 angedeutet ist),

2. der *2polige Kurzschluß* (z. B. zwischen den Punkten *1* und *2*), der dem Vorgang der Stromwendung und der Rückzündung entspricht,

3. *der 3polige Kurzschluß* (Punkte *1, 2* und *3* verbunden), der dem Fall entspricht, daß der Kurzschließer angesprochen hat.

Als *Bezugswert* I_{k0m3} wird in allen 3 Fällen der Wert des 3poligen Kurzschlußstromes gewählt. Wenn unter L und X die Induktivität bzw. die Reaktanz *einer* Phase und unter E die Sternspannung verstanden wird, so ist dieser Strom wieder durch Gl. (45,1) gegeben.

45.21 Einpoliger Kurzschluß.

Hierbei ist der Stromkreis als solcher der gleiche wie der bereits in Abschn. 45.1 betrachtete Einphasen-Stromkreis. Die Stufenlänge ΔT_s der Schaltdrossel jedoch bezieht sich gemäß Gl. (16,4) auf die Wendespannung $E_W = E\sqrt{3}$. Wenn nun aber in dem Einphasen-Stromkreise von Abb. 45,3 an Stelle von $E\sqrt{3}$ nur die Spannung E wirksam ist, so ist bei der gleichen Schaltdrossel die Stufenlänge im Kurzschlußfall das $\sqrt{3}$-fache von ΔT_s nach Gl. (16,4). Folglich geht Gl. (45,8) für diesen Fall über in

$$k_{m1} = \frac{I_{km1}}{I_{k0m3}} = 1 - \sqrt{3}\,\frac{\Delta T_s\,\omega}{2}\,. \tag{45,11}$$

Dieser Gleichung entspricht die grob gestrichelte Gerade k_{m1} in Abb. 45,4. Der Strom Null wird erreicht bei $\Delta T_s\omega = 2/\sqrt{3} = 1{,}15$ rad.

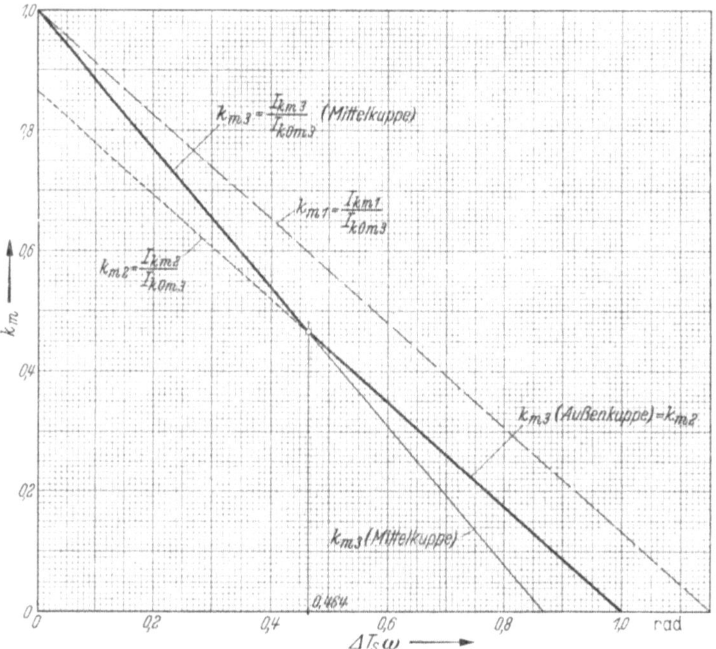

Abb. 45,4. Dauerkurzschluß bei Drehstrom. Bezogener Scheitelwert k_{m1} bei 1poligem Kurzschluß, k_{m2} bei 2poligem Kurzschluß und k_{m3} bis 3poligem Kurzschluß.

45.22 Zweipoliger Kurzschluß.

Der in diesem Falle vorliegende Stromkreis entspricht wiederum dem Einphasen-Stromkreise von Abschn. 45.1. Nur liegen jetzt 2 Schaltdrosseln in Reihe an der Spannung $E_W = E\sqrt{3}$. Die Stufenlänge ΔT_s *einer* Schaltdrossel nach der Definition von Gl. (16,4) aber bezieht sich auf die gleiche Spannung E_W. Wenn diese Spannung jetzt 2 Schaltdrosseln in Reihe speist, so beträgt die Stufenlänge im Kurzschlußfalle folglich das Doppelte von ΔT_s. Ferner wird gegenüber Abschn. 45.1 anstatt der Induktivität L durch die Spannung E jetzt die Induktivität $2L$ durch die Spannung $E\sqrt{3}$ gespeist. Das bedeutet, daß gegenüber Gl. (45,8) die ganze Kurzschlußstromkurve jetzt nur die $\sqrt{3}/2$-fache Höhe hat. Mit Berücksichtigung dieses Umstandes sowie der besagten Erhöhung der Stufenlänge auf das Doppelte von $\varDelta T_s$ ist Gl. (45,8) somit abzuwandeln in

$$k_{m2} = \frac{I_{km2}}{I_{k0m3}} = \frac{\sqrt{3}}{2}\,(1 - \varDelta T_s\,\omega)\,. \qquad (45,12)$$

Dieser Zusammenhang ist durch die fein gestrichelte Gerade k_{m2} in Abb. 45,4 wiedergegeben. Der Strom Null wird erhalten mit $\varDelta T_s\omega = 1{,}0$ rad.

45.23 Dreipoliger Kurzschluß.

Selbst jetzt kann der Berechnung des Kurzschlußstromes noch der bisher benutzte Einphasen-Stromkreis zugrunde gelegt werden, wenn an Stelle der sinusförmigen Spannung E die Kurve derjenigen Spannung integriert wird, die tatsächlich zwischen den Punkten 0 und 1 von Abb. 45,3 als treibende Spannung auftritt. Da jede der 3 Schaltdrosseln einmal in jeder Halbwelle ihre Stufe durchläuft, wobei die einander entsprechenden Abschnitte der 3 Schaltdrosseln eine gegenseitige Phasenverschiebung von 120° haben, so besteht jede Halbwelle aus einer Anzahl

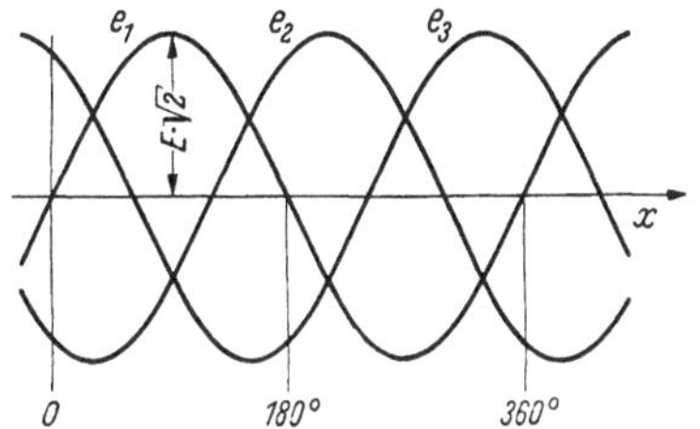

Abb. 45,5. Zur Untersuchung des 3poligen Kurzschlusses: Verlauf der Phasenspannungen und Zeitzählung.

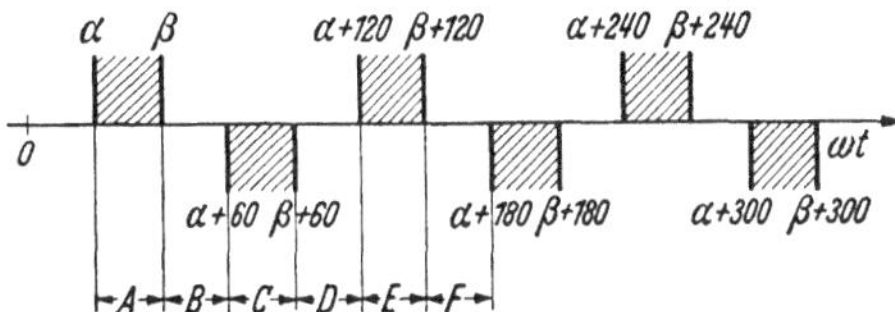

Abb. 45,6. Zur Untersuchung des 3poligen Kurzschlusses: Zeitliche Lage der Öffnungsdauer der Ersatzschalter.

verschiedener Abschnitte, die bei der Integration getrennt behandelt werden müssen. Infolgedessen hat der Kurzschlußstrom i_k eine verwickeltere Form. Bei der Berechnung seines zeitlichen Verlaufes folgen wir einem von M. ZÜHLKE angegebenen Verfahren. Dabei werden die Schaltdrosseln in Abb. 45,3 gedanklich durch Schalter ersetzt, die sich beim Nulldurchgang des zugehörigen Stromes öffnen und die dann wieder geschlossen werden, wenn das während der Öffnungsdauer am Schalter auftretende Spannungszeitintegral gleich der Spannungsfläche der Schaltdrossel geworden ist.

Wir gehen aus von dem in Abb. 45,5 dargestellten Verlauf der Phasenspannungen. Die Zählung der Zeit beginnt beim Nulldurchgang der Phasenspannung e_1. Statt der Zeit sind die entsprechenden elektrischen Winkel aufgetragen. Die zeitliche Lage der Öffnungsdauern der Ersatzschalter ist zunächst noch nicht bekannt. Wir nehmen an, daß die Öffnung der Phase 1 beim Winkel α, die Schließung beim Winkel β erfolgt (Abb. 45,6). Dann muß für den Dauerkurzschlußfall aus Symmetriegründen der Schalter dieser Phase in der entgegengesetzten Halbwelle von $\alpha + 180°$ bis $\beta + 180°$ geöffnet sein. Weiterhin erstrecken sich aus Symmetriegründen die Öffnungszeiten der Phase 2 von $\alpha + 120°$ bis $\beta + 120°$ bzw. von $\alpha + 300°$ bis $\beta + 300°$, und die der Phase 3 von $\alpha - 120°$ bis $\beta - 120°$ bzw. von $\alpha + 60°$ bis $\beta + 60°$. Für die Rechnung werde zunächst angenommen, daß die Stufen der Schaltdrosseln so kurz sind, daß jeweils nur immer eine Schaltdrossel entsättigt ist, die Öffnungszeiten der Ersatzschalter also einander nicht überlappen. Der Zeitraum von α bis $\alpha + 180°$ zerfällt dann in 6 Abschnitte A bis F (s. Abb. 45,6), die in der Rechnung getrennt zu behandeln sind. Wir bestimmen nun in Phase *1* den Winkel β und den Strom unter zunächst willkürlicher Annahme von α. Nachträglich wird α dann so bestimmt, daß der Strom genau bei $\alpha + 180°$ wieder Null wird.

Abschnitt A. Der Schalter *1* ist offen. Der Sternpunkt der Drosseln befindet sich somit, da die anderen beiden Drosseln gesättigt sind, auf dem mittleren Potential zwischen den Phasen *2* und *3*. Am Schalter *1* liegt also die Spannung

$$u = e_1 - \frac{e_2 + e_3}{2} = \frac{3}{2} E \sqrt{2} \sin x .$$

Für die Spannungsfläche gilt daher

$$\sqrt{3} E \sqrt{2}\, \Delta T_s = \int_\alpha^\beta u\, dt = \frac{1}{\omega} \frac{3}{2} E \sqrt{2} (\cos\alpha - \cos\beta) ,$$

woraus folgt

$$\cos\beta = \cos\alpha - \frac{2}{\sqrt{3}}\, \Delta T_s\, \omega . \tag{45,13}$$

Mit α ist also auch β bestimmt. Der Strom in Phase *1* während des Abschnittes A ist Null.

Abschnitt B. Die Schalter *1*, *2* und *3* sind alle geschlossen. An den in Stern geschalteten, gesättigten Drosseln liegt der symmetrische Spannungsstern des Transformators. An der Induktivität L der Drossel der Phase *1* ist folglich die Phasenspannung

$$u = e_1 = E \sqrt{2} \sin x$$

wirksam. Die Stromänderung in Phase *1* wird daher nach Gl. (29,2)

$$\Delta i_B = \frac{1}{L} \int_\beta^{\alpha+60} u\, dt = \frac{E\sqrt{2}}{L\omega} [\cos\beta - \cos(\alpha + 60)]$$

$$= I_{k0m3} [\cos\beta - \cos(\alpha + 60)] . \tag{45.14}$$

Abschnitt C. Der Schalter *3* ist geöffnet. An der Phase *1* liegt aus Symmetriegründen die Spannung

$$u = \frac{e_1 - e_2}{2} = \frac{\sqrt{3}}{2} E \sqrt{2} \sin(x + 30) .$$

Die Stromänderung in Phase *1* wird daher

$$\Delta i_C = \frac{1}{L} \int_{\alpha+60}^{\beta+60} u\, dt = \frac{E\sqrt{2}}{L\omega} \frac{\sqrt{3}}{2} [\cos(\alpha + 90) - \cos(\beta + 90)]$$

$$= I_{k0m3} \frac{\sqrt{3}}{2} (\sin\beta - \sin\alpha) . \tag{45,15}$$

Abschnitt D. Alle Schalter sind wieder geschlossen. An Phase *1* liegt die Spannung

$$u = e_1 = E \sqrt{2} \sin x .$$

Die Stromänderung in Phase *1* wird damit

$$\Delta i_D = \frac{1}{L} \int_{\beta+60}^{\alpha+120} u\, dt = \frac{E\sqrt{2}}{L\omega} [\cos(\beta + 60) - \cos(\alpha + 120)]$$

$$= I_{k0m3} [\cos(\beta + 60) - \cos(\alpha + 120)] . \tag{45,16}$$

Abschnitt E. Der Schalter *2* ist geöffnet. An Phase *1* liegt die Spannung

$$u = \frac{e_1 - e_3}{2} = \frac{\sqrt{3}}{2} E\sqrt{2}\,\sin(x - 30)\,.$$

Die Stromänderung in Phase *1* beträgt

$$\Delta i_E = \frac{1}{L} \int\limits_{\alpha+120}^{\beta+120} u\,dt = \frac{E\sqrt{2}}{L\omega}\,\frac{\sqrt{3}}{2}\,[\cos(\alpha + 90) - \cos(\beta + 90)]$$

$$= I_{k0m3}\,\frac{\sqrt{3}}{2}\,(\sin\beta - \sin\alpha)\,. \tag{45,17}$$

Abschnitt F. Alle Schalter sind geschlossen. An Phase *1* liegt die Spannung

$$u = e_1 = E\sqrt{2}\,\sin x\,.$$

Die Stromänderung in Phase *1* beträgt

$$\Delta i_F = \frac{1}{L} \int\limits_{\alpha+120}^{\beta+180} u\,dt = \frac{E\sqrt{2}}{L\omega}\,[\cos(\beta + 120) - \cos(\alpha + 180)]$$

$$= I_{k0m3}\,[\cos(\beta + 120) + \cos\alpha]\,. \tag{45,18}$$

Die Gesamtstromänderung von β bis $\alpha + 180°$ wird dann nach Ausrechnung der Summe aus den Gln. (45,14) bis (45,18):

$$\sum_{\beta}^{\alpha+180} \Delta i = I_{k0m3}\,(\cos\beta + \cos\alpha)\,. \tag{45,19}$$

Diese soll aber Null sein. Wir haben also die beiden Gleichungen

$$\cos\alpha + \cos\beta = 0 \tag{45,19 a}$$

und

$$\cos\alpha - \cos\beta = \frac{2}{\sqrt{3}}\,\Delta T_s\,\omega\,. \tag{45,13 a}$$

Hieraus ergibt sich

$$\cos\alpha = \frac{\Delta T_s\,\omega}{\sqrt{3}}\,, \tag{45,20}$$

$$\cos\beta = -\frac{\Delta T_s\,\omega}{\sqrt{3}}\,. \tag{45,21}$$

Die Winkel α und β liegen also symmetrisch zu 90°. Mit α und β sind dann aber alle Ströme bekannt.

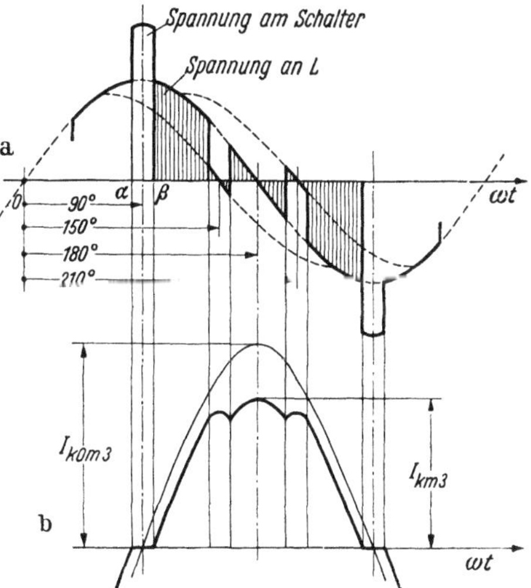

Abb. 45,7. Zeitlicher Verlauf der Spannung und des Stromes bei 3poligem Kurzschluß.
a Spannung an der Phase *1*; — b Kurzschlußstrom in Phase *1*.

Trägt man die an der Phase *1* liegende Spannung als Funktion der Zeit auf, so erhält man die in Abb. 45,7a dargestellte Kurve. Der Strom als die Integralkurve dieser Spannung hat den in Abb. 45,7b wiedergegebenen Verlauf. Maxima des Stromes sind zu erwarten bei $x = 180°$ oder bei $x = 150°$ und 210°. Die Rechnung ergibt hierfür die folgenden Werte:

$$x = 180°: \qquad \boxed{k_{m3} = \frac{I_{km3}}{I_{k0m3}} = 1 - \frac{2}{\sqrt{3}}\,\Delta T_s\,\omega\,.} \tag{45,22}$$

$$x = 150° \text{ und } 210°: \quad k_{m3} = \frac{I_{km3}}{I_{k0m3}} = \frac{\sqrt{3}}{2}\,(1 - \Delta T_s\,\omega) = k_{m2} \text{ nach Gl. (45,12).}$$

Es gilt jeweils die den höchsten Wert ergebende Formel.

Die angestellte Rechnung gilt zunächst voraussetzungsgemäß nur so lange, wie keine Überlappung der Öffnungszeit der einzelnen Ersatzschalter stattfindet, d. h. für $\alpha \geqq 60°$ oder $\Delta T_s \omega \leqq \dfrac{\sqrt{3}}{2} = 0,866$ rad gemäß Gl. (45,20). Es läßt sich aber zeigen, daß die Rechnung ganz allgemein auch für noch größere Stufenlängen Gültigkeit hat, und zwar herauf bis zur vollständigen Beseitigung des Kurzschlußstromes bei $\Delta T_s \omega = 1,0$ rad. In Abb. 45,8 ist die Form der Stromkurven für eine Anzahl

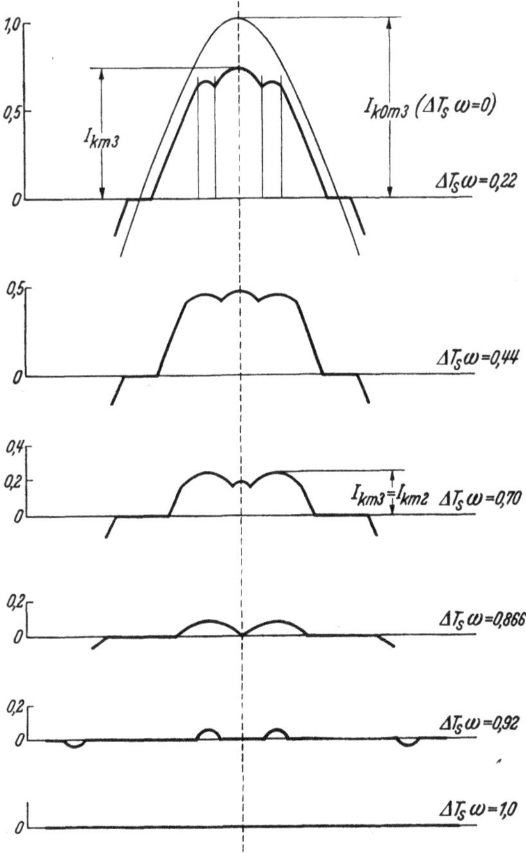

Abb. 45,8. Zeitlicher Verlauf des 3poligen Dauerkurzschlußstromes bei verschiedenen Stufenlängen.

typischer Fälle vom Kurzschluß bei eisenloser Schaltdrosselspule ($\Delta T_s \omega = 0$) über den Grenzfall $\Delta T_s \omega = 0,866$ der beginnenden Überlappung der Stufenlängen bis herunter zum Kurzschlußstrom Null ($\Delta T_s \omega = 1,0$) aufgetragen. Jede Kurve hat 3 oder 2 Kuppen. Solange die Mittelkuppe höher liegt als die äußeren Kuppen, ist der bezogene Kurzschlußstrom k_{m3} durch Gl. (45,22) gegeben. Diese Gerade schneidet in Abb. 45,4 die Nullinie bei $\Delta T_s \omega = \sqrt{3}/2 = 0,866$ rad. Für solche Werte von $\Delta T_s \omega$ jedoch, bei denen die Außenkuppen in ihrer Höhe über die der Mittelkuppe hinausgehen und der höchste Augenblickswert also in der gleichen Halbwelle zweimal auftritt, ist dieser Scheitelwert durch Gl. (45,12) des 2poligen Kurzschlusses gegeben. Somit wird im Falle des 3poligen Kurzschlusses der Betrag des Scheitelwertes der jeweils höchsten Kuppe durch den in Abb. 45,4 stark ausgezogenen, gebrochenen Linienzug dargestellt. Dieser weist einen Knick bei demjenigen Werte von $\Delta T_s \omega$ auf, für den die Außenkuppen und die Mittelkuppe die gleiche Höhe haben. Die Lage des Knickes ergibt sich durch Gleichsetzung der Ausdrücke für k_m aus Gl. (45,12) und (45,22):

$$\frac{\sqrt{3}}{2}\,(1 - \Delta T_s\,\omega) = 1 - \frac{2}{\sqrt{3}}\,\Delta T_s\,\omega,$$

woraus die Abszisse des Knickpunktes folgt zu

$$\Delta T_s\,\omega = 2\sqrt{3} - 3 = 0,464 \text{ rad.} \tag{45,23}$$

Es bereitet keine grundsätzlichen Schwierigkeiten, in einer der Abb. 45,2 des Einphasen-Stromkreises entsprechenden Weise den Effektivwert und den Scheitelfaktor des 3poligen Kurzschlußstromes zu berechnen und in Abhängigkeit von

$\varDelta T_s \omega$ in Schaubildern aufzutragen. Von einer Durchführung dieser Rechnungen wird jedoch, da ein Bedürfnis dafür im Gegensatz zum 1phasigen Fall nicht vorliegt, hier Abstand genommen.

45.3 Bemerkungen zur Anwendung der Rechnungsergebnisse.

a) Es sei noch einmal wiederholt, daß alle durch die vorstehenden Gleichungen und Kurven gegebenen Werte sich auf den *Dauer*kurzschlußstrom beziehen.

b) Wenn Abb. 45,2 und 45,4 zur Berechnung des Kurzschlußstromes in wirklichen Gleichrichteranlagen benutzt werden sollen, so muß zuvor noch eine Festsetzung darüber getroffen werden, für welche Stelle der Gleichrichterschaltung der Kurzschlußstrom angegeben werden soll, und es muß noch überlegt werden, welche Reaktanz X dann in Gl. (45,1) einzusetzen ist. In der Regel wird der Kurzschließer zwischen den Kontakten und den Schaltdrosseln angeschlossen; er verbindet somit beim Ansprechen die Ausgangsschienen der Schaltdrosseln miteinander. Demgemäß soll im folgenden unter dem Kurzschlußstrom stets der *Strom durch die Hauptwicklung der Schaltdrossel* verstanden werden, weil dieser bei der genannten Anordnung des Kurzschließers gleich dem wechselstromseitigen Anteil des Stromes durch die Kurzschließerkontakte ist. Bezüglich der Reaktanz ist in Tab. 45,1 angegeben, wie durch Abwandlung der Gl. (45,1) die Berechnung von I_{k0m} bzw. I_{k0m3}

Tabelle 45,1.

Scheitelwert des Dauerkurzschlußstromes in der Hauptwicklung der Schaltdrossel.

$$I_{km} = k_m \cdot I_{k0m} \quad \text{bzw.} \quad = k_{m\,1,2\ \text{oder}\ 3} \cdot I_{k0m3}$$

mit ε_W aus Tab. 26,1, β_A aus Tab. 32,1, $\varDelta t_s$ aus der Kontaktumformer-Berechnung.

Tab. 26,1 Nr.	Schaltung	I_{k0m} bzw. I_{k0m3}	k_m aus	mit $\varDelta T_s \omega =$
1	Einphasen-Mittelpunkt-schaltung	$\dfrac{I_g}{\sqrt{2}\,\varepsilon_W}$	Abb. 45,2	$2\beta_A \cdot \varDelta t_s \omega$
2	Einphasen-Brückenschaltung	$\dfrac{I_g}{\sqrt{2}\,\varepsilon_W}$		
3 u. 4	Dreiphasen-Sternpunkt-schaltung	$\dfrac{2}{3} \cdot \dfrac{I_g}{\varepsilon_W}$		
6	2 $\times$ Dreiphasen-Saugdrosselschaltung a) ein Sekundärsystem kurzgeschlossen b) beide Sekundärsysteme kurzgeschlossen	a) $\dfrac{I_g}{\sqrt{3}\,\varepsilon_W}$ b) $\dfrac{I_g}{\sqrt{3}\,(2\,\varepsilon_N + 2\,\varepsilon_T + \sqrt{6}\,\varepsilon_D)}$	Abb. 45,4	$\beta_A \cdot \varDelta t_s \omega$
7	3phasige Sechsdrossel-Brückenschaltung a) ein 3phasiges System kurzgeschlossen b) beide 3phasigen Systeme kurzgeschlossen	a) $\dfrac{2}{\sqrt{3}} \cdot \dfrac{I_g}{\varepsilon_W}$ b) $\dfrac{2}{\sqrt{3}} \cdot \dfrac{I_g}{2\,\varepsilon_N + 2\,\varepsilon_T + \sqrt{6}\,\varepsilon_D}$		
8	3phasige Dreidrossel-Brückenschaltung	$\dfrac{2}{\sqrt{3}} \cdot \dfrac{I_g}{\varepsilon_W}$		

auf den Nenngleichstrom des Umformers und die bezogenen Werte der Reaktanzspannung gegründet werden kann. Es ist dabei zu beachten, daß zum Zwecke der Kurzschlußstromberechnung der Netzanteil ε_N der gesamten Reaktanzspannung ε_W (aus Tab. 26,1) sich allein auf die Eingangsleistung der betrachteten Gleichrichterschaltung beziehen und keinen Zuschlag für etwa parallel gespeiste andere Einheiten enthalten soll, wie er z. B. in den Wert ε_N^* nach Gl. (32,1) eingeschlossen ist. Denn die Kurzschlußstromberechnung hat den Zweck, den größten, unter den ungünstigsten Bedingungen auftretenden Strom zu ermitteln, und dieser ergibt sich mit dem kleinsten vorkommenden Wert von ε_N.

c) Für Einphasenstrom-Gleichrichterschaltungen muß Abb. 45,2 benutzt werden, während für Drehstrom-Gleichrichterschaltungen die Kurven der Abb. 45,4 gültig sind. Dabei ist noch zu überlegen, für welchen Wert $\Delta T_s \omega$ der Verhältniswert k_m den Kurven zu entnehmen ist, wenn der Wert Δt_s der nutzbaren Stufenlänge aus der Berechnung der Gleichrichteranlage gegeben ist.

Was die *Drehstrom*-Gleichrichterschaltungen anbetrifft, so sind, wie aus den früheren Ausführungen hervorgeht, die Gln. (45,11), (45,12) und (45,22) sowie die entsprechenden Geraden in Abb. 45,4 bereits so angelegt, daß der Wert ΔT_s der $\Delta T_s \omega$-Skala gleich dem in der Berechnung der Gleichrichteranlage benutzten Wert $\beta_A \cdot \Delta t_s$ ist. Es sind also weitere Umrechnungen nicht erforderlich.

Bei *Einphasenstrom*-Gleichrichterschaltungen ist das Verfahren anders, weil die Gln. (45,8), (45,9) und (45,10) sowie die entsprechenden Kurven der Abb. 45,2 für einen einfachen 1phasigen Stromkreis gelten, in welchem sich die Stufenlänge der Schaltdrossel auf die Spannung E bezieht. Dagegen gilt beispielsweise bei der Einphasen-Sternpunktschaltung Nr. 1 (Tab. 26,1) die in der Berechnung benutzte Stufenlänge Δt_s für eine Ummagnetisierung der Schaltdrossel mit der Wendespannung $E_W = 2E$. Befindet sich diese Schaltung im Kurzschlußzustand, so speist die Spannung $2E$ die Reihenschaltung von 2 Schaltdrosseln, die zu gleicher Zeit ummagnetisiert werden. Daher hat die Stufenlänge im Kurzschlußzustand den doppelten Betrag derjenigen im Gleichrichterbetrieb. Weiter bezieht sich bei der Einphasen-Brückenschaltung Nr. 2 (Tab. 26,1) zwar die in der Berechnung benutzte Stufenlänge Δt_s auf eine Wendespannung von nur dem Betrage $E_W = E$. Im Kurzschlußzustande aber hat diese Spannung E ebenfalls 2 Schaltdrosseln in Reihe zu speisen, so daß dann die Stufe wiederum die doppelte Länge der Stufe im Gleichrichterbetriebe aufweist. Somit muß für beide Einphasen-Gleichrichterschaltungen der Betrag ΔT_s auf der $\Delta T_s \omega$-Skala von Abb. 45,2 mit dem doppelten Betrage des Wertes $\beta_A \cdot \Delta t_s$ aus der Gleichrichterberechnung eingesetzt werden. Das ist auch in Tab. 45,1 entsprechend vermerkt.

d) In der Praxis ist es gewöhnlich erwünscht, nicht nur den Dauerkurzschlußstrom zu kennen, sondern vor allem auch den wirklichen Höchstbetrag des Augenblickswertes des Kurzschlußstromes mit Einschluß des abklingenden Ausgleichstromes. Man kann diesen Höchstwert, der in der ersten Halbwelle des Kurzschlußstromes eintritt, nun in Beziehung zum Dauerkurzschlußstrom bringen. Für den Fall der 3phasigen Dreidrossel-Brückenschaltung beispielsweise wurde aus Kurzschlußoszillogrammen von Großumformern empirisch gefunden, daß der wirkliche Scheitelwert mit Einschluß des Ausgleichstromes bis auf das 2,5fache des symmetrischen Scheitelwertes I_{km} ansteigen kann, den man aus Abb. 45,4 für den 3-poligen Dauerkurzschluß erhält. Der Kurzschließer muß daher so bemessen sein, daß er kurzzeitig mindestens diesen Scheitelwert $2,5 \cdot I_{km}$ vertragen kann. Eine solche Abschätzung des wirklichen Scheitelwertes ist sehr schnell durchzuführen, kann aber natürlich nur als eine ziemlich grobe Annäherung angesehen werden. Eine genauere Berechnung des Höchstwertes des Kurzschlußstromes ist ebenfalls möglich, erfordert jedoch mehr Zeitaufwand. Sie muß davon ausgehen, daß die Rückzündung zunächst einen 2poligen Kurzschluß einleitet und daß dieser 2polige Kurzschluß im Augenblick des Schließens der Kurzschließerkontakte in einen 3poligen Kurzschluß übergeht. Mit Hilfe der bekannten Formeln für den Stromverlauf bei derartigen Schaltvorgängen läßt sich der Anstieg des Kurzschlußstromes bis zum Scheitelwert stückweise in 2 Stufen ermitteln. Ein zahlenmäßiger Vergleich des Ergebnisses einer solchen Rechnung mit dem aus dem Dauerkurzschlußstrom abgeschätzten Wert ist in dem Berechnungsbeispiel eines Großumformers auf S. 516 bis 518 durchgeführt.

46. Die Schutzschaltungen.

Es wurde bereits in Abschn. 13 gesagt, daß der Kontaktumformer gegen thermische Überlastungen und bei Kurzschlüssen in der auch bei anderen Umformern üblichen Art geschützt wird. Die Grundgedanken dieser Schutzarten sowie die hierfür bekannten Einrichtungen und Schaltungen brauchen lediglich entsprechend den Anforderungen des jeweiligen Einzelfalles auf den Kontaktumformer übertragen zu werden, so daß von einer Behandlung an dieser Stelle abgesehen werden kann. Die Ausführungen dieses Abschnittes beziehen sich daher allein auf den speziellen Schutz der Kontakte durch den in Abschn. 25 beschriebenen Kurzschließer. Dieser Schutz allerdings ist für den Kontaktumformer in *allen* Anwendungsfällen von geradezu lebenswichtiger Bedeutung, denn ohne ein zufriedenstellendes Arbeiten desselben ist der Kontaktumformer für den praktischen Betrieb untüchtig.

Die Aufgabe eines solchen Schutzes ist es, eine durch eine Störung oder durch ein ungewöhnliches Betriebsverhalten verursachte Lichtbogenbildung an den Kontakten zeitlich so zu begrenzen, daß die an den Kontakten auftretenden Veränderungen ein für den einwandfreien Betrieb des Umformers erträgliches Maß nicht überschreiten. Wir wollen daher zunächst einige Erscheinungsformen von Störungen und ihre Auswirkungen auf die Kontakte betrachten, wobei wir im wesentlichen den Ausführungen von E. KITTL[1] folgen. Es lassen sich zwei Hauptformen unterscheiden:

1. Funken und Lichtbogenbildungen, die entweder durch den Vorgang der Kontakttrennung oder durch eine unabhängig von diesem vor sich gehende Beeinflussung des Strom- und Spannungsverlaufes in jeder Periode eine zeitliche Begrenzung innerhalb des Öffnungsabschnittes des Kontaktes erfahren;

2. Funken und Lichtbogenbildungen, die durch ihren progressiven Verlauf in kürzester Zeit zu stromstarken Entladungen während des ganzen Öffnungsabschnittes des Kontaktes führen.

Die erstgenannte Erscheinungsform ist das sogenannte *Feuern* der Kontakte. Es tritt fortlaufend in jeder Periode bei der Kontakttrennung auf und ähnelt dem Feuern der Bürsten von Kommutatormaschinen. Seine Ursachen sind vielgestaltig. Für die Beurteilung des Kontaktabbrandes greifen wir einige charakteristische Fälle des Strom-Spannungsverlaufes heraus.

Abb. 46,1 zeigt den typischen Vorgang des sogenannten *Laststromaufreißens*. Der Kontakt öffnet sich im Zeitpunkt t_a schon vor dem Eintritt der stromschwachen Stufe Δt, die von t_1 bis t_2 dauert. Er reißt dabei den noch nicht vollständig auf den Folgekontakt übergegangenen Strom i_a auf. Es entsteht ein Lichtbogen, der wäh-

---

[1] [*1.9*] S. 71/75.

rend des Zeitabschnittes λ etwa bis zum Beginn der Stufe bei t_1 brennt. Die schraffierte Fläche F ist ein Maß für die im Lichtbogen umgesetzte Energie

$$A_L = \int\limits_{\lambda} u_L\, i\, dt$$

und somit auch für den Abbrand des Kontaktes. Im Zeitpunkt t_1 sind der Strom i und die Spannung u_K an der Trennstelle so klein geworden, daß der Lichtbogen über die im Laufe des Zeitabschnittes λ entstandene Trennstrecke nicht mehr stabil brennen kann und erlischt. Der Strom i_a erreicht schon bei geringfügiger Vorverschiebung λ des Schaltzeitpunktes gegenüber dem Stufenbeginn ansehnliche Werte, da die Steilheit des Laststromabfalls sich bei Teilaussteuerung der maximalen Steilheit des Kurzschlußstromes im Wendekreise nähert. Es treten daher ziemlich lichtstarke Entladungen auf, die einen spürbaren Abbrand an den Kontaktoberflächen erzeugen und dadurch eine weitere, von Periode zu Periode fortschreitende Vergrößerung von λ zur Folge haben. Eine derartige Lichtbogenbildung führt zwar nicht zu einem sofortigen Ausfall des Umformers, darf sich aber doch nicht über eine allzulange Zeit erstrecken.

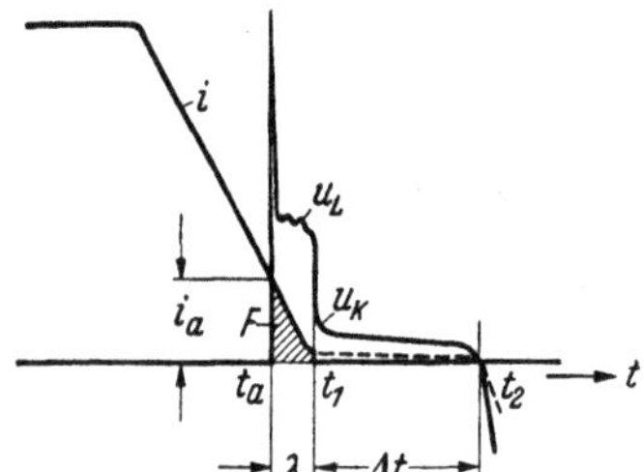

Abb. 46,1. Vorgang des Laststromaufreißens.

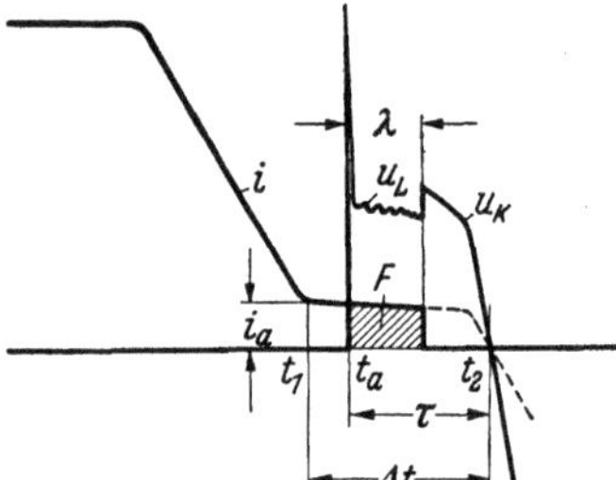

Abb. 46,2. Kontakttrennung bei ungeeigneter Vormagnetisierung. Stufe zu hoch über der Nullinie.

Abb. 46,2 zeigt einen Fall, wo zwar die Kontakttrennung innerhalb der Stufe stattfindet, diese aber durch eine *zu starke Vormagnetisierung* der Schaltdrossel so hoch über den Nullwert des Stromes angehoben ist, daß bei der Kontaktöffnung ein Lichtbogen entsteht, der dann infolge der Verringerung der Kontaktbeanspruchung und infolge der Vergrößerung der Trennstrecke noch vor dem Spannungsnulldurchgang erlischt. Dieser Fall unterscheidet sich von dem der Abb. 46,1 durch eine längere Lichtbogendauer, aber eine geringere Stromstärke. Er hat ebenfalls keinen sofortigen Ausfall des Umformers zur Folge, führt jedoch bei längerer Dauer auch zu einem unzulässigen Abbrand und damit zum Unbrauchbarwerden des Kontaktes.

Abb. 46,3 veranschaulicht die entsprechenden Verhältnisse bei unterhalb der Nullinie liegender Stufe, also bei *zu schwacher Vormagnetisierung*. Hier erlischt im Beispiel der Lichtbogen infolge des Anwachsens der Trennstrecke zwar auch noch, doch sind die Löschbedingungen wegen der steigenden Tendenz des Strom- und Spannungsverlaufes schon viel schwieriger. Dieser Fall stellt einen sehr gefährlichen Betriebszustand dar, der sehr leicht zu einer Erscheinungsform der zweitgenannten Art ausarten kann, wie sie in Abb. 46,4 wiedergegeben ist.

In Abb. 46,4 reicht die zunehmende Trennstrecke nicht mehr aus, eine Lichtbogenlöschung bis zur Beendigung der Stromstufe herbeizuführen. Nach Ablauf der Stufe steigt der Strom infolgedessen als *Rückstrom über den Lichtbogen* sehr steil an und wird nur noch durch die geringen Impedanzen des Wendekreises und durch die Lichtbogenspannungsabfälle der beiden Trennstrecken des Brückenkontaktes begrenzt. Der Lichtbogen brennt so lange, bis der Kontakt sich in der nächsten Periode wieder schließt. Bei anhaltenden Störbedingungen wiederholt sich dieser Vorgang bei allen folgenden Kontakttrennungen. In gleichartiger Weise spielen sich die Vorgänge auch bei einer durch richtig abgeglichene Vormagnetisierung in oder etwas über die Nullinie angehobenen Stufe ab, wenn aus irgendeinem Störungsgrunde die Kontakttrennung erst nach Ablauf der Stufe stattfindet. Der Kontaktstrom ist dann ebenfalls bereits in Rückstrom übergegangen, und der bei der Kontaktöffnung entstehende stromstarke Lichtbogen erlischt erst wieder am Ende des Öffnungsabschnittes. Schließlich ergibt sich auch im Falle der eigentlichen *Rückzündung*, die durch einen Durchschlag der Trennstrecke infolge der nach Ablauf der Stufe steil

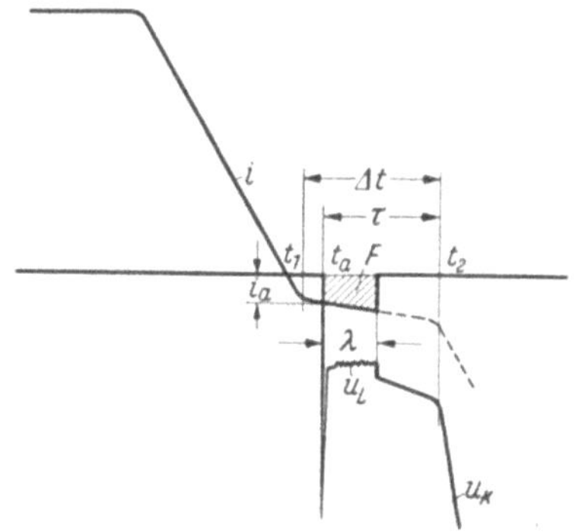
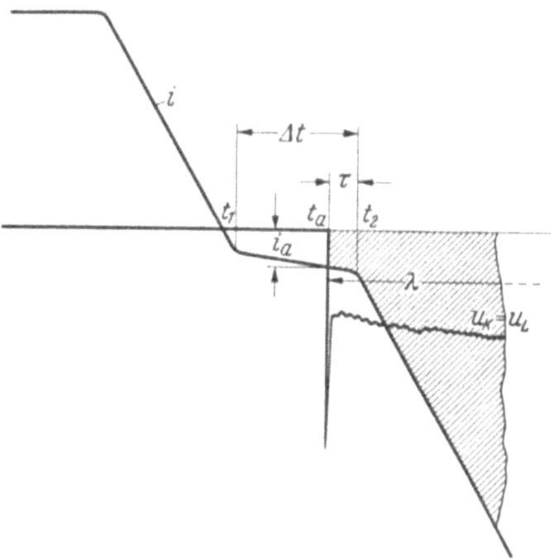

<table>
<tr><td>Abb. 46,3. Kontakttrennung bei ungeeigneter Vormagne-
tisierung. Stufe unter der Nullinie.</td><td>Abb. 46,4. Wie Abb. 46,3, jedoch keine Lichtbogen-
löschung mehr.</td></tr>
</table>

anspringenden negativen Sperrspannung im Anschluß an eine ordnungsgemäße Kontaktöffnung innerhalb der Stufe gekennzeichnet ist, für den weiteren Verlauf wiederum das Bild der Abb. 46,4. In der Praxis werden gewöhnlich etwas unkorrekt ohne Rücksicht auf die eigentliche Entstehungsursache alle Störungen der zweiten Erscheinungsform mit stromstarkem Lichtbogen während des ganzen Öffnungsabschnittes des Kontaktes als *Rückzündungen* bezeichnet, weil hinsichtlich des Stromverlaufes die Rückzündung den bereits von den Quecksilberdampfgleichrichtern her bekannten Prototyp dieser Erscheinungsform darstellt.

Da der Scheitelwert des im Rückzündungsfalle über den Lichtbogen fließenden Stromes bei Großumformern in manchen Fällen auf eine Höhe von mehr als 100000 A ansteigen kann, ist sofort einzusehen, daß ein wirksamer Schutz der Kontakte durch eine Überstromauslösung des vorgeordneten Leistungsschalters mit einer Abschaltzeit, die sich auf 3 bis 10 Perioden erstreckt, nicht mehr erreichbar ist. Schon bei mittleren Leistungen ist der Kontaktabbrand bei der Lichtbogendauer von nur *einem* Öffnungsabschnitt so groß, daß er selbst dann, wenn die eigentliche Störungsursache bei der nächsten Kontakttrennung schon wieder weggefallen ist, infolge der mit dem Abbrand verbundenen Veränderung der Schaltzeit keinen einwandfreien Betrieb des Umformers mehr ermöglicht. Eine weitere Verwendbarkeit des Kontaktes kann nur dann erwartet werden, wenn der Lichtbogen durch den Kurzschließer bereits gleich im ersten Teil des Öffnungsabschnittes der ersten Störungsperiode überbrückt wird.

Für die Beurteilung einer noch erträglichen Veränderung der Kontaktoberfläche sind zwei Umstände maßgebend:

1. die Größe der noch verbleibenden gesunden Kontaktoberfläche;

2. die mit größer werdender Abbrandstelle zunehmende Gefahr einer unzulässigen Veränderung der Kontaktzeit.

Zu Punkt 1 ist auf Grund praktischer Erfahrungen zu sagen, daß ein einwandfreier Betrieb noch gewährleistet ist, solange die unbeschädigte Kontaktberührungsfläche noch mindestens zwei Drittel der ursprünglichen beträgt[1]. Bei weitergehender Zerstörung treten bereits Schwierigkeiten durch erhöhte Erwärmung und unsicheres Aufsetzen der Kontaktbrücken ein. Die schwersten Beschädigungen entstehen bei dem in Abb. 46,4 dargestellten Fall der Rückzündung. Auf Grund langer Betriebserfahrungen nun erscheint der Wunsch begründet, daß eine Auswechselung der betroffenen Kontakte erst nach 3 bis 5 solcher Rückzündungen nötig werden sollte. Wir kommen damit zu der Forderung, daß die Zerstörung im ungünstigsten Einzelfall etwa *ein Fünfzehntel* der Kontaktberührungsfläche betragen darf. Das ist auch erfahrungsgemäß ungefähr der Wert, bis zu dem die als Punkt 2 aufgeführte Veränderung der Kontaktzeit noch in erträglichen Grenzen bleibt.

Auf Grund der Ergebnisse zahlreicher Versuche gelangte nun KITTL für Kontakte der angegebenen Größe[1] zu einem Zusammenhang zwischen bestimmten Betriebsgrößen des Umformers einerseits und der höchstzulässigen Lichtbogendauer λ vom Ende der Ausschaltstufe bis zum Schließen der Kurzschließerkontakte andererseits, die nicht überschritten werden darf, wenn die genannte Forderung noch erfüllt werden soll. Dieser Zusammenhang[2] ist, umgeschrieben auf die hier benutzte Bezeichnungsweise und geringfügig umgerechnet auf einen Gewichtsverlust von rund 80 mg (statt 100 mg bei der Originalformel), wie er der bei den Kittlschen Versuchen aufgetretenen Lichtbogenenergie von 65 Ws entspricht[3], gegeben durch die Beziehung

$$\lambda \approx \frac{1{,}8}{\sqrt{I_{Wm}\,\omega}}\ \text{s.} \tag{46,1}$$

Darin ist I_{Wm} der Scheitelwert des Wendestromes nach Gl. (5,3) in A. Für Einphasenstrom-Gleichrichterschaltungen ist er gleich dem Scheitelwert I_{k0m} des 1phasigen Kurzschlußstromes nach Tab. 45,1, für Drehstrom-Gleichrichterschaltungen dagegen gleich dem Scheitelwert des 2poligen Kurzschlußstromes, also gleich dem $\frac{\sqrt{3}}{2}$-fachen des Scheitelwertes I_{k0m3} des 3poligen Kurzschlußstromes nach Tab. 45,1. Die Größe vom I_{Wm} ist gemäß dieser Tabelle durch den Nenngleichstrom I_g des Umformers und die Reaktanzspannung ε_W des Wendekreises bestimmt. Das Produkt $I_{Wm}\omega$ stellt die bei einer Rückzündung im ungünstigsten Falle vorkommende Anstiegsgeschwindigkeit des Rückstromes dar. Wir erkennen, daß die Schaltzeit des Kurzschließers bei wachsender Stromanstiegsgeschwindigkeit entsprechend dem Kehrwert der Wurzel aus dieser verkürzt werden müßte, um den Abbrand in den geforderten Grenzen zu halten. Für einen Umformer in 3phasiger Sechsdrossel-Brückenschaltung (Schaltung Nr. 7) mit einer Gesamtreaktanzspannung von 10% bei der Netzfrequenz 50 Hz und einem Nenngleichstrom von 7500 A z. B. würde sich aus

---

[1] Bei Kontakten nach Abb. 2,2b für 5000 A Gleichstrom mit 6 Kontakten in 3phasiger Brückenschaltung. Abmessungen des Kontakttellers 28 × 28 mm, geometrische Größe der Berührungsfläche einseitig etwa 126 qmm.

[2] KITTL: [*1.9*] S. 74.

[3] In [*1.9*] steht auf S. 74 statt 65 Ws nur 25 Ws, was offenbar auf einem Druckfehler beruht.

Gl. (46,1) mit Benutzung von Tab. 45,1 und unter Berücksichtigung des Faktors $\dfrac{\sqrt{3}}{2}$ für den Übergang vom 3poligen auf den 2poligen Kurzschluß als höchstzulässiger Wert der Lichtbogendauer ergeben

$$\lambda = 1{,}8\,\sqrt{\frac{\varepsilon W}{I_g\,\omega}} = 1{,}8\,\sqrt{\frac{0{,}1}{7500\cdot 314}} = 0{,}37\ \text{ms}.$$

Die mit den gegenwärtig in normaler Fertigung hergestellten Kurzschließern bei Verwendung der nachfolgend beschriebenen, schnellen Auslöseschaltungen erreichbaren kürzesten Schaltzeiten betragen immer noch 0,9 bis 1,3 ms. Daraus folgt, daß mit solchen Kurzschließern bei Umformern so hoher Stromstärke das erwünschte Ziel, einen von Rückzündungen betroffenen Kontakt erst nach 3 bis 5 Rückzündungen ersetzen zu müssen, noch nicht erreicht wird und mit einer Auswechselung nach mindestens jeder zweiten Rückzündung, wenn nicht nach jeder, gerechnet werden muß. Erst bei beträchtlich geringeren Nenngleichströmen in der Größe von etwa 1000 A würden Schaltzeiten dieser Größe für die angestrebten Schutzverhältnisse ausreichend sein.

Die Untersuchungen von Kittl wurden an einem SSW-Kontaktgerät der älteren Bauart nach Abb. 23,15 durchgeführt, bei dem die Induktivität der vom Kurzschließer überbrückten Kontaktschienenschleife infolge der hohen, schmalen, eng nebeneinander angeordneten Schienen und der Anbringung des Kurzschließers direkt auf diesen Schienen, in unmittelbarer Nähe der Kontakte, sehr gering war. In der Kittlschen Arbeit ist daher die durch diese Induktivität bedingte, für den Übergang des Stromes vom Kontakt auf den Kurzschließer benötigte Zeit, während der am Kontakt der Lichtbogen auch nach der Berührung der Kurzschließerkontakte noch weiter brennt, vernachlässigt und die Lichtbogendauer λ gleich der Schaltzeit des Kurzschließers gesetzt worden. Das ist bei Kontaktgeräten mit größeren Schienenschleifen, wie sie z. B. bei der neueren SSW-Konstruktion nach Abb. 23,14 vorliegen, nicht mehr zulässig. Aus neueren, bisher nicht veröffentlichten Rechnungen von W. Baer, bei denen die genannte Übergangszeit berücksichtigt wurde, geht hervor, daß, wenn die gleiche Lichtbogenenergie und damit der gleiche Abbrand vorausgesetzt wird, die Schaltzeit des Kurzschließers noch beträchtlich kleiner als die aus Gl. (46,1) sich ergebende sein muß. Es wird hiernach die bereits in Abschn. 13.2 angedeutete Entwicklungsrichtung verständlich, die zum Ziel hat, die Lebensdauer der Kontakte in mit Rückzündungen verbundenen Störungsfällen dadurch zu erhöhen, daß Kurzschließer mit extrem kurzen Schaltzeiten verwendet und hohe Kurzschlußströme mit Hilfe von Sicherungsreduktoren oder anderen sehr schnellen Schaltern überhaupt unterbunden werden.

Der besprochene Rückzündungsfall (Abb. 46,4) verlangt ein sofortiges Ansprechen der Schutzeinrichtung in jedem Einzelfalle und stellt dabei Höchstanforderungen in bezug auf die Auslösezeit und das Einschaltvermögen des Kurzschließers. In den übrigen Fällen von Lichtbogenbildung dagegen ist eine sofortige Abschaltung oft gar nicht erwünscht. So kann das in Abb. 46,1 dargestellte Laststromaufreißen beispielsweise bei einem außergewöhnlichen Laststoß eintreten, der kurzzeitig den Grenzstrom des Umformers überschreitet, dann aber sofort zurückgeht, worauf der Umformer normal weiterarbeitet. Hier würde eine selbsttätige Abschaltung nicht am Platze sein, sondern nur Unruhe in den Betrieb bringen. Bei anhaltendem oder sich häufig wiederholendem Laststromaufreißen allerdings sollte ein Warnsignal ansprechen und das Bedienungspersonal zur Herabsetzung der mittleren Stromstärke oder nötigenfalls, beim Vorliegen einer wirklichen Störung, zu einer Außerbetriebnahme des Umformers veranlassen. Auch beim Feuern der Kontakte gemäß Abb. 46,2 ist die Auslösung eines Warnsignals eher angebracht als eine sofortige Abschaltung des Umformers. Die Auslösung des Warnsignals kann z. B. auf lichtelektrischem Wege oder unter Ausnutzung der Energie des zwischen der Kontaktbrücke und dem festen Kontaktstück entstehenden Lichtbogens geschehen, und es kann mit ihr auch eine zeitverzögerte Abschaltung verbunden sein, die erst bei länger anhaltender Störung stattfindet, falls nicht inzwischen das Bedienungspersonal eingegriffen hat. Sofern eine der letztgenannten Erscheinungsformen infolge starker Abweichung von den normalen Verhältnissen mit sehr heftiger Lichtbogenbildung verbunden ist, zieht sie meistens ohnehin eine Rückzündung und damit ein Ansprechen des Kurzschließers mit nachfolgender Abschaltung nach sich. Im allgemeinen hat man deswegen bisher von der Ausführung besonderer Warnsignalschaltungen überhaupt abgesehen und die Auffindung von schwächeren Störungen dieser Art der normalen, regelmäßigen Betriebskontrolle überlassen.

Besondere Verhältnisse liegen bei einem Ausfall der Spannung des speisenden Wechselstromnetzes dann vor, wenn der Kontaktumformer einen stark induktiven Gleichstromkreis speist, der eine so geringe Gegen-EMK besitzt, daß ein gleichstromseitiger Rückstrom nicht entsteht und die auf Rückstrom oder Störung des Durchflutungsgleichgewichtes ansprechende Schnellschutzeinrichtung den Kurzschließer nicht auslöst. Dann wird der nach dem Ausbleiben der Wechselspannung abklingende Gleichstrom des induktiven Belastungskreises, da dieser seinen Rückschluß über die Kontakte und die Sekundärwicklung des Transformators hat, durch die Kontakte im Rhythmus der Schaltfrequenz des auslaufenden Kontaktgerätes zerhackt, ohne daß eine ordnungsgemäße Stromwendung mit sich anschließenden Ausschaltstufen stattfindet. Die Zerstörungen an den Kontakten haben dabei zwar nicht das gleiche Ausmaß wie bei Rückzündungen, doch sind die Kontakte in der Regel erst nach einer Aufarbeitung wieder für die weitere Verwendung geeignet. Um derartige Beschädigungen der Kontakte zu verhindern, muß durch ein sehr schnell schaltendes Spannungsrückgangsrelais eine Schnellauslösung des Kurzschließers und damit eine Überbrückung der Kontakte herbeigeführt werden.

46.1 Die Kurzschließer-Auslöseschaltungen.

Bei der Betrachtung der Auslöseschaltungen können wir uns in der Hauptsache auf die gegenwärtig im Gebrauch befindlichen Schaltungen mit geringster Auslösezeit beschränken. Es sind das die *Differentialschutzschaltung* und die *Rückstromwandler-Schutzschaltung*. Wie wir sahen, ist schon die Schaltzeit der Kurzschließer allein heute noch nicht einmal genügend kurz, um das als angemessen erkannte Maß des Schutzes bei Hochstrom-Umformern voll zu erfüllen. Verschiedene ältere Auslöseschaltungen, z. B. die Speisung des Kurzschließer-Haltemagneten von der Gleichspannung des Umformers[1], die Auslöseschaltung mit Überstrom-Schnellrelais[2] oder die Überstromauslösung mit gleichgerichtetem Wandlerstrom[3] sind, da sie gegenüber den oben genannten Schaltungen noch eine Erhöhung der Auslösezeit mit sich bringen, bei dieser Sachlage als überholt zu betrachten und kommen für eine Anwendung heute nicht mehr in Frage. Dagegen soll über die erstgenannten Schaltungen hinaus noch ein neuerer Vorschlag von E. KITTL kurz gestreift werden, der die Auslösung des Kurzschließers unmittelbar durch den am Kontakt auftretenden Lichtbogen zum Gegenstand hat[4].

---

[1] KITTL: [1.9] S. 75.   [2] ROLF: [1.5] S. 13.   [3] KITTL: [1.9] S. 104.   [4] KITTL: [1.9] S. 106.

46.11 Die Differential-Schutzschaltung.

Wie in Abschn. 25 ausgeführt wurde, ist für die Auslösung des Kurzschließers
ein kurzer Stromimpuls erforderlich, der bei Verwendung eines Halte-Elektro-
magneten die Haltedurchflutung desselben aufhebt oder bei Verwendung eines Sperr-
magnet-Auslösers die Polschuhe des Sperrmagneten vorübergehend sättigt. Die
Auslösung geht am schnellsten vor sich, wenn der Impuls nicht erst bei Überschreitung eines bestimmten Überstromwertes erzeugt wird, sondern wenn er sofort bei
beginnendem Rückstrom einsetzt. Der Unterschied in den Auslösezeiten macht
sich am stärksten bemerkbar, wenn die Rückzündung sich im Betrieb mit einem geringen Belastungsstrom ereignet, z. B. bei Lauf mit Grundlast. Bei Überstromauslösung verstreicht dann ungenutzt der ganze Zeitabschnitt, den der Strom braucht,
um vom Grundlastwert auf den Überstromwert anzusteigen. Die Forderung eines
sofortigen Einsetzens des Auslöseimpulses auch bei Grundlastbetrieb dagegen wird
erfüllt durch die Differential-Schutzschaltung, wie sie in
Abb. 46,5 für eine 3phasige Dreidrossel-Brückenschaltung
dargestellt ist.

Das Kernstück der Schaltung ist ein Differential-
Ringwandler RW als Impulserzeuger. Der Wandler vergleicht die Größe des abgegebenen Gleichstromes I_g mit
einem zweiten Gleichstrom I_w, der durch Gleichrichtung
der vom Transformator zu den Kontakten K fließenden
Wechselströme gewonnen wird. Zu diesem Zwecke ist
der ringförmige Magnetkern R des Wandlers auf die eine
der Gleichstromschienen des Umformers aufgeschoben,
z. B. auf die Minus-Schiene. Der wechselstromseitige
Vergleichsstrom wird durch eine Trockengleichrichter-
Brückenschaltung Gl erzeugt, die von in den Wechselstromleitungen liegenden Stromwandlern SW gespeist

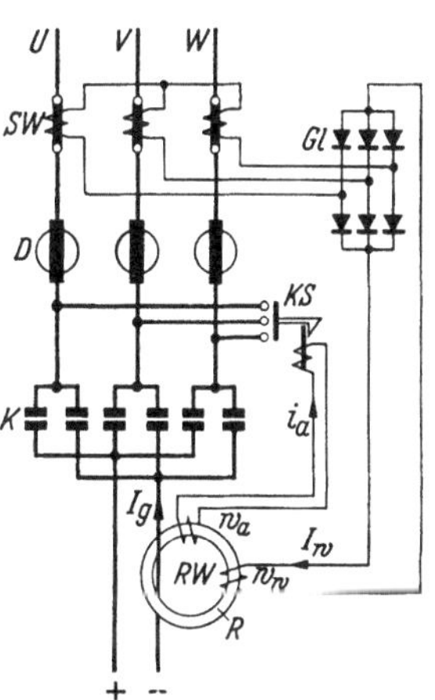

Abb. 46,5. Differential-Schutzschaltung für mittelbaren Durchflutungsvergleich mit Stromwandlern und Trockengleichrichter.

wird. Er durchfließt eine Vergleichswicklung w_w auf dem
Magnetkern, deren Windungszahl so gewählt ist, daß
zwischen der Gleichstromschiene und dieser Wicklung das
gleiche Übersetzungsverhältnis besteht wie zwischen der Wechselstromseite und der
Gleichstromseite der Stromwandler SW. Bei Gegenschaltung der Vergleichswicklung
w_w und der negativen Gleichstromschiene ist dann im ungestörten Umformerbetriebe
die aus den Lastströmen resultierende Durchflutung des Ringkernes ganz unabhängig von der jeweiligen Belastung des Umformers stets gleich Null. Sobald jedoch
bei irgendeiner Belastung eine Rückzündung stattfindet, wächst die Durchflutung
der Vergleichswicklung augenblicklich mit der Steilheit des sich auf der Wechselstromseite ausbildenden Kurzschlußstromes schnell an, während der Gleichstrom der
Minus-Schiene wegen des Zusammenbruchs der abgegebenen Gleichspannung abzu-
nehmen beginnt und die Tendenz hat, in Rückstrom überzugehen, falls noch andere
Einheiten parallel den Verbraucher speisen oder dieser eine Gegen-EMK besitzt.
Es ergibt sich somit ein sehr schneller resultierender Durchflutungsanstieg im Ringwandler im Sinne des wechselstromseitigen Vergleichsstromes, der zu einer fast
unverzögerten Ummagnetisierung des Ringkernes führt, sofern dieser vorher durch
eine schwache Vormagnetisierung im Sinne des abgegebenen Gleichstromes gesättigt gehalten wurde. Eine solche Vorsättigung kann entweder durch eine in
Abb. 46,5 nicht mit dargestellte, getrennte Gleichstrom-Vormagnetisierungswick-

lung bewirkt werden oder auch dadurch, daß man durch eine geringfügige Verringerung der Windungszahl der Vergleichswicklung w_w das Übersetzungsverhältnis des Ringwandlers nicht ganz in Übereinstimmung mit dem der Stromwandler SW bringt, sondern die Durchflutung der Gleichstromschiene im ungestörten Betriebe etwas überwiegen läßt.

An Hand der in Abb. 46,6 dargestellten Hystereseschleife des Ringkernes lassen sich die Vorgänge leicht übersehen. Als Abszisse ist dort anstatt der Feldstärke H

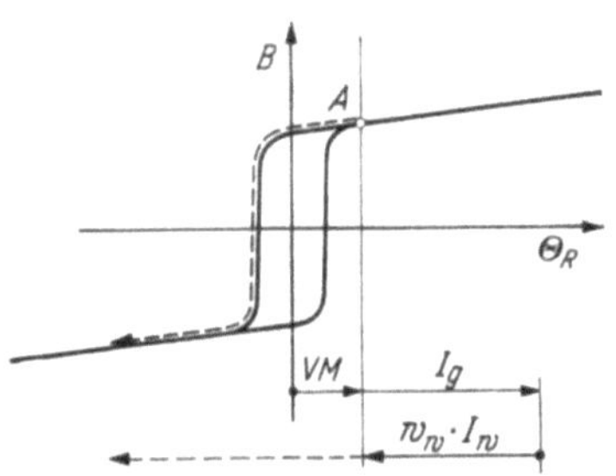

Abb. 46,6. Die Magnetisierungsvorgänge im Eisenkern des Ringwandlers in der Schaltung nach Abb. 46,5.

unmittelbar die Ringkerndurchflutung Θ_R aufgetragen. Durch die Gleichstrom-Vormagnetisierung VM erhält der Arbeitspunkt auf der Kennlinie für den normalen Fall des Durchflutungsgleichgewichtes der Lastströme im voraus eine definierte Lage im Sättigungsgebiet, z. B. im Punkte A auf dem positiven Ast der Hystereseschleife, anstatt daß er sich je nach der Vorgeschichte entweder im positiven oder im negativen Remanenzpunkt befindet. Gleichsinnig mit der Vormagnetisierung wirkt die Durchflutung I_g der Gleichstromschiene, während die gleich große Durchflutung $w_w I_w$ der Vergleichswicklung entgegengesetzt gerichtet ist. Wird die Vormagnetisierung durch eine getrennte Hilfswicklung mit konstantem Gleichstrom erzeugt, so liegt also im ungestörten Betriebe der Arbeitspunkt unbeeinflußt von der jeweiligen Höhe der Belastung unveränderlich bei A. Sobald jedoch das Durchflutungsgleichgewicht der Lastströme infolge einer Rückzündung oder eines anderweitigen Kurzschlusses im Kontaktgerät gestört wird, überschießt die schnell ansteigende Komponente $w_w I_w$ die abnehmende Komponente I_g und führt nach Übersteigen der Vormagnetisierungsdurchflutung VM zur Ummagnetisierung des Ringkernes (gestrichelte Linien in Abb. 46,6). Durch die dann stattfindende Flußänderung wird in dem mit der Auslösewicklung w_a verbundenen Stromkreise beinahe formgetreu mit dem ansteigenden Rückstrom des Kontaktes ein Stromimpuls mit bei Großumformern sehr steiler Stirn erzeugt, der den Kurzschließer ansprechen läßt. Abb. 46,6 macht verständlich, daß der Aufbau dieses Auslöseimpulses um so schneller stattfindet, je weniger von der verfügbaren resultierenden Laststromdurchflutung für die Aufhebung der Vormagnetisierung und für die Magnetisierung des

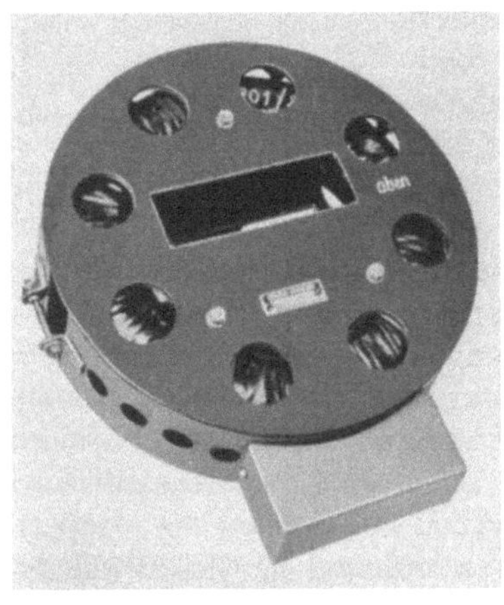

Abb. 46,7. Differential-Ringwandler für die Schutzschaltung nach Abb. 46,5 (SSW).

Ringkernes verlorengeht, d. h. je schmaler die Hystereseschleife des Kernes ist. Aus diesem Grunde wird für den Kern des Ringwandlers gewöhnlich die gleiche Eisensorte verwendet wie für die Schaltdrosseln, nämlich 50proz. Nickeleisen mit Rechteckschleife. Die Ansicht eines solchen Ringwandlers für Großumformer ist in Abb. 46,7 wiedergegeben. Der Ringkern des gezeigten Wandlers hat einen mittleren Durchmesser von 26,5 cm.

Die in Abb. 46,5 dargestellte Anordnung wird für Umformer mit großen und mittleren Stromstärken verwendet. Sie erhöht bei günstiger Bemessung der Schaltungselemente die Auslösezeit nur um etwa 0,1 ms, so daß bei einer Eigenzeit des Kurzschließers von 0,8 bis 1,2 ms die Gesamtzeit vom Beginn der Rückzündung bis zur Berührung der Kurzschließerkontakte auf 0,9 bis 1,3 ms beschränkt bleibt. Abb. 46,8 zeigt als Beispiel das Oszillogramm einer Rückzündung, die an einem mit vollem Gleichstrom von 8000 A bei 400 V Gleichspannung im Elektrolysebetrieb befindlichen Großumformer durch Unterbrechung der Schaltdrossel-Vormagnetisierung künstlich herbeigeführt wurde. Das Oszillogramm enthält die Schaltdrosselströme I_U und I_V zweier in der Stromführung aufeinander folgenden Phasen. Diese Ströme lassen deutlich den Beginn der Störung nach Ablauf der Ausschaltstufe des Stromes I_U durch ein sehr schnelles Ansteigen auf hohe Werte erkennen, die über den Nennstrom von 4000 A der gestörten Umformerhälfte weit hinausgehen. Ferner ist eine Wechselspannung als Meldespannung für den Zeitpunkt des Schließens

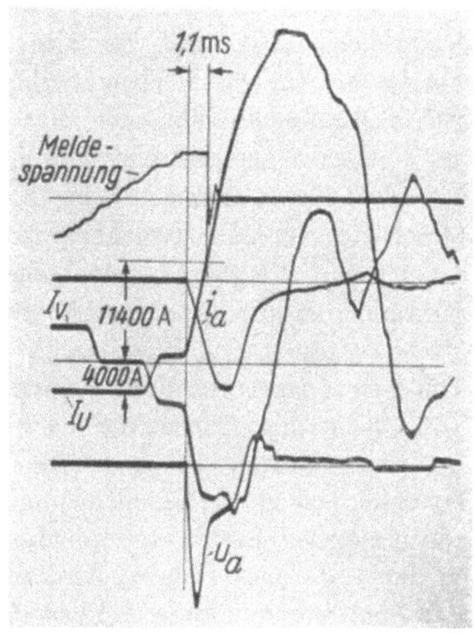

Abb. 46,8. Oszillogramm einer Rückzündung an einem mit 8000 A bei 400 V im Elektrolysebetrieb befindlichen Großumformer.
I_U, I_V Schaltdrosselströme; — u_a Spannungsstoß des Ringwandlers; — i_a Auslösestrom.

des Kurzschließers aufgezeichnet, die bei vollzogener Überbrückung der Umformerkontakte auf Null zurückgeht. Schließlich sind noch die Kurven des Spannungsstoßes u_a des Ringwandlers und des Auslösestromes i_a wiedergegeben, die das unverzögerte Einsetzen des Auslöseimpulses sofort bei Beginn der Rückzündung zeigen. Aus dem Oszillogramm läßt sich eine Gesamtzeit von 1,1 ms vom Beginn der Rückzündung bis zur Berührung der Kurzschließerkontakte ablesen. Der Rückstrom ist in dieser Zeit auf eine Höhe von 11 400 A angestiegen. Seine Anstiegssteilheit betrug also mehr als $10 \cdot 10^6$ A/s. Der Kontaktabbrand erreichte bei diesem Versuch schon nahezu die Grenze, bei deren Überschreitung eine Auswechselung des Kontaktes erforderlich ist.

Bei Umformern mittlerer und kleiner Stromstärke kann der Aufwand für die Schutzeinrichtung durch Einsparung der Stromwandler SW und des Gleichrichters Gl noch verringert werden, wenn man 3 getrennte Ringkerne verwendet, nämlich einen für jede Wechselstromphase, und außer der Gleichstromleitung auch die Wechselstromleitungen unmittelbar durch die Kerne führt (bei großen Stromstärken bereitet eine solche Schienenführung gewisse Schwierigkeiten). Um kleinere Eisenquerschnitte der Ringkerne zu erhalten, ist es bei Umformern geringerer Stromstärke

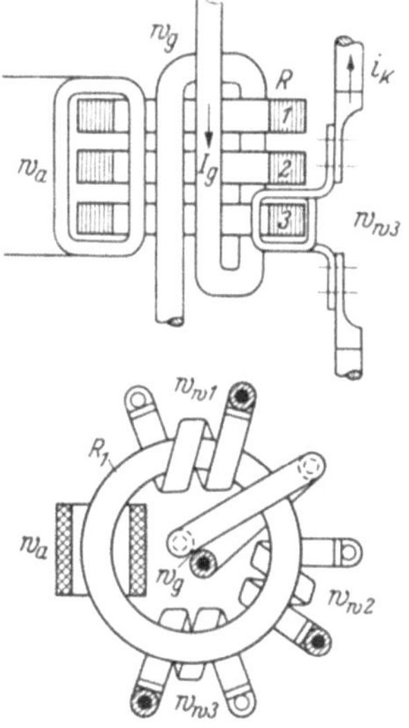

Abb. 46,9. Dreiphasiger Differential-Ringwandler für unmittelbaren Durchflutungsvergleich.

ferner zweckmäßig, für den Gleichstrom und für die Kontaktströme anstatt nur je einer Durchsteckstromschiene Wicklungen aus mehreren Windungen zu verwenden. Abb. 46,9 zeigt als Beispiel das Schema eines Differentialringwandlers für eine 3phasige Sternpunktschaltung, der mit je 2 Windungen für die Hauptwicklungen ausgeführt ist. Die einzelnen Ringkerne R tragen Vergleichswicklungen w_w für die Kontaktströme aus Flachkupfer und sind mit nur geringem Zwischenraum übereinander angeordnet, so daß eine kompakte Bauform mit einer gemeinsamen Gleichstromwicklung w_g und einer gemeinsamen Auslösewicklung w_a für alle 3 Kerne entstanden ist. Entsprechende Anordnungen mit nur 3 Ringkernen lassen sich auch für Brückenschaltungen mit 6 Kontakten ausführen, wobei dann jeder Kern 2 Vergleichswicklungen mit entgegengesetztem Wickelsinn für die beiden Kontakte entgegengesetzter Polarität der betreffenden Phase erhält.

Die Polung der Wicklungen bei derartigen Anordnungen für unmittelbaren Durchflutungsvergleich wird so gewählt, daß im ungestörten Umformerbetriebe die vom Belastungsgleichstrom herrührende Durchflutung des Ringkernes während der Stromführungszeiten der zugehörigen Kontakte durch die von den Kontaktströmen erzeugten Durchflutungen aufgehoben wird. Diese Abschnitte mit der resultierenden Laststromdurchflutung Null wechseln ab mit solchen Abschnitten, in denen die betreffenden Kontakte stromlos sind und der Ringkern allein durch den dann von den anderen Phasen aufrechterhaltenen Belastungsgleichstrom magnetisiert wird. Eine *Um*magnetisierung des Kernes aber findet bei diesem Wechselspiel nicht statt, da der Arbeitspunkt lediglich auf dem gesättigten Ast der Hystereseschleife hin und her wandert. Sobald jedoch in einem Störungsfalle, z. B. bei einer Rückzündung der vorhergehenden Phase, der Strom des betrachteten Kontaktes als Kurzschlußstrom die Gleichstromdurchflutung nicht nur aufhebt, sondern überschießt, wechselt die resultierende Durchflutung ihr Vorzeichen und verursacht dadurch eine schnelle Ummagnetisierung des Ringkernes und als Folge den damit verbundenen Auslöseimpuls.

46.12 *Die Rückstromwandler-Schutzschaltung.*

Die Rückstromwandler-Schutzschaltung benutzt ein auch schon bei Quecksilberdampfgleichrichtern für die Rückzündungsmeldung und für die Auslösung von Schutzeinrichtungen im Rückzündungsfalle bewährtes Prinzip. Die Schaltung für einen Kontaktumformer in 3phasiger Brückenschaltung mit 6 Schaltdrosseln und zwei 4poligen Kurzschließern ist in Abb. 46,10 dargestellt. In den zu den Kontakten führenden 6 Wechselstromleitungen befindet sich je ein Stromwandler RW, der außer der vom Kontaktstrom durchflossenen Primärwicklung eine Vormagnetisierungswicklung VM und eine Auslösewicklung w_a besitzt. Die Hystereseschleife des Wandlerkernes ist in Abb. 46,11 wiedergegeben. Durch die Vormagnetisierung VM mit Gleichstrom ist der Arbeitspunkt A in Richtung des normalen Kontaktstromes i_n in die Sättigung etwas oberhalb des Knies der Magnetisierungskurve verlegt. Im ungestörten Betriebe wird der Kern während der Stromführungsdauer des zugeordneten Kontaktes durch den Kontaktstrom zusätzlich in der gleichen Richtung magnetisiert, wobei lediglich die kleine Induktionsänderung ΔB_n entsteht, die noch keinen für die Auslösung ausreichenden Stromimpuls im Auslösekreise erzeugen kann. Im Falle einer Rückzündung jedoch wird der Kern des Wandlers durch den in entgegengesetzter Richtung fließenden Rückstrom i_r nach Aufhebung der Vormagnetisierungsdurchflutung VM ummagnetisiert, wobei die große Induktionsänderung ΔB_r vom Betrage des Doppelten der Sättigungsinduktion auftritt. Die

Ummagnetisierung des Wandlerkernes hat genau wie bei der Differential-Schutz-schaltung einen steilen, kräftigen Stromimpuls im Auslösekreise zur Folge, der die Kurzschließer zum Ansprechen bringt. Der Impuls bildet sich wiederum um so schneller aus, je geringer die durch den Rückstrom aufzuhebende Vormagnetisierung und je kleiner die Ummagnetisierungsfeldstärke des Wandlerkernes ist. Die gering-sten Verzögerungszeiten werden daher auch hier bei Verwendung von Nickeleisen mit rechteckförmiger Hystereseschleife erreicht und unterscheiden sich dann kaum von denen der Differential-Schutzschaltung.

Bezüglich der baulichen Ausgestaltung der Rückstromwandler sind noch dadurch Vereinfachungen möglich, daß die 2 Wandler der gleichen Transformatorphase zu einem einzigen mit 2 Kontaktstromwicklungen, aber nur einem gemeinsamen Eisen-kern und nur einer Vormagnetisierungswicklung und einer Auslösewicklung zu-sammengelegt werden, wie das in Abb. 46,13 und 46,14 noch gezeigt wird. Bei kleineren Strömen können diese 3 Wand-ler dann noch entsprechend der Abb. 46,9 zu einer baulichen Einheit mit einer ein-

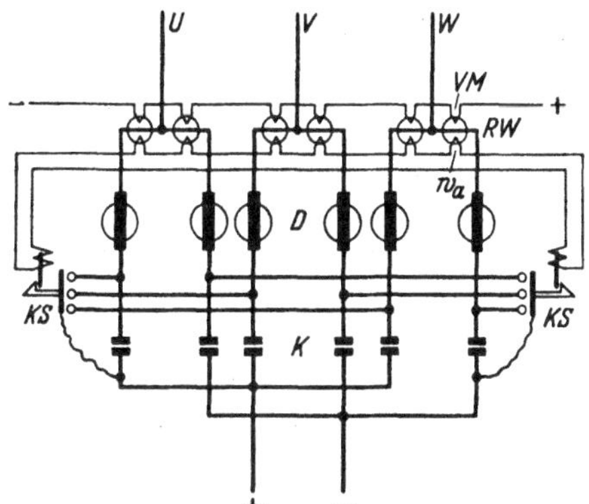

Abb. 46,10. Schutzschaltung mit Rückstromwandlern.

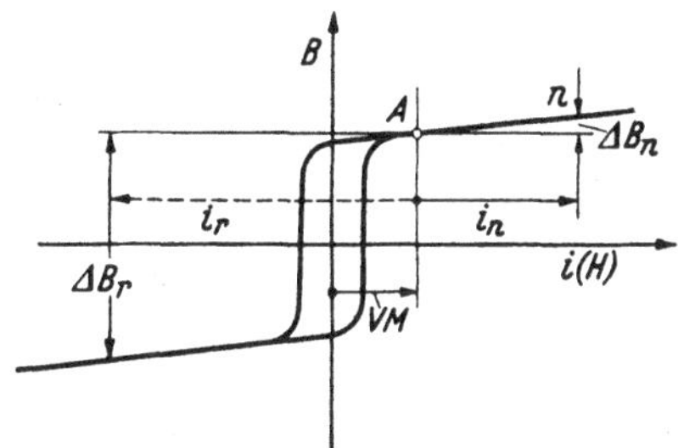

Abb. 46,11. Die Magnetisierungsvorgänge im Eisenkern des Rückstromwandlers bei der Schaltung nach Abb. 46,10.

zigen Vormagnetisierungswicklung und einer einzigen Auslösewicklung für alle 3 Kerne zusammengefaßt werden. Der einzige Unterschied gegenüber dieser Ab-bildung ist dann, daß an die Stelle der vom Belastungsgleichstrom durchflossenen Wicklung w_g jetzt eine Wicklung für den konstanten Vormagnetisierungsgleich-strom getreten ist.

46.13 Die direkte Lichtbogenauslösung.

Das Streben nach weiteren Verbesserungen und Vereinfachungen der Schutz-schaltung führte schließlich dazu, die Lichtbogenbildung am Kontakt als unmittel-bare Gefahrenquelle direkt zur Auslösung des Kurzschließers zu verwenden. Bei Lichtbogenbildungen an den Kontakten tritt stets zwischen der Kontaktbrücke und dem festen Kontaktstück eine Spannung auf, die entweder gleich der Lichtbogen-spannung oder gleich der um die Lichtbogenspannung verminderten Sperrspannung des Kontaktes ist. Legt man daher je eine Auslösewicklung des Kurzschließers einerseits an die Kontaktbrücken und andererseits an diejenigen festen Kontakt-stücke, die mit den Wechselstromschienen verbunden sind, so fließt bei Lichtbogen-bildung sofort ein sehr großer Auslösestrom. Bei der Dreidrosselschaltung kann man die Kontaktbrücken des zur gleichen Wechselstromschiene gehörigen Kontaktpaares noch miteinander verbinden und dadurch von den sechs im allgemeinen bei der 3phasigen Brückenschaltung notwendigen Auslösewicklungen noch 3 ersparen. Man gelangt dann zu der Schaltung von Abb. 46,12. Der Kurzschließer ist dort mit einem

Dreiloch-Sperrmagnetauslöser ausgerüstet, der 3 getrennte, magnetisch im wesentlichen voneinander unabhängige Auslösewicklungen besitzt. Die Auslösewicklungen sind unmittelbar mit den beweglichen bzw. den festen Kontaktstücken verbunden; von allen Geräten der Schutzschaltung ist also nur noch der Kurzschließer verblieben.

Der Vorteil dieser Schaltung ist ihr minimaler Aufwand an Geräten und die dadurch gegebene größte Betriebssicherheit sowie ihre hohe Ansprechempfindlichkeit. Dem steht als Nachteil gegenüber, daß durch die von der Auslösespule hergestellte galvanische Verbindung der Kontaktbrücke mit dem wechselstromseitigen festen Kontaktstück die Doppelunterbrechung des Kontaktes aufgehoben ist und daß die Kontaktbrücke nicht mehr für andere Zwecke, z. B. als Meßkontakt für die elektrische Überlappungsregelung, verfügbar ist. Diese beiden Umstände sind jedoch nicht von entscheidender Bedeutung, da die Doppelunterbrechung nicht aus Gründen der Spannungsfestigkeit, sondern zwecks Vermeidung beweglicher Starkstromzuleitungen zum Kontakt gewählt worden war, und da das Meßproblem bei der elektrischen Überlappungsregelung auch auf andere Weise bereits erfolgreich gelöst werden konnte. Dagegen ist sehr zu beachten, daß diese Schaltung nicht nur auf Rückzündungen, sondern auch auf jede andere Art von Funkenbildung anspricht, also auch auf ein u. U. harmloses Feuern der Kontakte in der Erscheinungsform von Abb. 46,1 oder 46,2. Es ist möglich, daß die Schutzschaltung dadurch für manche Betriebe unerwünscht empfindlich ist, weil sie diese durch solche unnötigen Abschaltungen zu unruhig macht. Für eine endgültige Beurteilung liegen jedoch Betriebserfahrungen in genügendem Umfange bis jetzt noch nicht vor.

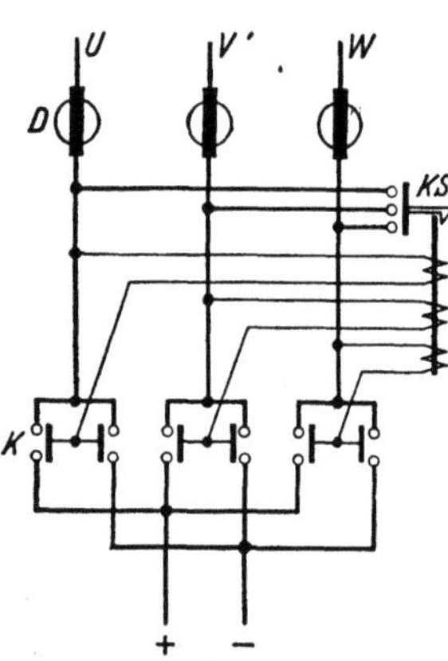

Abb. 46,12. Schutzschaltung mit Auslösung durch den Lichtbogen für eine 3phasige Dreidrossel-Brückenschaltung.

46.2 Die Berechnung der Rückstromwandler-Schutzschaltung.

Es sollen nun noch die Berechnungsgrundlagen der Schutzschaltungen behandelt werden, und zwar an Hand einer Schutzschaltung für eine 3phasige Sechsdrossel-Brückenschaltung mit 3 Rückstromwandlern mit Nickeleisenkernen und 2 Kurzschließern mit Sperrmagnetauslösern. Die Schaltung ist aufgezeichnet in Abb. 46,13. Sie wurde als Beispiel gewählt, weil aus ihr die für die Auslösung der Kurzschließer wesentlichen Vorgänge am einfachsten erkennbar sind. Ein Ausführungsbeispiel des Rückstromwandlers ist in Abb. 46,14 wiedergegeben. Der Ringkern trägt dort die Auslösewicklung und die Vormagnetisierungswicklung als auf seinem Umfang verteilte Toroidwicklungen. Die Starkstromschienen für die Kontaktströme bestehen lediglich aus zwei Winkelstücken, die oben durch ein Querstück verbunden sind.

Wir betrachten zunächst die Durchflutungsverhältnisse der Rückstromwandler. Wir nehmen dabei an, daß der Kontakt $2+$ noch ungestört den Laststrom I_g von Kontakt $1+$ übernommen hat. Der Gleichstrom I_g fließt dann von der Transformatorwicklung 2 in der durch den Pfeil gekennzeichneten Richtung durch den Ringkern 2, über die Schaltdrossel $2+$ und den geschlossenen Kontakt $2+$ zum positiven Pol der Last und vom negativen Pol derselben über den geschlossenen Kontakt $3-$ und die Schaltdrossel $3-$ in der Pfeilrichtung durch den Ringkern 3

zur Wicklung *3* des Transformators. Die Kerne aller 3 Wandler sind durch die Gleich-stromvormagnetisierung (Strom i_V, Feldstärke H_V) bereits vorgesättigt, und zwar bis zum Arbeitspunkt A auf der Hystereseschleife, die in Abb. 46,15 noch einmal dargestellt ist (abweichend von den Schleifen der Abb. 46,6 und 46,11 ist hier jedoch nicht die Induktion B, sondern mit Rücksicht auf Gl. (46,12) die magnetische Polarisation M als Ordinate aufgetragen).

Die zusätzliche Durchflutung der Kerne *2* und *3* durch den normalen Laststrom I_g bringt, da sie mit der Durchflutung der

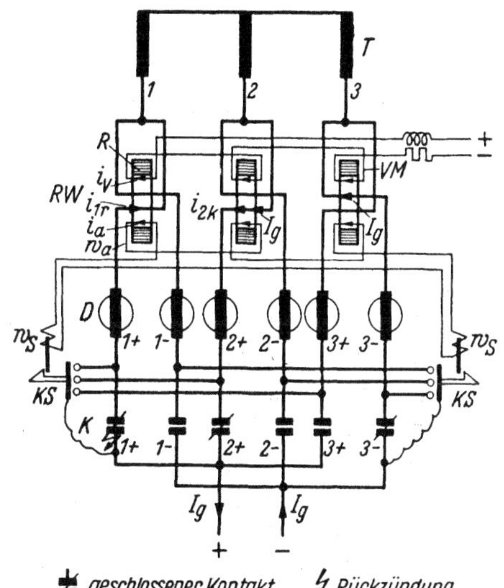

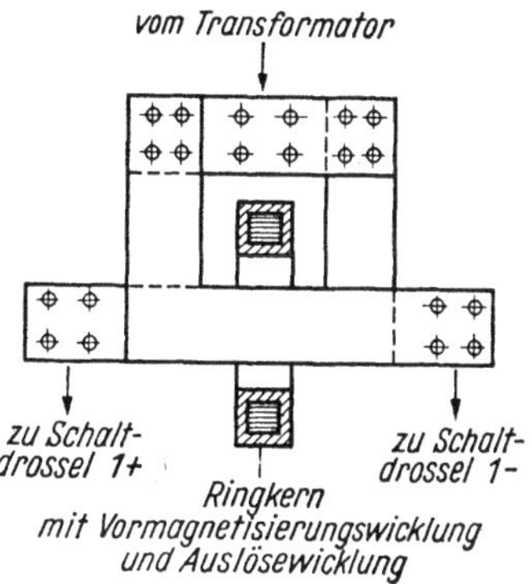

<table>
<tr><td>

Abb. 46,13. Schutzschaltung mit 3 Rückstromwandlern für eine 3phasige Sechsdrossel-Brückenschaltung.

</td><td>

Abb. 46,14. Ausführungsbeispiel als Schienenwandler für die Rückstromwandler von Abb. 46,13.

</td></tr>
</table>

Vormagnetisierung gleichsinnig ist, keine nennenswerte Änderung des magnetischen Zustandes der Kerne mehr mit sich (Punkte n auf den Hystereseschleifen Abb. 46,11 und 46,15).

Bildet sich nun am Ende der Ausschaltstufe des Stromes i_{1+} eine Rückzündung am Kontakt 1+ aus, so überlagert sich den geschilderten Stromverhältnissen, die im ersten Augenblick noch als ungeändert angenommen werden können, der Kurz-schlußstrom in dem durch die Rückzündung geschlossenen Stromkreise von der Transfor-matorwicklung *2* durch den Wandlerkern *2*, über die Schaltdrossel 2+, den geschlossenen Kontakt 2+, den Rückzündungslichtbogen des geöffneten Kontaktes 1+, die Schaltdrossel 1+, durch den Wandlerkern *1* zur Wicklung *1* des Transformators. Dieser Strom ist im Wandler *2* mit i_{2k} („Kurzschlußstrom") und im Wandler *1* mit i_{1r} („Rückstrom") bezeichnet. Seine Richtung

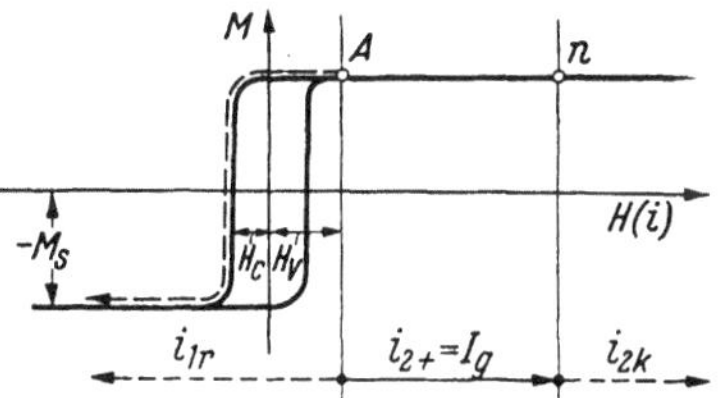

Abb. 46,15. Die Magnetisierungsvorgänge im Rückstromwandler der Phase 2 von Abb. 46,13.

ist ebenfalls durch Pfeile angedeutet. Es ist ersichtlich, daß er in Wandler *2* die sätti-gende Wirkung der bereits vorhandenen Durchflutungen nur noch verstärkt. Im Wandler *1* dagegen hebt er die Vormagnetisierungsdurchflutung auf und magnetisiert den Kern zur Sättigung in negativer Richtung um, wie in Abb. 46,15 durch den ge-strichelten Linienzug angegeben ist. Infolgedessen entsteht im Auslösekreise ein Strom i_a. Die Größe des Stromes ist dadurch bedingt, daß er nach dem Transformatorprinzip zusammen mit den übrigen Durchflutungen die resultierende Magnetisierungsdurch-flutung des Ringkernes (Feldstärke H_c) ergeben muß. Der Überschuß der Durch-

flutung $\Theta_r = i_{1r}$ des Rückstromes über die Summe aus der Vormagnetisierungsdurchflutung $H_V l_{\mathrm{Fe}}$ (l_{Fe} = mittlere Eisenlänge des Ringkernes) und der Magnetisierungsdurchflutung $H_c l_{\mathrm{Fe}}$ findet also sein Gegengewicht in der Durchflutung
$w_a i_a$ der Auslösewicklung:

$$i_{1r} - (H_V + H_c)\, l_{\mathrm{Fe}} = w_a\, i_a. \tag{46,2}$$

Dieses Durchflutungsgleichgewicht besteht jedoch nur so lange, wie infolge der
Ummagnetisierung des Ringkernes die Auslösewicklung mit dem Hauptkreise
gekoppelt ist, also nur während der Zeitspanne, in der der Ringkern von der positiven
Sättigung in die negative ummagnetisiert wird. Wir nennen diese Zeitspanne die
Stoßdauer t_s des Ringwandlers und meinen damit, genauer gesagt, die Dauer des
in der Auslösewicklung erzeugten Spannungsstoßes, der den Anstieg des Stromimpulses i_a im Auslösekreise bewirkt. Der Stromimpuls selbst ist während der
Stoßdauer ein ungefähres Abbild
des Rückstromes i_{1r}. Sein Verlauf
ist schematisch in Abb. 46,16 wiedergegeben. Es ist dort jedoch nicht
der Strom i_a selbst, sondern die von
ihm in der Wicklung des Sperrmagneten (Windungszahl w_S) erzeugte Durchflutung Θ_S als Ordinate aufgetragen. Für diese Durchflutung gilt, da die Auslösewicklung w_a und die Sperrmagnetwicklung w_S von dem gleichen Auslösestrom i_a durchflossen werden, mit
Benutzung von Gl. (46,2) die Beziehung

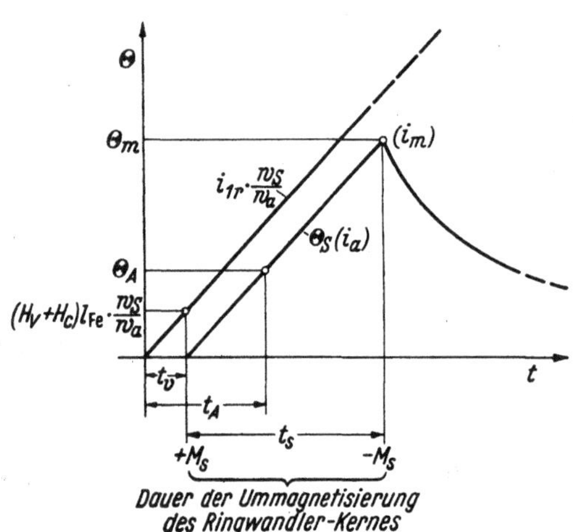

Abb. 46,16. Zeitlicher Verlauf der Rückstromwandler-Durch-
flutung i_{1r} und der Sperrmagnet-Durchflutung Θ_S.

$$\begin{aligned}
\Theta_S &= w_S\, i_a \\
&= w_S\, \frac{i_{1r} - (H_V + H_c)\, l_{\mathrm{Fe}}}{w_a},
\end{aligned} \tag{46,3}$$

d. h., der Durchflutungsüberschuß des Rückstromes und die Sperrmagnetdurchflutung stehen zueinander im Verhältnis $w_a : w_S$. Wie in Abb. 46,16 dargestellt ist,
vergeht bis zum Einsatz des Impulses zunächst eine gewisse *Verzögerungszeit* t_v, die
der Rückstrom benötigt, um die Vormagnetisierungsdurchflutung $H_V l_{\mathrm{Fe}}$ aufzuheben und die Ummagnetisierungsdurchflutung $H_c l_{\mathrm{Fe}}$ des Ringkernes zu erreichen.
Anschließend steigt während der Stoßdauer t_s die Sperrmagnetdurchflutung praktisch linear von Null auf ihren Höchstwert Θ_m an. Nach Aufhören der Spannung,
d. h. nach Sättigung des Ringkernes in negativer Richtung, besteht eine Koppelung
des Auslösekreises mit dem Hauptkreise nicht mehr. Der Auslösekreis ist dann sich
selbst überlassen. Die Durchflutung Θ_S klingt daher nach Ablauf der Stoßdauer
nach Maßgabe der Zeitkonstante des Auslösekreises wieder ab. Aus Gl. (46,3) gewinnen wir die für die Bemessung der Schutzschaltung äußerst wichtige Erkenntnis,
daß die bei einer gegebenen Anstiegsgeschwindigkeit di_{1r}/dt der Rückstromdurchflutung
des Ringkernes entstehende Anstiegsgeschwindigkeit $d\Theta_S/dt$ der Sperrmagnetdurch-
flutung nur bestimmt wird durch das Verhältnis w_S/w_a und daß wir es somit durch
Wahl allein dieses Verhältnisses in der Hand haben, eine für schnelle Auslösung
zweckmäßige Anstiegsgeschwindigkeit des Durchflutungsimpulses in der Sperrmagnet-
wicklung zu erzielen.

Wir fragen nun, welche Bedingungen außer der erforderlichen Anstiegsgeschwindigkeit des Impulses, auf die später eingegangen werden wird, noch erfüllt sein müssen, damit der Anker des Sperrmagneten in gewünschter Weise abfällt. Es ergeben sich deren drei:

1. Wegen der Koerzitivkraft des Polschuheisens und der Wirbelströme muß die Durchflutung der Sperrwicklung eine bestimmte Mindestgröße erreichen oder überschreiten, damit der magnetische Zustand der Polschuhe des Sperrmagneten überhaupt eine zum Loslassen des Ankers erforderliche Änderung erfahren kann.

2. Es muß der Wicklung des Sperrmagneten eine für die Sperrung, d. h. für die teilweise oder gänzliche Beseitigung des Halteflusses der Polschuhe erforderliche Spannungsfläche zugeführt werden. Es muß also eine bestimmte Sperrarbeit

$$A_S = \int i_a\, e_S\, dt$$

geleistet werden, d. h., der Impuls muß neben einer gewissen Höhe auch eine ausreichende Dauer haben.

3. Die Dauer des Impulses sollte darüber hinaus so lang sein, daß ein die Ankerbewegung verzögernder Haltefluß nicht wiederkehrt, bevor der Anker des Auslösers den ganzen Weg bis zur Endstellung des abgefallenen Zustandes zurückgelegt hat.

Was die Höhe des Impulses anbetrifft, so ist in Abb. 46,17 eine an einem Kurzschließer mit Sperrmagnetauslöser gemessene Kurve aufgetragen, die die Abhängigkeit der Gesamtzeit t_{ges}

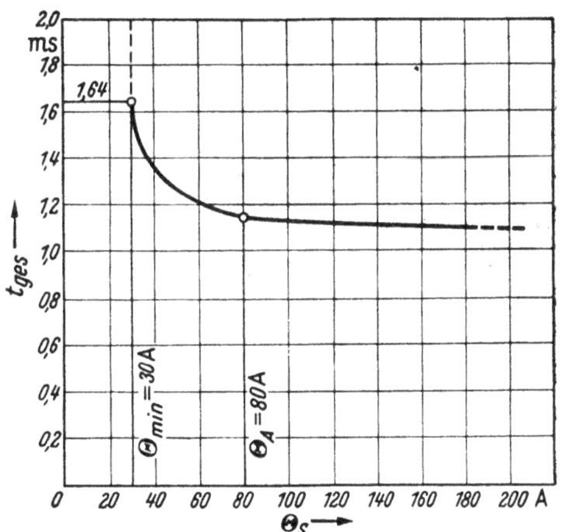

Abb. 46,17. Gesamtzeit bis zur Berührung der Kurzschließerkontakte in Abhängigkeit von der Höhe des Auslöseimpulses.

(vom Beginn des Auslöseimpulses bis zur Berührung der Kurzschließerkontakte) von der Höhe Θ_S der Durchflutung des Auslöseimpulses in der Sperrmagnetwicklung zeigt. Unterhalb eines gewissen Wertes Θ_{min}, der dort etwa 30 A beträgt, fällt der Anker gar nicht ab. Der Wert Θ_{min} ist also der Mindestbetrag der Durchflutung, bei dem überhaupt eine Auslösung erfolgt; er sei daher als *Ansprechdurchflutung* bezeichnet. Die bei dieser Impulshöhe sich ergebende Gesamtzeit ist mit 1,64 ms noch verhältnismäßig groß. Mit gesteigerter Impulshöhe nimmt die Gesamtzeit zunächst schnell, dann langsamer ab und erreicht schließlich einen Endwert von etwa 1,1 ms. Erst bei einer Impulshöhe von etwa 80 A Durchflutung wird eine so starke Schwächung der Haltekraft erzielt, daß der Anker sich schon praktisch mit der größtmöglichen Geschwindigkeit entfernt. Der Wert von 80 A ist also der Durchflutungsbedarf des Auslösers, den wir der Berechnung als für schnelles Abfallen mindestens erforderliche *Auslösedurchflutung* Θ_A zugrunde legen müssen.

Nunmehr können wir uns der Frage der Anstiegsgeschwindigkeit des Impulses zuwenden. Um die Eigenzeit des Sperrmagnetauslösers möglichst klein zu halten, soll bei großen Anstiegsgeschwindigkeiten des Rückstromes von $(10 \text{ bis } 15) \cdot 10^6$ A/s, wie sie bei Großumformern vorkommen, der Anstieg des Stromes in der Sperrmagnetwicklung vom Beginn der Störung bis zum Erreichen der Auslösedurchflutung Θ_A nicht mehr als $t_A = 0{,}1$ bis $0{,}15$ ms in Anspruch nehmen. Ist die Anstiegsgeschwindigkeit des Rückstromes geringer, so darf die Zeit t_A in angemessener Weise noch heraufgesetzt werden. Die im jeweiligen Einzelfall größtmögliche Anstiegsgeschwindigkeit des Rückstromes i_r, d. h. des Wendestromes i_W, ist, wie bereits auf S. 410 ausgeführt wurde,

$$\left(\frac{di_r}{dt}\right)_{\text{max}} = \left(\frac{di_W}{dt}\right)_{\text{max}} = I_{Wm}\,\omega, \tag{46,4}$$

wobei der Scheitelwert I_{Wm} des Wendestromes in der dort angegebenen Weise mit Hilfe von Tab. 45,1 aus dem Nenngleichstrom I_g des Umformers und der Reaktanzspannung ε_W des Wendekreises berechnet werden kann.

Die Werte Θ_A und t_A sind in Abb. 46,16 ebenfalls eingetragen. Über den Wert Θ_A hinaus steigt die Durchflutung weiterhin an bis auf den Wert Θ_m, bei dem sie am Ende der Dauer t_s des Spannungsstoßes des Ringwandlers angekommen ist. Sie hält während dieser Zeit die Polschuhe des Sperrmagneten fernerhin gesättigt, so daß die Fortbewegung des Ankers nicht wieder gebremst wird. Anschließend fällt die Sperrmagnetdurchflutung Θ_S wieder ab, während im Ringkern die Durchflutung des seinen Anstieg fortsetzenden Rückstromes i_r noch weiter auf bedeutend höhere Werte hinaufgeht.

Mit den bisherigen Überlegungen sind wir nun bereits in der Lage, für einen Sperrmagneten mit gegebener Windungszahl w_S die Windungszahl w_a der Auslösewicklung des Ringwandlers festzulegen. Für eine gegebene Anstiegszeit t_A der Sperrmagnetdurchflutung Θ_S auf den Auslösewert Θ_A kann nämlich Gl. (46,3) geschrieben werden

$$\Theta_A = \frac{w_S}{w_a}\left[\left(\frac{di_r}{dt}\right)_{\text{max}} t_A - (H_V + H_c)\, l_{\text{Fe}}\right],$$

woraus das gesuchte Windungsverhältnis folgt zu

$$\frac{w_a}{w_S} = \frac{\left(\dfrac{di_r}{dt}\right)_{\text{max}} t_A - (H_V + H_c)\, l_{\text{Fe}}}{\Theta_A} = \frac{I_{Wm}\,\omega\, t_A - (H_V + H_c)\, l_{\text{Fe}}}{\Theta_A}. \tag{46,5}$$

Hierin sind alle Größen bis auf w_a gegeben bzw. vorgeschrieben. Als Beispiel seien die Verhältnisse bei einem Großumformer für 5000 A überschlagen. Damit die Stromschienen genügend Platz finden, möge der Ringkern einen mittleren Durchmesser von 26,5 cm erhalten, dem eine mittlere Eisenlänge von $l_{\text{Fe}} = 83{,}5$ cm entspricht. Die Ummagnetisierungsfeldstärke H_c für Nickeleisen *Permenorm 5000 Z* mit 0,05 mm Banddicke kann mit 0,34 A/cm eingesetzt werden. Für die Gleichstrom-Vormagnetisierung ist dann eine Feldstärke H_V von etwa 1 A/cm mit Sicherheit ausreichend, um den Kern in die Sättigung zu bringen. Bei einer Anstiegsgeschwindigkeit des Rückstromes von beispielsweise $10 \cdot 10^6$ A/s und einer Anstiegszeit t_A von 0,1 ms ergibt sich dann das Windungsverhältnis

$$\frac{w_a}{w_S} = \frac{10 \cdot 10^6 \cdot 0{,}1 \cdot 10^{-3} - 1{,}34 \cdot 83{,}5}{80} = 11{,}1\,.$$

Ist der Sperrmagnet mit $w_S = 10$ Windungen ausgeführt, so müßte die Auslösewicklung des Ringwandlers also $w_a = 111$ Windungen erhalten.

Mit den gemachten Annahmen über den Ringkern und die Vormagnetisierung läßt sich auch sofort die Verzögerungszeit t_v nachrechnen:

$$\left(\frac{di_r}{dt}\right)_{\text{max}} t_v = (H_V + H_c)\, l_{\text{Fe}}$$

oder

$$t_v = \frac{(H_V + H_c)\, l_{\text{Fe}}}{\left(\dfrac{di_r}{dt}\right)_{\max}}. \tag{46,6}$$

Nach Einsetzen der Zahlenwerte erhält man

$$t_v = \frac{112}{10 \cdot 10^6} = 0,011 \text{ ms}.$$

Bei einer so hohen Anstiegsgeschwindigkeit des Rückstromes ist also die Verzögerungszeit gegenüber der Gesamtzeit von etwa 1,1 ms bis zur Berührung der Kurzschließerkontakte zu vernachlässigen. Gl. (46,5) kann daher für hohe Anstiegsgeschwindigkeiten vereinfacht werden zu

$$\frac{w_a}{w_S} = \left(\frac{di_r}{dt}\right)_{\max} \frac{t_A}{\Theta_A} = I_{Wm}\, \omega\, \frac{t_A}{\Theta_A}. \tag{46,7}$$

Nachdem das Windungsverhältnis bekannt ist, gibt uns Gl. (46,3) auch die Möglichkeit, die Größe $i_{r\,\min}$ des Rückstromes im Hauptkreise nachzurechnen, bei dem die Schutzschaltung anspricht:

$$\Theta_{\min} = \frac{w_S}{w_a} [i_{r\,\min} - (H_V + H_c)\, l_{\text{Fe}}]$$

oder

$$i_{r\,\min} = \frac{w_a}{w_S}\, \Theta_{\min} + (H_V + H_c)\, l_{\text{Fe}}. \tag{46,8}$$

Wenn der Rückstrom nicht mindestens auf diesen Betrag ansteigt, so findet eine Auslösung des Kurzschließers nicht statt. Die auf den Nenngleichstrom I_g bezogene *Ansprechempfindlichkeit* ist dann

$$\frac{i_{r\,\min}}{I_g} = \frac{\dfrac{w_a}{w_S}\,\Theta_{\min} + (H_V + H_c)\, l_{\text{Fe}}}{I_g}. \tag{46,9}$$

Bei einem Nenngleichstrom von 5000 A würde man hieraus mit dem Windungsverhältnis 11,1 erhalten:

$$\frac{i_{r\,\min}}{I_g} = \frac{11,1 \cdot 30 + 112}{5000} = 0,089.$$

Wird die so errechnete Ansprechempfindlichkeit als noch nicht ausreichend angesehen, so kann sie durch Verringerung des Verhältnisses w_a/w_S noch verbessert werden, womit dann gleichzeitig auch eine entsprechende Verkürzung der Anstiegszeit t_A verbunden ist. Man kann hier jedoch nicht beliebig weit gehen, denn diese Maßnahme erfolgt auf Kosten des Aufwandes für den Kern des Ringwandlers, wie die nun folgenden Betrachtungen über die zuzuführende Spannungsfläche lehren werden.

Es ist uns nämlich noch die Aufgabe verblieben, den Eisenquerschnitt q_R des Ringkernes zu ermitteln. Wir erhalten ihn aus der Bedingung, daß die mit der Ummagnetisierung des Ringkernes verbundene Änderung $\Delta\Psi_a$ des Spulenflusses der Wicklung w_a mindestens gleich der Spannungsfläche sein muß, die während der Stoßdauer mittels dieser Wicklung dem Auslösekreise zugeführt werden muß:

$$\Delta\Psi_a = w_a\, q_R\, \Delta B_r \geqq \int_0^{t_s} e_a\, dt. \tag{46,10}$$

Hierin ist ΔB_r die Induktionsänderung im Ringkern bei der Ummagnetisierung. Sie erstreckt sich von B_A im Punkte A der Hystereseschleife (Abb. 46,11 bzw. 46,15) bis zur negativen Sättigung:

$$\Delta B_r = B_A + B_s . \tag{46,11}$$

Die in der Wicklung w_a induzierte EMK e_a finden wir aus der Spannungsgleichung des Auslösekreises, dessen einzelne Bestandteile aus Abb. 46,13 ersichtlich sind. Es ist zweckmäßig, dabei wieder wie früher bei der Schaltdrossel die einzelnen Spannungen gemäß Gl. (29,2) und (29,3) nach Eisenanteil und Luftanteil aufzuspalten. Wir erhalten dann mit Berücksichtigung der Stromrichtung in den Ringkernen

$$
\left.
\begin{aligned}
\text{Wandler } 1: \quad & w_a\, q_R \frac{dM_1}{dt} + L_g \frac{di_{1r}}{dt} - L_a \frac{di_a}{dt} - \\[2mm]
\text{Wandler } 2: \quad & - w_a\, q_R \frac{dM_2}{dt} - L_g \frac{di_{2k}}{dt} - L_a \frac{di_a}{dt} - \\[2mm]
\text{Wandler } 3: \quad & - w_a\, q_R \frac{dM_3}{dt} - L_g \frac{di_3}{dt} - L_a \frac{di_a}{dt} - \\[2mm]
2 \text{ Auslöser}: \quad & - 2\left(w_S\, q_S \frac{dM_S}{dt} + L_S \frac{di_a}{dt} \right) - \\[2mm]
\text{ganzer Kreis}: \quad & - (3R_a + R_L + 2R_S)\, i_a = 0 .
\end{aligned}
\right\} \tag{46,12}
$$

Hierin bedeutet:

L_g　= Gegeninduktivität zwischen Stromschiene und Auslösewicklung,
L_a　= Selbstinduktivität der Auslösewicklung,
q_S　= Eisenquerschnitt des Sättigungssteges des Sperrmagneten,
L_S　= Luftinduktivität der Sperrmagnetwicklung,
R_a　= ohmscher Widerstand der Auslösewicklung,
R_L　= ohmscher Widerstand der Verbindungsleitungen zwischen den Auslösewicklungen und den beiden Sperrmagnetwicklungen,
R_S　= ohmscher Widerstand der Sperrmagnetwicklung.

In der obigen Gleichung ist der Ausdruck

$$w_a\, q_R \frac{dM_1}{dt} + L_g \frac{di_{1r}}{dt} = e_a$$

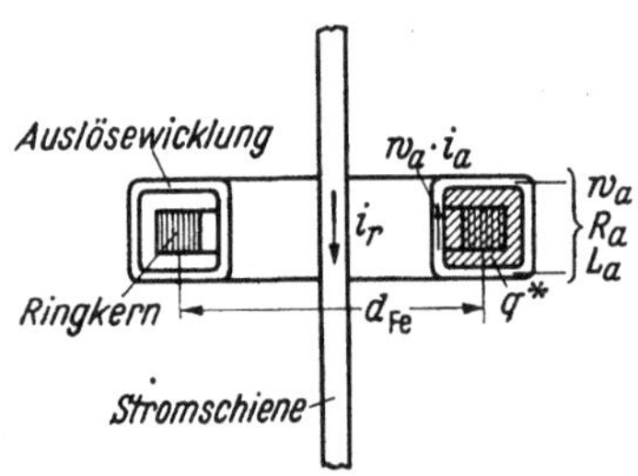

Abb. 46,18. Wicklungsanordnung beim Ringwandler.
q^* = gesamte von der Auslösewicklung umfaßte Fläche; $l_{Fe} = d_{Fe}\,\pi$.

die beim Anstieg des Stromes i_{1r} in der Auslösewicklung des Ringwandlers 1 erzeugte EMK. Die übrigen Anteile sind die Gegenspannungen. Die Gleichung läßt sich noch in verschiedenen Punkten vereinfachen. Betrachten wir die in Abb. 46,18 dargestellte Anordnung der Leiter im Ringwandler, so gilt wegen der konzentrischen Anordnung

$$L_g = w_a\, \varLambda \quad \text{mit} \quad \varLambda = \mu_0 \frac{q^*}{l_{Fe}}$$

und

$$L_a = w_a^2\, \varLambda \quad \text{mit } \varLambda \text{ angenähert wie vor.}$$

Beachten wir nun, daß $i_{1r} = i_{2k} \approx w_a i_a$ ist, so ergibt sich für Wandler 1:

$$L_g \frac{di_{1r}}{dt} - L_a \frac{di_a}{dt} = w_a\, \varLambda \left(w_a \frac{di_a}{dt} \right) - w_a^2\, \varLambda \frac{di_a}{dt} \approx 0 .$$

Diese beiden Glieder fallen also fort[1]. Bei Wandler 2 ist mit den gleichen Voraussetzungen:

$$- L_g \frac{di_{2k}}{dt} - L_a \frac{di_a}{dt} = - 2 L_a \frac{di_a}{dt} .$$

---

[1] Streng gilt das nur dann, wenn die Primärwicklung ein konzentrischer Rundleiter oder eine auf dem ganzen Umfang des Ringkernes verteilte Toroidwicklung ist.

Bei Wandler *3* fällt das Glied $L_g \dfrac{di_3}{dt}$ ganz weg, da der in der Schiene dieses Wandlers fließende Gleichstrom I_g als für den ersten Augenblick noch unveränderlich angenommen wurde. Wir erhalten mit diesen Vereinfachungen an Stelle von Gl.(46,12) somit

$$w_a\, q_R \left[\frac{dM_1}{dt} - \left(\frac{dM_2}{dt} + \frac{dM_3}{dt}\right)\right] - 3L_a \frac{di_a}{dt} -$$

$$- (3R_a + R_L + 2R_S)\, i_a - 2\left(w_S q_S \frac{dM_S}{dt} + L_S \frac{di_a}{dt}\right) = 0\,.$$

Die Integration dieser Gleichung zwischen den Grenzen 0 und t_s ergibt mit $i_a = i_m$ im Zeitpunkt t_s und mit $\int_0^{t_s} i_a dt = \frac{1}{2} i_m t_s$ für linearen Anstieg:

$$w_a\, q_R[\varDelta M_r - (\varDelta M_2 + \varDelta M_3)] - 3L_a\, i_m -$$

$$- (3R_a + R_L + 2R_S)\tfrac{1}{2} i_m t_s - 2\underbrace{(w_S q_S\, \varDelta M_S + L_S\, i_m)}_{\varDelta \varPsi_{Sm}} = 0\,. \tag{46,13}$$

Wir überlegen nun zuerst, zwischen welchen Werten sich die magnetischen Polarisationen der einzelnen Kerne ändern. Für Wandler *1* ist entsprechend Gl. (46,11) genaugenommen $\varDelta M_r = M_A + M_s$. Aus der Kommutierungskurve Abb. 18,6 finden wir für $H_V = 1$ A/cm einen Wert M_A von rund $15\,\mathrm{kG}$, während sich für die Sättigung $M_s = 15{,}75\,\mathrm{kG}$ ergibt. Damit erhalten wir $\varDelta M_r = 30{,}75\,\mathrm{kG}$. Praktisch setzt man aber wegen der Abrundung der Knie der Hystereseschleife $\varDelta M_r$ besser mit nur $28\,\mathrm{kG}$ ein. Im Wandler *2* steigt die Durchflutung im Rückzündungsfalle von $H_V l_{\mathrm{Fe}} + I_g$ auf $H_V l_{\mathrm{Fe}} + I_g + i_{2k} + w_a i_a$ an (vgl. Abb. 46,13). Die größte Änderung von M_2 tritt dann auf, wenn die Rückzündung sich bei Lauf mit dem Grundlaststrom I_{g0} ereignet. Dann erstreckt sich die Änderung praktisch von M_A bis $+M_s$. Mit den oben angegebenen Werten für M_A und M_s beträgt sie also $0{,}75\,\mathrm{kG}$, oder mit etwas Sicherheit gerechnet rund $1\,\mathrm{kG}$. Im Wandler *3* wächst die Durchflutung von $H_V l_{\mathrm{Fe}} + I_{g0}$ an auf $H_V l_{\mathrm{Fe}} + I_{g0} + w_a i_a$. Die Polarisation ändert sich also ebenfalls praktisch von M_A nach $+M_s$ um rund $1\,\mathrm{kG}$. Der Ausdruck $\varDelta M_r - (\varDelta M_2 + \varDelta M_3)$ kann also geschrieben werden $\varDelta M_r - 2(M_s - M_A)$ und hat einen Betrag von etwa $28 - 2 = 26\,\mathrm{kG}$.

Der Ausdruck $\varDelta \varPsi_{Sm} = w_S q_S\, \varDelta M_S + L_S i_m$ am Schlusse der Gl. (46,13) ist die Änderung des Spulenflusses $\varDelta \varPsi_S$ der Sperrmagnetwicklung, die eintritt, wenn die Durchflutung während der Stoßdauer t_s von Null auf den Höchstwert $\varTheta_m$ ansteigt. Diese Größe kann durch eine Messung am fertigen Sperrmagneten bestimmt werden. In Abb. 46,19 ist als Beispiel eine gemessene Kurve wiedergegeben, der die Größe der Spulenflußänderung $\varDelta \varPsi_S$ des betreffenden Sperrmagneten entnommen werden kann, die einer Änderung der Durchflutung von Null bis $\varTheta_S$ zugeordnet ist. Wird anstatt $\varDelta \varPsi_S$ die Größe $\varDelta \varPsi_S/w_S$ aufgetragen, welche die Dimension des Kraftflusses hat, so erhält man eine unabhängig von der jeweils ausgeführten Windungszahl w_S gültige, unveränderliche Kennkurve des betreffenden Magnetsystemes.

Lösen wir nun Gl. (46,13) nach q_R auf, so ergibt sich der mindestens erforderliche Kernquerschnitt zu

$$q_R = \frac{3L_a\, i_m + (3R_a + R_L + 2R_S)\tfrac{1}{2} i_m t_s + 2\varDelta \varPsi_{Sm}}{w_a\,[\varDelta M_r - 2(M_s - M_A)]}\,. \tag{46,14}$$

Um q_R ausrechnen zu können, benötigen wir noch den Höchstwert i_m des Auslösestromes. Da nach Bedingung 3 auf S. 421 der Impuls so lange dauern soll, bis der

Anker des Auslösers die Endstellung erreicht hat, macht man zweckmäßig die Stoßdauer t_s ungefähr gleich dieser Eigenzeit des Auslösers. Sie beträgt etwa 0,8 ms. Der
Impuls dauert zwar noch um seine Abklingzeit länger als t_s. Wir haben diesen Überschuß dann noch als Sicherheit in der Rechnung. Für i_m erhalten wir damit

$$i_m = \frac{1}{w_a} \left(\frac{di_r}{dt}\right)_{\max} t_s \, . \tag{46,15}$$

Nunmehr kann q_R berechnet werden, wenn L_a, R_a und R_L aus Schätzungen oder
Vorentwürfen bereits ungefähr bekannt sind.

Wir setzen nun unser Beispiel fort und finden

$$i_m = \frac{1}{111} \left(10 \cdot 10^6 \cdot 0,8 \cdot 10^{-3}\right) = 72,0 \, \text{A} \, .$$

Für die entsprechende Durchflutung $\Theta_m = 720$ A liefert Abb. 46,19 einen Wert
$\Delta\Psi_{Sm}$ von $12,1 \cdot 10^{-3}$ Vs. Einem Vorentwurf entnehmen wir $L_a = 19,3 \cdot 10^{-6}$ H,

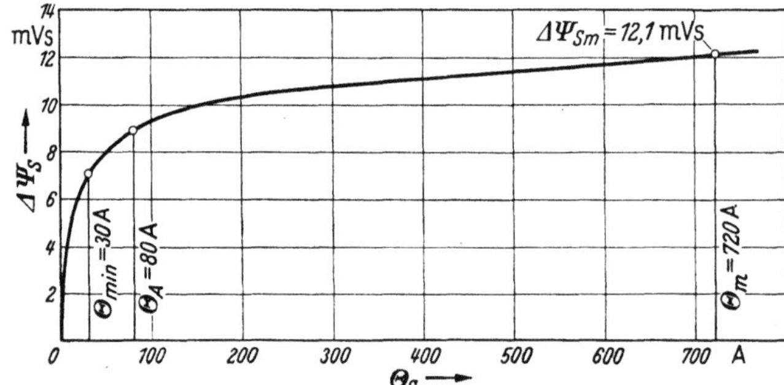

Abb. 46,19. Spulenflußänderung $\Delta\Psi_S$ der Sperrmagnetwicklung in Abhängigkeit vom Scheitelwert Θ_m der Auslösedurchflutung. $w_S = 10$.

$R_a = 0,330 \, \Omega$ und $R_L = 0,182 \, \Omega$. Mit $R_S = 0,075 \, \Omega$ und $\Delta M_r - 2(M_s - M_A)$
$= 26 \cdot 10^{-5}$ Vs/cm² erhalten wir dann aus Gl. (46,14) für den Querschnitt

$$q_R = \frac{3 \cdot 19,3 \cdot 10^{-6} \cdot 62 + 1,322 \cdot \frac{1}{2} \cdot 62 \cdot 0,8 \cdot 10^{-3} + 2 \cdot 12,1 \cdot 10^{-3}}{111 \cdot 26 \cdot 10^{-5}}$$

$$= \frac{(3,6 + 32,8 + 24,2) \cdot 10^{-3}}{28,9 \cdot 10^{-3}} = 2,10 \, \text{cm}^2 \, .$$

Ein Querschnitt von 3,0 cm², der im Vorentwurf vorgesehen war, ist also mehr als
ausreichend. Soll dieser Querschnitt beibehalten werden, so ist es folglich erlaubt,
das Windungsverhältnis w_a/w_S noch herabzusetzen und dadurch die Anstiegszeit t_A
des Impulses auf den Auslösewert Θ_A noch zu verkürzen und den Ansprechstrom
$i_{r\,\min}$ zu vermindern.

Die Betrachtung der drei Summanden im Zähler der vorstehenden Gleichung
zeigt, daß bei diesem Beispiel der überwiegende Anteil der zuzuführenden Spannungsfläche nicht auf die Flußänderung im Sperrmagneten entfällt, sondern zur Deckung
der ohmschen Spannungsabfälle an den Widerständen des Auslösekreises verbraucht
wird. Durch Aufwand von etwas mehr Kupfer in der Auslösewicklung und für die
Verbindungsleitungen könnte also noch an Kerneisen gespart werden. Es wäre daher
verkehrt, den Auslösekreis deswegen, weil er im Normalbetriebe nahezu stromlos
ist, mit nur geringen Kupferquerschnitten auszuführen, denn das würde eine
unnötige Vermehrung des Aufwandes an Nickeleisen für die Wandlerkerne zur Folge
haben. Aus Gl. (46,14) ersehen wir auch, daß eine Herabsetzung des Verhältnisses

w_a/w_S, wie man sie etwa noch zur Erhöhung der Steilheit des Auslöseimpulses und zur Vergrößerung der Ansprechempfindlichkeit in Betracht ziehen könnte, grundsätzlich mit einer Zunahme des erforderlichen Eisenquerschnittes verbunden ist. Der Querschnitt wächst dabei nicht nur mit $1/w_a$, sondern schneller, weil auch i_m im Zähler mit $1/w_a$ ansteigt und dementsprechend auch $\Delta\Psi_{Sm}$ noch etwas zunimmt. Es bleibt nun noch zu überlegen, welchen Einfluß die Ausführung des Sperrmagneten mit einer anderen Windungszahl w_S auf die Größe des Kernquerschnittes hat. Die abgeleiteten Beziehungen ergeben, daß, wenn man von dem geringfügigen Einfluß des gleichbleibenden Leitungswiderstandes R_L absieht, bei ungeändertem Kupfervolumen in der Sperrmagnetwicklung der Eisenquerschnitt nur von dem *Verhältnis* w_a/w_S abhängig ist, nicht aber von der Windungszahl selbst. Die Windungszahl der Sperrmagnetwicklung kann daher rein nach sonstiger Zweckmäßigkeit gewählt werden.

Die Berechnung anderer Ausführungen der Schutzschaltung entspricht im wesentlichen der hier im Beispiel gezeigten. Abschließend sei daher lediglich noch auf einige Besonderheiten eingegangen. Werden bei der Rückstromwandlerschaltung an Stelle von Schienenwandlern bei kleineren Strömen solche mit mehreren Windungen in der Art von Abb. 46,9 benutzt (wechselstromseitige Windungszahl w_w), so tritt in Gl. (46,2) an die Stelle von i_{1r} der Ausdruck $w_w i_{1r}$, und entsprechend ist w_w bei den übrigen Gleichungen einzufügen. So würde sich z. B. für das Windungsverhältnis anstatt Gl. (46,5) dann ergeben

$$\frac{w_a}{w_S} = \frac{w_w \left(\frac{di_r}{dt}\right)_{\max} t_A - (H_V + H_c)\, l_{\mathrm{Fe}}}{\Theta_A}. \tag{46,16}$$

Bei der Differential-Schutzschaltung nach Abb. 46,5 wird die Windungszahl w_w der Vergleichswicklung zahlenmäßig gleich dem Übersetzungsverhältnis $\ddot{u}$ der Stromwandler SW ausgeführt:

$$w_w = \ddot{u}. \tag{46,17}$$

Es ist dann die vom Rückstrom i_r herrührende Durchflutung des Ringkernes

$$w_w\, i_w = w_w \frac{i_r}{\ddot{u}} = i_r \tag{46,18}$$

zahlenmäßig gleich dem Rückstrom selbst, so daß die Gln. (46,5) bzw. (46,7), (46,6), (46,8) und (46,9) unverändert gelten. In der Spannungsgleichung (46,12) jedoch fallen sämtliche Anteile der Wandler *2* und *3* fort, so daß sich im Falle der zuletzt betrachteten Sechsdrosselschaltung mit 2 Kurzschließern ergibt

$$q_R = \frac{L_a\, i_m + (R_a + R_L + 2R_S)\,\tfrac{1}{2}\, i_m\, t_s + 2\Delta\Psi_{Sm}}{w_a\, \Delta M_r} \tag{46,19}$$

mit i_m nach Gl. (46,15). Darüber hinaus steht bei der Differentialschutzschaltung noch die Frage nach der Bemessung des Trockengleichrichters Gl und der Stromwandler SW offen. Die Strombelastung des Gleichrichters folgt aus dem im Normalfall fließenden Strom $i_w = I_g/\ddot{u}$ und dem im Rückzündungsfalle überlagerten Strom $i_r/\ddot{u}$, der nur so lange fließt, bis der Umformer drehstromseitig vom speisenden Netz abgetrennt ist, sofern er nicht schon vorher abnimmt, weil die Eisenkerne der Wandler SW in die Sättigung gehen und in ähnlicher Weise, wie wir es bereits bei dem Ringwandler kennengelernt haben, den Sekundärstrom zeitlich begrenzen. Die Sperrspannung des Gleichrichters im Normalbetrieb ist unbedeutend. Für die zu verwendende Anzahl in Reihe geschalteter Platten ist daher die Sperrspannung im Rückzündungsfalle maßgebend, die sich aus der Spannungsgleichung unter zusätzlicher Berücksichtigung des Gleichrichter-Spannungsabfalls finden läßt. Für die Bemessung der Stromwandler SW gelten hinsichtlich der mindestens abgebbaren Spannungsfläche ähnliche Überlegungen, wie wir sie bereits bei dem Ringwandler angestellt haben.

XI. Verluste und Wirkungsgrad.

47. Die Einzelverluste.

Die Verluste einer Kontaktumformeranlage zergliedern sich in die folgenden Gruppen:

1. Verluste im Gleichrichtertransformator, in Saugdrosseln und in etwaigen getrennten Regel- und Schwenktransformatoren,
2. Verluste in den Schaltdrosseln,
3. Verluste im Kontaktgerät,
4. Verluste in den Hilfsbetrieben.

Die Verluste in den Verbindungsleitungen und in Glättungseinrichtungen zählen nicht zu den Verlusten der eigentlichen Kontaktumformeranlage, da die Länge und Ausführung der Leitungen und der durch den jeweiligen Verwendungszweck bedingte Aufwand an Glättungsmitteln von Fall zu Fall verschieden sein kann und diese Anlagenteile keine spezifischen Bestandteile des Kontaktumformers sind. Diese Verluste sind daher entsprechend den VDE-Regeln[1] über die Prüfung und Bewertung von Stromrichtern im garantierten Wirkungsgrad nicht mit enthalten. Da von einer direkten Messung des Wirkungsgrades in Anbetracht der Höhe desselben selbst bei sorgfältigster Ausführung, Vermeidung von Instrumentbeeinflussungen durch die Felder der Hochstromschienen und Korrektur von Wandler- und Instrumentfehlern keine große Genauigkeit zu erwarten ist, so kommt der experimentellen Bestimmung der Einzelverluste für die Berechnung des Wirkungsgrades nach dem Einzelverlustverfahren besondere Bedeutung zu.

47.1 Die Transformator- und Saugdrosselverluste.

Die Transformatorverluste bilden mit einer Höhe von im allgemeinen mehr als der Hälfte der Gesamtverluste den Hauptbestandteil dieser Verluste. Sie bestehen aus den Eisenverlusten, die spannungsabhängig sind und in bekannter Weise durch einen Leerlaufversuch bestimmt werden können, und aus den stromabhängigen Wicklungsverlusten. Diese wiederum setzen sich zusammen aus denjenigen Verlustbeträgen (den sogenannten *normalen* Wicklungsverlusten), die aus den gemessenen und auf die Betriebstemperatur umgerechneten Gleichstromwiderständen und den Effektivwerten der Wicklungsströme berechnet werden können, und aus den Zusatzverlusten. Der übliche Kurzschlußversuch ergibt einen Verlustbetrag, der außer den normalen Wicklungsverlusten Zusatzverluste in einer Höhe enthält, wie sie dem beim Kurzschlußversuch vorhandenen, praktisch sinusförmigen Strom entspricht. Die im Gleichrichterbetrieb fließenden, trapezförmigen Ströme aber ergeben höhere Zusatzverluste. Der Unterschied in diesen Zusatzverlusten ist neben den Zusatzverlusten in den Hochstromleitungen und in den Schienen des Schaltblockes der unsicherste Posten bei der Berechnung des Wirkungsgrades, da er meistens nicht in einfacher Weise der Messung zugänglich ist. Man schätzt diesen Zuschlag zu den

---

[1] VDE: [*4.8*] § 26.

bei sinusförmigem Strom gemessenen Zusatzverlusten daher am besten rechnerisch jeweils aus dem Aufbau und den Abmessungen der Wicklung ab. Nur bei Transformatoren mit Wasserkühlung ist es leicht möglich, die wahren Verluste im Gleichrichterbetriebe kalorimetrisch aus der Kühlwassermenge und der Differenz der Austritts- und der Eintrittstemperatur des Kühlwassers zu bestimmen, wobei die vom Kessel an die Umgebung abgegebene Wärmemenge ebenfalls auf Grund von Temperaturmessungen berücksichtigt werden muß. Bei der Durchführung und Auswertung von Kurzschlußversuchen ist noch zu beachten, daß bei manchen Gleichrichterschaltungen die Verteilung der Ströme in den Wicklungen ihren Effektivwerten nach beim Kurzschlußversuch eine andere ist als im Gleichrichterbetrieb. Der Kurzschlußversuch muß daher so angelegt werden, daß kein Wicklungsteil überlastet wird, und bei der Auswertung ist eine Umrechnung der Verluste auf die Stromverteilung bei Gleichrichterbetrieb erforderlich[1]. Bei Regeltransformatoren oder Transformatoren mit Wicklungsanzapfungen oder Wicklungsumschaltungen ist außerdem noch zu berücksichtigen, daß sich die Höhe der Eisenverluste und der Wicklungsverluste in Abhängigkeit von der Spannungsstufe ändert.

Bei Saugdrosselspulen können die Eisenverluste ebenfalls durch einen Leerlaufversuch ermittelt werden, wobei die Frequenz gleich der Saugdrossel-Grundfrequenz sein muß (vgl. Tab. 27,1). In Schaltungen mit 3- und höherphasigen Grundsystemen sind bei voller Aussteuerung die Eisenverluste der Saugdrossel im allgemeinen zu vernachlässigen, weil die Saugdrosselspannung dann nur geringe Werte hat (siehe Abb. 27,10 und 27,11). Der Wicklungsverlust wird aus dem Gleichstromwiderstand berechnet; der Wirbelstromverlust ist meist vernachlässigbar klein, da nur die *Oberwellen* des Gleichstromes Wirbelströme in der Wicklung verursachen.

47.2 Die Schaltdrosselverluste.

Als Schaltdrosselverluste sehen wir die Eisenverluste und die Wicklungsverluste der Schaltdrosseln sowie die Verluste in den Streckkreisen an. Die Verluste in den Vormagnetisierungsstromkreisen zählen wir zu den Verlusten der Hilfsbetriebe. Die Schaltdrosselverluste machen je nach der vorliegenden Grundschaltung etwa $1/5$ bis $1/3$ der Gesamtverluste aus. Die Verluste in den Streckkreisen sind dabei in der Regel verschwindend klein und hier nur der Vollständigkeit wegen aufgeführt.

Die *Eisenverluste* werden aus den bei der Prüfung der Ringbandkerne gemessenen Verlustziffern der einzelnen Kerne berechnet. Über die Messung dieser Verlustziffern s. Abschn. 49. Die Eisenverluste sind, jedenfalls bei 50proz. Nickeleisen, praktisch unabhängig von der Höhe des Belastungsstromes und nur wenig abhängig vom Aussteuerungsgrad des Umformers, wie bereits in Abschn. 19 ausgeführt wurde. Auf eine sehr genaue Bestimmung kommt es bei der Geringfügigkeit des Beitrages, den sie zu den Gesamtverlusten liefern, nicht an.

Der *normale Wicklungsverlust* wird wie beim Transformator aus dem Gleichstromwiderstand R_g und dem Effektivwert des Stromes berechnet. *Wirbelströme* entstehen bei Wicklungen aus Preßseil nach Abb. 6,2 oder aus dünnen, gegeneinander isolierten und gekreuzten Flachkupferbändern nach Abb. 24,10 nur in geringem Umfange, während sie dagegen bei Wicklungen aus Massivkupfer so erhebliche Beträge annehmen können, daß die konstruktiven Abmessungen der Wicklung entscheidend dadurch beeinflußt werden. Es besteht hier ähnlich wie bei Transformatoren und bei umlaufenden elektrischen Maschinen eine gewisse kritische Leiterhöhe, die

---

[1] VDE: [*4.8*] § 28.

nicht überschritten werden darf, wenn der Wirbelstromverlust nicht ein unwirtschaftliches Ausmaß annehmen soll. Für sinusförmigen Stromverlauf läßt sich der Wirbelstromverlust ähnlich wie bei elektrischen Maschinen mit Hilfe der bekannten FIELD-EMDEschen Formeln[1] berechnen. Versuche des Verfassers an einer Wicklung aus Massivkupfer nach Abb. 24,13 ergaben jedoch, daß die durch Messung mit Hilfe des Vektormessers (s. S. 431) bestimmten Zusatzverluste nicht unbeträchtlich größer waren als der so berechnete Wirbelstromverlust. Das war vermutlich zu einem wesentlichen Teile auf die Lötverbindungen zwischen den einzelnen Windungen zurückzuführen, obwohl diese Verbindungen mittels Silberlot hergestellt waren. Beim Übergang von sinusförmigem Strom zu der im Gleichrichterbetrieb vorliegenden Trapezform tritt noch eine starke Erhöhung des Wirbelstromverlustes ein, die ein Mehrfaches des Wirbelstromverlustes bei Sinusstrom betragen kann.

Tabelle 47,1. *Trapez-Stromformen und ihre Effektivwerte.*

Nr.	Stromform	Effektivwert
1		$I_1 = I_g \sqrt{1 - \dfrac{4}{3}\dfrac{\ddot{u}}{\pi}}$
2		$I_2 = I_g \sqrt{\dfrac{2}{\pi} - \dfrac{1}{3}\dfrac{\ddot{u}}{\pi}}$
3		$I_3 = I_g \sqrt{\dfrac{1}{\pi} - \dfrac{1}{6}\dfrac{\ddot{u}}{\pi}}$ $= \dfrac{1}{\sqrt{2}} \cdot I_2$

Die *Messung* der Wicklungsverluste einer Schaltdrossel ist nicht ganz einfach. Es stehen aber eine Reihe von Möglichkeiten dafür zur Verfügung. Die Stromform, mit der die Wicklung bei der Messung gespeist wird, soll nach Möglichkeit die gleiche sein wie im Umformerbetrieb, damit die gleichen Zusatzverluste entstehen. In Tab. 47,1 sind verschiedene Stromformen und ihre Effektivwerte angegeben. Stromform *2* ist angenähert die betriebsmäßige Stromform bei Ausnutzung der Schaltdrossel in beiden Stromrichtungen, also bei Verwendung einer einzigen Schaltdrossel für 2 Kontakte entgegengesetzter Polarität (z. B. 3phasige Dreidrossel-Brückenschaltung und 6phasige Sechsdrossel-Brückenschaltung), Stromform *3* diejenige bei Ausnutzung der Schaltdrossel in nur *einer* Stromrichtung (Sternpunktschaltungen, 3phasige Sechsdrossel-Brückenschaltung). Im Prüffeld kann die Form *3* als Anodenstrom, die Form *2* als Transformatorstrom von 3- bzw. höherphasigen Hilfs-Gleichrichterschaltungen erzeugt werden. Leichter ist oft die Stromform *1* herzustellen, die man als Primärstrom von Einphasen-Gleichrichterschaltun-

---

[1] FIELD: [7.7], EMDE: [7.8], [7.10]. — Siehe z. B. auch ROGOWSKI: [7.9] u. RICHTER: [7.4] S. 241 ff.

gen oder, mit noch steilerem Stromanstieg, mittels eines Reihentransduktors erhält. Bestehen keine derartigen Möglichkeiten, so muß man sich mit Sinusstrom begnügen und den Zuschlag zum Wirbelstromverlust, der dann für den Übergang von Sinusstrom auf Trapezstrom gemacht werden muß, rechnerisch aus den Wicklungsabmessungen abschätzen. Bei Verwendung von Stromwandlern sind die Vollwellen-Stromformen *1* und *2* der Halbwellen-Stromform *3* vorzuziehen, da bei ihnen keine Gleichstrommagnetisierung des Meßwandlerkernes eintritt. Für den gleichen Scheitelwert I_g betragen die Verluste bei Stromform *3* die Hälfte derjenigen, die man bei Stromform *2* mißt.

Der Wirbelstromverlust entsteht allein durch den Anstieg und den Abfall des Stromes. Die Länge des Stückes mit der gleichbleibenden Höhe I_g zwischen Anstieg und Abfall ist daher wohl auf den normalen Wicklungsverlust von Einfluß, nicht aber auf den Wirbelstromverlust. Man kann somit unter der Annahme eines gleichbleibenden Wirbelstromverlustes die mit Stromform *1* bei gleichem Scheitelwert I_g und gleicher Änderungsgeschwindigkeit des Stromes, also gleichem Wert $\ddot{u}$, gemessenen Wicklungsverluste V_1 durch Korrektur des normalen Wicklungsverlustes in einfacher Weise auf die Stromform *2* umrechnen:

$$V_2 = V_1 - R_g I_g^2 \left(1 - \frac{2}{p} - \frac{\ddot{u}}{\pi}\right). \qquad (47,1)$$

Die Zusatzverluste selbst ergeben sich zu

$$V_{z2} = V_1 - R_g I_g^2 \left(1 - \frac{4}{3}\frac{\ddot{u}}{\pi}\right). \qquad (47,2)$$

Abb. 47,1. Schaltbild für die Messung der Schaltdrosselverluste mit dem Leistungsmesser bei Vollwellenstrom.

Zwecks Umrechnung auf die Stromform *3* sind diese Werte noch durch 2 zu teilen.

Für *Laboratoriumsversuche* wird die Wicklung am besten anstatt auf dem Eisenkern auf einem Holzkern gleicher Abmessungen angebracht. Es bestehen dann folgende Meßmöglichkeiten:

a) Mit dem Leistungsmesser nach Abb. 47,1. Wegen des sehr kleinen Verlustwinkels $R_D/L_D\omega$ der Wicklung ergibt sich hierbei jedoch nur dann ein gut ablesbarer Instrumentausschlag, wenn ein Spezialleistungsmesser für kleinen Leistungsfaktor (z. B. mit Vollausschlag bei $\cos\varphi = 0{,}1$) verwendet wird und der Spannungspfad des Leistungsmessers für eine verhältnismäßig kleine Spannung eingerichtet ist (30 V oder weniger).

b) Kalorimetrisch, wobei man die Wicklung mit einem Gehäuse umgibt und Menge sowie Ein- und Austrittstemperatur der Kühlluft mißt und auch die Wärmeabgabe des Gehäuses an die Umgebung berücksichtigt.

c) Mit dem Vektormesser (s. Abschn. 49). Diese Messung ist vorzugsweise für Sinusstrom geeignet und dort bequem und verhältnismäßig genau. Bei Sinusstrom gestattet der Vektormesser auch die unmittelbare Ablesung des Verlustwinkels. Ferner läßt sich die Luftinduktivität L_D der Schaltdrossel bei dieser Gelegenheit mit dem Vektormesser recht genau bestimmen. Für die mit einer Kupferguß-Massivwicklung ausgeführte Schaltdrossel eines Kontaktumformers von 2800 kW (7000 A, 400 V) der AEG in 6phasiger Sechsdrossel-Brückenschaltung wurden z. B. folgende Ergebnisse der Messung des Wirkwiderstandes R_w mitgeteilt[1], die mit dem Vektormesser erhalten wurden[2]:

---

[1] KOPPELMANN: [*1.20*] S. 207.
[2] KOPPELMANN: [*6.3*] S. 89/91.

Gleichstrom . . . . 25° C   0,129 mΩ
50 Hz Sinusform . . . . 25 „   0,140 „
50 Hz Sinusform   . . . . 80 „   0,162 „
Gleichrichterbetrieb   . . . . 25 „   0,173 „
Gleichrichterbetrieb   . . . . 80 „   0,195 „

Aus dieser Zusammenstellung ergibt sich für die Wicklungstemperatur von 25° C bei Sinusform ein Wirbelstromfaktor $k_r = R_w/R_g = 1{,}085$ und bei Gleichrichterbetrieb ein solcher von 1,34. Die Zunahme der Zusatzverluste bei Übergang von Sinusstrom auf die betriebsmäßige Stromform betrug also hier das 3fache der Zusatzverluste bei Sinusstrom.

Für die *Messung der Wicklungsverluste an der fertigen Drossel* im Prüffeld ist es zweckmäßig, einen Halbwellen-Trapezstrom (Form *3* oder 180°-Basis) zu benutzen. Hierdurch werden die Verluste des Eisenkerns aus der Messung ausgeschaltet, denn der Kern bleibt dabei dauernd einseitig in der Sättigung, so daß die dann sehr

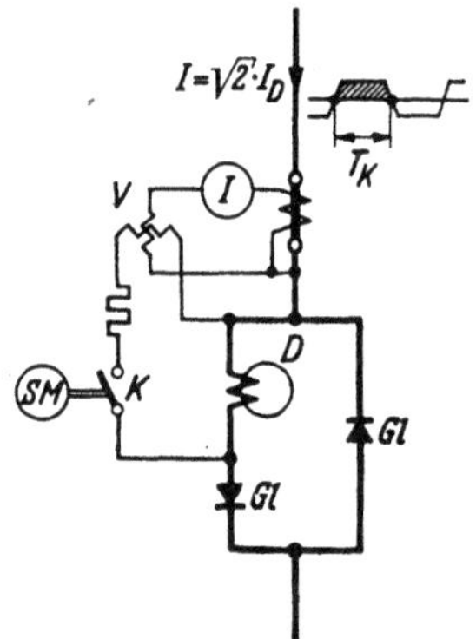

Abb. 47,2. Schaltbild für die Messung der Wicklungsverluste einer Schaltdrossel mit dem Leistungsmesser bei Halbwellenstrom.

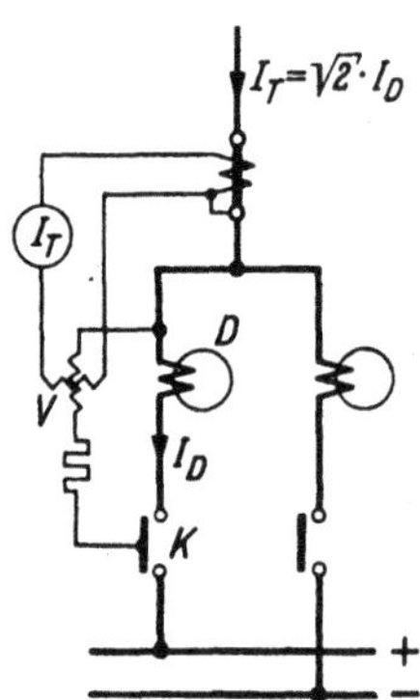

Abb. 47,3. Schaltbild für die Messung der Schaltdrosselverluste im Betriebe bei Halbwellenstrom mit dem Leistungsmesser.

geringen Eisenverluste gegenüber den Wicklungsverlusten vernachlässigt werden können. Die Messung geschieht am besten kalorimetrisch, da der Vektormesser grundsätzlich eine Vollwellen-Strom- und -Spannungsform erfordert und die Benutzung eines Leistungsmessers wegen der Gleichstrommagnetisierung des Stromwandlers zu ungenaue Ergebnisse liefert. Man kann aber auch einen Vollwellenstrom benutzen, wenn man nach Abb. 47,2 durch eine aus Trockengleichrichterelementen *Gl* gebildete Weiche den Strom während der einen Halbwelle an der Drossel vorbeileitet. Hier ist dann auch eine Messung der Wicklungsverluste mit dem Leistungsmesser möglich, denn die Gleichstrommagnetisierung des Wandlers kann dadurch vermieden werden, daß man ihn vom Vollwellenstrom vor der Verzweigung durchfließen läßt. Um eine Beeinflussung der Anzeige durch die Rückstromhalbwelle auszuschließen, kann während dieser der Spannungspfad des Leistungsmessers sicherheitshalber durch einen synchron schaltenden Meßkontakt *K* mit 180° Kontaktzeit, z. B. den Kontakt eines Vektormessers, unterbrochen werden, wie das in Abb. 47,2 angedeutet ist.

Die *Verluste in den Streckkreisen* werden aus dem Streckkreiswiderstand und dem Effektivwert des Streckkreisstromes, der durch Gl. (38,7) gegeben war, berechnet.

Die *Messung der Gesamtverluste* der Schaltdrossel im Betrieb kann bei einem Vollwellen-Betriebsstrom nach Form *2* in der Drossel mittels eines Leistungsmessers der genannten Spezialausführung in der Schaltung Abb. 47,1 oder auch mittels des

Vektormessers vorgenommen werden. Auch bei einem Halbwellen-Betriebsstrom nach Form *3* in der Drossel ist bei einem Umformer in Brückenschaltung eine Messung der Verluste mittels eines Leistungsmessers in der Schaltung Abb. 47,3 möglich[1]. Der Stromwandler liegt dabei in der gemeinsamen Transformatorleitung und ist daher mit Vollwellenstrom belastet, und der Spannungspfad des Leistungsmessers wird durch die Kontaktbrücke nur während der Stromführungsdauer der betreffenden Schaltdrossel eingeschaltet. In dieser Form liefert die Messung allerdings noch nicht die vollständigen Gesamtverluste der Drossel. Der Leistungsmesser mißt zwar die Wicklungsverluste richtig, von den Eisenverlusten aber nur einen Teil. Der Spannungspfad wird nämlich geschlossen zu Beginn der Einschaltstufe, und er wird wieder geöffnet an irgendeinem Punkte der Ausschaltstufe, der von den Betriebsverhältnissen und von der Einstellung des Umformers abhängt. Es werden daher nur die während der Einschaltstufe und während des vor der Kontaktöffnung ablaufenden Teiles der Ausschaltstufe entstehenden Eisenverluste mitgemessen, nicht aber die auf den restlichen Teil der Ausschaltstufe und den Rückmagnetisierungsabschnitt entfallenden. Um die Gesamtverluste zu erhalten, wäre daher zu den gemessenen Verlusten noch ein Zuschlag von etwa der Hälfte der berechneten Eisenverluste zu machen. Ein genaueres Ergebnis erhält man, wenn man den Leistungsmesser nur zur Messung der Wicklungsverluste benutzt und die vollen aus der Verlustziffer berechneten Eisenverluste hinzuschlägt. Zu diesem Zwecke schaltet man die Stromspule wie in Abb. 47,3 und schließt den Spannungspfad in der gezeigten Weise mit dem einen Ende an einen Pol der Schaltdrossel an. Das andere Ende wird aber nicht zur Kontaktbrücke geführt, sondern wie in Abb. 47,2 über einen synchron schaltenden Meßkontakt mit dem anderen Pol der Schaltdrossel verbunden. Stellt man die Schaltzeitpunkte des Meßkontaktes so ein, daß der Kontakt zu Beginn der Stromübernahme der Drossel, also im Punkte des Beginns des Anstieges des Trapezstromes Form *3*, geschlossen wird und sich am Schlusse der Stromabgabe, also am Ende des steilen Abfalls des Trapezstromes, wieder öffnet, so zeigt der Leistungsmesser nur die Wicklungsverluste an. Dieses Verfahren hat sich in der Praxis gut bewährt. Bei *ölgekühlten* Schaltdrosseln kommt, falls sich die Drosseln in einem getrennten Kessel befinden, auch wieder die kalorimetrische Meßmethode in Frage.

47.3 Die Verluste im Kontaktgerät.

Zu den Verlusten im Kontaktgerät rechnen wir nur die Stromwärmeverluste in den Kontakten und in den Stromschienen des Gerätes. Die Reibungsverluste des Getriebes, die ja durch den Antriebsmotor gedeckt werden, und die Verluste in der Kühleinrichtung werden bei den Hilfsbetrieben berücksichtigt. Die *Kontaktverluste* werden aus dem Wirkwiderstand des Kontaktes und dem Effektivwert des Kontaktstromes berechnet. Der Kontaktstrom ist dabei immer ein Halbwellen-Trapezstrom, z. B. von der Form *3*. Die Größe des Wirkwiderstandes eines Kontaktes liegt je nach der Konstruktion zwischen etwa 0,01 und 0,05 mΩ. Den Gleichstromwiderstand kann man an einem gut eingelaufenen Kontakt durch Messung des Spannungsabfalles bestimmen, den ein Gleichstrom von möglichst ungefähr der Höhe des Scheitelwertes des betriebsmäßigen Kontaktstromes an dem geschlossenen, unter normalem Federdruck stehenden Kontakt hervorbringt. An einem Kontakt eines SSW-Umformers für 5000 A Gleichstrom wurde z. B. auf diese Weise aus dem

---

[1] GOLDSTEIN u. BLATTER: [*1.14*] S. 494.

Gleichspannungsabfall zwischen den in Abb. 47,4a angegebenen Meßpunkten ein
Widerstand von $8{,}8 \cdot 10^{-6}\,\Omega$ gefunden. Dazu kommt noch der Widerstand der beiden Kontaktklötze, der $1{,}7 \cdot 10^{-6}\,\Omega$ betrug, so daß der Gleichstromwiderstand des
ganzen Kontaktes zwischen den ihn tragenden Schienen eine Größe von $10{,}5 \cdot 10^{-6}\,\Omega$
hatte. Um den Wirkwiderstand zu erhalten, muß man zu dem Gleichstromwider-
stand noch einen der Konstruktion des Kontaktes und der Stromform des Kontaktstromes angemessenen Zuschlag wegen der Wirbelströme machen. Auf große
Genauigkeit kommt es dabei nicht an, da die Kontaktverluste normalerweise
weniger als 5% der Gesamtverluste des Umformers betragen. In der gleichen Größenordnung liegen die *Schienenverluste* des Gerätes, d. h. die Stromwärmeverluste
in den Schienen des Schaltblockes und in den bei der Mehrzahl der Konstruktionen nur kurzen Verbindungsschienen zu den Schaltdrosseln. Auch diese

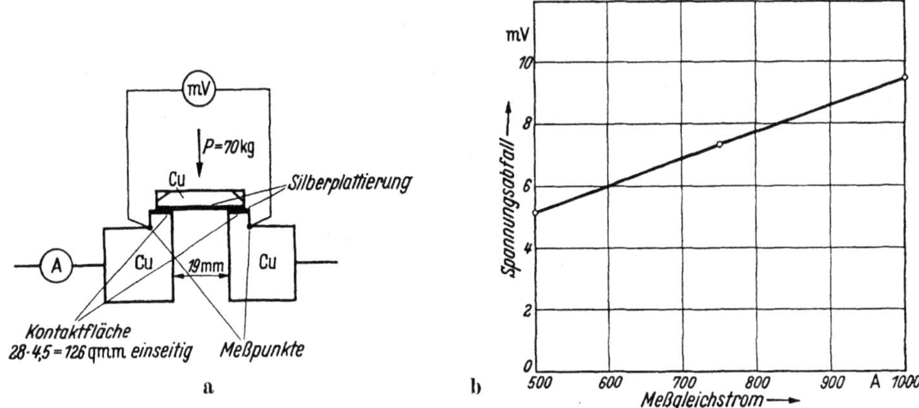

Abb. 47,4. Messung des Spannungsabfalles am Kontakt mit Gleichstrom.
a Schaltung und Lage der Meßpunkte; — b Meßwerte.

Verluste werden aus den in entsprechender Weise bestimmten Wirkwider-
ständen der Schienen und den Schienenströmen berechnet, wobei zu beachten ist,
daß manche Schienenstücke den Kontaktstrom (Stromform *3*), andere den Gleichstrom und — bei Ausnutzung der Schaltdrossel in beiden Stromrichtungen — einige
den Transformatorstrom (Stromform *2*) führen. Auch eine Messung im Betriebe
mittels Leistungsmesser und Meßkontakt in einer der Abb. 47,3 entsprechenden
Schaltung ist grundsätzlich möglich und hat sich praktisch als brauchbar erwiesen.

47.4 Die Verluste in den Hilfsbetrieben.

Zu den Hilfsbetrieben gehören alle übrigen Stromkreise wie z. B.:

Antrieb und Erregung des Synchronmotors, — Pumpen und Lüfter für die
Kühlung des Transformators, der Schaltdrosseln und des Kontaktgerätes, — Vor-
und Rückmagnetisierung der Schaltdrosseln, — Nebenwege zu den Kontakten, —
Grundlaststromkreis, sofern er nicht betriebsmäßig abgeschaltet ist, — Vormagneti-
sierungs- und Haltestromkreis der Kurzschließer-Schutzschaltung, — Regel- und
Steuerkreise, sofern sie betriebsmäßig Strom führen.

Von diesen sind die Mehrzahl, nämlich die motorischen Antriebe und die Regel-,
Steuer- und Haltestromkreise in der Regel an einen besonderen Hilfstransformator
oder an ein Gleichstrom-Hilfsnetz angeschlossen. Ihre Verluste können daher sowohl
einzeln als auch insgesamt mit Hilfe von Leistungsmessern in bekannter Weise

gemessen bzw. aus der Gleichspannung und den gemessenen Gleichströmen berechnet werden. In manchen Fällen trifft das auch für die Vormagnetisierung und für die Nebenwege zu, z. B. bei der starren Vormagnetisierung mit Wechsel- oder Gleichstrom und bei Nebenwegen mit vorbelasteten Ventilen. Die Verluste der übrigen Stromkreise werden aus den Widerständen und dem Effektivwert des sie durchfließenden Stromes oder der am Widerstand liegenden Spannung berechnet, wie das z. B. für die elastische Vormagnetisierung in Abschn. 40, Gl. (40,17), gezeigt wurde. Die Verluste in den Nebenwegen sind bei manchen Schaltungen bedeutungslos gering.

48. Der Wirkungsgrad.

Dank der Geringfügigkeit der Kontaktverluste ist der Kontaktumformer im Wirkungsgrad allen anderen Umformungsarten im ganzen Leistungsbereich beträchtlich überlegen. Das zeigt Abbildung 48,1, in der die Wirkungsgrade von Kontaktumformern für 5000 A Nennstrom bei verschiedenen Nennspannungen von 50 bis 700 V mit denen von Quecksilberdampfgleichrichtern, Motorgeneratoren und Selen-Trockengleichrichtern gleicher Leistung verglichen sind. Bei 10 000 A-Einheiten liegen die Werte aller Umformungsarten noch etwas über den hier angegebenen. Zwar nimmt mit kleiner werdender Nennspannung auch beim Kontaktumformer der Wirkungsgrad wegen der gleichbleibenden Verlustanteile (Antrieb, Stromwärmeverluste in den Kontakten und Stromschienen) etwas ab, doch ist diese Abnahme

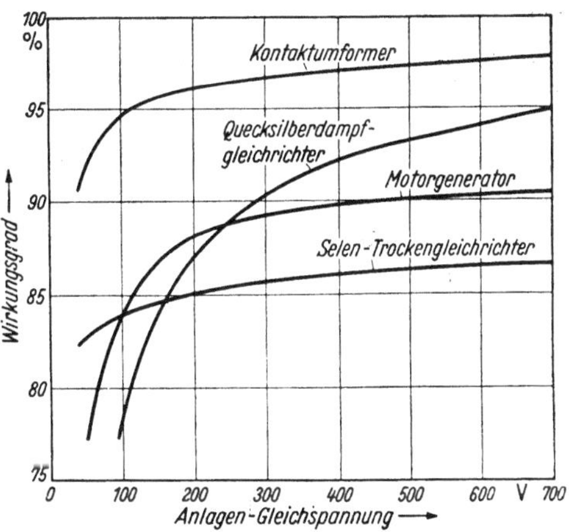

Abb. 48,1. Wirkungsgrade von Drehstrom-Gleichstrom-Umformeranlagen für 5000 A Gleichstrom in Abhängigkeit von der Anlagen-Gleichspannung.

prozentual ebenfalls geringer als bei den Maschinenumformern und vor allem geringer als bei den Quecksilberdampfgleichrichtern. Um einen ungefähren Überblick über die Aufteilung der Verluste bei Vollast zu geben, sind in Tab. 48,1 noch die Einzelbeträge der Verluste für einen 10 000-A-Umformer mit 400 V Nennspannung zusammengestellt.

Die Tabelle läßt erkennen, daß der Hauptanteil der Verluste aus den Stromwärmeverlusten im Transformator und in den Schaltdrosseln besteht. Eine Steigerung des Wirkungsgrades ließe sich daher noch durch Herabsetzung der Stromdichte, d. h. durch Erhöhung des Werkstoffaufwandes, vorzugsweise beim Transformator erreichen. Es hat jedoch keinen Sinn, hierbei über das wirtschaftliche Optimum des jeweiligen Einzelfalles hinauszugehen, wie es auf der anderen Seite auch nicht richtig wäre, durch Verbesserung der Wärmeabfuhr eine übertriebene Ausnutzung des Wicklungswerkstoffes auf Kosten des Wirkungsgrades anzustreben. Bei einer im Wicklungsaufbau einfachen Transformatorschaltung, wie sie z. B. bei der 3phasigen Brückenschaltung vorliegt, können die Transformatorverluste ohne übermäßige Komplizierung des Transformators auch noch dadurch gesenkt werden, daß an Stelle der Verwendung eines getrennten Regeltransformators

Tabelle 48,1. *Verluste und Wirkungsgrad einer Kontaktumformeranlage für 10000 A, 400 V, 4000 kW bei Nennlast.*

Anlagenbestandteile	Leer-verluste kW	Last-verluste kW	Gesamtverluste kW	Gesamtverluste %
Regeltransformator	5,0	—*	5,0	0,12
Haupttransformator	9,7	54,1	63,8	1,55
Saugdrossel	0,3	3,9	4,2	0,10
Schaltdrosseln	2,6	25,7	28,3	0,69
12 Doppelkontakte	—	3,8	3,8	0,09
Kontaktschienensatz einschl. Verbindungen zu den Schaltdrosseln	—	4,0	4,0	0,10
2 Synchronmotoren einschl. Erregung	1,5	—	1,5	0,04
Kontaktgerätlüfter	1,7	—	1,7	0,04
Schaltdrossellüfter	2,8	—	2,8	0,07
Vor- und Rückmagnetisierung der Schaltdrosseln	4,2	—	4,2	0,10
Regler	0,4	- -	0,4	0,01
Sonstige Hilfskreise	0,6	—	0,6	0,01
Summe	28,8	91,5	120,3	2,92
Wirkungsgrad in %				97,08

der Haupttransformator mit spannungslos zu schaltenden Anzapfungen oder mit einem Lastregelschalter ausgerüstet wird.

Wird die Spannung eines für eine bestimmte Nenngleichspannung ausgelegten Kontaktumformers unter Aufrechterhaltung des Nenngleichstromes herabgeregelt, so bleiben die Gesamtverluste nahezu gleich. Das gilt insbesondere bei der Herabregelung der Spannung durch Teilaussteuerung. Bei Regelung durch einen Stufenschalter auf der Primärseite des Haupttransformators gehen sowohl die Eisenverluste als auch die primären Wicklungsverluste des Transformators mit der Herabregelung etwas zurück. Ist dem Haupttransformator ein getrennter Regeltransformator vorgeschaltet, so nehmen die Eisenverluste des Haupttransformators mit sinkender Spannung ab, seine Wicklungsverluste bleiben ebenso wie die Eisenverluste des Regeltransformators unverändert, während die Wicklungsverluste

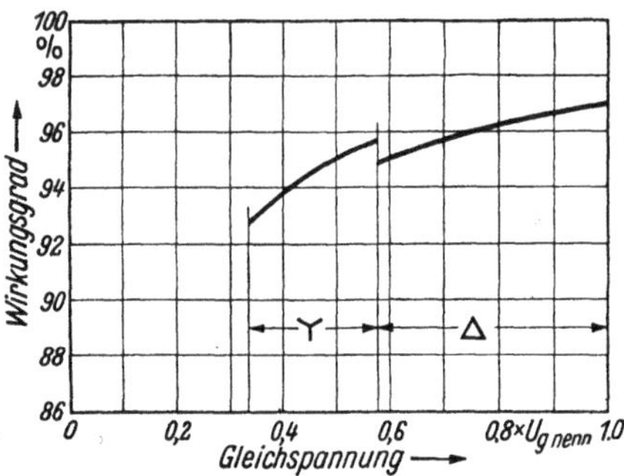

Abb. 48,2. Wirkungsgrad einer Kontaktumformeranlage für 10 000 A Nenngleichstrom, 400 V Nenngleichspannung, bei konstantem Gleichstrom 10000 A und Teilgleichspannung durch Änderung der Spannungsstufe eines getrennten Vorsatz-Regeltransformators und Stern-Dreieck-Umschaltung der Primärwicklung des Haupttransformators.

des Regeltransformators je nach seiner Schaltung bei der Herabregelung der Spannung entweder vom Wert Null ausgehend anwachsen oder von ihrem Höchstwert abnehmend durch Null gehen und dann wieder ansteigen. Im großen und ganzen unterscheidet sich bei der Herabregelung der Gleichspannung mit gleichbleibendem Strom der Kontaktumformer abgesehen davon, daß sein Wirkungsgrad an sich höher liegt, nicht wesentlich von den übrigen Umformungsarten. Als Beispiel für den Verlauf des Wirkungsgrades ist in Abb. 48,2 die Wirkungsgradkurve eines Kontaktumformers von 400 V Nenngleichspannung für Herabregelung der Gleichspannung bis herunter auf $^1/_3$ ihres vollen Wertes bei gleichbleibendem Nennstrom von 10000 A wiedergegeben.

---

* Die Lastverluste des Regeltransformators in Sparschaltung sind bei höchster Spannung Null.

Ein äußerst günstiges Verhalten zeigen die Kurven des Wirkungsgrades bei Belastung des Kontaktumformers mit Teilstrom, wie aus Abb. 48,3 hervorgeht. Da, wie gesagt, der Hauptanteil der Verluste aus Stromwärmeverlusten besteht, die quadratisch mit der Stromstärke zurückgehen, und der Anteil der gleichbleibenden Verluste verhältnismäßig gering ist, so nähern sich die Kurven hinsichtlich der Lage des Wirkungsgradmaximums in ihrem Verlauf schon stark dem eines Transformators allein und weisen den Höchstwert des Wirkungsgrades im allgemeinen erst bei ungefähr der Hälfte des Nennstromes auf. Der Kontaktumformer hat also bei betriebsmäßig schwankender Strombelastung einen ausgezeichneten mittleren Wirkungsgrad.

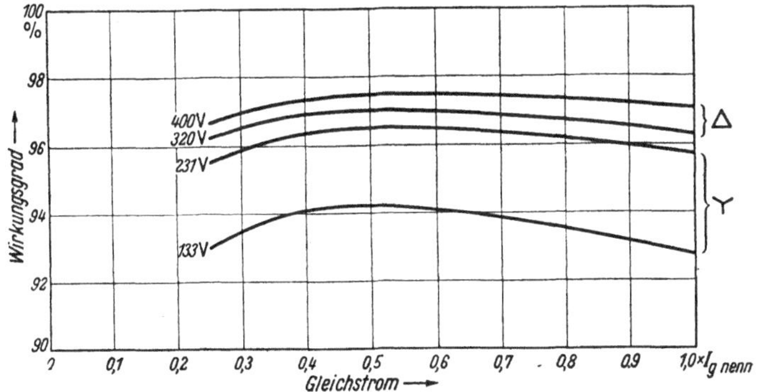

Abb. 48,3. Wirkungsgrad einer Kontaktumformeranlage für 10000 A Nenngleichstrom, 400 V Nenngleichspannung, 12phasig, mit getrenntem Regeltransformator und mit primärer Stern-Dreieck-Umschaltung des Haupttransformators, bei Belastung mit Teilstrom.

XII. Die Prüfung und Inbetriebsetzung des Kontaktumformers.

49. Die Eisenmessungen.

Die magnetischen Kennlinien des Schaltdrosseleisens bilden nicht nur eine unentbehrliche Grundlage für die Vorausberechnung des Kontaktumformers, sondern die Messung der dynamischen Hystereseschleife ist außerdem ein sehr wichtiges Hilfsmittel für die Zusammenstellung der einzelnen Ringbandkerne zu den Gesamtkernen der Schaltdrosseln und für die laufende Überwachung der Fertigung von Schaltdrosseln durch Zwischenmessungen bei gewissen Fertigungsstadien. Die Kennlinienmessung begleitet den Herstellungsgang der Schaltdrosseln von der ersten Messung des Einzelkernes bei seinem Hersteller bis zur letzten Prüffeldmessung des Gesamtkernes vor dem Versand der Schaltdrossel.

Entsprechend der Bedeutung einer zuverlässigen Eisenmessung für die Herstellung guter Kontaktumformer war man von Anfang an um die Schaffung einer Meßeinrichtung bemüht, die die Aufnahme der dem praktischen Umformerbetrieb entsprechenden *dynamischen* Kennlinien gestattete. Von einer Reihe für diesen Zweck vorgeschlagener Meßverfahren haben sich vor allem zwei für den praktischen Gebrauch durchgesetzt, die im folgenden beschrieben werden sollen. Das erste dieser beiden arbeitet mit Röhren in einer von R. SCHADE angegebenen Grundschaltung (s. Abschn. 49.3). Die im Jahre 1941 bei den SSW auf dieser Grundlage geschaffene Meßeinrichtung hat sich während des ersten Zeitabschnittes der Herstellung von Kontaktumformern, der im April 1945 sein Ende fand, vorzüglich bewährt und wesentlich zur Verbesserung der Gleichmäßigkeit der resultierenden Kennlinien der

Schaltdrosseln beigetragen. Sie ist auch heute noch im Gebrauch, hat jedoch gegenüber dem im Grunde einfacheren Ferrometerverfahren[1] an Bedeutung verloren, nachdem die AEG im Jahre 1947 mit ihrem Vektormesser einen recht robusten und betriebsmäßig nachstellbaren Meßkontakt auf den Markt gebracht hat (s. Abschn. 49.4) und nachdem auch die Schwingkontakt-Meßgleichrichter des an sich für andere magnetische Messungen seit Jahrzehnten bewährten Ferrometers von S&H mit einer Feineinstellung für die Kontaktzeit ausgerüstet wurden, so daß die Kontaktzeit jetzt in sehr einfacher Weise betriebsmäßig überwacht und sehr genau nachgestellt werden kann (s. Abschn. 49.4).

Die genannten beiden Meßverfahren sind für die punktweise Aufnahme der dynamischen Hystereseschleife und der Kommutierungskurve bestimmt. Sie gestatten ferner die Messung bzw. die Errechnung der Eisenverluste des Prüflings. Außerdem lassen sie sich für den Anschluß eines Koordinatenschreibers[2] einrichten, der die Hystereseschleife sofort aufzeichnet. Für manche Zwecke ist jedoch eine Sichtbarmachung der Kurven im Kathodenstrahloszillographen erwünscht. Es wurde daher auch eine solche Einrichtung zur Untersuchung von Hystereseschleifen und Kraftflußkurven bereits im Jahre 1942 bei den SSW für die Zwecke des Kontaktumformers ausgeführt (s. Abschn. 49.5). Eine derartige Einrichtung eignet sich besonders für das Studium oder die photographische Registrierung der Feinheiten der Magnetisierungsvorgänge bei Prüflingen oder auch bei in Betrieb befindlichen Kontaktumformern. Mit ihr wurden z. B. die Hystereseschleifen von Abb. 17,6 und die Kurven der Abb. 41,13 aufgenommen.

49.1 Der Magnetisierungskreis.

Die Prüfung der Ringbandkerne wird möglichst unter betriebsmäßigen Bedingungen vorgenommen, und zwar unter den ungünstigsten. Diese liegen im Umformerbetrieb bei Herabregelung auf die tiefste Gleichspannung durch Teilaussteuerung vor, bei der die Stromstufe ungefähr unter dem Scheitelwert der Wendespannung abläuft, die Schaltdrossel also am schnellsten ummagnetisiert wird (vgl. Abb. 16,2 rechts). Einen Ersatzstromkreis, in dem die Schaltdrossel gleichartigen Magnetisierungsbedingungen unterworfen ist und der daher normalerweise als Magnetisierungskreis bei der Prüfung der Bandkerne benutzt wird, hatten wir bereits in dem einphasigen Stromkreis der Abb. 6,6 mit einer der Schaltdrossel vorgeschalteten Induktivität kennengelernt. Dieser Magnetisierungskreis wurde auf S. 92 genauer beschrieben. Er wird praktisch in zwei verschiedenen Ausführungsformen verwendet, die sich voneinander durch die Art unterscheiden, in der die Magnetisierungswicklung auf dem Prüfling angebracht wird.

Abb. 49,1 zeigt die erste dieser beiden Formen. Der zu prüfende Bandkern wird mit einer Magnetisierungswicklung von w_1 Windungen versehen, wobei w_1 die Größe von einigen Zehn und mehr Windungen hat. Um ein schnelles Aufbringen zu ermöglichen, wird die Wicklung gewöhnlich durch Hintereinanderschaltung von mehrwindigen Steckspulen hergestellt (s. Abb. 49,12). In Reihe mit dieser Wicklung sind die in ihrer Größe einstellbare Induktivität L, ein Schalter S, die Sekundärwicklung des mit feinstufigen Anzapfungen versehenen Speisetransformators T und ein den Effektivwert I des Magnetisierungsstromes anzeigender Strommesser geschaltet. Die Wirkungsweise dieses Kreises ist noch einmal in Abb. 49,2 dargestellt. Der Strom i hat eine Phasenverschiebung von nahezu 90° gegenüber der Spannung e des

---

[1] THAL: [6.8], [6.13]; — Siemens & Halske AG: [6.10]; — KRUG: [6.25].

[2] Siemens & Halske AG: [6.9]; — THAL: [6.13]; — GEYGER: [6.14], [6.15].

Transformators. Solange der Augenblickswert i des Stromes größer ist als der dem Knie der Hystereseschleife entsprechende Wert, ist das Eisen des Prüflings gesättigt. Die Induktivität des Prüflings ist dann klein gegenüber derjenigen der Regeldrossel L, und die Spannung am Prüfling ist ebenfalls klein gegenüber der Spannung an der Drossel. Die Höhe des Stromes wird daher während dieser Zeitabschnitte praktisch allein durch die angelegte Spannung e und die Induktivität der Regeldrossel (genaugenommen zuzüglich der Streuinduktivität des Transformators und der Luftinduktivität der Magnetisierungswicklung) bestimmt. Mittels der Drossel können somit die Umkehrwerte i_m des Magnetisierungsstromes auf einen gewünschten Betrag eingestellt werden. Diese Abschnitte entsprechen im Umformerbetrieb denjenigen, in denen der Belastungsstrom über die Schaltdrossel fließt. Anschließend an den Nulldurchgang tritt der Strom sodann beim Knie der Hystereseschleife in die Stufe ein, da vor dem weiteren Anstieg in umgekehrter Richtung zunächst der Eisenkern umgesättigt werden muß. Während der Dauer der Stromstufe nun hat der Prüfling eine sehr hohe Induktivität, die ihrerseits wiederum groß gegenüber derjenigen der Regeldrossel ist. Während dieser Zeit liegt

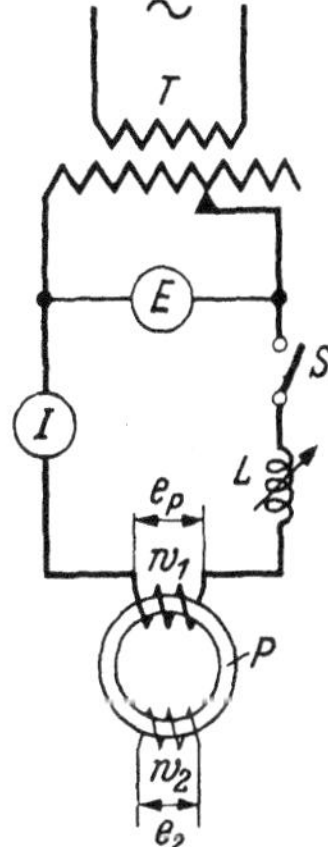

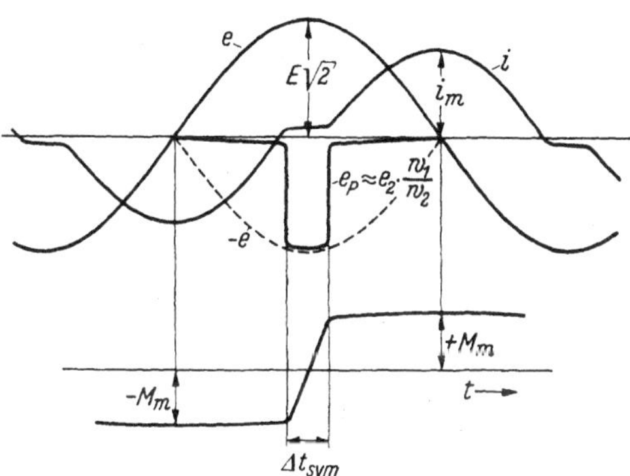

Abb. 49,1. Magnetisierungskreis für die Prüfung von Ringbandkernen mit einer aus mehreren Windungen bestehenden Magnetisierungswicklung.

Abb. 49,2. Zeitlicher Verlauf der Spannungen, des Stromes und der magnetischen Polarisation bei einem Magnetisierungskreise nach Abb. 49,1.

daher fast die gesamte angelegte Spannung e am Prüfling, und die Spannung an der Vordrossel ist sehr klein. Die Gegen-EMK e_P des Prüflings ist praktisch ein Ausschnitt aus der Sinuskurve e und hat den in Abb. 49,2 dargestellten Verlauf. Die Höhe der angelegten Spannung e bestimmt daher im Verein mit dem Eisenquerschnitt q_{Fe} und der Windungszahl w_1 des Prüflings die Ummagnetisierungsgeschwindigkeit desselben, d. h. also die Stufendauer, und zwar ganz unabhängig von der Einstellung der Vordrossel. Die praktische Einstellung eines solchen Magnetisierungskreises vollzieht sich daher so, daß nach der Bewickelung des Prüflings mit w_1 Windungen zunächst bei geöffnetem Schalter S die der gewünschten Stufenlänge entsprechende Leerlaufspannung E durch Wahl der Anzapfung am Transformator eingestellt wird. Sodann wird bei geschlossenem Schalter durch Verstellung der Regeldrossel der Strom I auf den der gewünschten Umkehrfeldstärke entsprechenden Wert gebracht. Dabei findet durch die Änderung der Induktivität der Vordrossel lediglich eine Änderung der Stromstärke und damit der Umkehrfeldstärke statt, nicht aber der Stufenlänge. Beide Einstellungen sind voneinander ganz unabhängig.

Bei der *Bemessung des Magnetisierungskreises* geht man von der Bruttostufenlänge ΔT_s nach Gl. (16,4) aus, die dem Polarisationsintervall $2 M_m$ entspricht. Denn
für einen Bandringkern, der erst noch geprüft werden soll, ist das der nutzbaren
Stufenlänge Δt_s nach Gl. (16,3) entsprechende Stück ΔM der Hystereseschleife
noch nicht bekannt und kann je nach der Güte des betreffenden Prüflings noch
innerhalb eines gewissen Spielraumes schwanken. Die sich für ein und dieselbe Umkehrfeldstärke ergebende Umkehrpolarisation M_m dagegen zeigt auch bei stark verschiedener Kerngüte nur noch geringfügige Schwankungen, sofern die Umkehrfeldstärke mit einigem Abstand von den steilen Flanken auf dem flachen Teil der Kennlinie liegt, wie das bei Werten von 5 bis 10 A/cm bereits der Fall ist. Für die sogenannte „Normalmessung" ist eine Stufenlänge von $\Delta T_s = 1,0$ ms und eine Umkehrfeldstärke von $H_m = 10$ A/cm üblich geworden. Die stets auf der gleichen
Basis durchgeführte Normalmessung erlaubt einen unmittelbaren Gütevergleich mit
anderen, früher gemessenen Kernen. Später, wenn die Einzelkerne erst zu den Gesamtkernen der Schaltdrosseln zusammengestellt sind, werden die weiteren Prüfungen
meist mit der für die jeweilige Anlage gültigen, sogenannten „betriebsmäßigen"
Stufenlänge ΔT_s durchgeführt, die sich aus der vorgesehenen Windungszahl der
Schaltdrossel und der Wendespannung der Anlage ergibt und die je nach Schaltung
und Auslegung des Umformers größer oder kleiner als 1 ms sein kann.

Um die Bemessung des Magnetisierungskreises vornehmen zu können, müssen
zunächst die mittlere Eisenlänge l_{Fe} und der reine Eisenquerschnitt q_{Fe} des Prüflings
bekannt sein. Die mittlere Eisenlänge erhält man praktisch am genauesten aus den
Werten des mit einem Stahlbandmaß gemessenen äußeren und inneren Ringumfanges:

$$l_{Fe} = \frac{l_a + l_i}{2}.\qquad(49,1)$$

Um den reinen Eisenquerschnitt zu bestimmen, wird sodann das Gewicht G des
Kernes durch Wägung festgestellt. Mit Hilfe der für den betreffenden Kernwerkstoff
bekannten Wichte γ ergibt sich dann der Querschnitt:

$$q_{Fe} = \frac{G}{\gamma\, l_{Fe}}.\qquad(49,2)$$

Zur Festlegung von w_1, E und I stehen sodann das Induktionsgesetz und das
Durchflutungsgesetz zur Verfügung. Aus dem Induktionsgesetz hatte sich bereits
die Stufenlängengleichung (16,8) ergeben, in der an Stelle der Wendespannung E_W
von Gl. (16,4) die Leerlaufspannung E des Prüfkreistransformators steht. Für eine
vorgegebene Stufenlänge erhalten wir hieraus die erforderliche *effektive Windungsspannung*

$$\frac{E}{w_1} = \frac{q_{Fe}\, 2 M_m}{\sqrt{2}\; \Delta T_s} \cdot 10^{-2}\quad\text{in}\quad\frac{V}{Wdg.}\qquad(49,3)$$

mit q_{Fe} in cm², M_m in kG und ΔT_s in ms. Die Umkehrpolarisation M_m kann mit
genügender Genauigkeit aus vorhergehenden Messungen an Bandkernen aus dem
gleichen Werkstoff oder aus vorhandenen Kommutierungskurven eingesetzt werden.
Sie beträgt für $H_m = 10$ A/cm bei Permenorm 5000 Z etwa 15,0 bis 15,5 kG, bei
Trafoperm N2 etwa 17,0 bis 17,5 kG. Ist der in Gl. (49,3) eingesetzte Wert nicht
ganz genau gleich dem noch nicht bekannten Wert des Prüflings, so hat das lediglich
zur Folge, daß die Ummagnetisierungsgeschwindigkeit bei der Prüfung geringfügig von der gewünschten abweicht; die Lage der Hystereseschleife wird dadurch
im allgemeinen noch nicht merkbar beeinflußt.

Das Durchflutungsgesetz $\int H\,dl = i\,w$ liefert für den Fall des Ringkernes mit in Richtung des Umfanges gleichbleibender Feldstärke für den Scheitelwert des Stromes die Beziehung

$$H_m\,l_{\mathrm{Fe}} = i_m\,w_1 = k_s\,I\,w_1,$$

worin $k_s = \dfrac{i_m}{I}$ der Scheitelfaktor des Stromes ist. Hieraus erhält man die *effektive Durchflutung* des Ringkernes

$$I\,w_1 = \frac{H_m\,l_{\mathrm{Fe}}}{k_s} \quad \text{in A} \tag{49,4}$$

mit H_m in A/cm und l_{Fe} in cm. Der Scheitelfaktor kann in Abhängigkeit von der vorgegebenen Stufenlänge ΔT_s der Kurve k_s in Abb. 45,2 entnommen werden. Er hat beispielsweise für $\Delta T_s = 1,0$ ms bei einer Betriebsfrequenz von 50 Hz den Wert 1,48.

Mit Hilfe von Gl. (49,3) und (49,4) ist es nun sehr schnell möglich, die Daten des Magnetisierungskreises festzulegen, indem man w_1 durch Probieren so wählt, daß sich für E und I handliche Werte ergeben.

Zahlenbeispiel. Normalmessung bei 50 Hz mit $\Delta T_s = 1,0$ ms und $H_m = 10$ A/cm an einem Ringbandkern $615 \times 420 \times 20 \times 0,05$ mm aus Nickeleisen Permenorm 5000 Z mit $G = 21,15$ kg, $l_{\mathrm{Fe}} = 162,5$ cm und $q_{\mathrm{Fe}} = 15,8$ cm².

Aus (49,3):
$$\frac{E}{w_1} = \frac{15,8 \cdot 2 \cdot 15,5}{\sqrt{2} \cdot 1,0} \cdot 10^{-2} = 3,46 \text{ V/Wdg.}$$

Aus (49,4):
$$I\,w_1 = \frac{10 \cdot 162,5}{1,48} = 1100 \text{ A.}$$

Wählt man die Windungszahl zu $w_1 = 48$ (6 Steckspulen zu je 8 Windungen in Reihe), so wird $E = 48 \cdot 3,46 = 166$ V und $I = 1100/48 = 22,9$ A. Die Einstellung des Magnetisierungskreises vollzieht sich dann folgendermaßen: Bei geöffnetem Schalter S wird die Anzapfung des Transformators so gewählt, daß der Spannungsmesser eine Leerlaufspannung E von 166 V zeigt. Damit ist ganz unabhängig von der noch vorzunehmenden Einstellung der Feldstärke die gewünschte Ummagnetisierungsgeschwindigkeit unveränderlich festgelegt, solange die Voraussetzung, daß während der Stufe der Spannungsabfall des Stufenstromes an der Vordrossel gegenüber der Spannung am Prüfling vernachlässigt werden kann, erfüllt ist. Das ist für Eisen mit gut ausgeprägter Rechteckschleife bei der Normalmessung mit $\Delta T_s = 1,0$ ms und im allgemeinen auch bei noch kürzeren Stufenlängen bis herunter zu etwa 0,5 ms der Fall. Sodann wird der Schalter geschlossen und der Effektivwert I des Stromes mit Hilfe der in der Regel mit Wicklungsanzapfungen und mit einem stetig verstellbaren Luftspalt versehenen Drosselspule so eingestellt, daß der Strommesser den Wert $I = 22,9$ A anzeigt. Damit ist auch der gewünschte Wert der Umkehrfeldstärke hergestellt. Bei Verwendung der in Abschn. 49.3 und 49.4 beschriebenen Meßeinrichtungen ist es auch möglich, die Einstellung des Stromes ohne Verwendung eines Strommessers und des Scheitelfaktors k_s unmittelbar nach dem von der Meßeinrichtung angezeigten Feldstärkenwert H_m vorzunehmen.

Die im Magnetisierungskreise aufzuwendende Scheinleistung, d. h. die *Scheinleistungsabgabe des Transformators* T, ergibt sich aus Gl. (49,3) und (49,4) nach Einführung von $q_{\mathrm{Fe}} \cdot l_{\mathrm{Fe}} = \dfrac{G}{\gamma}$ mit M_m in kG, H_m in A/cm, ΔT_s in ms, γ in g/cm³ und G in kg zu

$$N_s = E \cdot I = \frac{\sqrt{2}\,M_m\,H_m}{k_s\,\Delta T_s}\,\frac{G}{\gamma} \cdot 10^{-2} \quad \text{in kVA.} \tag{49,5}$$

Wie die Gleichung zeigt, ist die Scheinleistung für einen gegebenen Werkstoff und für vorgegebene Werte von ΔT_s und H_m lediglich noch von der Kerngröße abhängig und ihr verhältnisgleich. Sie ist also z. B. ganz unabhängig von der Wahl von w_1. Im übrigen ist die Scheinleistung, da sich k_s mit ΔT_s innerhalb des praktisch in Frage kommenden Bereiches der Werte von ΔT_s nur wenig ändert, nahezu verhältnisgleich $1/\Delta T_s$, d. h. verhältnisgleich der Ummagnetisierungsgeschwindigkeit. Bei Messungen mit betriebsmäßiger Stufenlänge würde somit ein Einschaltkern wegen seiner geringeren Stufenlänge eine erheblich größere Scheinleistung des Magnetisierungskreises erfordern als ein gleich großer Ausschaltkern. Für den Kern des Zahlenbeispiels mit $G = 21{,}15$ kg ergibt sich z. B. für die Normalmessung mit $H_m = 10$ A/cm und $\Delta T_s = 1$ ms eine Scheinleistung von $3{,}8$ kVA. Soll dagegen der gleiche Kern als Einschaltkern bei der gleichen Umkehrfeldstärke mit $\Delta T_s = 0{,}15$ ms

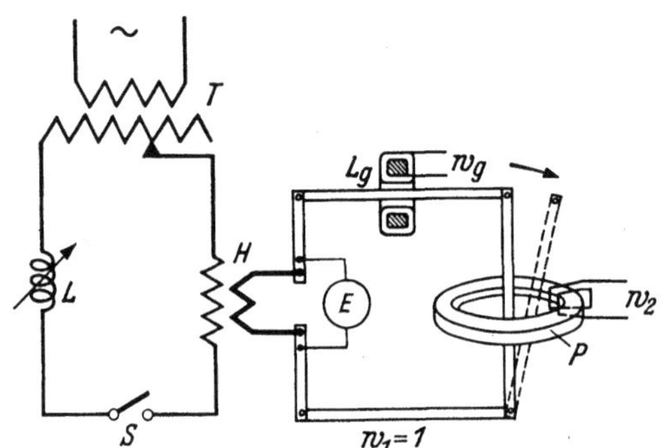

Abb. 49,3. Magnetisierungskreis für die Prüfung von Ringbandkernen mit einem aufklappbaren Magnetisierungsrahmen.

ummagnetisiert werden, so würde hierfür eine Scheinleistung von $26{,}4$ kVA im Magnetisierungskreise aufzuwenden sein. Der Grund für diese Abhängigkeit der Scheinleistung von ΔT_s und überhaupt dafür, daß die Scheinleistung des Magnetisierungskreises um so vieles größer ist als die vom Prüfling allein aufgenommene Magnetisierungsscheinleistung, ist darin zu sehen, daß von der Spannungsfläche der angelegten, sinusförmigen Transformatorspannung E nur der schmale, auf die Stromstufe entfallende Ausschnitt für die Ummagnetisierung des Prüflings verwendet wird und die übrigen Flächen auf die Vordrossel entfallen. Das Verhältnis der Sinusfläche zur Fläche des Ausschnittes aber wird um so größer, je kleiner die Stufenlänge gewählt wird. Ein günstigeres Flächenverhältnis und damit eine gewichtsmäßige Verminderung des Aufwandes für den Magnetisierungskreis könnte zwar grundsätzlich durch Verwendung einer höheren Magnetisierungsfrequenz erreicht werden. Der Anwendung einer solchen steht aber hindernd entgegen, daß die z. Z. gebräuchlichen Einrichtungen zur punktweisen Messung der Hystereseschleife für Frequenzen von der wünschenswerten Höhe nicht geeignet sind.

Bei der zweiten Ausführungsform des Magnetisierungskreises, die in Abb. 49,3 dargestellt ist, wird nur eine einzige Windung für die Magnetisierung des Prüflings verwendet[1]. Die Windung hat die Form eines quadratischen Rahmens von 1,2 bis 1,5 m Seitenlänge, dessen eine Seite zum Einführen des Prüflings aufgeklappt werden kann. Diese Anordnung bietet den Vorteil einer Zeitersparnis bei der Vorbereitung der Prüfung, da sie den Arbeitsaufwand für das Aufbringen einer vielwindigen Magnetisierungswicklung vermeidet. Der Strom im Magnetisierungsrahmen ist jetzt zahlenmäßig gleich der effektiven Durchflutung nach Gl. (49,4), also verhältnismäßig groß, und die Spannung E ist gleich der Windungsspannung nach Gl. (49,3) und damit verhältnismäßig klein. Der Anzapftransformator T, die Regeldrossel L und der Schalter S liegen im Primärkreise eines Hochstrom-Zwischentransformators H. In diesem Primärkreise können die Spannung und der Strom ähnlich bequeme Werte erhalten wie bei der Ausführung nach Abb. 49,1. Anstatt bei der Einstellung

---

[1] KOPPELMANN: [6.17] S. 146/147, desgl. [6.1] S. 105/06.

des Prüfkreises die Spannung E auf der Hochstromseite zu messen, kann sie natürlich auch mit bequemeren, höheren Werten auf der Primärseite des Hochstromtransformators unter Berücksichtigung seines Übersetzungsverhältnisses gemessen werden. Die Einstellung des Kreises vollzieht sich entsprechend dem früher geschilderten Verfahren. Bei geöffnetem Rahmen wird zunächst durch Wahl der Anzapfung von T die Spannung E auf den aus der Stufenlänge berechneten Wert gebracht. Dann wird der Rahmen geschlossen und durch Veränderung von L der Strom eingestellt. Die Messung des Stromes oder unmittelbar der Feldstärke geschieht üblicherweise unter Benutzung eines Differenzierwandlers mit der Gegeninduktivität L_g, dessen Primärwicklung durch eine Seite des Magnetisierungsrahmens gebildet wird und dessen Sekundärwicklung aus einer toroidförmigen Spule besteht, die konzentrisch zum Primärleiter angeordnet ist. Näheres über das Verfahren der Strom- und Feldstärkenmessung findet sich auf S. 446. Da eine Verstellung der Regeldrossel L bei dieser Anordnung auch den Magnetisierungsstrom des Hochstromtransformators H und damit die Spannung E etwas beeinflußt, so ist eine schrittweise Annäherung an die berechneten Werte erforderlich. Hierzu wird nach dem ersten Abgleich des Stromes der Rahmen wieder geöffnet, die Spannung E, die jetzt einen etwas geänderten Wert zeigt, durch Veränderung der Anzapfung von T berichtigt, der Rahmen wieder geschlossen und der Strom erneut abgeglichen. In der Regel kommt man mit einer einzigen Korrektur aus.

Die Scheinleistung des Magnetisierungskreises ist die gleiche wie früher und durch Gl. (49,5) gegeben. Die Erhöhung des Transformatoraufwandes durch den Zwischentransformator wird durch die Bequemlichkeit in der Handhabung des Kreises mehr als aufgewogen. Die Schaltung läßt sich aber auch mit nur einem einzigen Transformator ausführen, wenn der Hochstromtransformator auf der Primärseite mit Anzapfungen für die Veränderung der Sekundärspannung ausgestattet und der Primärkreis anstatt über den Anzapftransformator direkt an das Netz angeschlossen wird (s. Abb. 49,15).

49.2 Die Grundlagen der Messung der Kennlinien und der Eisenverluste.

Der Prüfling wird magnetisiert mittels eines Stromkreises, wie er in Abschn. 49.1 beschrieben wurde. Er ist außer mit der Magnetisierungswicklung w_1 noch mit einer dünndrähtigen Meßwicklung w_2 versehen, an der die durch die Ummagnetisierung des Kernes erzeugte EMK e_2 abgenommen werden kann.

49.21 Die Hystereseschleife.

An die Meßwicklung w_2 (Abb. 49,4) wird über einen hohen ohmschen Widerstand R_G und einen gesteuerten Meßgleichrichter Gl ein Drehspulgalvanometer G angeschlossen. Die Kombination $G + R_G$ kann entweder ein Spannungsmesser mit eingebautem Vorwiderstand oder auch ein Milli- oder Mikroamperemeter mit getrenntem Vorwiderstand sein. Als Meßgleichrichter dient je nach dem Meßverfahren entweder eine Hochvakuum-Dreipol-Elektronenröhre (Verstärkerröhre) oder ein synchron angetriebener, periodisch schaltender Meßkontakt. Das Wesen derartiger Gleichrichter ist, daß der Beginn und das Ende der Stromdurchlässigkeit willkürlich gesteuert werden können. Dieser Kreis dient der Bestimmung von B bzw. M. Je nachdem nun, wie die Anfangs- und Endzeitpunkte der Durchlässigkeit des Meßgleichrichters gewählt werden, lassen sich zwei verschiedene grundsätzliche Verfahren der punktweisen Aufnahme der Hystereseschleife unterscheiden.

Bei dem ersten Verfahren, das an Hand von Abb. 49,5 und 49,6 erläutert werden soll, geht man stets von einem der Umkehrpunkte der Schleife aus. Der Beginn der Stromführung des Meßkreises wird also beispielsweise, wie in Abb. 49,5 angenommen ist, auf den negativen Scheitelwert $-i_m$ des Stromes (Induktion $-B_m$) gelegt. Die Stromführung wird zu einem durch entsprechende Steuerung des Meßgleichrichters wählbar veränderlichen Zeitpunkt x wieder unterbrochen. Das Galvanometer zeigt dann einen Ausschlag, der dem Mittelwert der schraffierten Spannungsfläche F entspricht. Ist R_2 der Gesamtwiderstand des Meßkreises, so gilt also einerseits

$$e_{2\,mi} = \frac{1}{T} \int\limits_0^x e_2\, dt = f \int\limits_0^x e_2\, dt = i_{2\,mi}\, R_2\,, \tag{49,6}$$

worin T die Periodendauer und f die Frequenz bedeutet. Andererseits aber ergibt sich aus dem Induktionsgesetz für die Spannungsfläche F:

$$\int\limits_0^x e_2\, dt = -\,w_2\, q_{\mathrm{Fe}} \int\limits_0^x dB = -\,w_2\, q_{\mathrm{Fe}}\, \Delta B_x\,. \tag{49,7}$$

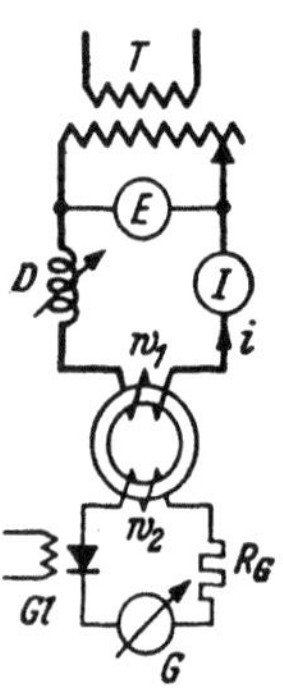

Abb. 49,4. Schaltung zur Messung der magnetischen Induktion mit einem gesteuerten Meßgleichrichter im Meßkreise.

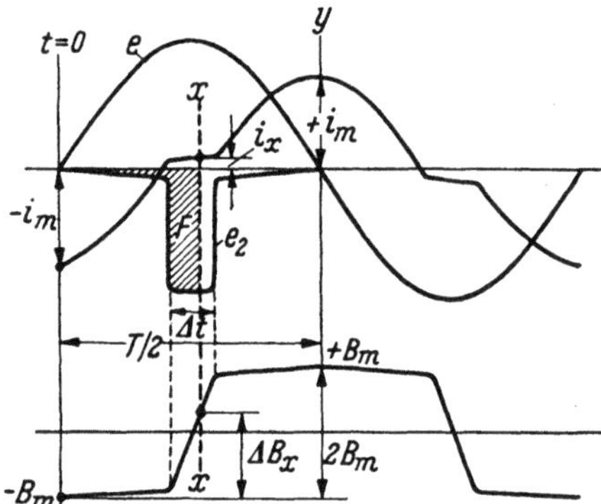

Abb. 49,5. Zeitlicher Verlauf der Spannungen, des Stromes und der magnetischen Induktion in der Meßschaltung nach Abb. 49,4 bei Verwendung einer Elektronenröhre als Meßgleichrichter (Röhrenmeßverfahren).

Aus diesen beiden Gleichungen folgt der Zusammenhang zwischen der Anzeige des Instrumentes und der Induktionsänderung ΔB dem Betrage nach zu

$$\Delta B_x = \frac{R_2}{f\, w_2\, q_{\mathrm{Fe}}}\, i_{2\,mi}\,. \tag{49,8}$$

Das Verfahren der punktweisen Aufnahme der Schleife besteht dann darin, bei im Scheitelwert $-i_m$ des Stromes festgehaltenem Anfangszeitpunkt der Integration den Zeitpunkt x zu variieren und jedesmal die dem Punkte x zugeordneten Werte i_x und ΔB_x festzustellen. ΔB_x wird nach Gl. (49,8) aus der Anzeige des Drehspulinstrumentes gefunden. Die Bestimmung des Augenblickswertes des Magnetisierungsstromes im Zeitpunkte x ist eine Aufgabe für sich, deren Lösung später erläutert werden wird. Aus i_x erhält man die Feldstärke $H_x = i_x w_1/l_{\mathrm{Fe}}$. Es läßt sich dann, stets ausgehend vom unteren Umkehrpunkt $-B_m$, der rechte Ast der Hystereseschleife punktweise aufzeichnen, wie das in Abb. 49,6 angedeutet ist. Den linken Ast kann man an sich in entsprechender Weise vom oberen Umkehrpunkt $+B_m$ ausgehend aufzeichnen, doch ist das, sofern nur die Beurteilung des Prüflings für die Verwendbarkeit im Kontaktumformer in Frage kommt, eine überflüssige

Arbeit, auf die bei der Ausfertigung der Meßkarten in der Regel verzichtet wird. Eine nach diesem Verfahren angefertigte Meßkarte zeigt Abb. 49,7. Soll die Hystereseschleife nicht wie in dieser Karte von $-B_m$ ausgehend aufgetragen werden, sondern in einem normalen B,H-Achsenkreuz, wie das bei allen übrigen im vorliegenden Buch wiedergegebenen Kennlinien geschehen ist, so muß man aus ΔB_x noch für jeden Punkt errechnen

$$B_x = -B_m + \Delta B_x. \qquad (49,9)$$

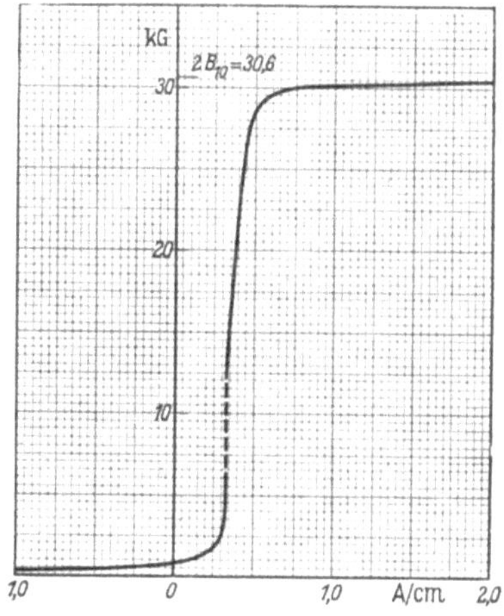

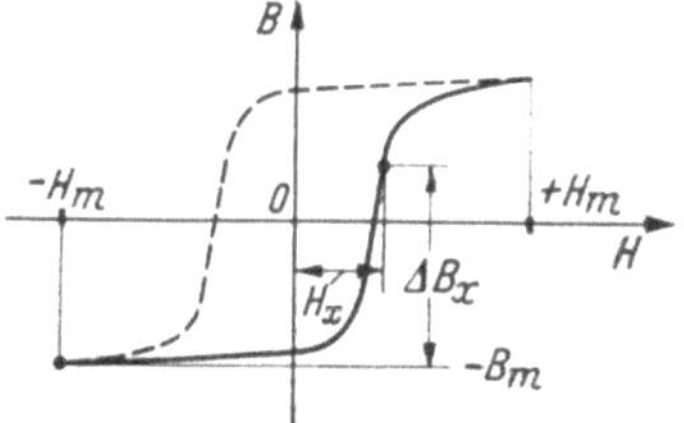

Abb. 49,6. Aufzeichnung der Hystereseschleife beim Röhrenmeßverfahren nach Abb. 49,5.

Abb. 49,7. Meßkarte nach dem Röhrenmeßverfahren. Ringbandkern aus Nickeleisen Permenorm 5000 Z, Abmessungen $615 \times 420 \times 20 \times 0{,}05$ mm, Gewicht 21,15 kg, reiner Eisenquerschnitt 15,8 cm², mittlere Eisenlänge 162,5 cm. Normalmessung mit $\Delta T_s = 1$ ms und $H_m = 10$ A/cm.

Über die Messung von B_m s. Abschn. 49.22. Das vorbeschriebene Verfahren wird unter Benutzung einer Hochvakuum-Dreipolröhre als Meßgleichrichter bei der *Röhrenmeßschaltung der SSW* angewendet, die in Abschn. 49.3 beschrieben ist. Dort wird auch die Messung des Stromes i_x behandelt.

Das zweite Verfahren ist das *Ferrometer-Verfahren*. Es wird verwendet beim Ferrometer von S & H und beim Vektormesser der AEG. Zur Erläuterung diene Abb. 49,8, die der Abb. 49,5 entspricht. Die Stromführung des Meßkreises beginnt hier im Zeitpunkt x (Schließen des Meßkontaktes) und endet im Zeitpunkt $x + \dfrac{T}{2}$ (Öffnen des Meßkontaktes). Die Integration der Spannungskurve erstreckt sich hier also auf genau 180°. Für den vom

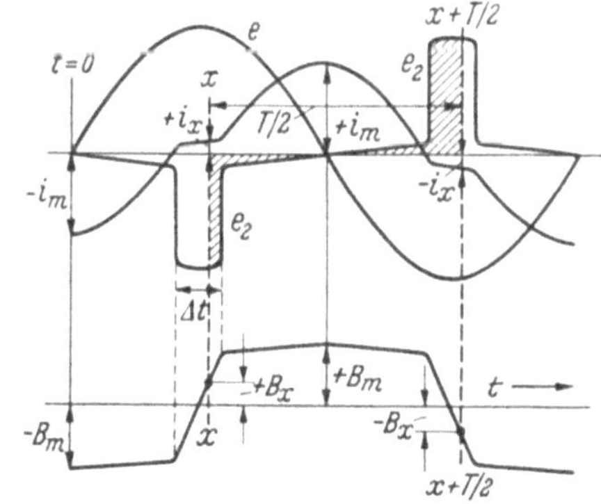

Abb. 49,8. Zeitlicher Verlauf der Spannungen, des Stromes und der magnetischen Induktion in der Meßschaltung nach Abb. 49,4 bei Verwendung eines Kontaktes als Meßgleichrichter (Ferrometerverfahren).

Instrument angezeigten Mittelwert der schraffierten Spannungsfläche gilt in einer der Gl. (49,6) entsprechenden Weise

$$e_{2\,mi} = f \int\limits_{x}^{x+T/2} e_2\, dt = R_2\, i_{2\,mi}, \qquad (49,10)$$

und an die Stelle von Gl. (49,7) tritt jetzt, wie aus Abb. 49,8 hervorgeht,

$$\int\limits_{x}^{x+T/2} e_2\, dt = -w_2\, q_{\mathrm{Fe}} \int\limits_{x}^{x+T/2} dB = w_2\, q_{\mathrm{Fe}}\, 2B_x. \qquad (49,11)$$

Aus diesen beiden Gleichungen folgt dann die Induktion

$$B_x = \frac{R_2}{2f\,w_2\,q_{\mathrm{Fe}}}\,i_{2\,mi}\,.\qquad (49,12)$$

Wie ersichtlich, liefert die Integration der Kurve $f(e_2,t)$ der 1. Ableitung von B über 180° unmittelbar denjenigen Augenblickswert B_x der Originalkurve $f(B,t)$, der den Integrationsgrenzen zugeordnet ist. Dieses Meßprinzip ist bei zur Nullinie symmetrischer Kurvenform[1] allgemeingültig und auch auf andere Größen, z. B. auf den Strom i, anwendbar. Es bildet die Grundlage des Ferrometerverfahrens. Die Messung des Augenblickswertes i_x des Magnetisierungsstromes bzw. der diesem Wert entsprechenden Feldstärke H_x wird daher nach dem gleichen Prinzip vorgenommen, indem in der in Abschn. 49.4 noch genauer beschriebenen Weise der Strom i mittels der Gegeninduktivität des bereits erwähnten Differenzierwandlers differenziert und die als 1. Ableitung des Stromes an der Sekundärwicklung des Differenzierwandlers abgenommene Spannung dann wieder über 180° integriert wird.

Zur punktweisen Aufnahme der Hystereseschleife wird die Lage der Integrationsgrenzen unter Beibehaltung ihres Abstandes von 180° über eine halbe Periode von einem Umkehrpunkt der Schleife bis zum anderen variiert. Mittels der für jeden Meßpunkt erhaltenen Wertepaare B_x, H_x kann die Schleife dann aufgetragen werden.

Allgemein ist zu den beiden Verfahren noch zu sagen, daß der aus den Gln. (49,9) bzw. (49,12) erhaltene Wert B_x genaugenommen noch nicht die wahre Induktion im Eisen darstellt, sondern auch noch die in den Isolierzwischenräumen zwischen den einzelnen Windungen des Ringbandkernes und in den sonst noch von der Meßwicklung mit umfaßten Lufträumen verlaufenden Kraftlinien einschließt. Der genaue Wert der Induktion im Eisen ergibt sich daher wie folgt:

$$B_{x\,\mathrm{Fe}} = B_x - \frac{q_2 - q_{\mathrm{Fe}}}{q_{\mathrm{Fe}}}\,\mu_0\,H_x,\qquad (49,13)$$

wenn mit q_2 der gesamte von der Meßwicklung w_2 umschlungene Querschnitt bezeichnet wird. In entsprechender Weise erhält man die magnetische Polarisation M:

$$M_x = B_x - \frac{q_2}{q_{\mathrm{Fe}}}\,\mu_0\,H_x.\qquad (49,14)$$

Diese Korrekturen sind bei geringen Feldstärken, wie z. B. bei der Normalmessung mit $H_m = 10\ \mathrm{A/cm}$, bedeutungslos gering, so daß gesetzt werden darf

$$B_x \approx B_{x\,\mathrm{Fe}} \approx M_x.$$

Sie werden jedoch wichtig, wenn die Messung auf beträchtlich höhere Feldstärken ausgedehnt wird, wie das insbesondere bei der Kommutierungskurve erforderlich sein kann.

49.22 Die Kommutierungskurve (Spitzenkurve).

Verlegt man in Abb. 49,5 den Integrationsendpunkt x nach $T/2$ bzw. verschiebt man in Abb. 49,8 die Schaltzeitpunkte auf die beiden Umkehrpunkte $-B_m$ und $+B_m$, d. h. steuert man den Meßgleichrichter so, daß die volle Spannungsfläche einer Halbwelle der EMK e_2 gemessen wird, so ergibt sich als Sonderfall

$$\Delta B_x = 2B_m \quad \text{und} \quad i_x = i_m.$$

---

[1] Eine Kurvenform ist symmetrisch, wenn sie kein Gleichstromglied und keine geradzahligen Oberwellen enthält.

Man erhält also dann die Werte des Umkehrpunktes der Hystereseschleife und damit einen Punkt der Kommutierungskurve $B_m = f(H_m)$. Um andere Punkte dieser Kurve zu bekommen, hat man lediglich mittels der Regeldrossel andere Werte von i_m einzustellen. Die Stufendauer wird durch die Variierung der Stromstärke nicht beeinflußt, wie bereits in Abschn. 49.1 ausgeführt wurde.

49.23 Die Eisenverluste.

Die Bestimmung der Eisenverlustleistung ist am einfachsten durch Messung mittels eines dynamometrischen Präzisionsleistungsmessers N in der Schaltung von Abb. 49,9 möglich. Der Leistungsmesser muß eine Spezialtype mit Vollausschlag bei $\cos\varphi = 0{,}1$ sein, wie sie auch sonst bei Eisenverlustmessungen und ähnlichen Messungen mit großer Phasenverschiebung benutzt wird. Der Strompfad ist entweder direkt oder über einen Präzisionsstromwandler W in den Magnetisierungskreis eingefügt, der Spannungspfad mit einem Meßbereich für geringe Spannung, z. B. für 30 V mit üblicherweise 1000 Ω Widerstand, an die Meßwicklung w_2 angeschlossen.

In dieser Schaltung liefert der Leistungsmesser einen Ausschlag α_1, der wegen des Leistungsverbrauches des Spannungspfades um den Betrag $\Delta\alpha$ größer ist als der dem reinen Leistungsverlust im Prüfling entsprechende Wert α. Der Unterschied kann bei kleinen Prüflingen eine Größe von 20 bis 30% erreichen, so daß eine entsprechende Korrektur unerläßlich ist. Wegen der verzerrten Form der Spannungskurve e_2 wird diese Korrektur nicht in der sonst üblichen Weise rechnerisch vorgenommen, sondern auf einfachste Weise experimentell. Parallel zum Spannungspfad ist zu diesem Zwecke ein aus einem Schalter und einem Widerstand R_2 bestehen-

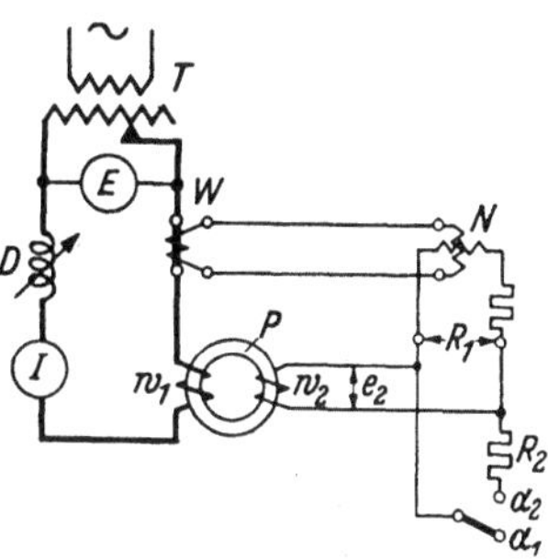

Abb. 49,9. Messung des Eisenverlustes mittels eines Leistungsmessers. Experimentelle Bestimmung der Korrektur wegen des Eigenverbrauches des Spannungspfades.

der Kreis angeordnet, der den gleichen Widerstand von beispielsweise 1000 Ω hat wie der Spannungspfad R_1. Ist der Kreis geschlossen (Schalterstellung α_2 in der Abbildung), so zeigt der Leistungsmesser einen Ausschlag α_2, der nochmals um den gleichen Korrekturbetrag $\Delta\alpha$ größer ist als der Ausschlag α_1 bei geöffnetem Schalter. Der wahre Wert α läßt sich daher aus den beiden Messungen α_2 und α_1 sofort finden:

$$\alpha = \alpha_1 - (\alpha_2 - \alpha_1). \tag{49,15}$$

Im übrigen ist noch zu beachten, daß der Spannungspfad des Leistungsmessers an eine Wicklung w_2 angeschlossen ist, deren Windungszahl im allgemeinen von derjenigen der Magnetisierungswicklung w_1 verschieden ist, so daß der Ausschlag noch mit dem Übersetzungsverhältnis w_1/w_2 auf den Magnetisierungskreis umgerechnet werden muß. Es ist daher die Verlustleistung:

$$N = c_N c_i \frac{w_1}{w_2} \alpha \text{ W}, \tag{49,16}$$

worin c_N die Leistungsmesserkonstante in W/Skalenteil und c_i das Übersetzungsverhältnis des Stromwandlers bedeutet.

Anstatt einen Leistungsmesser zu benutzen, kann man, wie zu Beginn von Abschn. 19 gezeigt wurde, die Eisenverluste auch aus der Fläche der Hystereseschleife bestimmen. Dieses Verfahren erfordert jedoch mehr Zeitaufwand.

49.3 Die Röhren-Meßeinrichtung.

Bei der Röhren-Meßeinrichtung wird als steuerbarer Meßgleichrichter eine Dreipol-Hochvakuum-Verstärkerröhre benutzt. Die Meßschaltung hat 2 Aufgaben zu erfüllen:

1. Sie muß das Gitter der Dreipolröhre so steuern, daß die Röhre spätestens zu Beginn der zu messenden Spannungsfläche, also im Punkte $-B_m$, für den Galvanometerstrom durchlässig wird und daß sie in dem veränderbaren Zeitpunkte x wieder gesperrt wird.

2. Sie muß dafür sorgen, daß dieser Punkt x einem willkürlich wählbaren Augenblickswerte H_x der Feldstärke bzw. dem zugeordneten Augenblickswerte i_x des Magnetisierungsstromes entspricht, der zwecks Einstellung der verschiedenen Meßpunkte zahlenmäßig ablesbar sein muß.

Die Grundschaltung der Meßeinrichtung ist in Abb. 49,10 dargestellt. Sie enthält den aus dem Anzapftransformator T, der Regeldrossel L und der Magnetisierungswicklung w_1 des Prüflings P bestehenden Magnetisierungskreis mit der früher beschriebenen Wirkungsweise. Zur Bestimmung von ΔB_x trägt der Prüfling noch die Meßwicklung w_2, deren Spannung e_2 durch die Reihenschaltung der Meßgleichrichterröhre Gl mit dem Drehspulgalvanometer G integriert wird. Um den Strom im Meßkreise von der Form und von etwaigen Schwankungen der Kennlinie der Röhre Gl unabhängig zu machen, hat der in Reihe mit der Röhre geschaltete ohmsche Widerstand R_3 einen sehr hohen Betrag, z. B. 1 MΩ, und die Meßspannung wird durch einen kleinen Übertrager $\ddot{U}$ mit dem Übersetzungsverhältnis 1:10 auf entsprechend hohe Werte gebracht. Als Galvanometer dient ein empfindliches Lichtmarkengalvanometer.

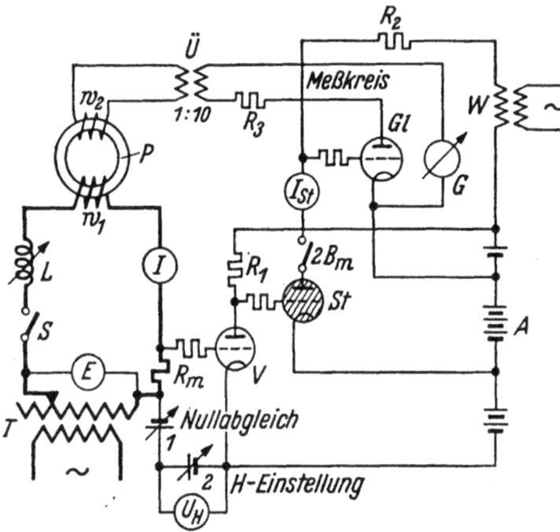

Abb. 49,10. Grundschaltung der Röhrenmeßeinrichtung zur Aufnahme der Hystereseschleife und der Kommutierungskurve.

Zur Steuerung der Integrationsgrenze x enthält die Schaltung noch 2 weitere Röhren, nämlich im Eingang die Verstärkerröhre V und an zweiter Stelle das Stromtor (Thyratron) St. Die Eingangsröhre V ist eine Schirmgitterröhre mit sehr hoher Spannungsverstärkung, bei der bereits kleine Gitterspannungsänderungen genügen, um die Röhre durchzusteuern. Die Röhre wirkt also bei Gitterspannungsänderungen gewissermaßen als Schalter für ihren Anodenstrom. Der Spannungsabfall dieses Anodenstromes am Widerstand R_1 wird zur Steuerung des Stromtores St benutzt. Die Spannungsverhältnisse in der Schaltung sind durch Anschluß der Röhren an entsprechende Abgriffe der stabilisierten Anodenspannungsquelle A so gewählt, daß bei großem Anodenstrom, also hoher Gitterspannung der Röhre V, das Gitter des Stromtores gegenüber seiner Kathode stark negativ ist. Das Stromtor ist dann gesperrt. Geht jedoch infolge absinkender Gitterspannung der Röhre V der Anodenstrom auf einen geringen Wert zurück, so steigt das Gitterpotential des Stromtores auf einen Wert oberhalb der Zündkennlinie an, und das Stromtor zündet. Mit der Anode des Stromtores ist nun das Gitter der Meßgleichrichterröhre Gl verbunden. Solange das Stromtor noch nicht gezündet hat, befindet sich das Gitter der Gleichrichterröhre gegenüber ihrer Kathode auf einem hohen positiven Potential, das aus einem Teil der Gleichspannungsquelle A und der positiven Halbwelle einer überlagerten Wechselspannung W gebildet wird. Der Meßgleichrichter ist dann stromdurchlässig, und die Integration beginnt in dem Augenblick, wo die Meßspannung e_2 auf einen in bezug auf die Gleichrichterröhre positiven Wert ansteigt. Das ist der Fall bei $-B_m$ (vgl. Abb. 49,5). Sobald aber das Stromtor zündet, wird das Gitter der Gleichrichterröhre über den Lichtbogen des Stromtores an eine stark negative Spannung gelegt, wodurch die Stromdurchlässigkeit des Meßgleichrichters Gl wieder aufgehoben wird. Der Augenblick der Zündung des Stromtores ist also der Zeitpunkt x der Beendigung der Integration. Er tritt gemäß der geschilderten Wirkungsweise der einzelnen Röhren immer dann ein, wenn die Gitterspannung der Eingangsröhre V, von einem positiven Wert auf einen negativen Wert absinkend, einen bestimmten Wert durchläuft, der durch die Wahl der Spannungsabgriffe und des Widerstandes R_1 fest gegeben ist.

Die Koppelung des Zeitpunktes x mit einem gewünschten, wählbaren Augenblickswert des Magnetisierungsstromes wird durch einen in den Magnetisierungskreis eingefügten Meßwiderstand R_m bewirkt. Der Widerstand bildet gleichzeitig einen Bestandteil des Gitterkreises der Eingangsröhre V, so daß diese Röhre und damit letzten Endes der Zeitpunkt x durch den Spannungsabfall $R_m \cdot i$ des Magnetisierungsstromes am Meßwiderstand gesteuert wird. In dem Gitterkreise befinden sich außerdem noch zwei regelbare Spannungsquellen 1 und 2, z. B. Batterien mit einem stetig veränderbaren Spannungsteiler. Die Spannungsquelle 1 dient dem sogenannten *Nullabgleich*, die Spannungsquelle 2 der Einstellung des für den jeweiligen Meßpunkt gewünschten Augenblickswertes i_x des Magnetisierungsstromes. Die Anordnung arbeitet wie folgt: Bei geöffnetem Schalter S, also stromlosem Magnetisierungskreise, und einer Einstellung der Spannungsquelle 2 auf den Wert Null wird die Spannungsquelle 1 so abgeglichen, daß das Stromtor gerade zünden will, die Durchlässigkeit der Gleichrichterröhre Gl also gerade beendet wird. Dieser Zustand ist daran zu erkennen, daß ein im Anodenkreise des Stromtores befindlicher Strommesser I_{St} eben auszuschlagen beginnt. Die so gefundene Einstellung des Nullabgleiches muß für die weitere Messung unverändert beibehalten werden. Sie bedeutet, daß der durch die Spannungsquelle 1 gegebene Anteil der Gitterspannung gerade so groß gewählt ist, daß immer dann die Beendigung der Integration eintritt, wenn die übrigen Spannungen im Gitterkreise, nämlich die Spannungsquelle 2 und der Spannungsabfall $R_m \cdot i$, zusammen den Wert Null ergeben. Wird nun der Schalter S geschlossen, so daß der Magnetisierungsstrom fließt, die Spannungsquelle 2 aber noch auf dem Wert Null belassen, so erfolgt die Sperrung der Gleichrichterröhre gerade beim Nulldurchgang des Magnetisierungsstromes, denn für alle übrigen Zeitpunkte ist die genannte Spannungssumme von Null verschieden. Man erhält somit als Anzeige des Galvanometers den Wert ΔB für den Durchgang der Hystereseschleife durch die Ordinatenachse ($H = 0$). Zur Einstellung anderer Meßpunkte wird an der Spannungsquelle 2 (*H-Einstellung* genannt) eine von Null verschiedene Spannung vorgegeben, die an einem Spannungsmesser U_H abgelesen werden kann. Die Sperrung der Gleichrichterröhre findet dann in dem Augenblick statt, wo der Spannungsabfall $R_m \cdot i$ des Magnetisierungsstromes gerade entgegengesetzt gleich der vorgegebenen Spannung U_H geworden ist. Je nachdem nun, wie die Größe und Richtung dieser Spannung 2 gewählt wird, kann daher der Punkt x willkürlich an beliebige Stellen positiven oder negativen Magnetisierungsstromes verlegt werden. Wird R_m gleich 1 Ohm gewählt, so zeigt der Spannungsmesser sofort zahlenmäßig den Augenblickswert i_x des

Magnetisierungsstromes im Punkte x an. Schaltet man dabei dem Spannungsmesser mit dem Eigenwiderstande R_S noch einen Widerstand $R_v = R_S\left(\dfrac{l_{\mathrm{Fe}}}{w_1} - 1\right)$ vor, so bedeutet der Ausschlag in Volt unmittelbar die Feldstärke H_x in A/cm.

Damit die im Punkte x gesperrte Gleichrichterröhre Gl beim Durchlaufen des Wertes $-B_m$ der nächsten Periode wieder integrationsbereit ist, muß das Stromtor zuvor während der in bezug auf die Gleichrichterröhre negativen Halbwelle der Meßspannung e_2 wieder gelöscht werden. Diesem Zwecke dient die der Anodengleichspannung des Stromtores überlagerte Wechselspannung W. Sie ist phasengleich mit der Magnetisierungsspannung E und in ihrer Größe so bemessen, daß ihre negative Halbwelle im Scheitelwert die resultierende Anodenspannung des Stromtores auf einen Wert erniedrigt, der unterhalb der Brennspannung des Stromtores liegt.

Auf die beschriebene Weise kann der rechte Ast der Hystereseschleife punktweise aufgenommen werden (vgl. Abb. 49,6). Eine Eigenart der Röhrenmeßeinrichtung ist es jedoch, daß dabei ein etwaiger infolge des Barkhausensprunges rückläufiger Teil der Kurve übersprungen wird, weil sich innerhalb dieses Abschnittes keine stabilen Meßpunkte ergeben. Ein Beispiel für eine entsprechende Kurve ist in Abb. 49,7 gezeigt, wo der sprunghaft durchlaufene Teil der Kennlinie gestrichelt dargestellt ist. Für die Beurteilung des Prüflings hinsichtlich der Verwendbarkeit in einer Schaltdrossel ist dieser Abschnitt ohne Bedeutung, da hierfür nur die Schärfe der Knie und die allgemeine Neigung der Flanke von Wichtigkeit ist. Für die *vollständige* Aufnahme von Kurven aber, wie sie beispielsweise in Abb. 17,10 wiedergegeben sind, ist die Meßeinrichtung nicht geeignet.

Bei der Messung der Hystereseschleife kann zwar grundsätzlich die H-Einstellung über die ganze Breite der Integrationshalbwelle vom negativen bis zum positiven Strommaximum variiert werden. Der Wert $+i_m$ ist dabei dann erreicht, wenn bei weiterer Steigerung der Spannung U_H die Zündung des Stromtores aussetzt, die Anzeige des Instrumentes I_{St} also auf Null zurückspringt. Auf diese Weise kann der mittels der Regeldrossel L eingestellte Scheitelwert des Magnetisierungsstromes unmittelbar gemessen werden, anstatt ihn mit Hilfe des Scheitelfaktors k_s aus dem angezeigten Effektivwert I zu errechnen. Das ist z. B. bei der Aufnahme der Kommutierungskurve wegen der größeren Genauigkeit bei kleineren H-Werten von Wichtigkeit. Bei der Hystereseschleife dagegen interessiert für die Zwecke des Kontaktumformers im allgemeinen nur der Verlauf während und in der Nähe der Flanke. Es ist daher üblich, Meßpunkte nur zwischen Feldstärkenwerten von etwa $-1{,}5$ A/cm und $+2{,}5$ A/cm einzustellen und darüber hinaus nur noch den $2B_m$-Wert des Umkehrpunktes zu messen. Der diesem zugeordnete H_m-Wert ist als für die Messung vorgegebener Wert bekannt und durch die der Messung vorangehende Einstellung der Regeldrossel unveränderlich festgelegt. Die $2B_m$-Messung braucht daher nicht in der für die übrigen Meßpunkte erforderlichen Weise vorgenommen zu werden, indem die H-Einstellung auf den Wert $+H_m$ gesteigert wird, sondern man erhält den Wert $\Delta B = 2B_m$ in einfacherer Weise durch Öffnen eines kleinen Schalters $2B_m$ (Abb. 49,10) im Anodenkreise des Stromtores. Ist nämlich der Anodenkreis unterbrochen, so kann — ganz gleich, welche Feldstärke durch die H-Einstellung gerade vorgegeben ist — das Stromtor beim Spannungsgleichgewicht im Gitterkreise der Eingangsröhre V nicht zünden; die Integration erstreckt sich daher dann stets auf die ganze Halbwelle der Meßspannung vom Punkte O bis zum Punkte y (Abb. 49,5), und das Galvanometer zeigt den Wert $2B_m$ an. Diese Meßmöglichkeit bietet den Vorteil, jederzeit von irgendeiner Meßwerteinstellung sofort auf den $2B_m$-Wert übergehen zu können, z. B. zu Kontrollzwecken vor Beginn oder an beliebiger Stelle der Kennlinienmeßreihe.

Die Berechnung von ΔB_x aus dem Ausschlag des Galvanometers könnte unter Berücksichtigung des Übersetzungsverhältnisses des Meßspannungsübertragers grundsätzlich mittels der Gl. (49,8) ausgeführt werden. In dieser Gleichung würde dann R_2 den Gesamtwiderstand des Meßkreises einschließlich des Widerstandes des Übertragers und des inneren Widerstandes der Gleichrichterröhre Gl bedeuten. Praktisch üblich und mit Rücksicht auf etwaige Veränderungen des Widerstandes der Gleichrichterröhre auch zweckmäßiger ist es jedoch, der Berechnung eine experimentelle Eichung des Meßkreises zugrunde zu legen. Diese Eichung erfordert kaum einen zusätzlichen Zeitaufwand und wird normalerweise für den Umkehrwert $2B_m$ zu Beginn und am Schlusse jeder Meßreihe durchgeführt.

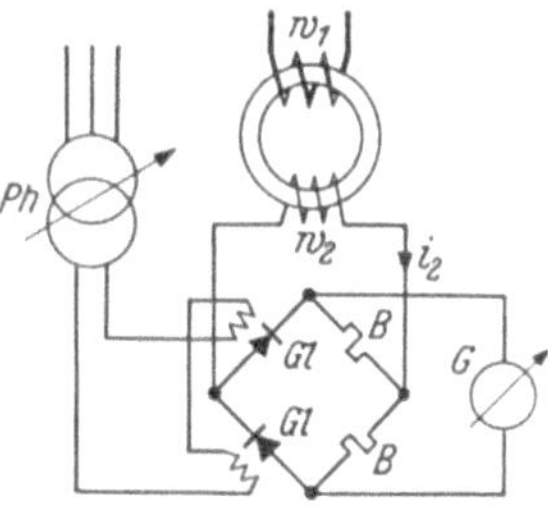

Abb. 49,11. Schaltung für die $2B_m$-Eichung der Röhrenmeßeinrichtung nach Abb. 49,10.

Der Eichkreis ist grundsätzlich genauso aufgebaut wie der Meßkreis in Abb. 49,4. Er enthält jedoch an Stelle des Lichtmarkengalvanometers einen Präzisionsspannungsmesser und als Gleichrichter 2 Schwingkontaktgleichrichter mit fest eingestellter Kontaktzeit von 180° in Vollwellen-Brückenschaltung gemäß Abb. 49,11. Als Spannungsmesser wird der gleiche Spannungsmesser benutzt, der für die H-Einstellung bereits vorhanden ist. Die Erregerspulen der Schwingkontaktgleichrichter sind an einen Phasendreher Ph angeschlossen. Mittels dieses Phasendrehers wird die

Abb. 49,12. Prüffeldmeßplatz mit der Röhrenmeßeinrichtung zur Messung der Hystereseschleife, der Kommutierungskurve und des Eisenverlustes (SSW 1942).

Phasenlage der Schaltzeitpunkte der Meßgleichrichter so eingestellt, daß der Ausschlag des Spannungsmessers ein Maximum wird. Die Gleichrichter schalten dann gerade in den Nulldurchgängen der Spannungskurve e_2, so daß der Ausschlag den Wert $2B_m$ ergibt. Da die Nulldurchgänge der Spannung, wie Abb. 49,5 zeigt, sehr flach verlaufen, so kommt es auf große Genauigkeit bei der Einhaltung der Schaltzeitpunkte nicht an; es können daher für diesen Zweck auch weniger genau arbeitende Meßgleichrichter verwendet werden, ohne daß dadurch die Genauigkeit der Eichung leidet. Dem auf diese Weise gefundenen Wert $2B_m$ entspricht der Ausschlag α_m des Lichtmarkengalvanometers, den man nach Öffnung des im Anodenkreise des Stromtores liegenden Schalters $2B_m$ erhält. Andere Werte ΔB_x ergeben sich aus dem Ausschlag α_x des Galvanometers durch verhältnisgleiche Umrechnung. Diese Umrechnung kann man sich noch ersparen und ΔB_x direkt ablesen, wenn man ein Galvanometer mit in B-Einheiten geteilter Skala verwendet und mittels eines in Abb. 49,10 nicht mit dargestellten Galvanometer-Empfindlichkeitsreglers bei geöffnetem Schalter $2B_m$ den Ausschlag α_m des Galvanometers auf den mittels des Eichkreises erhaltenen Wert $2B_m$ einstellt.

Einen vollständigen Prüffeldmeßplatz mit einem Röhrenmeßgerät der vorbeschriebenen Art zur Messung der dynamischen Hystereseschleife, der Kommutierungskurve und der Eisenverluste zeigt Abb. 49,12. Ganz links befindet sich der vorläufig in einer Holzfassung untergebrachte Prüfling, der von einer aus Steckspulen bestehenden Magnetisierungswicklung umgeben ist. Auf der rechten Seite sieht man oben den Anzapftransformator für die Speisung des Magnetisierungskreises und darunter gerade noch das Handrad der Regeldrossel. Auf dem Tisch befinden sich vor dem eigentlichen Meßgerät die beiden Instrumente für die H- und ΔB-Messung und rechts neben dem Gerät ein astatischer Präzisions-Leistungsmesser für die Bestimmung der Eisenverluste. Oberhalb des Meßgerätes ist an der Rückwand außer den Instrumenten für die Magnetisierungsspannung E und den Magnetisierungsstrom I sowie verschiedenen Schaltern noch der wassergekühlte Meßwiderstand R_m zu erkennen.

49.4 Meßeinrichtungen nach dem Ferrometerprinzip.

Zu dieser Gruppe gehören, wie bereits erwähnt wurde, der AEG-Vektormesser und das Siemens-Ferrometer. Ein von der ITE hergestellter Vektormesser gleicht im Grundaufbau und in der Schaltung nahezu demjenigen der AEG. In allen Geräten werden als gesteuerte Meßgleichrichter periodisch und synchron schaltende Meßkontakte benutzt. Der AEG-Vektormesser enthält einen einzigen solchen Kontakt, der durch eine von einem kleinen Elektromotor angetriebene Exzenterwelle betätigt wird. Er arbeitet in Einweg- oder Halbwellenschaltung. Beim Siemens-Ferrometer werden 2 elektromagnetisch angetriebene Kontakte — sogenannte Schwingkontaktgleichrichter — verwendet, die in einer Vollwellen-Brückenschaltung nach Abb. 49,11 betrieben werden. Die Kontaktzeit wird bei beiden Geräten auf 180° eingestellt, und zwar so genau, daß die Abweichung vom Sollwert weniger als 0,5% beträgt. Voraussetzung für eine einwandfreie Messung ist außerdem, daß die Kontakte völlig prellfrei schalten.

Beim *AEG-Vektormesser*[1] ist der Kontakt in einem sogenannten Kontaktkopf untergebracht, von dem Abb. 49,13 eine Darstellung gibt. Der Kontakt besteht aus einer festen Kontaktspitze *1*, gegen die sich als beweglicher Kontakt eine Feder *2* legt. Durch einen exzentrisch auf der Motorwelle *3* angebrachten Kurbelzapfen *4* wird die Kontaktfeder periodisch von dem festen Kontakt abgehoben. Der feste Kontakt ist auf einem um den Drehzapfen *5* schwenkbaren Hebel *6* befestigt. Zwecks Einstellung der Kontaktzeit kann die Stellung des festen Kontaktes *1* mittels der auf den Hebel *6* wirkenden Stellschraube *7* verändert werden. Zur Veränderung der Phasenlage der Schaltzeitpunkte in bezug auf die Meßspannung ist der Kontaktkopf mit dem ganzen Kontaktsatz um die Motorwelle drehbar, wobei der jeweilige Verschiebungswinkel auf der Skala *8* abgelesen werden kann. Eine Gesamtansicht

---

[1] KOPPELMANN: [6.1], [6.19], [6.20], [6.3] S. 180/184.

des Vektormessers *II* der AEG, einer kleineren Vektormesserausführung mit eingebautem Anzeigeinstrument[1], zeigt Abb. 49,14. Auf ihr ist in der Mitte der ver-

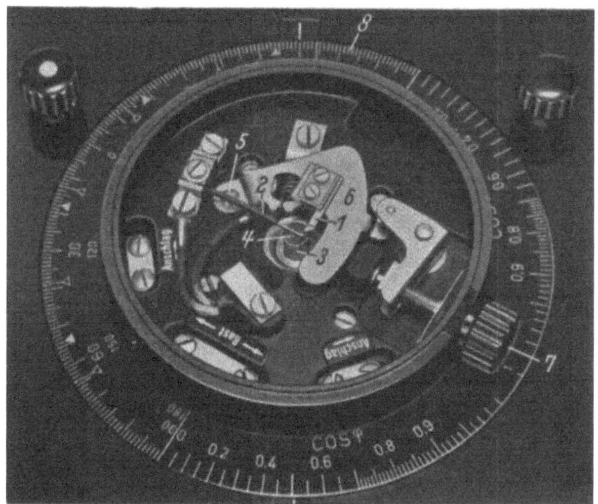

Abb. 49,13. Kontaktkopf des Vektormessers *II* der AEG nach Abnahme des Deckels
1 fester Kontakt; — *2* Kontaktfeder; — *3* Motorwelle; — *4* Kurbelzapfen; — *5* Drehzapfen; — *6* Schwenkhebel; — *7* Kontaktzeit-Stellschraube; — *8* Skala.

drehbare Kontaktkopf gut erkennbar. Das Gerät enthält neben 2 Meßbereich-Wahlschaltern noch einen Meßstellenwähler, mittels dessen der Kontakt auf verschiedene Meßstellen umgeschaltet werden kann, z. B. auf die Sekundärspule des Differenzier-

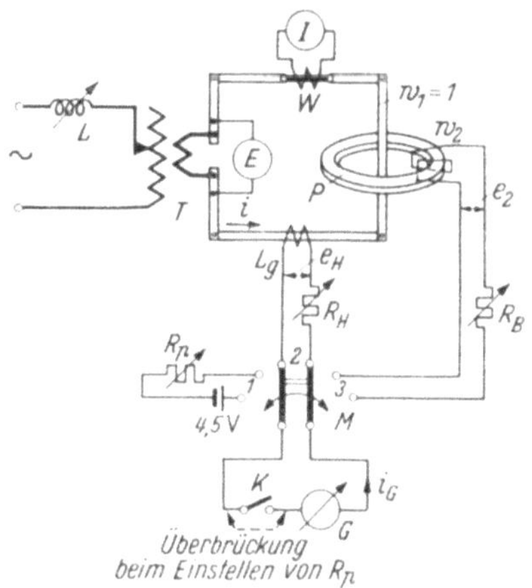

Abb. 49,14. Vektormesser *II* der AEG (1953).

Abb. 49,15. Vektormesser der AEG. Grundschaltbild für die Messung der Hystereseschleife und der Kommutierungskurve.

wandlers zum Zwecke der *H*-Messung, auf die Meßspule w_2 des Prüflings zum Zwecke der *B*-Messung und auf einen besonderen Prüfkreis für die Kontaktzeit.

---

[1] Eine Abbildung des Vektormessers *I*, der großen Ausführung mit getrenntem Anzeigeinstrument, findet sich in KOPPELMANN: [*6.3*] auf S. 184, eine Beschreibung mit Schaltbild in KOPPELMANN: [*6.19*].

Das Grundschaltbild für die Messung der Hystereseschleife ist in Abb. 49,15 angegeben, wobei als Magnetisierungskreis ein solcher mit einem aus nur einer einzigen Windung bestehenden Rahmen gewählt worden ist. Selbstverständlich kann der Vektormesser ebensogut bei einem Magnetisierungskreis mit einer vielwindigen Magnetisierungsspule Verwendung finden. Es muß dann nur auch die Gegeninduktivität anstatt der primärseitigen Stromschiene eine vielwindige Primärwicklung erhalten. Der Meßkontakt K ist in Reihenschaltung mit dem Meßinstrument G an den Meßstellenwähler M angeschlossen. In Stellung 1 verbindet der Wähler den Kontakt mit dem Prüfkreis für die Kontaktzeit. Dieser besteht aus einer Trockenbatterie von 4,5 V Spannung und aus einem Drehwiderstand R_p. Die Einstellung der Kontaktzeit geht so vor sich, daß man zunächst bei überbrücktem Kontakt K (Abb. 49,15) durch Verstellen des Drehwiderstandes am Meßinstrument den Vollausschlag oder einen Wert in der Nähe desselben einstellt, z. B. bei einem Instrument mit 100 Skalenteilen einen Ausschlag von 90 Skalenteilen. Dieser Ausschlag für Dauerkontakt entspricht einer Kontaktzeit von 360°. Darauf wird die Überbrückung des Meßkontaktes aufgehoben und die Kontaktzeit durch Drehen der Stellschraube 7 (Abb. 49,13) so justiert, daß das Instrument die Hälfte des Ausschlages für Dauerkontakt anzeigt. Die Kontaktzeit, d. h. die Schließungsdauer des Kontaktes, beträgt dann 180°. War der Ausschlag bei Dauerkontakt auf 90 Skalenteile eingestellt, so entspricht eine Abweichung um $^1/_4$ Skalenteil von dem 45 Skalenteile betragenden Sollwert einem Fehler von 1° in der Kontaktzeit.

Auf Stellung 2 des Wählers wird die Feldstärke H_x gemessen. In dieser Stellung enthält der Meßkreis außer dem Instrument G und dem Meßkontakt K die Sekundärwicklung des Differenzierwandlers mit der Gegeninduktivität L_g und einen einstellbaren ohmschen Widerstand R_H in Form eines möglichst winkelfreien Dekadenwiderstandes. Wird der Magnetisierungskreis vom Strom i durchflossen, so ist die in der Sekundärwicklung des Differenzierwandlers erzeugte EMK

$$e_H = - L_g \frac{di}{dt},$$

woraus bei Integration über 180° gemäß Abb. 49,8 folgt

$$\int_x^{x+T/2} e_H\, dt = - L_g \int_x^{x+T/2} di = L_g\, 2\, i_x.$$

Andererseits ist wieder analog zu Gl. (49,10) der Mittelwert der gleichgerichteten Meßspannung

$$e_{H\,mi} = f \int_x^{x+T/2} e_H\, dt = i_G\, (R_H + r_H + R_G),$$

worin R_G den Widerstand des Meßinstrumentes und r_H die Summe sämtlicher Leitungswiderstände des Meßkreises einschließlich der Sekundärspule des Differenzierwandlers bedeutet. Aus den beiden Gleichungen ergibt sich dann der Augenblickswert des Magnetisierungsstromes zu

$$i_x = \frac{R_H + r_H + R_G}{2 f\, L_g}\, i_G \tag{49,17}$$

und mit $H_x = i_x \dfrac{w_1}{l_{\mathrm{Fe}}}$ der Augenblickswert der Feldstärke zu

$$H_x = \frac{R_H + r_H + R_G}{2 f\, L_g}\, \frac{w_1}{l_{\mathrm{Fe}}}\, i_G. \tag{49,18}$$

Um bequemer ablesen zu können, wählt man R_H so, daß man für den Vollausschlag des Instruments einen runden Wert der Feldstärke erhält, z. B. bei einem Vollausschlag von 100 Skalenteilen eine Feldstärke H_{voll} von 5, 10, 20, 50, 100 usw. A/cm. Den hierfür einzustellenden Wert des Widerstandes findet man aus Gl. (49,18):

$$R_H = \frac{2f\,L_g\,l_{\mathrm{Fe}}}{w_1}\,\frac{H_{voll}}{i_{G\,voll}} - (r_H + R_G). \qquad (49,19)$$

Den Koeffizienten L_g der gegenseitigen Induktion des Differenzierwandlers bestimmt man ein für allemal vorab, und zwar am einfachsten experimentell an dem fertig eingebauten Differenzierwandler durch Umkehrung des beschriebenen Meßverfahrens unter Benutzung von Gl. (49,17). Betreibt man nämlich den Magnetisierungskreis ohne Prüfling, so ist bei sinusförmiger Spannung auch der Strom im Magnetisierungsrahmen sinusförmig. Mißt man den Effektivwert I des Stromes mit einem Strommesser, nötigenfalls unter Zwischenschaltung eines Stromwandlers W (Abb. 49,15), so kennt man also auch den Scheitelwert $I\sqrt{2}$. Dreht man nun den Meßkopf so, daß das Instrument G den höchsten Ausschlag i_{Gm} zeigt, so entspricht die Anzeige dem Scheitelwert des Stromes. Für diesen Fall geht Gl. (49,17) über in

$$L_g = \frac{R_H + r_H + R_G}{2f}\,\frac{i_{Gm}}{I\sqrt{2}}. \qquad (49,20)$$

Mit Rücksicht auf die Ablesegenauigkeit wird R_H bei dieser Messung so eingestellt, daß sich bei dem gewählten Strom I für i_{Gm} ein Wert in der Nähe des Vollausschlages ergibt.

Die Wählerstellung *3* dient zur Messung des Augenblickswertes B_x der Induktion. Der Meßkreis enthält jetzt die Meßspule w_2 und den einstellbaren Dekadenwiderstand R_B. Für den Augenblickswert der Induktion gilt in sinngemäßer Übertragung der Gl. (49,12):

$$B_x = \frac{R_B + r_B + R_G}{2f\,w_2\,q_{\mathrm{Fe}}}\,i_G. \qquad (49,21)$$

Auch hier wählt man wieder den Wert des Dekadenwiderstandes so, daß zwecks bequemer Ablesung der Vollausschlag des Instruments einem runden Wert der Induktion entspricht, z. B. bei 100 Skalenteilen 20 kG. Die Größe des einzustellenden Widerstandes ist dann

$$R_B = 2f\,w_2\,q_{\mathrm{Fe}}\,\frac{B_{voll}}{i_{G\,voll}} - (r_B + R_G), \qquad (49,22)$$

wobei r_B der Leitungswiderstand des B-Meßkreises einschließlich der Meßspule w_2 ist.

Zahlenbeispiel. Der bereits auf S. 441 als Beispiel gewählte Kern mit $l_{\mathrm{Fe}} = 162{,}5$ cm und $q_{\mathrm{Fe}} = 15{,}8$ cm² soll bei $f = 50$ Hz gemessen werden. Als Instrument dient ein Präzisions-Spannungsmesser für 60 mV mit $R_G = 20\,\Omega$. Der Strom bei Vollausschlag beträgt somit 3 mA. Die Skala hat 100 Teilstriche. Die Gegeninduktivität wurde zu $L_g = 6{,}79\,\mu\mathrm{H}$ gemessen. Ihr Widerstand einschließlich der Zuleitungen zum Vektormesser beträgt $r_H = 2{,}46\,\Omega$. Die Meßspule w_2 hat 3 Windungen und einschließlich der Zuleitungen einen Widerstand von $r_B = 0{,}24\,\Omega$. Der Vollausschlag des Instrumentes soll bei $H_{voll} = 5$ A/cm bzw. bei $B_{voll} = 20$ kG $= 20 \cdot 10^{-5}$ Vs/cm² erreicht werden. Mit diesen Werten und $w_1 = 1$ erhält man

$$R_H = \frac{2 \cdot 50 \cdot 6{,}79 \cdot 10^{-6} \cdot 162{,}5}{1} \cdot \frac{5}{3 \cdot 10^{-3}} - (2{,}46 + 20) = 161{,}4\,\Omega$$

und $\quad R_B = 2 \cdot 50 \cdot 3 \cdot 15{,}8 \cdot \dfrac{20 \cdot 10^{-5}}{3 \cdot 10^{-3}} - (0{,}24 + 20) = 295{,}8\,\Omega.$

Stellt man diese Werte ein, so entsprechen auf der Skala des Instruments 2 Teilstriche einer Feldstärke von 0,1 A/cm und 5 Teilstriche einer Induktion von 1 kG.

Bei der Messung der Hystereseschleife variiert der Mittelwert i_G des gleichgerichteten Meßstromes mit einer Reihe von Zwischenwerten zwischen einem positiven und einem gleichgroßen negativen Höchstwert. Um stets einen positiven Ausschlag des Instrumentes zu erhalten, ist daher noch die Einfügung von Polwendern in die Meßkreise erforderlich. Es ist ferner zu beachten, daß auch bei den Zwischenwerten von i_G, z. B. beim Ausschlag Null, das Instrument ganz unabhängig von der jeweiligen Lage der Schaltzeitpunkte in bezug auf die Meßspannung immer durch den vollen, stets gleichbleibenden Effektivwert I_G des Meßstromes belastet wird. Das macht sich bei der Feldstärkenmessung unangenehm bemerkbar, wenn es sich um Prüflinge mit gut ausgebildeter, schmaler Rechteckschleife handelt und diese Prüflinge mit verhältnismäßig hoher Umkehrfeldstärke gemessen werden sollen. Die Feldstärkenwerte der in erster Linie interessierenden Flanke der Schleife sind dann nämlich nur ein geringer Bruchteil des Umkehrwertes. Will man nun, um größere, genauer ablesbare Ausschläge zu erhalten, die Flankenwerte mit erhöhter Empfindlichkeit messen, indem man R_H so wählt, daß das Instrument seinen Vollausschlag bereits bei einem Bruchteil der Umkehrfeldstärke erreicht, so wird das Instrument durch den in seiner Größe durch den Umkehrwert gegebenen Effektivwert des Meßstromes erheblich überlastet. Es ist daher von Wichtigkeit, bei der Ferrometermethode ein Instrument zu verwenden, das für derartige Überlastungen geeignet ist. Für die Normalmessung mit $H_m = 10$ A/cm genügt es selbst bei dem besten Nickeleisen im

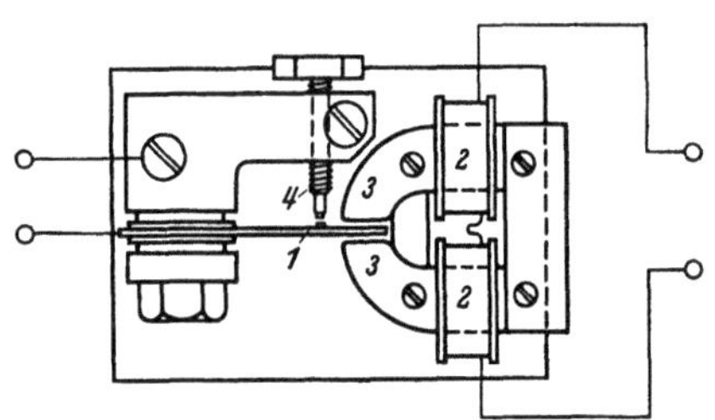

Abb. 49,16. Grundsätzlicher Aufbau des Schwingkontakt-Meßgleichrichters von S & H.

1 Kontaktzunge; — *2* Erregerwicklungen; — *3* Polschuhe des Erregermagneten; — *4* Kontaktschraube.

allgemeinen, R_H so zu wählen, daß der Vollausschlag des Instruments bei einer Feldstärke von 5 A/cm erreicht wird. Da nun bei einer Ummagnetisierungsdauer von $\Delta T_s = 1$ ms (1/20 Periode bei 50 Hz) der Effektivwert des Meßstromes im Falle der Halbwellengleichrichtung ohnehin bereits das $\sqrt{20} = 4{,}5$fache des Höchstwertes i_{Gm} des gleichgerichteten Mittelwertes ist, so wird das Instrument in bezug auf seinen Nenn-Gleichstrom dann auf das 9fache überlastet. Bedeutend krasser werden die Verhältnisse, wenn bei gleicher Empfindlichkeit für die Flankenwerte die Schleife mit einer sehr hohen Umkehrfeldstärke aufgenommen werden soll. Bei $H_m = 100$ A/cm z. B. würde das Instrument dann strommäßig auf das 90fache, thermisch also auf das 8100fache überlastet werden. Für Messungen mit einem so hohen Verhältnis der Umkehrfeldstärke zur Flankenfeldstärke ist das Ferrometerverfahren daher nur bei Verwendung eines hochüberlastbaren Spezialinstrumentes geeignet. Das im folgenden behandelte Siemens-Ferrometer ist daher mit einem Lichtmarkengalvanometer von 500facher Stromüberlastbarkeit ausgestattet.

Der beim *Siemens-Ferrometer*[1] benutzte Schwingkontaktgleichrichter[2] ist ein polarisiertes Relais, dessen Aufbau aus Abb. 49,16 hervorgeht. Die durch einen Permanentmagneten polarisierte Kontaktzunge *1* schwingt mit der Frequenz des in der Erregerwicklung *2* fließenden Wechselstromes zwischen den Polschuhen *3* des Erreger-Magnetsystems hin und her und legt sich dabei während der einen Halbwelle periodisch an eine einstellbare Kontaktschraube *4* an. Die Grobeinstellung

---

[1] THAL: [*6.8*], [*6.13*]; — Siemens & Halske AG: [*6.10*]; — KRUG: [*6.25*].
[2] PFANNENMÜLLER: [*6.5*], [*6.6*], [*6.7*], [*6.12*].

der Kontaktzeit wird mittels dieser Kontaktschraube vorgenommen. Zur Feineinstellung dient ein zweiter, an der Abdeckkappe des Gleichrichters verdrehbar angebrachter kleiner Permanentmagnet M (Abb. 49,17 rechts), ein sogenannter Streumagnet, der die Wirkung des polarisierenden Permanentmagneten beeinflußt. Zwei

Abb. 49,17. Ansicht des Schwingkontakt-Meßgleichrichters von S & H, *links* in geöffnetem Zustande, *rechts* mit
Schutzkappe und Streumagnet M.

solcher Schwingkontaktgleichrichter sind nach dem Schema von Abb. 49,18 in einer
Brückenschaltung mit den Brückenwiderständen B angeordnet. Durch einen Nebenwiderstand N wird die gewünschte Stromempfindlichkeit der Schaltung festgelegt, und
durch den Vorwiderstand V wird der Widerstand R_M der ganzen Meßkombination

zwischen den Ausgangsklemmen des Meßstellenwählers M auf einen glatten Wert gebracht,
z. B. auf 1000 Ω. Die Erregerwicklungen der
Schwingkontaktgleichrichter sind an einen
Phasendreher Ph in Form eines kleinen Drehtransformators angeschlossen, mit Hilfe dessen
die Lage der Schaltzeitpunkte in bezug auf die
Meßspannung nach Belieben verschoben werden kann. Der Phasendreher ist an das gleiche
Netz angeschlossen, das auch den Magnetisierungskreis speist. Als Magnetisierungswicklung
ist in Abb. 49,18 wiederum ein aus einer einzigen Windung bestehender Rahmen gewählt
worden. Die praktische Ausführung eines
solchen Rahmens zeigt Abb. 49,19. Die auf-
klappbare Seite des Rahmens ist dort von
einem aus 4 Einzelkernen bestehenden Kern-
stapel umgeben, der den Ausschaltkern der
Schaltdrossel eines Großumformers darstellt.
In der Mitte des oberen Rahmenrohres ist auch

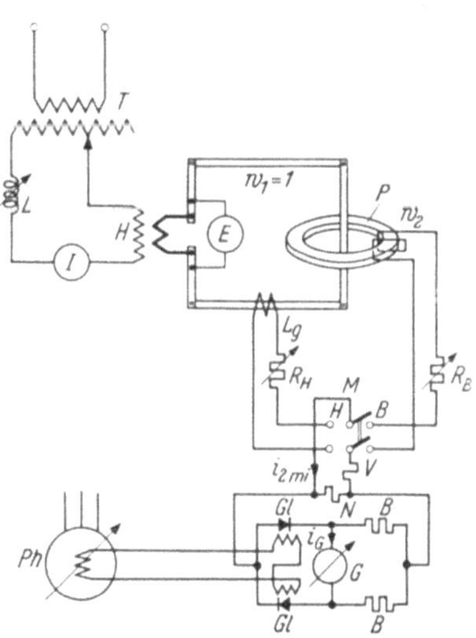

Abb. 49,18. Ringbandkern-Ferrometer der SSW.
Grundschaltbild für die Messung der Hystereseschleife und der Kommutierungskurve.

der Differenzierwandler zu sehen. Abb. 49,20 zeigt schließlich noch die Ansicht eines
nach Angaben des Verfassers speziell für die Messung von Bandkernen für Kontaktumformer ausgeführten Meßgerätes mit Schwingkontaktgleichrichtern. Man erkennt
auf der Rückseite des Meßtisches die beiden aus je 4 Dekaden bestehenden Widerstände R_H und R_B, links davor den Phasendreher, in der Mitte des Tisches die
Schwingkontaktgleichrichterbrücke mit den Polwendern, dem $B—H$-Meßumschalter,

den Meßbereichwählern und der Kontaktzeitprüfeinrichtung, sowie im Vordergrunde das Anzeigeinstrument.

Für die Einstellung der Widerstände R_H und R_B gilt das bereits beim AEG-Vektormesser Gesagte. Nur ist noch zu beachten, daß wegen der Vollwellenschaltung die Gln. (49,17) bis (49,22) durch einen Faktor 2 ergänzt werden müssen, so daß bei ihnen an die Stelle von $2f$ überall $4f$ tritt. Ferner ist wegen der Brückenwiderstände B und des Nebenwiderstandes N in diesen Gleichungen anstatt i_G zu setzen

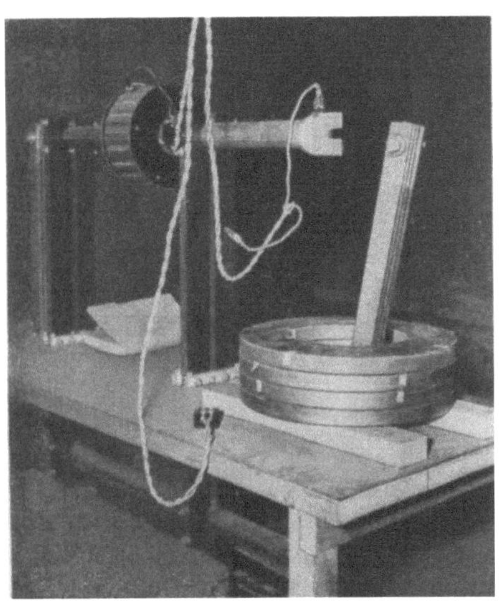

$$i_{2mi} = i_G\left[1 + \frac{(B + R_G)\,(B + N)}{B\,N}\right],$$

$$(49,23)$$

und an die Stelle des reinen Galvanometerwiderstandes R_G tritt in den genannten Gleichungen jetzt der Widerstand der ganzen Meßkombination

$$R_M = V + \frac{B\,N\,(B + R_G)}{B\,N + (B + R_G)\,(B + N)}.$$

$$(49,24)$$

Abb. 49,19. Aufklappbarer Magnetisierungsrahmen für Meßeinrichtungen nach Abb. 49,15 und 49,18.

Die Justierung der Kontaktzeit geschieht durch Umschaltung auf einen Prüfkreis in grundsätzlich der gleichen Weise, wie sie auf S.454 beschrieben wurde. Zur Erhöhung der Ablesegenauigkeit ist jedoch beim Siemens-Ferrometer die Einrichtung so getroffen, daß sich bei Dauerkontakt und bei 180° Kontaktzeit gleichgroße

Abb. 49,20. Ringbandkern-Ferrometer der SSW. Meßtisch mit Dekadenwiderständen, Phasendreher, Schwingkontaktgleichrichterbrücke und Lichtmarkeninstrument (1952).

Ausschläge des Instrumentes einstellen. Bei dem in Abb. 49,20 gezeigten Gerät wird das durch die in Abb. 49,21 wiedergegebene Schaltung erreicht. Der Prüfkreis enthält hier wieder eine Trockenbatterie und einen Widerstand R_p zur Einstellung des Ausschlages bei Dauerkontakt. Die Schaltung enthält ferner 2 Widerstände R_1 und

R_2, von denen jeder die gleiche Größe hat wie der aus den Brückenwiderständen B und dem Instrument G resultierende Kombinationswiderstand R_3 der Brückenanordnung. Durch einen in Abb. 49,21 nicht mit dargestellten Umschalter kann man für jeden der beiden Schwingkontaktgleichrichter von der Schaltung für normalen Meßbetrieb auf entweder die Schaltung a für Dauereinschaltung des Instrumentes oder die Schaltung b mit eingefügtem Meßgleichrichter Gl übergehen. In der Schaltung a wirkt die Spannung des Prüfkreises auf die Reihenschaltung $R_2 + R_3$. In der Schaltung b dagegen liegt die Spannung des Prüfkreises unmittelbar am Widerstand R_3 allein. Bei Dauereinschaltung würde das Instrument in Schaltung b also einen

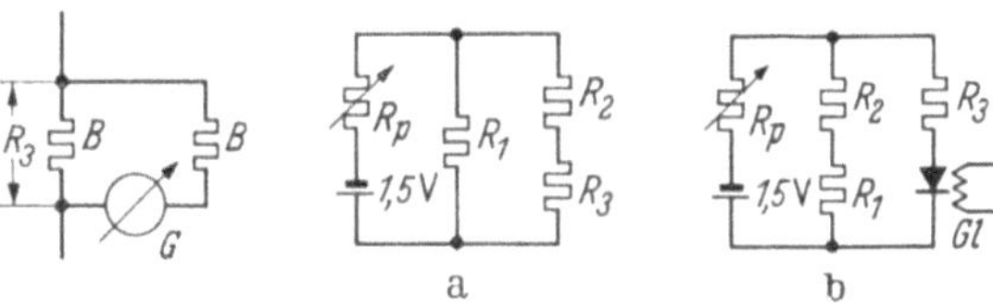

Abb. 49,21. Ringbandkern-Ferrometer der SSW. Schaltung für die Prüfung der Kontaktzeit.

Ausschlag von doppelter Höhe wie in Schaltung a zeigen. Mit eingefügtem Gleichrichter aber hat, wenn die Kontaktzeit genau auf 180° eingestellt ist, der Mittelwert des Stromes durch das Instrument wegen des nur einfachen Wertes des Widerstandes den gleichen Betrag wie in der Schaltung a bei Dauereinschaltung mit dem doppelten Widerstandswert. Infolge der Wahl $R_1 = R_2 = R_3$ gilt das ganz unabhängig von der jeweiligen Einstellung von R_p, da bei Gleichheit der 3 Widerstände die Größe der Augenblickswerte des Gesamtstromes im Prüfkreise bei Schaltung b und geschlossenem Meßkontakt die gleiche ist wie bei Schaltung a. Man kann daher die Kontaktzeitjustierung bei irgendeinem beliebigen Ausschlag des Instrumentes vornehmen und hat dabei nichts weiter zu tun, als den Streumagneten des Schwingkontaktgleichrichters so weit zu verdrehen, bis der Ausschlag in Schaltung b demjenigen in Schaltung a gleich geworden ist.

Mit den Meßeinrichtungen nach dem Ferrometerprinzip in der beschriebenen Form kann jeweils immer nur eine einzige Größe gemessen werden, d. h. H und B

Abb. 49,22. Doppel-Vektormesser der ITE zum Anschluß eines Koordinatenschreibers.

werden nicht gleichzeitig, sondern nacheinander an ein und demselben Instrument abgelesen, wozu eine Umstellung des Meßstellenwählers erforderlich ist. Sollen beide Größen gleichzeitig an zwei getrennten Instrumenten abgelesen werden oder will man ein schreibendes Instrument zur unmittelbaren Aufzeichnung der Hystereseschleife anschließen, so ist eine Verdoppelung der Kontakteinrichtungen erforderlich. Bei Verwendung von Schwingkontaktgleichrichtern werden die Erregerwicklungen der Gleichrichter beider Gleichrichterbrücken dann an ein und denselben Phasendreher angeschlossen, während bei motorisch angetriebenen Kontakten die Kuppelung auf mechanischem Wege geschehen kann. Abb. 49,22 zeigt als Beispiel einen Doppelvektormesser der ITE zum Anschluß eines Kurvenschreibers, bei dem die Meßköpfe der beiden Kontaktsysteme durch ein Zwischenzahnrad verbunden sind.

49.5 Die Kennliniendarstellung im Kathodenstrahloszillographen.

Der Kathodenstrahloszillograph bietet die Möglichkeit, den zeitlichen Verlauf des Kraftflusses und die Hystereseschleife von Schaltdrosselkernen bei der Prüfung oder auch im praktischen Betriebe des Kontaktumformers mit allen Feinheiten sichtbar zu machen. Die Darstellung dieser Kurven auf dem Leuchtschirm[1] erfordert an den Platten für die senkrechte Ablenkung eine dem Kraftfluß Φ verhältnisgleiche Spannung und an den Platten für die waagerechte Ablenkung bei der Kraftflußkurve die normale Zeitablenkung, bei der Hystereseschleife eine dem Magnetisierungsstrom i verhältnisgleiche Spannung. In Abb. 49,23 ist eine bereits 1941 vom Verfasser benutzte, verhältnismäßig einfache Schaltung angegeben, die sich für die Zwecke des Kontaktumformers bewährt hat. Es wird dabei ein handelsüblicher Kathodenstrahloszillograph mit eingebautem 2stufigen, symmetrischen Breitbandverstärker für die senkrechte Ablenkung verwendet[2].

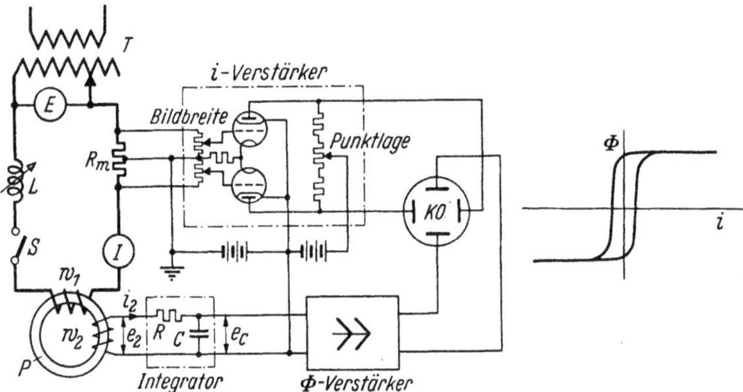

Abb. 49,23. Grundschaltung für die Darstellung der Hystereseschleife im Kathodenstrahloszillographen.

Zur Erzeugung einer dem Kraftfluß Φ verhältnisgleichen Spannung wird die in der Meßwicklung w_2 des Prüflings P induzierte Spannung e_2 in bekannter Weise mit Hilfe eines RC-Gliedes integriert. Für die Spannung am Kondensator C des Integrators gilt dabei

$$e_C = \frac{1}{C} \int i_2\, dt .$$

Wählt man nun R sehr groß gegenüber $1/C\omega$, so daß $i_2 = \frac{e_2}{R}$ gesetzt werden darf, so folgt mit $e_2 = -w_2\frac{d\Phi}{dt}$ und der Zeitkonstante $T = RC$ des Integrators:

$$e_C = \frac{1}{RC} \int e_2\, dt = \frac{w_2}{T}\, \Phi . \tag{49,25}$$

Die am Kondensator abgenommene Spannung e_C ist also dem Kraftfluß Φ verhältnisgleich. Sie wird den Eingangsklemmen des Senkrechtverstärkers zugeführt.

Die dem Strom verhältnisgleiche Spannung wird an einem in den Magnetisierungskreis eingefügten, induktionsarmen Meßwiderstand R_m gewonnen und nach Verstärkung in einem symmetrischen, rein widerstandsgekoppelten Verstärker an die waagerechten Ablenkplatten gelegt. Der Verstärker enthält Schirmgitterröhren

---

[1] KRÜGER u. PLENDL: [6.4]; — FÖRSTER: [6.16]; — ZAMSKY: [6.18]; — KLEIN: [6.24]; — LORD: [6.26]; — WITTKE: [6.28]; — WEITZENMILLER: [6.29]; — KITTL: [6.30].

[2] Seit Jahren sind unter Bezeichnungen wie „Ferrograph" oder „Ferroskop" auch vollständige Meßgeräte dieser Art im Handel; siehe z. B. [6.16] u. [6.24].

mit hoher Spannungsverstärkung. Da beim Kontaktumformer wegen der beträchtlichen Größe der Prüflinge normalerweise am Widerstande R_m eine verhältnismäßig große Spannung zur Verfügung steht, so genügt im allgemeinen eine einstufige Verstärkung.

Um einwandfreie Bilder zu erhalten, ist es von großer Wichtigkeit, kapazitive Störströme, die vom Netz über die Wicklungskapazität des Magnetisierungstransformators in die Schaltung gelangen könnten, beim Aufbau der Schaltung durch eine zweckmäßige Reihenfolge bei der Reihenschaltung der Bestandteile des Magnetisierungskreises zu vermeiden und durch Potentialverbindungen klare Potentialverhältnisse in der Schaltung zu schaffen.

Besondere Beachtung verlangt ferner die Frage der Bemessung von R und C des Integrators. Es bestehen hier zwei einander widersprechende Forderungen. Einerseits nämlich muß, um bei gegebenem Kraftfluß Φ und gegebener Windungszahl w_2 eine möglichst hohe Eingangsspannung am Verstärker, d. h. eine möglichst hohe Kondensatorspannung e_C zu erhalten, nach Gl. (49,25) die Zeitkonstante T des Integrators möglichst klein sein. Andererseits aber darf die Zeitkonstante wiederum nicht zu klein gemacht werden, damit nicht eine Fälschung des Bildes eintritt infolge einer merkbaren Rückentladung des Kondensators C über den Widerstand R und die Meßspule w_2 (Abb. 49,23) während der langen, fast eine halbe Periode dauernden Pause zwischen 2 aufeinanderfolgenden Spannungsstößen der Meßspannung e_2 (vgl. Abb. 49,24). Dieses ist die für die Bemessung in erster Linie maßgebende Vorschrift. Wünscht man, daß die Spannung e_C im Verlauf der Pause um nicht

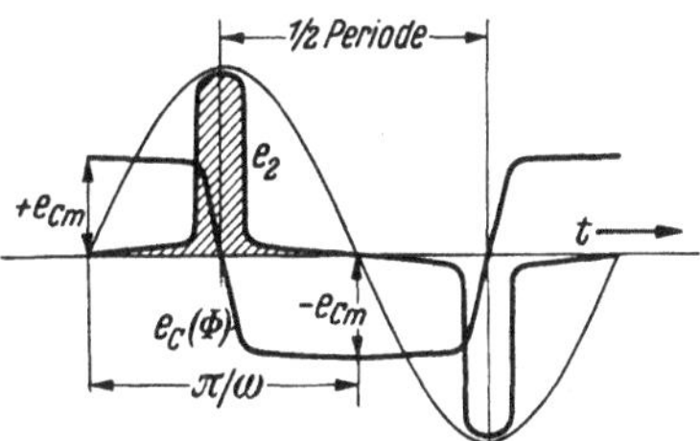

Abb. 49,24. Spannungsverlauf am Eingang und am Ausgang des Integrators.

mehr als höchstens 1% absinkt, so muß, wenn man für diesen ersten, im Vergleich zu der Dauer der ganzen Zeitkonstante nur kurzen Abschnitt ein praktisch lineares Absinken der Spannung zugrunde legt, die Bedingung erfüllt sein, daß $0{,}01\,T$ mindestens gleich der Dauer einer halben Periode (0,01 s bei 50 Hz) ist. Hieraus folgt für $f = 50$ Hz:

$$T \geqq 1\,\text{s}. \tag{49,26}$$

Somit muß z. B. bei einem Widerstande von $R = 100$ kΩ der Kondensator C eine Größe von mindestens $10\,\mu$F erhalten.

Was die Aufteilung von T in R und C anbelangt, so geht aus Gl. (49,25) hervor, daß bei gegebener Eingangsspannung e_2 des Integrators und gegebener Zeitkonstante T die Ausgangsspannung e_C unveränderlich festliegt, ganz gleich, wie man die Zeitkonstante in R und C zerlegt. Das Verhältnis der Scheitelwerte e_{Cm} und e_{2m} wird lediglich durch die Ummagnetisierungsdauer ΔT_s des Prüflings und die Zeitkonstante T des Integrators bestimmt. Für die volle Halbwelle der Meßspannung wird nämlich, wie man aus Abb. 49,24 ablesen kann, aus Gl. (49,25):

$$\frac{1}{RC} \int\limits_0^{\pi/\omega} e_2\,dt = 2\,e_{Cm}.$$

Führt man noch ein

$$\int\limits_0^{\pi/\omega} e_2\,dt = e_{2m}\,\Delta T_s.$$

so erhält man das Spannungsverhältnis des Integrators

$$\frac{e_{Cm}}{e_{2m}} = \frac{\Delta T_s}{2\,T}\,.\tag{49,27}$$

Es gibt also keine bevorzugten Werte von R und C, bei denen etwa gegenüber einer anderen Bemessung eine besonders hohe Ausgangsspannung erreicht wird. Für die Wahl von R und C sind daher nur noch 2 andere, ebenfalls einander widersprechende Forderungen maßgebend. Einerseits muß C so groß und damit R so niedrig gewählt werden, daß eine Fälschung des Integrationsvorganges durch den Eingangswiderstand des nachgeschalteten Verstärkers noch nicht bemerkbar wird. Andererseits muß R aber so hoch gewählt werden, daß eine merkbare Belastung des Prüflings durch den Stromverbrauch des Integrators und damit eine Fälschung der Breite der Hystereseschleife auf dem Leuchtschirm noch nicht eintritt. Zwischen diesen beiden Grenzen besteht aber ein weiter Spielraum, so daß es keine Schwierigkeiten macht, eine geeignete Bemessung zu finden. Das sei an einem praktischen Beispiel erhärtet. Wählt man $R = 100\,\mathrm{k}\Omega$ und $C = 20\,\mu\mathrm{F}$, so ist die Zeitkonstante 2,0 s. Die Spannung am Kondensator nimmt dann durch die Rückentladung über die Meßspule in der Pause zwischen zwei Spannungsstößen der Meßspannung, in der der Kraftfluß praktisch auf seinem Höchstwert verharrt, um 0,5% ab. Eine zusätzliche Entladung vollzieht sich über den Eingangswiderstand des Verstärkers. Beträgt dieser Widerstand z. B. 500 $\mathrm{k}\Omega$, was einen üblichen Wert für im Handel erhältliche Kathodenstrahloszillographen darstellt, so ergibt sich für diesen Entladekreis eine Zeitkonstante von 10 s, und der hierdurch bedingte Abfall der Kondensatorspannung beträgt weitere 0,1%. Insgesamt wird die Bildordinate dann also um 0,6% gefälscht. Es versteht sich von selbst, daß alle im Verstärker vorkommenden RC-Kopplungsglieder gleichartig fälschend wirken und daher in entsprechender Weise bemessen sein müssen, damit unzulässige Verzerrungen des Bildes in senkrechter Richtung vermieden werden. Für die Nachprüfung des Einflusses der Belastung des Prüflings durch den Strom im Meßkreise auf die Bildabszisse sei wieder der bereits den früheren Beispielen zugrunde gelegte Ringkern mit $q_{\mathrm{Fe}} = 15{,}8\,\mathrm{cm}^2$ und $l_{\mathrm{Fe}} = 162{,}5\,\mathrm{cm}$ herangezogen. Die Windungszahl w_2 der Meßwicklung, die zur Erzielung einer gewünschten Senkrechtamplitude erforderlich ist, ergibt sich aus dem zugeordneten Scheitelwert e_{Cm} der Eingangsspannung des Oszillographen mittels Gl. (49,25). Mit $\Phi_m = q_{\mathrm{Fe}} B_m$ erhält man aus dieser Gleichung

$$w_2 = \frac{T}{q_{\mathrm{Fe}}\,B_m}\,e_{Cm}\,.\tag{49,28}$$

Wie hieraus ersichtlich, ist die Windungszahl unabhängig von der Ummagnetisierungsdauer ΔT_s und wird bei gegebenen Werten T und e_{Cm} der Meßeinrichtung und dem gegebenen Werte B_m des Magnetwerkstoffes nur noch durch den Querschnitt q_{Fe} des Prüflings beeinflußt. Wird nun beispielsweise ein Oszillograph mit 2,0 mV Scheitelwert je mm Senkrechtausschlag verwendet, so beträgt für eine gewünschte Bildamplitude von 30 mm der benötigte Scheitelwert der Kondensatorspannung $e_{Cm} = 60\,\mathrm{mV}$. Mit $B_m = 15{,}5\,\mathrm{kG}$ sind somit im Beispiel

$$w_2 = \frac{2{,}0}{15{,}8\cdot 15{,}5\cdot 10^{-5}}\cdot 60\cdot 10^{-3} \approx 50$$

Windungen erforderlich. Der Scheitelwert der Meßspannung ergibt sich damit aus der auf S. 441 errechneten Windungsspannung von $\dfrac{E}{w_1} = 3{,}46\,\mathrm{V/Wdg.}$ zu

$e_{2m} = 3{,}46 \cdot \sqrt{2} \cdot 50 = 245$ V. Dieser Spannung entspricht eine Fälschung der Flankenfeldstärke der Hystereseschleife um

$$\delta H = \frac{e_{2m}}{R}\frac{w_2}{l_{\mathrm{Fe}}} = \frac{245}{100 \cdot 10^3} \cdot \frac{50}{162{,}5} = 0{,}00018 \text{ A/cm}.$$

Das ist gegenüber der Koerzitivkraft von etwa 0,3 A/cm ein so verschwindend kleiner Betrag, daß der Einfluß des Meßstromes bei der gewählten Bemessung selbst bei viel kleineren Prüflingen im Bilde überhaupt noch nicht zu bemerken ist.

Abb. 49,25. Meßeinrichtung für die photographische Aufzeichnung des Magnetisierungsstromes, der Meßspannung, des Kraftflusses und der Hystereseschleife mittels eines Kathodenstrahloszillographen (SSW).

Eine Einrichtung der beschriebenen Art aus dem Jahre 1942 zeigt Abb. 49,25. Der Oszillograph ist mit einer Konsole versehen, die eine Kamera zur photographischen Aufnahme der Schirmbilder trägt. Mit Hilfe einiger seitlich an der Konsole angebrachter kleiner Umschalter können auf dem Leuchtschirm wahlweise der zeitliche Verlauf des Magnetisierungsstromes und damit der Feldstärke, der zeitliche Verlauf der Meßspannung c_2, der zeitliche Verlauf des Kraftflusses und die Hystereseschleife sichtbar gemacht werden. Im Vordergrunde befinden sich links der Integrator, in der Mitte das Netzanschlußgerät für die Heiz- und Anodenspannungen des i-Verstärkers und rechts der i-Verstärker selbst. Die Einrichtung eignet sich nicht nur zur Aufnahme periodischer Vorgänge, sondern die Helligkeit reicht auch aus, um einmalig ablaufende Vorgänge photographisch aufzuzeichnen. Als ein interessantes Beispiel hierfür ist in Abb. 49,26 das einmalige Durchlaufen der Flanke der Hystereseschleife bei einer sogenannten *Zähldrossel*[1] wiedergegeben. Eine Zähldrossel ist eine Drosselspule mit einem Ringbandkern aus Magnetwerkstoff mit rechteckförmiger Hystereseschleife, bei der die Ummagnetisierung nicht in einem Zuge innerhalb

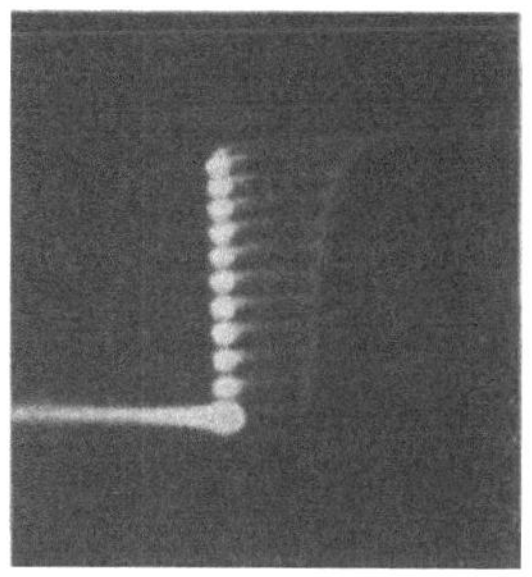

Abb. 49,26. Aufnahme des Ummagnetisierungsvorganges einer Zähldrossel mit der Einrichtung nach Abb. 49,25.

einer einzigen Periode stattfindet, sondern schrittweise, wobei sie sich in einer wählbaren Anzahl von Stufen auf eine entsprechende Anzahl von Perioden verteilt. Während der Ummagnetisierung ist der die Drossel durchfließende Strom auf die Höhe des Stufenstromes begrenzt. Erst nach Durchlaufen der ganzen Flanke kann der Strom auf einen den Stufenstrom übersteigenden Wert anwachsen und dann zur Auslösung irgendeines Vorganges nach Ablauf der gewünschten Anzahl von Perioden benutzt werden. Eine solche Zähldrossel läßt sich beispielsweise als Zeitgeber für

---

[1] DUFFING u. TSCHERMAK: [*7.11*].

Schweißtakter verwenden, wobei sie nach Ablauf einer vorbestimmten Anzahl von
Perioden seit der Einschaltung des Schweißstromes dann das Kommando zur Wieder-
abschaltung des Stromes gibt. Die stufenweise Ummagnetisierung wird dadurch erreicht, daß der Drossel mittels einer kleineren Hilfsdrossel in jeder Periode ein Um-
magnetisierungsimpuls mit einer Spannungsfläche, deren Größe nur ein Bruchteil
der Fläche der Zähldrossel ist, zugeführt wird. Es ist dann eine bestimmte, durch
das Verhältnis der Spannungsflächen dieser beiden Drosseln gegebene Anzahl von
Perioden für die vollständige Ummagnetisierung der Zähldrossel von der Sättigung
in der einen Richtung bis zur Sättigung in der entgegengesetzten Richtung erforderlich. Aus dem gezeigten Oszillogramm ist ersichtlich, wie die Flanke in 11 einzelnen
Stufen durchlaufen wird. Die Strichstärke der Kurve vermittelt dabei ein anschauliches Bild von der jeweiligen Ummagnetisierungsgeschwindigkeit, indem dünne
Linien einer großen Geschwindigkeit entsprechen und dicke Linien einer geringen.
Es ist gut zu erkennen, daß der Kraftfluß nach jeder der schnell durchlaufenen
Stufen eine gewisse Zeit bis zum Impuls der nächsten Periode auf dem jeweiligen
Remanenzwerte verweilt. Nach Überschreitung des oberen Knies biegt die Kurve
mit großer Geschwindigkeit nach rechts ab, was dem schnellen Anstieg des Auslösestromes nach Beendigung der Ummagnetisierung entspricht. Das Oszillogramm
stammt aus dem Jahre 1944. In ganz entsprechender Weise, jedoch periodisch und
in nur 2 Stufen, spielt sich auch die Rückmagnetisierung der Schaltdrossel durch
einen Spannungsflächenimpuls bei der magnetischen Teilaussteuerungs-Spannungs-
regelung ab. Die erste Stufe läuft während der negativen Halbwelle der Wendespannung ab und besteht aus der Rückmagnetisierung vom unteren Knie der
Hystereseschleife bis zu einem wählbaren, durch die Größe der Rückmagnetisierungsspannungsfläche vorgegebenen Punkt der rechten Flanke, worauf die Polarisation dann genau wie in Abb. 49,26 ihren vorübergehenden Ruhepunkt auf der
Ordinatenachse findet. Während der positiven Halbwelle der Wendespannung vollzieht sich dann nach dem Schließen des Kontaktes als zweite Stufe die Rückkehr
auf die rechte Flanke und das Durchlaufen des restlichen Flankenstückes bis zum
oberen Knie. Der sich anschließende, schnelle Anstieg des Stromes entspricht der
bei nunmehr gesättigtem Eisenkern einsetzenden Hauptstromwendung.

50. Die Prüfung des Kontaktumformers.

Die Prüfung des Kontaktumformers umfaßt die Typen- und die Stückprüfungen
der einzelnen Bauelemente der Kontaktumformeranlage und die Prüfung der Zu-
sammenarbeit dieser Teile in der vollständigen Schaltung, wobei dann auch die
genaue Einstellung der Hilfskreise, wie z. B. der Streckkreise, der Vormagnetisierung
und der Nebenwege, vorgenommen wird. Die Typen- und Stückprüfungen finden im
Herstellerwerk statt. Ein Bestandteil dieser Prüfungen ist die Feststellung der
Leistungsverluste, deren Durchführung bereits in Abschn. 47 behandelt wurde.
Gewöhnlich werden die Bauelemente im Werksprüffeld auch bereits provisorisch
zusammengeschaltet, um den Umformer im Leerlauf mit Grundlast und in Sonderfällen auch unter Last prüfen und einstellen zu können. Die endgültige Einstellung
jedoch wird unter den betriebsmäßigen Netz- und Belastungsverhältnissen in der
fertigen Schaltung am Aufstellungsort der Anlage vorgenommen, wo unter Umständen auch noch eine Abnahmeprüfung der gesamten Anlage durchgeführt wird.
Die Prüfungen werden im folgenden lediglich insoweit besprochen, wie sie als
spezifische Kontaktumformerprüfungen über das allgemein bei elektrischen Maschinen und Apparaten Übliche hinausgehen.

50.1 Das Kontaktgerät.

Die Kontaktfedern werden bereits vor dem Einsetzen in das Kontaktgerät einer mehrtägigen Dauerprüfung unterworfen. Nach einer von WÖHLER gefundenen Gesetzmäßigkeit sinkt bekanntlich die Schwingfestigkeit mit steigender Wechselzahl anfänglich ab und erreicht erst nach etwa 2 Millionen Lastspielen einen gleichbleibenden Wert, die sogenannte Dauerschwingfestigkeit[1]. Von Federn, die die Prüfung mit mindestens dieser Spielzahl bestanden haben, kann daher erwartet werden, daß sie auch bei fortgesetztem Dauerbetrieb nicht mehr brechen. Der praktische Umformerbetrieb hat bestätigt, daß spätere Brüche derart vorgeprüfter Federn zu den Seltenheiten gehören.

Die Prüfung des Kontaktgerätes selbst ist je nach seiner Konstruktion in ihren Einzelheiten verschieden, so daß hier nur einige allgemeine Hinweise gegeben werden können. Selbstverständlich muß das Kontaktgerät in seinen Einzelteilen genauestens auf Maßhaltigkeit revidiert sein. Nach dem Zusammenbau wird zunächst das einwandfreie Arbeiten der Schmierung geprüft. Ferner wird der Schaltblock daraufhin untersucht, ob bei den die Kontakte tragenden Stromschienen die beiden zusammengehörigen Auflageflächen für die festen Kontaktstücke des Kontaktes genau in einer Ebene liegen. Bevor weitere Prüfungen des Getriebes vorgenommen werden, wird das Gerät sodann zunächst einem mehrtägigen Probelauf unterworfen, damit sich alle Teile gut einlaufen können. Zu Beginn des Probelaufes werden die Kontakte auf eine bestimmte Kontaktzeit eingestellt. Während des Probelaufes findet eine laufende Überwachung der Schmierung und der Leistungsaufnahme des Antriebsmotors statt. Besonderes Augenmerk wird auf unerwünschten Ölaustritt an den Stößeln, auf etwaige Blutrostbildung (Reiboxydation) infolge ungenügender Schmierung einzelner Teile und auf die Entstehung von Silberstaub an den Kontakten gerichtet. Unter *Blutrost* versteht man einen Belag aus äußerst feinkörnigem Eisenpulver, das unter der Einwirkung der Luft durch Oxydation eine rotbraune Färbung annimmt. Solches Pulver bildet sich leicht an Stellen, wo ungeschmierte Eisenteile sich infolge von Vibrationen in schneller Folge berühren und mit sehr kurzen Wegen aneinander reiben. Blutrostbildung ist z. B. bei längerem Betrieb oft an den Endwindungen der Kontaktfedern zu beobachten. Abgesehen von der Verschmutzung ist sie dort jedoch im allgemeinen harmlos. *Silberstaub* entsteht, wenn die Kontaktbrücke sich mit Schub- oder Drehbewegungen an den festen Kontaktstücken reibt. Eine geringe Silberstaubbildung an den Kontakten ist häufig zu bemerken und im allgemeinen unschädlich, wenn sie durch gelegentliche Reinigungen regelmäßig entfernt wird. Starke Silberstaubbildung dagegen bedeutet eine unzulässige mechanische Abnutzung des Kontaktes und kann auch seine Isolations- und Rückzündungsfestigkeit vermindern.

Während des Probelaufes werden ferner die Kontaktzeiten hinsichtlich etwaiger Schwankungen oder Veränderungen überwacht. Die Messung der Kontaktzeit wird bei laufendem Kontaktgerät vorgenommen. Man bedient sich dazu ganz allgemein eines Prüfkreises, wie er in grundsätzlich der gleichen Form bereits in Abschn. 49.4 auf S. 454 bei dem Vektormesser beschrieben wurde und in Abb. 50,1 noch einmal dargestellt ist. Er besteht aus der Reihenschaltung eines Drehspulspannungsmessers G, einer Batterie B und eines stetig einstellbaren, möglichst induktionsarmen Widerstandes R. Bringt man die Meßspitzen Sp zur unmittelbaren Berührung, so entspricht der in diesem Zustande eingestellte Ausschlag des Spannungsmessers, z. B.

---

[1] MAILÄNDER: [7.1]; — SIGWART: [7.2].

der Vollausschlag, einer Kontaktzeit von 360°. Für 3phasige Schaltungen wählt man am besten einen Spannungsmesser mit 3 oder 30 V Vollausschlag. Dem Hauptwinkel von 120°, d. h. der bezogenen Kontaktzeit $x = 1{,}0$ nach Gl. (5,1), entspricht dann ein Ausschlag von 1,0 bzw. 10 V, und es lassen sich daher die bezogenen Kontaktzeiten bequem unmittelbar ablesen. Für $u = 30°$ bei $p = 3$ z. B. ist die bezogene Kontaktzeit $x = 1 + \frac{30}{120} = 1{,}25$. Zur Einstellung dieses Wertes ist nach Anlegung der Meßspitzen an den Kontakt die Kontaktdauer so zu justieren, daß der Spannungsmesser bei laufender Maschine 1,25 bzw. 12,5 V anzeigt. Um auch bei nicht ganz sauberen Kontaktflächen noch eine sichere Anzeige zu erhalten, soll die Spannung der Batterie des Prüfkreises nicht zu gering gewählt werden. Praktisch bewährt haben sich Spannungen von einigen Zehn bis zu 100 V, die einer Rundfunk-Anodenbatterie entnommen wurden.

Bei fertig geschalteten Umformern sind die Kontaktstücke auch im geöffneten Zustande des Kontaktes durch andere Schaltungsteile leitend miteinander verbunden, so daß die Messung der Kontaktzeit nicht immer ohne weiteres durchgeführt werden kann. Handelt es sich z. B. um Kontakte mit Einfachunterbrechung, etwa nach Abb. 2,1 a, so muß die Zuleitung zum Kontakt zumindest einseitig abgetrennt werden. Bei Brückenkontakten ist das nicht nötig, sondern man mißt die Kontaktzeit dann dort nicht zwischen den beiden festen Kontaktstücken, sondern zwischen diesen und der Kontaktbrücke. Für jeden Kontakt ergeben sich dann 2 Meßwerte.

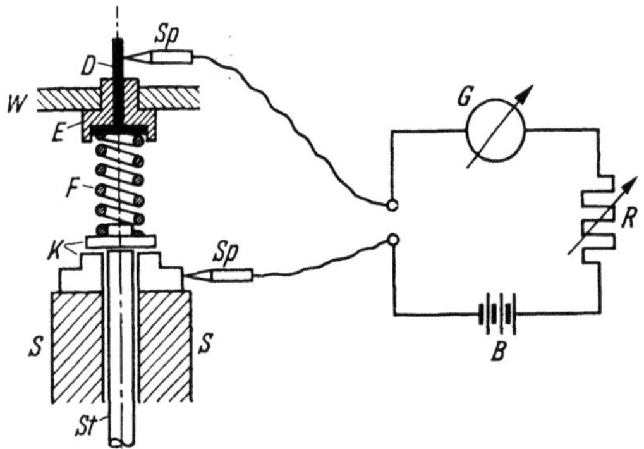

Abb. 50,1. Schaltung zur Messung der Kontaktzeit.
S Stromschienen; — *K* Kontakt; — *F* Schließfeder; — *E* Isoliereinsatz; — *St* Stößel; — *D* leitende Durchführung zur Schließfeder; — *Sp* Meßspitzen; — *G* Spannungsmesser; — *B* Batterie; — *R* Einstellwiderstand.

Stimmen diese nicht genau überein, so ist der kleinere Wert maßgebend, da der ganze Kontakt nur so lange geschlossen ist, wie das Kontaktstück mit der kürzeren Kontaktzeit mit der Brücke in Verbindung steht. Die Abweichung der beiden Meßwerte voneinander soll einige Prozent des Ausschlages nicht überschreiten. Größere Unterschiede lassen auf ungleiche Höhe der Oberflächen der festen Kontakte, auf eine schräge Endfläche des Stößelkopfes oder auf einen zu stark beschädigten Kontakt schließen. Unregelmäßige Schwankungen des Spannungsmesserausschlages sind ein Zeichen für Silberstaub zwischen den Kontaktflächen oder für Kontaktprellungen. Silberstaub läßt sich dadurch entfernen, daß man den Kontakt während des Laufes mittels Preßluft durchbläst.

Nach dem Einlaufen des Kontaktgerätes wird das Getriebe untersucht. Dabei wird u. a. mit Hilfe von Meßuhren das Spiel der Getriebeteile gemessen, es werden die Stößelhübe kontrolliert, und es wird die Führung der Stößel gegen Verdrehen um die Stößelachse nachgeprüft. Stößel, die ein zu großes Verdrehspiel aufweisen, geben Veranlassung zur Bildung von Silberstaub an den Kontakten. Sodann werden die erforderlichen Einstellungen des Getriebes vorgenommen, wie z. B. die Einstellung der Überlappungssteuerwelle. Bei Getrieben mit Kurvenscheiben schließt sich die Prüfung des Steuerrollendruckes und die Überprüfung der Steuerkurve an, die in der Messung der Kontaktzeit in Abhängigkeit vom Verdrehungswinkel der Kurvenscheibe besteht.

Hiernach kann die richtige Einstellung der Schaltzeitpunkte in bezug auf die Wendespannung vollzogen werden, d. h. die Verdrehung des Gehäuses des Antriebsmotors in eine solche Stellung, daß das Schließen der Kontakte beim Motorwinkel $\beta = 0$ zeitlich zusammenfällt mit dem Schnittpunkt $\alpha = 0$ der Phasenspannungen des Gleichrichtertransformators. Eine etwa vorhandene Kurvenscheibe muß sich dabei in derjenigen Stellung befinden, in der die Steuerrolle an dem der Motorstellung $\beta = 0$ entsprechenden Punkte aufliegt, und die Kontaktzeit muß auf den dem

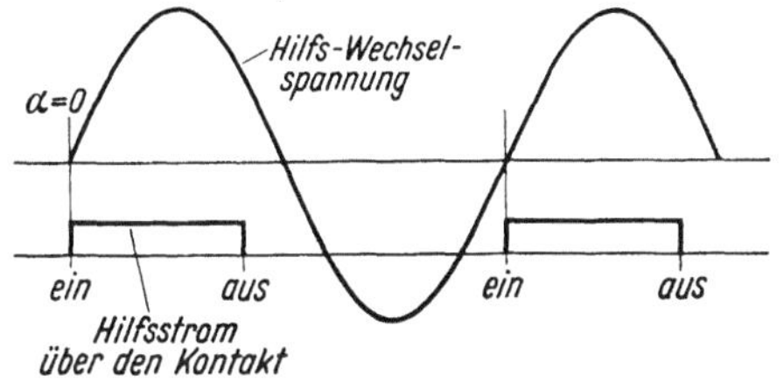

Abb. 50,2. Einstellung der Schaltzeitpunkte in bezug auf die Wendespannung mit Hilfe eines Zweistrahloszillographen.

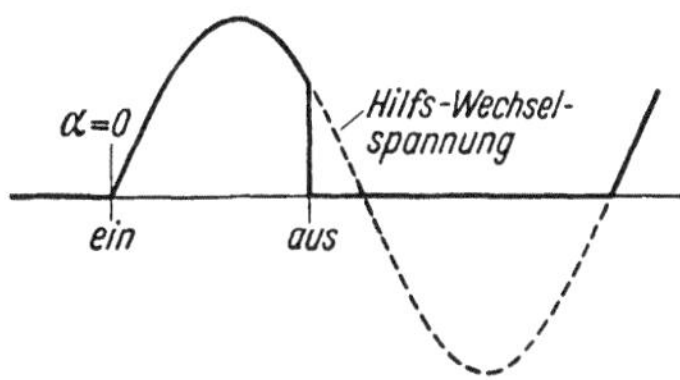

Abb. 50,3. Einstellung der Schaltzeitpunkte in bezug auf die Wendespannung mit Hilfe eines Einstrahloszillographen.

Steuerwinkel $\alpha = 0$ zugeordneten Wert eingestellt sein. Die Ermittlung der Lage der Schaltzeitpunkte geschieht oszillographisch unter Benutzung einer Hilfswechselspannung, die in bezug auf die den Antriebsmotor speisende Spannung die gleiche Phasenlage hat wie die Wendespannung des betreffenden Kontaktes in der wirklichen Gleichrichterschaltung. Bei Verwendung eines Oszillographen mit 2 Meßschleifen oder mit 2 Elektronenstrahlen bildet man gemäß Abb. 50,2 einmal die Hilfswechselspannung und ferner einen über den Kontakt geführten Hilfsstrom ab, der einer Gleichstromquelle entnommen wird. Das Motorgehäuse wird dann bei ungeänderter Kontaktzeit, also bei ungeänderter Stellung der Kurvenscheibe bzw. der Überlappungssteuerwelle, so weit verdreht, bis der Einsatzpunkt des Hilfsstromes beim Schließen des Kontaktes mit dem Nulldurchgang der Wechselspannung zusammenfällt, wie das in Abb. 50,2 gezeigt ist. Man kann aber auch mit nur einer Meßschleife oder mit einem Einstrahl-Kathodenstrahloszillographen auskommen, wenn man an Stelle des Stromes aus der besonderen Gleichstromquelle die Hilfs-

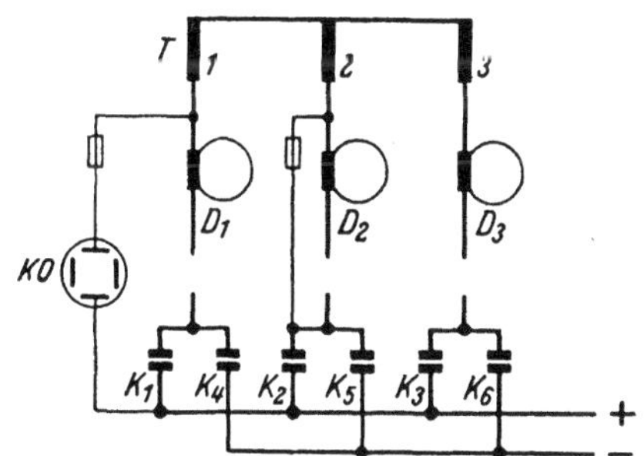

Abb. 50,4. Schaltbild für die Nachprüfung der Schaltzeitpunkteinstellung des Kontaktes K_2 in der fertigen Anlage.

wechselspannung selbst über den Kontakt führt. Im Oszillographen erscheint dann ein der Schließungsdauer des Kontaktes entsprechender Ausschnitt aus der Wechselspannungskurve, und die Stellung des Motorgehäuses ist dann die richtige, wenn wie in Abb. 50,3 der Einsatz des Spannungsausschnittes im Nulldurchgang der Wechselspannung stattfindet. Dieses Verfahren eignet sich auch gut für die Nachprüfung der Schaltzeitpunkteinstellung in der fertigen Anlage, wenn man nach Unterbrechung der Zuleitungen zu den Kontakten an Stelle der Hilfswechselspannung unter Zwischenschaltung von Sicherungen für geringe Stromstärke die vom Gleichrichtertransformator gelieferte Wendespannung unmittelbar benutzt. Als Beispiel ist in Abb. 50,4 die Schaltung für die Nachprüfung der Lage der Schaltzeitpunkte des Kontaktes K_2 einer 3phasigen Dreidrossel-Brückenschaltung wiedergegeben.

Nachdem auf diese Weise die Motorstellung $\beta = 0$ gefunden ist, kann eine am Motorgehäuse befestigte Gradskala auf die Nullmarke eingestellt werden, so daß man bei den weiteren Einstellarbeiten und Prüfungen den Motorwinkel β jederzeit unmittelbar ablesen kann. In der gleichen Stellung wird gegebenenfalls die Kurvenscheibe nunmehr fest mit dem Motorgehäuse verbunden. Mit Hilfe der Gradskala können dann auch die Anschläge für die obere Begrenzung des Spannungsregel-

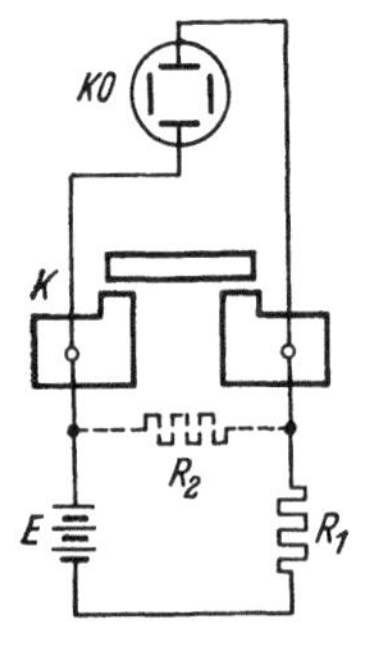

Abb. 50,5. Schaltung zur Prüfung auf Prellfreiheit eines Kontaktes.

bereiches (Motorwinkel $\beta_{\min}$) und für die untere Begrenzung des Spannungsregelbereiches (Motorwinkel $\beta_{\max}$) gesetzt werden, wobei $\beta_{\min}$ bei der 3phasigen Dreidrossel-Brückenschaltung der dem Sicherheitswinkel α_0 zugeordnete Motorwinkel β_0, bei den übrigen Schaltungen gleich Null ist. Nach diesen Festlegungen kann das Gestänge des Spannungsregelgetriebes oder eines für die selbsttätige Spannungs- oder Stromregelung vorgesehenen Öldruckreglers eingestellt werden. Bei Umformern mit elektrischer Überlappungsregelung verbleibt dann noch die Einstellung des Überlappungsreglers, wobei je nach der speziellen Ausführung des Getriebes eine sinngemäße Abwandlung der Einstellung des Einschaltzeitpunktes erforderlich sein

kann. Am einfachsten gestaltet sich die ganze Einstellarbeit bei einem Getriebe mit getrennter Regelung des Einschalt- und des Ausschaltzeitpunktes nach Abb. 23,14. Bei diesem werden die Kontaktzeiten bei irgendeiner Motorstellung auf den vorgeschriebenen, festen Wert von beispielsweise 210° eingestellt. Dann wird der Motor für den Antrieb der Einschaltkontakte in die Stellung $\beta = 0$ gedreht (vgl. Abb. 50,2 bzw. 50,3), worauf er, wenn allein magnetische Spannungsregelung vorgesehen ist,

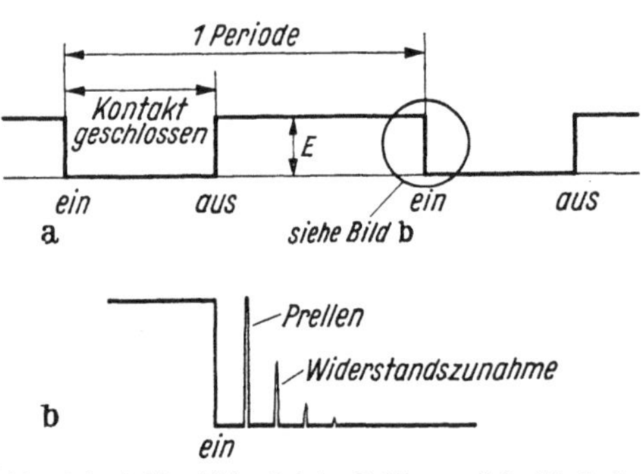

Abb. 50,6. Schirmbilder bei der Prüfung auf Prellfreiheit nach Abb. 50,5.

a Prellfreies Ein- und Ausschalten; — b auseinandergezogener Einschaltabschnitt mit Prellerscheinungen.

in dieser Stellung festgezogen wird. Bei zusätzlicher mechanischer Spannungsregelung können mit Hilfe der Gradskala sofort die Anschläge für die obere und die untere Begrenzung des Verdrehungsbereiches des Motors gesetzt werden. Der Motor für den Antrieb der Ausschaltkontakte wird sodann in einer Stellung, bei der die Ausschaltzeitpunkte ungefähr in der Mitte des betriebsmäßig vorkommenden Ausschaltbereiches liegen, mit dem in die Mittelstellung des Regelbereiches gebrachten Überlappungsregler verbunden.

Von großer Wichtigkeit ist die Prüfung der Kontakte auf Freiheit von Prellen oder Flattern. Sie wird mittels eines Kathodenstrahl-Oszillographen durchgeführt, und zwar in der Schaltung nach Abb. 50,5. Man läßt dabei den Kontakt die Spannung eines Gleichstrom-Hilfskreises von etwa 10 bis 20 V überbrücken und beobachtet im Oszillographen den Verlauf der Spannung am Kontakt. Bei sauber schaltendem Kontakt erhält man eine glatte Rechteckkurve, wie sie in Abb. 50,6a aufgezeichnet ist. Bei prellendem Kontakt kehrt nach der ersten Kontaktberührung die Spannung noch einmal oder gar mehrmals in voller Höhe wieder (Abb. 50,6b). Erreicht sie nicht die volle Höhe, so findet keine vollständige Unterbrechung statt, sondern es handelt sich dann nur um eine kurzzeitige Erhöhung des Kontaktwiderstandes infolge des intermittierend zurückgehenden Kontaktdruckes. Derartige Widerstandserhöhungen kann man besonders gut erkennen, wenn man parallel zum Kontakt noch einen Widerstand von verhältnismäßig geringer Höhe schaltet (R_2 in Abb. 50,5) und die Empfindlichkeit des Oszillographen entsprechend heraufsetzt. Das Prellen des Kontaktes kann u. a. bedingt sein durch einen zu geringen Druck der Schließfeder oder durch schräge oder unebene Stößelköpfe.

Bei Umformern mit Flüssigkeitskühlung der Kontaktschienen ist auch eine Prüfung des Kühlsystems auf Dichtheit und freien Durchfluß erforderlich. Hierbei wird das Leitungssystem zunächst mit Luft abgedrückt, um grobe Undichtheiten festzustellen, und anschließend mit Wasser unter angemessenem Überdruck. Unzulässige Querschnittsverengungen und etwaige Verunreinigungen lassen sich durch Messung des Druckgefälles bei strömendem Wasser auffinden.

Erwärmungsmessungen werden im allgemeinen nur als Typenprüfungen vorgenommen.

50.2 Die Schaltdrosseln.

Die Prüfung der Schaltdrosseln erstreckt sich neben den üblichen Isolationsproben und den Widerstands- und Verlustmessungen (s. Abschn. 47.2) vornehmlich noch auf die Nachprüfung des Wickelsinnes und der Windungszahlen der Wicklungen sowie auf die Messung der Hystereseschleife der Eisenkerne. Zuweilen wird als Typenprüfung auch noch eine Stoßprüfung mit Strömen von mindestens der Höhe der bei Rückzündungen vorkommenden Kurzschlußströme ausgeführt, um sich von der Widerstandsfähigkeit des mechanischen Aufbaues der Drossel gegen die bei diesen Strömen auftretenden elektrodynamischen Kräfte zu überzeugen und um etwaige Einflüsse der Stoßströme auf die Eisenkerne kennenzulernen. Auch Erwärmungsmessungen sind zumindest als Typenprüfung erforderlich.

Um die Windungszahl einer Wicklung nachzuprüfen, stellt man das Übersetzungsverhältnis zwischen dieser Wicklung und einer Vergleichswicklung bekannter Windungszahl fest. Als Vergleichswicklung kann in der Regel die Hauptwicklung dienen, da die Windungszahl dieser Wicklung sich meist durch Augenschein leicht nachprüfen läßt. Wo das nicht der Fall ist, bringt man provisorisch eine Hilfswicklung bestimmter Windungszahl auf. Mittels einer der übrigen noch vorhandenen Hilfswicklungen wird der Kern durch Anlegen einer Wechselspannung magnetisiert, und zwar mit einer so geringen Spannung, daß er nicht in die Sättigung kommt, z. B. mit $E \leqq 2{,}22 \cdot w\, q_{\mathrm{Fe}} \cdot 10^{-2}$ V für $B_m \leqq 10000$ G bei $f = 50$ Hz. Das Übersetzungsverhältnis ergibt sich dann in bekannter Weise als Verhältnis der in den beiden zu vergleichenden Wicklungen induzierten Spannungen, die mittels eines Spannungsmessers geringen Eigenverbrauchs, z. B. eines Gleichrichterinstruments, gemessen werden können. Bei Wicklungen mit größerer Windungszahl, wo die einzelne Windung nur einen geringen Prozentsatz der gesamten Windungszahl ausmacht, ist dieser einfache EMK-Vergleich mit Hilfe eines Spannungsmessers oft nicht mehr genau genug. Man verwendet dann eine Nullmethode, z. B. eine Spannungsteilerschaltung mit Meßwiderständen und einem sehr empfindlichen Gleichrichterinstrument oder einem Drehspulinstrument mit Meßkontakt (Vektormesser) als Nullinstrument. Abb. 50,7 zeigt eine solche Spannungsteilerschaltung. R_1 und R_2 sind Präzisionsmeßwiderstände, w_1 und w_2 die zu vergleichenden Wicklungen. Im Nullzweig liegen ein Empfindlichkeitswähler R_3, ein kleiner Anpassungsübertrager $\ddot{U}$, ein Meßgleichrichter Gl und das Galvanometer G. Bei ungefähr gleich großen Windungszahlen w_1 und w_2 eignet sich am besten die additive Schaltung a der Wicklungen, bei stärker verschiedenen Windungszahlen die subtraktive Schaltung b.

Die Messung der Hystereseschleife der Schaltdrosselkerne wird nach einem der in Abschn. 49 beschriebenen Verfahren durchgeführt. Hat die Schaltdrossel nur einen einzigen Kern, so kann als Magnetisierungswicklung die Hauptwicklung der Schalt-

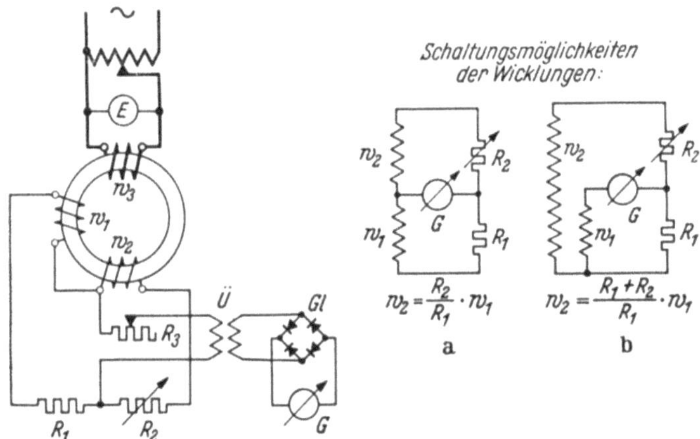

Abb. 50,7. Spannungsteilerschaltung zur Prüfung der Windungszahl von Schaltdrosselwicklungen.

drossel dienen, sofern nicht ein Magnetisierungsrahmen nach Abb. 49,3 benutzt wird. Enthält die Schaltdrossel aber außer dem Hauptkern noch einen getrennten Einschaltkern, so wird am besten jeder Kern für sich mittels einer der ohnehin vorhandenen Hilfswicklungen magnetisiert. Die hierfür vorgesehene Hilfswicklung muß dann von vornherein für die in Frage kommende Magnetisierungsstromstärke ausgelegt sein. Man kann aber auch die Hauptwicklung oder einen Rahmen als Magnetisierungswicklung benutzen, wenn man sämtliche Hilfswicklungen des zweiten Kernes kurzschließt und diesen dadurch aus der Messung ausschaltet. Doch ist hierbei wegen einer möglichen Überlastung der kurzgeschlossenen Hilfswicklungen Vorsicht geboten. Ohne Rücksicht darauf, ob die Schaltdrossel getrennte Kerne für das Einschalten und für das Ausschalten enthält oder nur einen einzigen Kern besitzt, muß im übrigen jeder Kern schon bei der Herstellung der Drossel mit einer

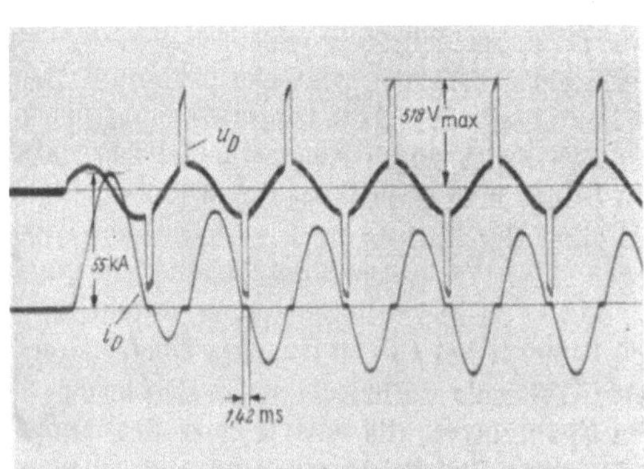

Abb. 50,8. Oszillogramm einer Stoßprüfung der Schaltdrossel eines Großumformers für 4000 A, 365 V.

u_D Spannung an der Schaltdrossel; — i_D Strom in der Schaltdrosselwicklung.

Meßwicklung passender Windungszahl für die Induktionsmessung versehen werden, da es meist nicht möglich ist, eine solche Wicklung behelfsmäßig noch nachträglich anzubringen.

Für die Stoßprüfung verwendet man in bekannter Weise wie bei der Hochleistungsprüfung von Schaltern einen sogenannten Stoßgenerator. Das ist ein Wechselstromgenerator mit sehr kleiner Reaktanz, der kurzzeitig sehr hohe Ströme abgeben kann, wobei die Energie hauptsächlich von den Schwungmassen geliefert wird, so daß die Rückwirkung auf das speisende Netz gering ist und nur ein verhältnismäßig kleiner Antriebsmotor gebraucht wird. Abb. 50,8 zeigt das Oszillogramm einer solchen Stoßprüfung an einer Schaltdrossel der Bauart von Abb. 6,2 für 4000 A betriebsmäßigen Scheitelwert des Stromes. Bei dieser Prüfung wurde, wie das Oszillogramm ausweist, der Scheitelwert auf 55000 A gesteigert, wobei keinerlei Veränderungen mechanischer oder magnetischer Art an der Drossel festgestellt werden konnten.

50.3 Der Kurzschließer.

Der Kurzschließer wird nach richtiger Einstellung aller Teile vor allem auf Ansprechstrom, Eigenzeit und Prellfreiheit geprüft. Auch wird durch Spannungsabfallmessungen bei hohen Gleichströmen nachgeprüft, ob an den Kurzschließerkontakten nirgends unzulässig hohe Übergangswiderstände vorhanden sind, die die Schutzwirkung des Kurzschließers beeinträchtigen könnten.

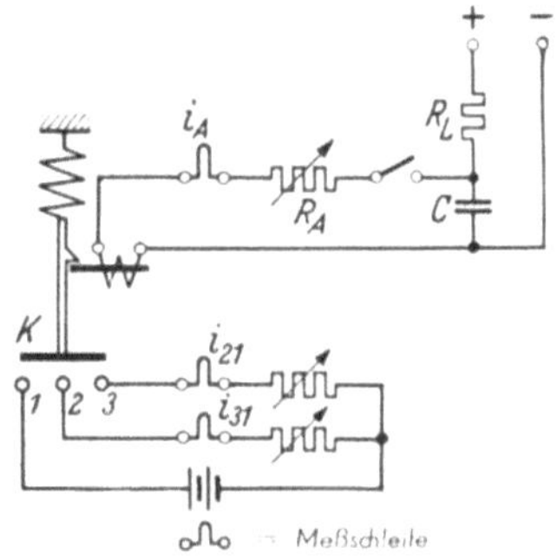

Abb. 50,9. Schaltung zur Messung der Eigenzeit von Kurzschließern.

Zur Messung des Ansprechstromes wird die Auslösewicklung mit einem Gleichstrom veränderbarer Höhe gespeist und der Strom, von einem kleinen Werte ausgehend, bis zum Abfallen des Kurzschließers gesteigert. Eine entsprechende Messung kann auch mit sinusförmigem Wechselstrom oder mit Impulsen ausgeführt werden.

Die Eigenzeit wird oszillographisch gemessen. Der Kurzschließer wird dabei durch einen Impuls ausgelöst, dessen Höhe um ein Mehrfaches über dem Ansprechwert liegt und der sehr steil ansteigen muß, um einen genügend genau definierten Zeitpunkt zu ergeben. Als ein solcher Impuls kann der Entladestrom eines Kondensators über einen ohmschen Widerstand benutzt werden. Eine Prüfschaltung dieser Art ist in Abb. 50,9 dargestellt. Der Auslöseimpuls wird dem Kondensator C entnommen, der über einen Ladewiderstand R_L aus einer Gleichstromquelle aufgeladen wird. Die Höhe des Impulses wird mittels des Widerstandes R_A eingestellt. Aufgezeichnet werden der Auslöseimpuls i_A und die Ströme i_{21} und i_{31} von Meldekreisen, die den Zeitpunkt der Kontaktschließung anzeigen. Ein entsprechendes Oszillogramm ist in Abb. 50,10 wiedergegeben. Aus ihm kann neben der Eigenzeit auch ersehen werden, ob sich die Kontakte ohne Prellungen

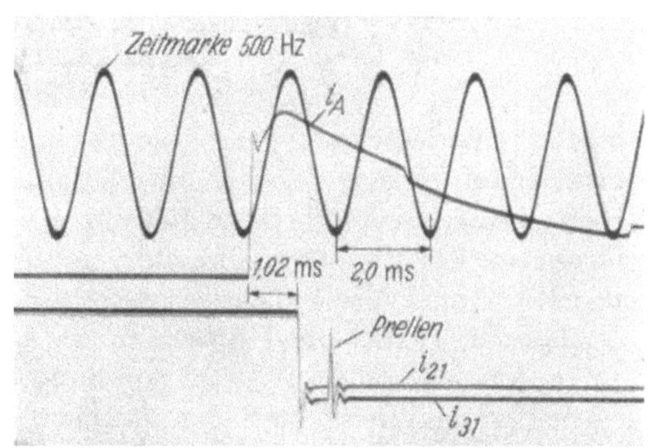

Abb. 50,10. Oszillogramm der Prüfung eines fehlerhaften Kurzschließers in der Schaltung von Abb. 50,9. Eigenzeit 1,02 ms. Prellen etwa 0,6 ms nach der Kontaktberührung.

schließen. In dieser Schaltung kann auch die Abhängigkeit der Eigenzeit von der Höhe des Auslöseimpulses gemessen werden (vgl. Kurve Abb. 46,17).

Als Typenprüfung wird eine Stoßprüfung mit sehr hohen Strömen durchgeführt, um die zulässige Grenzbelastung festzustellen, bis zu der noch keine Brandmarken oder Schweißstellen auf den Kontaktoberflächen zu erkennen sind. Das Oszillogramm einer solchen Prüfung, die an einem Kurzschließer nach Abb. 25,2 ausgeführt wurde, ist in Abb. 50,11 gezeigt. In dem Oszillogramm bedeuten U_U, U_V und U_W die Sternspannungen an den Kontakten des Kurzschließers und I_U, I_V und I_W die Ströme in den Zuleitungen zu den Kontakten. Man erkennt, daß nach dem Schließen des zwischen dem Stoßgenerator und dem Kurzschließer befindlichen Leistungsschalters zunächst die Spannungen am offenen Kurzschließer anstehen. Im Augenblick des Einfallens des Kurzschließers brechen sie auf den sehr geringen Spannungsabfall des Kurzschließers zusammen. Anschließend fließen in den Zuleitungen die Prüfströme, bis sie nach einigen Perioden durch den Leistungsschalter wieder unterbrochen werden. Der höchste Scheitelwert des Stromes trat dabei in der Phase V auf

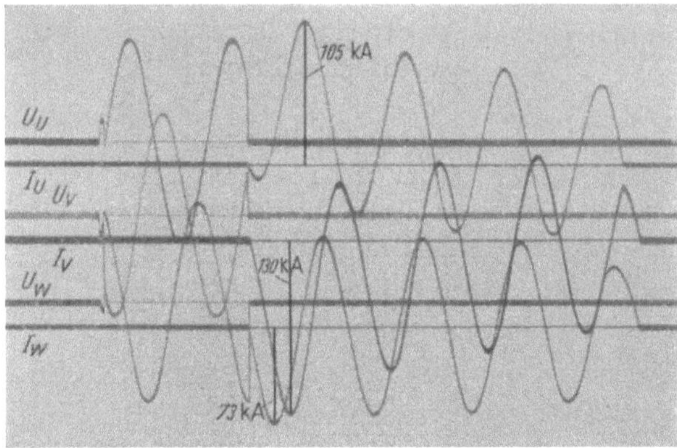

Abb. 50,11. Oszillogramm der Stoßprüfung eines Kurzschließers nach Abb. 25,2 mit 130 kA Spitzenstrom.

und betrug 130000 A. Der Zustand der Kontakte nach Beendigung einer Reihe von Stoßprüfungen mit schrittweise gesteigertem Spitzenstrom, deren letzte die in Abb. 50,11 wiedergegebene bildete, kann aus Abb. 25,4 ersehen werden.

51. Die Inbetriebsetzung.

Der Inbetriebsetzung gehen wie üblich die Nachprüfung der Schaltung und eine Prüfung auf richtiges Arbeiten aller Schalter, Schutz- und Steuereinrichtungen und Verriegelungen voraus. Dazu gehören u. a. die Prüfung der Phasenfolge und der Phasenlage des Haupttransformators und der Hilfstransformatoren, die Erprobung aller Hilfsstromkreise und der Stromkreise der selbsttätigen Regler sowie die Prüfung der selbsttätigen Zu- und Abschaltung des Grundlaststromkreises.

Im Anschluß an die Schaltungsprüfung kann die vorläufige Einstellung der Vormagnetisierungskreise nach den Rechnungswerten oder gegebenenfalls nach den Prüffeldwerten vorgenommen werden. Dabei erhöht man vorsichtshalber die Ströme der Ausschaltvormagnetisierung noch etwas, um mit Sicherheit zu vermeiden, daß die Ausschaltstufen unterhalb der Stromnullinie verlaufen. Auch eine Kontrolle und nötigenfalls eine Nachjustierung der Kontaktzeiten und der Einstellung des Motors und etwaiger Kurvenscheiben ist erforderlich.

Für die erste Einschaltung des Umformers trifft man zweckmäßig noch weitere Vorsichtsmaßnahmen, indem man die Hochstromverbindungen zu den Kontaktschienen durch Herausnahme der flexiblen Verbindungsstücke noch einmal unter-

bricht und an ihrer Stelle Sicherungen und — sofern nicht für das betriebsmäßige
Anlassen ein Widerstandsanlasser ohnehin vorhanden ist — einen mehrphasigen
Anlaß-Stufenwiderstand einfügt, die beide nur für den Grundlaststrom des Umformers bemessen sind. Durch die Sicherungen werden etwaige Rückzündungen,
die bei der ersten Einschaltung oder beim Einstellen des Umformers entstehen
könnten, in ihrer Stromstärke auf eine ungefährliche Höhe begrenzt. Das Anlassen
des Umformers mittels des Hilfsanlaßwiderstandes, wobei sich die normale Anlaß-
vorrichtung in der betriebsmäßigen Stellung befindet, ermöglicht eine stufenweise
Steigerung der Spannung am Kontaktgerät unter laufender Beobachtung der Kurven
der Kontaktspannung im Kathodenstrahloszillographen. Aus dem Verlauf dieser
Kurven ergeben sich Hinweise für die genaue Einstellung der Ausschaltvormagnetisierung, die mit fortschreitender Verringerung des Widerstandes des Anlassers nun
schrittweise verbessert wird.

Ist der Anlasser in seine Endstellung und der Umformer damit auf seine volle Spannung
gebracht, so kann die richtige
Lage der Ausschaltzeitpunkte in
bezug auf die Ausschaltstufen
mit Hilfe der Kontaktspannungskurven bzw. der Kurven der
Spannung an der Schaltdrossel
nachgeprüft werden. Für die
3phasige Dreidrossel - Brückenschaltung war bereits in Abschnitt 12 an Hand der Abbildung 12,5d beschrieben worden, wie man aus der Kontaktspannungskurve die Lage des
Ausschaltzeitpunktes in der

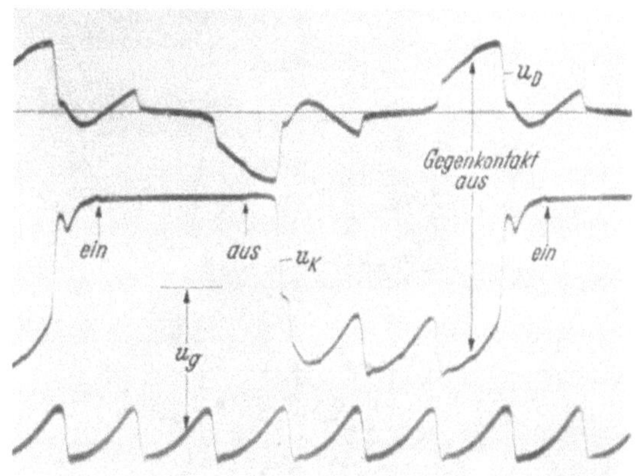

Abb. 51,1. Spannungsverlauf bei der 6phasigen Sechsdrossel-
Brückenschaltung.
u_D Spannung an der Schaltdrossel; — u_K Kontaktspannung; —
u_g ungeglättete Gleichspannung.

Ausschaltstufe und damit die Ausschaltsicherheit und den für eine Lasterhöhung noch zur Verfügung stehenden Stufenspielraum erkennen kann. Bei
Schaltungen mit einer einzigen Schaltdrossel für 2 im Gegentakt schaltende Kontakte ist diese Nachprüfung mittels der Kontaktspannungskurve deswegen möglich,
weil sich in der Spannungskurve des einen Kontaktes die Schaltdrosselspannung
der Ausschaltstufe des anderen Kontaktes abbildet. Als Beispiel ist in Abb. 51,1 noch
ein Oszillogramm einer 6phasigen Brückenschaltung mit 12 Kontakten und 6 Schaltdrosseln gezeigt. Dieses Oszillogramm enthält außer der Kontaktspannungskurve
auch noch die Kurve der Schaltdrosselspannung, in der sich in gleicher Weise der
Ausschaltzeitpunkt markiert. Bei Schaltungen mit einer Schaltdrossel für jeden
Kontakt, wie z. B. bei der 3phasigen Sechsdrossel-Brückenschaltung, ist man allein
auf die Schaltdrosselspannungskurven angewiesen, weil sich in der Kontaktspannungskurve des einen Kontaktes die Ausschaltstufe des um 180° versetzt schaltenden
Kontaktes wegen der getrennten Schaltdrosseln nicht abbilden kann. Zeichnen
sich in den genannten Kurven die Ausschaltzeitpunkte nicht genügend ab, wie das
bei Verwendung der elastischen oder der selbsttätig sich anpassenden Vormagnetisierung bei richtiger Einstellung der Fall ist (vgl. Abb. 51,2a und b), so erhöht man
für diese Kontrolle den Vormagnetisierungsstrom ein wenig, bis ein geringes Anspringen der Ausschaltspannung erkennbar wird (Abb. 51,2c). Haben die Ausschaltzeit-

punkte nun nicht die richtige Lage, d. h. ist entweder die Leerlaufsicherheit zu gering oder der Belastungsspielraum zu klein, so müssen bei einem starren Kontaktumformer die Kontaktzeiten geändert werden, während bei einem Umformer mit elektrischer Überlappungsregelung der Sollwerteinsteller des Überlappungsreglers nachzustellen ist. Eine entsprechende Nachprüfung der Ausschaltverhältnisse ist innerhalb des ganzen Spannungsregelbereiches erforderlich. Des weiteren läßt sich der richtige Ablauf der Einschaltstufen und das prellfreie Schalten der Kontakte an Hand der Kontaktspannungskurven überprüfen. Auch der Verlauf der Ströme während der Einschalt- und der Ausschaltstufen kann für Einstellzwecke im Grundlastbetrieb,

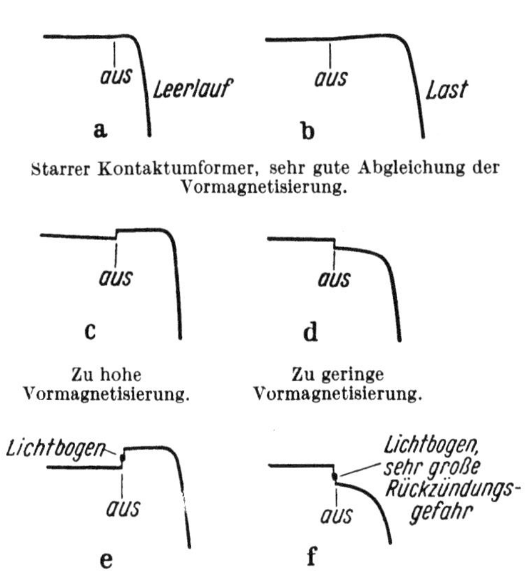

Wie c bzw. d, jedoch bereits Ausschaltfeuer infolge zu starker Abweichung der Vormagnetisierung.

Abb. 51,2. Typische Formen des zeitlichen Verlaufes der Kontaktspannung beim Ausschalten.

wo die geringe Höhe des Laststromes noch eine für die Stufenströme ausreichende Empfindlichkeit des Oszillographen zuläßt, sichtbar gemacht werden, wenn man den Spannungsabfall der Ströme an induktionsarmen Meßwiderständen, die in die Zuleitungen zum Kontaktgerät gelegt werden, auf den Kathodenstrahloszillographen gibt. Überhaupt ist der Kathodenstrahloszillograph ein bei der Einstellung und Überwachung des Kontaktumformers unentbehrliches und sehr vielseitig verwendbares Hilfsmittel. Als Beispiel sei nur noch die Darstellung des zeitlichen Verlaufes des Schaltdrossel-Kraftflusses auf dem Leuchtschirm genannt, wozu außer dem Oszillographen selbst lediglich noch der in Abschn. 49.5 beschriebene Integrator benötigt wird, der einfach an eine der Hilfswicklungen der Schaltdrossel angeschlossen wird.

Von besonderer Wichtigkeit ist die Prüfung des richtigen Arbeitens der Kurzschließerauslösung. Um eine solche auszuführen, kann man, solange sich in den Hauptleitungen noch die genannten Sicherungen befinden, an dem mit Grundlast laufenden Umformer künstlich eine Rückzündung hervorrufen, indem man beispielsweise die Ausschaltvormagnetisierung einer Phase unterbricht oder den Umformer durch Abschalten des Antriebsmotors aus dem Tritt fallen läßt oder — bei Umformern mit unabhängig vom Einschaltzeitpunkt der Kontakte geregeltem Ausschaltzeitpunkt — den Ausschaltzeitpunkt eines Kontaktes im Sinne der Verspätung künstlich verstellt. Man kann aber auch die Prüfung der Kurzschließerauslösung mit dem vollen betriebsmäßigen Kurzschlußstrom in der Weise durchführen, daß man mittels eines an Stelle des Kontaktgerätes provisorisch hinter den Schaltdrosseln angeschlossenen einpoligen Leistungsschalters einen zweipoligen Kurzschluß herbeiführt und dadurch eine Rückzündung nachahmt. Wenn dabei die Anschlüsse der Kurzschließerkontakte von den Stromschienen abgetrennt sind und der einpolige Schalter mit einer verzögerten Selbstauslösung versehen ist, so bedeutet dieser Versuch gleichzeitig eine gefahrlose Nachprüfung der Kurzschlußschnellauslösung des Hauptschalters unter betriebsmäßigen Bedingungen.

Eine solche Prüfung führt man natürlich nur einmal vor der ersten Inbetriebsetzung durch, um sich davon zu überzeugen, daß alle Hilfsleitungen in richtiger Weise und mit der richtigen Polung angeschlossen sind. Oft ist es aber erwünscht, auch später nach Betriebspausen, insbesondere nach Störungen, den Kurzschließer auf richtiges Abfallen nachzuprüfen, und zwar ohne dabei einen Kurzschluß zu verursachen, also bei geöffnetem Hauptschalter. Hierzu kann man sich eines besonderen, kleinen Auslösegerätes bedienen, das durch Ummagnetisierung des Kernes des Rückstromwandlers bzw. des Differentialringwandlers einen Auslöseimpuls erzeugt und den Kurzschließer abfallen läßt, ohne daß bei dieser Prüfung irgendwelche Leitungsanschlüsse der Haupt- oder der Hilfsstromkreise unterbrochen werden müssen. Eine bewährte Ausführung eines solchen Auslösegerätes zeigt Abb. 51,3. Das Gerät besteht aus einem kleinen Transformator T, der primärseitig an die Steckdose eines normalen Wechselstromnetzes angeschlossen wird. Der Sekundärkreis enthält einen Druckknopf D, einen einstellbaren Strombegrenzungswiderstand

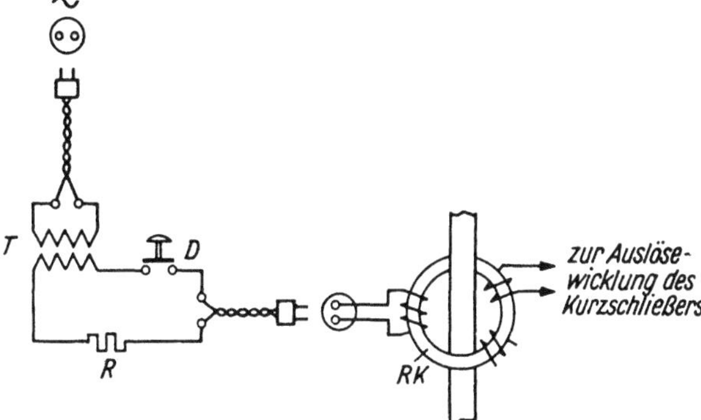

Abb. 51,3. Schaltbild eines Auslösegerätes zur Prüfung des Abfallens von Kurzschließern.

R und einen Stecker, mittels dessen das Gerät vorübergehend mit einer Hilfswicklung auf dem Kern RK des Auslösewandlers verbunden werden kann. Beim Schließen des Druckknopfes wird der Kern ummagnetisiert, worauf bei einwandfreiem Zustande des Kurzschließers und der Auslöseschaltung der Kurzschließer abfällt.

Sind die Einstellarbeiten im Grundlastbetrieb beendet, so findet ein mehrtägiger Probelauf mit Grundlast zur Beobachtung des einwandfreien Laufes des Umformers statt. Nach Abschluß des Probelaufes werden die Kontakte besichtigt, um festzustellen, ob sich nicht Silberstaub gebildet hat oder Werkstoffwanderung eingetreten ist. Erst wenn diese Besichtigung ein zufriedenstellendes Ergebnis liefert, können die Sicherungen und der Hilfsanlasser wieder entfernt und der Umformer durch Wiederherstellung der Starkstromverbindungen für den Lastbetrieb fertig gemacht werden.

Wenn die Möglichkeit dazu besteht, so belastet man den Umformer zunächst durch einen Wasserwiderstand. Es sind praktisch aber viele Umformer auch ohne diese Vorsichtsmaßnahme sofort auf das zu speisende Netz oder den sonstigen Verbraucher geschaltet worden. In jedem Falle stellt man die Belastung nicht gleich auf den vollen Nennwert ein, sondern beobachtet bei verschieden großen Belastungsströmen unter schrittweiser Steigerung ihrer Höhe wiederum die Kontaktspannungskurven, und zwar vor allem hinsichtlich der Ausschaltverhältnisse. Zeigt sich, daß mit steigender Belastung in unzulässiger Weise ein Anspringen der Kontaktspannung im Ausschaltaugenblick in positiver oder gar in negativer Richtung eintritt, so ist das ein Zeichen für eine noch nicht ganz richtige Einstellung der Vormagnetisierung oder der Streckkreise. Die Einstellung muß dann so berichtigt werden, daß sich bei allen Belastungen ungefähr gleich geringe Ausschaltspannungen ergeben. Negativ anspringende Ausschaltspannungen sollten dabei nur ausnahmsweise und nur dann zugelassen werden, wenn die Kontaktspannung im weiteren Verlaufe der Reststufe noch wieder bis auf die Nullinie oder auf geringe positive Werte ansteigt. Überschreitet die im Ausschaltaugenblick anspringende Spannung die Lichtbogenspannung (vgl. Abschn. 4), so bildet sich ein Lichtbogen aus. Im Oszillographen ist das dadurch zu erkennen, daß die Ausschaltspannung in der Höhe der Lichtbogenspannung abgeschnitten wird. Erst bei fortschreitender Vergrößerung der Trennstrecke des Kontaktes reißt der Lichtbogen wieder ab, und die volle Ausschaltspannung erscheint im Spannungsbild. Bei negativ anspringender Ausschaltspannung kann ein solcher Lichtbogen leicht zu einer Rückzündung führen. Ein entsprechendes

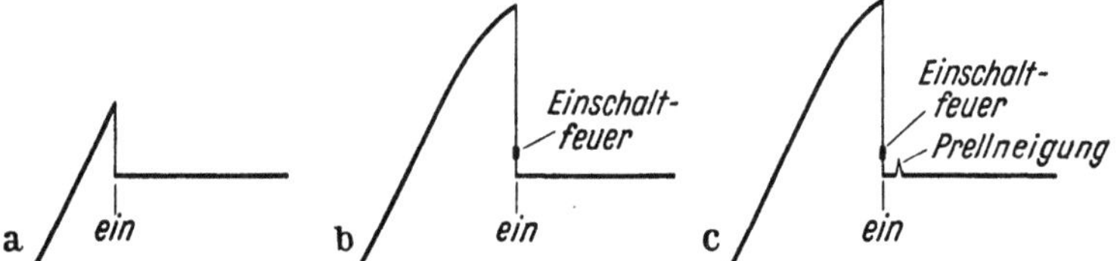

Abb. 51,4. Typische Formen des zeitlichen Verlaufes der Kontaktspannung beim Einschalten mit mechanischer Teilaussteuerung.
a kleiner Steuerwinkel (hohe Gleichspannung); — b großer Steuerwinkel (niedrige Gleichspannung), Einschaltfeuer; — c großer Steuerwinkel, Einschaltfeuer, Prellneigung des Kontaktes.

Spannungsbild im Oszillographen kennzeichnet also einen sehr gefährlichen Betriebszustand. Einige charakteristische Formen des Verlaufes der Ausschaltspannung sind in Abb. 51,2 zusammengestellt (s. ferner auch Abb. 46,1 bis 46,4).

Weiterhin überwacht man im Oszillographen den Einschaltabschnitt der Kontaktspannungskurven, für dessen Verlauf in Abb. 51,4 ebenfalls einige typische Formen gezeigt sind. Sehr wichtig ist ferner, mittels der Kontaktspannungskurven bzw. der Kurven der Schaltdrosselspannung den bei der jeweiligen Last noch verbliebenen Spielraum für eine weitere Erhöhung der Belastung zu überprüfen. Ist nun die Einstellung des Umformers für den ganzen Belastungs- und Spannungsregelbereich nötigenfalls durch Nachjustierung beendet, so ist der Umformer betriebsfertig. Es verbleibt dann nur noch für die erste Zeit des Betriebes mit Belastung eine Beobachtung des Umformers auf eine etwaige unzulässig hohe Erwärmung von Bauelementen oder Leitungen hin.

XIII. Kontaktumformeranlagen.

52. Gesamtschaltung, Grundformen ausgeführter Anlagen.

Die Gesamtschaltung eines Kontaktumformers war in ihren Grundzügen bereits in Abschn. 13 (Abb. 13,5) angegeben worden. Allgemein enthält die Schaltung als Hauptbestandteile den Gleichrichtertransformator, den Schaltdrosselsatz und das Kontaktgerät. Dazu kommt auf der Speiseseite die Hochspannungsschaltanlage, bestehend aus Leistungsschalter und Trennschalter sowie Schutzeinrichtungen, Meßinstrumenten und Zählern in dem auch sonst üblichen Umfange. Als Ergänzung zum Gleichrichtertransformator können noch ein Phasenschwenktransformator und ein getrennter Regeltransformator in Frage kommen. Zum eigentlichen Kontaktumformer gehören der Grundlaststromkreis, die Anlaßeinrichtung, die Kurzschließer-Auslöseschaltung und die Hilfsbetriebe für Vormagnetisierung, Antrieb, Kühlung, selbsttätige Überlappungsregelung u. dgl. Die Stromversorgung der Hilfsbetriebe geschieht durch einen besonderen, kleinen Hilfstransformator. Dieser ist gewöhnlich über Trennsicherungen an die Hochspannung angeschlossen, da die Hilfsbetriebe eine gleichbleibende Spannung erfordern, die Sekundärspannung des Gleichrichtertransformators jedoch in den meisten Fällen in Stufen geregelt wird. Wenn das letztere nicht der Fall ist und außerdem zwischen dem Gleichrichtertransformator und dem Kontaktgerät ein Hochstromtrennschalter angeordnet ist, wie er beispielsweise beim Anlassen durch Widerstände als Überbrückungsschalter benötigt wird, so kann der Hilfstransformator auch an die Sekundärseite des Gleichrichtertransformators angeschlossen sein. Auf der Gleichstromseite befindet sich in der Regel eine Glättungsdrosselspule, gegebenenfalls eine Saugdrosselspule, und ferner die Gleichstromschaltanlage. Letztere enthält den Rückstromschnellschalter mit zusätzlicher Überstromauslösung, die Gleichstromtrenner, Meßinstrumente und Zähler. Für die Gleichstrommessung wird bei hohen Strömen an Stelle eines Meßwiderstandes oft ein Gleichstrommeßwandler[1] bevorzugt, um die nicht mehr unbeträchtlichen Verluste im Meßwiderstand zu vermeiden; diese betragen nämlich bei 100 mV Spannungsabfall und 10000 A bereits 1 kW. Für sehr große Gleichströme hat sich in letzter Zeit auch die Messung mit Hallgeneratoren eingeführt, die sehr genau ist und durch Fremdfelder nicht beeinflußt wird[2]. Schließlich ist noch die vielfach allen Anlagenteilen gemeinsame Bedienungstafel mit den Steuerschaltern, Regeleinrichtungen u. dgl. zu nennen. Bei großen Anlagen wird auch gern jedem Kontaktumformer eine besondere Bedienungstafel für die speziellen Hilfskreise und Überwachungseinrichtungen des einzelnen Umformers zugeordnet, während die Steuerschalter für die Hauptschalter, die eigentlichen Betriebsinstrumente und die Sollwerteinsteller für die Regelung auf einer zentralen, für alle Umformer gemeinsamen Hauptbedienungstafel oder einem Bedienungspult untergebracht sind.

Abb. 52,1 zeigt als Beispiel das vereinfachte Schaltbild einer 12phasigen Kontaktumformereinheit der SSW in einer älteren Ausführung. Der Umformer enthält zwei 3phasige *Drei*drossel-Brückenschaltungen, die an 2 in der Phasenlage um 30° versetzte Haupttransformatoren angeschlossen sind. Wegen der Phasenversetzung der beiden Systeme enthält die Gleichstromseite eine Saugdrossel. Das Anlassen geschieht durch Widerstandsanlasser mit Überbrückungsschaltern auf der Sekundärseite der Transformatoren. Für die Kurzschließerauslösung ist eine Differentialschutzschaltung vorgesehen. Der Umformer ist ein starrer Kontaktumformer mit Spannungsregelung durch mechanische Schaltzeitpunktverstellung. Zur Anpassung der Überlappung an den Aussteuerungsgrad dienen Kurvenscheiben. Auf die Wiedergabe verschiedener Einzelheiten, z. B. der Stromkreise der elastischen Vormagnetisierung der Schaltdrosseln, der Streckkreise und der Einschaltkerne mit ihren Vormagnetisierungen, ist in der vereinfachten, einpoligen Darstellung verzichtet worden.

In Abb. 52,2 ist das Schaltbild einer 12phasigen Umformereinheit von BBC wiedergegeben. Hier enthält der Umformer zwei 3phasige *Sechs*drossel-Brückenschaltungen. Für beide Systeme ist ein gemeinsamer Haupttransformator mit 2 getrennten, in der Phase um 30° versetzten Sekundärwicklungen gewählt worden. Auf

---

[1] Über den Gleichstrommeßwandler nach dem Prinzip des Reihentransduktors siehe z. B. KRÄMER: [5.9].

[2] Näheres siehe KUHRT u. MAAZ: [7.12].

der Gleichstromseite wird die Spannungsteilung der Oberwellen-Differenzspannung nicht durch eine besondere Saugdrosselspule vorgenommen, sondern es werden hierfür die Glättungsdrosselspulen herangezogen. Der Umformer besitzt eine selbsttätige elektrische Überlappungsregelung, die mittels eines Getriebes auf die betriebs-

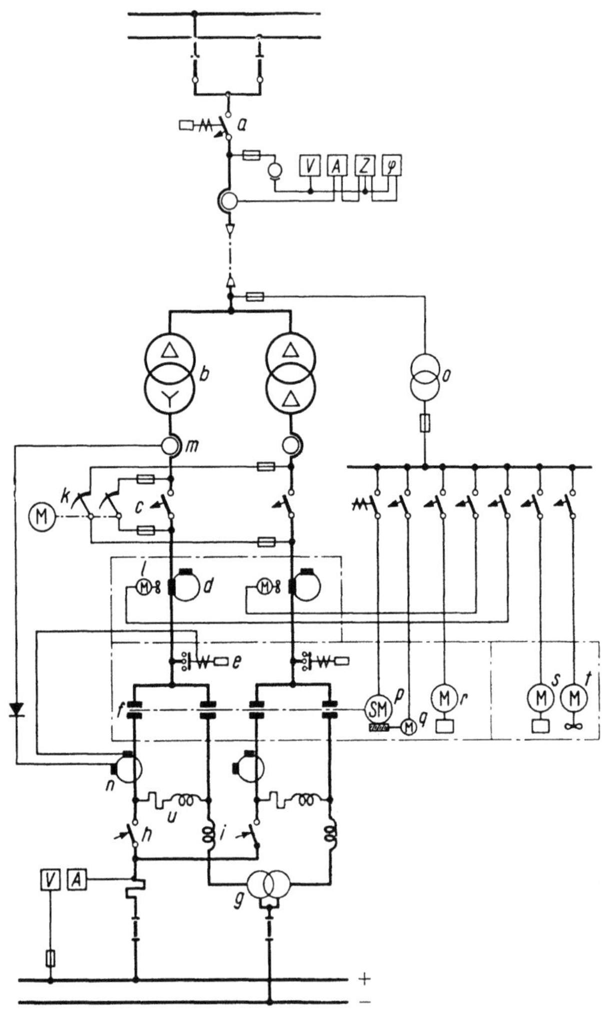

Abb. 52,1. Vereinfachtes einpoliges Schaltbild einer 12 phasigen Kontaktumformeranlage in doppelter 3 Phasen-Dreidrossel-Brückenschaltung (SSW 1942).

a Leistungsschalter; — *b* Haupttransformator; — *c* Überbrückungsschalter; — *d* Schaltdrossel; — *e* Kurzschließer; — *f* Kontaktgerät; — *g* Saugdrossel; — *h* Rückstromschnellschalter; — *i* Glättungsdrossel; — *k* Anlasser; — *l* Lüfter; — *m* Stromwandler für Differentialschutz; — *n* Ringwandler für Differentialschutz; — *o* Hilfstransformator; — *p* Synchronmotor; — *q* Spannungsregelgetriebe; — *r* Ölpumpe; — *s* Kühlwasserpumpe; — *t* Luftrückkühler; — *u* Grundlast.

mäßig in ihrer Länge verstellbaren Stößel wirkt. Für das Anlassen sind Widerstände auf der Hochspannungsseite vorgesehen, die durch einen Trennschalter überbrückt werden. Die Auslösung der 4poligen Kurzschließer wird durch Rückstromwandler besorgt. Weitere Einzelheiten, wie die Nebenwege mit Quecksilberdampfventilen (vgl. Abb. 43,14) oder der Meßkreis des Überlappungsreglers (s. Abb. 23,39), sind in Abb. 52,2 fortgelassen.

Abb. 52,3 zeigt schließlich noch das Schaltbild einer 6phasigen Umformer-einheit der neueren Ausführung der SSW mit getrennter Regelung der Einschalt-und der Ausschaltzeitpunkte. Hier ist ebenfalls die 3phasige *Sechs*drossel-Brücken-schaltung verwendet. Die Spannungsregelung kann daher durch magnetische Teil-aussteuerung bei gleichbleibenden Einschaltzeitpunkten geschehen, und zwar mittels des die Größe der Rückmagnetisierung beeinflussenden Regelwiderstandes n. Die

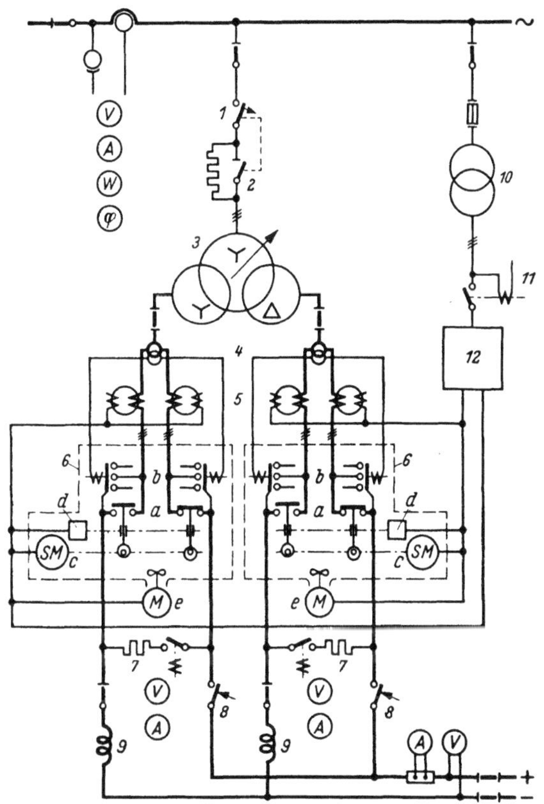

Abb. 52,2. Einpoliges Schaltbild einer 12phasigen Kontaktumformer-Doppelgruppe in doppelter 3Phasen-Sechs-drossel-Brückenschaltung (BBC 1950).

1 Transformatorschalter; — *2* Einschaltwiderstände mit Kurzschlußtrenner; — *3* Transformator mit Laststufen-schalter; — *4* Rückstromwandler; — *5* Schaltdrosselspulen; — *6* Kontaktgeräte; — *7* Grundlastwiderstände mit Schütz; — *8* Rückstromschnellschalter; — *9* Glättungsdrosselspulen; — *10* Hilfstransformator; — *11* Hilfsbetriebs-schalter; — *12* Steuerung und Regelung.

a Arbeitskontakte; — *b* Kurzschließer; — *c* Antriebsmotoren; — *d* Überlappungsregelung; — *e* Lüfter für Kon-taktkühlung.

Rückmagnetisierung wird hier ebenso wie die Vormagnetisierung durch Anodenstrom-impulse von Trockengleichrichterschaltungen bewirkt. In der letzten Zeit sind die SSW auch auf die Verwendung von Transduktoren für die Vormagnetisierung und für die Rückmagnetisierung übergegangen, um kleinere Leistungsverluste in diesen Stromkreisen und damit einen noch besseren Wirkungsgrad zu erhalten. Die Einschalt-kontakte werden durch den Synchronmotor g angetrieben, während für den Antrieb der in ihren Schaltzeitpunkten selbsttätig geregelten Ausschaltkontakte ein zweiter Synchronmotor h vorhanden ist. Für die Auslösung der Kurzschließer ist wiederum eine Differentialschutzschaltung gewählt worden. An sonstigen Einzelheiten sind noch die Streckkreise t der Schaltdrosseln und die Trockengleichrichternebenwege f der Ausschaltkontakte angedeutet.

Hinsichtlich der *räumlichen Anordnung* der Anlagen bietet die Dreiteilung des Kontaktumformers in Transformator, Schaltdrosseln und Kontaktgerät vielseitige Möglichkeiten mit einer weitgehenden Anpassungsfähigkeit an vorhandene bauliche

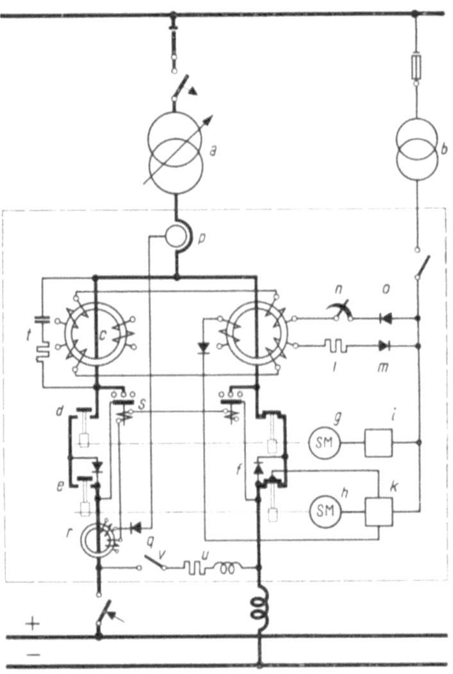

Abb. 52,3. Einpoliges Grundschaltbild einer 6phasigen Kontaktumformeranlage in 3phasiger Sechsdrossel-Brückenschaltung mit getrennten Kontakten für das Einschalten und das Ausschalten (SSW 1952).

a Haupttransformator; — *b* Hilfstransformator; — *c* Schaltdrossel; — *d* Einschaltkontakt; — *e* Ausschaltkontakt; — *f* Nebenweggleichrichter; — *g* Antriebsmotor für die Einschaltkontakte; — *h* Antriebsmotor für die Ausschaltkontakte; — *i* Regeleinrichtung für die Einschaltzeitpunkte; — *k* Regeleinrichtung für die Ausschaltzeitpunkte; — *l* Einstellwiderstand für die Ausschaltvormagnetisierung; — *m* Gleichrichter für die Ausschaltvormagnetisierung; — *n* Regelwiderstand für die magnetische Teilaussteuerung; — *o* Gleichrichter für die magnetische Teilaussteuerung; — *p* Stromwandler für den Differentialschutz; — *q* Gleichrichter für den Differentialschutz; — *r* Ringwandler für den Differentialschutz; — *s* Kurzschließer; — *t* Streckkreis; — *u* Grundlastwiderstand; — *v* Grundlastabschalteinrichtung.

Abb. 52,4. Kontaktumformeranlage 18000 A, 180 V, bestehend aus 2 Einheiten je 9000 A (SSW 1941).

Verhältnisse. Ein Beispiel hierfür gibt Abb. 52,4 mit einer der ersten Anlagen in Blockbauart des Kontaktgerätes, die von den SSW gebaut wurde und im Jahre 1941 in Betrieb kam. Bei dieser Anlage wurden die eigentlichen, aus Kontaktgerät und Schaltdrosseln bestehenden Umformer mitten in der Maschinenhalle in Linie mit bereits vorhandenen umlaufenden Umformern aufgestellt. Die Transformatoren dagegen sind in beträchtlicher Entfernung davon im Kellergeschoß in besonderen Zellen untergebracht, während die Bedienungstafeln einen Teil der gemeinsamen Schalttafelfront an der rückseitigen Längswand der Halle bilden. Die Abbildung gibt auch einen eindrucksvollen Größenvergleich zwischen Kontaktumformern und Motorgeneratoren. Trotz geringerer Abmessungen liefert jeder der beiden Kontaktum-

Abb. 52,5. Kontaktumformeranlage 10000 A, 250 V, bestehend aus 2 Kontaktgeräten je 5000 A mit einem gemeinsamen Haupttransformator in der Schaltung von Abb. 52,2 (BBC 1950).

former mehr als das Doppelte der Leistung des benachbarten Maschinenumformers. Als ein weiteres Beispiel für die gute Anpassungsfähigkeit des Kontaktumformers ist in Abb. 52,5 noch eine Anlage der Firma BBC gezeigt, die ebenfalls in einer bestehenden Maschinenhalle zusätzlich zu vorhandenen Maschinenumformern aufgestellt wurde. In der Halle befinden sich nur die beiden Kontaktgeräte und das Bedienungspult. Die Schaltdrosseln sind in einem besonderen Ölkessel enthalten und zusammen mit dem gemeinsamen Transformator im Kellergeschoß direkt unterhalb der Kontaktgeräte untergebracht.

Die in Abb. 52,4 veranschaulichte Zergliederung der Kontaktumformeranlage in weitläufig auseinandergezogen aufgestellte Einzelbestandteile ist aber keineswegs die Norm, insbesondere dann nicht, wenn bei Neuanlagen die Gebäude speziell für die Verwendung von Kontaktumformern entworfen werden. Lange Verbindungsschienen zwischen dem Gleichrichtertransformator, den Schaltdrosseln und dem Kontaktgerät sind unerwünscht, und zwar nicht nur, um den Leistungsverlust in diesen Hochstromverbindungen gering zu halten, sondern vor allem auch deswegen, weil die Induktivität dieser Leitungen einen Teil der Induktivität des Stromwendekreises bildet und infolgedessen den induktiven Gleichspannungsabfall des Umformers erhöht, den Leistungsfaktor herabsetzt und bei der 3phasigen Dreidrossel-

Brückenschaltung sich wegen der 60°-Bedingung ungünstig auf die Höhe des erhältlichen Grenzstromes auswirkt. Man trachtet deshalb danach, diese 3 Anlagenteile möglichst nahe beieinander aufzustellen. So ergibt sich fast von selbst eine Anordnung nach Abb. 52,6, wie sie bereits 1940 von den SSW ausgeführt wurde. Der Transformator befindet sich dabei auf ungefähr gleicher Flurhöhe mit den Schaltdrosseln und dem Kontaktgerät. Er ist von ihnen nur durch die Wand der Transformatorzelle bzw. bei Freiluftausführung des Transformators durch die Außenwand des Gebäudes getrennt, so daß nur verhältnismäßig kurze Verbindungen erforderlich werden. In dem gleichen Raume wie der Kontaktumformer ist auch die Bedienungs-

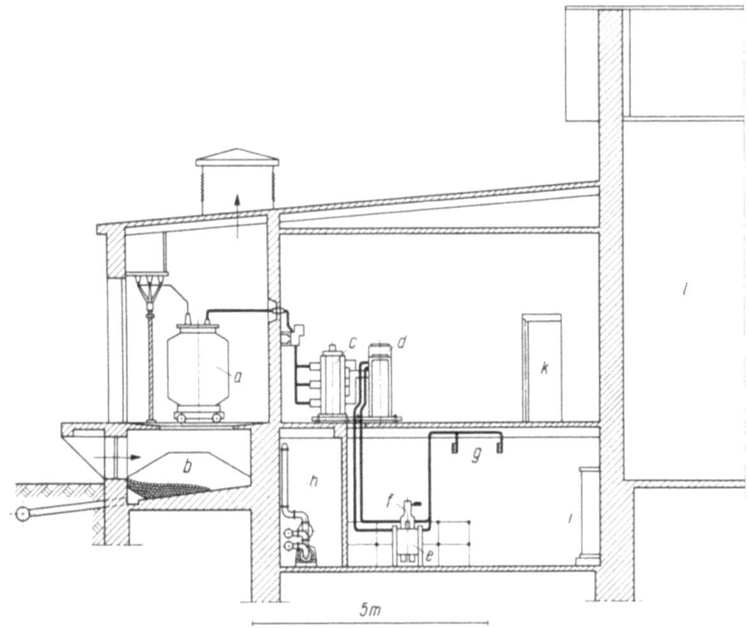

Abb. 52,6. Zweigeschossige Grundform einer Kontaktumformeranlage (SSW 1940).

a Haupttransformator; — *b* Ölgrube; — *c* Schaltdrosseln; — *d* Kontaktgerät; — *e* Glättungsdrossel; — *f* Rückstromschnellschalter; — *g* Gleichstromsammelschienen; — *h* Kühlerraum; — *i* Zubehörschrank; — *k* Bedienungstafel; — *l* Verbraucherraum.

tafel oder das Bedienungspult aufgestellt, während bei der in Abb. 52,6 skizzierten *zweigeschossigen* Grundform alles übrige Umformerzubehör, etwaige Pumpen und Rückkühler sowie die Gleichstromschienen und die in den Zug dieser Schienen eingebauten Teile wie z. B. die Glättungsdrosselspule, eine etwa vorhandene Saugdrosselspule, der Gleichstromschnellschalter, die Gleichstromtrenner und der Gleichstrommeßwiderstand oder ein Gleichstrommeßwandler im Keller unterhalb des Kontaktumformers Platz finden können. In dieser Art wurde z. B. auch die größte bis zum Kriegsende erbaute Kontaktumformeranlage mit 4 Umformern von je 8000 A Gleichstrom bei 400 V Gleichspannung ausgeführt, von der Abb. 52,7 ein Bild gibt.

Die in Abb. 52,6 dargestellte Bauweise bietet u. a. den Vorteil, daß der Hauptflur, auf dem sich die schwereren Bestandteile der Anlage — vor allem der Haupttransformator — befinden, ohne weiteres in der Höhenlage der Ladefläche der Eisenbahnwagen angeordnet werden kann, so daß bei der Aufstellung dieser Teile und bei etwaigen Reparaturen lediglich waagerechte Verschiebungen notwendig sind. Sie gestattet ferner von der Bedienungstafel oder dem Bedienungspult aus einen bequemen Überblick über den Raum, in dem die Verbraucher aufgestellt sind.

In Europa wurde für die Mehrzahl der ausgeführten Anlagen die zweigeschossige Bauart gewählt. Anders dagegen in den Vereinigten Staaten von Amerika. Hier führten die verhältnismäßig sehr hohen Kosten für die Errichtung von Gebäuden im Verein mit dem bei Erweiterungen von Umformeranlagen oder beim Ersatz älterer Umformer durch Kontaktumformer fast immer anzutreffenden Wunsch, in dem gleichen Raum ein Vielfaches der früheren Leistung unterzubringen, dazu, daß die Raumersparnis praktisch ebenso hoch bewertet wird wie die Verbesserung des Wirkungsgrades. Ein Merkmal der meisten amerikanischen Kontaktumformer-

Abb. 52,7. Kontaktumformeranlage 32000 A, 400 V, bestehend aus 4 Einheiten je 8000 A in der Schaltung von Abb. 52,1 (SSW 1943).

anlagen ist daher die Zusammendrängung der Anlagenteile auf einer verhältnismäßig geringen Grundfläche des umbauten, in der Regel eingeschossigen Raumes, also eine besonders kompakte Anordnung der Anlage bei vorzugsweise Freiluftausführung der Transformatoren. Dieser Tendenz entspricht auch die dort sehr verbreitete Kapselung der Schalter, des Zubehörs und der Verbindungsleitungen in Stahlblechgehäusen, die bei geringstmöglichen Abständen einen vollkommenen Berührungsschutz gewähren.

Die erste amerikanische Anlage wurde für eine Betriebsfrequenz von 25 Hz gebaut. Sie bestand aus 2 Umformern in 3phasiger Dreidrossel-Brückenschaltung für je 3500 A Gleichstrom normal, 5500 A maximal dauernd, 7000 A für 1 Stunde bei 260 V Gleichspannung. Abgesehen davon, daß die Transformatoren aus Zweckmäßigkeitsgründen mit in der Umformerhalle aufgestellt wurden, zeigt die Anlage in ihrer Gesamtanordnung bereits einige der wesentlichen Züge der Eingeschoßanordnung, wie sie heute von der ITE ausgeführt wird. Das Kernstück bilden die beiden kompakten, aus je einem Transformator, einem Schaltdrosselsatz und einem Kontaktgerät bestehenden Gruppen, von denen eine in Abb. 52,8 wiedergegeben ist. Der Transformator wirkt hier gegenüber dem kleinen Kontaktgerät besonders wuchtig, weil seine Abmessungen wegen der Frequenz von 25 Hz noch größer sind als bei der normalerweise vorkommenden Frequenz von 60 Hz. Er ist mit Wasserkühlung versehen und anstatt mit Öl mit dem unbrennbaren Pyranol gefüllt. Die Schaltdrosseln haben Lüfterkühlung, die Kontaktgeräte noch Wasserumlaufkühlung mit Luftrückkühlung.

Abb. 52,8. Erste amerikanische Kontaktumformeranlage 2×5500 A, 260 V, 25 Hz. Gruppe aus Transformator, Schaltdrosselsatz und Kontaktgerät eines Umformers (ITE 1948).

Abb. 52,9. Erste amerikanische Kontaktumformeranlage 2×5500 A, 250 V, 25 Hz.
Links: Stahlblechgehäuse mit einem Schaltdrosselsatz und einem Kontaktgerät. *Rechts:* Zubehörschränke und Bedienungstafeln für die gesamte, aus 2 Umformern bestehende Anlage.

Die beiden Gruppen sind nebeneinander aufgestellt. Ihnen gegenüber befindet sich die in Abb. 52,9 *rechts* gezeigte Stahlblechschrankgruppe. Sie besteht auf der Vorderseite aus den Bedienungstafeln und enthält sämtliches Zubehör der Kontaktumformer einschließlich der Vormagnetisierungstransformatoren und -widerstände, der Grundlastwiderstände und der Kurzschließer-Auslöseschaltungen. Sie umschließt ferner die beiden Glättungsdrosselspulen, die Saugdrosselspule, die beiden Gleichstromschnellschalter und die Gleichstromtrenner. Diese Schrankgruppe ist mit den Kontaktgeräten durch Gleichstromschienen verbunden, die oberhalb beider Teile freitragend durch die Luft verlaufen und gewissermaßen eine Brücke zwischen

Abb. 52,10. Doppeltransformator eines aus 2 um 30° gegeneinander versetzten Brückenschaltungen bestehenden Kontaktumformers für 10000 A mit aufgesetzten Schaltdrosseln (ITE 1951).

ihnen bilden. Auch die Schienen sind gegen Berührung durch eine Stahlabdeckung geschützt; in ihr sind auch die Hilfs- und Steuerleitungen verlegt. Es ergibt sich damit als erster Schritt zu der späteren Normalbauart eine eingeschossige Anordnung, bei der alle Unterflurverbindungen oder Kabelkanäle vollständig vermieden sind und die daher überall ohne Vorarbeiten aufgestellt werden kann.

Als ein weiterer Schritt wurden später die eigentlichen, aus den Schaltdrosseln und dem Kontaktgerät bestehenden Umformer aus Gründen des Berührungsschutzes und der Geräuschdämpfung ebenfalls in Stahlblechgehäuse eingeschlossen, wie Abb. 52,9 *links* zeigt. Die Anlage war damit vollständig stahlgekapselt — eine Ausführung, die von der ITE für alle späteren Anlagen grundsätzlich beibehalten wurde. Bei diesen Anlagen sind die Transformatoren in Freiluftausführung außerhalb des Gebäudes aufgestellt. Es war schließlich nur ein folgerichtiges Ergebnis des

Strebens nach der Verkleinerung des umbauten Raumes, daß als dritter Schritt die
in ihrem Aufbau den Transformatoren eng verwandten Schaltdrosseln ebenfalls aus
dem Innenraum entfernt und mit den Transformatoren in einem gemeinsamen Kessel
untergebracht wurden. Hiermit war gleichzeitig auch eine Einsparung an Leitungslänge
und an Hochstromdurchführungen erreicht. Eine derartige Anordnung für einen Umformer in 3phasiger Dreidrossel-Brückenschaltung war bereits in Abb. 24,20 gezeigt
worden. Dort steht der Schaltdrosselstapel neben dem Transformator auf dem gemeinsamen Grundgestell. Abb. 52,10 gibt noch ein Bild von einer anderen Ausführung

Abb. 52,11. Kontaktumformer für 10000 A, 400 V, 60 Hz. Kontaktgerät in Stahlblechgehäuse mit Bedienungs- und
Zubehörschrank (ITE 1951).

für einen 10000-A-Kontaktumformer mit 12phasiger Gleichstromwelligkeit, die durch
zwei um 30° gegeneinander versetzte 3phasige Brückenschaltungen erreicht wird. Anstatt eines einzigen Transformators mit einer gemeinsamen Primärwicklung und zwei
Sekundärwicklungen, von denen die eine in Dreieck, die andere in Stern geschaltet
ist, sind hier zwei getrennte Transformatoren gewählt worden, von denen jeder oben
die zugehörigen 3 Schaltdrosseln trägt. Das Bild läßt die einfache und übersichtliche
Führung der Hochstromschienen gut erkennen.

Von dem eigentlichen Kontaktumformer verbleibt dann nur noch das Kontaktgerät im Innenraum. Es ist so eingerichtet, daß es in das Gehäuse eingefahren werden
kann. Die drehstromseitigen Hochstromanschlüsse werden durch an der Rückwand
des Schrankes angebrachte Trennschalter hergestellt. Die Gleichstromanschlüsse
bestehen aus flexiblen Kabelbündeln (s. Abb. 52,11) mit einem massiven Anschluß-
stück, das mittels weniger Schrauben leicht und schnell mit der zugehörigen Kon-

taktschiene des Gerätes verbunden werden kann. Auf diese Weise ist erreicht, daß die ganze Innenanlage bereits im Herstellerwerk fertig montiert, geschaltet und geprüft werden kann. Für den Versand wird lediglich das Kontaktgerät ausgefahren, und es werden die Leitungsverbindungen zwischen den Gehäusegruppen gelöst. Die Montage- und Prüfarbeit am Aufstellungsort der Anlage ist dadurch auf ein Minimum beschränkt. Die Innenanlage besteht dann also nur aus einer Anzahl von in sich abgeschlossenen, fertig geschalteten Stahlschränken, die nur noch durch verhältnismäßig wenige Leitungen miteinander verbunden zu werden brauchen. Es ergibt sich damit die folgende Aufgliederung der Anlage:

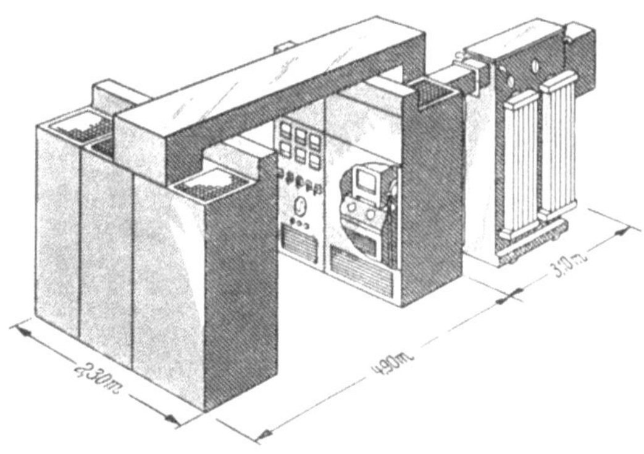

Abb. 52,12. Normalschema einer 12phasigen Kontaktumformeranlage für 10000 A, 400 V (ITE 1951).

Freiluft: Haupttransformator einschließlich der Schaltdrosseln; — Hilfstransformator.

Innenraum: Kontaktgerätschrank; — Schrank mit Kontaktgerätzubehör einschl. Bedienungs- und Regeleinrichtungen; — Schrank mit gleichstromseitigem Zubehör.

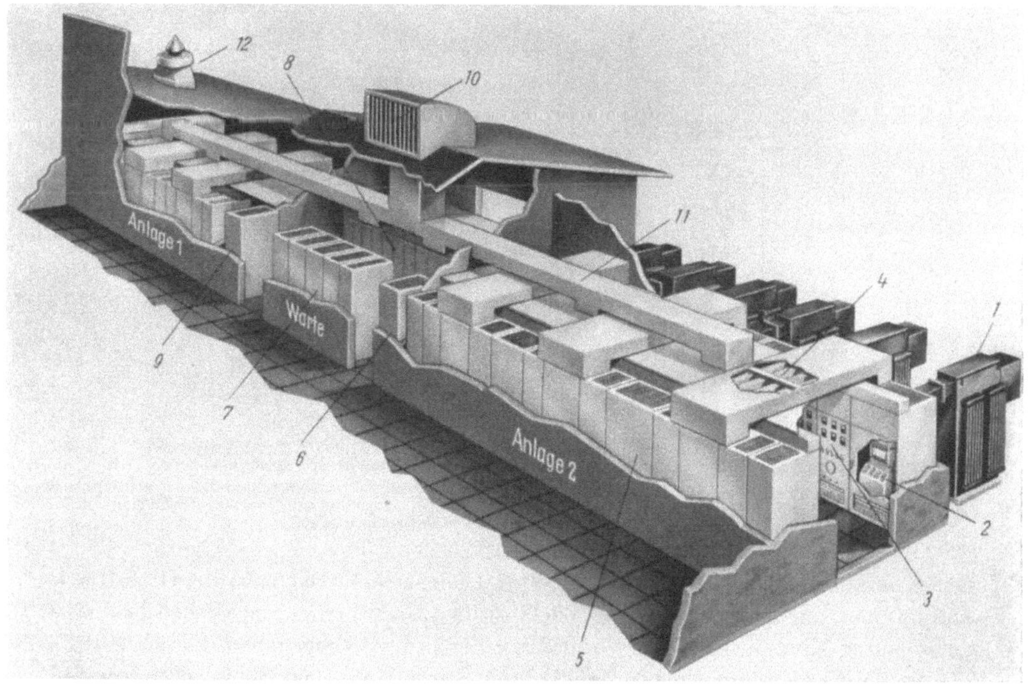

Abb. 52,13. Modell einer zweiteiligen Kontaktumformeranlage für 2×30000 A, bestehend aus 12 Einheiten je 5000 A nach Abb. 52,12 (ITE 1951).
1 Transformator mit eingebauten Schaltdrosseln; — *2* Kontaktgerät; — *3* Einzelbedienungstafel; — *4* Gleichstromschienen; — *5* Gleichstromschaltanlage, Saug- und Glättungsdrosselspulen; — *6* Hilfsnetze; — *7* Hauptbedienungstafel; — *8* Drehstromschaltanlage; — *9* ankommende Drehstromleitung; — *10* Luftfilter; — *11* Frischluftverteiler; — *12* Abluftauslaß.

Die räumliche Gruppierung der Schränke kann je nach der Anlagengröße und den baulichen Verhältnissen verschieden sein. Bei kleineren Anlagen stehen alle 3 Schränke nebeneinander an der Außenwand des Gebäudes. Für Anlagen größerer Leistung wird die bereits beschriebene Anordnung mit zweireihiger Aufstellung der Schränke und einer Gleichstromschienenbrücke bevorzugt. Diese Anordnung ermöglicht eine vorbildlich geschlossene Ausführung der Gesamtanlage mit sehr geringem Bedarf an Grundfläche. Abb. 52,12 zeigt das Normalschema einer 12phasi-

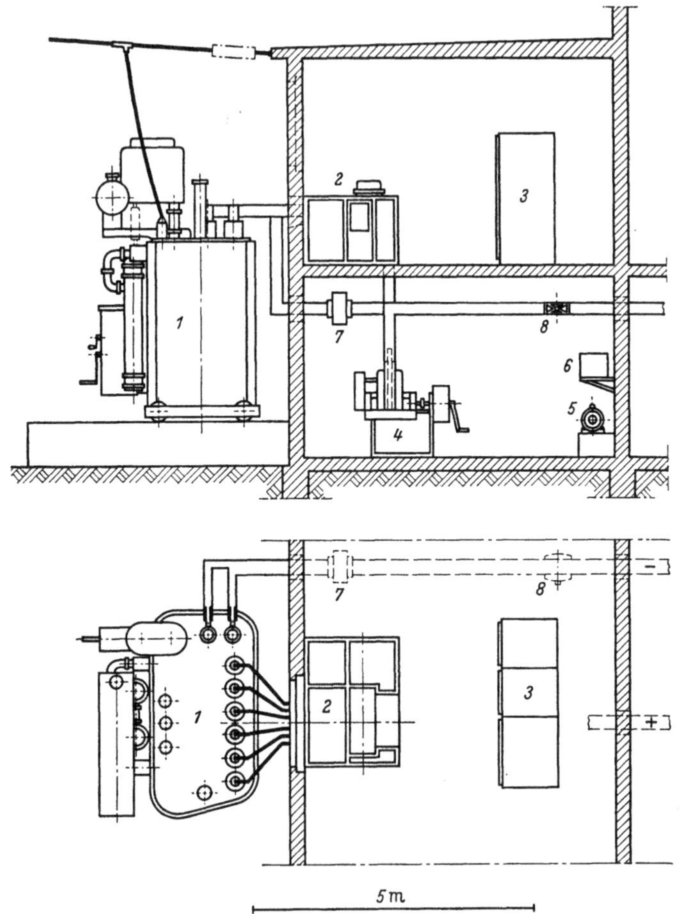

Abb. 52,14. Disposition einer Kontaktumformeranlageneinheit für 20000 A, 250 V, in 2 × Dreiphasen-Saugdrossel-schaltung, Transformator in Freiluftausführung, Saugdrossel und Schaltdrosseln im Transformatorkessel (BBC 1955). *1* Transformator mit Saugdrossel und Schaltdrosseln; — *2* Kontaktgerät; — *3* Bedienungstafel; — *4* Rückstrom-schnellschalter; — *5* Hilfs-Motorgenerator, dahinter (verdeckt) ein Drehtransformator; — *6* Grundlastwiderstand; — *7* Gleichstrommeßwandler; — *8* Gleichstromtrenner.

gen Kontaktumformereinheit für 10000 A Gleichstrom. Die bebaute Grundfläche beträgt hier nur 11,3 qm. In Abb. 52,13 ist das Modell einer aus solchen Einheiten aufgebauten Kontaktumformer-Großanlage der ITE wiedergegeben. Es handelt sich hier um eine zweiteilige Anlage, bei der jeder Teil 6 Umformer für je 5000 A umfaßt und die im ganzen also 2 × 30000 A Gleichstrom liefert. In gleicher Weise würde eine Anlage für die doppelte Stromstärke aufgebaut sein, indem lediglich an die Stelle der 5000-A-Umformer solche in 12phasiger Ausführung für je 10000 A treten. In der Mitte zwischen den beiden Anlagenteilen ist Platz für die ebenfalls stahlblechgekapselten Drehstromleistungsschalter und für die Hauptbedienungstafel vorgesehen. Durch diese zentrale Anordnung wird die Bedienung der ganzen Anlage sehr bequem gemacht, da von dort aus die Wege zu den Bedienungstafeln der einzelnen Umformer verhältnismäßig kurz sind. Wie in der Abbildung gezeigt ist, kann dort, wo die Luftverhältnisse es verlangen, auch eine Luftfilteranlage organisch in die Gesamtanlage eingebaut werden, die alle Anlagenteile gleichmäßig mit sauberer Frischluft versorgt.

In Europa ist man auf dem Wege zu einem kompakten Aufbau der Anlagen bisher nicht so weit gegangen wie in Amerika. Immerhin sind aber doch Ansätze zu einer geschlosseneren Bauweise festzustellen. So ist BBC beispielsweise dazu übergegangen, die Schaltdrosseln zusammen mit dem Transformator in einem gemein-

Abb. 52,15. Kontaktumformeranlage 30000 A, 260 V, in Stahlblechfrontbauweise, enthaltend 2 Einheiten je 15000 A (AEG 1955).

samen Ölkessel unterzubringen. Abb. 24,22 gab bereits die Ansicht eines solchen Transformators mit angebauten Schaltdrosseln in Flaschenbauart und mit ebenfalls angebauter Saugdrossel wieder. In Abb. 52,14 ist noch die zugehörige Gesamtdisposition einer Anlageneinheit für 20000 A, 250 V dargestellt. Infolge der Freiluftausführung des Transformators verbleiben im Gebäude dann auf dem Hauptflur lediglich noch das Kontaktgerät und die Bedienungstafel, während im Erdgeschoß die Gleichstromschaltanlage und einige kleinere Hilfsapparate, z. B. der Grundlastwiderstand, ein Motorgenerator und ein Drehtransformator, untergebracht sind. Der Motorgenerator erzeugt die für die Erregung des Antriebs-Synchronmotors und für verschiedene Reglerkreise erforderlichen Gleichspannungen. Der Drehtransformator wird als Phasendreher bei der Spannungsgrobregelung durch starke Teilaussteuerung verwendet; er liefert die Wechselstromvormagnetisierung der Schaltdrosseln und speist den Ständer des Antriebsmotors und die Stromkreise der Nebenwege zu den Kontakten (vgl. Abb. 43,14).

Eine Ausführung, die sich hinsichtlich der zusammenhängenden Stahlblechfront mit in Kammern eingebauten Kontaktgeräten der amerikanischen Bauart nähert, ist die in Abb. 52,15 wiedergegebene Anlage der AEG. Sie besteht aus 2 Kontaktumformereinheiten je 15000 A, 260 V. Auf der Abbildung befindet sich ganz links zunächst ein Feld mit 2 schreibenden Instrumenten. Anschließend folgen 4 Felder, die

die Vorderfront der Kammer des ersten Kontaktgerätes bilden. Die beiden mittleren von ihnen besitzen große Beobachtungsfenster; über den Fenstern sind die Überwachungsinstrumente für die Kontaktzeiten zu erkennen. Das nächste Feld ist die Einzelbedienungstafel für den ersten Kontaktumformer; die zentrale Bedienung beider Umformer geschieht von dem mitten vor der Stahlblechfront aufgestellten Pult aus. Auf das Einzelbedienungsfeld folgt eine Tür, die den Eingang zu den Schaltdrosseln der ersten Einheit bildet. Die Schaltdrosseln selbst befinden sich in einem Raum hinter der Kammer des Kontaktgerätes, der Haupttransformator jenseits der Rückwand der Halle. Das nächste Feld ist die Hochstromverteilung. Anschließend wiederholt sich für die zweite Umformereinheit die Feldanordnung in der gleichen Reihenfolge, wobei die beiden Beobachtungsfenster für das Kontaktgerät auf der

Abb. 52,16. Kontaktumformereinheit 6000 A, 400 V (SSW 1951). Nachstellen der Kontaktzeiten.

Abbildung infolge einer Spiegelung zufällig weiß erscheinen. Den Schluß der zweiten Gruppe bildet an Stelle der Hochstromverteilung ein Hochspannungsfeld.

Als Beispiel einer schon recht kompakten Bauweise ist in Abb. 52,16 noch die neuere Ausführung der Kontaktumformer der SSW gezeigt. Bei ihr bildet das Kontaktgerät eine Einheit mit dem dahinter befindlichen Stahlblechschrank, in dem neben den luftgekühlten Schaltdrosseln sämtliches unmittelbare Zubehör des Kontaktumformers, wie Vormagnetisierung, Grundlast, Kurzschließerauslösung, Regler u. dgl., untergebracht ist (siehe den umrahmten Teil von Abb. 52,3). Es ist also auch hier eine geschlossene Einheit entstanden, die im Herstellerwerk fertig montiert und geschaltet wird. Auf der Vorderseite des Schrankes sind die Meßinstrumente zur Überwachung der Kontaktzeiten sowie Spezial-Kathodenstrahloszillographen zur Beobachtung der Kontaktspannungskurven angebracht, wodurch eine äußerst bequeme Justierung der Kontaktzeiten ermöglicht ist. An den Schrank schließt sich nach rückwärts, durch die Wand getrennt, der Transformator in Innenraum- oder in Freiluftausführung an, sofern nicht eine Aufstellung in dem darunter befindlichen Geschoß vorgesehen ist. Für die Unterbringung der Hauptbedienungstafel und der gleichstromseitigen Anlagenteile besteht volle Freizügigkeit in der

Anpassung an die jeweiligen Gebäudeverhältnisse und die Besonderheiten der Verbraucher. Abb. 52,17 gibt ein Bild von einer mit freistehenden Kontaktumformer-

Abb. 52,17. Kontaktumformeranlage 80000 A, 400 V, bestehend aus 8 Einheiten ähnlich Abb. 52,16 für je 10000A (SSW 1953).

schränken dieser Art ausgestatteten Anlage. Die Anlage stellt mit 8 Umformern je 10000 A Gleichstrom bei 400 V Gleichspannung den ersten Ausbau der bereits auf S. 2 erwähnten, gegenwärtig größten in Betrieb befindlichen Kontaktumformer-

Abb. 52,18. Kontaktumformeranlage 36000 A, 650 V, bestehend aus 3 Einheiten ähnlich Abb. 52,16 für je 12000 A (SSW 1955).

anlage dar. Ein Vorteil der hier gezeigten Bauweise ist u. a. die sehr bequeme Zugänglichkeit nicht nur des Kontaktgerätes selbst, sondern ebenfalls aller im Schrank untergebrachten Anlagenteile. Unter Verwendung der gleichen Einheiten ist aber auch eine sehr beliebte Bauweise mit geschlossener Vorderfront ausführbar, wie sie aus Abb. 52,18 ersichtlich ist. Hier sind die Vorderseiten der Schränke in eine Zwischenwand eingefügt, aus der lediglich noch die Kontaktgeräte hervortreten. Die Anlage erhält dadurch ein sehr ruhiges und gefälliges Aussehen, ohne daß deswegen die sofortige Zugänglichkeit von Teilen, die für die normale Bedienung oder in Störungsfällen wichtig sind, preisgegeben wird; die Überwachung und Nachstellung der Kontaktzeiten z. B. oder die Auswechselung von Kontakten geschieht auch hier unmittelbar vom Bedienungsraum aus. Die Zwischenwand bildet mit der Rückwand des Raumes einen Gang, der durch Türen von der Frontseite aus zugänglich ist und in den die Schränke mit den Schaltdrosseln und dem Kontaktumformerzubehör hineinragen. Auf Grund des durch die Zwischenwand gegebenen Berührungsschutzes können die Schränke bei dieser Bauweise unverkleidet als offene Gerüste ausgeführt werden; sie bieten daher vom Gang aus einen ebenfalls sehr guten Zugang zu allen eingebauten Teilen. In entsprechender Weise sind auch die Einzelbedienungstafeln und die zentrale Bedienungstafel für die ganze Anlage in eine zweite Zwischenwand eingelassen, die sich auf der den Kontaktgeräten gegenüberliegenden Raumseite befindet.

XIV. Beispiele für die Vorausberechnung.

Um die Anwendung der Berechnungsformeln und den Gang der Vorausberechnung von Kontaktumformern zu zeigen, werden im folgenden als Beispiele zwei praktisch ausgeführte Kontaktumformeranlagen durchgerechnet, und zwar ein Kleinumformer mit mechanischer Überlappungsanpassung und ein Großumformer mit selbsttätiger elektrischer Überlappungsregelung. Beide Beispiele behandeln die 3phasige *Drei*drossel-Brückenschaltung, obwohl diese Schaltung gegenwärtig bei Neuanlagen kaum noch verwendet wird. Für die Auswahl war der Umstand maßgebend, daß die Berechnung der 3phasigen Dreidrossel-Brückenschaltung vielseitiger und daher lehrreicher ist als die anderer Schaltungen, bei denen z. B. die 60°-Bedingung fortfällt; die Berechnung anderer Schaltungen ist also einfacher.

53. Kleinkontaktumformer mit mechanischer Überlappungsanpassung.

Es sei ein Kleinumformer für 25 kW, 120 V, 208 A Gleichstrom und eine Betriebsfrequenz von 60 Hz zu berechnen. Die Gleichspannung soll kurzzeitig durch mechanische Teilaussteuerung um 20% herabgeregelt werden können, wobei die Überlappung der Kontaktzeiten auf mechanischem Wege mittels einer Kurvenscheibe dem jeweiligen Aussteuerungsgrad angepaßt wird. Als Schaltung sei die 3phasige Dreidrossel-Brückenschaltung gewählt (Tab. 26,1 Schaltung Nr. 8). Der Umformer soll hinsichtlich der Stromwendung auf das Doppelte des Nennstromes überlastet werden können (Überlastbarkeit $\ddot{U} = i_{bm} - i_{b0} = 2{,}0$).

Die Bemessung des Hauptstromkreises. Nach Tab. 26,1 ist der Schaltdrosselstrom gleich dem Transformator-Sekundärstrom:

$$I_D = I_2 = \sqrt{\frac{2}{3}}\, I_g = 0{,}817 \cdot 208 = 170 \text{ A}\,[1].$$

---

[1] Bei selbsttätiger Grundlastabschaltung. Ist eine solche nicht vorgesehen, so erhöht sich die Stromstärke im Hauptstromkreise noch um einen dem Grundlaststrom entsprechenden Anteil.

Um die sekundäre Sternspannung E des Transformators zu finden, ermitteln wir auf Grund einer Schätzung der Spannungsabfälle zunächst die Gleich-EMK E_{g0} für volle Aussteuerung.

$$\begin{aligned}
\text{Schätzwerte: Induktiver Luftabfall} \quad & g_0 & = 5{,}0\% \\
\text{Induktiver Eisenabfall} \quad & g_{Fe} & = 1{,}5\% \\
\text{Ohmscher Abfall} \quad & r & = 4{,}0\% \\
\text{Abfall durch den Sicherheitswinkel} \quad & 1 - \cos\alpha_0 & = 0{,}5\% \\
\hline
\text{Gesamter Abfall} & & = 11{,}0\%
\end{aligned}$$

Damit wird nach Gl. (30,16):

$$E_{g0} = \frac{U_g}{\cos\alpha_0 - (g_0 + g_{Fe} + r)} = \frac{120}{0{,}89} = 135\,\text{V},$$

die Transformator-Sternspannung (nach Tab. 26,1)

$$E = \frac{E_{g0}}{2{,}34} = 57{,}5\,\text{V}$$

und die verkettete Sekundärspannung des Transformators, die gleichbedeutend mit der Wendespannung ist,

$$E_2 = E_W = \sqrt{3} \cdot 57{,}5 = 100\,\text{V}.$$

Aus der ideellen Gleichstromleistung

$$N_{g0} = E_{g0}\, I_g = 135 \cdot 208 \cdot 10^{-3} = 28{,}1\,\text{kW}$$

finden wir dann die Bauleistung des Transformators:

$$N_T = 1{,}05\, N_{g0} = 1{,}05 \cdot 28{,}1 = 29{,}5\,\text{kVA}.$$

Die Werte der Primärseite des Transformators sind für die nachfolgende Berechnung ohne Bedeutung und brauchen daher hier nicht weiter festgelegt zu werden.

Die Stufenlänge der Schaltdrossel. Die Schaltdrosseln sollen mit Kernen aus Nickeleisen *Permenorm 5000 Z* mit 0,05 mm Banddicke ausgeführt werden. Ein besonderer Einschaltkern ist nicht vorgesehen. Gl. (31,8) vereinfacht sich dann mit $\varDelta t_{Es} = 0$ und $\delta_L = 0$ zu

$$\varDelta t_s = \frac{K\,\varepsilon_W\,(i_{bm} - i_{b0}) + \tau_{0s}\,\omega}{\omega\,(1 - \gamma)}.$$

Nach Tab. 26,1 ist die Wendekonstante $K = 1$. Aus dem geschätzten Luftabfall g_0 erhält man gemäß Gl. (30,7) die entsprechende Reaktanzspannung des Wendekreises zu

$$\varepsilon_W = 2\,g_0 = 2 \cdot 0{,}05 = 0{,}10.$$

Die Überlastbarkeit ist vorgeschrieben zu $i_{bm} - i_{b0} = 2{,}0$. Die Leerlaufsicherheit wählen wir bei 60 Hz ($\omega = 377$) zu etwa $\tau_{0s} = 0{,}3$ ms. Die Eisenziffer γ setzen wir nach Tab. 32,1 mit 0,0448 ein. Damit wird die Stufenlänge

$$\varDelta t_s = \frac{1 \cdot 0{,}10 \cdot 2{,}0 + 0{,}3 \cdot 10^{-3} \cdot 377}{377 \cdot (1 - 0{,}0448)} = 0{,}87\,\text{ms}.$$

Die Größe der Schaltdrossel. Die Bauleistung der einzelnen Drossel nach Gl. (26,2) ist bei 60 Hz:

$$N_B = \frac{1}{2}\, E_W\, I_D\, \varDelta t_s\, \omega$$

$$= \frac{1}{2} \cdot 100 \cdot 170 \cdot 0{,}87 \cdot 10^{-3} \cdot 377 \cdot 10^{-3} = 2{,}80\,\text{kVA}$$

und bei der in Abb. 26,2 zugrunde gelegten Frequenz von 50 Hz:

$$N_B = 2{,}80 \cdot \frac{50}{60} = 2{,}33 \text{ kVA}.$$

Hierfür wird das ungefähre Gewicht der Schaltdrossel gemäß Abb. 26,2:

$$G = 6\, N_B^{3/4} = 6 \cdot 2{,}33^{3/4} = 11{,}3 \text{ kg}.$$

Der Eisenkern. Die Drossel soll eine Vollkupferwicklung nach Abb. 24,13 erhalten. In Anbetracht dieser Bauart und mit Berücksichtigung des Umstandes, daß Drosseln kleiner Leistung eine verhältnismäßig geringe Reaktanzspannung haben und daher mit verhältnismäßig mehr Kupfer ausgeführt werden können als Drosseln größerer Leistung, ohne daß die Reaktanzspannung zu hoch wird, gehen wir aus von dem recht hohen Gewichtsverhältnis

$$v_G = \frac{G_{\mathrm{Cu}}}{G_{\mathrm{Fe}}} = 2{,}0.$$

Als Seitenverhältnis des Brutto-Eisenquerschnittes setzen wir vorläufig ein

$$v_q = \frac{h_{\mathrm{Fe}}}{b_{\mathrm{Fe}}} = 1,$$

und das radiale Abmessungsverhältnis wählen wir in Anbetracht der Ausführung der Wicklung als Vollkupferwicklung verhältnismäßig hoch zu

$$v_d = \frac{2\, b_{\mathrm{Fe}}}{d_{\mathrm{Fe}}} = 0{,}6.$$

Damit erhalten wir aus Gl. (33,7) als vorläufige radiale Kernbreite mit dem Eisenfüllfaktor $f_{\mathrm{Fe}} = 0{,}8$ und der Wichte $\gamma = 8{,}25$ g/cm³:

$$b_{\mathrm{Fe}} = \sqrt[3]{\frac{v_d}{v_q\,(1 + v_G)}\,\frac{G}{2\pi\,\gamma\,f_{\mathrm{Fe}}}}$$

$$= \sqrt[3]{\frac{0{,}6}{1 \cdot (1 + 2{,}0)} \cdot \frac{11\,300}{2\pi \cdot 8{,}25 \cdot 0{,}8}} = 3{,}88 \text{ cm} \cdot$$

Hieraus ergibt sich die Kernhöhe zu

$$h_{\mathrm{Fe}} = 1 \cdot 3{,}88 = 3{,}88 \text{ cm}$$

und der mittlere Kerndurchmesser zu

$$d_{\mathrm{Fe}} = \frac{2 \cdot 3{,}88}{0{,}6} = 12{,}65 \approx 12{,}6 \text{ cm}.$$

Die Höhe h_{Fe} wird mit Rücksicht auf die normale Bandbreite von 20 mm endgültig gewählt zu $h_{\mathrm{Fe}} = 2 \cdot 2{,}0 = 4{,}0$ cm. Der Gesamtkern besteht also aus 2 aufeinander geschichteten Einzelkernen. Damit wird

$$b_{\mathrm{Fe}} = \frac{3{,}88 \cdot 3{,}88}{4{,}0} = 3{,}6 \text{ cm}.$$

Hiermit ergibt sich ein Außendurchmesser der Bandkerne von 162 mm und ein Innendurchmesser von 90 mm. Die mittlere Eisenlänge beträgt

$$l_{\mathrm{Fe}} = 12{,}6\,\pi = 39{,}5 \text{ cm},$$

und mit dem Eisenfüllfaktor 0,8 folgt der reine Eisenquerschnitt zu

$$q_{\mathrm{Fe}} = 0{,}8 \cdot 4{,}0 \cdot 3{,}6 = 11{,}6 \text{ cm}^2.$$

Als Eisengewicht einer Drossel erhält man dann

$$G_{\mathrm{Fe}} = q_{\mathrm{Fe}}\, l_{\mathrm{Fe}}\, \gamma$$
$$= 11{,}6 \cdot 39{,}5 \cdot 8{,}25 \cdot 10^{-3} = 3{,}78 \text{ kg}.$$

Jeder Einzelkern ruht auf einem 1 mm starken Unterlagering aus weichem Asbestpapier in einem Aluminiumgehäuse von 1 mm Wandstärke, das oben durch einen Hartpapierring als Deckel abgeschlossen ist (s. Abb. 53,1). Die beiden Gehäuse sind durch einen dünnen Aluminiumzylinder von 0,5 mm Stärke zentiert. Der Gesamtkern wird durch mehrere Schichten halbüberlappt gewickelten Bandes zusammengehalten und gegen äußere Einflüsse geschützt. Innen befindet sich eine Lage Diagonal-Lackband und darauf eine Baumwollbandbewicklung, die imprägniert wird, um das Eindringen von Feuchtigkeit zu verhindern. Dann folgt eine Lage Asbestband und außen Glasseidenband. Diese Bewickelungsart wird gewählt, weil die einzelnen Windungen der Vollkupferwicklung durch Hartlötung miteinander verbunden werden, wobei die Bewicklung den dabei entstehenden Temperaturen und der Benetzung durch Wasser standhalten muß. Als Stärke dieser Bewicklung können wir 3 mm einsetzen, worin etwas Spiel dafür, daß das Band nicht fest an der Gehäusewand anliegt, sondern sich beim Bewickeln ein wenig aufbauscht, bereits eingeschlossen ist. Wir erhalten dann die folgenden äußeren Abmessungen des Querschnittes des Gesamtkernes, die gleichzeitig die inneren Abmessungen der Kupferwindung sind:

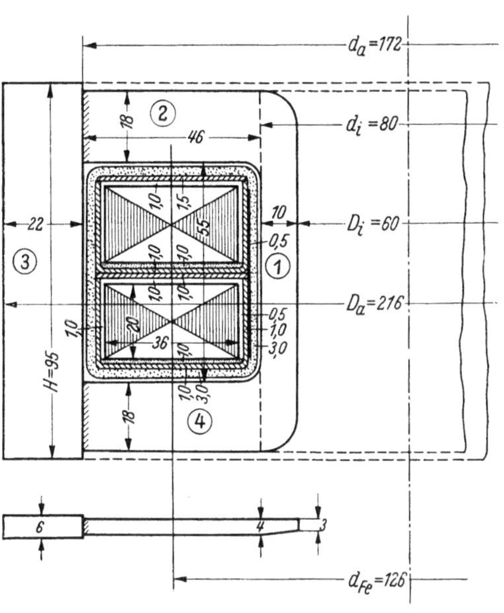

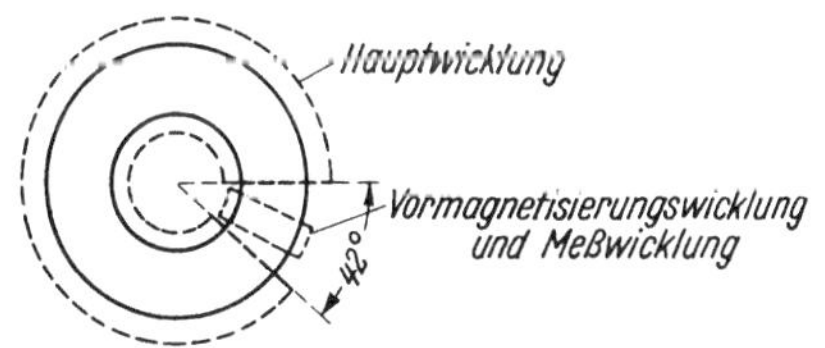

Abb. 53,1. Schaltdrossel mit Vollkupferwicklung für einen Kleinumformer. Drosselstrom 170 A, nutzbare Stufenlänge 0,88 ms bei einer Wendespannung von 100 V eff.

äußeren Abmessungen des Querschnittes des Gesamtkernes, die gleichzeitig die inneren Abmessungen der Kupferwindung sind:

Höhe:	2 Kerne je 20 mm	40,0
	2 Gehäuseböden je 1 mm	2,0
	2 Unterlagen je 1 mm	2,0
	2 × Spiel zwischen Kern und Deckel, je 1 mm . . .	2,0
	Unterer Hartpapierdeckel	1,0
	Oberer Hartpapierdeckel	1,5
	2 × 3 mm Band + Spiel	6,0
		$h = \;$ 54,5 $\approx$ 55 mm
Breite:	Kern	36,0
	Spiel innen	0,5
	Spiel außen	1,0
	2 Gehäusewände je 1 mm	2,0
	1 Zentrierzylinder	0,5
	2 × 3 mm Band + Spiel	6,0
		$b = \;$ 46,0 mm

Damit erhalten wir einen inneren Durchmesser des fertigen Kernes von $d_i = 90 - 2 \cdot (0{,}5 + 1{,}0 + 0{,}5 + 3{,}0) = 80$ mm und einen äußeren Durchmesser von $d_a = 162 + 2 \cdot (1{,}0 + 1{,}0 + 3{,}0) = 172$ mm.

Zur Ermittlung der Eisenverluste gehen wir von einer Verlustziffer von, reichlich gerechnet, 1,5 W/kg bei 50 Hz aus. Nach Abschn. 19.2 erhöht sich die Verlustziffer verhältnisgleich der Betriebsfrequenz. Wir erhalten dann

$$V_{\mathrm{Fe}} = v_{\mathrm{Fe}} \frac{f}{50} G_{\mathrm{Fe}} = 1{,}5 \cdot \frac{60}{50} \cdot 3{,}78 = 6{,}8 \approx 7 \text{ W je Drossel,}$$

also für 3 Drosseln 21 W.

Die Wicklung. Windungszahl nach Gl. (16,3):

$$w = \frac{\sqrt{2}\, E_W\, \Delta t_s}{q_{\mathrm{Fe}}\, \Delta M} = \frac{2 \cdot 100 \cdot 0{,}87 \cdot 10^{-3}}{11{,}6 \cdot 26{,}8 \cdot 10^{-5}} = 39{,}6 .$$

Ausgeführt werden 40 Windungen. Damit ändert sich die Stufenlänge geringfügig in $\Delta t_s = 0{,}87 \cdot \frac{40}{39{,}6} = 0{,}88$ ms und die Leerlaufsicherheit in $\tau_{0s} = 0{,}305$ ms.

Die Wicklung besteht aus U-Bügeln, die auf der Außenseite durch geschränkte Schienen verbunden sind (vgl. Abb. 24,13). Durch die Schränkung wird der Schritt der Wicklung hergestellt. Für die Wahl der Stromdichte ist maßgebend, daß für die Drossel natürliche Luftkühlung vorgesehen ist. Die U-Bügel werden aus 4 mm starkem Kupfer gefertigt und an der Innenseite auf 3 mm zugeschärft. Mit den aus Abb. 53,1 ersichtlichen Abmessungen ergeben sich dann folgende Querschnitte und Stromdichten:

Innen: $\qquad q_{\mathrm{Cu}\,1} = 10 \cdot \frac{4+3}{2} = 35 \text{ mm}^2, \qquad s_1 = \frac{170}{35} = 4{,}86 \text{ A/mm}^2 .$

Oben und unten: $\qquad q_{\mathrm{Cu}2} = 18 \cdot 4 = 72 \text{ mm}^2, \qquad s_2 = \frac{170}{72} = 2{,}36 \text{ A/mm}^2 .$

Außen: $\qquad q_{\mathrm{Cu}3} = 22 \cdot 6 = 132 \text{ mm}^2, \qquad s_3 = \frac{170}{132} = 1{,}29 \text{ A/mm}^2 .$

Für den Widerstand sind die nachstehenden Kupferlängen der einzelnen Seiten der Windung maßgebend:

Innen: $\qquad l_1 \approx 55 + \frac{10+18}{2} \frac{\pi}{2} = 77 \text{ mm} .$

Oben und unten: $\qquad l_2 = 2 \cdot 46 = 92 \text{ mm} .$

Außen: $\qquad l_3 \approx 55 + \frac{22+18}{2} \frac{\pi}{2} = 86 \text{ mm} .$

Mit $\varrho_{75} = 0{,}0216 \frac{\Omega}{\mathrm{m}}$ mm^2 bei der für die Berechnung des Wirkungsgrades zugrunde zu legenden mittleren Wicklungstemperatur von 75° C erhält man dann einen Gleichstromwiderstand von

$$R_{75} = \varrho_{75}\, w \left(\frac{l_1}{q_1} + \frac{l_2}{q_2} + \frac{l_3}{q_3} \right)$$

$$= 0{,}0216 \cdot 40 \cdot \left(\frac{0{,}077}{35} + \frac{0{,}092}{72} + \frac{0{,}086}{132} \right) = 3{,}56 \cdot 10^{-3}\, \Omega .$$

Damit werden die Kupferverluste aller 3 Drosseln mit einem Zuschlag von 35% zur Berücksichtigung der im Gleichrichterbetrieb entstehenden Wirbelstromverluste

$$V_{\mathrm{Cu}\,75} = 1{,}35 \cdot 3 \cdot 170^2 \cdot 3{,}56 \cdot 10^{-3} = 1{,}35 \cdot 309 = 417 \text{ W} .$$

Die Anordnung der Wicklung ist so vorgesehen, daß nicht der ganze Umfang des Schaltdrosselkernes gleichmäßig mit ihren Windungen besetzt wird, sondern noch ein Sektor für die Aufnahme der Vormagnetisierungswicklung und einer Hilfswicklung für die Eisenmessung frei bleibt (s. Abb. 53,1 unten). Werden die einzelnen Windungen der Hauptwicklung auf der Innenseite durch eingeschobene Hartpapierzwischenlagen voneinander getrennt gehalten, für die wir einschließlich Spiel je 1,2 mm rechnen wollen, so verbleibt noch ein unbesetzter Sektor von 42°, der für die Unterbringung der genannten beiden Hilfswicklungen gut ausreicht.

Die Erwärmung der Schaltdrossel. Für die Beurteilung der Erwärmung kann man die *mittlere* Stromdichte der Wicklung heranziehen. Das ist diejenige Stromdichte, die in dem gesamten Kupfervolumen die gleichen Verluste ergeben würde, wie sie von den in den einzelnen Teilen der Windung verschieden großen Stromdichten in den ihnen zugeordneten Volumenanteilen zusammengenommen erzeugt werden:

$$s_{mi} = \sqrt{\frac{\sum (s^2\, l\, q)}{\sum (l\, q)}}$$

$$= \sqrt{\frac{4{,}86^2 \cdot 0{,}077 \cdot 35 + 2{,}36^2 \cdot 0{,}092 \cdot 72 + 1{,}29^2 \cdot 0{,}086 \cdot 132}{0{,}077 \cdot 35 + 0{,}092 \cdot 72 + 0{,}086 \cdot 132}}$$

$$= 2{,}40 \ \text{A/mm}^2 .$$

Der so definierte Wert der mittleren Stromdichte schließt zwar noch nicht die Wirbelströme mit ein. Er läßt aber trotzdem einen Vergleich mit anderen Drosseln gleicher Bauart und ähnlicher Abmessungen zu. Auf Grund von Erwärmungsmessungen, die an einer Drossel fast gleicher Größe durchgeführt wurden, läßt sich vorhersagen, daß bei dem obigen Wert der mittleren Stromdichte die Erwärmung der Drossel sich in den zulässigen Grenzen halten wird.

Zu dem gleichen Ergebnis kam auch eine Vorausberechnung der Erwärmung, die in der bei Trockentransformatoren üblichen Weise mit Hilfe der Wärmeabgabeziffern für Konvektion und Strahlung vorgenommen wurde. Mit den auf die zulässige Grenztemperatur von 100° C (= 35° C Raumtemperatur + 65° C Grenzerwärmung[1]) umgerechneten Verlusten der Schaltdrossel ergab sich eine mittlere Oberflächenerwärmung von 63,6° C. Die mittlere Wicklungserwärmung ist, da es sich um eine blanke, lediglich mit einem Lacküberzug versehenen Wicklung handelt, nur unwesentlich höher und bleibt daher noch etwas unter dem zulässigen Wert von 65° C. Der Temperaturunterschied zwischen dem inneren, schlecht gekühlten Teil der Wicklung und den äußeren, sehr gut gekühlten Stäben beträgt, wie sich aus dem Wärmestrom durch die Stirnverbindungen und der Wärmeleitfähigkeit derselben leicht errechnen läßt, nur einige ° C.

Das Gewichtsverhältnis. Für das Kupfergewicht sind die reinen Konstruktionslängen maßgebend, also z. T. etwas andere Längen als für den Widerstand, nämlich

$$l_1' \approx 55 + 2 \cdot 17 \qquad = 89\ \text{mm} ,$$
$$l_2' = l_2 \qquad\qquad = 92\ \text{mm} ,$$
$$l_3' = 55 + 2 \cdot (18 + 2) = 95\ \text{mm} .$$

Damit erhält man

$$G_{\text{Cu}} = w \sum (q_{\text{Cu}}\, l_{\text{Cu}})\, \gamma_{\text{Cu}}$$
$$= 40 \cdot (0{,}089 \cdot 35 + 0{,}092 \cdot 72 + 0{,}095 \cdot 132) \cdot 8{,}9 \cdot 10^{-3}$$
$$= 7{,}93\ \text{kg} .$$

---

[1] VDE: [7,6] § 54.

Das Gewichtsverhältnis beträgt also

$$v_G = \frac{G_{\mathrm{Cu}}}{G_{\mathrm{Fe}}} = \frac{7,93}{3,78} = 2,1\,,$$

und das Gesamtgewicht der aktiven Werkstoffe einer Drossel ergibt sich zu
$7,93 + 3,78 = 11,71$ kg.

Die Luftinduktivität. Gemäß Gl. (34,12) gilt für eine Drossel nach Abb. 34,5:

$$L_D = 4,84\,w^2\,(h + \tfrac{2}{3}\,c)\,\lg \frac{d_a + \tfrac{2}{3}\,c_a}{d_i - \tfrac{2}{3}\,c_i}\,10^{-9}\ \mathrm{H}\ \text{mit } h \text{ und } c \text{ in cm.}$$

In dem Nenner $d_i - \tfrac{2}{3}c_i$ ist zwar der Faktor $\tfrac{2}{3}$ wegen der Zuschärfung der Innenleiter nicht ganz korrekt, doch fällt diese Abweichung wegen des verhältnismäßig
geringen Beitrages der Innenleiter zum Gesamtbetrag von L_D nicht sehr ins Gewicht
und sei daher hier vernachlässigt.
Mit den Werten

$$d_a = 17,2 \text{ cm} \text{ und } c_a = 2,2 \text{ cm}\,,$$
$$d_i = 8,1 \text{ cm} \text{ und } c_i = 1,0 \text{ cm}\,,$$
$$h = 5,5 \text{ cm} \text{ und } c = 1,8 \text{ cm}$$

erhalten wir dann

$$L_D = 4,84 \cdot 40^2 \cdot (5,5 + \tfrac{2}{3} \cdot 1,8)\,\lg \frac{17,2 + \tfrac{2}{3} \cdot 2,2}{8,1 - \tfrac{2}{3} \cdot 1,0}\,10^{-9}$$

$$= 20,7 \cdot 10^{-6}\ \mathrm{H}\,.$$

An einer Wicklung von fast den gleichen Abmessungen auf einem Holzkern, deren
Rechnungswert nach der obigen Gleichung $20,2 \cdot 10^{-6}$ H betrug, wurde mit einem
Vektormesser genau der errechnete Wert von $20,2 \cdot 10^{-6}$ H gemessen.

Mit dem obigen Wert beträgt die Reaktanzspannung der Drossel

$$\varepsilon_D = \frac{L_D\,\omega\,I_D}{E_W}\,100 = \frac{20,7 \cdot 10^{-6} \cdot 377 \cdot 170}{100} \cdot 100 = 1,33\,\%\,.$$

Die Reaktanzspannung des Wendekreises. Soll die gesamte Reaktanzspannung
$s_W = \varepsilon_N + \varepsilon_T + \sqrt{3}\,\varepsilon_D + \varepsilon_{\mathrm{Leitungen\ usw.}}$ den anfänglich eingesetzten Wert von
10% nicht überschreiten, so ist mit den Werten

$$\varepsilon_T = 3,00\% \text{ für den Transformator,}$$
$$\sqrt{3}\,\varepsilon_D = 2,30\% \text{ für die Schaltdrossel,}$$
$$\varepsilon_L \approx 0,20\% \text{ für Leitungen, Schalter, Auslösewandler des Kurzschließers usw.}$$

zusammen 5,50%,

noch ein Betrag von 4,5% für das Netz zulässig. Ein so hoher Wert wird normalerweise nicht vorliegen, so daß die geforderte Überlastbarkeit mit Sicherheit vorhanden
ist. Wir rechnen also weiterhin mit $\varepsilon_W = 0,1$.

Der Grundlaststrom. Wir benutzen einen fest eingestellten Grundlastwiderstand mit einer in Reihe geschalteten Glättungsdrossel. Nach Gl. (44,1) muß der
Grundlaststrom die Größe

$$I_{g0} \gtrless \frac{H_0\,l_{\mathrm{Fe}}}{w}\,\frac{1}{1 - \varDelta}$$

erhalten. H_0 entnehmen wir der Kommutierungskurve Abb. 18,6 für $M_0 = 15,15$ kG
(vgl. Tab. 18,1) zu rund 1,5 A/cm. Grundsätzlich muß H_0 bzw. der zugeordnete

Induktionswert M_0 so gewählt werden, daß der Ausdruck $\gamma = \dfrac{2\,(M_n - M_0)}{\Delta M}$ der Tab. 32,1 keinen zu großen Wert annimmt, denn anderenfalls würde nach Gl. (31,8) die Überlastbarkeit beeinträchtigt werden. Erfahrungsgemäß kann im allgemeinen bei 50proz. Nickeleisen guter Qualität H_0 mit etwa dem 4fachen der Koerzitivkraft H_c der dynamischen Hystereseschleife angesetzt werden. Weicht die Kommutierungskurve des im Einzelfall verwendeten Eisens von der in Abb. 18,6 dargestellten nennenswert ab, so kann auch für H_0 ein anderer Wert erforderlich sein, und es sind ferner die Ausdrücke der Tab. 32,1 entsprechend der wirklichen Kurve zu berichtigen.

Lassen wir eine negative Stromschwankungsamplitude von 10% zu ($\Delta = 0{,}1$), so erhalten wir als Mittelwert des Grundlaststromes

$$I_{g0} \geqq \frac{1{,}5 \cdot 39{,}5}{40}\,\frac{1}{0{,}9} = 1{,}65\ \mathrm{A}\,.$$

Dieser Wert muß bei der niedrigsten Gleichspannung von 80% der Nennspannung noch vorhanden sein. Bei der Nennspannung von 120 V erhalten wir dann

$$I_{g0} = \frac{1{,}65}{0{,}8} = 2{,}06\ \mathrm{A}\,,$$

also rund 1% des Nennstromes ($i_{b0} = 0{,}01$), und bei Leerlauf mit höchster Spannung wird er noch im Verhältnis U_{g0}/U_g höher.

Der Sicherheitswinkel. Nach Gl. (31,10) wird mit $i_{bm} = \ddot{U} + i_{b0} = 2{,}01$ und $\beta_A = 1{,}175$ (vgl. Tab. 32,1):

$$\begin{aligned}
\sin(\alpha_0 + 30) &= K\,\varepsilon_W\,i_{bm} + \Delta t_s\,\omega\,\beta_A \\
&= 1 \cdot 0{,}1 \cdot 2{,}01 + 0{,}88 \cdot 10^{-3} \cdot 377 \cdot 1{,}175 = 0{,}590 \\
\alpha_0 &= 6^\circ\,10' \\
\cos\alpha_0 &= 0{,}9942\,.
\end{aligned}$$

Durch die Aussteuerungsbegrenzung auf den Sicherheitswinkel tritt ein Spannungsverlust gegenüber dem theoretischen Höchstwert E_{g0} ein von

$$1 - \cos\alpha_0 = 0{,}0058,\ \text{also um rund } 0{,}6\ \%\,.$$

Der gesamte Spannungsabfall. Mit $\varepsilon_W = 0{,}10$ behält der induktive Luftabfall seinen anfänglich geschätzten Wert von 5%.

Der induktive Eisenabfall wird nach Gl. (30,7) mit $\varepsilon = 0{,}0467$ aus Tab. 32,1:

$$\begin{aligned}
g_{\mathrm{Fe}} &= \Delta t_s\,\omega\,\varepsilon = 0{,}88 \cdot 10^{-3} \cdot 377 \cdot 0{,}0467 \\
&= 0{,}0155\ \text{oder } 1{,}55\ \%\,.
\end{aligned}$$

Den durch die Schaltdrossel verursachten ohmschen Gleichspannungsabfall erhalten wir nach Gl. (30,13) aus den Kupferverlusten bei 75° C, die nach S. 496 417 W betrugen, zu

$$r_D = \frac{V_{\mathrm{Cu}\,D}}{N_{g0}} = \frac{417}{28\,100} = 0{,}0148\ \text{oder } 1{,}48\ \%\,.$$

Rechnet man für den Transformator mit $r_T = 2{,}2\%$ und für die Leitungen usw. mit $r_L \approx 0{,}2\%$, so erhält man einen gesamten ohmschen Abfall von

$$r = r_T + r_D + r_L = 2{,}2 + 1{,}48 + 0{,}2 = 3{,}88\ \%\,.$$

Somit folgt für den gesamten Gleichspannungsabfall:

$$\begin{aligned}
1 - \cos\alpha_0 &= 0{,}0058 \\
g_0 &= 0{,}0500 \\
g_{\mathrm{Fe}} &= 0{,}0155 \\
r &= 0{,}0388 \\
\hline
\text{Zusammen} &= 0{,}1101\ \text{ oder}\ \ 11{,}01\%\,.
\end{aligned}$$

Wir haben damit den anfänglich geschätzten Wert von 11% genügend genau erreicht und haben in dem Falle, daß die Netzreaktanz geringer ist als 4,5%, sogar noch eine kleine Spannungsreserve. Die Transformator-Sternspannung von $E = 57,5$ V kann also beibehalten werden.

Die Spannungsänderung des Umformers. Wird der im Nennbetrieb befindliche Umformer bis auf den Grundlaststrom entlastet, ohne daß dabei an der Aussteuerung etwas geändert wird, so erreicht er, da in der Spannungsgleichung (30,17) der Anteil $(g_0 + r)\, i_{b0} \approx 0$ ist, eine Leerlaufspannung

$$U_{g0} = E_{g0}\,(\cos\alpha_0 - g_{\mathrm{Fe}\,0})\,.$$

Hierin ist nach Gl. (30,7) der Eisenabfall bei Leerlauf

$$g_{\mathrm{Fe}\,0} = \Delta t_s\,\omega\,\varepsilon_0$$
$$= 0,88 \cdot 10^{-3} \cdot 377 \cdot 0,0243 = 0,0081\,.$$

Damit wird $U_{g0} = 135 \cdot (0,9942 - 0,0081) = 133$ V, und die Spannungsänderung des Umformers beträgt

$$\frac{U_{g0} - U_g}{U_g}\,100 = \frac{133 - 120}{120}\,100 = 10,8\,\%\,.$$

Die Grenzen des Teilaussteuerungsbereiches. Die obere Grenze des Steuerwinkels ist der Sicherheitswinkel:

$$\alpha_0 = 6°\,10' = \alpha_{\min}\,.$$

Die untere Grenze des Steuerwinkels ist dadurch gegeben, daß bei Grundlast eine Spannung von 80% der Nennspannung erreichbar sein soll. Aus der Spannungsgleichung (30,17) folgte oben mit $(g_0 + r)\, i_{b0} \approx 0$ für Leerlauf mit Grundlast

$$U_{g0} = E_{g0}\,(\cos\alpha - g_{\mathrm{Fe}\,0})\,.$$

Somit gilt für die untere Grenze:

$$\cos\alpha_{\max} = \frac{U_{g0\,\min}}{E_{g0}} + g_{\mathrm{Fe}\,0}$$
$$= \frac{0,8 \cdot 120}{135} + 0,0081 = 0,719$$

und
$$\alpha_{\max} = 44°\,.$$

Die Grenzstellungen des Motors. Als Nullstellung des Motors ($\beta = 0$) war diejenige Stellung bezeichnet worden, bei der man den mechanischen Steuerwinkel $\alpha = 0$ erhält. Die Beziehung zwischen einem beliebigen anderen Steuerwinkel α und dem zugeordneten Motorwinkel β ist gegeben durch Gl. (36,4):

$$\beta = \alpha + \frac{u}{2} - \frac{u_0}{2}\,.$$

Für die Berechnung von β aus α wird also noch der mechanische Überlappungswinkel u sowie der Überlappungswinkel u_0 für volle Aussteuerung ($\alpha = 0$) benötigt. Diese Überlappungswinkel lassen sich mit Hilfe von Gl. (29,25) bzw. (36,1) finden:

$$\cos\alpha - \cos(\alpha + u) = 1 - \cos u_0 = u_s$$

mit
$$u_s = K\,\varepsilon_W\,i_{bm} + \Delta t_s\,\omega\,(\varepsilon + \iota)$$
$$= 1 \cdot 0,1 \cdot 2,01 + 0,88 \cdot 10^{-3} \cdot 377 \cdot (0,0467 + 0,0705)$$
$$= 0,2399\ \mathrm{rad}\ \text{oder}\ 13°\,45'\,.$$

Hieraus folgt zunächst der Überlappungswinkel u_0 für Vollaussteuerung:

$$\cos u_0 = 1 - u_s$$
$$= 1 - 0,2399 = 0,7601$$
$$u_0 = 40°32' \quad \text{und} \quad u_0/2 = 20°16'.$$

Für die Regelgrenzen ergibt sich damit:

	α	$\cos \alpha$	$\cos(\alpha + u)$ $= \cos \alpha - u_s$	$\alpha + u$	u	$\dfrac{u}{2}$	β
min	6°10'	0,9942	0,7543	41°02'	34°52'	17°26'	3°20'
max	44°	0,719	0,479	61°22'	17°22'	8°41'	32°25'

Kontaktzeit und Steuerkurve. Nachdem die Grenzstellungen des Motors nun festliegen, gehen wir für die weiteren Berechnungen anstatt vom Steuerwinkel α vom Motorwinkel β als dem wirklich ablesbaren bzw. einstellbaren Wert aus. Die Beziehung zwischen dem Überlappungswinkel u und dem Motorwinkel β ist gegeben durch Gl. (36,6):

$$\sin \frac{u}{2} = \frac{u_s/2}{\sin(\beta + u_0/2)}$$

mit $\dfrac{u_s}{2} \approx 0,120 \, \text{rad}$ und $\dfrac{u_0}{2} = 20°16'$.

Ist hieraus der Wert $u/2$ gefunden, so erhält man die beim Motorwinkel β erforderliche, auf den Hauptwinkel von 120° bezogene Kontaktzeit mittels Gl. (5,1):

$$x = 1 + \frac{u}{120} = 1 + \frac{u/2}{60}.$$

	β	$\beta + \dfrac{u_0}{2}$	$\sin\left(\beta + \dfrac{u_0}{2}\right)$	$\sin \dfrac{u}{2}$	$\dfrac{u}{2}$	x
	0°	20°16'	0,346	0,346	20°16'	1,337
Regelbereich	3°20'	23°36'	0,400	0,300	17°26'	1,291
	5°	25°16'	0,427	0,281	16°19'	1,272
	10°	30°16'	0,504	0,238	13°46'	1,229
	15°	35°16'	0,577	0,208	12°00'	1,200
	20°	40°16'	0,646	0,186	10°43'	1,179
	25°	45°16'	0,710	0,169	9°44'	1,162
	30°	50°16'	0,769	0,156	8°58'	1,150
	32°25'	52°41'	0,795	0,151	8°41'	1,145
	35°	55°16'	0,822	0,146	8°24'	1,140

Die Veränderung der Kontaktzeit x in Abhängigkeit vom Motorwinkel β wird durch die Veränderung der Lage des mittleren Stößelkopfniveaus in bezug auf das Kontaktniveau herbeigeführt, z. B. mit Hilfe einer Kurvenscheibe (vgl. Abb. 36,1 für die Blockbauart). Ohne hier auf eine bestimmte konstruktive Lösung dieser Aufgabe einzugehen, soll jetzt noch die erforderliche Größe dieser Niveauänderung in Abhängigkeit vom Motorwinkel berechnet werden.

Die Amplitude der nach dem Sinusgesetz verlaufenden Stößelbewegung war mit e bezeichnet worden (vgl. Abb. 36,2). Wählen wir als Bezugsgröße für die Änderung des Stößelniveaus h das Niveau h_0, das zur Erzeugung der Kontaktzeit x_0 beim Motorwinkel $\beta = 0$ (Steuerwinkel $\alpha = 0$) erforderlich sein würde und nach Gl. (36,9) die Größe

$$h_0 = e \cos(x_0 \, 60°) = e \cos\left(60° + \frac{u_0}{2}\right)$$

hat, so wird die zur Erzeugung einer anderen Kontaktzeit x erforderliche Änderung Δh des Stößelniveaus analog zu Gl. (36,11):

$$\Delta h = h - h_0 = e\left[\cos\left(60° + \frac{u}{2}\right) - \cos\left(60° + \frac{u_0}{2}\right)\right].$$

Setzen wir für e als Beispiel einen Betrag von 2 mm ein, so erhalten wir die nachstehenden Werte der Steuerkurve:

	β	$60° + \frac{u}{2}$	$\cos\left(60° + \frac{u}{2}\right)$	$[\cdots]$	Δh mm
	0°	80°16′	0,1691	0	0
Regelbereich	3°20′	77°26′	0,2176	0,0485	0,097
	5°	76°19′	0,2366	0,0675	0,135
	10°	73°46′	0,2795	0,1104	0,221
	15°	72°00′	0,3090	0,1399	0,280
	20°	70°43′	0,3302	0,1611	0,322
	25°	69°44′	0,3464	0,1773	0,355
	30°	68°58′	0,3589	0,1898	0,380
	32°25′	68°41′	0,3635	0,1944	0,389
	35°	68°24′	0,3681	0,1990	0,398

Das Stößelniveau muß also gegenüber dem beim Motorwinkel $\beta = 0$ mit zunehmender Herabregelung der Gleichspannung angehoben werden, und zwar bis um maximal 0,389 mm an der unteren Regelgrenze.

Die Glättungsdrossel im Grundlaststromkreise. Nachdem die Grenzwerte der Steuerwinkel mit $\alpha_{min} = \alpha_0 = 6°10′$ und $\alpha_{max} = 44°$ festliegen, kann auch die Größe der Glättungsdrossel des Grundlastkreises angegeben werden.

Der Mittelwert des niedrigsten Grundlaststromes bei 80% der Nenngleichspannung betrug nach S. 499 $I_{g0\,min} = 1,65\,\mathrm{A}$. Soll bei diesem Strom die negative Schwankung auf 10% begrenzt werden, so ist dazu nach Gl. (28,11) eine Induktivität

$$L = \frac{E_{g0}}{\omega\,I_{g0\,min}}\,\frac{\delta}{\Delta}$$

erforderlich mit $\Delta = 0,1$. Den Faktor δ erhalten wir für eine 6phasig gewellte Gleichspannung aus der Kurve $p = 6$ der Abb. 28,3 für $\alpha' \approx \alpha_{max} = 44°$ zu 0,066. Damit wird

$$L = \frac{135}{377 \cdot 1,65} \cdot \frac{0,066}{0,1} = 0,143\,\mathrm{H}.$$

Der größte Strom, den die Drossel dauernd aushalten können muß, entsteht bei höchster Aussteuerung im Leerlauf mit Grundlast. Die hierbei vorhandene Gleichspannung ist nach S. 500 $U_{g0} = 133\,\mathrm{V}$. Mit dieser Spannung am gleichbleibenden Grundlastwiderstande wird der höchste Grundlaststrom

$$I_{g0\,max} = 2,06 \cdot \frac{133}{120} = 2,28\,\mathrm{A},$$

und die Größe der Glättungsdrossel wird somit

$$L\,I_{g0\,max}^2 = 0,143 \cdot 2,28^2 = 0,745\,\mathrm{Ws}.$$

Die Ausschalt-Vormagnetisierung der Schaltdrosseln. Es sei eine starre Vormagnetisierung mit in Stern geschalteten Vormagnetisierungskreisen nach Abb. 40,1 gewählt. Mit $E_V = E$ und einem Rückwirkungsfaktor $z = 0,15$ erhalten wir aus

Gl. (40,4) die Windungszahl der Vormagnetisierungswicklung:

$$w_V = w \frac{E_V}{E_W} \cdot \frac{z}{\varDelta t_s\,\omega}$$

$$= 40 \cdot \frac{57,5}{100} \cdot \frac{0,15}{0,88 \cdot 10^{-3} \cdot 377} = 10,45 \approx 10\,.$$

Der Effektivwert des Vormagnetisierungsstromes ergibt sich mit $H_2 = 0,53$ A/cm (vgl. Tab. 18,1) aus Gl. (40,5):

$$I_V = \frac{H_2\,l_{\mathrm{Fe}}}{\left(1 - \dfrac{z}{2}\right)\sqrt{2}\,w_V}$$

$$= \frac{0,53 \cdot 39,5}{0,925 \cdot \sqrt{2} \cdot 10} = 1,6\,\mathrm{A}\,.$$

Wird ein Einstellbereich von $\pm$ 25% vorgesehen, so sind die den Grenzen zugeordneten Ströme

$$I_{V\,\mathrm{max}} = 1,25 \cdot 1,6 = 2,0\,\mathrm{A}$$

und

$$I_{V\,\mathrm{min}} = 0,75 \cdot 1,6 = 1,2\,\mathrm{A}\,.$$

Um diese Ströme einstellen zu können, muß die Induktivität der Stabilisierungsdrosseln veränderbar sein zwischen den Grenzen

$$L_{\mathrm{min}} = \frac{E_V}{I_{V\,\mathrm{max}}\,\omega} = \frac{57,5}{2,0 \cdot 377} = 0,0765\,\mathrm{H}$$

und

$$L_{\mathrm{max}} = 0,0765 \cdot \frac{2,0}{1,2} = 0,127\,\mathrm{H}\,.$$

Die Stabilisierungsdrossel muß also für einen Dauerstrom von 2,0 A ausgelegt werden und bei kleinstem Luftspalt eine Induktivität von 0,127 H haben. Damit wird ihre Größe

$$L\,I^2 = 0,127 \cdot 2,0^2 = 0,51\,\mathrm{Ws}\,.$$

Die Vormagnetisierungswicklung wird aus Kupferrunddraht von 1,2 mm Durchmesser hergestellt. Auch die Meßwicklung wird mit Rücksicht auf die mechanische Festigkeit mit der gleichen Drahtstärke ausgeführt. Ihre Windungszahl richtet sich nach dem vorgesehenen Meßverfahren.

Die Nebenwege und die Ausschaltverhältnisse. Ohne eine Vormagnetisierung würde der größte, der Feldstärke H_2 entsprechende negative Stufenstrom am Ende der Stufe betragen

$$i_2 = \frac{H_2\,l_{\mathrm{Fe}}}{w} = \frac{0,53 \cdot 39,5}{40} = 0,52\,\mathrm{A}\,.$$

Nehmen wir an, daß sich die Stufe durch die Vormagnetisierung in eine solche Lage bringen läßt, daß die größte Abweichung des nunmehr positiven Stufenstromes vom angestrebten Nullwert bei keiner Belastung und bei keinem Spannungsregelzustand einen Betrag von etwa 20% dieses Wertes überschreitet[1], so wird $\varDelta i = 0,1$ A. Soll die bei Unterbrechung dieses Stromes am Dämpfungswiderstande anspringende Spannung den Betrag von 10 V nicht übersteigen, so folgt aus Gl.(43,2) der höchstzulässige Wert des resultierenden Dämpfungswiderstandes zu

$$R = \frac{10\,\mathrm{V}}{\varDelta i} = \frac{10}{0,1} = 100\,\varOmega\,.$$

---

[1] Über die Möglichkeit der Vorausberechnung der günstigsten Anpassung der starren Vormagnetisierung siehe die Bemerkung auf S. 521/22.

Wählen wir eine Dreieckschaltung der Nebenwege nach Abb. 43,1 b, so wird der Widerstand in den einzelnen Nebenwegzweigen

$$R' = \frac{3}{2} R = 150 \, \Omega \, .$$

Praktisch stellt man die Dämpfungswiderstände am fertigen Umformer im Prüffeld nach dem Bilde der Kontaktspannungskurve im Kathodenstrahloszillographen bei der günstigsten Anpassung der Vormagnetisierung auf einen möglichst hohen, aber bezüglich der im Öffnungsaugenblick anspringenden Kontaktspannung $R \cdot \Delta i$ noch zulässigen Wert ein. Es muß daher bei den Widerständen ein ausreichender Einstellspielraum nach oben und unten vorgesehen werden.

Die Mindestgröße der Kondensatoren ergibt sich mit Hilfe von Gl. (43,3) aus der resultierenden Nebenwegkapazität

$$C = \frac{\Delta i}{10^5} = \frac{0,1}{10^5} = 10^{-6} \, \text{F}$$

zu

$$C' = \frac{2}{3} C = \frac{2}{3} \, \mu\text{F} \, .$$

Wir wählen die Kondensatoren mit etwas Sicherheit in der Größe von je 1 μF und erhalten damit eine resultierende Nebenwegkapazität von $C = 1,5 \, \mu$F.

Nunmehr kann überprüft werden, in welchem Maße der Stufenstrom durch Schwingungen des Stromes im Nebenwege verzerrt wird. Nach Abb. 43,1 b liegen während der Überlappung der Schließungszeiten zweier Kontakte, z. B. der Kontakte *1* und *2*, die Nebenwege *2* und *3* in Parallelschaltung in Reihe mit den Induktivitäten der Phasen *2* und *3*, während der Nebenweg *1* durch die Kontakte kurzgeschlossen ist. Der Schwingungskreis besteht also aus 2 Widerständen R' in Parallelschaltung, 2 Kondensatoren C' in Parallelschaltung und 2 Phaseninduktivitäten in Reihenschaltung:

$$R = \frac{1}{2} R' = 75 \, \Omega \, ,$$

$$C = 2 \, C' = 2 \, \mu\text{F}$$

und

$$L = 2 \frac{\varepsilon_W}{I_D} \frac{E}{\omega} = 2 \cdot \frac{0,1 \cdot 57,5}{170 \cdot 377} = 0,18 \cdot 10^{-3} \, \text{H} \, .$$

Er wird durch den Sprung Δu_g in der Gleichspannungskurve beim Einsetzen der Ausschaltstufe der Phase *1* angestoßen (s. Abb. 43,4)[1]. Der Schwingungsstrom verläuft zur einen Hälfte durch den Nebenweg *2* und tritt an den Kontakten nicht in Erscheinung. Zur anderen Hälfte durchfließt er den Nebenweg *3* und die Kontakte *1* und *2*. Dem über den Kontakt *1* fließenden Stufenstrom der Ausschaltstufe der Phase *1* überlagert sich also die Hälfte des Schwingungsstromes.

Wir betrachten die Verhältnisse im Nennbetrieb. Der Beginn der Ausschaltstufe liegt dann bei dem Winkel $\alpha'' = \alpha_0 + \ddot{u}$. Nach Gl. (37,5) ist mit $\alpha = \alpha_0$ und $\Delta t_{Es} = 0$:

$$\cos \alpha'' = \cos \alpha_0 - [K \, \varepsilon_W + \Delta t_s \, \omega \, (\varepsilon + \iota)]$$
$$= 0,9942 - [1 \cdot 0,1 + 0,88 \cdot 10^{-3} \cdot 377 \cdot (0,0467 + 0,0705)] = 0,8553$$
$$\alpha'' = 31° \, 12'$$
$$\sin \alpha'' = 0,5180 \, .$$

---

[1] Vgl. die Anmerkung auf S. 381; der erste, schwächere Anstoß durch den Spannungssprung beim Beginn der Stromwendung ist zur Vereinfachung hier im Berechnungsbeispiel vernachlässigt worden.

Der Überlappungswinkel der Lastströme beträgt also $\ddot{u} = \alpha'' - \alpha_0 = 31°12' - 6°10'$ $= 25°02'$, und der Spannungssprung am Stufenbeginn ist

$$\Delta u_g = \frac{1}{2} E_W \sqrt{2} \sin \alpha''$$

$$= \frac{1}{2} \cdot 100 \cdot \sqrt{2} \cdot 0,5180 = 36,6 \text{ V}.$$

Die wirkliche Länge der Ausschaltstufe bei dem Einsatzwinkel α'' ergibt sich aus Gl. (16,5):

$$\cos(\alpha'' + \Delta t \omega) = \cos \alpha'' - \Delta t_s \omega$$

$$= 0,8553 - 0,88 \cdot 10^{-3} \cdot 377 = 0,5235$$

$$\Delta t \omega = 58° 26' - 31° 12' = 27° 14' \text{ oder } 1,26 \text{ ms}.$$

Der zeitliche Verlauf der Schwingung kann nun mit Hilfe der bekannten Schwingungsgleichung für das Einschalten einer Spannung auf einen aus L, R und C bestehenden Stromkreis nachgerechnet werden. Auf die Wiedergabe der Rechnung sei hier verzichtet. Vermerkt sei lediglich, daß im vorliegenden Beispiel die Lösung der Schwingungsgleichung für den aperiodischen Fall in Frage kommt, wie das Dämpfungskriterium

$$2 \sqrt{\frac{L}{C}} = 2 \sqrt{\frac{0,18 \cdot 10^{-3}}{2 \cdot 10^{-6}}} = 19 < R = 75 \,\Omega$$

ergibt. Der Dämpfungsfaktor ist mit $\frac{R}{2L} =$ $\frac{75}{0,36 \cdot 10^{-3}} = 208\,000$ bereits sehr hoch, und der der Stufe überlagerte Strom besteht lediglich aus einer kurzen, negativen Stromspitze (Abb. 53,2), die bereits nach etwa 0,3 ms so gut wie abgeklungen ist,

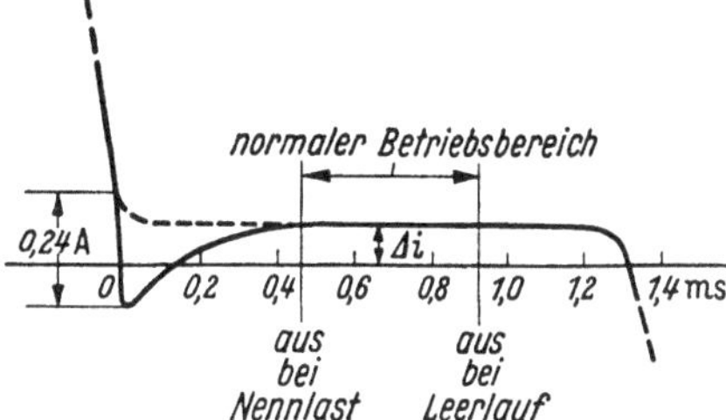

Abb. 53,2.　Zeitlicher Verlauf des Ausschaltstufenstromes.

– – – – ohne Überschwingen
——— mit Überschwingen

also innerhalb von ungefähr ¼ der Stufenlänge. Die negative Stromspitze hat in dem betrachteten Fall des Nennbetriebes eine Höhe von 0,24 A. Wie aus Abb. 53,2 hervorgeht, wird das Arbeiten des Umformers im ganzen normalen Lastbereich von Leerlauf bis Nennstrom sowie innerhalb eines erheblichen Überlastbereiches durch die Stromspitze überhaupt nicht berührt. Nur bei sehr hohen Überlastungen in der Nähe des Grenzstromes wird anstatt eines positiven Reststromes ein negativer Reststrom unterbrochen, so daß die anspringende Spannung ein negatives Vorzeichen hat. Zu einer Rückzündung kann das jedoch nicht führen, weil die Spannung im weiteren Verlauf der Stufe sehr bald wieder positiv wird. Der Umformer ist also im ganzen Gebiet des geforderten Belastungsspieles betriebssicher und im normalen Betrieb durch Stoffwanderung nicht gefährdet, so daß die einfachen kapazitiven Nebenwege beibehalten werden können.

Die Einschaltverhältnisse. Nach der Festlegung der Nebenwege lassen sich auch die Einschaltverhältnisse übersehen. Die höchste Einschaltspannung tritt auf bei dem größten Steuerwinkel $\alpha_{max} = 44°$. Sie hat den Wert

$$u_e = E_W \sqrt{2} \sin \alpha_{max}$$
$$= 100 \cdot \sqrt{2} \cdot 0,695 = 98,5 \text{ V}.$$

Da diese Spannung weit unterhalb der Mindestdurchschlagspannung liegt, so ist ein vorzeitiger Durchbruch beim Schließen der Kontakte nicht zu befürchten. Aber es sind die Nebenwegkondensatoren auf diesen Spannungswert aufgeladen und entladen sich nach der Schließung der Kontakte über diese. Der Spitzenwert des Entladestromes im Schließungsaugenblick beträgt

$$i_{Ce} = \frac{u_e}{R} = \frac{98{,}5}{100} = 0{,}985\ \text{A} .$$

Anschließend klingt der Entladestrom ab nach der Zeitkonstante des Nebenweges:

$$RC = 100 \cdot 1{,}5 \cdot 10^{-6} = 0{,}15\ \text{ms} .$$

Außer diesem Entladestrom durchfließt den Kontakt der vom Augenblick der ersten Berührung an schnell ansteigende, aus dem Hauptstromkreise herrührende Wendestrom. Der Scheitelwert des Wendestromes ergibt sich als 2poliger Kurzschlußstrom aus dem 3poligen Kurzschlußstrom nach Tab. 45,1, Schaltung Nr. 8, durch Multiplikation mit dem Faktor $\sqrt{3}/2$:

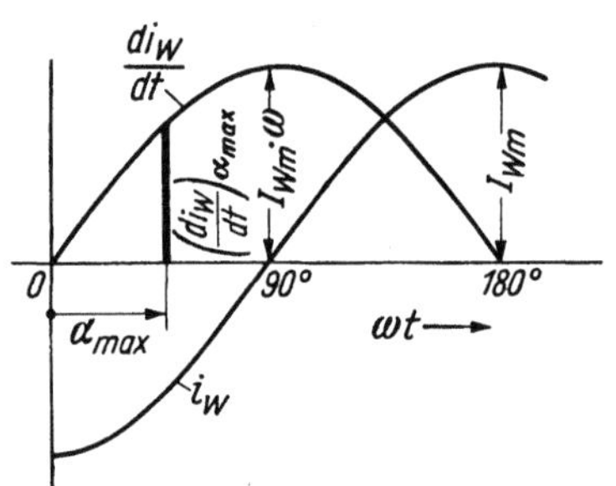

Abb. 53,3. Anstiegssteilheit des Wendestromes in Abhängigkeit vom Steuerwinkel.

$$I_{Wm} = \frac{\sqrt{3}}{2}\, I_{k0m3} = \frac{\sqrt{3}}{2}\left(\frac{2}{\sqrt{3}}\, \frac{I_g}{\varepsilon_W}\right) = \frac{I_g}{\varepsilon_W}$$

$$= \frac{208}{0{,}1} = 2080\ \text{A} .$$

Die größte Anstiegssteilheit des Wendestromes bei $\alpha = 90°$ beträgt

$$I_{Wm}\omega = 2080 \cdot 377 = 785\,000\ \text{A/s} ,$$

und die Anstiegssteilheit bei $\alpha_{\max} = 44°$ (vgl. Abb. 53,3) ist

$$\left(\frac{di_W}{dt}\right)_{\alpha\,\max} = I_{Wm}\omega \sin 44°$$

$$= 785\,000 \cdot 0{,}695 = 546\,000\ \text{A/s} .$$

Rechnet man, daß der Kontakt eine Zeit von 10^{-5} s vom Augenblick der ersten Berührung an benötigt, um zu einem festen Sitz zu kommen, so erreicht der Wendestrom innerhalb dieser Zeitspanne einen Wert von $546\,000 \cdot 10^{-5} = 5{,}46$ A. Dazu kommt noch der Entladestrom der Nebenwege, der in der Zeit von 10^{-5} s erst unbedeutend auf

$$0{,}985\, e^{-\frac{10^{-5}}{0{,}15 \cdot 10^{-3}}} = 0{,}985 \cdot 0{,}935 = 0{,}92\ \text{A}$$

gesunken ist, so daß der Gesamtstrom über den Kontakt nach 10^{-5} s eine Höhe von $5{,}46 + 0{,}92 = 6{,}38$ A hat. Das ist ein Wert, der nach Abschn. 4, Tab. 4,1 im Dauerbetrieb bereits eine erhebliche Einschaltwanderung verursachen würde. Dabei wurde der Betrag des Nebenweg-Entladestromes bisher lediglich aus dem Augenblickswert der Wendespannung beim Einschalten errechnet. Aus den Darlegungen auf S. 52 und 70 wissen wir, daß die Einschaltspannung infolge der am Ende der Ausschaltstufe auftretenden Umladeschwingung des Nebenweges u. U. auch noch höhere Werte annehmen kann, wodurch sich der Entladestrom beim Einschalten noch erhöhen würde. Wenn also die Bedingung gestellt worden wäre, daß der Umformer in dieser Regelstellung nicht nur kurzzeitig, sondern auch im Dauerbetrieb arbeiten sollte, so hätte sich die Verwendung besonderer Einschaltkerne bei den Schaltdrosseln nicht vermeiden lassen. In der normalerweise benutzten Regelstellung für Nennbetrieb mit dem Steuerwinkel $\alpha = \alpha_0 = 6°10'$ dagegen ergibt sich auch ohne solche Einschaltkerne noch ein brauchbarer Dauerbetrieb, denn die Einschaltspannung beträgt dann nur 15,2 V, der Entladestrom des Nebenweges nach 10^{-5} s 0,142 A, der Wendestrom nach 10^{-5} s 0,843 A, und der Gesamtstrom über den Kontakt hat nach 10^{-5} s eine Höhe von 0,985 A, was erfahrungsgemäß gerade noch zulässig ist.

Der Wirkungsgrad. Die Verluste im Transformator sind bei Nennlast 190 W Leerverlust und 590 W Wicklungsverlust. In den Schaltdrosseln entstehen 21 W Eisenverluste und bei 75° C mittlerer Wicklungstemperatur 417 W Wicklungsverluste. Zur Abschätzung der Verluste im Kontaktgerät setzen wir, reichlich gerechnet, einen Spannungsverlust von 0,1 V je Kontakt ein. Da in der Brückenschaltung stets 2 Kontakte in Reihe den Strom führen, so ergibt sich als Stromwärmeverlust $2 \cdot 0,1 \cdot 208 = 41,6 \approx 42$ W. Die Aufnahme des Antriebsmotors beträgt rund 100 W. Die im Grundlastkreise verbrauchte Leistung ist bei Nennspannung $120 \cdot 2,06 = 247$ W. Sie wird bei der Berechnung des Nennlast-Wirkungsgrades nicht berücksichtigt, da die Grundlast gemäß der eingangs gemachten Voraussetzung bereits bei einem Bruchteil des Nennstromes selbsttätig abgeschaltet wird. Die Verluste in den Vormagnetisierungskreisen schätzen wir zu 10% der Vormagnetisierungs-Scheinleistung von $100 \cdot 1,6 \cdot \sqrt{3} = 277$ VA, also zu 28 W. Die Verluste in den Nebenwegen sind vernachlässigbar klein. Damit erhalten wir:

Der Wirkungsgrad bei Nennlast $N = 25$ kW wird dann

Bestandteil	Leerverluste W	Lastverluste W
Transformator	190	590
Schaltdrosseln	21	417
Kontakte	—	42
Antriebsmotor	100	—
Vormagnetisierung . . .	28	—
Zusammen	339 W	1049 W

$$\eta = 1 - \frac{\Sigma(V)}{N + \Sigma(V)}$$

$$= 1 - \frac{1388}{26388} = 0,947,$$

also fast 95%. Er erreicht sein Maximum bei $\sqrt{\dfrac{339}{1049}} = 0,57$ des

Nennstromes, also bei 14,2 kW, mit

$$\eta_{\max} = 1 - \frac{2 \cdot 339}{14878} = 0,954.$$

Der Leistungsfaktor. Es ist nach Gl. (35,9)

$$\lambda = v \cos\varphi = v \left[\cos\alpha - (g_0 + g_{\mathrm{Fe}})\right].$$

Der Verzerrungsfaktor beträgt nach Tab. 26,1 für die 3phasige Brückenschaltung mit 6phasiger Gleichstromwelligkeit $v = 0,955$. Bei Nennbetrieb ist $\cos\alpha = \cos\alpha_0 = 0,9942$. Der induktive Luftabfall betrug nach S. 499 $g_0 = 0,05$, und der Eisenabfall war $g_{\mathrm{Fe}} = 0,0155$. Damit wird bei Vernachlässigung des Transformator-Magnetisierungsstromes, der Vormagnetisierungs-Blindleistung und der Blindleistungsaufnahme des Antriebsmotors einerseits, die den Leistungsfaktor verschlechtern, und bei Außerachtlassung der Verminderung der Blindleistung durch die Überlappung der Lastströme sowie der Wirkkomponenten des Magnetisierungsstromes, der Vormagnetisierung und der Aufnahme des Antriebsmotors andererseits, die eine Erhöhung des Leistungsfaktors zur Folge haben:

Verschiebungsfaktor   . . . $\cos\varphi = 0,9942 - (0,05 + 0,0155) = 0,929$
Leistungsfaktor   . . . . $\lambda = 0,955 \cdot 0,929 = 0,887.$

54. Großkontaktumformer mit selbsttätiger elektrischer Überlappungsregelung.

Für eine Betriebsfrequenz von 50 Hz sei ein Kontaktumformer zu berechnen für 3000 A, 240 V, 720 kW Gleichstrom zur Speisung einer Elektrolyse. Die Gleichspannung soll durch mechanische Teilaussteuerung bis auf 20% der Nennspannung herabgeregelt werden können. Die Nenngleichspannung soll auch noch bei 2,5%

Netzspannungsabsenkung und Nennstrom erreichbar sein. Hinsichtlich der Stromwendung soll der Umformer auf das 1,5fache des Nennstromes überlastet werden
können. Die Kurzschlußleistung des Netzes am hochspannungsseitigen Eingang des
Gleichrichtertransformators beträgt 20 MVA. Als Schaltung werde wiederum die
3phasige Dreidrossel-Brückenschaltung gewählt (Tab. 26,1 Schaltung Nr. 8), jedoch dieses Mal mit selbsttätiger elektrischer Überlappungsregelung, wobei ein Getriebe vorausgesetzt sei, bei dem der Einschaltzeitpunkt durch die Überlappungsregelung nicht beeinflußt wird (vgl. S. 161).

Die Bemessung des Hauptstromkreises. Die Berechnung geht zunächst in der
gleichen Weise vor sich wie in Abschn. 53. Der Schaltdrosselstrom ist auch hier
wieder gleich dem sekundären Leitungsstrom des Transformators:

$$I_D = I_2 = \sqrt{\frac{2}{3}} \cdot 3000 = 2450 \text{ A}.$$

Den auf die Spannung E_{g0} bezogenen Gesamtspannungsabfall des Umformers
schätzen wir auf 16%. Da im vorliegenden Falle die Nenngleichspannung noch bei
einer Netzspannungsabsenkung von 2,5% erreicht werden soll, so muß werden

$$E_{g0}(0{,}975 - 0{,}16) = U_g$$

oder

$$E_{g0} = \frac{240}{0{,}815} = 294 \text{ V}.$$

Damit erhält man die Transformator-Sternspannung

$$E = \frac{294}{2{,}34} = 126 \text{ V},$$

die verkettete Transformatorspannung

$$E_2 = E_W = \frac{294}{1{,}35} = 218 \text{ V},$$

die ideelle Gleichstromleistung

$$N_{g0} = 294 \cdot 3000 \cdot 10^{-3} = 882 \text{ kW}$$

und die Transformatorleistung

$$N_T = 1{,}05 \cdot 882 = 925 \text{ kVA}.$$

Die Schaltdrossel. Die Schaltdrossel erhält einen Ausschaltkern aus Nickeleisen *Permenorm 5000 Z* mit einer Banddicke von 0,05 mm (Eisenfüllfaktor $f_A = 0{,}8$)
und einen Einschaltkern aus dem gleichen Magnetwerkstoff mit einer Banddicke
von 0,03 mm (Füllfaktor $f_E = 0{,}7$). Beide Kerne tragen getrennte Vormagnetisierungs- und Meßwicklungen, aber eine gemeinsame Hauptwicklung. Die Hauptwicklung soll als Scheibenspulenwicklung aus Kupferpreßseil nach Abb. 6,2 hergestellt werden.

Der Ausschaltkern. Als Stufenlänge genügt bei selbsttätiger elektrischer Überlappungsregelung für die 3phasige Dreidrossel-Brückenschaltung erfahrungsgemäß
eine solche von etwa 0,8 ms. Wir nehmen sie zunächst mit 0,8 ms an. Dann wird
die Bauleistung der Schaltdrossel (ohne Einschaltkern):

$$N_B = \frac{1}{2} E_W I_D \, \Delta t_s \omega$$

$$= \frac{1}{2} \cdot 218 \cdot 2450 \cdot 0{,}80 \cdot 10^{-3} \cdot 314 \cdot 10^{-3} = 67{,}0 \text{ kVA}.$$

Das Gewicht der aktiven Teile beträgt somit ungefähr

$$G = 6 \cdot 67^{3/4} = 140 \,\text{kg}.$$

Wählen wir das Gewichtsverhältnis $v_G = 1{,}4$, das Seitenverhältnis des Brutto-Eisenquerschnittes $v_q = 1{,}1$ und das radiale Abmessungsverhältnis $v_d = 0{,}4$, so erhalten wir aus Gl. (33,7):

$$b_{\text{Fe}}^3 = \frac{v_d}{v_q\,(1 + v_G)} \cdot \frac{G}{2\pi\,\gamma\,f_A} = \frac{0{,}4}{1{,}1 \cdot 2{,}4} \cdot \frac{140 \cdot 10^3}{2\pi\,8{,}25 \cdot 0{,}8} = 512$$

und
$$b_{\text{Fe}} = 8{,}0 \,\text{cm}.$$

Damit wird
$$h_{\text{Fe}} = 1{,}1 \cdot 8{,}0 = 8{,}8 \,\text{cm}$$

und
$$d_{\text{Fe}} = \frac{2 \cdot 8{,}0}{0{,}4} = 40 \,\text{cm}.$$

Um Eisenband mit der normalen Bandbreite von 20 mm verwenden zu können, wählen wir die Kernhöhe endgültig zu $h_{\text{Fe}} = 5 \times 2{,}0 = 10$ cm. Der Ausschaltkern wird also aus 5 Einzelkernen zusammengesetzt, die in einem Metallkäfig nach Abb. 24,3 untergebracht werden. Damit wird dann

$$b_{\text{Fe}} = \frac{8{,}0 \cdot 8{,}8}{10{,}0} = 7{,}0 \,\text{cm}.$$

Die Kerne haben somit einen Außendurchmesser von $40 + 7 = 47$ cm und einen Innendurchmesser von $40 - 7 = 33$ cm. Der reine Eisenquerschnitt beträgt

$$q_{\text{Fe}} = 0{,}8 \cdot 7{,}0 \cdot 10{,}0 = 56 \,\text{cm}^2,$$

die mittlere Eisenlänge

$$l_{\text{Fe}} = 40\,\pi = 125{,}5 \,\text{cm}$$

und das Gewicht des Ausschaltkernes

$$G_{\text{Fe}\,A} = 56 \cdot 125{,}5 \cdot 8{,}25 \cdot 10^{-3} = 58 \,\text{kg}.$$

Hauptwicklung und endgültige Stufenlänge. Die Windungszahl der Hauptwicklung ergibt sich mit dem verfügbaren Eisenquerschnitt von 56 cm² zu

$$w = \frac{E_W \sqrt{2}\,\varDelta t_s}{q_{\text{Fe}}\,\varDelta M} = \frac{218 \cdot \sqrt{2} \cdot 0{,}8 \cdot 10^{-3}}{56 \cdot 26{,}8 \cdot 10^{-5}} = 16{,}4.$$

Wir wählen $w = 16$ Windungen. Dann wird die endgültige Stufenlänge etwas geringer, nämlich

$$\varDelta t_s = 0{,}8 \cdot \frac{16}{16{,}4} = 0{,}78 \,\text{ms}.$$

Die Schaltdrosseln sollen Lüfterkühlung erhalten. Bei der gewählten Wicklungsart ist dann erfahrungsgemäß eine Stromdichte von $s = 3$ A/mm² zulässig. Damit wird der erforderliche Kupferquerschnitt

$$Q_{\text{Cu}} = \frac{I_D}{s} = \frac{2450}{3} = 817 \,\text{mm}^2.$$

Die Segmente werden gewickelt aus Kupferpreßseil 16×4 mm, 2 mal mit Baumwolle umsponnen, Abmessungen isoliert 18×6 mm. Der reine Kupferquerschnitt des Seiles beträgt $q_{\text{Cu}} = 52{,}8$ mm², das Gewicht für 1000 m blank $G_{1000} = 458$ kg. Die Anzahl der parallel zu schaltenden Spulen wird dann

$$p = \frac{Q_{\text{Cu}}}{q_{\text{Cu}}} = \frac{817}{52{,}8} = 15{,}5 \approx 16.$$

Hiermit ändert sich die Stromdichte geringfügig in

$$s = 3 \cdot \frac{15,5}{16} = 2,9 \; \text{A/mm}^2 \, .$$

Die Wicklung wird mit Doppelspulen ausgeführt, die aus 2 Segmenten zu je $\frac{w}{2} =$ 8 Windungen übereinander bestehen. Die Gesamtzahl der gleichmäßig auf dem Kernumfang verteilten Segmente wird damit $2p = 2 \cdot 16 = 32$. Verlangen wir zwischen je 2 Segmenten an den Innenkanten einen Zwischenraum von mindestens 2 mm, so darf der Innendurchmesser D_i der Wicklung (s. Abb. 54,1) nicht unter

$$\frac{32 \cdot (18 + 2)}{\pi} = 204 \; \text{mm}$$

betragen. Der Innendurchmesser des Eisenkernes war 330 mm. Für das Spiel bis zur Käfigwand, die Käfigdicke, den Auftrag der Vormagnetisierungswicklung und die erforderlichen Isolationszwischenlagen rechnen wir einseitig 12 mm. Der Wicklungsauftrag der Hauptwicklung wird bei 8 Windungen

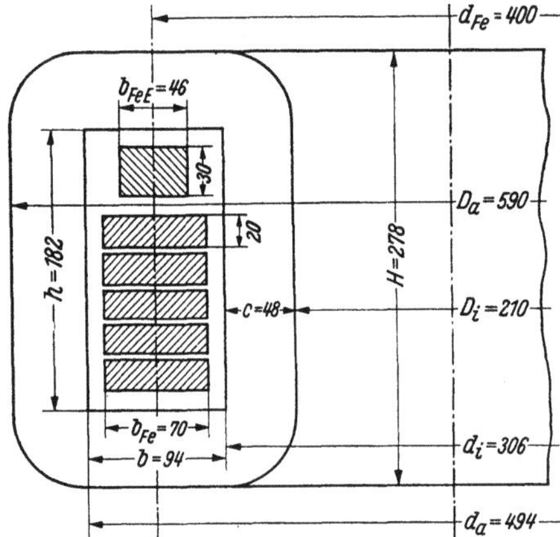

Abb. 54,1. Schaltdrossel mit Scheibenspulenwicklung für einen Großumformer. Drosselstrom 2450 A, nutzbare Stufenlänge 0,78 ms bei einer Wendespannung von 218 V eff

$$c = 8 \cdot 6 = 48 \; \text{mm} \; \text{einseitig.}$$

Damit wird der wirkliche Innendurchmesser der Wicklung

$$D_i = 330 - 2 \cdot (12 + 48) = 210 \; \text{mm} \, .$$

Die Wicklung hat auf dem Kern also ausreichend Platz.

Der Einschaltkern. Die Stufenlänge $\varDelta t_{Es}$ des Einschaltkernes wählen wir aus dem auf S. 349 unter 41.43 angegebenen Grunde ziemlich reichlich zu etwa 0,13 ms. Der erforderliche Eisenquerschnitt wird dann mit $\varDelta M_E = 27 \; \text{kG}$ nach Tab. 18,2

$$q_{\text{Fe} E} = \frac{E_W \sqrt{2} \; \varDelta t_{Es}}{w \; \varDelta M_E} = \frac{218 \cdot \sqrt{2} \cdot 0,13 \cdot 10^{-3}}{16 \cdot 27 \cdot 10^{-5}} = 9,3 \; \text{cm}^2 \, .$$

Der Einschaltkern wird in eine Fassung aus Isolierstoff nach Abb. 24,2 eingebettet, die auch die Vormagnetisierungswicklung und die sonstigen Hilfswicklungen trägt. Aus konstruktiven Gründen wird der Kern mit der ebenfalls normalen Bandbreite 30 mm ausgeführt ($h_{\text{Fe} E} = 3,0 \; \text{cm}$) und erhält einen Außendurchmesser von 44,6 cm und einen Innendurchmesser von 35,4 cm. Die Kernbreite beträgt dann $b_{\text{Fe} E} = 4,6 \; \text{cm}$. Damit wird der reine Eisenquerschnitt bei einem Füllfaktor von 0,7

$$q_{\text{Fe} E} = 0,7 \cdot 4,6 \cdot 3,0 = 9,65 \; \text{cm}^2 \, ,$$

und die genaue Stufenlänge ist

$$\varDelta t_{Es} = 0,13 \cdot \frac{9,65}{9,3} = 0,135 \; \text{ms} \, .$$

Die mittlere Eisenlänge ist die gleiche wie beim Ausschaltkern, nämlich 125,5 cm. Als Eisengewicht des Einschaltkernes ergibt sich dann

$$G_{\text{Fe} E} = 9,65 \cdot 125,5 \cdot 8,25 \cdot 10^{-3} = 10 \; \text{kg} \, .$$

Abmessungen und Gewicht der Schaltdrossel. Die Abmessungen des fertigen Gesamtkernes (vgl. Abb. 54,1) mit Einschluß der Hilfswicklungen ergeben sich aus der Konstruktionszeichnung zu

$$b = 9,4\,\text{cm und } h = 18,2\,\text{cm},$$

$$d_a = d_{\text{Fe}} + b = 49,4\,\text{cm},$$

$$d_i = d_{\text{Fe}} - b = 30,6\,\text{cm}.$$

Damit wird der Außendurchmesser der Hauptwicklung

$$D_a = d_{\text{Fe}} + b + 2\,c = 40 + 9,4 + 2 \cdot 4,8 = 59\,\text{cm}$$

und die Wicklungshöhe

$$H = h + 2\,c = 18,2 + 2 \cdot 4,8 = 27,8\,\text{cm}.$$

Die mittlere Windungslänge der Hauptwicklung beträgt

$$l_{\text{Cu}} = 2 \cdot (b + h) + c\pi = 2 \cdot (9,4 + 18,2) + 4,8\,\pi = 70,3\,\text{cm}.$$

Die gesamte Kupferlänge ist daher

$$L_{\text{Cu}} = w\,p\,l_{\text{Cu}} = 16 \cdot 16 \cdot 70,3 \cdot 10^{-3} = 180\,\text{m},$$

und das Kupfergewicht (ohne Sammelringe) ergibt sich zu

$$G_{\text{Cu}} = \frac{G_{1000}}{1000}\,L_{\text{Cu}} = \frac{458}{1000}\,180 = 82,5\,\text{kg}.$$

Damit wird das Gesamtgewicht *ohne* Einschaltkern

$$G_{\text{Cu}} + G_{\text{Fe}A} = 82,5 + 58 = 140,5\,\text{kg},$$

also praktisch gleich dem Ausgangswert von 140 kg auf S. 509, und das Gewichtsverhältnis

$$v_G = \frac{G_{\text{Cu}}}{G_{\text{Fe}A}} = \frac{82,5}{58} = 1,42,$$

also fast gleich dem auf S. 509 eingesetzten Wert 1,4. Als Gesamtgewicht der aktiven Teile der Drossel einschließlich des Einschaltkernes ergibt sich schließlich

$$G_{\text{Cu}} + G_{\text{Fe}A} + G_{\text{Fe}E} = 82,5 + 58 + 10 = 150,5\,\text{kg}.$$

Die Leistungsverluste in den Schaltdrosseln. Der normale Kupferverlust in den 3 Schaltdrosseln beträgt bei einer Wicklungstemperatur von 75° C

$$V_{\text{Cu}D} = 3\,s^2\,\varrho_{75}\,\frac{G_{\text{Cu}}}{\gamma_{\text{Cu}}} = 3 \cdot 2,9^2 \cdot 0,0216\,\frac{82,5}{8,9} = 5,04\,\text{kW}$$

oder 0,67% der Leistungsaufnahme des Umformers. Der Wirbelstromverlust im Kupferpreßseil ist zu vernachlässigen.

Als Eisenverluste erhält man aus den Kerngewichten und den für die betreffenden Stufenlängen gültigen Verlustziffern

$$V_{\text{Fe}D} = 3 \cdot (58 \cdot 1,4 + 10 \cdot 1,3) \cdot 10^{-3} = 0,28\,\text{kW}$$

oder 0,04% der Leistungsaufnahme.

Die gesamten Verluste des Schaltdrosselsatzes betragen also 0,71% der Leistungsaufnahme des Umformers.

Die Luftinduktivität der Schaltdrossel. Wir benutzen für diese Wicklungsart die streng gültige Gl. (34,13) mit

$$k = h\,\lg\frac{d_a}{d_i} + 2\,(h + c)\,\lg\frac{d_a + c}{d_i - c}$$

$$= 18,2\,\lg\frac{49,4}{30,6} + 2 \cdot (18,2 + 4,8)\,\lg\frac{49,4 + 4,8}{30,6 - 4,8} = 18,6\,\text{cm}.$$

Dann wird die Luftinduktivität

$$L_D = 1{,}61\,w^2\,k\,10^{-9} = 1{,}61 \cdot 16^2 \cdot 18{,}6 \cdot 10^{-9} = 7{,}65 \cdot 10^{-6}\,\mathrm{H}\,,$$

und die Reaktanzspannung der Drossel ergibt sich zu

$$\varepsilon_D = \frac{I_D\,L_D\,\omega}{E_W}\,100 = \frac{2450 \cdot 7{,}65 \cdot 10^{-6} \cdot 314}{218}\,100 = 2{,}70\,\%$$

Die Reaktanzspannung des Wendekreises. Die Netzreaktanzspannung finden wir aus der Kurzschlußleistung N_{kN} des Netzes mittels Gl. (29,7) mit $N_s = N_T$:

$$\varepsilon_N = \frac{N_T}{N_{kN}}\,100 = \frac{925}{20 \cdot 10^3}\,100 = 4{,}6\,\%\,.$$

Die Streuspannung des Transformators beträgt $\varepsilon_T = 3{,}2\%$. Für die Leitungen zwischen dem Transformator und den Kontakten rechnen wir $\varepsilon_L = 1{,}5\%$. Dann wird die Reaktanzspannung des ganzen Wendekreises nach Tab. 26,1:

$$\varepsilon_W = \varepsilon_N + \varepsilon_T + \sqrt{3}\,\varepsilon_D + \varepsilon_L = 4{,}6 + 3{,}2 + \sqrt{3} \cdot 2{,}7 + 1{,}5 = 14{,}0\,\%\,.$$

Der Sicherheitswinkel. Wegen der 60°-Bedingung muß die Aussteuerung auch hier nach oben etwas begrenzt werden auf den Sicherheitswinkel α_0, damit die geforderte statische Überlastbarkeit vom 1,5fachen des Nennstromes erreicht wird (vgl. Abb. 31,4a). Soll diese Überlastbarkeit nicht nur bei voller Netzspannung, sondern auch noch bei 2,5% Spannungsabsenkung vorhanden sein, so muß α_0 statt aus Gl. (31,10) aus Gl. (32,16) mit $\lambda'' = 0{,}975$ berechnet werden, wobei für i''_{bm} der Wert $i'_{bm} = 1{,}5$ der gewünschten statischen Überlastbarkeit einzusetzen ist. Dann ergibt sich

$$\sin(\alpha_0 + 30) = \frac{1}{\lambda''}\,(K\,\varepsilon_W\,i^*_{bm} + \Delta t_s\,\omega\,\beta_A + \Delta t_{Es}\,\omega\,\beta_E)$$

$$= \frac{1}{0{,}975}\,(1 \cdot 0{,}14 \cdot 1{,}5 + 0{,}78 \cdot 10^{-3} \cdot 314 \cdot 1{,}175 +$$

$$+\; 0{,}135 \cdot 10^{-3} \cdot 314 \cdot 1{,}155)$$

$$= \frac{1}{0{,}975}\,(0{,}210 + 0{,}288 + 0{,}049) = 0{,}562$$

$$\alpha_0 = 4°\,10'$$

$$\cos\alpha_0 = 0{,}9974\,.$$

Die Grenzen für plötzliche Laständerungen. Wir betrachten zunächst die plötzlichen Stromänderungen, die zulässig sind, wenn der Umformer im Beharrungszustande mit *Nennstrom* läuft (vgl. Abb. 31,4). Verlangen wir, daß der Umformer eine dynamische Überlastbarkeit von der gleichen Größe wie im Beharrungszustande hat, also $i_{bm} = i^*_{bm} = 1{,}5$, so ist damit auch die im Nennbetrieb mittels des Sollwerteinstellers des Überlappungsreglers einzustellende Lage des Ausschaltzeitpunktes in bezug auf die Ausschaltstufe, also der Polarisationswert $M_{\sigma B}$, festgelegt. Die zugehörige betriebsmäßige Ausschaltsicherheit τ_{Bs} läßt sich aus Gl. (31,18) berechnen:

$$\tau_{Bs} = \Delta t_s - \frac{K\,\varepsilon_W\,(i_{bm}-1)}{\omega} = 0{,}78 - \frac{0{,}14 \cdot (1{,}5-1)}{314} \cdot 10^{-3} = 0{,}56\,\mathrm{ms}\,.$$

Um die zulässige plötzliche Belastungs*senkung* berechnen zu können, muß außer diesem Wert auch noch die Mindest-Ausschaltsicherheit $\tau_{\min s}$ festgelegt sein. Wir wählen sie in Anbetracht der nicht sehr hohen maximalen Sperrspannung von nur 310 V zu 0,1 ms. Dann ergibt sich aus Gl. (31,19) mit $\gamma_\varkappa \approx \gamma$ und $\gamma_{E\varkappa} \approx \gamma_E$:

$$i_{b\varkappa} = 1 - \frac{(\tau_{Bs} - \tau_{\min s} - \Delta t_s \gamma_\varkappa - \Delta t_{Es}\gamma_{E\varkappa})\,\omega}{K\,\varepsilon_W}$$

$$= 1 - \frac{(0{,}56 - 0{,}1 - 0{,}78 \cdot 0{,}0448 - 0{,}135 \cdot 0{,}0370) \cdot 10^{-3} \cdot 314}{1 \cdot 0{,}14} = 0{,}057 \,.$$

Der Belastungsstrom kann hiernach also sprunghaft vom Nennstrom auf etwa 6% desselben vermindert werden, ohne daß die Sicherheit des Betriebes gefährdet wird. In Wirklichkeit liegen die Verhältnisse sogar noch günstiger, d.h., es ist eine noch weitergehende Entlastung (u. U. bis auf den Grundlaststrom) zulässig, weil die Abnahme des Belastungsstromes niemals wirklich momentan vor sich geht, sondern durch die Induktivitäten — vor allem durch die Glättungsdrossel und durch die Induktivität der Leitungsschleife der als Belastung angeschlossenen elektrolytischen Bäder — verzögert wird.

Weiterhin untersuchen wir nun noch, auf welchen Betrag der Belastungsstrom, ausgehend vom Betrieb mit *Grundlast*, plötzlich gesteigert werden darf (vgl. Abb. 31,4c), ohne daß vorübergehend bei der Kontaktöffnung Laststrom aufgerissen wird. Aus Gl. (31,22) erhält man mit $\gamma_\mu \approx \gamma$ und $\gamma_{E\mu} \approx \gamma_E$:

$$i_{b\mu} - i_{b0} = \frac{[\Delta t_s (1 - \gamma_\mu) - \tau_{Bs} - \Delta t_{Es}\gamma_{E\mu}]\,\omega}{K\,\varepsilon_W}$$

$$= \frac{[0{,}78\,(1 - 0{,}0448) - 0{,}56 - 0{,}135 \cdot 0{,}0370] \cdot 10^{-3} \cdot 314}{1 \cdot 0{,}14} = 0{,}403\,.$$

Es können also rechnungsmäßig 40% des Nennstromes vom Grundlaststrom aus sprunghaft zugeschaltet werden, ohne daß die Kontakte vorübergehend feuern. Ausgehend vom Betrieb mit Nennstrom war der rechnungsmäßige Prozentsatz mit 50% (entsprechend der gewählten dynamischen Überlastbarkeit) etwas höher, weil wegen des beim Nennstrom bereits voll gesättigten Eisens die Ausdrücke γ_μ und $\gamma_{E\mu}$ fortfallen. Ganz allgemein liegen auch beim plötzlichen Stromanstieg die Verhältnisse wegen der den Anstieg verzögernden Wirkung der Induktivitäten praktisch günstiger, als es die Rechnung ergibt. Im übrigen liefert eine genauere Rechnung mit Berücksichtigung der während der Überlappung der Lastströme noch zusätzlich an der Schaltdrossel auftretenden Spannungsfläche F_2 (vgl. Abb. 23,35c), die bisher vernachlässigt wurde, auch noch eine Erhöhung des zulässigen plötzlichen Stromanstieges. Wir wollen diese Rechnung nachstehend noch durchführen.

Umfaßt die Meßwicklung des Überlappungsreglers auf dem Ausschaltkern der Schaltdrossel die gleiche Windungsfläche q_S wie die Streckkreiswicklung (s. Abb. 38,6), so erhält man für den der Fläche F_2 entsprechenden, auf den Scheitelwert der Wendespannung bezogenen Zeitabschnitt (fiktiver Rechnungswert wie Δt_s) in Anlehnung an Gl. (38,6) mit $\ddot{u}_s$ nach Gl. (37,8):

$$\Delta t_{2s} = \frac{1}{2}\,\frac{c_D\,\varepsilon_D}{\varepsilon_W}\,\frac{q_S}{q^*}\,\frac{\ddot{u}_s}{\omega}\,.$$

Mit den Zahlenwerten des Rechnungsbeispiels ergibt sich

$$\Delta t_{2s} = \frac{1}{2} \cdot \frac{\sqrt{3} \cdot 2{,}7}{14{,}0} \cdot \frac{114}{267} \cdot \frac{0{,}176}{314}\, 10^3 = 0{,}04\,\text{ms}\,.$$

Die Überlappungsfläche F_2 macht mit 0,04 ms also nur rund 5% der Schaltdrosselstufenfläche von 0,78 ms aus. Das Vorhandensein dieser Spannungsfläche verlangt aber, daß, wenn man im Nennbetrieb die früher festgelegte dynamische Überlastbarkeit von 50% und damit die Ausschaltsicherheit τ_{Bs} von 0,56 ms und die dynamische Entlastbarkeit auf 6% des Nennstromes beibehalten will, der Sollwert des Über-

lappungsreglers anstatt auf einen der Fläche F_1 mit $\varDelta t_{1s} = 0{,}78 - 0{,}56 = 0{,}22$ ms
entsprechenden Strom in Wirklichkeit auf den der Fläche $F_1 + F_2$ mit $\varDelta t_{1s} + \varDelta t_{2s}$
$= 0{,}22 + 0{,}04 = 0{,}26$ ms zugeordneten Strom eingestellt werden muß. Bei dieser
Einstellung liegt nun im Betrieb mit Grundlast, wo die Fläche F_2 am Stufenanfang
verschwunden ist, der Ausschaltzeitpunkt in der Stufe um $\varDelta t_{2s}$ verzögert, und die
Ausschaltsicherheit beträgt dann nur noch $\tau'_{Bs} = \tau_{Bs} - \varDelta t_{2s} = 0{,}56 - 0{,}04 = 0{,}52$ ms
(gestrichelte Senkrechte in Abb. 54,2). Damit erhalten wir anstatt des früheren
Wertes $i_{b\mu} - i_{b0} = 0{,}403$ jetzt

$$i'_{b\mu} - i_{b0} = \frac{[0{,}78 \cdot (1 - 0{,}0448) - 0{,}52 - 0{,}135 \cdot 0{,}037] \cdot 10^{-3} \cdot 314}{1 \cdot 0{,}14} = 0{,}495 \, .$$

Die genauere Rechnung ergibt also beim Ausgang vom Grundlaststrom mit 49,5%
zufällig fast die gleiche zulässige plötzliche Stromerhöhung wie beim Ausgang vom
Nennstrom. Die dynamische Beanspruchbarkeit des Umformers ist somit gekennzeichnet durch die folgenden Werte:

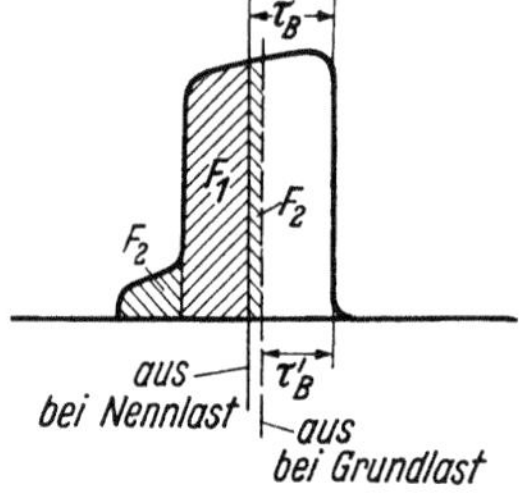

Abb. 54,2. Spannung an der Schaltdrossel und Lage des Ausschaltzeitpunktes.

Stromzunahme von Grundlast $i'_{b\mu} - i_{b0} = 0{,}495$,
Stromzunahme von Nennlast $i_{bm} - 1 = 0{,}50$,
Stromabnahme von Nennlast $1 - i_{b\varkappa} = 0{,}94$.

Der gesamte Spannungsabfall. Der Spannungsverlust
durch den verhältnismäßig kleinen Sicherheitswinkel ist
nur gering, nämlich

$$1 - \cos\alpha_0 = 1 - 0{,}9974 = 0{,}0026 \, .$$

Der induktive Luftabfall ergibt sich aus der Reaktanzspannung des Wendekreises zu

$$g_0 = \frac{K}{2}\,\varepsilon_W = \frac{1}{2} \cdot 0{,}14 = 0{,}070 \, .$$

Der induktive Eisenabfall setzt sich jetzt aus den Anteilen des Ausschaltkernes
und des Einschaltkernes zusammen:

$$g_{\mathrm{Fe}} = (\varDelta t_s\,\varepsilon + \varDelta t_{Es}\,\varepsilon_E)\,\omega$$
$$= (0{,}78 \cdot 0{,}0467 + 0{,}135 \cdot 1{,}078) \cdot 10^{-3} \cdot 314 = 0{,}0572 \, .$$

Um den ohmschen Spannungsabfall zu ermitteln, bilden wir die Summe aus den
Verlusten der stromleitenden Teile des Hauptstromkreises. Der Wicklungsverlust
der Schaltdrosseln hatte sich auf S. 511 zu 5,04 kW ergeben. Die Wicklungsverluste
des Transformators betragen 1,4% der Transformatorleistung von 925 kVA, also
12,95 kW. Die Verluste in den Verbindungsleitungen und in den Schienen und Kontakten des Kontaktgerätes schätzen wir auf 0,5% der Transformatorleistung, also
auf 4,61 kW. Insgesamt betragen die Kupferverluste des Hauptstromkreises also
$V_{\mathrm{Cu}} = 5{,}04 + 12{,}95 + 4{,}61 = 22{,}6$ kW. Damit erhalten wir einen ohmschen Spannungsabfall von

$$r = \frac{V_{\mathrm{Cu}}}{N_{g0}} = \frac{22{,}6}{882} = 0{,}0256 \, .$$

Der gesamte auf E_{g0} bezogene Gleichspannungsabfall ergibt sich dann zu

$$(1 - \cos\alpha_0) + g_0 + g_{\mathrm{Fe}} + r = 0{,}0026 + 0{,}070 + 0{,}0572 + 0{,}0256$$
$$= 0{,}1554 \quad \text{oder} \quad 15{,}54\% \, .$$

Er ist also um ungefähr 0,5% geringer als eingangs geschätzt wurde. Wir behalten
die Transformatorspannung von 218 V bei und haben damit noch eine kleine Spannungsreserve, denn die Gleichspannung bei niedrigster Netzspannung wird jetzt

$$U_g = 294 \cdot (0{,}975 - 0{,}1554) = 241 \text{ V} \, .$$

Die Spannungsänderung des Umformers. Unter Spannungsänderung versteht man, wie schon in Abschn. 53 auf S. 500 ausgeführt wurde, die Zunahme der Gleichspannung, die eintritt, wenn der mit Nennstrom und Nennspannung laufende Umformer ohne einen spannungsregelnden Eingriff bis auf den Grundlaststrom entlastet wird. Wir berechnen daher zunächst den Aussteuerungsgrad, der erforderlich ist, um bei voller Netzspannung, also bei $E_{g0} = 294$ V, und dem Nenngleichstrom die Nenngleichspannung von 240 V zu erhalten. Aus der Spannungsgleichung (30,16) folgt für Nennspannung und Nennstrom:

$$\cos\alpha = \frac{U_g}{E_{g0}} + (g_0 + g_{\mathrm{Fe}} + r) = \frac{240}{294} + 0,1528 = 0,9698 \, .$$

Für Grundlast bei unverändertem Steuerwinkel α wird dann nach Gl. (30,17):

$$U_{g0} = E_{g0} \left[\cos\alpha - (g_0 + r)\, i_{b0} - g_{\mathrm{Fe0}}\right]$$
$$= 294 \cdot (0,9698 - 0,0956 \cdot 0,004 - 0,0509) = 270 \text{ V} \, .$$

Damit beträgt die Spannungsänderung:

$$\frac{U_{g0} - U_g}{U_g} \, 100 = \frac{270 - 240}{240} \, 100 = 12{,}5 \, \% \, .$$

Der Leistungsfaktor. Aus dem Steuerwinkel und den induktiven Spannungsabfällen erhalten wir zunächst den Verschiebungsfaktor $\cos\varphi$. Für den Fall der höchstzulässigen Aussteuerung mit dem Sicherheitswinkel α_0 wird

$$\cos\varphi_{\max} = \cos\alpha_0 - (g_0 + g_{\mathrm{Fe}})$$
$$= 0,9974 - (0,070 + 0,0572) = 0,8702 \, .$$

Der Verzerrungsfaktor für Rechteckform der Kontaktströme beträgt $v = 0,955$. Damit wird der Leistungsfaktor bei der höchstzulässigen Aussteuerung dann in Annäherung

$$\lambda_{\max} = v \cos\varphi = 0,955 \cdot 0,8702 = 0,831 \, .$$

Da die Transformator-Sekundärspannung so gewählt worden war, daß bei Nennstrom die Nenngleichspannung auch noch bei 2,5% Netzspannungsabsenkung erreicht wird, so muß, um bei *voller* Netzspannung auf die Nenngleichspannung zu kommen, der Aussteuerungsgrad gegenüber seiner durch den Sicherheitswinkel festgelegten oberen Grenze verringert werden. Für diesen Fall hatte sich bei der Berechnung der Spannungsänderung bereits $\cos\alpha = 0,9698$ ergeben. Hiermit wird der Verschiebungsfaktor

$$\cos\varphi = 0,9698 - (0,070 + 0,0572) = 0,8426 \, ,$$

und der Leistungsfaktor beträgt dann nur noch

$$\lambda = 0,955 \cdot 0,8426 = 0,805 \, .$$

Die durch diese zusätzliche Teilaussteuerung verursachte Verminderung des Leistungsfaktors läßt sich zum größten Teil vermeiden, wenn der Haupttransformator mit einem Stufenschalter oder mit einem getrennten Regeltransformator ausgestattet und immer auf der niedrigsten Stufe betrieben wird, auf der jeweils bei Einhaltung des erforderlichen Sicherheitswinkels die Nenngleichspannung gerade noch erhalten wird. Eine andere, bei teilausgesteuerten Quecksilberdampfgleichrichtern und Kontaktumformern bewährte Methode der Verbesserung des Leistungsfaktors, die den Stufenschalter vermeidet, ist die Kompensation der Blindleistung durch eine an die Primärseite des Transformators angeschlossene Kondensatorbatterie. Die Batterie könnte im vorliegenden Beispiel eine verhältnismäßig geringe

Größe haben. Sie würde gegenüber einem Stufenschalter den Vorteil bieten, daß auch gleich der durch den Sicherheitswinkel und die Einschaltkerne bedingte Blindleistungsanteil und die Blindleistungen des Transformator-Magnetisierungsstromes und der Hilfsstromkreise mit kompensiert werden können. Im übrigen ist bezüglich der Größe des Leistungsfaktors von Kontaktumformern noch zu bemerken, daß die hier im Berechnungsbeispiel erhaltenen Werte verhältnismäßig üngünstig sind. Das ist außer auf den für die 6phasige Gleichstromwelligkeit gültigen Verzerrungsfaktor von nur 0,955 hauptsächlich auf den durch die *Drei*drosselschaltung bedingten Sicherheitswinkel und auf die große Stufenlänge der ebenfalls durch die Schaltung bedingten Einschaltkerne zurückzuführen. Bei Großumformern in der meist üblichen *Sechs*drosselschaltung, bei der weder ein Sicherheitswinkel noch besondere Einschaltkerne erforderlich sind, werden für den Verschiebungsfaktor bei voller Aussteuerung Werte von 0,92 bis 0,93 erreicht, und der Leistungsfaktor der Gesamtanlage liegt nur geringfügig darunter, weil die einzelnen 6phasigen Systeme in der Regel so gegeneinander in der Phase versetzt sind, daß eine mindestens 12phasige Gleichstromwelligkeit mit dem Verzerrungsfaktor von 0,9886 oder noch höher entsteht.

Der Kurzschlußstrom. Der Scheitelwert des 3poligen Dauerkurzschlußstromes bei fortgedachten Eisenkernen der Schaltdrosseln wird nach Tab. 45,1 für Schaltung Nr. 8:

$$I_{k0m3} = \frac{2}{\sqrt{3}} \frac{I_g}{\varepsilon_W} = \frac{2}{\sqrt{3}} \frac{3000}{0,14} = 24\,800 \text{ A}.$$

Bei der Berechnung des Dauerkurzschlußstromes mit Berücksichtigung der Schaltdrosselstufen müssen wir beachten, daß bezüglich der Bildung der Stromstufe jetzt der Ausschaltkern und der Einschaltkern wie ein gemeinsamer Kern wirken. Die Länge dieser gemeinsamen Stufe ist im Bogenmaß

$$(\Delta t_s \beta_A + \Delta t_{Es} \beta_E)\,\omega = (0,78 \cdot 1,175 + 0,135 \cdot 1,155) \cdot 10^{-3} \cdot 314$$
$$= 0,338 \text{ rad}.$$

Hierfür entnehmen wir der Abb. 45,4 den Wert $k_{m3} = 0,608$. Damit wird der Scheitelwert des wirklichen Dauerkurzschlußstromes (bei Vernachlässigung des ohmschen Widerstandes):

$$I_{km3} = k_{m3}\,I_{k0m3} = 0,608 \cdot 24\,800 = 15\,100 \text{ A}.$$

Der tatsächliche Spitzenstrom der ersten Halbwelle bei einer Rückzündung wird dann ungefähr

$$I_{Rm} = 2,5\,I_{km3} = 2,5 \cdot 15\,100 = 38\,000 \text{ A}.$$

Dieser Strom muß von dem Kurzschließer ohne Hinterlassung von Spuren auf den Oberflächen der Kurzschließerkontakte kurzzeitig ausgehalten werden können.

Vergleichsweise sei noch kurz der Rechnungsgang und das Ergebnis einer genaueren Berechnung des Spitzenwertes des Kurzschlußstromes aus dem Stromanstieg im 2- bzw. 3poligen Kurzschluß mit Berücksichtigung des ohmschen Widerstandes angegeben. Der höchste Kurzschlußstrom entsteht, wenn die Rückzündung bei der höchstzulässigen Aussteuerung mit dem Steuerwinkel α_0 im Leerlauf mit Grundlast stattfindet, weil dann für den Stromanstieg bis zum ersten Scheitelwert des Kurzschlußstromes die größtmögliche Spannungsfläche wirksam ist.

Der Rückstrom kann erst einsetzen, nachdem — gerechnet vom Steuerwinkel α_0 ab — die Einschaltstufe der übernehmenden Phase durchlaufen ist, die Stromwendung des Grundlaststromes stattgefunden hat und anschließend der Ausschaltkern und der Einschaltkern der abgebenden Phase in die negative Richtung ummagnetisiert sind (vgl. Abb. 54,3). Der für alle diese Vorgänge zuzüglich des Sicherheitswinkels α_0 benötigte Winkel, also der Winkel vom Nulldurchgang der Wendespannung bis zum Einsatzzeitpunkt des Rückstromes, sei mit α_R bezeichnet. Wir finden ihn aus der für den Abschnitt $\alpha_R - \alpha_0$ aufgewandten Spannungsfläche F_1. Diese Fläche wird verbraucht für die folgenden Einzelvorgänge:

1. Ummagnetisierung des Einschaltkernes der übernehmenden Phase von M_{EV} auf M_{E0} entgegengesetzter Richtung; — 2. Erhöhung der Polarisation des Ausschaltkernes der übernehmenden Phase von M_e auf M_0; — 3. Änderung des Stromes in den Luftinduktivitäten des Wendekreises um $\Delta i = I_{g0}$; — 4. Ummagnetisierung des Ausschaltkernes der abgebenden Phase von M_0 auf $M_s \approx M_n$ entgegengesetzter Richtung; — 5. Ummagnetisierung des Einschaltkernes der abgebenden Phase von M_{E0} auf $M_{Es} \approx M_{En}$ entgegengesetzter Richtung.

Durch sinngemäße Abwandlung der Gln. (29,11) und (29,19) erhalten wir dann:

$$\cos\alpha_0 - \cos\alpha_R = K\,\varepsilon_W\,i_{b0} + \Delta t_s\,\omega\,\frac{(M_0 - M_e) + (M_0 + M_n)}{\Delta M} +$$

$$+ \Delta t_{Es}\,\omega\,\frac{(M_{E0} + M_{EV}) + (M_{E0} + M_{En})}{\Delta M_E} =$$

$$= K\,\varepsilon_W\,i_{b0} + \Delta t_s\,\omega\left(\varepsilon_0 + \frac{\beta_A + \beta_{A0}}{2}\right) + \Delta t_{Es}\,\omega\left(\varepsilon_{E0} + \frac{\beta_E + \beta_{E0}}{2}\right).$$

Mit den bereits berechneten Werten und den Zahlenwerten für die Ausdrücke ε und β nach Tab. 32,1 wird dann

$$\cos\alpha_R = 0{,}9985 - 1\cdot 0{,}14\cdot 0{,}004 -$$

$$- 0{,}78\cdot 10^{-3}\cdot 314\cdot\left(\left(0{,}0243 + \frac{1{,}175 + 1{,}130}{2}\right) -\right.$$

$$- 0{,}135\cdot 10^{-3}\cdot 314\cdot\left(1{,}059 + \frac{1{,}155 + 1{,}118}{2}\right) =$$

$$= 0{,}9985 - (0{,}0006 + 0{,}288 + 0{,}093) = 0{,}6169$$

$$\alpha_R = 51°\,55'.$$

Beginnend im Zeitpunkt α_R steigt der Kurzschlußstrom zunächst, solange der Kurzschließer noch nicht geschlossen ist — also während der Lichtbogendauer λ —, als 2poliger Kurzschlußstrom an. Der Vorgang entspricht dem Einschalten der verketteten Wechselspannung $E_W\sqrt{2}\,\sin(\alpha_R + \omega t)$ im Zeitpunkt α_R auf die Reihenschaltung der Kurzschlußimpedanzen zweier Phasen mit dem Betrage $2\cdot\sqrt{R^2 + L^2\,\omega^2}$. Hierin ist R der auf die Sekundärseite des Transformators bezogene ohmsche Widerstand einer Phase des Wendekreises und L die auf die Sekundärseite des Transformators bezogene Luftinduktivität einer Phase des Wendekreises.

Mit Hilfe der bekannten Gleichung des Stromverlaufes bei einem solchen Einschaltvorgang läßt sich berechnen, auf welchen Betrag Δi_{k2} der Strom im Augenblick der Be-

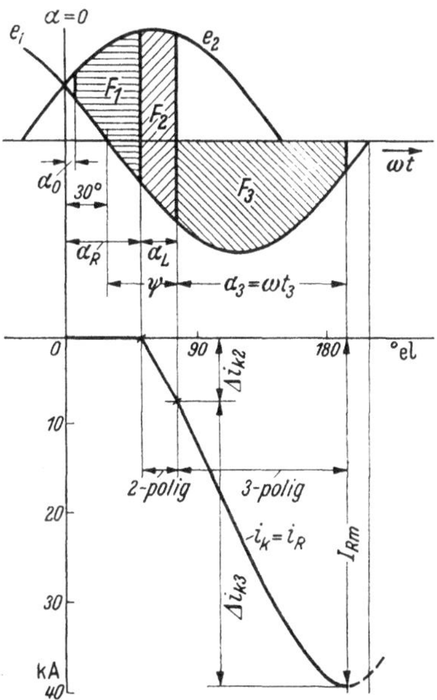

Abb. 54,3. Zeitlicher Verlauf der Phasenspannungen und des Kurzschlußstromes im Rückzündungsfalle.

rührung der Kurzschließerkontakte angewachsen ist. Mit den Zahlenwerten des Berechnungsbeispieles und mit dem angenommenen Wert $\lambda = 1{,}3$ ms ergibt sich $\Delta i_{k2} = 7480$ A. Um den Kurzschlußstrom auf diesen Wert zu bringen, wird die Spannungsfläche F_2 verbraucht (s. Abb. 54,3).

Mit dem Schließen des Kurzschließers wird der 2polige Kurzschluß durch einen 3poligen abgelöst. Das bedeutet einen neuen Schaltvorgang, nämlich das Einschalten der Phasenspannung $E\sqrt{2}\,\sin(\psi + \omega t)$ auf die Kurzschlußimpedanz $\sqrt{R^2 + L^2\omega^2}$ einer Phase im Zeitpunkt $\psi = \alpha_R + \alpha_L - 30°$ bei einem bereits vorhandenen Strom von der Höhe Δi_{k2}. Der Scheitelwert der ersten Halbwelle des Stromes i_{k3} und damit der gesuchte Spitzenwert I_{Rm} des Rückstromes wird im Zeitpunkte t_3 kurz vor dem Endpunkte $(\psi + \omega t) = \pi$ der ersten Halbwelle der den Kurzschlußstrom treibenden Phasenspannung erreicht (vgl. Abb. 54,3). Aus der bekannten Lösung für den Stromverlauf eines derartigen Schaltvorganges ergibt sich dann der gesuchte Spitzenstrom zu $I_{Rm} = 39\,000$ A. Die frühere Abschätzung mit $2{,}5\,I_{km3} = 38\,000$ A trifft also im vorliegenden Falle ziemlich gut das genauere Ergebnis. Um den Kurzschlußstrom von dem Betrag Δi_{k2} auf den Spitzenwert I_{Rm} zu bringen, ist die Spannungsfläche F_3 erforderlich [1].

Der Streckkreis. Der Umformer soll mit elastischer Vormagnetisierung ohne Nebenwege zu den Kontakten ausgeführt werden. Zur Verbesserung der Anpassung des Vormagnetisierungsstromes erhält der Ausschaltkern daher einen Streckkreis. Wir bestimmen zunächst den der Stufenneigung entsprechenden Strombetrag (vgl. Abb. 38,2):

$$\Delta i_{st} = \frac{\Delta H\, l_{\text{Fe}}}{w} = \frac{0{,}25 \cdot 125{,}5}{16} = 1{,}96 \text{ A} .$$

Der Streckkreis wird an eine auf dem Ausschaltkern befindliche Hilfswicklung angeschlossen, für die wir im vorliegenden Falle die Windungszahl gleich derjenigen der Hauptwicklung wählen:

$$w_S = 16 .$$

Dann übertragen sich während der Ummagnetisierung des Kernes die Spannungs- und Stromwerte des Hauptkreises und des Streckkreises im Verhältnis 1 : 1. Der Streckkreis muß also am Stufenbeginn bei tiefster Aussteuerung je nach der eingestellten Zeitkonstante von $\frac{1}{3}\,\Delta t_s$ bis Δt_s einen Strom von $i_{S0} \approx \Delta i_{st} = 1{,}96$ A bis $i_{S0} = \dfrac{1}{0{,}631}\,\Delta i_{st} = 3{,}1$ A aufnehmen. Der Streckkreiswiderstand muß daher nach Gl. (38,1) und S. 311/12 zwischen den Werten

$$R_S \approx \frac{0{,}9\,E_W\,\sqrt{2}}{i_{S0}} = \frac{0{,}9 \cdot 218\,\sqrt{2}}{1{,}96 \text{ bis } 3{,}1} = 142 \text{ bis } 90\ \Omega$$

einstellbar sein. Praktisch führt man ihn mit noch etwas mehr Einstellspielraum nach oben und unten aus. Er muß nach Gl.(38,7) bemessen werden für eine Höchststromstärke von

$$I_S = 1{,}12 \cdot 3{,}1\,\sqrt{50 \cdot 0{,}78 \cdot 10^{-3}} = 0{,}69 \text{ A effektiv} .$$

Auch die Kapazität des Streckkreiskondensators wird einstellbar gewählt, und zwar so, daß die Zeitkonstante des Streckkreises zwischen den genannten Grenz-

---

[1] Der Einfluß einer innerhalb des betrachteten Abschnittes etwa in einer der Nachbarphasen noch ablaufenden Stromstufe, während der an der betreffenden Schaltdrossel eine Spannungsfläche auftritt und dadurch die in der Rechnung vorausgesetzten Spannungsverhältnisse ändert, ist hier der Einfachheit halber noch vernachlässigt.

werten in einigen Stufen verändert werden kann:

$$C_S = \frac{T}{R_S} = \frac{0{,}78 \cdot 10^{-3}}{3 \cdot 142} \text{ bis } \frac{0{,}78 \cdot 10^{-3}}{90} = 1{,}83 \text{ bis } 8{,}7 \,\mu\text{F}.$$

Wir wählen 4 Kondensatoren je $2\,\mu$F und einen zu $1\,\mu$F, womit Werte zwischen 1 und $9\,\mu$F in Stufen von $1\,\mu$F hergestellt werden können.

Die genaue Einstellung des Streckkreises wird bei der Prüfung des fertigen Umformers vorgenommen.

Die elastische Vormagnetisierung des Ausschaltkernes. In Anbetracht des sehr großen Spannungsregelbereiches durch Teilaussteuerung wählen wir für den Ausschaltkern eine elastische Vormagnetisierung nach Abb. 40,9 in der Schaltung nach Abb. 40,17, wobei zur Erzielung einer geeigneten Vormagnetisierung des Einschaltkernes der Vormagnetisierungsstrom entsprechend Abb. 41,7 über eine Gegenwicklung auf dem Einschaltkern geführt wird, die eine um eine oder mehrere Windungen kleinere Windungszahl hat als die Hauptwicklung.

Um die Anpassung des Vormagnetisierungsstromes vornehmen zu können, sind zunächst die Grenzen des Anpassungsbereiches zu bestimmen, d. h. die früheste und die späteste Lage des Ausschaltzeitpunktes. Hierzu gehen wir von den Steuerwinkeln aus. Der kleinste Steuerwinkel ist der Sicherheitswinkel α_0. Die früheste Lage des Ausschaltzeitpunktes ergibt sich, wenn der Umformer bei diesem Steuerwinkel im Leerlauf mit Grundlast läuft. Den entsprechenden Ausschaltwinkel $(\alpha + u)_{\min} = \alpha_0 + u_G$ finden wir aus Gl. (29,19), indem wir diese Gleichung auf den Grundlastzustand anwenden:

$$\cos\alpha_0 + \cos(\alpha_0 + u_G) = K\,\varepsilon_W\,i_{b0} + \Delta t_s\,\omega\,\frac{2M_0 - M_e - M_{\sigma B}}{\Delta M} + \Delta t_{Es}\,\omega\,\frac{2M_{E0}}{\Delta M_E}.$$

Mit Gl. (30,8) und (32,11) und den Umformungen

$$\frac{M_0 - M_{\sigma B}}{\Delta M} = \frac{M_0 - M_{st}}{\Delta M} + (1 - \sigma_B)$$

und

$$\Delta t_s\,\omega\,(1 - \sigma_B) = (\Delta t_s - \tau_B)\,\omega$$

folgt hieraus

$$
\begin{aligned}
\cos\alpha_0 - \cos(\alpha_0 + u_G) &= K\,\varepsilon_W\,i_{b0} + \Delta t_s\,\omega\,(\varepsilon_0 + \iota_0) + \Delta t_{Es}\,\omega\,\beta_{E0} + (\Delta t_s - \tau_B)\,\omega \\
&= 1 \cdot 0{,}14 \cdot 0{,}004 + 0{,}78 \cdot 10^{-3} \cdot 314 \cdot (0{,}0243 + 0{,}0481) + \\
&\quad + 0{,}135 \cdot 10^{-3} \cdot 314 \cdot 1{,}118 + (0{,}78 - 0{,}5) \cdot 10^{-3} \cdot 314 \\
&= 0{,}1536 = u_{sG} \text{ entsprechend Gl. (21,2)},
\end{aligned}
$$

$$\cos(\alpha_0 + u_G) = 0{,}9985 - 0{,}1536 = 0{,}8449,$$

$$\alpha_0 + u_G = 32°\,20' = (\alpha + u)_{\min},$$

$$\sin(\alpha_0 + u_G) = 0{,}5348 = \sin(\alpha + u)_{\min}.$$

Die späteste Lage des Ausschaltzeitpunktes tritt ein beim Betrieb mit der kleinsten Spannung $U_{g\min} = 0{,}2 \cdot 240 = 48$ V und Nennstrom. Hierfür folgt aus Gl. (30,16):

$$
\begin{aligned}
\cos\alpha_m &= \frac{U_{g\min}}{E_{g0}} + (g_0 + g_{\text{Fe}} + r) \\
&= \frac{48}{294} + (0{,}07 + 0{,}0572 + 0{,}0256) = 0{,}3160,
\end{aligned}
$$

$$\alpha_m = 71°\,35'.$$

Für Nennstrom folgt aus Gl. (29,19):

$$\cos\alpha_m - \cos(\alpha_m + u) = K\,\varepsilon_W + \Delta t_s\,\omega\,(\varepsilon + \iota) + \Delta t_{Es}\,\omega\,\beta_E + (\Delta t_s - \tau_B)\,\omega$$

$$= 1\cdot 0{,}14 + 0{,}78\cdot 10^{-3}\cdot 314\cdot (0{,}0467 + 0{,}0705) +$$

$$+ 0{,}135\cdot 10^{-3}\cdot 314\cdot 1{,}155 + (0{,}78 - 0{,}5)\cdot 10^{-3}\cdot 314$$

$$= 0{,}3056 = u_s \text{ entsprechend Gl. (21,2)},$$

$$\cos(\alpha_m + u) = 0{,}3160 - 0{,}3056 = 0{,}0104,$$

$$\alpha_m + u = 89°24' = (\alpha + u)_{\max},$$

$$\sin(\alpha_m + u) = 0{,}9999 = \sin(\alpha + u)_{\max}.$$

Nachdem damit die Grenzen des Anpassungsbereiches festliegen, stellen wir die Gleichung des erforderlichen Vormagnetisierungsstromes i_{st} auf. Für $\sin(\alpha + u) = 0$ ist nach Gl. (40,7):

$$I_1 = \frac{H_1\,l_{\text{Fe}}}{w} = \frac{0{,}28\cdot 125{,}5}{16} = 2{,}20\ \text{A}.$$

Für $\sin(\alpha + u) = 1$ ergibt sich nach Gl. (40,8):

$$I_2 = \frac{(0{,}2\,H_1 + 0{,}8\,H_2)\,l_{\text{Fe}}}{w} = \frac{(0{,}2\cdot 0{,}28 + 0{,}8\cdot 0{,}53)\cdot 125{,}5}{16} = 3{,}76\ \text{A}.$$

Damit wird $I_2 - I_1 = 1{,}56$ A, und der erforderliche Vormagnetisierungsstrom ist nach Gl. (40,9):

$$i_{st} = (I_2 - I_1)\sin(\alpha + u) + I_1 = 1{,}56\sin(\alpha + u) + 2{,}20\ \text{A}.$$

Praktisch hergestellt werden kann gemäß S. 331 mit einer sinusförmigen Zusatzspannung nur ein sinusförmiger Vormagnetisierungsstrom nach Gl. (40,10):

$$i_V = i_{Vm}\sin(\alpha + u + \delta).$$

Die Aufgabe ist nun, die Werte i_{Vm} und δ so zu bestimmen, daß sich die Kurve des verwirklichbaren Stromes i_V der Geraden des erforderlichen Stromes i_{st} innerhalb des Bereiches von $\sin(\alpha + u)_{\min}$ bis $\sin(\alpha + u)_{\max}$ möglichst gut anpaßt (s. Abb. 54,4). Man kann die Werte i_{Vm} und δ durch Probieren finden, indem man zunächst i_{Vm} gleich dem Wert i_{st} für die obere Anpassungsgrenze $\sin(\alpha + u)_{\max}$ und δ je nach Größe des Regelbereiches in der Größe von etwa 15° bis 20° einsetzt. Man berechnet dann in Tabellenform für eine Reihe von auf den Anpassungsbereich verteilten Werten $\sin(\alpha + u)$ nach obigen Gleichungen i_{st} und i_V sowie den unausgeglichenen Reststrom $\Delta i = i_V - i_{st}$. Die Werte i_{Vm} und δ sind gut gewählt, wenn die Abweichungen Δi möglichst klein und ihre größten positiven und negativen Werte ungefähr gleich sind. Dann schmiegt sich die i_V-Kurve im Diagramm am besten der i_{st}-Geraden an. Mit einiger Übung erreicht man die endgültigen Werte bereits nach ein bis zwei Verbesserungen. Nachstehend ist die Berechnungstabelle des vorliegenden Beispiels mit den endgültigen Werten wiedergegeben.

Gewählt: $i_{Vm} = 379$ A und $\delta = 18°$

$\alpha + u$	$\sin(\alpha + u)$	i_{st} A	$\alpha + u + \delta$	$\sin(\alpha + u + \delta)$	i_V A	Δi A
32°20′	0,5348	3,03	50°20′	0,7698	2,91	− 0,12
40°	0,6428	3,20	58°	0,8480	3,22	+ 0,02
50°	0,7660	3,39	68°	0,9272	3,51	+ 0,12
60°	0,8660	3,55	78°	0,9781	3,71	+ 0,16
70°	0,9397	3,66	88°	0,9994	3,79	+ 0,13
80°	0,9848	3,74	98°	0,9903	3,75	− 0,01
89°24′	0,9999	3,76	107°24′	0,9542	3,61	− 0,15

Als größte Abweichung zeigt die Tabelle den Wert $\Delta i = + 0{,}16$ A. Die Werte sind in Abb. 54,4 aufgetragen.

Die Kurve des Stromes i_V ist, wie bereits auf S. 333 gesagt wurde, ein Teil einer Ellipse. Nach E. Diebold kann man daher i_{Vm} und δ sowie die größte Abweichung Δi auch direkt berechnen, anstatt diese Werte durch Probieren zu finden. Setzt man nämlich

$$(\alpha + u)_{\min} = \alpha_1 \quad \text{und} \quad (\alpha + u)_{\max} = \alpha_2$$

und berechnet

$$\beta_1 = \frac{\alpha_2 + \alpha_1}{2} = \frac{89°24' + 32°20'}{2} = 60°\,52' ,$$

$$\beta_2 = \frac{\alpha_2 - \alpha_1}{2} = \frac{89°24' - 32°20'}{2} = 28°\,32' ,$$

$$h = \frac{H_1}{0{,}8\,(H_2 - H_1)} = \frac{0{,}28}{0{,}8 \cdot 0{,}25} = 1{,}40 ,$$

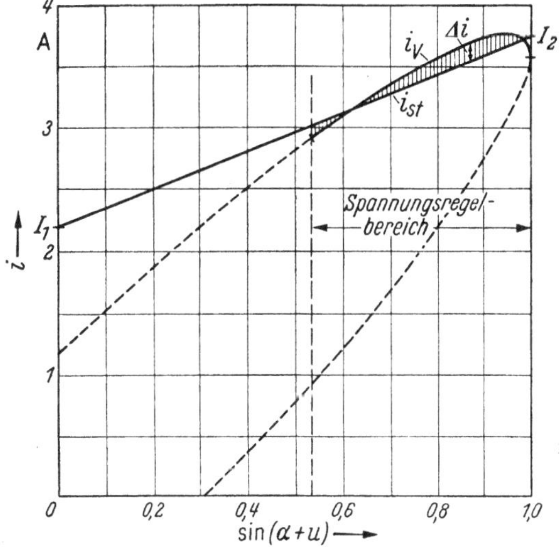

Abb. 54,4. Anpassung des erhältlichen Stromes i_V der elastischen Vormagnetisierung an den erforderlichen Vormagnetisierungsstrom i_{st}.

so ist

$$\operatorname{tg}\delta = \frac{\cos\beta_1}{\sin\beta_1 + \dfrac{\cos\beta_2}{h}} = \frac{0{,}4868}{0{,}8735 + \dfrac{0{,}8785}{1{,}40}} = 0{,}325 , \quad \delta = 18° ,$$

ferner

$$i_{Vm} = \frac{2\,I_1}{\dfrac{\sin(\alpha_1 + \delta)}{1 + \dfrac{\sin\alpha_1}{h}} + \dfrac{\sin(\beta_1 + \delta)}{1 + \dfrac{\sin\beta_1}{h}}} = \frac{2 \cdot 2{,}20}{\dfrac{0{,}7698}{1 + \dfrac{0{,}5348}{1{,}40}} + \dfrac{0{,}9812}{1 + \dfrac{0{,}8735}{1{,}40}}} = 3{,}79 \text{ A}$$

und

$$\Delta i = (i_V - i_{st})_{\max} = I_1\left(1 + \frac{\sin\alpha_2}{h}\right) - i_{Vm}\sin(\alpha_2 + \delta)$$

$$= 2{,}20 \cdot \left(1 + \frac{0{,}9999}{1{,}40}\right) - 3{,}79 \cdot 0{,}9542 = 0{,}16 \text{ A} .$$

In entsprechender Weise kann man natürlich auch an Stelle der elastischen Vormagnetisierung die Sinuslinie des Stromes einer starren, durch eine Drossel stabilisierten Vormagnetisierung nach Abschn. 40.1 der Geraden I_1—I_2 des erforderlichen Vormagnetisierungsstromes i_{st}

innerhalb des Bereiches der Lage des Ausschaltzeitpunktes optimal anpassen und erhält dann in der Regel einen Voreilwinkel δ, der zwischen dem der Y-Schaltung und der $\triangle$-Schaltung der Vormagnetisierungskreise liegt und am besten durch einen kleinen Schwenktransformator hergestellt wird. Um den Reststrom Δi aus dem auf S. 49 dargelegten Grunde über den ganzen Bereich auf einem positiven Werte zu halten, muß bei der starren Vormagnetisierung allerdings die Kurve i_V gegenüber der Darstellung in Abb. 40,15 entsprechend höher gelegt werden.

Weiterhin leitet Abb. 54,4 auch sofort zu der selbsttätig sich anpassenden Vormagnetisierung über. Setzt man nämlich den Strom i_V aus 2 Komponenten zusammen, von denen die eine ein rechteckförmiger Wechselstrom nach Abb. 39,4 (praktisch genaugenommen ein trapezförmiger Wechselstrom) von der Höhe I_1 ist, so verbleibt für die zweite Komponente die Differenz $i_V - I_1$. Die Längsachse der Ellipse verläuft dann nicht von I_2 nach dem Koordinatenanfangspunkte, sondern nach I_1, und die Ellipse schrumpft zu einer Geraden zusammen, d. h., der Voreilwinkel δ wird zu Null, der Strom der zweiten Komponente ist in Phase mit der Wendespannung (s. Schaltung Abb. 40,21a und b). Es ist einzusehen, daß, wenn auf die Eigenschaft des Vormagnetisierungskreises, den Reststrom über den Kontakt im Augenblick der Kontaktöffnung elastisch zu übernehmen, verzichtet und ein Nebenweg zum Kontakt verwendet wird, die zweite Komponente auch ein starrer, durch eine Drossel stabilisierter Vormagnetisierungsstrom mit entsprechender Phasenlage sein kann (Abb. 40,21c).

Aus dem Reststrom Δi, der von dem sich öffnenden Kontakt unterbrochen werden muß, folgt nach Gl. (40,11), wenn die höchste Öffnungsspannung auf 10 V begrenzt bleiben soll, der noch zulässige Widerstand im Vormagnetisierungskreise zu

$$R = \frac{10\,\text{V}}{\Delta i} = \frac{10}{0,16} = 62,5\,\Omega\,.$$

Der Widerstand wird mit $\pm\,10\%$ Abgleichspielraum ausgeführt, also mit einer festen Stufe von 56 Ω und einem feinstufig und unterbrechungslos einstellbaren weiteren Anteil von 14 Ω.

Die vom Zusatztransformator zu liefernde Spannung ergibt sich aus Gl. (40,12):

$$U_z = \frac{i_{Vm}\,R}{\sqrt{2}} = \frac{3,79 \cdot 62,5}{\sqrt{2}} = 168\,\text{V}\,.$$

Zur Erzeugung des Voreilwinkels δ wird sie zusammengesetzt aus einer Komponente a nach Gl. (40,13) in Richtung der Wendespannung:

$$a = U_z\,\frac{\sin{(60 - \delta)}}{\sin 60} = 168 \cdot \frac{0,6691}{0,8660} = 130\,\text{V}$$

und aus einer Komponente b nach Gl. (40,14) mit 120° Phasenvoreilung:

$$b = U_z\,\frac{\sin\delta}{\sin 60} = 168 \cdot \frac{0,3090}{0,8660} = 60\,\text{V}\,.$$

Aus der Wendespannung E_W und der Zusatzspannung U_z resultiert nach Abb. 40,16 und Gl. (40,15) die gesamte Vormagnetisierungsspannung

$$U_V = \sqrt{(E_W + a)^2 + b^2 + (E_W + a)\,b}$$
$$= \sqrt{348^2 + 60^2 + 348 \cdot 60} = 382\,\text{V}\,.$$

Der Vormagnetisierungsstrom nach Gl. (40,16) wird somit

$$I_V = \frac{U_V}{R} = \frac{382}{62,5} = 6,1\,\text{A}\,,$$

und die Vormagnetisierungsverluste aller 3 Phasen zusammen sind nach Gl. (40,17):

$$V_V = 3\,U_V\,I_V = 3 \cdot 382 \cdot 6,1 = 7000\,\text{W}\,.$$

Das ist mit etwa 0,9% der aufgenommenen Leistung des Umformers schon sehr hoch und ist durch den großen Spannungsregelbereich des Umformers bedingt.

Eine Verminderung der Vormagnetisierungsverluste ließe sich durch Anwendung von Strombegrenzern nach Abb. 43,15 b in den Vormagnetisierungskreisen und in noch höherem Maße durch Anwendung der selbsttätig sich anpassenden Vormagnetisierung mit durch einen Reihentransduktor erzeugter gleichbleibender Komponente erreichen, wobei im spannungsabhängigen Kreise ebenfalls ein Strombegrenzer vorgesehen sein kann. In diesem Falle ist der Leistungsverlust so gut wie bedeutungslos.

Um eine Vorstellung von der Größe des Zusatztransformators zu bekommen, berechnen wir noch seine sekundäre Wicklungsleistung. Sehen wir bei jeder Spannungskomponente als Abgleichspielraum noch einige Anzapfungen bis zur Höhe von $\pm 10\%$ vor, so ergibt sich, wenn wir noch berücksichtigen, daß bei kleinster Widerstandsstufe auch der Strom um 10% höher ist als der Rechnungswert von 6,1 A:

$$N_{Z2} = 3 \cdot 1{,}1\,(a + b)\,1{,}1\,I_V\,10^{-3}$$
$$= 3 \cdot 1{,}1 \cdot 190 \cdot 1{,}1 \cdot 6{,}1 \cdot 10^{-3} = 4{,}20\,\text{kVA}\,.$$

Die Leistung der Primärwicklung ist etwas geringer, nämlich 3,72 kVA, und die Bauleistung des Zusatztransformators wird damit 3,96 kVA.

Die Vormagnetisierung des Einschaltkernes. Damit bei mechanischer Teilaussteuerung die Einschaltstufe nicht schon *vor* der Kontaktschließung abläuft, darf die Vormagnetisierungsfeldstärke des Einschaltkernes beim Scheitelwert $I_V\sqrt{2}$ des Stromes im Kreise der elastischen Vormagnetisierung (vgl. Abb. 41,6) nicht den Betrag der statischen Koerzitivkraft H_{c0} übersteigen. Aus dieser Bedingung läßt sich die Windungszahl w_E der Gegenwicklung auf dem Einschaltkern abschätzen. Mit $H_{c0} = 0{,}18$ A/cm nach Abb. 17,7 wird

$$w - w_E \lesssim \frac{H_{c0}\,l_{\text{Fe}}}{I_V\sqrt{2}} = \frac{0{,}18 \cdot 125{,}5}{6{,}1 \cdot \sqrt{2}} - 2{,}6\,.$$

Die Gegenwicklung muß also etwa $w_E = 16 - 2 = 14$ Windungen erhalten. Wir führen sie mit 16 Windungen und Anzapfungen bei der 1. bis 4. Windung aus. Der Drahtquerschnitt wird mit einer Stromdichte von etwa 2 A/mm²:

$$q_{Cu\,E} = \frac{I_V}{2} = \frac{1{,}1 \cdot 6{,}1}{2} = 3{,}4 \approx 4\,\text{mm}^2\,.$$

Die genaue Einstellung der für die Vormagnetisierung des Einschaltkernes günstigsten Windungszahl der Gegenwicklung wird bei der Prüfung des Umformers nach den Bildern des Stromverlaufes der Einschaltstufe oder des Kraftflußverlaufes des Einschaltkernes im Kathodenstrahloszillographen vorgenommen. Um die Einschaltstufe möglichst weit der Nullinie zu nähern, wird die Vormagnetisierung so groß wie möglich gemacht, d. h. es wird die Windungszahl der Gegenwicklung so weit vermindert, daß u. U. schon eine geringe Ummagnetisierung des Einschaltkernes vor dem Einschaltzeitpunkt stattfindet, aber noch ein für die Begrenzung des Einschaltstromes ausreichender Rest der Stufe nach der Kontaktschließung abläuft. Durch eine schwache zusätzliche, stetig einstellbare Vormagnetisierung des Einschaltkernes mit stabilisiertem Wechselstrom kann man dabei nötigenfalls die durch die Anzapfungen der Gegenwicklung gegebene, verhältnismäßig grobe Stufung der Höhe der Vormagnetisierung noch ausgleichen.

Die Hilfswicklungen der Schaltdrossel. In Abb. 54,5 ist die Schaltdrossel mit sämtlichen Wicklungen dargestellt. Die Hauptwicklung w umfaßt sowohl den Ausschaltkern A als auch den Einschaltkern E. Auf dem Ausschaltkern befindet sich die Streckkreiswicklung a mit 16 Windungen für eine Stromstärke von 0,69 A, ferner eine Wicklung b für die selbsttätige Überlappungsregelung und eine Wicklung c für die Eisenmessung. Die Wicklung für die Überlappungsregelung erhält etwa die Hälfte der Windungszahl der Hauptwicklung, also 8 Windungen, und führt einen Strom von nur 20 bis 30 mA. Noch geringer ist der Strom der Meßwicklung c für die magnetische Induktion; die Windungszahl dieser Wicklung richtet sich nach dem vorgesehenen Meßverfahren und beträgt beispielsweise bei dem Ferrometerverfahren nur einige Windungen. Der Einschaltkern trägt die im vorigen Abschnitt berechnete Gegenwicklung d und ebenfalls eine Wicklung e für die Eisenmessung, für deren Bemessung das für die Meßwicklung des Hauptkernes Gesagte gilt. Weiterhin kommt u. U. noch eine Hilfswicklung f für die zusätzliche Wechselstrom-Vormagnetisierung in Frage. Aus Gründen der mechanischen Festigkeit wird keine der Hilfswicklungen mit einem Drahtdurchmesser unter 1,2 mm ausgeführt.

Grundlaststrom und -glättung. Nach Gl. (44,2) beträgt der Mindestwert des Grundlaststromes, wenn wir als möglichen größten Vormagnetisierungsstrom $1,1 \cdot 6,1$ A einsetzen und eine negative Stromschwankung von 10% zulassen:

$$I_{g0\,\text{min}} = I_V \sqrt{2}\, \frac{1}{1-\varDelta} = \frac{1,1 \cdot 6,1 \cdot \sqrt{2}}{1-0,1} = 10,5 \text{ A}.$$

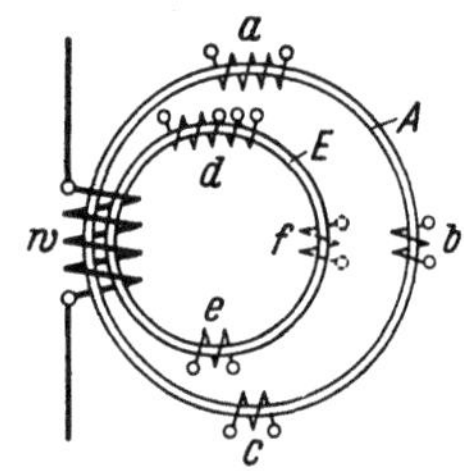

Abb. 54,5. Schaltdrossel mit Ausschaltkern, Einschaltkern, gemeinsamer Hauptwicklung und sämtlichen Hilfswicklungen.

Aus Gl. (44,1) ergibt sich jedoch mit $H_0 = 1,42$ A/cm für $M_0 = 15,15$ kG (siehe Kommutierungskurve Abb. 18,6) der Wert

$$I_{g0\,\text{min}} = \frac{H_0\, l_{\text{Fe}}}{w} \frac{1}{1-\varDelta} = \frac{1,42 \cdot 125,5}{16 \cdot 0,9} = 12,4 \text{ A}.$$

Wir haben daher mit 12,4 A als dem größeren von beiden Werten zu rechnen. Damit wird

$$i_{b0} = \frac{I_{g0}}{I_g} = \frac{12,4}{3000} = 0,004 \quad \text{oder} \quad 0,4\%.$$

Der Grundlaststromkreis wird bei Überschreitung einer Laststromstärke von etwa 500 A selbsttätig abgeschaltet. Er verursacht also im normalen Betriebe keine Verluste. An sich wäre es daher möglich, den Kreis mit einem für die kleinste Gleichspannung bemessenen, festen Widerstande von

$$R = \frac{U_{g\,\text{min}}}{I_{g0\,\text{min}}} = \frac{48}{12,4} = 3,87 \approx 3,9 \; \varOmega$$

auszuführen und bei höherer Gleichspannung einen entsprechend erhöhten Grundlaststrom zuzulassen. Die höchste Spannung im Grundlastbetrieb ist bei der größtmöglichen Aussteuerung mit dem Sicherheitswinkel α_0 vorhanden und hat bei einem induktiven Eisenabfall nach Gl. (30,7) bis (30,9)

$$g_{\text{Fe}0} = (\varDelta t_s\, \varepsilon_0 + \varDelta t_{Es}\, \varepsilon_{E0})\, \omega$$
$$= (0,78 \cdot 0,0243 + 0,135 \cdot 1,059) \cdot 10^{-3} \cdot 314 = 0,0509$$

einen Betrag von

$$U_{g0\,\text{max}} = E_{g0}\, (\cos \alpha_0 - g_{\text{Fe}0})$$
$$= 294 \cdot (0,9974 - 0,0509) = 278 \text{ V}.$$

Infolgedessen wären der Grundlastwiderstand und die Glättungsdrossel zu bemessen für einen Höchststrom von

$$I_{g0\,\text{max}} = \frac{278}{3,9} = 71,3 \text{ A}.$$

Die Induktivität der Glättungsdrossel muß so groß sein, daß auch bei tiefster Gleichspannung der dann fließende kleinste Grundlaststrom noch auf 10% negative Stromschwankung geglättet wird. Sie ergibt sich mit $I_{g0\,min} = 12{,}4$ A aus Gl. (28,11). Den Faktor δ entnehmen wir für einen größten Winkel α' von etwa $90°$ der Kurve $p = 6$ von Abb. 28,3 mit 0,094. Dann wird

$$L = \frac{E_{g0}}{\omega\,I_{g0\,min}}\,\frac{\delta}{\varDelta} = \frac{294}{314\cdot 12{,}4}\,\frac{0{,}094}{0{,}1} = 71\cdot 10^{-3}\ \text{H}.$$

Eine für diese Induktivität und den größten Grundlaststrom von 71,3 A ausgelegte Glättungsdrossel hat die Größe von

$$L\,I_{g0\,max}^{2} = 71\cdot 10^{-3}\cdot 71{,}3^{2} = 360\ \text{Ws}.$$

Das ist eine sehr große Drossel mit einer äquivalenten Transformatorleistung von mehr als 50 kVA. Um den Aufwand für den Grundlaststromkreis zu verringern, führen wir daher den Grundlastwiderstand mit einigen Stufen aus, die in Abhängigkeit von der Gleichspannung durch Schütze ohne Stromunterbrechung geschaltet werden. Schon bei 3 auf das Gleichspannungsintervall von 48 bis 278 V verteilten Stufen gleichen Kleinststromes und gleichen Höchststromes beträgt der letztere nur noch 22,3 A, und der Aufwand für die Glättungsdrossel geht zurück auf 35,4 Ws mit einer äquivalenten Transformatorleistung von etwa 5,5 kVA. Dafür muß aber der Grundlastwiderstand jetzt 12,5 $\varOmega$ erhalten mit Anzapfungen bei 7,0 und 3,9 $\varOmega$, und er muß für einen höchsten Strom von 22,3 A bemessen sein.

Der Wirkungsgrad bei Nennleistung. Die Einzelverluste bei Nennleistung bestehen aus den folgenden Anteilen:

Anlagenteil	Leerverluste kW	Lastverluste kW
Transformator	2,75	12,95
Schaltdrosseln	0,28	5,04
Kontakte	—	0,27
Kontaktschienensatz . .	—	0,20
Antriebsmotor	1,00	—
Kühlung und Lüftung .	0,80	—
Vormagnetisierung . . .	7,00	—
Streckkreise	bei Nennspannung zu vernachlässigen	
Zusammen	11,83 kW	18,46 kW

Die Gesamtverluste betragen also 30,29 kW, womit sich ein Wirkungsgrad bei Nennleistung ergibt von

$$\eta = 1 - \frac{720}{720 + 30{,}29} = 0{,}96\,.$$

Schrifttumsverzeichnis.

Die Gruppe 1 des Verzeichnisses enthält ziemlich vollständig das über Kontaktumformer mit Schaltdrosseln erschienene Schrifttum, soweit es dem Verfasser bekanntgeworden ist und ihm zur Durchsicht zur Verfügung stand. In die Gruppen 2 bis 7 dagegen wurde lediglich eine Auswahl solcher Schrifttumsstellen aufgenommen, die entweder im Text angezogen sind oder, z. T. aus historischen Gründen, als ergänzendes Schrifttum erwähnenswert erschienen. Die Schrifttumshinweise sind innerhalb der einzelnen Gruppen nach dem Erscheinungsjahr geordnet. Nur Bücher und Bibliographien wurden in den Gruppen 2 bis 7 aus dieser Reihenfolge ausgesondert und an den Anfang der jeweiligen Gruppe gestellt.

1. Kontaktumformer mit Schaltdrosseln.

[1.1] KOPPELMANN, F.: Der Kontaktumformer. Elektrotechn. Z. Jg. 62 (1941) S. 3/20.

[1.2] BAUDISCH, K.: Umformer und Stromrichter. Elektrotechn. u. Masch.-Bau Jg. 59 (1941) S. 349/361.

[1.3] KOPPELMANN, F.: Die elektrotechnischen Grundlagen des Kontaktumformers. Elektrotechn. u. Masch.-Bau Jg. 59 (1941) S. 253/262; Jg. 60 (1942) S. 189/194 u. 368/377.

[1.4] JENSEN, O.: A mechanical rectifier. Trans. electrochem. Soc. Bd. 90 (1946) S. 93/109.

[1.5] ROLF, E.: Fortschritte auf dem Gebiete des Kontaktumformers. Frequenz Bd. 1 (1947) S. 2/15.

[1.6] GOLDSTEIN, A.: Kontaktumformer mit Schaltdrosseln. Diss. Eidgen. Techn. Hochsch., Zürich: Gebr. Leemann & Co. 1948.

[1.7] KOPPELMANN, F.: Eine neue Ausführung des Kontaktumformers. Elektrotechnik, Berlin-Ost, Bd. 2 (1948) S. 329/332.

[1.8] KESSELRING, F.: Die Grundprobleme der mechanischen Gleichrichter. Albiswerk-Ber., Zürich, Jg. 1 (1949) S. 57/63.

[1.9] KITTL, E.: Das Schutzproblem des Kontaktumformers. Elektrotechn. u. Masch.-Bau Jg. 67 (1950) S. 65/76 u. 104/107.

[1.10] JENSEN, O.: The mechanical rectifier. Iron Steel Engr. Bd. 27 (1950) Nr. 4 S. 69/75.

[1.11] BLATTER, H.: Aufbau und Schaltung des Kontaktumformers, seine Bewährung im Betrieb. Brown Boveri Mitt. Bd. 37 (1950) S. 468/477.

[1.12] GOLDSTEIN, A.: Das Schaltproblem beim Kontaktumformer. Brown Boveri Mitt. Bd. 37 (1950) S. 478/488.

[1.13] BRYNHILDSEN, C.: Vergleich der Wirtschaftlichkeit des Kontaktumformers mit anderen Umformern. Brown Boveri Mitt. Bd. 37 (1950) S. 489/492.

[1.14] GOLDSTEIN, A., u. H. BLATTER: Wirkungsgradmessungen an Kontaktumformern. Brown Boveri Mitt. Bd. 37 (1950) S. 493/496.

[1.15] KERN, E.: Der Schutz der Kontaktumformergruppe. Brown Boveri Mitt. Bd. 37 (1950) S. 496/499.

[1.16] GERBER, E., u. E. ZANTOP: Die Aufstellung einer Kontaktumformeranlage. Brown Boveri Mitt. Bd. 37 (1950) S. 499/501.

[1.17] KESSELRING, F.: Neuere Entwicklungen in der Gleichrichtertechnik. Techn. Mitt. PTT Bd. 28 (1950) S. 297/303.

[1.18] DUFFING, P.: Die Entwicklung eines lichtbogenfreien Synchronschalters. VDE-Fachber. Bd. 14 (1950) S. 41/44.

[1.19] JENSEN, O.: Mechanical rectifier. Conf. Pap. Amer. Inst. electr. Engrs., Winter Conv. New York 1951.

[1.20] KOPPELMANN, F.: Der Groß-Kontaktgleichrichter. AEG-Mitt. Jg. 41 (1951) S. 194/209.

[1.21] Diebold, E. J.: Commutating reactor control for mechanical rectifiers. Trans. Amer. Inst. electr. Engrs. Bd. 70 (1951) Part I, S. 1062/1065.

[1.22] Japanisches Sonderheft über Kontaktumformer. Fuji Electric J. Bd. 24 (1951) S. 109/151.

[1.23] Kleinvogel, H. J.: Weiterentwicklung auf dem Gebiet der Großkontaktumformer. Siemens-Z. Jg. 26 (1952) S. 121/129.

[1.24] Jensen, O.: The mechanical rectifier. Berichtsammlung S-50 „Electronic converter applications and tubes" der AIEE-Conf. Pittsburgh 1952, S. 77/82.

[1.25] Böhm, H.: Kleinkontakt-Gleichrichter hoher Überlastfähigkeit. Elektrotechn. Z. Ausg. A Jg. 73 (1952) S. 68/71.

[1.26] Koppelmann, F.: Der Kontaktgleichrichter der AEG. Elektrotechn. Z. Ausg. B Jg. 4 (1952) S. 224/227.

[1.27] Rolf, E., u. H. J. Kleinvogel: Die Pionierarbeit und der heutige Stand der Entwicklung auf dem Kontaktumformergebiet. In: Die Entwicklung der Starkstromtechnik bei den Siemens-Schuckertwerken, S. 493/506. Hrsg. Siemens-Schuckertwerke AG, Berlin-Siemensstadt/Erlangen 1953.

[1.28] Diebold, E. J.: Mechanical rectifier circuits and transformer connections. Conf. Pap. Amer. Inst. electr. Engrs., Summer gen. Meeting 1953.

[1.29] Duffing, P.: Der Sperrmagnet. Elektrotechn. Z. Ausg. A Jg. 74 (1953) S. 343/346.

[1.30] Koppelmann, F.: Der Kontaktstromrichter. Elektro-Technik Jg. 35 (1953) Nr. 37 S. 3/6.

[1.31] Koppelmann, F.: Kontakt-Stromrichter für 16000 A. Elektrotechn. Z. Ausg. B Jg. 5 (1953) S. 395/396.

[1.32] Brynhildsen, C.: Der Kontaktumformer bewährt sich im Betrieb. Brown Boveri Mitt. Bd. 40 (1953) S. 241/243.

[1.33] Blatter, H.: Die Betriebssicherheit und Wirtschaftlichkeit der Kontaktumformer. Brown Boveri Mitt. Bd. 40 (1953) S. 243/246.

[1.34] Koppelmann, F.: Untersuchung einer neuen Schaltung für Kontaktgleichrichter mit Hilfe von Wachstumsgesetzen. Elektrotechn. Z. Ausg. A Jg. 75 (1954) S. 339/344.

[1.35] Marx, E.: Mechanische Stromrichter mit aufeinander abrollenden Kontakten (Rollstromrichter). Elektrotechn. Z. Ausg. A Jg. 75 (1954) S. 265/270.

[1.36] Funk, G.: Der Kontaktumformer im Elektrolysebetrieb. Siemens-Z. Jg. 28 (1954) S. 433/437.

[1.37] Pokorny, F.: Die erste Kontaktumformer-Großanlage 80000 A, 400 V. Siemens-Z. Jg. 28 (1954) S. 437/445.

[1.38] Schnecke, P.: Die Eigenschaften der dreiphasigen Brückenschaltung bei Kontaktumformern. Siemens-Z. Jg. 28 (1954) S. 445/455.

[1.39] Smith, D. R.: The contact rectifier. Electr. Rev. Bd. 154 (1954) S. 1103/1108.

[1.40] Schwetzke, R.: Verwendung von detonierenden Sprengmitteln in der Starkstromschalttechnik. Elektrotechn. Z. Ausg. A Jg. 76 (1955) S. 187/190.

[1.41] Erk, A.: Stromrichteranlagen für Elektrolyse. Elektrotechn. Z. Ausg. B Jg. 7 (1955) S. 33/40.

[1.42] Schmitz, L.: Der Rollstromrichter. Elektrotechn. Z. Ausg. B Jg. 7 (1955) S. 209/212.

[1.43] Marx, E., u. L. Schmitz: Starkstrom-Schalteinrichtungen mit Sprengkapseln für sehr kurze Schaltzeiten. Elektrotechn. Z. Ausg. A Jg. 76 (1955) S. 765/769.

[1.44] Erk, A.: Hilfsgleichrichter in Anlagen mit mechanischen Stromrichtern. Elektrotechn. Z. Ausg. A Jg. 76 (1955) S. 295/297.

[1.45] Blatter, H.: Der Kontaktumformer. De Ingenieur Bd. 67 (1955) Teil E, S. 127/135.

[1.46] Read, J. C., u. C. F. Gimson: A high-power mechanical contact rectifier. Proc. Instn electr. Engrs. Bd. 102 (1955) Part A, S. 645/660.

[1.47] Gen. Electr. Rev. Bd. 58 (1955) Nr. 1 S. 25.

[1.48] Kern, E.: Die Wahl der Gesamt-Phasenzahl von Mutator- und Kontaktumformer-Anlagen großer Leistung. Brown Boveri Mitt. Bd. 42 (1955) S. 144/151.

[1.49] Siemens-Schuckertwerke AG: Kontaktumformer. Firmenschrift SSW 426.3/220 (1955).

[1.50] Tschermak, M.: Mechanische Stromrichter mit bewegten Teilen. In: E. v. Rziha „Starkstromtechnik". Hrsg. von R. Genthe. 8. Aufl. Bd. I, S. 288/291. Berlin: Wilh. Ernst & Sohn 1955.

[1.51] Hartger, W.: Die Erzeugung ausgeprägter Stufen im Verlauf von Wechselströmen mittels Stufendrosselspulen und deren Bemessung für mechanische Stromrichter. Diss. Techn. Hochsch. Braunschweig 1955.

[1.52] Reinhardt, G.: Die Stromversorgung von Elektrolysen. Dechema-Monogr. Bd. 28 (1956) S. 42/53.

[1.53] ERK, A., u. L. SCHMITZ: Gleichrichteranlagen mit Rollstromrichtern. Elektrizitätswirtsch. Jg. 55 (1956) S. 164/167.

[1.54] KESSELRING, F.: Erfahrungen mit elektromagnetisch gesteuerten Großgleichrichtern. Scientia electr., Zürich, Bd. 2 (1956) S. 140/159.

[1.55] Brown Boveri & Cie.: Kontaktumformer. Firmenschrift 2522 D (1956).

[1.56] BRÜCKNER, P., u. L. SCHMITZ: Schaltgeräte mit extrem kurzen Schaltzeiten. Calor-Emag Mitt. April 1956 S. 2/8.

[1.57] BLATTER, H.: Einrichtung zum Betriebe eines Kontaktumformers. Schweiz. Patentschr. Nr. 312778 (veröff. 14. 4. 56).

[1.58] POKORNY, F.: Kontaktumformer mit zwei parallelarbeitenden Kontaktsystemen. Dtsch. Patentanm. S 31351 VIIIb/21d² vom 5. 12. 52, bekanntgem. 16. 8. 56.

[1.59] Siemens-Schuckertwerke AG: Kontaktumformer in der chemischen Industrie. Firmenschrift SSW 426.3/225 (1956).

[1.60] KESSELRING, F.: Über die Entwicklung und praktische Erprobung elektromagnetisch gesteuerter Gleichrichter. Bull. schweiz. elektrotechn. Ver. Jg. 47 (1956) S. 709.

[1.61] BAER, W. J.: Elektromagnetische Steuerung von Gleichrichterkontakten. Bull. schweiz. elektrotechn. Ver. Jg. 47 (1956) S. 710/720.

[1.62] STULZ, R.: Konstruktive Probleme bei magnetisch gesteuerten Kontaktsystemen großer Stromstärke. Bull. schweiz. elektrotechn. Ver. Jg. 47 (1956) S. 1141/1150.

[1.63] HÄMMERLI, S.: Kontaktprobleme an schnellen Schaltsystemen. Bull. schweiz. elektrotechn. Ver. Jg. 47 (1956) S. 1194/1204 u. 1217/1219.

[1.64] KESSELRING, F.: The development and operational trial of electromagnetically controlled rectifiers. Direct Current Bd. 3 Nr. 3 (1957) S. 88/97.

2. Stoffwanderung an Abhebekontakten.

[2.1] BURSTYN, W.: Elektrische Kontakte und Schaltvorgänge, 4. Aufl. Berlin/Göttingen/Heidelberg: Springer 1956.

[2.2] HOLM, R.: Die technische Physik der elektrischen Kontakte. Berlin: Springer 1941.

[2.3] HOLM, R.: Electric Contacts. Stockholm: Hugo Gebers Förlag 1946.

[2.4] American Society for Testing Materials (ASTM): Bibliography and abstracts on electrical contacts 1835—1951. Spec. techn. Publ. No. 56-G. Philadelphia 1952.

[2.5] KRAUS, F.: Über die Bedingungen, unter welchen ein Lichtbogen überhaupt nicht entstehen kann. Elektrotechn. u. Masch.-Bau Jg. 31 (1913) S. 717/720 u. 744/748.

[2.6] BURSTYN, W.: Über lichtbogenfreie Unterbrechung elektrischer Ströme. Elektrotechn. Z. Jg. 41 (1920) S. 503/505.

[2.7] SZÉKELY, A.: Über die Art des Elektrizitätsüberganges zwischen Metallen, die sich lose berühren. Z. Phys. Bd. 21 (1924) S. 51/69.

[2.8] IVES, H. E.: Minimal length arc characteristics. J. Franklin Inst. Bd. 198 (1924) S. 437/473.

[2.9] HOLM, R., F. GÜLDENPFENNIG u. R. STÖRMER: Die Materialwanderung in elektrischen Abhebekontakten. Wiss. Veröff. Siemens Bd. 14 Nr. 1 (1935) S. 30/55.

[2.10] HOLM, R., u. F. GÜLDENPFENNIG: Die Materialwanderung in elektrischen Abhebekontakten, besonders mit Löschkreis. Wiss. Veröff. Siemens Bd. 14 Nr. 3 (1935) S. 53/63.

[2.11] KRÜGER, W.: Formveränderungen hochbelasteter Silberkontakte von Fernmeldeanlagen beim Schalten von Gleichströmen. Z. Fernmeldetechn. Jg. 17 (1936) S. 1/13.

[2.12] GAULRAPP, K.: Untersuchung der elektrischen Eigenschaften des Abreißbogens. Ann. Phys. Bd. 25 (1936) S. 705/727.

[2.13] HOLM, R., u. F. GÜLDENPFENNIG: Über die Stoffwanderung in elektrischen Ausschaltkontakten. Wiss. Veröff. Siemens Bd. 16 Nr. 1 (1937) S. 81/104.

[2.14] FINK, H. P.: Untersuchung über die Entstehung von Kontaktbögen. Wiss. Veröff. Siemens Bd. 17 Nr. 3 (1938) S. 45/70.

[2.15] BETTERIDGE, W., u. J. A. LAIRD: The wear of electrical contact points. J. Instn. electr. Engrs. Bd. 82 (1938) S. 625/632.

[2.16] HOLM, R., H. P. FINK u. F. GÜLDENPFENNIG: Beiträge zur Lehre der Stoffwanderung in Abhebekontakten. Wiss. Veröff. Siemens, Werkstoff-Sonderheft (1940) S. 103/123.

[2.17] PAETOW, H.: Der Thomsoneffekt der Metalle bei hohen Temperaturen. Naturwiss. Jg. 33 (1946) S. 156.

[2.18] RAUB, E.: Plattierte Edelmetallkontakte. Z. Metallkde. Bd. 37 (1946) S. 71/75.

[2.19] RAUB, E.: Die Kontaktwanderung bei Abhebekontakten aus Unedelmetalle enthaltenden Goldlegierungen. Z. Metallkde. Jg. 38 (1947) S. 281/288.

[2.20] DIETRICH, I., u. E. RÜCHARDT: Feinwanderung an Abhebekontakten. Z. angew. Phys. Bd. 1 (1948) S. 1/8.

[2.21] LANDER, J. J., u. L. H. GERMER: The bridge erosion of electrical contacts. Part I. J. appl. Phys. Bd. 19 (1948) S. 910/928.

[2.22] PFANN, W. G.: Bridge erosion in electrical contacts and its prevention. Trans. Amer. Inst. electr. Engrs. Bd. 67 (1948) S. 1528/1533.

[2.23] EKKERS, G. J., A. FARNER u. R. KLÄUI: Der Thomsonkoeffizient von Metallen bei hohen Temperaturen. Albiswerk-Ber., Zürich, Jg. 1 (1949) S. 20/23. Ausz.: Helv. phys. Acta Bd. 21 (1948) S. 218/219.

[2.24] PAETOW, H.: Kontaktschmelzbrücken und Feinwanderung. Elektrotechn. Z. Jg. 70 (1949) S. 227/232.

[2.25] DAVIDSON, P. M.: The theory of the Thomson effect in electrical contacts. Proc. Instn. electr. Engrs. Bd. 96 (1949) Part I, S. 293/295.

[2.26] JUSTI, E., u. H. SCHULTZ: Neue Versuche zur Deutung der Feinwanderung in elektrischen Abhebekontakten. Abh. braunschw. wiss. Ges. Bd. 1 (1949) S. 89/100.

[2.27] GERMER, L. H., u. F. E. HAWORTH: Erosion of electrical contacts on make. J. appl. Phys. Bd. 20 (1949) S. 1085/1109.

[2.28] GERMER, L. H.: Arcing at electrical contacts on closure. Part I. Dependence upon surface conditions and circuit parameters. J. appl. Phys. Bd. 22 (1951) S. 955/964.

[2.29] GERMER, L. H.: Arcing at electrical contacts on closure. Part II. The initiation of an arc. J. appl. Phys. Bd. 22 (1951) S. 1133/1139.

[2.30] LINCKH, H. E.: Die Untersuchung der Werkstoffwanderung bei elektrischen Kontakten. Elektrotechn. Z. Jg. 72 (1951) S. 79/83.

[2.31] GERMER, L. H., u. J. L. SMITH: Arcing at electrical contacts on closure. Part III. Development of an arc. J. appl. Phys. Bd. 23 (1952) S. 553/562.

[2.32] KEIL, A., u. C.-L. MEYER: Über die Bildung von isolierenden Deckschichten auf Kontakten aus Verbundmetallen. Elektrotechn. Z. Ausg. A Jg. 73 (1952) S. 31/34.

[2.33] WARHAM, J.: The effect of inductance on fine transfer between platinum contacts. Proc. Instn. electr. Engrs. Bd. 100 (1953) Part I, S. 163/168.

[2.34] JONES, F. L.: Initiation of discharges at electrical contacts. Proc. Instn. electr. Engrs. Bd. 100 (1953) Part I, S. 169/173.

[2.35] KEIL, A., u. C.-L. MEYER: Die Feinwanderung an Kontakten aus Legierungen mit Überstruktur. Z. Metallkde. Jg. 44 (1953) S. 22/26.

[2.36] EKKERS, G. J.: Die Feinwanderung an elektrischen Schaltkontakten. Scientia electr., Zürich, Bd. 1 (1953) S. 18/27.

[2.37] MEYER, C.-L.: Prüfmethoden und Werkstoff-Fragen bei funkenfreien Schaltvorgängen an Abhebekontakten. Schweizer Arch. angew. Wiss. Techn. Jg. 19 (1953) S. 148/153.

[2.38] ATALLA, M. M.: Arcing of electrical contacts in telephone switching circuits. Part I. Theory of the initiation of the short arc. Bell Syst. techn. J. Bd. 32 (1953) S. 1231/1244.

[2.39] ATALLA, M. M.: Arcing of electrical contacts in telephone switching circuits. Part II. Characteristics of the short arc. Bell Syst. techn. J. Bd. 32 (1953) S. 1493/1506.

[2.40] HOLM, E., u. R. HOLM: Die Stoffwanderung in Abhebekontakten aus Silber und Platin. Z. angew. Phys. Bd. 6 (1954) S. 352/361.

[2.41] GERMER, L. H.: Arcing at electrical contacts on closure. Part IV. Activation of contacts by organic vapor. J. appl. Phys. Bd. 25 (1954) S. 332/335.

[2.42] KISLIUK, P.: Arcing at electrical contacts on closure. Part V. The cathode mechanism of extremely short arcs. J. appl. Phys. Bd. 25 (1954) S. 897/900.

[2.43] ATTALLA, M. M.: Arcing of electrical contacts in telephone switching circuits. Part III. Discharge phenomena on break of inductive circuits. Bell Syst. techn. J. Bd. 33 (1954) S. 535/558.

[2.44] BOYLE, W. S., u. P. KISLIUK: Departure from Paschen's law of breakdown in gases. Phys. Rev. Bd. 97 (1955) S. 255/259.

[2.45] BOYLE, W. S., u. L. H. GERMER: Arcing at electrical contacts on closure. Part VI. The anode mechanism of extremely short arcs. J. appl. Phys. Bd. 26 (1955) S. 571/574.

[2.46] ATALLA, M. M.: Arcing of electrical contacts in telephone switching circuits. Part IV. Mechanism of the initiation of the short arc. Bell Syst. techn. J. Bd. 34 (1955) S. 203/220.

[2.47] ATALLA, M. M.: Arcing of electrical contacts in telephone switching circuits. Part V. Mechanisms of the short arc and erosion of contacts. Bell Syst. techn. J. Bd. 34 (1955) S. 1081/1102.

[2.48] GERMER, L. H., u. W. S. BOYLE: Two distinct types of short arcs. J. appl. Phys. Bd. 27 (1956) S. 32/39.

[2.49] MERL, W.: Stoffwanderung an Gold- und Gold-Nickel-Kontaktstücken. Elektrotechn. Z. Ausg. A Jg. 77 (1956) S. 201/204.

[2.50] KISLIUK, P. P.: Arcing at telephone relay contacts. Bell Labor. Rec. Bd. 34 (1956) S. 218/222.

[2.51] ITTNER, W. B.: Bridge and short arc erosion of copper, silver and palladium contacts on break. J. appl. Phys. Bd. 27 (1956) S. 382/388.

[2.52] MERL, W.: Die Zündspannung des Anodenbogens. Z. Naturforsch. Bd. 11a (1956) S. 1041/1042.

[2.53] HÄMMERLI, S.: Kontaktprobleme an schnellen Schaltsystemen. Bull. schweiz. elektrotechn. Ver. Jg. 47 (1956) S. 1194/1204 u. 1217/1219.

[2.54] KEIL, A., u. W. MERL: Über die Materialwanderung an elektrischen Unterbrecherkontakten. Z. Metallkde. Jg. 48 (1957) S. 16/24.

3. Magnetwerkstoffe mit rechteckförmiger Hystereseschleife.

[3.1] BECKER, R., u. W. DÖRING: Ferromagnetismus. Berlin: Springer 1939.

[3.2] WASSERMANN, G.: Texturen metallischer Werkstoffe. Berlin: Springer 1939.

[3.3] KERSTEN, M.: Grundlagen einer Theorie der ferromagnetischen Hysterese und der Koerzitivkraft, 2. Aufl. Leipzig: S. Hirzel 1944.

[3.4] BOZORTH, R. M.: Ferromagnetism. New York: D. Van Nostrand Company, Inc. 1951.

[3.5] FRÖLICH, F.: Ferromagnetische Werkstoffe in der Elektrotechnik, insbesondere der Fernmeldetechnik. Berlin: Verlag Technik 1952.

[3.6] HOSELITZ, K.: Ferromagnetic Properties of Metals and Alloys. Oxford: University Press 1952.

[3.7] PAWLEK, FR.: Magnetische Werkstoffe. Berlin/Göttingen/Heidelberg: Springer 1952.

[3.8] Siemens-Schuckertwerke AG, Erlangen: Formel- und Tabellenbuch für Starkstrom-Ingenieure. Essen: W. Girardet 1953.

[3.9] BARDELL, P. R.: Magnetic Materials in the Electrical Industry. New York: Philosophical Library, Inc. 1955.

[3.10] Vacuumschmelze AG, Hanau: Handbuch „Weichmagnetische Werkstoffe", Ausgabe 1957.

[3.11] DAHL, O., u. J. PFAFFENBERGER: Anisotropie in magnetischen Werkstoffen. Z. Phys. Bd. 71 (1931) S. 93/105. .

[3.12] LICHTENBERGER, F.: Untersuchung der Magnetostriktion und der Magnetisierung von Einkristallen der Eisen-Nickelreihe. Ann. Phys. Bd. 15 (1932) S. 45/71.

[3.13] PREISACH, F.: Permeabilität und Hysterese bei Magnetisierung in der energetischen Vorzugsrichtung. Phys. Z. Bd. 33 (1932) S. 913/923.

[3.14] ROHN, W.: Anwendung kleinster Walzendurchmesser und Fortbildung von Mehrrollenwalzwerken. Eisen u. Stahl Jg. 52 (1932) S. 821/825.

[3.15] KELSALL, G. A.: Permeability changes in ferromagnetic materials heat treated in magnetic fields. Physics Bd. 5 (1934) S. 169/172.

[3.16] BOZORTH, R. M.: Theory of the heat treatment of magnetic materials. Phys. Rev. Bd. 46 (1934) S. 232/233.

[3.17] BOZORTH, R. M., J. F. DILLINGER u. G. A. KELSALL: Magnetic material of high permeability attained by heat treatment in a magnetic field. Phys. Rev. Bd. 45 (1934) S. 742/743.

[3.18] BURGERS, W. G., u. J. L. SNOEK: Über die Walz- und Rekristallisationstextur des Nickeleisens. Z. Metallkde. Jg. 27 (1935) S. 158/160.

[3.19] PAWLEK, FR.: Walz- und Rekristallisationstexturen bei Eisen-Nickellegierungen im Zusammenhang mit den magnetischen Eigenschaften. Z. Metallkde. Jg. 27 (1935) S. 160/165.

[3.20] DILLINGER, J. F., u. R. M. BOZORTH: Heat treatment of magnetic materials in a magnetic field. I. Survey of iron-cobalt-nickel alloys. Physics Bd. 6 (1935) S. 279/284.

[3.21] BOZORTH, R. M., u. J. F. DILLINGER: Heat treatment of magnetic materials in a magnetic field. II. Experiments with two alloys. Physics Bd. 6 (1935) S. 285/291.

[3.22] DAHL, O., u. FR. PAWLEK: Einfluß von Faserstruktur und Magnetfeldabkühlung auf den Magnetisierungsverlauf. Z. Phys. Bd. 94 (1935) S. 504/522.

[3.23] Goss, N. P.: New development in electrical strip steels characterized by fine grain structure approaching properties of a single crystal. Trans. Amer. Soc. Met. Bd. 23 (1935) S. 511/544.

[3.24] Bozorth, R. M.: The orientation of crystals in silicon iron. Trans. Amer. Soc. Met. Bd. 23 (1935) S. 1107/1111.

[3.25] Kersten, M.: Versuche über reversible und irreversible Wandverschiebungen zwischen antiparallel magnetisierten Weißschen Bezirken. Z. techn. Phys. Jg. 19 (1938) S. 546/551.

[3.26] Sendzimir, T.: The Sendzimir precision cold strip mill. Iron Steel Engr. Bd. 23 (1946) S. 53/59.

[3.27] Both, E.: Plant scale process for production of rectangular hysteresis loop material. Signal Corps Engng. Lab., Techn. Mem. M-1091 (1947).

[3.28] Both, E.: Some factors governing the achievement of a rectangular hysteresis loop, especially in grain oriented 50 percent nickel-iron. Signal Corps Engng. Lab., Techn. Mem. M-1137 (1948).

[3.29] Elmen, G. W., u. E. A. Gaugler: Special magnetic alloys and applications. Electr. Engng. Bd. 67 (1948) S. 843/845.

[3.30] Elman, G. W., u. E. A. Gaugler: German magnetic alloy has important applications. Power Generation, Chicago, Bd. 52 Nr. 9 (Sept. 1948) S. 64/67.

[3.31] Spring, W. S.: Deltamax — a new magnetic core material. Iron Age Bd. 163 (31. März 1949) S. 70/73.

[3.32] Crede, J. H., u. J. P. Martin: Magnetic characteristics of an oriented 50 percent nickel-iron alloy. J. appl. Phys. Bd. 20 (1949) S. 966/971.

[3.33] Scholefield, H. H.: A recent development in soft magnetic materials. J. sci. Instrum. Bd. 26 (1949) S. 207/209.

[3.34] Bozorth, R. M.: Advances in the theory of ferromagnetism. Electr. Engng. Bd. 68 (1949) S. 471/476.

[3.35] Schmid, E., u. H. Thomas: Texturen und ihre Auswirkung in Blechen von 50%igem Nickel-Eisen. Z. Metallkde. Jg. 41 (1950) S. 45/49.

[3.36] Sixtus, K.: Magnetische Textur-Werkstoffe. Feinwerktechnik Jg. 54 (1950) S. 88/91.

[3.37] Williams, H. J.: Ferromagnetic domains. Electr. Engng. Bd. 69 (1950) S. 817/822.

[3.38] The Arnold Engineering Company: Properties of Deltamax, 4-97 Mo-Permalloy, Super-malloy. Bulletin TC-101 (1951).

[3.39] Libsch, J. F., u. E. Both: High saturation magnetic alloy with a rectangular hysteresis loop. Electr. Engng. Bd. 70 (1951) S. 420/421.

[3.40] Goertz, M.: Iron-silicon alloys heat treated in a magnetic field. J. appl. Phys. Bd. 22 (1951) S. 964/965.

[3.41] Littmann, M. F.: Ultrathin magnetic alloy tapes with rectangular hysteresis loops. Electr. Engng. Bd. 71 (1952) S. 792/795.

[3.42] Lord, H. W.: Dynamic hysteresis loops of several core materials employed in magnetic amplifiers. Trans. Amer. Instn. electr. Engrs. Bd. 72 (1953) Part I, S. 85/88.

[3.43] Vacuumschmelze AG, Hanau: Permenorm 5000 Z. Firmenschrift (1953).

[3.44] Cole, G. H.: Grain-oriented iron-silicon alloys. Electr. Engng. Bd. 72 (1953) S. 411/416.

[3.45] Parkin, B. G.: Magnetic materials with rectangular hysteresis loops. Post Off. electr. Engrs. J. Bd. 48 (1955) Part I, S. 1/6.

[3.46] Elschner, B., u. W. Andrä: Magnetische Elementarbezirke. Fortschr. d. Phys. Bd. 3 (1955) S. 163/217.

[3.47] Fahlenbrach, H.: Grundlagen der Entwicklung weichmagnetischer Werkstoffe. Elektro-techn. Z. Ausg. A Jg. 76 (1955) S. 449/455.

[3.48] Stäblein, F., u. H.-H. Meyer: Kaltgewalztes Transformatorenblech. Elektrotechn. Z. Ausg. B Jg. 7 (1955) S. 368/373.

[3.49] Rolf, E., u. H. Dietz: Neuzeitliche Kernwerkstoffe und Kernbauformen für magnetische Verstärker. Siemens-Z. Jg. 30 (1956) S. 73/80.

[3.50] Trapp, R. H.: Effects of processing on magnetic alloys. Electr. Manufact. Bd. 57 (1956) Nr. 1 S. 110/113.

[3.51] Bozorth, R. M.: The physics of magnetic materials. Electr. Engng. Bd. 75 (1956) S. 134/140.

[3.52] Boll, R.: Einbettung weichmagnetischer Werkstoffe in Kunststoffe. Elektrotechn. Z. Ausg. A Jg. 77 (1956) S. 483/487.

[3.53] Sixtus, K.: Neue magnetische Werkstoffe und ihre Bedeutung für die technische Entwicklung. Elektrotechn. Z. Ausg. A Jg. 77 (1956) S. 790/799.

[*3.54*] Howe, G. H.: Dynamax — a new crystal and domain-oriented magnetic core material. Trans. Amer. Inst. electr. Engrs. Bd. 75 (1956) Part I, S. 548/551.

[*3.55*] Assmus, F., R. Boll, D. Ganz u. F. Pfeifer: Über Silizium-Eisen mit Würfeltextur. Teil 1: Magnetische Untersuchungen. Z. Metallkde. Jg. 48 (1957) (erscheint demnächst).

[*3.56*] Assmus, F., K. Detert u. G. Ibe: Über Silizium-Eisen mit Würfeltextur. Teil 2: Die Ausbildung der Textur. Z. Metallkde. Jg. 48 (1957) (erscheint demnächst).

4. Stromrichter mit natürlichen Ventilen.

(Auswahl mit besonderer Berücksichtigung des Schrifttums über Oberwellen.)

[*4.1*] Prince, D. C., u. F. B. Vogdes (Dtsch. Bearb. von O. Gramisch): Quecksilberdampf-Gleichrichter. München u. Berlin: R. Oldenbourg 1931.

[*4.2*] Marti, O. K., u. H. Winograd (Dtsch. Bearb. von O. Gramisch): Stromrichter. München u. Berlin: R. Oldenbourg 1933.

[*4.3*] Glaser, A., u. K. Müller-Lübeck: Einführung in die Theorie der Stromrichter, Bd. I. Berlin: Springer 1935.

[*4.4*] Schilling, W.: Die Gleichrichterschaltungen. München u. Berlin: R. Oldenbourg 1938.

[*4.5*] Schilling, W.: Stromrichtertechnik. München: R. Oldenbourg 1950.

[*4.6*] Anschütz, H.: Stromrichteranlagen der Starkstromtechnik. Berlin/Göttingen/Heidelberg: Springer 1951.

[*4.7*] Meyer-Delius, H., u. W. Nowag: Ruhende Stromrichter mit Vakuum. In: E. v. Rziha „Starkstromtechnik". Hrsg. von R. Genthe. 8. Aufl. Bd. I, S. 227/274. Berlin: Wilh. Ernst & Sohn 1955.

[*4.8*] Verband Deutscher Elektrotechniker (VDE): Regeln für Stromrichter. VDE 0555/1936, Nachdruck 1952.

[*4.9*] Dällenbach, W., u. E. Gerecke: Die Strom- und Spannungsverhältnisse der Großgleichrichter. Arch. Elektrotechn. Bd. 14 (1924) S. 171/246; Bd. 15 (1925) S. 490.

[*4.10*] Jungmichl, H., u. R. Eichacker: Die Glättung der Gleichspannung in Gleichrichteranlagen. Siemens-Z. Jg. 9 (1929) S. 39/50.

[*4.11*] Müller-Lübeck, K., u. E. Uhlmann: Die Strom- und Spannungsverhältnisse der gittergesteuerten Gleichrichter. Arch. Elektrotechn. Bd. 27 (1933) S. 347/373.

[*4.12*] Leukert, W.: Rückwirkung gittergesteuerter Gleichrichter auf das Drehstromnetz. Siemens-Z. Jg. 13 (1933) S. 172/179.

[*4.13*] Pohl, R.: Belastbarkeit von Generatoren bei Betrieb auf Stromrichter. Elektrotechn. u. Masch.-Bau Jg. 53 (1935) S. 193/196.

[*4.14*] Lebrecht, L.: Stromrichterbelastung der Hochspannungsnetze. Elektrotechn. Z. Jg. 56 (1935) S. 957/960 u. 987/990.

[*4.15*] Baudisch, K., u. W. Leukert: Stromrichter für Hochstromanlagen. Elektrotechn. Z. Jg. 56 (1935) S. 1141/1143 u. 1197/1202.

[*4.16*] Leukert, W., u. E. Kübler: Oberwellenbelastung von Drehstromnetzen durch Stromrichter. Elektrotechn. u. Masch.-Bau Jg. 54 (1936) S. 37/44 u. 52/55.

[*4.17*] Kübler, E.: Wirkungsweise und Schaltung von gittergesteuerten Stromrichteranlagen. Elektrotechn. Z. Jg. 57 (1936) S. 161/164.

[*4.18*] Uhlmann, E.: Zur Theorie der Gleichrichtertransformatoren. Elektrotechn. u. Masch.-Bau Jg. 54 (1936) S. 121/127.

[*4.19*] Jungmichl, H., u. E. Steckmann: Die Oberwellen auf der Gleichstromseite in Stromrichteranlagen. Arch. Elektrotechn. Bd. 31 (1937) S. 191/196.

[*4.20*] Jungmichl, H.: Oberwellen, Welligkeit und Störspannung bei Stromrichtern. Elektrotechn. Z. Jg. 58 (1937) S. 417/420.

[*4.21*] Kübler, E.: Oberwellengrundgesetze der Stromrichtertechnik in physikalischer Ableitung. Elektrotechn. u. Masch.-Bau Jg. 55 (1937) S. 457/461.

[*4.22*] Schiele, O.: Die Saugdrossel bei gittergesteuerten Gleichrichtern. Arch. Elektrotechn. Bd. 31 (1937) S. 749/755.

[*4.23*] Fässler, E. F.: Spannungswelligkeit, Stromwelligkeit und Störspannung von Mutatoren. Brown Boveri Mitt. Bd. 25 (1938) S. 134/136.

[*4.24*] Fässler, E.: Die Stromoberwellen auf der Wechselstromseite von Stromrichtern. Arch. Elektrotechn. Bd. 32 (1938) S. 640/654.

[*4.25*] Kübler, E.: Primärstrom von Stromrichteranlagen mit ungleichmäßig verteilten Sekundärphasen. Elektrotechn. u. Masch.-Bau Jg. 56 (1938) S. 601/604.

[*4.26*] Kübler, E.: Stromrichterbelastung von Generatoren und Drehstromnetzen in vektorieller Darstellung. Wiss. Veröff. Siemens Bd. 18 (1939) S. 50/72.

[*4.27*] Fässler, E.: Der Einfluß von Oberwellen im Drehstromnetz auf die Harmonischen der Gleichspannung und des Netzstromes von Stromrichtern. Arch. Elektrotechn. Bd. 34 (1940) S. 209/229.

[*4.28*] Wasserrab, Th.: Die Drehstrom-Brückenschaltung für Stromrichter. Elektrotechn. u. Masch.-Bau Bd. 59 (1941) S. 3/9.

[*4.29*] Fässler, E.: Ein Streifzug durch die netzseitigen Spannungen und Ströme von Mutatoren. Bull. schweiz. elektrotechn. Ver. Jg. 37 (1946) S. 677/688.

[*4.30*] Hürlimann, M.: Schaltung und Phasenzahl von Wechselstrom–Gleichstrom-Mutatoranlagen unter spezieller Berücksichtigung der Oberwellen in der Gleichspannung und im Primärstrom. Brown Boveri Mitt. Bd. 34 (1947) S. 200/208.

[*4.31*] Hartel, W.: Parallelarbeiten gittergesteuerter Gleichrichter bei nicht sinusförmiger Netzspannung. Elektrotechn. Z. Ausg. A Jg. 77 (1956) S. 696/701.

5. Transduktoren.

[*5.1*] Lamm, U.: The Transductor, 2. Aufl. Stockholm: Esselte Aktiebolag 1948.

[*5.2*] Krabbe, U.: The Transductor Amplifier. Kopenhagen: Einar Munksgaard 1948.

[*5.3*] Reyner, J. H.: The Magnetic Amplifier. London: Stuart & Richards 1950.

[*5.4*] Geyger, W. A.: Magnetic-amplifier Circuits. New York: McGraw-Hill Book Company Inc. 1954.

[*5.5*] Storm, H. F.: Magnetic amplifiers. New York: John Wiley & Sons, Inc. 1955.

[*5.6*] Kafka, W.: Drosseln und magnetische Verstärker. In: Hütte, 28. Aufl. Bd. IV A, S. 450/459. Berlin: Wilh. Ernst & Sohn 1957.

[*5.7*] Miles, J. G.: Bibliography of magnetic amplifier devices and the saturable reactor art. Trans. Amer. Inst. electr. Engrs. Bd. 70 (1951) S. 2104/2123.

[*5.8*] Besag, E.: Messung starker Gleichströme auf große Entfernungen. Elektrotechn. Z. Jg. 40 (1919) S. 436/437.

[*5.9*] Krämer, W.: Ein einfacher Gleichstrommeßwandler mit echten Stromwandlereigenschaften. Elektrotechn. Z. Jg. 58 (1937) S. 1309/1313.

[*5.10*] Schilling, W.: Vormagnetisierte Eisendrosseln für Regelkreise. Elektrotechn. u. Masch.-Bau Jg. 59 (1941) S. 397/406.

[*5.11*] Blankenburg, W.: Gleichstrommeßanordnungen für Ströme und Spannungen mit Gleichstromdrosseln. Elektrotechnik, Berlin-Ost, Bd. 3 (1949) S. 33/38.

[*5.12*] Schilling, W.: Grundlagen einer Theorie des magnetischen Verstärkers. Elektrotechn. Z. Jg. 71 (1950) S. 7/13.

[*5.13*] Schilling, W.: Grundlagen einer Theorie des magnetischen Verstärkers II. Die Sättigungswinkelsteuerung. Elektrotechn. Z. Jg. 72 (1951) S. 365/369.

[*5.14*] Ramey, R. A.: On the mechanics of magnetic amplifier operation. Trans. Amer. Inst. electr. Engrs. Bd. 70 (1951) Part II, S. 1214/1223.

[*5.15*] Ramey, R. A.: On the control of magnetic amplifiers. Trans. Amer. Inst. electr. Engrs. Bd. 70 (1951) Part II, S. 2124/2128.

[*5.16*] Geyger, W. A.: A new type of magnetic servo amplifier. Trans. Amer. Inst. electr. Engrs. Bd. 71 (1952) Part I, S. 272/280.

[*5.17*] Lufcy, C. W., A. E. Schmid u. P. W. Barnhart: An improved magnetic servo amplifier. Trans. Amer. Inst. electr. Engrs. Bd. 71 (1952) Part. I, S. 281/289.

[*5.18*] Geyger, W. A.: Magnetic amplifiers of the self-balancing potentiometer type. Trans. Amer. Inst. electr. Engrs. Bd. 71 (1952) Part I, S. 383/395.

[*5.19*] Johnson, L. J.: High speed magnetic amplifier. Electr. Manufact. Bd. 50 Nr. 5 (Nov. 1952) S. 98/101, 318, 320, 322.

[*5.20*] Kafka, W.: Der Magnetverstärker. Siemens-Z. Jg. 27 (1953) S. 62/73.

[5.21] House, C. B.: Flux preset high-speed magnetic amplifiers. Trans. Amer. Inst. electr. Engrs. Bd. 72 (1953) Part I, S. 728/735.

[5.22] Scorgie, D. G.: Fast response with magnetic amplifiers. Trans. Amer. Inst. electr. Engrs. Bd. 72 (1953) Part I, S. 741/749.

[5.23] Hughes, G. E., u. H. A. Miller: Fast-response magnetic amplifiers. Trans. Amer. Inst. electr. Engrs. Bd. 73 (1954) Part I, S. 69/75.

[5.24] Lord, H. W.: Magnetic-amplifier circuits with full-wave output and half-wave control signals. Trans. Amer. Inst. electr. Engrs. Bd. 73 (1954) Part I, S. 265/270.

[5.25] Dietz, H.: Die dynamischen Eigenschaften magnetischer Verstärker. VDE-Fachber. Bd. 18 (1954) S. III/29.

[5.26] Sichling, G.: Der Magnetverstärker für schnelle Regelungen. VDE-Fachber. Bd. 18 (1954) S. III/55

[5.27] Schilling, W.: Transduktortechnik Teil I. Der stromsteuernde Transduktor. Regelungstechnik Jg. 2 (1954) S. 143/149.

[5.28] Schilling, W.: Transduktortechnik Teil II. Der spannungssteuernde Transduktor. Regelungstechnik Jg. 3 (1955) S. 28/36.

[5.29] Kallander, J. W.: A fast response magnetic servo amplifier. Trans. Amer. Inst. electr. Engrs. Bd. 74 (1955) Part I, S. 49/54.

[5.30] Barnhart, P. W.: A new full-wave magnetic amplifier output stage. Trans. Amer. Inst. electr. Engrs. Bd. 74 (1955) Part I, S. 139/141.

[5.31] House, C. B.: Full-wave reversible-polarity half-cycle-response magnetic amplifiers. Trans. Amer. Inst. electr. Engrs. Bd. 74 (1955) Part I, S. 541/552.

[5.32] Lufcy, C. W.: A survey of magnetic amplifiers. Proc. Inst. Radio Engrs. Bd. 43 (1955) S. 404/413.

[5.33] Tschermak, M., u. W. Kafka: Magnetverstärker-Regelung in Anlagen der Starkstromtechnik. Der Magnetverstärker als Regler. Siemens-Z. Jg. 29 (1955) S. 350/356.

[5.34] Tschermak, M., u. W. Kafka: Anwendungen der Magnetverstärker-Regelung in Anlagen der Starkstromtechnik. Siemens-Z. Jg. 29 (1955) S. 386/395.

[5.35] Rolf, E., u. H. Dietz: Neuzeitliche Kernwerkstoffe und Kernbauformen für magnetische Verstärker. Siemens-Z. Jg. 30 (1956) S. 73/80.

[5.36] Zabel, R.: Neue Magnetverstärker-Bauelemente. Siemens-Z. Jg. 30 (1956) S. 80/91.

[5.37] Krall, A. D., u. E. T. Hooper: The operation of the self-balancing magnetic amplifier. Trans. Amer. Inst. electr. Engrs. Bd. 75 (1956) Part I, S. 79/84.

[5.38] Lang, A.: Magnetische Verstärker für die Steuerungs- und Regelungstechnik. Elektrotechn. Z. Ausg. B Jg. 8 (1956) S. 120/123.

[5.39] Suozzi, J. J.: Magnetic-amplifier two-speed servo system. Electronics Bd. 29 (1956) Nr. 2 S. 140/143.

[5.40] Schilling, W.: Transduktortechnik Teil III. Steuerkennlinie und magnetische Kennlinie. Regelungstechnik Jg. 4 (1956) S. 255/261.

[5.41] Schilling, W.: Transduktortechnik Teil IV. Magnetische Werkstoffe. Regelungstechnik Jg. 4 (1956) S. 284/289.

[5.42] Schilling, W.: Transduktortechnik Teil V. Kernform und Güteziffer. Regelungstechnik Jg. 4 (1956) S. 308/311.

6. Eisenmessung.

[6.1] Koppelmann, F.: Die Meßtechnik des mechanischen Präzisionsgleichrichters (Vektormesser). Berlin: AEG-Eigenverlag 1948.

[6.2] Jellinghaus, W.: Magnetische Messungen an ferromagnetischen Stoffen. Berlin: Walter de Gruyter 1952.

[6.3] Koppelmann, F.: Wechselstrommeßtechnik unter besonderer Berücksichtigung des mechanischen Präzisionsgleichrichters. Berlin/Göttingen/Heidelberg: Springer 1956.

[6.4] Krüger, K., u. H. Plendl: Aufnahme von dynamischen Magnetisierungskurven. Arch. Elektrotechn. Bd. 17 (1927) S. 416/421.

[6.5] Pfannenmüller, H.: Mechanische Gleichrichter für Meßzwecke. Grundbegriffe, Bezeichnungen und Formeln. Arch. techn. Messen Z 540-1 (1932).

[6.6] PFANNENMÜLLER, H.: Mechanische Gleichrichter. Die Meßkreisschaltungen mit einem oder mehreren einheitlich erregten Gleichrichtern. Arch. techn. Messen Z 540-3 (1932).

[6.7] PFANNENMÜLLER, H.: Zur Wirkungsweise „schaltgesteuerter" Gleichrichter für Meßzwecke. Wiss. Veröff. Siemens Bd. 13 (1934) S. 1/12.

[6.8] THAL, W.: Das Ferrometer. Arch. techn. Messen J 60-2 (1934).

[6.9] Siemens & Halske AG.: Siemens-Koordinatenschreiber. Arch. techn. Messen J 036-3 (1934).

[6.10] Siemens & Halske AG.: Siemens-Ferrometer. Arch. techn. Messen J 60-3 (1934 u. 1937).

[6.11] Siemens & Halske AG.: Vektormesser. Arch. techn. Messen J 94-3 (1934).

[6.12] PFANNENMÜLLER, H.: Wellenform-Bestimmung. Punktweise Aufnahme mit Gleichrichtern (Synchron-Schaltern). Arch. techn. Messen V 3621-1 (1934).

[6.13] THAL, W.: Wechselstrom-Hysteresisschleife. Aufnahme mit dem Ferrometer. Arch. techn. Messen V 951-2 (1935).

[6.14] GEYGER, W.: Vektor-Tintenschreiber. Arch. techn. Messen J 036-5 (1937).

[6.15] GEYGER, W.: Wechselstrom-Hysteresisschleife. Aufnahme mit dem Tinten-Koordinatenschreiber. Arch. techn. Messen V 951-3 (1938).

[6.16] FÖRSTER, F.: Ein Meßgerät zur schnellen Bestimmung magnetischer Größen. Z. Metallkde. Jg. 32 (1940) S. 184/190.

[6.17] KOPPELMANN, F.: Verfahren zur Messung annähernd rechteckiger mit großer Geschwindigkeit durchlaufener Magnetisierungsschleifen von Ringkernen. Arch. Elektrotechn. Bd. 38 (1944) S. 141/156.

[6.18] ZAMSKY, J.: Quantitative determination of magnetic properties by use of cathode-ray oscilloscope. Trans. Amer. Inst. electr. Engrs. Bd. 66 (1947) S. 783/787.

[6.19] KOPPELMANN, F.: Der Vektormesser. Elektrotechnik, Berlin-Ost, Bd. 2 (1948) S. 11/15.

[6.20] KOPPELMANN, F.: Mechanische Gleichrichter. Konstruktive Fortschritte des mechanischen Meßgleichrichters. Arch. techn. Messen Z 541-1 (1949).

[6.21] KOPPELMANN, F.: Mechanische Gleichrichter. Überblick über die Meßtechnik mit mechanischen Gleichrichtern. Arch. techn. Messen Z 542-1 (1949).

[6.22] KITTL, E.: Das Verhalten eisengesättigter Drosseln bei Niederfrequenz. Diss. Techn. Hochsch. Wien 1949.

[6.23] HOLLEUFER, W.: Bestimmung der Kurvenform elektrischer Wechselgrößen mit dem Vektormesser. Elektrotechn. Z. Jg. 72 (1951) S. 199/200.

[6.24] KLEIN, P. E.: Das Elektronenstrahl-Ferroskop. Arch. techn. Messen J 8345-5 (1051).

[6.25] KRUG, W.: Messen der Augenblickswerte der Induktion und Feldstärke und der Ummagnetisierungsverluste von Elektroblechen. Arch. Eisenhüttenw. Jg. 23 (1952) S. 207/215.

[6.26] LORD, H. W.: Dynamic hysteresis loop measuring equipment. Electr. Engng. Bd. 71 (1952) S. 518/521.

[6.27] NEUMANN, H.: Messung magnetischer Gleichfelder nach dem induktiven Verfahren. II. Messung des Zeitintegrals der EMK mit dem ballistischen Galvanometer. Direkte Verfahren. Arch. techn. Messen V 391-7 (1954).

[6.28] WITTKE, H.: Elektrische Integrationsverfahren. Frequenz Bd. 9 (1955) S. 49/57.

[6.29] WEITZENMILLER, F.: Das Elektronenstrahl-Ferroskop. Elektronik Jg. 4 (1955) S. 105/109.

[6.30] KITTL, E.: An accurate electronic tracer for dynamic characteristics of magnetic materials. Trans. Amer. Inst. electr. Engrs. Bd. 74 (1955) Part I, S. 407/418.

[6.31] HEISTER, W.: Die Messung der Hystereseschleife einer gleichstromvormagnetisierten Drossel aus Hyperm 5T. Techn. Mitt. Krupp Bd. 14 (1956) S. 30/42.

[6.32] STÄBLEIN, F.: Zur Messung unsymmetrischer Wechselstrom-Magnetisierungskurven mit Synchronschaltern. Techn. Mitt. Krupp Bd. 14 (1956) S. 43/45.

7. Verschiedenes.

[7.1] MAILÄNDER, R.: Dauerschwingfestigkeit. In: K. DAEVES „Werkstoff-Handbuch Stahl und Eisen". Hrsg. vom Verein Deutscher Eisenhüttenleute. 3. Aufl. S. D 11-1 bis 11-3. Düsseldorf: Verlag Stahleisen 1953.

[7.2] SIGWART, H.: Festigkeitsprüfung bei schwingender Beanspruchung. In: E. SIEBEL „Die Prüfung der metallischen Werkstoffe" (Handbuch der Werkstoffprüfung, Bd. 2), 2. Aufl. S. 201/205. Berlin/Göttingen/Heidelberg: Springer 1955.

[7.3] VIDMAR, M.: Die Transformatoren, 2. Aufl. Berlin: Springer 1925.

[7.4] RICHTER, R.: Elektrische Maschinen, Bd. I. Allgemeine Berechnungselemente. Die Gleichstrommaschinen. 2. Aufl. Basel: Verlag Birkhäuser 1951.

[7.5] RICHTER, R.: Elektrische Maschinen, Bd. III. Die Transformatoren. 2. Aufl. Basel/Stuttgart: Verlag Birkhäuser 1954.

[7.6] Verband Deutscher Elektrotechniker (VDE): Regeln für Transformatoren. VDE 0532/X. 43. (Inzwischen ersetzt durch geänderte Neuausgabe VDE 0532/7. 55.)

[7.7] FIELD, A. B.: Eddy currents in large slot-wound conductors. Trans. Amer. Inst. electr. Engrs. Bd. 24 (1905) S. 761/788. Ref.: Wirbelströme in Ankerwicklungen. Elektrotechn. Z. Jg. 26 (1905) S. 1038/1039 (R. RICHTER).

[7.8] EMDE, F.: Stromverdrängung in Ankernuten. Elektrotechn. u. Masch.-Bau Jg. 26 (1908) S. 703/707 u. 726/731.

[7.9] ROGOWSKI, W.: Über zusätzliche Kupferverluste, über die kritische Kupferhöhe einer Nut und über das kritische Widerstandsverhältnis einer Wechselstrommaschine. Arch. Elektrotechn. Bd. 2 (1914) S. 81/118 u. 262.

[7.10] EMDE, F.: Über einseitige Stromverdrängung. Elektrotechn. u. Masch.-Bau Jg. 40 (1922) S. 301/304.

[7.11] DUFFING, P., u. M. TSCHERMAK: Die Zähldrossel, ein magnetisches Schaltungselement. Siemens-Z. Jg. 26 (1952) S. 140/144.

[7.12] KUHRT, F., u. K. MAAZ: Messung hoher Gleichströme mit Hallgeneratoren. Elektrotechn. Z. Ausg. A Jg. 77 (1956) S. 487/490.

Erklärung der Abkürzungen und Formelzeichen.

1. Firmennamen.

AEG Allgemeine Elektricitäts-Gesellschaft, Berlin u. Frankfurt a. Main
BBC Brown, Boveri & Cie., Baden (Schweiz)
ITE I-T-E Circuit Breaker Company, Philadelphia, Pa. (USA)
SSW Siemens-Schuckertwerke AG, Berlin u. Erlangen
S&H Siemens & Halske AG, Berlin u. München
VAC Vacuumschmelze AG, Hanau a. Main

2. Fußzeichen.

A	Auslösewert	K	Kontakt
A	Ausschaltkern	k	Kurzschluß
$A-$	gleichbleibender Anteil	L	bei Laststrom
$A\sim$	spannungsabhängiger Anteil	L	Lichtbogen
a	aus, im Ausschaltaugenblick	M	Meß..., Meßwicklung
a	Auslöse..., Auslösewicklung	m	Grenzwert
a	außen	m	Scheitelwert
a	kurze Spannungskomponente eines Schwenktransformators	max	höchster Wert
B	Barkhausensprung	mi	Mittelwert
B	Bauleistung	min	kleinster Wert
B	Strombegrenzer	N	Netz
B	Beharrungszustand	n	Nennwert
B	im Meßkreis der magnetischen Induktion	$n\cdot p$	$n\cdot p$-phasig
b	bezogen	p	primär
b	Blindleistung	p	p-phasig
b	lange Spannungskomponente eines Schwenktransformators	par	parallel gespeist
C	Kondensator	$p\cdot f$	bei der Frequenz $p\cdot f$
Cu	Kupfer	q	quer
c	Koerzitivkraft	R	bei magnetischer Spannungsregelung
D	Schaltdrossel	R	im ohmschen Widerstand
d	Differenz	R	Regeltransformator
E	Einschaltkern, Einschaltstufe	R	Ringkern, Ringwandler
e	ein, im Einschaltaugenblick	R	Rückmagnetisierung, Rückmagnetisierungsstromkreis
eff	effektiv	RD	Rückmagnetisierungsdrossel
Fe	Eisen	r	im Rückzündungsfalle
f	bei der Frequenz f	r	Remanenz
G	Galvanometer, Anzeigeinstrument	r	Rückmagnetisierung der Rückmagnetisierungsdrossel
G	Gegen...		
G	Grundlast (Ausweichzeichen)	r	Rückstrom
Gd	Glättungsdrossel	S	Schwenktransformator
g	gegenseitig	S	Sperrmagnet
g	Gleichstrom, gleichstromseitig	S	Streckkreis
g	induktiver Spannungsabfall	Sd	Saugdrossel
ges	gesamt	s	Sättigung
H	Halbwelle	s	Scheinleistung
H	Hilfs...	s	sekundär
H	im Meßkreis der magnetischen Feldstärke	s	Stoß
h	Hysterese	s	unter dem Scheitelwert
i	innen	sin	bei sinusförmigem Spannungs- oder Kraftflußverlauf
K	Kompensation		

sp	Sperr …		μ	einschließlich Magnetisierungsstrom
st	Stufe		μ	vorübergehender Höchstwert bei Anstieg
sym	symmetrisch			von Grundlast
T	Transformator		σ	Sicherheit (beim Ausschalten)
$ü$	Überlappung		0	beim Steuerwinkel Null
V	Vormagnetisierung		0	der mittleren Kontaktzeit entsprechend
v	veränderlich, variabel		0	Grundlast
v	Verzerrung		0	in Luft, im leeren Raum
v	Verzögerung		0	Leerlauf
W	Stromwendung		0	Sicherheitswinkel
w	wechselstromseitig		1	am Stufenanfang
z	Zusatz …		1	Grundwelle
α	beim Teilaussteuerungswinkel α		1	im Magnetisierungsstromkreis
$\varkappa$	bei herabgeregelter Wechselspannung		1	primärseitig
	$\varkappa \cdot E$		2	am Stufenende
$\varkappa$	vorübergehender Kleinstwert bei Ab-		2	im Meßkreis
	nahme von Nennlast		2	sekundärseitig

3. Hochzeichen.

$'$ beliebiger, vom Nennwert verschiedener Wert einer Größe

$'$ am Anfang der Stromwendung (Ende des elektrischen Steuerwinkels)

$''$ am Ende der Stromwendung (Beginn der Ausschaltstufe)

$'$ bezogen auf die höchste Spannung bei Spannungsschwankungen

$''$ bezogen auf die niedrigste Spannung bei Spannungsschwankungen

$*$ für volle Flußverkettung (bei der Induktivitätsberechnung)

$*$ Beharrungszustand (beim Grenzstrom der elektrischen Überlappungsregelung)

4. Formelzeichen.

(Die beigedruckten Zahlen geben die Seiten an, auf denen die betreffenden Zeichen eingeführt oder erklärt sind.)

A Arbeit, Energie 112.

B magnetische Induktion 33.

ΔB endliche Änderung der magnetischen Induktion 241.

B_s Sättigungswert der magnetischen Induktion 33.

b Breite (z. B. eines Querschnitts) 291.

b_{Fe} radiale Breite des Kernquerschnittes 94.

C Kapazität allgemein.

c Wicklungsdicke (Wicklungsauftrag) 291.

c_D Zahlenfaktor von ε_D im Ausdruck ε_W der gesamten bezogenen Reaktanzspannung einer Phase des Wendekreises (siehe Tab. 26,1) 312.

c_N Zahlenfaktor von ε_N im Ausdruck ε_W der gesamten bezogenen Reaktanzspannung einer Phase des Wendekreises (siehe Tab. 26,1) 278.

d Durchmesser allgemein.

d_a Außendurchmesser 93.

d_i Innendurchmesser 93.

d_{Fe} mittlerer Durchmesser des Schaltdrosselkernes 93.

E, e allgemein Effektivwert bzw. Augenblickswert einer EMK.

E sekundäre Sternspannung des Gleichrichter-Transformators bei Leerlauf 28, 190.

E_g, e_g Mittel- bzw. Augenblickswert der gesteuerten Gleich-EMK 235, 251.

E_g' Mittelwert der gesteuerten Gleich-EMK 115.

E_{g0}, e_{g0} Mittel- bzw. Augenblickswert der ungesteuerten Gleich-EMK (= Gleich-EMK bei voller Aussteuerung) 27.

E_N Effektivwert der Netzspannung (Sternspannung) 244, 295.

E_{Sd} Effektivwert der sinusförmigen Ersatzspannung einer Saugdrosselphase 223.

$E_{\sin}, e_{\sin}$ Effektivwert bzw. Augenblickswert der sinusförmigen Ersatzspannung für eine verzerrte Spannung auf der Basis gleichen maximalen Kraftflusses 191, 226.

E_W, e_W Effektivwert bzw. Augenblickswert der Wendespannung 27, 28.

e Scheitelwert der Stößelbewegung 134, 301.

e_D Augenblickswert der Spannung an der Schaltdrossel 35.

F allgemein Fläche, speziell Spannungsfläche (= Spannungs-Zeit-Integral) 35, 268.

F_D Spannungsfläche einer Schaltdrossel 46, 48.

F'_D auf den Rückmagnetisierungsstromkreis reduzierte Spannungsfläche einer Schaltdrossel 369.

F_E Spannungsfläche der Einschaltstufe 41.

F_g Spannungsfläche des induktiven Gleichspannungsabfalls 42.

F_H Spannungsfläche einer Halbwelle der Rückmagnetisierungsspannung 370.

F_h von der Hystereseschleife umschriebene Eisenverlustfläche 112.

F_R rückmagnetisierte Spannungsfläche einer Schaltdrossel 367.

F_α Spannungsfläche der Spannungsverminderung durch Teilaussteuerung 41.

f Frequenz, speziell Frequenz des speisenden Netzes („Betriebsfrequenz") 215.

f_{Fe} Eisenfüllfaktor 288.

G allgemein Gewicht, speziell Gewicht der aktiven Werkstoffe einer Schaltdrossel 202.

g bezogener induktiver Gleichspannungsabfall (Wendeabfall) beim Nenngleichstrom 250.

g' bezogener induktiver Gleichspannungsabfall bei einem Gleichstrom I'_g beliebiger Größe 250.

g_0 Anteil des induktiven Gleichspannungsabfalls g, der auf die konstanten Induktivitäten entfällt (entsprechend ε_W) 250.

g_{Fe} Anteil des induktiven Gleichspannungsabfalls g, der auf das Schaltdrosseleisen entfällt 250.

g'_{Fe} wie vor, jedoch bei beliebigem Gleichstrom I'_g 252.

$g_{\mathrm{Fe}0}$ wie vor, jedoch beim Grundlaststrom I_{g0} 253.

H magnetische Feldstärke 33, 84.

ΔH der nutzbaren Stufenlänge ΔM zugeordnete Feldstärkenänderung (Neigung der Stufe) 110.

H_c Koerzitivkraft 33.

H_{EV} Feldstärke der Vormagnetisierung des Einschaltkerns im Einschaltaugenblick 110.

H_m Scheitelwert der Feldstärke (Umkehrwert bei zyklischer Magnetisierung) 84.

H' Scheitelwert der Feldstärke beim Gleichstrom I'_g beliebiger Größe 253.

H_0 wie vor, jedoch beim Grundlaststrom I_{g0} 253.

H_{st} Feldstärke des natürlichen Stufenstromes i_{st} 335.

H_1 Feldstärkenwert am Anfang der nutzbaren Stufe 110.

H_2 Feldstärkenwert am Ende der nutzbaren Stufe 110.

h Höhe (z. B. eines Querschnittes) 291.

h_{Fe} axiale Höhe des Kernquerschnittes 288.

h Differenz zwischen Stößelniveau und Kontaktniveau 134, 302.

I, i allgemein Effektivwert bzw. Augenblickswert eines Wechselstromes.

I_D, i_D Effektivwert bzw. Augenblickswert des Stromes in der Hauptwicklung einer Schaltdrossel 120, 190.

I_g, i_g allgemein Mittelwert bzw. Augenblickswert eines Gleichstromes, speziell des Nennstromes 27.

I'_g, i'_g wie vor, jedoch bei einem Gleichstrom beliebiger Größe 244.

I_{g0}, i_{g0} wie vor, jedoch bei Grundlast 53.

I_{gm}, i_{gm} wie vor, jedoch bei Grenzlast 53, 261.

I^*_{gm} Grenzgleichstrom im Beharrungszustand bei der elektrischen Überlappungsregelung 261.

$I_{g\varkappa}$ vorübergehend kleinstzulässiger Gleichstrom bei Abnahme vom Nennstrom 261.

$I_{g\mu}$ vorübergehend höchstzulässiger Gleichstrom bei Zunahme vom Grundlaststrom 262.

ΔI_g negative Gleichstromschwankung infolge der Oberwellen der Gleichrichtung 236.

I_K, i_K Effektivwert bzw. Augenblickswert des Stromes über den Kontakt 190.

I_k, i_k, I_{km} Effektivwert, Augenblickswert bzw. Scheitelwert des Dauerkurzschlußstromes mit Stufe 396.

I_{k0}, i_{k0}, I_{k0m} Effektivwert, Augenblickswert bzw. Scheitelwert des Dauerkurzschlußstromes bei fortgedachter Stufe 396.

I_N Effektivwert des Netzstromes (Leitungsstrom) 190.

I_{Np} Zuleitungsstrom eines p-phasigen Gleichrichtersystems 220.

$I_{Nn \cdot p}$ Zuleitungsstrom eines $n \cdot p$-phasigen Gleichrichtersystems 220.

I_p Effektivwert des primären Transformatorstromes (Wicklungsstrom) 190.

I_s Effektivwert des sekundären Transformatorstromes (Wicklungsstrom) 190.

I_V, i_V Effektivwert bzw. Augenblickswert eines Vormagnetisierungsstromes 39, 309, 328, 334.

$I_{V\sim}$ Effektivwert des Stromes des spannungsabhängigen Anteiles der selbsttätig sich anpassenden Vormagnetisierung 342.

I_W, I_{Wm} Effektivwert bzw. Scheitelwert des symmetrischen Anteiles des Wendestromes 28.

I_1 Effektivwert der Grundwelle eines verzerrten Stromes 220, 295.

$\varDelta i$ allgemein endliche Stromänderung 240.

$\varDelta i$ nicht durch die Vormagnetisierung ausgeglichener Kontakt-Reststrom 47, 333.

i_{A-} Augenblickswert des gleichbleibenden Vormagnetisierungsanteiles 342.

$i_{A\sim}$ Augenblickswert des spannungsabhängigen Vormagnetisierungsanteiles 342.

i_b auf den Nenngleichstrom I_g bezogener Wert eines Gleichstromes I_g' beliebiger Größe 246.

i_{b0}, i_{bm}, i_{bm}', i_{bm}'', i_{bm}^{*}, $i_{b\varkappa}$, $i_{b\mu}$ = auf I_g bezogene Werte von $I_{g0}, I_{gm}, I_{gm}', I_{gm}'', I_{gm}^{*}, I_{g\varkappa}, I_{g\mu}$.

i_{st} natürlicher Stufenstrom (ohne Vormagnetisierung) 34.

i_{st} gesamter Stufenstrom (einschl. Streckkreisstrom) im Öffnungszeitpunkt $\alpha+u$ (= Augenblickswert des erforderlichen Vormagnetisierungsstromes 332.

$\varDelta i_{st}$ Stufenneigung 287.

i_W Augenblickswert des Wendestromes 27.

K Wendekonstante (Kommutierungskonstante) 192, 247.

k_{eff} bezogener Effektivwert des Dauerkurzschlußstromes 399.

k_m bezogener Scheitelwert des Dauerkurzschlußstromes 397, 400.

k_s Scheitelfaktor 399, 441.

L allgemein Induktivität 36.

L_D Luftinduktivität einer Schaltdrossel bei fortgedachtem Eisenkern 241, 291.

L_g Gegeninduktivität 424, 443.

L_N Induktivität des speisenden Netzes 242.

L_p *vor* dem Stufenschalter liegender Anteil der Induktivität einer Phase des Wendekreises (*Primäranteil*) 281.

L_s *hinter* dem Stufenschalter liegender Anteil der Induktivität einer Phase des Wendekreises (*Sekundäranteil*) 281.

L_T Streuinduktivität des Gleichrichter-Transformators 242.

L_W für die Stromwendung maßgebende gesamte Induktivität einer Phase des Wendekreises 311.

l allgemein Länge.

l_{Fe} mittlere Kraftlinienlänge eines Eisenkerns 287.

l_{mi} mittlere Länge, speziell mittlere Kraftlinienlänge 241.

M allgemein magnetische Polarisation (früher auch als Magnetisierung bezeichnet), speziell magnetische Polarisation des Ausschaltkernes 84.

$\varDelta M$ nutzbare Stufenlänge im M-Maß 87.

$\varDelta M$ endliche Änderung der magnetischen Polarisation 241.

M' Polarisation des Ausschaltkernes bei einem beliebigen Strom I_g' in der Hauptwicklung 244.

M_a Polarisation des Hauptkernes im Ausschaltaugenblick 110, 244.

M_E magnetische Polarisation des Einschaltkernes 110, 244.

$\varDelta M_E$ nutzbare Stufenlänge des Einschaltkernes im M-Maß 110.

M_E' Polarisation des Einschaltkernes bei einem beliebigen Strom I_g' in der Hauptwicklung 244.

M_{Ee} Polarisation des Einschaltkernes im Einschaltaugenblick 110.

M_{Em} Polarisation des Einschaltkernes beim Grenzstrom I_{gm} 110.

M_{Em}^{*} Polarisation des Einschaltkernes beim Beharrungs-Grenzstrom I_{gm}^{*} 264.

M_{En} Polarisation des Einschaltkernes beim Nennstrom I_g 110.

M_{E0} Polarisation des Einschaltkernes beim Grundlaststrom I_{g0} 110.

M_{EV} ·Polarisation des Einschaltkernes durch den Vormagnetisierungsstrom I_V im Einschaltaugenblick (im allgemeinen = M_{Ee}) 110.

$M_{E\varkappa}$ Polarisation des Einschaltkernes beim vorübergehend kleinstzulässigen Strom $I_{g\varkappa}$ 262.

$M_{E\mu}$ Polarisation des Einschaltkernes beim vorübergehend höchstzulässigen Strom $I_{g\mu}$ 264.

M_e Polarisation des Ausschaltkernes im Einschaltaugenblick 110.

M_{em} wie vor, beim Betrieb mit Grenzstrom 255.

M_{en} wie vor, beim Betrieb mit Nennstrom 263.

M_{e0} wie vor, beim Betrieb mit Grundlaststrom 255.

M_{eR} wie vor, im Einschaltaugenblick bei magnetischer Spannungsregelung 245.

$M_{e\varkappa}$ wie vor, bei Betrieb mit dem Strom $I_{g\varkappa}$ 262.

$M_{e\mu}$ wie vor, bei Betrieb mit dem Strom $I_{g\mu}$ 264.

M_{iE} Polarisation des Ausschaltkernes beim Strom i_E in der Hauptwicklung 306.

M_m Polarisation des Ausschaltkernes beim Grenzstrom I_{gm} 86.

M_m Scheitelwert der magnetischen Polarisation (Umkehrwert bei zyklischer Magnetisierung) 87.

M_m^{*} Polarisation des Ausschaltkernes beim Beharrungs-Grenzstrom I_{gm}^{*} 264.

M_n Polarisation des Ausschaltkernes beim Nennstrom I_g in der Hauptwicklung 110.

M_0 wie vor, jedoch beim Grundlaststrom I_{g0} 86.

M_{rE} Remanente Polarisation des Einschaltkernes nach Verschwinden des Belastungsstromes am Ende der Stromwendung 245.

M_s Sättigungspolarisation 122.

M_{st} Polarisation des Ausschaltkernes am Beginn der nutzbaren Stufe 110.

$M_\varkappa$ Polarisation des Ausschaltkernes beim Strom $I_{g\varkappa}$ 262.

M_μ Polarisation des Ausschaltkernes beim Strom $I_{g\mu}$ 264.

M_σ Polarisation des Ausschaltkernes im Ausschaltaugenblick 110.

$M_{\sigma B}$ wie vor, jedoch bei elektrischer Überlappungsregelung im Beharrungszustand 121, 260.

$M_{\sigma min}$ wie vor, jedoch bei elektrischer Überlappungsregelung im Übergangszustand mit dem kleinstzulässigen Strom $I_{g\varkappa}$ 110, 261.

$M_{\sigma 0}$ Polarisation des Ausschaltkernes bei der Kontaktöffnung mit der Leerlaufsicherheit σ_0 120, 256.

$M'_{\sigma 0}$ Polarisation des Ausschaltkernes im Ausschaltaugenblick bei Netzspannungserhöhung im Grundlastbetrieb 280.

M_1 Polarisation des Ausschaltkernes beim Beginn der Stufe 110.

M_{1E} Polarisation des Einschaltkernes beim Beginn der Stufe 110.

M_2 Polarisation des Ausschaltkernes am Ende der Stufe 110.

M_{2E} Polarisation des Einschaltkernes am Ende der Stufe 110.

M_{10} Umkehrwert der magnetischen Polarisation bei einem Umkehrwert der Feldstärke von 10 A/cm 107.

m_D Anzahl der Schaltdrosseln eines Kontaktumformersystems 190.

m_K Anzahl der Kontakte eines Kontaktumformersystems 190.

N allgemein Leistung, speziell Wirkleistung 294.

N_B allgemein Bauleistung, speziell einer einzelnen Schaltdrossel 191.

N_{BD} Bauleistung eines Schaltdrossel-*Satzes* 191.

N_{BS} Bauleistung eines Schwenktransformators 219.

$N_{B\,Sd}$ Bauleistung einer Saugdrossel als Zweiwicklungstransformator für die Grundfrequenz f 230.

N_{BT} Bauleistung der Schaltdrossel als gewichtsgleicher Transformator („äquivalente Transformatorleistung") 192.

N_b Blindleistung allgemein.

N_g abgegebene Gleichstromleistung eines Kontaktumformersystems.

$N_{g0} = E_{g0}\cdot I_g$ ideelle Gleichstromleistung eines Kontaktumformersystems 191.

N_{kN} Kurzschlußleistung des Netzes an den Eingangsklemmen des Gleichrichtertransformators bzw. des vorgeschalteten Regeltransformators 242.

N_s Scheinleistung allgemein 295.

N_s Nennscheinleistungsaufnahme des zu berechnenden Kontaktumformersystems 242.

$N_{s\,ges}$ gesamte Scheinleistungsaufnahme aller gleichzeitig wendenden Einheiten („gesamte Wendeleistung") 277.

$N_{s\,par}$ Nenn-Scheinleistungsaufnahme der parallel gespeisten, gleichzeitig wendenden Einheiten 277.

N_T Bauleistung des Gleichrichtertransformators 191.

N_v Verzerrungsblindleistung 297.

n Anzahl der phasenversetzten p-phasigen Einzelsysteme der Gesamtanlage 215.

$n\cdot p$ gesamte gleichstromseitig wirksame Phasenzahl einer Gleichrichteranlage ($=$ Phasenzahl der resultierenden Gleichstromwelligkeit) 215.

$n_{s\mu}$ bezogene Scheinleistungsaufnahme einschließlich der Transformator-Magnetisierungsblindleistung 298.

p Phasenzahl der Gleichrichtung eines für sich wendenden Gleichrichtersystems 27.

q allgemein Querschnitt, speziell reiner Eisenquerschnitt des Ausschaltkernes 241.

q^* fiktiver Querschnitt für volle Flußverkettung 291.

q_E reiner Eisenquerschnitt des Einschaltkernes 244.

q_{Fe} reiner Eisenquerschnitt allgemein 35.

R allgemein ohmscher Widerstand.

R, r allgemein Radius.

R fiktiver Radiusvektor der Kurvenscheibe (bis Rollenmittelpunkt) 303.

r bezogener ohmscher Gleichspannungsabfall beim Nenngleichstrom I_g 251.

r' wie vor, jedoch bei einem Gleichstrom I'_g beliebiger Größe 251.

s Stromdichte 496.

T Periodendauer 444.

T Zeitkonstante 309, 460.

$\varDelta T_s$ Bruttostufenlänge des Ausschaltkernes unter dem Scheitelwert der Wendespannung (fiktiver Rechnungswert) 89.

$\varDelta T_{sym}$ wie vor, wirklicher Wert bei symmetrischer Lage zum Scheitelwert der Wendespannung 89.

t Zeit allgemein.

$\varDelta t$ nutzbare Stufenlänge des Ausschaltkernes 34, 88.

$\varDelta t_s$ wie vor, fiktiver Wert unter dem Scheitelwert der Wendespannung 57, 89.

$\varDelta t_{sym}$ wie vor, wirklicher Wert bei symmetrischer Lage zum Scheitelwert der Wendespannung 36.

$\varDelta t_E$ nutzbare Stufenlänge des Einschaltkernes 41.

$\varDelta t_{Es}$ wie vor, fiktiver Wert unter dem Scheitelwert der Wendespannung 246.

U, u, U_m Effektivwert, Augenblickswert bzw. Scheitelwert einer Spannung (speziell *Klemmen*spannung zum Unterschied von der EMK).

U_g, u_g Mittelwert bzw. Augenblickswert der abgegebenen Gleichspannung beim Nennstrom I_g 27.

U'_g Mittelwert der abgegebenen Gleichspannung bei einem Strom I'_g beliebiger Größe 252.

U_{g0} wie vor, jedoch beim Grundlaststrom I_{g0} 253.

u_b auf E_{g0} bezogene abgegebene Gleichspannung beim Nennstrom I_g 252.

u'_b wie vor, bei beliebigem Strom I'_g 252.

u_D Augenblickswert der Spannung an der Schaltdrossel 48.

u_e Einschaltspannung bei der Kontaktschließung 30.

u_K Augenblickswert der Kontaktspannung 45.

u mechanischer Überlappungswinkel (Überlappung der Kontaktzeiten) 27.

u_0 wie vor, bei voller Aussteuerung (Steuerwinkel $\alpha = 0$) 119.

u_s wie vor, fiktiver Wert unter dem Scheitelwert der Wendespannung 119.

$\ddot{u}$ elektrischer Überlappungswinkel 30.

$\ddot{u}_0$ wie vor, bei voller Aussteuerung (elektrischer Steuerwinkel $\alpha' = 0$) 118.

$\ddot{u}_s$ wie vor, fiktiver Wert unter dem Scheitelwert der Wendespannung 118.

$\ddot{u}_{sym}$ wie vor, wirklicher Wert bei symmetrischer Lage zum Scheitelwert der Wendespannung 118.

V Leistungsverlust allgemein.

v Stößelgeschwindigkeit 138.

v_{Fe} spezifischer Eisenverlust (Verlustziffer) 84, 111.

v Verzerrungsfaktor 192, 220, 294.

v_p Verzerrungsfaktor eines p-phasigen Kontaktumformersystems 221.

$v_{n \cdot p}$ Verzerrungsfaktor einer $n \cdot p$-phasigen Gesamtanlage 220.

v_p Spannungsfaktor ($= v_{n \cdot p}$) 226.

v_d Verhältnis doppelte radiale Kernbreite:mittleren Kerndurchmesser 94.

v_G Verhältnis Kupfergewicht:Eisengewicht 288.

v_q Verhältnis Höhe:Breite des Kernquerschnittes 288.

w allgemein Windungszahl, speziell Windungszahl der Hauptwicklung der Schaltdrossel 35.

w_{A-} Windungszahl des gleichbleibenden Vormagnetisierungsanteiles 342.

$w_{A\sim}$ Windungszahl des spannungsabhängigen Vormagnetisierungsanteiles 336.

w_V Windungszahl der Vormagnetisierungswicklung 38.

X_D Luftreaktanz der Schaltdrossel 128.

X_N Reaktanz des speisenden Netzes (Stoßreaktanz) 128.

X_T Streureaktanz des Gleichrichtertransformators 128.

X_R Streureaktanz des Regeltransformators 129.

X_W für die Stromwendung maßgebende Gesamtreaktanz einer Phase des Wendekreises 27.

x auf den Hauptwinkel $\dfrac{2\pi}{p}$ bezogene Kontaktzeit 27.

y Kurvenscheibenhub 299.

Z Scheinwiderstand (Impedanz) 310, 386.

z Rückwirkungsfaktor bei der starren Vormagnetisierung 328.

α mechanischer Steuerwinkel 29, 305.

α' elektrischer Steuerwinkel (Ende der Einschaltstufe = Beginn der Stromwendung) 42, 305.

α'' Ende der Stromwendung = Anfang der Ausschaltstufe 90, 305.

α_0 Sicherheitswinkel (kleinstzulässiger Steuerwinkel) 68.

β Verdrehungswinkel des Motorgehäuses („Motorwinkel") 260, 300.

$\beta_A, \beta_{A0}, \beta_E, \beta_{E0}$ Abkürzungen magnetischer Ausdrücke, siehe Tab. 32,1 286.

γ Wichte (spezifisches Gewicht) 112.

γ, γ_E, $\gamma_\varkappa$, $\gamma_{E\varkappa}$, γ_μ, $\gamma_{E\mu}$ Abkürzungen magnetischer Ausdrücke, siehe Tab. 32,1 286.

Δ bezogener Wert des negativen Scheitelwertes der Gleichstromschwankung 239.

Δ endliche Änderung einer Größe allgemein.

δ Faktor des negativen Scheitelwertes der Gleichstromschwankung 239.

δ, δ_L Abkürzungen magnetischer Ausdrücke, siehe Tab. 32,1 286.

ε Exzentrizität der Motorwelle 301.

ε_D bezogene Reaktanzspannung der Schaltdrossel 128, 243.

ε_N wie vor, jedoch des speisenden Netzes 128, 242.

ε_p *vor* dem Stufenschalter liegender Anteil der bezogenen Reaktanzspannung einer Phase des Wendekreises 129, 282.

ε_R bezogene Reaktanzspannung des Regeltransformators 129.

ε_s *hinter* dem Stufenschalter liegender Anteil der bezogenen Reaktanzspannung einer Phase des Wendekreises 129, 282.

ε_T bezogene Reaktanzspannung des Gleichrichtertransformators 128, 242.

ε_W gesamte bezogene Reaktanzspannung einer Phase des Wendekreises 128.

ε, ε_0, ε_E, ε_{E0} Abkürzungen magnetischer Ausdrücke, siehe Tab. 32,1 286.

Θ Durchflutung (Amperewindungen) 93.

ι, ι_0 Abkürzungen magnetischer Ausdrücke, siehe Tab. 32,1 286.

$\varkappa$ Verhältnis der herabgeregelten Wechselspannung $\varkappa \cdot E$ zur höchsten Wechselspannung E bei Wechselspannungsregelung 127, 281.

Λ magnetische Leitfähigkeit 424.

λ Brenndauer eines Lichtbogens 408.

λ Faktor zur Kennzeichnung der Netzspannungsschwankung 278.

λ Leistungsfaktor 294.

λ_μ Leistungsfaktor mit Berücksichtigung des Transformator-Magnetisierungsstromes 297.

μ_0 Induktionskonstante (Permeabilität des leeren Raumes) 84.

ν Verhältnis der niedrigsten Frequenz $\nu \cdot f$ zur höchsten Frequenz f bei Frequenzschwankungen 284.

ξ Verhältnis der herabgesteuerten, kleinsten Gleichspannung $U_{g\,\mathrm{min}}$ zur höchsten Gleichspannung $U_{g\,\mathrm{max}}$ 272.

ϱ spezifischer Widerstand 496.

σ_0 bezogene Leerlaufsicherheit (= bezogene Reststufe nach dem Ausschalten im Grundlastbetrieb) beim starren Kontaktumformer 120, 256.

σ_B bezogene Ausschaltsicherheit (Reststufe nach dem Ausschalten) im Beharrungszustand bei elektrischer Überlappungsregelung 121, 260.

σ_{min} bezogene vorübergehende Mindestausschaltsicherheit im Übergangszustand bei elektrischer Überlappungsregelung 262.

τ Dauer der Reststufe nach dem Ausschalten („absolute Ausschaltsicherheit") 55.

τ_0 absolute Leerlaufsicherheit beim starren Kontaktumformer (Reststufe nach dem Ausschalten im Zeitmaß) 55, 91, 256.

τ_{0s} wie vor, unter dem Scheitelwert der Wendespannung 91, 256.

τ_B absolute Ausschaltsicherheit (Reststufe nach dem Ausschalten im Zeitmaß) bei der elektrischen Überlappungsregelung im Beharrungszustand 57, 260.

τ_{Bs} wie vor, unter dem Scheitelwert der Wendespannung 57, 260.

τ_{min} vorübergehend kleinstzulässige absolute Ausschaltsicherheit bei elektrischer Überlappungsregelung 57.

$\tau_{\mathrm{min}\,s}$ wie vor, unter dem Scheitelwert der Wendespannung 262.

Φ magnetischer Kraftfluß allgemein 33.

$\cos \varphi$ Verschiebungsfaktor der Grundwelle 294.

$\Delta \varphi$ gegenseitige Phasenversetzung der Einzelsysteme bei Gesamtschaltungen mit vervielfachter Phasenzahl der Gleichstromwelligkeit 215.

Ψ Spulenfluß allgemein 35.

ω Kreisfrequenz (elektrische Winkelgeschwindigkeit) 28.

Namen- und Sachverzeichnis.

Bedeutung der Zusatzzeichen bei den Seitenangaben:
B Berechnung   M Messung   K Kurvendarstellung   * Tabelle

Abhebekontakte s. Kontakte
Allgemeine Elektricitäts-
  Gesellschaft 6.
Alphasil 83.
Anfangs-Stromanstieg 24.
Anlagen, Grundformen 480ff.
Anlassen 71, 154, 158, 478.
Antriebsmotor, Einstellung 468.
Arbeitskontakt 160.
Armco-Eisen 80.
ASSMUS, F. 84.
ATALLA, M. M. 22.
Aufreißen des Laststromes 29,
  407.
Ausschalten eines Kontaktes
  16, 25, 29.
—, Grenzkurven für lichtbogen-
  freies 18.
Ausschaltkern 40, 59, 79, 169ff.
Ausschaltkontakt 143.
Ausschaltsicherheit 45, 48, 56,
  121, 260.
—, Mindest- 57, 261, 262, 512.
Ausschaltstufe 15, 25, 43.
— bei elektrischer Überlap-
  pungsregelung 121.
— bei mechanischer Überlap-
  pungsanpassung 120.
Ausschaltstufenlänge s. unter
  „Stufenlänge".
Ausschaltvormagnetisierung s.
  unter „Vormagnetisierung".
Ausschaltzeitpunkt, Regelung
  mit gleichbleibender Überlappung 161, 275.
—, unabhängige Regelung 161.
Autoelektronenemission 22.

Barkhausensprung 97, 450.
Baukastensystem 167.
Bauleistung der Schaltdrossel
  191.
— des Schaltdrosselsatzes 191,
  205.
— eines Schwenktransformators 219.
— eines Transformators 190.
— von Saugdrosseln 230.

Bauleistungen von Transforma-
  toren und Schaltdrossel-
  sätzen, Vergleich 204*.
BAER, W. 20, 106, 323, 352, 411.
60°-Bedingung 67, 257.
120°-Bedingung 70.
240°-Bedingung 64.
BELAMIN, M. 4.
Belastungspiel 54, 120.
Betriebsweise eines Kontakt-
  umformers 77.
BETTERIDGE, W. 19.
BLATTER, H. 152, 162, 433.
Blattfederpakete 140.
Blutrost 465.
Bogenwanderung 15, 17.
BOLL, R. 84.
BOTH, E. 79.
Brown Boveri & Cie 6.
Brückenschaltung, 3phas. 61.
—, 3phas. 6-Drossel-, Spannun-
  gen und Ströme 63, 65, 367.
—, 3phas. 3-Drossel-, Spannun-
  gen und Ströme 66.
—, 6phas., Spannungsverlauf
  473.
Brückenschaltungen 192ff.*,
  201.
Brückenwanderung 15, 19.
BRÜCKNER, P. 75.
BURSTYN, W. 17, 18, 20.

Crystalloy 83.
Curie-Temperatur 105.

DÄLLENBACH, W. 226.
DAVIDSON, P. M. 19.
Deltamax 80.
DETERT, K. 84.
DIEBOLD, E. J. 106, 313, 521.
DIETRICH, I. 19.
DIETZ, H. 83, 84.
Differentialgestänge 142, 161.
Differentialgetriebe 142, 145,
  161.
Differenzierwandler 454.
DITTES, F. 4.
Dreidrosselschaltung 61, 66.

DUFFING, P. 183, 463.
Durchschlag, nachträglicher 17,
  21, 409.
—, vorzeitiger 22.
Durchschlagspannung einer
  Trennstrecke 21.

Einkristall 81.
Einlegevorrichtung für Ring-
  bandkerne 171.
Einschaltdrossel 40, 58.
Einschalten eines Kontaktes
  22, 25, 29, 30.
—, Feldstärkensprung 347.
—, Verbesserungsmaßnahmen
  (Oszillogramme) 350.
Einschaltkern 40, 59, 79, 169,
  170.
Einschaltkontakt 143.
Einschaltspannung 22, 25, 31,
  47.
Einschaltstrom 58.
Einschaltstufe 15, 24, 25, 29, 30.
Einschaltvormagnetisierung s.
  unter „Vormagnetisierung".
Einschaltwicklung 59, 172.
Eisenmessung, Ferrometer 456.
—, Magnetisierungskreis 36, 37,
  92, 438ff., B 440, 442, 452,
  454, 457, 458.
—, Meßverfahren 443ff.
—, Normalmessung 87, 456.
—, Röhrenmeßeinrichtung 448.
—, Vektormesser 452.
Eisensorten 79.
Eisenverlust, spezifischer (Ver-
  lustziffer) 84, 86, 112, 113,
  M 447.
EKKERS, G. J. 15, 19.
EMDE, F. 430.
ERK, A. 8.
Ersatzspannung, sinusförmige
  191, 223.
Exzenter 10, 12, 134ff., 186, 299.
Exzenterkulisse 143.

FARNER, A. 19.
Fassung für Ringbandkern 169
  bis 171.

Berichtigung.

S. 242, Zeile 17 v. oben und Gl. (29,6) sowie S. 246, Gl. (29,16 a) **lies** viermal

$$E_N \text{ bzw. } I_N \text{ statt } E_p \text{ und } I_p$$

Rolf, Kontaktumformer.

If you have any concerns about our products,
you can contact us on
ProductSafety@springernature.com

In case Publisher is established outside the EU,
the EU authorized representative is:
Springer Nature Customer Service Center GmbH
Europaplatz 3, 69115 Heidelberg, Germany

Printed by Libri Plureos GmbH
in Hamburg, Germany